Wolfgang Müller

Elektrotechnik
Fachbildung
Energieelektronik

Ernst Hörnemann, Heiden
Heinrich Hübscher, Lüneburg
Dieter Jagla, Neuwied
Joachim Larisch, Homburg/Saar
Wolfgang Müller, Niedererbach
Volkmar Pauly, Limburg

D1722163

westermann

Diesem Buch wurden die bei Redaktionsschluß vorliegenden
neuesten Ausgaben der DIN-Normen und VDE-Bestimmungen
zugrundegelegt.
Verbindlich für die Anwendung sind jedoch nur die neuesten
Ausgaben der DIN-Normen und VDE-Bestimmungen selbst,
die bei der vde-verlag gmbh, Bismarckstr. 33, 10625 Berlin
bzw. Merianstr. 29, 63069 Offenbach und für DIN-Normen bei
der Beuth Verlag GmbH, Burggrafenstr. 6, 10787 Berlin,
erhältlich sind.

Dieses Papier wurde
aus chlorfrei gebleichtem
Zellstoff hergestellt

2. Auflage   Druck   5   4   3

Herstellungsjahr   2000   1999   1998   1997

Alle Drucke dieser Auflage können im Unterricht
parallel verwendet werden.

© Westermann Schulbuchverlag GmbH, Braunschweig 1993

Verlagslektorat: Armin Kreuzburg
Herstellung: Herbert Heinemann

Herstellung: westermann druck GmbH, Braunschweig

ISBN 3-14-231130-0

Formeln

Leistung	$P = \dfrac{W}{t}$
– mechanisch	$P = \dfrac{F \cdot s}{t}$
	$P = F \cdot v$
– elektrisch	$P = U \cdot I; P = \dfrac{U^2}{R};$
	$P = I^2 \cdot R$
Wirkungsgrad	$\eta = \dfrac{P_{ab}}{P_{zu}}$
Elektrische Spannung	$U = \dfrac{W}{Q}$
Elektrische Stromstärke	$I = \dfrac{Q}{t}$
Induktivität	$L = \dfrac{\mu_o \cdot \mu_r \cdot N^2 \cdot A}{l}$
Induktionsspannung	$u_0 = N \dfrac{\Delta \Phi}{\Delta t}$
	$u_0 = L \dfrac{\Delta I}{\Delta t}$
Elektrische Feldstärke	$E = \dfrac{F}{Q}; \quad E = \dfrac{U}{l}$
Elektrische Kapazität	$C = \dfrac{Q}{U}$
Kapazität des Plattenkondensators	$C = \dfrac{\varepsilon_r \cdot \varepsilon_o \cdot A}{d}$
Parallelschaltung von Kondensatoren	$C_g = C_1 + C_2 + \ldots + C_n$
Reihenschaltung von Kondensatoren	$\dfrac{1}{C_g} = \dfrac{1}{C_1} + \dfrac{1}{C_2} + \ldots + \dfrac{1}{C_n}$
Elektrischer Widerstand	$R = \dfrac{\varrho \cdot l}{q}; R = \dfrac{l}{\varkappa \cdot q};$
	$R = \dfrac{1}{G}$
Leitwert	$G = \dfrac{1}{R}$
Ohmsches Gesetz	$I = \dfrac{U}{R}; R = \dfrac{U}{I}; U = I \cdot R$
Augenblickswert einer Wechselspannung	$u = \hat{u} \cdot \sin \omega \cdot t$
Effektivwerte bei Wechselspannung	$U = \dfrac{\hat{u}}{\sqrt{2}}; \quad I = \dfrac{\hat{\imath}}{\sqrt{2}}$
Magnetischer Fluß	$\Phi = B \cdot A$
Elektrische Durchflutung	$\Theta = I \cdot N$
Magnetische Feldstärke	$H = \dfrac{\Theta}{l} = \dfrac{I \cdot N}{l}$
Magnetische Flußdichte	$B = \mu_o \cdot \mu_r \cdot H$

Scheinwiderstand	$Z = \dfrac{U}{I}$
Induktiver Blindwiderstand	$X_L = \omega \cdot L$
Kapazitiver Blindwiderstand	$X_C = \dfrac{1}{\omega \cdot C}$
Zeitkonstante beim Kondensator	$\tau = R \cdot C$
Resonanzfrequenz	$f_o = \dfrac{1}{2\pi \sqrt{L \cdot C}}$

Widerstandsschaltung

in Reihe	Parallel
$I_g = I_1 = I_2 = \ldots = I_n$	$I_g = I_1 + I_2 + \ldots + I_n$
$U_g = U_1 + U_2 + \ldots + U_n$	$U_g = U_1 = U_2 = \ldots = U_n$
$R_g = R_1 + R_2 + \ldots + R_n$	$\dfrac{1}{R_g} = \dfrac{1}{R_1} + \dfrac{1}{R_2} + \ldots + \dfrac{1}{R_n}$

RL-Schaltungen

in Reihe	Parallel
$U^2 = U_R^2 + U_L^2$	$I^2 = I_R^2 + I_L^2$
$Z^2 = R^2 + X_L^2$	$\left(\dfrac{1}{Z}\right)^2 = \left(\dfrac{1}{R}\right)^2 + \left(\dfrac{1}{X_L}\right)^2$
$S = U \cdot I$	$S = U \cdot I$
$P = U_R \cdot I$	$P = U \cdot I_R$
$P = S \cdot \cos \varphi$	$P = S \cdot \cos \varphi$
$Q = U_L \cdot I$	$Q = U \cdot I_L$
$S^2 = P^2 + Q^2$	$S^2 = P^2 + Q^2$

RC-Schaltungen

in Reihe	Parallel
$U^2 = U_R^2 + U_C^2$	$I^2 = I_R^2 + I_C^2$
$Z^2 = R^2 + X_C^2$	$\left(\dfrac{1}{Z}\right)^2 = \left(\dfrac{1}{R}\right)^2 + \left(\dfrac{1}{X_C}\right)^2$
$S^2 = P^2 + Q^2$	$S^2 = P^2 + Q^2$

RCL-Schaltungen

in Reihe	Parallel
$U^2 = U_R^2 + (U_C - U_L)^2$	$I^2 = I_R^2 + (I_C - I_L)^2$
$Z^2 = R^2 + (X_C - X_L)^2$	$\left(\dfrac{1}{Z}\right)^2 = \left(\dfrac{1}{R}\right)^2 + \left(\dfrac{1}{X_C} - \dfrac{1}{X_L}\right)^2$

Sternschaltung	Dreieckschaltung
$U = \sqrt{3} \cdot U_{str}$	$U = U_{str}$
$I = I_{str}$	$I = \sqrt{3} \cdot I_{str}$
$P_{str} = \dfrac{U^2}{3 \cdot R}$	$P_{str} = \dfrac{U^2}{R}$

$$S = \sqrt{3} \cdot U \cdot I$$
$$P = \sqrt{3} \cdot U \cdot I \cdot \cos \varphi$$
$$Q = \sqrt{3} \cdot U \cdot I \cdot \sin \varphi$$
$$P_\triangle = 3 \cdot P_\curlyvee$$

Vorwort

Die Bestrebungen des Westermann-Verlages, Fachbücher vorzustellen, die den jeweils aktuellen Stand der technischen Entwicklung widerspiegeln, machten es erforderlich, die vorliegende Neuauflage zu konzipieren. Damit wird der fortschreitenden Technik entsprochen, die die Qualifikationsanforderungen insbesondere in der Elektrotechnik ständig weiter verändert und vermehrt hat.

Das neue Fachbuch soll mithelfen, den Auszubildenden das Fachwissen und die grundlegenden Schlüsselqualifikationen zu vermitteln, die sie zur Handlungsfähigkeit in ihrer beruflichen Tätigkeit brauchen. Es soll sie dabei unterstützen, sich eine Basis zu schaffen, auf der sie durch selbständiges Weiterlernen ihre Fachkompetenz erhalten und erweitern können.

Grundlagen dieses Buches sind die Verordnungen über die Berufsausbildung in den industriellen und handwerklichen Elektroberufen, die Rahmenlehrpläne der Kultusministerkonferenz für die elektrotechnischen Ausbildungsberufe in Industrie und Handwerk sowie die Lehrpläne der Bundesländer. Beginnend mit dem zweiten Ausbildungsjahr werden die Lerninhalte der Handwerksberufe Elektroinstallateur(in), Elektromechaniker(in) und des Industrieberufes Energieelektroniker(in) abgedeckt. Für wesentliche Teile der Ausbildung in den Berufen Industrieelektroniker(in), Elektromaschinenbauer(in) und Elektromaschinenmonteur(in) wie auch im Unterricht von Fachoberschulen, Fachschulen und Berufsakademien ist das Buch ebenfalls einsetzbar.

Das Buch ist so gestaltet, daß es außer der Unterstützung des Unterrichts auch der Weiterbildung und selbständigen Erarbeitung von Bildungsinhalten dienen kann. Somit werden Vor- und Nacharbeit sowie das Nachholen versäumten Unterrichtsstoffes ermöglicht.

Die Aufteilung in neun Kapitel wurde beibehalten, ihre Inhalte gründlich überarbeitet und an die aktuelle Entwicklung angepaßt. Insbesondere die Kapitel Leistungselektronik und Automatisierungstechnik standen im Mittelpunkt der Überarbeitung und haben eine umfangreiche Erweiterung erfahren.

Praxisnähe, veranschaulicht durch mehrfarbige Abbildungen sowie eine ausführliche erklärende und herleitende Darstellung, unterstützen die Lernmotivation. Abstrakte elektrotechnische Vorgänge werden durch Experimente, erklärende Schaltpläne und Fotos verdeutlicht. Zur Festigung des Gelernten dienen Beispiele, Merksätze, Fragen und Aufgaben. Um einen schnellen Überblick zu erleichtern, sind die Merksätze farbig hinterlegt.

Wenn es notwendig erschien, wurden einige im Band Grundbildung erarbeitete Zusammenhänge noch einmal verkürzt in die entsprechenden Kapitel eingearbeitet. Die Reihenfolge der einzelnen Kapitel ist nicht zwingend. Einer Anpassung an die jeweiligen Lehrpläne und an die methodischen Vorstellungen der Lehrer steht daher nichts im Wege.

Herausgeber, Autoren und Verlag sind für Hinweise und Verbesserungsvorschläge jederzeit dankbar.

Herausgeber, Autoren und Verlag   Braunschweig 1993

1 Wechselstromkreis

2 Dreiphasenwechselstrom (Drehstrom)

3 Transformatoren

4 Umlaufende elektrische Maschinen

5 Schutzmaßnahmen

6 Elektrische Anlagen

7 Leistungselektronik

8 Digitaltechnik

9 Automatisierungstechnik

Sachwortverzeichnis

Inhaltsverzeichnis

4 Umlaufende elektrische Maschinen

7   Leistungselektronik

8   Digitaltechnik

9 Automatisierungstechnik

1 Wechselstromkreis

Die Versorgung der Haushalte und Betriebe mit elektrischer Energie erfolgt durch den Wechselstrom. Er läßt sich einfach erzeugen und über weite Strecken transportieren.

1.1 Sinusförmige Spannungen und Ströme

1.1.1 Magnetfeldgrößen

Zur Erzeugung von Wechselspannungen für die Energieversorgung benötigt man magnetische Felder, die durch den elektrischen Strom in Spulen hervorgerufen werden.

Die Spule in Abb. 1 arbeitet dabei im Prinzip wie ein Energiewandler, denn die bewegten elektrischen Ladungen (elektrische Energie) erzeugen ein Magnetfeld (magnetische Energie) mit einer bestimmten Wirkung. Diese Wirkungen kann man z. B. messen:

● durch die Kraftwirkung auf ferromagnetische Stoffe (Eisen, Nickel, Kobalt) oder

● durch die Kraftwirkung auf Ladungen (z. B. im Vakuum oder in Festkörpern bei der Hall-Sonde vgl. 7.4).

Wir wollen uns hier zunächst auf grundsätzliche Überlegungen beschränken und führen deshalb für die gesamte »Wirkung« des Feldes die Größe »**magnetischer Fluß**« ein. Der Begriff »Fluß« ist eigentlich irreführend, denn es findet hier keine Bewegung statt. Mit Fluß wird lediglich die besondere Veränderung des Raumes durch das Magnetfeld gekennzeichnet. Veranschaulichen läßt sich dieser Fluß durch Feldlinien (Abb. 1, grüne Linien). Sie sind lediglich Hilfsmittel und Modellvorstellungen.

> Der magnetische Fluß Φ ist ein Maß für die Wirkung eines magnetischen Feldes. Man kann ihn als Gesamtheit der Feldlinien eines Magnetfeldes auffassen.

Magnetischer Fluß:

Formelzeichen Φ (Phi)

Einheitenzeichen   Wb (Weber[1]);   1 Wb = 1 Vs

---

[1] Eduard Weber, deutscher Physiker, 1804 -1891

[2] Nicola Tesla, kroatischer Physiker, 1856 - 1943

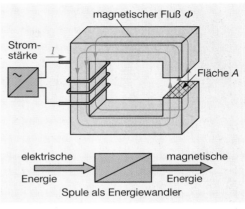

Abb. 1: Elektrischer Strom und Magnetfeld

Der magnetische Fluß ist eine Größe zur Kennzeichnung der Gesamtwirkung eines Magnetfeldes. Sinnvoll ist es jedoch, den Fluß anzugeben, der eine bestimmte Fläche durchsetzt. Man erhält eine neue Größe, die **magnetische Flußdichte** B.

Magnetische Flußdichte:

Formelzeichen B

Einheitenzeichen $\dfrac{\text{Wb}}{\text{m}^2}$; $\dfrac{\text{Vs}}{\text{m}^2}$; $1\,\dfrac{\text{Vs}}{\text{m}^2} = 1\ \text{T (Tesla}^2)$

> Mit der magnetischen Flußdichte B bezeichnet man den magnetischen Fluß, der eine bestimmte Fläche senkrecht durchsetzt.

$$B = \frac{\Phi}{A}$$

In Abb. 1 auf S. 12 werden zwei verschiedene Flußdichten verdeutlicht. In Abb. 1a ist die Flußdichte größer als in Abb. 1b, weil durch die gleichgroße Fläche ein größerer Fluß hindurchtritt. Veranschaulicht wird dieses durch eine größere Anzahl von Feldlinien.

Beispiele für magnetische Flußdichten:

Magnetfeld der Erde	ca. $50 \cdot 10^{-6}$ T
Gerader Leiter bei 100 A	ca. $250 \cdot 10^{-6}$ T
Dauermagnet	z. B. 0,1 T
Luftspalt im Elektromotor	z. B. 1,0 T
Elektromagnet	bis 20 T

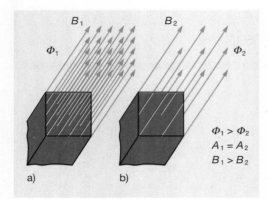

Abb. 1: Verschieden große Flußdichten

Die magnetische Flußdichte kann mit magnetfeld-
abhängigen Bauteilen, z. B. mit dem Hallgenerator,
gemessen werden (vgl. 7.4.2). Der magnetische
Fluß durchdringt dabei ein Halbleiter-Plättchen
(Fluß pro Fläche) und übt eine Kraft auf die hin-
durchfließenden Elektronen aus. Sie werden abgelenkt, und es entsteht an den Anschlußstellen ein
Ladungsunterschied, d. h. eine elektrische Spannung, deren Höhe von der magnetischen Flußdichte abhängt. Sie kann mit einem Spannungsmesser gemessen werden, dessen Skala aber in
Tesla geeicht ist.

Nachdem wir uns bisher ausführlich mit den
magnetischen Wirkungen befaßt haben, wollen wir
jetzt auf die Ursache eingehen. Eine Ursache ist
die bereits angesprochene Stromstärke. Wenn z. B.
bei einer Spule die Stromstärke ansteigt, dann
steigt auch die magnetische Flußdichte.

Genauere Untersuchungen zeigen, daß Stromstärke und magnetische Flußdichte in einem proportionalen Zusammenhang stehen. Eine gleichgroße
magnetische Flußdichte läßt sich aber auch erzielen, wenn mit einer geringeren Stromstärke und
einer größeren Windungszahl gearbeitet wird
(Abb. 2). Für die magnetische Wirkung sind also
beide Größen verantwortlich. Durch beide ändert
sich die Feldliniendichte (Anzahl der Feldlinien).

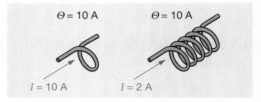

Abb. 2: Spulen mit gleichgroßen elektrischen
Durchflutungen

Stromstärke und Windungszahl hat man zu einer
neuen Größe zusammengefaßt und nennt sie
elektrische Durchflutung Θ (Theta, griechischer
Buchstabe). Sie hat die Einheit Ampere, da die
Windungen lediglich als Zahl angegeben werden.
Die nähere Umschreibung »elektrische« Durchflu-
tung soll deutlich machen, daß der elektrische
Strom in Verbindung mit der Windungszahl das
Magnetfeld verursacht.

Elektrische Durchflutung:

Formelzeichen Θ
Einheitenzeichen   A

$$\Theta = I \cdot N$$

Versuch 1–1:   Einfluß der Feldlinienlänge auf die magnetische Flußdichte

Aufbau

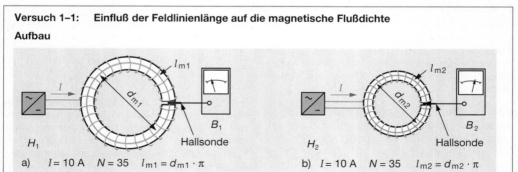

a) $I = 10\,A$ $N = 35$ $l_{m1} = d_{m1} \cdot \pi$ b) $I = 10\,A$ $N = 35$ $l_{m2} = d_{m2} \cdot \pi$

Durchführung

Bei zwei Ringspulen mit gleichgroßen elektrischen Durchflutungen von 350 A aber unterschiedlichen Feldlinienlängen ($l_{m1} > l_{m2}$) wird die magnetische Flußdichte gemessen.

Ergebnis

Die magnetische Flußdichte B_2 ist größer als B_1.

> Die elektrische Durchflutung Θ ist die Ursache für das magnetische Feld.

Bisher haben wir uns noch keine Gedanken über die Form der Spule gemacht. Sie spielte eine untergeordnete Rolle. Im folgenden Teil ist es jedoch erforderlich, von einer Ringspule auszugehen. Durch diese ideale Form ist es möglich, das gesamte magnetische Feld im Innern zu konzentrieren. Verluste sind vernachlässigbar, so daß sich zwischen den Größen eindeutige Beziehungen herstellen lassen. Wir wollen nun mit dem Versuch 1–1 auf S. 12 den Einfluß der Feldlinienlänge auf die magnetische Flußdichte untersuchen.

Das Ergebnis macht deutlich, daß bei gleichgroßen Durchflutungen die magnetische Flußdichte (Wirkung) bei der Spule mit der geringeren Feldlinienlänge größer ist. Wie läßt sich dieses erklären?

Über die elektrische Durchflutung wird elektrische Energie zugeführt. Sie ist in beiden Fällen gleichgroß, und es erfolgt lediglich eine »Aufteilung« auf unterschiedliche Längen (Feldlinienlängen). Es ist offensichtlich, daß bei einer größeren Feldlinienlänge die Wirkung geringer ausfallen wird als bei einer Spule mit einer geringeren Feldlinienlänge ($B_1 < B_2$). Als Ergebnis läßt sich also festhalten:

> Je kürzer der Weg entlang von Feldlinien, desto mehr elektrische Energie kann als magnetische Energie wirksam werden.

Diese wichtige Erkenntnis wird in einer weiteren Größe berücksichtigt, der **magnetischen Feldstärke H**. Sie ist das Verhältnis von elektrischer Durchflutung zur Feldlinienlänge. Eingesetzt wird die mittlere Feldlinienlänge l_m.

Magnetische Feldstärke:

Formelzeichen $\qquad H$

Einheitenzeichen $\qquad \dfrac{A}{m}$

$$H = \frac{\Theta}{l_m} \qquad\qquad H = \frac{I \cdot N}{l_m}$$

In der Physik und in der Technik ist es üblich, Ursachen und Wirkungen miteinander zu verknüpfen und in Form von Gleichungen festzuhalten.

Wir haben zum Magnetfeld bisher die folgenden Ursachen und Wirkungen kennengelernt:

Ursache		Wirkung
$H = \dfrac{I \cdot N}{l_m}$	**Verknüpfung**	$B = \dfrac{\Phi}{A}$
$[H] = \dfrac{A}{m}$		$[B] = \dfrac{Vs}{m^2}$

Schon aus den unterschiedlichen Einheiten ist zu entnehmen, daß beide Größen nicht so ohne weiteres gleichgesetzt werden dürfen. Es muß eine Proportionalitätskonstante eingefügt werden, die man als **magnetische Feldkonstante μ_0** bezeichnet, wenn sich keine Materie im Feld (Vakuum) befindet. Sie hat den Wert $\mu_0 = 1{,}257 \cdot 10^{-6}\ \frac{Vs}{Am}$.

Damit ergibt sich zwischen der magnetischen Feldstärke und der magnetischen Flußdichte die folgende Gleichung:

$$B = \mu_0 \cdot H$$

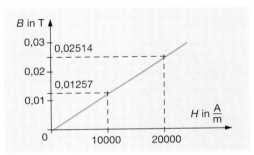

Abb. 3: Zusammenhang zwischen B und H bei einer Spule (ohne Eisen als Kernmaterial)

Stellt man diese Gleichung nach μ_0 um, dann ergibt sich eine Beziehungsgleichung für die magnetische Feldkonstante:

$$\mu_0 = \frac{B}{H}$$

> Die magnetische Feldkonstante μ_0 ist das Verhältnis aus magnetischer Flußdichte zu magnetischer Feldstärke (Vakuum).

Dieses Ergebnis gilt streng genommen nur für die Ringspule. Bei ihr würde sich der in Abb. 3 dargestellte lineare Verlauf zwischen B und H ergeben. Diese Beziehung läßt sich aber auch auf eine gerade stromdurchflossene Spule übertragen, wenn die Spulenlänge l größer als der Spulendurchmesser d ist ($l > 5 \cdot d$). Dann gilt $l_m \approx l$.

Bisher blieb bei unseren Betrachtungen der Einfluß des Eisens auf die magnetische Wirkung unberücksichtigt. Wir wollen dieses jetzt genauer untersuchen.

Führt man die in Abb. 1 (S. 14) skizzierten Versuche durch, dann ist feststellbar, daß bei gleichbleibender Durchflutung und gleicher Feldlinienlänge die magnetische Flußdichte bei ferromagnetischen Kernmaterialien (Eisen, Nickel, Kobalt) erheblich ansteigt. Dieser Werkstoffeinfluß wird durch die **Permeabilitätszahl** gekennzeichnet. Sie ist keine Konstante und ändert sich in Abhängigkeit von der magnetischen Feldstärke.

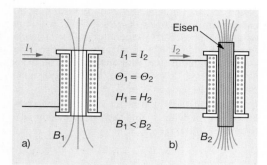

Abb. 1: Einfluß des Kernmaterials auf die magnetische Flußdichte

Tab. 1.1: Permeabilitätszahlen von Werkstoffen

Werkstoffe	Permeabilitätszahl μ_r
Dynamoblech (unlegiert)	ca. 3000
Dynamoblech (legiert)	ca. 6500
Hyperm	ca. 10000
Megaperm	ca. 70000
Permalloy	ca. 80000

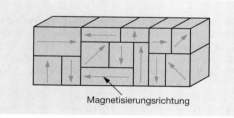

Magnetisierungsrichtung

Abb. 2: Elementarmagnete (Weißsche Bezirke) in einem ferromagnetischen Stoff (modellhafte Darstellung)

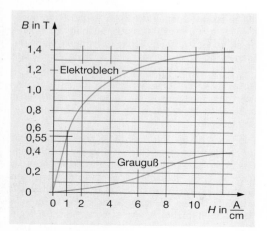

Abb. 3: Magnetisierungskurven

Die Permeabilitätszahl gibt an, wie stark sich die magnetische Flußdichte durch ferromagnetische Kernmaterialien im Vergleich zum Vakuum verändert.

Diese Materialgröße muß in die Formel für die magnetische Flußdichte eingefügt werden. Es ergibt sich dann die folgende Beziehung:

$$B = \mu_0 \cdot \mu_r \cdot H$$

$$\mu = \mu_0 \cdot \mu_r$$

Oft wird das Produkt aus $\mu_0 \cdot \mu_r$ zur **Permeabilität** μ zusammengefaßt.

Wir wollen jetzt näher auf die Ursachen der Erhöhung von magnetischen Flußdichten durch ferromagnetische Materialien eingehen und halten zunächst fest, daß der Magnetismus durch bewegte elektrische Ladungen hervorgerufen wird. Diese Aussage kann vom stromdurchflossenen Leiter auf den atomaren Bereich der Materie übertragen werden, denn die Elektronen bewegen sich auf kreisähnlichen Bahnen um den Kern und rotieren dabei noch um ihre Achse (Spin). In der Regel heben sich die dadurch hervorgerufenen magnetischen Wirkungen zwischen den einzelnen Atomen auf, so daß der Stoff nach außen unmagnetisch erscheint.

Anders verhält es sich mit ferromagnetischen Materialien. Dort sind bereits in einer Vielzahl von Kristallbereichen die »atomaren Magnete« gleichsinnig ausgerichtet. Es sind gewissermaßen schon kleine **Elementarmagnete** vorhanden, die nach ihrem Entdecker als **Weißsche**[1] **Bezirke** bezeichnet werden (Abb. 2). Auch hier wirkt das Material nach außen hin unmagnetisch, da sich alle Bezirke in ihren Wirkungen neutralisieren. Es genügt jedoch ein verhältnismäßig geringes äußeres Magnetfeld, um die Weißschen Bezirke auszurichten und dadurch die magnetische Wirkung des Stromes in der Spule erheblich zu erhöhen.

Die Verstärkung kann nicht beliebig vergrößert werden, denn ab einer bestimmten magnetischen Feldstärke sind nahezu alle Weißschen Bezirke ausgerichtet. Eine Sättigung ist erreicht.

In Abb. 3 ist der nichtlineare Zusammenhang zwischen der magnetischen Flußdichte und der magnetischen Feldstärke beim Elektroblech und beim Grauguß dargestellt. Im Anfangsbereich verläuft die Kurve bei Elektroblech recht steil. Viele Weißsche Bezirke können durch äußere Felder ausgerichtet werden. Im Endbereich der Kurve sind nahezu alle Bezirke bereits ausgerichtet. Es kommt nur noch zu geringen Erhöhungen der magnetischen Flußdichte, wenn die Stromstärke I (magnetische Feldstärke) erhöht wird. Die Magnetisierungskurve verläuft deshalb im Endbereich sehr flach.

---

[1] Pierre Weiss, franz. Physiker, 1865 – 1940

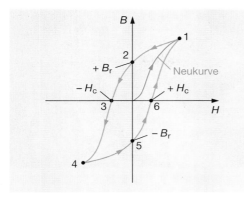

Abb. 4: Hysteresekurve ferromagnetischer Stoffe

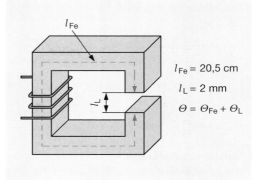

Abb. 5: Magnetischer Kreis mit Luftspalt

Die Magnetisierungskurven ferromagnetischer Materialien sind nichtlinear. Ab einer bestimmten magnetischen Feldstärke tritt eine Sättigung ein.

Der bisher beschriebene Kurvenverlauf entsteht dann, wenn das Material vorher nicht magnetisch war. Man nennt deshalb diese Kurve auch **Neukurve** (vgl. Abb. 4). Verringert man jetzt die magnetische Feldstärke von Punkt 1 der Kurve, dann verläuft sie nicht deckungsgleich mit der Neukurve. Es ergibt sich der Kurvenverlauf von Punkt 1 nach 2. Wenn also bei Punkt 2 die magnetische Feldstärke $0 \frac{A}{m}$ geworden ist, bleibt das Material noch teilweise magnetisiert. Einige Elementarmagnete bleiben ausgerichtet. Man spricht in diesem Zusammenhang von der **Remanenzflußdichte** (B_r), von der **Remanenz** oder vom remanenten Magnetismus.
Diese Remanenz kann nur aufgehoben werden, wenn durch einen entgegengesetzten Stromfluß ein Feld in Gegenrichtung aufgebaut wird. Die dazu erforderliche magnetische Feldstärke bezeichnet man als **Koerzitivfeldstärke** H_c (Abb. 4). Erhöht man die Feldstärke weiter, dann wird in Punkt 4 wieder die Sättigung erreicht. Das Material weist in diesem Punkt im Vergleich zu Punkt 1 eine umgekehrte Magnetisierung auf. Den in Abb. 4 dargestellten gesamten Kurvenverlauf bezeichnet man als **Hysteresekurve** (Hysteresiskurve).

Die magnetischen Werkstoffe lassen sich zu **hart-** und **weichmagnetischen Gruppen** zusammenfassen. Die dazu maßgebliche Unterscheidungsgröße ist die Koerzitivfeldstärke, die bei weichmagnetischen Stoffen zwischen $0.4 \frac{A}{m}$ und $1 \cdot 10^3 \frac{A}{m}$ liegt. Diese Materialien werden vornehmlich dort eingesetzt, wo durch Wechselfelder eine ständige Ummagnetisierung erfolgt. Die Verluste durch die Ummagne-

tisierung sind dabei sehr gering, weil nur eine kleine Koerzitivfeldstärke zu überwinden ist.
Bei magnetisch harten Werkstoffen liegt die Koerzitivfeldstärke zwischen $10^4 \frac{A}{m}$ und $10^5 \frac{A}{m}$. Sie werden dort eingesetzt, wo nach der Magnetisierung die Flußdichte bestehen bleiben soll, also bei Permanentmagneten.
Zur Funktion vieler elektrischer Maschinen (Motoren und Generatoren) wird eine bestimmte magnetische Flußdichte benötigt. Die Feldlinien durchlaufen dabei das Eisen und auch Luftspalte auf einem geschlossenen Weg. Dieser geschlossene Weg wird als magnetischer Kreis bezeichnet. Die für die gewünschte **magnetische Flußdichte** erforderliche Stromstärke läßt sich berechnen.

Berechnungsbeispiel zum magnetischen Kreis

Im Luftspalt von Abb. 5 soll eine magnetische Flußdichte von 0,55 T erreicht werden. Wie groß muß die Stromstärke I sein, wenn $N = 1000$ angenommen wird? (Elektroblech)

Lösung:
Die Stromstärke ist in der magnetischen Feldstärke und in der elektrischen Durchflutung enthalten. Es lassen sich deshalb die beiden folgenden Formeln anwenden:

$$H = \frac{I \cdot N}{l} \qquad \Theta = I \cdot N$$

Die Aufgabe läßt sich in zwei Schritten lösen. Es wird zunächst die Durchflutung Θ_{Fe} ermittelt, die für die Entstehung der magnetischen Flußdichte im Eisen erforderlich ist und dann die Durchflutung Θ_L, die für die magnetische Flußdichte im Luftspalt benötigt wird. Diese Aufteilung ist erforderlich, da der Zusammenhang zwischen B und H im Eisen nichtlinear (vgl. Abb. 3) und in Luft linear ist (vgl. Abb. 3, S. 13).

Durchflutung im Eisen:

$$\Theta_{Fe} = H_{Fe} \cdot l_{Fe}$$

Die magnetische Feldstärke für Elektroblech wird aus dem Diagramm der Abb. 3 von S. 14 entnommen:

$$H_{Fe} = 1 \, \frac{A}{cm}$$

$$\Theta_{Fe} = 100 \, \frac{A}{m} \cdot 0,205 \, m \qquad \underline{\Theta_{Fe} = 20,5 \, A}$$

Durchflutung im Luftspalt:

Der μ_r-Wert von Luft ist ca. 1.

$$B = \mu_0 \cdot H_L$$

$$H_L = \frac{B}{\mu_0} \qquad H_L = \frac{0,55 \, \frac{Vs}{m^2}}{1,257 \cdot 10^{-6} \, \frac{Vs}{Am}}$$

$$H_L = 437,5 \cdot 10^3 \, \frac{A}{m}$$

$$\Theta_L = H_L \cdot l_L; \qquad \Theta_L = 437,5 \cdot 10^3 \, \frac{A}{m} \cdot 2 \cdot 10^{-3} m$$

$$\underline{\Theta_L = 875 \, A}$$

Gesamtdurchflutung:

Da bei diesem magnetischen Kreis die Magnetisierungsbereiche (Eisen und Luft) in Reihe liegen, können die Einzeldurchflutungen zu einer Gesamtdurchflutung addiert werden.

$$\Theta = \Theta_{Fe} + \Theta_L; \qquad \Theta = 20,5 \, A + 875 \, A$$

$$\underline{\Theta = 895,5 \, A}$$

Aus dem Berechnungsbeispiel wird deutlich, daß die Durchflutung im wesentlichen für die Erzeugung der magnetischen Flußdichte im Luftspalt benötigt wird. Für das Eisen mit seiner guten magnetischen Leitfähigkeit ist nur eine geringe Durchflutung erforderlich. Luftspalte müssen deshalb in Maschinen möglichst vermieden oder möglichst klein gehalten werden.

Stromstärke:

Bei einer Windungszahl von $N = 1000$ ergibt sich dann eine Stromstärke von $I = \frac{\Theta}{N}$; $\quad I = 0,896 \, A$

1.1.2 Erzeugung sinusförmiger Spannungen

Die Erzeugung von Wechselspannungen erfolgt in Generatoren (Abb. 1). Dabei werden Wicklungen in Magnetfeldern bewegt, oder die Wicklungen stehen fest und die Magnetfelder werden bewegt. Man nennt diesen Vorgang **Induktion.**

Bevor wir auf die komplexen Zusammenhänge bei der Spannungserzeugung im Generator durch

Abb. 1: Generator

Induktion eingehen, müssen wir einige grundlegende Überlegungen anstellen. Ausgangspunkt ist dabei der in Abb. 2 dargestellte Versuch, bei dem ein Dauermagnet in eine Spule geschoben wird. An den Anschlüssen der Spule liegt ein Spannungsmeßgerät.

Der Versuch zeigt, daß nur dann eine Spannung entsteht, wenn der Dauermagnet bewegt wird. Wenn er in Ruhe bleibt, wird keine Spannung induziert. Das gleiche Ergebnis erhält man, wenn die Spule bewegt wird und der Dauermagnet feststeht. Außerdem ist die Polarität der Spannung davon abhängig, ob der Magnet hineingeschoben oder herausgezogen wird.

Eine weitere Erkenntnis läßt sich gewinnen, wenn die Bewegung unterschiedlich schnell erfolgt. Das Spannungsmeßgerät zeigt dann den größeren Wert an, wenn die Änderung rascher erfolgt. Auch hierbei ist es unerheblich, ob der Dauermagnet oder die Spule bewegt werden. Entscheidend ist die Relativbewegung zwischen beiden Bauteilen.

Verwendet man zur Beschreibung der Ergebnisse physikalische Größen, dann hat sich beim Hinein-, bzw. Herausschieben des Magneten der magnetische Fluß in der Spule geändert. Es kam zu einer Flußänderung $\Delta\Phi$. Diese Änderung erfolgte in einer bestimmten Zeit (Zeitänderung Δt). Wenn die Zeitänderung geringer ist, entsteht eine größere Spannung, wenn sie dagegen größer ist (langsame Bewegung), dann ist die induzierte Spannung kleiner.

Das Verhältnis beider Größen kann man als Flußänderungsgeschwindigkeit auffassen. Für die Induktionsspannung ergibt sich somit der folgende proportionale Zusammenhang:

$$u_0 \sim \frac{\Delta\Phi}{\Delta t}$$

Eine Induktionsspannung entsteht dann, wenn sich in einer Spule der magnetische Fluß ändert.

In dem in Abb. 2 dargestellten Versuch wurde eine Spule mit $N = 600$ Windungen verwendet. Erhöht man die Windungszahl, dann erhöht sich auch die Spannung im gleichen Maße. **Das Induktionsgesetz** lautet dann:

$$u_0 = \frac{N \cdot \Delta \Phi}{\Delta t}$$

Mit Hilfe der Abb. 3 wollen wir jetzt das Induktionsgesetz verdeutlichen. In Abb. 3a ist ein Fluß dargestellt, der von 0 bis zum Zeitpunkt $t_1 = 2$ s gleichmäßig ansteigt. Danach bleibt er bis zum Zeitpunkt $t_2 = 6$ s konstant. Im letzten Zeitabschnitt bis zum Zeitpunkt t_3 ändert sich der Fluß von seinem Maximalwert bis Null in einer Sekunde.

Zeichnet man darunter in Abb. 3b die Induktionsspannung gemäß dem Induktionsgesetz, dann ergibt sich im Abschnitt I eine konstante Spannung. Im Abschnitt II ist die Änderung Null. Dementsprechend ist auch die Induktionsspannung Null. Im Abschnitt III dagegen wird der Fluß gleichmäßig kleiner. Außerdem geschieht dieses in einer kürzeren Zeit als im Abschnitt I. Die Induktionsspannung ist also größer und besitzt im Vergleich zu Abschnitt I eine andere Polarität. Da sich im Abschnitt III im Vergleich zum Abschnitt I der magnetische Fluß von dem gleichen Maximalwert in der Hälfte der Zeit auf Null verringert, ist die induzierte Spannung doppelt so groß.

Wir wollen jetzt diese allgemeingültigen Erkenntnisse über das Induktionsgesetz auf einen Wechselspannungsgenerator übertragen und gehen von dem vereinfachten Modell der Abb. 4 aus. Eine Leiterschleife rotiert mit gleichbleibender Geschwindigkeit in einem homogenen (gleichmäßigen) Magnetfeld.

Die Entstehung der vollständigen Spannung sowie ihr zeitlicher Verlauf sollen nun beschrieben werden. Dazu wird eine weitere Vereinfachung vorgenommen. Der Generator wird im Schnitt betrachtet (Abb. 5) und dabei nur die für die Spannungserzeugung wichtige Leiterschleife und das sie durchdringende Magnetfeld dargestellt. Die sich bei der Drehung der Leiterschleife ergebenden Zusammenhänge sind in Abb. 1 auf S. 18 dargestellt.

Die Abb. 1a zeigt die Anfangsstellung der Leiterschleife. Darunter befinden sich die Abb. 1b bis 1d, in denen die Leiterschleife um einen Winkel von jeweils 30° weitergedreht gezeichnet wurde. Dabei wird deutlich, daß sich die Fläche, durch die der Fluß hindurchtritt, verkleinert. In Abb. 1 auf S. 18 wird dieses durch die rote Linie anschaulich gemacht.

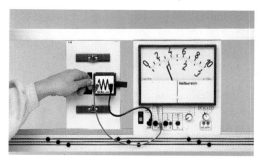
Abb. 2: Induktionsvorgang

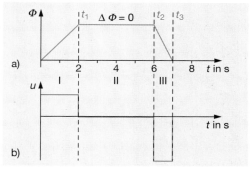
Abb. 3: Induktionsmessung

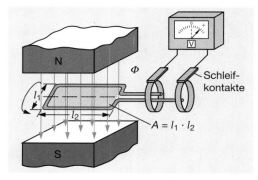
Abb. 4: Rotierende Leiterschleife im Magnetfeld zur Spannungserzeugung (Generatormodell)

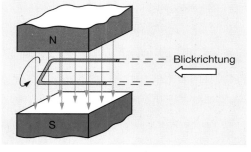
Abb. 5: Schnitt durch das Generatormodell von Abb. 4

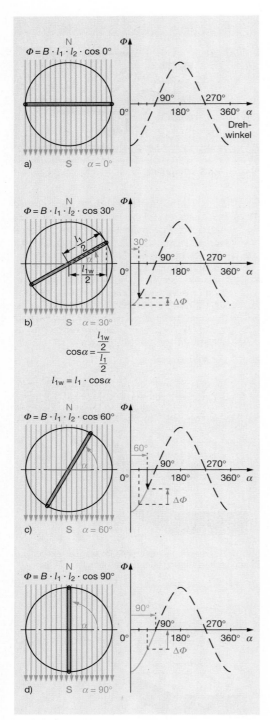

Abb. 1: Magnetischer Fluß in Abhängigkeit vom
Drehwinkel

Der Fluß kann mit der Formel $\Phi = B \cdot A$ berechnet
werden. Bei der Spannungserzeugung bleibt die
Größe B konstant, da sich die Leiterschleife in
einem homogenen Magnetfeld bewegt. Die Fläche
berechnet sich aus den Abmessungen der Leiterschleife mit $A = l_1 \cdot l_2$. Für l_1 darf jedoch nicht die
konstante Länge eingesetzt werden, sondern die
zu jeder Winkelstellung gehörende wirksame Länge
l_{1w}. Sie läßt sich mit Hilfe der Cosinusfunktion
berechnen.

Der magnetische Fluß berechnet sich dann nach
der Formel $\Phi = B \cdot l_1 \cdot l_2 \cdot \cos \alpha$. Bei der Winkelstellung 0° ist der Fluß durch die Spule maximal
(cos 0°=1). Danach wird der Fluß durch die
Spule mit zunehmendem Winkel kleiner, gemäß
der Cosinusfunktion.

Die bisherigen Betrachtungen sind ohne Berücksichtigung von Vorzeichen durchgeführt worden.
Will man jedoch den Fluß als Liniendiagramm
darstellen, dann muß man sich entscheiden, ob der
Fluß bei 0° sein positives oder sein negatives
Maximum besitzen soll. In unserem Beispiel ist
festgelegt worden, daß der Fluß bei 0° sein
negatives Maximum besitzt (Abb. 1a).

Während einer vollen Umdrehung (0° ... 360°)
ändert sich die Richtung des Flusses durch die
Leiterschleife. Der Fluß durchdringt zwischen 0°
und 180° die Schleife von »oben« und dann bis
360° von »unten«. Durch diese Änderung der
Richtung entsteht eine Wechselspannung. Es sind
positive und negative Anteile vorhanden.

> Da sich im Verlauf einer Umdrehung die
> Flußrichtung durch die Leiterschleife ändert,
> wechselt auch die Polarität der Spannung.
> Es entsteht eine Wechselspannung.

Wir wollen jetzt mit Hilfe des allgemeinen Induktionsgesetzes den genauen Verlauf der Wechselspannung herleiten. Für die induzierte Spannung
ist die Änderung des Flusses in einer bestimmten
Zeit verantwortlich (Änderungsgeschwindigkeit).
Die Änderung des Flusses $\Delta\Phi$ ist in Abb. 2 auf
S. 19 für gleichbleibende Zeitabstände Δt bzw.
Winkeländerungen an verschiedenen Stellen der
Flußkurve eingezeichnet worden. Es wird dabei
deutlich, daß die Flußabnahme nicht konstant ist,
sondern mit zunehmendem Winkel ebenfalls zunimmt. Die Änderung ist bei 0° Null und bei 90° am
größten. Die Spannung muß demnach bei 0° ebenfalls Null und bei 90° maximal sein. Trägt man
diese Änderung des Flusses in positiver Richtung
in ein Diagramm ein (Abb. 3, S.19, vergrößerter
Maßstab und gleichbleibende Winkel- bzw.
Zeitabschnitte), dann erhält man bereits den
Verlauf der Spannung. Der Verlauf ist sinusförmig.

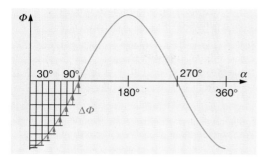

Abb. 2: Fluß und Flußabnahme zwischen 0° und 90°

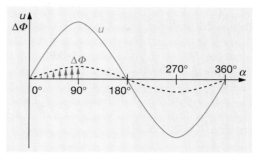

Abb. 3: Veranschaulichung der Lenzschen Regel

Bewegt man eine Leiterschleife in einem homogenen Magnetfeld auf einer Kreisbahn, dann entsteht eine sinusförmige Spannung.

Unklar bleibt bisher noch die Polarität der Spannung. Sie läßt sich jedoch mit der Lenzschen[1] Regel erklären, die durch die Zeichnungen der Abb. 4 verdeutlicht wird.

Bei ansteigender Spannung (z. B. Einschalten) ist der Strom in der Sekundärspule L 2 so gerichtet, daß das Sekundärfeld dem erzeugenden Feld entgegen wirkt (Abb. 4a).

Das primäre Feld wird geschwächt. Die Polarität der Induktionsspannung ergibt sich dann aus der Stromrichtung.

Verringert sich die Spannung (z. B. beim Abschal-

[1] FRIEDRICH EMIL LENZ, deutscher Physiker, 1804 – 1865

ten), dann fließen beide Ströme in die gleiche Richtung. Das sekundäre Feld ist bestrebt, die Abnahme auszugleichen (Abb. 4b). Die Polarität der Induktionsspannung ergibt sich dann wieder aus der Stromrichtung.

Die Primärspule kann durch einen Dauermagneten ersetzt werden. Um die gleiche Wirkung zu erzielen, müßte in Abb. 4a ein Magnet in die Richtung der Spule L 2 bewegt werden. Der Fluß steigt dabei an. In Abb. 4b müßte er von der Spule wegbewegt werden. Der Nordpol des Dauermagneten muß in beiden Fällen zur Spule L 2 hinzeigen.

Die induzierte Spannung bewirkt einen Strom, der stets so gerichtet ist, daß sein magnetisches Feld der Ursache des Induktionsvorgangs entgegen wirkt.

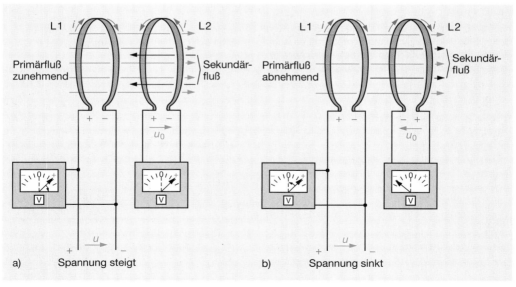

a) Spannung steigt   b) Spannung sinkt

Abb. 4: Flußänderung und Induktionsspannung

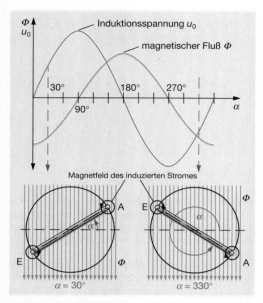

Abb. 1: Zusammenhang zwischen magnetischem Fluß und induzierter Spannung

In Abb. 1 sind zwei Zustände für $\alpha = 30°$ und für $\alpha = 330°$ gezeichnet. Im ersten Fall nimmt der Fluß ab. Diese Verringerung bewirkt eine Induktionsspannung und einen Strom durch den Leiter, dessen Magnetfeld der Verringerung entgegenwirkt. Die beiden Felder gehen deshalb in die gleiche Richtung. Die Richtung des Stromflusses und damit die Polarität an den Anschlüssen kann somit festgelegt werden.

Bei $\alpha = 330°$ in Abb. 1 verändert sich der Fluß zu negativen größeren Werten. Die Zunahme wird durch den Induktionsvorgang behindert (Lenzsche Regel). Das Magnetfeld um die Leiterschleife wirkt dem erzeugenden Magnetfeld entgegen.

Aufgaben zu 1.1.1 und 1.1.2

1. Erklären Sie den Unterschied zwischen dem magnetischen Fluß und der magnetischen Flußdichte!

2. Was versteht man unter magnetischer Feldstärke?

3. Begründen Sie, weshalb sich durch ferromagnetische Materialien die magnetische Flußdichte in einer Spule vergrößert?

4. Weshalb entstehen beim Ummagnetisieren von Eisenkernen Hysteresiskurven?

5. Im Luftspalt eines magnetischen Kreises soll die magnetische Flußdichte auch dann konstant bleiben, wenn sich der Luftspalt vergrößert. Welche Größen müssen verändert werden? Begründen Sie ihre Aussage!

6. In einer Leiterschleife mit $N = 1$ ändert sich der magnetische Fluß in 5 ms von $\Phi_1 = 15$ Vs auf $\Phi_2 = 19$ Vs gleichmäßig. Wie groß ist der Wert der induzierten Spannung?

1.1.3 Darstellungsmöglichkeiten und Kenngrößen

Bisher haben wir erarbeitet, daß die mit dem Generator in 1.1.2 erzeugte Spannung einen sinusförmigen Verlauf hat. Aus der Mathematik ist jedoch auch bekannt, daß man bei der Berechnung rechtwinkliger Dreiecke Sinusfunktionen verwendet. Den Zusammenhang zwischen dieser mathematischen Funktion und der Sinuskurve der Wechselspannung wollen wir jetzt klären.

Sinusfunktion

In Abb. 2 wird die Sinusfunktion verdeutlicht. Der Sinus eines Winkels im rechtwinkligen Dreieck ist das Verhältnis von den Seiten Gegenkathete zu Hypotenuse. Stellt man die Werte der Winkel mit den dazugehörigen Funktionswerten in einer Tabelle zusammen (Abb. 2), dann sieht man, daß die Funktionswerte der Winkel von 0°...90° zwischen 0 und 1 liegen. Die Winkel ändern sich gleichmäßig, die Funktionswerte jedoch nicht.

Trägt man den Funktionswert in Abhängigkeit vom Winkel α auf, dann erhält man den im rechten Teil der Abb. 3 dargestellten Verlauf. Für die Winkel von 30°, 60° und 90° sind die Sinuswerte besonders hervorgehoben. Im linken Teil der Abb. 3 sind die dazugehörigen Dreiecke eingezeichnet. Die Hypotenuse ist bei jedem Winkel gleich, da sie der Radius des Kreises ist.

Legt man den Radius z. B. mit 1 cm fest, dann entspricht die Länge der Gegenkathete dem Funktionswert. Dieser kann dann in den Kurvenverlauf übertragen werden. Die Sinuskurve läßt sich also mit Hilfe des Kreises konstruieren. Kreise dieser Art werden Einheitskreise genannt. Die so gewonnene Kurve entspricht der im Generator erzeugten sinusförmigen Wechselspannung.

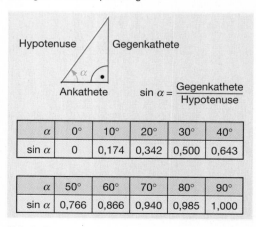

α	0°	10°	20°	30°	40°
sin α	0	0,174	0,342	0,500	0,643

α	50°	60°	70°	80°	90°
sin α	0,766	0,866	0,940	0,985	1,000

Abb. 2: Sinusfunktion

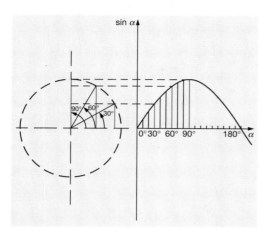

Abb. 3: Entstehung und Kurvenverlauf der Sinuskurve

Linien- und Zeigerdiagramm

Aus der Konstruktion der Sinuskurve kann man entnehmen, daß es zwei Darstellungsarten gibt. In Abb. 4 sind die Zusammenhänge noch einmal an einer sinusförmigen Wechselspannung zu sehen. Der rechte Teil gibt den Verlauf der Spannung in Abhängigkeit vom Drehwinkel an. Für jede Winkelstellung kann die dazugehörige Spannung abgelesen werden. Diagramme dieser Art werden **Liniendiagramme** genannt.

Im linken Teil der Abb. 4 ist die Hypotenuse durch einen Zeiger dargestellt. Dieser Zeiger rotiert

entgegen dem Uhrzeigersinn. Seine Länge stellt den Scheitelwert der Spannung dar. Dieser Wert wird bei 90° und 270° erreicht. Für die übrigen Winkelstellungen läßt sich die Spannung auch bei diesem Diagramm ablesen. Sie entspricht der Projektion der Zeiger auf die Achse AB. Diagramme dieser Art werden **Zeigerdiagramme** genannt.

> Linien- und Zeigerdiagramme werden zur graphischen Darstellung von sinusförmigen Wechselspannungen und Wechselströmen verwendet.

Scheitelwert, Momentanwert

Für die Beschreibung von Wechselspannungen sind die Begriffe Scheitelwert und Momentanwert üblich, weil der Spannungsverlauf in Form eines durchgehenden Linienzuges dargestellt wird.

> Der Scheitelwert $\hat{u}$[1] (Amplitude) ist der größtmögliche Wert einer Wechselspannung. Der Augenblickswert u (Momentanwert) ist der Wert, der im jeweiligen Betrachtungsaugenblick vorhanden ist.

Für Augenblickswerte von Wechselspannungen und Wechselströmen werden Kleinbuchstaben verwendet.

---

[1] sprich: u Dach; es ist auch die Bezeichnung u_{max} möglich.

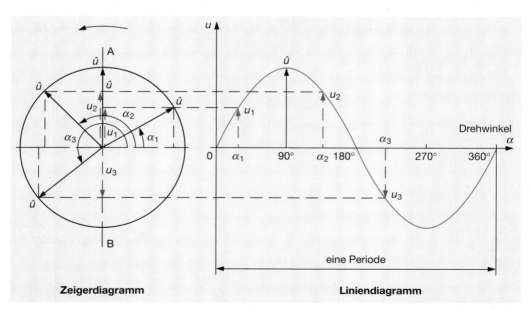

Zeigerdiagramm   **Liniendiagramm**

Abb. 4.: Zusammenhang zwischen Zeiger- und Liniendiagramm

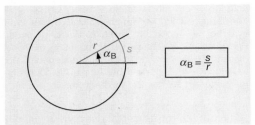

Abb. 1: Winkelangabe im Bogenmaß

Periode

Der in Abb. 4 auf S. 21 dargestellte Kurvenverlauf stellt eine Schwingung dar. Bei 360° beginnt die Kurve aufs neue usw. Diesen Vorgang nennt man **periodisch**. Es reihen sich bei einer Wechselspannung beliebig viele Schwingungen aneinander.

> Eine Periode ist die vollständige Schwingung einer Wechselspannung oder eines Wechselstromes.

Gradmaß, Bogenmaß

Die Winkel wurden bisher im Gradmaß angegeben. Danach wird der Kreisumfang in 360 gleichgroße Teile aufgeteilt. Ein einzelnes Teil davon ist dann 1 Grad. In der Elektrotechnik ist daneben auch die Winkelangabe im Bogenmaß üblich. Ein Winkel im Bogenmaß ist das Verhältnis des Bogenstücks zum Radius (Abb. 1). Danach entspricht dem Winkel eine Zahl ohne Einheit, denn im Zähler und im Nenner stehen die Einheiten Meter. Es ist aber auch üblich, die Einheit rad (Radiant) zu verwenden. Zwischen den Winkeln im Gradmaß und im Bogenmaß gibt es einfache Beziehungen (Abb. 2):

Vollwinkel im Gradmaß: $\alpha_G = 360°$

Vollwinkel im Bogenmaß: $\alpha_B = \dfrac{2\pi \cdot r}{r} = 2\pi$

Faßt man beide Beziehungen zusammen, dann ergibt sich folgende Umrechnungsformel:

$$\frac{\alpha_G}{\alpha_B} = \frac{360°}{2\pi}$$

Jeder Winkel kann durch diese Beziehung in das andere Winkelmaß umgewandelt werden.

Periodendauer

Die Zeit für einen Umlauf (eine Periode) ist eine weitere Größe zur Kennzeichnung von Wechselspannungen.

> Die Periodendauer ist die Zeit, die für die Dauer einer Periode vergeht.

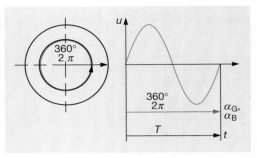

Abb. 2: Zusammenhang zwischen Winkel und Zeit

Periodendauer:

Formelzeichen T
Einheitenzeichen   s

Zwischen dem Drehwinkel α und der Zeit t gibt es Beziehungen. Wenn ein Vollwinkel (360° bzw. 2π) einmal überstrichen wurde, dann ist die Zeit für eine Periode abgelaufen. Zwischen der Periodendauer und den entsprechenden Winkeln gibt es somit folgende Zusammenhänge:

$360° \triangleq 1T$; $2\pi \triangleq 1T$

Anstelle des Drehwinkels α kann deshalb auch die Zeit t in das Diagramm eingetragen werden (Abb. 2).

Frequenz

Als weitere Größe ist die Frequenz für die Wechselspannung von Bedeutung. In der Energietechnik gibt es z. B. die Frequenzen $16\frac{2}{3}$, 50 und 60 Hertz[1].

Zur Verdeutlichung des Frequenzbegriffs dient Abb. 3. In ihr sind vier Perioden mit einer Gesamtzeit von 80 ms zu erkennen. Vier Perioden in 80 ms bedeuten:

$$\frac{4 \text{ Perioden}}{80 \cdot 10^{-3}\,\text{s}} = \frac{50 \text{ Perioden}}{1\,\text{s}}$$

Diese 50 Perioden (Schwingungen) laufen in einer Sekunde ab. Die Anzahl der Perioden dividiert durch die abgelaufenen Zeit wird Frequenz genannt.

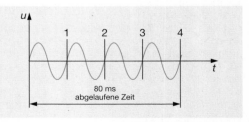

Abb. 3: Spannungen mit einer Frequenz von 50 Hertz

[1] HEINRICH HERTZ, deutscher Physiker, 1857 bis 1894

$$\text{Frequenz} \ = \ \frac{\text{Anzahl der Perioden}}{\text{abgelaufene Zeit}}$$

Die Frequenz gibt an, wie viele Perioden in einer Sekunde ablaufen.

Da die Anzahl der Perioden eine Zahl ist und im Nenner die Zeit steht, wird die Frequenz in 1/s angegeben.

Die Frequenz hat die Einheit **Hertz.**

Frequenz:

Formelzeichen f

Einheitenzeichen   Hz; $1 \ \text{Hz} = \dfrac{1}{\text{s}}$

Die Frequenz läßt sich einfach ausdrücken, wenn anstelle der beliebigen Zeit t die genau festgelegte Zeit T für eine Periode verwendet wird. Die Anzahl der Perioden ist dann 1.

$$\text{Frequenz} = \frac{\text{eine Periode}}{\text{Periodendauer}} \qquad \boxed{f = \frac{1}{T}}$$

Drehzahl, Polpaarzahl

Bei Generatoren ist es üblich, die Drehzahl (Umdrehungsfrequenz) anzugeben. Sie ist die Anzahl der Umdrehungen des Rotors in einer bestimmten Zeit. Als Zeit wird häufig eine Minute verwendet.

$$\text{Drehzahl} = \frac{\text{Anzahl der Umdrehungen}}{\text{Zeit für die Umdrehungen}}$$

Drehzahl (Umdrehungsfrequenz):

Formelzeichen n

Einheitenzeichen $\dfrac{1}{\text{s}} ; \ \dfrac{1}{\text{min}}$

Abb. 4 zeigt einen Generator, der zwei Polpaare besitzt (4 Pole). Im Gegensatz zum bisher beschriebenen Generatortyp rotieren hier die Pole. Die genaue Funktion wird in 4.4.1 beschrieben. Vergleicht man den abgebildeten Generator mit einem Generator, der nur ein Polpaar besitzt, dann wird bei gleicher Drehzahl der Generator mit der doppelten Polpaarzahl auch eine Wechselspannung mit doppelt so großer Frequenz erzeugen (Abb. 5). Auf diese Weise lassen sich also langsam laufende Generatoren konstruieren, die durch eine erhöhte Polpaarzahl Wechselspannungen mit höheren Frequenzen erzeugen. Für Generatoren ergibt sich damit die folgende Formel zur Berechnung der **Frequenz:**

$$\boxed{f = p \cdot n} \qquad n\text{: Drehzahl ; } p\text{: Polpaarzahl}$$

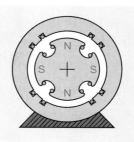

Abb. 4: Generator mit zwei Polpaaren (feststehende Wicklungen, rotierendes Magnetfeld)

Kreisfrequenz

Als weitere Größe ist auch die Angabe der Kreisfrequenz üblich. Da die Sinuskurve aus der Kreisbewegung herleitbar ist, kann man anstelle der Perioden den überstrichenen Winkel zur Zeit in Beziehung setzen.

$$\text{Kreisfrequenz} = \frac{\text{überstrichener Winkel}}{\text{abgelaufene Zeit}}$$

Kreisfrequenz:

Formelzeichen ω

Einheitenzeichen $\dfrac{1}{\text{s}}$

Legt man für die überstrichenen Winkel einen Vollwinkel (360°, 2π) zugrunde, dann muß für die Zeit die Periodendauer T verwendet werden.

Kreisfrequenz

$$\boxed{\omega = \frac{2\pi}{T}} \qquad f = \frac{1}{T} \qquad \boxed{\omega = 2\pi \cdot f}$$

Gleichung der Sinuskurve

Der Kurvenverlauf (Augenblickswerte) einer sinusförmigen Wechselspannung läßt sich durch eine mathematische Formel ausdrücken. Dabei wird auf die bisher verwendete Sinusfunktion zurückgegriffen.

$$\boxed{u = \hat{u} \cdot \sin\alpha}$$

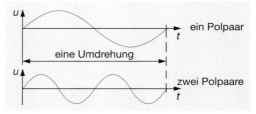

Abb. 5: Vergleich der Spannungsverläufe zwischen Maschinen mit einem Polpaar und zwei Polpaaren

Der Scheitelwert wird mit dem Sinus des Winkels α multipliziert. Die Sinuswerte gehen von 0 bis ± 1, so daß sich der bekannte Verlauf der Sinuskurve ergibt.

Die Formel läßt sich mit Hilfe der neu eingeführten Größen in einer anderen Form darstellen. Der Winkel α hängt von der jeweiligen Winkelstellung ab und diese wiederum von der Zeit, so daß anstelle von α eine zeitabhängige Beziehung stehen kann.

Zwischen dem Winkel und der Zeit ergeben sich folgende Zusammenhänge (vgl. Abb. 2, S. 22):

$$\frac{\alpha}{t} = \frac{2\pi}{T} \qquad \left(\frac{\text{Vollwinkel im Bogenmaß}}{\text{Periodendauer}} \right)$$

$$\alpha = \frac{2\pi \cdot t}{T} \;;\quad \frac{1}{T} = f$$

$$\alpha = 2\pi \cdot f \cdot t \;;\quad 2\pi \cdot f = \omega$$

$$\alpha = \omega \cdot t$$

Mit der letzten Beziehung hat die Gleichung für die sinusförmige Spannung folgende Form:

$$\boxed{u = \hat{u} \cdot \sin \omega t}$$

Addition sinusförmiger Spannungen

Die Vorteile von Zeigerdiagrammen werden deutlich, wenn die Spannungsquellen gleicher Frequenz zusammengeschaltet und die resultierende Spannung ermittelt werden soll. Die Abb. 1 zeigt die Schaltung und die Vorgehensweise.

Zwei Spannungen mit den Scheitelwerten 25 V und 15 V, zwischen denen eine Phasenverschiebung von 90° besteht, sind in Reihe geschaltet. Mit Hilfe des Liniendiagramms wird wie folgt vorgegangen:

Bei der Winkeleinstellung $\alpha = 0°$ ist $u_1 = 0$ V und $u_2 = 15$ V. Die Gesamtspannung ist dann auch 15 V.

Bei der Winkeleinstellung $\alpha = 45°$ ist $u_1 = 17,7$ V und $u_2 = 10,6$ V. Es ergibt sich eine sinusförmige Gesamtspannung mit dem Scheitelwert 28,3 V.

Dieses Verfahren läßt sich fortführen, bis genügend Punkte zum Zeichnen der neuen Kurve vorliegen.

Einfacher wird die Konstruktion bei der Verwendung von Zeigerdiagrammen. Die Zeiger werden dabei wie Vektoren (gerichtete Größen) behandelt und zur Ermittlung der Gesamtspannung phasenrichtig aneinander gefügt (vgl. Abb. 1). Die Länge des resultierenden Zeigers entspricht dann dem Scheitelwert der Gesamtspannung. Diesen neuen Zeiger muß man sich ebenfalls rotierend vorstellen.

Aufgaben zu 1.1.3

1. Welche Vorzeichen besitzen die Funktionswerte einer Sinuskurve zwischen den Winkeln größer 180° und kleiner 360°?

2. Zeichnen Sie für die Winkel 120°, 180°, 220°, 270°, 300° und 360° die Zeigerdiagramme einer sinusförmigen Spannung (vgl. Abb. 4, S. 21)!

3. Zwei Spannungen mit $\hat{u}_1 = 10$ V und $\hat{u}_2 = 5$ V sowie 45° Phasenverschiebung sind in Reihe geschaltet. Ermitteln Sie den Wert der Gesamtspannung!

4. Berechnen Sie den Momentanwert einer sinusförmigen Spannung bei $\alpha = 45°$, wenn die Spannung bei $\alpha = 0°$ durch Null geht und der Scheitelwert 311 V ist!

5. Drücken Sie den Winkel $\alpha = 210°$ im Bogenmaß aus!

6. Ermitteln Sie die Periodendauer einer Frequenz von 60 Hz und vergleichen Sie diese mit der Periodendauer bei 50 Hz!

7. Ein Generator mit 8 Polpaaren soll eine Wechselspannung mit einer Frequenz von $f = 50$ Hz erzeugen. Wie groß muß die Drehzahl sein?

8. Berechnen Sie die Kreisfrequenz von 50 Hz!

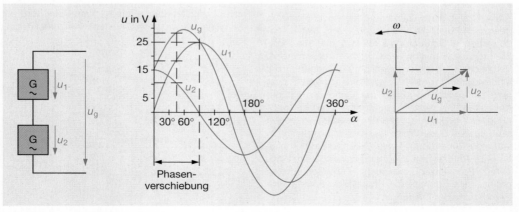

Abb. 1: Addition phasenverschobener Spannungen

1.1.4 Effektivwerte

Obwohl sich die Größen und die Richtungen von Wechselspannungen und Wechselströmen ständig ändern, verwendet man in der Elektrotechnik feste Werte. Sie werden Effektivwerte genannt und sind kleiner als die Scheitelwerte. Effektivwerte werden wie Gleichstromwerte durch Großbuchstaben gekennzeichnet[1].

Die Scheitelwerte sind um einen bestimmten Faktor größer als ihre Effektivwerte. Man erhält diesen Faktor, indem man den Scheitelwert durch den Effektivwert dividiert:

Beispiel: $\dfrac{325\ \text{V}}{230\ \text{V}} = 1{,}413$

Der Zahlenwert ist etwa 1,413. Genauere Untersuchungen ergeben, daß es sich dabei um den Wert $\sqrt{2} \approx 1{,}414$ handelt. Der Zusammenhang zwischen Scheitelwert und Effektivwert läßt sich dann durch folgende Formeln ausdrücken:

$$\hat{u} = U \cdot \sqrt{2}$$

$$\hat{\imath} = I \cdot \sqrt{2}$$

Welche Bedeutung der Effektivwert hat, und wie er sich herleiten läßt, wollen wir nun klären.

Die elektrische Leistung ist das Produkt aus Spannung und Stromstärke. Da diese Werte aber nicht konstant sind, ändert sich die Leistung ständig.

Die Abb. 2 zeigt die graphisch ermittelte Leistung an einem Widerstand im Wechselstromkreis. Für jeden Zeitaugenblick ist die Leistung mit der Formel $p = u \cdot i$ ermittelt worden.

Die Leistung ist am Widerstand R immer dann maximal, wenn Stromstärke und Spannung ebenfalls maximal sind, bei $T/4$, $3\,T/4$ usw.

Sie ist Null, wenn Stromstärke und Spannung ebenfalls Null sind, bei $0T$, $T/2$, $1T$ usw. Die Leistung pendelt zwischen 0 W und 500 W.

Wenn die Spannung negativ wird (Abb. 2), dann bedeutet dies lediglich, daß die Polarität gewechselt hat. Die Spannung verursacht nun einen Strom in umgekehrter Richtung. Beide Größen sind negativ. Die Leistung ist jedoch positiv, da auch in diesem Bereich Energie in Form von Wärme

---

[1] Möglich ist auch die Kennzeichnung durch den Index eff

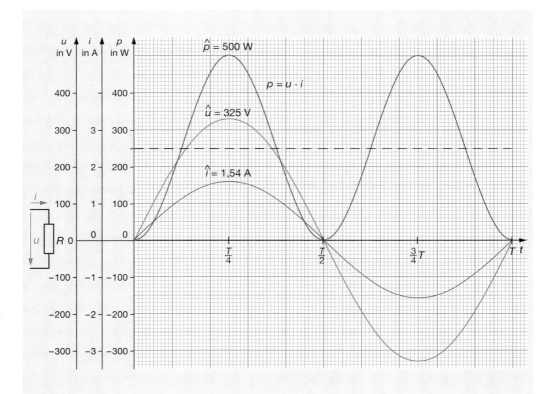

Abb. 2: Leistung im Wechselstromkreis

abgegeben wird. Außerdem werden zwei negative Werte miteinander multipliziert, so daß auch im mathematischen Sinne ein positiver Wert entsteht.

Für die Umsetzung der Energie in Wärme ist nicht die Spitzenleistung entscheidend, sondern die mittlere Leistung in einer Periode. Diese läßt sich bestimmen, indem man graphisch die Spitzen der Leistung in die Minima klappt (Abb. 1). Eine Wechselspannung und eine Stromstärke mit den Scheitelwerten von 325 V und 1,54 A erzeugen eine mittlere Leistung (effektive Leistung) von 250 W. Will man diese berechnen, dann muß man anstelle der Scheitelwerte die kleineren Effektivwerte einsetzen:

230 V · 1,09 A ≈ 251 W

Diese 251 W können auch mit Gleichspannungen und Gleichströmen erreicht werden (Abb. 1). Die Werte müßten dann ebenfalls 230 V und 1,09 A sein.

> Effektivwerte von Wechselspannungen und Wechselströmen entsprechen den Gleichspannungen und Gleichströmen, die die gleiche Leistung erzeugen.

Für die Berechnung der Wechselstromleistung sind folgende Formeln anwendbar:

$$P = \frac{\hat{u} \cdot \hat{\imath}}{2}$$
$$P = U \cdot I$$
$$U = \frac{\hat{u}}{\sqrt{2}} ; I = \frac{\hat{\imath}}{\sqrt{2}}$$

$$P = \frac{\hat{u}}{\sqrt{2}} \cdot \frac{\hat{\imath}}{\sqrt{2}}$$
$$P = \frac{\hat{u} \cdot \hat{\imath}}{\sqrt{4}} ; P = \frac{\hat{u} \cdot \hat{\imath}}{2}$$

Aufgaben zu 1.1.4

1. Um welchen Faktor unterscheidet sich der Effektivwert vom Spitzenwert sinusförmiger Spannungen?
2. Erklären Sie die Bedeutung des Begriffs Effektivwert bei Wechselspannungen und Wechselströmen!
3. Der Effektivwert der Spannung zwischen den Außenleitern im Drehstromnetz beträgt 400 V. Ermitteln Sie den Spitzenwert der Spannung!

1.2 Spule an Wechselspannung

Spulen kann man in vielen Bereichen der Elektrotechnik antreffen. Sie sind z. B. als Wicklung von Motoren, Generatoren oder Transformatoren zu finden. Kenntnisse über das Verhalten der Spule im Wechselstromkreis werden im folgenden vermittelt.

1.2.1 Induktivität der Spule

Um das Verhalten der Spule im Wechselstromkreis besser verstehen zu können, müssen wir zunächst auf einige Eigenschaften der Spule im Gleichstromkreis eingehen. Wir legen dazu an zwei gleiche Spulen mit $N = 1200$ eine Gleich- und Wechselspannung von jeweils 20 V und messen die Stromstärke.

Ergebnis

Gleichstromkreis:	$U = 20$ V	$I = 1,5$ A
Wechselstromkreis:	$U = 20$ V	$I = 0,017$ A

Vergleicht man die Ergebnisse, dann läßt sich festhalten, daß im Wechselstromkreis trotz gleich großer Spannung ein kleinerer Strom fließt. Eine geringere Stromstärke bedeutet aber, daß die Spule einen zusätzlichen Widerstand besitzen muß. Dieser Widerstand tritt nur bei Wechselstrom auf. Der Gesamtwiderstand der Spule an Wechselspannung wird **Scheinwiderstand** genannt.

Scheinwiderstand:

Formelzeichen Z

Einheitenzeichen Ω

Der Wechselstrom ändert ständig seine Größe und Richtung. Das damit verbundene Magnetfeld führt zu Induktionsvorgängen, die den zusätzlichen Widerstand verursachen. Diese Induktionsvorgänge sollen jetzt genauer untersucht werden.

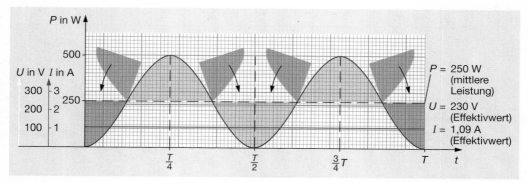

Abb. 1: Ermittlung der mittleren Leistung und der Effektivwerte in Wechselstromkreis

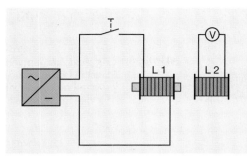

Abb. 2: Induktionsvorgang

Induktionsvorgang

Durch die Induktion der Bewegung können Wechselspannungen in Generatoren erzeugt werden. Jetzt steht im Mittelpunkt der Betrachtungen die **Induktion der Ruhe.** Zur Verdeutlichung dieses wichtigen Vorgangs dient der Versuchsaufbau von Abb. 2, mit dem das grundsätzliche Verhalten einer Spule im Gleich- und im Wechselstromkreis untersucht werden soll.

Die Spule L 1 (Primärspule) wird über einen Schalter an eine Gleichspannung angeschlossen. Die Spule L 2 (Sekundärspule) ist nicht mit ihr verbunden. Trotzdem entsteht nach dem Schließen des Schalters in der Sekundärspule kurzzeitig eine Spannung.

Erklären läßt sich dieses Ergebnis durch das sich ändernde magnetische Feld, das zum Teil die Sekundärspule durchsetzt. Jede Magnetfeldänderung verursacht in Leitern eine Ladungstrennung und damit eine Induktionsspannung (Induktionsgesetz).

Die Wirkung läßt sich erhöhen, wenn beide Spulen dicht aneinander liegen. Ein größerer magnetischer

Fluß kann jetzt die Sekundärspule durchsetzten und führt so zu einer größeren Spannung. Eine noch größere Wirkung erhält man, wenn beide Spulen direkt übereinander gewickelt sind. Der Fluß der Primärspule durchsetzt dann fast vollständig die Sekundärspule.

Selbstinduktion

Wir haben bisher erarbeitet, daß dann eine Induktionsspannung entsteht, wenn sich der magnetische Fluß in einer Spule ändert. Der Vorgang in der Sekundärspule wurde erklärt. Was geschieht aber in der Primärspule, in der sich ja auch der Fluß verändert? Diesem Problem wollen wir durch Versuch 1–2 auf den Grund gehen.

Das Ergebnis wollen wir mit Hilfe bereits erarbeiteter Kenntnisse erklären. Zunächst kann gefolgert werden, daß ein zusätzlicher Widerstand (Lampe leuchtet verzögert auf) den Strom nach dem Einschalten behindert hat. Dieser Widerstand war am Anfang groß (Lampe war dunkel) und am Ende des Schaltvorgangs klein (Lampe leuchtete hell). Wenn sich die Stromstärke in der Spule ändert, dann entsteht gleichzeitig ein änderndes Magnetfeld, das eine Induktionsspannung zur Folge hat (Induktionsgesetz). Diese neu entstandene Spannung wirkt der angelegten Spannung entgegen (Lenzsche Regel), so daß die angelegte Spannung erst allmählich wirksam werden kann. Die Induktionsspannung verschwindet, wenn sich die Stromstärke nicht mehr verändert.

Die Gegenspannung ist durch den sich ändernden Strom in der Spule entstanden. Man nennt diese Spannung **Selbstinduktionsspannung.**

Eine Selbstinduktionsspannung entsteht in einer Spule durch Änderung der Stromstärke.

Versuch 1–2:   Selbstinduktion

Meßschaltung

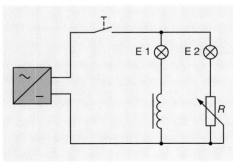

Durchführung

Im eingeschalteten Zustand wird der Widerstand R so verändert, daß beide Lampen gleich hell leuchten. Dann wird der Schalter geöffnet und wieder geschlossen. Das Verhalten der Lampen wird beobachtet.

Ergebnis

Die Lampe E 1, die in Reihe mit der Spule liegt, leuchtet nach dem Schließen des Schalters verzögert auf und erreicht erst allmählich ihre maximale Helligkeit.

Schaltvorgänge bei Spulen

Das Ergebnis des Versuchs 1–2 und die nachfolgenden Überlegungen haben uns gezeigt, daß sich
die Stromstärke und die Spannung an der Spule
nicht gleichsinnig verhalten. Die Stromstärke
beginnt beim Einschalten bei Null und steigt
allmählich auf einen Maximalwert. Die Gesamtspannung verteilt sich auf die Spule und die Lampe
(Reihenschaltung). Im Einschaltmoment ist die
Lampenspannung Null. Demzufolge muß die Spannung an der Spule maximal sein. Mit zunehmender
Stromstärke sinkt die Spannung an der Spule und
steigt an der Lampe (Lampe leuchtet). Die beiden
Kurven der Abb. 1 zeigen den Verlauf der
Spannung und der Stromstärke an der Spule, wie
man sie mit dem Oszilloskop sichtbar machen
kann.

Aus den Diagrammen können die Endwerte 1 V
und 0,8 A entnommen werden. Wenn die Stromstärke sich nicht mehr verändert, wirkt die Spule
immer noch wie ein Widerstand. Dieser läßt sich
über das Ohmsche Gesetz berechnen ($R = 1,25\ \Omega$).
Der Widerstand ist der Gleichstromwiderstand der
Spule und hängt allein von der Wicklung ab. Zu
diesem Widerstand kommt ein weiterer Widerstand hinzu, wenn sich die Stromstärke ändert.

Bisher wurden die Vorgänge beim Aufbau des
magnetischen Feldes in der Spule behandelt. Zur
Entstehung und Aufrechterhaltung des magnetischen Feldes ist ein Stromfluß erforderlich. Ein
Stromfluß bedeutet aber, daß Arbeit verrichtet
wird, die als Energie im Magnetfeld der Spule
gespeichert ist. Es kann mit ihr wieder Arbeit verrichtet werden (z. B. Anziehen von Eisen).

Als nächstes sollen jetzt die Vorgänge beim Abbau
des Feldes behandelt werden.

Die in der Spule gespeicherte Energie muß sich
auch nach dem Abschalten in Form eines sich
verringernden Stromflusses abbauen können. Es
muß also auch nach dem Abschalten der Spannungsquelle ein Stromkreis für die Spule vorhanden sein. Dieses wird durch den Widerstand
parallel zur Spule (Abb. 2) ermöglicht. Durch diese
Maßnahme kommt es außerdem zu einem verzögerten Abbau, so daß die Vorgänge besser
beobachtet werden können.

Nach dem Öffnen des Schalters ist die Spannungsquelle abgetrennt. Diese Änderung bedeutet aber,
daß eine Induktionsspannung an der Spule entstehen muß. Nach der Lenzschen Regel versucht sie,
den Stromfluß in voller Höhe und in gleicher
Richtung aufrechtzuerhalten, um so der Änderung
durch den Abschaltvorgang entgegenzuwirken.
Durch die Spule fließt also auch nach dem
Abschalten ein Strom in die gleiche Richtung. Da
durch den Parallelwiderstand der Stromkreis ge-

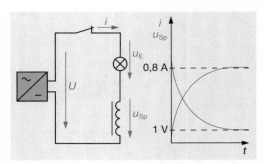

Abb. 1: Strom- und Spannungsverlauf beim Einschalten von Spulen

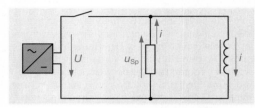

Abb. 2: Strom- und Spannungsrichtungen beim Abschalten von Spulen

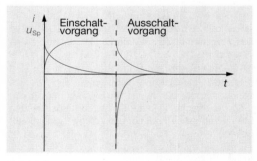

Abb. 3: Schaltvorgänge an Spulen ohne zusätzlichen
Parallelwiderstand

schlossen ist, fließt der Strom auch durch den
Widerstand.

Die entstehende Spannung ist im wesentlichen von
der Größe des Parallelwiderstandes abhängig. Es
ist deshalb gefährlich, wenn Spulen allein an
Spannungsquellen angeschlossen sind und
Schaltvorgänge durchgeführt werden müssen. Als
Parallelwiderstand würde dann der immer vorhandenen hohe Isolationswiderstand wirken, so daß
die Abschaltspannung hohe Werte erreicht (Abb. 3). Es
kann dabei zu Überschlägen und zur Zerstörung
von Isolierungen bei Schaltern kommen.

Die Polarität der Spannung ergibt sich aus der
Stromrichtung. Die Abb. 2 zeigt, daß die Polarität der
Spannung an der Spule im Vergleich zur ursprünglich angelegten Spannung umgekehrt ist. Die Spule
arbeitet jetzt im Prinzip wie eine Spannungsquelle.

Bestimmung der Induktivität

Alle bisher beschriebenen Versuche sind mit dem Induktionsgesetz beschreibbar. Die ursprüngliche Form lautet:

$$u_0 = N \frac{\Delta \Phi}{\Delta t}$$

Die Flußänderung ist durch die Stromänderung entstanden, so daß sich folgende Wirkungskette ergibt:

ΔI verursacht $\Delta \Phi$ verursacht u_0

Wir wollen deshalb eine Formel für die Induktionsspannung herleiten, in der die Stromänderung vorkommt. Für den magnetischen Fluß können die folgenden Formeln verwendet werden (vgl.1.1.1):

$$\Phi = B \cdot A$$
$$B = \mu_0 \cdot \mu_r \cdot H$$
$$H = \frac{I \cdot N}{l}$$

Somit ergibt sich für die Induktionsspannung:

$$u_0 = \frac{N \cdot \Delta \left(\dfrac{\mu_0 \cdot \mu_r \cdot N \cdot I \cdot A}{l} \right)}{\Delta t}$$

Das Änderungszeichen Δ steht vor einer Klammer, in der bis auf die Stromstärke alle Größen konstant sind. Deshalb gilt:

$$u_0 = \frac{\mu_0 \cdot \mu_r \cdot N^2 \cdot A}{l} \cdot \frac{\Delta I}{\Delta t}$$

Der erste Teil der Gleichung enthält die Baugrößen der Spule (Abb. 4). Sie werden zu einer Größe zusammengefaßt und mit dem Begriff **Induktivität** bezeichnet.

Die Größe Induktivität hat die Einheit **Henry**[1].

Induktivität:

Formelzeichen L

Einheitenzeichen   H

$$L = \frac{\mu_0 \cdot \mu_r \cdot N^2 \cdot A}{l}$$

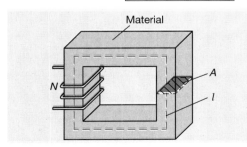

Material

N

A

l

Abb. 4: Baugrößen der Spule

---

[1] benannt nach Joseph Henry, amerikanischer Physiker, 1797-1878

> Die Induktivität der Spule ist eine für die Selbstinduktionsspannung bestimmende Größe .

Die Formel für die Induktionsspannung läßt sich jetzt in folgender Form beschreiben:

$$u_0 = L \cdot \frac{\Delta I}{\Delta t}$$

Die Einheit der Induktivität kann durch Umstellen der Gleichung nach L und Einsetzten der bekannten Einheiten ermittelt werden.

$$L = \frac{u_0 \cdot \Delta t}{\Delta I} \; ; \qquad [L] = \frac{\text{Vs}}{\text{A}} \; ; \qquad 1\,\text{H} = 1\,\frac{\text{Vs}}{\text{A}}$$

Aufgaben zu 1.2.1

1. Erklären Sie, weshalb beim Einschalten einer Gleichspannung an einer Spule die Stromstärke langsam ansteigt!

2. Eine Lampe und eine Spule liegen in Reihe. Sie werden an eine Gleichspannung angeschlossen. Zeichnen Sie den Kurvenverlauf der Spannung an der Lampe und an der Spule nach dem Einschalten in Abhängigkeit von der Zeit!

3. Beschreiben Sie ein Meßverfahren, mit dem man den Gleichstromwiderstand der Spule messen kann!

4. Zeichnen Sie den zeitlichen Verlauf der Spannung an einer Spule, wenn der Stromfluß unterbrochen wird (Gleichstrom)!

5. Bei zwei Spulen mit gleichem Aufbau ändert sich die Stromstärke.

   a) $\Delta I_1 = 3\,\text{A}$ von 5 s ... 8 s gleichmäßig
   b) $\Delta I_2 = 1,5\,\text{A}$ von 5 s ... 6 s gleichmäßig

   In welchem Fall ist die Induktionsspannung am größten?

6. Zählen Sie die Größen auf, von denen die Induktivität einer Spule abhängt!

1.2.2 Widerstand der Spule

Durch einen Versuch (S. 26) haben wir festgestellt, daß das Widerstandsverhalten der Spule von der Art der angelegten Spannung abhängt. Bei Gleichspannung tritt lediglich der durch die Wicklung hervorgerufene Widerstand R_{Cu} auf (Widerstand des Kupferleiters).

Legt man an eine Spule eine Wechselspannung, dann kommt es zu ständigen Stromstärkeänderungen und zur Selbstinduktion. Bei der Spule ist deshalb bei angelegter Wechselspannung ein anderer Widerstand feststellbar. Da dieser Widerstand scheinbar auftritt, wird der gesamte Widerstand der Spule im Wechselstromkreis Scheinwiderstand Z genannt (vgl. 1.2.1).

Wie sich nun der Scheinwiderstand im Stromkreis verhält, wollen wir durch den Versuch 1–3 klären.

Versuch 1–3:   Scheinwiderstand der Spule

Meßschaltung

Spule ohne Eisenkern, $N = 1000$

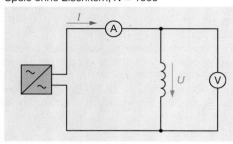

Durchführung

Die Wechselspannung von 50 Hz wird in Stufen von 5 V erhöht und die Stromstärke gemessen.

Ergebnis

U in V	5	10	15	20	25
I in A	0,35	0,70	1,06	1,41	1,76

Das Ergebnis zeigt : Die Stromstärke steigt im gleichen Verhältnis wie die Spannung.

Bildet man für jeden Meßpunkt das Verhältnis $\frac{U}{I}$, dann ergibt sich die folgende Tabelle:

$\frac{U}{I}$ in Ω	14,3	14,3	14,2	14,2	14,2

Das Verhältnis $\frac{U}{I}$ ist im Rahmen der Meßgenauigkeit konstant (vgl. Abb. 1).

Diese Beziehung ist bereits vom Ohmschen Gesetz her bekannt. Das Verhältnis $\frac{U}{I}$ ist bei Gleichspannung der Widerstand R. Bei der Spule ist das Verhältnis $\frac{U}{I}$ auch ein Widerstand, nämlich der bereits bekannte Scheinwiderstand Z ($Z \approx 14,3\Omega$).

Scheinwiderstand der Spule

$$Z = \frac{U}{I}$$

Blindwiderstand

Der Versuch 1–3 wurde mit einer Spule durchgeführt, die keinen Eisenkern besaß. Wenn wir einen Eisenkern einfügen, erhält man:

$$Z_{Fe} = \frac{10\ V}{14,5\ mA}\ ;\qquad Z_{Fe} = 689,7\ \Omega$$

Das Meßergebnis zeigt uns, daß sich durch das Eisen der Widerstandswert erheblich erhöht hat. Der Gleichstromwiderstand ist in beiden Fällen gleich geblieben. Er ist in diesem Fall vorher mit 13,3 Ω ermittelt worden (vgl. S. 26). Erhöht hat sich beim Scheinwiderstand nur der Anteil, der durch den Wechselstrom hervorgerufen wurde. Dieser Anteil wird Blindwiderstand[1] genannt.

Blindwiderstand der Spule:

Formelzeichen X_L

Einheitenzeichen Ω

Der Scheinwiderstand der Spule setzt sich also aus zwei Anteilen zusammen. Für die Spule mit Eisenkern ergibt sich die folgende Aufteilung:

Scheinwiderstand
$Z = 689,7\ \Omega$

Gleichstromwiderstand   **Blindwiderstand**
$R = 13,3\ \Omega$ X_L

Der Gleichstromwiderstand ist im Vergleich zum Scheinwiderstand sehr klein. Der Scheinwiderstand besteht also in diesem Fall hauptsächlich aus dem Blindanteil. Es kann deshalb für diesen Fall $X_L \approx Z$ gesetzt werden.

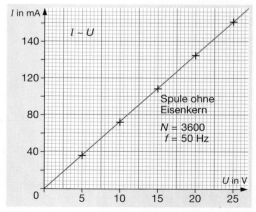

Abb. 1: Zusammenhang zwischen Stromstärke und Spannung bei der Spule

---

[1] Die Bedeutung des Wortes Blindwiderstand wird in 1.2.3 erklärt.

In Wechselstromkreisen kann der Gleichstromwiderstand nicht immer mit dem **Wirkwiderstand** (vgl. 1.2.3) gleichgesetzt werden. Er umfaßt nicht nur den Widerstand des Leiters, sondern alle im Kreis auftretenden Verluste, bei denen Wärme entsteht (z. B. Wirbelströme). Der Wirkwiderstand ist also etwas größer als der Gleichstromwiderstand.

In vielen technischen Geräten ist durch eine große Induktivität (z. B. durch einen Eisenkern erzeugt) der Blindwiderstand gegenüber dem Wirkwiderstand so groß, daß die Spule im Rahmen technischer Genauigkeiten wie ein induktiver Blindwiderstand behandelt werden kann (ideale Spule). X_L kann über die Beziehung $\frac{U}{I}$ berechnet werden.

Der Blindwiderstand X_L der Spule ist von der Induktivität L abhängig. Außerdem hängt er auch von der Frequenz der Wechselspannung ab, denn die Häufigkeit der Stromänderungen verändert die Selbstinduktionsspannung. Diese beiden Abhängigkeiten sollen in Versuch 1 – 4 untersucht werden.

Der Versuch 1 – 4 zeigt:

- X_L steigt im gleichen Verhältnis wie L.

- X_L steigt im gleichen Verhältnis wie f.

Die Meßwerte sind in Abb. 2 und 3 in Diagrammform dargestellt. Sie bestätigen die proportionalen Zusammenhänge.

Versuch 1–4:   Abhängigkeit des Blindwiderstandes von der Induktivität und der Frequenz

Aufbau

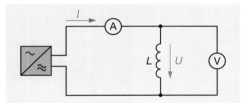

Durchführung
1. Spulen verschiedener Induktivität werden an eine Spannung mit gleichbleibender Frequenz

von 750 Hz gelegt und die Stromstärke gemessen. Weil bei dieser Frequenz der Gleichstromwiderstand vernachlässigt werden kann, wird der Blindwiderstand über $\frac{U}{I}$ berechnet (X_L in Abhängigkeit von L).

2. Eine Spule wird an Wechselspannungen mit unterschiedlichen Frequenzen gelegt und die Stromstärke gemessen.

Der Blindwiderstand wird über die Beziehung $\frac{U}{I}$ berechnet (X_L in Abhängigkeit von f).

Ergebnis
1. $f = 750$ Hz

L in mH	U in V	I in mA	X_L in Ω
2,2	4	385	10,4
8,7	4	98	41
32,6	4	26	154

2. $L = 2,2$ mH

f in Hz	U in V	I in mA	X_L in Ω
750	4	385	10,4
1500	4	192	20,8
3000	4	95	42,1

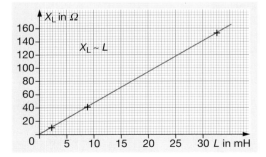

Abb. 2: Blindwiderstand in Abhängigkeit von der Induktivität bei der Spule.

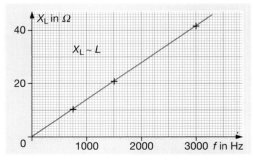

Abb. 3: Blindwiderstand in Abängigkeit von der Frequenz bei der Spule

$X_L \sim f$

$X_L \sim L$ $\Big\}$ $X_L \sim f \cdot L$

Diese letzte Beziehung kann noch nicht als Gleichung geschrieben werden, da die Zahlenwerte nicht übereinstimmen. Die Konstante läßt sich jedoch aus den Meßwerten ermitteln.

$$X_L = k \cdot f \cdot L \; ; \qquad k = \frac{X_L}{f \cdot L} \; ; \qquad k \approx 6{,}3$$

Die Konstante entspricht 2π. Damit ergibt sich folgende Endformel für den **Blindwiderstand der Spule:**

$\boxed{X_L = 2 \cdot \pi \cdot f \cdot L} \qquad \omega = 2\pi \cdot f \qquad \boxed{X_L = \omega \cdot L}$

Phasenverschiebung

In 1.2.1 haben wir gesehen, daß sich die Stromstärke und die Spannung an der Spule nicht gleichsinnig verhalten. Wenn die Stromstärke maximal ist, dann ist die Spannung minimal usw. Wie sich die Spannung und die Stromstärke zueinander verhalten, zeigt der Versuch 1–5.

Stromstärke und Spannung sind nicht in Phase. Sie gehen nicht an der gleichen Stelle durch Null und gehen auch nicht in die gleiche Richtung.

Das Meßergebnis kann weiter präzisiert werden. Die Phasenverschiebung beträgt 90° ($\pi/2$). Die Stromstärke erreicht später ihren Maximalwert. Sie eilt der Spannung nach.

> Bei der idealen Spule eilt die Stromstärke der Spannung um 90° ($\pi/2$) nach.

Oszillogramme entsprechen Liniendiagrammen. Wechselgrößen lassen sich aber auch vereinfacht durch Zeigerdiagramme darstellen (Abb. 1).

Zur Verdeutlichung der Phasenverschiebung dient die Abb. 2, in der die Phasenbeziehungen bei einem Widerstand R zu sehen sind. Stromstärke und Spannung sind dort zeitlich gleichlaufend, sie sind in Phase. Deshalb werden Wirkwiderstände, die diese Phasenbeziehung haben, auch als ohmsche Widerstände bezeichnet.

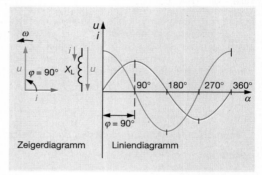

Abb. 1: Strom- und Spannungsverlauf bei der idealen Spule

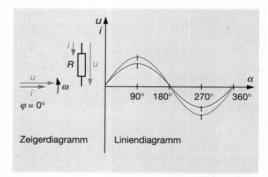

Abb. 2: Strom- und Spannungsverlauf beim Widerstand R

Versuch 1–5:   **Phasenverschiebung zwischen Stromstärke und Spannung bei der Spule**

Meßschaltung

Ergebnis

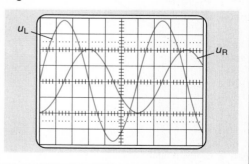

Durchführung

Auf dem Sichtschirm des Oszilloskops wird die Spannung an der Spule und die Stromstärke indirekt über den Spannungsfall am Vorwiderstand abgebildet ($u_R \sim i$).

1.2.3 Leistungen bei Spulen

Neben der Stromstärke und der Spannung ist die Leistung eine weitere wichtige Größe zur Kennzeichnung von Bauteilen. Zur Einführung wird der Versuch 1–6 durchgeführt.

Das Ergebnis ist erstaunlich. Obwohl in beiden Fällen die gleiche Spannung anliegt und gleich große Ströme fließen, zeigt das Leistungsmeßgerät bei der Spule eine sehr geringe Leistung an. Diesen scheinbaren Widerspruch wollen wir jetzt aufklären.

Bei dem Widerstand R wird elektrische Energie in Form von Wärme abgegeben (Abb. 3). Widerstände dieser Art werden deshalb auch als **Wirkwiderstände** bezeichnet (z. B. Glühlampen, Heizspiralen usw.).

> Ein Wirkwiderstand ist ein Widerstand, der elektrische Energie in Wärme umwandelt.

An der Spule im Versuch 1–6 liegt eine Spannung von 230 V und es fließt ein Strom von ebenfalls 96 mA. Da die Spule ein Scheinwiderstand ist, wird das Produkt aus U und I Scheinleistung genannt. Es ist eine scheinbare Leistung, da Stromstärke und Spannung nicht in Phase sind. Um den Unterschied zur Wirkleistung P zu verdeutlichen, wird als Einheit VA verwendet.

Scheinleistung der Spule:

Formelzeichen S $\boxed{S = U \cdot I}$

Einheitenzeichen   VA

Ähnlich wie sich der Scheinwiderstand aus Wirk- und Blindwiderstand zusammensetzt, besteht die Scheinleistung aus der Wirk- und Blindleistung. Für die Spule aus Versuch 1–6 ergibt sich die in Abb. 5 dargestellte Leistungsaufteilung.

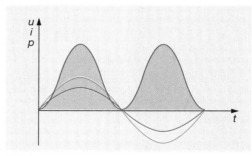

Abb. 3: Leistungsverlauf beim Wirkwiderstand

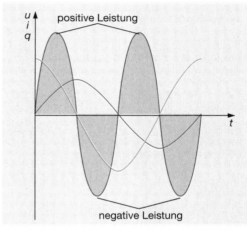

positive Leistung

negative Leistung

Abb. 4: Verlauf der Blindleistung bei der Induktivität

Scheinleistung
$S = 22$ V · A

Wirkleistung
$P = 0,95$ W

Blindleistung
Q_L

Abb. 5: Leistungsaufteilung aus Versuch 1–6

Versuch 1–6: Leistungsmessung an Spule und Widerstand

Meßschaltungen

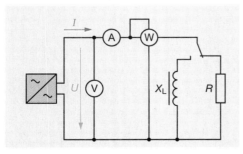

Durchführung $N = 1200$, $R = 2400 \ \Omega$

Die Leistungen werden über die Stromstärke und die Spannung sowie mit einem Leistungsmeßgerät in beiden Meßaufbauten gemessen.

Meßergebnis

1. Spule	2. Widerstand
$U = 230$ V	$U = 230$ V
$I = 96$ mA	$I = 96$ mA
$P = 0,95$ W	$P = 22$ W

Da bei den vorliegenden Versuchsergebnissen die Wirkleistung im Vergleich zur Scheinleistung klein ist, kann diese im Rahmen technischer Genauigkeit vernachlässigt werden. Die Blindleistung ist dann etwa so groß wie die Scheinleistung.

Der zeitliche Leistungsverlauf bei einem induktiven Blindwiderstand läßt sich wieder durch Multiplikation der Momentanwerte ermitteln ($p = u \cdot i$).

Da beim induktiven Blindwiderstand Stromstärke und Spannung nicht in Phase sind, hat das Liniendiagramm der Leistung im Vergleich zum Wirkwiderstand einen anderen Verlauf. In Abb. 4 auf S. 33 kann man erkennen, daß die Leistung zwischen positiven und negativen Werten schwankt. Eine positive Leistung bedeutet, daß Energie von der Spule aufgenommen wird (Aufbau des Feldes). Negative Leistung bedeutet, daß die gespeicherte Energie an das Netz zurückgegeben wird (Abbau des Feldes). Positive und negative Leistungsanteile sind gleich groß, so daß über eine Periode gesehen die mittlere Leistung Null ist. Es wird also keine Wirkleistung in Form von Wärme abgegeben.

> Ein Blindwiderstand ist ein Widerstand, der elektrische Energie zum Feldaufbau aufnimmt und bei Feldabbau wieder abgibt.

Das Produkt aus U und I wird Blindleistung genannt.

Die Größe Blindleistung hat die Einheit **var**.

Blindleistung der Spule:

Formelzeichen Q_L

Einheitenzeichen   var

Wenn die Wirkleistung einer Spule vernachlässigbar ist, kann die Blindleistung wie die Scheinleistung aus dem Produkt $U \cdot I$ berechnet werden.

Aufgaben zu 1.2.2 und 1.2.3

1. Aus welchen Widerstandsanteilen besteht der Scheinwiderstand der Spule?

2. Von welchen Größen hängt der Blindwiderstand der Spule ab?

3. Eine Spule ohne Eisenkern liegt an einer Wechselspannung. Welche Größen ändern sich, wenn bei konstanter Spannung ein Eisenkern eingefügt wird?

4. Zeichnen Sie Diagramme für

   a) X_L in Abhängigkeit von L (f ist konstant)!
   b) X_L in Abhängigkeit von f (L ist konstant)!

5. Eine Spule hat eine Induktivität von 10 H (Wirkwiderstand vernachlässigbar). Wie groß ist I, wenn an der Spule eine Spannung von 230 V mit 50 Hz liegt?

6. Erklären Sie den Unterschied zwischen einem Wirk- und einem Blindwiderstand!

1.3 Schaltungen mit Spulen und Wirkwiderständen

Jede Spule hat im Wechselstromkreis einen Wirk- und einen Blindwiderstand. Diese beiden Widerstandsanteile lassen sich zum Scheinwiderstand Z zusammenfassen (Abb. 1). In Schaltungen müßten deshalb für jede Spule auch zwei Symbole verwendet werden (Abb. 2).

Da jedoch in vielen technischen Geräten der Wirkanteil vernachlässigbar klein ist, kann die Spule wie ein induktiver Blindwiderstand aufgefaßt werden (vgl. 1.2.2).

Zu diesem idealisierten Blindwiderstand können Wirkwiderstände in Reihe und parallel geschaltet werden. Ströme, Spannungen, Widerstände und Leistungen verändern sich dadurch.

Zunächst soll untersucht werden, wie sich eine Reihenschaltung aus einem Wirk- und einem induktiven Blindwiderstand verhält.

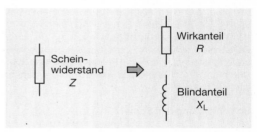

Abb. 1: Widerstand der Spule

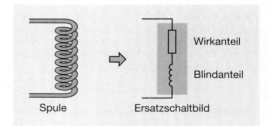

Abb. 2: Ersatzschaltbild der Spule

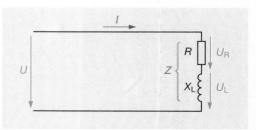

Abb. 3: Reihenschaltung aus Wirkwiderstand und induktivem Blindwiderstand

1.3.1 Reihenschaltung

Strom- und Spannungsverhalten

Abb. 3 zeigt die Reihenschaltung mit einem Wirkwiderstand und einem induktiven Blindwiderstand. In jeder Reihenschaltung fließt überall derselbe Strom. Die Stromstärke ist deshalb überall gleich. An jedem Widerstand ist eine Spannung meßbar. Welchen Einfluß hat der Blindwiderstand auf diese Spannungen? Dieses Problem wollen wir jetzt näher untersuchen.

• Die Stromstärke ist für die Widerstände die gemeinsame Größe. Auf ihren Verlauf werden alle anderen Größen bezogen (Abb. 4a)

• Die Stromstärke verursacht an R eine Spannung U_R, die phasengleich mit I ist (Abb. 4b).
$$U_R = I \cdot R$$

• Stromstärke und Spannung sind am induktiven Blindwiderstand nicht in Phase (vgl. 1.2.2). Die Stromstärke eilt der Spannung um 90° nach. Da die Stromstärke als Bezugsgröße verwendet wurde, muß die Spannung U_L im Diagramm um 90° voreilend gezeichnet werden (Abb. 4c).
$$U_L = I \cdot X_L$$

In der Reihenschaltung aus R und X_L herrscht zwischen u_R und u_L eine Phasenverschiebung von 90°.

• Die Ursache für Stromstärke und Spannungen an den Widerständen ist die angelegte Spannung u. Ihren Verlauf erhält man durch Addition der momentanen Einzelspannungen (Abb. 4d). Zwischen der Stromstärke und der angelegten Spannung ergibt sich so ein Phasenverschiebungswinkel, der kleiner als 90° ist.

Die Stromstärke eilt in der Reihenschaltung aus R und X_L der angelegten Spannung um weniger als 90° nach.

Da Drehspulmeßgeräte keine Augenblickswerte sondern Effektivwerte anzeigen, ist es sinnvoll, von diesen auszugehen.
Das Zeigerdiagramm der Abb. 4d läßt sich zur Berechnung der einzelnen Größen in ein Dreieck umzeichnen. Dazu wird die Blindspannung U_L zeichnerisch parallel verschoben. Das Dreieck besteht dann aus den Seiten U_R, U_L und U (Abb. 5). Da es sich um ein rechtwinkliges Dreieck handelt, können zur Berechnung der Satz des Pythagoras und die Winkelfunktionen verwendet werden.

In Abb. 6 wird der Lehrsatz des **Pythagoras** verdeutlicht. Danach ist das Quadrat über der Hypotenuse (U^2) gleich der Summe der Quadrate über den Katheten (U_R^2 und U_L^2).

$$\boxed{U^2 = U_R^2 + U_L^2}$$

$$U = \sqrt{U_R^2 + U_L^2}$$

$$U_R = \sqrt{U^2 - U_L^2}$$

$$U_L = \sqrt{U^2 - U_R^2}$$

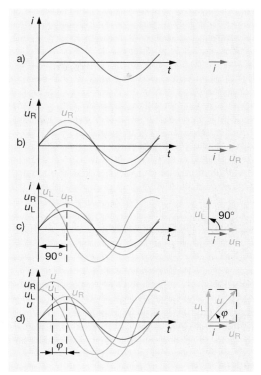

Abb. 4: Linien- und Zeigerdiagramme der Reihenschaltung aus R und X_L

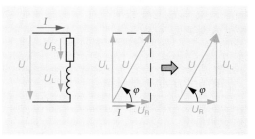

Abb. 5: Zeigerdiagramm und Spannungsdreieck der Reihenschaltung aus R und X_L

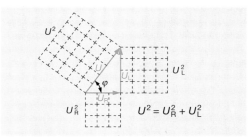

Abb. 6: Anwendung des Satzes des Pythagoras beim Spannungsdreieck

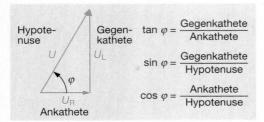

Abb. 1: Spannungsdreieck und Winkelfunktionen

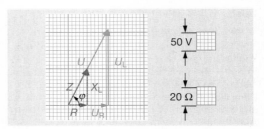

Abb. 2: Zusammenhang zwischen Spannungs- und Widerstandsdreieck bei der Reihenschaltung

Mit **Winkelfunktionen** kann der Phasenverschiebungswinkel φ ermittelt werden. Winkelfunktionen sind in einem rechtwinkligen Dreieck Verhältnisse von zwei Seiten (Abb. 1).

Überträgt man die allgemeinen Definitionen auf das Spannungsdreieck, dann ergeben sich die folgenden Formeln:

$$\tan \varphi = \frac{U_L}{U_R} \qquad \sin \varphi = \frac{U_L}{U} \qquad \cos \varphi = \frac{U_R}{U}$$

Diese Formeln lassen sich durch Umstellen auch zur Berechnung von U_L, U_R und U verwenden, wenn der Phasenverschiebungswinkel bekannt ist.

Widerstände

Neben dem Strom- und Spannungsverhalten sind Aussagen über das Widerstandsverhalten ebenfalls wichtig. Bekannt ist bereits, daß sich der Scheinwiderstand der Schaltung aus dem Wirk- und Blindanteil zusammensetzt. Jeder Widerstand kann über die Beziehung $\frac{U}{I}$ berechnet werden. U und I sind jedoch nicht in allen Fällen phasengleich, so daß dieses bei den Widerstandsbetrachtungen berücksichtigt werden muß.

Ausgegangen wird für die folgenden Teile von diesem **Beispiel:**

Eine Spule (Wirkwiderstand vernachlässigbar) hat einen Blindwiderstand von 40 Ω. In Reihe liegt ein Wirkwiderstand von 20 Ω. Bei einer angelegten Spannung von 230 V ist die Stromstärke 5,15 A.

Aus den gegebenen Werten kann der Scheinwiderstand der Schaltung berechnet werden.

$$Z = \frac{U}{I} ; \qquad Z = \frac{230 \text{ V}}{5,15 \text{ A}} ; \qquad \underline{Z = 44,7\ \Omega}$$

Dieser Wert ist größer als jeder Einzelwiderstand. Es ist jedoch noch nicht geklärt, wie aus den gegebenen Einzelwiderständen R und X_L der Scheinwiderstand ermittelt werden kann.

Zur Lösung des Problems wird auf das Spannungsdreieck zurückgegriffen (Abb. 2).

$U = I \cdot Z;$ $U = 5{,}15 \text{ A} \cdot 44{,}7\ \Omega;$ $\underline{U = 230 \text{ V}}$

$U_R = I \cdot R;$ $U_R = 5{,}15 \text{ A} \cdot 20\ \Omega;$ $\underline{U_R = 103 \text{ V}}$

$U_L = I \cdot X_L;$ $U_L = 5{,}15 \text{ A} \cdot 40\ \Omega;$ $\underline{U_L = 206 \text{ V}}$

Aus den Berechnungen geht hervor, daß die Widerstandswerte in allen drei Fällen mit der gleichbleibenden Stromstärke von 5,15 A multipliziert werden. Bestimmend für die Länge der Spannungspfeile im Dreieck sind also ein konstanter Faktor (I) und der jeweilige Widerstand (R, X_L oder Z). Es kann deshalb mit den Widerstandswerten ein neues Dreieck gezeichnet werden. Es unterscheidet sich vom Spannungsdreieck lediglich durch einen anderen Maßstab. Da die Winkel gleich geblieben sind, handelt es sich um ähnliche Dreiecke (Abb. 2). Die Widerstände sind auch durch Pfeile dargestellt.

Mit diesem Widerstandsdreieck lassen sich unter Anwendung des Lehrsatzes von Pythagoras und der Winkelfunktionen grundlegende Formeln zur Berechnung aufstellen.

$$Z^2 = R^2 + X_L^2 \qquad R = \sqrt{Z^2 - X_L^2}$$

$$Z = \sqrt{R^2 + X_L^2} \qquad X_L = \sqrt{Z^2 - R^2}$$

$$\tan \varphi = \frac{X_L}{R} \qquad \sin \varphi = \frac{X_L}{Z} \qquad \cos \varphi = \frac{R}{Z}$$

Wie beim Spannungsdreieck können auch hier die Winkelfunktionen nach Umstellen zur Berechnung von R, X_L und Z verwendet werden, wenn der Phasenverschiebungswinkel bekannt ist.

Beispiel:

$R = 20\ \Omega;\ X_L = 40\ \Omega;$

Gesucht wird der Scheinwiderstand und der Phasenverschiebungswinkel.

$Z = \sqrt{R^2 + X_L^2} ;$ $\tan \varphi = \frac{X_L}{R}$

$Z = \sqrt{400\,\Omega^2 + 1600\,\Omega^2} ;$ $\tan \varphi = 2$

$Z = \sqrt{44{,}7\,\Omega} ;$ $\underline{\varphi = 63{,}4°}$

Leistung

In der Energietechnik ist von großer Bedeutung, wieviel Wirkleistung in Geräten und Anlagen umgesetzt wird. Als Grundlage für die Leistungsbetrachtungen bei der Reihenschaltung von R und X_L wird das Beispiel von S. 36 verwendet.

Herausgearbeitet wurde bereits, daß Stromstärke und Spannung nicht in Phase sind. Die Schaltung stellt keinen reinen Wirkwiderstand ($\varphi = 0°$) und auch keinen reinen Blindwiderstand ($\varphi = 90°$) dar. Die Stromstärke eilt der Spannung um weniger als 90° nach.

Das Liniendiagramm in Abb. 3 zeigt die genauen Phasenbeziehungen und den Verlauf der Leistung. Die Leistung wurde durch die Multiplikation der Momentanwerte von u und i ermittelt.

In dem Diagramm sind positive und negative Leistungsanteile erkennbar. Ein negativer Anteil bedeutet, daß die in der Spule gespeicherte Energie an das Netz zurückgegeben wird (vgl. 1.2.3). Die zurückfließende Energie mußte vorher zum Aufbau des Feldes aufgenommen werden. Sie liegt im positiven Bereich und ist genau so groß wie der negative Anteil (Abb. 3; farbig gekennzeichnete Flächen).

Deshalb muß von der im positiven Bereich liegenden Fläche der negative Anteil subtrahiert werden. Der verbleibende Rest ist dann die Energie, die in Form von Wirkleistung verfügbar ist.

Es wird schwierig, aus dem Diagramm die Größen der Anteile der Blind-, Wirk- und Scheinleistung zu entnehmen, da gekrümmte Kurvenverläufe vorliegen. Mit Hilfe von Zeigern für Blind- Wirk- und Scheinleistungen kann dieses Problem jedoch gelöst werden. Wie beim Widerstandsdreieck wird auch hier auf das Spannungsdreieck zurückgegriffen, um die Leistungen zu berechnen. Die Spannungen und Ströme sind bekannt.

Beispiel:

Gegebenen Größe:

$U = 230\ V$ $\qquad I = 5,15\ A$

$U_R = 103\ V$

$U_L = 206\ V$

Scheinleistung

$S = U \cdot I;\qquad S = 230\ V \cdot 5,15\ A;\quad \underline{S = 1184\ VA}$

Wirkleistung

$P = U_R \cdot I;\qquad P = 103\ V \cdot 5,15\ A;\quad \underline{P = 530\ W}$

Blindleistung

$Q = U_L \cdot I;\qquad Q = 206\ V \cdot 5,15\ A;\quad \underline{Q = 1061\ var}$

In allen drei Leistungen ist ein gemeinsamer Faktor vorhanden, die Stromstärke I. Die Spannungen sind unterschiedlich. Man kann deshalb vom Spannungsdreieck ausgehen und ein Leistungsdreieck zeichnen, bei dem in diesem Fall jede Seite mit dem Faktor 5,15 multipliziert wird. Die Abb. 4 zeigt dieses Leistungsdreieck. Es ist wie das Widerstandsdreieck dem Spannungsdreieck ähnlich, da alle Winkel übereinstimmen.

Für die Berechnung lassen sich die folgenden Grundformeln anwenden:

$$\boxed{S^2 = P^2 + Q^2} \qquad P = \sqrt{S^2 - Q^2}$$

$$S = \sqrt{P^2 + Q^2} \qquad Q = \sqrt{S^2 - P^2}$$

$$\tan \varphi = \frac{Q}{P} \qquad \sin \varphi = \frac{Q}{S} \qquad \cos \varphi = \frac{P}{S}$$

Der $\cos \varphi$ hat in der Energietechnik eine besondere Bedeutung. Er ist in der zuletzt angegebenen Form das Verhältnis von Wirkleistung zu Scheinleistung. Er gibt also an, in welchem Umfang die Scheinleistung in Wirkleistung umgesetzt wird. Er wird

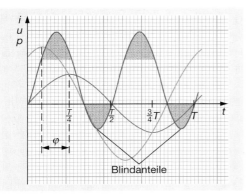

Abb. 3: Stromstärke-, Spannungs- und Leistungsverlauf bei der Reihenschaltung aus R und X_L

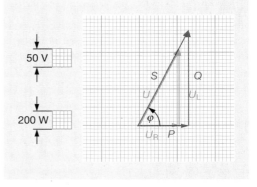

Abb. 4: Zusammenhang zwischen Spannungs- und Leistungsdreieck bei der Reihenschaltung

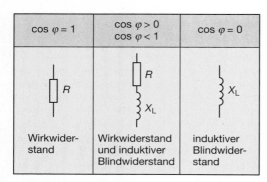

cos φ = 1	cos φ > 0 cos φ < 1	cos φ = 0
R	R X_L	X_L
Wirkwider- stand	Wirkwiderstand und induktiver Blindwiderstand	induktiver Blindwider- stand

Abb. 1: Leistungsfaktoren bei unterschiedlichen
Belastungen

deshalb auch **Leistungsfaktor** oder **Wirklei-
stungsfaktor** genannt. Er kann Werte zwischen 0
und 1 annehmen (Abb. 1).

Leistungsfaktor:

Formelzeichen   cos φ oder λ

> Der Leistungsfaktor gibt an, welcher Anteil der
> Scheinleistung in Wirkleistung umgesetzt wird.

Daneben gibt es den Blindleistungsfaktor sin φ. Er
gibt an, welcher Anteil der Scheinleistung in
Blindleistung umgesetzt wird.

Aufgaben zu 1.3.1

1. An einer Reihenschaltung aus R und X_L werden folgende Spannungen gemessen:
   U_R = 4 V und U_L = 3 V.
   Zeichnen Sie das Liniendiagramm! Ermitteln Sie den
   Verlauf der angelegten Spannung sowie den Maximalwert!

2. Ermitteln Sie mit Hilfe des Zeigerdiagramms die
   Phasenverschiebung zwischen der angelegten
   Spannung und der Stromstärke bei der Reihenschaltung aus R und X_L, wenn folgende Spannungen
   gemessen werden:
   U_R = 140 V und U_L = 170 V!

3. In einer Reihenschaltung aus R und X_L wird bei
   konstanter Gesamtspannung der Eisenkern der Spule
   entfernt. Wie verändern sich X_L, Z, U_R, U_L, I und φ?

4. Schreiben Sie für das Spannungsdreieck der
   Reihenschaltung aus R und X_L alle Formeln für die
   Berechnung der Spannungen und des Phasenver-
   schiebungswinkels auf!

5. Erklären Sie, wie man aus dem Spannungsdreieck
   der Reihenschaltung mit R und X_L ein Widerstandsdreieck erhält!

6. Eine Induktivität von 1,5 H liegt in Reihe mit einem
   Wirkwiderstand von 500 Ω an einer Wechselspan-
   nung von 230 V und 50 Hz. Wie groß sind Schein-,
   Wirk- und Blindleistung sowie der Leistungsfaktor?

1.3.2 Parallelschaltung

Zur Vollständigkeit und zur Anwendung bisher erarbeiteter Grundlagen wird jetzt die Parallelschaltung behandelt.

Strom- und Spannungsverhalten

Aus der Schaltung in Abb. 2 ist zu entnehmen, daß
bei der Parallelschaltung für die beiden Bauteile
dieselbe Spannung wirksam wird. Daneben gibt es
drei Ströme, den Gesamtstrom I, den Wirkstrom I_R
durch den Wirkwiderstand und den Blindstrom I_L
durch den Blindwiderstand. Für die Konstruktion
der Linien- und Zeigerdiagramme wird wie bei der
Reihenschaltung schrittweise vorgegangen.

- Die gemeinsame Größe ist die Spannung. Auf sie
  müssen alle anderen Größen phasenmäßig be-
  zogen werden (Abb. 3a).
- Der Wirkstrom i_R ist in Phase mit der Spannung u
  (Abb. 3b).
- Der Blindstrom i_L eilt der Spannung u um 90°
  nach (Abb. 3c).
- Die Gesamtstromstärke i erhält man aus der
  Addition der Momentanwerte (Abb. 3d). Der
  Phasenverschiebungswinkel zwischen angeleg-
  ter Spannung und dem Gesamtstrom ist also
  kleiner als 90°.

Wir gehen wieder von Effektivwerten aus.

Das Zeigerdiagramm kann zu einem Dreieck um-
gezeichnet werden. Es besteht aus den drei
Strömen (Abb. 4). Zum Dreieck können folgende
Formeln aufgestellt werden:

$$\boxed{I^2 = I_R^2 + I_L^2}\qquad\qquad I_R = \sqrt{I^2 - I_L^2}$$

$$I = \sqrt{I_R^2 + I_L^2}\qquad\qquad I_L = \sqrt{I^2 - I_R^2}$$

$$\boxed{\tan \varphi = \frac{I_L}{I_R}}\qquad \boxed{\sin \varphi = \frac{I_L}{I}}\qquad \boxed{\cos \varphi = \frac{I_R}{I}}$$

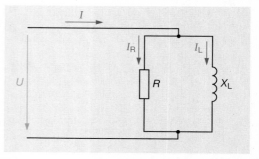

Abb. 2: Parallelschaltung aus Wirkwiderstand und
induktivem Blindwiderstand

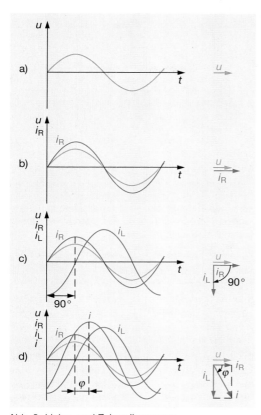

Abb. 3: Linien- und Zeigerdiagramme der Parallelschaltung aus R und X_L

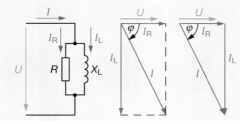

Abb. 4: Zeigerdiagramm und Stromdreieck der Parallelschaltung aus R und X_L

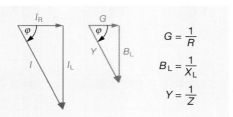

Abb. 5: Zusammenhang zwischen Strom- und Leitwertdreieck bei der Parallelschaltung aus R und X_L

Widerstände

Bei der Reihenschaltung konnte aus dem Spannungsdreieck ein Widerstandsdreieck entwickelt werden. Bei der Parallelschaltung soll ähnlich vorgegangen werden. Allerdings gehen wir hier von einem Stromdreieck aus. Die Stromstärken berechnen sich wie folgt:

$$I = \frac{U}{Z} \; ; \qquad I_R = \frac{U}{R} \; ; \qquad I_L = \frac{U}{X_L}$$

In jeder Formel taucht als Faktor die gemeinsame Spannung U auf. Die Formeln können deshalb auch in folgender Form geschrieben werden:

$$I = U\left(\frac{1}{Z}\right) \; ; \qquad I_R = U\left(\frac{1}{R}\right) \; ; \qquad I_L = U\left(\frac{1}{X_L}\right) \; ;$$

$$I = U \cdot Y \qquad I_R = U \cdot G \qquad I_L = U \cdot B_L$$

Y: Scheinleitwert G: Wirkleitwert B: Blindleitwert

Anstelle des Stromdreiecks kann jetzt ein Leitwertdreieck mit einem veränderten Maßstab gezeichnet werden (Abb. 5).

Strom- und Leitwertdreieck sind ähnlich. Es ergeben sich die folgende Berechnungsformeln:

$$\left(\frac{1}{Z}\right)^2 = \left(\frac{1}{R}\right)^2 + \left(\frac{1}{X_L}\right)^2$$

$$Y = \sqrt{G^2 + B_L^2}$$

$$G = \sqrt{Y^2 - B_L^2}$$

$$Y^2 = G^2 + B_L^2$$

$$B_L = \sqrt{Y^2 - G^2}$$

$$\tan \varphi = \frac{R}{X_L} \qquad \sin \varphi = \frac{Z}{X_L} \qquad \cos \varphi = \frac{Z}{R}$$

Leistung

Bei der Ermittlung der Leistung kann ähnlich wie bei der Reihenschaltung vorgegangen werden. Hier ist allerdings die gemeinsame Größe die Spannung U.

Leistung und Stromstärke sind also verhältnisgleich. Es kann deshalb ein Leistungsdreieck gezeichnet werden, das dem Stromdreieck ähnlich ist (Abb. 6).

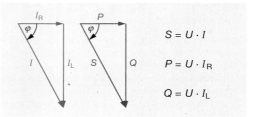

Abb. 6: Zusammenhang zwischen Strom- und Leistungsdreieck bei der Parallelschaltung aus R und X_L

$$G = \frac{1}{R}$$

$$B_L = \frac{1}{X_L}$$

$$Y = \frac{1}{Z}$$

$$S = U \cdot I$$

$$P = U \cdot I_R$$

$$Q = U \cdot I_L$$

Folgende Berechnungsformeln ergeben sich:

$$S^2 = P^2 + Q^2 \qquad P = \sqrt{S^2 - Q^2}$$

$$S = \sqrt{P^2 + Q^2} \qquad Q = \sqrt{S^2 - P^2}$$

$$\tan \varphi = \frac{Q}{P} \qquad \sin \varphi = \frac{Q}{S} \qquad \cos \varphi = \frac{P}{S}$$

1.3.3 Verluste bei der Spule

In Spulen entstehen Verluste als unerwünschte Wärme. Sie erfordern eine erhöhte Leistungsaufnahme, die mit zusätzlichen Kosten verbunden ist. Abb. 1 zeigt eine Aufteilung der Verluste bei Spulen.

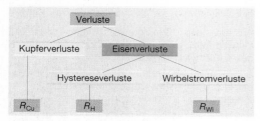

Abb. 1: Verluste bei der Spule

Durch besondere Baumaßnahmen versucht man, diese möglichst gering zu halten, um so den Wirkungsgrad zu erhöhen.

Kupferverluste treten durch den Kupferwiderstand der Spulenwicklung auf. Er läßt sich durch Querschnittsvergrößerung des Leiters verkleinern $\left(R = \frac{\varrho \cdot l}{q} \right)$. Dies kann jedoch nicht beliebig geschehen, da dadurch die Kosten für das Kupfer und auch die Abmessungen der Anlagen zu groß werden.

Eisenverluste lassen sich in **Hysterese-** und **Wirbelstromverluste** einteilen. Um die **Hystereseverluste** erklären zu können, wird auf die Hysteresekurve zurückgegriffen. Abb. 2 zeigt das Verhalten von magnetischen Werkstoffen. Für die magnetische Feldstärke gilt die Formel $H = \frac{N \cdot I}{l}$. Da N und l konstant sind, ist H allein von I abhängig.

Die Kurve macht deutlich, daß bei der Stromstärke $I = 0\,\text{A}$ noch ein Restmagnetismus bestehen bleibt (Remanenz). Wenn jetzt die Wechselspannung ihre Polarität ändert , muß zunächst dieser Restmagnetismus abgebaut werden, bevor eine Ummagnetisierung des Eisens eintritt. Durch den Strom muß die Koerzitivfeldstärke aufgebracht werden. Dazu ist Arbeit erforderlich, die von der Spannungsquelle geliefert wird.

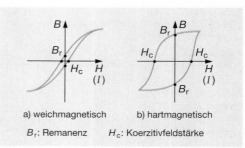

a) weichmagnetisch   b) hartmagnetisch

B_r: Remanenz H_c: Koerzitivfeldstärke

Abb. 2: Hysteresekurven magnetischer Werkstoffe

Die von der Kurve eingeschlossene Fläche entspricht der im Eisen verrichteten Ummagnetisierungsarbeit. Je schmaler die Kurve ist, desto geringer sind auch die Verluste.

Eine Verringerung der Verluste läßt sich erreichen durch

• geeignete Metalle (z.B. Nickellegierungen),

• einen Metallaufbau mit geringen Störstellen und Verunreinigungen (besonderes Walz- und Glühverfahren) und

• einheitliche Ausrichtung der Kristalle im Eisen.

Die **Wirbelstromverluste** treten ebenfalls im Eisenkern auf. Durch den Wechselstrom ändert sich der magnetische Fluß. Da der Metallkern ein elektrischer Leiter ist, wird auch dort eine Spannung induziert (Abb. 3). Der im Eisenkern entstehende Wirbelstrom erzeugt ein Magnetfeld, das dem erregenden Wechselfeld entgegen wirkt (Lenzsche Regel). Es kommt also zu einer Schwächung, die durch eine höhere Leistungsaufnahme ausgeglichen werden muß.

Als Abhilfe bieten sich folgende Maßnahmen an:

• Der Kern wird in dünne Metallstreifen (Lamellen) aufgeteilt, die elektrisch voneinander isoliert sind (Wirbelstrom wird zum Teil unterbrochen).

• Als Kernwerkstoffe werden Materialien verwendet, die einen hohen spezifischen elektrischen Widerstand haben (Verringerung des Wirbelstromes).

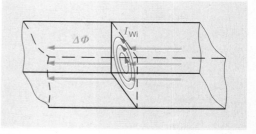

Abb. 3: Wirbelströme in einem massiven Eisenkern

• Es werden niedrige Frequenzen verwendet, weil dabei geringere Induktionsspannungen entstehen (Wirbelstrom wird kleiner).

• Es werden besondere Legierungen verwendet (Mischkristalle, z. B. FeSi- oder FeNi-Legierungen).

Bei allen genannten Verlusten wird elektrische Energie in der Spule in Wärme umgewandelt. Es läßt sich deshalb ein Ersatzschaltbild der Spule zeichnen, das aus dem idealen und damit verlustfreien induktiven Blindwiderstand sowie den in Reihe liegenden Verlustwiderständen besteht (Abb. 4). Die in Reihe liegenden Verlustwiderstände können zu einem Widerstand zusammengefaßt werden.

1.4 Kondensatoren

Kondensatoren sind elektrische Bauteile, die in vielfältigen Schaltungen vorkommen (Abb. 5. u. 6). Sie werden z. B. in Gleichrichterschaltungen zur Glättung der Spannung, in Wechselstromkreisen zur Phasenverschiebung, in Schaltungen zur Funkentstörung oder in elektronischen Schaltungen zur Aufteilung der Mischströme in Wechsel- und Gleichströme eingesetzt.

Bevor jedoch Anwendungsmöglichkeiten des Kondensators genauer erklärt werden können, müssen wir uns zunächst mit seinem Aufbau und dem grundsätzlichen Verhalten im Gleichstromkreis befassen.

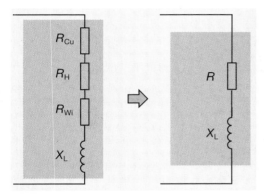

Abb.4: Ersatzschaltbild der Spule

Aufgaben zu 1.3.2 und 1.3.3

1. Zeichnen Sie das Stromdreieck der Parallelschaltung aus $R = 50\ \Omega$ und $X_L = 30\ \Omega$! An der Schaltung liegen 230 V. Ermitteln Sie graphisch Z und φ!

2. Zu einer Induktivität von 2 H liegt parallel ein Wirkwiderstand von 400 Ω. Die Gesamtspannung beträgt 230 V (50 Hz). Ermitteln Sie den Scheinwiderstand und zeichnen Sie maßstäblich das Leitwert- und Leistungsdreieck!

3. Der Wirkwiderstand R einer Parallelschaltung aus R und X_L wird vergrößert. Welche Auswirkung hat diese Änderung auf die Größen Z, I, I_R, I_L, φ, S, P und Q, wenn die Gesamtspannung konstant bleibt?

4. R und X_L liegen parallel. Zwischen der angelegten Spannung und der Gesamtstromstärke besteht eine Phasenverschiebung von 45°. In welcher Beziehung stehen R und X_L?

5. Wodurch entstehen Wirbelstromverluste?

6. Geben Sie Maßnahmen an, mit denen Hystereseverluste verringert werden können!

7. Geben Sie Maßnahmen an, mit denen man Wirbelstromverluste verringern kann!

8. Zeichnen Sie das Ersatzschaltbild der Spule!

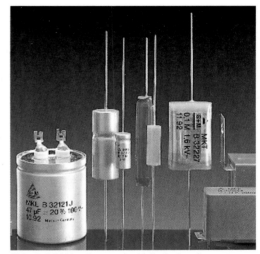

Abb. 5: MK-Kondensatoren (selbstheilend)

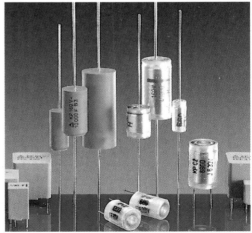

Abb. 6: KS- und KP-Kondensatoren (Kunststoffkondensatoren)

1.4.1 Kapazität des Kondensators

Zum Verständnis der Arbeitsweise von Spulen waren Kenntnisse über das magnetische Feld erforderlich. Beim Kondensator spielt ein anderes Feld eine Rolle, das **elektrische Feld**. Was ist ein elektrisches Feld?

Jeder hat bereits die Auswirkungen von elektrischen Feldern am eigenen Körper gespürt, wenn z. B. durch Reibungselektrizität die »Haare zu Berge« standen oder wenn sich beim Ausziehen eines Pullovers knisternde Funken bildeten.

Bei diesen Vorgängen wurden auf mechanischem Wege Ladungen voneinander getrennt. Die Materie ist danach nicht mehr elektrisch neutral, so daß auf andere Ladungen, die sich in der Umgebung dieser getrennten Ladungen befinden, Kräfte ausgeübt werden.

> Einen Raum, in dem auf elektrische Ladungen Kräfte ausgeübt werden. nennt man ein elektrisches Feld.

Wir wollen jetzt das elektrische Feld mit dem Kondensator in einen Zusammenhang bringen. Obwohl Kondensatoren der Technik unterschiedlich aussehen, sind alle nach dem gleichen Prinzip aufgebaut:

> Ein Kondensator ist aus zwei elektrischen Leitern aufgebaut, zwischen denen sich ein Isolator (Dielektrikum) befindet.

Lädt man wie in Abb. 1 die Platten eines Kondensators auf, dann entsteht zwischen den Platten ein elektrisches Feld, weil positive und negative Ladungen sich gegenüber stehen. Dieses Feld kann wie beim magnetischen Feld durch Feldlinien gekennzeichnet werden.

> Im elektrischen Feld verlaufen die Feldlinien von den positiven zu den negativen Ladungen. Im Gegensatz zu magnetischen Feldlinien sind sie nicht geschlossen.

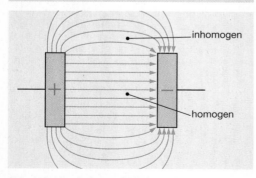

Abb. 1: Feld zwischen aufgeladenen Platten

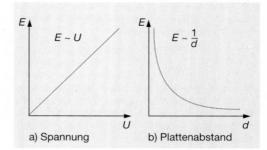

a) Spannung   b) Plattenabstand

Abb. 2: Feldstärke zwischen Platten des Plattenkondensators

Aus Abb. 1 läßt sich über das elektrische Feld zwischen parallelen Platten noch eine weitere Erkenntnis gewinnen. Im mittleren Bereich verlaufen die Feldlinien parallel und im Außenbereich nicht. Man spricht deshalb bei parallelen Feldlinien von einem **homogenen** und bei nicht parallelen Feldlinien von einem **inhomogenen Feld.**

Felder können unterschiedlich »stark« sein. Die Kraftwirkung auf Ladungen ist dann ebenfalls unterschiedlich. Es ist deshalb sinnvoll, eine elektrische Größe einzuführen, die diese Unterschiede deutlich macht. Man nennt sie **elektrische Feldstärke** E.

Wovon hängt nun diese elektrische Feldstärke beim Plattenkondensator ab? Zur Klärung dieser Frage greifen wir auf eine Größe zurück, die die Aufladung der Platten verursacht hat. Es ist dieses die elektrische Spannung U. Zwischen dieser Aufladespannung und der elektrischen Feldstärke gibt es einen proportionalen Zusammenhang, denn wenn die Spannung größer gemacht wird, werden mehr Ladungen auf die Platten transportiert und die Wirkung des elektrischen Feldes vergrößert sich:

$E \sim U$ (Abb. 2 a)

Die elektrische Feldstärke beim Plattenkondensator ist nicht nur von der elektrischen Größe U, sondern auch von einer Baugröße abhängig, dem Abstand der Platten (d). Die Feldstärke wird dabei um so größer, je kleiner der Abstand wird. Sie verringert sich, wenn der Plattenabstand vergrößert wird. Zwischen beiden Größen herrscht eine umgekehrte Proportionalität:

$E \sim \dfrac{1}{d}$ (Abb. 2 b)

> Die elektrische Feldstärke beim Plattenkondensator ist um so größer, je größer die Spannung und je geringer der Plattenabstand ist.

Genauere Untersuchungen für die elektrische Feldstärke beim Plattenkondensator ergeben die folgende Berechnungsformel:

Elektrische Feldstärke (Plattenkondensator):

Formelzeichen E

Einheit $\dfrac{V}{m}$ $\boxed{E = \dfrac{U}{d}}$

Durch die bisherigen Ausführungen wurde deutlich, daß durch Verringern des Plattenabstandes die Feldstärke größer wird. Diese Verringerung darf nicht beliebig klein werden, da sonst bei hohen Feldstärken (dieses entspricht einer großen Kraftwirkung auf Ladungen) Ladungsträger aus den Isolatoren herausgerissen werden können. Ein Überschlag kann erfolgen. Man gibt deshalb für verschiedene Materialien die sog. **Durchschlagsfeldstärke** an. Sie beträgt z. B. bei Luft $3{,}2 \dfrac{kV}{mm}$. Dies bedeutet, daß ab einer Spannung von z. B. 3,2 kV und einem Abstand von 1 mm zwischen zwei Leitern ein Überschlag erfolgt.

Aus den vorangegangen Überlegungen wurde deutlich, daß der Kondensator bei Anschluß an eine Spannungsquelle Ladungen aufnehmen (speichern) kann. Wir wollen dieses Verhalten in Schritten untersuchen.

Ungeladener Kondensator

Bei einem ungeladenen Kondensator kann man davon ausgehen, daß sich gleichviele Elektronen und positive Ladungen auf den Platten befinden (Abb. 3a). Sie sind elektrisch neutral. Zwischen den Platten besteht kein elektrisches Feld.

Aufladevorgang

In dieser Phase (Abb. 3b) werden Elektronen von der negativen Elektrode der Spannungsquelle auf die Platte 2 »gedrückt« und gleichzeitig werden von der positiven Elektrode der Spannungsquelle die frei beweglichen Elektronen von der Platte 1 abgezogen. Ein Ladungsunterschied entsteht und das Feld baut sich auf. Bei diesem Vorgang fließt ein elektrischer Strom.

Geladener Kondensator

In den Zuleitungen des Kondensators (Abb. 3c) fließt kein Strom mehr. Der Ladungsunterschied zwischen den Platten ist aufgebaut. Die Spannung am Kondensator und die Ausgangsspannung des Netzteils sind gleich. Zwischen den Platten herrscht ein elektrisches Feld.

Aus den Ergebnissen läßt sich aufgrund des Stromflusses festhalten, daß Ladungen von der Spannungsquelle auf die Platte geflossen sind, bzw. abgezogen wurden. Am Ende des Ladevorganges bewegen sich keine Ladungen mehr. Der Ladungsunterschied bleibt bestehen. Ladungen

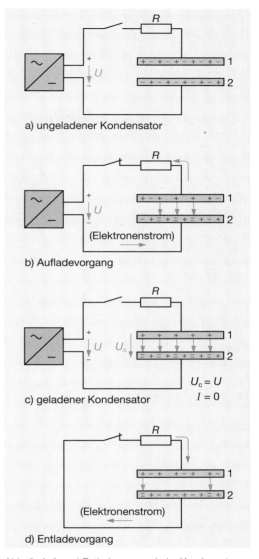

a) ungeladener Kondensator

b) Aufladevorgang   (Elektronenstrom)

c) geladener Kondensator $U_c = U$ $I = 0$

d) Entladevorgang   (Elektronenstrom)

Abb. 3: Auf- und Entladevorgang beim Kondensator

sind gespeichert worden. Wenn man dann wieder den Schalter betätigt (Abb. 3d), gleichen sich die Ladungen auf den Platten aus, und die Spannung sinkt auf Null.

Aus diesen Ausführungen ergibt sich, daß der Kondensator als Speicher von Ladungen verwendet werden kann. Diese Speicherfähigkeit drückt man in Form einer Größe aus, die man mit Kapazität C bezeichnet. Die elektrische Kapazität hat die Einheit Farad[1].

---

[1] Benannt nach MICHAEL FARADAY, engl. Physiker, 1791 – 1867

Der Kondensator ist ein Ladungsspeicher. Sein Fassungsvermögen an Ladungen wird mit Kapazität bezeichnet.

Elektrische Kapazität:

Formelzeichen C

Einheitenzeichen   F

Die gespeicherte Ladung hängt dabei allein von der Größe der Spannung ab. Je größer sie ist, desto größer ist auch die Ladung. Genaue Untersuchungen ergeben zwischen Q und U einen proportionalen Zusammenhang: $Q \sim U$

Die Ladung des Kondensators läßt sich aber auch verändern, wenn man bei gleichbleibender Spannung einen Kondensator mit einer anderen Kapazität verwendet. Ist sie größer (Fassungsvermögen an Ladungen ist größer geworden), steigt auch die Ladung. Zwischen beiden Größen gibt es ebenfalls wie bei der Spannung einen proportionalen Zusammenhang: $Q \sim C$

Faßt man beide Proportionalitäten zusammen, dann ergibt sich eine Formel für die Ladung des Kondensators bzw. eine Definitionsgleichung für die elektrische Kapazität.

Ladung des Kondensators:

$$Q = C \cdot U$$

Elektrische Kapazität:

$$C = \frac{Q}{U} \qquad 1\,F = \frac{1\,C}{1\,V} \qquad 1\,F = \frac{1\,As}{1\,V}$$

Kapazitätsbereiche:

Mikro: $1\,\mu F = 10^{-6}$ F
Nano: $1\,nF = 10^{-9}$ F
Piko: $1\,pF = 10^{-12}$ F

Entladevorgang

Entfernt man die Spannungsquelle und entlädt jetzt den Kondensator (Abb. 3 d, S. 43), dann findet ein Ausgleich der Ladungen statt. Die frei beweglichen Elektronen wandern von Platte 2 nach Platte 1, bis beide Platten wieder elektrisch neutral sind. Das elektrische Feld hat sich dabei wieder abgebaut.

Technische Kondensatoren werden für verschieden große Kapazitäten benötigt. Die Kapazität des Kondensators kann durch die Baugrößen Plattenfläche und Plattenabstand verändert werden.

Betrachten wir zunächst die Plattenfläche. Wird sie beispielsweise vergrößert, dann können mehr Ladungen auf den Platten untergebracht werden. Das Fassungsvermögen vergrößert sich und damit die Kapazität (Abb. 1 a): $C \sim A$

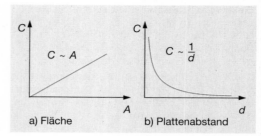

Abb. 1: Kapazität des Kondensators

Anders verhält es sich, wenn der Plattenabstand vergrößert wird. Die Feldlinienlänge vergrößert sich dabei und damit sinkt auch die Kraftwirkung auf die Ladungen. Dieser Vorgang entspricht einer Verkleinerung der Kapazität. Kapazität und Plattenabstand sind umgekehrt proportional (Abb. 1b):

$$C \sim \frac{1}{d}$$

Faßt man beide Proportionalitäten zusammen und fügt eine Proportionalitätskonstante ε_0 hinzu, dann ergibt sich folgende Formel für die Kapazität des Plattenkondensators:

Kapazität des Plattenkondensators (Vakuum):

$$C = \frac{\varepsilon_0 \cdot A}{d} \qquad \varepsilon_0 = 8{,}86 \cdot 10^{-12}\ \frac{As}{Vm}$$

Die Proportionalitätskonstante ε_0 wird als **elektrische Feldkonstante** bezeichnet und ist dann einzusetzten, wenn zwischen den Platten ein Vakuum herrscht. Bei den meisten technischen Kondensatoren befindet sich jedoch kein Vakuum bzw. Luft zwischen den Platten, sondern ein anderes Isoliermaterial **(Dielektrikum)**. Durch dieses Material kann die Kapazität beträchtlich vergrößert werden. In der Gleichung für die Kapazität wird dieses durch einen weitere Konstante berücksichtigt, die man mit ε_r bezeichnet.

Die **Permittivitätszahl** ε_r (früher Dielektrizitätszahl) gibt dabei den Werkstoffeinfluß auf die Kapazität an.

Tab. 1.2: Größenordnungen von Permittivitätszahlen:

Werkstoff	ε_r	Werkstoff	ε_r
Luft	1,0059	Glimmer	7
Polystyrol	2,5	Tantalpentoxid	26
Porzellan	5 ... 6	Keramik	10 bis 50000

Die Permittivitätszahl ε_r gibt an, um wieviel sich die Kapazität eines Kondensators durch ein bestimmtes Dielektrikum gegenüber Vakuum erhöht.

Die elektrische Feldkonstante ε_0 und die Permittivitätszahl ε_r werden oft in einer gemeinsamen Größe zusammengefaßt. Mann nennt sie dann **Permittivität** ε (früher Dielektrizitätskonstante). Somit ergibt sich für die Kapazität folgende Formel:

**Kapazität des Plattenkondensators
mit Materie als Dielektrikum:**

$$C = \frac{\varepsilon \cdot A}{d}$$

$$\varepsilon = \varepsilon_0 \cdot \varepsilon_r$$

Erklären läßt sich die Kapazitätsvergrößerung durch das Dielektrikum, wenn man die Veränderungen des Isoliermaterials durch das elektrische Feld genauer betrachtet. Ausgangspunkt für die Überlegungen ist der ungeladene Kondensator. Die Moleküle des Kunststoffdielektrikums lassen sich für diesen Fall vereinfacht durch lange Ketten darstellen. Die Ladungen sind noch so verteilt, daß der Stoff nach außen neutral erscheint.

Legt man jetzt wie in Abb. 2 eine Spannung an, dann kommt es durch das elektrische Feld zwischen den Platten innerhalb des Dielektrikums zu einer Ladungsverschiebung. Die Materie wird polarisiert. Das heißt auf der Seite des Dielektrikums, die sich gegenüber der positiven Elektrode befindet, entstehen feste negative Ladungen und auf der anderen Seite feste positive Ladungen. Dieses hat aber zur Folge, daß auf den Platten »Plätze« für weitere Ladungen geschaffen wurden, die durch die Spannungsquelle jetzt ausgeglichen werden. Die Ladungsmenge auf den Platten hat sich also im Vergleich zu einem Kondensator mit Vakuum als Dielektrikum vergrößert. Dieses bedeutet aber, daß sich auch die Kapazität vergrößert hat.

Parallelschaltung von Kondensatoren

Kondensatoren können wie Widerstände parallel geschaltet werden. Mit der nachfolgenden Herleitung soll ermittelt werden, wie sich die Gesamtkapazität am Beispiel der Parallelschaltung von zwei Kondensatoren verändert.

In der Ausgangsschaltung von Abb. 3 befinden sich zwei Kondensatoren mit den Kapazitäten C_1 und C_2. Sie besitzen die Ladungen Q_1 und Q_2. Da sich gewissermaßen bei der Parallelschaltung die Flächen für die Ladungen vergrößert haben, ist die Ladung Q_g der Gesamtkapazität C_g gleich der Summe der Einzelladungen.

$$Q_g = Q_1 + Q_2$$

Ersetzt man jetzt die einzelnen Ladungen durch die jeweilige Beziehung $Q = C \cdot U$, dann ergibt sich:

$$C_g \cdot U = C_1 \cdot U + C_2 \cdot U$$

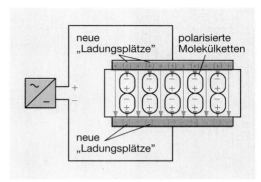

Abb. 2: Kapazitätsvergrößerung beim Plattenkondensator durch Materie

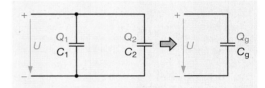

Abb. 3: Parallelschaltung von Kondensatoren

Da bei der Parallelschaltung an allen Bauteilen stets die gleiche Spannung liegt, kann diese gemeinsame Größe U gekürzt werden. Man erhält damit die Formel für die Gesamtkapazität:

$$C_g = C_1 + C_2$$

Überträgt man dieses Ergebnis auf eine beliebige Zahl von Kondensatoren, dann ergibt sich:

Parallelschaltung von Kondensatoren:

$$C_g = C_1 + C_2 + \cdots + C_n$$

Bei der Parallelschaltung von Kondensatoren ist die Gesamtkapazität gleich der Summe der Einzelkapazitäten.

Reihenschaltung von Kondensatoren

Bei der Reihenschaltung von Kondensatoren gehen wir zunächst von zwei Kondensatoren mit den Kapazitäten C_1 und C_2 aus (Abb. 1, S.46). Da die Gesamtspannung an einer Reihenschaltung liegt, kommt es zu einer Aufteilung von U_g in U_1 und U_2. Mit einem Spannungsmeßgerät kann dieses nachgewiesen werden.

$$U_g = U_1 + U_2$$

Zur weiteren Herleitung der Endformel ist es erforderlich, Aussagen über die Ladungen auf den einzelnen Kondensatoren zu machen. Sie werden durch den Einschaltstrom hervorgerufen. Da der Stromfluß gleichbedeutend mit bewegten Ladun-

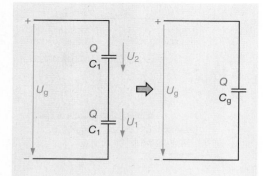

Abb. 1: Reihenschaltung von Kondensatoren

gen ist $\left(I = \dfrac{Q}{t} \right)$, läßt sich auch für diese Reihenschaltung festhalten, daß im gesamten Stromkreis überall ein Strom gleicher Stärke fließt. Das bedeutet aber, daß auch überall gleichviele Ladungen in einer bestimmten Zeit bewegt worden sind. Somit befinden sich dann auch auf allen Platten gleichviele Ladungen, unabhängig von der Kapazität der einzelnen Kondensatoren. Bei der Reihenschaltung ist also die Ladung für alle Kondensatoren die gemeinsame Größe.

> Bei der Reihenschaltung besitzt jeder Kondensator unabhängig von seiner Kapazität die gleiche Ladung.

Wendet man diese Erkenntnis auf die am Anfang aufgestellte Spannungsgleichung an, dann ergibt sich:

$$\frac{Q}{C_g} = \frac{Q}{C_1} + \frac{Q}{C_2}$$

Wenn man jetzt die gemeinsame Größe Q kürzt und den Sonderfall für zwei Kondensatoren auf beliebig viele Kondensatoren überträgt, dann ergibt sich folgende Formel:

Reihenschaltung von Kondensatoren:

$$\frac{1}{C_g} = \frac{1}{C_1} + \frac{1}{C_2} + \ldots + \frac{1}{C_n}$$

Diese Formel macht deutlich, daß die Gesamtkapazität immer kleiner sein muß als die kleinste Einzelkapazität.

> Bei der Reihenschaltung von Kondensatoren ist die Gesamtkapazität stets kleiner als die kleinste Einzelkapazität.

Aufgaben zu 1.4.1

1. Beschreiben Sie die Auswirkungen von elektrischen Feldern auf ungeladene Materie!

2. Aus welchen Teilen ist grundsätzlich ein Kondensator aufgebaut?

3. Von welchen Größen und in welcher Weise ist die elektrische Feldstärke beim Kondensator abhängig?

4. Erklären Sie die Bedeutung der Durchschlagsfeldstärke für Isolatoren!

5. Welche grundsätzliche Eigenschaft besitzt ein Kondensator hinsichtlich elektrischer Ladungen?

6. Beschreiben Sie den Auf- und Entladevorgang eines Kondensators mit den Größen Spannung und Stromstärke!

7. Was versteht man unter der Kapazität eines Kondensators?

8. Von welchen Größen ist die Kapazität eines Kondensators abhängig?

9. Bei einem Plattenkondensator wird die Fläche und auch gleichzeitig der Plattenabstand verdoppelt. Wie verändert sich die Kapazität?

10. Erklären Sie, welchen Einfluß die Permittivitätszahl auf die Kapazität eines Kondensators hat!

11. Begründen Sie, weshalb man bei der Parallelschaltung von Kondensatoren die Einzelkapazitäten zur Gesamtkapazität addieren darf!

12. Erklären Sie, weshalb sich bei der Reihenschaltung von Kondensatoren auf allen Bauteilen gleichviele Ladungen befinden!

1.4.2 Kenngrößen und Bauformen von Kondensatoren

Nennkapazität und Toleranz

Als Nennkapazität bezeichnet man die Kapazität, nach der der Kondensator bei 20°C benannt wurde. Die Stufung erfolgt wie bei den Widerständen nach der IEC-Reihe. Die Nennkapazität kann auf verschiedenen Weise angegeben werden:

- Zahlenwert mit vollständiger Einheit,
- Zahlenwert mit verkürzter Einheit (z.B. 6n8 bedeutet 6,8 nF; 39µ bedeutet 39 µF),
- Zahlenwert ohne Einheit (Wert in pF oder µF),
- Farbmarkierungen (z.B. Punkte oder Ringe).

Der tatsächliche Wert der Kapazität kann um die zulässige Toleranz abweichen.

Beispiel: 22 nF ± 10 % bedeutet 19,8 nF...24,2 nF

Toleranzen werden wie folgt angegeben:

- direkt aufgedruckt,
- Farbmarkierungen,
- Großbuchstaben.

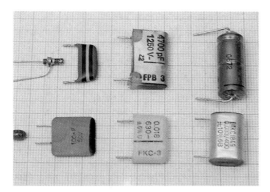

Abb. 2: Verschiedene Kondensatoren

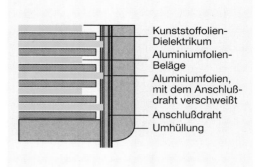

Kunststoffolien-Dielektrikum

Aluminiumfolien-Beläge

Aluminiumfolien, mit dem Anschlußdraht verschweißt

Anschlußdraht

Umhüllung

Abb. 4: Aufbau von Kondensatoren mit Kunststoffolien und aufgedampftem Aluminium

Nennspannung

Die Nennspannung von Kondensatoren darf auf keinen Fall überschritten werden, da dadurch die Gefahr des Durchschlags besteht. Die Nennspannung ist die höchste Gleichspannung oder der höchste Wert einer Wechselspannung ($\hat{u}$), die bei 40°C Umgebungstemperatur dauernd am Kondensator liegen darf. Auch dieser Wert wird als Zahlenwert oder indirekt über Kleinbuchstaben bzw. Farbmarkierungen angegeben. Die Farben sind nicht genormt. Es gibt lediglich firmeninterne Kennzeichnungen.

Eine Sonderform des Papierkondensators stellt der MP-Kondensator (Metallpapier-Kondensator, Abb. 3) dar. Auf das Dielektrikum (Papier) ist eine außerordentlich dünne Metallschicht aufgedampft. Kommt es in dem MP-Kondensator zu einem Überschlag, dann verbrennt durch den Lichtbogen die Metallschicht stärker als das Dielektrikum. Die defekte Stelle wird dadurch wieder isoliert. Der Kondensator »heilt« sich also dabei selber und zwar in weniger als 10 µs.

Kunststoffolien-Kondensatoren

Kunststoffe lassen sich dünner fertigen als Papier. Kunststoffolien-Kondensatoren sind deshalb kleiner als Papierkondensatoren. Eine dünne Metallschicht erhält man, wenn bei der Herstellung auf das Dielektrikum Aluminium aufgedampft wird (Abb. 4).

Abb. 3: MP-Kondensatoren

Isolationswiderstand

Kondensatoren sind Ladungsspeicher. Sie behalten jedoch nicht beliebig lange ihre Ladungen, denn das Dielektrikum ist kein idealer Isolator. Das Dielektrikum wirkt dabei wie ein zum Kondensator parallel geschalteter Widerstand.

Bauformen von Kondensatoren

Der grundsätzliche Aufbau von Kondensatoren wird bereits durch das Schaltzeichen verdeutlicht. Zur Vergrößerung der Kapazität bei einem kleinen Raumbedarf werden die »Kondensatorplatten« häufig in Form von Metallfolien hergestellt. In aufgewickelter Form befinden sie sich dann in quader- oder zylinderförmigen Gehäusen (Abb. 5).

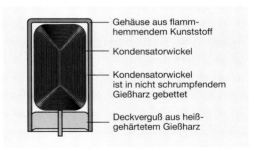

Gehäuse aus flammhemmendem Kunststoff

Kondensatorwickel

Kondensatorwickel ist in nicht schrumpfendem Gießharz gebettet

Deckverguß aus heißgehärtetem Gießharz

Abb. 5: Schnitt durch einen Wickelkondensator mit Kunststoffgehäuse

Abb. 6: Keramik-Kondensatoren

Abb. 1: Aluminium-Elektrolyt-Kondensatoren

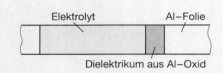

Abb. 2: Schnitt durch einen Aluminium-Elektrolyt-Kondensator

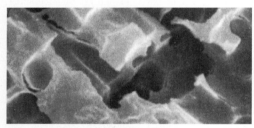

Abb. 3: Aufgerauhte Aluminiumfolie, 2500fache Vergrößerung

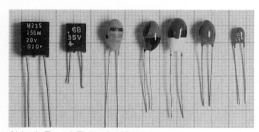

Abb. 4: Tantal-Elektrolyt-Kondensatoren

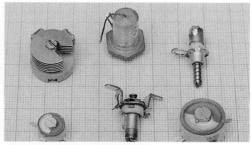

Abb. 5: Veränderbare Kondensatoren

Keramik-Kondensatoren

Aufgrund hoher Permittivitätszahlen können diese Kondensatoren mit sehr kleinen Abmessungen hergestellt werden (Abb. 6, S.47). Als Bauformen kommen z. B. Scheiben-, Rohr-, Perl- sowie Standkondensatoren vor.

$\varepsilon_r = 13 \dots 470$ bzw. $470 \dots 50\,000$

Aluminium-Elektrolyt-Kondensatoren

Diese Kondensatoren (Abb. 1) unterscheiden sich stark von den bisher beschriebenen Arten. Eine Elektrode besteht aus Aluminium, während die andere aus einem Elektrolyten besteht, der über einen metallischen Anschluß (Aluminiumfolie) nach außen geführt wird.

Zwischen den Elektroden wird bei der Herstellung eine Oxidschicht aufgebaut (formiert). Sie ist sehr dünn (ca. 1,2 nm pro Volt) und entsteht nur dann, wenn an der Aluminiumelektrode der Pluspol der Spannungsquelle liegt (Abb. 2).

Wird im Betrieb eine falsche Polung vorgenommen, dann wird die Schicht allmählich abgebaut. Der Kondensator wird zerstört.

> Bei Anschluß von Elektrolytkondensatoren muß auf die Polarität der Spannung geachtet werden.

Im Betrieb fließt durch jeden Elektrolytkondensator ein geringer Strom. Dieser Strom ist erforderlich, um die Oxidschicht des Dielektrikums aufrechtzuerhalten (Reststrom).

Die Kapazität hängt außer vom Abstand der Elektroden auch von der Größe der Oberfläche ab (vgl. 1.4.1). Aus diesem Grunde werden bei Elektrolytkondensatoren die Elektroden häufig aufgerauht. Die Oberfläche vergrößert sich (Abb. 3).

Tantal-Elektrolyt-Kondensatoren

Tantal-Elektrolyt-Kondensatoren sind Elektrolytkondensatoren, deren Anoden aus Tantal bestehen. Sie sind sehr klein (Abb. 4) und haben gegenüber Elektrolytkondensatoren aus Aluminium günstigere Kenndaten. Der Grund dafür liegt in den guten Eigenschaften der Oxidschicht.

Tantal-Elektrolyt-Kondensatoren werden auch durch Farbmarkierungen gekennzeichnet. Die Kapazitätsangabe erfolgt in µF.

Veränderbare Kondensatoren

Neben Drehkondensatoren gibt es andere Bauformen. Die Abb. 5 zeigt eine Auswahl von Trimmkondensatoren. Bewegliche Platten werden heraus- oder hereingedreht. Die Kapazität verändert sich dadurch.

1.4.3 Strom- und Spannungsverlauf beim Kondensator

Zur Auf- und Entladung eines Kondensators ist eine bestimmte Zeit erforderlich. Stromstärke und Spannung ändern sich dabei. Die genauen Zusammenhänge und den Kurvenverlauf wollen wir mit einem Versuch klären. Als Spannungsquelle wird ein Generator verwendet, der kontinuierlich Rechtecksignale liefert, d. h., die Spannung wird ständig ein- und ausgeschaltet und der Kondensator über die Spannungsquelle entladen (Abb. 6 a).

Da mit einem Oszilloskop nur Spannungen abgebildet werden können, wird die Stromstärke als Spannungsfall am Widerstand R indirekt gemessen (Abb. 6 c). Die Stromstärke kann dann über die Beziehung $I = U/R$ berechnet werden.

Berechnung der Einschaltstromspitze:

Gemessener Spannungsfall:

$\hat{u} = 10\ \text{V}; \qquad R = 1\ \text{k}\Omega$

$i_{max} = \dfrac{\hat{u}}{R}; \qquad i_{max} = 10\ \text{mA}$

Dieser Wert zeigt, daß der Kondensator im Einschaltmoment keinen nennenswerten Widerstand besitzt. Die Stromstärke wird allein durch den Widerstand R begrenzt.

> Kondensatoren wirken im Ein- und Ausschaltmoment wie ein Kurzschluß. Ihr Widerstand ist nahezu Null.

Um große Stromstärken beim Auf- und Entladen zu vermeiden, dürfen Kondensatoren nur über Widerstände aufgeladen und entladen werden.

Würde man den Widerstand in der Meßschaltung z.B. auf den Wert von 10 Ω verringern, dann würde eine Stromstärke von 1 A kurzzeitig fließen. Dies kann zum Durchbrennen der dünnen Anschlußleitungen im Innern des Kondensators führen.

In der Abb. 6b ist der vollständige Spannungsverlauf abgebildet worden. Die Spannung steigt beim Aufladen zunächst schnell an und danach langsamer, bis die Kondensatorspannung der Generatorspannung von 10 V entspricht. Beim Entladen sinkt die Spannung zunächst schnell und nähert sich dann allmählich der Null-Linie.

Die Stromstärke (Abb. 6d) ist im Einschaltmoment maximal. Sie nimmt danach ab und geht gegen den Wert Null, wenn die Spannung maximal ist (Kondensator ist voll aufgeladen). Es fließt also nur dann ein Strom, wenn sich die Spannung am Kondensator ändert. Beim Entladen kehrt sich die Stromrichtung um, da die Elektronen wieder von den Platten fließen. Die Ausschaltstromspitze ist gleich der Einschaltstromspitze.

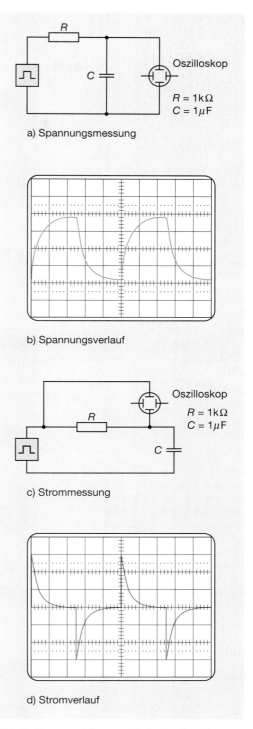

a) Spannungsmessung

b) Spannungsverlauf

c) Strommessung

d) Stromverlauf

Abb. 6: Strom- und Spannung beim Kondensator

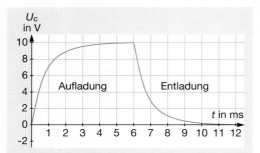

Abb. 1: Spannungsverlauf beim Kondensator

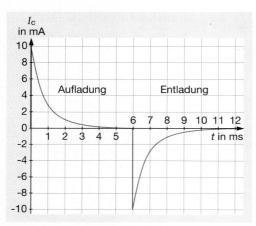

Abb. 2: Stromverlauf beim Kondensator

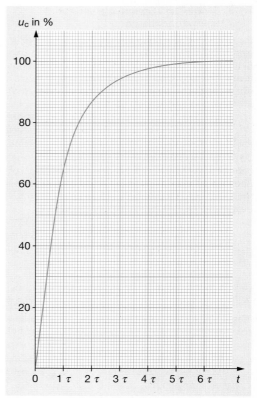

Abb. 3: Spannungsverlauf beim Kondensator in Prozent

Die Zeit für das Auf- und Entladen eines Kondensators hängt von der Kapazität und dem Widerstand ab. Bei größeren Kapazitäten wird sich der Ladevorgang verlängern. Ebenso verhält es sich mit dem Widerstand. Ist er groß, dann wird die Behinderung der Ladungen groß sein und der Ladevorgang länger dauern.

Diese beiden Größen hat man in der **Zeitkonstanten** τ (Tau, griechischer Buchstabe) zusammengefaßt. Sie sagt etwas über die Zeit von Lade- bzw. Entladevorgängen aus.

Zeitkonstante:

Formelzeichen τ $\boxed{\tau = R \cdot C}$ 1 $\dfrac{V \cdot As}{A \cdot V} = 1\,s$
Einheitenzeichen s

Bei einer Zeit von $t = 1\tau$ ist der Kondensator auf 63 % seiner Endspannung aufgeladen (Abb. 1). Beim Entladen ist seine Spannung nach $t = 1\tau$ auf 37 % der angelegten Spannung gesunken.

Trägt man an der Zeitachse die Größen in τ-Werten und an der Spannungsachse die Spannung in Prozent auf, erhält man den Kurvenverlauf von Abb. 3. Daraus ist zu entnehmen, daß etwa nach 5τ der Kondensator als aufgeladen gelten kann.

> Nach einer Zeit von $t = 5\tau$ kann ein Kondensator als aufgeladen gelten.

Aufgaben zu 1.4.2 und 1.4.3

1 Auf welche verschiedene Arten können die Nennkapazitäten von Kondensatoren angegeben werden?

2. Erklären Sie das Prinzip der »Selbstheilung« beim MP-Kondensator!

3. Wodurch wird bei Keramik-Kondensatoren erreicht, daß auch bei kleinen Abmessungen große Kapazitäten entstehen?

4. Erklären Sie den grundsätzlichen Aufbau eines Aluminium-Elektrolyt-Kondensators!

5. Beschreiben Sie den Strom- und Spannungsverlauf beim Auf- und Entladen eines Kondensators!

6. Weshalb kehrt sich beim Entladen eines Kondensators die Stromstärke um?

7. Was versteht man unter der Zeitkonstante bei RC-Schaltungen?

1.4.4 Widerstand des Kondensators

Legt man an einen Kondensator von z. B. 4 µF eine Wechselspannung von 5 V mit 50 Hz , dann läßt sich ein Stromfluß feststellen. Das Verhalten ist mit der sich ständig ändernden Polarität der Wechselspannung zu erklären. Der Kondensator wird ständig aufgeladen und entladen. Es fließt deshalb auch ständig ein Strom.

> Im Wechselstromkreis mit einem Kondensator fließt durch ständiges Auf- und Entladen ein Strom.

Mit zunehmender Spannung steigt die Stromstärke im gleichen Verhältnis. Überträgt man die Meßergebnisse in ein Diagramm (Abb. 4), dann bestätigt sich der proportionale Zusammenhang.

$$I_C \sim U_C \, ; \qquad \frac{U_C}{I_C} = \text{konstant}; \qquad \frac{U_C}{I_C} = 769 \, \Omega$$

Das Verhältnis von U_C zu I_C ist der **Blindwiderstand des Kondensators.**

Blindwiderstand des Kondensators:

Formelzeichen X_C

Einheitenzeichen Ω

$$\boxed{X_C = \frac{U_C}{I_C}}$$

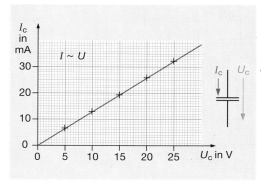

Abb. 4: Stromstärke in Abhängigkeit von der Spannung beim Kondensator

> Der Kondensator verhält sich im Wechselstromkreis wie ein Widerstand (Blindwiderstand).

Der Wirkwiderstand des Kondensators ist in vielen Fällen vernachlässigbar (Idealer Kondensator).

Der Blindwiderstand X_C ist von der Kapazität abhängig und von der Geschwindigkeit, mit der die Auf- und Entladevorgänge erfolgen (Frequenz). Zur Klärung der Zusammenhänge dient Versuch 1 – 7.

Versuch 1 – 7:   Blindwiderstand des Kondensator in Abhängigkeit von der Frequenz und der Kapazität

Meßschaltung

Durchführung

1. Die Frequenz der Wechselspannung wird verändert und die Stromstärke bei gleicher Kapazität gemessen. Der Blindwiderstand wird aus U_C und I_C berechnet (X_C in Abhängkeit von f).

2. Die Frequenz bleibt konstant. Die Kapazitäten werden verändert und die Stromstärke gemessen. Der Blindwiderstand wird aus U_C und I_C berechnet (X_C in Abhängigkeit von C).

Ergebnis

1. X_C in Abhängigkeit von f; $C = 2 \, \mu F$; $U_C = 5$ V

f in Hz	I_C in mA	$X_C = \dfrac{U_C}{I_C}$ in Ω
50	3,13	1597
100	6,25	800
150	9,43	530
200	12,5	400
300	18,5	270
400	25,0	200
500	31,3	160
600	38,5	130

2. X_C in Abhängigkeit von C; $f = 50$ Hz; $U_C = 5$ V

C in µF	I_C in mA	$X_C = \dfrac{U_C}{I_C}$ in Ω
2	3,13	1597
4	6,25	800
6	9,43	530
8	12,5	400
10	18,5	270
15	25,0	200
20	31,3	160

Die Stromstärke steigt mit Frequenz und Kapazität. Die Blindwiderstände verringern sich dementsprechend mit steigender Frequenz und Kapazität (vgl. Abb. 1 und 2) und die dargestellten Größen sind umgekehrt proportional:

$$X_C \sim \frac{1}{f \cdot C}$$

Diese Proportionalität läßt sich als Gleichung schreiben, wenn die Konstante 2π eingeführt wird.

Blindwiderstand des Kondensators:

$$\omega = 2\pi \cdot f$$

$$X_C = \frac{1}{2\pi \cdot f \cdot C} \qquad \boxed{X_C = \frac{1}{\omega \cdot C}}$$

Wie bei der Spule sind auch beim Kondensator die phasenmäßigen Beziehungen zwischen Spannung und Stromstärke bedeutsam. Aus dem Verlauf der Auf- und Entladekurven im Gleichstromkreis lassen sich bereits erste Schlüsse ziehen. Bei maximaler Spannung (Kondensator ist aufgeladen) ist die Stromstärke Null. Die Spannung ändert sich nicht mehr. Bei maximaler Stromstärke (Einschaltmoment) ist die Spannung Null. In diesem Punkt ist die Änderung der Spannung am größten. Es fließt deshalb ein Strom.

Die Abb. 3 zeigt das Oszillogramm und das Linien- und Zeigerdiagramm der Spannung und Stromstärke beim Kondensator.

> Beim idealen Kondensator eilt die Stromstärke der Spannung um 90° ($\pi/2$) voraus.

1.4.5 Leistung beim Kondensator

Im Wechselstromkreis sind beim Kondensator Spannung und Stromstärke immer vorhanden, so daß man auch eine Leistung angeben kann. Da sie jedoch nicht in Phase sind, ergibt sich keine Wirkleistung. Es wird keine Wärme abgegeben. Wie bei der Spule bezeichnet man diese Leistung als Blindleistung. Konstruieren läßt sich die Leistungskurve durch die Multiplikation der Augenblickswerte von Spannung und Stromstärke.

Die Abb. 4 zeigt den Verlauf. Die positiven und negativen Anteile sind gleich groß, die mittlere Leistung ist also Null (keine Leistungsabgabe). Es entsteht keine Wirkleistung. Die Formel zur Berechnung der Blindleistung ergibt sich durch Multiplikation der Blindgrößen.

Blindleistung beim Kondensator:

$$\boxed{Q_C = U_C \cdot I_C} \qquad [Q_C] = \text{var}$$

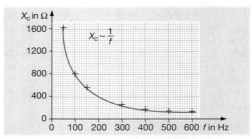

Abb. 1: Blindwiderstand in Abhängigkeit von der Frequenz beim Kondensator

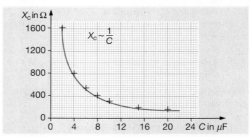

Abb. 2: Blindwiderstand in Abhängigkeit von der Kapazität beim Kondensator

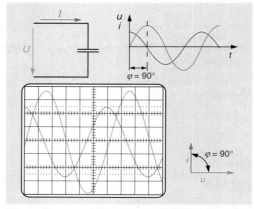

Abb. 3: Strom- und Spannungsverlauf beim Kondensator

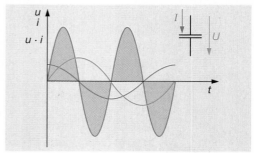

Abb. 4: Verlauf der Spannung, Stromstärke und Leistung beim Kondensator

Aufgaben zu 1.4.4 und 1.4.5

1. Erklären Sie den Auf- und Entladevorgang eines Kondensators an Gleichspannung!

2. Von welchen Größen hängt die Kapazität eines Kondensators ab?

3. Erklären Sie, weshalb bei Anschluß einer Wechselspannung an einen Kondensator ein Strom fließt!

4. An einem Kondensator wird bei einer Spannung von 20 V und einer Frequenz von 50 Hz eine Stromstärke von 25 mA gemessen. Wie groß sind der Blindwiderstand und die Kapazität?

5. Wie ändert sich die Stromstärke, wenn anstelle eines Kondensators von 4 µF ein Kondensator von 8 µF an dieselbe Spannung von 230 V und 50 Hz gelegt wird?

6. Erklären Sie, in welcher Weise der Blindwiderstand des Kondensators von der Frequenz und von der Kapazität abhängt!

7. Skizzieren Sie die Diagramme X_C in Abhängigkeit von C und von f!

8. Zeichnen Sie das Linien- und Zeigerdiagramm für Stromstärke und Spannung beim Kondensator!

9. In einem Wechselstromkreis befinden sich zwei Kondensatoren mit den Kapazitäten 1 µF und 2 µF. Sie können über einen Schalter einzeln oder parallel in den Stromkreis geschaltet werden. In welchem Verhältnis stehen die Ströme zueinander, wenn diese verschiedenen Fälle realisiert werden?

10. Die Frequenz in einem Wechselstromkreis mit einem Kondensator wird von 100 Hz auf 50 Hz verringert. Wie verändert sich der Blindwiderstand?

11. In einem Wechselstromkreis mit 50 Hz und 230 V werden anstelle des ursprünglichen Kondensators von 4,7 µF zwei Kondensatoren mit ebenfalls 4,7 µF aber in Reihe geschaltet. Wie verändert sich die Blindleistung?

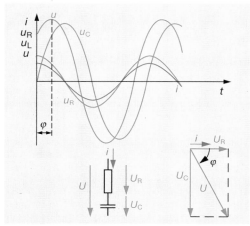

Abb. 5: Linien- und Zeigerdiagramm der Reihenschaltung aus R und X_C

1.5 Schaltungen mit Kondensatoren und Wirkwiderständen

1.5.1 Reihenschaltung

Bei jeder Reihenschaltung teilt sich die von der Quelle gelieferte Spannung auf. Wie bei der Spule muß jedoch die Phasenverschiebung berücksichtigt werden. Das Linien- und Zeigerdiagramm zeigt die Abb. 5. Wie bei der Betrachtung der Spule wird auch hier in folgender Reihenfolge vorgegangen:

1. Stromstärke zeichnen (Bezugsgröße).

2. Spannung am Wirkwiderstand u_R zeichnen (u_R in Phase mit i).

3. Spannung am Blindwiderstand u_C zeichnen (u_C ist um 90° nacheilend).

4. Gesamtspannung u durch Addition von u_R und u_C zeichnen.

Aus dem Zeigerdiagramm kann ein Dreieck aus drei Spannungen gezeichnet werden (Abb. 1, S. 54). Daraus lassen sich Berechnungsformeln aufstellen.

Die Stromstärke ist für alle drei Spannungen die gemeinsame Größe: $U_R = I \cdot R$; $U_C = I \cdot X_C$; $U = I \cdot Z$

Der Widerstand Z ist dabei wieder der Scheinwiderstand der Gesamtschaltung. Da die Stromstärke als gemeinsame Größe in allen drei Gleichungen vorkommt, kann ein Dreieck mit Widerstandsgrößen gezeichnet werden. Aus diesem ergeben sich neue Berechnungsformeln (vgl. Abb. 2, S. 54).

Auch die Leistungen lassen sich auf diese Weise ermitteln (vgl. Abb. 3, S. 54).

Beispiel:

Gegeben sind: $C = 10\,µF$, $R = 500\,\Omega$,

$U = 230\,V$, $f = 50\,Hz$

Wie groß sind die Teilspannungen, die Leistungen und die Phasenverschiebung zwischen der angelegten Spannung und der Stromstärke?

$$X_C = \frac{1}{2\pi \cdot f \cdot C} \qquad U_C = I \cdot X_C \qquad S = U \cdot I$$

$$X_C = 318\,\Omega \qquad U_C = 123\,V \qquad S = 89{,}2\,VA$$

$$Z = \sqrt{R^2 + X_C{}^2} \qquad U_R = I \cdot R \qquad Q = U_C \cdot I$$

$$Z = 593\,\Omega \qquad U_R = 194\,V \qquad Q = 47{,}7\,var$$

$$I = \frac{U}{Z} \qquad \cos\varphi = \frac{U_R}{U} \qquad P = U_R \cdot I$$

$$I = 0{,}388\,A \qquad \cos\varphi = 0{,}843 \qquad P = 75{,}3\,W$$

$$\varphi = 32{,}5°$$

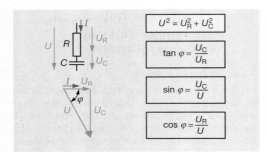

Abb. 1: Spannungdreieck und Berechnungsformeln der Reihenschaltung aus R und X_C

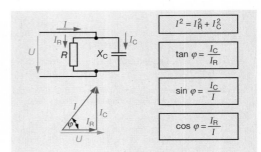

Abb. 4: Stromdreieck und Berechnungsformeln der Parallelschaltung aus R und X_C

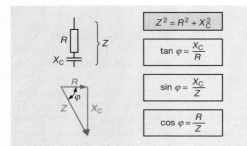

Abb. 2: Widerstandsdreieck und Berechnungsformeln der Reihenschaltung aus R und X_C

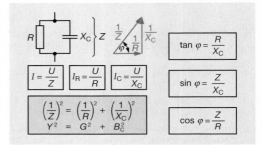

Abb. 5: Leitwertdreieck und Berechnungsformeln der Parallelschaltung aus R und X_C

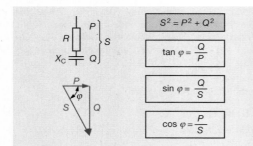

Abb. 3: Leistungsdreieck und Berechnungsformeln der Reihenschaltung aus R und X_C

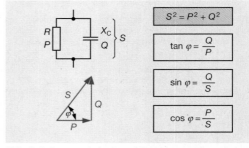

Abb. 6: Leistungsdreieck und Berechnungsformeln der Parallelschaltung aus R und X_C

1.5.2 Parallelschaltung

Die Parallelschaltung von X_C und R sowie das Stromdreieck zeigt die Abb. 4. Bei der Konstruktion des Dreiecks wird in folgender Reihenfolge vorgegangen:

1. Spannung festlegen (gemeinsame Größe für X_C und R).
2. Wirkstrom I_R in Phase mit U zeichnen.
3. Blindstrom I_C um $90°$ phasenverschoben zeichnen.
4. Gesamtstrom aus der Addition der Einzelströme ermitteln und einzeichnen (Abb. 4).

Das Stromdreieck wird benutzt, um das Leitwert- und Leistungsdreieck zu entwickeln (Abb. 5 und 6).

1.5.3 Verluste des Kondensators

Kondensatoren erwärmen sich bei Anschluß an eine Spannung geringfügig. Beim Anlegen einer Gleichspannung lassen sich dann noch geringe Ströme feststellen, wenn der Aufladevorgang abgeschlossen ist. Die Isolierung zwischen den Leitern kann man sich wie einen Widerstand vorstellen, der parallel neben dem idealen Kondensator liegt (vgl. Abb. 7). Hervorgerufen wird dieser Widerstand durch den sehr hohen Widerstand der Isolation und durch das ständige Umpolen der Moleküle im Dielektrikum (Polarisation) bei angelegter Wechselspannung. Dabei entsteht Wärme. Hinzu kommen noch die geringen Widerstände der Zuleitungen und der Beläge.

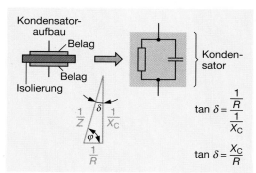

Abb. 7: Ersatzschaltbild und Leitwertdreieck (übertrieben groß gezeichnet) des Kondensators

Zur Kennzeichnung der Qualität eines Kondensators verwendet man den Verlustfaktor (Abb. 7).

Verlustfaktor des Kondensators

$$\tan \delta = \frac{X_C}{R}$$

Der Verlustfaktor ist sehr klein. MP-Kondensatoren besitzen z.B. bei 50 Hz einen Verlustfaktor, der kleiner als $5 \cdot 10^{-3}$ ist. Dabei muß berücksichtigt werden, daß er von Temperatur und Frequenz abhängig ist.

Aufgaben zu 1.5

1. Eine Reihenschaltung aus R und X_C liegt an einer konstanten Wechselspannung. Wie verändern sich I, U_R, U_C und φ, wenn die Kapazität des Kondensators durch Austausch vergrößert wird?

2. a) Berechnen Sie Scheinwiderstand und Phasenverschiebungswinkel zwischen Stromstärke und Gesamtspannung, wenn $R = 120\ \Omega$ und $C = 10\ \mu F$ in Reihe liegen (50 Hz)!
   b) Zeichnen Sie das maßstäbliche Leistungsdreieck wenn die Gesamtspannung 230 V beträgt!
   c) Zeichnen Sie das maßstäbliche Widerstandsdreieck!

3. Entwickeln Sie aus dem Stromdreieck der Parallelschaltung von R und X_C das Leitwertdreieck!

4. Stellen Sie mit dem Leitwertdreieck für die Parallelschaltung aus R und X_C Formeln zur Berechnung von Z und den Phasenverschiebungswinkel auf!

5. Zur Parallelschaltung aus R und X_C wird ein weiterer Kondensator parallel geschaltet. Wie verändern sich Z, I, I_R, I_C, φ, S, P, und Q, wenn die Spannung konstant bleibt?

6. Wodurch entstehen Verluste im Kondensator?

7. Zeichnen Sie das Ersatzschaltbild des verlustbehafteten Kondensators!

8. Vergleichen Sie Kondensatoren und Spulen hinsichtlich ihrer Verluste. Welches Bauteil ist verlustbehafteter?

1.6 Schaltungen mit Spulen, Kondensatoren und Wirkwiderständen

Die Blindwiderstände wurden bisher im Zusammenhang mit Wirkwiderständen behandelt. Unklar ist noch, wie sich X_L, X_C und R gemeinsam im Wechselstromkreis verhalten. Eine Reihenschaltung mit allen drei Widerstandsarten ist z. B. in einem Zweig der Duo-Schaltung zu finden (Abb. 8).

1.6.1 Reihenschaltung

Die Reihenschaltung im Wechselstromkreis soll mit den Werten der Abb. 9 untersucht werden. Die Spannung am Kondensator von 433 V ist größer als die angelegte Spannung von 230 V. Dieses überraschende Ergebnis läßt sich jedoch mit den bisher erarbeiteten Kenntnissen über die Phasenbeziehungen zwischen Strom und Spannungen erklären.

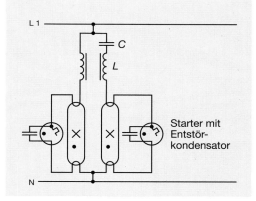

Abb. 8: Stromlaufplan der Duo-Schaltung in aufgelöster Darstellung

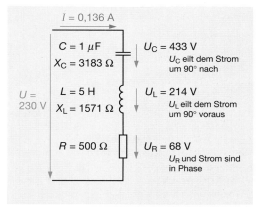

Abb. 9: Phasenbeziehungen bei der Reihenschaltung aus X_C, X_L und R

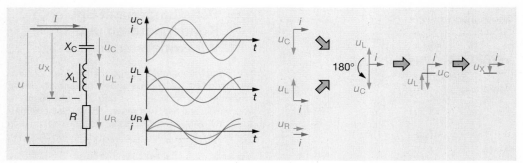

Abb. 1: Linien- und Zeigerdiagramme der Phasenbeziehungen bei der Reihenschaltung aus X_C, X_L, und R

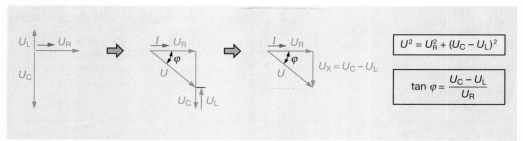

$$U^2 = U_R^2 + (U_C - U_L)^2$$

$$U_X = U_C - U_L$$

$$\tan \varphi = \frac{U_C - U_L}{U_R}$$

Abb. 2: Phasenbeziehungen und Berechnungsformeln der Reihenschaltung aus R, X_L, und X_C, wenn $X_C > X_L$ ist

Am Wirkwiderstand sind Strom und Spannung in Phase (Abb. 1). Dieselbe Stromstärke verursacht an X_C einen Spannungsfall, der um 90° nacheilt. An der Spule sind die Verhältnisse umgekehrt. Die Spannung eilt dort dem Strom um 90° voraus. Zwischen der Spannung am Kondensator und am induktiven Blindwiderstand herrscht somit eine Phasenverschiebung von 180° (vgl. Zeigerdiagramm der Abb. 1).

> Bei Reihenschaltungen von kapazitiven und induktiven Blindwiderständen sind die Spannungen an den Blindwiderständen um 180° phasenverschoben.

Spannungen mit 180° Phasenverschiebung lassen sich zusammenfassen. Es ergibt sich dann eine Spannung an beiden Bauteilen von $U_X = U_C - U_L$; $U_X = 219\,V$. Dieses Ergebnis kann durch eine Messung bestätigt werden.

Zur Berechnung von Schaltungen mit Blindwiderständen werden die Zeigerdiagramme in Dreiecke umgewandelt. Die Abb. 2 zeigt das Spannungsdreieck. Aus diesem lassen sich dann das Widerstands- (Abb. 3) und Leistungsdreiecke entwickeln.

In dem geschilderten Beispiel ist X_C größer als X_L. Aus dem Widerstandsdreieck (Abb. 3) geht hervor, daß auch die Blindwiderstände voneinander subtrahiert werden können. Als Ergebnis ergibt sich ein kapazitiver Restwiderstand X_C^*.

Vergrößert man die Induktivität, dann steigt auch der induktive Blindwiderstand. Ein Sonderfall ist erreicht, wenn die beiden Blindwiderstände gleich groß sind (Abb. 4). Sie heben sich dann in ihren Wirkungen auf, so daß der Wirkwiderstand der resultierende Widerstand der Schaltung ist. Dieses ist in dem Beispiel dann der Fall, wenn die Induktivität etwa 10 H beträgt.

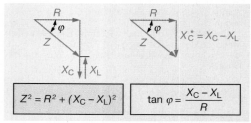

$$Z^2 = R^2 + (X_C - X_L)^2$$

$$\tan \varphi = \frac{X_C - X_L}{R}$$

Abb. 3: Widerstandsbeziehungen und Berechnungsformeln der Reihenschaltung aus R, X_L, und X_C, wenn $X_C > X_L$ ist

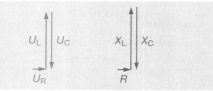

Abb. 4: Phasenbeziehungen bei der Reihenschaltung aus R, X_L, und X_C, wenn $X_L = X_C$ ist

Berechnungsbeispiel für $X_L \approx X_C$:

Reihenschaltung mit $R = 500\ \Omega$; $C = 1\ \mu F$; $L = 10\ H$; $U = 230\ V$ und $f = 50\ Hz$.
Wie groß sind I, U_C, U_L und U_R?

$$X_C = \frac{1}{2\pi \cdot f \cdot C} \qquad X_L = 2\pi \cdot f \cdot L \qquad U_C = I \cdot X_C$$
$$X_C = 3183\ \Omega \qquad X_L = 3142\ \Omega \qquad U_C = 1464\ V$$

$$Z = \sqrt{R^2 + (X_C - X_L)^2} \qquad\qquad Z = 502\ \Omega$$
$$I = \frac{U}{Z} \qquad U_L = I \cdot X_L \qquad U_R = I \cdot R$$
$$I = 0{,}46\ A \qquad U_L = 1445\ V \qquad U_R = 230\ V$$

Aus dem Beispiel wird deutlich, daß in der Reihenschaltung die Spannungen an den Blindwiderständen sehr groß werden können. Dies kann zur Gefährdung von Bauteilen und Personen führen.

Bei der Reihenschaltung von kapazitiven und induktiven Blindwiderständen können die Spannungen an den Blindwiderständen erheblich größer als die Gesamtspannung werden (Spannungsüberhöhung).

Das Beispiel bringt noch eine weitere Erkenntnis. Beim Sonderfall $X_L = X_C$ fließt der größtmögliche Strom. Der Wirkwiderstand allein bestimmt dann die Stromstärke. Zwischen Strom und angelegter Spannung herrscht Phasengleichheit. Dieser Sonderfall wird mit **Resonanz** bezeichnet.

Bei $X_L = X_C$ heben sich die Blindwiderstände in ihrer Wirkung auf. Die Schaltung verhält sich wie ein reiner Wirkwiderstand. Es herrscht Resonanz.

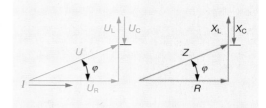

Abb. 6: Phasenbeziehungen bei der Reihenschaltung aus R, X_L, und X_C, wenn $X_L > X_C$ ist

Erhöht man jetzt die Kapazität des Kondensators, dann verringert sich der kapazitive Blindwiderstand. Es überwiegt dann der induktive Blindwiderstand (Abb. 6).

1.6.2 Parallelschaltung

Bei der Parallelschaltung von X_L, X_C und R lassen sich die folgenden drei Fälle unterscheiden:

$$X_L > X_C; \qquad\qquad X_L = X_C; \qquad\qquad X_L < X_C$$

Zunächst wird der Fall $X_L > X_C$ behandelt.

Die Abb. 5 zeigt die Phasenverhältnisse zwischen der angelegten Spannung und den drei Strömen durch die Widerstände. Da die Stromstärke bei der Induktivität um 90° nacheilt und beim Kondensator um 90° vorauseilt, ergibt sich auch hier ein Phasenverschiebungswinkel zwischen der Stromstärke I_C und I_L von 180°. Der resultierende Blindstrom ist dann durch Subtraktion ermittelbar.

Bei der Parallelschaltung von X_L und X_C besteht zwischen I_C und I_L ein Phasenverschiebungswinkel von 180°.

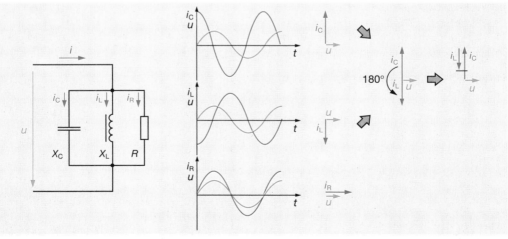

Abb. 5: Linien- und Zeigerdiagramme zur Phasenbeziehung bei der Parallelschaltung aus X_C, X_L, und R

In Abb. 1 ist das Stromdreieck und in Abb. 2 das Leitwertdreieck mit Berechnungsformeln zu sehen.

Auch bei Parallelschaltung gibt es den Resonanzfall, wenn $X_L = X_C$ ist. Die Blindwiderstände heben sich in ihren Wirkungen auf. Das Berechnungsbeispiel soll dies bestätigen.

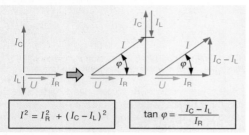

$$I^2 = I_R^2 + (I_C - I_L)^2 \qquad \tan \varphi = \frac{I_C - I_L}{I_R}$$

Abb. 1: Stromdreieck und Berechnungsformeln der Parallelschaltung aus R, X_L und X_C für $X_L > X_C$

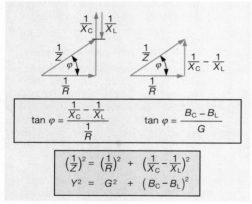

$$\tan \varphi = \frac{\frac{1}{X_C} - \frac{1}{X_L}}{\frac{1}{R}} \qquad \tan \varphi = \frac{B_C - B_L}{G}$$

$$\left(\frac{1}{Z}\right)^2 = \left(\frac{1}{R}\right)^2 + \left(\frac{1}{X_C} - \frac{1}{X_L}\right)^2$$

$$Y^2 = G^2 + (B_C - B_L)^2$$

Abb. 2: Leitwertdreieck und Berechnungsformeln der Parallelschaltung aus R, X_L und X_C für $X_L > X_C$

Berechnungsbeispiel für $X_L \approx X_C$:

Parallelschaltung mit: $R = 500\ \Omega$; $C = 1\ \mu F$;
                  $L = 10\ H$; $U = 230\ V$; $f = 50\ Hz$.

Wie groß sind I, I_C, I_L und I_R?

$$X_C = 3183\ \Omega; \qquad \frac{1}{X_C} = 0{,}314\ mS;$$

$$X_L = 3142\ \Omega; \qquad \frac{1}{X_L} = 0{,}318\ mS$$

$$\frac{1}{Z} = \sqrt{\left(\frac{1}{R}\right)^2 + \left(\frac{1}{X_L} - \frac{1}{X_C}\right)^2}; \quad Z = 500\ \Omega$$

$$I = \frac{U}{Z}; \quad \underline{I = 0{,}46\ A}; \quad I_C = \frac{U}{X_C}; \quad \underline{I_C = 72{,}3\ mA};$$

$$I_L = \frac{U}{X_L}; \qquad\qquad I_R = \frac{U}{R};$$

$$\underline{I_L = 73{,}2\ mA}; \qquad\qquad \underline{I_R = 0{,}46\ A};$$

Tab. 1.3: Mögliche Fälle bei der Zusammenschaltung von R, X_L und X_C

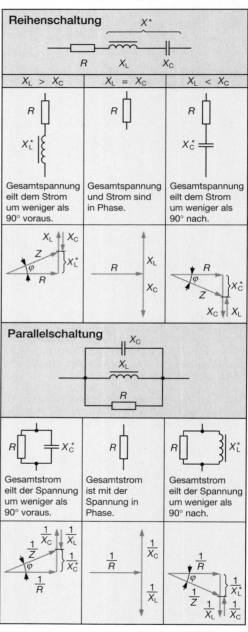

Bei der Parallelschaltung von kapazitiven und induktiven Blindwiderständen können die Stromstärken in den Blindwiderständen erheblich größer als die Gesamtstromstärke werden (Stromüberhöhung).

1.6.3 Kompensation (vgl. 6.3.8, S. 222)

In elektrischen Anlagen und Geräten wird elektrische Energie in andere Energiearten umgewandelt. Der nutzbringende Anteil steht als Wirkleistung zur Verfügung. Durch Spulen entsteht jedoch auch unerwünschte Blindleistung. Sie führt zu höheren Stromstärken in den Zuleitungen (vgl. nachfolgendes Beispiel) und muß deshalb ab einer bestimmten Größe durch besondere Schaltungsmaßnahmen ausgeglichen werden, d.h., sie wird kompensiert (örtliche Bestimmungen beachten). Wird eine Kompensation nicht vorgenommen oder ist diese nicht möglich, dann werden bei großen Anlagen Blindverbrauchszähler eingeschaltet und Kosten berechnet. Zur Verdeutlichung der Kompensation dient das folgende **Beispiel:**

Eine an 230 V betriebene elektrische Anlage besteht aus folgenden Einheiten:

Leuchtstofflampen:	1,1	kW
Motoren:	3	kW
Glühlampen:	2,2	kW

In Abb. 3 ist die Anlage vereinfacht dargestellt. Der mittlere Leistungsfaktor ist 0,6. Mit diesem Wert, der Spannung und der gesamten Wirkleistung ergeben sich folgende rechnerische Werte:

$$P = 6,3 \text{ kW} \qquad S = \frac{P}{\cos \varphi} \qquad Q_L = S \cdot \sin \varphi$$
$$S = 10,5 \text{ kV A} \qquad Q_L = 8,4 \text{ kvar}$$

Nutzbringend ist nur die Wirkleistung von 6,3 kW. Wenn nur Wirkwiderstände in der Anlage wären, dann würde ein Strom von $I = 27,4$ A fließen $(I = P / U)$. Aufgrund der Blindwiderstände fließt jedoch ein größerer Strom von 45,65 A, der von den Elektrizitätswerken aufgebracht werden muß. Außerdem verursacht ein größerer Strom größere Verluste in den Zuleitungen.

Da die meisten Verbraucher in der Energietechnik Wirkwiderstände in Verbindung mit Spulen sind, können Kondensatoren hinzugeschaltet werden, da sie sich genau entgegengesetzt wie Spulen verhalten.

Induktive Blindleistungen werden durch kapazitive Blindleistungen kompensiert.

Die Zusammenhänge bei der Kompensation sollen durch die Fortsetzung des Beispiels verdeutlicht werden. Die Abb. 4 zeigt die Auflösung der Anlage in einen Wirkwiderstand und einen induktiven Blindwiderstand. Der Blindstrom I_L (bzw. Q_L) soll jetzt zunächst durch einen weiteren Blindstrom I_C (bzw. Q_C) kompensiert werden, so daß allein der Wirkwiderstand für die Gesamtschaltung bestimmend wird (Abb. 5). Der cos φ ist dann 1. Die Kapazität des Kondensators läßt sich durch Anwendung der Formel für die Blindleistung berechnen.

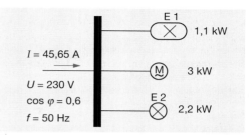

Abb. 3: Meßwerte in einer elektrischen Anlage mit Wirkwiderständen und induktiven Blindwiderständen

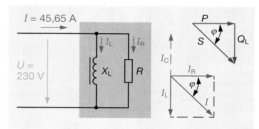

Abb. 4: Anlage mit Wirkwiderstand und induktivem Blindwiderstand

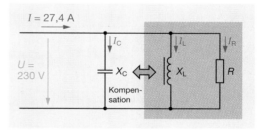

Abb. 5: Parallelkompensation eines induktiven Verbrauchers

Blindleistung:

$$Q_C = U \cdot I_C \qquad\qquad I_C = \frac{U}{X_C}$$

$$Q_C = \frac{U^2}{X_C} \qquad\qquad X_C = \frac{1}{2 \pi \cdot f \cdot C}$$

Kapazität des Kompensationskondensators:

$$C = \frac{Q_C}{2 \pi \cdot f \cdot U^2} \qquad\qquad C = 505 \text{ µF}$$

Für 8,4 kvar ergibt sich eine Kapazität von 505 µF. Für die Kompensation von 1 kvar ein entsprechend geringerer Wert:

$$\frac{505 \text{ µF}}{8,4 \text{ kvar}} = \frac{C}{1 \text{ kvar}} ; \qquad C = 60 \text{ µF}$$

> Ein Kondensator von 60 µF kompensiert eine induktive Blindleistung von 1 kvar bei 230 V und 50 Hz (20 µF für 400 V; 50 Hz).

In den meisten Anlagen wird nicht bis zum Wert $\cos \varphi = 1$ kompensiert, da sonst Resonanzerscheinungen auftreten können (vgl. 1.6.1 und 1.6.2). Man begnügt sich mit kleineren Werten von z. B. 0,9 … 0,95.

Zur Berechnung der kapazitiven Blindleistung wird dazu eine Formel verwendet, in der der Phasenverschiebungswinkel der Anlage und der Winkel eingesetzt wird, bis zu dem kompensiert wird. Die Abb. 1 zeigt die Zusammenhänge zur Ermittlung der Blindleistung.

In dem angeführten Beispiel von S. 59 beträgt der mittlere Leistungsfaktor der Anlage 0,6. Der Phasenverschiebungswinkel ist dann $\varphi = 53{,}1°$. Soll die Anlage auf $\cos \varphi_2 = 0{,}95$ kompensiert werden, dann beträgt $\varphi_2 = 18{,}2°$. Die Blindleistung des Kondensators errechnet sich wie folgt:

$Q_C = P (\tan \varphi_1 - \tan \varphi_2)$
$Q_C = 6{,}3 \text{ kW} (\tan 53{,}1° - \tan 18{,}2°)$
$Q_C = 6{,}32 \text{ kvar}$

Für diese Leistung ist ein Kondensator von 380 µF erforderlich.

Zur Blindleistungskompensation werden vorwiegend Metallpapier (MP) und Metallpapier-Kunststoffolien-Kondensatoren (MKV besonders verlustarm) eingesetzt (Abb. 2).

MP-Kondensatoren haben imprägniertes Papier als Dielektrikum und aufgedampfte Metallschichten (ca. $\frac{1}{100}$ mm dick) als Beläge. Die dünnen Metallbeläge brennen bei Überschlägen aus, so daß sich der Kondensator selbst »heilt«.

Verlustfaktor: etwa $5 \cdot 10^{-3}$ bei Nennwerten.

MKV-Kondensatoren sind ebenfalls »selbstheilend«. Sie besitzen auf Papier aufgedampfte Metallbeläge, die zusätzlich durch Kunststoffolien getrennt sind (Abb. 4). Dadurch sind die Verluste geringer als beim MP-Kondensator.

Verlustfaktor: $0{,}5 \cdot 10^{-3}$ bei Nennwerten.

Abb. 2: Kompensationskondensatoren

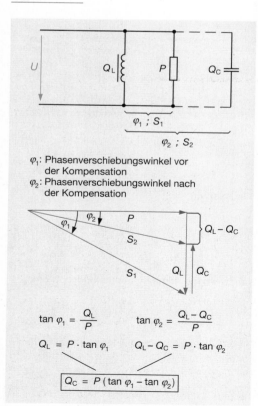

φ_1: Phasenverschiebungswinkel vor der Kompensation
φ_2: Phasenverschiebungswinkel nach der Kompensation

$\tan \varphi_1 = \dfrac{Q_L}{P}$ $\tan \varphi_2 = \dfrac{Q_L - Q_C}{P}$

$Q_L = P \cdot \tan \varphi_1$ $Q_L - Q_C = P \cdot \tan \varphi_2$

$\boxed{Q_C = P (\tan \varphi_1 - \tan \varphi_2)}$

Abb. 1: Leistungen bei der Parallelkompensation

Abb. 3: Kondensator mit Entladewiderstand

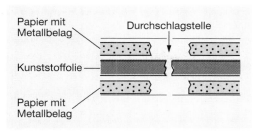

Abb. 4: Schichten bei MKV-Kondensator und Ergebnis der »Selbstheilung«

Aufgrund von Überlastungen (Erwärmung) und vielen »Selbstheilungen« kann durch Verdampfen der Metallbeläge und der Imprägniermittel ein Überdruck und damit eine Explosionsgefahr entstehen.

Aus diesem Grunde sind am Gehäuse gestauchte Sicken (rinnenartige Vertiefungen) vorhanden, die sich bei einem Überdruck ausdehnen. Gleichzeitig wird die eingekerbte Anschlußleitung gedehnt und reißt an dieser Sollbruchstelle (Abb. 5). Die Sicherheit ist auf diese Weise gewährleistet.

Da in Kondensatoren auch noch nach dem Abschalten der Spannung Ladungen gespeichert sind, muß durch Widerstände dafür gesorgt werden, daß die Spannung schnell auf ein ungefährliches Maß sinkt (Bestimmungen für die Anlagen beachten). Die Entladung kann auch über die Wicklungen der zu kompensierenden Verbraucher erfolgen.

Die hinzugeschalteten Entladewiderstände liegen im äußeren Bereich parallel (vgl. Abb. 3) oder sind bereits im Gehäuse untergebracht.

Bei der beschriebenen **Parallelkompensation** werden die Kondensatoren parallel zu den Geräten geschaltet. Sie ist jedoch ungeeignet, wenn z. B. über das Netz Steuersignale (Rundsteueranlage) an die Verbraucher gelangen sollen. Durch den kleinen Wechselstromwiderstand der Kondensatoren werden sie kurzgeschlossen. In solchen Fällen muß die **Reihenkompensation** vorgenommen werden. Der Kondensator liegt in Reihe zur Anlage. Zu beachten ist dabei, daß Spannungsüberhöhungen auftreten können. (vgl. 1.6.1).

Aufgaben zu 1.6.1 bis 1.6.3

1. Zeichnen Sie das Zeigerdiagramm der Spannungen für die Reihenschaltung aus R, X_L und X_C, wenn X_C größer als X_L ist!

2. In einer Reihenschaltung aus $R = 100\,\Omega$, $X_L = 100\,\Omega$ und X_C wird X_C von 0 bis $200\,\Omega$ verändert. Welche Phasenverschiebungswinkel zwischen der Gesamtspannung und der Stromstärke ergeben sich?

3. Beschreiben Sie die Vorgänge, die in der Reihenschaltung aus R, X_L und X_C auftreten, wenn $X_L = X_C$ ist!

4. Zeichnen Sie für die Reihenschaltung aus R, X_L und X_C das Leistungsdreieck, wenn X_L größer als X_C ist!

5. Zeichnen Sie ein Stromdreieck und ermitteln Sie φ sowie I, wenn folgende Größen für eine Parallelschaltung gegeben sind:

   $I_C = 50$ mA; $I_L = 120$ mA; $I_R = 250$ mA!

6. In einer Parallelschaltung aus R, X_L und X_C wird der Kondensator entfernt. Wie verändern sich I_L, I_R, I und φ?

7. Zeichnen Sie das Leistungsdreieck der Parallelschaltung aus R, X_L und X_C, wenn X_L größer als X_C ist!

8. Welche Größen werden bei der Parallelschaltung aus R, X_L und X_C maximal bzw. minimal, wenn bei konstanter Spannung $X_C = X_L$ ist?

9. Bei einer Anlage mit einer Wirkleistung von 120 kW bei 230 V soll von cos $\varphi = 0,5$ auf cos $\varphi = 0,9$ kompensiert werden. Welche Kapazität hat der zuschaltbare Kondensator?

10. Worin unterscheiden sich MP-Kondensatoren von MKV-Kondensatoren?

11. Weshalb haben Kompensationskondensatoren Entladewiderstände?

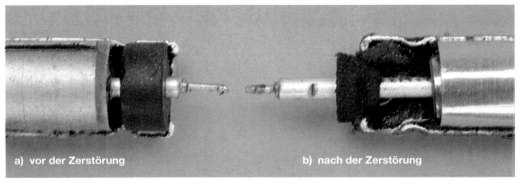

Abb. 5: Explosionsschutz bei Kondensatoren

1.6.4 Schwingkreis

Schaltet man Spulen und Kondensatoren zusammen, dann entsteht ein elektrischer Schwingkreis. Der Kondensator wird auf die Gleichspannung der Quelle aufgeladen und dann über die Spule entladen (Abb. 1). Die im Kondensator gespeicherte elektrische Energie wird in der Spule in elektrische Energie umgewandelt.

Den Verlauf der Spannung zeigt Abb. 2. Die Spannung beginnt mit dem Maximalwert. Sie sinkt allmählich, kehrt die Richtung um, beginnt wieder von neuem usw. Die Amplitude wird dabei geringer. Es entsteht eine **gedämpfte Schwingung**. Ursachen für die Dämpfung sind die in jedem Schwingkreis vorhandenen Wirkwiderstände. In ihnen wird elektrische Energie in Wärme umgewandelt.

> Ein elektrischer Schwingkreis besteht aus einer Spule und einem Kondensator. Ohne ständige Energiezufuhr entstehen gedämpfte Schwingungen.

Die einzelnen Phasen der Energieumwandlung beim Schwingkreis sollen jetzt genauer untersucht werden. Zur Unterstützung dient die Abb. 3. Für fünf Zeitpunkte sind die Energiezustände sowie Spannung und Stromstärke eingezeichnet. Das Liniendiagramm verdeutlicht den Verlauf der Spannung und der Stromstärke.

- Zunächst ist zum Zeitpunkt 1 die Spannung maximal, da der Kondensator noch voll aufgeladen ist. Die Energie ist im elektrischen Feld gespeichert. Der Kondensator beginnt sich jetzt allmählich über die Spule zu entladen, d.h. die Ladungen setzen sich in Bewegung. Es fließt ein zunehmender Strom bei sinkender Spannung.

- In der zweiten Darstellung ist der Kondensator bereits entladen. Die Stromstärke hat ihren Maximalwert erreicht.

  Die vorher im Kondensator gespeicherten Ladungen sind in Bewegung. Das magnetische Feld hat ebenfalls seinen Maximalwert erreicht.

  Die Ladungen bewegen sich jedoch weiter, so daß der Kondensator allmählich umgeladen wird.

- In der dritten Darstellung ist die Umladung des Kondensators abgeschlossen (Polaritätswechsel). Die Energie ist wieder als elektrische Energie im Kondensator gespeichert. Dieser Zustand bleibt jedoch nicht erhalten, da sich der Kondensator wieder über die Spule entlädt. Es fließt ein Strom durch die Spule in umgekehrter Richtung.

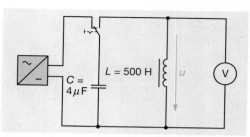

Abb. 1: Aufbau zur Erzeugung gedämpfter Schwingungen

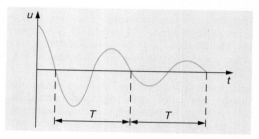

Abb. 2: Verlauf der gedämpften Schwingungen

- In der vierten Darstellung ist der Kondensator wieder entladen und die Stromstärke durch die Spule maximal. Das Magnetfeld ist in voller Stärke aufgebaut. Es ist also magnetische Energie in der Spule gespeichert.

  Die Ladungen bewegen sich jedoch wieder weiter, so daß eine erneute Aufladung des Kondensators erfolgt.

- In der fünften Darstellung ist der Ausgangszustand wieder erreicht.

> In einem Schwingkreis wird elektrische Energie in magnetische umgewandelt und umgekehrt. Die Ladungen pendeln dabei zwischen den Kondensatorplatten hin und her.

Bei dieser Betrachtungsweise blieben die stets vorhandenen Verluste im Schwingkreis unberücksichtigt. Sie führen zu einer Dämpfung der Schwingungen (Abb. 2).

Die Zeitdauer für die einzelnen Schwingungen ist konstant. Die Frequenz der Schwingungen ist also ebenfalls konstant, da die Beziehung $f = \frac{1}{T}$ gilt. Diese Frequenz wird **Eigenfrequenz** des Systems genannt. Sie hängt nicht von der Höhe der Aufladespannung des Kondensators ab, sondern allein von den verwendeten Bauteilen des Schwingkreises.

Das Verhalten eines Schwingkreises gegenüber Spannungen mit unterschiedlichen Frequenzen soll in Versuch 1 – 8 untersucht werden. Es handelt sich dabei um einen verlustbehafteten Schwingkreis.

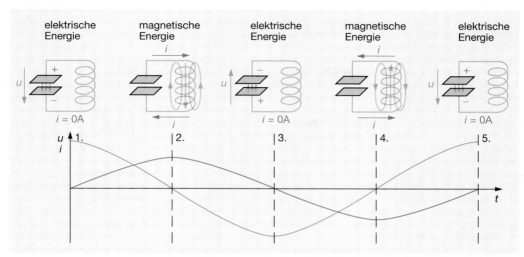

Abb. 3: Strom- und Spannungsverlauf beim Parallelschwingkreis (ungedämpft)

Das Ergebnis zeigt:

> Bei einer bestimmten Frequenz erreicht die Stromstärke ein Minimum und der Scheinwiderstand ein Maximum.

Trägt man die Meßwerte in ein Diagramm ein, dann ergibt sich der Verlauf, den die Abb. 1 auf S. 64 zeigt.

Das Diagramm zeigt, daß bei tiefen Frequenzen ($f < f_0$) der Scheinwiderstand klein ist. Erklärbar ist dies dadurch, daß parallel zu R und X_C der kleine Blindwiderstand der Spule ($X_L = 2\pi \cdot f \cdot L$) liegt. Der Widerstand des Kondensators ist in diesem

Bereich größer. Mit zunehmender Frequenz steigt der Widerstand der Spule und der des Kondensators sinkt $\left(X_C = \frac{1}{2\pi \cdot f \cdot C} \right)$. Es gibt eine Frequenz, bei der die beiden Blindwiderstände gleich groß sind. Diese wird Resonanzfrequenz genannt. Sie ist identisch mit der Eigenfrequenz des Systems.

> Resonanz ist bei einem Schwingkreis dann vorhanden, wenn die Erregerfrequenz gleich der Eigenfrequenz des Systems ist.

Die Resonanzfrequenz läßt sich mit Hilfe der Formeln für die Blindwiderstände berechnen.

Versuch 1–8: **Scheinwiderstand des Parallelschwingkreises in Abhängigkeit von der Frequenz**

Meßschaltung $L = 2,5\,\text{mH}$ $C = 0,5\,\mu\text{F}$ **Durchführung**

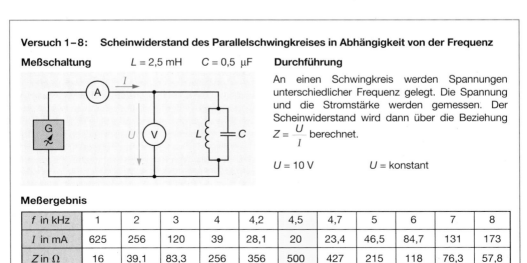

An einen Schwingkreis werden Spannungen unterschiedlicher Frequenz gelegt. Die Spannung und die Stromstärke werden gemessen. Der Scheinwiderstand wird dann über die Beziehung $Z = \dfrac{U}{I}$ berechnet.

$U = 10\,\text{V}$ $U = \text{konstant}$

Meßergebnis

f in kHz	1	2	3	4	4,2	4,5	4,7	5	6	7	8
I in mA	625	256	120	39	28,1	20	23,4	46,5	84,7	131	173
Z in Ω	16	39,1	83,3	256	356	500	427	215	118	76,3	57,8

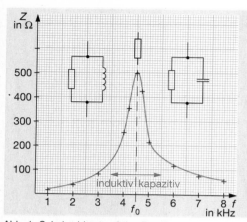

Abb. 1: Scheinwiderstand des Parallelschwingkreises in Abhängigkeit von der Frequenz

Resonanzbedingungen: $X_L = X_C$

$$2\pi \cdot f_0 \cdot L = \frac{1}{2\pi \cdot f_0 \cdot C}$$

$$f_0^2 = \frac{1}{4\pi^2 \cdot L \cdot C}$$

Resonanzfrequenz des Schwingkreises:

$$f_0 = \frac{1}{2\pi\sqrt{L \cdot C}}$$

Thomsonsche Schwingkreisformel [1]

Wählt man beim Parallelschwingkreis Frequenzen, die größer als die Resonanzfrequenz sind (Abb. 1), dann wird der Blindwiderstand des Kondensators bestimmend. Er wird mit zunehmender Frequenz kleiner und der Blindwiderstand der Spule wird größer.

Spulen und Kondensatoren können auch in Reihe zu einem Schwingkreis zusammengeschaltet werden. Für dieses System gilt dieselbe Formel der Resonanzfrequenz. Abb. 2 zeigt die Schaltung und das Verhalten eines Reihenschwingkreises gegenüber veränderbaren Frequenzen.

Bei tiefen Frequenzen ($f < f_0$) ist der Scheinwiderstand groß, da der Blindwiderstand des Kondensators einen großen Einfluß hat. Bei der Resonanzfrequenz ist $X_L = X_C$. Die Stromstärke wird dann nur noch vom Wirkwiderstand der Schaltung und der angelegten Spannung bestimmt. Die Stromstärke erreicht ein Maximum. Bei größeren Frequenzen ($f > f_0$) steigt der Blindwiderstand X_L und damit auch der Scheinwiderstand.

Zu Resonanzerscheinungen kann es in der elektrischen Energietechnik z. B. bei kapazitiven Belastungen von Transformatoren kommen.

[1] JOSEPH JOHN THOMSON; ENGLISCHER PHYSIKER, 1856 – 1940

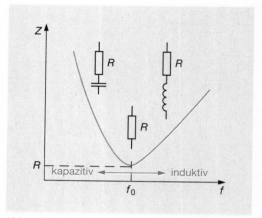

Abb. 2: Scheinwiderstand des Reihenschwingkreises in Abhängigkeit von der Frequenz

1.6.5 Messung von Induktivitäten und Kapazitäten

Induktivitätsbestimmung durch Strom- und Spannungsmessung

Durch eine Gleichstrom- und Gleichspannungsmessung wird der Wirkwiderstand $R = \frac{U}{I}$ annähernd bestimmt. Die durch den Wechselstrom hervorgerufenen Verluste (z. B. Wirbelstromverluste, vgl. 1.3.3) blieben hierbei unberücksichtigt. Durch eine Wechselstrom- und Wechselspannungsmessung wird der Scheinwiderstand Z bestimmt. Mit Hilfe des pythagoreischen Lehrsatzes kann dann X_L bzw. L ermittelt werden.

Induktivitätsbestimmung mit einer Meßbrücke

Abb. 3 zeigt den grundsätzlichen Aufbau einer Meßbrücke zur Induktivitätsbestimmung. Die Brücke ist abgeglichen, wenn zwischen den Punkten C und D keine Spannung besteht. Man vergleicht hierbei den unbekannten Scheinwiderstand Z_X (bestehend aus R_X und X_{LX}) mit einem bekannten Scheinwiderstand (R_1 und X_{L1}). Mit Hilfe des Potentiometers P wird der Phasenwinkel φ eingestellt. Dadurch wird der Wirkwiderstandsanteil der Spulen verändert, bis die Phasenwinkel φ_X und φ_1 gleich sind. Mit R_2 kann das Widerstandsverhältnis von R_2 zu R_3 eingestellt werden. Sind das Potentiometer R_P und der Widerstand R_2 so eingestellt, daß keine Spannung zwischen C und D besteht, so gilt:

$$\frac{X_{LX}}{X_{L1}} = \frac{R_2}{R_3}; \quad \frac{\omega \cdot L_X}{\omega \cdot L_1} = \frac{R_2}{R_3}; \quad L_X = L_1 \frac{R_2}{R_3}$$

Der Wert der Induktivität kann dann aus der Einstellung des Potentiometers und des Widerstandes R_2 ermittelt werden.

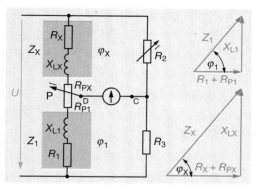

Abb. 3: Induktivitätsbestimmung mit einer Scheinwiderstandsmeßbrücke

Kapazitätsbestimmung durch den Strom- und Spannungsvergleich

Abb. 4 a zeigt das Prinzip einer Kapazitätsbestimmung durch Strom- und Spannungsvergleich. Man vergleicht die Ströme I und I_X, wobei der Strom I durch einen Kondensator mit bekannter Kapazität fließt. Aus dem Verhältnis der Ströme kann man die Kapazität des unbekannten Kondensators bestimmen.

$$\frac{I}{I_X} = \frac{C}{C_X}; \quad C_X = \frac{C \cdot I_X}{I}$$

Eine weitere Möglichkeit die Kapazität zu bestimmen zeigt Abb. 4 b. Die Kondensatoren C_1 (bekannte Kapazität) und C_X sind in Reihe geschaltet. Da sich die Spannungen umgekehrt wie die Kapazitäten verhalten, ergibt sich:

$$\frac{U_X}{U_1} = \frac{C_1}{C_X}; \quad C_X = \frac{C_1 \cdot U_1}{U_X}$$

Mit Hilfe der bekannten bzw. vorgegebenen Größen C_1 und den gemessenen Größen U_X und U_1 kann die unbekannte Kapazität gemäß der oben umgestellten Formel berechnet werden.

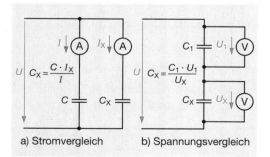

a) Stromvergleich   b) Spannungsvergleich

Abb. 4: Kapazitätsbestimmung

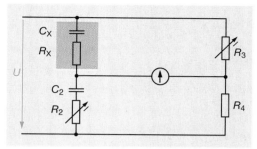

Abb. 5: Kapazitätsmeßbrücke

Kapazitätsbestimmung mit einer Meßbrücke

Abb. 5 zeigt eine Möglichkeit, die Kapazität eines Kondensators mit Hilfe einer Meßbrücke zu bestimmen. Der Brückenabgleich erfolgt hierbei durch Veränderung des Widerstandes R_3 und durch Änderung des Reihenwiderstandes R_2 (Phasenabgleich).

Bei abgeglichener Brücke gilt:

$$\frac{C_X}{C_2} = \frac{R_4}{R_3}; \quad C_X = C_2 \frac{R_4}{R_3}$$

Aufgaben zu 1.6.4 und 1.6.5

1. Skizzieren Sie das Liniendiagramm für gedämpfte und ungedämpfte Schwingungen.

2. Wodurch entsteht die Dämpfung bei elektrischen Schwingungen?

3. Beschreiben Sie die Energieumwandlung beim elektrischen Schwingkreis.

4. Wie groß ist der Phasenverschiebungswinkel zwischen Stromstärke und Spannung beim Parallelschwingkreis der Abb. 3 auf Seite 63?

5. Skizzieren Sie zur Abb. 1 den Verlauf der Stromstärke.

6. Erklären Sie den Resonanzfall beim Parallelschwingkreis.

7. Berechnen Sie die Resonanzfrequenz, wenn zu einer Spule mit der Induktivität 5 H ein Kondensator mit der Kapazität 10 µF parallel geschaltet wird.

8. Skizzieren Sie zu Abb. 2 den Verlauf der Stromstärke.

9. Beschreiben Sie ein Verfahren, mit dem man die Induktivität einer unbekannten Spule mit Hilfe von Strom- und Spannungsmessungen bestimmen kann!

10. Erklären Sie das Prinzip der Induktivitätsmessung mit einer Meßbrückenschaltung!

11. Beschreiben Sie ein Verfahren, mit dem man durch Strom- und Spannungsmessung eine unbekannte Kapazität bestimmen kann!

12. Welcher Unterschied besteht zwischen einer Wheatstone-Brückenschaltung und einer Kapazitätsmeßbrücke?

2 Dreiphasenwechselstrom (Drehstrom)

Für viele Anlagen und Geräte reicht aufgrund eines großen Energiebedarfs ein Leitungsnetz mit nur zwei Strombahnen nicht aus. Bei der Erzeugung und Verteilung der elektrischen Energie ist das dreiphasige Wechselstromsystem üblich. Es wird als Drehstromsystem bezeichnet.

Mit diesem stehen den Verbrauchern zwei Spannungen zur Verfügung, z. B. 230 V und 400 V. Mit der Bezeichnung Drehstrom wird angedeutet, daß bei Motoren, die mit Drehstrom betrieben werden, die Drehbewegung durch Drehfelder hervorgerufen wird. (vgl. 4.3.1)

2.1 Erzeugung phasenverschobener Spannungen

Bevor wir auf die Erzeugung phasenverschobener Spannungen eingehen, wollen wir einige wichtige Begriffe klären. Wir gehen von dem Drehstromanschluß der Abb. 1 aus. Er besteht aus drei Außenleitern und dem Neutralleiter. Zwischen den Leitern lassen sich sechs Spannungen abnehmen, die in unserem Versorgungssystem die Größen 230 V und 400 V haben. Die Indizes der Formelzeichen weisen auf die Anschlußpunkte hin. So bedeutet z. B. U_{23}, daß die Spannung vom Leiter L2 zum Leiter L3 gemeint ist.

Verfolgt man das Leitungsnetz in Richtung Erzeuger, dann gelangt man über den Drehstromtransformator bis zum Generator im Elektrizitätswerk. Die Abb. 2 zeigt einen stark vereinfachten Dreh-

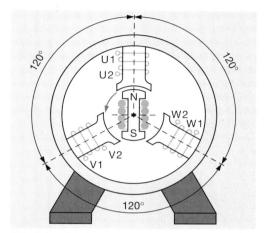

Abb. 2: Vereinfachtes Modell eines Drehstromgenerators

stromgenerator. Drei um 120° räumlich versetzte Spulen (Stränge) werden von einem rotierenden Feld durchsetzt. Es entstehen also in allen drei Spulen Induktionsspannungen gleicher Größe (gleiche Windungszahlen). Da das Magnetfeld des Rotors (vgl. 4.4.1) in 120°-Abständen die Spulen in voller Stärke durchsetzt, entstehen Spannungen, mit einer Phasenverschiebung von 120°.

Abb. 3 zeigt, daß die Spannung zum Zeitpunkt $t = 0$ an der Wicklung mit den Anschlüssen U1 und U2 maximal ist, während in den anderen Spulen geringere Spannungen herrschen. Die Flußänderung ist dort geringer. Die in Abb. 3 erkenn-

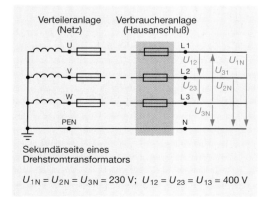

$U_{1N} = U_{2N} = U_{3N} = 230\ V$; $U_{12} = U_{23} = U_{13} = 400\ V$

Abb. 1: Drehstromanschluß mit Spannungsangaben

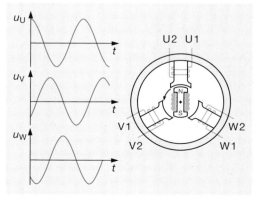

Abb. 3: Spannungsverlauf an den Anschlüssen des Drehstromgenerators

baren Einzelspannungen lassen sich in ein gemeinsames Diagramm einzeichnen (vgl. Abb. 1). Dabei wird deutlich, daß zwischen den einzelnen Spannungen eine Phasenverschiebung von 120° herrscht. Die im Generator durch Anordnung der Spulen räumliche Verschiebung von 120° ist in eine zeitliche Verschiebung von 120° umgewandelt worden.

Die Abb. 2 zeigt das Schaltbild des Generators. Die räumliche Anordnung der Spulen wird durch die Art der Darstellung angedeutet.

Wenn die in den drei Strängen erzeugten Spannungen zum Abnehmer geleitet werden sollen, dann müßte dies mit sechs Leitungen geschehen. Wenn man die Anschlüsse U2, V2 und W2 im Generator aber verbindet, werden die Spannungen verkettet. Die Schaltung wird nach ihrem Aussehen mit Sternschaltung bezeichnet, wobei der Mittelanschluß (Mittelpunkt) auch als **Sternpunkt** bezeichnet wird. Alle anderen Anschlußpunkte sind Außenpunkte.

> Ein dreiphasiges Wechselspannungssystem besteht aus drei um 120° phasenverschobenen und verketteten sinusförmigen Wechselspannungen.

Für die Kennzeichnung von Leitern und Systempunkten in Drehstromsystemen gibt die DIN-Norm 40 108 Auskunft. Tab. 2.1 ist ein Auszug. Die Numerierung oder Reihenfolge der Buchstaben wird im Sinne der Phasenfolge verwendet.

Die Formelzeichen für Spannungen werden im allgemeinen mit zwei Indizes versehen. Die Reihenfolge der Indizes entspricht dem Bezugssinn der Spannung. Auf einen der Indizes kann verzichtet werden, wenn die Spannungen durch Bezugspfeile orientiert sind oder wenn Verwechslungen ausgeschlossen sind. Die Tabelle 2.2 zeigt Beispiele für Formelzeichen (vgl. DIN 40108).

Die Formelzeichen für die Stromstärken werden ebenfalls mit einem Index oder mit zwei Indizes versehen. Sie stimmen mit der Kennzeichnung der

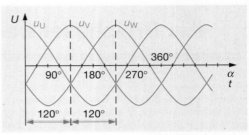

Abb. 1: Phasenbeziehungen des Drehstromsystems

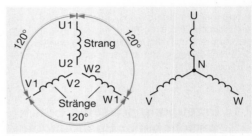

Abb. 2: Anordnung und Schaltbild der Strangspulen beim Drehstromgenerator

Sternpunkte überein (vgl. Tab. 2.1) Wenn zwei Indizes verwendet werden, dann entspricht ihre Reihenfolge der Bezugsrichtung des Stromes. Für Erweiterungen können auch I_R, I_S, I_T bzw. I_{RS}, I_{ST} oder I_{TR} verwendet werden.

Die Kennzeichnungsmöglichkeiten von Drehstromsystemen sind vielfältig. Aus Gründen der Übersicht wird man nur die Bezeichnung vornehmen, die für das Verständnis wichtig ist. Die Abb. 3 zeigt eine mögliche Kennzeichnung von Systempunkten, Leitern, Spannungen und Stromstärken.

Abb. 5 zeigt die Spannungen eines Drehstromsystems mit Richtungspfeilen und Größenordnungen. Für Spannungspfeile lassen sich Zeiger zeichnen und zu einem Zeigerdiagramm zusammenfassen.

Tab. 2.1: Kennzeichnung von Systempunkten und Leitern im Drehstromnetz

Teil	Außenpunkte, Außenleiter	Neutralleiter, Sternpunkt, Sternpunktleiter	Bezugs-erde	Schutz-leiter geerdet	PEN-Leiter
Netz	vorzugsweise: L1 L2 L3	N	E	PE	PEN
	zulässig auch, wenn Verwechslung ausgeschlossen 1 2 3				
	zulässig auch: R S T				
Betriebsmittel	allgemein: U V W				

Tab. 2.2: Kennzeichnung von Spannungen in Drehsystemen

Art der Spannung	Stromsystem	Formelzeichen der Spannungen
Außenleiterspannung	Drehstromsystem	U_{12}, U_{23}, U_{31}[1]
	Drehstromgenerator, -motor, -transformator	U_{UV}, U_{VW}, U_{WU}
Sternspannungen	Drehstromsystem in Sternschaltung	U_{1N}, U_{2N}, U_{3N}[2]
	Drehstromgenerator, -motor, -transformator	U_{UN}, U_{VN}, U_{WN}
Außenleiter-Erdspannungen	Drehstromsystem	U_{1E}, U_{2E}, U_{3E}[3]

[1] Für Erweiterungen auch U_{RS}, U_{ST}, U_{TR}.

[2] Wenn Verwechslungen ausgeschlossen sind, kann auf den Index N verzichtet werden, zusätzlich ist dann in der Darstellung ein Richtungspfeil anzugeben.

[3] Für Erweiterung auch U_{RE}, U_{SE}, U_{TE}.

Die Leiterspannungen setzen sich aus je zwei Strangspannungen zusammen. Das Ergebnis ist dann eine höhere Spannung (z. B. 400 V). Der Vergrößerungsfaktor läßt sich errechnen, indem man die Leiterspannung durch die Strangspannung dividiert. In unserem Versorgungssystem ist:

$$\frac{U_{UV}}{U_{UN}} = \frac{400\ V}{230\ V} = 1{,}74$$

Die höhere Spannung läßt sich durch Linien- und Zeigerdiagramme erklären. Da jeweils zwei Strangspannungen in Reihe liegen, ergibt sich die Leiterspannung aus den jeweiligen Spannungsunterschieden zwischen den Anschlußpunkten. Die Spannungsunterschiede sind durch senkrecht gestrichelte Linien angedeutet worden (Abb. 4).

Zeichnet man ein neues Diagramm, dann ergibt sich die Kurve in Abb. 4b. Sie ist die resultierende Spannung zwischen den Anschlußpunkten.

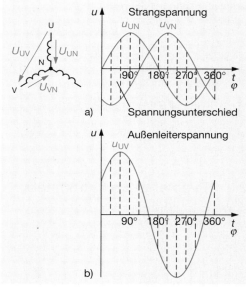

Abb. 4: Entstehung der Außenleiterspannung aus den Strangspannungen

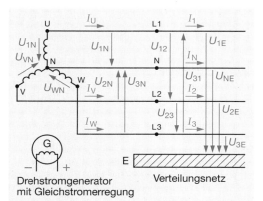

Abb. 3: Mögliche Kennzeichnung von Systempunkten, Spannungen und Stromstärken einer Drehstromanlage

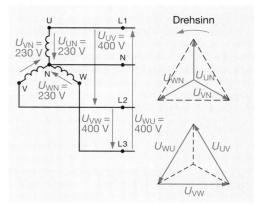

Abb. 5: Spannungen am Drehstromgenerator

Vereinfacht läßt sich die Kurve konstruieren, wenn die Spannung U_{VN} mit einem Minuszeichen versehen wird, d.h., sie wird um 180° gedreht gezeichnet. Die resultierende Spannung ist dann die Addition der Momentanspannungen. Den genauen Wert erhält man durch die Herleitung mit Abb. 1. Das Spannungsdreieck wird dabei in zwei gleich große rechtwinklige Dreiecke zerlegt. Jedes Dreieck besitzt die Winkel 30° und 60°. Wendet man jetzt wie in Abb. 1 dargestellt die Cosinusfunktion für den Winkel 30° des rechtwinkligen Dreiecks an, erhält man die Leiterspannung u_{UV}. Sie ist um den Verkettungsfaktor $\sqrt{3}$ größer als die Strangspannung.

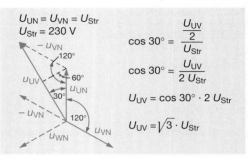

Abb. 1: Ermittlung der Leiterspannung aus dem Zeigerdiagramm der Strangspannungen

Leiterspannung bei Sternschaltung:

$$\boxed{U = \sqrt{3} \cdot U_{Str}} \qquad \sqrt{3} = \textbf{Verkettungsfaktor}$$

Die Spulen von Generatoren lassen sich auch im Dreieck schalten (Abb. 2). Die Leiterspannung ist dann gleich der Strangspannung.

Leiterspannung bei Dreieckschaltung:

$$\boxed{U = U_{Str}}$$

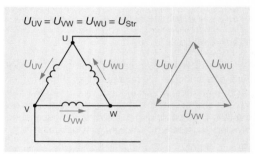

Abb. 2: Spannungen beim Generator in Dreieckschaltung

2.2 Belastetes Drehstromnetz

2.2.1 Sternschaltung

Nachdem die Erzeugung von dreiphasigen Wechselspannungen erklärt und wesentliche Begriffe und Kennzeichnungsmöglichkeiten herausgestellt wurden, wollen wir in den folgenden Teilen die Schaltungen von Verbrauchern in Drehstromnetzen untersuchen. Begonnen wird mit der Sternschaltung. An ihr soll erklärt werden, welche Gesetzmäßigkeiten es über die Stromstärke, die Spannungen und die Leistung gibt.

In Abb. 3. ist ein Verbraucher aus Wirkwiderständen (z.B. Heizofen) in Sternschaltung zu sehen. In jeder Leitung befindet sich ein Strommesser. Ein Versuch würde bei dieser symmetrischen Belastung (alle Widerstände haben den gleichen Wert) folgendes zeigen:

$$I_1 = I_2 = I_3 = 24{,}2 \text{ A}; \qquad I_N = 0 \text{ A}$$

Das Ergebnis ist erstaunlich. Der für alle Stränge gemeinsame Leiter ist stromlos. Man könnte demnach auf ihn verzichten.

> Der Neutralleiter N ist bei einer symmetrischen Belastung stromlos.

Es soll nun erklärt werden, wie dieses Ergebnis zustande kommt. Zur Erklärung dient die Abb. 4.

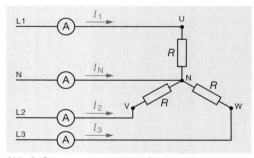

Abb. 3: Strommessung bei der Sternschaltung

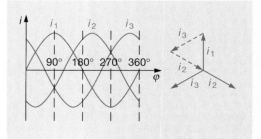

Abb. 4: Linien- und Zeigerdiagramm der Leiterströme bei der Sternschaltung und symmetrischer Belastung

Dort sind die Linien- und Zeigerdiagramme der Leiterströme zu sehen. Diese drei Ströme fließen im Sternpunkt zusammen. Es wird die Summe gebildet. Der restliche Strom würde im Sternpunktleiter weiterfließen. An dem Liniendiagramm läßt sich jetzt zeigen, daß in jedem Augenblick die Summe der drei Stromstärken Null ist. Sie heben sich im Sternpunkt auf, so daß man für diese symmetrische Belastung auf den Sternpunktleiter verzichten kann.

In Abb. 5 sind die Spannungen und die Stromstärken am Verbraucher eingezeichnet. Dabei wird deutlich, daß die Leiterstromstärken I_1, I_2 und I_3 als Strangströme I_{Str} fließen.

> Bei der Sternschaltung sind die Leiterstromstärken gleich den Strangstromstärken.

Leiterstromstärke:

$$\boxed{I = I_{Str}}$$

Die Spannungen an Strängen sind kleiner als die Leiterspannungen (vgl. 2.1). Jede Leiterspannung teilt sich auf die Stränge auf. Aus 2.1 ergab sich der Verkettungsfaktor $\sqrt{3}$. Er ist auch für die Aufteilung der Spannung am Verbraucher maßgebend.

> Bei der Sternschaltung ist die Leiterspannung um den Faktor $\sqrt{3}$ größer als die Strangspannung.

Leiterspannung:

$$\boxed{U = \sqrt{3} \cdot U_{Str}}$$

Die Leistung läßt sich jetzt mit Hilfe der erarbeiteten Beziehungen für die Spannungen und die Stromstärken ermitteln. Für die Scheinleistung gilt die Beziehung $S = U \cdot I$. Da es sich um drei Verbraucher handelt, muß die Gesamtleistung dreimal so groß sein, wie die Einzelleistungen.

Einzelscheinleistung: $\quad S = U_{Str} \cdot I_{Str}$

Gesamtscheinleistung: $\quad S = 3 \cdot U_{Str} \cdot I_{Str}$

Setzt man für die Strangwerte die Leiterwerte ein, dann ergibt sich:

$$S = \frac{3 \cdot U \cdot I}{\sqrt{3}} \qquad S = \frac{\sqrt{3} \cdot \sqrt{3} \cdot U \cdot I}{\sqrt{3}}$$

Gesamtscheinleistung:

$$\boxed{S = \sqrt{3} \cdot U \cdot I}$$

Gesamtwirkleistung:

$$\boxed{P = \sqrt{3} \cdot U \cdot I \cdot \cos \varphi}$$

Gesamtblindleistung:

$$\boxed{Q = \sqrt{3} \cdot U \cdot I \cdot \sin \varphi}$$

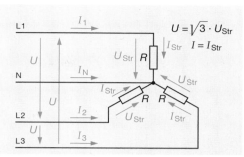

Abb. 5: Zusammenhänge zwischen Leiter- und Stranggrößen bei der Sternschaltung

Beispiel:

Dem Typenschild eines Motors werden folgende Werte entnommen:

$\quad U = 400$ V

$\quad I = 12$ A $\qquad$ Sternschaltung

$\cos \varphi = 0,8$

Wie groß sind die Schein-, Wirk- und Blindleistung?

$S = \sqrt{3} \cdot U \cdot I \qquad\qquad \underline{S = 8,3 \text{ kVA}}$

$P = \sqrt{3} \cdot U \cdot I \cdot \cos \varphi \qquad \underline{P = 6,65 \text{ kW}}$

$Q = \sqrt{3} \cdot U \cdot I \cdot \sin \varphi \qquad \underline{Q = 4,99 \text{ kvar}}$

2.2.2 Dreieckschaltung

Drehstromverbraucher lassen sich in Form eines Dreiecks zusammenschalten. Die Abb. 6 zeigt eine Schaltung mit gleich großen Wirkwiderständen.

Die Leiterstromstärken I_1, I_2 und I_3 teilen sich in den Anschlußpunkten auf, so daß die Leiterstromstärken größer als die Strangstromstärken sein müssen. Das Zeigerdiagramm der Abb. 1, S. 72 verdeutlicht die Zusammenhänge. Die Leiterstromstärke ist $\sqrt{3}$ größer als die Strangstromstärke

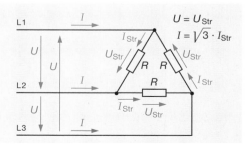

Abb. 6: Zusammenhänge zwischen Leiter- und Stranggrößen bei der Dreieckschaltung

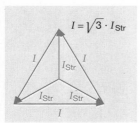

$$I = \sqrt{3} \cdot I_{Str}$$

Abb. 1:
Zusammenhänge zwischen Leiter- und Strangstromstärken bei der Dreieckschaltung und symmetrischer Belastung

Bei der Dreieckschaltung mit symmetrischer Belastung ist die Leiterstromstärke um den Faktor $\sqrt{3}$ größer als die Strangstromstärke.

Leiterstromstärke:

$$I = \sqrt{3} \cdot I_{Str}$$

Die Spannungen an den einzelnen Strängen des Verbrauchers sind gleich den Leiterspannungen.

Leiterspannung:

$$U = U_{Str}$$

Die Leistung der Dreieckschaltung läßt sich über die Einzelleistungen ermitteln.

Einzelscheinleistung: $S = U_{Str} \cdot I_{Str}$

Gesamtscheinleistung: $S = 3 \cdot U_{Str} \cdot I_{Str}$

Setzt man für die Strangwerte die Leiterwerte ein, dann erhält man

$$S = \frac{3 \cdot U \cdot I}{\sqrt{3}} \qquad S = \frac{\sqrt{3} \cdot \sqrt{3} \cdot U \cdot I}{\sqrt{3}}$$

Gesamtscheinleistung:

$$S = \sqrt{3} \cdot U \cdot I$$

Gesamtwirkleistung:

$$P = \sqrt{3} \cdot U \cdot I \cdot \cos \varphi$$

Gesamtblindleistung:

$$Q = \sqrt{3} \cdot U \cdot I \cdot \sin \varphi$$

Vergleicht man diese Leistungsformeln mit den Formeln der Sternschaltung aus 2.2.1, dann stelllt man fest, daß sie übereinstimmen. Zu bedenken ist dabei, daß in beiden Fällen die **Leiterwerte** in die Formeln einzusetzen sind.

2.2.3 Vergleich zwische Stern- und Dreieckschaltung

Verbraucher können in vielen Fällen von der Stern- in die Dreieckschaltung und umgekehrt geschaltet werden. Da dabei Stromstärken und Spannungen an den Verbrauchern geändert werden, ändert sich auch die Leistungsaufnahme. Wie groß die Unterschiede sind, soll ein Beispiel zeigen.

In Abb. 2 sind drei Widerstände einmal im Stern und zum anderen im Dreieck geschaltet. Bei der Sternschaltung liegt die Leiterspannung an den Widerständen R_1 und R_2. Bei der Dreieckschaltung liegt die Spannung nur an R_1. Es wird also bei der Dreieckschaltung ein höherer Strom durch R_1 fließen. Die Leistungsaufnahme wird deshalb auch größer sein. Vergleicht man die Berechnungsformeln, so ergibt sich folgende Gegenüberstellung:

Sternschaltung	Dreieckschaltung
$U_{Str} = \dfrac{U}{\sqrt{3}}$	$U_{Str} = U$
$P_{Str} = \dfrac{U^2_{Str}}{R}$	$P_{Str} = \dfrac{U^2_{Str}}{R}$
$P_{Str} = \dfrac{U^2}{3 \cdot R}$	$P_{Str} = \dfrac{U^2}{R}$

Jeder Strang nimmt in der Sternschaltung nur $\frac{1}{3}$ der Leistung der Dreieckschaltung auf, wenn die Belastungswiderstände unverändert bleiben. Für die gesamte Leistung ergibt sich dann die Formel:

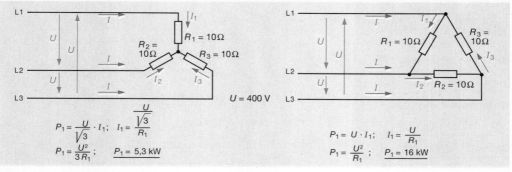

Abb. 2: Vergleich zwischen Verbrauchern in Stern- und Dreieckschaltung

Leistung:

$$P_\Delta = 3 \cdot P_Y$$

Wird ein Verbraucher vom Stern in Dreieck geschaltet, dann steigt die Leistung auf den dreifachen Wert.

2.2.4 Unsymmetrische Belastung

Bisher wurde in unseren Betrachtungen das Drehstromnetz immer mit drei gleich großen Widerständen belastet. Die Belastung war also symmetrisch. Nun soll untersucht werden, wie sich die Stromstärken und Spannungen verhalten, wenn die Belastungswiderstände nicht gleich groß sind.

Die Abb. 3 zeigt einen Verbraucher in Sternschaltung mit den Widerständen $10\,\Omega$, $20\,\Omega$ und $30\,\Omega$. Im Sternpunkt ist der Neutralleiter angeschlossen.

Vom Leitungsnetz werden die Spannungen vorgegeben. Sie sind konstant und in diesem Fall für jeden Widerstand 230 V. Aufgrund der Spannung und des jeweiligen Widerstandes ergeben sich folgende unterschiedliche Stromstärken:

$$I_1 = 23\,A; \quad I_2 = 7,7\,A; \quad I_3 = 11,5\,A$$

Da die Phasenverschiebung von 120° weiterhin bestehen bleibt, ist die Summe der Stromstärken nicht mehr Null. Es fließt also im Neutralleiter ein Strom (Abb. 4).

In Niederspannungsnetzen kommen unterschiedliche Belastungen vor. Deshalb sind in der Regel Vierleiternetze vorhanden. In Hoch- und Mittelspannungsnetzen werden in vielen Fällen jedoch nur drei Leiter verwendet. Es soll nun untersucht werden, wie sich Stromstärken und Spannungen bei unsymmetrischer Belastung verhalten (vgl. Abb. 5).

Das Netz hält die Spannungen U_{12}, U_{23} und U_{31} konstant. Mißt man jedoch die Spannungen an den einzelnen Verbrauchern, dann sind unterschiedliche Werte feststellbar. Fügt man diese Spannungen zusammen (geometrische Addition, Abb. 5), dann ist der Sternpunkt nicht mehr im Mittelpunkt des durch U_{12}, U_{23} und U_{31} gebildeten Dreiecks. Es besteht also ein Unterschied zwischen dem Sternpunkt bei symmetrischer und unsymmetrischer Belastung.

Aufgaben zu 2

1. Skizzieren Sie die Liniendiagramme der Spannungen des dreiphasigen Drehstromnetzes in Abhängigkeit von der Zeit und das Schaltbild des Generators in Sternschaltung! Geben Sie die Spannungen normgerecht an, und bezeichnen Sie die Anschlußpunkte!

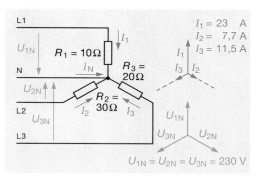

Abb. 3: Unsymmetrische Belastung bei Drehstrom mit Neutralleiter

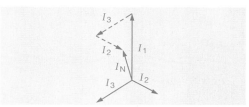

Abb. 4: Ermittlung der Stromstärke im Neutralleiter bei unsymmetrischer Belastung

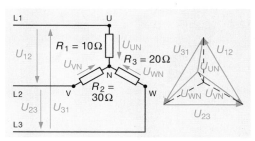

Abb. 5: Unsymmetrische Belastung bei Drehstrom ohne Neutralleiter

2. Zeichnen Sie das Zeigerdiagramm der Spannungen für einen Generator in Sternschaltung!

3. In welchem Zusammenhang stehen Leiter- und Strangströme bei der Sternschaltung?

4. Um welchen Faktor ist bei der Sternschaltung die Strangspannung kleiner als die Leiterspannung?

5. In welchem Zusammenhang stehen bei der Dreieckschaltung die Strangströme und die Leiterströme?

6. Zu welchen Änderungen kommt es, wenn ein Verbraucher von der Dreieck- in die Sternschaltung umgeschaltet wird?

7. Was versteht man unter der symmetrischen und unsymmetrischen Belastung im Drehstromnetz?

8. Wie verändern sich die Spannungen an den Widerständen eines im Stern geschalteten Verbrauchers, wenn die Widerstände nicht gleich groß sind?

3 Transformatoren

Die Bedeutung von Transformatoren in der Energietechnik soll an einem Beispiel dargestellt werden.

Éine elektrische Leistung von 5500 kW soll vom Kraftwerk zum Verbraucher über eine Entfernung von 100 km übertragen werden.

Bei einer Spannung von 230 V und einem $\cos \varphi = 1$ ergäbe sich eine Stromstärke von $I \approx 24\,000\,A$.

Bei einem Spannungsfall $\triangle U$ von nur 10% am Leitungswiderstand müßte ein Leitungsquerschnitt (Kupfer) von $q \approx 4\,m^2$ verlegt werden. Das wäre in der Praxis nicht möglich.

Bei einer Spannung von 220 kV ergibt sich bei dem Beispiel eine Stromstärke von nur 25 A und ein Leiterquerschnitt von 4,05 mm². Man erkennt an diesem Beispiel:

Große Leistungen können nur wirtschaftlich übertragen werden, wenn man hohe Spannungen und kleine Stromstärken verwendet.

Diese hohen Spannungen werden mit Transformatoren erzeugt.

3.1 Einphasentransformatoren

3.1.1 Aufbau und Wirkungsweise

Den grundsätzlichen Aufbau eines Einphasentransformators zeigt die Abb. 1, S. 76. Auf einem Eisenkern sind zwei galvanisch getrennte Wicklungen aufgebracht. Der Eisenkern ist aus gegeneinander isolierten Weicheisenblechen aufgebaut, um die Ummagnetisierungs- und Wirbelstromverluste möglichst klein zu halten (vgl. 1.3.3).

Um die Wirkungsweise eines Transformators besser verstehen zu können, knüpfen wir an dem in Kapitel 1.1.2 behandelten Induktionsgesetz an.

Die Versuche in diesem Kapitel zeigten, daß in einer Spule immer dann eine Spannung induziert wird, wenn sich der magnetische Fluß innerhalb der Spule ändert.

Die Flußänderung wurde bei diesem Versuch durch Bewegung eines Dauermagneten hervorgerufen. Sie kann aber auch mit Hilfe eines sich ändernden Stromes erfolgen. Das soll durch den Versuch 3-1 nachgewiesen werden.

Versuch 3–1:   Transformatorprinzip

Aufbau

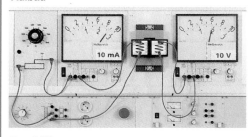
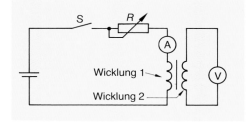

Durchführung

Auf einem gemeinsamen Eisenkern sind zwei elektrisch getrennte Wicklungen angeordnet. Wicklung 1 (Primärwicklung) ist über einen Schalter mit einer Gleichspannungsquelle verbunden. An die Wicklung 2 (Sekundärwicklung) ist ein Spannungsmeßgerät angeschlossen.

Der Schalter wird geschlossen und nach einigen Sekunden wieder geöffnet.

Ergebnis

Im Einschaltmoment zeigt der Spannungsmesser einen Zeigerausschlag. Der Zeiger geht aber rasch wieder in die Nullstellung zurück (Spannungsstoß).

Im Ausschaltmoment zeigt der Spannungsmesser wieder einen Zeigerausschlag. Diesmal aber in die entgegengesetzte Richtung. Der Zeiger geht auch jetzt wieder schnell in die Nullstellung zurück.

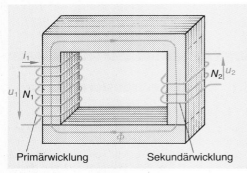

Abb. 1: Aufbau eines Transformators

Wie kann man die in Versuch 3–1 beobachteten Vorgänge erklären?

Beim Einschalten wird durch die Zunahme des Stromes bis auf seinen Höchstwert in der Primärwicklung ein magnetischer Fluß aufgebaut. Dieser magnetische Fluß durchsetzt den Eisenkern und damit auch die Sekundärwicklung. Nach dem Induktionsgesetz (vgl. 1.1.2) wird durch die Änderung des Flusses in der Sekundärwicklung eine Spannung induziert.

Ebenso wird beim Ausschalten des Stromes in der Sekundärwicklung eine Spannung induziert, da sich jetzt auch wieder der magnetische Fluß ändert (Abnahme vom Höchstwert auf Null).

Die Richtungen der induzierten Spannungen sind beim Ein- und Ausschalten aber entgegengesetzt.

Schließt man diese Anordnung an eine Wechselspannungsquelle an, so ändert sich durch den Wechselstrom in der Primärwicklung dauernd der magnetische Fluß. Diese Flußänderung durchsetzt auch die Sekundärwicklung und induziert in ihr eine Wechselspannung.

Schließt man die Primärwicklung eines Transformators an eine Wechselspannungsquelle an, so ändert sich dauernd der magnetische Fluß. Dadurch wird in der Sekundärspule eine Wechselspannung induziert.

3.1.2 Übersetzungsverhältnis der Spannungen

Die Meßergebnisse des Versuches 3–2 zeigen:

Bei einem Transformator ohne Belastung (Leerlauf) verhalten sich die Spannungen wie die Windungszahlen.

$$\frac{U_1}{U_2} = \frac{N_1}{N_2}$$

Versuch 3–2:   Zusammenhang zwischen Windungszahlen und Spannungen

Aufbau

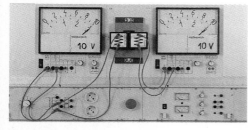
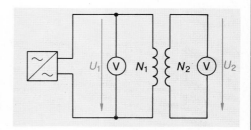

Durchführung

Bei verschiedenen Spannungen U_1 an der Primärwicklung und unterschiedlichen Windungszahlen werden die Spannungen an der Primär- und der Sekundärwicklung gemessen.

Meßergebnis

Nr.	N_1	N_2	U_1 in V	U_2 in V	$ü = \dfrac{U_1}{U_2}$
1	1200	1200	10	10	$\frac{10}{10}$
2	1200	1200	20	20	$\frac{20}{20}$
3	1200	600	20	10	$\frac{20}{10}$
4	600	1200	20	40	$\frac{20}{40}$

Der Zusammenhang zwischen dem Verhältnis der Spannungen und dem Verhältnis der Windungszahlen ergibt sich aus folgenden Überlegungen:

Nach dem Induktionsgesetz hängt die Höhe der induzierten Spannung von der Flußänderung pro Zeit und der Anzahl der Windungen ab, die den Fluß umfassen.

$$U_0 = N \cdot \frac{\triangle \Phi}{\triangle t}$$

Beim Transformator im Leerlauf kann man davon ausgehen, daß der Fluß – und damit die Flußänderung pro Zeit – in beiden Wicklungen gleich groß ist. Dadurch ergeben sich folgende Zusammenhänge:

$$U_1 = N_1 \cdot \frac{\triangle \Phi}{\triangle t}; \quad U_2 = N_2 \cdot \frac{\triangle \Phi}{\triangle t}; \quad \frac{U_1}{U_2} = \frac{N_1}{N_2}$$

Für sinusförmige Spannungen gilt:

$$\frac{\triangle \Phi}{\triangle t} = \hat{\Phi} \cdot 2 \cdot \pi \cdot f$$

Ersetzt man $\hat{\Phi}$ durch $\hat{B} \cdot A$, dann ergibt sich für den Spitzenwert der Induktionsspannung:

$$\hat{U}_0 = N \cdot \hat{B} \cdot A \cdot 2 \cdot \pi \cdot f$$

Nach Division der Gleichung durch $\sqrt{2}$ erhält man den Effektivwert der Induktionsspannung. Diese Gleichung wird als **Transformatorenhauptgleichung** bezeichnet

$$U_0 = \frac{2 \cdot \pi}{\sqrt{2}} \cdot \hat{B} \cdot A \cdot f \cdot N; \quad U_0 = 4{,}44 \cdot \hat{B} \cdot A \cdot f \cdot N$$

Nach DIN VDE 0532 ist das Verhältnis der Spannungen als **Übersetzungsverhältnis $\ddot{u}$** festgelegt. Auch das Verhältnis der Windungszahlen kann durch das Übersetzungsverhältnis ausgedrückt werden.

$$\ddot{u} = \frac{U_1}{U_2}; \quad \ddot{u} = \frac{N_1}{N_2}$$

3.1.3 Übersetzungsverhältnis der Ströme

Aus den Meßergebnissen des Versuchs 3–3 kann man erkennen:

Bei einem Transformator verhalten sich die Stromstärken umgekehrt wie die Windungszahlen.

Das Verhältnis der Stromstärken kann wiederum durch das Übersetzungsverhältnis ausgedrückt werden.

Für die Praxis gilt mit hinreichender Genauigkeit:

$$\frac{I_2}{I_1} = \frac{N_1}{N_2}; \quad \ddot{u} = \frac{I_2}{I_1}$$

Aus dem Übersetzungsverhältnis der Spannungen und der Stromstärken kann das Übersetzungsverhältnis der Widerstände abgeleitet werden:

$$\ddot{u}^2 = \frac{U_1}{U_2} \cdot \frac{I_2}{I_1}; \quad \frac{U_1}{I_1} = Z_1; \quad \frac{U_2}{I_2} = Z_2$$

$$\ddot{u}^2 = \frac{Z_1}{Z_2}; \quad \ddot{u} = \sqrt{\frac{Z_1}{Z_2}}; \quad \frac{N_1}{N_2} = \sqrt{\frac{Z_1}{Z_2}}$$

Versuch 3–3: Zusammenhang zwischen Windungszahlen und Stromstärken

Aufbau

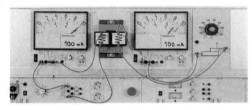 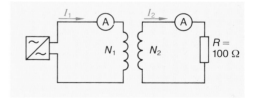

Durchführung

Der Transformator wird auf der Sekundärseite mit einem Widerstand $R = 100\,\Omega$ belastet. Es werden die Stromstärken in der Primär- und der Sekundärwicklung gemessen.

Meßergebnisse

Nr.	N_1	N_2	I_1 in A	I_2 in A
1	1200	1200	0,10	0,09
2	1200	600	0,06	0,10
3	600	1200	0,35	0,17

Aufgaben zu 3.1

1. Wie ändert sich bei einem Transformator mit konstanter Primärspannung die Sekundärspannung, wenn die Windungszahl auf der Sekundärseite verdreifacht wird?

2. Wie ändert sich bei einem Transformator mit konstanter Primärspannung die Sekundärspannung, wenn die Windungszahl primärseitig verdoppelt wird?

3. Was versteht man bei Transformatoren unter dem Übersetzungsverhältnis? Geben Sie die Formeln an!

4. Ein Transformator für $U_1 = 230\,V$ hat auf der Primärseite eine Windungszahl $N_1 = 1760$. Welche Spannung kann im Leerlauf auf der Sekundärseite gemessen werden, wenn die Sekundärwicklung 440 Windungen besitzt?

3.2 Transformatoren bei verschiedenen Belastungen

3.2.1 Leerlauf

In Versuch 3–4 sollen Spannungen, Ströme und Leistung eines Transformators im Leerlauf untersucht werden.

Mit Hilfe der Meßergebnisse werden bestimmt:

- der Scheinwiderstand Z
- die Scheinleistung S
- der Phasenverschiebungswinkel φ zwischen Strom und Spannung

$S_1 = U_1 \cdot I_1\,;$ $S_1 = 230\,V \cdot 0{,}068\,A\,;$ $\underline{S_1 = 15{,}64\,VA}$

$Z_1 = \dfrac{U_1}{I_1}\,;$ $Z_1 = \dfrac{230\,V}{0{,}068\,A}\,;$ $\underline{Z_1 = 3382\,\Omega}$

$\cos \varphi_1 = \dfrac{P_1}{S_1}$ $\cos \varphi_1 = \dfrac{2\,W}{230\,V \cdot 0{,}068\,A}\,;$

$\underline{\cos \varphi_1 = 0{,}128}$

$\underline{\varphi_1 \approx 83°}$

Die im Leerlauf gemessene Leistung P_0 setzt sich aus der Magnetisierungsverlustleistung P_{vFe} und der Kupferverlustleistung P_{vCu} zusammen.

Die Kupferverlustleistung P_{vCu} kann mit Hilfe des Wicklungswiderstandes und dem Quadrat des Stromes bestimmt werden ($R_{Cu} = 1{,}6\,\Omega$, gemessen mit Meßbrücke).

$P_{vCu} = R_{Cu} \cdot I^2\,;$ $\underline{P_{vCu} = 0{,}0074\,W}$

Das Ergebnis zeigt, daß die Kupferverlustleistung gegenüber der gemessenen Leistung von 2 W vernachlässigbar klein ist. Daher kann man mit hinreichender Genauigkeit sagen:

Im Leerlauf wird die Magnetisierungsverlustleistung (Eisenverluste) gemessen.

Obwohl der Leerlaufstrom klein ist, kann der Einschaltstrom so hohe Werte annehmen, daß die vorgeschalteten Sicherungen ansprechen. Diese hohen Einschaltströme entstehen auf ähnliche Weise wie die hohen Stromstärken beim Entstehen des Kurzschlusses (vgl. 3.2.2).

Versuch 3–4:   Transformator im Leerlauf

Aufbau

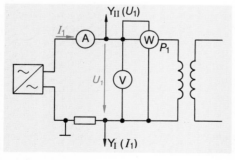

Durchführung

Ein Netztransformator wird an die Spannungsquelle U = 230 angeschlossen.

Gemessen werden:
- Primärspannung U_1
- Primärstrom I_1
- Wirkleistung P_1

Meßergebnisse

U_1 in V	230
I_1 in A	0,068
P_1 in W	2

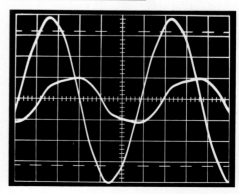

Die Meßergebnisse zeigen weiter, daß der aufge-
nommene Leerlaufstrom I_0 klein ist und der
Spannung um etwa 83° nacheilt (vgl. Versuch 3–4).
Der Leerlaufstrom I_0 setzt sich zusammen aus:

- dem Magnetisierungsstrom I_m und
- dem Wirkstromanteil I_R (Wärmeverlust).

Zur Erläuterung soll das Ersatzschaltbild des
Transformators (Primärseite) dienen (vgl. Abb. 1).

Der Wicklungswiderstand R_{Cu} liegt in Reihe mit
dem Blindwiderstand X_L der Primärwicklung. Ein
Teil des Leerlaufstromes erzeugt im Eisenkern
Wärmeverluste. Da der Eisenkern also die Wirkung
eines Verbrauchers hat, kann man ihn auch in der
Ersatzschaltung als Parallelwiderstand R_{Fe} zur
Induktivität der Primärwicklung darstellen.

Den Zusammenhang zwischen Strömen und Spannung zeigt das Zeigerdiagramm der Abb. 2.

3.2.2 Kurzschluß

Transformatoren werden für bestimmte Nennspan-
nungen und Nennströme gebaut. An welche
Spannung ein sekundärseitig kurzgeschlossener
Transformator angeschlossen werden darf, ohne
daß der Nennstrom überschritten wird, soll durch
Versuch 3–5 überprüft werden.

Die Meßergebnisse zeigen, daß die Spannung, die
notwendig ist, damit der Nennstrom fließt, bei den
drei Transformatoren sehr unterschiedlich ist. Man
nennt diese Spannung **Kurzschlußspannung.**

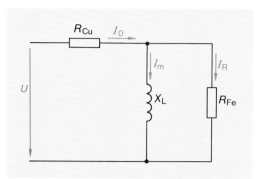

Abb. 1: Ersatzschaltbild des Transformators
(Primärseite)

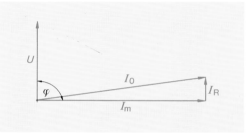

Abb. 2: Zeigerdiagramm der Spannung und Ströme
beim Transformator im Leerlauf, $\varphi = 82°$

Versuch 3–5:   Messung der Kurzschlußspannung.

Aufbau

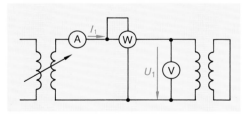

Durchführung

An eine einstellbare Wechselspannungsquelle
werden drei verschiedene Transformatoren
(Nennspannung 230V) nacheinander angeschlossen. Die Primärspannung wird soweit erhöht, bis in der Primärwicklung der Nennstrom
fließt.

Es werden gemessen: • der Primärstrom I_1,
                      • die Primärspannung U_1, bei der der Nennstrom fließt,
                      • die Wirkleistung P_1

Meßergebnisse

	I_1 in A	$U_1 = U_k$ in V	P_1 in W
1. Netztransformator	0,3	21	6
2. Zündtransformator	0,5	230	12
3. Experimentiertransformator	0,5	100	20

Die Kurzschlußspannung ist die Primärspannung, bei der ein Transformator mit kurzgeschlossener Sekundärwicklung seinen Nennstrom aufnimmt.

Meist wird sie als bezogene Kurzschlußspannung in Prozent der Nennspannung angegeben.

Kurzschlußspannung:

Formelzeichen u_k

$$u_k = \frac{U_k \cdot 100\%}{U_1}$$

Für die Transformatoren aus Versuch 3-5 ergeben sich folgende Kurzschlußspannungen:

1. Netztransformator

$$u_k = \frac{21\,\text{V} \cdot 100\%}{230\,\text{V}}; \quad \underline{u_k = 9,13\%}$$

2. Zündtransformator

$$u_k = \frac{230\,\text{V} \cdot 100\%}{230\,\text{V}}; \quad \underline{u_k = 100\%}$$

3. Experimentiertransformator

$$u_k = \frac{100\,\text{V} \cdot 100\%}{230\,\text{V}}; \quad \underline{u_k = 43,48\%}$$

Tab. 3.1: Kurzschlußspannungen von Transformatoren

Transformator	u_k in %
Spannungswandler	< 1
Drehstromtransformator	4…10
Trenntransformator	10
Spielzeugtransformator	20
Klingeltransformator	40
Zündtransformator	100

Die Kurzschlußspannung ist wichtig zur Bestimmung des inneren Scheinwiderstandes Z des Transformators, der aufgenommenen Wicklungsverlustleistung P_{vCu}, des Phasenverschiebungswinkels φ, zur Berechnung des Kurzschlußstromes I_{kd} und bei der Parallelschaltung von Transformatoren.

Mit Hilfe der Meßwerte aus Versuch 3–5 (Netztransformator) soll das Ersatzschaltbild sowie das Zeigerdiagramm für die Spannungen und die Widerstände des Transformators entwickelt werden.

Zwischen Strom und Spannung ergibt sich ein Phasenverschiebungswinkel, der aus dem Verhältnis der Leistungen bestimmt werden kann.

$$\cos\varphi = \frac{P_1}{U_1 \cdot I_1}; \quad \cos\varphi = \frac{6\,\text{W}}{21\,\text{V} \cdot 0,3\,\text{A}};$$

$$\cos\varphi = 0,95$$

Das entspricht einem Winkel von ca. 18°.

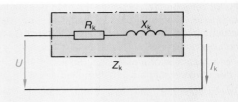

Abb. 1: Ersatzschaltbild zur Bestimmung des Kurzschlußstromes

Da sich ein Phasenverschiebungswinkel zwischen Strom und Spannung ergibt – diese Verhältnisse treten auch bei einer Reihenschaltung aus Induktivität und Wirkwiderstand auf – können wir den Transformator durch ein vereinfachtes Ersatzschaltbild darstellen (vgl. Abb. 1).

Aus den Meßergebnissen erhalten wir für die Spannungen $U_1 = U_k$; U_R und U_X und die Widerstände $Z_1 = Z_k$; R_k und X_k folgende Zusammenhänge:

$$U_R = U_1 \cdot \cos\varphi; \quad Z = \frac{U_1}{I_1}; \quad R_k = Z \cdot \cos\varphi$$

$$U_R = 21\,\text{V} \cdot 0,95 \quad Z = \frac{21\,\text{V}}{0,3\,\text{A}} \quad R_k = 70\,\Omega \cdot 0,95$$

$$\underline{U_R = 19,95\,\text{V}} \quad \underline{Z = 70\,\Omega} \quad \underline{R_k = 66,5\,\Omega}$$

$$U_X = U_1 \cdot \sin\varphi \qquad\qquad X_k = Z \cdot \sin\varphi$$

$$U_X = 21\,\text{V} \cdot 0,3 \qquad\qquad X_k = 70\,\Omega \cdot 0,3$$

$$\underline{U_X = 6,3\,\text{V}} \qquad\qquad \underline{X_k = 21\,\Omega}$$

Mit diesen Werten kann das Zeigerdiagramm der Abb. 2 gekennzeichnet werden.

Die Werte der Primärseite können mit Hilfe des Übersetzungsverhältnisses auch auf die Sekundärseite übertragen werden (vgl. 3.1.3), so daß das vereinfachte Ersatzschaltbild von Abb. 3 für den ganzen Transformator angenommen werden kann. Die Spannungen U_R und U_X ändern sich mit der Belastung. Als konstant können aber die Widerstände R_k und X_k angenommen werden, so daß das Zeigerdiagramm der Abb. 2 auch wieder bei der Konstruktion der Zeigerdiagramme für den belasteten Transformator eine Rolle spielt.

Entsteht bei einem Transformator während des Betriebes sekundärseitig ein Kurzschluß, so kann zunächst der **Stoßkurzschlußstrom** I_s fließen, der nach einiger Zeit in den I_{kd} übergeht.

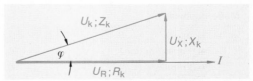

Abb. 2: Zeigerdiagramm bei sekundärseitigem Kurzschluß, $\varphi = 18°$

Die Höhe des Stoßkurzschlußstromes hängt vom Augenblickswert der Spannung und dem magnetischen Zustand des Eisenkernes ab (gesättigt oder nicht gesättigt).

Der ungünstigste Fall – Nulldurchgang der Spannung und gesättigter Eisenkern – verursacht im Augenblick der Entstehung des Kurzschlusses den höchsten Stoßkurzschlußstrom. Er setzt sich aus einem Wechselstromanteil ($i \sim$) und einem Gleichstromanteil ($i-$) zusammen. Der Gleichstromanteil entsteht durch das Zusammenbrechen des Feldes und wird nach der Zeit $t = 5 \cdot \tau$ Null (vgl. Abb. 4 und 1.2.1). Dann fließt nur noch der Wechselstromanteil, der in diesem Fall als Dauerkurzschlußstrom I_{kd} bezeichnet wird.

Ist die Kurzschlußspannung klein (kleiner Innenwiderstand des Transformators), so fließt ein sehr hoher Dauerkurzschlußstrom, durch den der Transformator beschädigt werden könnte.

Die Höhe des Dauerkurzschlußstromes hängt von der Kurzschlußspannung bzw. vom Innenwiderstand des Transformators ab (vgl. Abb. 1).

Er wird folgendermaßen bestimmt:

$$I_{kd} = \frac{U}{Z} \qquad Z = \frac{U_k}{I_1}$$

$$I_{kd} = \frac{U \cdot I_1}{U_k}$$

Dauerkurzschlußstrom:

$$I_{kd} = \frac{I \cdot 100\%}{u_k}$$

Den Innenwiderstand eines Transformators und damit die Kurzschlußspannung und den Kurzschlußstrom kann man durch den Aufbau beeinflussen.

Bei Belastung fließt auch in der Sekundärwicklung ein Strom I_2. Dieser erzeugt ein Magnetfeld, das dem Magnetfeld der Primärwicklung entgegenwirkt und es schwächt. Aus diesem Grund wird der Blindwiderstand der Primärwicklung kleiner und der Primärstrom steigt (Abb. 1, S. 82).

Ordnet man beide Wicklungen so an, daß das Sekundärfeld das Primärfeld schwächen kann, so hat der Transformator einen kleinen Innenwiderstand und damit auch eine kleine Kurzschlußspannung (vgl. Abb. 5).

Ordnet man dagegen die Wicklungen so an, daß nur ein Teil des magnetischen Sekundärflusses die Primärwicklung durchsetzt, so nimmt der induktive Widerstand in beiden Wicklungen zu (Abb. 6). Die Schwächung des Primärfeldes ist geringer und die Stromaufnahme steigt weniger stark an.

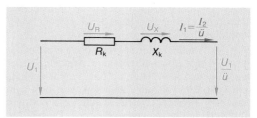

Abb. 3: Vereinfachtes Ersatzschaltbild des Transformators

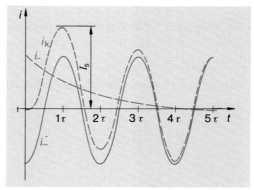

Abb. 4: Zerlegung des Kurzschlußstromes i_k in Gleichstromanteil $i-$ und Wechselstromanteil $i \sim$

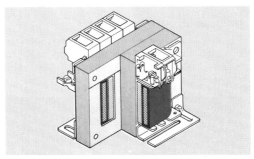

Abb. 5: Magnetischer Fluß durchsetzt beide Wicklungen

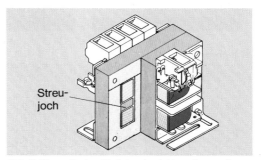

Abb. 6: Magnetischer Fluß durchsetzt jeweils nur eine Wicklung

Dadurch erhöht sich auch der Innenwiderstand des Transformators, und der Wert der Kurzschlußspannung wird groß.

Wird der Transformator belastet, dann erzeugt der Strom in der Sekundärwicklung einen Fluß, der den magnetischen Fluß in der Primärwicklung schwächt. Ein Teil der Feldlinien wird aus dem Eisenkern verdrängt, verläuft durch die Luft und durchsetzt immer nur eine Wicklung. Diesen Teil des Flusses bezeichnet man als Streufluß (Abb. 1).

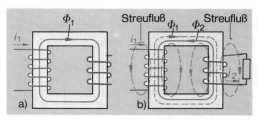

Abb. 1: Magnetischer Fluß beim Transformator; a) ohne Belastung; b) mit Belastung

3.2.3 Belastung mit Wirk- und Blindwiderständen

Belastet man den Transformator, so ergeben sich gegenüber dem Leerlauf andere Verhältnisse.

Versuch 3–6: Belastung des Transformators mit Wirk- und Blindwiderständen

Aufbau

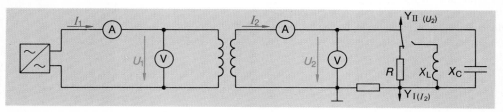

Durchführung

Ein Transformator mit $N_1 = 1200$ Windungen und $N_2 = 600$ Windungen wird an eine Wechselspannungsquelle von 30 V angeschlossen. Die Sekundärseite wird mit verschiedenen Verbrauchern belastet. Es werden jeweils die Sekundärspannung U_2, die Ströme I_1 und I_2 und der Phasenverschiebungswinkel zwischen U_2 und I_2 ermittelt.

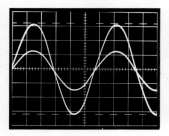 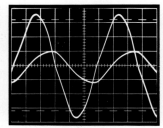 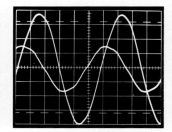

Meßergebnisse

Belastung	U_2 in V	I_1 in mA	I_2 in mA	φ
1. Leerlauf	15	14	–	–
2. Wirkwiderstand 85 Ω	9,5	63	110	0
3. Spule (600 Wndg. auf Kern)	11	33	40	66°
4. Kondensator 25 μF	24,5	80	200	90°
5. Kondensator 40 μF	30	175	400	90°

Meßergebnis 1

Das Meßergebnis bestätigt noch einmal den in Versuch 3–2 gefundenen Zusammenhang

$$\frac{U_1}{U_2} = \frac{N_1}{N_2}$$

Meßergebnisse 2 und 3

Wird der Transformator mit einem Wirkwiderstand oder einem induktiven Widerstand belastet, so sinkt die Ausgangsspannung.

Meßergebnisse 4 und 5

Wird der Transformator mit kapazitiven Widerständen belastet, so steigt die Spannung.

Spannungsüberhöhungen durch kapazitive Belastungen können auch in verkabelten Netzen auftreten, wenn wenige Verbraucher eingeschaltet sind, da die Leitungen kapazitive Lasten darstellen.

Eine Leitung hat immer eine bestimmte Kapazität. Die Größe ihrer Kapazität hängt im wesentlichen von der Länge der Leitung und vom Abstand der Leiter ab.

Um die Zeigerdiagramme für die verschiedenen Belastungsfälle besser vergleichen zu können, wollen wir davon ausgehen, daß der Strom in allen Fällen gleich groß ist. Dadurch bleiben auch die Spannungen U_k und U_x am Innenwiderstand des Transformators gleich (vgl. Abb. 2, S. 80).

Mit diesen Voraussetzungen können wir die Zeigerdiagramme für die verschiedenen Belastungsfälle konstruieren (vgl. Abb. 2).

Da es sich um eine Reihenschaltung von Widerständen handelt, ist der Strom die Bezugsgröße. Die Höhe der Sekundärspannung U_2 und ihre Phasenlage gegenüber dem Strom ergibt sich dann aus der geometrischen Addition der einzelnen Spannungen.

Aufgaben zu 3.2

1. Wie ändert sich die Ausgangsspannung eines Transformators gegenüber Leerlauf, wenn man ihn
   a) mit einem Wirkwiderstand,
   b) mit einer Spule,
   c) mit einem Kondensator belastet?
2. Was versteht man unter der Kurzschlußspannung bei Transformatoren?
3. Warum nimmt ein Transformator mit kleiner Kurzschlußspannung bei Belastung einen größeren Primärstrom auf als im Leerlauf?
4. Welche Wirkung haben Streufelder?
5. Wodurch kann man erreichen, daß die Kurzschlußspannung bei Transformatoren hoch wird?
6. Der größte Schweißstrom beträgt bei einem Schweißtransformator 250 A bei einer Brennspannung von 28 V. Im Leerlauf beträgt die Ausgangsspannung 60 V. Beim Zünden (Kurzschluß) werden 350 A gemessen. Welchen Wert hat die Kurzschlußspannung des Transformators?

3.3 Kleintransformatoren

Transformatoren mit einer Leistung bis 16 kVA werden nach DIN VDE 0550 als Kleintransformatoren bezeichnet.

3.3.1 Aufbau, Kerne, Wicklungen

Die Kerne für Kleintransformatoren werden aus einzelnen Blechen zusammengesetzt. Diese werden nach ihrer Form in verschiedene genormte Schnitte unterteilt. Gebräuchliche Blechschnitte sind: M-, EI-, UI- und L-Schnitte (vgl. Abb. 2, S. 92).

Die einzelnen Bleche werden wechselseitig geschichtet, um den Luftspalt – und damit auch Verluste – möglichst klein zu halten. Um einen magnetischen Schluß zu vermeiden, werden die Schrauben, mit denen die Bleche verschraubt werden, durch Isolation von den Blechen getrennt.

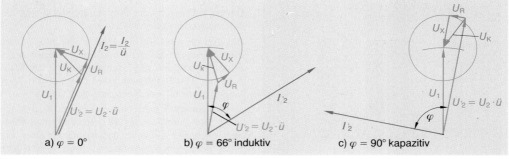

Abb. 2: Transformator bei Belastung

Abb. 1: Verschiedene Kleintransformatoren

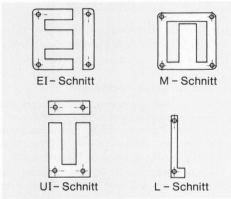

EI – Schnitt   M – Schnitt

UI – Schnitt   L – Schnitt

Abb. 2: Blechschnitte für Kleintransformatoren

Abb. 3: Kern mit einstellbarem Luftspalt

Transformatoren können auch geklebt werden. Bei geklebten Blechpaketen besteht die Möglichkeit, mit Hilfe einer Stellschraube den Luftspalt, und damit das Streufeld des Transformators zu verändern (Abb. 3).

Für besondere Anwendungen (besonders kleine Verluste) werden auch **Schnittbandkerne** (Abb. 6) und **Ringbandkerne** (Abb. 8), verwendet.

Die Schnittbandkerne haben gegenüber Kernblech-Paketen gleicher Leistung außer der geringeren Streuung die Vorteile, daß die Abmessungen und die Masse geringer sind. Außerdem kann die magnetische Flußdichte B bei Schnittbandkernen im Kurzbetrieb wesentlich größer sein als bei Kernblech-Paketen (1,7T...1,9T gegenüber 1,2T...1,4T).

Die zusammengehörenden Hälften der Schnittbandkerne sind meist gekennzeichnet (Abb. 6) und werden mit Metallbändern zusammengehalten (Abb. 7).

Die Schnittflächen der Schnittbandkerne sind poliert, damit der Luftspalt klein wird.

Bei den meisten Kernen besteht die Möglichkeit, die Wicklungen auf genormte Spulenkörper aufzubringen und dann den Transformator zusammenzubauen. Bei Ringbandkernen müssen die Wicklungen direkt auf den Kern gewickelt werden.

Die Wicklungen bestehen meist aus Kupferlackdraht. Der Durchmesser des Wickeldrahtes richtet sich nach der Leistung des Transformators und nach den zulässigen Stromdichten. Die Stromdichte liegt bei Kleintransformatoren je nach

Leistung und Kühlung zwischen $1 \frac{A}{mm^2}$ bis $6 \frac{A}{mm^2}$. Je nach Höhe der Spannungen zwischen den einzelnen Lagen der Wicklungen und dem Verwendungszweck des Transformators müssen die Lagen gegeneinander isoliert sein (Lagenisolation). Werden die einzelnen Wicklungen übereinander gewickelt, so muß auch eine Isolation zwischen den Wickllungen hergestellt werden (Wicklungsisolation). Man unterscheidet Zylinderwicklungen und Scheibenwicklungen (Abb. 9).

Kleine Kurzschlußspannungen (spannungssteifes Betriebsverhalten) erzielt man bei kleinen Streufeldern. Das erreicht man bei Manteltransformatoren, indem man die Wicklungen übereinander wickelt (vgl. Abb. 4a). Bei Kerntransformatoren (vgl. Abb. 5a) erhält man kleine Kurzschlußspannungen, indem man auf beiden Wickelkörpern sowohl Windungen der Primär- als auch der Sekundärwicklung aufbringt.

Große Kurzschlußspannungen (spannungsweiches Betriebsverhalten) erhält man bei Manteltransformatoren durch Scheibenwicklungen (Abb. 4b) und bei Kerntransformatoren durch Aufbringen der Primär- und Sekundärwicklung auf getrennten Spulenkörpern (Abb. 5b).

Abb. 6: Ausführungsformen von Schnittbandkernen

Abb. 7: Transformatorbausatz mit Schnittbandkern

Abb. 8: Ringbandkern

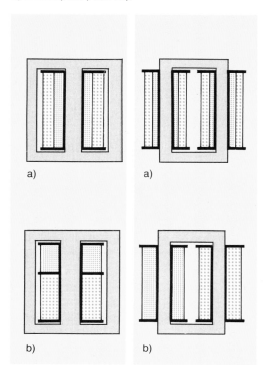

a)

a)

b)

b)

Abb. 4: Wicklungs-
anordnungen bei
Manteltransformatoren

Abb. 5: Wicklungs-
anordnungen bei
Kerntransformatoren

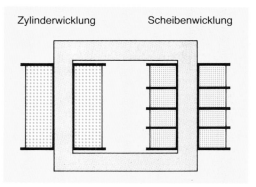

Zylinderwicklung   Scheibenwicklung

Abb. 9: Zylinder- und Scheibenwicklung beim
Transformator

3.3.2 Verhalten bei Kurzschluß

Je nach Aufbau der Transformatoren unterscheidet man verschiedene Kurzschlußfestigkeiten (vgl. Tab. 3.2)

Tab. 3.2: Kennzeichnung der Kurzschlußfestigkeit

Benennung	Bildzeichen
Kurzschlußfest	
Bedingt kurzschlußfest mit elektrothermischem Überstromauslöser	
Bedingt kurzschlußfest mit Sicherung	
Nicht kurzschlußfest	

Kurzschlußfeste Kleintransformatoren haben eine sehr hohe Kurzschlußspannung. Ihre Kurzschlußströme sind so klein, daß keine unzulässig hohe Erwärmung entstehen kann.

Bedingt kurzschlußfeste Transformatoren werden mit Hilfe von **eingebauten** Sicherungen, Überstromschaltern oder dergleichen bei Kurzschluß abgeschaltet.

Nicht kurzschlußfeste Transformatoren müssen durch **vorgeschaltete** Schutzeinrichtungen gesichert werden.

3.3.3 Besondere Kleintransformatoren

Einige der gebräuchlichsten Kleintransformatoren sollen im folgenden beschrieben werden.

3.3.3.1 Sicherheits- oder Schutz- transformatoren

 offen   gekapselt

Sicherheitstransformatoren müssen kurzschlußfest oder bedingt kurzschlußfest sein. Die Wicklungen müssen durch Isolierschichten so voneinander getrennt sein, daß auf keinen Fall eine Verbindung zwischen Primär- und Sekundärseite entstehen kann. Sicherheitstransformatoren müssen nach DIN VDE 0550 mit einem Symbol gekennzeichnet sein. Die meisten liefern Ausgangsspannungen bis 42 V. Die Eingangsspannung darf maximal 500 V betragen. Teile, die auch unter einer Spannung

von weniger als 42 V stehen, sowie die Sekundärklemmen müssen der zufälligen Berührung entzogen werden.

Sie müssen allpolig vom Netz abschaltbar sein. Ortsveränderliche Sicherheitstransformatoren müssen für **ein** Übersetzungsverhältnis gebaut sein. Die Sekundärwicklung darf nur mit einer Anzapfung versehen sein.

Zu den Sicherheitstransformatoren gehören:

- Trenntransformatoren
- Transformatoren für Schutzkleinspannung
- Spielzeugtransformatoren
- Klingeltransformatoren
- Handleuchtentransformatoren
- Auftautransformatoren
- Transformatoren für medizinische Geräte

Trenntransformatoren dienen zum Betrieb eines **einzelnen** elektrischen Gerätes mit einer Betriebsspannung, um das Gerät im Sinne der Schutztrennung gemäß DIN VDE 0100 galvanisch vom Netz zu trennen. Die Sekundärwicklung besitzt keine Verbindung zum Kern bzw. zur Erde. Primär- und Sekundärwicklung sind derart voneinander getrennt, daß auch im Falle eines Drahtbruchs keine elektrische Verbindung zwischen ihnen auftreten kann.

Für Trenntransformatoren ist die höchstzulässige Nenn-Sekundär-Lastspannung

- bei Einphasen-Transformatoren   250 V
- bei Dreiphasen-Transformatoren   380 V.

Der höchste zulässige Nenn-Sekundärstrom beträgt 16 A.

Ortsveränderliche Trenntransformatoren müssen schutzisoliert gebaut sein. Sie müssen zum Anschluß des Verbrauchers **eine** fest eingebaute Steckdose **ohne** Schutzkontakt haben.

Transformatoren für Schutzkleinspannung liefern eine Spannung von höchstens 42 V. Durch die Schutzmaßnahme Schutzkleinspannung soll das Zustandekommen gefährlicher Berührungsspannungen verhindert werden.

Spielzeugtransformatoren haben nach DIN VDE 0550 Nenn-Sekundärlastspannungen bis 24 V. Nur sie dürfen für Kinderspielzeug verwendet werden. Es muß eine sichere elektrische Trennung zwischen Primär- und Sekundärkreis bestehen. Nach Möglichkeit sollen Spielzeugtransformatoren schutzisoliert sein. Sie dürfen nur mit Spezialwerkzeugen zu öffnen sein.

Bei **Klingeltransformatoren** schreibt DIN VDE 0550 vor, daß die Nenn-Sekundär-Lastspannungen bis zu 12 V betragen dürfen. Die Ausgangswicklung hat meist mehrere Abgriffe (3 V, 5 V, 8 V, 12 V). Klingeltransformatoren dürfen nur für eine Primärspannung gebaut sein.

Handleuchtentransformatoren dienen dazu, Handleuchten vom Netz zu trennen. Sie müssen schutzisoliert sein.

Auftautransformatoren dienen zum Auftauen eingefrorener Leitungen. Auch sie müssen schutzisoliert sein und dürfen nur eine Sekundärspannung von 24 V erzeugen.

Transformatoren für medizinische Geräte dürfen Sekundärspannungen von maximal 24 V (in Sonderfällen nur 6 V) erzeugen und müssen schutzisoliert sein.

3.3.3.2 Netzanschlußtransformatoren

Netzanschlußtransformatoren haben eine oder mehrere von der Primärwicklung elektrische getrennte Sekundärwicklungen. Diese Transformatoren sind z. B. zum Anschluß von Verstärkeranlagen, Fernmeldegeräten, Gleichrichteranlagen, Elektrozaun-Geräten, elektromedizinischen Geräten usw. an das Netz bestimmt. Oft sind die Netzanschlußtransformatoren in diese Geräte eingebaut (DIN VDE 0550).

3.3.3.3 Zündtransformatoren

Zündtransformatoren haben eine Kurzschlußspannung von 100 %. Sie dienen z. B. in einer Gas- oder Ölfeuerungsanlage zum Zünden von Brennstoff-Luft-Gemischen mit Hilfe elektrischer Funken, wobei eine sichere elektrische Trennung des Sekundärkreises vom Primärstromkreis gewährleistet ist (DIN VDE 0550 T 15).

Aufgaben zu 3.3

1. Wodurch unterscheiden sich Kern- und Manteltransformatoren?
2. Wodurch unterscheiden sich bedingt kurzschlußfeste und nicht kurzschlußfeste Transformatoren?
3. Welche besonderen Bestimmungen gelten für Trenntransformatoren?
4. Welche besonderen Eigenschaften müssen Sicherheitstransformatoren haben?
5. Warum müssen Zündtransformatoren eine hohe Kurzschlußspannung haben?

Abb. 1: Klingeltransformator

Abb. 2: Zündtransformator

3.4 Streufeldtransformatoren

Streufeldtransformatoren haben eine hohe Kurzschlußspannung und sind spannungsweich, so daß im Kurzschlußfall und bei großer Belastung keine großen Ströme fließen, die den Transformator unter Umständen zerstören könnten.

Sie werden eingesetzt als:

- Klingeltransformator
- Spielzeugtransformator
- Schutztransformator
- Zündtransformator
- Schweißtransformator
- Transformator in Leuchtröhrenanlagen.

Bei den Transformatoren, in Vorschaltgeräten von Leuchtröhrenanlagen und bei Schweißtransformatoren hat man oft die Möglichkeit, mit Hilfe eines Streujochs die Höhe der Kurzschlußspannung einzustellen. In Leuchtröhrenanlagen dienen die Streufeldtransformatoren nach der Röhrenzündung als Strombegrenzung.

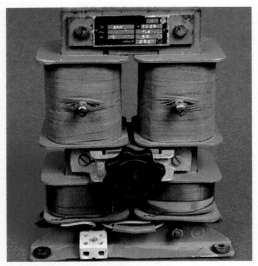

Abb. 1: Streufeldtransformator

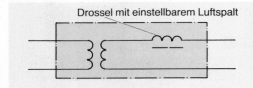

Drossel mit einstellbarem Luftspalt

Abb. 2: Schweißstromeinstellung mit einer Drossel

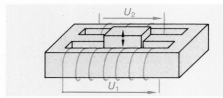

Abb. 3: Schweißstromeinstellung mit einem Streujoch

Abb. 4: Schweißtransformator mit Streujoch

Schweißtransformatoren

Schweißtransformatoren (Abb. 4) werden praktisch im Kurzschluß betrieben. Deshalb muß der Schweißtransformator einen großen Innenwiderstand und eine hohe Kurzschlußspannung haben.

Um diesen hohen Innenwiderstand zu erreichen, schaltet man entweder in Reihe mit der Sekundärwicklung eine Drossel (Abb. 2), deren Induktivität durch Verstellen des Luftspaltes verändert werden kann, oder man baut den Transformator mit einem Streujoch auf, das man je nach geforderten Werten verstellen kann (Abb. 3).

Durch Veränderung des Streujoches erreicht man, daß der Streufluß mehr oder weniger groß ist. Auf diese Art und Weise läßt sich der Schweißstrom beeinflussen.

Nach DIN VDE 0541 soll die Leerlaufspannung bei Schweißtransformatoren 70 V nicht überschreiten. Bei Schweißarbeiten in engen Behältern soll die Leerlaufspannung sogar nur 42 V betragen.

3.5 Spartransformatoren

Im Gegensatz zu den bisher besprochenen Transformatoren besitzen Spartransformatoren nur eine Wicklung mit einer oder mehreren Anzapfungen (Abb. 5).

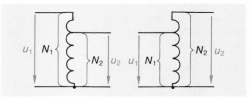

Abb. 5: Schaltung des Spartransformators

Die Gesetzmäßigkeiten, die wir bei den anderen Transformatoren kennengelernt haben, gelten auch bei den Spartransformatoren.

Durch den Aufbau bedingt wird die Leistung bei Spartransformatoren zum Teil durch Stromleitung und zum Teil induktiv übertragen (Abb. 6).

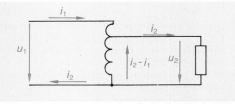

Abb. 6: Aufteilung der Ströme beim Spartransformator

Die induktiv übertragene Leistung bezeichnet man als **Bauleistung** S_B.

Die gesamte Leistung, die sich aus der Nenn-Sekundärlastspannung U_2 und dem Nennsekundärstrom I_2 ergibt, bezeichnet man als **Durchgangsleistung** S_D.

$$S_D = U_2 \cdot I_2$$

Die Durchgangsleistung von Spartransformatoren ist immer größer als die Bauleistung.

Bei der Berechnung der Bauleistung muß man unterscheiden, ob $U_1 > U_2$ oder $U_2 > U_1$ ist (vgl. Abb. 5).

Für $U_1 > U_2$ gilt:

$$S_B = U_2(I_2 - I_1) \qquad ü = \frac{I_2}{I_1}$$

$$S_B = U_2 \cdot I_2 - U_2 \cdot I_1 \qquad I_1 = \frac{I_2}{ü}$$

$$S_B = U_2 \cdot I_2 - U_2 \cdot \frac{I_2}{ü}$$

$$S_B = U_2 \cdot I_2 \left(1 - \frac{1}{ü}\right) \qquad ü = \frac{U_1}{U_2}$$

$$S_B = S_D \left(1 - \frac{U_2}{U_1}\right)$$

Für $U_2 > U_1$ gilt:

$$S_B = S_D \left(1 - \frac{U_1}{U_2}\right)$$

Beispiel: Zwei Spartransformatoren 160 V/230 V und 200 V/230 V sollen eine Durchgangsleistung von 400 V A haben. Gesucht sind die Bauleistungen.

1. $S_B = S_D \left(1 - \frac{U_1}{U_2}\right) \qquad S_B = 400 \text{ V A} \cdot 0{,}304$

$\underline{S_B = 121{,}74 \text{ VA}}$

2. $S_B = 400 \text{ V A} \cdot 0{,}1 \qquad \underline{S_B = 52{,}17 \text{ VA}}$

Das Beispiel zeigt:

Je näher die Werte für Primär- und Sekundärspannung beieinander liegen, desto geringer ist die Bauleistung.

Dadurch spart man sowohl Kerneisen als auch Wicklungskupfer.

Mit Spartransformatoren kleiner Bauleistung können große Leistungen übertragen werden, wenn die Werte für die Eingangs- und Ausgangsspannungen nahe beieinander liegen.

Da bei Spartransformatoren Primär- und Sekundärseite leitend miteinander verbunden sind, dürfen sie nicht zur Erzeugung von Schutzkleinspannungen verwendet werden. Sie müssen bedingt kurzschlußfest sein.

Aufgaben zu 3.4 und 3.5

1. Wo werden Streufeldtransformatoren eingesetzt?
2. Wie kann das Streufeld bei Streufeldtransformatoren verändert werden?
3. Welche Aufgaben haben Streufeldtransformatoren in Leuchtröhrenanlagen?
4. Warum verwendet man beim Schweißen Streufeldtransformatoren?
5. Ein Spartransformator mit 660 Windungen ist an 230 V angeschlossen. Welche Ausgangsspannung wird bei dem Wicklungsabgriff von 600 Windungen gemessen?

3.6 Meßwandler

Eine Sonderstellung in der Gruppe der Transformatoren nehmen die Meßwandler ein. Sie trennen in Hochspannungsnetzen die Meßgeräte von den Hochspannungen und transformieren hohe Spannungen und Ströme auf leicht meßbare Werte herab. DIN VDE 0414 gibt Auskunft über die Eigenschaften, die diese Wandler besitzen müssen.

3.6.1 Spannungswandler

Die Klemmen des Spannungswandlers werden primärseitig mit U und V, sekundärseitig mit u und v bezeichnet (Abb. 7).

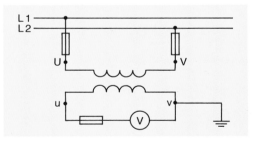

Abb. 7: Anschluß eines Spannungswandlers

Da das Meßgerät auf der Sekundärseite keine große Belastung für den Wandler darstellt, verhält er sich praktisch wie ein Transformator im Leerlauf. Um die Verluste möglichst klein zu halten, sind die Wicklungen übereinander gewickelt. Dadurch ergibt sich aber auch eine sehr kleine Kurzschlußspannung, wodurch im Fehlerfall (z. B. Kurzschluß auf der Sekundärseite) sehr große Ströme fließen und so den Wandler zerstören könnten. Aus diesem Grund gilt:

Beim Ausbau des Meßgerätes darf die Sekundärseite des Spannungswandlers nicht kurzgeschlossen werden.

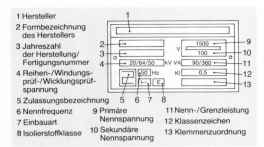

1 Hersteller
2 Formbezeichnung des Herstellers
3 Jahreszahl der Herstellung/ Fertigungsnummer
4 Reihen-/Windungs-prüf-/Wicklungsprüf-spannung
5 Zulassungsbezeichnung
6 Nennfrequenz
7 Einbauart
8 Isolierstoffklasse
9 Primäre Nennspannung
10 Sekundäre Nennspannung
11 Nenn-/Grenzleistung
12 Klassenzeichen
13 Klemmenzuordnung

Abb. 1: Leistungsschild eines Spannungswandlers

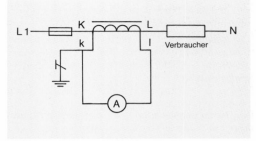

Abb. 2: Anschluß eines Stromwandlers

Man sichert auch Primär- und Sekundärseite ab. Außerdem muß die Sekundärseite in Anlagen über 1 kV geerdet werden, damit im Falle eines Span-nungsüberschlags von der Primär- auf die Sekun-därseite ein Erdschluß entsteht.

Dem Leistungsschild des Spannungswandlers (Abb. 1) kann man seine Daten entnehmen. Die wichtigsten haben folgende Bedeutung:

Die **primäre Nennspannung** ist genormt, z.B. 1500 V.

Der genormte Meßbereich für die **sekundäre Nennspannung** ist einheitlich 100 V.

Die Reihen-/Windungsprüf-/Wicklungsprüfspan-nung gibt an, für welche Spannung die Isolation des Wandlers bemessen ist.

Das Symbol für die **Einbauart** gibt an, wie der Wandler eingebaut werden muß. Z.B.:

⊢ nur für den Einbau mit Isolatoren nach der Seite geeignet.

Die **Nennleistung** ist bei Spannungswandlern das Produkt aus der Nennbürde und dem Quadrat der sekundären Nennspannung. (Bürde: Scheinleit-wert der angeschlossenen Geräte einschließlich der Zuleitungen.)

Das **Klassenzeichen** gibt die Güteklasse des Wandlers an. Bei Spannungswandlern unterschei-det man die Klassen: 01; 02; 05; 1; 3.

3.6.2 Stromwandler

Während Spannungswandler nahezu im Leerlauf betrieben werden, sind bei Stromwandlern die Sekundärspulen durch den kleinen Innenwider-stand der Meßgeräte praktisch kurzgeschlossen. Da sich die Ströme umgekehrt verhalten wie die Windungszahlen, besitzen Stromwandler primär-seitig nur eine oder wenige Windungen. Die Primärseite (Klemmen K und L) ist mit dem Verbraucher in Reihe geschaltet (Abb. 2).

Die Sekundärseite (Klemmen k und l) wird durch das Meßgerät belastet.

Da der Stromwandler im Normalfall im Kurzschluß betrieben wird, erzeugt der Sekundärstrom einen großen magnetischen Gegenfluß. Würde dieser wegfallen (schwache Belastung oder Ausbau des Meßgerätes), so würde der Primärstrom einen großen magnetischen Fluß erzeugen. Dieser wür-de den Kern stark erwärmen und in der Sekundär-wicklung eine zu große Spannung erzeugen, die die Isolation beschädigen könnte.

Stromwandler dürfen auf der Sekundärseite nicht abgesichert werden. Außerdem müssen vor Aus-bau des Meßgerätes die Ausgangsklemmen kurzgeschlossen werden.

Auch bei Stromwandlern wird die Sekundärseite geerdet, damit bei Spannungsdurchschlag sekun-därseitig keine Gefährdung entsteht.

Das Leistungsschild enthält die Kenndaten. Die wichtigsten Angaben bedeuten nach DIN VDE 0414:

Der **primäre Nennstrom** ist genormt, z.B. 40 A.

Genormte Meßbereiche für den **sekundären Nenn-strom** sind 1 A und 5 A.

Primärer thermischer Grenzstrom I_{1th} ist der Primärstrom, dessen Wärmewirkung die Primär-wicklung 1 s lang aushalten kann.

Der **dynamische Grenzstrom** I_{dyn} ist der Wert der ersten Stromamplitude, deren Kraftwirkung ein Stromwandler bei kurzgeschlossener Sekundär-wicklung aushalten muß.

Die **Nennleistung** ist das Produkt aus der Nenn-bürde und dem Quadrat des sekundären Nenn-stromes (Nennbürde: Scheinwiderstand der ange-schlossenen Geräte einschließlich Zuleitungen).

Die **Güteklasse** wird durch das Klassenzeichen angegeben. Man unterscheidet folgende Klassen:

01; 02; 05; 1 und 3
01G; 02G; 05G; 1G und 3G.

Die Stromwandler der Klassen 01 bis 3 sind dauernd bis $1{,}2 \cdot I_N$ bei Nennbürde, die Wandler der Klassen 01G bis 3G sind dauernd bis $2 \cdot I_N$ bei Nennbürde belastbar.

Die **Nennübersetzung** K_N ist bei Stromwandlern das ungekürzte Verhältnis des primären Nennstromes zum sekundären Nennstrom.

Sollen Stromwandler ortsveränderlich eingesetzt werden, so verwendet man meist Durchsteckwandler (Abb. 4) oder Zangenstromwandler.

Sowohl beim Durchsteckwandler als auch beim Zangenstromwandler wirkt die stromführende Leitung als Primärwicklung. Je nach Höhe der Stromstärke muß der stromführende Draht einmal oder mehrere Male durch den Durchsteckwandler hindurchgeführt werden.

Aufgaben zu 3.6

1. Weshalb verwendet man Meßwandler?
2. Warum werden Meßwandler sekundärseitig geerdet?
3. Warum darf die Sekundärseite bei Spannungswandlern nicht kurzgeschlossen werden?
4. Warum muß die Sekundärseite von Stromwandlern beim Ausbau des Meßgerätes kurzgeschlossen werden?
5. Das Meßgerät eines Spannungswandlers (Übersetzungsverhältnis 5000 V / 100 V) zeigt 86 V an. Wie groß ist die Spannung auf der Primärseite?
6. Das Übersetzungsverhältnis eines Stromwandlers ist 60 A/1 A. Das Meßgerät zeigt einen Strom von 0,8 A an. Wie groß ist der Strom auf der Primärseite?

Abb. 4: Durchsteck-Stromwandler

3.7 Drehstromtransformatoren

Drehstromtransformatoren dienen zur Transformation mehrphasiger Wechselspannungen. Der Aufbau wird in Abb. 3 gezeigt.

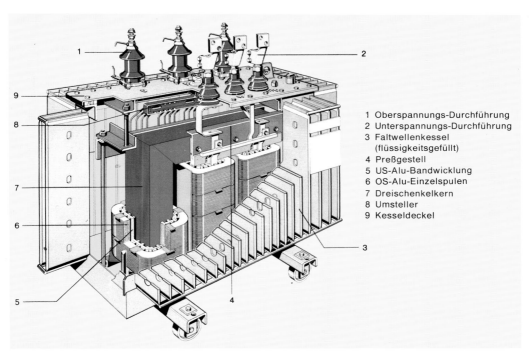

1 Oberspannungs-Durchführung
2 Unterspannungs-Durchführung
3 Faltwellenkessel (flüssigkeitsgefüllt)
4 Preßgestell
5 US-Alu-Bandwicklung
6 OS-Alu-Einzelspulen
7 Dreischenkelkern
8 Umsteller
9 Kesseldeckel

Abb. 3: Drehstrom-Verteilungstransformator, Nennleistung 630 kVA

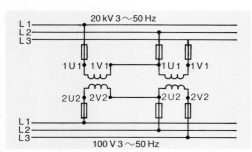

Abb. 1: V-Schaltung von zwei Einphasentransformatoren

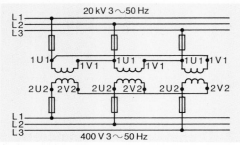

Abb. 2: Drei Einphasentransformatoren für Drehstrom geschaltet (Transformatorenbank)

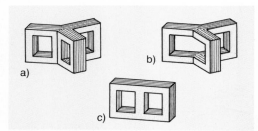

Abb. 3: Entwicklung eines Dreischenkelkerns aus drei Einzelkernen

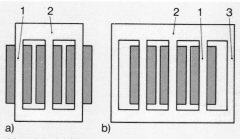

1 bewickelte Hauptschenkel
2 Joche
3 unbewickelter Rückschlußschenkel

Abb. 4: Kernbauarten für Drehstromtransformatoren;
a) Dreischenkelkern;   b) Fünfschenkelkern

3.7.1 Aufbau, Schaltgruppen, Wicklungen

Drehstrom kann man entweder durch Zusammenschaltung von zwei oder drei Einphasentransformatoren oder mit speziellen Drehstromtransformatoren transformieren.

Bei der V-Schaltung von zwei Einphasentransformatoren (Abb. 1) besteht keine Möglichkeit, den Neutralleiter anzuschließen. Das Netz wird durch die Primärwicklungen der beiden Transformatoren unterschiedlich belastet. Im mittleren Leiter ist die Stromstärke größer als in den beiden äußeren Leitern. Man verwendet die V-Schaltung fast ausschließlich bei Spannungswandlern.

Werden Einphasentransformatoren zusammengeschaltet, so bezeichnet man sie als Transformatorengruppe, Transformatorensatz oder Transformatorenbank (Abb. 2).

Wenn man die Kerne der drei Transformatoren um jeweils 120° verschoben zusammenstellt (Abb. 3), dann ist die Summe der magnetischen Flüsse in den mittleren Schenkeln in jedem Moment Null (vgl. 2.2.1). Den mittleren Schenkel benötigt man dann nicht. Bringt man jetzt die restlichen Schenkel der Kerne in eine Ebene, so erhält man den Dreischenkelkern.

Für den Aufbau von Drehstromtransformatoren verwendet man meist den Dreischenkelkern oder den Fünfschenkelkern (Abb. 4 und 5). Beim Fünfschenkelkern nehmen die drei innenliegenden Hauptschenkel die Wicklungen auf. Die beiden Außenschenkel dienen dem magnetischen Rückfluß.

Abb. 5: Dreischenkelkern für einen 20-MVA-Drehstromtransformator

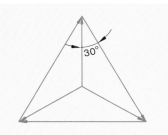

Abb. 6: Phasenlage von Stern- und Dreieckspannung

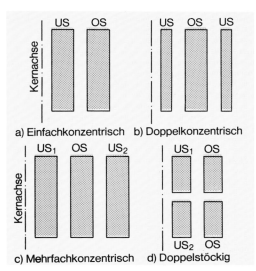

a) Einfachkonzentrisch b) Doppelkonzentrisch

c) Mehrfachkonzentrisch d) Doppelstöckig

Abb. 7: Wicklungsanordnungen von Drehstromtransformatoren

Die Wicklungen der Ober- und Unterspannungs-seite sind in der Regel übereinandergewickelt, um die Verluste klein zu halten und um eine kleine Kurzschlußspannung zu erzielen. Hierbei unter-scheidet man verschiedene Möglichkeiten der Wicklungsanordnungen (Abb. 7).

Die Wicklungsstränge der Ober- und Unterspan-nungsseite können sowohl im Stern Y als auch im Dreieck △ geschaltet werden. Daraus ergeben sich verschiedene Schaltungen bzw. Schaltgrup-pen. Die Schaltgruppe gibt die Schaltung der Stränge sowie die Kennzahl für die Phasenlage der Spannungszeiger zweier Wicklungen an. Die Schaltungsart der Oberspannungsseite wird durch große Buchstaben (D – Dreieck; Y – Stern; Z – Zick-Zack-Schaltung) angegeben. Für die Schaltungsart auf der Unterspannungsseite verwendet man klei-ne Buchstaben (d; y; z). Die Kennzahl gibt an, um welches Vielfache von 30° der Zeiger der Sternun-terspannung gegen den Zeiger der Sternoberspan-nung mit zugeordneter Klemmenbezeichnung im Gegenuhrzeigersinn nacheilt. Die Sternschaltung ist gegenüber der Dreieckspannung immer um 30° verschoben (Abb. 6).

Je nach Verwendungszweck wählt man die ent-sprechende Schaltgruppe aus. Bei unsymmetri-scher Belastung der Sekundärseite verhalten sich die Schaltgruppen unterschiedlich.

Bei unsymmetrischer Belastung der Schaltgruppe Yyn0 (n gibt an, daß der Sternpunkt auf der Unter-spannungsseite herausgeführt ist) fließt der Strom in allen drei Oberspannungswicklungen (Abb. 8). Dadurch entsteht auch in den beiden nicht belaste-ten Wicklungen ein magnetischer Fluß, der eine große Streuung hervorruft. Die Ströme in den Abb. 1, 3, 4, S. 94 sind als Augenblickswerte dargestellt. Bei unsymmetrischer Belastung der Schaltgruppen Yy0 (Abb. 1) und Dyn5 (Abb. 3, S. 94) bleiben nicht belastete Wicklungen stromlos.

Für große unsymmetrische Belastungen verwen-det man auf der Unterspannungsseite die Zick-Zack-Schaltung (Abb. 9), da sich hierbei die Ma-gnetflüsse besser auf die drei Schenkel verteilen

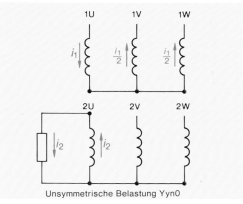

Unsymmetrische Belastung Yyn0

Abb. 8: Unsymmetrische Belastung, Yyn0

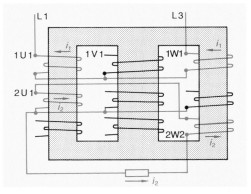

Abb. 9: Verteilung der Belastung auf zwei Schenkel bei der Zick-Zack-Schaltung

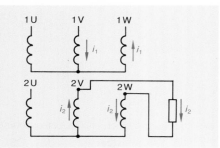

Abb. 1: Unsymmetrische Belastung, Yy0

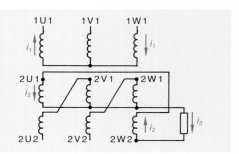

Abb. 4: Unsymmetrische Belastung, Yzn5

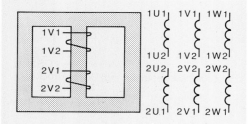

Abb. 2: Beispiel für die Anordnung von Wicklungen

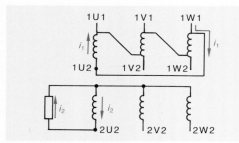

Abb. 3: Unsymmetrische Belastung, Dyn5

(Abb. 4). Um die Belastung besser zu verteilen, werden die Unterspannungswicklungen jeweils zur Hälfte auf zwei Schenkel gewickelt.

An einem Beispiel (Schaltgruppe Yd5) soll die Ermittlung der Kennzahl dargestellt werden. Die Wicklungsanordnung entnimmt man Tab. 3.3.

Auf dem mittleren Schenkel sind z. B. die Wicklungen 1V1/1V2 und 2V1/2V2 angeordnet (Abb. 2). Die Spannungen der Wicklungen auf den gleichen Schenkeln sind phasengleich.

Das Zeigerdiagramm für die Spannungen der Oberspannungsseite (OS) – in diesem Fall Sternschaltung – stellt man so dar, daß der mit 1V bezeichnete Punkt mit der 0 eines Uhrzifferblattes zusammenfällt (Abb. 5a). Die Spannungen in den Wicklungen auf den gleichen Schenkeln sind phasengleich (Abb. 5b). Zwischen Stern- und Dreieckspannung gleicher Wicklungen beträgt die Phasenverschiebung 30° (Abb. 6, S. 93).

Dadurch ergibt sich zwischen den Sternspannungen der OS- und US-Wicklungen eine Phasenverschiebung von 150° = 5 · 30° (Abb. 5c).

Tab. 3.3: Bevorzugte Schaltgruppen für Drehstromtransformatoren

Bezeichnung		Zeigerbild		Schaltungsbild		Übersetzung $\ddot{u} = U_1 : U_2$
Kennzahl	Schaltgruppe	OS	US	OS	US	
Drehstrom-Leistungstransformatoren						
0	Yy0	1V 1U 1W	2V 2U 2W	1U 1V 1W	2U 2V 2W	$\dfrac{N_1}{N_2}$
5	Dy 5	1V 1U 1W	2U 2W 2V	1U 1V 1W	2U 2V 2W	$\dfrac{N_1}{\sqrt{3} \cdot N_2}$
	Yd 5	1V 1U 1W	2U 2W 2V	1U 1V 1W	2U 2V 2W	$\dfrac{\sqrt{3} \cdot N_1}{N_2}$
	Yz 5	1V 1U 1W	2U 2W 2V	1U 1V 1W	2U 2V 2W	$\dfrac{2N_1}{\sqrt{3} \cdot N_2}$

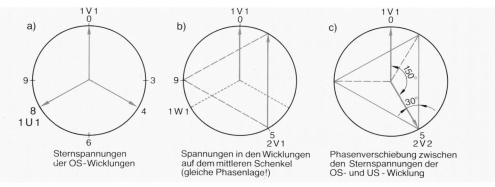

Abb. 5: Ermittlung der Kennziffer für Yd5

3.7.2 Kühlung und Schutzeinrichtung

Die Kühlung spielt bei Transformatoren eine große Rolle. DIN VDE 0532 unterscheidet mehrere Kühlungsarten (vgl. Tab. 3.4).

Tab. 3.4: Kühlungsarten bei Transformatoren

Art der Kühlung	Ablauf der Kühlung
Selbstkühlung (S)	Natürliche Lüftung
Erzwungene (forcierte) Luftkühlung (F)	Lüfter blasen die Kühlluft über den Transformator
Selbstkühlung und Ölumlauf (SU)	Öl wird durch Kühlelemente gepumpt, die durch natürlichen Luftzug gekühlt werden
Erzwungene Luftkühlung und Ölumlauf (FU)	Öl wird durch Kühlelemente gepumpt. Diese werden durch Lüfter gekühlt.
Wasserkühlung und Ölumlauf (WU)	Öl wird durch Kühlelemente gepumpt. Diese werden durch Wasser gekühlt.

Bei Trockentransformatoren besteht die Möglichkeit, die Wicklungstemperatur durch Meßfühler zu überwachen, die in die Unterspannungswicklung eingebaut werden.

Bei Öltransformatoren kann man aus der Zusammensetzung des sich bildenden Gases Rückschlüsse auf die Ölzersetzung ziehen, die durch Fehler im Transformator entstehen kann. Das Gas sammelt sich im **Buchholz-Relais,** das zwischen Ölkessel des Transformators und Ölausdehnungsgefäß geschaltet ist (Abb. 1, S. 96). Mit Hilfe dieses Buchholzschutzes (Buchholz-Relais; Abb. 6) werden kleine Fehler gemeldet. Bei größeren Fehlern (z. B. Lichtbogen durch Wicklungsschluß) wird der Transformator über das Buchholz-Relais abgeschaltet. Bei geringer Gasentwicklung wird der Schwimmer immer weiter nach unten gedrückt, bis sich der Kontakt im Quecksilber-

a)

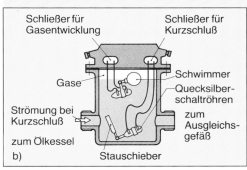

b)

Abb. 6: Buchholz-Relais

röhrchen schließt. Bei Kurzschluß entsteht durch Wärme plötzlich im Transformator ein Überdruck. Die dadurch auftretende starke Strömung kippt einen Quecksilberschalter, der den Transformatorschalter auslöst (Abb. 1).

Moderne Bauarten haben statt eines Ölausdehnungsgefäßes einen elastischen Faltwellenkessel (vgl. Abb. 3, S. 91).

3.7.3 Parallelschaltung von Transformatoren

Für die Parallelschaltung von Transformatoren sieht DIN VDE 0532 folgende Bedingungen vor:

- Die Kennzahlen der Schaltgruppen sollen gleich sein, damit keine Ausgleichsströme zwischen den einzelnen Transformatoren fließen.

- Die Übersetzung soll möglichst gleich sein.

- Die Transformatoren sollen annähernd gleiche Kurzschlußspannungen haben. Hierdurch wird vermieden, daß ungleiche Belastungen der Transformatoren entstehen bzw. die Transformatoren mit der kleineren Kurzschlußspannung zu große Ströme aufnehmen. Eine Abweichung der Kurzschlußspannungen von ± 10% ist zulässig. Ist die Abweichung größer, so können den Transformatoren mit der kleineren Kurzschlußspannung Induktivitäten vorgeschaltet werden.

- Das Nennleistungsverhältnis der parallel zu schaltenden Transformatoren soll kleiner als 3:1 sein. Bei größeren Nennleistungsverhältnissen können unter Umständen wieder Ausgleichsströme fließen, da wegen der etwaigen größeren Abweichungen der Verhältnisse R_{Cu}/X_L (vgl. Abb. 5, S. 95) verschiedene Phasenlagen der Spannungen untereinander entstehen können.

3.7.4 Wirkungsgrad von Transformatoren

Der Wirkungsgrad η ist das Verhältnis von abgegebener Wirkleistung zu aufgenommener Wirkleistung.

Wirkungsgrad
$$\eta = \frac{P_{ab}}{P_{zu}}$$

Die aufgenommene Wirkleistung setzt sich zusammen aus:

- der abgegebenen Wirkleistung P_{ab}
- der Verlustleistung durch den Eisenkern P_{vFe} (Leerlaufmessung)
- der Verlustleistung durch die Wicklungen P_{vCu} (Kurzschlußmessung)

$P_{zu} = P_{ab} + P_{vFe} + P_{vCu}$

$\eta = \dfrac{P_{ab}}{P_{ab} + P_{vFe} + P_{vCu}}$ oder $\eta = \dfrac{S_2 \cdot \cos \varphi_2}{S_2 \cdot \cos \varphi_2 + P_{vFe} + P_{vCu}}$

Abb. 1: Drehstromtransformator mit Ölausdehnungsgefäß

Beispiel

Die Leistungsmessungen bei einem 500 VA-Transformator ergeben im Leerlauf 10 W und bei Kurzschluß 25 W.

Gesucht ist der Wirkungsgrad bei der sekundären Nennbelastung mit

a) $\cos \varphi_2 = 1$

b) $\cos \varphi_2 = 0,2$

a) $\eta = \dfrac{500\,VA \cdot 1}{500\,VA \cdot 1 + 10\,W + 25\,W}$

$\eta = 0,935$

b) $\eta = \dfrac{500\,VA \cdot 0,2}{500\,VA \cdot 0,2 + 10\,W + 25\,W}$

$\eta = 0,74$

Man erkennt an diesem Beispiel:

> Der Wirkungsgrad von Transformatoren ist umso schlechter, je kleiner der Leistungsfaktor $\cos \varphi_2$ auf der Sekundärseite ist (Induktive oder kapazitive Belastung).

Jahreswirkungsgrad

Da Transformatoren im Leerlauf nur geringe Leistungen aufnehmen, läßt man sie auch oft ohne Belastung eingeschaltet. Um einen Überblick über den Wirkungsgrad innerhalb eines Jahres zu bekommen, ermittelt man den Jahreswirkungsgrad.

Formelzeichen η_a

Zur Bestimmung des Jahreswirkungsgrades werden die Arbeiten ins Verhältnis gesetzt.

$$\eta_a = \frac{W_{ab}}{W_{ab} + W_{Fe} + W_{Cu}}$$

$W_{ab} = U_2 \cdot I_2 \cdot \cos \varphi_2 \cdot t_B$ (t_B = Belastungsdauer)

$W_{Fe} = P_{vFe} \cdot t_E$ (t_E = Einschaltdauer)

$W_{Cu} = P_{vCu} \cdot t_B$

Beispiel: Bei einem 250 kVA-Transformator betragen die Eisenverluste 1,8 kW und die Wicklungsverluste 6 kW.

Der Transformator ist während des ganzen Jahres (8760 Stunden) eingeschaltet. Er wird aber nur während 1000 Stunden belastet. Bei Belastung ist der $\cos \varphi_2 = 0,5$.

Zu bestimmen ist der Jahreswirkungsgrad!

$W_{ab} = 250 \, kVA \cdot \cos \varphi_2 \cdot t_B$

$W_{ab} = 125 \, kW \cdot 1000 \, h$

$W_{ab} = 125000 \, kW\,h$

$W_{Fe} = 1,8 \, kW \cdot 8760 \, h$

$W_{Fe} = 15768 \, kW\,h$

$W_{Cu} = 6 \, kW \cdot 1000 \, h$

$W_{Cu} = 6000 \, kW\,h$

$\eta_a = \dfrac{125000 \, kW\,h}{146768 \, kW\,h}$

$\eta_a = 0,85$

3.7.5 Leistungsschild von Transformatoren

DIN VDE 0532 gibt Auskunft über die Angaben, die das Leistungsschild enthalten soll. Abb. 2 zeigt ein Beispiel.

Die Art des Transformators wird durch ein Kurzzeichen gekennzeichnet:

- LT: Leistungstransformator
- ZT: Zusatztransformator
- SpT: Spartransformator
- LT/S: Transformator mit Stufenschalter

Transformatoren mit Stufenschaltern haben feststehende Wicklungen, deren Übersetzung unter Last eingestellt werden kann.

Die **Nennleistung** ist das Produkt aus Nennspannung, Nennstrom und Phasenfaktor. (Phasenfaktor bei Einphasentransformatoren: 1, bei Drehstromtransformatoren: $\sqrt{3}$.)

Sie wird als Scheinleistung in kVA angegeben, da sich der Phasenverschiebungswinkel zwischen Strom und Spannung – und damit auch die Wirkleistung – mit der Belastungsart ändert (vgl. 3.2.3).

Die **Nennspannungen** werden getrennt für Primär- und Sekundärseite angegeben. Die Nennspannung

Firmenname-Firmenzeichen

3-Phasen-Transformator			
Typ	F.-Nr.	DIN VDE	0532
Bem.-Leistung		1 000 kVA	Baujahr
St. 1	20 500 V		Bem.-Frequ. 50 Hz
Bem.-Spg. St. 2	20 000 V		Schaltgruppe Dyn 5
St. 3	19 500 V	400 V	Kühlungsart OFAN
			Ges.-Gewicht 3,1 t
			Ölgewicht 0,8 t
Bem.-Strom	28,2 A	1410 A	
Um	24/1.1 kV		
Kurzschl. Spg.	4,1 %	Kurzschl.-Dauer max.	2 s
Dauerkurzschl.-Str.	0,5 kA	Isolierflüssigkeit	Öl

Abb. 2: Leistungsschild eines Transformators

auf der Primärseite gibt an, für welche Anschlußspannung der Transformator bestimmt ist. Die Nennspannung auf der Sekundärseite ist die im Leerlauf auftretende Spannung.

Das Kennzeichen der **Betriebsart** gibt an, ob der Transformator im Dauerbetrieb (S1) oder im Kurzzeitbetrieb (S2) betrieben wird.

Die Kennzeichnung der **Reihenspannung** erfolgt in kV. (Reihenspannung = Spannung, für die die Isolation bemessen ist.) Der Kennbuchstabe N gibt an, daß die Wicklung zum Anschluß an ein Netz mit nicht starr geerdetem Sternpunkt bestimmt ist.

Aufgaben zu 3.7

1. Was gibt die Kennzahl der Schaltgruppe von Drehstromtransformatoren an?

2. Welchen Nachteil hat die Schaltgruppe Yyn0 bei unsymmetrischer Belastung?

3. Welche Schaltgruppe wendet man vorwiegend an, wenn unsymmetrische Belastung zu erwarten ist?

4. Welche Kühlungsarten unterscheidet man bei Drehstromtransformatoren?

5. Welche Bedingungen müssen bei der Parallelschaltung von Drehstromtransformatoren erfüllt sein?

6. Welche Aufgaben hat das Buchholz-Relais?

7. Durch welche Messungen werden die Eisen- und Wicklungsverluste eines Transformators bestimmt?

8. Ein Einphasen-Spartransformator für 230V/180 V soll eine Durchgangsleistung von 400 VA bei einem Wirkungsgrad von 0,95 haben.

   Gesucht sind: Bauleistung, Eingangs- und Ausgangsstrom.

9. Bei einem Transformator mit den Nennwerten 230 V/42 V; 5 A/23,8 A; 1000 VA werden folgende Werte gemessen:
   Leerlauf: $U_1 = 230$ V; $P = 15$ W
   Kurzschluß: $U_1 = 22$ V; $I = 5$ A; $P = 60$ W.
   Welcher Wirkungsgrad ergibt sich für volle Belastung bei einem $\cos \varphi_2 = 0,7$?

4 Umlaufende elektrische Maschinen

In der modernen Industriegesellschaft werden Antriebsmaschinen mit sehr unterschiedlichen Eigenschaften benötigt. Die Maschinen sollen geräuscharm arbeiten und auch sonst umweltfreundlich sein. Man wünscht eine kompakte Bauweise. Die Bedienung muß einfach sein. Dabei dürfen die Maschinen nur wenig kosten und sie sollen billig und wartungsfrei arbeiten. Selbst unter extremen Betriebsbedingungen dürfen sich ihre Betriebseigenschaften nicht ändern. Es werden Leistungen in einem Bereich von wenigen Watt bis zu mehreren Megawatt benötigt. Ebenso werden Maschinen verwendet, die niedrige bis hohe Drehzahlen haben. Man verlangt unterschiedliches Drehzahlverhalten bei Belastungsänderungen. Manchmal muß die Drehzahl auch steuerbar sein. Alle geforderten Bedingungen dieser Art können von **Elektromotoren** erfüllt werden. Deshalb sind sie auch die wichtigsten Antriebsmaschinen unserer Zeit.

Die Versorgung der Elektromotoren und der übrigen Elektrogeräte mit elektrischer Energie erfolgt allgemein aus dem **Versorgungsnetz.** Fahrzeuge mit elektrischem Antrieb werden auch durch chemische Spannungserzeuger versorgt.

Generatoren speisen das Versorgungsnetz und netzunabhängige Anlagen mit elektrischer Energie. Sie wandeln die aus den anderen Energieträgern, wie Kohle, Erdgas, Erdöl, Uran, Wasser usw. erzeugte mechanische Energie in elektrische Energie um.

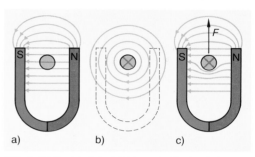

Abb. 1: Abhängigkeit der Richtung der Kraft auf einen stromdurchflossenen Leiter im Magnetfeld

Bevor die Funktion der Maschinen und ihre Eigenschaften beschrieben werden, müssen noch einige elektrische, elektromagnetische und mechanische Grundlagen erarbeitet werden.

4.1 Elektrotechnische Grundlagen

4.1.1 Kräfte im Magnetfeld

In elektrischen Maschinen befinden sich magnetische Felder, die durch Dauermagnete oder durch Spulen erzeugt werden. Die Magnetfelder wirken dabei auf Leiter und Spulen ein. Der Zusammenhang soll durch Versuch 4–1 verdeutlicht werden.

Mit Hilfe der Abb. 1 kann der im Versuch 4–1 beobachtete Sachverhalt erklärt werden. Zwischen den

---

Versuch 4–1:   Kräfte auf einen stromdurchflossenen Leiter im Magnetfeld (Motorprinzip)

Durchführung

Das Verhalten eines stromdurchflossenen Leiters im Magnetfeld wird beobachtet.

Ergebnis

- Auf den stromdurchflossenen Leiter wird eine Kraft ausgeübt. Er bewegt sich.

- Eine Stromrichtungsänderung bedeutet auch eine Änderung der Richtung der Kraft.

- Ein Vertauschen der Pole bewirkt ebenfalls eine Richtungsänderung.

- Die Richtung der Kraft ist senkrecht zur Feldrichtung und senkrecht zur Stromrichtung.

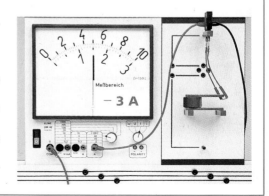

Polen besteht ein nahezu homogenes Magnetfeld, in dem sich der Leiter befindet. Bei Stromfluß überlagert sich das Magnetfeld zwischen den Polen und das kreisförmige Magnetfeld des Leiters zu dem dargestellten resultierenden Feld.

Auf den Leiter wird eine Kraft ausgeübt. Der Leiter wird aus dem Bereich des verstärkten Feldes in den abgeschwächten Bereich bewegt.

Vertauscht man die Pole durch Umdrehen des Magneten, dann sind Feldstärkung und Feldschwächung des resultierenden Feldes ebenfalls vertauscht. Die Kraft wirkt jetzt in die umgekehrte Richtung. Ändert man die Stromrichtung, kehrt sich auch die Kraftrichtung um.

Zusammengefaßt läßt sich festhalten:

- Auf einen stromdurchflossenen Leiter wird im Magnetfeld eine Kraft ausgeübt.
- Die Richtung der Kraft hängt ab von der Richtung des Magnetfeldes und von der Stromrichtung.
- Kraftrichtung und Feldrichtung bzw. Kraftrichtung und Stromrichtung stehen senkrecht aufeinander.

Die Richtung der Kraft kann mit Hilfe der **Linke-Hand-Regel (Motorregel)** bestimmt werden (Abb. 1):

Hält man die linke Hand so, daß die Feldlinien senkrecht auf die innere Handfläche auftreffen und zeigen dabei die ausgestreckten Finger in Richtung des Stromflusses, dann gibt der abgespreizte Daumen die Richtung der Kraft auf den Leiter an.

Neben der Richtung der Kraft ist ihre Größe von Bedeutung. Erweitert man den Versuch 4–1, dann kann folgendes gefunden werden.

Fließt ein größerer Strom I, dann verstärkt sich die Kraft F in gleichem Verhältnis. Nimmt man einen Magneten mit größerer Flußdichte B, so ist der

Ausschlag der Leiterschaukel und damit die Kraft größer. Durch einen zweiten gleichen Magneten verbreitert man das Magnetfeld bei gleichbleibender Flußdichte. Dadurch wird der Bereich des Leiters, der im Magnetfeld liegt (wirksame Leiterlänge l), vergrößert. Die Kraft verstärkt sich.

Die Größe der Kraft hängt ab von:

- der Größe des Stromes I,
- der wirksamen Leiterlänge l und
- der Flußdichte B.

Die Kraft auf den stromdurchflossenen Leiter errechnet sich damit nach der Formel

$$F = B \cdot l \cdot I.$$

Liegen mehrere Leiter, die von gleichen Strömen durchflossen werden, parallel, dann wird die Kraft um die Leiterzahl z größer. Man erhält

$$\boxed{F = B \cdot l \cdot I \cdot z}$$

Das Verhalten einer stromdurchflossenen Spule im Magnetfeld kann ebenfalls in einem Versuch untersucht werden. Bei einem Versuchsaufbau nach Abb. 2 wird festgestellt, daß die Spule eine Drehbewegung ausführt. Dazu gibt es folgende Erklärungen.

Eine stromdurchflossene Spule hat ein ähnliches Magnetfeld wie ein Stabmagnet (vgl. 1.1) mit einem Nord- und einem Südpol. Da sich gleichnamige Pole abstoßen und ungleichnamige Pole anziehen und die Spule drehbar gelagert ist, entsteht ein Drehmoment (Abb. 3a). Die Spule möchte sich so lange drehen, bis sich ungleichnamige Pole gegenüberstehen. Dem Drehmoment wirkt die Federkraft in den Anschlußleitungen, mit denen die Spule zwischen den Polen eingespannt ist, entgegen. Sie dreht sich deshalb nicht bis zum möglichen Endpunkt.

Wird die Stromrichtung geändert, dann wechseln die Pole des Magnetfeldes der Spule. Das hat eine

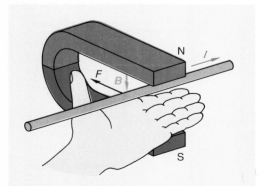

Abb. 1: Linke-Hand-Regel

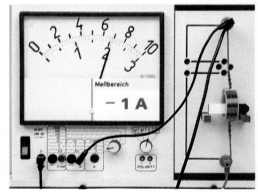

Abb. 2: Versuchsaufbau Spule im Magnetfeld

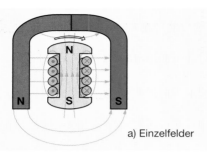

a) Einzelfelder

Abb. 3: Spule im Magnetfeld

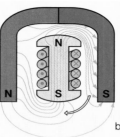

b) resultierendes Feld

Abb. 5: Spule im Magnetfeld (resultierendes Feld)

Drehung in die andere Richtung zur Folge. Ebenso ändert sich die Drehrichtung, wenn die Pole des Magneten vertauscht werden.

Man kann die Drehung aber auch mit der Überlagerung der beiden Magnetfelder erklären. Es entsteht das resultierende Feld nach Abb. 3b mit Bereichen der Feldverstärkung und Feldschwächung. Die Spule wird in Richtung der Feldschwächung gedreht.

Der Versuchsaufbau (Abb. 2) entspricht dem Modell eines Drehspulmeßwerkes (siehe Grundbildung). Ändert man die Stromrichtung in der Spule durch einen Stromwender (Kollektor) jedesmal, wenn sich ungleichnamige Pole gegenüberstehen, dann dreht sich die gelagerte Spule weiter. Man hat dann das Modell eines Gleichstrommotors (vgl. 4.5.2.1) vor sich.

Bei Anschlußleitungen in Motorwicklungen und in Spulen wirken stromdurchflossene Leiter aufeinander. Ein Versuch bringt folgende Ergebnisse:

Leiter, die in gleicher Richtung (gleichsinnig) von Strom durchflossen werden, ziehen sich an.

Leiter, die in entgegengesetzter Richtung (gegensinnig) von Strom durchflossen werden, stoßen sich ab.

Mit Hilfe eines Feldlinienmodells läßt sich die Kraftwirkung, die das Anziehen bzw. das Abstoßen hervorruft, erklären (Abb. 4)

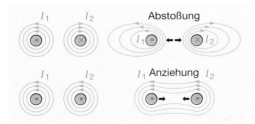

Abb. 4: Feldlinienbilder von stromdurchflossenen Leitern

Für die Berechnung der Kräfte zwischen stromdurchflossenen Leitern gilt die allgemeine Formel

$$F = B \cdot l \cdot I.$$

Für die Kraftwirkung des Feldes von Leiter 1 auf den stromdurchflossenen Leiter 2 wird daraus

$$F = B_1 \cdot l \cdot I_2.$$

Die Flußdichte B_1 errechnet sich wie folgt:
(Abb. 1, S. 102)

$$B_1 = \mu \cdot H_1; \ H_1 = \frac{I_1 \cdot N_1}{l_1}; \ l_1 = 2 \cdot \pi \cdot a$$
$$\text{(Kreisumfang)}$$

$$B_1 = \frac{\mu_0 \cdot I_1 \cdot N_1}{2 \cdot \pi \cdot a}; \ \mu = \mu_0 \quad \text{(Leiter befindet sich in Luft,}$$
$$\mu_r = 1)$$

Die Kraft errechnet sich nach ($N = 1$)

$$\boxed{F = \frac{I_1 \cdot I_2 \cdot \mu_0 \cdot l}{2 \cdot \pi \cdot a}}$$

Die Kraft zwischen stromdurchflossenen Leitern wird dazu benutzt, um die Basiseinheit Ampere zu definieren. Nach § 3 des Gesetzes über Einheiten und Meßwerte gilt:

1 Ampere ist die Stärke eines zeitlich unveränderlichen elektrischen Stromes, der, durch zwei im Vakuum parallel im Abstand von 1 Meter voneinander angeordnete, geradlinige, unendlich lange Leiter von vernachlässigbar kleinem, kreisförmigem Querschnitt fließend, zwischen diesen Leitern, je 1 Meter Leiterlänge die Kraft $2 \cdot 10^{-7}$ Newton hervorruft.

4.1.2 Induktion der Bewegung (Generatorprinzip)

Im Generator wird durch Bewegung von Leitern im Magnetfeld eine elektrische Spannung erzeugt. Bewegungsenergie wird in elektrische Energie umgewandelt. Abb. 2, Seite 102 zeigt einen Grundversuch zur Induktion der Bewegung, der folgende Erkenntnisse bringt.

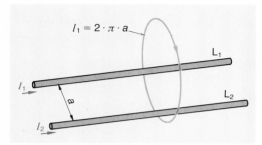

Abb. 1: Stromdurchflossene Leiter

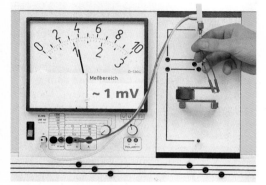

Abb. 2: Versuch zur Induktion der Bewegung

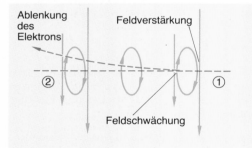

Abb. 3: Elektronenbewegung mit dem Leiter

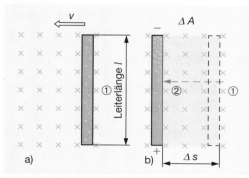

Abb. 4: Bewegter Leiter im Magnetfeld

Wird ein Leiter durch ein Magnetfeld bewegt, so wird in ihm eine Spannung erzeugt (induziert).

Die Richtung der Spannung hängt ab von der Bewegungsrichtung und der Richtung des Magnetfeldes.

In einem elektrischen Leiter befinden sich freie Elektronen. Wir betrachten nun ein einzelnes Elektron. Dieses Elektron wird mechanisch (durch Bewegung des Leiters) von Punkt 1 nach Punkt 2 bewegt. Diese Bewegung entspricht einem »Stromfluß«. Demzufolge baut sich um das bewegte Elektron ein Magnetfeld gemäß Abb. 3 auf (Elektronenstromrichtung beachten). Es kommt in bestimmten Bereichen zu Feldverstärkung und zu Feldschwächung. Das Elektron wird damit auf seinem Weg abgelenkt. In dem Leiter sammeln sich an der einen Seite Ladungen, die an der anderen Seite fehlen (Abb. 4). Eine Spannung entsteht.

Bewegt man den Leiter in die entgegengesetzte Richtung oder kehrt man das Magnetfeld um, so ändert sich jeweils die Spannungsrichtung.

Der Zusammenhang zwischen Spannungsrichtung, Feldrichtung und Bewegungsrichtung des Leiters kann mit Hilfe der **Rechte-Hand-Regel (Generatorregel)** ermittelt werden.

Hält man die rechte Hand so, daß die Feldlinien senkrecht auf die innere Handfläche auftreffen, und zeigt der abgespreizte Daumen in Richtung der Bewegung des Leiters, dann geben die ausgestreckten Finger die Richtung des Stromes im Leiter an.

Die Höhe der induzierten Spannung läßt sich mit Hilfe des Induktionsgesetzes (vgl. 1.1.2) herleiten.

Für die Flußänderung kann $\Delta\Phi = B \cdot \Delta A$ gesetzt werden. Die Flächenänderung ergibt sich aus der wirksamen Leiterlänge l und der Wegänderung Δs (Abb. 4), $\Delta A = l \cdot \Delta s$. Dabei ist die Geschwindigkeit v

des Leiters $v = \dfrac{\Delta s}{\Delta t}$.

Somit errechnet sich die induzierte Spannung U_0 mit

$$U_0 = N \frac{\Delta\Phi}{\Delta t}, \; U_0 = B \cdot I \cdot \frac{\Delta s}{\Delta t}, \; (N=1), \; U_0 = B \cdot I \cdot v.$$

Diese Formel ist gleichwertig der allgemeinen Formel für das Induktionsgesetz. Sie gilt allerdings nur bei einem Leiter. Werden mehrere Leiter hintereinander geschaltet (Reihenschaltung), dann erhöht sich die Spannung um die Leiterzahl z:

$$\boxed{U_0 = B \cdot l \cdot v \cdot z}$$

Wird ein Leiter durch ein Magnetfeld bewegt, dann wird in ihm eine Spannung induziert. Schließt man an diese Spannungsquelle einen Verbraucher an, dann fließt ein Strom durch den Leiter. Man hat nun einen stromdurchflossenen Leiter im Magnetfeld. Auf diesen Leiter wird eine Kraft ausgeübt. Nach der Linke-Hand-Regel (Abb. 1, S. 108) ist diese der Bewegung entgegengerichtet. Man muß eine Kraft aufbringen, um den Leiter durch das Magnetfeld zu bewegen. Die **Wirkung** (Kraft auf den Leiter) ist der **Ursache** (Bewegung des Leiters) entgegengerichtet.

Befindet sich ein stromdurchflossener Leiter in einem Magnetfeld, dann wird auf ihn eine Kraft ausgeübt. Er bewegt sich daraufhin durch das Magnetfeld. Dabei wird in ihm eine Spannung induziert. Mit der **Rechte-Hand-Regel** kann gezeigt werden, daß diese Spannung eine andere Richtung hat als der Strom. Die **Wirkung** (induzierte [Gegen-]Spannung ist der **Ursache** (Strom im Leiter) entgegengerichtet.

Die bestätigt in beiden Fällen die **Lenzsche Regel:**

In Magnetfeldern ist die Wirkung stets der Ursache entgegengerichtet.

Um mit Magnetfeldern in Leitern eine Spannung zu erzeugen, muß auf die Leiter eine Kraft ausgeübt werden, d. h. Generatoren müssen angetrieben werden.

Ebenso wird der Strom in einem Leiter durch die Gegenspannung in der Höhe begrenzt. Das Drehmoment steigt bei Motoren nicht beliebig an.

In allen elektrischen Maschinen ist sowohl das Motor- als auch das Generatorprinzip wirksam.

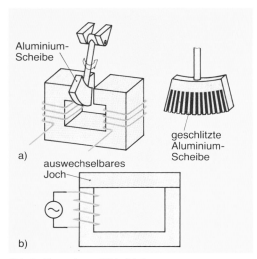

Abb. 5: Versuche zu Wirbelströmen

4.1.3 Wirbelströme

Neben den Spulen befinden sich in Maschinen zum Aufbau von starken Magnetfeldern Magneteisenkreise. Wird das Eisen durch ein Magnetfeld bewegt, treten im Eisen Induktionsspannungen auf.

Mit einem Versuch (Abb. 5a) kann gezeigt werden, daß ein Pendel mit einer Metallscheibe durch ein Magnetfeld abgebremst wird. Wodurch wird dies verursacht? Die Aluminiumscheibe ist als Leiter anzusehen. Bei der Bewegung durch das Magnetfeld wird in der Scheibe eine Spannung induziert. Da diese als kurzgeschlossene Leiterschleife anzusehen ist, fließen Wirbelströme (vgl. 1.3.3). Auf diese wirbelstromdurchflossene Scheibe wird eine Kraft ausgeübt, die nach der Lenzschen Regel der Ursache entgegenwirkt und die Scheibe abbremst. Daneben erwärmen die Wirbelströme die Scheibe. Unterbricht man die Strombahnen, dann fließen weniger Wirbelströme (Versuch mit gezahnter Scheibe). In der Praxis werden deshalb Magneteisenkreise aus Blechpaketen hergestellt (einseitige Lackisolation).

Durch einen weiteren Versuch (Abb. 5b) kann untersucht werden, welchen Einfluß wechselnde magnetische Flüsse auf Magneteisen haben. Eisenkerne aus Volleisen werden durch die Wirbelströme wesentlich stärker erwärmt als geblechte.

Die durch Wirbelströme in Maschinen erzeugte Wärme ist als Leistungsverlust anzusehen.

Aufgaben zu 4.1

1. Von welchen Größen hängt die Kraft auf einen stromdurchflossenen Leiter im Magnetfeld ab?
2. In einem Magnetfeld mit der Flußdichte $B = 0,25\,T$ befindet sich ein Leiter. Es fließt ein Strom von $2\,A$. Wie groß ist die Kraft auf den Leiter bei einer wirksamen Leiterlänge von $5\,cm$?
3. Warum dreht sich eine von einem Strom durchflossene Spule in einem Magnetfeld?
4. In einer Mittelspannungsanlage entsteht durch Blitzeinschlag ein Kurzschluß. Es fließt ein Strom von $120\,kA$. Die Sammelschienen haben einen Abstand von $20\,cm$. Welche Kraft wirkt auf die Schienen pro m Länge?
5. Von welchen Größen hängt die Höhe und die Richtung der Spannung ab, die in einem Leiter bei Bewegung durch ein Magnetfeld erzeugt wird?
6. Erklären Sie den Zusammenhang zwischen dem allgemeinen Induktionsgesetz und der Spannungserzeugung durch Bewegung eines Leiters durch ein Magnetfeld!
7. Ein Leiter wird durch ein Magnetfeld ($B = 0,5\,T$) mit der Geschwindigkeit $v = 2\,\frac{m}{s}$ bewegt. Wie groß ist die im Leiter erzeugte Spannung bei einer wirksamen Leiterlänge von $15\,cm$?
8. Warum wird der Eisenkreis in elektrischen Maschinen aus Magnetblechen hergestellt?

4.2 Mechanische Grundlagen

Neben den elektrischen Eigenschaften der Maschinen interessieren für ihren Einsatz vor allem die mechanischen Größen **Drehzahl, Umdrehungsfrequenz, Drehmoment** und **mechanische Leistung.** Da die Berechnung ihrer Werte schwierig ist, werden nun Meßeinrichtungen beschrieben.

4.2.1 Drehzahlmessung

In 1.1.3 wurde beschrieben, daß die Drehzahl n einer Maschine gleich der Anzahl der Umdrehungen des Rotors in einer bestimmten Zeit ist. Gemessen wird sie in $\frac{1}{\text{min}}$ oder in $\frac{1}{\text{s}}$. Bei elektrischen Maschinen gibt man die Drehzahl n in $\frac{1}{\text{min}}$ an.

In der Technik werden verschiedene Drehzahlmeßeinrichtungen verwendet. Die einfachste ist der **Handtachometer.** Damit kann die Drehzahl direkt gemessen werden. Man hält das Gerät an die Welle der Maschine. Die Drehung wird dann über eine Gummikupplung oder ein Rädchen übertragen (Abb. 1).

Der **Tachogenerator** wird direkt an die zu prüfende Maschine gekuppelt. Er erzeugt je nach Bauart entweder eine Gleichspannung, deren Höhe von der Drehzahl abhängt, oder eine Wechselspannung mit drehzahlabhängiger Frequenz. Wird eine Gleichspannung erzeugt, so wird diese mit einem Spannungsmesser gemessen, dessen Skala in $\frac{1}{\text{min}}$ geeicht ist. Erzeugt der Tachogenerator eine Wechselspannung, dann wird deren Frequenz gemessen, aber ebenfalls die Drehzahl angezeigt.

Statt der Wechselspannungs-Tachogeneratoren werden zur Erzeugung der Wechselspannung mit drehzahlabhängiger Frequenz **Lichtschranken und Lochscheiben** oder **Hallsonden** mit in Kupplungen eingelassenen Magneten verwendet.

> Zur Messung der Drehzahl benutzt man zumeist einen Handtachometer oder Meßeinrichtungen mit Tachogeneratoren, Lichtschranken oder Hallsonden als Meßwertgeber.

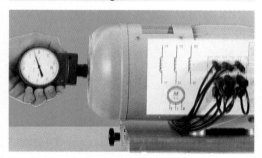

Abb. 1: Messung der Drehzahl mit Handtachometer

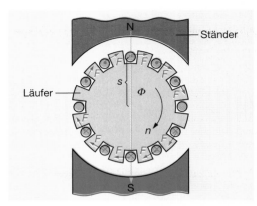

Abb. 2: Modell eines einfachen Elektromotors im Schnitt

4.2.2 Messung des Drehmomentes

Das Produkt aus Kraft F und Länge s des Hebelarmes wird beim Hebel als **Drehmoment** M bezeichnet (Abb. 3).

Drehmoment: Formelzeichen M

$M = F \cdot s$

$[M] = \text{Nm}$

Sind die rechtsdrehenden und die linksdrehenden Drehmomente des Hebels gleich groß, dann herrscht Gleichgewicht. Der Hebel befindet sich in Ruhe. Sind die Drehmomente nicht gleich groß, dann wird der Hebel in die Richtung des größeren Drehmomentes gedreht.

An umlaufenden elektrischen Maschinen treten ebenfalls Drehmomente auf (Abb. 2). Im Ständer wird ein Magnetfeld mit dem Fluß Φ erzeugt. Der Läufer besteht aus einem Magneteisenteil mit Nuten, in die Leiter eingelegt sind. Auf jeden stromdurchflossenen Leiter wirkt nach dem Motorprinzip (vgl. 4.1.1) eine Kraft der Größe $F = B \cdot I \cdot l$.

Diese Kraft greift an einen Leiter im Abstand s vom Mittelpunkt des Läufers an. Befinden sich z stromdurchflossene Leiter im Magnetfeld, dann entsteht ein Drehmoment M der Größe

$M = F \cdot s \cdot M = B \cdot I \cdot l \cdot z \cdot s.$

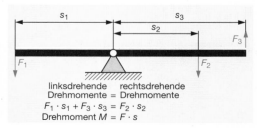

Abb. 3: Hebelgesetz

Eine konstante Drehzahl stellt sich ein, wenn dieses Drehmoment gleich dem zur Drehung des Läufers benötigten Drehmoments ist.

An umlaufenden elektrischen Maschinen wird das Drehmoment mit Hilfe von **Bremsen** oder **Pendelmaschinen** gemessen. In Abb. 5 wird das Drehmoment eines Elektromotors mit einer **Wirbelstrombremse** gemessen.

Die Abb. 4 zeigt ein Modell der Wirbelstrombremse, an der das Prinzip erläutert wird. Eine Scheibe aus leitendem Material (Al oder Cu) wird zwischen den Polen eines Elektromagneten gedreht. Nach dem Generatorprinzip (vgl. 4.1.2) wird in der Scheibe eine Spannung induziert.

Da der Stromkreis geschlossen ist, fließen die Wirbelströme I_w in die angegebene Richtung. Die Scheibe ist in diesem Bereich als wirbelstromdurchflossener Leiter in einem Magnetfeld zu betrachten. Nach dem Motorprinzip wirkt deshalb auf die Scheibe eine Kraft F_w in die in der Abb. 4 angegebenen Richtung. Da diese Kraft im Abstand a vom Drehpunkt wirkt, ist ein Gegendrehmoment M_w vorhanden, das dem die Drehung verursachenden Drehmoment entgegengerichtet ist. Die antreibende Maschine wird gebremst.

Das Gegendrehmoment der Wirbelstrombremse kann durch den Erregerstrom I_f gesteuert werden. Das Wirbelstrombremsprinzip tritt nur bei drehender Welle auf, da nur dann Wirbelströme entstehen können.

Zur Messung des Drehmoments wird das Prinzip der Leistungswaage verwendet (Abb. 6). Wird an der Welle einer Maschine ein Drehmoment übertragen, dann muß von der Befestigung ein gleich großes Gegendrehmoment aufgebracht werden, damit die Maschine in Ruhestellung bleibt.

Ist das Gehäuse wie bei der oben genannten Bremse drehbar gelagert, dann wirkt an dem mit dem Gehäuse verbundenen Hebelarm s eine Kraft F. Diese wird mit einer Dezimalwaage, einer Federwaage oder einer Kraftmeßdose gemessen.

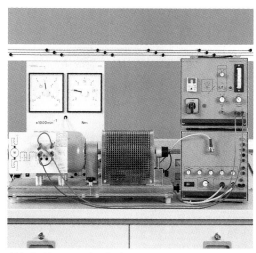

Abb. 5: Messung des Drehmomentes eines Elektromotors

Wird bei der Anfertigung der Meßskala der Abstand s berücksichtigt, dann zeigen die Waagen das Drehmoment der Motoren an.

Neben den Wirbelstrombremsen werden in technischen Labors die **Magnetpulverbremsen** (Abb. 2, Seite 106) und die **hydraulischen Bremsen** verwendet. Die genannten Bremsen unterscheiden sich nur durch die Art der Abbremsung.

Das Drehmoment kann in einem großen Bereich stufenlos gesteuert werden. Mit der Magnetpulverbremse und der hydraulischen Bremse ist die Messung des Drehmomentes eines Prüflings vom Anzugsdrehmoment im Stillstand bis zu großen Drehmomenten bei hohen Drehzahlen möglich. Wird die Wirbelstrombremse mit einer ölhydraulischen Zusatzbremse ausgestattet, dann leistet sie dasselbe. In allen Bremsen wird die Bremsenergie in Wärmeenergie umgewandelt, die mit großen Lüftern aus den Bremsen heraustransportiert wird.

Wirbelstrombremsen, Magnetpulverbremsen und hydraulische Bremsen können zur Messung des Drehmomentes von Motoren verwendet werden.

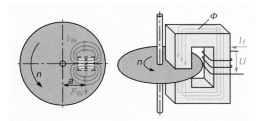

Abb. 4: Modell einer Wirbelstrombremse

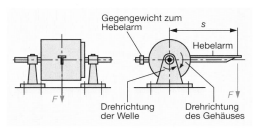

Abb. 6: Leistungswaage

Abb. 1: Maschinenmeßplatz mit Pendelmaschine und Dezimalwaage

Abb. 2: Meßplatz für Maschinenmessungen mit Magnetpulverbremse

Um das zum Antrieb von Generatoren notwendige Drehmoment zu messen, benutzt man eine **Pendelmaschine** (Abb. 1). Sie ist eine Gleichstrommaschine, die sowohl als Motor als auch als Generator arbeiten kann (vgl. 4.5). Verwendet man die Pendelmaschine als Motor, dann wird ein Drehmoment auf den angekuppelten Prüfling, z.B. einen Generator übertragen. Arbeitet sie als ein mit Widerständen belasteter Generator, so wird vom angekuppelten Prüfling, diesmal einem Motor, ein Drehmoment übertragen. In diesem Fall wirkt die Pendelmaschine als Bremse. Treibt die Pendelmaschine eine andere Maschine an, dann wird das zum Antrieb notwendige Drehmoment gemessen. Wird die Pendelmaschine angetrieben, so mißt man das vom angekuppelten Motor abgegebene Drehmoment.

Mit Pendelmaschinen kann das von Motoren abgegebene und das von Generatoren aufgenommene Drehmoment gemessen werden.

4.2.3 Zusammenhang zwischen Drehzahl, Drehmoment und Leistung

An der Welle einer Maschine, die sich mit der Drehzahl n dreht, wird das Drehmoment M übertragen. Aus diesen beiden Größen läßt sich die mechanische Leistung der Maschine ermitteln.

Sie errechnet sich nach den Formeln:

$$P = \frac{W}{t}; \quad P = \frac{F \cdot s}{t}; \quad W = F \cdot s; \quad v = \frac{s}{t}.$$

$$\boxed{P = F \cdot v}$$

Bei Maschinen greift die Kraft in einem Punkt am Umfang der Welle an. Die Geschwindigkeit des

Punktes hängt von Drehzahl n und Radius r der Welle ab. Die Drehzahl n gibt an, wie oft sich der Punkt pro Zeiteinheit um die Wellenachse dreht. Er legt bei einer Umdrehung den Weg $s = 2 \cdot r \cdot \pi$ (Wellenumfang) zurück. Daraus ergibt sich die Geschwindigkeit des Punktes mit $v = n \cdot 2 \cdot r \cdot \pi$.

Setzt man in die zuletzt genannte Leistungsformel die an der Welle angreifende Kraft F und die abgeleitete Formel der Geschwindigkeit ein, dann erhält man $P = 2 \cdot \pi \cdot n \cdot F \cdot r$.

Das Produkt $F \cdot r$ (Kraft mal Radius der Welle) ist das Drehmoment der Maschine. Die mechanische Leistung der Maschine kann dann errechnet werden mit:

$$\boxed{P = 2 \cdot \pi \cdot n \cdot M}$$

Aus dieser Größengleichung kann eine in der Technik wichtige Zahlenwertgleichung abgeleitet werden.

Die Leistung wird in $\frac{Nm}{min}$ errechnet, wenn das Drehmoment in Nm und die Drehzahl in $\frac{1}{min}$ eingesetzt wird. Dividiert man durch $60 \frac{s}{min}$ und durch 1000, so erhält man $P = \frac{2 \cdot \pi}{60 \cdot 1000} \cdot n \cdot M$ in kW,

da $1000 \frac{Nm}{s} = 1 kW$ ist.

Die Zahlenwertgleichung lautet dann

$$\boxed{P = \frac{n \cdot M}{9549} \text{ in kW, mit } M \text{ in Nm und } n \text{ in } \frac{1}{min}.}$$

Die mechanischen Größen Drehzahl, Drehmoment und Leistung werden nicht nur einzeln ermittelt. Zur Beurteilung der Eigenschaften einer Maschine sind die Abhängigkeiten dieser Größen voneinander von großer Bedeutung. Abb. 2 zeigt eine Meßeinrichtung, die diese Forderung erfüllt.

Aufgaben zu 4.2

1. Mit welchen Geräten kann die Drehzahl einer Maschine gemessen werden?
2. Die Scheibe eines Zählers dreht sich in 3 Minuten 81mal. Wie groß ist die Drehzahl?
3. Von welchen Größen hängt die Umfangsgeschwindigkeit einer Welle ab?
4. Wie ändert sich das Drehmoment, wenn die Kraft verdoppelt oder wenn der Hebelarm auf die halbe Länge verkürzt wird?
5. Warum ist das Gehäuse einer Leistungswaage drehbar gelagert?
6. Weshalb kann das zum Antrieb eines Generators benötigte Drehmoment nur mit einer Pendelmaschine und nicht mit Bremsen gemessen werden?
7. Welche Größen einer Maschine müssen gemessen werden, damit man ihre mechanische Leistung errechnen kann?
8. Stellen Sie alle in 4.2.3 genannten Formeln zur Errechnung der mechanischen Leistung zusammen!
9. Ein elektrischer Motor treibt eine Maschine über einen Riemen an. Es wird eine Riemenzugkraft von 225 N benötigt. Die Riemenscheibe hat einen Durchmesser von $d = 230$ mm.
   a) Wie groß muß das vom Motor abgegebene Drehmoment sein?
   b) Welche Leistung hat dann der Motor bei einer Drehzahl von $n = 1475\frac{1}{\text{min}}$?
10. Erklären Sie das Prinzip der Wirbelstrombremse. Warum bremst eine Wirbelstrombremse nur bei drehender Welle?

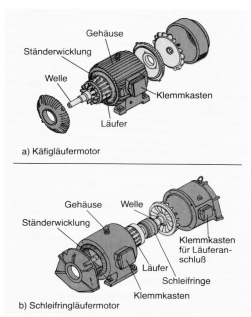

a) Käfigläufermotor

b) Schleifringläufermotor

Abb. 3: Asynchronmotoren

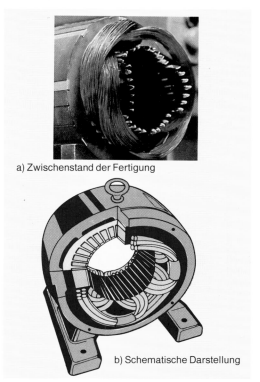

a) Zwischenstand der Fertigung

b) Schematische Darstellung

Abb. 4: Ständer eines zweipoligen Drehstrom-Asynchronmotors

4.3 Asynchronmotoren

Die Asynchronmotoren sind wegen ihres einfachen, betriebssicheren und billigen Aufbaues die in der Praxis am häufigsten verwendeten elektrischen Antriebsmaschinen. Man unterscheidet nach der Art des Läufers zwischen dem Asynchronmotor mit **Käfigläufer (Käfig- oder Kurzschlußläufermotor;** Abb. 3a) und dem Asynchronmotor mit **Schleifringläufer (Schleifringläufermotor;** Abb. 3b).

4.3.1 Wirkungsweise von Drehstrom-Asynchronmotoren

Der Ständerwicklung des Drehstrom-Asynchronmotors wird die elektrische Energie zugeführt. Daraufhin wird auf den Läufer ein Drehmoment ausgeübt, und er dreht sich. Es ist also sinnvoll, zuerst die Vorgänge im Ständer zu betrachten, bevor die Entstehung des Drehmomentes erklärt wird.

4.3.1.1 Drehfeld des Drehstrom-Asynchronmotors

Abb. 3, S. 107 zeigt den Aufbau von Drehstrom-Asynchronmotoren. Der Ständer dieser Maschinen besteht aus einem Gehäuse mit einem Dynamoblechpaket. In diesen Nuten befindet sich die Wicklung, die aus einer Anzahl von Einzelspulen besteht.

Die Magnetfelder mehrerer stromdurchflossener Spulen überlagern sich zu einem resultierenden Gesamtfeld. An dem Beispiel eines zweipoligen Ständers wird nun das Gesamtfeld einer Drehstrom-Asynchronmaschine erarbeitet. Aus der Abb. 4, S. 107 erkennen Sie, daß die Wicklung aus drei Einzelspulen besteht. Diese sind räumlich um 120° versetzt angeordnet und verschachtelt in die Nuten des Blechpaketes eingelegt.

Im Versuch 4–2 wird mit Hilfe eines Modells untersucht, welches Gesamtmagnetfeld entsteht, wenn drei um 120° räumlich versetzt angeordnete Spulen von einem Drehstrom durchflossen werden.

Der Versuch 4–2 zeigt, daß bei dieser Anordnung kein zeitlich konstantes Gesamtmagnetfeld entsteht.

Aus der Grundbildung ist Ihnen bekannt, daß Magnetnadeln sich in einem Magnetfeld mit ihrer Längsachse in Richtung der Feldlinien einstellen. In dem Versuch dreht sich die Magnetnadel nach dem Anstoßen in eine bestimmte Richtung mit einer konstanten hohen Drehzahl.

Mit Hilfe von drei um 120° räumlich versetzt angeordneten Spulen, die von Drehstrom durchflossen werden, wird ein Magnetfeld erzeugt, das sich mit hoher Drehzahl dreht. Ein Magnetfeld dieser Art nennt man **Drehfeld.**

Die Drehung dieses Drehfeldes hängt von der Phasenfolge ab, denn sie kann durch Vertauschen der Anschlüsse geändert werden.

> Dreiphasiger Wechselstrom heißt Drehstrom, weil er ein Drehfeld erzeugen kann.

Anhand der Abb. 1 können Sie die Entstehung des Drehfeldes erkennen. In dem Liniendiagramm ist der zeitliche Verlauf der drei Spulenströme i_1, i_2 und i_3 eingetragen. Die Stromrichtung in den Spulen wurde dem Liniendiagramm entnommen. Damit ergibt sich der dargestellte Feldlinienverlauf. Es bildet sich ein zweipoliges Magnetfeld, das sich von einem zum nächsten betrachteten Zeitpunkt, z.B. t_1 und t_2, um 120° dreht, während einer Periode also um 360°. Es ist ebenfalls zu sehen, daß sich die Drehrichtung aufgrund des Vertauschens zweier Anschlüsse umkehrt.

> Werden drei um 120° versetzt angeordnete Spulen von Drehstrom durchflossen, dann entsteht ein Drehfeld.
>
> Ein Drehfeld ist ein Magnetfeld, das sich mit konstanter Drehzahl um eine Drehachse dreht.
>
> Die Drehrichtung des Drehfeldes ändert sich, wenn sich die Phasenfolge ändert.

Versuch 4–2:   Erzeugung eines Drehfeldes mit Drehstrom

Aufbau Die Spulen sind um 120° versetzt angeordnet

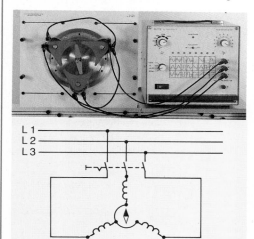

L 1
L 2
L 3

Durchführung

- Die Magnetnadel wird bei geschlossenem Schalter in beide Drehrichtungen angestoßen.
- Die Anschlüsse werden vertauscht und, die Magnetnadel wird angestoßen.

Ergebnis

- Wird die Magnetnadel in eine bestimmte Drehrichtung angestoßen, dann dreht sie sich mit einer hohen Drehzahl weiter. Sie bleibt stehen, wenn sie in die andere Drehrichtung angestoßen wird.
- Nach dem Vertauschen der beiden Anschlußleitungen dreht sich die Magnetnadel nach Anstoß in die andere Richtung.

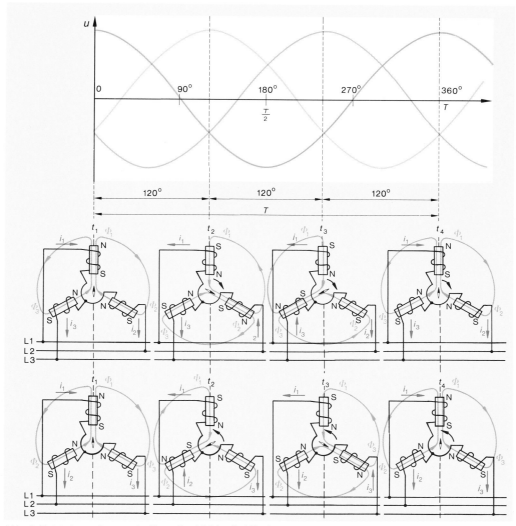

Abb. 1: Entstehung des zweipoligen Drehfeldes bei Drehstrom

Der in Abb. 4, S. 107 dargestellte Ständer hat eine Wicklung, bei der die drei Spulen ineinander verschachtelt angeordnet sind. Man erhält dadurch eine kompakt gebaute Maschine mit relativ geringen Streufeldern. Auch hier entsteht ein Drehfeld, was Sie aus der Abb. 2 erkennen können. Der Ständer ist dort im Schnitt gezeichnet.

Dem Liniendiagramm aus der Abb. 1 wurden dabei die Richtungen der Ströme i_1, i_2 und i_3 zu den Zeitpunkten t_1 und t_2 entnommen. Es ergibt sich der dort dargestellte Feldlinienverlauf. Das Magnetfeld hat sich in dem angegebenen Zeitraum ebenfalls um 120° gedreht.

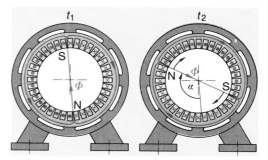

Abb. 2: Entstehung des Drehfeldes im Ständer einer zweipoligen Drehstrom-Asynchronmaschine

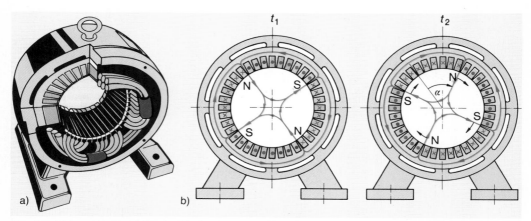

Abb. 1: Entstehung des Drehfeldes im Ständer eines vierpoligen Drehstrom-Asynchronmotors;
a) vierpoliger Ständer, b) vierpoliger Ständer im Schnitt mit Drehfeld

Sind in einem Ständer sechs Spulen um etwa 60° versetzt angeordnet (Abb. 1a), dann entsteht beim Anschluß an ein Drehstromnetz ebenfalls ein Drehfeld (vgl. Abb. 1b).

In die Schnittbilder sind die Ströme i_1, i_2 und i_3 eingezeichnet, wobei ihre Richtung zu den Zeitpunkten t_1 und t_2 dem Liniendiagramm aus der Abb. 1, S. 109 entnommen wurde.

Das dargestellte Feldlinienbild zeigt ein vierpoliges Drehfeld. Vergleichen Sie die Abb. 2, S. 119 und 1b miteinander, so sehen Sie, daß sich das vierpolige Drehfeld während des gleichen Zeitraumes nur um die Hälfte des Drehwinkels des zweipoligen Drehwinkels gedreht hat. Es benötigt für eine Umdrehung die Zeit zweier Perioden ($t_{360°} = 2 \cdot T$).

Es werden Drehstrom-Asynchronmaschinen gebaut, deren Drehfelder noch höhere Polzahlen haben.

Aus der Tab. 4.1 können Sie die Zeit für eine

Tab. 4.1: Drehfelder von Drehstrom-Asynchronmotoren

Polpaarzahl	Polzahl	Anzahl der Spulen	Winkel zwischen den Spulen	Zeit für eine Umdrehung des Drehfeldes
1	2	3	120°	$1 \cdot T$
2	4	6	60°	$2 \cdot T$
3	6	9	40°	$3 \cdot T$
4	8	12	30°	$4 \cdot T$
5	10	15	24°	$5 \cdot T$
6	12	18	20°	$6 \cdot T$
⋮	⋮	⋮	⋮	⋮
p	$2 \cdot p$	$3 \cdot p$	$\frac{360°}{3 \cdot p}$	$p \cdot T$

Umdrehung des Drehfeldes entnehmen. Sie ist Polpaarzahl p mal Periodendauer T des Drehstromes. Damit folgt für die Drehzahl des Drehfeldes $n_f = \frac{1}{p \cdot T}$. Da $\frac{1}{T} = f$ ist, ergibt sich daraus die Formel für die **Drehfelddrehzahl.**

$$n_f = \frac{f}{p}$$

Sie ist Ihnen schon als $f = n \cdot p$ zur Berechnung der Frequenz der in Generatoren erzeugten Wechselspannung bekannt (vgl. 1.1.3).

Die Ständerwicklung der Drehstrom-Asynchronmotoren erzeugt beim Anschluß an Drehstrom ein Drehfeld, dessen Drehzahl n_f von der Frequenz f und von der Polpaarzahl p des Drehfeldes abhängt.

4.3.1.2 Entstehung des Drehmomentes in Drehstrom-Asynchronmotoren

Der Läufer eines Drehstrom-Asynchronmotors besteht aus einer Welle mit einem darauf befestigten Dynamoblechpaket (Abb. 3, S. 107). In den Nuten befindet sich entweder eine **Käfigwicklung (Käfigläufer;** Abb. 2) oder eine **Drehstromwicklung (Schleifringläufer;** Abb. 3). Die Drehstromwicklung besteht aus mehreren Einzelspulen. Sie hat die gleiche Polpaarzahl p wie die Ständerwicklung.

Die Käfig- oder Kurzschlußwicklung besteht aus Kupfer- oder Aluminiumstäben, die an beiden Enden durch je einen Kupfer- bzw. Aluminiumring kurzgeschlossen sind (Abb. 2). Sie kann ebenfalls als Drehstromwicklung betrachtet werden, deren Spulen die Windungszahl $N = 1$ haben.

Da in beiden Läufern das Drehmoment auf die gleiche Weise entsteht und da der Käfigläufer

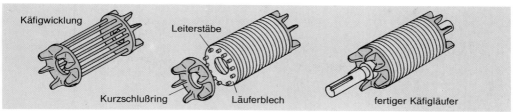

Abb. 2: Käfig- bzw. Kurzschlußläufer

einfacher aufgebaut ist, wird im Versuch 4–3 das Modell eines Drehstrom-Asynchronmotors mit Käfigläufer untersucht.

Der Versuch 4–3 zeigt, daß auf einen Käfigläufer ein Drehmoment ausgeübt wird. Er dreht sich dadurch in die gleiche Drehrichtung wie das Drehfeld, aber mit niedriger Drehzahl. Die Entstehung des Drehmoments kann aus der Abb. 1, S. 112 erklärt werden. Zur Vereinfachung werden dort nur die Vorgänge in **einer Spule,** der im Schnitt dargestellten Käfigwicklung betrachtet. Vergleichen Sie dazu die Abb. 4. In den anderen Spulen finden ähnliche Prozesse statt.

In der Abb. 1a, S. 112 wird der Anlaufaugenblick betrachtet. Nach dem Einschalten dreht sich das Drehfeld mit der Drehzahl n_f. Der Läufer befindet sich noch in Ruhestellung. Vom Zeitpunkt t_1 bis zum Zeitpunkt t_2 hat sich das Drehfeld um den Winkel α gedreht. Dabei hat sich die Fläche, durch die der magnetische Fluß Φ hindurchtritt, verkleinert. Bei homogenem Feld ist dadurch $\Phi_2 < \Phi_1$. Der magnetische Fluß hat sich während der Drehung um den Winkel α von Φ_1 auf Φ_2 geändert ($\triangle \Phi = \Phi_1 - \Phi_2$). Nach dem Induktionsgesetz wird deshalb in der Spule eine Spannung induziert. Es entsteht eine Wechselspannung, denn im Verlauf einer Umdrehung ändert sich die Richtung des magnetischen Flusses in der Spule.

Da der Stromkreis über die Kurzschlußringe geschlossen ist, fließt ein Wechselstrom. Nach der **Rechte-Hand-Regel** (vgl. 4.1.2) ergeben sich die eingezeichneten Stromrichtungen. Auf stromdurchflossene Leiter im Magnetfeld wird eine Kraft ausgeübt. Nach der **Linke-Hand-Regel** (vgl. 4.1.1)

Versuch 4–3: Modell eines Drehstrom-Asynchronmotors mit Käfigläufer

Aufbau

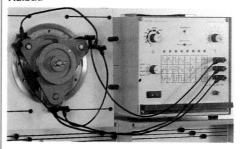

Durchführung

- Mit der Magnetnadel wird die Drehrichtung des Drehfeldes festgestellt.
- Das Verhalten des Käfigläufers im Drehfeld wird beobachtet.
- Der Einfluß der Änderung der Drehfelddrehrichtung auf den Käfigläufer wird beobachtet.

Ergebnis

- Nach dem Einschalten dreht sich der Käfigläufer in Drehfelddrehrichtung.
- Die Drehzahl des Käfigläufers steigt auf eine gleichbleibende Drehzahl an. Diese ist niedriger als die Drehfelddrehzahl.
- Die Drehrichtung des Käfigläufers ändert sich, wenn sich die Drehrichtung des Drehfeldes ändert.

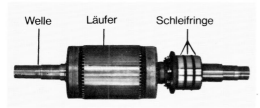

Abb. 3: Schleifringläufer

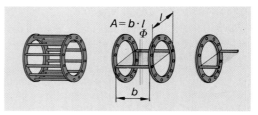

Abb. 4: Käfigwicklung im Schnitt

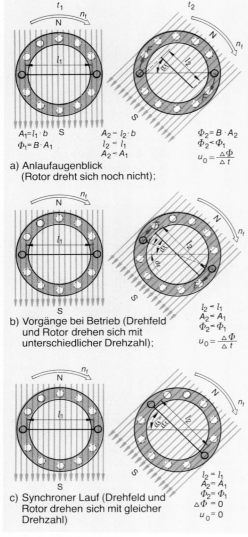

a) Anlaufaugenblick
(Rotor dreht sich noch nicht);

$A_1 = l_1 \cdot b$ S
$\Phi_1 = B \cdot A_1$

$A_2 = l_2 \cdot b$
$l_2 < l_1$
$A_2 < A_1$

$\Phi_2 = B \cdot A_2$
$\Phi_2 < \Phi_1$
$u_0 = \frac{\Delta \Phi}{\Delta t}$

b) Vorgänge bei Betrieb (Drehfeld
und Rotor drehen sich mit
unterschiedlicher Drehzahl);

$l_2 < l_1$
$A_2 < A_1$
$\Phi_2 < \Phi_1$
$u_0 = \frac{\Delta \Phi}{\Delta t}$

c) Synchroner Lauf (Drehfeld und
Rotor drehen sich mit gleicher
Drehzahl)

$l_2 = l_1$
$A_2 = A_1$
$\Phi_2 = \Phi_1$
$\Delta \Phi = 0$
$u_0 = 0$

Abb. 1: Entstehung des Drehmomentes bei der
Käfigwicklung im Drehfeld

ergeben sich die eingezeichneten Kraftrichtungen.
Ein Drehmoment entsteht, das den Läufer in
Drehfelddrehrichtung anlaufen läßt.

Solange der Läufer sich langsamer dreht als das
Drehfeld, wird in der Läuferwicklung eine Span-
nung induziert, und es wirkt ein Drehmoment
(Abb. 1b). Drehen sich das Drehfeld und der Läufer
mit der gleichen Drehzahl, dann findet keine
Flußänderung statt. Es wird keine Spannung
induziert, und es fließt kein Läuferstrom. Ein
Drehmoment ist nicht mehr vorhanden (Abb. 1c).

Die Läuferdrehzahl erreicht deshalb nur einen
Wert unterhalb der Drehfelddrehzahl. Wenn das im
Läufer entstandene Drehmoment gleich dem Drehmoment ist, das zur Drehung benötigt wird, dann
hat sich dieser Betriebszustand eingependelt.
Läufer und Drehfeld drehen **asynchron**[1], d.h. nicht
mit der gleichen Drehzahl.

Im Läufer eines Drehstrom-Asynchronmotors
wird ein Drehmoment erzeugt, das in Drehfeld-
richtung wirkt. Der Läufer dreht sich dabei mit
einer Drehzahl unterhalb der Drehfelddrehzahl.
Weil die Drehzahlen asynchron sind, heißen
diese Motoren Drehstrom-Asynchronmotoren.

Drehfeld und Läufer drehen immer in die gleiche
Richtung.

Die Drehrichtung des Läufers eines Drehstrom-
Asynchronmotors kann nur durch Umkehrung der
Drehfelddrehrichtung geändert werden.

Die Läuferdrehzahl n ist, wie vorher beschrieben,
bei Drehstrom-Asynchronmotoren immer niedriger
als die Drehfelddrehzahl n_f. Die relative Drehzahl
zwischen Läufer und Drehfeld wird mit **Schlupfdrehzahl** n_s bezeichnet.

Schlupfdrehzahl:

Formelzeichen n_s

$$n_s = n_f - n$$

$$[n_s] = \frac{1}{min}$$

Der **Schlupf** ist das Verhältnis der Schlupfdrehzahl
zur Drehfelddrehzahl.

Schlupf:

Formelzeichen s

$$s = \frac{n_f - n}{n_f}$$

Der Schlupf s wird meist in Prozent angegeben.

$$s_\% = \frac{n_f - n}{n_f} \cdot 100\%$$

In der Läuferwicklung, die sich in einem Drehfeld
befindet, wird eine Wechselspannung u_2 induziert, deren Höhe und Frequenz nachfolgend
behandelt werden.

Dreht sich der Läufer nicht, so kann die Drehstrom-
Asynchronmaschine als Drehstromtransformator
betrachtet werden. Die Höhe der in der Läuferwick-

---
[1] synchron (griech.): zeitgleich, gleichlaufend,
asynchron (griech.): nicht zeitgleich bzw. nicht gleichlaufend

lung induzierten Spannung, der **Läuferstillstands-spannung,** hängt dann nur von dem Verhältnis der Läufer- und Ständerwindungszahlen ab. Wenn sich der Läufer dreht, wird die Läuferspannung proportional mit dem Schlupf kleiner. Bei synchroner Drehzahl ist sie gleich Null ($u_2 = s \cdot u_{20}$).

Bei Läuferstillstand ist die Frequenz der Läuferspannung gleich der Frequenz der Ständerspannung. Dreht er sich, dann wird die Läuferfrequenz ebenfalls proportional mit dem Schlupf kleiner. Bei synchroner Drehzahl ist sie Null ($f_2 = s \cdot f_1$).

Aufgaben zu 4.3.1

1. Welche Arten von Asynchronmotoren unterscheidet man?
2. Wie entsteht ein Drehfeld?
3. Von welchen Größen hängt die Drehfelddrehzahl n_f ab?
4. Wie entsteht im Asynchronmotor das Drehmoment M auf den Läufer?
5. In welche Richtung dreht sich der Läufer eines Asynchronmotors im Vergleich zu seinem Drehfeld?
6. Wie kann die Läuferdrehrichtung geändert werden?
7. Warum drehen im Asynchronmotor das Drehfeld und der Läufer asynchron?
8. Wie groß ist der Schlupf in Prozent der Drehfelddrehzahl eines Drehstrom-Asynchronmotors mit der Läuferdrehzahl $n = 1450 \frac{1}{min}$? Die Frequenz ist $f = 50\,Hz$, und der Motor hat vier Pole.

4.3.2 Drehstrom-Asynchronmotor mit Käfigläufer

Wegen seiner robusten, unkomplizierten Bauweise und seiner guten Betriebseigenschaften wurde der **Käfig-** oder **Kurzschlußläufermotor** zur bekanntesten elektrischen Antriebsmaschine der Technik. Aus diesem Grunde werden sein Aufbau und sein Betriebsverhalten an erster Stelle behandelt.

4.3.2.1 Technischer Aufbau eines Käfigläufermotors

Den technischen Aufbau eines Käfigläufermotors zeigt die Abb. 2. Das Gehäuse wird entweder aus Gußeisen oder aus Stahlblechteilen geschweißt. Die Lagerschilder sind meistens aus Gußeisen. Das Ständerblechpaket besteht aus gestanzten Dynamoblechprofilen, die auf einer Seite zur Isolation gegeneinander eine Lackschicht haben. Die Spulenanfänge und Spulenenden der Ständerwicklung werden zum Klemmbrett geführt.

Die Käfigwicklung setzt sich zusammen aus Kupfer-, Bronze- oder Aluminiumstäben, die in

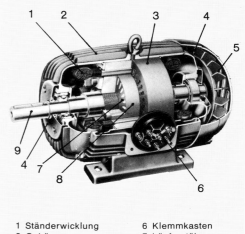

1 Ständerwicklung	6 Klemmkasten
2 Gehäuse	7 Läuferstäbe
3 Ständerblechpaket	8 Läuferblechpaket
(Dynamoblech)	(Dynamoblech)
4 Lagerschild	9 Welle
5 Lüfter	

Abb. 2: Käfigläufermotor

die Nuten des Blechpaketes eingelegt oder eingegossen werden, und den Kurzschlußringen aus dem gleichen Material an den Stirnseiten. Damit der Läufer sich geräuscharm dreht, sind die Nuten und die Stäbe einfach oder doppelt geschränkt (Abb. 3). Die an den Kurzschlußringen befindlichen Lüfterflügel und der auf der Welle befestigte Lüfter drücken die zum Abtransport der Verlustwärme benötigte Luft durch den Motor.

Die Welle wird in Wälzlagern, selten in Gleitlagern, so gelagert, daß zwischen dem Ständer- und dem Läuferblechpaket nur ein schmaler Luftspalt von 0,2 mm ... 1 mm Breite entsteht (vgl. 1.1.1).

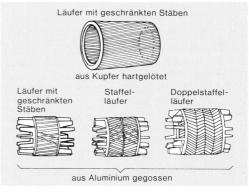

Abb. 3: Käfigläuferwicklungen

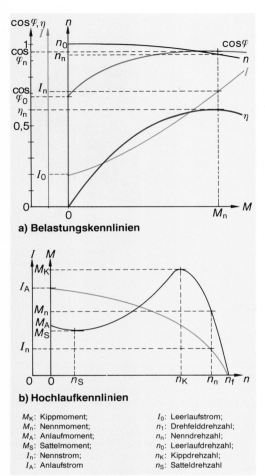

a) Belastungskennlinien

b) Hochlaufkennlinien

M_K: Kippmoment;	I_0: Leerlaufstrom;
M_n: Nennmoment;	n_1: Drehfelddrehzahl;
M_A: Anlaufmoment;	n_n: Nenndrehzahl;
M_S: Sattelmoment;	n_0: Leerlaufdrehzahl;
I_n: Nennstrom;	n_K: Kippdrehzahl;
I_A: Anlaufstrom	n_S: Satteldrehzahl

Abb. 1: Kennlinien eines Drehstrom-Asynchronmotors mit Rundstabläufer

4.3.2.2 Betriebsverhalten des Käfigläufermotors

Zur Beurteilung und Auswahl von Motoren bilden der **Leistungsfaktor** cos φ, der **Wirkungsgrad** η, der **Strom** I, die **Spannung** U, die **Drehzahl** n und die **Leistung** P wichtige Vergleichswerte. Von Bedeutung ist ebenfalls die Abhängigkeit dieser Größen untereinander. Für Drehstrommotoren wird dies in Diagrammen als Belastungs- und Hochlaufkennlinien dargestellt. Die Abb. 1 zeigt Diagramme mit für Drehstrom-Asynchronmotoren typischen Kennlinien. Aus den Belastungskennlinien (Abb. 1a) können Sie das Verhalten des Motors im Leerlauf und bei Belastung erkennen. Der Leistungsfaktor cos φ ist im Leerlauf ($M \approx 0$) sehr klein. Es wird nur wenig Wirkleistung benötigt, und die induktive

Blindleistung der Wicklungen überwiegt. Mit steigender Belastung steigt der Leistungsfaktor.

Auch der Wirkungsgrad nimmt dann günstige Werte an. Er wird bei hoher Belastung aber wieder schlechter. Der Strom I nimmt mit steigender Last immer stärker zu, während die Drehzahl n abnimmt. Dadurch wird der Schlupf s größer. Die günstigsten Betriebswerte hat man beim Nennbetrieb. Günstig bedeutet, daß sowohl der Wirkungsgrad η als auch der Leistungsfaktor cos φ groß sind. Da bei hoher Belastung der Wirkungsgrad η sinkt und der Leistungsfaktor cos φ nur noch geringfügig steigt, wird der Nennbetrieb so festgelegt, daß dann das Produkt aus dem Wirkungsgrad η und dem Leistungsfaktor cos φ, die **Betriebsgüte,** den größten Wert annimmt.

Die Hochlaufkennlinien (Abb. 1b) zeigen die Abhängigkeit des aufgenommenen Stromes I und des Drehmomentes M von der Drehzahl n. Die Drehmomenten-Drehzahl-Kennlinie hat den für Drehstrom-Asynchronmaschinen charakteristischen Verlauf mit dem Kipp- und Sattelpunkt. Dieser ist nicht bei allen Maschinen ausgeprägt vorhanden. Durch Schränkung der Nuten (Abb. 3, S. 123) und durch unterschiedliche Nutenzahl im Ständer und Läufer erreicht man, daß der Sattelpunkt verschwindet.

Die Bezeichnung Kippunkt und Kippdrehmoment kommt daher, daß die Drehzahl der Maschine auf $n = 0$ zurückgeht, wenn sie mit einem Drehmoment belastet wird, das größer als das Kippdrehmoment ist. Der aufgenommene Strom ist beim Anlauf sehr hoch. Er sinkt bei steigender Drehzahl schnell ab.

Die in Abb. 1 gezeichneten Kennlinien gehören zu einem Drehstrom-Asynchronmotor mit **Rundstabläufer** (vgl. Abb. 2, S. 111). Maschinen dieser Art haben ein niedriges Anlaufmoment ($M_A = 0.5 \cdot M_n \ldots 1 \cdot M_n$) und hohe Anlaufströme ($I_A = 7 \cdot I_n \ldots 10 \cdot I_n$). Im Läufer des Drehstrom-Asynchronmotors wird eine Wechselspannung induziert. Im Moment des Einschaltens hat diese die gleiche Frequenz wie die Netzspannung. Die in den Nuten des Blechpaketes liegende Wicklung hat eine hohe Induktivität und damit bei der relativ hohen Läuferfrequenz einen großen induktiven Widerstand. Der Wirkwiderstand ist wegen der großen Stabquerschnitte gering. Zwischen der Läuferspannung und dem Läuferstrom hat man dadurch eine Phasenverschiebung von fast 90°. Aus der Abb. 2 erkennen Sie mit Hilfe der Motorregel, daß dann nur ein geringes Drehmoment wirken kann.

Drehstrom-Asynchronmotoren mit Rundstabläufer haben ein relativ geringes Anlaufdrehmoment und sehr hohe Anlaufströme.

Niedriges Anlaufdrehmoment und hoher Anlaufstrom eines Motors sind schlechte Betriebseigenschaften. Deshalb werden Motoren dieser Art nicht mehr gebaut. Durch eine besondere Konstruktion der Käfigwicklung können diese Nachteile beseitigt werden (vgl. 4.3.2.3).

Wird die Drehstrom-Asynchronmaschine durch eine angekuppelte Antriebsmaschine mit einer Drehzahl n angetrieben, die größer als die Drehfelddrehzahl n_f ist, dann arbeitet sie als Generator. Jetzt bewegen sich die Leiter der Läuferwicklung mit der relativen Drehzahl $n_s = n - n_f$ durch das Ständermagnetfeld. Es wird in diesen Leitern eine Spannung induziert, und ein Strom fließt. Dieser hat nach der Generatorregel die in der Abb. 3 angegebene Richtung. Die Stromrichtung hat sich gegenüber dem Motorbetrieb umgekehrt. Die Stromrichtungsänderung im Läufer hat eine Stromrichtungsänderung im Ständer zur Folge, d.h. es wird ein Strom in das Versorgungsnetz geliefert.

4.3.2.3 Käfigläufermotoren mit Stromverdrängungsläufer

Beim Anlauf des Drehstrom-Asynchronmotors muß der Widerstand der Läuferwicklung groß sein, damit der Anlaufstrom niedrig ist, denn die Maschine ist dann als kurzgeschlossener Transformator zu betrachten. Die Phasenverschiebung zwischen Läuferstrom und Läuferspannung muß dabei gering sein, damit das Anlaufdrehmoment groß wird. Dazu muß der Widerstand der Läuferwicklung sehr viel größer als ihr Blindwiderstand sein.

Beim Anlauf muß der Widerstand der Läuferwicklung groß sein und einen hohen Wirkwiderstandsanteil haben. Dann ist der Anlaufstrom I_A gering und das Anlaufdrehmoment M_A groß.

Ein großer Läuferwiderstand mit hohem Wirkwiderstandsanteil hat nach dem Hochlaufen des Motors aber zur Folge, daß der Wirkungsgrad η kleine und der Schlupf s große Werte annimmt. Damit die Läuferverluste gering werden, muß der Wirkwiderstand kleiner werden. Der induktive Blindwiderstand wird automatisch kleiner, da die Läuferfrequenz bei hoher Drehzahl gering ist.

Während des Betriebes muß der Läuferwiderstand klein sein, damit der Wirkungsgrad günstig ist und der Schlupf kleine Werte annimmt.

Man benötigt einen Läufer, dessen Wirkwiderstand beim Anlauf groß und während des Betriebes gering ist. **Stromverdrängungsläufer** zeigen dieses Betriebsverhalten. Sie haben besondere Nuten- und Stabformen oder mehrere Käfige (Abb. 4).

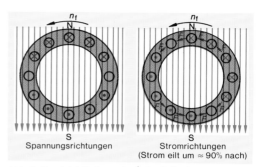

Abb. 2: Rundstabläufermotor beim Anlauf (Schnittdarstellung)

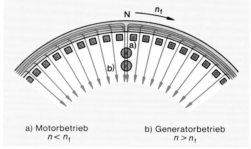

a) Motorbetrieb
$n < n_f$

b) Generatorbetrieb
$n > n_f$

Abb. 3: Stromrichtung in den Läuferstäben beim Motor- und beim Generatorbetrieb

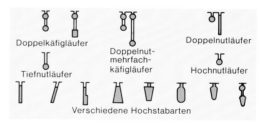

Abb. 4: Nuten- und Stabformen verschiedener Käfigläufer

Je nach Läuferart hat man unterschiedliche Hochlaufkurven. Die Bezeichnungen der Läufer, wie Doppelnut-, Doppelstab-, Wirbelstrom-, Stromdämpfungs-, Tiefnut-, Hochnut- oder Spezialläufer sagen nur wenig über die genaue Form der Hochlaufkurve aus. Alle Maschinen dieser Art haben aber bessere Anlaufeigenschaften als der Drehstrom-Asynchronmotor mit Rundstabläufer.

Im Versuch 4–4 (S. 116) wird das Anlaufverhalten einer Asynchronmaschine mit Stromverdrängungsläufer und den Nenndaten

$U = 380\,V\,\triangle$, $I = 1{,}05\,A$,
$P = 290\,W$, $n = 2780\,\frac{1}{min}$

untersucht.

Versuch 4–4: Hochlaufkennlinien eines Drehstrom-Asynchronmotors mit Stromverdrängungsläufer

Aufbau

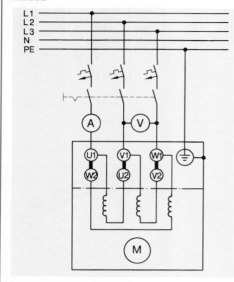

Durchführung

Der Motor wird angelassen. Mit dem Leerlauf beginnend wird die Belastung bis zum Läuferstillstand erhöht. Dabei wird der Leiterstrom I und das Drehmoment M in Abhängigkeit von der Drehzahl n gemessen.

Ergebnis

n in $\frac{1}{min}$	I in A	M in Nm
2960	0,8	0,04
2500	1,4	2,15
2000	2,1	2,9
1500	2,7	3,0
1000	3,0	2,9
500	3,2	2,55
250	3,3	2,5
0	3,3	2,8

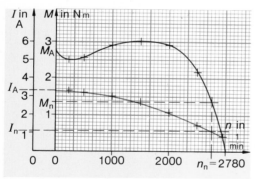

Abb. 1: Hochlaufkennlinien eines Stromverdrängungsläufermotors

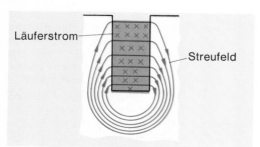

Abb. 2: Anlaufstromverteilung im Tiefnutläufer (Hochstabläufer)

Die Ergebnisse des Versuchs 4–4 wurden in das Diagramm der Abb. 1 eingetragen. Auch diese Hochlaufkennlinien haben den für Drehstrom-Asynchronmotoren charakteristischen Verlauf. Bei dieser Maschine ist aber der Anlaufstrom I_A nur dreimal so groß wie der Nennstrom I_n und das Anlaufdrehmoment M_A zweimal so groß wie das Nennmoment.

Im Läufer dieser Maschine gilt beim Anlauf das Stromverdrängungsprinzip. Am Beispiel eines **Tiefnutläufers** wird dieses erklärt (Abb. 2). In dem Stab wird nach dem Einschalten eine Wechselspannung induziert, und es fließt ein Wechselstrom, da der Stromkreis geschlossen ist (vgl. 4.3.1.2). Dieser Strom bildet um den Leiterstab ein Streufeld aus, das wegen der Nutenform inhomogen ist.

Die magnetische Flußdichte ist am Außenrand des Läufers geringer als innen. Streufelder wirken im Wechselstromkreis wie induktive Blindwiderstände (vgl. 3.2). Wegen des inhomogenen Streufeldes ist auch der Blindwiderstand nicht für den gesamten Stabquerschnitt gleich. Er wird vom Läuferrand zum Mittelpunkt hin größer. Dadurch fließt der Anlaufstrom fast nur im oberen Teil des Stabes. Er wird nach außen verdrängt. Der gesamte Querschnitt wird nicht mehr gleichmäßig zur Stromleitung benutzt. Der Wirkwiderstand des Läuferstabes nimmt größere Werte an.

Nach dem Hochlaufen des Motors ist die Läuferfrequenz sehr niedrig. Der Streuwiderstand ist deshalb ebenfalls gering. Die Stromverdrängung wird dadurch fast vollständig aufgehoben. Der Wirkwiderstand des Läuferstabes hat wieder seinen normalen niedrigen Wert.

Durch die Nuten- und Stabform kann die Größe der Stromverdrängung und damit die Größe des Läuferwirkwiderstandes beim Anlauf beeinflußt werden. Dadurch erhält man unterschiedliche Anlaufverhalten. Auch das Material der Läuferstäbe hat einen Einfluß. Verwendet man Widerstandswerkstoff (Widerstandsläufer), dann hat man zwar gutes Anlaufverhalten, aber einen schlechten Wirkungsgrad und einen großen Schlupf. Großer Schlupf bedeutet, daß die Drehzahl sehr lastabhängig ist. In das Diagramm der Abb. 3 sind Hochlaufkennlinien von Motoren mit unterschiedlichen Läufern zum Vergleich eingetragen. Damit man die Kennlinien vergleichen kann, wurden die Drehmomente M in Prozent vom Nenndrehmoment M_n und die Drehzahl n in Prozent von der synchronen Drehzahl (Drehfelddrehzahl) n_f eingezeichnet.

Da die Anlaufströme trotz Sonderläufer immer noch wesentlich größer als die Nennströme sind ($I_A = 3 \cdot I_n \ldots 7 \cdot I_n$), müssen beim Anlassen von Käfigläufermotoren noch besondere Maßnahmen getroffen werden.

Aufgaben zu 4.3.2.1 bis 4.3.2.3

1. Warum wird der Käfigläufermotor so häufig verwendet?
2. Beschreiben Sie den technischen Aufbau des Kurzschlußläufermotors!
3. Wann hat der Käfigläufermotor die günstigsten Betriebseigenschaften?
4. Was wird mit den Hochlaufkennlinien angegeben?
5. Welche Bedeutung hat der Kippunkt in der Hochlaufkennlinie?
6. Nennen Sie die Nachteile des Rundstabläufermotors!
7. Welche Eigenschaften soll ein Käfigläufermotor beim Anlaufen haben?
8. Wie verhält sich ein Drehstrom-Asynchronmotor mit Stromverdrängungsläufer beim Anlauf und während des Betriebes?
9. Beschreiben Sie das Stromverdrängungsprinzip am Beispiel des Hochstabläufers!
10. Welchen Einfluß haben Nuten- bzw. Stabform und Material der Läuferstäbe auf das Verhalten des Käfigläufermotors?
11. Wie groß ist der Wirkungsgrad bei Nennbetrieb eines Drehstrom-Asynchronmotors mit den Nenndaten $U = 380$ V, $P = 7,5$ kW, $I = 15,6$ A, $\cos \varphi = 0,85$?

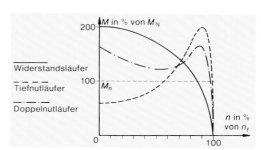

Abb. 3: Hochlaufkennlinien von Drehstrom-Asynchronmotoren mit verschiedenen Läuferarten

4.3.2.4 Anlaßverfahren bei Käfigläufermotoren

Nach den »Technischen Anschlußbedingungen für den Anschluß an das Niederspannungsnetz«, herausgegeben von der Vereinigung Deutscher Elektrizitätswerke e. V., VDEW, darf der Anlaufstrom eines Motors im Stromversorgungsnetz keine störenden Spannungsabsenkungen verursachen. Diese Forderung wird erfüllt, wenn Wechselstrommotoren mit weniger als 1,5 kW Nennleistung oder Drehstrommotoren, deren Anlaufstrom kleiner als 60 A ist, verwendet werden. Ist der Anlaufstrom nicht bekannt, dann muß das achtfache des Nennstromes zugrunde gelegt werden.

Vor dem Anschluß größerer Motoren oder bei besonders schweren Betriebsbedingungen muß mit den zuständigen Energie-Versorgungsunternehmen eines der nachfolgenden Anlaßverfahren vereinbart werden.

Auf die Vorgänge in der Läuferwicklung von Käfigläufermotoren kann man von außen keinen Einfluß nehmen. Alle Anlaßverfahren wirken deshalb auf die Ständerwicklung ein. Der Motor ist für das Netz als Scheinwiderstand zu betrachten, dessen Größe von der Drehzahl und der Belastung abhängt. Der Motorstrom muß deshalb von der angelegten Spannung abhängen. Das Drehmoment des Motors hängt von der Kraft F ab, die auf die stromdurchflossenen Leiterstäbe im Rotor ausgeübt wird. Diese ist wiederum abhängig von dem Produkt magnetische Flußdichte mal Strom in den Läuferstäben mal Länge der Läuferstäbe: $F = B \cdot I \cdot l$ (vgl. 4.1.1). Sowohl Flußdichte als auch Läuferstrom hängen von der anliegenden Spannung ab. Daraus folgt nun, daß das Drehmoment des Motors von dem Quadrat der anliegenden Spannung abhängt.

Der aufgenommene Strom I eines Käfigläufermotors hängt von der anliegenden Spannung U und das Drehmoment M von dem Quadrat der anliegenden Spannung, also U^2, ab.

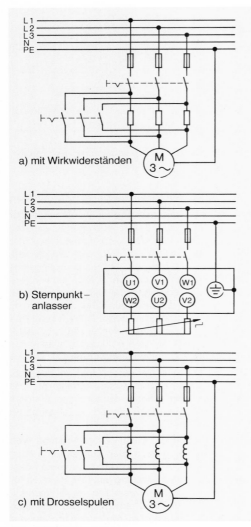

a) mit Wirkwiderständen

b) Sternpunkt-
   anlasser

c) mit Drosselspulen

Abb. 1: Ständeranlasser

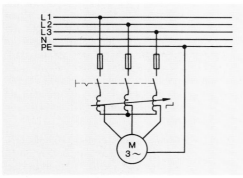

Abb. 2: Anlaßtransformator

Soll der Anlaufstrom I_A des Käfigläufermotors herabgesetzt werden, dann muß nur die an der Wicklung anliegende Spannung herabgesetzt werden. Das hat aber zur Folge, daß sich das Anlaufdrehmoment M_A quadratisch mit der Spannung U verringert.

Ständeranlasser

Werden vor den Asynchronmotor Wirkwiderstände geschaltet, dann wird die Spannung an der Ständerwicklung beim Anlauf herabgesetzt (Abb. 1). Der Anlaufstrom geht dabei einfach und das Anlaufdrehmoment quadratisch mit der Spannung zurück.

Ist der Motor an der vorhandenen Netzspannung im Stern zu schalten, dann kann der **Sternpunkt-anlasser** verwendet werden (Abb. 1b).

Ständeranlasser mit Wirkwiderständen haben den Nachteil, daß Energieverluste entstehen. Bei häufigem Anlassen ist dies unwirtschaftlich. Setzt man nun statt dessen induktive Widerstände (Drosselspulen) ein (Abb. 1c), so sind die Anlaufverluste zwar geringer, aber der Leistungsfaktor $\cos \varphi$ wird schlechter. Ständeranlasser haben den Nachteil, daß sich das Anlaufmoment wesentlich verkleinert, wenn der Anlaufstrom herabgesetzt wird.

Anlaßtransformatoren

Die Spannung an der Ständerwicklung kann durch Transformatoren herabgesetzt werden. Man verwendet dazu Spartransformatoren (Abb. 2). Das Anlaufmoment verringert sich dadurch quadratisch mit der Spannung.

Der Anlaufstrom, der hier gleichzeitig Transformatorausgangsstrom ist, geht proportional mit der Spannung zurück. Die Stromübersetzung des Transformators bewirkt, daß der Anlaufstrom nochmals proportional mit der Spannung verringert wird. Das Netz muß damit einen Anlaufstrom liefern, der ebenfalls quadratisch mit der Spannung zurückgeht. Dieses Anlaufverfahren ist nahezu verlustlos, wenn man die geringen Transformatorverluste vernachlässigt.

Da Transformatoren relativ teuer sind, verwendet man dieses Anlaßverfahren nur, wenn besondere Anlaufverhältnisse vorliegen z. B. bei großen Leistungen und bei Hochspannungsmotoren.

Stern-Dreieck-Anlaßverfahren

Ähnliche Verhältnisse wie beim Anlaßverfahren mit Anlaßtransformator hat man bei dem Stern-Dreieck-Anlaßverfahren. Der Anlaufstrom I_A und das Anlaufdrehmoment M_A werden dabei um einen gleichen aber festen Wert ohne zusätzliche teure Bauteile herabgesetzt. Man benötigt dazu nur einen besonderen Schalter oder Schütze (Abb. 3).

Die Ständerwicklung wird zuerst im Stern und dann im Dreieck geschaltet. Bei der Sternschaltung liegt an einer Wicklung die Spannung $\frac{U}{\sqrt{3}}$ und bei Dreieckschaltung die Spannung U. Der Strom in einer Wicklung ist bei der Dreieckschaltung $\sqrt{3}$mal größer als bei der Sternschaltung. Bei der Sternschaltung ist der Strom in einer Wicklung gleich dem von dem Motor aufgenommenen Strom ($I_\curlyvee = I_{Str}$). Bei der Dreieckschaltung ist der Außenleiterstrom $\sqrt{3}$mal Strangstrom ($I_\triangle = \sqrt{3} \cdot I_{Str}$). Vergleicht man die Außenleiterströme der beiden Schaltungen, so ist $I_\triangle = \sqrt{3} \cdot \sqrt{3} \cdot I_\curlyvee$; $I_\triangle = 3 \cdot I_\curlyvee$.

Der Anlaufstrom des Käfigläufermotors in Sternschaltung beträgt nur ein Drittel des Anlaufstromes bei Dreieckschaltung.

Da die Spannung an der Wicklung bei der Sternschaltung $\frac{U}{\sqrt{3}}$ und bei der Dreieckschaltung U ist, nimmt das Drehmoment M bei der Sternschaltung nur $\left(\frac{1}{\sqrt{3}}\right)^2 = \frac{1}{3}$ des Wertes bei der Dreieckschaltung an (Abb. 4).

Das Anlaufdrehmoment eines Käfigläufers beträgt bei Sternschaltung nur ein Drittel des Anlaufdrehmomentes bei Dreieckschaltung.

Zu beachten ist dabei, daß nur Motoren mit dem Stern-Dreieck-Anlaßverfahren betrieben werden können, die bei der Netzspannung im Dreieck zu schalten sind, z. B. an unserem 400 V/230 V-Netz nur mit der Nennspannung 400 V △ oder 400 V/690 V.

Kusa-Schaltung

Mit der Kurzschlußläufer-Sanftanlaufschaltung (Abb. 5), kurz Kusa-Schaltung genannt, soll nicht der Anlaufstrom, sondern nur das Anlaufdrehmoment verringert werden, damit der Motor sanft anläuft. Sie wird bei Textilmaschinen verwendet.

In eine der drei Motorzuleitungen wird ein Wirkwiderstand gelegt. Der Anlaufstrom in dieser Leitung wird dadurch zwar geringer, steigt aber in den anderen Leitungen etwas an. Dadurch wird das Drehfeld des Motors beeinflußt. Seine Drehzahl ändert sich dadurch nicht, wohl aber die Größe des magnetischen Flusses. Man erhält dadurch ein elliptisches Drehfeld (vgl. Abb. 2, S. 127). Das Drehmoment wird kleiner. Bei größeren Motoren treten dann während des Anlaßvorgangs Stromwärmeverluste am Vorwiderstand auf.

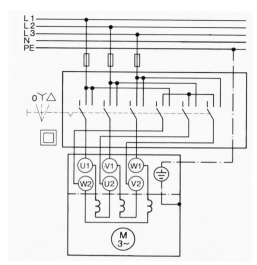

Abb. 3: Stern-Dreieck-Anlaßschaltung

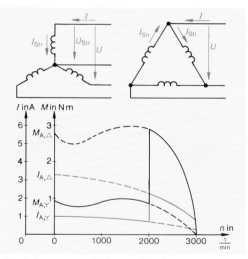

Abb. 4: Spannungen, Ströme und Drehmomente beim Stern-Dreieck-Anlaßverfahren

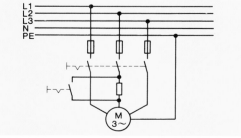

Abb. 5: Kusa-Schaltung

Aufgaben zu 4.3.2.4

1. Warum müssen Käfigläufermotoren mit besonderen Anlaßverfahren angelassen werden?
2. Nennen Sie alle Anlaßverfahren für Käfigläufermotoren!
3. Welche Nachteile haben Ständeranlasser?
4. Nennen Sie Vor-, Nachteile und Anwendung von Anlaßtransformatoren!
5. Wann verwendet man den Stern-Dreieck-Anlasser?
6. Erklären Sie die Kusa-Schaltung!
7. Der Anlaufstrom eines Drehstrom-Asynchronmotors mit $U = 400 \, \text{V} \triangle$, $I = 3,1 \, \text{A}$ beträgt das 7fache seines Nennstromes. Wie groß ist der Anlaufstrom, bei Anlassung über einen Stern-Dreieck-Schalter?

4.3.3 Drehstrom-Asynchronmotor mit Schleifringläufer

Der Käfigläufermotor hat den Nachteil, daß man während des Betriebes von außen keinen Einfluß auf den Läuferstromkreis nehmen kann. Bei einem **Schleifringläufermotor** ist dies möglich. Man kann den Widerstand im Läuferkreis durch Zuschalten von zusätzlichen Widerständen ändern, da die Wicklungsenden der Läuferwicklung über Schleifringe herausgeführt werden.

4.3.3.1 Aufbau des Schleifringläufermotors

Der **Schleifringläufermotor** unterscheidet sich von einem **Käfigläufermotor** im Aufbau nur durch die andere Form des Läufers (Abb. 1). Dieser besteht aus der Welle mit dem darauf befindlichen Dynamoblechpaket. In die Nuten wird die Läuferwicklung eingelegt. Diese ist im allgemeinen eine

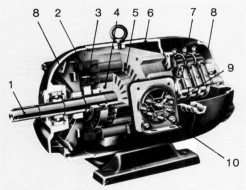

1 Welle	6 Gehäuse
2 Ständerwicklung	7 Bürstenhalter
3 Läuferwicklung	8 Lagerschild
4 Läuferblechpaket	9 Schleifringe
5 Ständerblechpaket	10 Klemmkasten

Abb. 1: Schleifringläufermotor

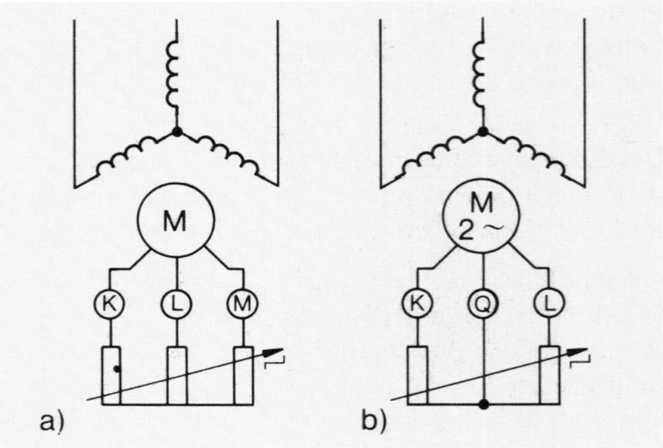

Abb. 2: Schaltungen der Läuferwicklung eines Schleifringläufermotors; a) dreiphasige Läuferwicklung; b) zweiphasige Läuferwicklung

dreiphasige Drehstromwicklung. Schleifringläufer haben aus finanziellen Gründen auch eine zweiphasige Läuferwicklung. Man spart dadurch einen Anlasserwiderstand ein (Abb. 2b). Die Läuferwicklung hat viele Windungen. Der Leiterquerschnitt ist klein. Deshalb ist der Wirkwiderstand der Läuferwicklung eines Schleifringläufers wesentlich größer als der eines Käfigläufers.

Die dreiphasige Wicklung (Abb. 2a) wird meist in Sternschaltung, seltener in Dreieckschaltung ausgeführt. Im Innern des Läufers werden die Wicklungsenden entsprechend der Schaltung miteinander verbunden. Nur die Wicklungsanfänge K, L, M und eventuell der Sternpunkt Q werden über die Schleifringe herausgeführt.

Die zweiphasige Läuferwicklung ist entsprechend der Abb. 2b verschaltet. Hier werden die Anschlüsse K, L und Q über die Schleifringe nach außen geführt. Beim Messen der Läuferstillstandsspannung kann festgestellt werden, ob der Läufer zwei- oder dreiphasig gewickelt ist. Bei der dreiphasigen Wicklung sind die Spannungen gleich groß, die zwischen den drei Schleifringen gemessen werden. Die Spannungen zwischen den Klemmen K und Q und den Klemmen L und Q sind bei der zweiphasigen Wicklung gleich, während man zwischen den Klemmen K und L eine $\sqrt{2}$mal so große Spannung mißt.

Ob die Läuferwicklung zwei- oder dreiphasig ausgeführt ist, hat keinen Einfluß auf die Funktionsweise der Maschine. Nur muß der Läufer die gleiche Polzahl haben wie der Ständer, da sonst kein Drehmoment entsteht.

Über die Kohlebürsten fließt der Läuferstrom. Während des Betriebes können dadurch zusätzliche Widerstände in den Läuferstromkreis geschaltet werden. Durch die **Bürstenabhebe-** und **Kurz-**

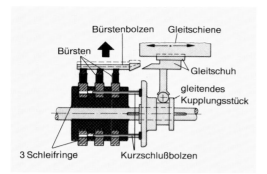

Abb. 3: Bürstenabhebe- und Kurzschlußeinrichtung

schlußvorrichtung (Abb. 3) wird die Läuferwicklung während des Betriebes kurzgeschlossen (besonders bei großen Maschinen). Dabei werden die Bürsten abgehoben, damit ihr Verschleiß nicht so hoch ist.

4.3.3.2 Betriebsverhalten des Schleifringläufermotors

Das Betriebsverhalten eines Schleifringläufermotors wird an dem Beispiel eines Motors mit den Nenndaten $U = 400\,V \curlywedge$, $I = 0,6\,A$, $P = 220\,W$, $n = 1390\,\frac{1}{min}$ im Versuch 4–5 untersucht.

Die ermittelten Werte wurden in das Diagramm in der Abb. 4 eingetragen. Die Kennlinien haben nahezu den gleichen Verlauf wie bei dem Käfigläufermotor.

Der Schleifringläufermotor zeigt das gleiche Betriebsverhalten wie der Käfigläufermotor.

Die Abb. 2, S. 122 zeigt die Hochlaufkurven der Maschine aus dem Versuch 4–5 bei verschiedenen

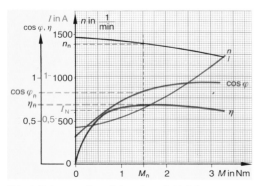

Abb. 4: Belastungskennlinien eines Schleifringläufermotors

Versuch 4–5: Aufnahme der Belastungskennlinien eines Schleifringläufermotors

Aufbau

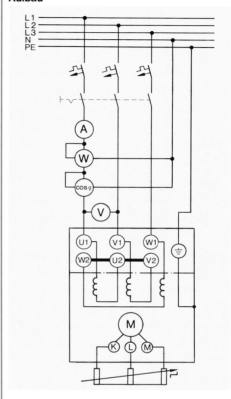

Durchführung

Der Motor wird in Betrieb genommen und die Belastung mit dem Leerlauf beginnend stufenweise erhöht. Dabei werden der Strom I, die Drehzahl n und der Leistungsfaktor $\cos \varphi$ gemessen. Der Wirkungsgrad η wird aus den Meßwerten errechnet.

Meßergebnis

M in Nm	I in A	n in $\frac{1}{min}$	$\cos \varphi$	η
0	0,4	1470	0,3	0
0,25	0,42	1460	0,42	0,33
0,5	0,45	1445	0,52	0,49
0,75	0,47	1430	0,63	0,58
1	0,52	1420	0,70	0,62
1,5	0,62	1390	0,82	0,65
2	0,75	1360	0,88	0,66
2,5	0,92	1320	0,90	0,63
3	1,1	1270	0,91	0,61

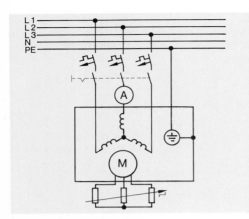

Abb. 1: Anlasser in Stufen gesteuert

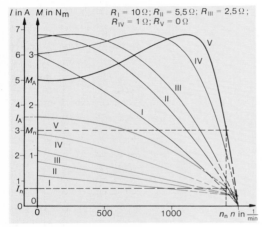

Abb. 2: Hochlaufkennlinien des Schleifringläufermotors

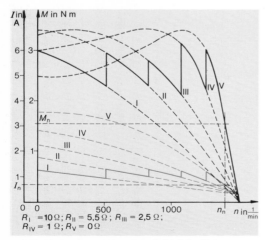

Abb. 3: Hochlaufkennlinien eines Schleifringläufermotors mit Anlasser

großen Anlasserwiderständen. Bei kurzgeschlossenen Schleifringen entsteht die gleiche Kurvenform wie bei den Käfigläufermotoren. Es ist ein Kipp- und ein Sattelpunkt in der Drehmomenten-Drehzahl-Kennlinie vorhanden. Das Anlaufdrehmoment ist ungefähr $1\frac{1}{2}$mal so groß wie das Nenndrehmoment und der Anlaufstrom 6mal so groß wie der Nennstrom.

Werden Wirkwiderstände in den Läuferstromkreis geschaltet, dann verschiebt sich der Kippunkt zu kleineren Drehzahlen hin. Je größer der Widerstand ist, desto größer ist die Verschiebung. Das Anlaufdrehmoment wird dadurch größer, denn die Phasenverschiebung zwischen dem Läuferstrom und der Läuferspannung wird kleiner. Vor allem wird aber der Anlaufstrom wesentlich herabgesetzt.

Wird ein Schleifringläufermotor über Anlaßwiderstände angelassen, dann zeigt er bessere Anlaufeigenschaften als der Käfigläufermotor mit Stromverdrängungsläufer.

Da der Läuferstrom im allgemeinen große Werte annimmt, wird der Läuferanlasser häufig in Stufen (Abb. 1) und nicht stufenlos steuerbar ausgeführt.

Beim Anlassen des Schleifringläufermotors muß darauf geachtet werden, daß die Umschaltung von einer zur nächsten Stufe nicht zu früh erfolgt, da sonst der aufgenommene Strom unzulässig hoch ansteigt (Abb. 3). In der Praxis sollte erst weitergeschaltet werden, nachdem sich eine gleichbleibende Drehzahl eingestellt hat. Anlasser sind im allgemeinen nicht für Dauerbetrieb ausgelegt. Wird nicht weitergeschaltet, so können sie sich unzulässig hoch erwärmen. Nach dem Hochlaufen kann dann, wenn vorhanden, die Bürstenabhebe- und Kurzschlußeinrichtung betätigt werden. Der gesamte Anlasserwiderstand muß nach dem Abschalten des Schleifringläufermotors wieder in den Läuferkreis geschaltet werden, bevor erneut eingeschaltet wird.

Wegen der guten Anlaufeigenschaften des Schleifringläufermotors benötigt man keine weiteren Anlaßverfahren.

Läßt man den Schleifringläufermotor mit einem entsprechend ausgelegten Läuferanlasser an, dann ist der Anlaufstrom gering und das Anlaufdrehmoment relativ hoch.

Schleifringläufermotoren werden überall dort eingesetzt, wo nur kleine Anlaufströme auftreten dürfen und große Anlaufdrehmomente benötigt werden, z. B. zum Antrieb von großen Werkzeugmaschinen, großen Pumpen, Hebezeugen usw.

Die Drehzahl von Schleifringläufermotoren kann man bei Belastung über die Läuferwiderstände steuern (vgl. 4.3.4.3). Sie können als drehzahlgesteuerte Antriebe verwendet werden, z.B. bei Hebezeugen u.ä.

Aufgaben zu 4.3.3

1. Nennen Sie alle Vor- und Nachteile des Schleifringläufermotors gegenüber dem Käfigläufermotor!
2. Wie wird die Läuferwicklung beim Schleifringläufer geschaltet?
3. Warum verwendet man eine Bürstenabhebe- und Kurzschlußeinrichtung?
4. Wie ändern sich die Hochlaufkurven eines Schleifringläufermotors, wenn man weitere Widerstände in den Läuferkreis schaltet?
5. Wie kann der Anlaufstrom beim Schleifringläufermotor herabgesetzt werden und wie ändert sich dadurch das Anlaufdrehmoment?

4.3.4 Drehzahländerung bei Drehstrom-Asynchronmotoren

Die Drehzahl eines Drehstrom-Asynchronmotors errechnet sich wie folgt:

$$n = n_f \cdot (1-s); \qquad n_f = \frac{f}{p}; \qquad n = \frac{f}{p}(1-s)$$

Will man die Drehzahl ändern, so muß eine dieser drei Größen verändert werden.

Soll der Motor zwei bis höchstens vier feste Drehzahlen haben, verändert man seine Polpaarzahl durch **Polumschaltung**. Muß die Maschine eine Drehzahl haben, die größer als die der zweipoligen Maschine ist, also $n > 3000\frac{1}{min}$, oder soll diese stufenlos gesteuert werden, so steuert man die Frequenz über **Frequenzumformer**. Den Schlupf kann man nur bei Belastung über den Läuferstromkreiswiderstand ändern. Diese Drehzahlsteuerung durch Änderung des Schlupfes wird beim Schleifringläufermotor verwendet.

Abb. 4: Getriebemotor

Die Drehzahl kann auch mechanisch durch Getriebe geändert werden. Ist das Getriebe direkt an den Motor angebaut, so spricht man von **Getriebemotoren** (Abb. 4). Nachfolgend werden einige Drehzahlsteuerungen näher untersucht.

4.3.4.1 Polumschaltung

Die Drehzahl des Drehfeldes eines Asynchronmotors und damit auch die Läuferdrehzahl hängt von der Polpaarzahl des Ständerfeldes ab. Bei der Netzfrequenz 50 Hz sind die in der Tabelle 4.2 angegebenen Drehfelddrehzahlen möglich:

Tab. 4.2: Drehfelddrehzahlen bei $f = 50$ Hz

p	1	2	3	4	5	6	...p
n_f in $\frac{1}{min}$	3000	1500	1000	750	600	500	...$\frac{3000}{p}$

Die Läuferdrehzahlen n liegen um die jeweilige Schlupfdrehzahl n_s unter den in der Tab. 4.2 angegebenen Werten.

Es werden Motoren mit bis zu drei getrennten Ständerwicklungen unterschiedlicher Polzahl gebaut, die damit drei unterschiedliche Drehzahlen haben (Abb. 1, S. 124). Diese können in einem beliebigen Verhältnis zueinander stehen. Mit einem Schalter wird entsprechend der benötigten Drehzahl die Polzahl der Ständerwicklung umgeschaltet. Daher die Bezeichnung **Polumschaltung**. Die Motoren haben dann verschiedene konstante Drehzahlen.

Die **Dahlanderschaltung** nimmt bei den Polumschaltungen mit zwei Drehzahlen eine bevorzugte Stellung ein. Die Ständerwicklung des Motors besteht z.B. aus sechs Spulen. Durch unterschiedliche Kombination der Spulen bei der Umschaltung hat die Wicklung dann zwei unterschiedliche Polzahlen (Abb. 3, S. 124). Der Motor hat zwei Drehzahlen, wobei nur das Drehzahlverhältnis 1:2 möglich ist. Die Ständerwicklung ist bei der niedrigen Drehzahl und damit hohen Polzahl im Dreieck geschaltet. Dabei liegen pro Strang zwei Spulen in Reihe. Bei der hohen Drehzahl werden jeweils zwei Spulen parallel, die gesamte Wicklung jedoch im Stern geschaltet. Man bezeichnet diese Schaltung auch als Doppelsternschaltung. Das Anlaufverhalten ist in beiden Schaltungen unterschiedlich und man erhält zwei unterschiedliche Hochlaufkurven. Die Wicklungen der polumschaltbaren Maschinen in Dahlanderschaltung werden von den Herstellern so ausgelegt, daß ein Leistungsverhältnis vorhanden ist von

$$\frac{P_{n,n_{max}}}{P_{n,n_{min}}} = 1{,}5 \dots 1{,}8$$

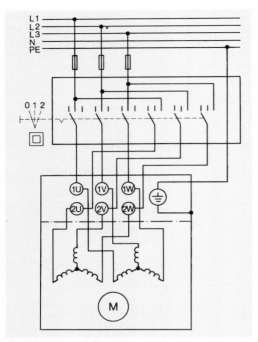

Abb. 1: Polumschaltung eines Motors mit zwei
getrennten Wicklungen

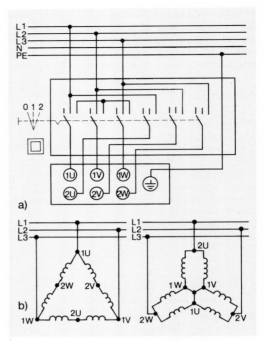

Abb. 3: Dahlanderschaltung   a) Schalter und
Klemmbrett; b) Schaltung der Ständerwicklung

Haben polumschaltbare Motoren zwei getrennte
Wicklungen, dann werden manchmal eine oder
auch beide in Dahlanderschaltung ausgeführt
(Abb. 2). Diese Asynchronmotoren haben dann bis
zu vier unterschiedliche Drehzahlen.

Der Nachteil der Polumschaltung ist, daß man
nur bestimmte Drehzahlen erhält und diese bei
unserer Netzfrequenz $f = 50\,\text{Hz}$ unterhalb von
$n = 3000\,\frac{1}{\text{min}}$ liegen.

4.3.4.2 Drehzahlsteuerung über die Frequenz

Da die Drehzahl eines Drehstrom-Asynchronmotors von der Frequenz abhängt, kann man mit der
Frequenz die Drehzahl steuern. Der Motor wird

dabei über einen Frequenzumwandler aus dem
Netz gespeist. Dazu benutzt man **Maschinenumformer** oder **Umrichter.**

Die Asynchronmotoren werden für eine bestimmte
Frequenz gebaut. Betreibt man sie mit einer
höheren Frequenz, so steigt ihr induktiver Blindwiderstand. Damit der aufgenommene Strom genau
so groß bleibt wie bei der normalen Frequenz, muß
die Spannung entsprechend erhöht werden.

Die Leistung einer Maschine steigt mit der Drehzahl. Diese wächst mit der Frequenz. Mit der Frequenz vergrößern sich die Ummagnetisierungs-
verluste. Die Wirbelstromverluste steigen quadratisch an. Dadurch erwärmt sich die Maschine.

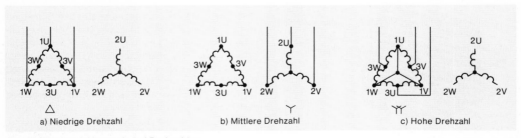

a) Niedrige Drehzahl   b) Mittlere Drehzahl   c) Hohe Drehzahl

Abb. 2: Ständerwicklung mit drei Drehzahlen

Arbeitet eine Asynchronmaschine mit kleinerer als der normalen Frequenz, dann muß die Spannung mit der Frequenz gesenkt werden, damit in den Wicklungen kein unzulässig hoher Strom fließt. Aus diesen Gründen sind Asynchronmotoren nur für einen bestimmten Frequenzbereich und damit nur für einen bestimmten Drehzahlbereich einsetzbar.

Benötigt man Antriebe mit Drehzahlen oberhalb $n = 3000 \frac{1}{\text{min}}$, z.B. für Schleifmaschinen, Holzbearbeitungsmaschinen usw., so verwendet man hochlaufende Käfigläufermotoren, die über Maschinenumformer gespeist werden (vgl. 4.7). Das sind Maschinensätze, die z.B. aus einem Drehstrommotor mit angekuppelten Drehstromgenerator bestehen. Der Generator liefert eine Spannung mit einer Frequenz bis zu $f = 400$ Hz. Es werden dadurch sehr hohe Drehzahlen erreicht.

Will man die Drehzahl des Asynchronmotors über einen bestimmten Bereich stufenlos steuern, dann verwendet man zur Einspeisung Wechselrichter (vgl. 7.9), deren Frequenz gesteuert wird.

4.3.4.3 Schlupfsteuerung bei Schleifringläufermotoren

Im Gegensatz zu den anderen Drehzahlsteuerungsverfahren ist die Drehzahlsteuerung über den Schlupf nur bei Schleifringläufermotoren möglich.

Betrachten Sie die Drehzahl-Drehmomenten-Kennlinien eines Schleifringläufermotors bei unterschiedlichen Anlasserwiderständen (Abb. 4).

Sie erkennen, daß die Drehzahl sich bei einem bestimmten Drehmoment ändert, wenn der Anlasserwiderstand geändert wird. Eine Drehzahländerung findet aber nur bei Belastung statt. Ihre Größe hängt dabei von der Größe der Belastung ab.

> Bei der Schlupfsteuerung wird die Drehzahl eines belasteten Schleifringläufermotors über den Läuferanlasser gesteuert.

Mit einem stufenlos änderbaren Anlaßwiderstand kann die Drehzahl des Schleifringläufermotors ebenfalls stufenlos gesteuert werden. Normale Anlasser sind zur Drehzahlsteuerung nicht geeignet, da sie nicht für Dauerbetrieb ausgelegt sind. Man verwendet besondere Anlasser.

In dem Steueranlasser geht Energie in Form von Wärme verloren. Je größer der Steuerbereich ausgefahren wird, d.h. je weiter die Drehzahl heruntergesteuert wird, desto größer sind die Energieverluste. Dieses Verfahren ist nur zur Drehzahlsteuerung von etwa der halben bis zur Nenndrehzahl wirtschaftlich.

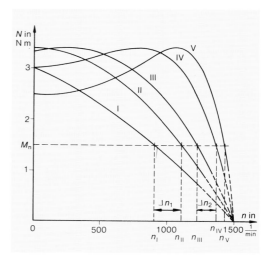

Abb. 4: Drehzahlsteuerung mit dem Läuferanlasser beim Schleifringläufermotor

4.3.4.4 Drehzahlsteuerung durch Spannungssteuerung

Schaltet man einen Motor ein, steigt seine Drehzahl von Null an. Wird er beim Erreichen einer bestimmten Drehzahl n_1 ausgeschaltet, so sinkt diese ab. Bei der Drehzahl n_2 wird wieder eingeschaltet und die Drehzahl steigt. Durch wiederholtes Ein- und Ausschalten pendelt die Drehzahl zwischen n_1 und n_2. Erreicht man dabei, daß $n_1 \approx n_2$ ist, dann kann auf diese Weise eine bestimmte Drehzahl eingestellt werden.

Geschaltet wird hierbei mit einem elektronischen Wechselstromschalter. An einem Regler wird eine bestimmte Drehzahl (Sollwert) vorgegeben. Der Regler vergleicht diese mit der Drehzahl (Istwert) des Motors und steuert den elektronischen Wechselstromschalter entsprechend an. Die Drehzahl kann so in einem großen Bereich eingestellt werden. Eine Drehzahlregelung dieser Art wird als **Käfigläufermotor mit Spannungsdosierung** bezeichnet.

Aufgaben zu 4.3.4

1. Von welchen Größen hängt die Drehzahl eines Asynchronmotors ab?
2. Weshalb kann die Drehzahl des Asynchronmotors an unserem Energieversorgungsnetz nicht größer als $3000 \frac{1}{\text{min}}$ sein?
3. Warum kann man die Drehzahl eines Asynchronmotors mit der Polumschaltung nicht stufenlos steuern?
4. Wann steuert man die Drehzahl eines Asynchronmotors über die Frequenz und welche Probleme treten dabei auf?

4.3.5 Wechselstrom-Asynchronmotoren

Nicht alle elektrischen Versorgungsnetze sind Drehstromanlagen. Man will aber auch in den Wechselstromanlagen den robusten, billigen und wartungsfreien Asynchronmotor als Wechselstrom-Asynchronmotor verwenden.

Nachfolgend werden Aufbau, Wirkungsweise und Arten dieser Maschinen beschrieben.

4.3.5.1 Wirkungsweise von Wechselstrom-Asynchronmotoren

Die Grundlage zum Betrieb des Asynchronmotors ist sein Drehfeld. Bei Wechselstrom-Asynchronmotoren muß darum mit dem einphasigen Wechselstrom ein Drehfeld erzeugt werden. Ist in einem Einphasen-Asynchronmotor eine von Wechselstrom durchflossene Spule vorhanden, dann entsteht in ihr ein Wechselfeld. Es ist ein räumlich stillstehendes Magnetfeld, dessen Größe sich laufend ändert und dessen Richtung sich periodisch umkehrt, also kein Drehfeld.

Hat die Maschine zwei um 90° räumlich versetzt angeordnete Wicklungen und verwendet man zusätzliche Bauelemente wie Kondensatoren, Wirkwiderstände und Drosselspulen, so kann man auch mit einphasigem Wechselstrom ein Drehfeld erzeugen. Im Versuch 4–6 wird ein solches Modell untersucht.

Der Versuch 4–6 zeigt, daß ein Drehfeld entsteht, wenn ein Kondensator, eine Spule oder ein Widerstand mit der Hilfsspule in Reihe geschaltet wird. Zwischen den beiden Spulenströmen muß eine Phasenverschiebung vorhanden sein.

Unter Zuhilfenahme der Abb. 1 läßt sich die Entstehung dieses Drehfeldes erklären. Dabei wird zur Vereinfachung angenommen, daß zwischen den beiden Strömen eine Phasenverschiebung von $\varphi = 90°$ besteht. Werden die Spulenströme zu den Zeitpunkten $t_1 \ldots t_5$ eingezeichnet, so ergeben sich die dargestellten Magnetfelder. Es entsteht ein zweipoliges Drehfeld, das während einer Periode eine Umdrehung macht.

Die Drehrichtungsumkehr durch Umschaltung wird im Bild ebenfalls verdeutlicht. Betrachtet man in gleicher Weise vierpolige, sechspolige und weitere mehrpolige Drehfelder dieser Art, dann kann für die Berechnung der Drehzahl wiederum die Formel $n = \frac{f}{p}$ abgeleitet werden.

Wenn in beiden Spulen ein gleich großes Wechselfeld erzeugt wird, so entsteht bei einer Phasenverschiebung zwischen den Spulenströmen von 90° ein Drehfeld, dessen Magnetfluß jederzeit gleich ist. Ist die Phasenverschiebung nicht genau 90°, dann entsteht auch ein Drehfeld. Der magnetische Fluß ist nun nicht immer gleich. Das Zeigerdiagramm des magnetischen Flusses zeigt ein elliptisches Drehfeld (Abb. 2).

Versuch 4–6:   Erzeugung eines Drehfeldes mit einphasigem Wechselstrom

Aufbau

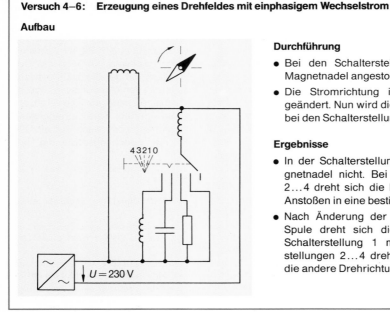

Durchführung

- Bei den Schalterstellungen 1...4 wird die Magnetnadel angestoßen.
- Die Stromrichtung in der Hilfsspule wird geändert. Nun wird die Magnetnadel ebenfalls bei den Schalterstellungen 1...4 angestoßen.

Ergebnisse

- In der Schalterstellung 1 dreht sich die Magnetnadel nicht. Bei den Schalterstellungen 2...4 dreht sich die Magnetnadel nach dem Anstoßen in eine bestimmte Drehrichtung.
- Nach Änderung der Stromrichtung in einer Spule dreht sich die Magnetnadel in der Schalterstellung 1 nicht. In den Schalterstellungen 2...4 dreht sie sich, wenn sie in die andere Drehrichtung angestoßen wird.

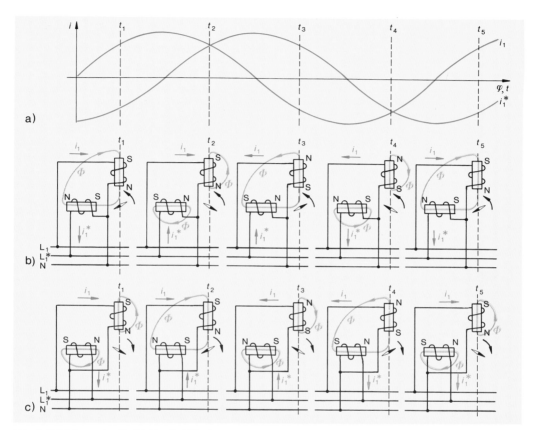

Abb. 1: Entstehung des Drehfeldes bei Wechselstrom   a) Liniendiagramm der Spulenströme; b) Magnetfelder zu den Zeitpunkten $t_1 \ldots t_5$; c) Magnetfelder zu den Zeitpunkten $t_1 \ldots t_5$ nach Vertauschen der Anschlüsse

Aus den Wechselfeldern zweier um 90° versetzt angeordneter Spulen bildet sich ein Drehfeld, wenn zwischen den Spulenströmen eine Phasenschiebung von nahezu 90° besteht.
Die Drehrichtung des Drehfeldes hängt von den Stromrichtungen in den Spulen ab.
Es können mehrpolige Drehfelder mit einphasigem Wechselstrom erzeugt werden.

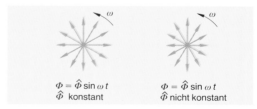

$\Phi = \hat{\Phi} \sin \omega t$
$\hat{\Phi}$ konstant

$\Phi = \hat{\Phi} \sin \omega t$
$\hat{\Phi}$ nicht konstant

Abb. 2: Zeigerdiagramm von Drehfeldern

Auch in einem Drehstrom-Asynchronmotor kann mit einphasigem Wechselstrom ein Drehfeld erzeugt werden (**Steinmetzschaltung;** Abb. 3). Die Maschine wird im Stern oder im Dreieck geschaltet. Die Wechselspannung wird an zwei Anschlüsse gelegt. Der dritte Anschluß wird über einen Kondensator mit einer der beiden Phasen verbunden. Dadurch besteht zwischen den Strömen in den Spulen eine von 120° bzw. 240° abweichende Phasenverschiebung. Auch jetzt wird ein Drehfeld erzeugt, das sich mit der Drehzahl $n_f = \frac{f}{p}$ dreht. Der

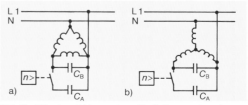

Abb. 3: Ständerwicklung eines Drehstrommotors in Steinmetzschaltung
a) Motor 400 V/230 V an 230 V Wechselspannung;
b) Motor 230 V/135 V an 230 V Wechselspannung

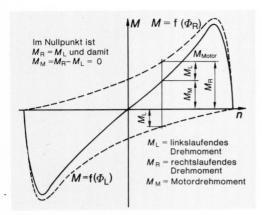

Abb. 1: Entstehung des Drehmomentes beim Einphasenmotor ohne Hilfsphase

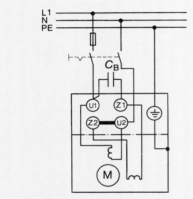

a) Rechtslauf

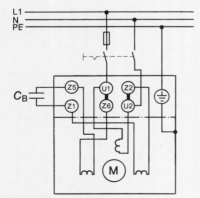

b) Linkslauf
(zwei getrennte Hilfswicklungen)

Abb. 2: Schaltbilder von Kondensatormotoren

magnetische Fluß Φ ist aber ebenso wie bei der Wechselstrommaschine mit zweiter Wicklung während einer Umdrehung nicht gleich groß. Es ergibt sich im Zeigerdiagramm des Magnetflusses Φ ein elliptisches Drehfeld. Das Drehmoment im Käfigläufer entsteht auf die gleiche Weise wie bei Drehstromanschluß. Der Läufer dreht sich also mit einer Drehzahl n, die um die Schlupfdrehzahl n_s unterhalb der Drehfelddrehzahl n_f liegt. Ein Schlupf s der Größe

$$s_\% = \frac{n_f - n}{n_f}\ 100 \text{ in } \%$$

ist ebenfalls vorhanden. Durch die meistens vorhandenen elliptischen Drehfelder hat man schlechtere Betriebseigenschaften als beim Drehstrom-Asynchronmotor.

Die Energieversorgungsunternehmen lassen nur Wechselstrommotorleistungen bis zu 1,5 kW zu (früher 3 kW), um große einphasige Belastungen zu vermeiden.

4.3.5.2 Wechselstrommotor ohne Hilfsphase

Der Wechselstrommotor ohne Hilfsphase hat nur eine Wechselstromwicklung. Wird er an eine Wechselspannung angeschlossen, so entsteht ein Wechselfeld. Dieses kann in zwei gegensinnig drehende Drehfelder (M_R und M_L) zerlegt werden. Dadurch werden entgegengerichtete Drehmomente auf den Läufer ausgeübt. Man erhält zwei Hochlaufkennlinien (Abb. 1). Bei Läuferstillstand heben sich die Drehmomente auf. Sie sind gleich groß und entgegengerichtet.

Wird der Läufer in eine beliebige Drehrichtung angeworfen, dann überwiegt eines der beiden Drehmomente. Der Läufer dreht sich dadurch weiter.

Wechselstrommotoren mit nur einer Wicklung müssen in die gewünschte Drehrichtung angeworfen werden.

Motoren dieser Art werden z.B. gelegentlich noch bei Mörtelmaschinen verwendet.

4.3.5.3 Wechselstrommotoren mit Hilfsphase

Wechselstrommotoren mit Hilfsphase unterscheiden sich von leistungsgleichen Drehstrom-Käfigläufermotoren nur durch die andere Art der Ständerwicklung. Diese besteht bei Wechselstrommotoren mit Hilfsphase aus der **Hauptwicklung** und der um 90° räumlich versetzt angeordneten zweiten Wicklung, der **Hilfswicklung** (Abb. 3). Solche Motoren unterscheidet man nach der Erzeugung der Phasenverschiebung zwischen den beiden Spulenströmen.

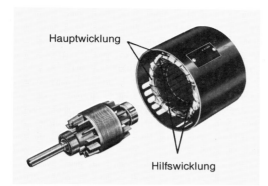

Abb. 3: Wechselstrommotor mit Hilfsphase

Kondensatormotor

Beim Kondensatormotor wird die Phasenverschiebung zwischen den Spulenströmen dadurch erreicht, daß in Reihe mit der Hilfswicklung ein Kondensator C_B geschaltet wird (Abb. 2). Das Betriebsverhalten hängt von seiner Kapazität ab. Je größer diese ist, desto größer ist das Anlaufdrehmoment. Bei sehr großer Kapazität wird aber der Strom in dieser Wicklung sehr groß, sie erwärmt sich unzulässig. Die Kapazität darf also nicht zu groß sein. Erfahrungsgemäß sollte wäh-

rend des Betriebes der **Betriebskondensator** C_B eine Blindleistung von 1 kvar je kW Motorleistung haben. Dabei hat der Motor aber ein niedriges Anlaufdrehmoment (Abb. 4).

Die Reihenschaltung aus dem Betriebskondensator und der Wicklung ist ein Reihenschwingkreis. An dem Kondensator treten deshalb Spannungen auf, die größer als die Nennspannungen des Motors sind. Für diese muß der Betriebskondensator ausgelegt sein.

Um das Anlaufdrehmoment zu erhöhen (vgl. Abb. 4b), wird die Gesamtkapazität während des Anlaufs durch einen zugeschalteten **Anlaufkondensator** C_A erhöht (Erfahrungswert: $C_A = 3 \cdot C_B$). Nach dem Anlauf wird dieser abgeschaltet, damit sich der Motor nicht unzulässig hoch erwärmt.

Motoren dieser Art haben für kleine Leistungen statt des Käfigläufers auch Läufer aus Massiveisen oder aus Aluminium bzw. Kupfer (Ferrarismotoren). Man verwendet sie für Steuerungs- bzw. Regelungsaufgaben.

Motor mit zusätzlichem Wirkwiderstand im Hilfswicklungsstromkreis

Wird ein Wirkwiderstand in Reihe mit der Hilfswicklung geschaltet, dann entsteht zwischen dem Strom in der Haupt- und der Hilfswicklung eben-

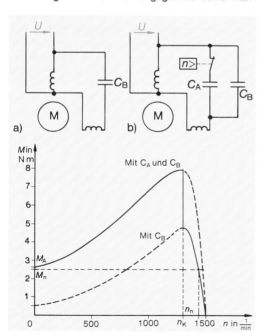

Abb. 4: Hochlaufkennlinien eines Kondensatormotors; a) nur mit Betriebskondensator; b) mit Betriebs- und Anlaufkondensator (Abschalten von C_A bei Erreichen von n_k)

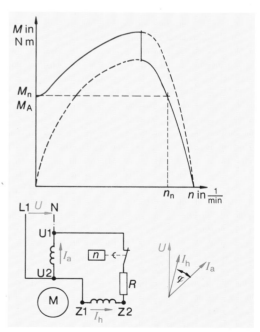

Abb. 5: Wechselstrommotor mit einem Wirkwiderstand in dem Hilfswicklungsstromkreis

falls eine Phasenverschiebung, die zur Erzeugung eines Drehfeldes notwendig ist. Maschinen dieser Art zeigen das gleiche Betriebsverhalten wie Drehstrom-Käfigläufermotoren.

Statt einen zusätzlichen Wirkwiderstand zu benutzen, stellt man die Hilfswicklung ganz oder teilweise aus Widerstandsdraht her. In diesem Fall wird der Widerstandsdrahtanteil der Spule auch bifilar gewickelt.

Die Hilfswicklung wird nach dem Hochlaufen durch einen Fliehkraft- oder Thermoschalter abgeschaltet, damit sich der Motor nicht unzulässig erwärmt. Er arbeitet dann wie ein Anwurfmotor weiter (Abb. 5 S. 129). Maschinen dieser Art erreichen ein Anlaufdrehmoment, das $M_a = 0{,}5 \cdot M_n \dots 1 \cdot M_n$ beträgt. Der Anlaufstrom ist dabei $I_A = 6 \cdot I_n \dots 7 \cdot I_n$.

Motor mit einer Drosselspule im Hilfswicklungsstromkreis

Eine Phasenverschiebung zwischen dem Strom in der Haupt- und in der Hilfswicklung kann man auch dadurch erreichen, daß in Reihe mit der Hilfswicklung eine Drosselspule geschaltet wird.

Die Drosselspule wird während des Betriebes abgeschaltet, damit der Leistungsfaktor $\cos \varphi$ höhere Werte annimmt. Das Anlaufverhalten ist nicht so günstig wie bei den vorher behandelten Maschinen.

Aufgaben zu 4.3.5.1 bis 4.3.5.3

1. Wie kann mit einphasigem Wechselstrom ein Drehfeld erzeugt werden?
2. Ein Drehstrom-Asynchronmotor kann an einphasigem Wechselstrom betrieben werden. Geben Sie an, welche zusätzlichen Bauelemente benötigt werden und zeichnen Sie die Schaltung!
3. Warum muß ein Wechselstrom-Asynchronmotor ohne Hilfsphase angeworfen werden?
4. Nennen Sie alle Wechselstrommotoren mit Hilfsphase und geben Sie die Unterschiede an!
5. Warum haben Kondensatormotoren einen Betriebs- und einen Anlaufkondensator?
6. Welche Vor- und Nachteile hat der Wechselstrommotor mit zusätzlichem Wirkwiderstand in der Hilfsphase gegenüber den anderen Wechselstrommotoren?

4.3.5.4 Drehstrom-Asynchronmotoren an einphasiger Wechselspannung (Steinmetzschaltung)

In 4.3.5.1 wurde erklärt, wie mit einphasiger Wechselspannung und einem zusätzlichen Kondensator in Drehstrom-Asynchronmotoren ein Drehfeld erzeugt wird. Die Kapazität des Betriebskondensators kann mit Hilfe der Tabelle 4.3 errechnet werden.

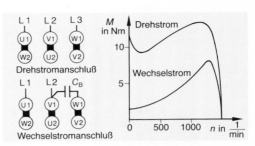

Abb. 1: Kennlinien eines Drehstrommotors (u.a. bei Steinmetzschaltung)

Tab. 4.3: Erfahrungswerte für die Kapazität von Betriebskondensatoren bei der Steinmetzschaltung

Netzspannung in V	135	230	400
Kapazität in μF pro kW Motorleistung	220	70	20

Man muß darauf achten, daß der Motor entsprechend der Netzspannung geschaltet wird, z.B. muß der Drehstrom-Asynchronmotor für die Spannungen 230 V/400 V △ an der Netzspannung 230 V im Dreieck geschaltet werden.

Wird der Motor mit einem Betriebskondensator C_B am Einphasennetz betrieben, wobei die Kapazität mit Hilfe der Tab. 4.3 errechnet wurde, dann sinkt sein Anlaufdrehmoment auf 30 % des normalen Anlaßdrehmomentes ab (Abb. 1). Die Leistung geht auf 80% der Nennleistung zurück. Soll das Anlaufdrehmoment genau so groß sein wie beim Betrieb mit Drehstrom, so muß während des Anlaufens ein Anlaufkondensator C_A parallel geschaltet werden, dessen Kapazität $C_A = 2 \cdot C_B$ beträgt.

Drehstrom-Asynchronmotoren können nach der Steinmetzschaltung mit zugeschaltetem Kondensator an Wechselspannung betrieben werden. Dabei ist die Nennleistung geringer, und das Anlaufdrehmoment geht wesentlich zurück.

Da hier die benötigten Kondensatoren mit großer Kapazität bei hohen Spannungen relativ teuer sind, ist diese Antriebsart nur für Leistungen von $P < 2$ kW wirtschaftlich vertretbar.

4.3.5.5 Spaltpolmotor

Der Spaltpolmotor wird bei Leistungen bis 200 W häufig verwendet, da er ohne zusätzliche elektrische Bauteile mit einphasigem Wechselstrom betrieben werden kann. Die Herstellungskosten sind sehr gering und die Unterhaltskosten niedrig. Man verwendet ihn zum Antrieb von Plattenspielern, Tonbandgeräten, Lüftern usw.

Sein Ständer besteht aus einem Dynamoblech-paket mit ausgeprägten Polen und einer Wechsel-stromerregerwicklung (Abb. 2). Die Pole haben einen Spalt. In diesem liegt ein Teil des Kurz-schlußringes aus Kupfer oder Aluminium, der einen Teil des Poles umschließt. Der Läufer besteht wie bei den anderen Käfigläufermotoren aus der Welle, dem Blechpaket und der in den Nuten liegenden Käfigwicklung.

Der Kurzschlußring ist als eine Wicklung zu be-trachten, die um einen Winkel β räumlich versetzt zur Hauptwicklung angeordnet ist. Beim Anschluß an eine Wechselspannung u_1 wird in dem Kurz-schlußring eine Spannung u_2 induziert, die dem Hauptfeld und damit dem Strom i_1 um 90° nacheilt. Es fließt ein Strom i_2, der der Spannung u_2 wegen des induktiven Blindwiderstandes des Kurzschluß-ringes nacheilt. Der Spaltpolmotor hat zwei räum-lich versetzt angeordnete Spulen, die von Strömen durchflossen werden, zwischen denen eine Pha-senverschiebung besteht. Ihre Magnetfelder über-lagern sich zu einem elliptischen Drehfeld. Es dreht sich vom Hauptpol in Richtung zum Spaltpol (Abb. 3). Der Läufer hat die gleiche Drehrichtung, da es sich hier um eine Asynchronmaschine handelt. Durch Umschalten kann die Drehrichtung nicht geändert werden.

Maschinen dieser Art zeigen das typische Be-triebsverhalten der Asynchronmaschinen. Auf-grund der Ständerform entstehen große Streu-felder. Die Verluste im Kurzschlußring sind relativ hoch. Die Maschinen haben deshalb einen schlechten Wirkungsgrad und kleinen Leistungs-faktor $\cos \varphi$.

Auch hier verwendet man bei kleinen Leistungen statt des Käfigläufers Läufer aus Massiveisen oder aus Kupfer bzw. Aluminium (Ferrarismotor). Man setzt Motoren dieser Art für Steuerungs- bzw. Regelungsaufgaben ein.

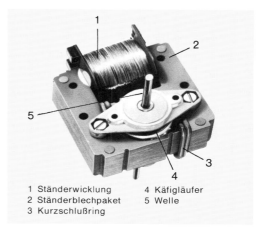

1 Ständerwicklung   4 Käfigläufer
2 Ständerblechpaket   5 Welle
3 Kurzschlußring

Abb. 2: Spaltpolmotor

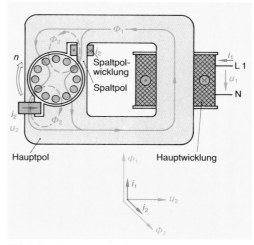

Abb. 3: Drehrichtung beim Spaltpolmotor

4.3.6 Linearmotor

Im Gegensatz zu den bisher besprochenen Ma-schinen ist der Linearmotor (Abb. 4) keine umlau-fende Maschine. Wie der Name schon aussagt, wird keine Drehbewegung, sondern eine lineare Bewegung erzeugt. Diese entsteht nach dem gleichen Prinzip wie bei den Asynchronmotoren.

Stellen Sie sich folgendes vor: Ein Käfigläufer-motor wird in Längsrichtung bis zur Mittelachse aufgesägt (Abb. 1a, S. 132). Werden nun der Stän-der und der Läufer geradegebogen, so erhält man den einen Typ des Linearmotors. Zersägt man den Motor in zwei Hälften und biegt die Ständer- und

Abb. 4: Magnetschwebebahn mit Linearmotor

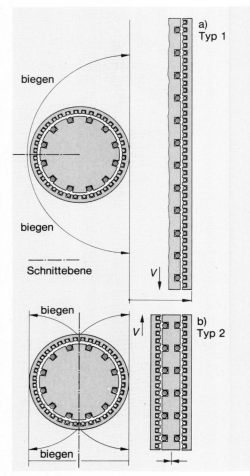

Abb. 1: Entstehung des Linearmotors aus dem
Drehstrom-Asynchronmotor

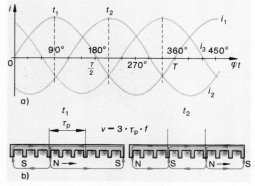

Abb. 2: Entstehung des Wanderfeldes eines
Linearmotors   a) Liniendiagramm der Ströme;
b) Verlauf der Magnetfelder zu den Zeitpunkten t_1 und t_2

Läuferhälften gerade, dann entsteht der andere
Typ des Linearmotors (Abb. 1b).

Man hat in beiden Fällen ein **Primärteil,** auch
Induktorkamm genannt, und ein **Sekundärteil,** das
Läufer- oder Reaktionsschiene genannt wird. Die
Wirkungsweise dieser Maschine ähnelt sehr der
drehenden Asynchronmaschine. Die Drehstromwicklung im Primärteil wird mit Drehstrom gespeist. Bei einer drehenden Maschine würde ein
Drehfeld entstehen. Hier kann das Magnetfeld nur
in eine Richtung wandern. Es entsteht ein **Wanderfeld** (Abb. 2). Dieses induziert in dem Sekundärteil
eine Spannung, es fließt ein Strom.

Stromdurchflossene Leiter befinden sich im Magnetfeld. Zwischen beiden wirkt eine Kraft. Diese
würde nach der Motorregel das Sekundärteil in die
gleiche Richtung wie das Wanderfeld bewegen
(vgl. 4.3.1.2).

Beim Linearmotor wird aber das Sekundärteil
festgehalten. Das freibewegliche Primärteil wird
damit in die entgegengesetzte Richtung zur Wan-
derfeldrichtung bewegt.

Die Geschwindigkeit, mit der sich das Wanderfeld
bewegt, hängt von der Polteilung τ_P und der
Frequenz f ab (Abb. 2). Die Bewegungsgeschwin-
digkeit v des Motors liegt unterhalb der Wander-
feldgeschwindigkeit v_f . Es muß wie bei der
Asynchronmaschine ein Schlupf s vorhanden sein,
damit eine Kraft entsteht.

Das Primärteil enthält die Wicklung zur Erzeugung
des Wanderfeldes, die in ein Dynamoblechpaket
eingelegt wird. Das Wanderfeld kann außer mit
einer Drehstromwicklung auch durch eine einphasige Wechselstromwicklung mit einer Hilfsspan-
nung erzeugt werden. Man verwendet in beiden
Fällen nicht die normale Spulenwicklung. Aus
Platzersparnis führt man sie als Scheibenwicklung
aus.

Das Sekundärteil ist sehr unterschiedlich aufgebaut. Es besteht entweder nur aus Magneteisen,
aus Magneteisen und leitendem Material, aus Magneteisen mit eingelegter Käfigwicklung oder nur
aus leitendem Material wie Kupfer oder Aluminium.
Der Luftspalt zwischen dem Primär- und dem Sekundärteil muß klein sein (vgl. 1.1.1). Da zwischen
beiden Teilen große Kräfte auftreten, müssen die
Befestigungen so ausgeführt werden, daß der Luftspalt eingehalten wird. Je nach Bauart hat man bei
einer Maschine mehrere Primärteile und mehrere
Sekundärteile.

Das Betriebsverhalten ist ähnlich wie bei Drehstrom-Asynchronmaschinen. Der Leistungsfaktor
$\cos \varphi$ und der Wirkungsgrad η hängen sehr von der
Bauart des Sekundärteiles ab. Ihre Werte liegen

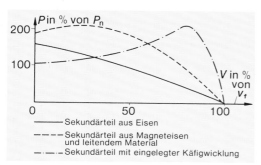

— Sekundärteil aus Eisen

- - - Sekundärteil aus Magneteisen
und leitendem Material

-·-·- Sekundärteil mit eingelegter Käfigwicklung

Abb. 3: Schubkraft-Geschwindigkeits-Kennlinie eines Linearmotors

aber niedriger als bei normalen Asynchronmotoren. Die Schubkraft-Geschwindigkeits-Kennlinie ist als Hochlaufkennlinie zu bezeichnen. Sie hängt ebenfalls sehr von der Bauart der Maschine ab (Abb. 3). Linearmotoren werden verwendet als Antrieb für Schiebetüren, Werkstore, Werkzeugmaschinen mit Wechselbewegungen, moderne Bahnen (Magnetschwebebahnen), Flugzeugstartrampen auf Flugzeugträgerschiffen usw.

Aufgaben zu 4.3.5.4 bis 4.3.6

1. Wie ändern sich die Betriebseigenschaften eines Drehstrom-Asynchronmotors, wenn er in Steinmetzschaltung betrieben wird?
2. Beschreiben Sie den grundsätzlichen Aufbau eines Spaltpolmotors!
3. In welche Richtung dreht sich der Läufer des Spaltpolmotors? Kann diese geändert werden?
4. Beschreiben Sie den Aufbau eines Linearmotors!
5. Von welchen Größen hängt die Geschwindigkeit des Linearmotors ab?
6. In welche Richtung bewegt sich der Linearmotor und wie kann sie geändert werden?
7. Wo werden Linearmotoren verwendet?

4.4 Synchronmaschinen

Die elektrische Energie wird überwiegend mit Synchronmaschinen erzeugt. Es sind, je nach der benötigten Stromart, **Drehstrom-Synchrongeneratoren** (Abb. 4) oder **Wechselstrom-Synchrongeneratoren** (Bahnbetrieb).

Die Synchronmaschine kann auch als Motor arbeiten. Der **Synchronmotor** wird aber nur als Spezialantrieb eingesetzt. Die Bezeichnung Synchronmaschine kommt daher, daß der Läufer beim Betrieb als Motor synchron mit dem Ständerdrehfeld umläuft.

4.4.1 Synchrongenerator

Wirkungsweise

Wird eine Spule in einem homogenen Magnetfeld mit konstanter Drehzahl gedreht, dann wird in ihr eine sinusförmige Spannung induziert (vgl. 1.1.2). Das Magnetfeld wird durch gleichstromdurchflossene Spulen oder Permanentmagnete erzeugt. Die Magnetpole befinden sich bei dieser Maschine außen im Ständer. Deshalb nennt man solche Maschinen **Außenpolmaschinen.** Bei Wechselstromgeneratoren dieser Art wird die elektrische Energie im Läufer erzeugt. Sie muß über Schleifringe und Kohlebürsten abgenommen werden, was bei großen Leistungen problematisch ist.

Bei **Innenpolmaschinen** (Abb. 1, S. 134) treten diese Schwierigkeiten nicht auf. Das Magnetfeld wird hier durch Pole am Läufer erzeugt. In der Ständerwicklung wird eine Wechselspannung induziert. Sie ist sinusförmig, wenn die magnetische Flußdichte B im Luftspalt sinusförmig verteilt ist (inhomogenes Feld) und der Läufer mit konstanter Drehzahl gedreht wird. Die sinusförmige Verteilung der Flußdichte im Luftspalt erreicht man beim

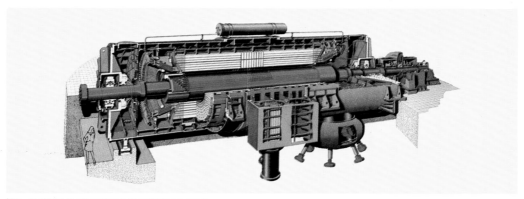

Abb. 4: 780 MVA-Drehstrom-Synchrongenerator

Abb. 1: Synchrongenerator (Innenpolmaschine)

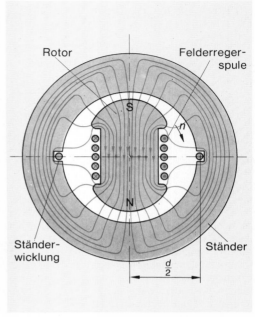

Abb. 2: Modell eines Wechselstrom-Innenpolgenerators im Schnitt

Polrad (Abb. 2) durch eine besondere Form der Polschuhe und beim Vollpolläufer (vgl. Abb. 3, S. 138) durch eine besondere Anordnung der Spulenstränge der Läuferwicklung. Die Frequenz f der erzeugten Wechselspannung hängt von Polpaarzahl p und Drehzahl n ab ($f = p \cdot n$), vgl. Tab 4.4

Tab. 4.4: Polpaarzahl und Drehzahl von Synchrongeneratoren bei $f = 50$ Hz

p	1	2	3	4	5
n in $\frac{1}{\text{min}}$	3000	1500	1000	750	600
p	6	7	8	9	... p
n in $\frac{1}{\text{min}}$	500	428,6	375	333,3	... $\frac{3000}{p}$

Bei Innenpolmaschinen muß, wenn keine Dauermagnete benutzt werden, nur die zur Erzeugung des Magnetfeldes mit Spulen benötigte **Erregerleistung** der Läuferwicklung über Schleifringe und Kohlebürsten zugeführt werden. Man baut deshalb Synchronmaschinen überwiegend als Innenpolmaschinen.

Besitzt die Innenpolmaschine im Ständer drei räumlich um 120° versetzt angeordnete Spulen, dann wird Drehstrom erzeugt (vgl. 2.1). Hat der Läufer mehr als zwei Polpaare, so muß die Ständerwicklung wie beim Drehstrom-Asynchronmotor ebenfalls mehrpolig ausgeführt werden (vgl. 4.3.1).

Betriebsverhalten

Das Betriebsverhalten wird im Versuch 4–7 am Beispiel eines Drehstrom-Synchrongenerators untersucht.

Der Versuch 4–7 zeigt, daß die Leerlaufspannung U_0 vom Erregerstrom abhängt. Der Verlauf der Leerlaufkennlinie (Abb. 3) ähnelt dem der Magnetisierungskennlinien (vgl. 1.1.1). Selbst beim Erregerstrom $I_f = 0$ A wird aufgrund der Remanenz des

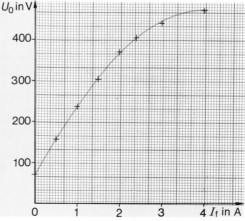

Abb. 3: Leerlaufkennlinie eines Synchrongenerators

Versuch 4–7: Betriebsverhalten eines Drehstrom-Synchrongenerators

Aufbau

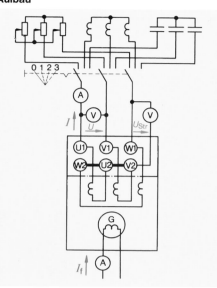

Durchführung

● Die Leerlaufspannung U_0 wird in Abhängigkeit von dem Erregerstrom I_f bei der Nenndrehzahl $n_N = 3000\frac{1}{min}$ gemessen.

● Die Klemmenspannung U wird in Abhängigkeit vom Belastungsstrom I bei der Nenndrehzahl n_N und dem Erregerstrom $I_f = 2{,}4\,A$ gemessen. Aus den Meßwerten wird die Scheinleistung S berechnet.

● Die Klemmenspannung U und der Strom I werden bei Belastung mit drei in Stern geschalteten Kondensatoren und drei in Stern geschalteten Spulen gemessen.

Meßergebnis:

I_f in A	0	0,5	1	1,5	2	2,4	3	4		
U_0 in V	70	157	235	303	370	405	440	470		

I in mA	0	60	100	150	200	250	270	300	350	400
U in V	405	402	400	395	392	390	385	380	370	365
S in VA	0	42	69	103	136	169	180	197	224	253

$C\curlywedge = 4\,\mu F$	$U = 520\,V$	$I = 0{,}3\,A$
$N = 600$	$U = 285\,V$	$I = 0{,}3\,A$

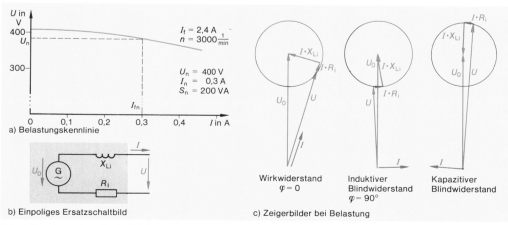

a) Belastungskennlinie

b) Einpoliges Ersatzschaltbild

c) Zeigerbilder bei Belastung

Wirkwiderstand $\varphi = 0$

Induktiver Blindwiderstand $\varphi = 90°$

Kapazitiver Blindwiderstand

Abb. 4: Synchrongenerator bei Belastung

Eisens eine Spannung induziert. Die Leerlaufspannung U_0 steigt bei steigendem Erregerstrom I_f zuerst sehr stark an. Bei hohen Erregerströmen nimmt sie dann nur noch wenig zu.

Die Leerlaufspannung U_0 hängt von der magnetischen Flußdichte B ab. Der Zusammenhang zwischen der magnetischen Flußdichte B und der magnetischen Feldstärke H wird bei Magnetkreisen mit Eisen in den Magnetisierungskennlinien dargestellt, da die Permeabilität μ von Eisen mit höherer Feldstärke abnimmt (vgl. 1.1.1). Die Feldstärke hängt proportional vom Erregerstrom ab. Deshalb steigt die Leerlaufspannung mit steigendem Erregerstrom gleichmäßig an, solange die Permeabilität μ konstant bleibt. Wird diese kleiner, so steigt die Leerlaufspannung nur noch geringfügig mit steigendem Erregerstrom an.

Der Versuch 4–7 zeigt weiterhin, daß die Klemmenspannung U abnimmt, wenn der Generator mit Wirkwiderständen belastet wird (Abb. 4a, S. 135). An seinem Innenwiderstand, der einen Wirk- und einen induktiven Blindanteil hat, tritt bei Belastung ein Spannungsabfall auf (Abb. 4b, S. 135). Da der Wirkanteil wesentlich kleiner ist als der Blindanteil, vernachlässigt man ihn in der Praxis häufig. Wird der Drehstrom-Synchrongenerator mit induktiven Widerständen belastet, dann sinkt die Klemmenspannung sehr stark ab. Bei Belastung mit Kondensatoren ist sie größer als die Leerlaufspannung U_0 (Abb. 4c, S. 135). Es ist üblich, die Zeigerdiagramme einphasig für die Strangwerte zu zeichnen.

Parallelschalten von Drehstrom-Synchrongeneratoren

In Kraftwerken speisen im allgemeinen mehrere Generatoren in das Energieversorgungsnetz ein. Man kann die Energieerzeugung dem Bedarf dadurch anpassen, daß nur eine entsprechende Anzahl Generatoren arbeitet. Wird mehr elektrische Energie benötigt, muß ein weiterer Generator in Betrieb genommen werden. Zuschalten kann man den Generator erst dann, wenn

- **Klemmenspannung** U und **Netzspannung** U übereinstimmen,
- **Frequenz** f und **Netzfrequenz** f gleich sind,
- **gleiche Phasenfolge** und
- **gleiche Phasenlage** wie im Netz

vorliegen.

Die **Klemmenspannung** U des Generators wird mit einem **Spannungsmesser** gemessen und durch Verändern des Erregerstromes I_f so eingestellt, daß sie mit der Netzspannung übereinstimmt.

Die **Frequenz** f wird durch Drehzahländerung eingestellt. Zur Überprüfung kann ein **Doppelfrequenzmesser** mit je einem Meßwerk für Netz und Generator benutzt werden.

Die **Phasenfolge** wird mit dem **Drehfeldanzeiger** überprüft. Sie kann durch Vertauschen der Anschlußleitungen geändert werden.

Die gleiche **Phasenlage** kann mit Hilfe der **Dunkelschaltung**, der **Hellschaltung**, der **Umlaufschaltung** oder des **Synchronoskops** (Abb. 1) durch Dreh-

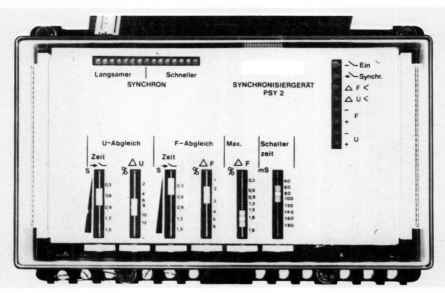

Abb. 1: Synchronisiereinrichtung

zahländerung eingestellt werden. **Synchronisier-schaltungen** verwendet man nur noch bei kleinen Leistungen oder in technischen Labors. In Kraftwerken benutzt man zur Synchronisation von Hand Synchronoskope. Meist werden dort die Generatoren durch **vollautomatische Synchronisiereinrichtungen,** oft von außerhalb des Kraftwerks liegenden Lastverteilerzentralen, zugeschaltet.

Nach dem Parallelschalten wird eine Lastverteilung vorgenommen. Dazu müssen der Erregerstrom I_f des Generators und die Leistung der Antriebsmaschine geändert werden. Die Drehzahl muß jedoch konstant bleiben.

Wird nach dem Zuschalten die Antriebsleistung des Synchrongenerators erhöht, dann liefert er Wirkleistung in das Energieversorgungsnetz. Der Läufer eilt dann dem bei Belastung im Ständer entstehenden Drehfeld ($n_f = \frac{f}{p}$) um den **Polradwinkel** ϑ voraus. Dessen Größe nimmt mit steigender Wirklastabgabe zu (Abb. 2).

Die von dem Synchrongenerator abgegebene Wirkleistung wird über die **Antriebsleistung** gesteuert.

Eine Änderung des Erregerstromes I_f hat eine Änderung der Blindlastabgabe zur Folge. Wird nach dem Zuschalten des Synchrongenerators der Erregerstrom I_f vergrößert, so liefert er induktive Blindleistung in das Energieversorgungssystem. Verringert man den Erregerstrom I_f, dann nimmt er induktive Blindleistung auf.

Die Größe und die Art der abgegebenen Blindleistung des Synchrongenerators wird mit dem **Erregerstrom** I_f festgelegt.

Damit die Läuferdrehzahl n bei plötzlichen Belastungsänderungen nicht stark schwankt, haben Synchrongeneratoren häufig eine **Dämpferwicklung,** die der Käfigwicklung eines Kurzschlußläufermotors entspricht.

4.4.2 Technische Ausführungen von Synchrongeneratoren

Synchrongeneratoren werden für Leistungen von einigen VA bis zu einigen GVA gebaut. Die Leistung wird wie bei Transformatoren in VA angegeben, da der Leistungsfaktor $\cos \varphi$ von der Belastung abhängt und die Maschine für einen bestimmten Strom und eine bestimmte Spannung ausgelegt ist. Je nach Verwendungsart haben diese Maschinen eine Nennspannung U_n von einigen Volt bis zu 27 kV. Es sind Dreh- oder Wechselstrommaschinen für Frequenzen von $16\frac{2}{3}$ Hz … 400 Hz. Kleinere Maschinen haben manchmal eingebaute Gleichrichter und geben deshalb Gleichspannung ab (Drehstromlichtmaschinen).

Synchrongeneratoren werden angetrieben von **Dampf-, Wasser-** oder **Gasturbinen,** sowie von **Verbrennungsmaschinen** oder von **Propellern** (Abb. 3).

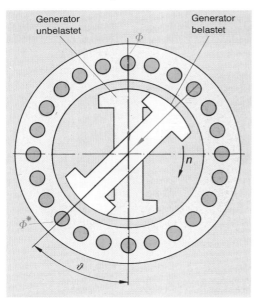

Abb. 2: Polradwinkel ϑ bei Belastung des Synchrongenerators

Abb. 3: Dampfturbine für einen Großgenerator beim Zusammenbau

Rohrleitungen für Wasserkühlung in den Nuten der Ständerwicklung

Abb. 1: Ständerwicklung eines wassergekühlten Drehstromgenerators

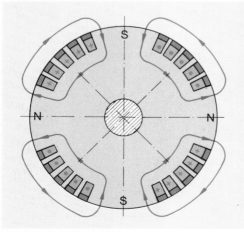

Abb. 2: Turboläufer im Schnitt

1 Läuferballen
2 Läuferkappe
3 Gebläse
4 Wasserkammer
5 Stromzuführungsbolzen
6 ES – Wellenschenkel
7 Wasserzuführung in der Läuferwelle
8 Isolier – Schlauchleitung
9 Wasseranschlüsse an der Läuferwicklung
10 Läuferwicklung

Abb. 3: Vollpol- oder Turboläufer

Die Ständerwicklung ist bei allen Synchrongeneratoren gleichartig. Sie liegt in den Nuten des Ständerblechpaketes (Abb. 1). Bei großen Generatoren wird direkt mit Wasser oder Gas gekühlt.

Kleinere Generatoren haben die gleiche Ständerwicklung wie gleich große Asynchronmaschinen.

Die Läuferbauart hängt von der Drehzahl n der Antriebsmaschine, der Frequenz f und der Nennleistung S_N des Generators ab. Kraftwerksgeneratoren haben bei Drehzahlen ab $n = 1500 \frac{1}{min}$ bei der Netzfrequenz $f = 50$ Hz und ab einer Leistung von ca. 10 MVA wegen der hohen mechanischen Beanspruchung **Vollpol- oder Turboläufer** (Abb. 2 und 3). Unterhalb der vorgenannten Leistungsgrenze und bei niedrigen Drehzahlen verwendet man Läufer mit ausgeprägten Polen. Man nennt diese **Polrad** oder **Schenkelpolläufer** (Abb. 5). Langsam laufende Maschinen (z. B. in Wasserkraftwerken) haben sehr viele Pole. Maschinen kleiner Leistung (z. B. Drehstromlichtmaschinen) haben **Klauenpolläufer** oder **Permanentmagnetläufer.**

Zum Aufbau des Magnetfeldes benötigt der Synchrongenerator Erregerleistung. Diese wird in einem an der Welle angekuppelten Generator erzeugt **(Eigenerregung).**

Er ist entweder ein selbsterregter Gleichstromgenerator (vgl. 4.5.1) oder bei großen Leistungen ein Generator **(Haupterregergenerator),** der selbst seinen Erregerstrom aus einem dritten angekuppelten selbsterregten Gleichstromgenerator **(Hilfserregergenerator)** erhält. Bei modernen Großgeneratoren verwendet man heute als Haupterregergenerator nicht wie früher einen Gleichstromgenerator, sondern Drehstrom-Synchrongeneratoren in Außenpolbauweise. Der Drehstrom wird in der Läuferwicklung erzeugt, mit auf die Welle befindlichen Gleichrichtern gleichgerichtet und direkt der Erregerwicklung der Hauptmaschine zugeführt (Abb. 4). Die Hilfserregermaschine hat häufig einen Permanentmagnetläufer (Abb. 6).

Der Erregerstrom der Hauptmaschine wird über die Spannung der (Haupt-) Erregermaschine gesteuert. Diese wird mit Hilfe ihres Erregerstromes verändert.

Bei selbstregelnden bürstenlosen Drehstrom-Synchronmaschinen ist die Drehstromerregermaschine mit im Ständergehäuse untergebracht (Abb. 7). Eine Regeleinrichtung sorgt dafür, daß bei Inselbetrieb die Klemmenspannung bei Belastung nur um ±2% schwankt.

Synchrongeneratoren kleinerer Leistung mit eingebauten Gleichrichtern werden auch zur Erzeugung von Gleichstrom benutzt (Lichtmaschinen).

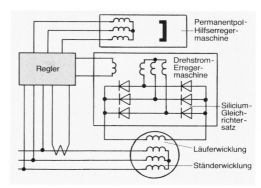

Abb. 4: Bürstenlose Erregung

Abb. 5: Läufer mit ausgeprägten Polen

1 Kupplung
2 Gleichrichterrad mit eingebauten Dioden
3 Anker der Haupterregermaschine
4 Lüfter
5 Permanentpolrad

Abb. 6: Erregersatz mit rotierenden Dioden

Abb. 7: Bürstenloser Drehstromgenerator

Aufgaben zu 4.4.1 und 4.4.2

1. Nennen Sie die Unterschiede zwischen Innenpol- und Außenpolmaschine.

2. Unter welchen Bedingungen entsteht in den Spulen der Innenpolmaschine sinusförmiger Drehstrom?

3. Von welchen Größen hängt die Frequenz des erzeugten Drehstromes ab?

4. Welchen Verlauf zeigt die Leerlaufkennlinie des Synchrongenerators?

5. Wie ändert sich die Klemmenspannung des Synchrongenerators bei Belastung?

6. Unter welchen Bedingungen können Drehstrom-Synchrongeneratoren parallel geschaltet werden?

7. Wie wird die Phasenlage und die Phasenfolge vor dem Zuschalten des Synchrongenerators kontrolliert?

4.4.3 Synchronmotoren

Wirkungsweise

Wird die Ständerwicklung einer Drehstrom-Synchronmaschine an ein Drehstromnetz angeschlossen, dann entsteht in dieser Maschine ein Drehfeld. Wirft man den Läufer in Drehfelddrehrichtung an, dann nimmt der Nordpol des Drehfeldes den Südpol des Läufers und der Südpol des Drehfeldes den Nordpol des Läufers mit. Der Läufer dreht sich mit der Drehfelddrehzahl weiter, die sich mit der bekannten Formel $n_f = \frac{f}{p}$ errechnet. Er dreht synchron mit dem Drehfeld. Die Maschine arbeitet als Motor (vgl. Versuch 4–2, S. 108). Der Versuchsaufbau zur Bestimmung der Drehfelddrehrichtung ist ein Modell des Synchronmotors.

Betriebsverhalten

Wird die Ständerwicklung einer Drehstrom-Synchronmaschine eingeschaltet und der Läufer mit einem Anwurfmotor angeworfen, dann dreht sich dieser mit Drehfelddrehzahl weiter. Kleine Synchronmaschinen haben Dämpferwicklungen. Diese bewirken, daß der Motor asynchron anlaufen kann. Die Dämpferwicklung wirkt dann wie die Käfigwicklung im Kurzschlußläufermotor (vgl. 4.3.2). Ist die Drehzahl genügend hoch, dann geht die Maschine in den synchronen Lauf über. Überbrückt man die Erregerwicklung, so kann die Maschine in gleicher Weise anlaufen, denn diese wirkt dann als Kurzschlußwicklung. Hat sich eine gleichbleibende Drehzahl eingestellt, dann wird die Kurzschlußbrücke entfernt und die Erregung eingeschaltet. Die Maschine geht dann ebenfalls in den synchronen Lauf über.

Bei Belastung des Synchronmotors ändert sich seine Drehzahl nicht. Mit steigender Belastung eilt der Läufer dem Drehfeld mit größer werdendem Polradwinkel ϑ (Lastwinkel) nach (Abb. 1). Der voreilende Ständernordpol wirkt auf den Läufersüdpol ziehend, der nacheilende Ständersüdpol schiebend. Wird das Kippmoment überschritten, dann kommt der Läufer zum Stillstand.

> Die Drehzahl von Synchronmotoren ändert sich bei Lastschwankungen nicht. Bei Überlast fällt der Motor **außer Tritt** und die Drehzahl geht auf $n = 0$ zurück.

Synchronmotor als Phasenschieber

Die Blindleistung, die ein Synchronmotor dem Energieversorgungsnetz entnimmt, kann in Größe und Art mit dem Erregerstrom I_f gesteuert werden. Dies wird im Versuch 4–8 untersucht.

Die Meßergebnisse wurden in das Diagramm (Abb. 2) eingetragen. Es ist zu sehen, daß bei einer gegebenen Belastung M der Eingangsstrom I bei einem bestimmten Erregerstrom I_f einen Minimalwert annimmt. Es gilt dann: $\cos \varphi = 1$.

Wird der Erregerstrom I_f verringert (Untererregung), steigt der Eingangsstrom I des Motors an.

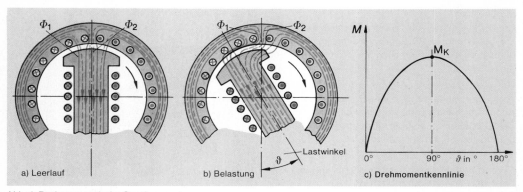

a) Leerlauf   b) Belastung   c) Drehmomentkennlinie

Abb. 1: Drehmoment beim Synchronmotor

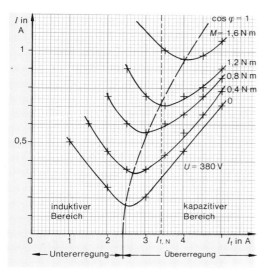

Abb. 2: Eingangsströme bei unterschiedlicher Belastung und unterschiedlichen Erregerströmen

Er hat einen induktiven Blindstromanteil. Der Leistungsfaktormesser zeigt im induktiven Bereich Werte von $\cos\varphi < 1$ an. Vergrößert man den Erregerstrom I_f, so steigt ebenfalls der Eingangsstrom I an. Nun hat dieser einen kapazitiven Blindstromanteil. Der Leistungsfaktormesser zeigt ebenfalls Werte von $\cos\varphi < 1$ an, die aber im kapazitiven Bereich liegen.

Mit dem Erregerstrom I_f kann die Blindleistungsaufnahme des Synchronmotors gesteuert werden. Bei Untererregung nimmt er induktive Blindleistung auf, bei Übererregung gibt er induktive Blindleistung ab und nimmt kapazitive Blindleistung aus dem Netz auf. Er verhält sich dann wie ein Kondensator und verbessert den Leistungsfaktor des Netzes.

In der Praxis benutzt man deshalb den Synchronmotor anstelle von Kondensatoren als dynamischen Phasenschieber zur Blindstromkompensation. Der Motor wird dabei übererregt und häufig im Leerlauf betrieben.

Versuch 4–8:   Belastungskurve bei unterschiedlichen Erregerströmen (V-Kurven)

Aufbau:

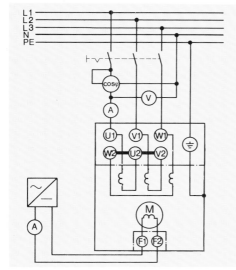

Durchführung:

- Der Motor wird in Betrieb genommen.
- Der Erregerstrom I_f wird bei konstant gehaltener Belastung verändert. Dabei werden der Eingangsstrom I und der Leistungsfaktor $\cos\varphi$ gemessen.

Hinweis: $\cos\varphi$ normal: kapazitiv; fett: induktiv

Ergebnis

M in Nm / I_f in A		0	0,4	0,8	1,2	1,6
1	I in A	0,5				
	$\cos\varphi$	0,5				
1,5	I in A		0,6			
	$\cos\varphi$		0,55			
2	I in A	0,25	0,45	0,75		
	$\cos\varphi$	0,75	0,75	0,75		
2,5	I in A	0,15	0,35	0,6	0,9	
	$\cos\varphi$	1	0,95	0,9	0,75	
3	I in A	0,2	0,35	0,55	0,75	1,22
	$\cos\varphi$	**0,7**	**0,95**	1	0,92	0,8
3,5	I in A		0,43	0,6	0,7	1
	$\cos\varphi$		**0,8**	**0,9**	1	0,95
4	I in A	0,45	0,55	0,65	0,75	0,95
	$\cos\varphi$	**0,35**	**0,6**	**0,85**	**0,92**	1
4,5	I in A		0,65	0,75	0,8	0,97
	$\cos\varphi$		**0,5**	**0,75**	**0,82**	**0,98**
5	I in A	0,7	0,78	0,85	0,9	1,05
	$\cos\varphi$	**0,2**	**0,4**	**0,65**	**0,75**	**0,9**

Abb. 1: Kleine Synchronmotoren

Abb. 2: Schrittmotoren

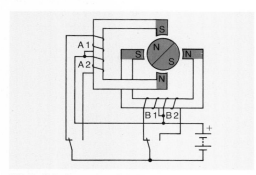

Abb. 3: Schaltung eines Schrittmotors

Kleine Synchronmotoren

Synchronmotoren haben gegenüber anderen Motoren den Vorteil, daß die Drehzahl bei Belastung konstant ist. Sie ist nur abhängig von der Frequenz der Netzspannung.

Bei kleinen Leistungen benutzt man diese Motoren immer dann, wenn eine hohe Laufgenauigkeit verlangt wird und die Drehzahl sehr genau gesteuert werden muß.

Die Abb. 1 zeigt einige **Synchron-Kleinmotoren.** Es sind Kondensatormotoren (vgl. 4.3.5.3). Das Drehfeld wird mit Wechselstrom und einem Kondensator in der Hilfsphase erzeugt. Im Läufer haben die Motoren Dauermagnete. Sie sind deshalb wartungsarm. Im frequenzgeregelten Wechselstromnetz haben sie einen zeitgenauen Lauf. Sie werden für Leistungen bis zu 5W gebaut. Wegen ihrer Drehzahlkonstanz benutzt man sie zum Antrieb von Uhren.

Bei **Hysteresemotoren** wird im Ständer ebenfalls ein Drehfeld erzeugt. Im Läufer haben sie aber statt einer Wicklung einen Zylinder aus hartmagnetischem Werkstoff. Nach dem Einschalten läuft der Motor asynchron an, denn der Magneteisenzylinder wirkt als Kurzschlußwicklung. Da der Läufer aus Magneteisen mit hoher Remanenz besteht, ist er magnetisch gepolt. Er geht deshalb nach dem Anlauf in den synchronen Lauf über. Der Ständer wird oft mit Spaltpolen ausgeführt. Motoren dieser Art verwendet man z.B. in der Regelungs- und in der Phonotechnik.

Der **Reluktanzmotor** ist ein Drehfeldmotor mit einem Läufer mit ausgeprägten Polen, die jedoch keine Erregerwicklung haben. Er läuft asynchron an, da der Läufer als Kurzschlußläufer anzusehen ist. Dann geht er in den synchronen Lauf über, denn der magnetische Fluß des Drehfeldes verläuft durch den kleinen Luftspalt und durch die Läuferpole. Hier ist der kleinste magnetische Widerstand. Wegen ihrer schlechten Betriebseigenschaften werden Motoren dieser Art nur für kleine Leistungen gebaut. Man verwendet sie z.B. als Antrieb für Uhren oder in der Textilindustrie.

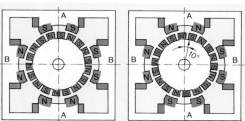

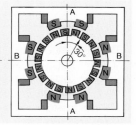

Abb. 4: Funktion eines Schrittmotors

Elektronikmotoren

Es sind Kommutatormotoren mit elektronisch kommutiertem Statorstrom.

In der Regelungstechnik werden häufig **fremdgesteuerte Elektronikmotoren,** die **Schrittmotoren** (Abb. 2), eingesetzt. Sie wandeln digitale elektrische Steuerbefehle in proportionale Winkelschritte um. Bei jedem Steuerimpuls dreht sich die Welle um einen Schritt weiter. Die Schrittbewegung geht bei hohen Schrittfolgen in eine kontinuierliche Drehbewegung über. Die Drehrichtung läßt sich leicht umkehren.

Es gibt verschiedene Schaltungen von Schrittmotoren. Am zweiphasigen Schrittmotor im Unipolarbetrieb (Abb. 3) soll hier die Funktionsweise erklärt werden. Bei der gezeichneten Schaltstellung (Wicklungsteil A_1 und B_1 sind erregt), hat der Läufer die angegebene Stellung. Wird nun umgeschaltet von Wicklungsteil A_1 auf A_2, kehrt sich die Polung im Ständer A um. Der Läufer dreht dann um 90° (Schrittwinkel α) weiter. Wird jetzt in der Wicklung B umgeschaltet, dann erfolgt eine weitere Drehung um 90°. Jede Umschaltung, nacheinander in Wicklung A und in Wicklung B, hat eine Drehung des Läufers um den Schrittwinkel 90° zur Folge. Für technische Anwendungen ist dieser Schrittwinkel zu groß. Er hängt ab von der Polpaarzahl p des Läufers und von der Phasenzahl m des Motors. Es ist

Schrittwinkel $\quad \boxed{\alpha = \dfrac{360°}{2 \cdot m \cdot p}}$

Man erkennt, daß man bei kleinen Schrittwinkeln mit großen Läuferpolzahlen arbeiten muß. Abb. 4 zeigt das Schema eines zweiphasigen Motors mit 18poligem Läufer. Der Läufer besteht aus einem Nordpolrad und dem dahinter befindlichen Südpolrad, die um eine halbe Polteilung verschoben montiert wurden. Jeder Ständerpol hat zwei Polzähne. Läufer und Ständer haben gleiche Polteilung. Wird die Spannung in der Wicklung A umgeschaltet, haben wir dort eine Poländerung. Der Läufer dreht um den Schrittwinkel α weiter. Wird dann die Wicklung B umgeschaltet, erfolgt ein weiterer Winkelschritt. Jede Umschaltung, in Wicklung A oder in Wicklung B, hat einen Winkelschritt von

$$\alpha = \frac{360°}{2 \cdot m \cdot p} = \frac{360°}{2 \cdot 2 \cdot 9} = 10°$$

zur Folge.

Mit Hilfe der **Schrittzahl** z (Anzahl der Schritte pro Umdrehung) und der **Schrittfrequenz** f_z (Anzahl der Schritte pro Sekunde) bzw. der **Steuerfrequenz** f_S

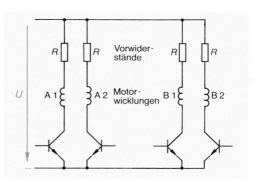

Abb. 5: Leistungsstufe für Schrittmotoren

(normalerweise gilt $f_z = f_S$) kann die Drehzahl n des Schrittmotors bestimmt werden.

$$n = \frac{f_z}{Z}$$

Die Umschaltung der Wicklungen erfolgt in der Regel über Leistungstransistoren (Abb. 5). Diese elektronischen Wechselrichter werden mit der Steuerfrequenz f_S angesteuert (vgl. 7.9).

Bei Ansteuerung durch einen Rotorlagegeber am Läufer des Motors spricht man von **selbstgesteuerten Elektronikmotoren.**

Schrittmotoren werden außer in der Regelungstechnik in Schreibmaschinen, Druckmaschinen, schreibenden Meßgeräten, Fernschreibern, Taxametern, Fahrtenschreibern usw. eingesetzt.

Aufgaben zu 4.4.3

1. Woher rührt der Name Synchronmaschine?
2. Warum kann ein normaler Synchronmotor nicht von allein anlaufen?
3. Welche Möglichkeiten gibt es, den Synchronmotor auf die synchrone Drehzahl zu bringen?
4. Mit welcher Drehzahl dreht sich der Läufer des Synchronmotors? Welche Drehrichtung hat er und wie kann diese geändert werden?
5. Wie verhält sich der Synchronmotor bei Belastung?
6. Unter welchen Bedingungen kann der Synchronmotor als Phasenschieber zur Blindstromkompensation verwendet werden?
7. Wann verwendet man Synchronmotoren kleiner Leistung?
8. Wodurch unterscheiden sich Hysteresemotoren und Reluktanzmotoren von normalen Synchronmotoren?
9. Worauf beruht der Name Schrittmotor?
10. Von welchen Motorgrößen hängt der Schrittwinkel α beim Schrittmotor ab?
11. Beschreiben Sie die Funktion des Schrittmotors!
12. Wodurch unterscheiden sich Schrittmotoren von selbstgesteuerten Elektronikmotoren?

1 Welle   6 Bürstenhalter mit
2 Lüfter   Kohlebürsten
3 Läufer   7 Lagerschild
4 Hauptpol   8 Stromwender (Kollektor)
5 Klemmkasten   9 Gehäuse

Abb. 1: Maschine mit Stromwender

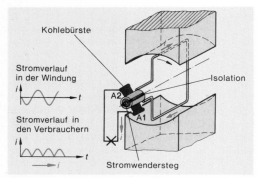

Abb. 2: Modell eines Gleichstromgenerators

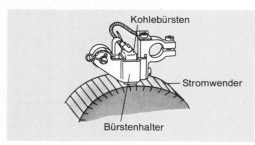

Abb. 3: Kohlebürsten-Haltevorrichtung

4.5 Stromwendermaschinen

Es gibt Drehstrom-, Wechselstrom- und Gleichstrommaschinen mit **Stromwendern** (auch **Kollektor** und **Kommutator** genannt).

Die ältesten und bekanntesten Maschinen dieser Art sind die Gleichstrommaschinen. Diese werden zuerst besprochen.

4.5.1 Gleichstromgeneratoren

Gleichstrommaschinen (Abb. 1) haben im Ständer meistens ausgeprägte Pole. Die Spulenenden der Läuferwicklung sind an die Kupferstege des Stromwenders angelötet.

Bei Gleichstromgeneratoren wird über Kohlebürsten die in der Läuferwicklung erzeugte elektrische Energie abgeführt, bei Gleichstrommotoren wird sie dort zugeführt. Gleichstromgeneratoren werden als Erregergenerator bei Drehstromgeneratoren eingesetzt (vgl. 4.4.2).

4.5.1.1 Wirkungsweise von Gleichstromgeneratoren

Die Abb. 2 zeigt das Modell eines Gleichstromgenerators. Eine Spule wird durch ein Magnetfeld gedreht. In der Spule wird dann, wie Ihnen aus 1.1.2 bekannt ist, eine Wechselspannung induziert. Diese wird mit dem **Stromwender** gleichgerichtet und nach außen übertragen.

Dieser Vorgang kann mit Hilfe der Abb. 4 erklärt werden. Es werden dort die Strom- und Spannungsrichtungen zu den Zeitpunkten t_1 bis t_6 betrachtet.

Zum Zeitpunkt t_1 und t_2 befindet sich der Leiter 1 unter dem Nordpol und der Leiter 2 unter dem Südpol. Nach der **Rechte-Hand-Regel** ergeben sich dann die eingezeichneten Strom- und Spannungsrichtungen. Zum Zeitpunkt t_3 befindet sich die Spule in der **magnetisch neutralen Zone des Magnetfeldes.** Dort entsteht keine Magnetflußänderung. Darum wird auch keine Spannung induziert.

Dreht sich die Spule weiter, so wird wieder eine Spannung erzeugt. Zu den Zeitpunkten t_4 und t_5

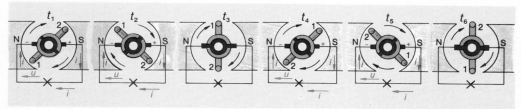

Abb. 4: Funktionsweise des Stromwenders

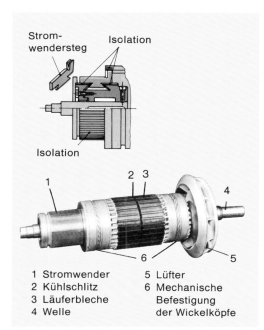

1 Stromwender   5 Lüfter
2 Kühlschlitz   6 Mechanische
3 Läuferbleche   Befestigung
4 Welle   der Wickelköpfe

Abb. 5: Stromwender

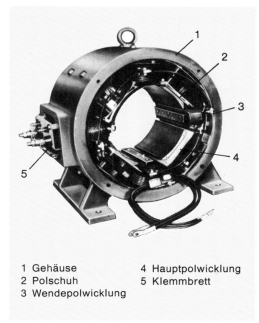

1 Gehäuse   4 Hauptpolwicklung
2 Polschuh   5 Klemmbrett
3 Wendepolwicklung

Abb. 6: Ständer einer Gleichstrommaschine

befindet sich nun aber der Leiter 1 unter dem Südpol und der Leiter 2 unter dem Nordpol. Dadurch ändern sich die Strom- und Spannungsrichtungen in der Spule. Die Strom- und Spannungsrichtung im äußeren Stromkreis bleibt aber erhalten, da sich der Stromwender mitgedreht hat. Zum Zeitpunkt t_6 befindet sich die Spule wieder in der neutralen Zone des Magnetfeldes. Es wird keine Spannung induziert.

Diese Vorgänge wiederholen sich, solange die Spule gedreht wird. Im äußeren Stromkreis fließt dann ein **pulsierender** Gleichstrom (Abb. 2).

Der Stromwender richtet bei Gleichstromgeneratoren den in der Läuferwicklung erzeugten Wechselstrom gleich.

In der Praxis setzt sich die Läuferwicklung aus mehreren Spulen mit vielen Windungen zusammen. Diese werden in die Nuten des Läuferblechpaketes eingelegt. Die Spulenenden werden an die Stromwendersteg (Lamellen) angelötet (Abb. 5). Je nach Schaltung sind die Spulen in Reihe und parallel geschaltet. Die Bürsten sind in der **neutralen Zone des Stromwenders** angeordnet. Dort ist die Spannung zwischen zwei benachbarten Lamellen nahezu gleich Null.

Die Kohlebürsten sind so breit, daß sie zwei Lamellen überbrücken (Abb. 3). Dadurch wird eine

Unterbrechung des Stromflusses vermieden. Besteht zwischen den Lamellen in der neutralen Zone eine Spannung, so wird diese durch die Bürsten überbrückt. In dem kurzgeschlossenen Wicklungsteil fließt ein Strom, der ein Magnetfeld aufbaut. Wird die Überbrückung aufgehoben, baut sich das Magnetfeld ab und es entsteht eine Selbstinduktionsspannung. Der dadurch fließende Strom erzeugt am Stromwender das **Bürstenfeuer.** Um dieses zu vermeiden, verschiebt man die Bürsten in geringem Maße in Drehrichtung auf dem Stromwender.

Das Magnetfeld wird durch die Hauptwicklung im Ständer erzeugt. In herkömmlichen Maschinen besteht sie aus Ringspulen, die auf den Polkernen stecken (Abb. 6). Der Magnetfluß Φ tritt aus den auf den Polkernen aufgeschraubten Polschuhen heraus bzw. ein.

Die Polschuhe, das Läufermagneteisen und aus baulichen Gründen manchmal die Polkerne sind zur Verringerung der Wirbelstromverluste geblecht. Im Ständer wird der Magnetkreis über das Ständerjoch geschlossen (Abb. 1, S. 156). Moderne Gleichstrommaschinen werden zur Vereinheitlichung nicht mehr mit ausgeprägten Polen hergestellt. Die Haupt- und Wendepolwicklung liegen in den Nuten eines genormten Drehstromständerblechpaketes.

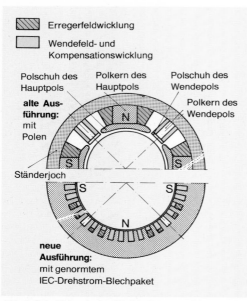

Abb. 1: Schnitt durch eine Gleichstrommaschine
herkömmlicher und moderner Bauart

Urspannung – Leerlaufspannung

Die in der Läuferwicklung erzeugte Spannung wird mit Quellenspannung und Urspannung U_{or} bezeichnet. In der Praxis arbeitet man mit der Leerlaufspannung U_0, die an den Klemmen der Generatoren gemessen werden kann. Beide sind nahezu gleich groß. Von welchen Größen die Leerlaufspannung abhängt, wird im Versuch 4–9 untersucht.

In die Diagramme Abb. 2 und 4 sind die Meßergebnisse eingetragen. Die Leerlaufspannung U_0 ist danach proportional der Drehzahl n. Bei diesem Versuch wurden die Läuferspulen mit unterschiedlicher Drehzahl durch das gleichbleibende Magnetfeld bewegt.

Die in der Läuferwicklung induzierte Spannung U_0 errechnet sich dann mit

$U_0 = B \cdot l \cdot v \cdot z$ (vgl. 4.1.2).

U_0: in der Spule induzierte Spannung
 l: wirksame Leiterlänge
 v: Geschwindigkeit der Leiter
 z: Anzahl der hintereinander geschalteten Leiter
     der Spule

Versuch 4–9:   **Leerlaufspannung eines Gleichstromgenerators**

Aufbau

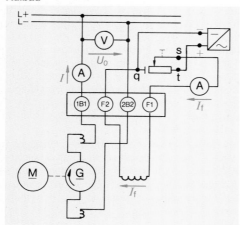

Durchführung

● Beim Nennerregerstrom $I_{f,n}$ wird die Abhängigkeit der Leerlaufspannung U_0 von der Drehzahl n gemessen (Leerlauf: $I = 0\,A$).

● Der Erregerstrom I_f wird bei konstanter Drehzahl n verändert. Dabei wird die Leerlaufspannung U_0 gemessen.

Ergebnis

	n in $\dfrac{1}{\min}$	0	500	1000	1500	2000	2100	2500
$I_{f,n} = 75\,\text{mA}$	U_0 in V	0	27	53	80	106	110	132

	I_f in mA	0	20	40	60	75	80	100	120	140
$n = 2100\,\dfrac{1}{\min}$	U_0 in V	8	35	64	90	110	115	137	150	160

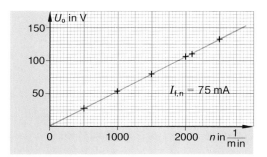

Abb. 2: Abhängigkeit der Leerlaufspannung U_0 von der Drehzahl n

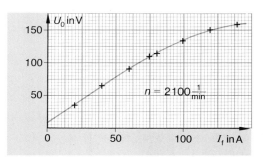

Abb. 4: Abhängigkeit der Leerlaufspannung U_0 vom Erregerstrom I_f

Da die Leitergeschwindigkeit v hier direkt von der Drehzahl abhängt (vgl. 4.2.3), muß die im Läufer oder Anker induzierte Läufer- oder Ankerleerlaufspannung U_0 proportional der Drehzahl sein.

Die Flußdichte B der Maschine hängt von dem Erregerstrom I_f und von der Permeabilität μ des Magneteisens ab (vgl. 1.1.1). Mit steigendem Erregerstrom I_f wird diese kleiner, da dann die magnetische Sättigung erreicht wird. Die Leerlaufspannung U_0 nimmt dadurch, wie im Diagramm (Abb. 4) zu sehen, mit steigendem Erregerstrom I_f immer weniger zu. Der Kurvenverlauf entspricht dem einer Magnetisierungskurve.

Die Leerlaufspannung U_0 eines Gleichstromgenerators hängt von dem Erregerstrom I_f und der Drehzahl n ab.

Ankerrückwirkung

Wird der Generator belastet, fließt ein Strom I_a durch die Läuferwicklung. Dadurch entsteht im Läufer (Anker) ein Magnetfeld, das quer zum Hauptfeld gerichtet ist (Abb. 3). Die Stärke dieses **Ankerquerfeldes** hängt von der Größe des Anker-

stromes I_a ab, d.h. von der Belastung. Es überlagert sich dem Hauptfeld. Dieses wird an der einen Polkante geschwächt und an der anderen gestärkt. Da die Gleichstrommaschinen im magnetischen Sättigungsbereich arbeiten, wirkt sich diese Stärkung nicht aus. Das Hauptfeld wird durch das Ankerquerfeld geschwächt.

Die neutrale Zone des Magnetfeldes und die auf dem Stromwender verschieben sich durch die Ankerrückwirkung um den Winkel α. Die Kohlebürsten stehen dann in einem Bereich, in dem zwischen den Lamellen Spannungen bestehen. Dadurch verstärkt sich das Bürstenfeuer, was zusätzlichen Bürsten- und Lamellenbrand zur Folge hat. Um diesen zu vermeiden, müssen die Bürsten um den Winkel α in Drehrichtung verschoben werden. Bei jeder Laständerung müssen sie verstellt werden.

Um die Ankerrückwirkung aufzuheben, muß man das Ankerquerfeld durch gleich große entgegengerichtete Magnetfelder aufheben. Dazu werden in der elektrisch neutralen Zone der Maschine die **Wendepole** und in den Polschuhen die **Kompensationswicklung** eingebaut (Abb. 1, S. 148).

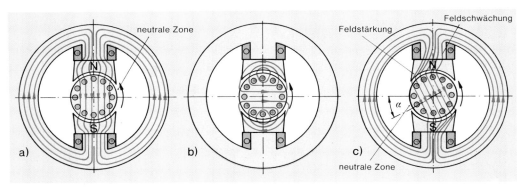

Abb. 3: Ankerrückwirkung (vereinfachte Darstellung)
a) Hauptfeld des unbelasteten Generators; b) Ankerquerfeld des belasteten Generators; c) Gesamtfeld des belasteten Generators

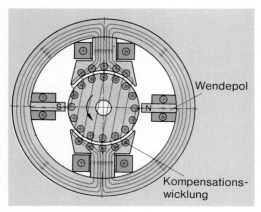

Abb. 1: Gleichstrommaschine mit Wendepol- und Kompensationswicklung im Schnitt

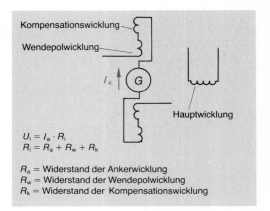

$$U_i = I_a \cdot R_i$$
$$R_i = R_a + R_w + R_k$$

R_a = Widerstand der Ankerwicklung
R_w = Widerstand der Wendepolwicklung
R_k = Widerstand der Kompensationswicklung

Abb. 2: Schaltung der Anker-, Wendepol- und Hauptwicklung einer Gleichstrommaschine

Die Ströme in der Wendepol- und Kompensationswicklung müssen so gerichtet sein, daß ihre Magnetfelder das Ankerquerfeld in dem jeweiligen Bereich aufheben. Die Größe des Ankerquerfeldes hängt vom Ankerstrom ab. Schaltet man die Wendepol- und die Kompensationswicklung mit der Ankerwicklung in Reihe, so hängt deren Feld ebenfalls vom Ankerstrom ab. Dem Ankerquerfeld stehen dadurch immer Magnetfelder entsprechender Größe entgegen (Abb. 2). Das erhöhte Bürstenfeuer wird dadurch nahezu vermieden. In der Praxis begnügt man sich in der Regel, vor allem bei kleinen Leistungen, mit dem Einbau nur einer Wendepolwicklung.

Aufgaben zu 4.5.1.1

1. Wie ist eine Gleichstrommaschine grundsätzlich aufgebaut?
2. Welche Aufgabe hat der Stromwender bei Gleichstromgeneratoren?
3. Von welchen Größen hängt die in einem Gleichstromgenerator erzeugte Spannung ab?
4. Was versteht man beim Gleichstromgenerator unter den neutralen Zonen?
5. Warum entsteht am Stromwender Bürstenfeuer?
6. Welche Folgen hat die Ankerrückwirkung bei Gleichstrommaschinen?
7. Wie kann die Ankerrückwirkung aufgehoben werden?
8. Warum schaltet man die Wendepol- und die Kompensationswicklung in Reihe mit der Ankerwicklung?
9. Warum steigt die Leerlaufspannung eines Gleichstromgenerators nicht proportional mit dem Erregerstrom an?

4.5.1.2 Betriebsverhalten und Schaltungen

Zur Erzeugung des Ständermagnetfeldes wird Erregerleistung benötigt. Wird diese von einer fremden Spannungsquelle geliefert, spricht man von **Fremderregung**. Speist der Generator sein Magnetfeld selbst, so liegt **Selbsterregung** vor. Bei der Inbetriebnahme könnten Probleme auftreten, denn ein Erregerstrom I_f fließt erst dann, wenn eine Spannung U an der Feldwicklung anliegt. Aufgrund der Remanenz des Magnetfeldes wird aber eine Spannung induziert, sobald sich der Läufer dreht. Diese Spannung und der dadurch fließende Erregerstrom beeinflussen sich so, daß sehr schnell die Endwerte erreicht werden. Man muß darauf achten, daß die Remanenz nicht durch falsche Stromrichtung in der Erregerwicklung aufgehoben wird.

Das Prinzip der Selbsterregung entdeckte **Werner von Siemens**[1] 1866. 1867 baute er die erste tech-

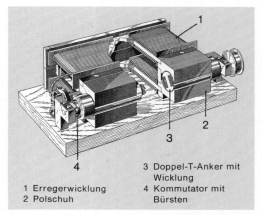

1 Erregerwicklung
2 Polschuh
3 Doppel-T-Anker mit Wicklung
4 Kommutator mit Bürsten

Abb. 3: Erste Dynamomaschine, 1866 von Werner von Siemens gebaut

---

[1] Werner von Siemens 1816–1892, Pionier der Elektrotechnik.

Versuch 4–10: **Betriebsverhalten des fremderregten Gleichstromgenerators**

Aufbau Vgl. Versuch 4–9; S. 146.

Der Generator wird mit der Nenndrehzahl $n = 2100\frac{1}{\text{min}}$ angetrieben. Aus einer Stromquelle wird die Erregerwicklung mit dem Erregerstrom $I_f = 115\,\text{mA}$ gespeist. Der Belastungsstrom wird bis auf $I = 3\,\text{A}$ gesteigert, wobei die Drehzahl n konstant bleiben muß. Die Klemmenspannung U wird dabei gemessen.

Ergebnis

$I_f = 115\,\text{mA}$	I in A	0	0,5	1	1,5	2	2,5	3
$n = 2100\,\dfrac{1}{\text{min}}$	U in V	160	154	147	140	134	124	126

nisch verwendbare Dynamomaschine (Abb. 3). Damit begann das Zeitalter der elektrischen Maschinen.

Fremderregter Generator

Das Betriebsverhalten eines fremderregten Gleichstromgenerators wird im Versuch 4–10 untersucht.

Die in das Diagramm (Abb. 4) eingetragenen Werte zeigen, daß die Klemmenspannung U bei steigender Belastung kleiner als die Leerlaufspannung U_0 wird. Der Strom I_a verursacht am Innenwiderstand R_i des Gleichstromgenerators den Spannungsfall U_i und an Bürsten den Spannungsfall U_B.

Die Klemmenspannung U des fremderregten Gleichstromgenerators ist damit

$$U = U_0 - I_a \cdot R_i - U_B, \quad R_i = R_a + R_W + R_K$$

denn es ist $I = I_a$.

Der Bürstenspannungsfall U_B ist erfahrungsgemäß unabhängig von der Belastung nur ca. 2 V…3 V. In der Praxis wird er deshalb häufig vernachlässigt, ebenso die Spannungsfälle an den Widerständen der Wendepol- und Kompensationswicklung (R_W und R_K).

Man rechnet dann mit der Formel

$$\boxed{U = U_0 - I \cdot R_a}$$

Das Absinken der Klemmenspannung U bei Belastung kann durch Vergrößern der Leerlaufspannung U_0 ausgeglichen werden. Dazu muß der Erregerstrom I_f mit dem Feldsteller vergrößert werden.

Nebenschlußgenerator

Der Nebenschlußgenerator ist eine selbsterregte Maschine, d. h. er liefert die Erregerleistung selbst. Die Feldwicklung liegt parallel (im Nebenschluß) zur Ankerwicklung (Abb. 5).

Das Verhalten der Klemmenspannung U eines Nebenschlußgenerators bei Belastung wird im Versuch 4–11 untersucht. Dazu wird die Gleichstrommaschine aus dem Versuch 4–10 umgeschaltet.

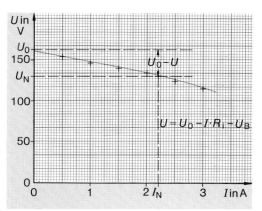

Abb. 4: Belastungskennlinie eines fremderregten Gleichstromgenerators

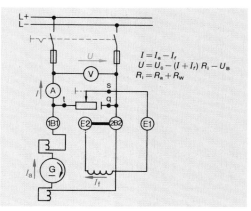

Abb. 5: Nebenschlußgenerator (Schaltung)

Versuch 4–11: Belastungsverhalten des Nebenschlußgenerators

Aufbau Vgl. Abb. 5, S. 149

- Der Generator wird mit der konstanten Drehzahl von $n = 2100\frac{1}{min}$ angetrieben.
- Der Erregerstrom I_f wird mit dem Feldsteller so eingestellt, daß die Leerlaufspannung $U_o = 160\,V$ ist.
- Der Generator wird belastet und die Klemmenspannung U gemessen. Der Belastungsstrom I wird soweit erhöht, daß die Klemmenspannung $U = 0\,V$ wird.

Ergebnis

I in A	0	0,5	1,05	1,85	2,3	2,6	3	3,2	3,4	3,3	3,1	2,9
U in V	160	150	140	120	110	100	80	60	40	20	10	0

In das Diagramm der Abb. 1 wurden die Meßwerte eingetragen. Man erkennt, daß hier die Klemmenspannung U bei Belastung stärker als bei der Fremderregung absinkt. Die Klemmenspannung U der Maschine errechnet sich unter Vernachlässigung von R_W und R_K mit $U = U_o - I_a \cdot R_a - U_B$. Dabei ist jetzt der Ankerstrom $I_a = I + I_f$.

Dadurch ist der innere Spannungsfall U_i in der Maschine etwas größer als vorher und die Klemmenspannung U kleiner. Dann wird ebenfalls der Erregerstrom I_f kleiner, wodurch die Leerlaufspannung U_o absinkt.

Das Absinken der Klemmenspannung kann hier ebenfalls durch Vergrößern des Erregerstromes I_f mit dem Feldsteller ausgeglichen werden.

Nebenschlußgeneratoren sind kurzschlußfest. Werden die Abgangsklemmen überbrückt, so bricht die Klemmenspannung zusammen. Der Erregerstrom I_f wird dann Null. In der Ankerwicklung wird nur noch eine geringe Spannung aufgrund der Remanenz induziert. Es fließt ein kleiner Kurzschlußstrom.

Damit der Wirkungsgrad η günstig ist, muß die Erregerleistung gering sein. Sie errechnet sich mit

$$P_{v,f} = \frac{U^2}{R_f}.$$

Der Widerstand R_f der Feldwicklung muß groß sein, damit die Erregerleistung klein wird.

Reihenschlußgenerator

Der Reihenschlußgenerator ist ebenfalls selbsterregt. Seine Feldwicklung liegt in Reihe mit der Ankerwicklung (Abb. 2). Deshalb ist hier $I_a = I_f = I$.

In das Diagramm Abb. 3 ist die gemessene Klemmenspannung U in Abhängigkeit des Belastungsstromes I eines Reihenschlußgenerators eingetragen. Sie steigt bei geringer Belastung sehr stark mit dem Belastungsstrom an. Durch den Einfluß des inneren Spannungsfalles flacht die Kurve im Diagramm bei steigender Belastung ab. Bei großen Strömen sinkt die Klemmenspannung ab, da dann der magnetische Sättigungsbereich erreicht wird. Der Kurzschlußstrom ist wesentlich größer als der Nennstrom. Die Maschine darf deshalb nicht im Kurzschluß betrieben werden.

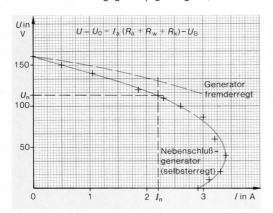

Abb. 1: Belastungskennlinien eines Gleichstrom-Nebenschlußgenerators

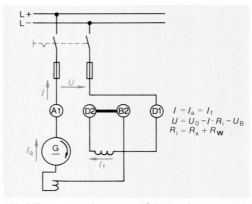

Abb. 2: Reihenschlußgenerator (Schaltung)

Damit der Wirkungsgrad der Maschine günstig ist, muß hier wegen $P_{V,f} = I^2 \cdot R_f$ der Widerstand R_f der Feldwicklung klein sein.

Doppelschlußmaschine

Die Klemmenspannung des Nebenschlußgenerators sinkt bei Belastung, während die des Reihenschlußgenerators dabei steigt. Bei einer Kombination aus beiden Maschinen könnten Spannungsfall und -anstieg ausgeglichen werden. Die Doppelschlußmaschine ist so konstruiert (Abb. 4), d.h. sie hat eine Reihenschluß- und eine Nebenschlußwicklung. Ihre Leerlaufspannung U_0 hängt von der Summe der Flußdichten der Reihen- und Nebenschlußwicklung ($B = B_{ser} + B_{par}$) ab.

Für den Strom gilt $I_a = I_{f,ser} = I + I_{f,par}$.

Dabei ist $I_{f,par} = \dfrac{U}{R_{f,par}}$. Die Klemmenspannung errechnet sich dann mit $U = U_0 - I_a \cdot R_i - U_B$.

Wird die Reihenschlußwicklung richtig ausgelegt, d.h. die Maschine richtig **kompoundiert**[1], so bleibt die Klemmenspannung U unabhängig von der Belastung nahezu konstant (Abb. 5).

Ist die Windungszahl der Reihenschlußwicklung zu groß **(Überkompoundierung)**, steigt die Klemmenspannung bei Belastung an (Reihenschlußverhalten). Hat die Reihenschlußwicklung zu wenig Windungen **(Unterkompoundierung)**, sinkt die Klemmenspannung U (Nebenschlußverhalten). Fließt der Strom $I_{f,ser}$ in der Reihenschlußwicklung in die falsche Richtung, dann wirkt sein Magnetfeld gegen das Feld der Nebenschlußwicklung. Bei dieser **Gegenkompoundierung** sinkt die Klemmenspannung sehr schnell ab. Da die Maschine eine Reihenschlußwicklung hat, ist sie nicht kurzschlußfest.

Leistung – Wirkungsgrad – Verluste

Bei Belastung eines Gleichstromgenerators wirkt auf die jetzt stromdurchflossenen Leiter im Magnetfeld eine Kraft der Größe $F = B \cdot l \cdot I \cdot z$, die gegen die Drehrichtung wirkt (Linke-Hand-Regel). Da die Kraft im Abstand r vom Mittelpunkt der Welle angreift, entsteht ein Drehmoment. Die Antriebsmaschine muß ein Gegendrehmoment ausüben, damit die Drehung erhalten bleibt. Sie muß Leistung abgeben. Diese vom Generator aufgenommene Leistung P_{zu} wird vermindert um die Verluste P_v als elektrische Leistung an den Klemmen abgegeben. Die abgegebene Leistung kann mit $P_{ab} = U \cdot I$ berechnet oder direkt gemessen werden.

---

[1] kompoundiert (engl. compound): zusammengesetzt.

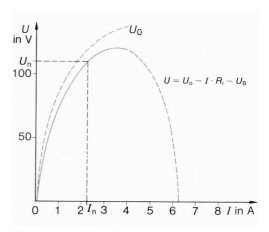

Abb. 3: Belastungskennlinie eines Reihenschlußgenerators

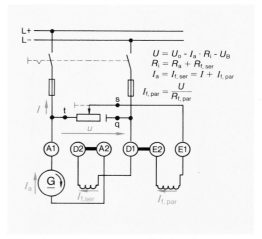

Abb. 4: Doppelschlußgenerator (Schaltung)

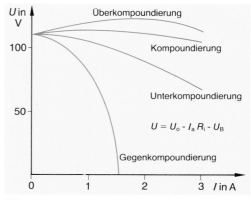

Abb. 5: Belastungskennlinien eines Doppelschlußgenerators

Der Wirkungsgrad errechnet sich mit $\eta = \dfrac{P_{ab}}{P_{zu}}$

(siehe Grundbildung). Da die aufgenommene Leistung schwierig zu bestimmen ist, errechnet man sie beim Gleichstromgenerator über die Verluste. Folgende Verluste entstehen in dem Generator:

● Ankerwicklungsverluste

$P_{v,a} = I_a^2 \cdot R_a$

● Wendepolwicklungsverluste

$P_{v,W} = I_a^2 \cdot R_W$

● Kompensationswicklungsverluste

$P_{v,K} = I_a^2 \cdot R_K$

● Reihenschlußwicklungsverluste

$P_{v,ser} = I_a^2 \cdot R_{f,ser}$

● Nebenschlußwicklungsverluste

$P_{v,par} = \dfrac{U^2}{R_{f,par}}$

● mechanische Verluste

$P_{v,mech} = 1\% \dots 2\%$ von P_n

Der Wirkungsgrad errechnet sich dann mit der Formel

$$\eta = \frac{P_{ab}}{P_{ab} + P_v}.$$

Aufgaben zu 4.5.1.2

1. Nennen Sie die Unterschiede zwischen Fremd- und Selbsterregung!

2. Ein fremderregter Gleichstromgenerator mit der Leerlaufspannung $U_0 = 230\,V$ wird mit 5 A belastet. Wie groß ist seine Klemmenspannung, wenn der Bürstenspannungsfall $U_B = 2\,V$, der Widerstand der Ankerwicklung $R_a = 1,2\,\Omega$ und der Widerstand der Wendepolwicklung $R_W = 0,9\,\Omega$ betragen?

3. Wodurch kann man das Absinken der Klemmenspannung eines Gleichstromgenerators bei Belastung ausgleichen?

4. Warum ist ein Nebenschlußgenerator kurzschlußfest?

5. Der Generator der Aufgabe 2 wird bei gleichem Belastungsstrom als Nebenschlußgenerator geschaltet. Wie groß ist seine Klemmenspannung, wenn der Widerstand der Feldwicklung $R_f = 200\,\Omega$ ist?

6. Warum müssen die Widerstände der Anker-, der Wendepol- und der Kompensationswicklung klein und der Widerstand der Nebenschlußwicklung groß sein?

7. Beschreiben Sie das Verhalten der Klemmenspannung eines Reihenschlußgenerators bei unterschiedlicher Belastung!

8. Woran erkennt man die Reihenschlußwicklung beim Doppelschlußgenerator?

9. Beschreiben Sie das Betriebsverhalten des Doppelschlußgenerators bei normaler, bei Über-, bei Unter- und bei Gegenkompoundierung!

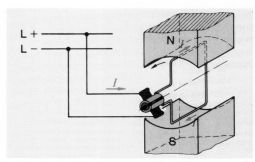

Abb. 1: Gleichstrommotormodell

4.5.2 Gleichstrommotoren

Gleichstrommotoren haben den gleichen Aufbau wie Gleichstromgeneratoren. Jeder Gleichstromgenerator kann als Motor arbeiten.

4.5.2.1 Wirkungsweise von Gleichstrommotoren

Die Wirkungsweise eines Gleichstrommotors kann mit Hilfe des bekannten Maschinenmodells (Abb. 1) erklärt werden.

An die Bürsten wird eine Gleichspannung angelegt. Dadurch fließt in der Spule ein Strom. Ist ein Erregerfeld vorhanden, so wird auf diese stromdurchflossene Spule eine Kraft ausgeübt, die im Abstand r vom Drehpunkt wirkt. Ein Drehmoment ist vorhanden. Nach der **Linke-Hand-Regel** dreht sich die Spule in die eingezeichnete Richtung. In der waagerechten Lage ist die Spule stromlos, denn die Bürsten befinden sich über der Isolation. Die Leiterschleife dreht sich aufgrund des Schwungmomentes weiter. Der Stromwender schaltet dann die Stromrichtung in der Spule um (vgl. 4.5.1.1). Die Ströme in den Leitern unter den Polen haben die gleiche Richtung wie vorher. Das Drehmoment wirkt dadurch immer in die gleiche Richtung. Diese Vorgänge wiederholen sich, solange die Spannung an den Bürsten anliegt.

Bei Motoren kleinerer Leistung erfolgt die Kommutierung häufig elektronisch. Die elektrische Energie wird über Schleifringe zugeführt. Auf dem Rotor befindliche Halbleiter-Wechselrichter (vgl. 7.8) übernehmen die Kommutierung:

Das Drehmoment M hängt von der Kraft auf die stromdurchflossenen Leiter ab. Diese errechnet sich nach der Formel $F = B \cdot l \cdot I \cdot z$.

Gegenspannung – Ankerstrom

Dreht sich eine Spule im Magnetfeld, dann entsteht in ihr die Urspannung U_{or}, die etwa gleich der Leerlaufspannung U_0 ist. Sie hängt von der

Flußdichte B des Magnetfeldes und von der Drehzahl n ab (vgl. 4.5.1.1). Diese Spannung wird ebenfalls in der Ankerwicklung des Gleichstrommotors induziert. Nach der **Rechte-Hand-Regel** ist sie der an der Ankerwicklung anliegenden Spannung U_a entgegengerichtet und wird deshalb auch als **Gegenspannung** bezeichnet. Die Größe des Ankerstromes I_a hängt von dieser Spannung ab. Es gilt

$$I_a = \frac{U_a - U_0}{R_a}.$$

Beim Einschalten dreht sich der Läufer noch nicht. Die Gegenspannung ist dann Null. Für den Anlaufstrom gilt deshalb

$$I_{A,a} = \frac{U_a}{R_a}.$$

Damit der Wirkungsgrad günstig wird, ist der Ankerwicklungswiderstand R_a klein. Der Anlaufstrom I_A ist deshalb sehr hoch. Er muß durch einen Anlasserwiderstand begrenzt werden.

Der hohe Anlaufstrom erzeugt ein großes Anlaufdrehmoment M_A. Die Drehzahl n steigt sehr schnell auf den Betriebswert an.

Bei Belastung des Motors verringert sich die Drehzahl. Dadurch wird die Gegenspannung U_0 kleiner. Der Ankerstrom steigt. Die Drehzahl sinkt solange, bis durch den steigenden Ankerstrom der Motor das Drehmoment erzeugt, das gleich dem Gegendrehmoment der angetriebenen Maschine ist.

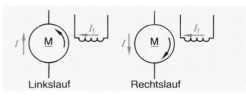

Abb. 2: Drehrichtung eines Gleichstrommotors

Drehrichtung und Drehzahl

Nach der **Linke-Hand-Regel** hängt die Richtung der Kraft auf einen stromdurchflossenen Leiter im Magnetfeld von der Magnetfeldrichtung und von der Stromrichtung ab. Übertragen auf den Gleichstrommotor bedeutet dies, daß seine Drehrichtung von der Richtung des Erregerstromes I_f in der Erregerwicklung und von der Richtung des Ankerstromes I_a in der Ankerwicklung abhängt (Abb. 2).

Beim Gleichstrommotor kann die Drehrichtung durch Änderung der Stromrichtung in der Anker- oder in der Feldwicklung umgekehrt werden.

Muß die Drehrichtung von Gleichstrommotoren häufig umgeschaltet werden, so ändert man die Ankerstromrichtung. Dadurch werden die bei der Umschaltung der Feldwicklung entstehenden hohen Selbstinduktionsspannungen verhindert.

Die Abhängigkeit der Drehzahl n des Gleichstrommotors von dem Erregerstrom I_f und der Spannung U_a an der Ankerwicklung wird im Versuch 4–12 untersucht.

Versuch 4–12:   **Drehzahlsteuerung eines Gleichstrommotors**

Aufbau

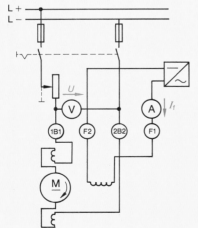

Durchführung

- Den Motor anlassen. Der Erregerstrom wird mit $I_f = 200\,\text{mA}$ und das Drehmoment mit $M = 1\,\text{Nm}$ konstant gehalten. Die Spannung U_a an der Ankerwicklung wird verändert und dabei die Drehzahl n gemessen.

- Nun wird die Spannung an der Ankerwicklung mit $U_a = 220\,\text{V}$ eingestellt und bei dem Drehmoment $M = 1\,\text{Nm}$ der Erregerstrom I_f verändert. Dabei wird die Drehzahl n gemessen.

Ergebnis

$I_f = 200\,\text{mA}$	U_a in V	130	220
$M = 1\,\text{Nm}$	n in $\frac{1}{\text{min}}$	1200	2400

$U_a = 220\,\text{V}$	I_f in mA	200	100
$M = 1\,\text{Nm}$	n in $\frac{1}{\text{min}}$	2400	3400

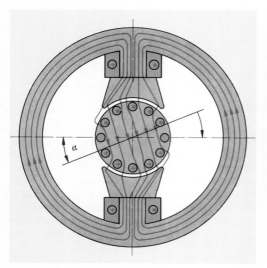

Abb. 1: Ankerrückwirkung beim Gleichstrommotor

Abb. 2: Ständer eines Gleichstrommotors

Die Drehzahl eines Gleichstrommotors kann mit der Spannung U_a an der Ankerwicklung und mit dem Erregerstrom I_f gesteuert werden.

Wird die Spannung U_a an der Ankerwicklung größer, dann steigt der Ankerstrom I_a. Dadurch wird das Drehmoment M des Motors größer, und der Läufer dreht sich schneller. Nun steigt die Gegenspannung U_0 an. Der Ankerstrom I_a wird wieder kleiner. Die Drehzahl n steigt auf einen Wert an, bei dem der Ankerstrom I_a seine ursprüngliche Größe hat. Dann hat der Motor das gleiche Drehmoment M wie vorher.

Ähnliche Überlegungen führen zu dem Ergebnis, daß die Drehzahl n sinkt, wenn die Spannung U_a an der Ankerwicklung fällt.

Bei der Verringerung des Erregerstromes I_f wird die Gegenspannung U_0 kleiner. Dadurch steigt der Ankerstrom I_a und das Drehmoment M steigt. Der Läufer wird mit höherer Drehzahl n angetrieben. Die Gegenspannung U_0 steigt dadurch an und der Ankerstrom I_a verringert sich. Der Ankerstrom wird wieder kleiner. Die Drehzahl des Motors steigt solange an, bis wieder ein Gleichgewicht der Drehmomente herrscht. Der Drehzahlanstieg ist also umgekehrt proportional zur Feldschwächung.

Stellt man für die Vergrößerung des Erregerstromes ähnliche Überlegungen an, dann kommt man zu dem Ergebnis, daß dann die Drehzahl sinkt.

Eine starke, plötzliche Verringerung des Erregerstroms führt zum **Durchgehen des Motors,** wobei dieser zerstört wird.

Ankerrückwirkung

Der in der Ankerwicklung fließende Ankerstrom erzeugt das **Ankerquerfeld,** das auf das Hauptfeld zurückwirkt. Die neutrale Zone wird um den Winkel α gegen die Drehrichtung verschoben (Abb. 1). Um erhöhtes Bürstenfeuer zu vermeiden, müssen die Bürsten entsprechend der Größe der Belastung gegen die Drehrichtung verschoben werden. Die Schwächung des Hauptfeldes wird dadurch aber nicht behoben. Die Drehzahl des Motors kann deshalb bei Belastung unzulässig hoch ansteigen.

Um die Nachteile der Bürstenverschiebung zu vermeiden, baut man wie beim Gleichstromgenerator **Wendepole** ein. Bei großen Leistungen und wenn die Motoren stoßweise belastet werden, erhalten sie zusätzlich eine **Kompensationswicklung.** Beide Wicklungen werden, wie beim Gleichstromgenerator, in Reihe mit der Ankerwicklung geschaltet, damit dem Ankerquerfeld immer gleich große Magnetfelder entgegen stehen. Die Richtung des Stromes in der Wendepolwicklung muß so sein, daß im Ständer der Maschine in Drehrichtung auf einen Hauptpol ein gleichnamiger Wendepol folgt.

Aufgaben zu 4.5.2.1

1. Welche Aufgabe hat der Kommutator bei Gleichstrommotoren?

2. Wie entsteht im Gleichstrommotor das Drehmoment?

3. Warum entsteht im Gleichstrommotor eine Gegenspannung, wie ist diese gerichtet und wovon hängt sie ab?

4. Warum haben Gleichstrommotoren hohe Anlaufströme? Wie kann man sie begrenzen?
5. Wovon hängt die Drehrichtung eines Gleichstrommotors ab? Wie kann sie geändert werden?
6. Von welchen Größen hängt die Drehzahl eines Gleichstrommotors ab? Wie und mit welchen Bauteilen kann sie gesteuert werden?
7. Warum steigt die Drehzahl, wenn die Spannung an der Ankerwicklung eines Gleichstrommotors vergrößert wird?
8. Warum geht der Gleichstrommotor durch, wenn sein Erregerstrom plötzlich stark verringert wird?
9. Welche Folgen hat die Ankerrückwirkung beim Gleichstrommotor?

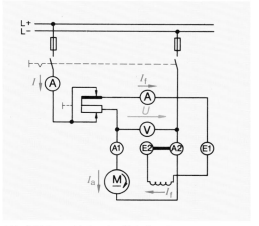

Abb. 3: Nebenschlußmotor (Schaltung)
(Die im Versuch 4–14 verwendeten Meßgeräte sind hier eingezeichnet.)

4.5.2.2 Schaltungen – Betriebsverhalten

Das Betriebsverhalten der Gleichstrommotoren wird sehr davon beeinflußt, wie die Feldwicklung zur Ankerwicklung geschaltet ist.

Nebenschlußmotor

Beim Nebenschlußmotor sind Ankerwicklung und Feldwicklung parallel geschaltet (Abb. 3). Die Feldwicklung liegt direkt an der Netzspannung. Das Magnetfeld ist deshalb nahezu unabhängig von der Drehzahl und der Belastung.

Das Betriebsverhalten dieses Motors wird im Versuch 4–13 untersucht.

Aus den in das Diagramm Abb. 4 eingetragenen Kurven ist zu ersehen, daß die Drehzahl n bei Belastung geringfügig sinkt. Wird der Nebenschlußmotor belastet, dann steigt der Ankerstrom I_a an. Der Spannungsfall am Widerstand R_a der Ankerwicklung steigt, und die Gegenspannung wird dadurch kleiner. Gleichzeitig mit der Gegenspannung sinkt die Drehzahl.

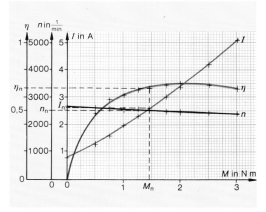

Abb. 4: Belastungskennlinie des Nebenschlußmotors

Versuch 4–13: Betriebsverhalten des Nebenschlußmotors

Aufbau Vgl. Abb. 3

Durchführung

Motor anlassen. Die Drehzahl n und der aufgenommene Strom I werden in Abhängigkeit von dem Drehmoment M gemessen. Der Wirkungsgrad η wird aus den Meßwerten errechnet.

Ergebnis $U = 220\ \text{V}$

M in Nm	0	0,5	0,75	1	1,25	1,45	1,75	2	2,5	3
I in A	0,77	1,27	1,57	1,97	2,3	2,6	3	3,35	4,2	5,1
n in $\frac{1}{\text{min}}$	2650	2600	2570	2530	2520	2510	2490	2470	2430	2400
η	0	0,49	0,58	0,61	0,65	0,67	0,69	0,7	0,69	0,67

Geringfügiges Absinken der Motordrehzahl *n* bei Belastung bezeichnet man als Nebenschlußverhalten.

Der Wirkungsgrad ist bei geringer Belastung relativ schlecht. Die von der Belastung unabhängigen konstanten Erregerverluste machen sich dann besonders bemerkbar. Der Anlaufstrom I_A ist groß, da die Widerstände der Anker-, Wendepol- und Kompensationswicklung klein sind.

Bei Vernachlässigung der Widerstände der Kompensations- und Wendepolwicklung ergibt sich für den Anlaufstrom: $I_A = \frac{U}{R_a} + I_f$.

Der Erregerstrom I_f wird wegen seiner geringen Größe häufig vernachlässigt. Der Motor wird über einen Anlaßwiderstand angelassen (Abb. 3, S. 165).

Die Drehzahl *n* kann über die Spannung U_a an der Ankerwicklung oder durch Feldstromänderung gesteuert werden. Der Feldstrom I_f wird mit dem Feldsteller geändert. Die Spannung an der Ankerwicklung kann mit dem Anlasserwiderstand gesteuert werden, wenn er für Dauerbetrieb ausgelegt ist. Man verwendet den Nebenschlußmotor dort, wo eine gleichmäßige Drehzahl erforderlich ist, z.B. als Antrieb für Werkzeugmaschinen.

Fremderregter Gleichstrommotor

Bei einem fremderregten Gleichstrommotor (Abb. 2) werden die Feldwicklung und die Ankerwicklung aus verschiedenen Spannungsquellen gespeist. Die Spannungen sind häufig unterschiedlich groß. Gleichstrommotoren, deren Magnetfeld durch Dauermagnete erzeugt wird (z. B. Scheibenwischermotoren), sind ebenfalls als fremderregt zu betrachten. Fremderregte Gleichstrommotoren verhalten sich im Betrieb wie Nebenschlußmotoren.

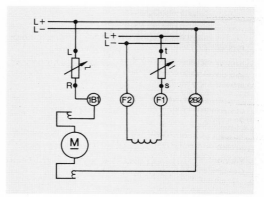

Abb. 2: Fremderregter Gleichstrommotor (Schaltung)

Ihre Drehzahl bleibt bei Belastungsänderungen nahezu konstant. Sie kann über die Spannung an der Ankerwicklung oder über den Erregerstrom gesteuert werden. Fremderregte Motoren verwendet man zur Drehzahlsteuerung. Man verändert dazu in der Regel die Spannung an der Ankerwicklung. Diese wird von Gleichstromgeneratoren (Leonard-Umformer) oder von thyristorgesteuerten Gleichrichtern (vgl. 7.7 und 9.6.1) geliefert.

Der **Leonard-Umformer-Maschinensatz** besteht aus bis zu vier Maschinen (Abb. 1). Ein Motor M1 – in der Regel ein Drehstrom-Asynchronmotor – treibt einen kleinen Gleichstromgenerator G1 und den größeren Gleichstromgenerator G2 an. Der Generator G1 liefert die Erregerleistung. Der Generator G2 speist die Ankerwicklung des fremderregten Gleichstrommotors M2. Mit dem Feldsteller R_1 wird der Erregerstrom der Erregermaschine und damit die Spannung der anderen Maschinen eingestellt. Die Größe und Richtung des Erregerstromes des Generators G2 wird mit

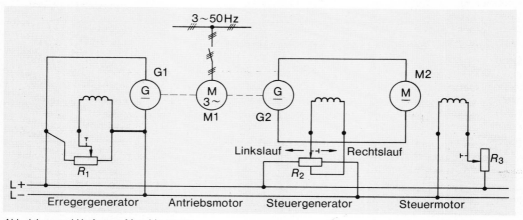

Abb. 1: Leonard-Umformer-Maschinensatz

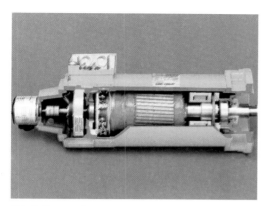

Abb. 3: Servomotor

Abb. 4: Scheibenläufermotor

dem Umkehrfeldsteller R_2 gesteuert. Die Spannung, die dieser Generator erzeugt und die an der Ankerwicklung des Motors M2 anliegt, wird dadurch in Größe und Richtung geändert. Man kann somit die Drehzahl dieses Motors M2 in einem großen Bereich in beiden Drehrichtungen steuern.

Fremderregte Motoren verwendet man, wenn die Drehzahl bei großer Leistung in einem großen Bereich gesteuert werden muß, z. B. als Antrieb für Werkzeugmaschinen, Bagger, Walzenstraßen.

Für Steuer- und Regelungszwecke werden Motoren benötigt, die einen großen Drehzahlstellbereich, ein großes Spitzendrehmoment und eine hohe thermische Überlastbarkeit bei kompakter Bauweise haben. Daneben sollen sie in kürzester Zeit (Millisekunden) die gewünschte Drehzahl erreichen oder abgebremst und in der Drehrichtung umgesteuert werden. Motoren mit diesen Eigenschaften nennt man **Servomotoren.**

Man erreicht diese Eigenschaften durch Gleichstrommotoren mit Dauermagneterregung bei langgezogener Bauweise (kleines Schwungmoment) Abb. 3. Es sind fremderregte Gleichstrommotoren. Diese Maschinen haben Nebenschlußverhalten.

Die genannten Eigenschaften erreicht man auch mit **Scheibenläufermotoren** (Abb. 4). Das Erregerfeld wird durch gegenüberstehende Dauermagnete erzeugt. Der Anker (Rotor) ist zu einer dünnen Scheibe verkürzt worden. Diese Motoren zeigen ebenfalls Nebenschlußverhalten.

Der robuste Asynchronmotor wird bei langgezogener Bauweise auch als Servomotor eingesetzt, da er auch Nebenschlußverhalten zeigt.

Um gute Drehzahlregelungs-Eigenschaften zu erhalten, baut man in der Regel auf die Welle befestigte Tachogeneratoren an. Servomotoren werden zum Direktantrieb mit Positionierungs-

aufgaben eingesetzt, z. B. als Vorschübe in Werkzeugmaschinen, Kopierfräs- und Kopierdrehmaschinenantriebe, Werkzeugmaschinenwechsler, in Textilmaschinen, in Druckmaschinen, in Papiermaschinen, als Roboterantriebe usw.

Reihenschlußmotor

Beim Reihen- oder Hauptschlußmotor sind alle Wicklungen in Reihe geschaltet. Deshalb ist der Strom in allen Wicklungen gleich groß. Das Betriebsverhalten des Reihenschlußmotors wird im Versuch 4–14 (S. 158) untersucht.

In das Diagramm Abb. 5 wurden die Meßwerte eingetragen. Die Drehzahl n ist sehr lastabhängig. Wird der Motor belastet, so steigt der Ankerstrom I_a und damit der Erregerstrom I_f an, denn es gilt $I = I_a = I_f$. Bei steigendem Erregerstrom I_f wird die Drehzahl n kleiner (vgl. 4.5.2.1). Wird die Belastung des Motors kleiner, so steigt seine Drehzahl stark an. Bei Leerlauf wird sie unzulässig hoch. **Der Motor geht durch.** Reihenschlußmotoren dürfen deshalb nicht ohne Belastung betrieben werden.

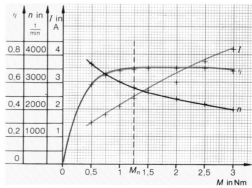

Abb. 5: Betriebskennlinien eines Gleichstrom-Reihenschlußmotors

Versuch 4–14:   Betriebsverhalten des Reihenschlußmotors

Aufbau

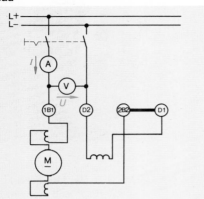

Durchführung

Motor unter Belastung anlassen. Die Drehzahl n und der Strom I werden bei verschiedener Belastung gemessen. Aus den Meßwerten wird der Wirkungsgrad η berechnet.

Ergebnis $U = 220$ V

M in Nm	0,5	0,75	1	1,25	1,5	2	2,5	3
I in A	1,5	1,8	2,1	2,4	2,7	3	3,75	4,2
n in $\frac{1}{\text{min}}$	3650	3300	3000	2800	2650	2400	2200	2000
η	0,58	0,65	0,68	0,69	0,76	0,7	0,7	0,68

Das Drehmoment M ist proportional der Kraft F auf die Ankerwicklung. Diese hängt von der Flußdichte B und dem Strom I_a in der Ankerwicklung ab, denn es gilt $F = B \cdot l \cdot I \cdot z$. Die Flußdichte B hängt unterhalb der magnetischen Sättigung von Strom I_f der Feldwicklung ab. Da diese Ströme gleich dem aufgenommenen Strom I sind, hängt das Drehmoment M des Reihenschlußmotors vom Quadrat des Motorstromes I ab. Die Widerstände der Wicklungen sind sehr klein, damit der Wirkungsgrad η günstige Werte annimmt. Dadurch ist der Anlaufstrom I_A des Motors sehr groß, denn es gilt

$$I_A = \frac{U}{R_i}; \quad R_i = R_a + R_f + (R_W + R_K)$$

Der Reihenschlußmotor hat darum ein großes Anzugsdrehmoment M_A.

Hat ein Motor ein großes Anzugsdrehmoment M_A und ist seine Drehzahl n sehr lastabhängig, dann hat er Reihenschlußverhalten.

Wegen seines hohen Anlaufstromes muß der Reihenschlußmotor über einen Anlaßwiderstand angelassen werden (Abb. 1).

Die Drehzahl n kann durch Vorwiderstände (Anlasser für Dauerbetrieb) oder durch thyristorgesteuerte Gleichrichter gesteuert werden. Mit einem Feldsteller, der parallel zur Feldwicklung geschaltet wird, kann die Drehzahl ebenfalls geändert werden. Dabei ist darauf zu achten, daß der Motor nicht durchgeht.

Wegen des hohen Anlaufdrehmoments M_A wird der Motor zum Antrieb bei Anlauf mit schweren Lasten verwendet, z. B. bei Fahrzeugen, Hebezeugen, Autoanlasser usw.

Doppelschlußmotor (Kompoundmotor)

Der Doppelschlußmotor vereinigt die Eigenschaften des Neben- und des Reihenschlußmotors in sich. Er hat eine Reihenschluß- und eine Nebenschlußwicklung (Abb. 2).

Je nach Auslegung hat der Doppelschlußmotor unterschiedliches Betriebsverhalten (Abb. 3).

Bei richtiger **Kompoundierung** hat er ein etwas geringeres Anzugsdrehmoment M_A als ein gleichwertiger Reihenschlußmotor. Seine Drehzahl n sinkt dann bei Belastung etwas mehr ab als die eines entsprechenden Nebenschlußmotors. Bei Leerlauf geht er nicht durch.

Wird der Doppelschlußmotor überkompoundiert, so zeigt er vorwiegend **Reihenschlußverhalten.** Bei Unterkompoundierung hat er überwiegend **Nebenschlußverhalten.**

Verwendet wird er wegen seines weichen Drehzahl-Drehmoment-Verhaltens zum Antrieb von Schwungmassen, z.B. Pressen, Stanzen, Scheren usw.

Aufgaben zu 4.5.2.2

1. Wie verhält sich eine Maschine mit Nebenschlußcharakter?

2. Warum sinkt die Drehzahl des Nebenschlußmotors bei Belastung etwas ab?

3. Berechnen Sie den Anlaufstrom eines Nebenschlußmotors mit den Nenngrößen:
$U = 200\ V$; $\quad I = 5\ A$; $\quad R_a = 1\ \Omega$;
$R_W = 0,75\ \Omega$; $\quad R_f = 180\ \Omega$; $\quad U_B = 2\ V$!
Die Netzspannung ist 200 V. Wie groß muß der Anlasserwiderstand sein, damit der Anlaufstrom den zweifachen Wert des Nennstromes nicht überschreitet?

4. Was versteht man bei einem Motor unter Reihenschlußverhalten?

5. Weshalb ist beim Reihenschlußmotor die Drehzahl sehr lastabhängig?

6. Warum hat der Reihenschlußmotor ein großes Anlaufdrehmoment?

7. Ein Reihenschlußmotor mit den Nenndaten
$U = 220\ V$; $\quad I = 12\ A$; $\quad R_a = 1,5\ \Omega$;
$R_f = 1,2\ \Omega$; $\quad R_W = 0,8\ \Omega$
wird an eine Netzspannung von $U = 215\ V$ angeschlossen. Wie groß muß der Anlasserwiderstand sein, damit der Anlaufstrom den zweifachen Wert des Nennstromes nicht überschreitet?

8. Wie kann die Drehzahl von Gleichstrommotoren gesteuert werden?

9. Wie verhält sich der Doppelschlußmotor bei unterschiedlicher Belastung?

10. Wann verwendet man Nebenschluß-, Reihenschluß- und Doppelschlußmotoren? Wann setzt man fremderregte Motoren ein?

11. Weshalb zeigt der fremderregte Motor Nebenschlußverhalten?

12. Beschreiben Sie den Aufbau und die Funktionsweise des Leonard-Umformers!

13. Weshalb hat der fremderregte Motor für die Feldwicklung häufig eine andere Spannung als für die Ankerwicklung?

4.5.3 Wechselstrom-Kollektormaschinen

Vertauscht man die Zuleitungen eines Gleichstrommotors, dann ändert sich seine Drehrichtung nicht. Man kehrt hierbei die Stromrichtung in der Ankerwicklung und in der Feldwicklung um. Dadurch wirkt das Drehmoment wieder in die gleiche Richtung. Aus dieser Überlegung kann geschlossen werden, daß Gleichstrommotoren auch mit Wechselstrom betrieben werden können. Es treten aber neue Probleme auf.

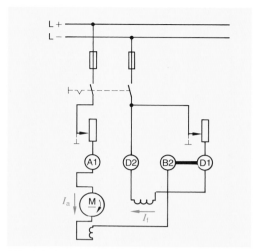

Abb. 1: Drehzahlsteuerung eines Gleichstrom-Reihenschlußmotors

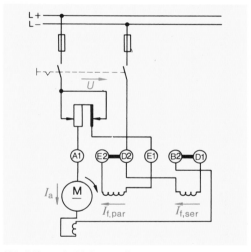

Abb. 2: Doppelschlußmotor (Schaltung)

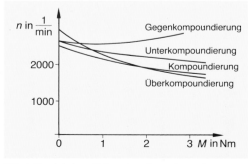

Abb. 3: Betriebskennlinien eines Doppelschlußmotors

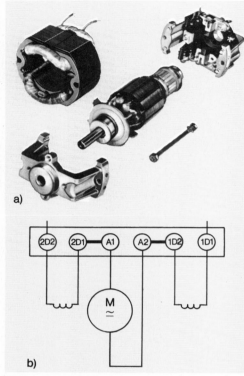

a)

b)

Abb. 1: Universalmotor

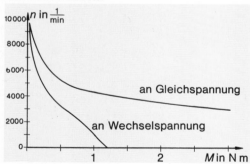

Abb. 2: Betriebskennlinien eines Universalmotors

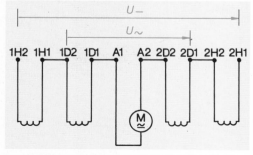

Abb. 3: Universalmotor mit gleichem Betriebsverhalten für Gleich- und Wechselstrom

Schließt man einen Gleichstrommotor an Wechselspannung ($U_{\sim} = U_N$), so ist seine Leistung geringer, die Drehzahl sinkt, das Bürstenfeuer verstärkt sich und der Motor wird warm.

Der Magnetkreis der Gleichstrommaschinen ist nicht überall geblecht. Dadurch entstehen größere Wirbelstromverluste, die die Maschine erwärmen. Deshalb muß der gesamte Magnetkreis für den Anschluß an Wechselspannung geblecht werden.

Das Drehmoment hängt von der magnetischen Flußdichte des Hauptmagnetfeldes und von der Größe des Ankerstromes ab. Es ist maximal, wenn der Magnetfluß und der Ankerstrom in Phase sind. Je größer die Phasenverschiebung ist, um so kleiner ist das Drehmoment (vgl. 4.3.2.2. und Abb. 2, S. 115).

Beim Reihenschlußmotor ist keine Phasenverschiebung vorhanden, denn Ankerstrom und Feldstrom sind gleich, Ankerstrom und Magnetfluß liegen in Phase.

Nebenschlußmotoren haben wegen der hohen Windungszahl eine Feldwicklung mit großer Induktivität. Der Feldstrom und damit der Magnetfluß eilen der Spannung um nahezu 90° nach. Die Ankerspule hat nur eine kleine Induktivität. Die Spannung und der Ankerstrom liegen deshalb nahezu in Phase. Dadurch besteht zwischen dem Magnetfluß und dem Ankerstrom eine große Phasenverschiebung. Nebenschlußmotoren haben deshalb beim Anschluß an Wechselstrom nur ein geringes Drehmoment. Sie eignen sich nicht für Wechselstrombetrieb. Man verwendet statt dessen Wechselstrom-Asynchronmotoren, die Nebenschlußcharakter haben.

Die Drehrichtung von Wechselstrom-Reihenschlußmaschinen kann durch Vertauschen der Ankerwicklungsanschlüsse oder durch Vertauschen der Feldwicklungsanschlüsse geändert werden.

Universalmotor

Der Universalmotor kann sowohl an Gleich- wie an Wechselspannung arbeiten (Abb. 1). Sein Ständer besteht aus einem Blechpaket mit zwei ausgeprägten Polen und der Feldwicklung. Diese Reihenschlußwicklung hat wenige Windungen mit großem Drahtquerschnitt. Der Anker ist wie ein üblicher Gleichstromanker aufgebaut. Die Wicklungen sind in Reihe geschaltet. Je eine Hauptwicklung liegt vor der Ankerwicklung (Abb. 1). Diese wirken dadurch für die bei der Kommutierung entstehenden hochfrequenten Spannungen als Drosselspulen. Die Ausbreitung der Störspannungen in das Energieversorgungsnetz wird dadurch stark eingeschränkt, Rundfunkstörungen werden vermieden. Die Maschinen haben keine Wendepol- und Kompensationswicklung.

Das Diagramm Abb. 2 zeigt das Lastverhalten eines Universalmotors an Gleich- und Wechselspannung. In beiden Fällen zeigt die Maschine Reihenschlußverhalten. Die Drehzahlen liegen beim Anschluß an Gleichspannung höher als beim Anschluß an Wechselspannung.

Bei einer anderen Schaltung der Maschine kann man nahezu gleiches Betriebsverhalten erreichen. Die Windungszahl der Hauptwicklung ist dann für Gleichspannungsanschluß größer als für Wechselspannungsanschluß (Abb. 3).

Die Drehzahl kann über die Größe der Spannung über einen großen Bereich gesteuert werden. Diese Drehzahlsteuergeräte können dann direkt in den Anschlußkasten eingebaut sein (Abb. 4). Sie sind aber nicht nur in Universalmotoren eingebaut. Diese Bauweise wird auch bei Drehfeldmotoren, bei Wechselstrom-Reihenschlußmotoren und bei Gleichstrommotoren angewandt.

Man verwendet Universalmotoren unter anderem zum Antrieb von elektrisch betriebenen Werkzeugen und Haushaltsgeräten.

Einphasen-Reihenschlußmotor (Bahnmotor)

Einphasen-Reihenschlußmotoren für große Leistungen haben keine ausgeprägten Pole mehr (Abb. 6). Ihr Ständer besteht aus gestanzten Dynamoblechprofilen. Neben der Hauptwicklung besitzen diese Maschinen zur besseren Kommutierung eine Kompensations- und eine Wendepolwicklung. Der Anker ist wie der einer normalen Gleichstrommaschine aufgebaut.

Diese Motoren zeigen das übliche Reihenschlußverhalten. Sie werden als Antriebsmotoren (Abb. 5) in Lokomotiven verwendet. Dazu wird die Betriebsspannung des Fahrleitungsnetzes mit Regeltransformatoren auf 250V ... 500V heruntertransformiert. Diese niedrige Motorspannung und die niedrige Bahnfrequenz von $f = 16\frac{2}{3}$Hz erleichtern die Kommutierung.

Größere Einphasen-Reihenschlußmotoren dürfen in den öffentlichen Energieversorgungsnetzen nicht eingesetzt werden, um unsymmetrische Belastungen zu vermeiden.

Aufgaben zu 4.5.3

1. Weshalb kann ein Gleichstrommotor an Wechselspannung betrieben werden?
2. Welche Probleme treten auf, wenn Gleichstrommotoren mit Wechselspannung betrieben werden?
3. Wie steuert man die Drehzahl eines Universalmotors?
4. Warum wird beim Universalmotor die Ankerwicklung zwischen die geteilte Hauptwicklung geschaltet?
5. Wann verwendet man Universalmotoren?

Abb. 4: Kleinmotor mit eingebauter Drehzahlregelung

Abb. 5: Bahnmotor

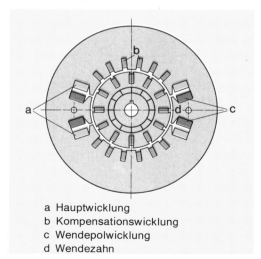

a Hauptwicklung
b Kompensationswicklung
c Wendepolwicklung
d Wendezahn

Abb. 6: Bahnmotor im Schnitt

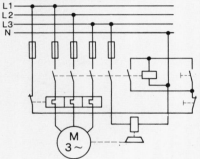

Abb. 1: Maschine mit mechanischer Bremse
(Bremslüfter)

4.6   Bremsen von Elektromotoren

Elektromotoren treiben oft Maschinen an, deren Drehzahl abgebremst werden muß, z. B. bei elektrischen Bahnen oder Hebezeugen. Man kann neben mechanischen Bremsen (Abb. 1) auch die Elektromotoren selbst als Bremsen einsetzen.

Gegenstrombremsung

Um den Rotor sehr schnell zum Stillstand zu bringen, wendet man die Gegenstrombremsung an. Man schaltet dazu den Motor so um, daß er das Bestreben hat, in die andere Drehrichtung anzulaufen. Bei Drehstrommotoren verwendet man die **Wendeschaltung** (Abb. 2). Damit der Motor nicht in die andere Drehrichtung anläuft, wird er z. B. bei der Drehzahl Null durch einen Drehzahlwächter abgeschaltet.

Die Drehrichtung der Gleichstrommotoren ändert man durch Umschaltung der Ankerwicklung.

Die Maschinen werden beim Bremsen thermisch sehr beansprucht, denn der aufgenommene Strom ist groß.

Nutzbremsung

Arbeiten Motoren während des Bremsvorganges als Generatoren, wird die Bremsenergie in elektrische Energie umgewandelt. Wenn diese dem Energieversorgungsnetz zugeführt wird, spricht man von Nutzbremsung. Damit Gleichstrommaschinen elektrische Energie in das Energieversorgungsnetz liefern, muß die erzeugte Leerlaufspannung größer als die Netzspannung sein. Man erreicht dies durch Drehzahlerhöhung oder Feldverstärkung mit höherem Erregerstrom.

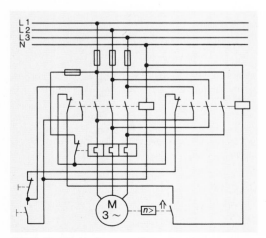

Abb. 2: Wendeschaltung zur Gegenstrombremsung

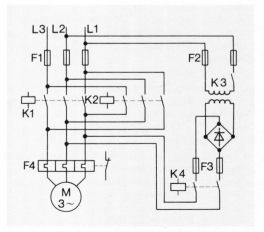

Abb. 3: Gleichstrombremsung von Drehstrom-Asynchronmotoren

Um Asynchronmotoren nach dieser Methode abzu-
bremsen, müssen sie mit übersynchroner Drehzahl betrieben werden. Nur dann arbeiten sie als
Generatoren (vgl. 4.3.2.2).

Eine Bremswirkung ist nur bei Drehung der Läufer
vorhanden. Die Nutzbremsung wird deshalb vorwiegend zum Abbremsen von Bahnen bei Tal-
fahrten benutzt.

Widerstandsbremsung

Wenn ein Gleichstrommotor vom Energieversorgungsnetz getrennt wird, kann er als selbsterregter
Generator weiter arbeiten. Die erzeugte elektrische Energie wird in angeschlossenen Widerständen in Wärme umgewandelt. Dabei sinkt die
Drehzahl sehr schnell ab. Sie kann bis auf nahezu
Null abgebremst werden. Bei Nebenschlußmaschi-
nen muß dann die Erregerwicklung umgepolt
werden, damit sie sich selbst erregen kann. Diese
Bremsart bezeichnet man bei Fahrzeugen als
Nachlaufbremsung und bei Hebezeugen als **Senk-
bremsung.** Bei Fahrzeugen (Straßenbahnen) nutzt
man die erzeugte Wärmeenergie im Winter als
Zusatzheizung im Fahrgastraum.

Gleichstrombremsung

Bei der Gleichstrombremsung von Drehstrom-
Asynchronmotoren wird die Ständerwicklung vom
Energieversorgungsnetz getrennt und an eine
Gleichspannung angeschlossen (Abb. 3). Im Stän-
der der Maschine wird ein Magnetfeld aufgebaut.
Dadurch wird in der Läuferwicklung während des
Bremsvorganges eine Spannung induziert (Rechte-
Hand-Regel). Es fließt ein Strom, da die Läufer-
wicklung kurzgeschlossen ist. Auf die stromdurch-
flossenen Leiter im Läufer wird eine Kraft ausgeübt
(Linke-Hand-Regel). Diese ist nach der Lenzschen
Regel so gerichtet, daß der Läufer gebremst wird.
Die Bremsenergie wird hier im Läufer in Wärme
umgewandelt. Werden Motoren häufig auf diese
Art abgebremst, dann müssen sie durch zusätz-
liche Lüfter gekühlt werden.

Bremsmotoren

In Bremsmotoren (Abb. 4) ist die mechanische
Bremse direkt eingebaut. Bei diesen Maschinen
sind die Ständerbohrung und das Läuferblechpaket kegelförmig ausgeführt. Im ausgeschalteten
Zustand drückt die Bremsfeder die Bremsscheibe
gegen den Bremskegel. Wird der Motor eingeschaltet, dann treten in der Maschine magnetische
Kräfte auf, die den Läufer gegen die Bremsfeder in
die Ständerbohrung ziehen. Dadurch wird die
Bremse gelüftet. Der Motor kann anlaufen.

Bremsmotoren haben gegenüber den durch elek-

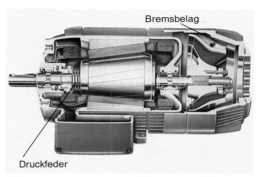

Abb. 4: Bremsmotor

trische Umschaltungen abgebremsten Motoren den
Vorteil, daß sie durch die Bremsung nicht zusätz-
lich thermisch beansprucht werden. Man kann den
Bremsvorgang deshalb häufiger wiederholen.

Aufgaben zu 4.6

1. Wie wirkt die Gegenstrombremsung?
2. Welche Aufgabe hat der Drehzahlwächter bei der
   Gegenstrombremsung?
3. Wann verwendet man die Nutzbremsung?
4. Warum kann die Drehzahl bei der Nutzbremsung
   nicht Null werden?
5. Beschreiben Sie die Vorgänge in der Drehstrom-
   Asynchronmaschine bei der Gleichstrombremsung!
6. Nennen Sie die Vorteile des Bremsmotors!
7. Warum müssen Asynchronmotoren bei der Nutzbremsung mit übersynchroner Drehzahl angetrieben
   werden?

4.7 Maschinensätze

Die elektrische Energie aus dem beim Anwender
vorhandenen Energieversorgungsnetz muß häufig
in elektrische Energie anderer Art umgewandelt
werden. Dazu dienen Maschinensätze und elektronische Umwandler. Hier werden nur Maschinensätze angesprochen, die heute noch verwendet
werden. So wird z. B. der bekannte Einanker-
umformer in der Regel durch elektronische Umrichter ersetzt und aus diesem Grund praktisch
nicht mehr gebaut.

4.7.1 Motorgenerator

Durch eine Kombination verschiedener Motoren
und Generatoren lassen sich in der Regel alle
Umwandlungsaufgaben leicht erfüllen. Motor und
Generator werden direkt oder über ein Getriebe
aneinander gekuppelt. Der Antriebsmotor wird

Abb. 1: Eingehäuseumformer

Abb. 2: Schweißgenerator

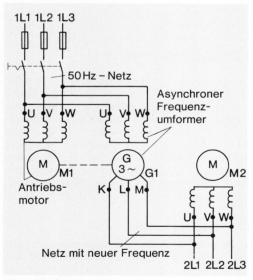

Abb. 3: Schaltung eines Asynchron-
Frequenzumformers

nach der Art des Versorgungsnetzes und des verwendeten Generators ausgesucht. Der Generator wird nach der für die Verbraucher benötigten Stromart ausgewählt. Motor und Generator können eine gemeinsame Welle haben und dazu noch in einem gemeinsamen Gehäuse untergebracht werden (Abb. 1).

Die Kombination Drehstrom-Asynchronmotor – fremderregter Gleichstromgenerator ist Ihnen bekannt als **Leonard-Umformer** (vgl. 4.5.2.2) zur Speisung eines Gleichstrommotors. Seine Drehzahl wird über die Spannung gesteuert. Ein Maschinensatz gleicher Art wird als **Schweißgenerator** (Abb. 2) verwendet.

Die Umwandlung von Drehstrom mit Netzfrequenz in Dreh- oder Wechselstrom niedrigerer oder höherer Frequenz ist häufig erforderlich. Als Antriebsmaschine verwendet man Drehstrom-Asynchronmotoren oder, wenn die Drehzahl unabhängig von der Belastung sein soll, Drehstrom-Synchronmotoren.

Die Frequenz der abgegebenen Spannung des angetriebenen Dreh- oder Wechselstrom-Synchrongenerators hängt von den Polzahlen ab. Sie ist größer als die Netzfrequenz, wenn die Polzahl des Generators größer als die des Motors ist, und sie ist kleiner, wenn die Polzahl des Generators kleiner ist. Maschinensätze dieser Art werden unter anderem zur Erzeugung des hochfrequenten Drehstromes benutzt, den die schnellaufenden Drehstrom-Asynchronmotoren benötigen. Diese werden zum Antrieb von Holzbearbeitungsmaschinen und zum Antrieb von Fräs- und Schleifmaschinen in der Eisenverarbeitungsindustrie verwendet. Motorgeneratoren haben einen schlechten Wirkungsgrad ($\eta \approx 0{,}5 \ldots 0{,}6$). Der Gesamtwirkungsgrad errechnet sich mit

$$\eta = \eta_\text{M} \cdot \eta_\text{G}.$$

4.7.2 Asynchrone Frequenzumformer

Asynchrone Frequenzumformer haben als Antrieb meist einen Drehstrom-Kurzschlußläufermotor. Angekuppelt wird eine Drehstrom-Schleifringläufermaschine. Deren Ständerwicklung ist mit dem Drehstromnetz mit $f = 50$ Hz verbunden (Abb. 3). An die Schleifringe werden die Verbraucher angeschlossen. Die Läuferspannung ist damit die Ausgangsspannung. Häufig werden diese asynchronen Frequenzumformer auch als **Einwellenumformer** gebaut (Abb. 1).

Das Ständerfeld erzeugt nach dem Transformatorprinzip bei ruhendem Läufer in der Läuferwicklung die Läuferstillstandsspannung (vgl. 4.3.1.2) mit $f = 50$ Hz. Dreht sich der Läufer in Drehfelddrehrichtung, dann nehmen die Spannung und die Frequenz mit dem Schlupf ab. Treibt man den Läufer gegen die Drehfelddrehrichtung an, steigen Spannung und Frequenz. Wird der Läufer mit wesentlich höherer Drehzahl als der Drehfelddrehzahl angetrieben, so erreicht man das gleiche. Die Frequenz der Läuferspannung errechnet sich beim Antrieb in Richtung des Drehfeldes mit

$$f_{rot} = p \cdot n - f_{str}$$

und beim Antrieb gegen die Drehfelddrehrichtung mit

$$f_{rot} = p \cdot n + f_{str}.$$

Die Frequenz f_{rot} hängt damit von der Polzahl der Schleifringläufermaschine und der Drehzahl des Antriebsmotors ab. Sie kann bis zu 500 Hz betragen.

Asynchrone Frequenzumformer werden wie Motorgeneratoren zur Stromversorgung für schnelllaufende Drehstrom-Asynchronmotoren verwendet.

Aufgaben zu 4.7

1. Wozu verwendet man Motorgeneratoren?
2. Wie sind asynchrone Frequenzumformer aufgebaut?
3. Welche Frequenzen haben die Ausgangswechselspannungen eines asynchronen sechzehnpoligen Frequenzumformers mit umschaltbarem Drehfeld, wenn die Antriebsmaschine ein polumschaltbarer Kurzschlußläufermotor mit den Drehzahlen $n_1 = 2950 \frac{1}{min}$ und $n_2 = 1475 \frac{1}{min}$ ist?

4.8 Elektromotorische Antriebe

Nachfolgend soll geklärt werden, wovon bei der Vielfalt der Antriebsaufgaben die Auswahl des Elektromotors abhängt.

4.8.1 Zusammenhang zwischen Abmessungen, Gewicht, Leistung, Drehmoment und Drehzahl von elektrischen Maschinen

Die räumliche Abmessung einer elektrischen Maschine ist durch das Drehmoment festgelegt. Maschinen mit gleichem Drehmoment haben etwa die gleichen Abmessungen (Abb. 4). Die Leistung einer Maschine errechnet sich mit $P = 2 \cdot \pi \cdot M \cdot n$ (vgl. 4.2.3). Daraus folgt, daß Maschinen gleicher Leistung bei unterschiedlichen Drehzahlen auch andere Drehmomente und damit andere Abmessungen haben.

Motoren mit hohen Drehzahlen haben kleinere Abmessungen und sind damit leichter als leistungsgleiche Motoren mit niedrigen Drehzahlen.

4.8.2 Normung und Typisierung

Elektrische Maschinen zeigen unterschiedliches Betriebsverhalten. Bei der Konstruktion legt man Wert darauf, daß dieses typische Verhalten besonders hervortritt. Typische Betriebsverhalten von Motoren sind z.B. Nebenschlußverhalten, Reihen-

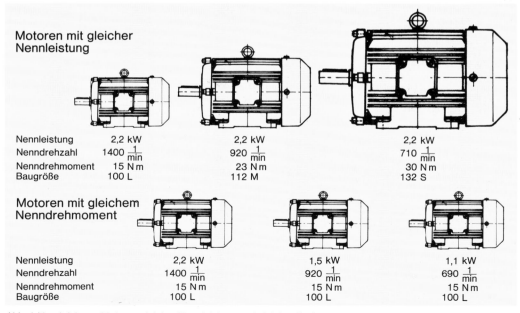

Motoren mit gleicher Nennleistung

Nennleistung	2,2 kW	2,2 kW	2,2 kW
Nenndrehzahl	1400 $\frac{1}{min}$	920 $\frac{1}{min}$	710 $\frac{1}{min}$
Nenndrehmoment	15 N m	23 N m	30 N m
Baugröße	100 L	112 M	132 S

Motoren mit gleichem Nenndrehmoment

Nennleistung	2,2 kW	1,5 kW	1,1 kW
Nenndrehzahl	1400 $\frac{1}{min}$	920 $\frac{1}{min}$	690 $\frac{1}{min}$
Nenndrehmoment	15 N m	15 N m	15 N m
Baugröße	100 L	100 L	100 L

Abb. 4: Vergleich von Motoren gleicher Nennleistung und gleichen Drehmoments

schlußverhalten, hohes Anlaufdrehmoment bei niedrigem Anlaufstrom usw. Generatoren haben z.B. eine konstante Klemmenspannung unabhängig von der Belastung.

Zur Vereinheitlichung sind Abmessungen, Leistung, Drehzahlen, Spannungen, Leistungsfaktor usw. von elektrischen Maschinen genormt. Die Werte dieser Größen sind in entsprechenden DIN-Blättern aufgeführt. Wirtschaftlich sind nur in Serien gefertigte Normmotoren. Anwender sind daran interessiert, genormte Maschinen mit garantierten Eigenschaften einsetzen zu können.

4.8.3 Bauformen

Elektrische Maschinen werden unabhängig von der Größe in verschiedenen Betriebslagen eingesetzt. Ihre elektrischen Betriebseigenschaften ändern sich dadurch nicht. Ihre mechanischen Konstruktionsteile wie Lager, Gehäuse, Befestigung, Lüfter usw. müssen für die verlangte Betriebslage ausgesucht werden.

Die Bauformen der umlaufenden elektrischen Maschinen sind in DIN IEC 34 T 7, festgelegt. Man unterscheidet dort zwischen dem Code I und dem Code II . Weil der einfache Code I in der Praxis die Mehrzahl aller umlaufenden elektrischen Maschinen erfaßt, soll dieser bevorzugt angewendet werden. Der ausführliche Code II soll nur dann angewendet werden, wenn Code I nicht mehr ausreicht. Beide Codes haben das Grundkennzeichen **IM** (Abkürzung für International Mounting).

Der Code I kann nur auf Maschinen mit zwei Lagerschilden angewendet werden. Der dritte Buchstabe gibt die Betriebslage an. Dabei bedeutet B waagerechte Anordnung und V senkrechte Anordnung. Die Zahl gibt Auskunft über die Befestigungsart und das Wellenende.

Der Code II hat neben dem Grundzeichen vier Ziffern. Die erste Ziffer gibt die Bauform, die zweite Ziffer die Art der Befestigung (Fußbefestigung, Flanschbefestigung, usw.) und die Lagerung (Lagerschild, ohne Lager, Stehlager, usw.), die dritte Ziffer die Lage des Wellenendes und die vierte Ziffer die Art des Wellenendes an.

4.8.4 Schutzarten

Elektrische Betriebsmittel (Maschinen, Schaltgeräte, usw.) sind während des Betriebes verschiedenen Betriebsbedingungen ausgesetzt. Der Schutz gegen diese äußeren Einflüsse wird durch die Schutzarten angegeben.

Die Schutzarten werden nach DIN 40050 durch die Kennbuchstaben **IP** und zwei Kennziffern angegeben. Die erste Kennziffer ist ein Schutzgrad gegen Berührung und das Eindringen von Fremdkörpern (Tab. 4.6). Mit der zweiten Kennziffer wird der Schutzgrad gegen das Eindringen von Wasser angegeben (Tab. 4.8, S. 168).

An Orten und in Räumen, wo Schlagwetter und Explosionen ausgelöst werden können, müssen besonders gesicherte Betriebsmittel eingesetzt werden. Diese sind durch Kombination von Buch-

Tab. 4.5: Bauformen von elektrischen Maschinen (Auswahl aus DIN IEC 34 Teil 7, 4.83)

Code II						
	IM 1001	IM 3001	IM 1051	IM 1071	IM 3011	IM 1011
Code I						
	IM B 3	IM B 5	IM B 6	IM B 8	IM V 1	IM V 5
Erläuterungen	zwei Schildlager, freies Wellenende, Gehäuse mit Füßen	zwei Schildlager, freies Wellenende, Befestigungsflansch, Gehäuse ohne Füße	zwei um 90° gedrehte Schildlager, Wandbefestigung, Gehäuse mit Füßen	zwei um 180° gedrehte Schildlager, Deckenbefestigung, Gehäuse mit Füßen	zwei Führungslager, Befestigungsflansch, freies Wellenende unten	zwei Führungslager, freies Wellenende unten, Gehäuse mit Füßen, Wandbefestigung

Tab. 4.6: Schutzgrade für Berührungs- und Fremdkörperschutz[1]

Erste Kenn-ziffer	Schutzumfang	
	Benennung	Erklärung
0	Kein Schutz	Kein besonderer Schutz von Personen gegen direktes Berühren aktiver oder bewegter Teile[2]. Kein Schutz des Betriebsmittels gegen Eindringen von festen Fremdkörpern.
1	Schutz gegen große Fremdkörper	Schutz gegen zufälliges großflächiges Berühren aktiver und innerer bewegter Teile, z.B. mit der Hand, aber kein Schutz gegen absichtlichen Zugang zu diesen Teilen. Schutz gegen Eindringen von festen Fremdkörpern mit einem Durchmesser größer als 50 mm.
2	Schutz gegen mittelgroße Fremdkörper	Schutz gegen Berühren mit den Fingern aktiver oder innerer bewegter Teile. Schutz gegen Eindringen von festen Fremdkörpern mit einem Durchmesser größer als 12 mm.
3	Schutz gegen kleine Fremdkörper	Schutz gegen Berühren aktiver oder innerer bewegter Teile mit Werkzeugen, Drähten oder ähnlichem von einer Dicke größer als 2,5 mm. Schutz gegen Eindringen von festen Fremdkörpern mit einem Durchmesser größer als 2,5 mm.
4	Schutz gegen kornförmige Fremdkörper	Schutz gegen Berühren aktiver oder innerer bewegter Teile mit Werkzeugen, Drähten oder ähnlichem von einer Dicke größer als 1 mm. Schutz gegen Eindringen von festen Fremdkörpern mit einem Durchmesser größer als 1 mm.
5	Schutz gegen Staub-ablagerung	Vollständiger Schutz gegen Berühren aktiver oder innerer bewegter Teile. Schutz gegen schädliche Staubablagerungen. Das Eindringen von Staub ist nicht vollkommen verhindert, aber der Staub darf nicht in solchen Mengen eindringen, daß die Funktion des Betriebsmittels beeinträchtigt wird.
6	Schutz gegen Staubeintritt	Vollständiger Schutz gegen Berühren aktiver oder innerer bewegter Teile. Schutz gegen Eindringen von Staub.

[1] Zusätzliche Angaben zum vollständigen oder teilweisen Schutz gegen direktes Berühren aktiver Teile sind den entsprechenden VDE-Bestimmungen zu entnehmen (z.B. DIN VDE 0100, sowie DIN VDE 0660/Teil 1 bis Teil 3).

[2] Eine eventuell angebrachte Schutzleiste nach VDE-Bestimmung verändert nicht die Schutzart.

staben und einer Zahl gekennzeichnet, z. B. EEx d I/IIC T2. Dabei ist **EEx** das Symbol für den Explosions- bzw. Schlagwetterschutz. Die nachfolgenden kleinen Buchstaben geben die Zündschutzart an (Tab. 4.7). Bei schlagwettergeschützten Betriebsmitteln folgt dann I und bei explosionsgeschützten Betriebsmitteln II. Der nachfolgende Buchstabe (A, B oder C) gibt die Explosionsklasse an: Es besteht dann nur beim Auftreten bestimmter Gase ein Explosionsschutz. Die Temperaturklasse bzw. die höchste Oberflächentemperatur wird durch T und durch eine Zahl angegeben (T1...T6 bedeutet 450°...85°).

Tab. 4.7: Zusätzlicher Schutz nach DIN VDE 0170/0171

Zeichen	Zündschutzart
o	Ölkapselung
p	Überdruckkapselung
q	Sandkapselung
d	Druckfeste Kapselung
e	Erhöhte Sicherheit
i_a	Eigensicherheit, Kategorie a
i_b	Eigensicherheit, Kategorie b

Tab. 4.8: Schutzgrade für Wasserschutz

Zweite Kenn-ziffer	Schutzumfang	
	Benennung	Erklärung
0	Kein Schutz	Kein besonderer Schutz
1	Schutz gegen senkrecht fallendes Tropfwasser	Wassertropfen, die lotrecht fallen, dürfen keine schädliche Wirkung haben.
2	Schutz gegen schräg fallendes Tropfwasser	Wassertropfen, die in einem beliebigen Winkel bis 15° zur Lot-rechten fallen, dürfen keine schädliche Wirkung haben.
3	Schutz gegen Sprühwasser	Wasser, das in einem beliebigen Winkel bis 60° zur Lotrechten fällt, darf keine schädliche Wirkung haben.
4	Schutz gegen Spritzwasser	Wasser, das aus allen Richtungen gegen das Betriebsmittel spritzt, darf keine schädliche Wirkung haben.
5	Schutz gegen Strahlwasser	Ein Wasserstrahl aus einer Düse, der aus allen Richtungen gegen das Betriebsmittel gerichtet wird, darf keine schädliche Wirkung haben.
6	Schutz bei Überflutung	Wasser darf bei vorübergehender Überflutung, z.B. durch schwere Seen, nicht in schädlicher Menge in das Betriebsmittel eindringen.
7	Schutz beim Eintauchen	Wasser darf nicht in schädlicher Menge eindringen, wenn das Betriebsmittel unter den festgelegten Druck- und Zeitbedingungen in Wasser eingetaucht wird.
8	Schutz beim Untertauchen	Wasser darf nicht in schädlicher Menge eindringen, wenn das Betriebsmittel unter Wasser getaucht wird.

Ein Beispiel für die Kennzeichnung der Schutzart:

IP 44 EEx dI/II CT 2

bedeutet, das Betriebsmittel bietet Schlagwetter- und Explosionsschutz bei druckfester Kapselung, Explosionsklasse C, Temperaturklasse 300°C, Schutz gegen kornförmige Fremdkörper und Schutz gegen Spritzwasser.

Die Abb. 1 und 2 zeigen praktische Maschinen-ausführungen.

4.8.5 Betriebsarten

Wird eine Maschine belastet, dann steigen ihre Verluste. Dadurch erwärmt sie sich. Die Betriebs-temperatur einer Maschine hängt außerdem noch von der Einschaltdauer und der Häufigkeit des Ein- und Ausschaltens ab.

Nach DIN VDE 0530 unterscheidet man neun Be-triebsarten (**S1** bis **S9**). Damit können im allge-meinen alle Belastungen beschrieben werden.

Abb. 1: Druckfest gekapselter Drehstrom-Asynchron-motor mit Käfigläufer, verschüttungssicher zum Einsatz im Bergbau unter Tage, ohne Außenlüfter, sogenannte stille Kühlung, Bauart IMB 3, Schutzart IP 44, EEx dI. Technische Daten: $P = 37$ kW, $U = 500/1000$ V,

$n = 1470 \frac{1}{min}$

Abb. 2: Drehstrom-Asynchronmotor, explosions-geschützt, Baugröße 250 M 4, EEx dII BT 4, Bauform IMB 3, Berührungs- und Wasserschutz nach IP 44. Technische Daten: $P = 55$ kW, $U = 400$ V,

$n = 1470 \frac{1}{min}$

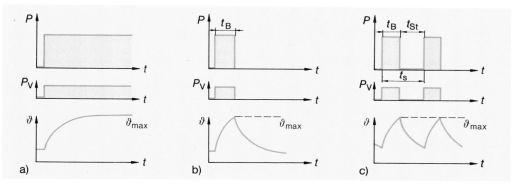

Abb. 3: Betriebsarten; a) Dauerbetrieb (S1); b) Kurzzeitbetrieb (S2); c) Aussetzbetrieb ohne Einfluß des Anlaufvorgangs (S3)

Dauerbetrieb (S1) ist der Betrieb mit konstantem Belastungszustand. Die Belastungszeit ist so groß, daß die Maschinentemperatur einen Höchstwert erreicht und sich dann nahezu nicht mehr ändert (Abb. 3a).

Kurzzeitbetrieb (S2) liegt vor, wenn der Belastungszustand nicht so lange dauert, bis die Höchsttemperaturen erreicht werden. Die nachfolgende Pause ist so lang, daß sich die Maschine wieder abkühlen kann (Abb. 3b).

Beim **Aussetzbetrieb** (S3 bis S5) wird die Maschine ebenfalls nur kurzzeitig belastet. Die Betriebspause reicht aber nicht mehr aus um die Maschine abzukühlen. Die Maschine wird mit einer Folge **gleichartiger Spiele** betrieben. Unter Spiel versteht man die zeitliche Folge verschiedener Betriebszustände (Abb. 3c). Hat der Anlaufvorgang einen Einfluß, ist das der Betriebszustand S4. Wird dazu noch elektrisch abgebremst, ergibt sich der Betriebszustand S5.

Bei den Betriebsarten S6 bis S9 werden die Maschinen ununterbrochen mit wechselnder Belastung betrieben. Man unterscheidet dabei noch zwischen Aussetzbelastung (S6), Betrieb mit Schweranlauf und elektrischer Bremsung (S7) und Betrieb mit periodischer bzw. nichtperiodischer Last- und Drehzahländerung (S8 und S9).

Auf dem Leistungsschild wird eine dieser Betriebsarten angegeben. Fehlt diese Angabe, dann ist die Maschine für Dauerbetrieb (S1) ausgelegt.

Auf dem nach DIN 42961 genormten **Leistungsschild** sind die Höhe und die Zeitdauer der elektrischen und mechanischen Größen beim **Nennbetrieb** und die Schutzart angegeben (Abb. 4).

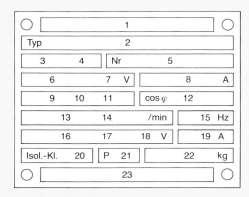

Leistungsschild einer elektrischen Maschine nach DIN 42961 (siehe auch Tab. 4.9, S. 170)

Leistungsschild eines Schleifringläufermotors

Abb. 4: Leistungsschilder umlaufender Maschinen

Tab. 4.9: Leistungsschild-Angaben nach DIN 42961 (Auszug)

Feld	Erklärung
1	Hersteller, Firmenzeichen
2	Typ, Modellbezeichnung oder Listennummer
3	Stromart, z. B.: Gleichstrom-, Einphasen-strom 1~, Drehstrom 3~
4	Arbeitsweise wie Gen.: Generator, Mot.: Motor
5	Fertigungs- oder Reihennummer
6	Schaltart der Ständerwicklung wie △: Dreieckschaltung Ƴ: Sternschaltung
7	Nennspannung
8	Nennstrom
9, 10	Nennleistung, Abgabe in kW oder W bei Motoren Scheinleistung in kV A oder V A bei Synchrongeneratoren
11	Nennbetriebsart
12	Nennleistungsfaktor $\cos\varphi$
13	Drehrichtung z. B. Rechtslauf von Antriebsseite →
14	Nenndrehzahl
15	Nennfrequenz
16	Erregung bei Gleichstrommaschinen, Lfr: Läufer bei Asynchronmaschinen
17	Schaltart der Läuferwicklung
18	Nennerreger- bzw. Läuferstillstands-spannung
19	Nennerregerstrom, Läuferstrom
20	Isolierstoffklasse z. B. Y, A, E, B usw.
21	Schutzart z. B. IP33
22	Gewicht in t bei Maschinen über 1 t
23	Zusätzliche Vermerke z. B. über zugrundegelegte VDE-Bestimmung, Kühlmittelangaben usw.

Aufgaben zu 4.8.1 bis 4.8.5

1. Welche Zusammenhänge bestehen zwischen dem Gewicht, der Leistung, den Abmessungen, der Drehzahl und dem Drehmoment einer elektrischen Maschine?
2. Warum werden Maschinen genormt?
3. Nach welchen Gesichtspunkten unterscheidet man die Bauformen?
4. Wie wird die Schutzart eines elektrischen Betriebs-mittels gekennzeichnet?
5. Welchen Schutzgrad gibt die erste Kennziffer und welchen die zweite Kennziffer bei der Kennzeich-nung der Schutzart an?

4.8.6 Kühlung

Neben der Größe der Belastung hängt die Be-triebstemperatur einer Maschine von der Kühlung ab. Wird durch gute Kühlung der Maschine sehr viel Verlustwärme abgeführt, dann darf man die Maschine höher belasten.

Nach DIN VDE 0530 teilt man die Kühlung nach der Art und nach der Wirkungsweise ein.

Die Kühlart **Selbstkühlung** liegt vor, wenn die Maschine nur durch Strahlung und ohne Verwen-dung eines Lüfters durch Luftbewegung **(Konvek-tion)** gekühlt wird (Abb. 1a).

Bei der **Eigenkühlung** wird die Kühlluft durch einen am Läufer angebrachten oder von ihm angetriebe-nen Lüfter bewegt (Abb. 1b).

Bei der **Fremdkühlung** wird die Maschine durch einen Lüfter gekühlt, der nicht von der Welle angetrieben wird (Abb. 1c), oder statt Luft wird ein anderes Kühlmittel, z. B. Wasser oder Gas, benutzt (vgl. 4.4.2).

Man unterscheidet verschiedene Wirkungsweisen. Bei **Innenkühlung** wird die Wärme an das die Maschine durchströmende sich ständig erneuern-de **Kühlmittel** abgegeben (Abb. 2). Bei der **Ober-**

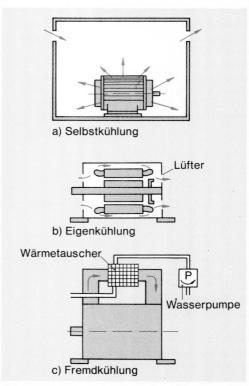

a) Selbstkühlung

b) Eigenkühlung

c) Fremdkühlung

Abb. 1: Kühlarten von elektrischen Maschinen

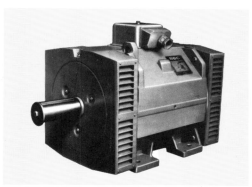

Abb. 2: **Drehstrom-Asynchronmotor** mit Käfigläufer **in innengekühlter Ausführung** als Normmotor nach DIN 42672, Blatt 1; Baugröße 180 L 4, Bauform B 3, Schutzart IP 22. Technische Daten: $P = 30$ kW, $U = 400$ V, $n = 1455 \frac{1}{\text{min}}$

Abb. 3: **Drehstrom-Asynchronmotor** mit Käfigläufer **in oberflächengekühlter Ausführung** als Normmotor nach DIN 42673, Blatt 1; Baugröße 250 M 4, Bauform B 3, Schutzart IP 44. Technische Daten: $P = 55$ kW, $U = 400$ V, $n = 1465 \frac{1}{\text{min}}$

flächenkühlung (Abb. 3) wird die Wärme von der Oberfläche der geschlossenen Maschine abgestrahlt. Man erreicht dadurch höhere Schutzarten. Daneben kennt man noch die Kreislaufkühlung, die Flüssigkeitskühlung und die direkte Kühlung. Hier verwendet man statt Luft andere Kühlmittel, z.B. Wasser oder Gase.

4.8.7 Isolation

Eine Maschine muß entsprechend der Nennspannung, der Nennleistung und der Betriebsart isoliert werden. Die Isolationsart richtet sich nach der **Betriebstemperatur.** Der Isolationsstoff wird entsprechend der benötigten **Wärmebeständigkeitsklasse** (vgl. Grundbildung) ausgesucht. Die Betriebstemperatur darf die dort angegebene **Dauertemperatur** nicht überschreiten. Die **Umgebungstemperatur** und die Kühlung beeinflussen die Betriebstemperatur.

Die **Grenz-Übertemperatur** ist die Differenztemperatur zwischen Dauertemperatur und Umgebungstemperatur. DIN VDE 0530 kann entnommen werden, welche Grenz-Übertemperaturen bei einer bestimmten Isolationsklasse der Maschine nicht überschritten werden dürfen. Die dort angegebenen Werte beruhen auf einer Umgebungstemperatur von 30°C ... 50°C. Alle Maschinen werden normalerweise für diese Temperatur isoliert. Werden diese Maschinen bei höherer Umgebungstemperatur, z.B. in den Tropen, betrieben, dann dürfen sie nicht voll belastet werden. Bei niedrigen Temperaturen darf man sie etwas überlasten.

4.8.8 Motorschutz

Motoren dürfen 15 Sekunden lang mit dem 1,6fachen Nennstrom belastet werden. Sie dürfen aber nicht überlastet werden, da sie sich dann unzulässig erwärmen. Ebenso dürfen keine Kurzschlüsse auftreten. Fällt die Spannung aus oder geht sie stark zurück, dann muß ausgeschaltet werden. Um Unfälle zu vermeiden, darf der Motor danach nicht von allein anlaufen. Motoren haben deshalb Schutzeinrichtungen.

Man verwendet dazu **Sicherungen, Motorschutzschalter,** Schütze mit **Relais** und Schütze mit **Auslösegeräten und Fühlern.**

Sicherungen

Sicherungen dienen nur dem Kurzschlußschutz. Es werden zumeist Sicherungen z.B. der Klasse aM eingesetzt, deren Auslösestrom sich nach der Höhe des Anlaufstromes der Maschine richtet. Bei Überlast sprechen sie deshalb nicht an (vgl. 6.3.3).

Motorschutzschalter

Motorschutzschalter sind **Schloßschalter** (Abb. 1, S. 172)). Sie haben einen thermischen **Überstromauslöser** (Bimetallauslöser) und manchmal auch einen **magnetischen Kurzschlußauslöser.** Mit einer Stellschraube kann der Motorschutzschalter auf den Nennstrom der Maschine abgestimmt werden.

Wird der Motor überlastet, so öffnet der Schalter den Hauptstromkreis. Einschalten kann man erst dann, wenn sich das Bimetall abgekühlt hat. Der

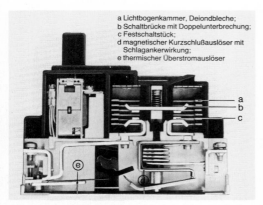

a Lichtbogenkammer, Deiondbleche;
b Schaltbrücke mit Doppelunterbrechung;
c Festschaltstück;
d magnetischer Kurzschlußauslöser mit
  Schlagankerwirkung;
e thermischer Überstromauslöser

Abb. 1: Schnittbild eines Motorschutz-Leistungsschalters

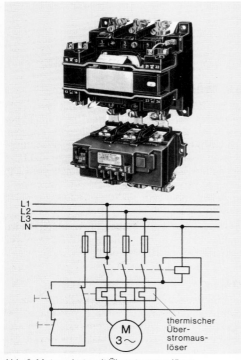

thermischer
Über-
stromaus-
löser

Abb. 2: Motorschutz mit Überstromauslöser

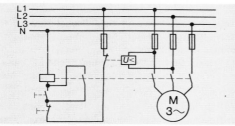

Abb. 3: Schützschaltung mit Unterspannungsauslöser

magnetische Kurzschlußauslöser ist so ausgelegt, daß bei 10- ... 15fachem Nennstrom nach weniger als 10 ms abgeschaltet wird.

Haben Motorschutzschalter keinen magnetischen Kurzschlußauslöser, dann müssen Sicherungen vorgeschaltet werden.

Schütze mit Relais

Werden Motoren mit Schützen ausgeschaltet, dann wird zum Motorschutz im Hauptstromkreis ein **Überstromrelais** (Abb. 2) eingebaut. Bei Überlastung betätigt dessen auf den Nennstrom des Motors eingestellter Bimetallauslöser einen Öffner im Steuerstromkreis. Hier wird ebenfalls der Kurzschlußschutz von Sicherungen übernommen.

Soll der Motor gegen Unterspannung geschützt werden oder bei Spannungsausfall abgeschaltet werden, dann baut man in den Hauptstromkreis einen **Unterspannungsauslöser** ein. Dieser öffnet erst bei Unterspannung den Steuerstromkreis (Abb. 3).

Durch einen **Bimetall-Temperaturfühler** kann die Temperatur des Motors direkt überwacht werden. Übersteigt die Motortemperatur den höchstzulässigen Wert, dann wird der Steuerstromkreis geöffnet und abgeschaltet (Abb. 4).

Motorvollschutz

Beim Motorvollschutz verwendet man in Schützschaltungen ein Auslösegerät und Temperaturfühler. Damit wird die Temperatur der Maschine an einigen Stellen gemessen (Abb. 5). Man benutzt dazu temperaturabhängige Widerstände (Kaltleiter). Beim Erreichen einer vorgegebenen Grenztemperatur wird abgeschaltet. Diese Einrichtung ist nicht so träge wie das Bimetall.

4.8.9 Übertragung der Motorleistung

Die von dem Elektromotor abgegebene Leistung muß auf die angetriebene Maschine übertragen werden. Dabei können beide Maschinen aneinandergekuppelt werden. Sie haben dann die gleiche Drehzahl. Das Drehmoment und die Leistung werden direkt übertragen.

Häufig geschieht die Übertragung mit einem **Riemenantrieb** (Abb. 6). Durch unterschiedliche Durchmesser der Riemenscheiben kann die Drehzahl geändert werden.

Der Riemen bewegt sich bei der Übertragung mit gleich bleibender Geschwindigkeit. Dadurch ist die Umfangsgeschwindigkeit beider Riemenscheiben gleich.

$$d_1 \cdot \pi \cdot n_1 = d_2 \cdot \pi \cdot n_2.$$

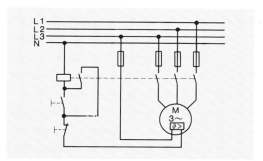

Abb. 4: Motorschutz mit Bimetall-Temperaturfühler

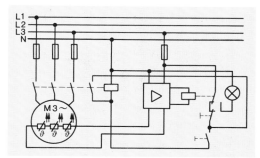

Abb. 5: Motorvollschutz

Daraus folgt für die Übersetzung

$$i = \frac{d_1}{d_2} = \frac{n_2}{n_1}.$$

Für Riementriebe verwendet man in der Regel Keilriemen (Abb. 7). Diese haben ein großes Haftvermögen. Dadurch kann man mit kleinen Scheibendurchmessern, geringen Wellenabständen und geringen Spannkräften arbeiten. Die Riemengeschwindigkeit darf aber 25 $\frac{m}{s}$ nicht überschreiten. Bei großen Leistungen arbeitet man mit mehreren nebeneinanderliegenden Keilriemen.

Wird die Leistung über **Zahnräder** übertragen (Abb. 8), dann kann ebenfalls die Drehzahl geändert werden. Die Übersetzung hängt von der Zähnezahl z der Zahnräder ab und errechnet sich mit

$$i = \frac{n_1}{n_2} = \frac{z_2}{z_1}.$$

Dabei wird die Drehrichtung umgekehrt. Soll die ursprüngliche Drehrichtung erhalten bleiben, so benötigt man ein zusätzliches Zahnrad. Die Drehzahl kann durch eine genügende Anzahl von Zahnrädern in einem weiten Bereich übersetzt werden (Zahnradgetriebe).

Die von dem Motor abgegebene Leistung wird, von geringen Verlusten abgesehen, von der angetriebenen Maschine aufgenommen ($P = 2 \cdot \pi \cdot M \cdot n$).

Aus

$$P_{ab} = 2 \cdot \pi \cdot M_1 \cdot n_1 = 2 \cdot \pi \cdot M_2 \cdot n_2 = P_{auf}$$

kann bei Drehzahländerung

$$\frac{n_1}{n_2} = \frac{M_2}{M_1}$$

abgeleitet werden.

Wird die Drehzahl durch eine Übersetzung geändert, dann verändert man das Drehmoment im umgekehrten Verhältnis.

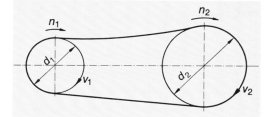

Abb. 6: Einfacher Riemenantrieb

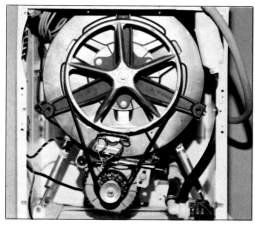

Abb. 7: Keilriemenantrieb in einer Waschmaschine

Abb. 8: Zahnradgetriebe

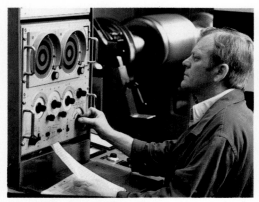

Abb. 1: Auswuchten eines Läufers

Abb. 2: Einschleifen eines neuen Bürstensatzes

4.8.10 Auswahl der Maschinen

Der Antriebsmotor wird nach folgenden Kriterien ausgewählt:

● Energieversorgungsart,
● Leistung, Drehzahl und Betriebsverhalten,
● Betriebsbedingungen.

Durch das Energieversorgungsnetz sind die Spannungen und die Stromart festgelegt. Wird eine andere Stromart verlangt, dann benötigt man Maschinenumwandler oder elektronische Umrichter.

Von der geforderten Leistung und der Drehzahl hängen Baugrößen und Gewicht der Maschine ab. Das verlangte Betriebsverhalten bestimmt, welche Maschinenart gewählt werden muß und ob deshalb Umwandler oder Umrichter benötigt werden.

Den Betriebsbedingungen ist zu entnehmen, welche Schutzart gewählt wird und welche Schutzklasse der Motor haben muß. Die Bauform und die Leistungsübertragungsart werden dadurch ebenfalls beeinflußt.

4.9 Wartung der Maschinen

Elektrische Maschinen haben nur wenige Teile, die einem Verschleiß unterliegen. Diese sind die Lager, die Stromwender und Schleifringe und die Bürsten. Zu den Wartungsarbeiten gehören nicht nur die Kontrolle und der Austausch dieser Teile. Verbrauchsstoffe wie Fette und Öle müssen ergänzt werden. Die Maschinen müssen gereinigt und in regelmäßigen Abständen auch meßtechnisch überprüft werden.

Die Wartungsarbeiten können während der planmäßigen Stillstandszeiten durchgeführt werden.

Nach jeder größeren Störung ist eine umfassende Kontrolle notwendig. Zur Wartung gehört auch die Kontrolle der Funktion der Schutzgeräte.

Die Lager sollen möglichst lange betriebsfähig bleiben. Bei der Wartung wird deshalb der Zustand der Lager untersucht. Sie werden gereinigt und neu geschmiert. Bei Gleitlagern wird die Abnutzung durch Ausmessen des Luftspaltes kontrolliert. Beschädigte Lager müssen ausgewechselt werden. Hat der Läufer eine Unwucht, dann muß er durch zusätzliche Gewichte statisch und dynamisch ausgewuchtet werden (Abb. 1). Die Schleifringe sind bei jeder Wartung zu reinigen. Unrunde und unebene Schleifringe müssen abgedreht oder abgeschliffen und dann poliert werden.

Kommutatoren müssen bei der Wartung ebenfalls gereinigt werden. Man benutzt einen mit Benzin angefeuchteten Lappen, um die Staub- und Fettschicht zu entfernen. Ist der Stromwender unrund, so muß er abgeschliffen werden. Danach müssen aber die Isolation zwischen den Stegen ausgefräst und die Bürstenhalter nachgestellt werden.

Die Kohlebürsten sind laufend zu überwachen. Sind sie abgenutzt, dann müssen sie ersetzt werden. Man sollte nur die vom Hersteller vorgeschriebene Bürstenart verwenden. Nach dem Einsetzen sind die Bürsten mit Schmirgelpapier einzupassen (Abb. 2).

Aufgaben zu 4.8.6 bis 4.9

1. Wonach richtet sich die Isolationsart einer elektrischen Maschine?
2. Wie kann ein Motor gegen Überlast und Kurzschluß geschützt werden?
3. Beschreiben Sie die Funktionsweise des Motorschutzschalters!
4. Was versteht man unter Motorvollschutz?

5 Schutzmaßnahmen

5.1 Übersicht über die Gefahren des elektrischen Stromes

Die Fachzeitschrift »Deutsches Elektrohandwerk« berichtet unter der Überschrift »Stehlampe tötet Jugendlichen« über folgenden Elektrounfall:

Auf einer Geburtstagsparty wollten Jugendliche am späten Abend im Gartenschwimmbecken Wasserball spielen. Eine Stehleuchte mit Verlängerungsleitung wurde herbeigeschafft und an den Beckenrand gestellt.

Ein Jugendlicher schloß die Verlängerungsleitung an eine Schutzkontaktsteckdose (Abb. 3) im Hause an und ging zum Schwimmbecken zurück. Dort lag das Geburtstagskind tot über der Leuchte. Wie war es zu diesem Unfall gekommen? Ein Sachverständiger stellte folgendes fest:

1. Die ursprünglich vorhandene Anschlußleitung der Leuchte war durch eine Leitung NYMHY 3 x 1 mm^2 mit der alten Farbkennzeichnung schwarz-grau-rot ersetzt worden.

2. Der Schutzleiter war weder am Schutzkontaktstecker noch an den Metallteilen der Leuchte angeschlossen.

3. Die Zuleitung zu den beiden Lampenfassungen war durch H03VH-H (NYZ) 1,5 mm^2 erneuert worden.

4. Die scharfe Innenkante eines Gewindenippels, der in der Fassung eingeschraubt war, hatte die Isolation der Leitung beschädigt und einen **Körperschluß** verursacht.

5. Alle Metallteile standen unter Spannung.

Der Jugendliche, der barfuß aus dem Schwimmbecken kam und die Lampe berührte, bekam einen tödlichen Schlag. Wäre der Schutzleiter ordnungsgemäß angeschlossen gewesen, hätte es nie zu diesem Unfall kommen können.

Die Größe und Art der elektrischen Spannung, der **Übergangswiderstand** und der **Körperwiderstand** des Menschen beeinflussen die Größe des elektrischen Stromes durch den menschlichen Körper (Abb. 4). Dabei können unter anderem folgende Wirkungen ausgelöst werden:

- Reize auf Nerven (Nervenlähmungen),
- Reize auf Skelettmuskeln (Muskellähmungen),
- Reize auf Herzmuskel (Herzrhythmusstörungen),
- Elektrolytische Wirkungen (Zersetzung der Körperflüssigkeit und des Blutes).

Wissenschaftliche Untersuchungen haben gezeigt, daß der Körperwiderstand des Menschen außer vom Körperbau auch von der Höhe der elektrischen Spannung und der Herzfrequenz abhängt. Die Frequenz der angelegten Spannung verändert die Herzfrequenz. Eine höhere Herzfrequenz verursacht eine höhere Hautfeuchtigkeit und diese bewirkt wiederum eine Verringerung des Körperwiderstandes. Es kann mit folgenden Durchschnittswerten für den Widerstand des menschlichen Körpers gerechnet werden, und zwar:

bei 25 V mit 3250 Ω, bei 50 V mit 2625 Ω und bei 220 V mit 1350 Ω.[1]

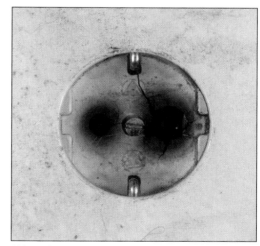

Abb. 3: Fehlerhafte Schutzkontaktsteckdose

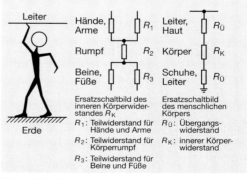

Abb. 4: Elektrische Widerstände des Körpers

---

[1] Werte laut IEC-Report 479, Kap.1, 1984

Die äußere Beschaffenheit der Haut, wie Feuchtigkeit und Hornhaut, beeinflußt diese Werte erheblich. Die angegebenen Werte sind Durchschnittswerte und gelten für etwa 50 % der Menschen. Der Stromweg verläuft dabei von Hand zu Hand, eine großflächige Berührung des spannungsführenden Teiles wird angenommen.

Die Kleidung spielt bei der Widerstandserhöhung im Fehlerfall eine wichtige Rolle, da sie sich auf die Größe des Übergangswiderstandes auswirkt. Körperwiderstand R_K und der Übergangswiderstand $R_Ü$ beeinflussen die Größe des elektrischen Stromes und damit auch das Maß der Gefährdung. Die Stromstärken und ihre Wirkungen auf den menschlichen Körper wurden im Band »Grundbildung« bereits besprochen.

5.2 VDE-Bestimmungen

Die VDE-Bestimmungen sind anerkannte Regeln der Technik. Werden elektrische Anlagen nach diesen Vorschriften errichtet und betrieben, so können Unfälle weitgehend vermieden werden.

Die VDE-Bestimmungen werden als **DIN VDE-Normen** vom Vorstand des Verbandes Deutscher Elektrotechniker (VDE) e.V. in Kraft gesetzt. In die VDE-Bestimmungen ist jeweils der augenblickliche Stand der Technik eingearbeitet. Rückwirkende Gültigkeit auf bereits errichtete Anlagen gibt es nicht, in Ausnahmefällen muß dies besonders vermerkt sein.

Die Satzung für das VDE-Vorschriftenwerk beschreibt unter anderem in VDE 0022 die Verantwortlichkeit des Elektrohandwerkers und Anlagenbetreibers in Abs. 2.3 folgendermaßen:

- Die Anwendung des VDE-Vorschriftenwerkes bietet eine Gewähr für richtiges technisches Handeln.

- Die Einhaltung anerkannter Regeln der Technik bei der Errichtung technischer Anlagen, der Herstellung elektrischer Betriebsmittel und dem Betrieb von Anlagen liegt nach geltender Rechtsauffassung im Verantwortungsbereich des Elektrikers (siehe auch »Unfallverhütungsvorschrift«, VBG 4).

Aus dieser Erklärung kann man erkennen, daß die Einhaltung der entsprechenden VDE-Bestimmungen beim Errichten, Warten und Instandsetzen elektrischer Anlagen unbedingt erforderlich ist. Stets wird nach Unfällen in elektrischen Anlagen derjenige zur Verantwortung gezogen, der zuletzt dort gearbeitet, sie vielleicht sogar erstellt oder ein elektrisches Gerät repariert hat.

Eine der wichtigsten und umfangreichsten VDE - Bestimmungen ist **DIN VDE 0100**, zu der im Laufe der Zeit immer wieder Ergänzungen und Neufassungen einiger Teile erscheinen. Sie beinhaltet die »Bestimmungen für das Errichten von Starkstromanlagen mit Nennspannungen bis 1000 V«. Die wichtigsten Bestimmungen betreffen die Schutzmaßnahmen in DIN VDE 0100 Teil 410.

5.3 Begriffe und Definitionen zu den Schutzmaßnahmen

Wichtige Begriffserklärungen zu den Schutzmaßnahmen enthält DIN VDE 0100 Teil 200. Einige der Fehlerarten sollen anhand von Schaltbildern und Beispielen erklärt werden.

1. Bei einem **Isolationsfehler** liegt ein Fehler in der Isolierung vor.

   Beispiel: Beschädigung der Isolierung von Feuchtraumleitung bei Befestigung der Leitung mit Hakennägeln anstelle von Kunststoffschellen.

2. Ein **Körperschluß** ist vorhanden, wenn durch einen Fehler eine leitende Verbindung zwischen Körper (z.B. Metallgehäuse) und aktiven Teilen[1] elektrischer Betriebsmittel entsteht (Abb. 1).

   Beispiel: Eine leitende Verbindung zwischen den spannungsführenden Leitern und dem Metallgehäuse eines Elektrogerätes kann entstehen, wenn die Zuleitung nicht durch Gummi- oder Kunststoffnippel eingeführt wird.

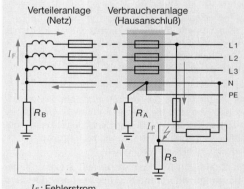

I_F: Fehlerstrom
R_B: Erdungswiderstand des Netzes
R_A: Erdungswiderstand der Verbraucheranlage
R_S: Widerstand des Schutzerders

Abb. 1: Fehlerstromkreis bei Körperschluß

---

[1] In DIN VDE 0100 Teil 200 werden Leiter und leitfähige Teile der Betriebsmittel als aktive Teile bezeichnet. Sie stehen bei normalen Betriebsbedingungen unter Spannung. Neutralleiter, jedoch keine PEN-Leiter, gelten ebenfalls als aktive Leiter.

3. Ein **Kurzschluß** ist vorhanden, wenn eine leitende Verbindung zwischen Leitern entsteht, die betriebsmäßig gegeneinander unter Spannung stehen. Im Fehlerstromkreis liegt dann kein Nutzwiderstand (Abb. 2).

   Beispiel: Ist die Zugentlastung bei Anschluß einer vieradrigen Zuleitung zu einem Elektromotor unzureichend, so können sich bei Zugbeanspruchung z. B. zwei spannungsführende Leiter aus der Klemmverbindung lösen und berühren.

4. Ein **Leiterschluß** ist vorhanden, wenn durch einen Fehler eine leitende Verbindung zwischen Leitern entsteht, die betriebsmäßig gegeneinander unter Spannung stehen. Im Fehlerstromkreis liegt ein Nutzwiderstand, z. B. Heizwiderstand (Abb. 3).

   Beispiel: Eine Unachtsamkeit bei der Instandsetzung eines Elektrowärmegerätes mit Heiz-

spiralen kann dazu führen, daß eine lose Metallschraube im Gerät die Heizwiderstände teilweise überbrückt.

5. Ein **Erdschluß** ist vorhanden, wenn durch einen Fehler (auch Lichtbogen) eine leitende Verbindung eines Außenleiters oder eines betriebsmäßig isolierten Neutralleiters mit Erde oder geerdeten Teilen entsteht (Abb. 4).

   Beispiel: Ein mehradriges Erdkabel wird durch Bauarbeiten so beschädigt, daß bei einem spannungsführenden Leiter die Isolation zerstört wird und eine Verbindung zur Erde entsteht.

6. Eine **Fehlerspannung** (U_F) entsteht bei einem Isolationsfehler zwischen Körper und Bezugserde (Abb. 5).

   Beispiel: Ein Isolationsfehler in der Zuleitung einer Tischleuchte mit Metallfuß führt zu einer Fehlerspannung zwischen dem Metallteil der Leuchte und geerdeten Anlageteilen.

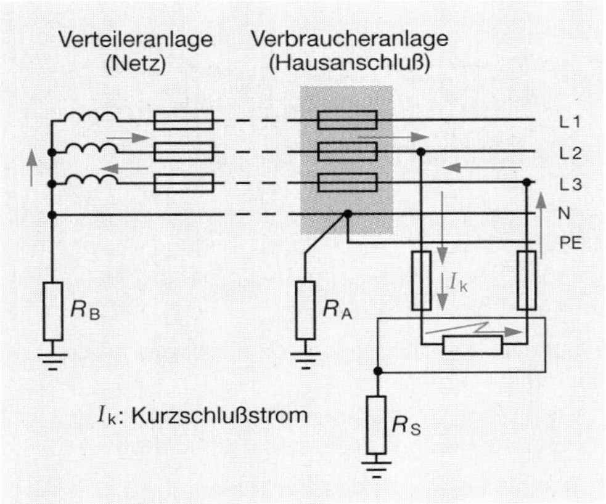

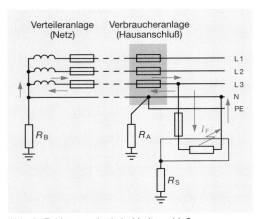

Abb. 2: Fehlerstromkreis bei Kurzschluß

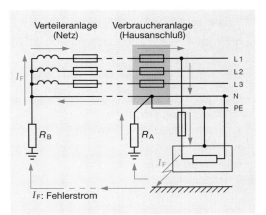

Abb. 4: Fehlerstromkreis bei Erdschluß

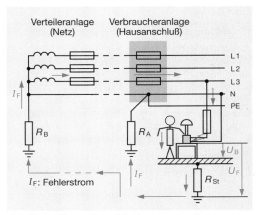

Abb. 3: Fehlerstromkreis bei Leiterschluß

Abb. 5: Berührungs- und Fehlerspannung bei Körperschluß

7. Eine **Berührungsspannung** (U_B) tritt auf, wenn aufgrund eines Isolationsfehlers Teile gleichzeitig berührt werden (Abb. 5, S.177). Sie ist ein Teil der Fehlerspannung.

   Beispiel: Berührt eine Person den unter Spannung stehenden Metallfuß einer Leuchte, so fließt aufgrund der Berührungsspannung ein Strom über den menschlichen Körper zur Erde (Abb. 5, S.177).

8. Ein **Fehlerstrom** (I_F) fließt bei einem Isolationsfehler in einer elektrischen Anlage (Abb. 4 und 5, S.177).

   Beispiel: Bei einem Körperschluß fließt ein Fehlerstrom über das metallene Gehäuseteil zur Erde. In Anlagen mit Fehlerstrom-Schutzeinrichtungen erfolgt Abschaltung des fehlerhaften Anlageteils.

9. In einer elektrischen Anlage kann in einem fehlerfreien Stromkreis ein Strom zur Erde oder zu einem leitfähigen Teil fließen. Dieser Strom heißt **Ableitstrom.** Er hat eine kapazitive Komponente, wenn sich ein Kondensator (z.B. Entstörkondensator) im Stromkreis befindet.

   Beispiel: Die Betriebsisolierung stellt einen hochohmigen Widerstand dar, durch den im eingeschalteten Zustand des Gerätes ein sehr kleiner, aber zulässiger Strom über das geerdete Metallgehäuse zur »Erde« fließen kann. Nach DIN VDE 0720 sind unter anderem als Ableitströme folgende Werte zulässig:

   - Geräte im Haushalt: $I \le 10\ \text{mA}$
   - Großküchenanlagen: $I \le 1\ \text{mA}/1\ \text{kW}$ Leistung
   - Geräte mit $P \ge 6\ \text{kW}$: $I \le 15\ \text{mA}$
   - Netzbetriebene elektronische Geräte: $I \le 0{,}15\ \text{mA}$
   - Kinderspielzeug: $I \le 0{,}5\ \text{mA}$

Tab. 5.1: Elektrische Betriebsmittel nach Schutzklassen

Schutzklasse I	
Schutzmaßnahme mit Schutzleiter Kennzeichen:	Betriebsmittel mit Metallgehäuse, z.B. Elektromotor
Schutzklasse II	
Schutzisolierung Kennzeichen:	Betriebsmittel mit Kunststoffgehäuse, z.B. elektrische Haushaltsgeräte
Schutzklasse III	
Schutzkleinspannung Kennzeichen:	Betriebsmittel mit Nennspannungen bis 25 V~ bzw. 50 V~, 60 V– bzw. 120 V–, z.B. elektrische Handleuchten

10. **Elektrische Betriebsmittel** sind alle Gegenstände, die zur Erzeugung, Umwandlung, Übertragung, Verteilung und Anwendung elektrischer Energie dienen. Sie werden nach DIN VDE 0106 T.1 im Hinblick auf den Schutz gegen gefährliche Körperströme den Schutzklassen zugeordnet (Tab. 5.1).

Aufgaben zu 5.1 bis 5.3

1. Welche Wirkungen können bei Stromfluß durch den menschlichen Körper ausgelöst werden?

2. Was sagt VDE 0022 über die Verantwortlichkeit von Elektrohandwerkern aus?

3. Beschreiben Sie die Fehler »Kurzschluß« und »Erdschluß«!

4. Skizzieren Sie den Fehlerstromkreis bei einem Körperschluß!

5. Welcher Unterschied besteht zwischen Fehlerspannung und Berührungsspannung?

5.4 Schutzmaßnahmen – Schutz gegen gefährliche Körperströme

Der Schutz gegen gefährliche Körperströme wird in DIN VDE 0100 T.410 in die folgenden Bereiche gegeliedert. Die genannten Beispiele stellen mögliche Arten des Schutzes dar.

- Schutz sowohl gegen direktes als auch bei indirektem Berühren:
  - Schutz durch Schutzkleinspannung,
  - Schutz durch Funktionskleinspannung.

- Schutz gegen direktes Berühren[1]:
  - Schutz durch Isolierung aktiver Teile,
  - Schutz durch Abdeckungen oder Umhüllungen,
  - Schutz durch Hindernisse,
  - zusätzlicher Schutz durch Fehlerstrom-Schutzeinrichtungen.

- Schutz bei indirektem Berühren[2]:
  - Schutz durch Hauptpotentialausgleich,
  - Schutzmaßnahmen im TN-, TT- und IT-Netz,
  - Schutzisolierung,
  - Schutz durch nichtleitende Räume,
  - Schutztrennung.

---

[1] Beim Schutz gegen direktes Berühren handelt es sich um alle Maßnahmen, die zum Schutz von Personen und Nutztieren dienen. Die Gefahren können sich aus der Berührung mit aktiven Teilen elektrischer Betriebsmittel ergeben.

[2] Beim Schutz bei indirektem Berühren handelt es sich um den Schutz von Personen und Nutztieren vor Gefahren, die im Fehlerfall durch Berührung mit Körpern oder fremden leitfähigen Teilen entstehen können.

5.4.1 Schutzmaßnahmen ohne besonderen Schutzleiter

Die Schutzmaßnahmen, die in den nachfolgenden Kapiteln beschrieben werden, bieten die größte Sicherheit. Ihre Einsatzmöglichkeit ist jedoch auf bestimmte elektrische Verbraucher und Anlagen beschränkt.

5.4.1.1 Schutzisolierung

Die Schutzisolierung wird als **zusätzliche Isolierung** zur Basisisolierung oder durch eine Verstärkung der Basisisolierung ausgeführt. Bei der Basisisolierung handelt es sich um die Isolierung von aktiven Teilen. Sie gewährleistet grundlegenden Schutz gegen gefährliche Körperströme.

Die Schutzmaßnahme Schutzisolierung verhindert beim Versagen der Basisisolierung, daß Körper aus Metall, die berührt werden, Spannung gegen Erde annehmen. Ein Isolationsfehler kann z.B. durch starke Erwärmung oder mechanische Beschädigung von Leitungen in einem elektrischen Betriebsmittel auftreten. Er wird durch diese Schutzmaßnahme auf den inneren Teil des Gerätes begrenzt, der den Berührungen durch eine bedienende Person nicht zugänglich ist. Stecker zum Anschluß schutzisolierter Geräte sind aus Weichgummi oder thermoplastischem Isolierstoff ohne Schutzkontaktstücke (Abb. 1).

Die zusätzliche Isolierung in Form der Schutzisolierung kann in vier Ausführungen durchgeführt sein (Tab. 5.2).

> Die Wirkungsweise der Schutzisolierung besteht darin, daß durch Einbau einer Isolierschicht mit einem sehr großen Widerstand bei Versagen der Basisisolierung keine gefährlichen Körperströme fließen können.

Nach DIN VDE 0106 müssen schutzisolierte Betriebsmittel mit dem Zeichen für Schutzisolierung gekennzeichnet sein (Tab. 5.1).

Abb. 1: Stecker für schutzisolierte Betriebsmittel

Tab. 5.2: Arten der Schutzisolierung

M 1~	**Vollisolierung** vollständige Umhüllung der Metallteile mit Isolierstoff
M 1~	**Isolierumkleidung** Kunststoffbeschichtung auf Metallgehäuse
M 1~	**Isolierauskleidung** Kunststoffauskleidung des Metallgehäuses von innen
	Zwischenisolierung vollständige Umhüllung der Metallteile mit Isolierstoff, nach außen reichende Metallteile mit isolierendem Zwischenstück

Für den Anschluß dieser Betriebsmittel gelten folgende Bestimmungen:

- Leitfähige Teile innerhalb des Betriebsmittels, die nicht zu den aktiven Leitern oder Schutzleitern zählen, dürfen nicht an den Schutzleiter angeschlossen werden.

- Schutzleiterklemmen in den schutzisolierten Stromkreisverteilern dürfen zum Durchschleifen des Schutzleiters an diesen angeschlossen werden.

- Ein Schutzleiter, der in der Anschlußleitung eines schutzisolierten Betriebsmittels vorhanden ist, muß im Stecker, darf jedoch nicht am Betriebsmittel angeschlossen sein.

5.4.1.2 Schutz durch nichtleitende Räume

Durch diese Schutzmaßnahme soll das gleichzeitige Berühren von Teilen verhindert werden, deren Basisisolierung schadhaft geworden ist. Diese Teile können unterschiedliches Potential annehmen. Die Betriebsmittel müssen deshalb im Raum so aufgeteilt werden, daß eine Person nicht gleichzeitig

- zwei Körper oder
- einen Körper und ein fremdes leitfähiges Teil

berühren kann.

In nichtleitenden Räumen darf an fest eingebauten Betriebsmitteln der Schutzklasse I und an Steckdosen kein Schutzleiter angeschlossen werden. Es ist jedoch erlaubt, mittels eines Schutzleiters einen erdfreien Potentialausgleich zwischen allen Betriebsmitteln herzustellen.

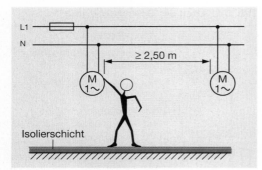

Abb. 1: Schutz durch nichtleitende Räume

Betriebsmittel der Schutzklasse I dürfen verwendet werden, wenn

- zwischen den Körpern und anderen leitfähigen Gebäudeteilen ein Abstand von mindestens 2,50 m (Handbereich, S. 219) besteht,
- wirksame Hindernisse zwischen Körpern und leitfähigen Teilen möglichst aus Kunststoff vorhanden sind und
- fremde leitfähige Teile isoliert sind oder isoliert angeordnet werden (Abb. 1).

Für den Widerstand von isolierenden Fußböden (bisher »Standortisolierung«) und Wänden gelten folgende Mindestwerte des Isolationswiderstands:

- $R_{iso} = 50$ kΩ bis 500 V Wechselspannung
  oder 750 V Gleichspannung
- $R_{iso} = 100$ kΩ ab 500 V Wechselspannung
  oder 750 V Gleichspannung

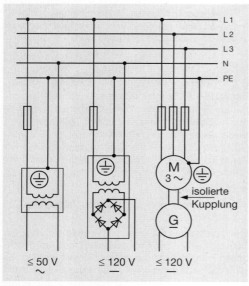

Abb. 2: Schutzkleinspannung

5.4.1.3 Schutzkleinspannung

Eine andere Möglichkeit, den Fehlerstrom klein zu halten, besteht darin, elektrische Betriebsmittel mit kleiner Nennspannnung zu verwenden. Diese Spannung und gleichzeitig auch die damit angewendete Schutzmaßnahme nennt man Schutzkleinspannung oder auch SELF (**s**eperated **e**xtra-**l**ow **v**oltage).

> Bei der Schutzmaßnahme Schutzkleinspannung werden Wechselstromkreise mit einer Nennspannung bis 50 V bzw. Gleichstromkreise mit einer Nennspannung bis 120 V ungeerdet betrieben.

Stromkreise mit einer höheren Spannung, die zur Versorgung dienen, sind gegenüber der kleineren Spannung galvanisch getrennt. Dabei wird durch zusätzliche Isolation auf die sichere Trennung geachtet. Geräte werden mit den genormten Spannungen 42V, 24V, 12V und 6V betrieben (Abb. 2).

Die Energieversorgung muß aus einer der folgenden Stromquellen erfolgen:

- **Sicherheitstransformator** nach DIN VDE 0551 (vgl. 3.3.3.1),
- **Motorgenerator (Umformer)** mit getrennten Wicklungen oder Aggregate mit Verbrennungsmotoren,
- **Elektrochemische Spannungsquellen,** z.B. Akkumulatoren nach DIN VDE 0510 oder galvanische Elemente,
- **Elektronische Geräte** zur Energieversorgung, bei denen die Spannung im Fehlerfall nicht größer als 50 V (Wechselspannung) bzw. 120 V (Gleichspannung) werden kann.

Ortsveränderliche Stromquellen für Schutzkleinspannung müssen schutzisoliert sein, wenn sie an das Netz angeschlossen werden. Für die Anwendung der Schutzkleinspannung gelten folgende Anforderungen:

- Aktive Teile der Anlage mit Schutzkleinspannung dürfen nicht mit geerdeten Teilen anderer Stromkreise verbunden werden, die die gleiche oder eine andere Spannung haben.
- Leitungen sollten vorzugsweise getrennt von Leitungen anderer Stromkreise verlegt werden.

Bei mehradrigen Kabeln, Leitungen und Leiterbündeln müssen die Leitungen der Schutzkleinspannung einzeln oder gemeinsam mit einer Isolierung versehen werden. Diese muß den Anforderungen der höchsten im Leiterbündel vorhandenen Spannung entsprechen.

- Die Steckverbindungen ortsveränderlicher Verbraucher dürfen nur für Werte, z.B. 24 V, der Kleinspannung passen (Abb. 3).

Die Schutzkleinspannung wird angewendet bei:

- elektrisch betriebenen, ortsveränderlichen Klein-werkzeugen,

- elektrisch betriebenen Leuchten und Pumpen in Wasserbecken und

- elektrisch betriebenen Handleuchten in Back-öfen, im Kesselbau und in Brauereien (Abb. 4).

Für Anlagen und Geräte, die wegen ihrer Bauart nicht gegen zufällige direkte oder indirekte Berüh-rung spannungsführender Teile gesichert sind, ist die Betriebsspannung bis auf 25 V begrenzt. In landwirtschaftlichen Betrieben, in denen Nutztiere gehalten werden, darf an elektrischen Betriebsmit-teln wie z.B. Wasserpumpen, Heißwasserspei-chern, Futterdämpfern, Steckdosen usw. keine höhere Berührungsspannung als 25 V bestehen bleiben.

Diese Forderung kann mit Hilfe der Schutzisolie-rung und der Schutzkleinspannung erfüllt werden. Dort, wo diese Schutzmaßnahmen aus technischen Gründen nicht angewendet werden können, wird dann bevorzugt die Fehlerstrom-Schutzeinrichtung eingesetzt.

Die Begrenzung bis 25 V gilt weiterhin für elek-trisch betriebenes Spielzeug, Geräte zur Körper-pflege, zum Laden von Akkumulatoren und für die Stromversorgung in der Nachrichtenübertragung. Bei medizinischen Geräten, wo stromführende Teile in den menschlichen Körper eingeführt werden, ist die Nennspannung auf 6 V begrenzt.

5.4.1.4 Funktionskleinspannung

Die Funktionskleinspannung mit sicherer Trennung (PELV, **p**rotective **e**xtra-**l**ow **v**oltage) ist eine **Son-derform der Schutzkleinspannung** (Abb. 5). Sie wird als Schutzmaßnahme dann angewendet, wenn aus betrieblichen Gründen zwar Kleinspan-nung erforderlich ist, aber nicht alle Bedingungen der Schutzkleinspannung erfüllt werden können, wie z.B. in

- Meßstromkreisen,
- Steuerstromkreisen und
- Fernmeldeanlagen.

Bei der Funktionskleinspannung dürfen im Gegen-satz zur Schutzkleinspannung betriebsbedingt fol-gende Besonderheiten auftreten:

- Aktive Teile sind mit dem PEN-Leiter von Strom-kreisen mit höherer Spannung verbunden.

- Die Körper der Betriebsmittel sind geerdet oder mit Schutzleitern von Stromkreisen höherer Spannung verbunden.

- Die Stromquelle und andere Betriebsmittel sind vom Stromkreis mit höherer Spannung unzurei-chend isoliert.

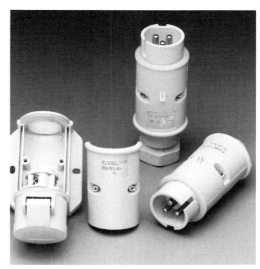

Abb. 3: Stecker für Schutzkleinspannung

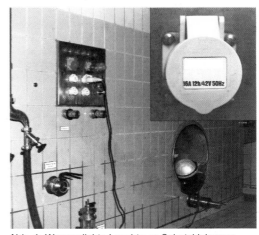

Abb. 4: Wasserdichte Leuchte an Schutzkleinspan-nung in einer Brauerei

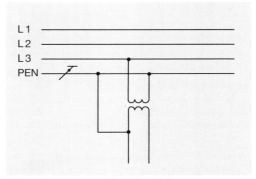

Abb. 5: Erzeugung von Funktionskleinspannung

5.4.1.5 Schutztrennung

Für den Anschluß elektrisch betriebener Arbeitsmittel wie Betonrüttler oder Naßschleifmaschine würde die auf 50 V Nennspannung begrenzte Schutzkleinspannung nicht mehr ausreichen. Bauart und Nennleistung dieser Maschinen erfordern eine höhere Betriebsspannung, damit die erforderlichen Leiterquerschnitte in Grenzen gehalten werden können. Man verwendet deshalb **Trenntransformatoren** (vgl. 3.3.3.1), die im Aufbau und in der Konstruktion den Sicherheitstransformatoren ähnlich sind. Die Sekundär-Nennspannungen entsprechen der Netzspannung (Übersetzungsverhältnis 1:1).

Bei den bisher beschriebenen Schutzmaßnahmen geht es im Prinzip darum, den elektrischen Widerstand im Fehlerstromkreis groß bzw. die elektrische Spannung klein zu halten, um den Fehlerstrom auf einen sehr kleinen Wert zu begrenzen. Die Fehlerstrombegrenzung bei der Schutztrennung besteht nun darin, einen Fehlerstromkreis über Gerät und Erde grundsätzlich auszuschließen.

> Bei der Schutztrennung wird ein elektrisches Betriebsmittel galvanisch mit Hilfe eines Trenntransformators vom Netz getrennt. Dadurch kann bei nur einem Isolationsfehler keine Berührungsspannung auftreten.

Bei der **galvanischen Trennung** trennt man den Verbraucherstromkreis vom Netzstromkreis durch:

- Trenntransformator nach DIN VDE 0550 oder

- Motorgenerator mit isolierten Wicklungen.

Eine Kopplung der beiden Stromkreise ist lediglich über das Magnetfeld im Eisenkern vorhanden.

Der Verbraucherstromkreis darf nicht geerdet sein, so daß unabhängig von der Höhe der Spannung im Verbraucherstromkreis diese, gegen Erde gemessen, immer Null ist. Die Berührung eines der beiden Leiter im Verbraucherstromkreis ist also stets ungefährlich, wenn der zweite Leiter keinen Erdschluß hat (Abb. 1).

Für die Anwendung der Schutztrennung gelten folgende Bedingungen:

- Ortsveränderliche Trenntransformatoren müssen schutzisoliert sein.

- Ortsfeste Trenntransformatoren oder Motorgeneratoren müssen entweder schutzisoliert oder so gebaut sein, daß der Ausgang vom Eingang und vom leitfähigen Gehäuse durch eine Isolierung getrennt ist.

- Aktive Teile des Sekundärstromkreises müssen elektrisch von anderen Stromkreisen getrennt sein.

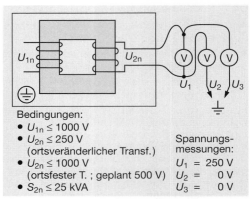

Bedingungen:
- $U_{1n} \leq 1000$ V
- $U_{2n} \leq 250$ V (ortsveränderlicher Transf.)
- $U_{2n} \leq 1000$ V (ortsfester T.; geplant 500 V)
- $S_{2n} \leq 25$ kVA

Spannungsmessungen:
$U_1 = 250$ V
$U_2 = 0$ V
$U_3 = 0$ V

Abb. 1: Schutztrennung – getrenntes Netz für Verbraucher

- Anschlußleitungen der Geräte sollen aus Gummischlauchleitungen des Typs H07RN-F oder A07RN-F (DIN VDE 0282 T.810) bestehen.

- Den Sekundärstromkreis müssen Überstrom-Schutzorgane vor Überlastung schützen.

- Die maximale Leitungslänge soll nicht größer als 500 m sein.

- Das Produkt aus Nennspannung und Leitungslänge soll nicht größer als 100 000 Vm sein.

- Mehrere Betriebsmittel dürfen nur dann sekundärseitig betrieben werden, wenn deren Körper untereinander durch einen Potentialausgleichsleiter verbunden sind.

- Automatisches Abschalten, mindestens eines Fehlers, muß bei Auftreten von zwei Fehlern (z.B. Körperschlüsse) innerhalb von 0,2 s oder 5 s (siehe I_a in TN-Netzen) erfolgen.

Die Schutztrennung wird z.B. zum Betrieb von elektrischen Werkzeugen, Schleif- und Poliermaschinen, Rasierapparaten und Schützen angewendet.

Aufgaben zu 5.4.1

1. Durch welche bauliche Maßnahme erreicht man die große Sicherheit bei schutzisolierten Geräten?

2. Nennen Sie vier Arten der Schutzisolierung!

3. Welche Stromquellen können zur Erzeugung der Schutzkleinspannung verwendet werden?

4. Nennen Sie die Bedingungen für die Anwendung der Schutzmaßnahme »Schutzkleinspannung«!

5. Worin besteht der besondere Schutz in elektrischen Anlagen bei Anwendung der Schutzmaßnahme »Schutztrennung«?

6. Unter welcher Voraussetzung dürfen bei der Schutztrennung im Sekundärstromkreis mehrere Betriebsmittel angeschlossen werden? Begründung!

5.4.2 Schutzmaßnahmen mit besonderem Schutzleiter

Der Schutzleiter und die Erdungsleitungen müssen bei jedem Hausanschluß oder jeder gleichwertigen Versorgungseinrichtung mit den verschiedenen leitfähigen Teilen der Anlage, z. B. Wasserleitung, Heizungsanlage, verbunden werden. Schutzleiter ist, je nach Netzform, der von der Stromquelle kommende **PEN-Leiter** oder der abgehende **Leiter PE**. Die Verbindung dieser Leitungen der verschiedenen Versorgungssysteme wird als Hauptpotentialausgleich bezeichnet.

> Die Schutzmaßnahmen mit besonderem Schutzleiter sollen das Bestehenbleiben einer unzulässig hohen Berührungsspannung ($U_B \leq 50$ V) verhindern.

Im Teil 300 der DIN VDE 0100 werden die Netzformen, im Teil 410 die Schutzmaßnahmen genannt, die in den einzelnen Netzen verwendet werden dürfen. Es sind dies

- **TN-Netz** mit Überstrom-Schutzeinrichtung, mit Fehlerstrom-Schutzeinrichtung,

- **TT-Netz** mit Überstrom-Schutzeinrichtung, mit Fehlerstrom-Schutzeinrichtung,

- **IT-Netz** mit Überstrom-Schutzeinrichtung, mit Fehlerstrom-Schutzeinrichtung, mit Isolations-Überwachungseinrichtung.

Die Bedeutung der Kennbuchstaben für die einzelnen Netzformen lautet:

Der erste Buchstabe der Netzbezeichnung gibt die **Erdungsverhältnisse der Stromquelle** an:

T: Direkte Erdung eines Punktes.

I : Entweder Isolierung aller aktiven Teile von Erde oder Verbindung eines Punktes mit Erde über eine Impedanz[1].

Der zweite Buchstabe der Netzbezeichnung gibt die **Erdungsverhältnisse der Körper** in der Anlage an:

T: Körper direkt geerdet, unabhängig von der etwa bestehenden Erdung eines Punktes der Stromquelle.

N: Körper direkt mit dem Betriebserder verbunden, in Wechselspannungsnetzen ist der geerdete Punkt im allgemeinen der Sternpunkt.

Die weiteren Buchstaben geben die **Anordnung des Neutralleiters** und **des Schutzleiters** im TN-Netz an:

S: Neutralleiter- und Schutzleiterfunktion durch getrennte Leiter.

C: Neutralleiter- und Schutzleiterfunktionen kombiniert in einem Leiter (PEN-Leiter).

5.4.2.1 Schutzmaßnahmen im TN-Netz

Im TN-Netz müssen die Körper der elektrischen Betriebsmittel mit dem geerdeten Punkt des Netzes durch einen Schutzleiter (PE) oder den PEN-Leiter verbunden sein. Schutzleiter, PEN-Leiter und Erder sollen das gleiche Potential (Potentialausgleich) haben. Durch die **Erdung des N-Leiters**

- Betriebserder am Transformator und

- Fundamenterder an Verbraucherstellen

erreicht man eine Herabsetzung des Gesamterdungswiderstandes. Er soll im TN-Netz $R_B \leq 2\,\Omega$ sein. Die Schutzeinrichtungen und Leiterquerschnitte müssen im TN-Netz so ausgewählt sein, daß bei einem Kurzschluß oder Erdschluß folgende Abschaltzeiten eingehalten werden:

- 0,2 s in Stromkreisen mit Steckdosen und Nennströmen bis 35 A,

- 0,2 s in Stromkreisen mit ortsveränderlichen Betriebsmitteln der Schutzklasse I,

- 5 s in allen anderen Stromkreisen.

Tab. 5.3: TN-Netzformen mit Überstromschutz

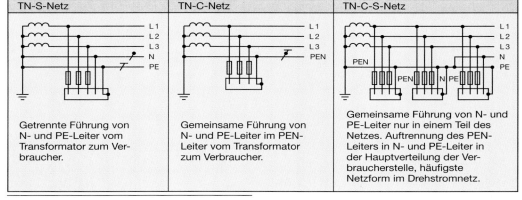

TN-S-Netz	TN-C-Netz	TN-C-S-Netz
Getrennte Führung von N- und PE-Leiter vom Transformator zum Verbraucher.	Gemeinsame Führung von N- und PE-Leiter im PEN-Leiter vom Transformator zum Verbraucher.	Gemeinsame Führung von N- und PE-Leiter nur in einem Teil des Netzes. Auftrennung des PEN-Leiters in N- und PE-Leiter in der Hauptverteilung der Verbraucherstelle, häufigste Netzform im Drehstromnetz.

[1] Impedanz: Scheinwiderstand

In Tab. 5.3, S. 183, sind die nach DIN VDE 0100 T.410 beschriebenen TN-Netze mit Überstrom-Schutzeinrichtungen enthalten.

Die Abb. 1 zeigt einen Fehlerfall im TN-C-S-Netz. Es ergeben sich dann die dargestellten Widerstände und Teilspannungen. Der menschliche Körper liegt als Widerstand R_K zwar im Fehlerstromkreis, der Kurzschlußstrom wird aber über den kleineren parallel zu R_K liegenden Widerstand R_{PE} des Schutzleiters »abgeleitet«. Das vorgeschaltete Überstrom-Schutzorgan muß dann sofort abschalten, wenn die am defekten Gerät auftretende Berührungsspannung U_B den Wert von 50 V (bei Nutztierhaltung 25 V~ und 60 V–) überschreitet. Damit eine Abschaltung innerhalb der angegebenen Zeiten erfolgt, muß folgende Bedingung erfüllt werden:

$$\boxed{Z_S \cdot I_a \leq U_0}$$

Z_S: Impedanz der Fehlerschleife
      (früher: »Schleifenwiderstand«)

I_a: Abschaltstrom in genannten Zeiten

U_0: Nennspannung gegen geerdeten Leiter

Die Impedanz, auch Schleifenimpedanz genannt, kann durch Messung bestimmt werden. Das Verfahren zu deren Bestimmung ist in 5.5.3 beschrieben.

Werden die Bedingungen hinsichtlich der Abschaltzeit bzw. des Abschaltstromes nicht erfüllt, dann ist ein zusätzlicher Potentialausgleich notwendig. Dieser kann durch eine Verbindung zwischen **Hauptpotentialausgleich** (Abb. 2), der für jedes Gebäude mit einer elektrischen Anlage vorgeschrieben ist, und fremden leitfähigen Teilen (z. B. Metallkonstruktionen, metallene Wasserleitung) ausgeführt werden.

Die Anwendung des **zusätzlichen Potentialausgleichs** ist für besondere Raumarten (Teile der Gruppe 700 in DIN VDE 0100) verbindlich vorgeschrieben wie z.B. für:

• Baderäume (T.701)
• Schwimmbäder (T.702)
• Landwirtschaftliche Betriebsstätten (T.705)
• Feuergefährdete Betriebsstätten (T.720)
• Ersatzstromversorgungsanlagen (T.728)

In TN-Netzen können folgende Arten von **Überströmen** auftreten:

• Überlaststrom im fehlerfreien Stromkreis durch Überlastung,
• Kurzschlußstrom (Abb. 3) bei einem Fehler, d. h. fast widerstandslose Verbindung zwischen zwei Außenleitern oder zwischen Außenleiter und Neutralleiter,
• Erdschlußstrom bei einem Fehler (Körperschluß), d. h. fast widerstandslose Verbindung zwischen Außenleiter und geerdeten Teilen.

Zum **Überstromschutz** dürfen Geräte eingesetzt werden, die sowohl Überlast- als auch Kurzschlußschutz bieten. Es sind

• Schmelzsicherungen (DIN VDE 0636 T.1) für den Kabel- und Leitungsschutz Typ gL,
• Leitungsschutzschalter (DIN VDE 0641 T.11) und
• Leistungsschalter mit Überlast- und Kurzschlußauslösung (DIN VDE 0660 T.101).

Der Überlastschutz wird durch Überstrom-Schutzorgane übernommen.

Überstrom-Schutzorgane müssen nach DIN VDE 0100 T.430 angeordnet werden:

• am Anfang des Stromkreises,
• bei Verringerung des Leiterquerschnitts,
• bei Änderung der Verlegungsart und
• bei Änderung der Kabel- oder Leitungsart.

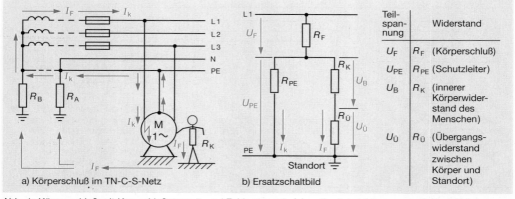

Abb. 1: Körperschluß mit Kurzschlußstrom I_k und Fehlerstrom I_F (ohne Berücksichtigung von R_B und R_A)

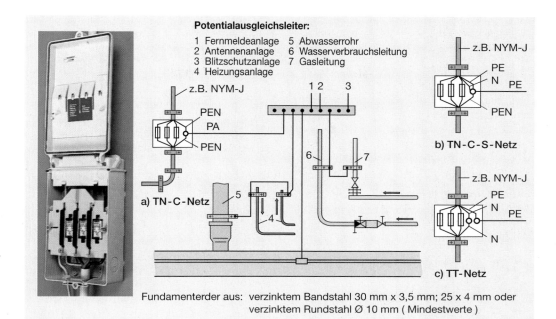

Potentialausgleichsleiter:

1 Fernmeldeanlage   5 Abwasserrohr
2 Antennenanlage   6 Wasserverbrauchsleitung
3 Blitzschutzanlage 7 Gasleitung
4 Heizungsanlage

z.B. NYM-J

PEN
PA
PEN

a) TN-C-Netz

b) TN-C-S-Netz

z.B. NYM-J
PE
N PE
PEN

c) TT-Netz

z.B. NYM-J
PE
N PE
N

Fundamenterder aus: verzinktem Bandstahl 30 mm x 3,5 mm; 25 x 4 mm oder verzinktem Rundstahl Ø 10 mm (Mindestwerte)

Abb. 2: Hauptpotentialausgleich mit Hausanschlußkasten (HAK) nach DIN VDE 0100 T.540

Das Überstrom-Schutzorgan kann im Zuge der Leitung versetzt werden, wenn Leitung oder Kabel für den Kurzschlußfall zu schützen sind. Eine Versetzung bis zu 3 m ist möglich, wenn Leitungen und Kabel vor dem Schutzorgan kurzschluß- und erdschlußsicher sowie nicht in der Nähe brennbarer Materialien verlegt sind.

Die **Überstrom-Schutzorgane** sind nach

• DIN VDE 0298 Teil 2 für Kabel und

• DIN VDE 0298 Teil 4 für Leitungen

entsprechenden Leiterquerschnitten zugeordnet.

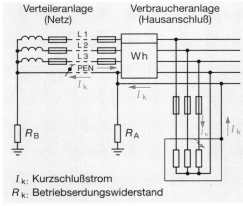

Abb. 3: Kurzschluß im TN-C-S-Netz

I_k: Kurzschlußstrom
R_k: Betriebserdungswiderstand

Die Tabellen in DIN VDE 0298 Teil 4 gelten für die **Strombelastbarkeit** von Leitungen, die nicht im Erdreich verlegt sind. Dies sind z.B. Leitungen mit PVC-Isolierung wie z.B. NYM, NYIF, H07V-U. Die Werte in den Tabellen hängen von folgenden Faktoren ab:

• Betriebsart, z.B. Dauerbetrieb,

• Verlegeart, z.B. A, B1, B2, C, E
  (siehe »Grundbildung«),

• Umgebungstemperatur, z.B. 25 °C.

Bei Abweichungen von diesen Bedingungen, wie z.B. bei

• Umgebungstemperaturen unter oder über 25 °C und

• Kabelverlegung im Erdboden,

müssen die Überstrom-Schutzorgane so gewählt werden, daß der **Nennstrom des Schutzorgans** kleiner ist als die Belastbarkeit der Leitung (I_z). Es gelten dann folgende Bedingungen:

$$I_b \leq I_n \leq I_z$$

$$I_2 \leq 1,45 \cdot I_z$$

I_b: Betriebsstrom des Stromkreises

I_n: Nennstrom des Schutzorgans

I_z: zulässige Strombelastbarkeit des Kabels oder der Leitung

I_2: Auslösestrom des Schutzorgans

Die Umrechnungsfaktoren für abweichende Umgebungstemperaturen und Häufung belasteter Leitungen sind in den Tabellen 10 und 13 der DIN VDE 0298 T.4 enthalten.

Die zulässige Ausschaltzeit t für Kurzschlüsse bis zu 5 s Dauer kann näherungsweise nach der Gleichung aus DIN VDE 0100 T.430 bestimmt werden:

$$t = (k \cdot \frac{q}{I_k})^2$$

Die Kenngrößen bedeuten:

t: Ansprechzeit für die Ausschalteinrichtung in s

q: Leiterquerschnitt in mm^2

I_k: Effektivwert des Stromes in A bei vollkommenem Kurzschluß

k: Materialkonstante in $\frac{A\sqrt{s}}{mm^2}$ mit den Werten:

- 115 (PVC-isolierte Cu-Leiter)
- 76 (PVC-isolierte Al-Leiter)
- 141 (gummiisolierte Cu-Leiter)
- 115 (Weichlotverbindungen in Cu-Leitern)

Die **Ausschaltzeit** des Überstrom-Schutzorgans darf nicht größer als der errechnete Wert für t und nicht größer als 5 s sein. Für sehr kurze Ausschaltzeiten ($t < 0,1$ s) gilt:

$$I^2 \cdot t < k^2 \cdot q^2$$

Der Wert für $I^2 \cdot t$ heißt **Durchlaßwert** und wird von Herstellern der LS-Schalter angegeben. Dieser Wert muß z. B. kleiner sein als der $I^2 \cdot t$ - Wert **(Schmelzwert)** vorgeschalteter Schmelzsicherungen, um im Kurzschlußfall selektiv abzuschalten (vgl. 6.3.2).

1. Beispiel: Die Messung der Schleifenimpedanz ergab den Wert $Z_S = 83,3\ m\Omega$. Wie groß ist bei einem einpoligem Kurzschluß und einer Netzspannung von $U_0 = 232$ V der Kurzschlußstrom?

$$I_k = \frac{U_0}{Z_S} = \underline{2785\ A}$$

2. Beispiel: Die Cu-Leitung mit PVC-Isolierung hat den Querschnitt $2,5\ mm^2$. Wie groß ist die Ausschaltzeit bei einem Kurzschlußstrom von 2785 A?

$$t = (k \cdot \frac{q}{I_k})^2 = (115 \cdot \frac{A\sqrt{s}}{mm^2} \cdot \frac{2,5 mm^2}{2785\ A})^2 = \underline{10,6\ ms}$$

3. Beispiel: Überprüfen Sie die Bedingung $I^2 \cdot t < k^2 \cdot q^2$, wenn vom Hersteller zum 16 A-Leitungsschutzschalter die Angabe $I^2 \cdot t = 38400\ A^2\ s$ gemacht wird!

$$k^2 \cdot q^2 = (115 \frac{A\sqrt{s}}{mm^2})^2 \cdot (2,5\ mm^2)^2$$

$$k^2 \cdot q^2 = \underline{82656\ A^2\ s}$$

Der angegebene Wert $I^2 \cdot t$ ist kleiner als der errechnete Wert für $k^2 \cdot q^2$. Damit ist außer **Überlastschutz** auch **Kurzschlußschutz** durch den Leitungsschutzschalter gewährleistet. Grundsätzlich kann nach DIN VDE 0100 T.430 festgestellt werden, daß die Bedingung $I^2 \cdot t < k^2 \cdot q^2$ immer dann erfüllt ist, wenn

- der Nennstrom der Leitungsschutz-Sicherung bis 63 A (Zeit-Strom-Kennlinien nach Abb.1) und
- der kleinste Leiterquerschnitt $1,5\ mm^2$ (Cu) betragen. Dies trifft bei den meisten Hausinstallationen zu.

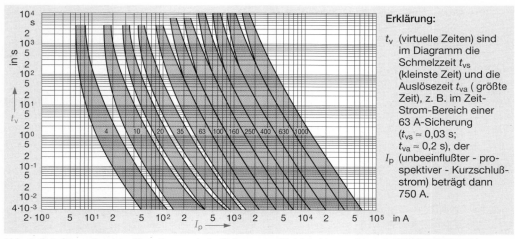

Erklärung:

t_v (virtuelle Zeiten) sind im Diagramm die Schmelzzeit t_{vs} (kleinste Zeit) und die Auslösezeit t_{va} (größte Zeit), z. B. im Zeit-Strom-Bereich einer 63 A-Sicherung ($t_{vs} \approx 0,03$ s; $t_{va} \approx 0,2$ s), der I_p (unbeeinflußter - prospektiver - Kurzschlußstrom) beträgt dann 750 A.

Abb. 1: Zeit-Strom-Bereiche für Leitungsschutz-Sicherungen (Betriebsklasse gL) nach DIN VDE 0636 T.31

Die Aufteilung des PEN-Leiters in Neutralleiter und Schutzleiter erfolgt in der Hauptverteilung. Eine Verbindung beider Leiter hinter der Aufteilung ist nicht zulässig. Vom Hausanschlußkasten liegt die Verbindungsleitung (PEN-Leiter: z. B.: $q = 6\ mm^2$) zum Hauptpotentialausgleich bzw. zum Betriebserder nach Abb. 2.

Für Schutzleiter gelten bei der Bemessung des Mindestquerschnitts folgende Bedingungen (DIN VDE 0100 Teil 540):

* Berechnung nach $q = \dfrac{\sqrt{I^2 \cdot t}}{k}$ oder

* Auswahl nach Tab. 6 der DIN VDE 0100 T, 540 bei Außenleiterquerschnitt q (Tab. 5.4)

Tab. 5.4: Leiterquerschnitte

Außenleiter	Schutzleiter
$q \ \le\ 16\ mm^2$	$q_{PE}\ =\ q$
$16 < q \le 35\ mm^2$	$q_{PE}\ =\ 16\ mm^2$
$q\ >\ 35\ mm^2$	$q_{PE}\ =\ \dfrac{q}{2}$

Die Berechnung des **Schutzleiterquerschnitts** für Abschaltzeiten bis 5 s Dauer erfolgt nach der oben genannten Gleichung. Die Formelzeichen und Materialkonstanten sind bereits auf S. 186 erläutert.

Als **Schutzleiter** dürfen verwendet werden:

* Leiter in mehradrigen Kabeln und Leitungen,

* isolierte oder blanke Leiter, die in gemeinsamer Umhüllung mit aktiven Leitern enthalten sind,

* isolierte oder blanke Leiter, die fest verlegt sind,

* Metallumhüllungen wie z.B. Mäntel und Schirme von Kabeln,

* Metallrohre oder Metallumhüllungen für Leiter oder

* fremde leitfähige Teile, die besondere Anforderungen erfüllen (siehe DIN VDE 0100 Teil 540, Abs. 5.2.4).

Neutralleiter müssen wie Außenleiter isoliert verlegt werden. Sie dürfen für sich allein nicht abschaltbar sein.

Bei gemeinsamer Abschaltung mit Außenleitern muß das Schaltstück für den Neutralleiter beim Einschalten vor- und beim Ausschalten nacheilen. Überstrom-Schutzorgane im Neutralleiter sind unter bestimmten Voraussetzungen möglich (DIN VDE T.430). Der Schutzleiter muß bei isolierten Leitungen und Kabeln ebenso wie der **PEN-Leiter grüngelb** gekennzeichnet sein. Der **Neutralleiter** wird in **hellblauer** Umhüllung ausgeführt.

5.4.2.2 Schutzmaßnahmen im TT-Netz

Im TT-Netz werden ein Punkt (Sternpunkt des Transformators) und die Körper der elektrischen Betriebsmittel ebenfalls geerdet. Die Körper müssen über einen gemeinsamen Schutzleiter an denselben Erder angeschlossen werden. Um eine Abschaltung der Schutzeinrichtung im Fehlerfall in der Zeit $t \le 0,2\ s$ zu erreichen, muß folgende Bedingung erfüllt sein:

$$R_A \cdot I_a \le U_L$$

R_A: Erdungswiderstand der Erder der Körper

I_a : Abschaltstrom in der genannten Zeit

U_L: zulässige Berührungsspannung von 50 V (Personen) und 25 V (Nutztiere)

Die Abb. 3 zeigt den Fall eines Körperschlusses, bei dem der Fehlerstrom durch den Fußboden und das Erdreich zur Stromquelle fließt.

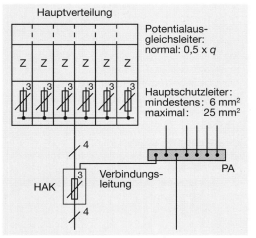

Abb. 2: Verteiler im TN-Netz

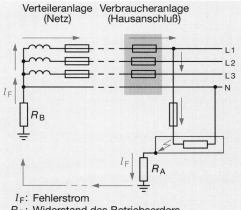

I_F: Fehlerstrom
R_B: Widerstand des Betriebserders
R_A: Erdungswiderstand der Verbraucheranlage

Abb. 3: Fehlerstrom durch den Erdboden im TT–Netz

Im Unterschied zum TN-Netz nehmen im TT-Netz bei Körperschluß alle mit demselben Erder verbundenen Betriebsmittel dieselbe Fehlerspannung bis zum Abschalten an.

Ist nun der Gesamtwiderstand des Körpers größer als der Erdungswiderstand des Körpers, so bleibt die sichere Abschaltung aus. Es kann eine hohe Berührungsspannung auftreten, wenn der

- Neutralleiter Körperschluß und der

- Außenleiter ebenfalls Verbindung mit einem geerdeten Teil hat.

Für diesen Fall muß auch für den Neutralleiter ein Überstrom-Schutzorgan eingebaut sein. Ein Schutzorgan im Neutralleiter ist nicht notwendig, wenn der Gesamterdungswiderstand der Betriebserdungen im Netz $R_B \leq 2\,\Omega$ ist.

Im TT-Netz werden in der Regel FI-Schutzeinrichtungen verwendet, da niedrige Erdungswiderstände nur mit sehr großem Aufwand zu erreichen sind. (vgl. Abb. 1, S. 190). Der Erdungswiderstand muß folgende Bedingung erfüllen:

$$\boxed{R_A \cdot I_{\Delta n} \leq U_L}$$

In TT-Netzen muß, wie in TN-Netzen, ein Potentialausgleich vorgenommen werden. Die Überstrom-Schutzorgane werden wie im TN-Netz ausgelegt.

5.4.2.3 Schutzmaßnahmen im IT-Netz

Das IT-Netz wird hauptsächlich in Industrieanlagen und Operationssälen angewandt. Hier sind entweder alle aktiven Teile von der Erde isoliert oder über eine Schutzfunkenstrecke mit der Erde verbunden. Die Körper der elektrischen Anlagen sind einzeln, gruppenweise oder gemeinsam mit dem Schutzleiter verbunden (Abb. 1).

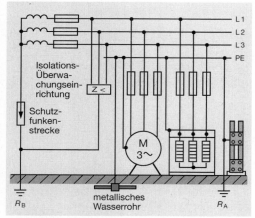

Abb. 1: IT-Netz mit Isolations-Überwachungseinrichtung

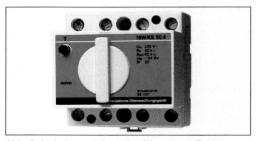

Abb. 2: Isolationswächter, Ausführung mit Fehlerspeicherung

R_P : Prüfwiderstand, liegt bei Funktionsprüfung zwischen L1 und PE

R_{AN}: Ansprechwiderstand, d.h. Anzeige bei Absinken von R_{iso} auf 50 kΩ

U_M : Meßgleichspannung zur Überwachung des Isolationszustandes des Netzes gegen Erde

IT-Netze werden mit und ohne Neutralleiter ausgeführt. Kommt es zu einem Erdschluß, so steigt die Außenleiterspannung, z.B. im 230/400 V-Netz, auf 400 V gegen Erde an. Die Isolations-Überwachungseinrichtung (Abb. 2) kontrolliert diese Spannung und meldet einen Fehler akustisch (Summer) oder optisch (Signallampe). Die Geräte haben eine Ansprechverzögerung. Dadurch werden die Einflüsse kurzzeitiger Erdschlüsse ausgeschaltet, bevor ein zweiter Fehler, z.B. Erdschluß, auftritt, der eine gefährliche Berührungsspannung in der elektrischen Anlage entstehen läßt. In diesem Fall ist der Verbraucherstromkreis nicht mehr erdungsfrei.

Die **Isolations-Überwachungseinrichtung** kann wie folgt in der Anlage installiert sein:

- **Ohne Fehlerspeicherung**, d.h. der normale Betriebszustand wird nach Beseitigung des Fehlers automatisch angezeigt. Das kann unter Umständen nachteilige Folgen für den Betriebsablauf haben.

- **Mit Fehlerspeicherung**, d.h. die Anzeige des normalen Betriebszustandes wird nach Beseitigung des Fehlers mit der Hand getätigt.

Im IT-Netz muß folgende Bedingung erfüllt sein:

$$\boxed{R_A \cdot I_d \leq U_L}$$

R_A: Erdungswiderstand aller mit einem Erder verbundenen Körper (R_A kann größer als 20 Ω sein)

$I_d (= I_F)$: Fehlerstrom im Fall des ersten Fehlers zwischen Außenleiter und Schutzleiter bzw. Körper

U_L: höchstzulässige Berührungsspannung

Im IT-Netz kann als Schutzmaßnahme auch die FI-Schutzeinrichtung verwendet werden.

5.4.3 Schutz durch Fehlerstrom-Schutzeinrichtungen

Als Folge der Entwicklung leistungsfähiger und zuverlässiger **FI-Schutzschalter** (DIN VDE 0664 Teil 1) wurden in den letzten Jahren immer mehr elektrische Anlagen mit der »FI-Schutzeinrichtung« ausgestattet.

In Abb. 3 ist ein FI-Schutzschalter dargestellt, dessen Eigenschaften und Kenndaten, wie z.B.

- Nennspannung, Nennfehlerstrom, Nennstrom,
- Eignung für Wechselfehlerströme und pulsierende Gleichfehlerströme,
- Polarität, Schutzgrad,
- Innenschaltung des FI-Schutzschalters und
- Prüftaste,

ablesbar sind.

Die Anwendung von Fehlerstrom-Schutzeinrichtungen ist als Schutzmaßnahme zum Berührungsschutz bei direktem Berühren in der DIN VDE 0100 T.410 beschrieben. Dieser Schutz wird durch FI-Schutzeinrichtungen mit $I_{\Delta n} \leq 30$ mA gewährleistet. Die Abb. 4 und Abb. 1 (S. 190) zeigen den prinzipiellen Unterschied in der Anwendung im TN- und TT-Netz.

> Der FI-Schutzschalter überwacht Fehlerströme, die aufgrund eines Isolationsfehlers (z.B. Körperschluß) von einem elektrischen Gerät über den Schutzleiter bzw. die Erde abfließen. Er löst aus, wenn $I_{\Delta n}$ überschritten wird.

Das Bestehenbleiben einer zu hohen Berührungsspannung an einem nicht zum Betriebsstromkreis gehörenden leitfähigen Anlageteil wird durch den FI-Schutzschalter verhindert.

Er kontrolliert über einen sogenannten Summenstromwandler (Abb. 5) den Fehlerstrom, der über den Schutzleiter bzw. die Erde abfließt. Im Normalfall ist die Summe der Ströme, die zu den elektrischen Betriebsmitteln fließen, gleich der Summe der zurückfließenden Ströme, so daß sich deren Magnetfelder im Summenstromwandler aufheben.

Liegt ein Fehlerfall, z.B. Körperschluß (Abb. 5 und Abb. 2, S. 190) vor, dann laufen folgende Vorgänge ab. Der Leiterstrom I_{L1} z.B. ist größer als der zurückfließende Neutralleiterstrom I_N. Die Magnetfelder von I_{L1} und und I_N heben sich nicht auf, es entsteht ein **Differenzmagnetfeld**. Das Differenzmagnetfeld bewirkt die Erzeugung einer **Induktionsspannung U** in der FI-Spule und eines Induktionsstromes I. Wenn der **Fehlerstrom I_F** größer ist als der Fehlernennstrom $I_{\Delta n}$, entriegelt der Kontaktapparat den FI-Schutzschalter. Das nachfolgende Netz wird bis zur Behebung des Fehlers vom Versorgungsnetz getrennt.

Abb. 3: Fehlerstrom-Schutzschalter

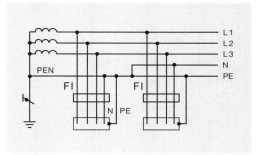

Abb. 4: FI-Schutzeinrichtung im TN-Netz

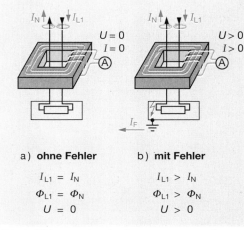

a) **ohne Fehler**   b) **mit Fehler**

$I_{L1} = I_N$ $I_{L1} > I_N$

$\Phi_{L1} = \Phi_N$ $\Phi_{L1} > \Phi_N$

$U = 0$ $U > 0$

Abb. 5: Wirkungsweise des Summenstromwandlers

Tab.5.5: Erdungswiderstand R_A bei verschiedenen Berührungsspannungen und Nennfehlerströmen

$I_{\Delta n}$	$R_A \leq \dfrac{50\,\text{V}}{I_{\Delta n}}$	$R_A \leq \dfrac{25\,\text{V}}{I_{\Delta n}}$
0,01 A	5000 Ω	2500 Ω
0,03 A	1667 Ω	833 Ω
0,1 A	500 Ω	250 Ω
0,3 A	167 Ω	83 Ω
0,5 A	100 Ω	50 Ω
1,0 A	50 Ω	25 Ω

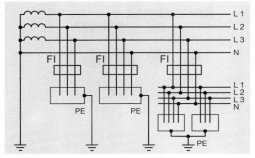

Abb. 1: FI-Schutzeinrichtung im TT-Netz

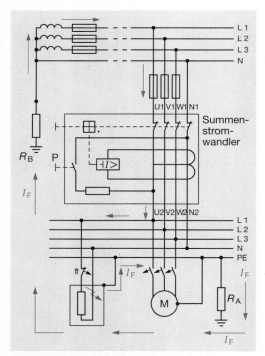

Abb. 2: Fehlerstromkreis bei FI-Schutzeinrichtung im TT-Netz

Für die Abschaltung des FI-Schutzschalters darf der **Erdungswiderstand R_A** einen bestimmten Wert nicht überschreiten. Es gelten die Bedingungen für die beiden Berührungsspannungen:

$$R_A = \frac{50\,\text{V}}{I_{\Delta n}} \quad \text{bzw.} \quad R_A = \frac{25\,\text{V}}{I_{\Delta n}}$$

Die Tab. 5.5 gibt eine Übersicht über höchstzulässige Erdungswiderstände, wenn die Berührungsspannung höchstens 50 V bzw. 25 V betragen darf (vgl. 5.4.1.2).

Der Anschluß fest angeschlossener Betriebsmittel über bewegliche Anschlußleitungen, z. B. Elektroherde, ist so auszuführen, daß der Schutzleiter stets mitgeführt wird. Einzelerdung ist unzulässig. Ortsfeste Betriebsmittel mit fest verlegter Zuleitung, z. B. Warmwassergeräte, können unmittelbar geerdet werden.

Bei der Erstellung von Erdungen **(FI-Erder)** sind die Arten, Anordnungen und Ausführungen von Erdern und Erdungsleitungen zu beachten. So wird u.a. mit Rücksicht auf die mechanische Festigkeit mindestens verwendet:

- Kupfer mit $q = 1,5\,\text{mm}^2$ bei fester, mechanisch geschützter Verlegung und

- Kupfer mit $q = 4\,\text{mm}^2$ bei fester, mechanisch ungeschützter Verlegung.

> Die FI-Schutzeinrichtung bietet im Vergleich zu allen andern Schutzmaßnahmen mit besonderem Schutzleiter die größte Sicherheit, die Fehlerspannung nicht über 50 V bzw. 25 V ansteigen zu lassen.

Die FI-Schutzeinrichtung wird z.B. in folgenden Räumen und Anlagen angewendet:

- Wohnungen und Betriebsstätten ($I_{\Delta n} \leq 0{,}5$ A),

- Bad, Dusche ($I_{\Delta n} \leq 30$ mA),

- Landwirtschaftl. Betriebsstätten ($I_{\Delta n} \leq 30$ mA),

- Arbeitsstellen wie Baustellen, Verkaufsstände im Freien usw. ($I_{\Delta n} \leq 30$ mA),

- Unterrichtsräume in Schulen ($I_{\Delta n} \leq 30$ mA) und

- Straßenverkehrsanlagen ($I_{\Delta n} \leq 0{,}5$ A).

Es gibt FI-Schutzschalter mit Nennfehlerströmen von 10 mA. Sie bieten die Möglichkeit, in elektrischen Anlagen neben den FI-Schutzschaltern mit $I_{\Delta n} \leq 30$ mA erhöhten **Personen- und Brandschutz** zu verwirklichen. FI-Schutzschalter mit Nennfehlerströmen von 0,3 A, 0,5 A und 1 A werden als nicht empfindliche Fehlerstrom-Schutzschalter bezeichnet, weil sie nur bei Körperschlüssen und vorschriftmäßiger Auslegung des Schutzleiters effektiv schützen.

Sie werden in elektrischen Anlagen verwendet, in denen Ableitströme auftreten. Dort würde der FI-Schutzschalter mit $I_{\Delta n} \leq 30$ mA eine zu schnelle Abschaltung der elektrischen Geräte bewirken. Der nicht empfindliche FI-Schutzschalter gewährt keinen Schutz gegen direktes Berühren spannungsführender Leiter.

> Ein großer Vorteil der FI-Schutzeinrichtung besteht darin, daß sich jede andere Schutzmaßnahme mit besonderem Schutzleiter ohne Schwierigkeiten auf die FI-Schutzeinrichtung umstellen läßt (Abb. 3).

Die FI-Schutzeinrichtung im TN-Netz erhöht in elektrischen Anlagen die Schutzwirkung. Der über den PEN-Leiter fließende Fehlerstrom findet einen kleineren Widerstand vor und ist dadurch größer. Die Abschaltung erfolgt schneller als z. B. bei der direkten Erdung des metallischen Gehäuses. Der Schutzleiter wird dabei vor dem FI-Schutzschalter an den PEN-Leiter angeschlossen.

Die Industrie hat das »FI-Schutzangebot« durch die Entwicklung neuer Kombinationsformen erweitert, die nach dem Prinzip der FI-Schutzschalter Schutzfunktionen ausüben. Damit können bestehende elektrische Anlagen auf den geforderten Sicherheitsstandard gebracht werden. Es sind:

- FI-Schutzschalter mit Nennfehlerströmen von 10 mA und 30 mA,
- Schutzkontaktsteckdosen mit FI-Schutzschalter in z.B. Hotelräumen, Hobbyräumen und Werkstätten als Nachinstallationen,
- FI-Sicherheitsstecker (Abb. 4) bei ortsveränderlichen Anschlüssen,
- FI/LS-Schalter (Abb. 5) nach DIN VDE 0664 Teil 2 mit verschiedenen Auslösecharakteristiken (siehe Herstellerkataloge) und folgenden Schutzfunktionen:
  - **Kurzschlußschutz** durch den elektromagnetischen Schnellauslöser,
  - **Überstromschutz** durch den thermischen Bimetallauslöser und
  - **Fehlerstromschutz** durch den FI-Auslöser.

Hierbei können LS- und FI-Teil des Schalters zusammen auslösen, oder der LS-Teil löst allein aus.

Erfolgt durch den FI-Schutzschalter eine Auslösung, dann können folgende Fehler in der Anlage vorliegen:

- vorübergehende Störung durch Verminderung eines Isolationswiderstandes,
- kurzzeitige, einmalige Ableitimpulse, die z.B. bei einer großen Zahl von Leuchtstofflampen mit elektronischen Vorschaltgeräten auftreten können (siehe Herstellerkataloge),
- Isolationsfehler.

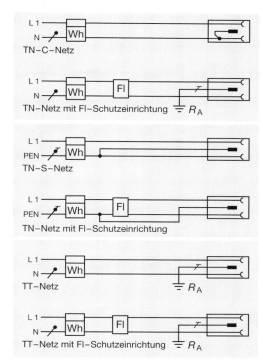

Abb. 3: Umstellung auf FI-Schutzeinrichtung

Abb. 4: FI-Sicherheitsstecker, ortsveränderliche FI-Schutzeinrichtung

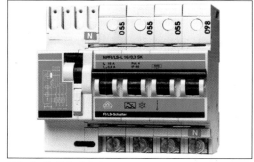

Abb. 5: FI / LS - Schalter

Aufgaben zu 5.4.2 und 5.4.3

1. Erklären Sie die Netzbezeichnung TN-, TT- und IT-Netz!

2. Nennen Sie die Leitungen der Versorgungsanlage, die an der Hauptpotentialausgleichschiene miteinander verbunden werden!

3. In welchen elektrischen Anlagen ist der zusätzliche Potentialausgleich verbindlich vorgeschrieben?

4. Welche Wirkung soll durch den zusätzlichen Potentialausgleich erreicht werden?

5. Der Außenleiterquerschnitt einer isolierten Starkstromleitung beträgt
   a) 2,5 mm^2 b) 16 mm^2 c) 25 mm^2 d) 35 mm^2.
   Welche Mindestquerschnitte müssen Schutz- oder PEN-Leiter dann haben?

6. Im TN-Netz gilt nach DIN VDE 0100 T. 410 die Bedingung $Z_S \cdot I_a \leq U_0$!
   a) Erklären Sie diese Bedingung!
   b) Welche Maßnahme muß ergriffen werden, wenn die Bedingung nicht erfüllt wird?

7. Erklären Sie die Wirkungsweise des FI-Schutzschalters!

8. Erklären Sie den Unterschied, wenn die FI-Schutzeinrichtung im TN-Netz und im TT-Netz angewendet wird!

9. Welche Schutzfunktionen kann der FI/LS-Schalter ausüben? Erklären Sie diese!

10. Der FI-Schutzschalter löst aus. Welche Fehler können in der Anlage vorliegen?

5.5 Prüfung der Schutzmaßnahmen

Nach DIN VDE 0100 T. 600 sind die Schutzmaßnahmen mit besonderem Schutzleiter vor Inbetriebnahme der elektrischen Anlage durch den Errichter zu prüfen. Zur Prüfung gehören das

- Besichtigen, Erproben und Messen sowie das
- Anfertigen eines Prüfprotokolls.

5.5.1 Messung des Isolationswiderstandes

Der Isolationswiderstand beschreibt den Widerstand der Isolierung, mit der ein unter Spannung stehendes Teil umgeben ist. Die Abb. 1 zeigt einen batteriebetriebenen Isolationsmesser mit

- Nennspannungen bis 1000 V und
- Widerstandsmeßbereich von 0 bis 400 MΩ.

Der Isolationswiderstand wird direkt angezeigt. Er kann durch Umwelteinflüsse verändert werden:

- Alterung der Isolierstoffe (Brüchigkeit),
- Mechanische Beschädigung,

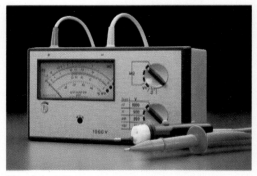

Abb. 1: Isolationsmesser

- Einwirken von Schmutz und Feuchtigkeit (Kriechströme),
- Überspannungen (Blitzeinwirkung in Freileitungsnetzen),
- Montagefehler.

Die Tab. 5.6 zeigt u.a. eine Übersicht über

- Prüfungen zu den Schutzmaßnahmen,
- Meßspannungen und Isolationswiderstände.

Die Herabsetzung des Isolationswiderstandes R_{iso} führt zu der Verkleinerung einer entscheidenden Widerstandsgröße in einem eventuell auftretenden Fehlerstromkreis. Außerdem kann es zwischen Leitern unterschiedlichen Potentials zu Ableitströmen kommen, die zu einer Aufheizung der Fehlerstelle führen. Die Temperatur steigt an, und die Isolierung trocknet aus. Bei Erreichen der Zündtemperatur entsteht ein Brand.

In Abb. 2 ist ein Isolationsmesser mit Kurbelinduktor dargestellt. Die Leerlaufspannung U_0 wird induktiv erzeugt. Mit Hilfe eines Fliehkraftreglers wird sie bei mindestens 3 Umdrehungen pro Sekunde konstant gehalten. Die Leerlaufspannungen können je nach Höhe des zu erwartenden Isolationswiderstandes mit dem Bereichsschalter eingestellt werden.

Abb. 2: Isolationsmesser mit Kurbelinduktor

Tab. 5.6: Übersicht über wichtige Prüfungen der Schutzmaßnahmen nach DIN VDE 0100 T. 600

Schutzmaßnahme	Prüfungsbestimmungen
Schutzkleinspannung Funktionsklein-spannung mit sicherer Trennung	• Meßgleichspannung: $U = 250$ V • Riso ≥ 0,25 MΩ
Schutzisolierung	• Besichtigen der Isolier-stoffumhüllungen • Messungen nicht erforderlich!

Schutz durch nichtleitende Räume	• Meßgleichspannung
	  $U = 2$ kV
	• $R_{iso} ≥ 50$ kΩ bei
	  $U_n ≤ 500$ V ~ u. 750 V –
	• $R_{iso} ≥ 100$ kΩ bei
	  $U_n > 500$ V ~ u. 750 V –
	• Ableitstrom: $I ≤ 1$ mA

Schutztrennung	• Meßgleichspannung: $U = 500$ V bei $U_n ≤ 500$ V • $R_{iso} ≥ 1$ MΩ
Hauptpotential-ausgleich	• Verbindung zwischen fremden leitfähigen Teilen und der Hauptpotential-ausgleichsschiene prüfen

TN-Netz
TT-Netz
IT -Netz
	• Messung des Isolationswi-derstandes (Abb. 3)
	  $R_{iso} ≥ 0,5$ MΩ bei $U_n ≤ 500$ V
	  $R_{iso} ≥ 1$ MΩ bei $U_n > 500$ V
	• Abschaltung der Überstrom-Schutzorgane innerhalb 0,2 s
	• Auslösung der FI-Schutzein-richtung mindestens bei Erreichen von $I_{\Delta n}$

Der Widerstandsmeßbereich beträgt 0 bis 100 MΩ. Mit der Herstellerangabe für R_i des Meßgerätes und dem angezeigten Wert für R_{iso} muß zusätzlich die am Meßobjekt anliegende Meßgleichspannung ermittelt und damit gleichzeitig kontrolliert werden. Die Formel dafür lautet:

$$U = U_0 \cdot \frac{R_{iso}}{R_{iso} + R_i}$$

Durch Stellung des Bereichsschalters in die nächste freie Schalterstellung kann an kapazitiven Prüfobjekten (Kabel, Wicklungen) die anstehende Aufladespannung (Gefahr bei Berühren) beseitigt werden.

In Abb. 3 ist die Prüfung des Isolationswiderstandes einer elektrischen Anlage an einem Beispiel dargestellt. Dafür werden alle Leitungen vom Netz und bestehende Erdverbindungen über Schutzleiter oder PEN-Leiter aufgetrennt.

Die Messung des Isolationswiderstandes wird ohne angeschlossene Verbraucher durchgeführt zwischen:

• Außenleiter und Schutzleiter,

• Neutralleiter und Schutzleiter,

• Außenleiter untereinander,

• Außenleiter und Neutralleiter.

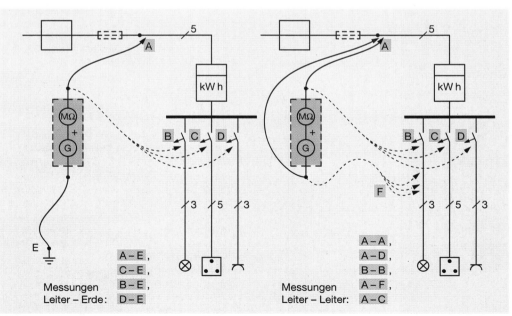

Abb. 3: Isolationsprüfung bei freigeschalteten Verbrauchern

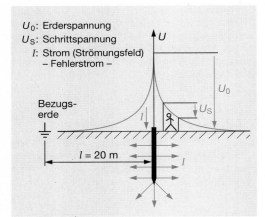

U_0: Erderspannung
U_S: Schrittspannung
I: Strom (Strömungsfeld)
– Fehlerstrom –

Abb. 1: Spannungstrichter eines Staberders

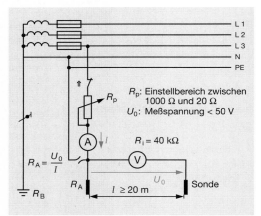

R_p: Einstellbereich zwischen 1000 Ω und 20 Ω
U_0: Meßspannung < 50 V

R_i = 40 kΩ

$R_A = \dfrac{U_0}{I}$

Abb. 2: Bestimmung des Erdungswiderstandes bei vom Netz abgetrennten Erder R_A

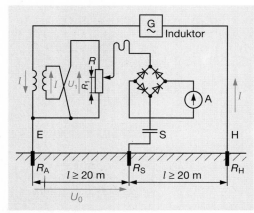

Abb. 3: Bestimmung des Erdungswiderstandes R_A, netzunabhängige Messung

5.5.2 Messungen des Erdungswiderstandes

Bei Schutzmaßnahmen mit Schutzleiter sind zu deren Funktionsfähigkeit bestimmte **Erdungswiderstände** erforderlich. Sie können durch spezielle Messungen überprüft und durch Wahl geeigneter Erder beeinflußt werden. Deren Verlegung erfolgt in Form von feuerverzinkten Bändern, Stäben oder Platten aus Eisen in ausreichender Tiefe im frostfreien Erdboden. Banderder in strahlen-, ring- oder maschenförmiger Ausführung sind besonders häufig, da bei diesen eine große Stromaustrittsfläche zur Verfügung steht.

Bei einem Isolationsfehler in einer geerdeten Anlage tritt am Erder eine **Erderspannung U_0** auf, die einen Strom durch die Erde fließen läßt. Im Erdreich breitet sich der Strom um den Erder nach allen Seiten aus. Dabei ergeben sich im näheren und weiteren Bereich des Erders Stromverteilungen und Spannungsfälle. In der Nähe des Erders liegt eine hohe Stromdichte vor, so daß auf kleinen Abständen im Erdboden große Spannungsfälle entstehen.

Den Verlauf des Spannungsfalls um einen Erder stellt die Abb. 1 dar. Mit **Meßsonden,** das sind in den Erdboden gesetzte Metallstäbe, können Spannungen zwischen verschiedenen Meßpunkten im Umkreis des Erders gemessen werden. In einer Entfernung zwischen 20 m und 40 m nähert sich die Erderspannung, die am Erder z.B. noch 230 V betragen kann, dem Wert Null.

Vergrößert man die Stromaustrittsfläche des Erders, z.B. durch Verlegen weiterer Metallbänder im Erdboden oder durch Setzen eines weiteren Staberders, so verkleinert sich der Erdungswiderstand. Für dessen Messung sind nach DIN VDE 0100 T. 600 zwei **Meßverfahren** möglich:

- Bestimmung des Erdungswiderstandes durch Strom- und Spannungs-Meßverfahren (Abb. 2),
- Kompensations-Meßverfahren nach Behrend über zwei Erder R_S und R_H (Abb. 3).

Das zweite Meßverfahren wird bevorzugt. Durch den Erdboden fließen Gleich- und Wechselströme anderer elektrischer Anlagen. Das Kompensations-Meßverfahren schließt diese Störquellen aus:

- Störgleichspannungen werden durch den Kondensator gesperrt,
- Wechselspannungs-Störquellen aus dem 50 Hz-Bereich werden durch höheren Wechselspannungsfrequenzen (f = 70 bis 140 Hz) des Induktors ausgeschlossen.

Bei der Messung nach Abb. 3 verändert man den Abgriff (R_1) am Widerstand R so, daß der Strommesser stromlos wird. Der Wert für den Erdungswiderstand kann auf dem Meßgerät nach Nullabgleich des Indikators abgelesen werden (Abb. 4).

Abb. 4: Meßgerät zur Messung des Erdungswiderstandes R_A

5.5.3 Messung der Schleifenimpedanz

Die Schleifenimpedanz ist die Summe der Widerstände (Impedanzen) in der Meßschleife (Abb. 5). Ist der Schleifenwiderstand bekannt, so läßt sich z.B. in TN-Netzen der Kurzschlußstrom ermitteln. Bei einem Kurzschluß muß die Abschaltung der Anlage innerhalb einer bestimmten Abschaltzeit erfolgen (vgl. 5.4.2.1).

Zur **Prüfung der Schleifenimpedanz** nach DIN VDE 0100 T. 600 muß Z_S jeweils ermittelt werden zwischen

- Außenleiter und Schutzleiter und
- Außenleiter und N-Leiter.

Nach Abb. 5 wird ein Außenleiter des Netzes über einen Belastungswiderstand R_h mit dem Schutzleiter oder dem Erder verbunden. Zur Vorprüfung dient ein Widerstand R_v mit etwa dem zwanzigfachen Wert von R_h.

Das Meßverfahren läuft wie folgt ab:

- Messung der Spannung U_0 bei geöffnetem Schalter und
- Messungen von U_1 und der Stromstärke I bei geschlossenem Schalter und Stromfluß über R_h.

Der Strom I fließt aufgrund der Spannungsdifferenz $(U_0 - U_1)$ durch den Widerstand der »Schleife«. Die Schleifenimpedanz errechnet sich dann nach:

$$Z_S = \frac{U_0 - U_1}{I}$$

Z_S: Schleifenimpedanz

$(Z_S \approx R_{Sch})$

Bei der Verwendung anderer Meßgeräte zur Bestimmung der Schleifenimpedanz kann nach Anschluß der Meßleitungen der Widerstandswert für Z_S direkt abgelesen werden.

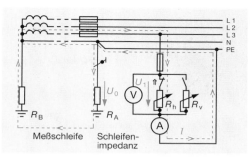

Abb. 5: Messung der Schleifenimpedanz Z_S

5.5.4 Prüfung der FI-Schutzeinrichtung

Die Schaltung in Abb. 6 veranschaulicht das Überprüfen der Funktion von FI-Schutzeinrichtungen. Hier entspricht der Spannungsfall am Prüfwiderstand R_P der Fehlerspannung (Berührungsspannung), die durch den künstlichen Fehlerstrom erzeugt wird. In beiden Fällen muß vor Erreichen von $U_F = 50$ V bzw. 25 V der FI-Schutzschalter den fehlerhaften Anlageteil abgeschaltet haben.

Die Prüfung bei der FI-Schutzeinrichtung besteht aus folgenden Teilaufgaben:

- Betätigung der **Prüfeinrichtung** am FI-Schutzschalter (Funktionsprüfung des Schalters),
- Überprüfung der **Erdschlußfreiheit** des Neutralleiters hinter dem FI-Schutzschalter (Isolationsmessung),
- Messung der Fehlerspannung beim Auslösen durch künstlichen Fehler, $U_F \leq 50$ V bzw 25 V **(Funktionsprüfung der Anlage)**,
- Messung des Erdungswiderstandes und Vergleich mit folgenden Formeln:

$$R_A \leq \frac{50\ V}{I_{\Delta n}}$$ bzw. $$R_A \leq \frac{25\ V}{I_{\Delta n}}$$

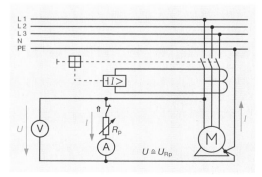

Abb. 6: Schaltung zur Prüfung der FI-Schutzeinrichtung

Abb. 1: Meßgerät zur Messung z.B. von U_{L-N}, U_{L-PE}, R_E und Prüfung von $I_{\Delta n}$

Die Abb. 1 zeigt ein Meßgerät, mit dem neben anderen Größen auch die Prüfung einer FI-Schutzeinrichtung durchgeführt werden kann. Neue Gerätebestimmungen der DIN VDE 0413 enthalten verbindliche Festlegungen hinsichtlich Meßmethode, Prüfbedingungen und technischer Eigenschaften der Meßgeräte. Damit können die Prüfungen gefahrlos durchgeführt und die Funktionsfähigkeit der Schutzmaßnahme festgestellt werden.

5.5.5 Sicherheit in elektrischen Anlagen

Wenn eine elektrische Anlage errichtet oder instandgesetzt wurde, sind nach DIN VDE 0100 T.600 vom Auftragnehmer (z.B. Elektroinstallationsbetrieb) ein **Übergabebericht** und ein **Prüfprotokoll** anzufertigen. Im Übergabebericht sind u.a. folgende Angaben zu machen:

- Netzbeschreibung, z.B. TN-Netz,
- Angaben zum Zähler, z.B. Zählerstand,
- Schalter-, Steckdosen- und Geräteanschlüsse in den einzelnen Räumen.

Einen Ausschnitt aus dem Prüfprotokoll zeigt Abb. 2. Die Prüfung besteht aus drei wichtigen Teilen:

- **Besichtigung** der elektrischen Anlage, z.B. der angewandten Schutzmaßnahmen,
- **Erprobung** bestimmter Funktionen, z.B. FI-Schutzschalter,
- **Messung und Überprüfung** bestimmter Kennwerte, z.B. Schleifenimpedanz und Fehlerstromauslösung.

Elektrische Anlagen und Geräte unterliegen der berufsgenossenschaftlichen Sicherheitsüberwachung.

Neben der DIN VDE 0105 Teil 1 gilt die **Unfallverhütungsvorschrift UVV VBG 4** (Berufsgenossenschaft für Feinmechanik und Elektrotechnik Köln). So sind z.B. folgende Prüfungen in bestimmten Zeitabständen durchzuführen:

Tab. 5.7: Schilder zur Unfallverhütung

Verbotszeichen	Warnzeichen	Gebotszeichen
Feuer, offenes Licht und Rauchen verboten	Warnung vor feuergefährlichen Stoffen	Schutzhelm tragen
Mit Wasser löschen verboten	Warnung vor explosionsgefährlichen Stoffen	Schutzschuhe tragen

- Isolationsmessungen,
- Messung der Widerstände der Potentialausgleichsleiter und des Schutzleiters,
- Messung der Schleifenimpedanz,
- Messung von Berührungsspannung und Erdungswiderstand, wenn eine FI-Schutzeinrichtung installiert ist.

Die Durchführung dieser Prüfung erfolgt nach folgenden Kriterien:

- nach Art des Betriebsmittels (1),
- nach Prüffrist (2),
- nach Art der Prüfung (3).

Beispiel 1:

(1): Elektrische Anlagen und ortsfeste elektrische Betriebsmittel
(2): mindestens alle 4 Jahre
(3): Messung der Schleifenimpedanz von Außenleiter gegen N-Leiter bzw. PE-Leiter

Beispiel 2:

(1): FI-Schutzeinrichtungen in nichtstationären Anlagen
(2): täglich
(3): Betätigung der Prüftaste

Der **Betrieb von Starkstromanlagen** wird u.a. in der DIN VDE 0105 T.1 näher beschrieben. Darin sind beispielsweise Bereiche, Personen, Geräte und Verhaltensweisen definiert:

- **Gefahrenzone**: Das ist der Bereich um spannungsführende Teile, deren Bereichsmaße nach der Höhe der Spannung definiert sind.
- **Schutzabstand**: Das ist die kürzeste Entfernung zwischen unter Spannung stehenden Teilen und Geräten, die von Personen bedient werden.
- **Arbeitskräft**: Das sind Elektrofachkräfte und elektrotechnisch unterwiesene Personen.
- **Einrichtungen zur Unfallverhütung**: Das sind isolierende Körperschutzmittel (Bekleidung) und Werkzeuge sowie Geräte zur Einhaltung der Sicherheitsregeln.

• 5 Sicherheitsregeln:

1. Freischalten,
2. Gegen Wiedereinschalten sichern,
3. Spannungsfreiheit feststellen,
4. Erden und Kurzschließen,

5. Benachbarte, unter Spannung stehende Teile abdecken oder abschranken.

Auf das Verhalten in bestimmten elektrischen Anlagen und zur Verhütung von Unfällen weisen entsprechende Schilder hin, von denen einige in Tab. 5.7 dargestellt sind.

Prüfung durchgeführt nach:	☐ UVV „Elektrische Anlagen und Betriebsmittel" ☐ _____	☐ nach DIN VDE 0100 T. 600 ☐ _____

Grund der Prüfung: ☐ Neuanlage ☐ Erweiterung ☐ Änderung ☐ Instandsetzung

Besichtigung:

☐ Richtige Auswahl der Betriebsmittel   ☐ Wärmeerzeugende Betriebsmittel   ☐ Hauptpotentialausgleich
☐ Schäden an Betriebsmitteln   ☐ Zielbezeichnung der Leitungen im Verteiler   ☐ Zusätzlicher (örtl.) Potentialausgleich
☐ Schutz gegen direktes Berühren   ☐ Leitungsverlegung   ☐ Schutzmaßnahmen mit Schutzleiter
☐ Sicherheits-Einrichtungen   ☐ Schutzkleinspannung/Schutztrennung   ☐ Schutzisolierung
☐ Brandschottung   ☐ Sichere Trennung der Schutz- und Funktionsklein-spannungs-Stromkreise von anderen Stromkreisen   ☐

Erprobung: Bemerkungen: _____

☐ Funktion der Schutz-, Sicherheits- und Überwachungseinrichtungen   ☐ Rechtsdrehfeld der Drehstrom-Steckdosen   ☐
☐ Funktion der elektrischen Anlage   ☐ Drehrichtung der Motoren   ☐

Messung: Erdungswiderstand: ......Ω ☐ Zuverl. Verbindung Schutzleiter   Bemerkungen: _____

Verwendete Meßgeräte nach DIN VDE 0413	Fabrikat	Typ	Fabrikat	Typ	Fabrikat	Typ
	Fabrikat	Typ	Fabrikat	Typ	Fabrikat	Typ

Stromkreis Nr.	Ort/Anlagenteil	Leitung/Kabel			Überstrom-Schutzeinrichtung		Z_s Ω oder I_k A	R_{isol} MΩ	Fehlerstrom-Schutzeinrichtung			U_L ≦.....V U_{mess} V
		Art	Leiter-anzahl	Quer-schnitt mm²	Art/Charak-teristik	I_n A			I_n/Art A	$I_{\Delta n}$ A	I_{mess} A	
	Hauptleitung											
	Verteiler-Zuleitung											

Abb. 2: Prüfprotokoll (Auszug)

Aufgaben zu 5.5

1. Erklären Sie ein Verfahren zur Bestimmung des Isolationswiderstandes!
2. Wie groß muß der Isolationswiderstand bei Geräten mit elektromotorischem Antrieb sein?
3. Wie groß muß R_{iso} bei schutzisolierten Geräten mindestens sein?
4. Welche Mindestwerte gelten für R_{iso} in elektrischen Anlagen mit der Spannung 230/400 V?
5. Welche Arten von Erdern gibt es?
6. Nennen Sie einige Maßnahmen, den Erdungswiderstand zu verkleinern!
7. Skizzieren und beschreiben Sie den Spannungsverlauf um einen Erder im Fehlerfall!
8. Wie erfolgt die Messung des Isolationswiderstandes in einer elektrischen Anlage?
9. Erklären Sie das Kompensations-Meßverfahren zur Messung des Erdungswiderstandes!
10. Was versteht man unter der Schleifenimpedanz?

11. Beschreiben Sie das Verfahren zur Bestimmung der Schleifenimpedanz!
12. Welche Bedingung gilt für die Größe der Schleifenimpedanz?
13. Was versteht man unter der Funktionsprüfung von Schutzschaltern?
14. Wie verläuft die Funktionsprüfung in Anlagen mit einer FI-Schutzeinrichtung?
15. Welche Vorschriften sind nach Instandsetzen einer elektrischen Anlage einzuhalten?
16. Nennen Sie wichtige Teile dieser Vorschriften!
17. Nach welchen Kriterien wird laut VBG 4 geprüft?
18. Erklären Sie die Begriffe Schutzzone, Schutzabstand und Einrichtungen zur Unfallverhütung aus DIN VDE 0105 T.1!
19. Nennen und erklären Sie die Sicherheitsregeln für das Arbeiten in den elektrischen Anlagen!
20. Erklären Sie die Funktion von Warnzeichen an praktischen Beispielen!

6 Elektrische Anlagen

6.1 Elektrizitätsversorgung

Die elektrische Energie ist heute die wichtigste Energieform. Günstige Eigenschaften haben zu dieser Entwicklung geführt:

• Umweltfreundlichkeit bei der Anwendung,

• wirtschaftlicher Energietransport,

• leichte Umwandelbarkeit in andere Energieformen
und

• gute Steuer- und Regelbarkeit großer Energiemengen.

Die Elektrizitätsversorgung wird über **Energieversorgungsunternehmen**, kurz **EVU** genannt, sichergestellt.

Die EVU sind im **Verbundnetz** untereinander verbunden, an das auch benachbarte Staaten angeschlossen sind. Dadurch ist die Austauschbarkeit elektrischer Energie über die Grenzen möglich. Der Vorteil des Verbundnetzes besteht vor allem darin, daß die Energieversorgung durch Grund-, Mittel-, Spitzenlast- und Speicherkraftwerke im gesamten Versorgungsgebiet gedeckt wird. In Abb.1 ist eine

Tageslastkurve dargestellt. Sie zeigt den durchschnittlichen elektrischen Energiebedarf eines Tages. Die Anteile der verschiedenen Energieträger an der öffentlichen Stromerzeugung zeigt die Abb. 2.

Der Standort von Kraftwerken, die ins Elektrizitäts-Verbundnetz einspeisen, richtet sich nach:

• Vorkommen von Primärenergieträgern,

• geologische Bedingungen und

• Verbrauchernähe.

Energieträger für größere Kraftwerke sind

• Braunkohle, Steinkohle, Gas, Uran sowie

• Wasserkraft (Laufwasser und Pumpspeicher).

In den letzten Jahren sind eine Fülle kleinerer Kraftwerke gebaut worden, die vor allem erneuerbare (**regenerative**) **Energiequellen** der Natur ausnutzen. Dazu gehören z.B.

• **Wasserkraft** in mittleren und kleinen Wasserkraftwerken,

• **Sonnenenergie** mit den Nutzungssystemen von Photovoltaik-Anlagen und solarthermischen Kraftwerken,

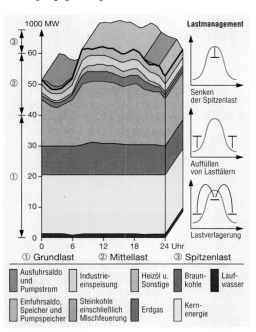

Abb. 1: Tagesbelastungsdiagramm (19.12.1990)

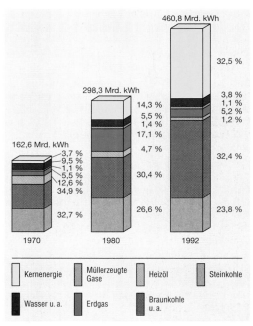

Abb. 2: Energieträger zur Stromerzeugung

- **Windenergie** mit Windkraftanlagen,
- **Biomasse** mit Biogasanlagen und Verbrennungsanlagen für organische Stoffe und
- **Umgebungsenergie** mit Wärmepumpen-Anlagen (siehe Seite 245).

Beispiel 1: Die Abb. 2 zeigt die intensive Nutzung von Wasserkraft in Laufwasserkraftwerken im Versorgungsgebiet Lech-Elektrizitätswerke AG. Diese kleineren Kraftwerke sind teilweise in privatem Besitz und dienen zur Stromerzeugung für den Eigenbedarf und zur Einspeisung in das öffentliche Netz. Zur Energieumwandlung werden in Laufwasserkraftwerken folgende Turbinenarten (Abb.1) verwendet:

- Francisturbinen, bei geringem Wassergefälle,
- Kaplanturbinen, bei geringem Wasserdruck aber großer Durchflußmenge und
- Peltonturbinen, bei geringer Wassermenge aber großen Fallhöhen.

Beispiel 2: Die Nutzung der Solarenergie wird seit Jahren vom Staat gefördert. Solarzellen (η = 15 bis 22 %) werden zur Energieversorgung von z. B. Parkuhren, Antennenverstärkeranlagen, Wohnmobilen und Einfamilienhäusern (Abb. 3) eingesetzt. Folgende Anlagetypen sind gebräuchlich:

- direkter Anschluß des Verbrauchers an die Solarzellen, Versorgungsspannung z. B. 12/24 V,
- Stromversorgung über Laderegler und Akkumulator (Pufferbetrieb),
- Stromversorgung über Laderegler, Akkumulator und Wechselrichter, Versorgungsspannung 230 V,
- Stromversorgung über Wechselrichter mit der Möglichkeit zu Einspeisung in das Netz.

Beispiel 3: Der EWE [1] -**Windenergiepark** Krummhörn I im Kreis Aurich hat eine Gesamtleistung von 10 x 300 kW. Im Jahr 1990 wurden ca. 8400 MWh in das EWE-Netz eingespeist. Die Tabelle 6.1 enthält einige technische Angaben zu den verwendeten Windkonvertern.

Eine neue Art zur Energiegewinnung ermöglichen die **Blockheizkraftwerke**. In diesen Anlagen wird neben elektrischer Energie die dabei anfallende Wärmeenergie zur Heizung genutzt. Sie werden häufig für den regionalen Bereich (Stadt, Gemeinde) errichtet und vielfach mit Gas (auch Biogas) betrieben.

Beispiel 4: Das Blockheizkraftwerk (Energieträger: Biogas) des Zentralklärwerks (Abb. 4 und 5) einer mittelgroßen Stadt erzeugt elektrische Energie und Wärme für den Eigenbedarf und Wärme für den städtischen Fuhrpark.

---

[1] Elektrizitätsversorgung-Weser-Ems

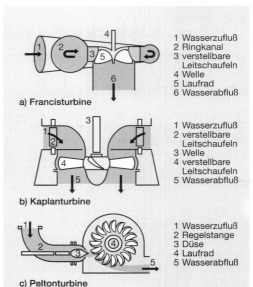

a) Francisturbine

1 Wasserzufluß
2 Ringkanal
3 verstellbare Leitschaufeln
4 Welle
5 Laufrad
6 Wasserabfluß

b) Kaplanturbine

1 Wasserzufluß
2 verstellbare Leitschaufeln
3 Welle
4 verstellbare Leitschaufeln
5 Wasserabfluß

c) Peltonturbine

1 Wasserzufluß
2 Regelstange
3 Düse
4 Laufrad
5 Wasserabfluß

Abb. 1: Turbinenarten in Wasserkraftwerken

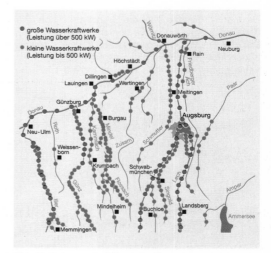

- große Wasserkraftwerke (Leistung über 500 kW)
- kleine Wasserkraftwerke (Leistung bis 500 kW)

Abb. 2: Nutzung der Wasserkraft

Abb. 3: Solarmodule auf einem Einfamilienhaus

Tab. 6.1: Angaben zu einem Windkonverter

Baugrößen	Erklärung
Nennleistung	300 kW
Rotordurchmesser	32 m
Nabenhöhe	35,6 m
Blätterzahl	3
Blattlänge	15,3 m
Blattgewicht	Je 1,5 t
Material	Glasfaserverstärkter Kunststoff
Betrieb	Bei Windgeschwindigkeiten von 3 m/s bis max. 25 m/s, dann automatische Abschaltung; P_n bei 11,5 m/s (Windstärke 6); automatische Regelung, so daß die Nennleistung konstant bleibt.
Getriebe	2-stufiges Planeten-Aufsteck-getriebe.
Übersetzung	1 : 34
Generator	Bürstenloser Drehstromgenerator
Netzeinspeisung	12poliger Wechselrichter und Netztransformator 400 V/20 kV.
Energiekosten	Bei einer Nutzungsdauer von 2500 Std/Jahr und einer Standdauer der Anlage von 10 Jahren ohne staatl. Förderung 0,27 DM/kWh.

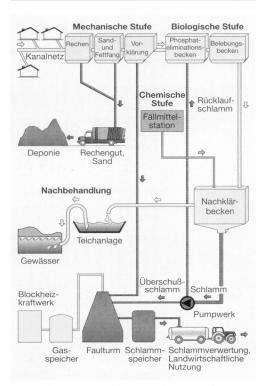

Abb. 4: Schema einer Abwasserreinigungsanlage

Die in Abb. 4 schematisch dargestellte Abwasserreinigungsanlage einer Gemeinde kann z. B. Abwässer von 5000 m³/Tag verarbeiten. Die Gasproduktion beträgt dann 2000 m³/Tag. Damit kann ein Blockheizkraftwerk mit 3 Aggregaten und 210 kW Nennleistung betrieben werden.

Der zunehmende Energiebedarf führte zur Steigerung der Kraftwerksleistung und damit zum zwangsläufigen Ausbau der Fortleitungs- und Verteilungsanlagen. Die Abb. 1, S. 202, zeigt schematisch einen Überblick über den Energietransport vom Kraftwerk bis in das Niederspannungsnetz und zu den Verbraucheranlagen.

Die Übertragungsfähigkeit einer Fernleitung steigt mit der Höhe der Betriebsspannung.

Die Übertragung erfolgt zumeist über Freileitungen, wenn große Entfernungen überbrückt werden müssen. In Ballungszentren werden dagegen auch Hoch- und Mittelspannungskabel im Erdreich verlegt. Die Kosten dafür sind verhältnismäßig hoch. Die Mittelspannung von z. B. 10 kV wird in ländlichen Gebieten bis an den Ortsrand herangeführt. Dort wird sie nach dem Heruntertransformieren auf 400 V als Niederspannung entsprechend der Verbraucherdichte über Freileitungen oder Kabel den Verbrauchern zur Verfügung gestellt.

Bei langen Übertragungswegen, z. B. See oder Meer, ist die elektrische Energieübertragung wirtschaftlicher, wenn die **Hochspannungs-Gleichstrom-Übertragung (HGÜ)** gewählt wird. Diese erfolgt mit Hilfe eines Gleichstrom-Seekabels in einpoliger Ausführung. Als Rückleitung dient das Wasser oder die Erde.

Die Einspeisung in die Gleichrichtersätze erfolgt über Drehstromtransformatoren, welche auf die gewünschte Spannung transformieren. Die Emp-

Abb. 5: Blick in ein Blockheizkraftwerk

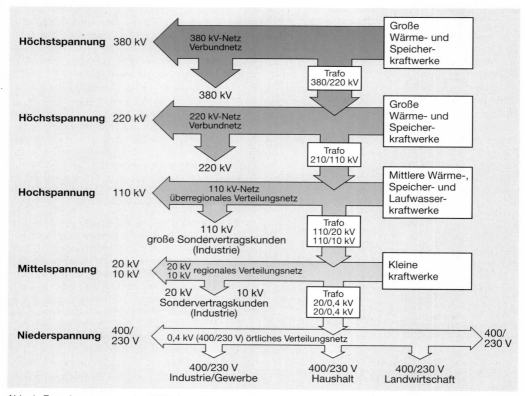

Abb. 1: Energieversorgung durch Höchst-, Hoch-, Mittel- und Niederspannungsnetze

fangsstellen sind Wechselrichterstationen, welche die Leistung über Drehstromtransformatoren in das Hoch- oder Mittelspannungsnetz einspeisen. Bei dieser Energieübertragung treten nur Wirkwiderstände auf. Die Kabelkapazität erfordert lediglich bei Beginn des Stromflusses eine Aufladung. Die Verlustleistung ist also hier erheblich kleiner als bei der Drehstromübertragung, da kein kapazitiver Widerstand vorhanden ist.

Der weitere Ausbau der Seekabelverbindungen zwischen Hochspannungsnetzen ist im Bau, z. B. zwischen Malmö (Südschweden) und Lübeck (Übertragungsleistung: 600 MW) bzw. in der Planung zwischen Norwegen und Norddeutschland (Länge: 500 km; Leistung: 600 MW).

Aufgaben zu 6.1

1. Was versteht man unter einem Verbundnetz?

2. Was versteht man unter den Lastarten, die in einem Energieversorgungsnetz während eines Tages auftreten?

3. Durch welche Primärenergieträger wird der Energiebedarf während eines Tages abgedeckt? Ordnen Sie diese den einzelnen Lastarten zu!

4. Welche Energieträger wurden im Jahr 1990 hauptsächlich zur Stromerzeugung eingesetzt? Vergleichen Sie die Prozentzahlen der alten und neuen Bundesländer!

5. Ordnen Sie den Primärenergieträgern entsprechende Standorte für Kraftwerke zu!

6. Was versteht man unter »regenerativen Energiequellen«?

7. Welche Turbinenart wird bei Laufwasserkraftwerken in der Regel dort eingesetzt, wo geringer Wasserdruck aber eine große Durchflußmenge herrscht?

8. Unter welchen Windbedingungen werden Windkonverter betrieben? Wann wird dabei die Nennleistung erreicht?

9. Beschreiben Sie an einem Beispiel den »Energiefluß« bei einem Blockheizkraftwerk!

10. Was versteht man unter dem Begriff »HGÜ«? Wie erfolgt dabei der »Energietransport«?

11. Ordnen Sie die verschiedenen Spannungsebenen entsprechenden Netzen zu!

12. Beschreiben Sie an einem Beispiel den »Energietransport« von einem Wärmekraftwerk (z. B. Braunkohle) zum Verbraucher!

6.2 Niederspannungsnetz

Über Niederspannungsnetze wird die Energieversorgung von Gewerbe- und Industriebetrieben sowie landwirtschaftlichen Betriebsstätten und Haushaltungen sichergestellt. Je nach den örtlichen Bedingungen können die Zuleitungen zu den Verbrauchern von den Niederspannungsschalt- und Verteilungsanlagen unterschiedlich lang sein. Städtische und ländliche Energieversorgungen erfordern verschiedene Ausführungen der Leitungs- und Verlegungsart.

6.2.1 Netzstationen

Hochspannungsanlagen sind ab 60 kV wegen der notwendigen Abstände zwischen den Leitern oft Freiluftausführungen. Die stärkere Isolation bereitet bei dieser Ausführungsart wegen der atmosphärischen Beanspruchung wie Luftfeuchtigkeit und Niederschläge höhere Kosten.

Für **Mittelspannungsanlagen** werden von der Industrie fabrikfertige, typengeprüfte Schaltfelder mit eingebauten Geräten und Schaltern für Spannungen bis 30 kV hergestellt (Abb. 2 und 3). Sie entsprechen in ihren Ausführungen der DIN VDE 0111. Die Schaltfelder werden eingesetzt in Umspannwerken, als Netzstationen, und in Verteileranlagen von Versorgungsnetzen. Je nach den örtlichen Bedingungen sind auch Freiluftausführungen in der Form von Freiluftmaststationen gebräuchlich.

Von der Industrie werden **Ortsnetz-Umspannstationen** in Kompaktform und wartungsfreier Ausführung für 12 und 24 kV gebaut. Für die Be- und

Entlüftung des Umspannerraums sind in die Wände Lüftungsrahmen mit stochersicheren Lamellen aus Aluminium eingebaut. In Abb. 1, S. 204, ist eine 3-feldige SF$_6$-isolierte Mittelspannungs-Lastschaltanlage für eine Nennspannung von 12 kV dargestellt. Die Umspannerleistung kann bis zu 630 kVA betragen. Eine Schaltanlage, die im Lastschwerpunkt des Netzes errichtet ist, übernimmt dann die Energieversorgung von Verbraucherstellen.

6.2.2 Netzarten

Die Niederspannungsnetze liefern etwa 80 % der Energie an gewerbliche, industrielle und landwirtschaftliche Betriebe, der Rest geht an die privaten Haushalte und Kleinabnehmer.

> Die Energieversorgung der Verbraucher kann strahlen-, ring- oder maschenförmig erfolgen.

Je nach den örtlichen Anforderungen und der Bebauung werden verschiedene Netzarten verwendet:

• das offene Netz, in dem jede Verbraucheranlage einseitig gespeist wird,

• das geschlossenen Netz, in dem jede Verbraucheranlage von mindestens zwei Seiten gespeist werden kann.

Offene Netze sind **Strahlennetze** (Abb. 3, S. 204). Alle Verbraucheranlagen werden über eine Stichleitung von einer Umspannstation versorgt. Dem Vorteil des einfachen Netzaufbaues steht der Nachteil gegenüber, daß im Fehlerfall, z. B. bei Beschädigung der Leitung oder Ausfall der Umspann-

Abb. 2: Mittelspannungsschaltanlage mit herausziehbarem Leistungsschalter

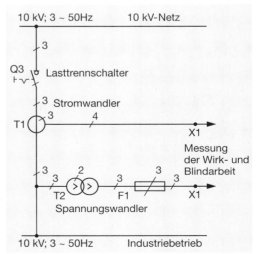

Abb. 3: Übersichtsschaltplan einer 10 kV-Schaltanlage mit Auszug einer »Übergabe- und Meßzelle«

Abb. 1: Blick in eine Ortsnetz-Station, 12 kV

station, alle hinter der Fehlerstelle liegenden Verbraucheranlagen von der Energieversorgung abgeschnitten sind. Die Investitionskosten für den Aufbau eines solchen Netzes sind niedrig. In den zum Teil ausgedehnten Netzausläufern entstehen höhere Spannungsfälle und Energieverluste.

Ringnetz und Maschennetz (Abb. 4) sind geschlossene Netzarten. Ringnetze können aber auch aufgetrennt »gefahren« werden. In Ringnetzen erfolgt die Energieversorgung der Verbraucheranlagen von zwei Seiten. Zusätzliche Schaltstellen im Netz ermöglichen das Heraustrennen fehlerhafter Leitungsstücke.

> Über das Ringnetz ist eine zuverlässigere Energieversorgung als beim Strahlennetz möglich.

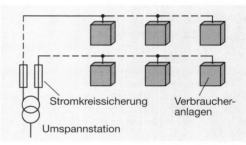

Abb. 3: Strahlennetz

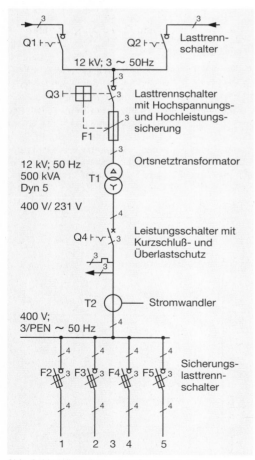

Abb. 2: Verteileranlage einer Ortsnetzstation

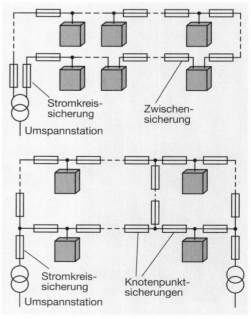

Abb. 4: Ringnetz und Maschennetz

Maschennetze sind wegen der Vielzahl von Leitungsverbindungen und Schaltmöglichkeiten für die Energieversorgung am zuverlässigsten, da an mehreren Stellen eingespeist wird. Beschädigte Leitungsstücke können problemlos herausgetrennt werden, ohne daß die Energieversorgung zu den Verbraucheranlagen beeinträchtigt wird.

Planungsaufwand, Berechnung und Kosten sind bei Maschennetzen größer als bei den anderen Netzen.

Abb. 5: Maststation an einer 20 kV-Freileitung

Nachteile des Maschennetzes sind die auftretenden hohen Kurzschlußströme. Die Wiedereinschaltung des Netzes nach totalem Ausfall kann schwierig sein, weil viele elektrische Verbraucher gerade eingeschaltet sind.

Alle drei Netzarten werden sowohl für die Energieversorgung in großen Industrie- und Verbraucheranlagen als auch in kleinen Anlagen verwendet.

Die Abb. 5 zeigt eine 20 kV-Freileitung, an deren Abspannmast sich ein Abspanntransformator (20 kV/400 V) befindet. Von diesem zweigen zwei Niederspannungs-Freileitungskabel ab.

Schematisch sind in Abb. 6 Ausschnitte aus dem Niederspannungsnetz in Freileitungs- und Kabelbauweise dargestellt. **Netzmaschen** sind in beiden Abbildungen erkennbar.

In den Transformatorstationen wird die Spannung von z. B. 20 kV auf 230/400 V heruntertransformiert. Über die Verteilerkästen erfolgt die Energieverteilung an die Verbraucherstellen.

6.2.3 Netzaufbau und Energieübertragung

Der Aufbau von Niederspannungsnetzen hängt unter anderem von Lastdichte und Umweltfaktoren ab. In räumlich ausgedehnten Netzen werden überwiegend **Freileitungen**, in dicht besiedelten Gebieten **Kabel** verwendet. Neubaugebiete an Stadträndern mit geringer Lastdichte werden aus Gründen des Umweltschutzes oft über Kabelnetze versorgt.

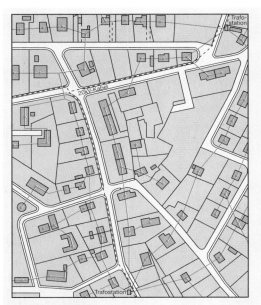

a) Freileitungsnetz

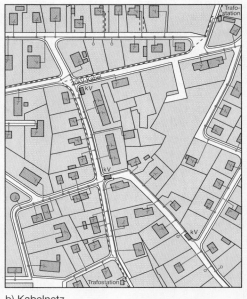

b) Kabelnetz

Abb. 6: Ausschnitte aus einem Niederspannungsnetz

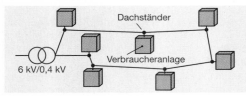

Abb. 1: Schema eines Dachständernetzes

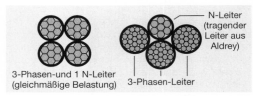

Abb. 3: Leiterbündel-Systeme

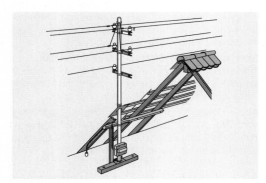

Abb. 2: Dachständer in Normalausführung

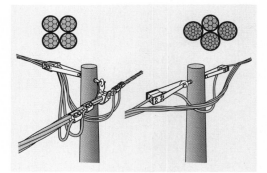

Abb. 4: Abspannarten isolierter Freileitungen

Freileitungen werden unter Beachtung der DIN VDE 0210 (»Vorschriften für den Bau von Freileitungen«) errichtet. Bei Nennspannungen unter 1 kV, also in Niederspannungsnetzen, gilt nach DIN VDE 0211:

> Zur Freileitung gehören alle Anlageteile, die zur Fortleitung von Starkstrom dienen. Dies sind Stützpunkte, wie Maste und deren Gründungen, Dachständer mit Befestigungen sowie Leiter mit Isolatoren, Isolatorträgern und Erdungen.

Für Leitungen bis 20 kV Betriebsspannung werden Holz- und Betonmaste verwendet, während für höhere Spannungen Beton- und Stahlgittermaste Verwendung finden.

Zwei **Verlegungsarten** sind gebräuchlich:

● Mastennetz

● Dachständernetz (Abb. 1)

Das Mastennetz wird entlang der Straßen angeordnet. Von dort führen je Freileitungsmast bis zu 4 Leitungsabzweigungen zu den einzelnen Verbraucheranlagen. Vorteile des Mastennetzes sind:

● mehrere Anschlüsse je Mast,

● einfache Erweiterungen bei Neuanschluß.

Als Nachteile des Mastnetzes gelten:

● Wartung der hohen Mastzahl (Wartungszeitraum ca. 8 Jahre),

● hohe Kosten bei Straßenverbreiterungen.

Der nachträgliche Einbau einer zusätzlichen Trafostation ist beim Dachständernetz kostengünstiger als beim Mastennetz. Häufig sind auch Zwischenformen beider Verlegungsarten anzutreffen. Die Abb. 2 zeigt einen Dachständer in Normalausführung N nach DIN 48170. Er darf nicht in oder durch einen Raum führen, der leicht entzündliche Stoffe enthält. In solchen Fällen ist ein Dachständer der Ausführung S zu verwenden.

In Niederspannungsnetzen werden zunehmend anstelle blanker Freileitungen häufiger **VPE isolierte Freileitungen** (Vernetztes Polyethylen) – aus Aluminium verwendet. Dabei handelt es sich um die Kabelart NFA 2X 0,6/1kV nach DIN VDE 0274.

Man unterscheidet zwei Ausführungen der Leiterbündel-Systeme von Freileitungen (Abb. 3 und 4). Die isolierte Bauweise nach DIN VDE 0211 hat gegenüber der blanken Freileitung folgende Vorteile:

● Berührungssicherheit,

● keine Sicherheitsabstände,

● geringe Vereisung, geringer Windwiderstand,

● geringe Instandhaltungskosten,

● Verbraucheranschluß unter Spannung möglich.

Zur Energieübertragung im Niederspannungsnetz werden je nach den örtlichen Bedingungen auch Kabel (Tab. 6.2) verwendet. Sie werden im Erdreich in einer Tiefe von etwa 70 cm frostsicher verlegt.

Tab.6.2: Niederspannungskabel

Abbildung	Bezeichnung	Verwendung
	Mehradriges PVC-isoliertes Kabel mit Cu-Leitern (eindrähtig) und PVC-Mantell **NYY-J**	Verlegung in Innenräumen, Kabelkanälen und im Freien; Verlegung in der Erde, wenn keine mechanischen Beschädigungen möglich sind, in Schaltanlagen, Kraftwerken und Industriebetrieben (DIN VDE 0271)
	Mehradriges PVC-isoliertes Kabel mit Cu-Leitern mit Bleimantel und PVC-Schutzhülle **NYKY-J**	Sonderkabel für Tankstellen und Raffinerien, wenn Einwirkungen von Ölen und Lösungsmitteln zu erwarten sind
	Mehradriges PVC-isoliertes Kabel mit Al-Leiter (eindrähtig) und PVC-Mantel **NAYY-J**	Verlegung in Ortsnetzen, wenn keine mechanischen Beschädigungen zu erwarten sind; Schaltanlagen in Kraftwerken und Industriebetrieben (DIN VDE 0271)
	Mehradriges PVC-isoliertes Kabel mit Cu-Leitern (mehrdrähtig) und Runddrahtbewehrung **NYRGY-J**	Verlegung in der Erde, im Freien, im Wasser, in Innenräumen und Kabelkanälen, wenn erhöhter mechanischer Schutz gefordert ist oder wenn bei Verlegung und Betrieb Zugbeanspruchungen auftreten (DIN VDE 0271)
	Mehradriges VPE-isoliertes Kabel mit Al-Leitern (eindrähtig), PVC-Mantel **NA2XY-J**	Verlegung in Ortsnetzen mit hohen Lastspitzen; bei Kabelhäufungen oder anderen extremen Umgebungsbedingungen, z.B. hohe Wärme- und Kältefestigkeit (DIN VDE 0272)
	Mehradriges VPE-isoliertes Kabel mit Al-Leitern (mehrdrähtig), PVC-Mantel **A2XY-J**	Verlegung in Erde, im Wasser, im Freien, in Innenräumen und Kabelkanälen, wenn keine besonderen mechanischen Beanspruchungen zu erwarten sind (IEC 502)

Bedeutung der Buchstaben:

N:	Genormte Ausführung	**Metallmantel**	**Außenmantel**
Ader		**K**: Bleimantel	**Y**: Mantel aus thermoplastischem
A:	Leiter aus Aluminium	**Bewehrung**	Kunststoff (PVC)
Y:	Schutzhülle aus PVC	**R**: Verzinkter Stahlrunddraht	**2Y**: Mantel aus thermoplastischem
2X:	Isolierhülle aus vernetztem Polyethylen (VPE)	**G**: Gegen- oder Haltewendel aus verzinktem Stahlband	Kunststoff (PE)

Man verwendet meistens **kunststoffisolierte Niederspannungskabel** mit vier Aluminium- oder Kupferleitern. Für die Strombelastbarkeit von Kabeln gelten die Bestimmungen der DIN VDE 0298 Teil 2. Beim Verlegen (Tab. 6.3, S.208) sind zum **Schutz der Kabel** folgende Maßnahmen anzuwenden:

• Verlegen des Kabels in eine Schicht aus Sand und steinfreiem Erdreich,

• Verlegung eines Sicherungsbandes über dem Kabel in ca. 30 cm Tiefe und

• Abdeckung des Kabels mit Formsteinen oder Einziehen von Kabeln in Formsteine oder Abdeckung des Kabels mit einer ca. 10 cm dicken Sandschicht, wenn mit Ziegelsteinen abgedeckt werden soll oder

• Verwendung von Kabelschutzrohren aus PVC.

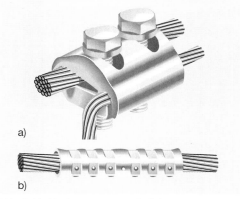

a)

b)

Abb. 5: Verbindungsarten von Freileitungen
a) Abzweigklemme, b) Kerbverbinder

Tab. 6.3: Mindestabstände bei der Verlegung von Erdkabeln zu anderen Anlagen

	Anlagen	Abstand in cm
Bei Näherungen	Kabel, Anlagen oder Bauteile der Bundespost, Feuerwehr, Gas- und Wasserwerke, Entwässerungswerke, Wasser- und Schiffahrtsverwaltung,	30
	Bauteile der Straßenbahn,	20
	Fernheizungsanlagen	30
Bei Kreuzungen	Kabel der Bundespost oder Feuerwehr,	30
	Kabel der Bundesbahn oder Wasser- und Schiffahrtsverwaltung (es ist ein feuerbeständiger Schutz vorzusehen, der auf beiden Seiten 50 cm übersteht),	50
	Straßen- und Bundeshauptbahnen (Abstand von Schienenunterkante bis Schutzrohroberkante),	100
	Wasserstraße (die Kabel sind unter der Sohle der Wasserstraße in einer Baggerrinne zu verlegen)	100

Die letztgenannte Maßnahme wird dann angewendet, wenn das Kabel in feuchtem Boden, in Wasser oder durch Dämme verlegt wird. Die Verlegung erfolgt mindestens 60 cm tief unter der Geländeoberfläche. Die Verlegung von Erdkabeln zu den Verbraucherstellen ist mit höheren Kosten verbunden als bei Freileitungen. Da beim Kabelnetz jedoch Kabel mit höheren Querschnitten verlegt werden können, ist für dicht besiedelte Gebiete eine Übertragung großer Energien möglich.

> In einem Vierleiter-Drehstromnetz (230/400 V)[1] sind der N-Leiter im TT-Netz bzw. der PEN-Leiter im TN-Netz an der Netzstation geerdet.

[1] Laut IEC-Publikation 38, 5/1987;
Weltweit genormter Einheitswert für Drehstromnetze

6.2.4 Hausanschluß

Verbraucheranlagen sind je nach Aufbau des Ortsnetzes über Kabel oder Freileitung an das Niederspannungsnetz angeschlossen. Von der Abzweigung des unter der Straße liegenden Kabels bzw. vom Dachständer aus beginnt der sogenannte Hausanschluß. Er endet im **Hausanschlußkasten**.

In DIN 18 012 sind die Abmessungen des **Hausanschlußraumes** bei unterirdischer Einführung des Kabels festgelegt. Sie betragen z. B. für ein Haus mit bis zu 30 Wohneinheiten (ohne Fernwärmeanschluß):

● Breite: 180 cm ● Länge: 220 cm ● Höhe: 200 cm

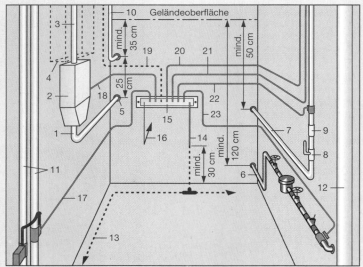

1 Hauseinführungskabel
2 Hausanschlußkasten (HAK)
3 Hauptleitung
4 Zählerschrank
5 Kabelschutzrohr
6 Hausanschlußleitung für Wasser
7 Hausanschlußleitung für Gas
8 Gas-Hauptabsperr-Einrichtung
9 Isolierstück
10 Hausanschlußleitung für Fernmeldeeinrichtung
11 Heizungsrohre
12 Abwasserrohr
13 Fundamenterder
14 Anschlußfahne
15 Potentialausgleichsschiene mit PA-Leitungen
16 Blitzschutzerder
17 PA-Heizungsrohre
18 PE-Leiter im TN-Netz
19 PE-Leiter im TT-Netz
20 PA-Fernmeldeanlage
21 PA-Antennenanlage
22 PA-Gasrohre
23 PA-Wasserverbrauchsleitungen

Abb. 1: Hausanschlußraum

In Abb. 1 ist ein Ausschnitt des Hausanschlußraumes mit wichtigen Maßangaben dargestellt.

Zwischen dem Hausanschlußkasten, der Übergabestelle des EVU und dem Zähler liegt eine Drehstromleitung (**Hauptleitung**), in der Regel mit einer **Mindestbelastbarkeit** von 63 A. Durch diese Mindestabsicherung ist Selektivität bei den nachgeschalteten Schmelzsicherungen gewährleistet. Nach DIN 18 015 Teil 1 richtet sich die **Bemessung der Hauptleitung** (siehe Diagramm, S. 5, in vorgenannter DIN-Norm) für Wohnungen ohne Elektroheizung nach

- Anzahl der Wohnungen und
- Vorhandensein elektrischer Warmwasserbereiter.

Laut TAB gelten für die Hauptleitungen folgende **zulässige Spannungsfälle** Δu je nach Leistungsbedarf:

- 0,5 % bei $S \leq 100$ kVA,
- 1,0 % bei 100 kVA $< S \leq 250$ kVA,
- 1,25 % bei 250 kVA $< S \leq 400$ kVA,
- 1,5 % bei $S > 400$ kVA.

Die Abb. 2 zeigt den Hausanschluß mit Hausanschlußkasten in einem Kabelnetz. In Abb. 3 ist eine Hausverteilung dargestellt.

Für die Installation der Hausanschlußkästen gelten folgende wichtige Vorschriften:

- Installation nur in Räumen, die nicht feuergefährdet sind,
- Schutzart IP 54 für feuchte Räume oder im Freien,
- lichtbogenfeste Unterlage aus Asbestzement (10 mm dick) bei Installation auf Holz,
- Abdeckung des Kastens, wenn leicht entzündliche Stoffe herabfallen können.

Bei **Freileitungsanschluß** wird das Kabel durch das Dachständerrohr zum Hausanschlußkasten geführt (Bauweise nach DIN 43 636 in der Schutzart IP 40). Die zum Zähler führende Hauptleitung (Steigeleitung) wird im Treppenhaus im Hinblick auf späteren Kabelanschluß bis in den Keller verlegt. Als Leitungsmaterial dient NYM mit Querschnitten je nach Anschlußleistung.

Nach DIN VDE 0100 sind in Abnehmeranlagen der N- bzw. PEN-Leiter zu erden. Dies wird über die Potentialausgleichsschiene durchgeführt.

Zum Schutz gegen gefährliche Berührungsspannungen wird in Neubauten in das Gebäudefundament ein Erder (Fundamenterder) gelegt (Abb. 1, S. 210), der mit der Potentialausgleichsschiene verbunden wird. In Abb. 2, S. 210, sind verschiedene Arten von Erdern dargestellt und beschrieben. Die Tab. 6.4 zeigt ein Beispiel für Arten und Mindestabmessungen von Erdern.

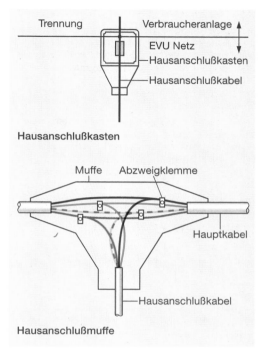

Abb. 2: Aufbau eines Hausanschlusses

Abb. 3: Hauptverteilung mit Zähler

6.2.5 Stromkreise in Verbraucheranlagen

Bei der Planung elektrischer Anlagen, insbesondere von Wohnbauten, sollten Steckdosen und Wandauslässe für den Geräteanschluß in ausreichender Zahl vorgesehen werden. Ebenso müssen Leiterquerschnitte entsprechend der zu erwartenden Belastung bemessen sowie Stromkreise in ausreichender Anzahl eingeplant werden.

Damit werden wichtige Grundsätze erfüllt, welche die Auswahl und Bemessung von Stromkreisverteilern in Gebäude- und Wohnungsinstallationen bestimmen. **Stromkreisverteiler** gibt es zum Einbau in Mauernischen und für Aufputzmontage aus Kunststoff.

Im Stromkreisverteiler sind die Überstrom-Schutzorgane für die einzelnen Stromkreise auf Tragschienen (DIN 46 278) montiert.

Für die Anschlüsse von Neutralleitern und PE-Leitern sind entsprechende Anschlußstellen vorhanden. Vom Stromkreisverteiler werden Wechselstromkreise für Wechselstromgeräte dreiadrig und für Drehstromgeräte fünfadrig installiert. In Abb. 3 ist der **Verteilungsplan** eines Stromkreisverteilers für eine Wohneinheit mit LS-Schaltern, Stromkreisen und Elektrogeräten dargestellt.

Elektrogeräte mit einem Anschlußwert über 2 kW haben je einen gesonderten Stromkreis. In Räumen mit verstärkter Energieentnahme, wie z.B. Küchen, sollten zwei Stromkreise als Ringleitung installiert werden. Bei später notwendigen Erweiterungen kann dann die Ringleitung in einer Abzweigdose aufgetrennt werden. Durch Einsetzen eines weiteren LS-Schalters in der Verteilung wird die Übertragungskapazität verdoppelt.

Zur Berechnung des Spannungsfalls zwischen Meßeinrichtung (Zähler) und dem Verbraucheranschluß wird der Nennstrom der vorgeschalteten Sicherung zugrunde gelegt.

Laut TAB soll der Spannungsfall 3 % der Netzspannung nicht überschreiten.

Die Leiterquerschnitte müssen entsprechend dimensioniert werden (vgl. 6.3.7).

Abb. 1: Fundamenterder

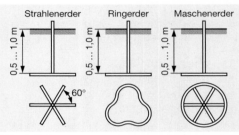

Abb. 2: Erderarten

Aufgaben zu 6.2

1. Beschreiben Sie den Aufbau einer Niederspannungsschaltanlage (Ortsnetzstation)!

2. Welche Netzarten gibt es in Niederspannungsnetzen?

3. Stellen Sie Vor- und Nachteile der einzelnen Netzarten gegenüber!

4. Wie wird das im Erdboden verlegte Kabel gegen mechanische Beschädigungen geschützt?

5. Beschreibung Sie den Aufbau eines Hausanschlusses von der Kabelmuffe bis zum Verteiler!

6. Warum werden Steigeleitungen bei Dachständeranschluß vom Dach bis in den Keller verlegt?

7. Beschreiben Sie die Verlegung eines Fundamenterders!

8. Wie ist der Stromkreisverteiler eines Einfamilienhauses aufgebaut?

Tab. 6.4: Mindestabmessungen und einzuhaltende Bedingungen für Erder

Werkstoff	Erderform	Mindest-querschnitt in mm^2	Mindest-dicke in mm	Sonstige Mindestabmesungen bzw. einzuhaltende Bedingungen
Stahl bei Verlegung im Erdreich, feuerverzinkt mit einer Mindest-zinkauflage von 7µm	Band	100	3	
	Rundstahl	78 (entspricht 10 mm Ø)		Bei zusammengesetzten Tiefenerdern Mindestdurchmesser des Stabes: 20 mm
	Rohr			Mindestdurchmesser: 25 mm Mindestwandstärke: 2 mm
	Profilstäbe	100	3	

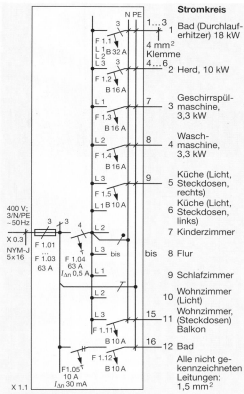

Stromkreis

N PE

F 1.1
L 1
L 2 B 32 A
L 3

F 1.2
B 16 A

L 1
F 1.3
B 16 A

L 2
F 1.4
B 16 A

L 3
F 1.5
L 1 B 10 A

L 2
L 3
bis

L 1

L 2

L 3
F 1.11
B 10 A

F 1.12
F 1.05 B 10 A
10 A
$I_{\Delta n}$ 30 mA

400 V;
3/N/PE
~50Hz

X 0.3
NYM-J
5×16

F 1.01
F 1.03
63 A
F 1.04
63 A
$I_{\Delta n}$ 0,5 A

X 1.1

1...3 } 1 Bad (Durchlauf-
erhitzer) 18 kW

4 mm²
Klemme

4...6 } 2 Herd, 10 kW

7 — 3 Geschirrspül-
maschine,
3,3 kW

8 — 4 Wasch-
maschine,
3,3 kW

9 — 5 Küche (Licht,
Steckdosen,
rechts)

6 Küche (Licht,
Steckdosen,
links)

7 Kinderzimmer

bis 8 Flur

9 Schlafzimmer

10 Wohnzimmer
(Licht)

15 — 11 Wohnzimmer,
(Steckdosen)
Balkon

16 — 12 Bad

Alle nicht ge-
kennzeichneten
Leitungen:
1,5 mm²

Schutz bei indirektem Berühren:
Abschaltung im TN-Netz (DIN VDE 0100 T. 410).
Zusätzlicher Schutz im Bad bei direktem Berühren:
FI-Schutzschaltung im TN-Netz (DIN VDE 0100 T. 410).
Im Bad:
zusätzlicher Potentialausgleich (DIN VDE 0100 T. 701).

Abb. 3: Verteilungsplan für eine Wohneinheit

6.3 Schalt- und Verteileranlagen

Für die Errichtung von Niederspannungsschalt-
und Verteileranlagen (Abb. 4) müssen folgende
Bedingungen beachtet werden:

- Schaltvermögen,
- Schutzart,
- Umgebungstemperatur,
- Art der Aufstellung und Befestigung.

Eine der wichtigsten Kenngrößen eines Schaltkreises ist das **Schaltvermögen**.

> Das Schaltvermögen gibt an, wie groß der Strom
> sein darf, bei dem das Schaltgerät ohne Be-
> schädigung ein- bzw. ausschalten kann.

Nach der Höhe des Schaltvermögens unterscheidet man Leerschalter, Lastschalter, Motorschalter
und Leistungsschalter. Die Verteileranlage muß
in die jeweils geforderte Schutzmaßnahme einbezogen werden. Dafür wird zunehmend die Schutzmaßnahme »Schutzisolierung« bevorzugt. In DIN
VDE 0660 sind die Schalter wie folgt unterteilt:

- mechanisches Verhalten in den Schaltstellungen
  (z. B. Rastschalter),
- Betätigungsart (z. B. Handschalter),
- Schaltvermögen (z. B. Lastschalter),
- Art der Lichtbogenlöschung (z. B. Luftschalter),
- Verwendungszweck (z. B. Trennschalter),
- Einbau- oder Anschlußart (z. B. fest eingebaute
  Geräte).

6.3.1 Trenn- und Lastschalter

Als Mittelspannungsschaltgerät (Abb. 5) verwendet
man dreipolige **Trennschalter**, die eine elektrische
Anlage schalten können:

Abb. 4: Isolierstoffgekapselte Schaltanlage (Verteiler),
Steuerungen

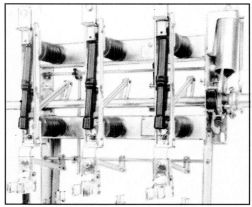

Abb. 5: Schublasttrennschalter mit Sicherungsanbau
in Mittelspannungsschaltanlagen

- in unbelastetem Zustand,
- als Sicherungstrennschalter (Abb. 1),
- als Lasttrennschalter mit Nennlast und Lichtbogenlöschung sowie
- als Leistungstrennschalter mit Schaltvermögen
  für Lastbetrieb und Kurzschlußfall mit Löschein-
  richtungen.

> Die Trennschalter (»Trenner«) trennen einen
> Stromkreis in allen Strompfaden auf und stellen
> im ausgeschalteten Zustand eine sichtbare
> Trennstrecke her. Die Schaltstellung wird dabei
> zuverlässig angezeigt.

Im Niederspannungsbereich sind dreipolige **NH-Sicherungslasttrenner** gebräuchlich. Ihre Bauweise bietet eine erhöhte Sicherheit gegen Berührung spannungsführender Teile. Mit Sicherungslast-trennern können Überlastströme zuverlässig abge-schaltet werden. Einzelheiten über Typenbezeich-nungen, elektrische Kenndaten und Eigenschaften sind in den Gerätelisten der Hersteller enthalten. Der NH-Sicherungslasttrenner mit aufgebautem Motorschutzschalter für Sicherungsüberwachung wird z. B. zum Schalten von Hauptstromkreisen bei Drehstrommotoren verwendet (Abb. 2). Beim Ab-schmelzen von z. B. einer NH-Sicherung erhöht sich der Widerstand der Strombahn. Die Strom-stärke in der parallel geschalteten Strombahn des Motorschutzschalters Q 2 vergrößert sich und be-wirkt die Auslösung. Über einen Schließer von Q 2 im Steuerstromkreis wird das Schütz K1 betätigt und damit der Motor abgeschaltet.

Der abgebildete **Lastschalter** (Abb. 3) kann als Hauptschalter, Motorschalter, Lasttrennschalter, Sicherheitsschalter, Sammelschienen-Koppler oder Trennschalter verwendet werden.

6.3.2 Leistungschalter

Leistungschalter haben das größte Schaltver-mögen.

> Leistungschalter schalten Anlageteile und Be-triebsmittel im ungestörten Zustand ein und im ge-störten Zustand, also auch bei Kurzschluß, aus.

In Drehstromanlagen werden Leistungschalter als Einspeise- und Abzweigschalter, als Schalter für große Betriebsmittel (z. B. für Motoren, Transfor-matoren, Kondensatoren) und als Schutzschalter (z. B. für Leitungen und Verteilungsanlagen) ver-wendet. Eine Weiterentwicklung stellt der Lei-stungsschalter (Abb. 4) dar, der mit einstellbarem thermischen Überstromauslöser und magnetischem Kurzschlußauslöser Schutzfunktion übernimmt.

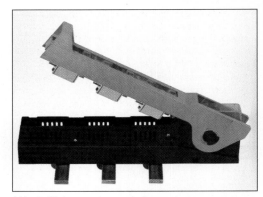

Abb. 1: Sicherungstrennschalter

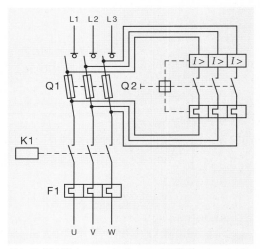

Abb. 2: NH-Sicherungslasttrenner im Motorstromkreis

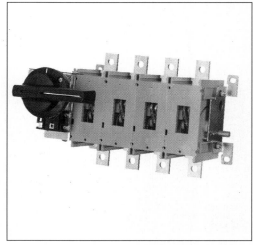

Abb. 3: Lastschalter

Leistungsschalter werden für Nennströme bis zu einigen kA gebaut. Sie haben ein Nenn-Einschaltvermögen von 25 kA … 100 kA (Scheitelwert) und ein Nenn-Ausschaltvermögen von 10 kA … 65 kA (Effektivwert). Da der Ansprechstrom des thermischen Auslösers stufig eingestellt werden kann, ist durch entsprechende Wahl und Abstufung des Schalters **selektives Abschalten** möglich (Abb. 5).

Selektivität heißt, daß aufgrund der Auswahl nachgeschalteter Überstrom-Schutzorgane im Überlast- oder Kurzschlußfall das Schutzorgan zuerst auslöst, das der Fehlerstelle am nächsten liegt.

Die Zeitstaffelung bei Leistungschaltern ermöglicht z. B. auch im Maschennetz das Heraustrennen der Fehlerstelle durch diejenigen Schalter, die ihr am nächsten liegen.

Das Schalten großer Leistungen erfordert Schalter mit technischen Einrichtungen zur Lichtbogenlöschung. Die Löschung kann erfolgen durch

- Gas, das sich durch die Lichtbogentemperatur aus dem Kunststoffmaterial der Löschbacken entwickelt,
- Öl, das durch Lichtbogentemperatur Gas entwickelt und zur Kühlung bzw. Trennung des Lichtbogens führt und
- Expansionsschalter mit destilliertem Wasser, Hartgasschalter und Druckgasschalter mit verdichteter Luft.

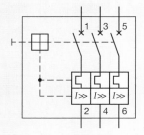

Abb. 4: Leistungsschalter mit thermischer Überstrom- und magnetischer Kurzschlußauslösung

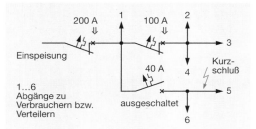

Abb. 5: Selektives Abschalten durch Leistungsschalter

6.3.3 Leitungsschutzeinrichtungen

In DIN VDE 0298 Teil 2 und 4 wird der besondere Schutz von Leitungen und Kabeln gegen zu hohe Erwärmung durch Vorschriften festgelegt. Die Erwärmungen können durch betriebsmäßige **Überlastung** oder durch **Kurzschluß** hervorgerufen werden.

Überlastungsschutz ist durch Überstrom-Schutzorgane gewährleistet, wenn bei Überlaststrom der Stromkreis unterbrochen wird, ehe eine für die Leiterisolation, Anschluß- und Verbindungsstellen gefährliche Erwärmung auftreten kann.

Die zulässige Strombelastbarkeit isolierter Leitungen bei Umgebungstemperaturen von 25°C enthält die Tabelle 2 aus DIN VDE 0100 Teil 430, Beibl. 1. Überlastschutz allein wird durch Schalter oder Schütze mit Bimetallauslösung gewährleistet. Ein zusätzlicher Kurzschlußschutz ist gegeben bei Verwendung von

- Schmelzsicherungen nach DIN VDE 0635 und 0636 (Auslösekennlinien, vgl. 5.4.2.1),
- LS-Schaltern nach DIN VDE 0641 T.11 (Abb. 6),
- Leistungsschaltern nach DIN VDE 0660 T.101.

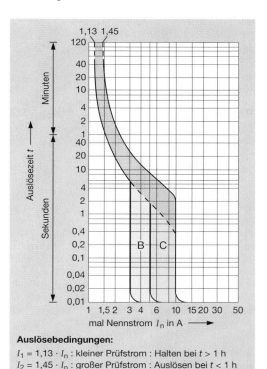

Auslösebedingungen:

$I_1 = 1,13 \cdot I_n$: kleiner Prüfstrom : Halten bei $t > 1$ h
$I_2 = 1,45 \cdot I_n$: großer Prüfstrom : Auslösen bei $t < 1$ h

Abb. 6: Auslösekennlinien von Leitungsschutzschaltern mit B- und C-Charakteristik

Anstelle der früher üblichen Bezeichnungen »flink« und »träge« für das Auslöseverhalten von Niederspannungssicherungen werden in der DIN VDE 0636 neue Begriffe verwendet. Man teilt die Sicherungen in **Betriebsklassen** ein und ordnet ihnen zwei Buchstaben zu. Der erste Buchstabe bezeichnet die **Funktionsklasse:**

g: Ganzbereichssicherungen, die Ströme bis wenigstens zu ihrem Nennstrom dauernd führen und Ströme vom kleinsten Schmelzstrom bis zum Nennausschaltstrom ausschalten können.

a: Teilbereichssicherungen, die Ströme bis wenigstens zu ihrem Nennstrom dauernd führen und oberhalb eines bestimmten Vielfaches ihres Nennstromes bis zum Nennausschaltstrom ausschalten können.

Der zweite Buchstabe bezeichnet die Schutzobjektart:

L: Kabel- und Leitungsschutz

M: Schaltgeräteschutz

R: Halbleiterschutz

B: Bergbau- und Anlagenschutz

Es gibt folgende **Betriebsklassen:**

gL: Ganzbereichs-Kabel- und Leitungsschutz

gR: Ganzbereichs-Halbleiterschutz

gB: Ganzbereichs-Bergbauanlagenschutz

aM: Teilbereichs-Schaltgeräteschutz

aR: Teilbereichs-Halbleiterschutz

In elektrischen Anlagen mit eigener Transformatorstation (z. B. Industriebetrieb) treten infolge kurzer Leitungswege zwischen Transformator und Betriebsmitteln im Fehlerfall hohe Kurzschlußströme auf. Um eine Zerstörung der LS-Schalter zu vermeiden, müssen **Vorsicherungen** gesetzt werden, die den **Kurzschlußschutz** übernehmen.

In Hausinstallationen übernehmen die Vorsicherungen mit einem Nennstrom von z. B. 25 A oder 35 A je nach Größe der elektrischen Anlage ebenfalls Kurzschlußschutz. Bei kleineren Kurzschlußströmen ist dabei Selektivität gewährleistet. Das Abschalten des Stromkreises bei Überlast oder Kurzschluß erfolgt durch den Leitungsschutzschalter (Sicherungsautomat). LS-Schalter mit B- und C-Auslösecharakteristik (Abb. 6, S. 213) lösen schon bei einem kleineren Vielfachen des Nennstromes aus als Schalter mit L-Charakteristik. Dies hat den Vorteil, daß der Nennstrom I_n des B- und C-Sicherungsautomaten ebenso groß sein kann wie die Strombelastbarkeit I_z der Leitung (vgl. 5.4.2.1).

Beispiel: Auslösung innerhalb einer Stunde bei

- L-Sicherungsautomat (16 A) beim 1,8 fachen I_n
- B- und C-Sicherungsautomat (16 A) beim 1,45 fachen I_n

6.3.4 Geräteschutzeinrichtungen

Außer Leitungsschutzschaltern können zum Geräteschutz (Überlastschutz) eingesetzt werden:

- G-Sicherungen, **Geräteschutzsicherungen**, nach DIN VDE 0820 T.1 für Relais, Halbleiter und elektronische Baugruppen mit den Bezeichnungen FF (superflink), F (flink), M (mittelträge), T (träge), TT (superträge) und

- Kaltleiter, **Thermistoren**, in elektrischen Haushaltsgeräten und in Motoren.

Bei geringen Überströmen zeigen alle Typen von G-Sicherungen nahezu eine gleiche Auslösecharakteristik. Sie lösen aus bei:

- 1,5fachem Nennstrom nach einer Stunde und
- 2,1fachem Nennstrom zwischen 2 und 30 Minuten.

Kurzschlußströme können von Gerätesicherungen nur begrenzt abgeschaltet werden.

> Für Betriebsspannungen bis 33 V und Strömen bis 400 mA werden als Kleinsicherungen Kaltleiter verwendet, die bei Überlast und Übertemperatur hochohmig werden.

Eine Beschädigung des Gerätes tritt nicht ein, die Betriebsbereitschaft ist nach Beheben des Fehlers sofort wieder gegeben. Solche Sicherungen werden ohne zusätzliche Bauteile direkt in den Stromkreis eingebaut. Bei einer Temperatur von ca. 120°C steigt der Widerstand sprunghaft an, so daß der Dauerstrom bis zur Beseitigung der Überlast ungefährlich klein bleibt.

In Wärmegeräten verwendet man Kaltleiter als Heiz- und Schaltelement, über das z. B. eine zu verdampfende Wassermenge reguliert werden kann. In Motoren werden zum Geräteschutz Thermistoren in die Wicklungen eingelegt. Bei Erwärmung wird der Motor abgeschaltet (vgl. 4.8.8).

Aufgaben zu 6.3.1 bis 6.3.4

1. Was versteht man unter dem Schaltvermögen eines Schalters?

2. Nach welchen Kriterien unterscheidet man die verschiedenen Schalter?

3. Welche Funktionen haben NH-Sicherungslasttrenner in elektrischen Anlagen?

4. Welche Schalter sind z.B. in einer Niederspannungsschaltanlage (Ortsnetzstationen) eingebaut?

5. Unter welcher Bedingung erfolgt in einer elektrischen Anlage selektive Abschaltung?

6. Bei welchem Strom I_2 muß ein B-Sicherungsautomat (10 A bzw. 20 A) innerhalb einer Stunde auslösen? Vergleichen Sie diese Auslöseströme mit denen eines L-Sicherungsautomaten!

7. Welchen Überlastschutz gibt es zum Geräteschutz elektronischer Baugruppen?

6.3.5 Messung elektrischer Größen in elektrischen Anlagen

Schaltungen zur Messung der elektrischen Größen wie Leistung und Leistungsfaktor sowie Arbeit haben jeweils vierstellige Kennziffern.

Bei **Leistungsmessern** bedeutet z. B. **3201**:

- Stromart: $3 \triangleq$ Einphasenwechselstrom
- Meßgröße: $2 \triangleq$ Wirkleistung
- Meßart: $0 \triangleq$ kein Sonderfall
- Anschlußart: $1 \triangleq$ unmittelbarer Anschluß

Bei **Zählern** bedeutet z. B. **4000**:

- Zählerart: $4 \triangleq$ Wirkverbrauchszähler im Vierleiter-Netz
- Zusatzeinrichtung: $0 \triangleq$ keine Einrichtung
- Anschluß: $0 \triangleq$ direkter Anschluß
- Schaltung der Z.: $0 \triangleq$ kein äußerer Anschluß

In einem symmetrisch belasteten Dreileiternetz sind die Spannungen, Ströme und Phasenverschiebungswinkel alle gleich groß. Daher genügt es, die **Wirkleistung** in einem Strang zu messen. Man schaltet den Wirkleistungsmesser mit dem Strompfad in einen Außenleiter und legt den Spannungspfad an einen künstlichen Sternpunkt.

$$P_g = 3 \cdot P_1$$

Eine weitere Möglichkeit zur Wirkleistungsmessung bei beliebiger Belastung im Dreileiternetz bietet die sogenannte Aronschaltung. Die Abb. 2 zeigt die Schaltung mit Strom- und Spannungswandlern.

$$P_g = P_1 + P_2$$

Liegt ein unsymmetrisch belastetes Vierleiternetz vor, so wird die Schaltung nach Abb. 1 verwendet.

$$P_g = P_1 + P_2 + P_3$$

Die Blindleistung kann im beliebig belasteten Vierleiternetz mit der Schaltung nach Abb. 3 ermittelt werden. Die Strom- und Spannungspfade liegen bei diesen Schaltungen in bzw. an verschiedenen Außenleitern. Dadurch ergibt sich die zur Messung notwendige Phasenverschiebung von 90° zwischen Strom und Spannung.

$$Q_g = (Q_1 + Q_2 + Q_3) / \sqrt{3}$$

Bei beliebiger Belastung im Dreileiternetz wird die Blindleistung mit zwei Meßgeräten bestimmt.

$$Q_g = (Q_1 + Q_2) \cdot \sqrt{3}$$

Die Abb. 4 zeigt den Aufbau eines elektrodynamischen **Quotientenmeßgerätes** mit Kreuzspulmeßwerk. Bedingt durch den Aufbau (Form der Polschuhe und feststehender Weicheisenkern) ergibt sich ein inhomogenes Magnetfeld. Durch Vor-

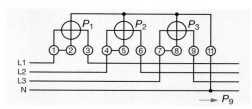

Abb. 1: Wirkleistungsmessung im Drehstromnetz

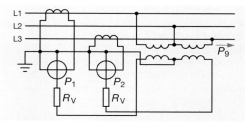

Abb. 2: Zweileistungsmesserverfahren (Aronschaltung)

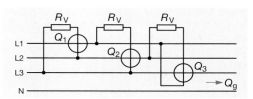

Abb. 3: Blindleistungsmessung im Drehstromnetz

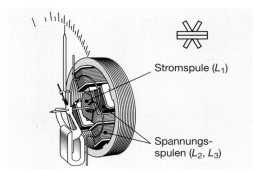

Abb. 4: Elektrodynamisches Quotientenmeßwerk zur Messung des Leistungsfaktors

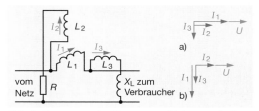

Abb. 5: Erzeugung der Phasenverschiebung zwischen I_2 und I_3 mit Zeigerdiagrammen
a) Wirkwiderstand   b) Induktiver Widerstand

schalten einer Induktivität und eines Wirkwider-
standes vor die Spannungsspulen (Abb. 5, S. 215)
entsteht zwischen den Strömen der Spannungsspulen eine Phasenverschiebung von 90°. Ist der
Verbraucher, dessen **Phasenwinkel** gemessen
werden soll, ein Wirkwiderstand, so sind die Ströme in den Spulen L_1 und L_2 in Phase, während der
Strom durch L_3 der Spannung um 90° nacheilt.
Dadurch stellt sich die Drehspule in Richtung der
Spule L_2 ein.

Ist der Verbraucher ein induktiver Widerstand, so
sind die Ströme I_1 und I_3 in Phase. Die Drehspule
stellt sich in Richtung der Spule L_3 ein.

Bei Verbrauchern, die keine reinen Wirkwiderstände, induktive oder kapazitive Widerstände
sind, ergibt sich eine Drehung der Drehspule und
damit ein Zeigerausschlag, der von der entsprechenden Phasenverschiebung der einzelnen Ströme und von ihrem Verhältnis zueinander abhängt.

Ähnlich wie die elektrodynamischen Quotienten-
meßgeräte mit Kreuzspulmeßwerk sind die **Kreuz-
feldmeßgeräte** aufgebaut. Diese Meßgeräte können
für Anzeigen bis 360° verwendet werden, wobei
dann der Strom über Bürsten und Schleifringe der
Stromspule zugeführt wird. Die Wirkungsweise der
beiden Meßgeräte ist gleich.

Die Abb. 1 zeigt die Meßschaltung zur Bestimmung
des Phasenverschiebungswinkels zwischen I und U
mit Hilfe eines **Zweikanal-Oszilloskops**. Da beide
Y-Ablenksysteme einen gemeinsamen Massean-
schluß besitzen, müssen die Meßleitungen einen
Bezugspunkt haben. Der Strom wird auch hier wieder indirekt als Spannung an einem Meßwider-
stand R gemessen, der klein gegenüber Z sein
muß. Zweckmäßigerweise wählt man die Zeitab-
lenkung so, daß eine volle Schwingung ($\triangleq 360° \triangleq 10$
Skalenteile) von U auf dem Bildschirm zu sehen ist.

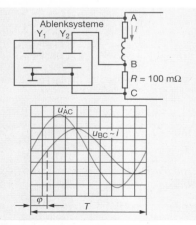

Abb. 1: Bestimmung des Phasenverschiebungswinkels mit dem Oszilloskop

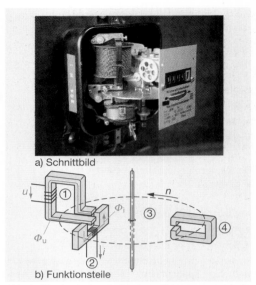

a) Schnittbild

b) Funktionsteile

Abb. 2: Wechselstrom-Induktionszähler

In Abb. 1 eilt die Spannung dem Strom um 1,5 Skalenteile voraus. Dies bedeutet, daß ein Phasenverschiebungswinkel von $0,15 \cdot 360° = 54°$ vorhanden ist.

Will man eine genauere Ablesung erreichen, dann
kann man die Zeitablenkung so wählen, daß z. B.
nur eine halbe Schwingung ($\triangleq 180°$) auf dem
Schirm zu sehen ist.

> Die günstigste Ablesung erfolgt im Nulldurch-
> gang. Die Nullinien beider Spannungen sollten
> dazu auf die gleiche Höhe eingestellt werden.

Die Abb. 2 zeigt den Aufbau eines **Induktions-
zählers**, mit dem die elektrische Arbeit gemessen
werden kann. Der Strom durch die Spannungsspule ① erzeugt ein Wechselfeld, das in der
Aluminiumscheibe ③ Wirbelströme hervorruft. Der
Strom durch die Stromspule ② bewirkt ebenfalls
ein Wechselfeld. Die magnetischen Flüsse Φ_i und
Φ_u der Strom -und Spannungsspule sind nun um
90° gegeneinander phasenverschoben. Somit entsteht, ähnlich wie beim Linearmotor (vgl. 4.3.6), ein
Wanderfeld, dessen Entstehung in Abb. 3 dargestellt ist.

Zum Zeitpunkt t_1 hat Φ_i seinen Höchstwert. Die
Flußänderung von Φ_i ist Null. Der Fluß Φ_u hat den
Wert Null, während die Flußänderung von Φ_u ihren
maximalen Wert hat. Dadurch entstehen zwischen
den Polen der Spannungsspule an der Zählerscheibe Wirbelströme. Diese Ströme erzeugen ein
Magnetfeld, das zusammen mit dem Magnetfeld von
Φ_i ein Drehmoment auf die Zählerscheibe ausübt.

Zum Zeitpunkt t_2 ist Φ_u maximal, die Flußänderung von Φ_u Null. Die Flußänderung von Φ_i ist maximal. Deshalb werden jetzt in der Zählerscheibe an den Polen der Stromwicklung Induktionsströme erzeugt, die wieder Magnetfelder zur Folge haben. Auch jetzt ergibt sich aus diesen Feldern und dem Feld des Flusses Φ_u ein Drehmoment.

Zum Zeitpunkt t_3 herrschen die gleichen Verhältnisse wie zum Zeitpunkt t_1, allerdings sind die Fluß- und damit auch die Feldrichtungen umgekehrt. Es entsteht wieder ein Drehmoment mit der gleichen Richtung wie zum Zeitpunkt t_1.

> Die Größe des Drehmoments und damit die Drehzahl der Zählerscheibe hängen von der Stärke der beiden Magnetfelder ab.

Ein **Dauermagnet** ④ wirkt als **Wirbelstrombremse** (vgl. 4.2.2) und verhindert das Nachlaufen der Zählerscheibe. Die Welle des Systems ist über ein Getriebe mit einem Zählwerk verbunden, das den „Verbrauch" elektrischer Arbeit anzeigt. In Drehstromnetzen verwendet man Drehstromzähler mit drei Triebsystemen, die auf zwei Scheiben und ein Zählwerk arbeiten. Die Abb. 4 zeigt zwei Zählerschaltungen im Vierleiter-Drehstromnetz.

Die **Tarifgestaltung** zur Berechnung der Energiekosten wurde in den letzten Jahren unter dem Gesichtspunkt des Energiesparens neu geordnet.

Für die Haushalte z.B erfolgt die Berechnung nicht mehr nach den Tarifen I und II, bei denen der höchste Stromverbrauch nach dem günstigsten Tarif berechnet wurde. Für die Verbraucher ist jetzt folgende Wahl zur Energiemessung möglich.

- Der **Eintarifzähler** eignet sich für den durchschnittlichen Energieverbrauch. Die Berechnung erfolgt aufgrund der verbrauchten Energiemenge in kWh (Normaltarif, vgl. Tab. 6.5).

- Der **Zweitarifzähler mit Rundsteuerempfänger** (Abb. 1, S. 218) ist für den überwiegend nächtlichen Energieverbrauch bestimmt (Schwachlastregelung, vgl. Tab. 6.5).

Dabei werden die Rundsteuerempfänger für ein großes Versorgungsgebiet zentral über das 110 kV-Netz umgeschaltet. Der Schaltimpuls, dessen Frequenz zwischen 110 Hz und 1600 Hz liegen kann, wird über die Energieleitungen gesendet und vom Rundsteuerempfänger empfangen. Dabei wird das Zählwerk entsprechend umgeschaltet.

- Der **Drehstromzähler mit Leistungsmessung** (Abb. 2, S. 218) erfaßt neben der Arbeit auch die Leistung.

Er eignet sich für Großverbraucher und mißt neben dem Energieverbrauch auch **Leistungswerte** (LW) für in Anspruch genommene Wirkleistung. Der

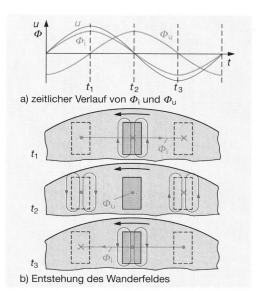

a) zeitlicher Verlauf von Φ_i und Φ_u

b) Entstehung des Wanderfeldes

Abb. 3: Entstehung des Drehmoments

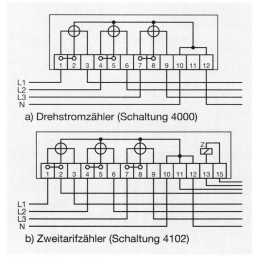

a) Drehstromzähler (Schaltung 4000)

b) Zweitarifzähler (Schaltung 4102)

Abb. 4: Zählerschaltungen

Tab. 6.5: Tarifgestaltung für Haushalte

	Normaltarif	Schwachlastregelung	
	Tag u. Nacht	am Tag HT	in der Nacht NT
Arbeitspreis	14,8 Pf/kWh	14,8 Pf/kWh	11,5 Pf/kWh
Leistungspreis Haushalt	+ 4,0 Pf/kWh	+ 4,8 Pf/kWh	—
Summe	18,8 Pf/kWh	19,6 Pf/kWh	11,5 Pf/kWh

Abb. 1: Zweitarifzähler mit Rundsteuerempfänger

Abb. 2: Drehstromzähler mit Leistungsmessung

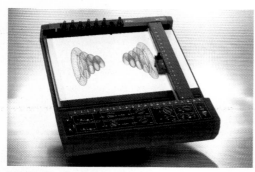

Abb. 3: XYt-Schreiber

höchste Verbrauch innerhalb von 96 Stunden ist die Grundlage für den Leistungspreis. Dieser Zähler erfaßt also den Spitzenbedarf. Der höchste Wert wird vom Zähler auf einem Display angezeigt und gespeichert.

Beispiel:

- angezeigter Höchstwert :   182,4 LW
- aktueller Wert im 96-Stunden-Takt : 176,2 LW
- Differenz (»freie« Leistung) :   6,2 LW

Dies bedeutet, daß innerhalb der laufenden Stunde des Taktes eine Energie von 6,2 kWh zur Verfügung steht, ohne daß sich das verbrauchsabhängige Leistungsentgelt erhöht.

Mit dem in Abb. 2 dargestellten Drehstromzähler können also erfaßt werden:

- Verbrauch getrennt für **Hoch (HT)- und Niedertarif (NT)**,

- Messung und Abspeicherung der **Leistungswerte LW** (Höchstwerte) im 96-Stunden-Raster während der Hochtarifzeit.

Die automatische Auslesung der Werte zur Abrechnung erfolgt mit einem Handterminal über eine optoelektronische Schnittstelle. Die abgelesenen Werte werden in Datenverarbeitungsanlagen verarbeitet. Der Einbau eines solchen Zählers ist Betrieben zu empfehlen, die einen Energieverbrauch von W ≥ 20 000 kWh/Jahr haben.

Die Tab. 6.5, S. 217, zeigt ein Berechnungsschema zur **Arbeitsmessung** mit dem Ein- und Zweitarifzähler für Haushalte. Der Leistungspreis wird für die Bereitstellung von Kraftwerken und Netzen erhoben. Er ist für Haushalte, landwirtschaftliche Betriebe und Gewerbebetriebe unterschiedlich hoch. Beispielberechnungen sind in den Informationsbroschüren der örtlichen EVU nachzulesen.

Mit **schreibenden Meßgeräten** können Meßwerte direkt festgehalten oder über einen längeren Zeitraum registriert werden. Die Meßwerte werden einem Schreiber direkt oder über einen Verstärker zugeführt. Die Aufzeichnung erfolgt durch eine nachfüllbare Tintenfeder mit auswechselbarer Kapillar- oder Faserschreibspitze.

Der **XYt-Schreiber** in Abb. 3 zeichnet in rechtwinkligen Koordinaten die funktionale Abhängigkeit zweier Gleichstromgrößen ($y = f(x)$) auf. Mit Hilfe eines eingebauten Zeitvorschubteils kann eine Gleichstromgröße ($y = f(t)$) dargestellt werden. Der XYt-Schreiber kann auch für die Darstellung anderer physikalischer Größen verwendet werden. Diese müssen jedoch zuvor mit geeigneten Gebern in Gleichspannungen bzw. -ströme umgewandelt werden. Die Geräte sind durch eine Strombegrenzung in der Endstufe der integrierten Schaltung vor Überlastung geschützt.

6.3.6 Betriebsstätten und Anlagen besonderer Art

Die DIN VDE 0100 schreibt besondere Errichtungs-bestimmungen für einzelne **Raumarten** vor. Räume und **Betriebsstätten** werden in DIN VDE 0100 ab Teil 700 nach Anforderungen, Schutzmaßnahmen und Auswahl bestimmter Betriebsmittel definiert. Dazu gehören z. B. Räume mit Badewanne und Dusche, Sauna-Anlagen, Baustellen, landwirtschaftliche Betriebsstätten, feuergefährdete Betriebsstätten, feuchte und nasse Bereiche und Räume sowie Anlagen im Freien.

Allgemeingültige Begriffe, z. B. die Raumarten, werden in der DIN VDE 0100 T. 200 erklärt.

Elektrische Betriebsstätten sind Räume, die zum Betrieb elektrischer Anlagen dienen. In der Regel haben nur unterwiesene Personen Zutritt. Solche Räume sind z. B. Schalträume.

In **trockenen Räumen** bildet sich in der Regel kein Kondenswasser, die Luft ist nicht mit Feuchtigkeit gesättigt (z. B. Wohnräume, Büros).

In **feuchten und nassen Räumen** kann die Sicherheit der Betriebsmittel durch Feuchtigkeit beeinträchtigt werden (z. B. in Waschküchen, unbeheizten Kellern, Großküchen, Kühlräumen).

Eine große Bedeutung in diesen Anlagen und Räumen hat der **Handbereich**. Er ist als Bereich um den Standort eines Menschen definiert und erstreckt sich von der Standfläche ausgehend. So dürfen sich im Handbereich z. B. keine gleichzeitig berührbaren Teile unterschiedlichen Potentials befinden.

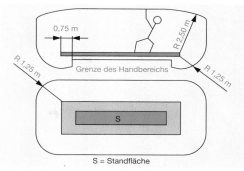

Abb. 5: Abmessungen des Handbereichs

Der Handbereich ist der Bereich, dessen Grenzen ein Mensch ohne Hilfsmittel nach allen Richtungen erreichen kann.

Die genormten Abmessungen des Handbereichs sind in der Abb. 5 dargestellt:

• nach oben 2,50 m,

• zur Seite sowie nach unten 1,25 m.

Im Beispiel 1, »Betriebsstätten und Anlagen«, sind wichtige Vorschriften zu den **Räumen mit Badewanne und Dusche** in einem Planungsbeispiel (Abb. 4) für einen Baderaum mit den **Schutzbereichen 0, 1, 2 und 3** dargestellt:

• Abmessungen für Abstände der Schutzbereiche,

• Einbau von Schaltern und Steckdosen,

• zusätzlicher Potentialausgleich,

• Installation bestimmter Kabel und Leitungen,

• Anschluß von zulässigen Geräten.

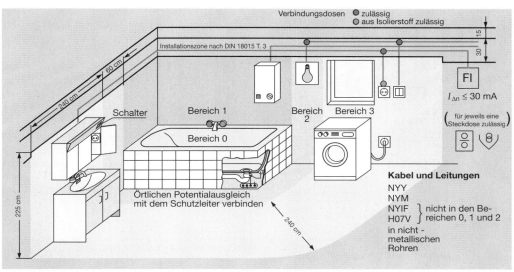

Abb. 4: Schutzbereiche (Firmenunterlage)

Als Beispiel 2 sind »**Feuergefährdete Betriebs-stätten**« ausgewählt. Hierbei handelt es sich um Räume oder Stellen im Freien, wo leichtentzündliche Stoffe eine Brandgefahr bilden. Besondere Bedingungen nach VDE sind:

- Überstrom-Schutzorgane müssen bei vollkommenem Kurzschluß innerhalb von 5 s auslösen.

- FI-Schutzeinrichtungen mit $I_{\Delta n} \leq 0{,}5$ A einbauen.

- Die Verwendung einadriger Mantelleitungen oder Einaderkabel gewährleistet den notwendigen Schutzabstand bei Isolationsfehlern.

- Offene Verlegung von nicht isolierten Leitungen auf Isolatoren ist verboten.

- Gummischlauchleitungen des Typs H 07 RN-F bzw. A 07 RN-F verwenden.

- Schutzarten der Betriebsmittel wie Installationsschalter, Steckvorrichtungen, Schaltanlagen, Verteiler, Transformatoren, Maschinen, Schaltgeräte, Leuchten usw. richten sich nach der Art der Feuergefährdung durch Staub und/oder Fasern (IP 5 X) oder durch andere leichtentzündliche Stoffe (IP 4 X).

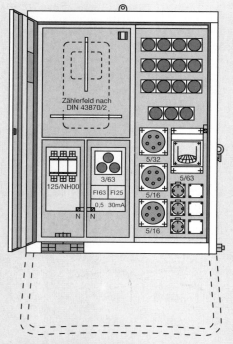

Abmessungen: 1190 (H) x 810 (B) x 480 mm (T)
Hauptsicherungen: 3 x NH 00 125 A
FI-Schutzschalter: 63 A/0,5 A und 25 A/30 mA
CEE-Steckdosen: 2 x 16 A, 32 A und 63 A je 5 pol.
Schutzkontakt-Steckdosen: 3 je über LS-Schalter

Abb. 1: Anschluß-Verteilerschrank, 40 kW für Baustellen

Als Beispiel 3 soll das Errichten elektrischer **Anlagen auf Baustellen** nach VDE erörtert werden. Die Norm gilt für Hoch- und Tiefbaustellen sowie für Metallbaumontagen. Der Anschluß elektrischer Betriebsmittel erfolgt über genormte Baustrom-Verteilerschränke, die von der Industrie mit verschiedenen Anschlußleistungen hergestellt werden. Abb. 1 zeigt einen Verteilerschrank mit einigen technischen Angaben. Für die Baustelle gelten u. a. folgende Anforderungen:

- Speisepunkt ist ein **Baustromverteiler** nach DIN 43 868.

- Netzformen hinter dem Speisepunkt dürfen nur TT-Netz, TN-S-Netz oder IT-Netz mit Isolations-Überwachungseinrichtung sein.

- FI-Schutzschalter mit $I_{\Delta n} \leq 30$ mA bei $I_n < 16$ A für Schutzkontaktsteckdosen und $I_{\Delta n} \leq 0{,}5$ A bei $I_n > 16$ A sind zulässig.

- Kabel und Leitungen, z.B. der Bauart H 07 RN-F bzw. A 07 RN-F, sind vorgeschrieben.

- Leuchten müssen mindestens nach der Schutzart IP X3 gebaut sein.

Um einen sicheren Betrieb elektrischer Anlagen zu gewährleisten, sind regelmäßige Prüfungen erforderlich. Die Prüfergebnisse werden in **Prüfprotokollen** zusammengestellt.

Aufgaben zu 6.3.5 und 6.3.6

1. Beschreiben Sie die Messung der Wirkleistung in einem Drei- und einem Vierleiter-Drehstromnetz bei a) symmetrischer und b) unsymmetrischer Belastung!

2. Wodurch erreicht man schaltungstechnisch bei der Blindleistungsmessung die erforderliche Phasenverschiebung von 90° zwischen I und U?

3. Der Phasenverschiebungswinkel zwischen U und I soll mit Hilfe des Oszilloskops so genau wie möglich bestimmt werden. Wie ist zu verfahren?

4. Beschreiben Sie Bedingungen, nach denen die Energiekostenberechnung bei einem Verbraucher erfolgen kann!

5. Was versteht man laut VDE unter Handbereich? Welche Maße gelten nach oben und zur Seite?

6. Unter welchen Bedingungen sind in Räumen mit Dusche Steckdosen im Bereich 3 zulässig?

7. In welchen Bereichen sind in Räumen mit Badewanne Leuchten zulässig?

8. Welche Netzformen dürfen hinter Baustromverteilern angewendet werden?

9. Erklären Sie für Baustromverteiler den Schutz, der bei »Körperschluß« besteht!

10. Welche Schutzarten gelten in feuergefährdeten Betriebsstätten für die meisten elektrischen Betriebsmittel? Erklären Sie jeweils die genannte Schutzart!

6.3.7 Energieverluste in elektrischen Anlagen

Energieverluste entstehen in elektrischen Anlagen durch Spannungsfälle auf Leitungen und Kabeln. Die TAB[1] bzw. die DIN 18015 T.1 geben höchstzulässige prozentuale Spannungsfälle an:

- 0,5 % der Netzspannung für Leitungen vom Hausanschluß bis zum Zähler,
- 3,0 % der Netzspannung in der elektrischen Anlage hinter den Zählern.

In elektrischen Anlagen mit höherem Leistungsbedarf kann der zulässige maximale Spannungsfall von der Übergabestelle des EVU bis zur Meßeinrichtung einen größeren Wert haben (vgl. S. 209).

In der Tab. 6.6 sind die Berechnungsformeln für den **Spannungsfall** ΔU und die **Verlustleistung** P_v im Gleichstrom-, Wechselstrom- und Drehstromnetz dargestellt.

> Die Höhe des Spannungsfalls und der Verlustleistung wird unter anderem durch den Leitungsquerschnitt beeinflußt.

Bei großen Leitungslängen und einer bestimmten zu übertragenden Leistung wird durch Wahl einer höheren Stufe für den Leitungsquerschnitt eine entsprechende Verringerung von ΔU und P_v erreicht.

Für die Leistungsübertragung im Wechselstromnetz wird der Blindwiderstand gegenüber dem Wirkwiderstand für Kabel und Leitungen vernachlässigt. Bei der Berechnung der Verlustleistung in Drehstromnetzen geht man von der Überlegung aus, daß drei Wechselstromnetze vorhanden sind, die eine gemeinsame Rückleitung haben. Außerdem nimmt man symmetrische Belastung der drei Außenleiter an, so daß der Neutralleiter stromlos bleibt und dort kein Spannungsfall entsteht.

Tab. 6.6: Spannungsfall und Leistungsverlust

Gleichstrom	Wechselstrom	Drehstrom
$\Delta U = \dfrac{2 \cdot l \cdot I}{\varkappa \cdot q}$	$\Delta U = \dfrac{2 \cdot l \cdot I \cdot \cos\varphi}{\varkappa \cdot q}$	$\Delta U = \dfrac{\sqrt{3} \cdot l \cdot I \cdot \cos\varphi}{\varkappa \cdot q}$
$\Delta U = \dfrac{2 \cdot l \cdot P}{\varkappa \cdot q \cdot U_n}$	$P_v = \dfrac{2 \cdot l \cdot I^2}{\varkappa \cdot q}$	$P_v = \dfrac{3 \cdot l \cdot I^2}{\varkappa \cdot q}$
$P_v = \dfrac{2 \cdot l \cdot I^2}{\varkappa \cdot q}$	$P_v = \dfrac{2 \cdot l}{\varkappa \cdot q} \cdot \left(\dfrac{P}{U_n \cdot \cos\varphi}\right)^2$	$P_v = \dfrac{3 \cdot l}{\varkappa \cdot q} \cdot \left(\dfrac{P}{U_n \cdot \cos\varphi}\right)^2$

[1] TAB: Technische Anschlußbedingungen

Die jeweiligen Energieverluste ergeben sich für Gleichstrom-, Wechselstrom- und Drehstromnetze aus der jeweiligen Verlustleistung P_v mal der Zeit t, in der die Energieübertragung erfolgt.

> **Beispiel:**
>
> Drehstromleitung
>
> gegeben: gesucht:
>
> $U_n = 400$ V $\qquad q, P_v$
>
> $\Delta u \leq 0,5$ % $\qquad \Delta U, P_{v\%}$
>
> $I = 40$ A $\qquad W_v$
>
> Leitungsverlegung nach Verlegeart B2 (Cu)
>
> $\cos\varphi = 0,9$; $l = 10$ m; $t = 3,5$ h/Tag

Lösung: Nach Tabelle 3 aus DIN VDE 0298 T.4 gilt $q_{Norm} = 10$ mm^2.

$$\Delta U = \frac{\sqrt{3} \cdot l \cdot I \cdot \cos\varphi}{\varkappa \cdot q} \qquad P_v = \frac{3 \cdot l \cdot I^2}{\varkappa \cdot q}$$

$$\Delta U = \frac{\sqrt{3} \cdot 10\,\text{m} \cdot 40\,\text{A} \cdot 0,9}{56\,\frac{\text{MS}}{\text{m}} \cdot 10\,\text{mm}^2} \qquad P_v = \frac{3 \cdot 10\,\text{m} \cdot 40^2 \cdot \text{A}^2}{56\,\frac{\text{MS}}{\text{m}} \cdot 10\,\text{mm}^2}$$

$$\underline{\Delta U = 1,11\,\text{V}}\ (\hat{=}\ 0,28\%) \qquad \underline{P_v = 85,7\,\text{W}}$$

$$P = \sqrt{3} \cdot U \cdot I \cdot \cos\varphi$$

$$P = \sqrt{3} \cdot 400\,\text{V} \cdot 40\,\text{A} \cdot 0,9$$

$$P = 24942\,\text{W}$$

$$P_{v\%} = \frac{P_v}{P} \cdot 100\% \qquad W_v = P_v \cdot t$$

$$P_{v\%} = \frac{85,7\,\text{W}}{24942\,\text{W}} \cdot 100\% \qquad W_v = 85,7\,\text{W} \cdot 3,5\,\text{h}$$

$$\underline{P_{v\%} = 0,34\,\%} \qquad \underline{W_v = 300\,\text{Wh}}$$

Die Berechnung im Beispiel beruht auf einer **Umgebungstemperatur** von 30°C. Nach Tab. 3 der DIN VDE 0298 T. 4 gilt für den gewählten Leiterquerschnitt ($q = 10$ mm^2) eine maximale Belastbarkeit von 46 A.

> Die Umgebungstemperatur kann in bestimmten Anlagen wesentlich unter oder über 30°C liegen, so daß zur Strombelastbarkeit von Leitungen Umrechnungen vorgenommen werden müssen.

Für die Temperatur von 25°C gibt die DIN VDE 0100 T. 430 Beiblatt 1 in Tab. 2 die umgerechnete Strombelastbarkeit I_z und den jeweiligen Sicherungsnennstrom I_n für gebräuchliche Leiterquerschnitte an. Für andere Umgebungstemperaturen sind in der Tab. 10 der DIN VDE 0298 T. 2 entsprechende Umrechnungsfaktoren zu finden (vgl. Beispiele auf Seite 222).

Beispiele:

- PVC-isolierte Leitung (z.B. NYM) bei 10°C, $q = 10$ mm^2 -> Faktor 1,22 · 46 A = 56,5 A [1]
- PVC-isolierte Leitung (z.B. NYM) bei 50°C, $q = 10$ mm^2 -> Faktor 0,71 · 46 A = 33 A [2]

[1] Werte ≤ 20 °C auf die nächsten 0,5 A runden.
[2] Werte > 20 °C auf die nächsten 1 A runden.

Die Strombelastbarkeit von Leitungen wird bei **Häufung** verringert.

> Unter Häufung versteht man die Verlegung mehrerer Leitungen, z.B. NYM, nebeneinander im Elektroinstallationsrohr oder -kanal.

Ausführliche Angaben dazu sind in der Tab. 1 des Beiblatts 1 zur DIN VDE 0100 T. 430 sowie in der Tab. 12 der DIN VDE 0298 T. 4 zu finden.

6.3.8 Kompensationseinrichtungen in Verbraucheranlagen

Eine Reihe elektrischer Verbraucher nimmt Blindleistung auf. Induktive Blindleistung entsteht z.B. in elektrischen Anlagen mit Drosselspulen von Leuchtstofflampen, Wechselstrommotoren, Drehstrommotoren und Transformatoren. Diese Blindleistung kann als Blindenergie aus dem Netz bezogen werden, verursacht aber wegen des hohen Blindstromanteils am Gesamtstrom I Verluste. Wirtschaftlicher ist die **Kompensation** der induktiven Blindleistung mit Hilfe von **Blindleistungsmaschinen** (Phasenschieber, vgl. 4.4.3) oder **Kondensatoren** (vgl. 1.6.3).

> Phasenschieber sind übererregte Synchronmaschinen, die bei erhöhtem Erregerstrom induktive Blindleistung in das Netz abgeben.

Aus verschiedenen Gründen werden häufig Leistungskondensatoren zur Blindleistungskompensation eingesetzt. Ihre Vorteile gegenüber um-

laufenden Phasenschiebern liegen in geringen Investitions- und Betriebskosten, einfacher Installation, sofortiger Erweiterungsmöglichkeit, geringer Wartung und hoher Lebensdauer. Auch für das EVU bringt die **Blindleistungskompensation** Vorteile. Dies sind z.B.:

- höhere Leistungsübertragung über Freileitungen und Kabel,
- geringere Verlustleistungen und
- kleinere Spannungsfälle.

Für den Verbraucher ergeben sich folgende Vorteile:

- Einsparung von Blindleistungskosten (Blindstromzähler),
- Verringerung der Investitionskosten bei Erweiterungen und
- Einsparung von Stromwärmeverlusten in der eigenen elektrischen Anlage.

Leistungskondensatoren werden von der Industrie bis 690 V~ Nennspannung, bis 100 kvar Kondensatorblindleistung (Q_C) und einer Verlustleistung angeboten, die je nach Kondensator unter 0,5 W/kvar liegt.

Bei der technischen Ausführung von Kompensationseinrichtungen unterscheidet man

- **Einzelkompensation** (Abb. 1), z.B. in Betrieben mit wenigen induktiven Verbrauchern,
- **Gruppenkompensation** in Anlagen, wo z.B. größere Maschineneinheiten zusammengefaßt werden und
- **Zentralkompensation** für die gesamte Anlage.

Die Einzelkompensation wird angewendet, wo einzelne induktive Verbraucher in direkter Parallel- oder Reihenschaltung kompensiert werden. Dabei ist technisch die Parallelschaltung günstiger, da bei der Reihenschaltung im Kurschlußfall hohe Ströme durch die Kondensatoren fließen. Es kommt zu gefährlichen Spannungsüberhöhungen. Für die Einzelkompensation gelten nach TAB/VDEW:

- Kompensation von Transformatoren, z.B. Schweißtransformatoren mit 150 A Schweißstrom bei 24 V mindestens auf cos $\varphi = 0{,}77$,
- Kompensation von Motoren auf einen Leistungsfaktor von cos $\varphi = 0{,}9$ und
- Kompensation der Blindleistung von Drosselspulen bei Leuchtstofflampen durch Reihen- oder durch Parallelkompensation (z.B. Duoschaltung) auf einen Leistungsfaktor von cos $\varphi = 0{,}9$.

> Das EVU begnügt sich mit einer Kompensation auf den Leistungsfaktor von 0,9 (induktiv), da ein Teil des induktiven Widerstandes durch den kapazitiven Widerstand des Kabels ausgeglichen wird.

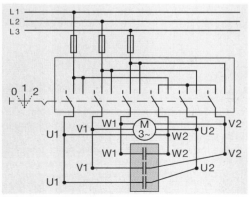

Abb. 1: Einzelkompensation eines Motors

In der Praxis werden in großen Beleuchtungsanlagen mit Leuchtstofflampen mehrere Lampengruppen gebildet und auf die drei Phasen des Drehstromnetzes gleichmäßig verteilt.

> Die Kondensatoren werden zur Gruppenkompensation in Dreieckschaltung betrieben. Damit erzielt man mit denselben Kondensatoren für 400 V~ die dreifache Blindleistung wie bei der Sternschaltung ($Q_{C\triangle} = 3 \cdot Q_{CY}$).

Zur zentralen Kompensation der Blindleistung werden in großen elektrischen Anlagen sogenannte Kondensatorregeleinheiten verwendet. Die Abb. 2 zeigt den Blick in eine Montageplatte eines **Blindleistungsreglers**.
Die einzelnen Kondensatoren werden über elektronische Blindleistungsregler je nach eingestelltem Sollwert für cos φ zu- oder abgeschaltet. Erfahrungsgemäß kann die Kondensatorleistung bei Motornennleistungen bis 30 kW zwischen 40 % und 50 % liegen, bei höheren Leistungen etwa bei 40 % der Motornennleistung. Tab. 6.7 gibt dazu eine Übersicht.

Bei Gruppenkompensation muß bei der Bemessung der Kondensatoren beachtet werden, daß bei Teillast die Blindleistung Q_C nicht größer wird als Q_L der induktiven Verbraucher. Dann würde eine **Überkompensation** der Anlage vorliegen, die zu Spannungsüberhöhungen an den Verbrauchern und damit zu Zerstörungen führen kann (vgl. 1.6.3). Bei der Zentralkompensation tritt dieser Fall nicht auf, da die Regelanlage nach dem eingestellten Sollwert arbeitet.

Abb. 2: Montageplatte eines Blindleistungsreglers

Der Betriebszustand der **Unterkompensation**, bei dem der Wert des Leistungsfaktors wesentlich unter 1 liegt, ist gleichfalls zu vermeiden. Die Blindenergie, die dann zwischen dem Netz und dem induktiven Verbraucher »pendelt«, belastet über den größeren Gesamtstrom I die Zuleitungen unwirtschaftlich hoch.

Tab. 6.7: Kondensatoren zur Blindleistungskompensation für Motoren nach TAB

Nennleistung des Motors P in kW	Benötigte Blindleistung Q_C in kvar
1 ... 4	ca. 55 % von P_n
4 ... 5	2
5 ... 6	2,5
6 ... 8	3
8 ... 11	4
11 ... 14	5
14 ... 18	6
18 ... 22	8
22 ... 30	10
ab 30	ca. 40 % von P_n

Aufgaben zu 6.3.7 und 6.3.8

1. In einer Wechselstromanlage werden in einem Stromkreis elektrische Geräte betrieben.
Gegeben sind:
U_n = 230 V, I = 25 A, cos φ = 0,8, Leitung nach Verlegeart B2 (Cu), l = 8 m, $\Delta u \le$ 3 %.
Gesucht sind: P, q, Δu, P_V und $P_{V\%}$!

2. Der Querschnitt einer Drehstromleitung ist zu bestimmen bzw. nach Verlegeart B2 (Cu) auszuwählen, wenn gegeben sind:
U_n = 400 V, I = 48 A, $\Delta u \le$ 0,5 %,
cos φ = 0,9, l = 14 m
Wie groß ist die Verlustleistung in W und %?

3. Erklären Sie an je einem Beispiel die Arten der Kompensation von Blindleistung!

4. Beschreiben Sie die wirtschaftlichen und technischen Vorteile der Kompensation für
a) das EVU und   b) die Verbraucher!

5. Erklären Sie, warum in elektrischen Anlagen nicht auf cos φ = 1 kompensiert werden darf!

6. Ein Drehstrommotor in Dreieckschaltung hat am Drehstromnetz 400/230 V 50 Hz die Nennleistung 7,8 kW. Wie groß ist die benötigte Blindleistung in kvar laut Tabelle 6.7?
Für welche Kapazität und Nennspannung müssen die Leistungskondensatoren ausgelegt sein, wenn diese in Dreieckschaltung parallel zum Motor geschaltet sind?

7. Beschreiben Sie die Auswirkungen in einer elektrischen Anlage bei Überkompensation und Unterkompensation!

6.4 Gebäudeleittechnik

Die Automatisierung betriebstechnischer Abläufe in Gebäuden und die zunehmende Nutzung der Mikroelektronik und Datenübertragung in der Elektroinstallationstechnik führten zur Entwicklung der **Gebäudeleittechnik** (Gebäudesystemtechnik). Verschiedene Firmen haben sich zur sogenannten EIBA[1] zusammengeschlossen, um ein Installationsbus-System (EIB[2]) zu entwickeln, das in seiner Handhabung u. a. auf das Elektroinstallateurhandwerk ausgerichtet ist.

> Unter Gebäudeleittechnik versteht man die Verknüpfung von Systemkomponenten über einen Installationsbus in einem Gebäude.

»Bus« ist eine Datenleitung, über die Daten (Meß-, Steuer- und Regeldaten) ausgetauscht werden können. (vgl. 9.3.4)

Folgende Aufgaben können je nach Größe des Objekts in Industrieanlagen, Verwaltungs- und Wohngebäuden gestellt sein:

- Beleuchtungssteuerung nach individuellen Bedürfnissen,
- Jalousiesteuerung je nach Lichteinfall,
- Laststeuerung nach Einschalten von Großverbrauchern,
- Anzeigen, Melden und Überwachen von Störungen wie z. B. Einbruch, Feuer,
- Anschluß anderer Datensysteme, wie z.B. Computer und andere Gebäudeleitsysteme, über Schnittstellen.

Das Installationsbus-System (EIB) ist als Beispiel für den Bereich Beleuchtungsteuerung schematisch in Abb. 1 dargestellt. Hier wird von zentraler Stelle aus die Beleuchtungsanlage überwacht, gesteuert und geschaltet. Zu den Lampen und Leuchtbändern wird neben der Starkstromleitung die **Daten- oder Busleitung** verlegt. Sie wird parallel installiert, bei Stegleitung ist ein Mindestabstand von 10 mm einzuhalten bzw. die Datenleitung in Elektroinstallationsrohr zu verlegen. Außerdem können die gebräuchlichen Stromkreisverteiler und Installationsdosen verwendet werden.

> Die Datenleitung muß zur Vermeidung von Störungen linien-, stern- bzw. baumförmig verlegt sein, sie darf nicht ringförmig angeordnet sein.

Die busfähigen Geräte, z.B. zur Helligkeitssteuerung von Lampen, werden sowohl in Verteilern als Reiheneinbaugeräte (z.B. Dimmer) als auch als Unter- bzw. Aufputzgeräte montiert. Sie können

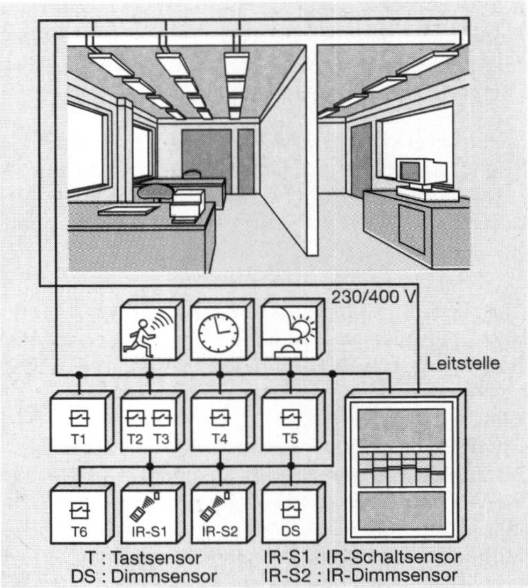

Abb. 1: Systemdarstellung zur Beleuchtungssteuerung

aber auch in den Endgeräten, z.B. Leuchten, enthalten sein.

Der Installationsbus wird mit der **Kleinspannung** (SELF[3]) **24 V** betrieben. Jede Buslinie hat eine eigene Spannungsversorgung, so daß bei einer Störung nicht das gesamte System ausfällt. Über die Busleitung werden Daten in Telegrammstruktur übertragen. Als Busleitung sind folgende Leitungen vorgeschrieben:

- PYCYM 2 · 2 · 0,8 laut DIN VDE 0207 und 0815 für feste Verlegung in trockenen, feuchten und nassen Räumen (Auf- und Unterputz; in Rohren).
- J-Y (ST)Y 2 · 2 · 0,8 nach DIN VDE 0815 für feste Verlegung in Innenräumen (Aufputz; in Rohren).

Beide Leitungen haben eine Schirmfolie und vier Adern, die in den Farben rot (+EIB) und schwarz (-EIB) sowie gelb und weiß als freie Leitungen gekennzeichnet sind. Starkstromleitungen dürfen nicht als Busleitungen verwendet werden.

Bei einem anderen System zur Gebäudeleittechnik übernehmen die vorhandenen Starkstromleitungen der elektrischen Anlage eine doppelte Aufgabe. Sie sind gleichzeitig **Energie- und Informationsleitung** (Abb. 2).

Das Wirkungsprinzip dieses Systems besteht darin, daß **Steuersignale** (Telegramme) von Sendern, den **Leitstellen** (Abb. 3), abgegeben werden. Die Sendedauer eines Telegramms (Abb. 4) beträgt dabei 220 ms. Es besteht aus verschiedenen Infor-

---

[1] European Installation Bus Association

[2] Europäischer Installations-Bus

[3] Laut E DIN VDE 0100 T. 410 A 2 Bezeichnung für Schutzkleinspannung

mationsteilen, die im Dualcode über die Leiter des Drehstromsystems in die Anlage übertragen werden. Für eine Schaltfunktion besteht folgende Sendefolge, die nach Programmierung in der Leitstelle vom System abgesetzt wird:

• Adreßtelegramm mit Wiederholung in 440 ms und

• Funktionstelegramm mit Wiederholung in 440 ms.

Damit dauert die Ausführung eines Schaltbefehls 0,88 s.

> Fernschalter und Ferndimmer, die parallel zu den »Vor-Ort«-Schaltern und -Dimmern liegen, empfangen das jeweils an sie adressierte Telegramm und lösen die gewünschte Funktion aus.

Die Abb. 5 zeigt ein Prinzipbeispiel zur Gebäudeleittechnik im Stromlaufplan (Ausschnitt). Zur Funktionsfähigkeit einer solchen Anlage sind unter anderem weitere elektronische Bauteile erforderlich wie z.B.

• **Trägerfrequenzsperren** zur Abschirmung der Signale gegen Störeinflüsse (z.B. trägerfrequente Wechselsprechanlage des Nachbarn) und

• **Phasenkoppler** zur Übertragung der Signale aus einer Leitstelle auf alle Phasen des Drehstromsystems.

Neben der Datenübertragung über die Starkstromleitungen gibt es ein kombiniertes System, das, z.B. bei größeren Entfernungen in Industrieanlagen, Telegramme über separate Busleitungen sendet. Die Telegramme werden vor Ort hinter den Trägerfrequenzsperren in die anzusprechenden Stromkreise auf die Starkstromleitungen eingekoppelt. Die Trägerfrequenzsperren begrenzen den Wirkungsbereich der Signaltelegramme auf bestimmte Verbrauchergruppen und verhindern Störeinflüsse auf andere Stromkreise.

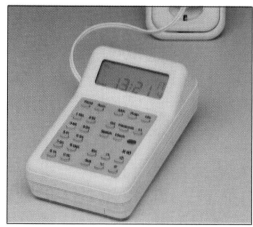

Abb. 3: Leitstelle zur Tag- und Zeitsteuerung

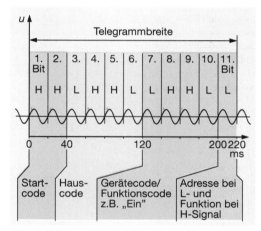

Abb. 4: Telegramm mit 4 Informationsteilen

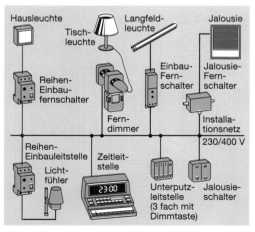

Abb. 2: Gebäudeleittechnik (Firmenunterlage)

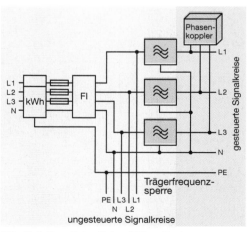

Abb. 5: Aufbereitetes Netz mit Signalkreis

Ein weiterer Bestandteil der Gebäudeleittechnik sind die **Gefahren-Meldeanlagen** nach DIN VDE 0833.

> Unter Meldeanlagen versteht man Alarmsysteme, die bei Brand, Überfall und Einbruch optische sowie akustische Meldungen absetzen.

Gebäude wie z. B. Industrieanlagen, Banken, Verwaltungen und Schulen können ohne hohen Installationsaufwand mit Einbruchmeldeanlagen ausgestattet werden. Zentraler Bestandteil ist die Einbruchmeldezentrale (Abb. 2). Sie wird an die Netzspannung angeschlossen, besitzt aber für den Netzausfall eine Notstromversorgung mit z. B. einem 12 V/7 Ah-Akkumulator.

Die **Sensoren**, die aufgrund verschiedener physikalischer Prinzipien (vgl. 9.4.6) reagieren, werden an den kritischen Gebäudeteilen, z. B. an Fenstern und Türen als Glasbruchmelder, bzw. in den Räumen, z. B. als Temperatur- oder Rauchmelder, eingebaut. Schließblechkontakte an Türen werden erst wirksam, wenn der Riegel des Schlosses geschlossen und über einen Magneten ein Kontakt betätigt wird.

Die Abb. 1 zeigt das Blockschaltbild einer **Alarmanlage** mit zwei Schutzbereichen. Der Aufbau ist jeweils **linienförmig** und läßt sich folgendermaßen beschreiben:

- Verbindung der Melder, z. B. Infrarot (IR)- und Glasbruchmelder, mit Meldeanlagenbausteinen (MAB) über eine Steuerleitung,
- Ausgänge vor der Hauptzentrale für externe akustische und optische Alarmgeber, z. B. auf dem Dach,
- telefonische Weitergabe (TWG) von Alarmmeldungen über einprogrammierte Telefonnummern an bestimmte Personen,

- Anschluß von 2 Blockschlössern und bis zu 76 Meldergruppen oder Einzelmeldern je Linie,
- Überbrückung von Netzausfällen durch einen Akkumulator, je nach Ausbaustufe der Anlage, z. B. für 20 bis 60 Stunden, und
- optische und akustische Alarmmeldung bei einer Störung oder Sabotage.

Abb. 2: Zentrale einer Alarm-Meldeanlage

Aufgaben zu 6.4

1. Beschreiben Sie den äußeren Aufbau des Installationsbus-Systems am Beispiel der Beleuchtungssteuerung!
2. Worin besteht das Wirkungsprinzip eines anderen Systems zur Gebäudeleittechnik, bei dem nur Energieleitungen verwendet werden?
3. Welche Funktion haben die Bauteile »Trägerfrequenzsperre« und »Phasenkoppler« in der Gebäudeleittechnik?
4. Beschreiben Sie die Funktionsweise des Schließblechkontaktes bei einer Alarmanlage!

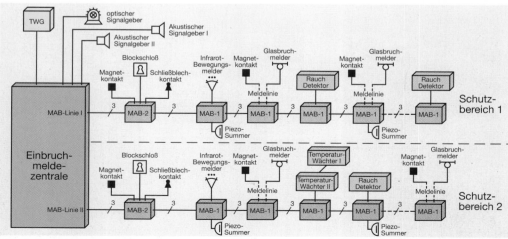

Abb. 1: Alarm-Meldeanlage (Firmenunterlage)

6.5 Licht- und Beleuchtungstechnik

Licht erfüllt verschiedene Funktionen. Es ermöglicht dem Anwender, sich in seiner Umgebung zu orientieren oder Gegenstände und Abläufe genau zu erkennen. Licht wird aber auch gezielt eingesetzt in der Werbung oder zur Erzeugung von besonderen Stimmungen.

Beleuchtungsanlagen dienen dazu, Licht für den jeweiligen Zweck sinnvoll einzusetzen, wobei Fragen des optimalen Energieeinsatzes beachtet werden müssen.

Bei der Installation von Beleuchtungsanlagen stellen sich folgende Fragen:

- Welche Leuchten und Lampen werden ausgewählt?
- Wie groß muß die Anzahl der Leuchten sein?
- An welchen Stellen sollen die Leuchten installiert werden?

Wir wollen deshalb im folgenden lichttechnische Begriffe, Größen und Einheiten, die Anforderungen an eine gute Beleuchtung sowie die verschiedenen Lichtquellen kennenlernen und zum Schluß die Beleuchtung eines Werkstattraumes planen und berechnen.

6.5.1 Lichttechnische Begriffe, Größen und Einheiten

Licht und Lichtfarbe

Licht kann als elektromagnetische Wellen mit bestimmter Wellenlänge verstanden werden, die von unserem Auge empfangen und in eine Sinneswahrnehmung umgesetzt werden – wir sehen! Zur Erklärung des Begriffs »Elektromagnetische Wellen« erinnern wir uns an den Schwingkreis.

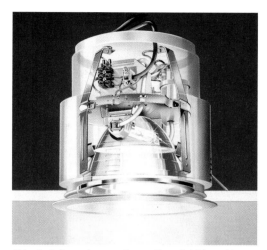

Abb. 4: Aufbau einer modernen Downlight-Leuchte

Im Schwingkreis wechselt ein elektrisches Feld im Kondensator periodisch mit einem magnetischen Feld in der Spule. Es bildet sich eine Schwingung aus. Mit Hilfe eines Senders können solche Schwingungen abgestrahlt werden. Sie breiten sich als elektromagnetische Wellen in den Raum aus. Die Ausbreitungsgeschwindigkeit beträgt im Vakuum ca. 300 000 km/s (Lichtgeschwindigkeit c).

Zwischen der Frequenz f, der Wellenlänge λ (Lambda) und der **Lichtgeschwindigkeit** c besteht die Beziehung: $c = f \cdot \lambda$

Alle Lichtquellen, auch die Sonne, sind also gewissermaßen »Sender«, die Licht als elektromagnetische Wellen abstrahlen.

Die **Lichtfarbe** ergibt sich aus der Wellenlänge der elektromagnetischen Wellen.

Abb. 3: Licht hilft Stimmungen zu erzeugen

Abb. 1: Gleicher Bildausschnitt
a) neutrale Lichtquelle
b) farbige Lichtquelle

Abb. 2: Messung der Lichtströme von Lampen und Leuchten in der Ulbricht-Kugel

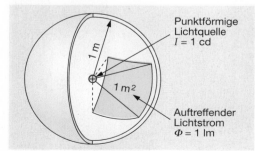

Punktförmige
Lichtquelle
I = 1 cd

1 m

1 m²

Auftreffender
Lichtstrom
Φ = 1 lm

Abb. 3: Zusammenhang zwischen Lichtstärke und Lichtstrom

»Weißes« Licht enthält alle Lichtfarben des Spektrums, wie man den Gesamtbereich der elektromagnetischen Wellen bezeichnet. Mit Hilfe eines Prismas, einem Keil aus Glas oder Kunststoff, kann »weißes« Licht in seine **Spektralfarben** zerlegt werden. Ein Gegenstand erscheint in einer bestimmten Farbe, indem er entsprechende Lichtstrahlen **reflektiert** (zurückwirft).

Eine rote Rose erkennen wir z. B. als rot, weil diese die roten Anteile des Lichtes der Sonne oder einer künstlichen Lichtquelle reflektiert. Die nicht roten Anteile des Lichtes werden **absorbiert** (verschluckt) und bleiben unwirksam. Sendet eine Lichtquelle (z. B. Natriumdampflampe) Licht bestimmter Wellenlänge nicht aus, dann kann dieses nicht reflektiert werden, die entsprechende Farbe erscheint nicht. Die nebenstehenden Abbildungen zeigen dieselben Gegenstände bei unterschiedlicher Beleuchtung (Abb. 1).

Lichtstrom und Lichtstärke

Elektrische Lichtquellen wandeln elektrische Leistung in Licht um.

Der Lichtstrom ist das von einer Lichtquelle nach allen Seiten abgestrahlte Licht.

Lichtstrom:

Formelzeichen Φ

Einheitenzeichen lm (Lumen[1])

Der Lichtstrom einer Lampe kann mit Hilfe besonderer Vorrichtungen gemessen werden (Abb. 2): Eine Allgebrauchsglühlampe 100 W erzeugt z. B. einen Lichtstrom von 1380 lm, eine 25 W-Lampe 230 lm. Die Lichtleistung wird nicht in Watt angegeben, da in der Lichttechnik die Einheit für die **Lichtstärke I** als Basiseinheit festgelegt wurde.

Die Lichtstärke ist ein Maß für die Stärke (Intensität) der Lichtstrahlung.

Lichtstärke:

Formelzeichen I

Einheitenzeichen cd (Candela[2])

Von der Basiseinheit sind die übrigen lichttechnischen Einheiten abgeleitet. Den Zusammenhang zwischen Lichtstrom und Lichtstärke kann man sich so vorstellen: Strahlt eine punktförmige Lichtquelle im Mittelpunkt einer Hohlkugel vom Radius r = 1 m in alle Richtungen des Raumes mit der gleichen Lichtstärke I = 1 cd, so empfängt jeder Quadratmeter Kugelfläche den Lichtstrom 1 lm (Abb. 3).

---

[1] lat. Licht
[2] lat. Kerze

Lichtausbeute

Für die Beurteilung der Wirtschaftlichkeit einer Lichtquelle ist interessant, welcher Anteil der elektrischen Leistung der Lichtquelle in Lichtleistung umgewandelt wird.

Die Lichtausbeute gibt den erzeugten Lichtstrom im Verhältnis zur aufgewendeten elektrischen Leistung an.

Lichtausbeute:

Formelzeichen η

$$\eta = \frac{\Phi}{P}$$ $$[\eta] = \frac{lm}{W}$$

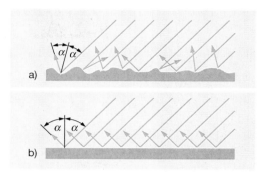

a)

b)

Abb. 4: Reflexion an a) rauher, b) glatter Oberfläche

Reflexion, Streuung, Brechung

Um verschiedene Erscheinungen des Lichtes besser begreifen zu können, wurde folgende Modellvorstellung entwickelt: Man stellt sich vor, daß von einer Lichtquelle Lichtstrahlen ausgesendet werden. Diese verlaufen geradlinig. Treffen sie auf die Oberfläche eines undurchsichtigen glatten, spiegelnden Körpers, so werden sie zurückgeworfen (reflektiert), wobei der Einfallwinkel der Lichtstrahlen gleich dem Ausfallwinkel ist. Bei einer rauhen Körperoberfläche werden die Lichtstrahlen nicht alle in die gleiche Richtung reflektiert, das Licht wird **gestreut** (Abb. 4).

Treffen die Lichtstrahlen schräg auf einen durchsichtigen Körper, so wird ein Teil der Lichtstrahlen reflektiert, während der andere Teil durch den Körper hindurchgeht. Dabei werden die Lichtstrahlen an der Ein- und Austrittsstelle **gebrochen** (Abb. 5). Der Brechungswinkel ist abhängig vom Material des durchsichtigen Körpers und von der Wellenlänge des Lichtes. Blaues Licht wird stärker gebrochen als rotes.

In Lampen und Leuchten werden die hier beschriebenen Eigenschaften des Lichtes genutzt, die Lichtstrahlen so zu lenken, daß eine gewünschte Beleuchtungsqualität erreicht wird (Abb. 6).

Lichtstärkeverteilungskurven

Der Lichtstrom einer Lichtquelle wird nicht nach allen Seiten gleichmäßig abgestrahlt. Damit die Eigenschaften einer Lichtquelle oder Leuchte beurteilt werden können, werden vom Hersteller Lichtstärkeverteilungskurven angegeben. In einer Schnittebene durch den Strahlungsbereich einer Lichtquelle oder Leuchte wird an verschiedenen Stellen die Lichtstärke ermittelt und graphisch aufgetragen.

Abb.1, Seite 230 zeigt einen Tiefstrahler mit der zugehörigen Lichtstärkeverteilungskurve.

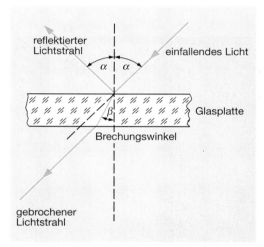

Abb. 5: Reflexion und Brechung an einem lichtdurchlässigen Körper

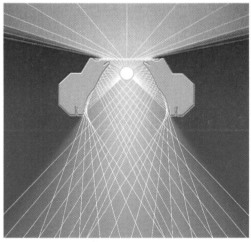

Abb. 6: Lenkung von Lichtstrahlen im Reflektor einer Leuchte

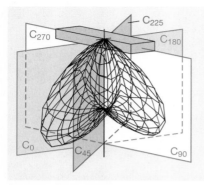 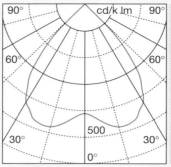 

Abb. 1: a) Computergesteuerte Ermittlung   b) Lichtstärkeverteilungskurve eines Tiefstrahlers
              von Lichtstärkeverteilungskurven   (Downlight)

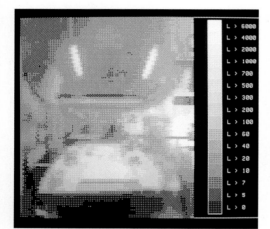

Abb. 2: Räumliche Leuchtdichteverteilung L (cd/m²)
Computerdarstellung

Damit nicht für jede Lampengröße eine eigene Kurve gezeichnet werden muß, sind die Lichtstärkeverteilungskurven auf einen Lichtstrom von 1000 lm bezogen.

Leuchtdichte

Unser Auge empfindet verschiedene Lichtquellen unterschiedlich hell (z.B. Sonne, Glühlampe, Leuchtstofflampe).

> Die Leuchtdichte ist ein Maß für den Helligkeitseindruck, den das Auge von einer gesehenen leuchtenden Fläche hat (Abb. 2).

Leuchtdichte:

Formelzeichen L

$$L = \frac{I}{A}$$ $$[L] = \frac{cd}{m^2}$$

Beleuchtungsstärke

Der Lichtstrom einer Leuchte strahlt nach verschiedenen Seiten in den Raum. Dabei trifft nur ein Teil auf die Fläche, die für eine Sehaufgabe beleuchtet werden soll.

> Die Beleuchtungsstärke ist ein Maß für das auf eine Fläche auftreffende Licht.

Die Größe Beleuchtungsstärke hat die Einheit **Lux**.

Die Beleuchtungsstärke beträgt 1 lx, wenn der Lichtstrom 1 lm eine Fläche von 1m² gleichmäßig trifft (Abb. 3).

Beleuchtungsstärke:

Formelzeichen E
Einheitszeichen   lx

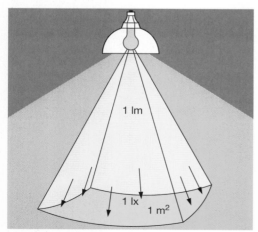

Abb. 3: Zusammenhang zwischen Lichtstrom und
Beleuchtungsstärke

$$E = \frac{\Phi}{A}$$ $$1\,lx = 1\,\frac{lm}{m^2}$$ $$[E] = \frac{lm}{m^2}$$

Abb. 4: Kontrastwirkung

Aufgaben zu 6.5.1

1. Warum kann man im Licht einer Natriumdampflampe keine unterschiedlichen Farben erkennen? (vgl. 6.5.3)
2. Welche lichttechnische Größe gibt Auskunft über die Helligkeit einer beleuchteten Tischfläche?
3. Auf S. 228 (Abb. 3) wurde der Zusammenhang zwischen Lichtstärke I und Lichtstrom Φ erklärt. Welche Beleuchtungsstärke könnte auf der Innenfläche der dort angegebenen Hohl-Kugel gemessen werden?
4. Eine Glühlampe 40 W erzeugt einen Lichtstrom von 430 lm, eine Leuchtstofflampe 40 W erzeugt 2300 lm. Berechnen Sie die Lichtausbeute beider Lampen.
5. Was sagen Lichtstärkeverteilungskurven über die Verwendungsmöglichkeiten einer Leuchte aus?
6. Auf einem Werktisch mit den Abmessungen 3,00 m · 0,75 m trifft ein Lichtstrom von 1200 lm. Welche Beleuchtungsstärke ist auf der Tischoberfläche vorhanden?

6.5.2 Anforderungen an eine gute Beleuchtung

Die Gütemerkmale einer Beleuchtungsanlage sollen im folgenden näher betrachtet werden. Dabei wird die Aufgabe auf die Beleuchtung von Innenräumen beschränkt. Die Beleuchtungsplanung kann auch durch Computereinsatz unterstützt werden (Abb. 5)

Beleuchtungsniveau und Helligkeitsverteilung

Die **Helligkeit (Beleuchtungsniveau)** in einem Raum hängt nicht allein von dem abgestrahlten Lichtstrom der installierten Leuchten ab. Sie wird mit davon beeinflußt, wie stark Decke, Wände, Möbel und Fußboden das Licht reflektieren. Tab. 6.8 zeigt Beispiele für den Reflexionsgrad ϱ verschiedener Farben und Materialien.

Helle Raumflächen ergeben bei gleichem Lampenlichtstrom ein höheres Beleuchtungsniveau als dunkle Flächen.

Um Energie zu sparen, kann es z. B. sinnvoller sein, einem Raum einen neuen Anstrich zu geben, als das Beleuchtungsniveau durch den Einsatz höherer Lampenleistung zu verbessern. Das Beleuchtungsniveau eines Raumes wird durch die **Nennbeleuchtungsstärke** beschrieben. Sie soll als Mittelwert im ganzen Raum oder in einer Raumzone herrschen. Sie wird im allgemeinen für eine Bezugsebene von 0,85 m über dem Fußboden (Tischhöhe) ermittelt.

Die Höhe der Nennbeleuchtungsstärke richtet sich nach der Schwierigkeit der Sehaufgabe. Diese wiederum ist abhängig vom Kontrast zwischen dem zu erkennenden Gegenstand und der unmittelbaren Umgebung (Abb. 4) sowie von der Größe des Gegenstandes. In DIN 5035 (Tab. 6.9) sind verschiedenen Sehaufgaben entsprechende Nennbeleuchtungsstärken zugeordnet.

Tab. 6.8 Reflexionsgrad verschiedener Farben und Materialien

Farbe	ϱ in %	Material	ϱ in %
weiß	70-80	Ahorn, Birke	50-60
hellgrau	40-45	Beton, hell	30-50
beige, olivgrün	25-35	Eiche, hell	30-40
mittelgrau	20-25	Ziegel, dunkel	15-25

Tab. 6.9 Nennbeleuchtungsstärken (DIN 5053)

Art des Raumes bzw. der Tätigkeit	Nennbeleuchtungsstärke E_n in lx
Verkehrswege für Personen und Fahrzeuge, Umkleideräume, Toiletten	100
Grobe u. mittlere Maschinenarbeiten, Sitzungsräume	300
Feine Maschinenarbeiten, Wickeln von Spulen, Montage von kleinen Motoren, Büroräume	500
Montage feinster Teile, Elektronische Bauteile	1500

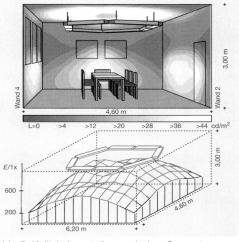

Abb. 5: Helligkeitsverteilung, mit dem Computer ermittelt

Abb. 1: Beleuchtungsstärkemeßgerät mit Meßwertaufnehmer

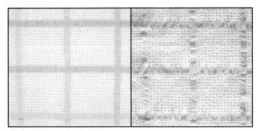

Abb. 2: Lichtrichtung und Schattenbildung

Abb. 3: Reflexblendung auf einem Bildschirm

Abb. 4: Anordnung von Bildschirmgeräten und Leuchten in Büroräumen

Ob die geforderte Nennbeleuchtungsstärke erreicht wird, kann mit dem **Beleuchtungsstärkemesser** überprüft werden (Abb. 1). Im Meßwertaufnehmer des Meßgerätes befindet sich z.B. ein Fotoelement. Das auf die Meßebene (z.B. Tischplatte) auftreffende Licht erzeugt im Fotoelement eine Spannung. Diese – bei geschlossenem Stromkreis der Strom – wird verstärkt dem Meßgerät zugeführt, dessen Skala in lx geeicht ist.

Ein hohes Beleuchtungsniveau vermindert Ermüdungserscheinungen beim Menschen ebenso wie eine **harmonische, ausgewogene Helligkeitsverteilung** im Raum. Diese hängt von der Anordnung der Leuchten und von den Raumflächen ab.

Zu starke Kontraste ermüden das Auge, da es sich ständig an unterschiedliche Helligkeiten anpassen muß. Zu geringe Kontraste wirken flau, machen einen Raum wenig ansprechend und ermüden ebenfalls.

Schattigkeit

Werden Gegenstände in einem Raum bzw. auf einer Arbeitsfläche so gleichmäßig beleuchtet, daß keine Schatten entstehen, so kann man sie nur sehr schwer erkennen. Die Handhabung von Werkzeugen, das Erkennen von Materialien wird erschwert oder sogar verfälscht, die Unfallgefahr nimmt zu (Abb. 2). Völlig schattenlose Beleuchtung ist daher zu vermeiden. Aber auch zu starke Schatten, sogenannte Schlagschatten, wie sie von einer einzeln im Raum angeordneten Leuchte bewirkt werden können, sind nicht zu empfehlen. Zusätzliche Leuchten aus anderen Richtungen oder Lichtbänder hellen die Schatten auf und verbessern damit die Lichtqualität.

In manchen Räumen, z.B. in einem Wohnraum, kann es angebracht sein, die Leuchten so anzuordnen, daß hell beleuchtete mit schattigen Bereichen abwechseln. Somit entstehen Arbeits- und Ruhezonen, und die Wohnlichkeit des Raumes wird verbessert.

Blendung

Direkte Blendung entsteht, wenn sich im Blickfeld Lampen oder Leuchten mit hoher Leuchtdichte (z.B. Leuchtstofflampen ohne Blende) befinden.

Indirekte Blendung (Reflexblendung) entsteht durch Spiegelung von Lampen oder Leuchten auf glatten Flächen im Gesichtsfeld (Abb. 3). Durch richtige Auswahl und Anordnung der Lampen oder Leuchten kann Blendung vermieden werden (Abb. 5).

Die Anordnung von Bildschirmarbeitsplätzen sollte deshalb mit Blickrichtung parallel zu den Leuchtenreihen erfolgen (Abb. 4). Weitere Angaben zu Bildschirmarbeitsplätzen enthält die DIN 5035 T. 7.

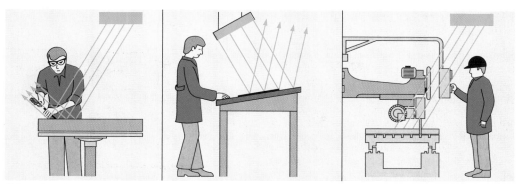

Abb. 5: Richtig angeordnete Leuchten zur Vermeidung von Blendung

Farbklima

Gegenstände haben **Körperfarben**, die sichtbar werden, weil sie das auftreffende Licht mit der entsprechenden Wellenlänge reflektieren. Die einzelnen Lichtquellen senden Licht verschiedener Wellenlänge aus. Dabei ist der Anteil der einzelnen Farben an der Lichtfarbe der Lichtquelle unterschiedlich groß.

Die Lichtfarbe von Glühlampen enthält z.B. mehr Rotanteile als die Lichtfarbe von Leuchtstofflampen. Wird ein Gegenstand, der verschiedene Körperfarben besitzt, von einer Glühlampe beleuchtet, so werden die roten Körperfarben stärker hervorgehoben, wird er von einer Leuchtstofflampe tw (tageslichtweiß) beleuchtet, so werden die blauen Körperfarben stärker betont (Abb. 6).

Für das einwandfreie Erkennen eines Gegenstandes ist die Lichtfarbe der Lichtquellen von großer Bedeutung.

Außerdem wird durch sorgfältige Abstimmung von Beleuchtungsniveau, Lichtfarbe und Körperfarben ein harmonisches **Farbklima** erreicht, das sich auf Stimmung und Wohlbefinden des Menschen positiv auswirkt.

Aufgaben zu 6.5.2

1. Welche Anforderungen sind an eine gute Beleuchtungsanlage zu stellen?
2. Von welchen Faktoren hängt das Beleuchtungsniveau in einem Raum ab?
3. Wie wird die Nennbeleuchtungsstärke in einem Raum ermittelt?
4. Wonach richtet sich die Höhe der Nennbeleuchtungsstärke?
5. Warum muß in der Regel die Lichtrichtung so gewählt werden, daß keine schattenlose Beleuchtung entsteht?
6. Nennen Sie Beispiele, wie man Blendung vermeiden kann!

Abb. 6: Schaufensterdekoration bei unterschiedlicher Beleuchtung

6.5.3 Lichtquellen

Im folgenden sollen die zur Lichterzeugung benötigten Lichtquellen näher untersucht werden. Nach DIN 5039 werden technische Ausführungen von künstlichen Lichtquellen, die zur Lichterzeugung bestimmt sind, als **Lampen** bezeichnet.

Im Grundbildungsband wurden die Glühlampe und zwei Arten der Gasentladungslampen, nämlich die Glimmlampe und die Leuchtstofflampe, bereits ausführlich besprochen. Für den Einsatz der Lampen in einer Beleuchtungsanlage wollen wir uns daran erinnern, daß sich Glühlampen neben dem unterschiedlichen Lichtspektrum durch die geringere Lichtausbeute von Leuchtstofflampen unterscheiden.

Allerdings haben **Niedervolt-Halogenglühlampen** wegen ihrer vielfältigen Einsatzmöglichkeiten und ihrer im Vergleich zur traditionellen Glühlampe hohen Lichtausbeute ein weites Einsatzfeld gefunden. Die Entwicklung leistungsfähiger und problemloser Vorschaltgeräte (Transformatoren) hat viel zu dieser Entwicklung beigetragen (Abb. 2).

Die Verwendung **elektronischer Vorschaltgeräte** bringt eine Reihe von Vorteilen für den Einsatz von **Leuchtstofflampen** (Abb. 1). Die Lebensdauer der Lampen wird verlängert und die Lichtausbeute erhöht. Ursache für die erhöhte Lichtausbeute sind die sich bei Hochfrequenzbetrieb ergebenden günstigeren physikalischen Abläufe bei den Entladungsvorgängen in der Lampe.

Wird die Lampe wie bisher an der Netzfrequenz von 50 Hz betrieben, müssen mit jeder Halbwelle der Wechselspannung wieder neue Ladungsträger aufgebaut werden. Bei höherer Frequenz stehen jedoch durch den um ein Vielfaches schnelleren periodischen Wechsel praktisch ständig Ladungsträger zur Verfügung. Der Energieaufwand ist dadurch geringer. Außerdem tritt auch im Vorschaltgerät eine geringere Verlustleistung auf.

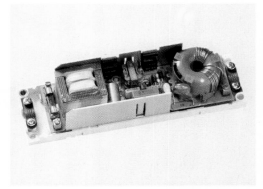

Abb. 2: Vorschaltgerät für Niedervolt-Halogenglühlampen

Dieses Betriebssystem bietet außerdem den Vorteil der sofortigen flackerfreien Zündung. Elektrodenflimmern und stroboskopische Effekte treten nicht auf.

Der bei der normalen Leuchtstofflampenschaltung mögliche stroboskopische Effekt hängt damit zusammen, daß die Gasentladung beim Nulldurchgang der Wechselspannung erlischt und während der nächsten Halbwelle erneut zündet. Das dadurch hervorgerufene »Flimmern« der Lampe wird normalerweise vom Auge nicht wahrgenommen. Werden schnell bewegte oder sich schnell drehende Gegenstände beleuchtet, so kann der Eindruck entstehen, der Gegenstand bewege sich langsam oder stehe still.

Die durch den stroboskopischen Effekt bedingte Unfallgefahr kann auch durch die Duoschaltung (vgl. 1.6) oder die Dreiphasenschaltung verringert werden.

Durch spezielle Vorschaltgeräte (Dimmer) für Helligkeitssteuerung läßt sich das Licht der Lampen in weitem Bereich steuern.

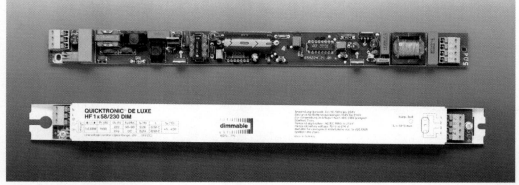

Abb. 1: Elektronisches Vorschaltgerät für Leuchtstofflampen

In Beleuchtungsanlagen, in denen es auf sehr hohe Lichtströme ankommt, werden **Metalldampflampen** eingesetzt. Sie können Lichtströme bis 300 000 lm erzeugen. Gebaut werden Quecksilberdampflampen, Halogen-Metalldampflampen, Natriumdampf-, Hoch- und Niederdrucklampen.

Wie Sie aus Abb. 3 erkennen können, befindet sich im Innern eines Glaskolbens der **Quecksilberdampf-Hochdrucklampe** das eigentliche Gasentladungsgefäß aus Quarzglas. Das Entladungsgefäß enthält Quecksilber und einen geringen Zusatz Argon.

Die Zündung wird durch eine Hilfselektrode eingeleitet. Nach erfolgter Zündung verdampft das Quecksilber, und die Gasentladung breitet sich nach einiger Zeit über das gesamte Entladungsgefäß aus. Die Strombegrenzung übernimmt eine Drosselspule.

Die Quecksilberdampf-Hochdrucklampe liefert neben UV-Strahlung ein intensives bläulich-weißes Licht. Durch eine Leuchtstoffschicht auf der Innenwand des Glaskolbens wird wie bei der Leuchtstofflampe die UV-Strahlung in sichtbares Licht umgesetzt und die Lichtfarbe verbessert.

Halogen-Metalldampflampen enthalten zusätzlich zum Quecksilber noch Halogenverbindungen bestimmter Metalle. Lichtausbeute und Farbwiedergabe nehmen dadurch günstigere Werte an. Auch bei Lampen ohne Leuchtstoffbelag erzielt man eine gute Farbwiedergabe. Sie werden für Innen- und Außenbeleuchtungen eingesetzt (Abb. 4).

Natriumdampf-Niederdrucklampen leuchten intensiv gelb, da sie nur Licht einer Wellenlänge (monochromatisches Licht) abgeben. Ihre Lichtausbeute ist sehr hoch, annähernd 200 lm / W. Sie können aber nur für bestimmte Aufgaben eingesetzt werden, z. B. für die Beleuchtung von Verkehrsanlagen.

Mischlichtlampen sind eine Kombination von Glühlampe und Quecksilberdampflampe in einem Glaskolben. Die Glühlampenwendel dienen der Strombegrenzung, so daß kein besonderes Vorschaltgerät mit Drosselspule notwendig ist. Mischlichtlampen können anstelle von normalen Glühlampen eingesetzt werden.

Leuchtröhren dienen vorwiegend der Lichtreklame. Sie sind gasgefüllte Glasröhren mit unbeheizten Elektroden. Zu ihrem Betrieb und zur Zündung ist Hochspannung erforderlich. Diese wird von Vorschaltgeräten geliefert, die gleichzeitig zur Strombegrenzung dienen. Die Lichtfarbe der Leuchtröhren richtet sich nach der Gasfüllung (z. B. Neon ergibt rotes Licht). Mit Hilfe von farbigen Gläsern oder Leuchtstoffen kann die Farbskala erweitert werden.

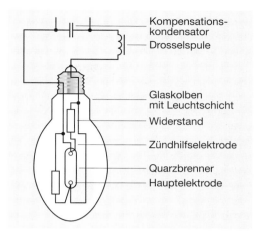

Abb. 3: Schaltung einer Quecksilberdampf-Hochdrucklampe

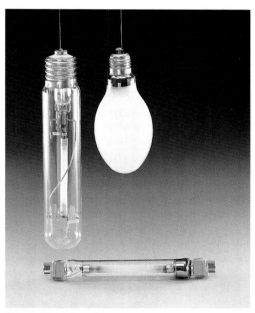

Abb. 4: Metalldampflampen

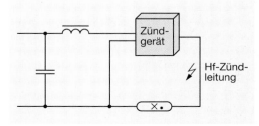

Abb. 5: Schaltung für eine Halogen-Metalldampflampe

Wie Sie in Abb. 1 erkennen, können mehrere Röhren in Reihe an einen Transformator angeschlossen werden. Allerdings wird die Gesamtröhrenlänge durch die höchstzulässige Transformatorspannung begrenzt.

Nach DIN VDE 0128 darf die Nennspannung 7,5 kV, die Spannung gegen Erde 3,75 kV nicht überschreiten. Es dürfen nur Transformatoren mit einer Nennausgangsleistung bis 2,5 kVA verwendet werden.

In die Vorschaltgeräte von Leuchtröhrenanlagen werden Trenntransformatoren eingebaut. Dadurch kann bei nur einem Isolationsfehler auf der Sekundärseite keine Berührungsspannung auftreten (vgl. 5.4.1.5 Schutztrennung).

Aus Sicherheitsgründen muß die Anlage aber bereits beim Auftreten eines Isolationsfehlers abgeschaltet werden. Dazu dient der eingebaute Erdschlußschutzschalter (Abb. 1).

Tritt auf der Hochspannungsseite ein Erdschluß auf, so unterbricht der Erdschlußschutzschalter den Primärstromkreis des angeschlossenen Transformators. Die elektrischen Verbindungen in Leuchtröhrenstromkreisen werden durch besondere Leuchtröhrenleitungen hergestellt.

Gasentladungslampen dürfen nach ihrem Ausbau nicht einfach dem Hausmüll zugeführt werden. So enthalten z.B. alle Metalldampflampen Quecksilber, das stark toxisch (d. h. giftig) wirkt.

> Entladungslampen müssen unzerstört als Sonderabfall sachgerecht entsorgt werden.

Aufgaben zu 6.5.3

1. Nennen Sie Einsatzmöglichkeiten für Metalldampf-Entladungslampen!

2. Welche Aufgaben hat das Vorschaltgerät in einer Leuchtröhrenanlage?

3. Welche Vorteile bringt das elektronische Vorschaltgerät für Leuchtstofflampen?

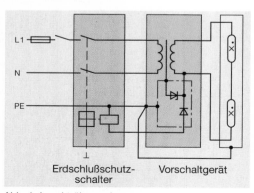

L1
N
PE

Erdschlußschutz-   Vorschaltgerät
schalter

Abb. 1: Leuchtröhrenanlage

6.5.4 Leuchten

Leuchten haben die Aufgabe, den von einer Lichtquelle (Lampe) erzeugten Lichtstrom so zu beeinflussen, daß eine optimale Beleuchtung erreicht wird.

Aus den Datenblättern der Leuchtenhersteller können die für die Beurteilung einer Leuchte notwendigen Angaben entnommen werden.

In Abb. 2 sind z. B. wichtige Daten einer mit Leuchtstofflampen bestückten Rasterleuchte dargestellt. Neben den für die lichttechnische Beurteilung notwendigen Angaben, wie Lichtstärkeverteilung und Beleuchtungswirkungsgrad sind auch Angaben gemacht, die für die sicherheitstechnische Beurteilung der Leuchte gebraucht werden:

Die Leuchte ist nach DIN VDE 0710 zur direkten Montage an normal entflammbaren und leicht entflammbaren Baustoffen (die Entzündungstemperatur beträgt mindestens 200°C), wie z.B. Holz, Holzfaserplatten oder dergleichen geeignet.

Die Leuchte der Schutzart **IP 20** ist abgedeckt und kann in trockenen Räumen ohne besondere Staubentwicklung montiert werden.

Das Zeichen besagt, daß die Leuchte der Schutzklasse I entspricht und zum Anschluß an einen Schutzleiter bestimmt ist

Mit dem Funkschutzzeichen gibt der Leuchtenhersteller an, daß die Leuchte funkentstört ist (vgl. 6.6.6).

Weitere Angaben über die Kennzeichnung von Leuchten, z.B. in Bezug auf Brandsicherheit oder Eignung für explosionsgefährdete Bereiche, finden Sie in den einschlägigen DIN-Vorschriften.

6.5.5 Planung und Berechnung einer einfachen Beleuchtungsanlage

Es soll nun die Beleuchtungsanlage eines Raumes geplant werden.

Ausgewählt wurde eine Elektrowerkstatt in einer Berufsschule (Abb. 3).

Zunächst wird die für die Art der Raumnutzung erforderliche Beleuchtungsstärke anhand der DIN 5035 (vgl. Tab. 6.9, S. 231) mit 500 lx ermittelt.

Da es sich um einen reinen Zweckraum handelt, wird die in Abb. 2 dargestellte Rasterleuchte vorgesehen, die direkt an die Decke montiert werden soll.

Die Anzahl der benötigten Leuchten wird nach dem sogenannten **Wirkungsgradverfahren** ermittelt.

Den Beleuchtungswirkungsgrad η_B erhält man aus Tabellen, in die die Lichtverteilungskurve der Leuchten, die Raumabmessungen (k-Faktor) und die Reflexionsgrade der Raumbegrenzungsflächen eingearbeitet sind.

Der Beleuchtungswirkungsgrad setzt sich zusammen aus dem Raumwirkungsgrad η_R und dem Leuchtenwirkungsgrad η_L; $\eta_B = \eta_R \cdot \eta_L$. Der Leuchtenwirkungsgrad wird von den Herstellern der Leuchten angegeben.

Für unsere Rasterleuchte hat der Leuchtenhersteller beide Werte zusammengefaßt und gibt in der Tabelle direkt den Beleuchtungswirkungsgrad η_B an (Abb. 2).

Durchführung der Berechnung:

Aus den Raumabmessungen wird der Raumindex (k-Faktor) ermittelt.

$$k = \frac{a \cdot b}{h\,(a+b)}; \quad k = \frac{12,10 \text{ m} \cdot 8,50 \text{ m}}{2,60 \text{ m}\,(12,10 \text{ m} + 8,50 \text{ m})}$$

$$k = 1,92 \approx 2$$

Die Reflexionsgrade der Raumbegrenzungsflächen werden aus einer Tabelle entnommen. Es ergeben sich folgende Werte (vgl. Tab. 6.8, S. 231):

Decke weiß: $\varrho_D = 0,7$; Wände sehr heller Beton: $\varrho_W = 0,5$; Fußboden Holzpflaster, Werktische mit hellen Holzplatten: $\varrho_{Nutz} = 0,3$. Mit Hilfe dieser Werte wird aus der Tabelle (Abb. 2) der Beleuchtungswirkungsgrad $\eta_B = 0,52$ ermittelt. Die Anzahl der erforderlichen Leuchten errechnet sich nach der Formel:

$$n = \frac{1,25 \cdot E \cdot A}{\Phi_L \cdot \eta_B}$$

E: geforderte Beleuchtungsstärke in lx
1,25: Faktor, um den der Neuwert der Beleuchtungsstärke wegen der Alterung der Leuchten höher gewählt wird.

Φ_L: Lichtstrom einer Leuchte in lm

A: Nutzfläche in m²

Für die Leuchtstofflampe der Lichtfarbe Lumilux weiß wird vom Lampenhersteller bei 65 W der Lichtstrom 5 400 lm angegeben.

Damit ergibt sich $\Phi_L = 10\,800$ lm

$$n = \frac{1,25 \cdot 500 \text{ lx} \cdot 102,85 \text{ m}^2}{10\,800 \text{ lm} \cdot 0,52}$$

$n = 11,45$ aufgerundet 12

Für eine ausreichende Beleuchtung des Werkstattraumes sind demnach 12 zweilampige Leuchten notwendig.

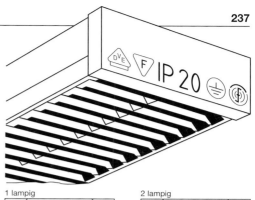

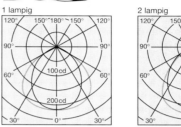

1 lampig   2 lampig

Beleuchtungswirkungsgrad η_B					
Decke	ϱD	0,7	0,7	0,5	0,5
Wände	ϱW	0,5	0,3	0,3	0,3
Nutzebene	ϱNutz	0,3	0,3	0,3	0,1
Raumindex k	0,6 1lampig	0,24	0,20	0,19	0,19
	0,6 2lampig	0,28	0,24	0,23	0,23
	1 1lampig	0,34	0,29	0,29	0,28
	1 2lampig	0,40	0,35	0,34	0,32
	2 1lampig	0,47	0,43	0,41	0,39
	2 2lampig	0,52	0,48	0,46	0,43
	3 1lampig	0,53	0,50	0,48	0,44
	3 2lampig	0,58	0,55	0,52	0,48
	5 1lampig	0,58	0,55	0,52	0,48
	5 2lampig	0,62	0,60	0,57	0,52

Abb. 2: Handelsübliche Rasterleuchte mit zugehöriger Lichtstärkeverteilungskurve und Angabe des Beleuchtungswirkungsgrades für verschiedene Raumverhältnisse

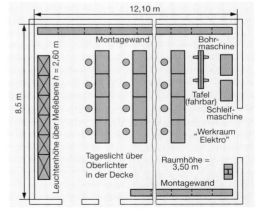

Abb. 3: Grundrißzeichnung einer Elektrowerkstatt in einer berufsbildenen Schule

Aufgaben zu 6.5.4 und 6.5.5

1. Im Datenblatt einer Leuchte finden Sie folgende Angaben: **F**   **⚠**

   Erklären Sie ihre Bedeutung!

2. Ein Unterrichtsraum für Physik hat folgende Abmessungen: Länge 10 m; Breite 7 m; Leuchtenhöhe über Meßebene 2,15 m. Für die Beleuchtungsanlage wurde ein Beleuchtungswirkungsgrad $\eta_B = 0{,}55$ ermittelt. Bestimmen Sie die Anzahl der erforderlichen Leuchten! Verwendet werden zweilampige Leuchtstofflampenleuchten mit $\Phi = 11800$ lm.

3. In dem unter 6.5.5 dargestellten Berechnungsbeispiel wurden 12 Leuchten ermittelt. Damit das Licht gleichmäßig im Raum aufgeteilt wird, sollen aber 2 Lichtbänder mit je 7 Leuchten installiert werden. Berechnen Sie, welche Beleuchtungsstärke erzielt wird!

6.5.6 Sicherheitsbeleuchtung

Für Räume, in denen der Ausfall der Beleuchtung zu besonderen Problemen führen könnte, ist Sicherheitsbeleuchtung nach DIN VDE 0108 vorgeschrieben.

Zu diesen Räumen zählen Versammlungsstätten. Waren- und Geschäftshäuser, Hochhäuser, Beherbergungsstätten, Krankenhäuser, sowie geschlossene Großgaragen.

> Die Sicherheitsbeleuchtung hat die Aufgabe, bei Störung der Stromversorgung der allgemeinen Beleuchtung Räume, Arbeitsplätze und Rettungswege mit einer vorgeschriebenen Mindestbeleuchtungsstärke zu erhellen.

Die Sicherheitsbeleuchtung wird in Dauer- oder Bereitschaftsschaltung ausgeführt. Bei Dauerschaltung wird die Sicherheitsbeleuchtung aus dem Netz der allgemeinen Beleuchtung gespeist. Fällt dessen Spannung aus, so wird die Sicherheitsbeleuchtung an eine Batterie geschaltet. Die Umschaltung erfolgt selbsttätig.

Bei der Bereitschaftsschaltung (Abb. 1) wird die Sicherheitsbeleuchtung aus einer Batterie gespeist. Sie schaltet sich erst dann selbsttätig ein, wenn die Spannung im Netz der allgemeinen Beleuchtung ausfällt bzw. unter einen bestimmten Wert absinkt.

Die Beleuchtungsstärke für die Sicherheitsbeleuchtung ist für die verschiedenen Räume nach DIN VDE 0108 festgelegt.

In den Achsen der Rettungswege muß sie z. B. 85 cm über dem Fußboden 1 lx betragen.

Hinweise auf Rettungswege müssen durch Sicherheitsbeleuchtung in Dauerschaltung sichtbar gemacht werden. Transparente zur Kennzeichnung von Ausgängen haben die Farbe »grün«.

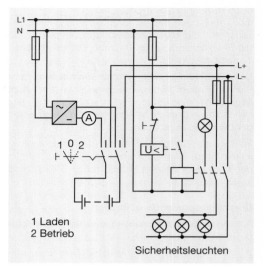

Abb. 1: Sicherheitsbeleuchtung in Bereitschaftsschaltung

Ist in einer Anlage Sicherheitsbeleuchtung vorzusehen, so erhalten die Räume für die Hauptverteilung, die Schalt- und Stromerzeugungsanlage für die Sicherheitsbeleuchtung und die Zugänge zu diesen Räumen ebenfalls Sicherheitsbeleuchtung.

An einen Stromkreis der Sicherheitsbeleuchtung dürfen nicht mehr als zwölf Lampen angeschlossen werden. Er darf mit höchsten 60 % der Nennstromstärke des Überstromschutzorgans (10 A) belastet werden.

Das Betriebspersonal muß die Sicherheitsleuchten leicht an ihrer roten Kennzeichnung erkennen können.

Aufgaben zu 6.5.6

1. Welche Aufgabe hat die Sicherheitsbeleuchtung?

2. Für welche Räume ist Sicherheitsbeleuchtung vorgeschrieben?

3. Welche Vorschriften gelten für Rettungswege?

4. Wie ist die Belastung eines Stromkreises mit Sicherheitsbeleuchtung begrenzt?

5. Wie können Sicherheitsleuchten von anderen Leuchten unterschieden werden?

6. Wodurch unterscheidet sich die Sicherheitsbeleuchtung in Dauerschaltung von der in Bereitschaftsschaltung?

7. Aus welcher Vorschrift sind die Regeln für die Sicherheitsbeleuchtung zu entnehmen?

8. Warum ist für Rettungswege Sicherheitsbeleuchtung in Dauerschaltung vorzusehen?

6.6 Hausgerätetechnik

Zu den Aufgaben eines Elektroinstallateurs gehören neben der Errichtung elektrischer Anlagen auch der Anschluß sowie die Reparatur elektrischer Geräte. Die fachgerechte Durchführung der Arbeiten schließt ein, daß die verwendeten Geräte VDE-geprüft sind. Sie tragen das VDE-Zeichen. Ferner ist bei der Errichtung elektrischer Anlagen und dem Anschluß elektrischer Geräte die Beachtung der TAB erforderlich.

6.6.1 Nahrungszubereitung

Elektroherde gibt es in unterschiedlichsten Ausführungen z. B. als

● Standgeräte mit Kochplatten oder Kochzonen, die zum Teil als Zweikreis-Kochzonen oder Bratzonen ausgeführt sind, und

● Einbaugeräte mit Einbaukochmulde oder Einbaukochfeld.

Die Kochplatten unterscheiden sich durch die verschiedenen Leistungen, durch die Schaltungsmöglichkeiten von Heizwiderständen und durch zusätzliche Schaltgeräte, welche die Temperatur bzw. die Leistung konstant halten. In Abb. 2 ist die

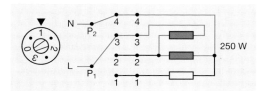

Abb. 2: Stufe 2 einer 7-Takt-Schaltung

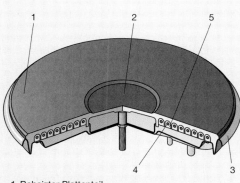

1 Beheizter Plattenteil
2 Unbeheizter Plattenteil
3 Überfallrand
4 Heizleiter
5 Keramische Isoliermasse

Abb. 3: Aufbau einer Automatik-Kochplatte

zweite Stufe der 7-Takt-Schaltung mit Nockenschalter dargestellt. Der Nachteil der **Stufenschaltung** besteht darin, daß die Temperatur nicht konstant bleibt. Dieser Nachteil wird durch die Anwendung der **Automatik-Kochplatte** vermieden, bei der die Temperatur stufenlos einstellbar ist (Abb. 3). Die verschiedenen Arten der Steuerung und Regelung können der Tab. 6.10 (vgl. S. 240) entnommen werden.

Um die Anheizzeit zu verkürzen, werden **Blitzkochplatten (-stellen)** verwendet. Diese besitzen eine größere Leistung als normale Kochplatten mit gleichem Durchmesser. Um eine Überhitzung der Platte zu vermeiden, werden temperaturabhängige Schalter eingebaut, die eine Heizwicklung bei zu hohen Temperaturen abschalten.

Herde mit **Kochzonen** besitzen auf der Herdoberfläche eine Glaskeramik mit gekennzeichneten Kochfeldstellen. Das Kochfeld wird von Strahlungsheizkörpern beheizt. Diese werden auch in Zweikreis-Ausführung gebaut, so daß die Kochzone wahlweise mit Durchmessern von 12 cm oder 21 cm beheizt werden kann. Zum Überhitzungsschutz ist zwischen Glaskeramik und Heizkörper z. B. ein Stabausdehnungsregler eingebaut.

Bei den **Backöfen** gibt es verschiedene Arten der Beheizung. Die Wärmeübertragung erfolgt durch Strahlung und natürliche Konvektion (Ober- und Unterhitze), bei anderen Systemen über Umluft durch erzwungene Konvektion. Die Beheizungsart wird eingestellt durch

● Funktionswähler mit Schalterstellungen, z. B. für Beleuchtung, Umluft, Unter-/Oberhitze oder

● Temperaturwähler mit Schalterstellungen, z. B. für Strahlungsgrillen, Umluftgrillen.

Elektroherde werden auch mit Zeitschaltautomatik und elektronisch gesteuerten Programmen hergestellt.

Die Zeitschaltautomatik bewirkt das automatische Ein- und Ausschalten nach Tageszeit. Ein Mikroprozessor übernimmt bei den elektronischen Programmen die Leistungs- und Temperaturregelung für verschiedene Kochprogramme.

Um die Reinigung des Backofens zu erleichtern, ist eine Selbstreinigungsanlage eingebaut. Beim **pyrolytischen Reinigungsverfahren** wird der Backofen auf Temperaturen bis ca. 500 °C aufgeheizt. Dabei werden alle Rückstände verbrannt. Zur Sicherheit wird die Backofentür ab ca. 300 °C automatisch verriegelt.

Beim **Mikrowellengerät** wird die wärmeerzeugende Molekularbewegung durch Mikrowellen ($f = 2450$ MHz) hervorgerufen. Diese bringen die Wassermoleküle des Gargutes zum Schwingen.

Tab. 6.10: Steuerung und Regelung von Elektro-Kochstellen

Geräteteil	Kochplatte (N) Blitz-Kochplatte (B)	Kochstelle Blitzkochstelle	Automatik-Kochstelle	
			zeitabhängig	temperaturabhängig
Schalterstellung	in Stufen	stufenlos	stufenlos	stufenlos
Anzahl der Heizleiter	3	1	1	1
Steuer- bzw. Regeleinrichtung	Leistungsschalter	Energieregler	Mikroprozessor	Flüssigkeits-ausdehnungsregler
Überhitzungsschutz	Bimetallregler	Bimetall- bzw. Stab-ausdehnungsregler	Stabausdehnungs-regler	Flüssigkeits-ausdehnungsregler
Energiezufuhr W	Umschaltung von Hand	Umschaltung von Hand	Aufheizdauer abhängig von der Schalterstellung	

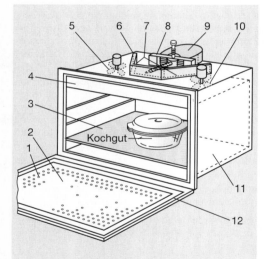

1 Wellenfalle mit HF-Dämpfung
2 Lochplatte
3 Kunststoffplatte für Aufnahme des Kochgutes
4 Kunststoffabdeckung
5 Feldverteilerrad
6 Einkopplungshohlleiter
7 Einkopplungsöffnungen
8 Magnetron
9 Gebläse
10 Feldverteilerrad
11 Garraum
12 Garraumtür

Abb. 1: Aufbau eines Mikrowellengerätes

Dabei wird die Energie der Mikrowellen in Wärme-energie umgewandelt. Ein HF-Generator erzeugt die Mikrowellen, die über Wellenleiter und -verteiler in den Garraum geleitet werden. Den grundsätzli-chen Aufbau zeigt die Abb. 1.

Mikrowellen verhalten sich ähnlich wie Lichtwel-len. Sie werden von den **Metallwänden** des Garrau-mes reflektiert und durchdringen Glas, Papier, Porzellan und viele Kunststoffe. Dadurch ist es möglich, Speisen auch in imprägnierten Papp-gefäßen im Mikrowellengerät zu erwärmen. Die Gefäße selbst nehmen nur wenig Energie auf. Sie erwärmen sich fast nur durch die Wärmeleitung der Speisen.

Die Anschlußleistungen von Mikrowellengeräten für den Haushalt liegen zwischen 600 und 1100 W, für Gastronomiebetriebe bei etwa 2000 W. Es gibt Geräte mit bis zu 10 Leistungsstufen oder stufen-loser Leistungseinstellung. Besondere Sicherheits-einrichtungen verhindern unkontrolliertes Austreten der Mikrowellen aus dem Gerät. Die Hinweise des Herstellers zum Betrieb von Mikrowellengeräten sind zu beachten.

6.6.2 Kühlen und Gefrieren

Jeder hat sicher schon erlebt, daß durch Ver-dampfen von alkoholischen Flüssigkeiten (Parfüm usw.) auf der Haut ein Kältegefühl entsteht.

Beim Übergang vom flüssigen in den dampfför-migen Zustand wird der Umgebung Wärme ent-zogen, beim Übergang vom dampfförmigen in den flüssigen Zustand wird die aufgenommene Wärme wieder freigesetzt.

Dieser physikalische Vorgang wird in der Kühl- und Gefriertechnik ausgenutzt. Die Hersteller von Kühl-

und Gefriergeräten verwenden in neuen Geräten keine FCKW-haltigen Kältemittel mehr. Anstelle des für die Ozonschicht schädlichen chlorhaltigen FCKW R 12 dienen als Kältemittel nun die Stoffe H-FKW R 134a oder Propan/Isobutan. Der Ablauf im Kühlkreislauf, wie er in den Abb. 2 und 3 dargestellt ist, gilt bei Verwendung von H-FKW R 134a. Für die Schaumisolierung zur Wärmedämmung der Kühl- und Gefriergeräte wird als Treibmittel überwiegend Pentan verwendet, welches umweltneutral ist.

Bei einem Kühlschrank mit **Kompressionssystem** (Abb. 2 und 3) lassen sich grundsätzlich Zonen hohen und niederen Drucks unterscheiden. Den Druck erzeugt ein motorisch angetriebener **Kompressor**. Die Verflüssigung des Kältemittels erfolgt beim Kühlschrank an der Rückseite. Dort wird die Wärme nach außen abgegeben. Im Innern der Kondensatorschlange herrscht ein hoher Druck.

> Bei der Verflüssigung des Kältemittels (Kondensation) wird an die umgebende Luft Wärme abgegeben.

Das Kältemittel gelangt am Ende der Kondensatorschlange in einen Druckminderer, der in der Regel aus einem Kapillarrohr besteht. Der Druck verringert sich dadurch, die Flüssigkeit verdampft. Wärme wird dabei der Umgebung entzogen und durch den Dampf abtransportiert. Das Kältemittel gelangt dann nach Durchlaufen der Kühlschlange wieder in den Kompressor. Damit ist der Kreislauf geschlossen.

In Abb. 4 ist der Aufbau eines Kühlschranks dargestellt, der nach dem Kompressionsprinzip arbeitet.

Kühlschränke werden ohne Verdampferfach gebaut mit Kühltemperaturen von 0 °C bis +10 °C, mit Verdampferfach und Kühltemperaturen von

- – 6 °C oder kälter (ein Stern),
- –12 °C oder kälter (zwei Sterne) und
- –18 °C oder kälter (drei Sterne).

Das Einfrieren und Haltbarmachen von Lebensmitteln ist ein weiteres Anwendungsgebiet der Kältetechnik. **Gefrierschränke und -truhen** arbeiten im Prinzip wie Kühlschränke. Sie haben allerdings besonders hohe Gefrierleistungen. Laut Herstellerangaben rechnet man mit einem Energieverbrauch je 100 Liter Nutzinhalt in 24 h für

- Kühlschränke/Einbaugeräte mit Kompressor, bis 150 l Nutzinhalt mit Verdampferfach (–18°C oder kälter), 0,56 bis 1,14 kWh,
- Gefriertruhen mit 25 l bis 300 l Nutzinhalt, 0,21 bis 0,52 kWh,
- Gefrierschränke/Standgeräte mit 25 l bis 300 l Nutzinhalt, 0,30 bis 0,67 kWh.

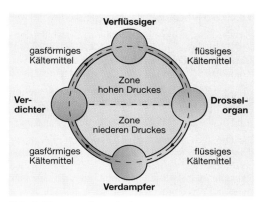

Abb. 2: Kompressionsprinzip

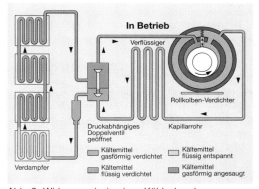

Abb. 3: Wirkungsprinzip eines Kühlschranks

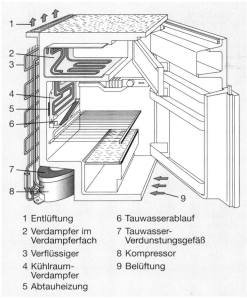

1 Entlüftung
2 Verdampfer im Verdampferfach
3 Verflüssiger
4 Kühlraum-Verdampfer
5 Abtauheizung
6 Tauwasserablauf
7 Tauwasser-Verdunstungsgefäß
8 Kompressor
9 Belüftung

Abb. 4: Blick in einen Kühlschrank

6.6.3 Waschen und Spülen

Mit der Forderung nach größerer Umweltfreundlichkeit wurden u. a. auch **Waschautomaten**, **Waschvollautomaten** und **Wäschetrockner** weiterentwickelt.

> Gegenüber älteren Geräten benötigen die neuen Geräte heute ca. 33 % weniger an Energie und Wasser sowie ca. 30 % weniger Waschmittel.

Die Abb. 1 zeigt den Aufbau einer Trommelwaschmaschine. Hierbei ist die Trommel einseitig gelagert. Ihre Drehrichtung ändert sich nach 4 bis 5 Umläufen. Bei Waschvorgängen liegt die Drehzahl je nach Programm im Waschgang bei 25 bis 50 min^{-1} und im Schleudergang bis ca. 1200 min^{-1}. Zum Antrieb dienen folgende Elektromotoren:

- polumschaltbare Motoren (Kurzschlußläufer-, Wechselstrommotor) mit und ohne Getriebe,
- Universalmotoren (Kommutator-, Kollektormotoren) für Gleich- und Wechselstrombetrieb mit zusätzlichen elektronischen Regelorganen für mehrere Einzeldrehzahlen,
- Doppelmotoren, d. h. Baueinheiten aus polumschaltbarem Motor und Universalmotor.

Für die Flüssigkeitspumpen werden in der Regel eigene Antriebe verwendet. Der Wasserzu- und -abfluß wird durch Magnetventile gesteuert.

Waschvollautomaten arbeiten nach einstellbaren Programmen. Es gibt zwei Arten der Programmablaufsteuerung (vgl. 9.3.1):

- die elektromechanische Steuerung durch Programmschaltwerk mit Nockenscheiben, -wellen oder -teller, die durch Schrittmotoren angetrieben werden,
- die elektronische Steuerung, bei der die Funktion des Programmschaltwerks von Mikroprozessoren übernommen wird.

Zur elektronischen Temperaturregelung werden **Heißleiter** (NTC-Widerstände) als Fühler eingesetzt. Die Anschlußwerte für Waschvollautomaten liegen zwischen 3 und 6 kW. **Wäschetrockner** werden in folgenden Betriebssystemen gebaut:

- mit Abluft und
- mit Kondensation durch Luft, jeweils feuchtigkeitsabhängig oder zeitgesteuert.

Bei Wäschetrocknern nach dem **Abluftsystem** wird aus dem Raum Luft angesaugt, durch eine Heizung erwärmt und anschließend durch die Wäsche geleitet. Dabei wird der Wäsche Feuchtigkeit entzogen und mit der Abluft in den Raum oder nach draußen abgeleitet.

Bei Wäschetrocknern nach dem **Kondensationsprinzip** (Abb. 2) strömt die feuchte, erwärmte Luft

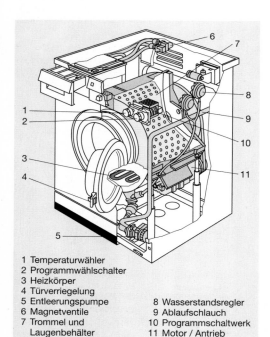

1 Temperaturwähler
2 Programmwählschalter
3 Heizkörper
4 Türverriegelung
5 Entleerungspumpe
6 Magnetventile
7 Trommel und
   Laugenbehälter

8 Wasserstandsregler
9 Ablaufschlauch
10 Programmschaltwerk
11 Motor / Antrieb

Abb. 1: Schnitt durch einen Waschvollautomaten

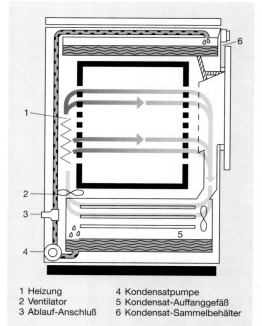

1 Heizung
2 Ventilator
3 Ablauf-Anschluß

4 Kondensatpumpe
5 Kondensat-Auffanggefäß
6 Kondensat-Sammelbehälter

Abb. 2: Wirkungsprinzip eines Kondensationstrockners

durch die Kühlzone, wo sich die Feuchtigkeit niederschlägt. Die Kühlung kann durch Leitungswasser oder durch die Luft erfolgen. Entsprechend muß das erwärmte Leitungswasser mit dem Kondenswasser über einen Abwasserschlauch abgeführt werden. Im anderen Fall sammelt sich bei Luftkühlung das Kondenswasser in einem Auffangbecken im Gerät. Die Raumluft wird hierbei aufgeheizt (ca. 28 °C und höher), so daß sich die Trocknungszeit je nach Raumgröße ändert.

Der **Energieverbrauch** liegt aufgrund von Wertetabellen der Hersteller je nach Füllmenge und Fabrikat für das Normprogramm »Schranktrocken« bei

- Ablufttrocknern zwischen 0,60 und 0,71 kWh pro kg Wäsche und
- Kondensationstrocknern zwischen 0,64 und 0,96 kWh pro kg Wäsche, wenn jeweils feuchtigkeitsabhängig gesteuert wird.

Kondensationstrockner haben im Vergleich mit den Ablufttrocknern einen höheren Energieverbrauch.

Grundlage der Richtwerte zum Energieverbrauch ist die Entwässerung der Wäsche in der Waschmaschine oder in einer Schleuder mit der Schleuderdrehzahl von 800 min^{-1}.

Geschirrspüler arbeiten ähnlich wie Waschmaschinen und wurden ebenfalls unter der Vorgabe der Umweltfreundlichkeit weiterentwickelt. Die Warmwasserumwälzung wird durch elektrische Pumpen vorgenommen. Spülrückstände werden abgefiltert. Geschirrspüler haben in der Regel mehrere Spülprogramme. Sie unterscheiden sich in der Spültemperatur, in der Laufzeit und im Spüldruck. Der Wasserverbrauch liegt je nach Fabrikat und Spülprogramm zwischen 21 und 34 Litern, der Energieverbrauch zwischen 1,4 und 2,2 kWh.

6.6.4 Warmwasserversorgung

Zum Wohnkomfort gehört, daß an bestimmten Stellen einer Wohnung Warmwasser zur Verfügung steht. Schwerpunkte des Verbrauchs sind dabei Bad, Dusche, WC sowie Küche und Hausarbeitsraum. Im folgenden sollen einige zur Warmwasserbereitung verwendeten Elektrogeräte besprochen werden.

Geräte zur Warmwasserbereitung ohne festen Wasseranschluß, wie **Wasserkocher** und **Tauchsieder,** haben den Vorteil, daß sie überall eingesetzt werden können. Zur Bereitung größerer Warmwassermengen sind sie jedoch nicht geeignet.

Das einfachste Gerät mit festem Wasseranschluß ist das **Kochendwassergerät** (ohne Wärmedäm-

mung). Der Behälter besteht aus Kunststoff (Polypropylen) oder feuerfestem Glas. Im Gerät befinden sich u. a. elektrische Bauteile wie Heizkörper für z. B. 2 kW, Temperaturwahlbegrenzer für 5 l Wassermenge, Schutztemperaturregler (Überhitzungsschutz), Temperaturfühler für den Summer und optische sowie akustische Betriebsanzeigen. Bei Erreichen der gewählten Temperatur, zumeist zwischen 35 °C und 100 °C stufenlos steuerbar, schaltet sich die Heizung selbsttätig ab. Bei der Einstellung »Kochend« schaltet das Gerät nach kurzer Kochzeit ab.

Kochendwasser-Automaten (FCKW-freie Wärmedämmung) mit Stahlblechbehälter werden z. B. für 10 und 50 l zur Warmwasserbereitung in Kantinen oder Großküchen installiert. Es gibt Geräte mit einer Nennleistung von 1,8 und 3,3 kW. Der Betriebszustand wird durch zwei Signalleuchten »heizt« oder »kocht« angezeigt.

Durchlauferhitzer erwärmen das Wasser im Durchlaufprinzip. Die Geräte sind hydraulisch gesteuert oder vollelektronisch durch einen Mikroprozessor geregelt.

Mit diesen Geräten können mehrere Wasserentnahmestellen versorgt werden. Abb. 3 zeigt das Schnittbild eines elektronisch geregelten Durchlauferhitzers mit rostfreiem Edelstahlbehälter. Zur elektrischen und hydraulischen Steuerung dienen elektronische Schalteinrichtungen, Strömungsschalter und Wasserschalter. Der Funktionsablauf ist wie folgt:

- Durch Membran und Membranteller mit Stift werden in Abhängigkeit von der Durchflußmenge selbsttätig alle Außenleiter durch den Strömungsschalter ① gleichzeitig geschaltet.

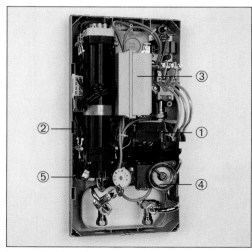

Abb. 3: Elektronisch geregelter Durchlauferhitzer

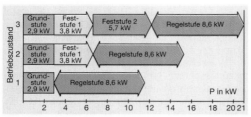

Abb. 1: Leistungsabstufungen bei einem Durchlauferhitzer mit $P_n = 21$ kW

- Der Heizblock ② und die Elektronik ③ werden jetzt an die Netzspannung angeschlossen.
- Mit dem Temperaturwähler ④ wird die gewünschte Warmwassertemperatur eingestellt.
- Über die Elektronik wird mit dem Wert des Temperaturfühlers ⑤ und des eingestellten Warmwassersollwertes ④ die Leistung ermittelt.
- Der Mikroprozessor berechnet für die eingestellte Leistung den benötigten Wert der Zapfmenge nach $Q = m \cdot c \cdot \Delta T$.
- Der Mikroprozessor steuert die elektronischen Schalter an und hält die Leistung mit Hilfe der Grundstufe (2,9 kW) und der getakteten Regelstufe (8,6 kW), z.B. im Betriebszustand 1, konstant.

Für die 3 Betriebszustände des Gerätes sind die **Leistungsabstufungen** in der Abb. 1 dargestellt. Das Diagramm in Abb. 2 zeigt verschiedene Betriebsbereiche je nach Kaltwasser-Temperatur, wobei die Warmwassertemperatur in Abhängigkeit von der Zapfmenge dargestellt ist.

Die Warmwassertemperatur wird durch Heizleistung, Zapfmenge und Zulauftemperatur des kalten Wassers bestimmt.

Wegen der hohen Anschlußleistung muß der Betrieb von Durchlauferhitzern vom zuständigen EVU genehmigt werden.

Offene Warmwasserspeicher sind drucklose Geräte und dienen der Einzelversorgung. Die Temperatur des Wassers kann wegen der Wärmedämmung ohne wesentliche Wärmeverluste nahezu konstant gehalten werden. Die Geräte werden mit 5 l bis 80 l Wasserinhalt gebaut. Der Temperaturwählbereich liegt zwischen 35 °C und 85 °C.

Geschlossene Warmwasserspeicher (Abb. 3) stehen ständig unter dem vorhandenen Wasserleitungsdruck. Sie sind im Gegensatz zu den offenen Speichern nicht mit der Umgebungsluft in Verbindung. Sie werden in Größen von 5 bis 150 l Wasserinhalt gebaut, der Temperaturwählbereich liegt zwischen 30 °C und 85 °C. **Einkreisspeicher** heizen je nach eingestellter Temperatur das Wasser automatisch immer wieder auf. **Zweikreisspeicher** nutzen zur Aufheizung zusätzlich den Niedertarifstrom.

Der Speicherinhalt wird in der Freigabezeit auf die eingestellte Temperatur aufgeheizt. Durch einen Taster kann der Inhalt bei Bedarf auch mit Tagstrom aufgeheizt werden. Ein Sicherheitstemperaturbegrenzer schützt den Speicher vor Überhitzung.

Standspeicher sind Warmwassergeräte mit großem Fassungsvermögen. Sie werden als Zweikreisspeicher gebaut. **Durchlaufspeicher** sind eine Kombination des geschlossenen Speichers mit dem Durchlauferhitzer. Der Speicherinhalt wird durch einen Heizkreis kleinerer Leistung immer auf der eingestellten Temperatur gehalten (thermische Regelung). Bei größeren Entnahmemengen wird die volle Heizleistung eingeschaltet.

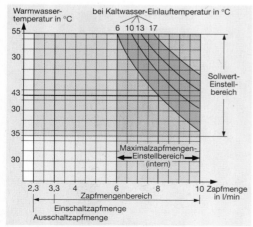

Abb. 2: Betriebsbereiche für Warmwassertemperatur und Zapfmenge bei $P_n = 21$ kW

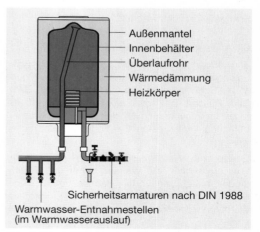

Abb. 3: Prinzipbild eines geschlossenen Speichers

6.6.5 Raumheizung, Lüftung, Klimatisierung

Wärme ist für den Ablauf des täglichen Lebens eine wichtige Energieform. Bei etwa 20 °C stellt sich Wohlbefinden beim Menschen ein. Wärmeübertragung kann auf drei Arten erfolgen:

- Wärmeleitung,
- Wärmeströmung und
- Wärmestrahlung.

Bei der **Wärmeleitung** wird Wärmeenergie durch unmittelbaren Kontakt zweier Stoffe übertragen. Sie ist z. B. unerwünscht beim Wärmedurchgang durch die Außenwände eines Hauses.

Die **Wärmeströmung** liegt bei der Konvektorheizung vor, wo der Wärmestrom über ein Zwischenmedium (Wasser, Luft, Öl) fließt (Abb. 4). Mit einem Gebläse kann eine entsprechende Warmluft-Austrittsleistung erreicht werden.

Wärmestrahlen sind ein bestimmter Teil des Lichtspektrums. Sie benötigen zur Energieübertragung kein Zwischenmedium.

Man unterscheidet Heizeinrichtungen nach dem Zeitpunkt der Wärmeabgabe, dies sind z. B. Direktheizungen und Speicherheizungen.

Die **Direktheizung** erfolgt über Strahler und Konvektoren. Die Strahler bestehen aus einem Heizstab und Metallspiegel zur Reflexion und Bündelung der Wärmestrahlen. **Konvektorheizgeräte** (Abb. 4), die mit und ohne Lüfter ausgestattet sein können, werden oft als zusätzliche Heizgeräte mit Heizstufen und thermostatischer Regelung zur schnellen Aufheizung von Räumen eingesetzt.

Im Gegensatz zu diesen Geräten können **Speicherheizgeräte** aufgespeicherte Wärmeenergie bei Bedarf freigeben.

Bei der Warmwasser-Zentralspeicherheizung mit Blockspeicherung erfolgt die Wärmeabgabe über Radiatoren. Bei der dezentralen Heizungsanlage kann die Wärme über Fußbodenspeicherheizung oder einzelne Speicherheizgeräte abgegeben werden.

Das Speicherheizgerät in Abb. 5 arbeitet mit einem geräuscharmen Gebläse. Klimatische Einflüsse und Restwärme im Gerät werden durch die elektronische Aufladeautomatik bei der Aufladung berücksichtigt.

Die **Wärmepumpe**, seit über 100 Jahren im Prinzip bekannt, ist ein Gerät zur Nutzung **regenerativer Energiequellen** mit folgenden Vorzügen:

- Verringerung der Brennstoffkosten im Alternativbetrieb mit herkömmlichen Heizungen,
- Entlastung der Umwelt von Schadstoffen,
- Wärmerückgewinnung aus Abluft und Abwasser.

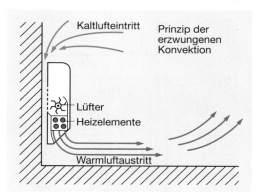

Abb. 4: Prinzip der Konvektorheizung

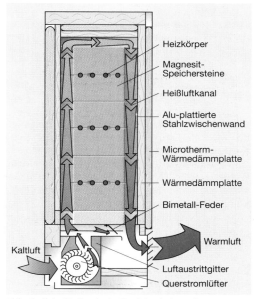

Abb. 5: Schnitt durch ein Speicherheizgerät

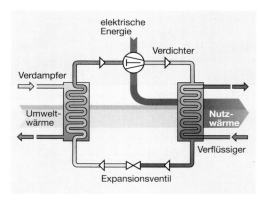

Abb. 6: Kreisprozeß der Wärmepumpe

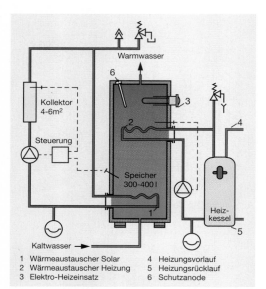

1 Wärmeaustauscher Solar   4 Heizungsvorlauf
2 Wärmeaustauscher Heizung   5 Heizungsrücklauf
3 Elektro-Heizeinsatz   6 Schutzanode

Abb. 1: Warmwasserbereitung mit Kollektoren, Elektroeinsatz (Nachheizung im Sommer) und Heizkessel (Nachheizung im Winter)

Bei der Wärmepumpe wird dem wärmeabgebenden Medium (Luft, Wasser, Erdboden) über einen Kreisprozeß (vgl. Abb. 6, S. 245) Energie entzogen, die dann dem wärmeaufnehmenden Medium (Luft, Wasser) zugeführt wird. Wärmepumpen werden angewendet

● in der Kombination von Kühlen und Heizen (z. B. Brauerei, Kältebedarf im Kühlkeller, Wärmebedarf für Reinigungswasser),

● in der Nutzung der Abwärme (z. B. Abluftströme aus klimatisierten Bürohäusern) und

● in der Nutzung der Wärme des Grundwassers, des Erdreiches und der Luft.

Als Teil einer bivalenten[1] Heizungsanlage kann die Wärmepumpe an ca. 80 % der Heiztage den Wärmebedarf kleinerer Wohnungseinheiten decken.

Warmwasser-Wärmepumpen entnehmen ca. 70 % der benötigten Energie aus der Luft. Der Einsatzbereich liegt meist zwischen +4 °C und +35 °C Lufttemperatur. Die kompakten Geräte besitzen eine FCKW-freie Wärmedämmung. Je nach Gerätetyp und Lufttemperatur kann die Aufheizzeit von 300 l Wasser auf 55 °C im Wärmepumpen-Betrieb ca. 12 h betragen.

Eine weitere Möglichkeit der Wärmegewinnung bieten frost- und überhitzungssichere **Solaranlagen**. Entwicklung und Bau solcher Anlagen

---

[1] lat.: zweiwertig; hier Kombination zweier verschiedener Heizsysteme

haben große Fortschritte gemacht. Das Prinzip der Solarheizung besteht darin, daß das Solarmedium (aufbereitetes Wasser) im **Sonnenkollektor** erhitzt wird (Abb. 1). Die aufgenommene Wärmeenergie gelangt in einen Speicher und wird dort nach Bedarf genutzt.

Lüftungstechnische Anlagen verbessern den Behaglichkeitsfaktor von Räumen. Sie lassen sich folgendermaßen einteilen:

● freie Lüftung (z. B. Fugen, Fenster, Schächte),

● Lüftungsanlage (z. B. Lüftung mittels Ventilatoren mit und ohne Filter),

● Lüftungsanlagen mit zusätzlicher Luftbehandlung (z. B. Luftheiz- und Luftkühlanlagen, Luftbefeuchtungsanlagen).

Raumklimatisierung bietet während der ganzen Jahreszeit neben konstanter, angenehmer Innentemperatur den Vorteil, daß immer frische, unverbrauchte Luft vorhanden ist. Die Klimaanlagen lassen sich in 3 Gruppen einteilen:

● geregelte Luftkühlungsanlagen mit Be- und Entlüftung (Teilklimaanlagen),

● geregelte Luftheiz- und Luftkühlanlagen mit Be- und Entlüftung (Klimaanlagen),

● geregelte Anlagen zum Heizen, Kühlen, Be- und Entlüften, Ableitung der Abluft, Filtern der Zuluft (Vollklimaanlagen).

Raumklimageräte sind nach DIN 8957 gebaut. Für Elektro-Raumklimageräte, also Geräte mit elektromotorischem Antrieb, gilt die DIN VDE 0730.

Aufgaben zu 6.6.1 bis 6.6.5

1. Beschreiben Sie die Energieregelung mit Hilfe des P-t-Diagramms bei einer Kochstelle!

2. Erklären Sie das Wirkprinzip eines Kühlschranks mit Kompressionssystem!

3. Vergleichen Sie die Geräte »Gefriertruhe« und »Gefrierschrank« gleicher Baugröße unter dem Gesichtspunkt des Energiebedarfs!

4. Wäschetrockner werden mit zwei verschiedenen Wirksystemen gebaut. Wie heißen diese Systeme? Erklären Sie jeweils das Prinzip!

5. Worin unterscheiden sich Kochendwassergerät und Speicher gleicher Baugröße?

6. Erklären Sie kurz den Funktionsablauf bei einem elektronisch gesteuerten Durchlauferhitzer!

7. Wie groß sind jeweils die Zapfmengen bei Durchlauferhitzern ($\vartheta_k = 10 °C$) in l/min, wenn die Warmwassertemperatur 42 °C bzw. 50 °C betragen soll?

8. Worin unterscheiden sich Einkreis- und Zweikreisspeicher gleicher Baugröße?

9. Erklären Sie das Wirkprinzip einer Luft-Wasser-Wärmepumpe!

6.6.6 Funkentstörung

Verschiedene Geräte, z. B. Haushaltsgeräte mit Kollektormotor-Antrieb können den Funk- und Fernsehempfang stören. Diese **Funkstörungen** umfassen den Hochfrequenzbereich 0,15 – 300 MHz.

Von **Dauerstörung** spricht man nach DIN VDE 0875, wenn die Funkstörung länger als 200 ms andauert. Diese Störungsart tritt vorwiegend bei Haushaltsgeräten, handgeführten Elektrowerkzeugen und Halbleiterstellgliedern auf. Die Störspannungen dürfen nach DIN VDE 0875 einen Grenzpegel nicht überschreiten (vgl. Tabellenbuch).

Dauert eine Funkstörung weniger als 200 ms, so spricht man von einer **Knackstörung.** Für diese bei Schaltvorgängen (z. B. bei thermostatisch oder programmgesteuerten Geräten) auftretenden Störungen gelten höhere Störspannungs-Grenzwerte.

Werden die Grenzpegel überschritten, dann müssen Entstörungsmaßnahmen getroffen werden. Durch zweckmäßige Planung beim Bau von Geräten und bei der Auswahl von geeigneten Bauteilen können Funkstörungen vermieden oder zumindest vermindert werden. So sind z. B. der Einsatz von kontaktlosen Reglern, Beseitigung von Wackelkontakten, symmetrisch zur Ursache (z. B. Kollektor eines Motors) der Störspannungen aufgeteilte Wicklungen und geeignete Bürstenwerkstoffe bei elektrischen Maschinen zu empfehlen.

Auch durch zusätzliche Bauelemente wie Kondensatoren, Spulen und Widerstände kann man Funkstörungen vermindern (Abb. 4).

Schaltet man Kondensatoren parallel zu Störspannungsquellen, so werden diese nahezu kurzgeschlossen (Abb. 2 und 3). Es dürfen nur spezielle **Entstörkondensatoren** nach DIN VDE 0565 T.1 eingesetzt werden.

Die Wirkung der Entstörung ist um so größer, je kleiner der kapazitive Blindwiderstand des Entstörkondensators für die Störfrequenz ist.

Funk-Entstördrosseln schaltet man mit der Störspannungsquelle in Reihe (Abb. 3).

Die Wirkung der Entstörung ist um so größer, je größer der induktive Widerstand für die Störfrequenz ist.

Funk-Entstördrosseln (DIN VDE 0565 T.2) werden in der Regel in Verbindung mit Kondensatoren verwendet (Abb. 3).

Bei besonders hohen Anforderungen werden Siebglieder, die **Funk-Entstörfilter** (DIN VDE 0565 T.1), eingesetzt (Abb. 5).

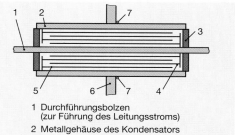

1 Durchführungsbolzen
 (zur Führung des Leitungsstroms)
2 Metallgehäuse des Kondensators
3 Deckel aus Isolierstoff
4 mit Durchführungsbolzen
 verbundener Belag
5 mit Kondensatorgehäuse
 verbundener Belag
6 Schirmwand des Geräts
7 HF-dichte Verbindung

Abb. 2: Durchführungskondensator

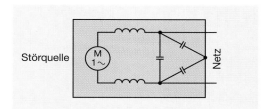

Abb. 3: Entstörung durch Drosselspulen und Kondensatoren

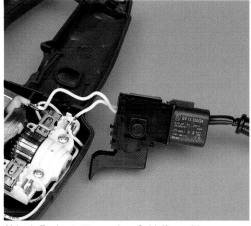

Abb. 4: Funkentstörung einer Schleifmaschine

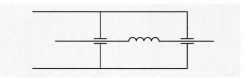

Abb. 5: Funkentstörfilter

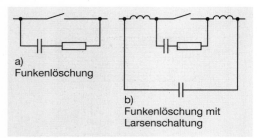

a) Funkenlöschung

b) Funkenlöschung mit Larsenschaltung

Abb. 1: Funkentstörung bei Schaltern

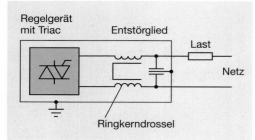

Regelgerät mit Triac   Entstörglied

Last

Netz

Ringkerndrossel

Abb. 2: Funkentstörung einer Phasenanschnitt-steuerung

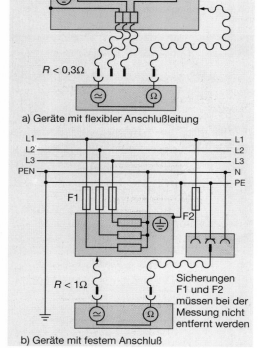

$R < 0,3\,\Omega$

a) Geräte mit flexibler Anschlußleitung

L1
L2
L3
PEN

L1
L2
L3
N
PE

F1

F2

$R < 1\,\Omega$

Sicherungen F1 und F2 müssen bei der Messung nicht entfernt werden

b) Geräte mit festem Anschluß

Abb. 3: Schaltung zur Messung des Schutzleiter-widerstandes

Bei Siebgliedern ergänzen sich die Entstörwir-kung des Kondensators und der Spule.

Sind Schalter und Kontakte die Ursache für Funk-störungen, so können sie nach Abb. 1 mit Wider-ständen, Spulen und Kondensatoren beschaltet werden.

Auch beim Einsatz von Thyristoren und Triacs zur Helligkeitssteuerung oder zur Drehzahlsteuerung (siehe auch 7.8) von Haushalts- und Werkzeugma-schinen entstehen Funkstörungen. In der Regel entstört man diese Schaltungen mit Ringkern-drosseln und Kondensatoren (Abb. 2).

Geräte, Maschinen und Anlagen, wel-che die Anforderungen nach DIN VDE 57 875 erfüllen, dürfen das nebenste-hende **Funkschutzzeichen** mit oder ohne Angabe des **Funkstörgrades**, z. B. N (Normalstörgrad), tragen.

6.6.7 Reparatur elektrischer Geräte

Grundsätzlich gilt die Regel:

Nach der Reparatur oder Änderung von elektri-schen Geräten darf bei Gebrauch der Geräte keine Gefahr für den Benutzer oder für die Umgebung des Gerätes bestehen.

Reparaturen sind **fachgerecht** durchzuführen. Feh-lerhafte Einzelteile dürfen nur durch solche Bauteile ersetzt werden, die gleichwertige mecha-nische, thermische und elektrische Eigenschaften besitzen. Ältere Geräte müssen nach der Reparatur den neuesten Vorschriften genügen. Es kann daher notwendig sein, daß zusätzliche Bauteile einge-baut oder Bauteile ausgetauscht werden müssen. In Warmwassergeräten muß z. B. ein Sicherheits-temperaturbegrenzer nachgerüstet werden, wenn dieser nicht vorhanden ist.

Nach der Reparatur müssen nach DIN VDE 0701 folgende Prüfungen vorgenommen werden:

● Sichtprüfung,

● Prüfung der Anschlußleitung,

● Prüfung des Schutzleiters,

● Messung des Isolationswiderstandes,

● Eventuell Ersatz-Ableitstrommessung,

● Funktionsprüfung,

● Kontrolle der Aufschriften.

Bei der **Sichtprüfung** ist zu kontrollieren, ob wichtige Teile des Gerätes beschädigt oder über-altert sind. Diese Bauteile sind gegebenenfalls auszutauschen.

Die flexible **Anschlußleitung** ist auf Beschädigun-gen zu untersuchen. Dabei muß der ordnungs-

gemäße Zustand der Zugentlastung und der Biege-
schutztülle überprüft werden.

Der ordnungsgemäße Zustand des **Schutzleiters**
ist zu kontrollieren. Schutzleiteranschluß und -ver-
bindung sind durch Sicht- und Handprobe zu überprüfen. Mit den Schaltungen nach Abb. 3 ist der
Widerstand zwischen Gehäuse und

- dem Schutzkontakt des Netzsteckers,
- dem Schutzleiter oder
- dem Schutzkontakt des Gerätesteckers

zu messen.

Der Isolationswiderstand ist mit Isolationsmeßge-
räten nach DIN VDE 0413 T. 1 zu messen (Abb. 4).
Er darf die Werte der Tabelle 5.6 (siehe S. 193)
nicht unterschreiten.

Eine **Ersatz-Ableitstrommessung** ist bei Geräten
der Schutzklasse I mit Heizkörpern durchzuführen,
wenn der geforderte Isolationswiderstand nicht
erreicht wird. Gemessen wird mit dem 1,06 fachen
Wert der Nenn-Wechselspannung und Meßeinrichtungen nach DIN VDE 0470 (Abb. 5). Der Ableitstrom[1] darf

- 7 mA bei Heizleistungen $\geq$ 6 kW und
- 15 mA bei Heizleistungen $\leq$ 6 kW

nicht überschreiten.

Mit der **Funktionsprüfung** ist die einwandfreie
Funktion des Gerätes festzustellen.

Die **Aufschriften** (z. B. das Leistungsschild) müssen nach der Reparatur noch vorhanden sein.
Nach Änderungen innerhalb des Gerätes sind sie
zu berichtigen.

Wurden alle Prüfungen bestanden, kann dies dem
Besitzer des Gerätes mit dem Text »**Geprüft nach
DIN VDE 0701**« bescheinigt werden. Sind Mängel
vorhanden oder ist eine Reparatur nicht möglich,
so muß dies nach DIN VDE 0701 dem Benutzer
schriftlich mitgeteilt werden.

Aufgaben zu 6.6.6 und 6.6.7

1. Warum müssen elektrische Geräte funkentstört werden?

2. Nennen Sie die Unterschiede zwischen Dauerstörun-
gen und Knackstörungen!

3. Beschreiben Sie die Entstörwirkung von Kondensatoren, Drosselspulen und Siebgliedern!

4. Was bedeutet das Funkschutzzeichen auf Geräten?

5. Wodurch treten in elektrischen Geräten Funkstörungen auf?

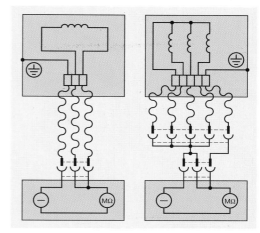

Abb. 4: Isolationswiderstand-Meßschaltungen
(Schutzklasse I)

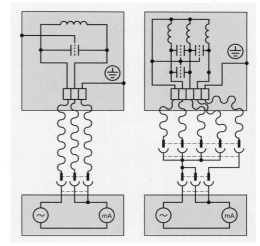

Abb. 5: Ableitstrommessung

6. Wo können Sie sich informieren, wenn Sie Auskunft
über Grenzpegel und Störgrade haben wollen?

7. Was muß man bei der Reparatur von Geräten beachten?

8. Welche Prüfungen müssen nach der Reparatur von
Geräten durchgeführt werden?

9. Wann darf »Geprüft nach DIN VDE 0701« bescheinigt werden? Wozu ist der Reparateur sonst ver-
pflichtet?

10. Was ist bei der Kontrolle des Schutzleiters zu beachten?

11. Wann sind Ableitstrom-Messungen durchzuführen?

12. Was muß veranlaßt werden, wenn das Leistungsschild beschädigt ist?

---

[1] Der Ableitstrom ist der Strom, der bei Nennspannung von den
aktiven Teilen des Gerätes über die Isolation zum Gehäuse fließt.

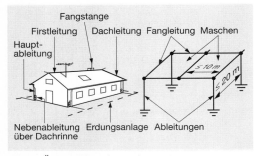

Abb. 1: Äußere Blitzschutzanlage

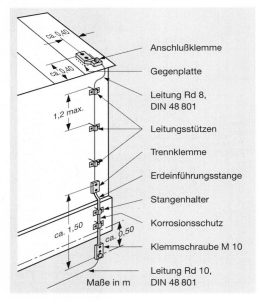

Abb. 2: Teile einer Hausableitung

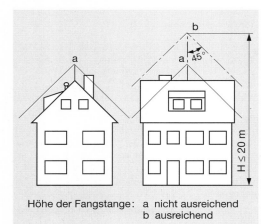

Höhe der Fangstange: a nicht ausreichend
                      b ausreichend

Abb. 3: Schutzbereich einer Fangstange

6.6.8 Blitzschutz

In einer Zeitungsnotiz wurde gemeldet, daß das Verwaltungsgebäude eines Industriebetriebes von einem Blitz getroffen wurde. Dabei kam es am Gebäude aufgrund der Blitzschutzanlage zu keinerlei Schäden. Der Blitzstrom wurde über die Blitzableiter zur Erde abgeleitet. Trotzdem kam es im Inneren des Gebäudes zu Schäden in Millionenhöhe. Was war geschehen? Die Auswirkungen des Blitzeinschlags hatten sich auf die elektronischen Rechneranlagen ausgewirkt. Es kam zu Zerstörungen an der Hardware, weitere Verluste entstanden durch den zeitlichen Ausfall der Datenverarbeitungsanlage.

Nach DIN VDE 0185 unterscheidet man:

- **Äußerer** Blitzschutz und
- **Innerer** Blitzschutz.

Treffen Blitze auf Gebäude ohne äußere Blitzschutzanlage, so kann es zu folgenden Schäden kommen:

- Zerstörung durch Brand,
- Beschädigung an Dach und Mauerwerk.

Deshalb sollten vor allem alleinstehende und hohe Gebäude durch Blitzschutzanlagen geschützt werden. Die Bundesländer schreiben in den Bauordnungen für bestimmte Gebäude den Blitzschutz zwingend vor. Nach den **Allgemeinen Blitzschutzbestimmungen** des Ausschusses für Blitzableiterbau (ABB) müssen folgende Gebäude eine Blitzschutzanlage besitzen:

- Gebäudeteile, die ihre Umgebung weit überragen, z. B. Hochhäuser und hohe Schornsteine,
- Betriebe, die feuer- und explosionsgefährdet sind, z. B. Holzbearbeitungs- und Lackbetriebe,
- Bauten, in denen es zu Menschenansammlungen kommt, z. B. Krankenhäuser und Schulen.

Der äußere Blitzschutz (Abb. 1) umfaßt Einrichtungen der Blitzschutzanlage, die außerhalb eines Gebäudes installiert werden, wie z.B. Fangeinrichtungen, Ableitungen und Erder.

Die Abb. 2 zeigt ein Beispiel zum Blitzableiterbau an einem Haus mit Ziegelmauerwerk. Die Montagemaße gelten nach DIN 48803.

Fangeinrichtungen sind maschenförmig auf den Dächern verlegte Fangleitungen und Fangstangen.

Der Schutzbereich von Fangstangen ist aus der Abb. 3 ersichtlich. Eine einzelne Masche darf nicht größer als 10 m · 20 m sein (Abb. 1). **Fangleitungen** sollen auf dem Dachfirst (Satteldach) und an den Außenkanten des Gebäudes (Flachdach) verlegt werden. Keine Stelle des zu schützenden Gebäudes darf mehr als 5 m von einer Fangeinrichtung entfernt sein.

Als **Ableitungen** bezeichnet man die Verbindungsleitungen zwischen Auffangeinrichtungen und Erdungsanlage. Die Ableitungen werden zur Erleichterung von Messungen über Trennklemmen mit der Erdungsanlage verbunden. Diese sollen einen zuverlässigen und dauerhaften Kontakt der Blitzschutzanlage mit dem Erdreich herstellen.

Wie eingangs im Beispiel beschrieben, kommt es bei direktem Blitzeinschlag zu hohen Blitzströmen. Die entstehenden **elektromagnetischen Felder** bedeuten eine Gefährdung für:

- Elektronische Datenverarbeitungsanlagen,
- Personalcomputer sowie
- Meß-, Steuer- und Regelanlagen.

Selbst bei Ferneinschlag wirkt sich der Blitzschlag aus. Es entstehen Wanderwellen mit hoher Spannungsamplitude, die sich mit Lichtgeschwindigkeit auf der Energieleitung in die elektrische Anlage hinein fortbewegen.

Diese **Überspannung** tritt meist kurzzeitig zwischen Leitern oder zwischen Leiter und Erde auf und übersteigt den zulässigen Dauerwert der Betriebsspannung. Zur Vermeidung von Schäden durch Überspannungen dient der innere Blitzschutz.

Unter dem inneren Blitzschutz versteht man Maßnahmen gegen Überspannungen, indem der Potentialausgleich erweitert und Überspannungsableiter installiert werden.

Die Abb. 4 zeigt Ausschnitte aus elektrischen Anlagen mit Überspannungsschutz im TT- und TN-Netz. Im TT-Netz muß auch der Neutralleiter an einen Ableiter angeschlossen werden. Dies gilt auch im TN-Netz, wenn der FI-Schutzschalter und der Ableiter in einer entfernten Unterverteilung installiert sind. Der Einbau der Überspannungsableiter erfolgt vor dem FI-Schutzschalter, um ungewolltes Abschalten des FI-Schutzschalters zu vermeiden, wenn das Überspannungsschutzgerät angesprochen hat.

In Abb. 5 sind Überspannungsableiter mit Fernsignalisierung für das 230/400 V-Netz dargestellt. Sie überwachen die anliegende Spannung. Der Ausfall des Ableiters oder der vorgeschalteten Sicherung wird sofort gemeldet. Bei der Erstellung einer Anlage sind folgende Installationshinweise zu beachten:

- Erdung der Ableiter mit Erdung der Verbraucher verbinden.
- PEN-Leiter mit Erdungsleiter der Ableiter in TN-Netzen verbinden (Potentialausgleichsschiene).
- Überspannungsableiter möglichst hinter den Hausanschlußkasten setzen.
- Stromstoßfeste, selektive FI-Schutzschalter verwenden, wenn die Überspannungsableiter hinter

dem Schutzschalter liegen. Dann wird ungewolltes Abschalten vermieden.

- Bemessung der Erdungsleitung des Ableiters ebenso wie Leitungen zum Hauptpotentialausgleich nach DIN VDE 0100 T. 540, Tab. 7.

Aufgaben zu 6.6.8

1. Für welche Gebäude ist laut Bauordnung die Errichtung einer Blitzschutzanlage vorgeschrieben?

2. Aus welchen Teilen besteht der äußere Blitzschutz?

3. Beschreiben Sie den Schutzbereich der Fangstange!

4. Durch welche Maßnahmen wird der innere Blitzschutz gewährleistet?

5. Welche Installationshinweise sind beim inneren Blitzschutz zu beachten?

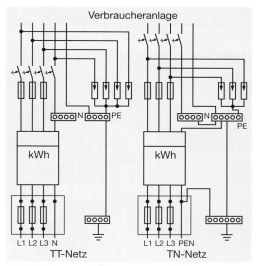

Abb. 4: Anlagen mit Überspannungsableiter

Abb. 5: Drei- und vierpoliger Überspannungsableiter

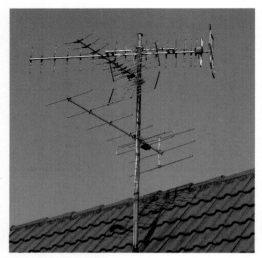

Abb. 1: Antennenanlage

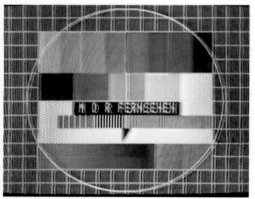

Abb. 2: Geisterbild

6.6.9 Kommunikationstechnik

Der erhöhte Bedarf an weltweitem Austausch von Informationen hat zu einem starken Ausbau der Kommunikationsnetze geführt. Man unterscheidet dabei Sender und Empfänger auf der Erde (terrestrischer Bereich) mit den drahtlosen Übertragungsstrecken und Breitband-Kommunikationsnetzen (BK-Netze) aus Kupfer- bzw. Lichtwellenleitern sowie Sender und Empfänger, die sich außerhalb der Erde in Satelliten befinden. Wir wollen zunächst auf terrestrische Empfangsantennen im häuslichen Bereich eingehen.

6.6.9.1 Antennenanlagen für den terrestrischen Rundfunkempfang

Terrestrische Rundfunksendungen (z. B. Hör- und Fernsehrundfunk) werden mit Hilfe elektromagnetischer Wellen verbreitet. Die Tabelle 6.11 gibt einen Überblick über die Frequenzbereiche. Zum Empfang der elektromagnetischen Wellen dienen Antennenanlagen.

Die Antenne kann man sich im Prinzip wie einen Schwingkreis vorstellen, bei dem die Kondensatorplatten »auseinander gezogen« sind. Die Platten entsprechen dabei den Antennenstäben. Dadurch können sich die um die Antennenstäbe ausgebildeten elektrischen und magnetischen Felder in Form von elektromagnetischen Wellen ausbreiten.

Auf dem Weg vom Sender zum Empfänger können die Wellen im Langwellenbereich der Erdoberfläche folgen. Im Kurzwellenbereich treten dagegen an den einzelnen Schichten der Erdatmosphäre Reflexionen auf, so daß bei günstigen Bedingungen ein Empfang rund um die Erde möglich ist. Etwa ab dem UKW-Bereich breiten sich dagegen die elektromagnetischen Wellen wie die Lichtwellen nur noch geradlinig aus.

Tab. 6.11: Frequenzbereiche für Hör- und und Fernsehrundfunk

Bezeichnung	Kurz-zeichen	Frequenzen f in MHz	Kanäle	Wellenlänge λ in m
Langwellenbereich	L	0,150 … 0,285	–	2000 … 1050
MIttelwellenbereich	M	0,510 … 0,1605	–	590 … 187
Kurzwellenbereich	K	3,950 … 26,100	–	76 … 11,5
Fernsehbereich I	F I	47 … 68	2 … 4	6,35 … 4,4
UKW-Bereich (II)	UKW [1]	87,5 … 108	2 … 55	3,4 … 2,9
Fernsehbereich III	F III	174 … 230	5 … 12	1,7 … 1,3
Fernsehbereich IV	F IV	470 … 606	21 … 39	0,64 … 0,48
Fernsehbereich V	F V	606 … 862	40 … 60	0,48 … 0,38

[1] Ultrakurzwellen

Antennenanlagen bestehen aus der Antenne, der Zuleitung zum Empfänger, dem Antennenträger und eventuell der Erdungsanlage.

Empfangsantennen haben die Aufgabe, dem von einem Sender erzeugten elektromagnetischen Feld eine möglichst hohe Nutzleistung zu entnehmen.

Im Lang-, Mittel und Kurzwellenbereich werden Stabantennen verwendet, die nicht auf die Wellenlänge λ der Empfangswellen abgestimmt sind. Stabantennen besitzen keine Richtwirkung. Die Richtung, aus der die Empfangswellen einfallen, hat keinen Einfluß auf die am Antennenanschluß (Fußpunkt) entstehende Empfangsleistung.

In den Bereichen F I bis F V (Tab. 6.11) verwendet man Antennen, die in Ihren Abmessungen auf die Länge der Empfangswellen abgestimmt sind. Abb. 3 zeigt verschiedene Ausführungsformen von Antennen. Die Unterschiede bestehen hinsichtlich der Empfangsleistung und der Richtwirkung.

Die einfachste Antenne besteht aus einem **Dipol**[1] Dieser hat zwei Empfangsrichtungen (Abb. 3b). Durch Erweiterung mit **Direktoren** und **Reflektoren** erhält man Mehrelement-Antennen (Abb. 3c). Direktoren und Reflektoren bewirken eine Erhöhung der Empfangsleistung und eine Verstärkung der Richtwirkung. In schlechten Empfangslagen verwendet man daher Mehrelement-Antennen, um ausreichende Antennenspannungen zu erhalten. Darüber hinaus ermöglicht die Richtwirkung von Mehrelement-Antennen oft die Ausblendung von Geisterbildern (Abb. 2) beim Fernsehempfang. Geisterbilder entstehen durch Reflexion von elektromagnetischen Wellen an Gebäuden und Bodenerhebungen.

Das **Leitungsnetz** einer Antennenanlage hat die Aufgabe, die Empfangsleistung am Fußpunkt der Antenne möglichst verlustfrei dem Empfängereingang zuzuführen.

Um optimale Empfangsverhältnisse am Empfängereingang zu gewährleisten, ist es unter Umständen erforderlich, Leistungsverluste im Leitungsnetz durch Verstärker auszugleichen. Weiterhin ist es stets notwendig, die gesamte Antennenanlage in Leistungsanpassung zu betreiben.

Bei Leistungsanpassung wird einer Spannungsquelle die höchstmögliche Leistung entnommen. Leistungsanpassung ist vorhanden, wenn der Belastungswiderstand gleich dem Innenwiderstand der Spannungsquelle ist.

---

[1] Dipol (lat.): Zweipol

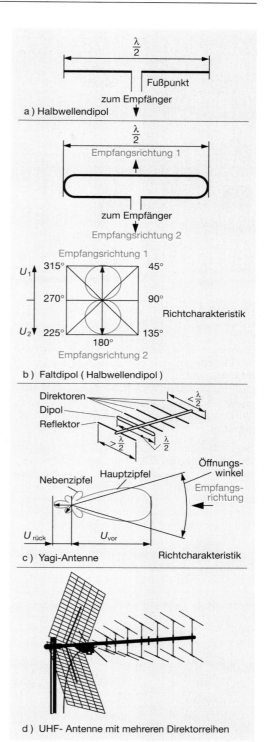

a) Halbwellendipol

b) Faltdipol (Halbwellendipol)

c) Yagi-Antenne

d) UHF- Antenne mit mehreren Direktorreihen

Abb. 3: Bauformen von Antennen

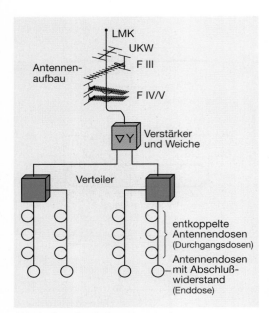

Abb. 1: Gemeinschaftsantennenanlage

Eine Antenne kann als Spannungsquelle betrachtet werden. Ihren Innenwiderstand bezeichnet man als **Wellenwiderstand**.

> Der Wellenwiderstand ist der Widerstand, den ein Antennenbauteil (Antenne, Leitung usw.) der Ausbreitung elektromagnetischer Wellen entgegensetzt.

Der Wellenwiderstand Z_0 ist von der Induktivität und der Kapazität z. B. einer Leitung abhängig. Damit in Antennenanlagen stets Leistungsanpassung vorhanden ist, müssen alle elektrischen Bauteile den gleichen Wellenwiderstand besitzen. Antennenbauteile haben Wellenwiderstände von 75 Ω (früher auch 60 Ω, 240 Ω oder 300Ω).

Zur Erhaltung der Leistungsanpassung in Antennenanlagen dienen auch besondere **Übertrager**, **Weichen** und **Verteiler**. Diese werden oft bei der Kombination von Antennen und Verstärkern sowie bei der Aufteilung von Antennenableitungen verwendet (Abb. 1). Weiterhin muß jede Ableitung im Leitungsnetz am Ende mit einem Widerstand in Höhe des Wellenwiderstandes belastet werden. Abb. 2 zeigt eine Antennenleitung (Koaxialkabel).

Abb. 2: Koaxialkabel

Durch Verluste in Leitungen wird die ursprüngliche Antennenleistung verringert. Man nennt diesen Vorgang **Dämpfung**. In Gemeinschaftsantennenanlagen muß die Gesamtdämpfung des Leitungsnetztes durch Verstärker ausgeglichen werden, so daß auch am letzten Empfängeranschluß noch genügend Energie bereitsteht (Abb. 1).

Gemeinschaftsantennenanlagen müssen sehr genau geplant und berechnet werden. Anzahl und Lage der Antennensteckdosen sowie Länge des Leitungsnetzes müssen bekannt sein, um die Gesamtdämpfung zu erhalten. Für einen ungestörten Bild- bzw. Tonempfang ist es erforderlich, daß Mindest- und Höchstwerte der Spannungen an den Empfängereingängen weder unter- noch überschritten werden (Tab. 6.12). Die Angabe erfolgt in dB µV. Der Wert 0 Dezibel (dB) entspricht einer Spannung von 1 µV an einem Widerstand von 75 Ω.

Tab. 6.12: Nutzpegel an Empfängereingängen

Frequenzbereich	Pegel in dB µV	
	mindestens	höchstens
LW, MW	50	94
UKW (Stereo)	50	80
F I	52	84
F III	54	84
F IV und F V	57	84

Vor der Errichtung von Antennenanlagen muß zunächst klar sein, welche Radio- und Fernsehprogramme empfangen werden sollen. Dann wird der Antennenstandort festgelegt, in der Regel auf dem Dach. Weiterhin sollten Empfangsrichtungen, Empfangsspannungen und Empfangsstörungen ermittelt werden. Der beste Standort, die optimale Ausrichtung der Antenne sowie die Höhe der Empfangsspannung werden zweckmäßigerweise durch Probemessungen mit einem Antennenmeßgerät bestimmt.

Als Empfangsantenne sollte diejenige ausgewählt werden, die eine optimale Störunterdrückung und maximale Empfangsspannung gewährleistet. Für UKW-Hörfunk wird häufig ein Faltdipol genügen. Bei Fernseh-Empfang wird eine Mehrelement-Antenne zum Einsatz gelangen, die einen höheren Gewinn hat und sich durch eine gute Richtwirkung auszeichnet (Abb. 3c, S. 253). Antennen am Standrohr sollten nicht zu dicht zueinander angebracht sein, da sich sonst Rückenwirkungen ergeben. Abb. 3 gibt einige Montagehinweise.

Zwischen Antenne und Empfangsgerät müssen alle Betriebsmittel einer Antennenanlage geschirmt sein. Wenn über die Antennenleitung eine Betriebsspannungszuführung für die Verstärker erfolgt, darf die Spannungsdifferenz zwischen Innen- und Außenleiter maximal 50 V betragen.

Standrohre sollten mit zwei Halterungen befestigt sein, deren Einspannlänge mindestens 1/5 der freien Rohrlänge L beträgt (Abb. 3). Die oberste Halterung ist nahe unter der Dachdurchführung anzubringen.

Standrohre mit einer freien Länge bis zu 6 m dürfen mit einem maximalen Biegemoment von 1650 Nm an der oberen Befestigung belastet werden (DIN VDE 0855). Das Lastmoment läßt sich aus der Summe der Einzelmomente der Antennen errechnen. Hersteller geben für jede Antenne die **Windlas**t an, z.B. 100 N für eine Mehrelement-Antenne. Multipliziert man diesen Wert mit dem Abstand l in Meter der Antenne von ihrem Montageort bis zur oberen Mastbefestigung, dann ergibt sich das **Lastmoment** der Antenne. Das vom Hersteller angegebene Biegemoment des Rohres darf davon nicht überschritten werden.

Bei Montage und Betrieb einer Antennenanlage müssen **Unfallverhütungsvorschriften der Berufsgenossenschaft der Feinmechanik und Elektrotechnik** berücksichtigt werden. Darin heißt es u.a.: Der Monteur auf dem Dach soll mit einem Sicherheitsgeschirr angeseilt sein.

Das Standrohr einer Außenantenne, deren höchster Punkt mindestens 2 m über der Dachkante (nicht Dachfirst) liegt und deren äußerster Punkt mehr als 1,5 m von der Außenfront des Gebäudes entfernt ist, muß über eine Erdungsleitung mit einem Erder verbunden werden. Zimmerantennen, im Gerät eingebaute Antennen sowie unter dem Dach angebrachte Antennen brauchen nicht geerdet zu werden.

Als **Erder** können z.B. verwendet werden:

- Fundamenterder
  (über Erdungsleitung, vgl. Abb. 4),

- im Erdreich befindliche metallische Rohrleitungen (Genehmigung erforderlich),

- Blitzschutzerder,

- Stahlskelette, Stahlbauten,

- Banderder und Staberder aus Stahl.

Nicht verwendet werden dürfen z.B. PE-, PEN-Leiter, Neutralleiter, Abwasserleitungen, Regenrohre.

Die Beschaffenheit von **Erdungsleitungen** innerhalb und außerhalb von Gebäuden ist wie folgt festgelegt worden:

- Kupfer, ≥ 16 mm^2 Querschnitt, blank oder isoliert (grün/gelb),

- Aluminium, ≥ 25 mm^2 Querschnitt, blank (innen) oder isoliert (grün/gelb).

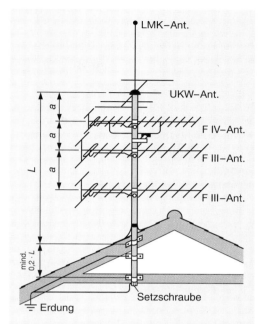

Mindestabstände a der Antenne in m

	F I	U	F III	F IV	F V
F I	2,50	1,40	1,40	0,80	0,80
U	1,40	1,10	0,80	0,80	0,80
F III	1,40	0,80	0,80	0,80	0,80
F IV	0,80	0,80	0,80	0,60	0,50
F V	0,80	0,80	0,80	0,50	0,50

Abb. 3: Montage von Antennen

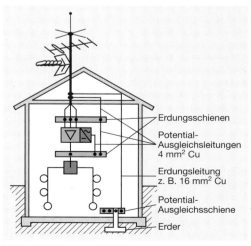

Abb. 4: Erdungs- und Potentialausgleichsmaßnahmen

Die Leitungen dürfen ein- oder mehrdrähtig sein, jedoch nicht feindrähtig (keine Litzen):

● Stahldraht verzinkt, mit 8 mm Durchmesser,

● Stahlband verzinkt, mit den Abmessungen: 2,5 mm x 20 mm.

Bestimmte im Haus vorhandene elektrisch leitfähige Teile können als Erdungsleitungen verwendet werden, z. B.:

● Wasserleitung (metallisch und durchgehend),

● Heizungsrohrleitungen (weitläufig und senkrecht angeordnet),

● Feuerleitern, Eisentreppen (durchgehend verbunden).

Ist in einem Gebäude ein geerdeter Potentialausgleich vorhanden, so ist der Erder der Antennenanlage in den Potentialausgleich einzubeziehen (Abb. 4, S. 255). Die vorgesehenen Leitungsquerschnitte für den Potentialausgleich zwischen den Betriebsmitteln der Antennenanlage betragen für Kupfer ≥ 4 mm², blank oder isoliert (grün/gelb).

6.6.9.2 Satelliten-Rundfunkempfang

Für die Erweiterung des Programmangebots sowie für die Programmversorgung dünn besiedelter Gebiete ist die Ausbau von erdgebundenen Senderketten eine kostspielige Angelegenheit. Günstiger sind Satellitensender, die im Abstand von etwa 36000 km parallel zum Äquator im Weltraum positioniert werden. Sie bewegen sich synchron zur Erdrotation und stehen für den Betrachter auf der Erde scheinbar still (geostationäre Umlaufbahn, Abb. 1).

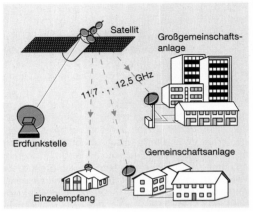

Abb. 2: Prinzip der Programmverteilung über Satelliten

Satellitensender befinden sich auf einer geostationären Umlaufbahn in einer Entfernung von ca. 36000 km Entfernung von der Eroberfläche.

Satellitensender strahlen ihre Signale zwischen 11,7 GHz und 12,5 GHz auf die einzelnen Regionen ab (Abb. 2).

Der Frequenzbereich (SHF-Bereich) ist in 40 Kanäle mit einem Kanalabstand von 20 MHz eingeteilt worden. Da jeder Kanal eine Bandbreite von 27 MHz besitzt, überlappen sie sich. Durch diese Überlappungen könnten gegenseitige Störungen auftreten, wenn die Wellen nicht in einer besonderen Weise abgestrahlt werden würden. Sie sind zirkular polarisiert, und zwar die ungeradzahligen Kanäle rechtsdrehend und die geradzahligen Kanäle linksdrehend. Was bedeutet dieses?

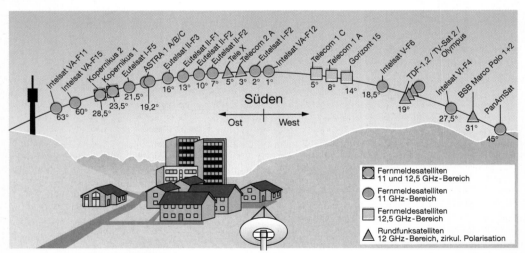

Abb. 1: Standorte für in Deutschland zu empfangende Satelliten

In Abb. 3a ist zunächst die **horizontal polarisierte** Ausbreitung von Wellen verdeutlicht worden. Die Antennenstäbe (Dipol, Direktor, Reflektor) müssen deshalb auch waagrecht angeordnet werden. Bei der **vertikalen Polarisation** (Abb. 3b) tritt dagegen eine senkrechte (vertikale) Feldänderung auf.

Anders verhält es sich bei **zirkular polarisierten** Wellen. Die Feldstärkenänderungen verläuft gemäß einer schraubenförmigen Bahn (Abb. 3c). Die Antennen dürfen deshalb nicht aus Stäben bestehen, sondern sind schüsselförmig **(Parabolantenne)** oder flach aufgebaut.

Zirkular polarisierte Wellen haben gegenüber linear polarisierten Wellen Vorteile. Kommt es bei zirkular polarisierten Wellen zu Reflexionen, dann ändert sich die Polarisationsrichtung. Durch geeignete Filter kann diese Störung dann verringert werden.

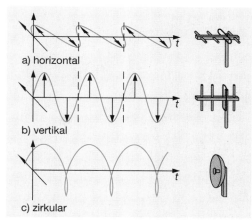

a) horizontal

b) vertikal

c) zirkular

Abb. 3: Polarisationsmöglichkeiten

Für den Empfang von Satellitenprogrammen werden Parabolantennen verwendet. Sie empfangen zirkular polarisierte Wellen.

Für die Abstrahlung von Fernsehprogrammen werden Fernmeldesatelliten verwendet. Sie verfügen über eine Sendeleistung von 5 bis 10 W je Kanal. Für den ungestörten Empfang auf der Erde benötigt man dann Parabolantennen, die je nach Sendeleistung unterschiedliche Durchmesser besitzen.

Direktstrahlende Satelliten besitzen Sendeleistungen von 200 bis 250 W. Auf der Erde genügen dann Parabolantennen von etwa 60 cm Durchmesser (Abb. 4).

In Abb. 5 sind zwei Parabolantennen abgebildet. Wie eine Hohlspiegel empfangen sie die elektromagnetischen Wellen und reflektieren sie zum **Empfangs-** oder **Koppelkopf**, in dem sich HF-Filter und elektrische Umsetzer (rauscharme GaAs-FET) befinden. Die hohen Frequenzen werden dabei in tiefere von 950 bis 1750 MHz umgewandelt (erste Zwischenfrequenz). Zum Empfang von Kanälen mit entgegengesetzter Polarisationsrichtung benötigt man einen zweiten Empfangskopf.

Die Abb. 5 zeigt zwei Ausführungsformen von Parabolantennen. Bei der ersten entsteht durch den Koppelkopf eine recht große Abschattung der einfallenden Wellen. Außerdem kann sich aufgrund der erforderlichen Ausrichtung auf den Satelliten Schnee und Eis auf die Antenne absetzen, was zu einer Empfangsminderung führt. Diese Nachteile verringert die zweite Antenne (Abb. 5b). Sie wird als offsetgespeiste Parabolantenne bezeichnet und steht senkrecht. Die Abschattung durch den Koppelkopf ist geringer als bei der zentralgespeisten Parabolantenne (Abb. 5a).

Abb. 4: Antennenanlage für Satellitenempfang

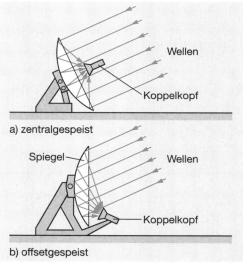

a) zentralgespeist

b) offsetgespeist

Abb. 5: Bauformen von Satelliten-Empfangsantennen

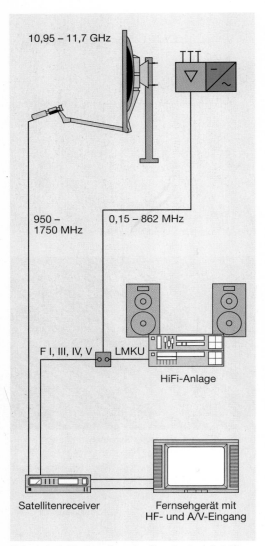

10,95 – 11,7 GHz

950 – 1750 MHz

0,15 – 862 MHz

F I, III, IV, V   LMKU

HiFi-Anlage

Satellitenreceiver

Fernsehgerät mit HF- und A/V-Eingang

Abb. 1: Individualempfang der Signale eines Satelliten

Die Inneneinheit einer Satellitenempfangseinrichtung enthält das Stromversorgungsteil sowie die Entkoppler für die Zuführung der Gleichspannung für den Umsetzer, die Antennendose mit den Zuleitungen und den Satellitenreceiver (Abb.1).

Der Tuner besitzt zwei Eingänge für die verschieden polarisierten Empfangskanäle. Das Ausgangssignal des Tuners kann dann direkt vom Fernsehempfänger oder in Form von umgesetzen UHF-Kanälen verarbeitet werden. Da über Satelliten auch Hörfunkprogramme abgestrahlt werden sollen, ist ein weiterer Ausgang am Satellitenreseiver vorgesehen.

6.6.9.3 Breitband-Kommunikationsnetze

In Ballungsgebieten ist es sinnvoll und relativ kostengünstig, anstelle von Einzel- oder Gemeinschaftsantennen, Radio- und Fernsehprogramme gleicher Übertragungsqualität über ein Leitungsnetz (Glasfasern oder Koaxialkabel) störungsfrei an den Teilnehmer weiterzuleiten. Man spricht dabei von Breitband-Kommunikationsnetzen, da ein Frequenzspektrum bis 440 MHz vorgesehen ist und langfristig den Teilnehmern noch andere Dienste, z.B. Rückantwortkanäle zur Zentrale angeboten werden können.

> In Breitband-Kommunikationsnetzen ist ein wechselseitiger Informationsaustausch im Frequenzbereich bis 440 MHz über Glasfasern oder Koaxialkabeln vorgesehen.

Breitband-Kommunikation findet in einem Radius bis 40 km statt. Der Ausbau dieser Netze wird durch die Deutsche Bundespost Telekom vorgenommen. Von Ihr sind deshalb »Bedingungen und Empfehlungen für den Anschluß privater Breitbandanlagen / Rundfunk-Empfangsanlagen« (Bezeichnung FTZ 1 R 8-15, vom 1.12.86) herausgegeben worden. Sie enthält u.a. Hinweise über den Frequenzbereich, die Anschluß-Kabel, die erforderlichen Pegel und den Potentialausgleich.

Fernseh-signale	Daten-signale		Digitaler Ton	Fernseh-Kanäle				
K 2 K 3 K 4	DS	UKW-FM	S 2 S 3 S 4 S 5 S 6 S 7 S 8 S 9 S 10	K 5 K 6 K 7 K 8 K 9 K 10 K 11 K 12	S 11 S 12 S 13 S 14 S 15 S 16 S 17 S 18 S 19 S 20	S 21		S 36 S 37
		125	167	181	223	237	293	310	430
Bereich F I		Bereich F II	Unterer Sonderkanalbereich (USB)		Bereich F III	Oberer Sonderkanalbereich (OSB)		Erweiterter Sonderkanalbereich (ESB)
47 68	70 75	87,5 108	111	174		230	300	302 438

f in MHz

Abb. 2: Frequenzübersicht im BK-Netz

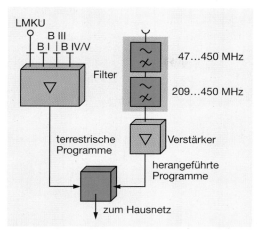

Abb. 3: Prinzip eines kombinierten Hausverteilnetzes

Abb. 4: Übergabepunkt

In Abb. 2 ist das Frequenzspektrum mit der jeweiligen gegenwärtigen Kanaleinteilung von 47 MHz bis 440 MHz zu sehen. In diesem Frequenzbereich können 35 Fernsehprogramme, 30 UKW-Stereosignale und 16 digitale Hörfunksignale (beabsichtigt) übertragen werden.

Die Aufteilung im F I, F III und UKW-Bereich entspricht der Aufteilung, wie sie im drahtlosen Sendebereich vorhanden ist. Zusätzlich sind ein unterer (USB), ein oberer (OSB) und ein erweiterter Sonderkanalbereich (ESB) eingefügt worden.

Für den Benutzer solcher Anlagen besteht jetzt die Möglichkeit, sich komplett anschließen zu lassen, d.h., alle Programme über das Kabel zu empfangen. Er kann aber auch weiterhin die drahtlos empfangenen terrestrischen Programme über seine private Empfangsanlage in das Hausverteilnetz einspeisen und lediglich die **herangeführten Programme** am Hausübergabepunkt aus dem BK-Netz beziehen. In Abb. 3 ist das Prinzip eines kombinierten Hausverteilnetzes zu sehen. Für die Frequenzaufteilung bedeutet dieses, daß sämtliche herangeführten Programme im oberen Frequenzbereich liegen müssen, damit durch Filter eine Trennung der Bereiche möglich wird.

Die Übertragungskette von Fernseh- und Hörfunksignalen ist in vier Netzebenen eingeteilt worden. Die dritte Netzebene umfaßt die Verstärker und das daran angeschlossene Kabelnetz bis zum **Übergabepunkt** (ÜP, Abb. 4). Die vierte Netzebenen umfaßt die gesamte Hausverteilanlage.

Die Deutsche Telekom hat für einen störungsfreien Empfang die Nutzpegel am Übergabepunkt und an den Breitbandsteckdosen (vgl. Tab. 6.13) festgelegt.

Tab. 6.13: Pegelanforderungen im BK-Netz

Signalart	Mindest- bis Höchstpegel in dB µV	
	am Übergabepunkt	an den Breitbandsteckdosen
UKW-FM (Mono oder Stereo), digitaler Hörfunk	62–79	56–80
F I, USB, F III, OSB (bis 300 MHz)	66–83	60–84
ESB (bis 440 MHz)	63–83	

Aufgaben zu 6.6.9

1. Aus welchen Teilen besteht eine Antennenanlage?

2. Welche Antennenart wird für den Lang-, Mittel- und Kurzwellenbereich sowie für den UKW-Bereich verwendet?

3. Wodurch unterscheidet sich eine Stabantenne von einer Mehrelement-Antenne?

4. Weshalb sollen alle Teile einer Antennenanlage den gleichen Wellenwiderstand haben?

5. Welche Anforderungen werden an das Standrohr einer Antennenanlage gestellt?

6. Beschreiben Sie Erdungsmaßnahmen einer Antennenanlage (Erder und Erdungsleitungen)!

7. Welche Unterschiede bestehen zwischen Antennen für den Empfang terrestrischer Sender und Satellitensendern?

8. Beschreiben Sie den grundsätzlichen Aufbau und die Bestandteile einer Satellitensender-Empfangsanlage!

9. Was versteht man unter Breitband-Kommunikationsnetzen?

10. Beschreiben Sie die Aufgabe und die Funktion eines Übergabepunktes im BK-Netz!

7 Leistungselektronik

Die Leistungselektronik ist ein Teilgebiet der Elektrotechnik. Sie befaßt sich mit dem Umrichten (Umformen), Stellen (Steuern) von Gleich- und Wechselströmen, dem Wechselrichten von Gleichströmen und dem Gleichrichten von Wechselströmen.

Zu den wichtigsten Bauelementen der Leistungselektronik zählen Dioden, Transistoren, Thyristoren, Diacs und Triacs.

7.1 Transistoren

7.1.1 Bipolare Transistoren

Abb. 1 zeigt die Schaltung eines Senders für die Übertragung niederfrequenter Analogsignale, z. B. Steuersignale, mit Hilfe eines Lichtwellenleiters. Dieser Sender enthält unter anderem eine Verstärkerschaltung mit einem Transistor. Um die Funktionsweise derartiger Verstärker zu verstehen, ist es zunächst erforderlich, sich mit dem Aufbau und der Funktion bipolarer Transistoren zu beschäftigen.

7.1.1.1 Wirkungsweise

Im Rahmen der Grundbildung wurde behandelt, daß bei bipolaren Transistoren (Abb. 2) zwei Arten von Ladungsträgern, Löcher und Elektronen, auftreten. Im Gegensatz dazu steht bei unipolaren Transistoren (Feldeffekttransistoren) jeweils nur eine Ladungsträgerart für den Stromfluß zur Verfügung.

Je nach Schichtenfolge unterscheidet man bei bipolaren Transistoren PNP- und NPN-Transistoren. Der NPN-Transistor wird am häufigsten verwendet.

In einem bipolaren Transistor sind zwei PN-Übergänge (Abb. 2) vorhanden. Die mittlere Schicht eines Transistors, die Basis, hat eine Dicke von einigen Mikrometern. Dies ist für die Funktion des Transistors von großer Bedeutung und der Grund dafür, daß man einen Transistor nicht aus zwei getrennten Dioden aufbauen kann.

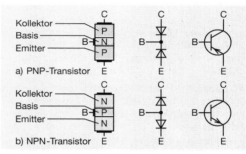

Abb. 2: Aufbau, Diodenersatzschaltbilder und Schaltzeichen von bipolaren Transistoren

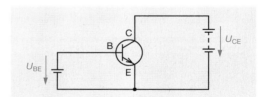

Abb. 3: Betriebsspannungen am Transistor

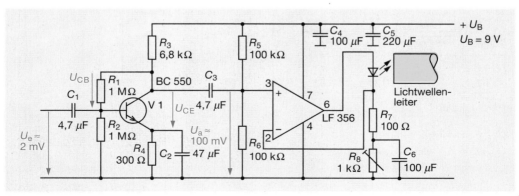

Abb. 1: Lichtwellensender mit Verstärker

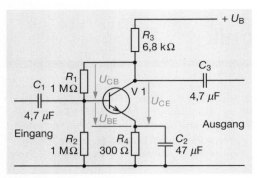

Abb. 1: Transistorverstärker

Abb. 1 zeigt die Verstärkerstufe mit dem Transistor V1 aus der Senderschaltung von Seite 261. In dieser Schaltung bildet der Emitter den gemeinsamen Bezugspunkt für das Eingangs- und Ausgangssignal. Daher wird diese Schaltung als **Emitterschaltung** bezeichnet. Die Emitterschaltung ist eine von drei Transistor-Grundschaltungen.

Der Abb. 1 ist zu entnehmen, daß an dem Transistor V1 die Kollektor-Emitter-Spannung U_{CE} und die Basis-Emitter-Spannung U_{BE} anliegen. Weiterhin kann an V1 die Kollektor-Basis-Spannung U_{CB} gemessen werden. Aufgrund der Polung der Spannungen ergibt sich, daß die Basis-

Emitter-Strecke des Transistors in Durchlaßrichtung und die Kollektor-Basis-Strecke in Sperrichtung betrieben werden.

> Bei bipolaren Transistoren werden die Basis-Emitter-Strecke in Durchlaßrichtung und die Kollektor-Basis-Strecke in Sperrichtung betrieben.

Die grundsätzliche Wirkungsweise und die Verstärkerwirkung von bipolaren Transistoren sollen mit Hilfe des Versuchs 7-1 geklärt werden.

Aus den Versuchergebnissen lassen sich die folgenden Aussagen ableiten:

Steigt U_{BE} über 0,5 V (z. B. auf 0,6 V), dann fließen ein Basis- und ein Kollektorstrom (Versuchswerte: I_B = 1,5 mA; I_C = 0,4 A). Der Kollektorstrom I_C ist von U_{BE} und I_B abhängig. I_C steigt, wenn U_{BE} und I_B steigen und umgekehrt. Der Kollektorstrom ist sehr viel größer als der Basisstrom I_B.

> Die Kollektorstromstärke eines bipolaren Transistors läßt sich durch U_{BE} und I_B steuern.

Das Zustandekommen der Versuchergebnisse soll nun näher betrachtet werden.

Die Basis-Emitter-Strecke eines Transistors bildet einen PN-Übergang. Übersteigt die Spannung U_{BE} einen bestimmten Wert, der vom Halbleitermaterial abhängig ist, dann fließt beim NPN-Transistor ein Elektronenstrom I_E vom Emitter in Richtung der

Versuch 7–1:   Wirkungsweise des bipolaren Transistors

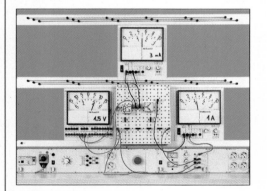

Aufbau

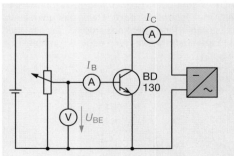

Durchführung

U_{BE} wird schrittweise erhöht.

U_{BE}, I_B und I_C werden gemessen.

U_{CE} wird mit 4 V konstant gehalten.

Ergebnis

U_{BE} in V	I_B in mA	I_C in A	U_{BE} in V	I_B in mA	I_C in A
0,5	0	0	1,0	110	4,5
0,6	1,5	0,4	1,2	300	6,75
0,8	11	1	1,4	600	9,5

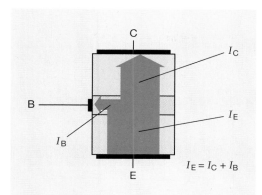

Abb. 2: Ströme im NPN-Transistor

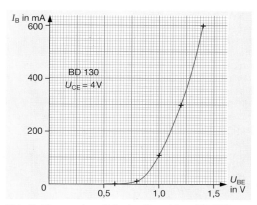

Abb. 3: Eingangskennlinie des Transistors BD 130

Basis. Der durch U_{CE} positiv geladene Kollektor des Transistors zieht den größten Teil der in der dünnen Basiszone befindlichen Elektronen an und saugt sie über den PN-Übergang zwischen Basis und Kollektor ab. Dadurch fließt ein Kollektorstrom I_C. Ein kleiner Teil des Emitterstroms fließt über die Basis zur Basisspannungsquelle und bildet so den Basisstrom I_B. Da die Größe des Emitterstroms aber vom Basisstrom abhängt, ist somit auch der Kollektorstrom vom Basisstrom abhängig.

> Im bipolaren Transistor erzeugt und steuert der Basisstrom den größeren Kollektorstrom.

In Abb. 2 werden die Größenverhältnisse der Ströme I_B, I_C und I_E zueinander verdeutlicht.

Im Transistor findet eine **Stromverstärkung** statt.

Der in Versuch 7-1 ermittelte Zusammenhang zwischen U_{BE} und I_B läßt sich grafisch darstellen und wird als **Eingangskennlinie** des Transistors bezeichnet.

Abb. 3 zeigt die im Versuch ermittelte Eingangskennlinie des Transistors BD 130, während Abb. 4 die entsprechende Darstellung in halblogarithmischer Form aus dem Datenbuch des Herstellers wiedergibt. Die Unterschiede in den Kennlinien ergeben sich aufgrund von Exemplarstreuungen bei der Herstellung von Transistoren und aufgrund kleinerer Meßfehler.

> Aus den Eingangskennlinien geht der Zusammenhang zwischen dem Basisstrom I_B und der Basis-Emitter-Spannung U_{BE} hervor.

Abb. 5 zeigt Kennlinien I_C in Abhängigkeit von U_{BE} $I_C = f\,(U_{BE})$ aus einem Datenbuch. Als Parameter ist zusätzlich die Gehäusetemperatur T_G (entspricht ϑ_G) angegeben.

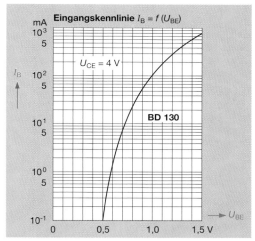

Abb. 4: Eingangskennlinie aus Datenbuch

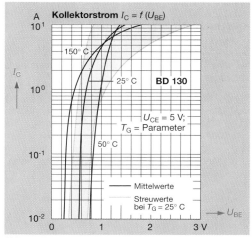

Abb. 5: Kennlinien aus Datenbuch

Laut Kennlinie für ϑ_G = 25 °C fließt bei U_{BE} = 0,6 V ein Kollektorstrom von ca. 60 mA. Im Versuch wurde jedoch I_C = 0,4 A ermittelt. Der Unterschied beruht, abgesehen von möglichen Meßfehlern, auf Ungenauigkeiten bei der Transistorherstellung (Exemplarstreuung). Jedoch liegt der Meßwert aus Versuch 7-1 noch eindeutig im Bereich der möglichen Streuung, der in Abb. 5, S. 263, durch die grünen Linien eingegrenzt wird. Abb. 5 macht zudem deutlich, daß die Kollektorstromstärke eines Transistors temperaturabhängig ist.

> Die Temperaturabhängigkeit des Kollektorstroms entsteht durch das wärmebedingte Aufbrechen von Bindungen im Kristallgitter.

Aus Versuch 7-1 läßt sich eine weitere wichtige Erkenntnis entnehmen: Da ein Basisstrom durch den Transistor erst fließt, wenn eine ausreichende Basis-Emitter-Spannung U_{BE} vorhanden ist, muß zur Steuerung der Kollektorstromstärke eine **Steuerleistung** $U_{BE} \cdot I_B$ aufgebracht werden. Diese kann jedoch in der Regel bei Transistoren mit kleiner Leistung vernachlässigt werden.

Bei bipolaren Leistungstransistoren wie z.B. dem BD 130 kann die Steuerleistung einige Watt betragen. Nach Abb. 3, S. 263, fließt z. B. bei einem Wert von U_{BE} = 1 V ein Basisstrom I_B von 120 mA. Dementsprechend muß also eine Steuerleistung von 120 mW aufgebracht werden. Bei Leistungstransistoren erreicht die Steuerleistung leicht mehrere Watt.

> Die Steuerung bipolarer Transistoren erfordert eine Steuerleistung.

Als Folge der Steuerleistung ergibt sich aus dem Produkt $U_{CE} \cdot I_C$ eine Ausgangsleistung des Transistors in Emitterschaltung. Aus Abb. 5, S. 263, und Versuch 7-1 ergeben sich für U_{BE} = 1 V die Kollektorstromstärke I_C zu 4,5 A (ϑ_G = 25 °C) und I_B = 0,11 A. U_{CE} beträgt laut Versuchsbeschreibung 4 V. Die Leistung $U_{CE} \cdot I_C$ ergibt sich somit zu 4 V · 4,5 A = 18 W. Es hat also eine Leistungsverstärkung stattgefunden.

Für die Schaltungsberechnung und die Beurteilung des Bauelements sind die **Ausgangskennlinien** eines Transistors (Abb. 2) von Bedeutung. Sie beschreiben den Zusammenhang zwischen U_{CE} und I_C für verschiedene Werte von I_B oder auch U_{BE}. Abb. 1 zeigt die Schaltung für die Kennlinienaufnahme.

> Die Ausgangskennlinien beschreiben die Abhängigkeit des Kollektorstroms I_C von der Kollektor-Emitter-Spannung U_{CE} mit U_{BE} oder I_B als Parameter.

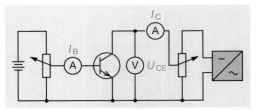

Abb. 1: Aufnahme der Ausgangskennlinie

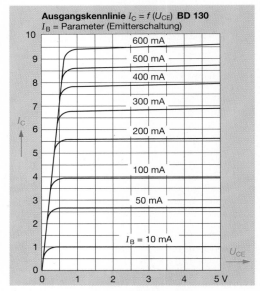

Abb. 2: Ausgangskennlinien (Datenbuch)

Bisher wurden nur das Verhalten und die Kennlinien eines NPN-Transistors untersucht. Die angeführten Überlegungen gelten sinngemäß auch für PNP-Transistoren. Lediglich die Stromrichtungen unterscheiden sich.

Um die Berechnung von Transistorschaltungen zu vereinfachen, wurde die Richtung der Ströme beim Transistor willkürlich so festgelegt, daß alle Strompfeile in den Transistor hineinzeigen. Ströme, die danach entgegengesetzt der technischen Stromrichtung fließen, werden mit einem Minuszeichen vor dem Formelzeichen oder dem Zahlenwert versehen (Abb. 3).

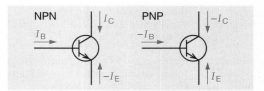

Abb. 3: Stromrichtungen am Transistor

Gleichstromkennwerte von bipolaren Transistoren

Je nach Verwendungszweck des Transistors muß der Anwender bestimmte Kennwerte[1] berücksichtigen. Man unterscheidet die **statischen** (Gleichstrom-) Kennwerte von den **dynamischen Kennwerten**. Die dynamischen Kennwerte gelten für den Betrieb des Transistors mit Wechselspannungssignalen.

Die statischen und dynamischen Kennwerte des Transistors ermittelt man zum Teil mit Hilfe der Kennlinien. Zum anderen werden sie aus den Datenblättern der Hersteller entnommen. Sie gelten nur für den gewählten Arbeitspunkt.

Ein wichtiger statischer Kennwert ist die **Stromverstärkung B.**

$$B = \frac{I_C}{I_B}$$

Ihr Wert liegt z.B. für den Transistor BD 130 nach Herstellerangaben, bei einem Arbeitspunkt mit den Daten $I_C = 4$ A; $U_{CE} = 4$ V, zwischen 20 und 70. Aus Versuch 7-1 (S. 262) ergibt sich für $I_C = 4,5$ A und $I_B = 0,11$ A die Gleichstromverstärkung B zu 40,9.

Weitere Kennwerte eines Transistors sind sein **Eingangswiderstand** R_{BE} und sein **Ausgangswiderstand** R_{CE}. R_{BE} ist der Gleichstromwiderstand eines Transistors zwischen Basis und Emitter. R_{CE} ist der Gleichstromwiderstand eines Transistors zwischen Kollektor und Emitter. R_{BE} und R_{CE} sind abhängig von U_{BE} und I_B bzw. U_{CE} und I_C.

Für die Berechnung von R_{BE} und R_{CE} in einem bestimmten Kennlinienpunkt gilt:

$$R_{BE} = \frac{U_{BE}}{I_B} \quad \text{und} \quad R_{CE} = \frac{U_{CE}}{I_C}$$

Grenzwerte[2] von bipolaren Transistoren

Beim Einsatz des Transistors dürfen bestimmte Spannungs-, Strom- und Leistungsgrenzwerte nicht überschritten werden, um eine Zerstörung des Transistors zu vermeiden. Diese Werte lassen sich aus den Datenblättern der Hersteller (Abb. 4) entnehmen.

Neben anderen werden Grenzwerte für die Kollektor-Basis- (Sperr-)Spannung U_{CB0}, die Kollektor-Emitter-Spannung U_{CE0}, sowie für die Kollektor-Emitter-Spannung bei gesperrter Basis-Emitter-Diode U_{CEV}, angegeben. Der Index 0 in den Angaben bedeutet, daß der nichtgenannte Tran-

NPN-Silizium-Transistor BD 130

für leistungsstarke NF-Endstufen

BD 130 ist ein einfachdiffundierter NPN-Silizium-Transistor im Gehäuse 3 A 2 DIN 41872 (TO-3). Der Kollektor ist mit dem Gehäuse elektrisch verbunden. Der Transistor ist besonders für den Einsatz in leistungsstarken NF-Endstufen und in stabilisierten Netzgeräten geeignet. Auf Wunsch können die Transistoren gepaart geliefert werden. Für die isolierte Befestigung des Transistors auf einem Chassis sind Isolierteile vorgesehen, diese sind zusätzlich zu bestellen.

Gewicht etwa 16,5 g   Maße in mm   Glimmerscheibe trocken: $R_{th} = 1,25$ K/W gefettet: $R_{th} = 0,35$ K/W   Maße in mm

Grenzdaten

Kollektor-Basis-Spannung	U_{CB0}	100	V
Kollektor-Emitter-Spannung ($U_{BE} = 1,5$ V)	U_{CEV}	100	V
Kollektor-Emitter-Spannung	U_{CE0}	60	V
Emitter-Basis-Spannung	U_{EB0}	7	V
Kollektorstrom	I_C	15	A
Basisstrom	I_B	7	A
Emitterstrom	I_E	20	A
Sperrschichttemperatur	T_j	200	°C
Lagertemperatur	T_s	−55 bis +200	°C
Gesamtverlustleistung[1] ($T_G \leq 45$°C)	P_{tot}	100	W

Wärmewiderstand

Kollektorsperrschicht – Transistorgehäuse	R_{thJG}	$\leq 1,5$	K/W

[1] Diese Gesamtverlustleistung P_{tot} ist bis zur maximalen Kollektor-Emitter-Spannung $U_{CE0} = 60$ V zulässig.

Abb. 4: Grenzdaten des BD 130

sistoranschluß offen, d. h. nicht beschaltet ist. Ein Index G verweist auf das Gehäuse des Bauelements. Weitere Grenzwerte sind Abb. 4 zu entnehmen, z. B. für den Kollektor- und den Basisstrom.

Aus Abb. 4 ergibt sich für den BD 130 als Grenzwert für die Sperrschichttemperatur ein Wert von $T_j = 200$ °C (T $\triangleq \vartheta$). Die Erwärmung des Transistors und damit der Sperrschicht zwischen Kollektor und Basis wird durch die in Wärme umgewandelte elektrische Leistung des Transistors, die **Gesamtverlustleistung P_{tot}**[3], hervorgerufen. Diese wird wie folgt berechnet:

$$P_{tot} = U_{CE} \cdot I_C + U_{BE} \cdot I_B$$

P_{tot} ist auf eine bestimmte Gehäusetemperatur ϑ_G oder einen bestimmten Bereich der Gehäusetemperatur, z. B. auf $\vartheta_G \leq 45$ °C, bezogen.

Um eine unzulässige Erwärmung des Transistors und damit seine Zerstörung durch Schmelzen des Kristalls zu vermeiden, darf die im Datenblatt des Herstellers angegebene Gesamtverlustleistung P_{tot} nicht überschritten werden.

---

[1] Verschiedene Hersteller verwenden auch den Ausdruck Kenn**daten**.

[2] In der Industrie ist auch der Ausdruck Grenz**daten** gebräuchlich.

[3] tot von total

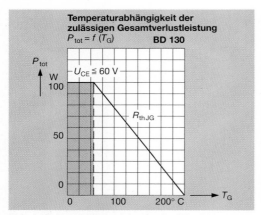

Abb. 1: Zulässige Verlustleistung des BD 130

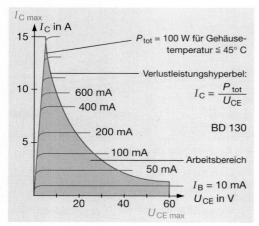

Abb. 2: Arbeitsbereich des Transistors BD 130

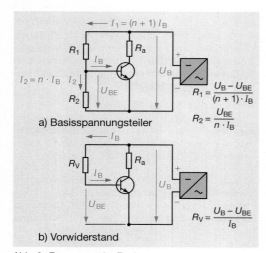

a) Basisspannungsteiler

b) Vorwiderstand

Abb. 3: Erzeugung der Basisvorspannung

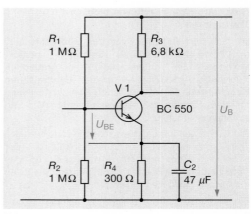

Abb. 4: Vorspannungserzeugung

Abb. 1 gibt die maximal zulässige Verlustleistung P_{tot} des Transistors BD 130 als Funktion der Gehäusetemperatur T_G ($\triangleq \vartheta_G$) wieder. Für einen Wert von $\vartheta_G \leq 45\,°C$ (bei $U_{CE} \leq 60\,V$) entnimmt man der Abbildung $P_{tot} = 100\,W$. Mit Hilfe dieses Wertes kann dann der Arbeitsbereich des Transistors für eine Gehäusetemperatur $\vartheta_G \leq 45\,°C$ ermittelt werden, indem man die Verlustleistungshyperbel

$$I_C = \frac{P_{tot}}{U_{CE}} \qquad (I_B \cdot U_{BE} \text{ vernachlässigt})$$

in ein Ausgangskennlinienfeld einträgt (Abb. 2).

7.1.1.2 Basisvorspannung und Arbeitspunkte

Die Aufgaben der Widerstände R_1, R_2 und R_4, die mit dem Transistor V1 in Abb. 1, S. 261, verbunden sind, sollen im folgenden erläutert werden. Zum einfacheren Verständnis wird die Ausgangsschaltung etwas umgezeichnet (Abb. 4). Zur Spannungsversorgung eines Transistors werden die Gleichspannungen U_{BE} und U_{CE} benötigt. Man verwendet jedoch nur eine Spannungsquelle. Die Basis-Emitter-(Gleich-)Spannung U_{BE} (Basisvorspannung) wird mit Hilfe eines Spannungsteilers wie in der Ausgangsschaltung (Abb. 4) oder mit Hilfe eines Vorwiderstandes erzeugt. Abb. 3 zeigt die Schaltungen mit den Berechnungsformeln.

Damit Änderungen des Basisstromes sich nur geringfügig auf U_{R2} und damit auf U_{BE} auswirken, wählt man bei der Basisvorspannungserzeugung mittels Spannungsteiler I_2 ungefähr 5 bis 10 mal so groß wie I_B ($n = 5...10$).

Durch die Wahl der Basisvorspannung werden auch I_B und der Arbeitspunkt der Basis-Emitter-Strecke festgelegt. Er wird auch als **eingangsseitiger Arbeitspunkt** bezeichnet.

Ein Transistor wird in der Regel mit einem Arbeitswiderstand R_a, z. B. R_3 in Abb. 6, in Reihe geschaltet. Daher läßt sich in das Ausgangskennlinienfeld eine Arbeitsgerade zur Ermittlung des **ausgangsseitigen Arbeitspunkts** eintragen (Abb. 5). Die Konstruktion der Arbeitsgeraden erfolgt wie bei den Gleichrichterdioden. Die **Arbeitsgerade** ist die Verbindung der Punkte U_B (Wert der Betriebsspannung) und U_B / R_a.

Die genaue Ermittlung des ausgangsseitigen Arbeitspunktes und die Spannungsaufteilung in die Kollektor-Emitter-Spannung U_{CE} (Kennzeichen ◎) und den Spannungsfall U_{Ra} am Arbeitswiderstand (Kennzeichen ◉) läßt sich ebenfalls aus Abb. 5 entnehmen. Für eine Basisvorspannung von $U_{BE} = 1{,}25$ V wurde zusätzlich der eingangsseitige Arbeitspunkt eingetragen.

> Der eingangsseitige Arbeitspunkt eines Transistors wird durch die Basisvorspannung U_{BE} oder I_B festgelegt. Der ausgangsseitige Arbeitspunkt wird durch I_B oder U_{BE} und den Arbeitswiderstand R_a festgelegt.

Ändert sich U_{BE}, dann ändern sich auch der eingangs- und der ausgangsseitige Arbeitspunkt.

Um Veränderungen des Arbeitspunktes infolge Erwärmung zu vermeiden oder zu verringern, wird häufig eine **Stabilisierung** des Arbeitspunktes nach Abb. 6 a oder Abb. 6 b vorgenommen.

In Abb. 1, Seite 261, und Abb. 6a wird die Arbeitspunktstabilisierung mit Hilfe eines Emitterwiderstandes R_E (Gleichstromgegenkopplung) vorgenommen. In Abb. 4 entspricht R_4 dem Emitterwiderstand R_E. Damit Wechselspannungssignale keinen Einfluß auf den Arbeitspunkt haben, wird R_E durch eine ausreichend große Kapazität (z. B. $C_2 = 47$ µF in Abb.1, S. 261) wechselstrommäßig überbrückt. Dadurch liegt der Emitter des Transistors wechselspannungsmäßig an der Betriebsspannungsquelle.

Wie läßt sich nun die Stabilisierung erklären? Für die Stabilisierung ergeben sich folgende Abläufe,

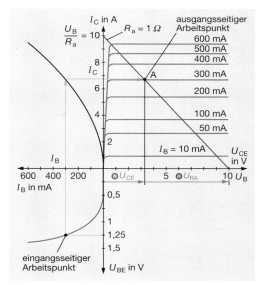

Abb. 5: Arbeitspunkte des Transistors

wenn sich z. B. I_B und I_C auf Grund einer Temperaturerhöhung vergrößern[1]:

$$I_B\uparrow \text{ und } I_C\uparrow \Rightarrow I_E\uparrow \text{ und } U_{RE}\uparrow \Rightarrow U_{BE}\downarrow \text{ und } I_B\downarrow$$

Denn es gilt:
$U_{BE} = U_{R2} - U_{RE}$ und $U_{R2} = $ konstant.

Der Arbeitspunkt bleibt somit erhalten, weil der Basisstromänderung entgegengewirkt wird.

> Der Arbeitspunkt eines Transistors kann durch einen Emitterwiderstand stabilisiert werden.

Abb. 6b zeigt die Arbeitspunktstabilisierung nach dem Prinzip der halben Speisespannung. Die Speisespannung U_B wird mit Hilfe des Arbeitswiderstandes R_a so aufgeteilt, daß $U_{Ra} = U_{CE}$ ist.

[1] ↑ bedeutet: Erhöhung, Steigerung;
⇒ bedeutet: daraus ergibt sich;
↓ bedeutet: Abnahme, Absinken;

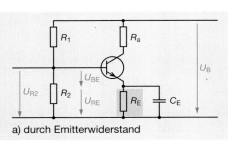

a) durch Emitterwiderstand

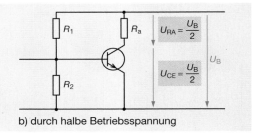

b) durch halbe Betriebsspannung

Abb. 6: Stabilisierung der Arbeitspunkte

U_{Ra} und U_{CE} sind dann jeweils halb so groß wie U_B.
Es gilt weiterhin:

$$U_{Ra} + U_{CE} = U_B \quad \text{und} \quad U_B = \text{konstant}$$

$$U_{CE} = U_B - U_{Ra}$$

Wirkungsablauf:

$$I_C \uparrow \Rightarrow U_{Ra} \uparrow \Rightarrow U_{CE} \downarrow \text{ und } I_C \downarrow$$

Dem Anstieg von I_C wird auf diese Weise entgegengewirkt und der Arbeitspunkt bleibt erhalten.

Aufgaben zu 7.1.1.1 und 7.1.1.2

1. Beschreiben Sie den Aufbau eines NPN-Transistors!

2. Welche Dicke hat die Basis eines bipolaren Transistors im Vergleich zu den übrigen Schichten? Begründen Sie, warum dies unbedingt so sein muß!

3. Wie muß ein Transistor geschaltet sein, damit ein Kollektorstrom fließt?

4. Wie kann der Kollektorstrom eines Transistors gesteuert werden?

5. Wie heißt das Verhältnis von I_C zu I_B?

6. Beschreiben Sie die beiden Möglichkeiten zur Basisvorspannungserzeugung!

7. Bei einem Transistor sollen die Basisvorspannung $U_{BE} = 0{,}75$ V und $I_B = 100$ µA betragen. Die Betriebsspannung der Schaltung ist $U_B = 9$ V ($n=7$). Berechnen Sie die Widerstandswerte des Basisspannungsteilers!

8. Für welche Größen eines Transistors werden Kennwerte angegeben?

9. Welche statischen Kennwerte werden für einen bipolaren Transistor angegeben?

10. Wie groß ist die statische Stromverstärkung des BD 130 bei $I_B = 300$ mA?

11. Berechnen Sie R_{BE} für den Transistor BD 130 bei $U_{BE} = 1{,}13$ V!

7.1.1.3 Bipolarer Transistor als Verstärker

In Abb. 1 sind verschiedene Transistoren, die in Verstärkerschaltungen eingesetzt werden können, dargestellt. Abb. 2 zeigt die Schaltung der ersten Verstärkerstufe aus Abb. 1, Seite 261.

Nach den Schaltbildangaben wird eine Eingangswechselspannung von 2 mV auf 100 mV verstärkt. Die Widerstände R_2 und R_1 in Abb. 2 dienen der Einstellung des eingangsseitigen Arbeitspunkts. R_3 ist der Arbeitswiderstand des Transistors V 1. Die Kondensatoren C_1 und C_3 verhindern, daß Gleichströme aus der Schaltung heraus- oder in die Schaltung hineinfließen. Man bezeichnet sie als Koppelkondensatoren. R_4 dient der Stabilisierung des Arbeitspunkts und hat keinen Einfluß auf die grundsätzliche Arbeitsweise der Verstärkerschaltung. Die genaue Funktion der Kombination von R_4 und C_2 wird später (vgl. 7.11.4) geklärt. Bei den folgenden Überlegungen kann das Vorhandensein der letztgenannten Bauteile unberücksichtigt bleiben. Da der Emitter für Eingang und Ausgang gemeinsamer Anschlußpunkt ist, handelt es sich um eine Emitterschaltung.

Es gibt auch Schaltungen, bei denen Basis oder Kollektor gemeinsamer Anschlußpunkt sind (Basisbzw. Kollektorschaltung).

Die Verstärkereigenschaft der Emitterschaltung soll in Versuch 7-2 untersucht werden.

Der Versuch zeigt:

Die Eingangswechselspannung $U_e = 2$ mV wird auf einen Wert von $U_a = 100$ mV verstärkt. Gleichzeitig entsteht eine Phasenverschiebung von 180° zwischen u_e und u_a.

Es läßt sich nunmehr feststellen:

> Ein Transistor kann Spannungen, Ströme und somit auch Leistungen verstärken.

Abb. 1: Transistoren

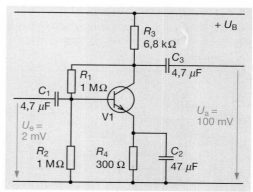

Abb. 2: Verstärkerschaltung

Versuch 7–2: Verstärkung in der Emitter-schaltung

Aufbau

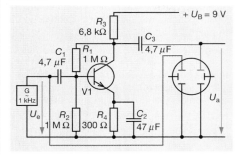

Durchführung

Die Eingangsspannung wird auf 2 mV einge-stellt. Ausgangsspannung und Eingangsspan-nung werden mit einem Zweistrahloszilloskop oder mit einem Schreiber wiedergegeben. Außerdem wird der Effektivwert der Ausgangs-spannung abgelesen.

Ergebnis

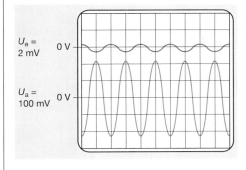

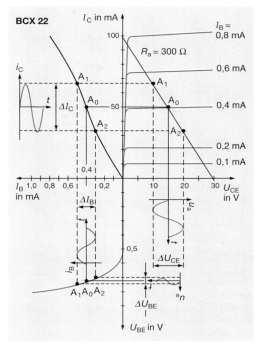

Abb. 3: Verstärkung von Wechselspannungen

Schaltung nur die Ausgangswechselspannung u_a zu messen ist. Diese hat zu u_e eine Phasenver-schiebung von 180°.

> In der Emitterschaltung sind Eingangs- und Ausgangswechselspannung um 180° phasen-verschoben.

Das Verhältnis von ΔU_{CE} zu ΔU_{BE} heißt **Spannungsverstärkung** v_u. Das Verhältnis von ΔI_C zu ΔI_B heißt **Stromverstärkung** v_i.

$$v_u = \frac{\Delta U_{CE}}{\Delta U_{BE}}$$

$$v_i = \frac{\Delta I_C}{\Delta I_B}$$

Das Verhältnis von $\dfrac{\Delta U_{CE} \cdot \Delta I_C}{\Delta U_{BE} \cdot \Delta I_B}$ heißt **Leistungs-verstärkung** v_p. Es ist gleich dem Produkt $v_u \cdot v_i$.

$$v_p = v_u \cdot v_i$$

Wie die Verstärkungswirkung entsteht, soll nun u.a. mit Hilfe der Abb. 3 geklärt werden. Die Eingangswechselspannung u_e überlagert sich der Basisvorspannung. Zwischen Basis und Emitter entsteht eine Mischspannung, deren Mittel-wert gleich U_{BE} ist. Diese Mischspannung steuert den Basis- und den Kollektorstrom. Aus Abb. 3 entnimmt man, daß sich der Basis- und der Kollektorstrom gleichsinnig mit u_e ändern. u_{CE} ändert sich gegensinnig zu i_C und u_e, weil bei stei-gendem Kollektorstrom der Spannungsfall an R_3 größer und u_{CE} damit kleiner wird. Die Kollektor-Emitter-Spannung ist, wie die Basis-Emitter-Spannung, eine Mischspannung. Der Koppel-kondensator C_3 läßt jedoch nur den Wechsel-spannungsanteil durch, so daß am Ausgang der

Legt man an den Eingang eines Verstärkers, der mit Koppelkondensatoren versehen ist, eine Gleichspannung, so findet keine Verstärkung statt, weil die Koppelkondensatoren keine Gleich-spannungssignale durchlassen. Wird hingegen eine Wechselspannung angelegt, z.B. die aus einem Sensor oder einem Mikrofon stammende Nieder-frequenzwechselspannung, so ergibt sich eine Ver-

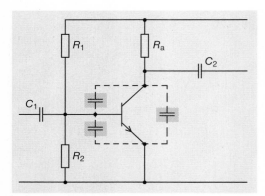

Abb. 1: Parasitäre Kapazitäten am Transistor

stärkung des Signals. Derartige Verstärker nennt man Wechselspannungsverstärker.

> Wechselspannungsverstärker verstärken nur Wechselspannungen, -ströme und -leistungen.

Bei der Auswahl der Koppelkondensatoren für Wechselspannungsverstärker muß darauf geachtet werden, daß der kapazitive Blindwiderstand X_C der Koppelkondensatoren für alle vorkommenden Signalfrequenzen ausreichend klein ist, damit die Signalwechselströme möglichst ungehindert in die Schaltung hinein- bzw. aus ihr herausfließen können. Anderenfalls würde die Verstärkung stark frequenzabhängig werden.

Auch bei Verwendung von Koppelkondensatoren mit großer Kapazität ist die Verstärkung eines Wechselspannungsverstärkers niemals vollständig frequenzunabhängig, weil X_C eine Frequenzabhängigkeit aufweist. Bei sehr niedrigen Signalfrequenzen macht sich daher der kapazitive Blindwiderstand der Koppelkondensatoren bemerkbar. X_C steigt an. Dadurch werden z. B. u_{BE} und i_B absinken und auch die Ausgangsspannung abnehmen.

Auch durch den Transistor selbst wird eine Frequenzabhängigkeit der Verstärkung hervorgerufen. Bei sehr hohen Signalfrequenzen machen sich Kapazitäten im Transistor (Abb. 1) selbst (parasitäre [1] Kapazitäten) bemerkbar. Sie bestehen z. B. zwischen den Schichten eines Transistors (Abb. 2, S. 261) und sind nicht zu vermeiden. Die parasitären Kapazitäten schließen die Wechselspannungssignale im Transistor teilweise kurz. Daher nimmt die **Wechselstromverstärkung** β (in Emitterschaltung) eines Transistors mit steigender Frequenz ab.

---

[1] Parasit (griech.): Schmarotzer

$$\beta = \frac{\Delta I_C}{\Delta I_B} \qquad \beta \approx B$$

Demzufolge sinkt auch die Verstärkung von Wechselspannungssignalen mit zunehmender Signalfrequenz.

Die Signalfrequenz, bei welcher die Verstärkung des Transistors auf den Wert 1 absinkt, heißt **Transitfrequenz** f_T. Die Transitfrequenz ist ein wichtiger **dynamischer Kennwert** eines Transistors, denn bei Betrieb mit Signalfrequenzen jenseits von f_T besitzt der Transistor keine Verstärkungswirkung mehr. Die Transitfrequenz beträgt laut Datenbuch 1,1 MHz bei dem Transistor BD 130.

Ein weiterer wichtiger Kennwert von bipolaren Transistoren ist die **Grenzfrequenz in Emitterschaltung** f_β.

> Unter f_β versteht man die Signalfrequenz, bei welcher die Wechselstromverstärkung β auf 70,7 % des Wertes bei niedrigen Frequenzen abgesunken ist.

Weitere dynamische Kennwerte eines Transistors sind seine Wechselstromwiderstände zwischen Basis und Emitter r_{BE} und Kollektor und Emitter r_{CE}. Sie gelten für den unbeschalteten Transistor. Die dynamischen Kennwerte von Transistoren sind arbeitspunktabhängig.

$$r_{BE} = \frac{\Delta U_{BE}}{\Delta I_B} \qquad r_{BE} = \frac{u_{BE}}{i_B}$$

$$r_{CE} = \frac{\Delta U_{CE}}{\Delta I_C} \qquad r_{CE} = \frac{u_{CE}}{i_C}$$

Abb. 3 verdeutlicht die grafische Ermittlung ausgewählter Kennwerte eines Transistors mit Hilfe seiner Kennlinien.

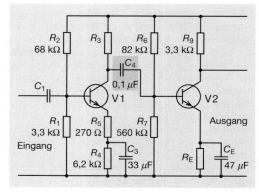

Abb. 2: Zweistufiger Wechselspannungsverstärker

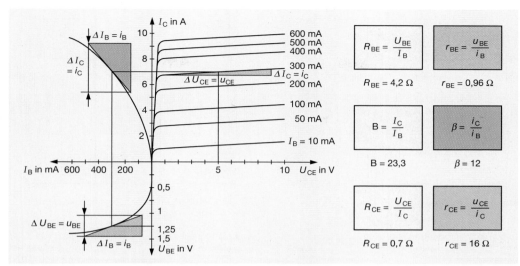

Abb. 3: Kennwerte des Transistors

Ist die Spannungsverstärkung einer Verstärkerstufe für einen Anwendungsfall zu gering, dann können mehrere Verstärkerstufen hintereinander geschaltet werden. Man erhält dann einen mehrstufigen Verstärker. Abb. 2 zeigt einen zweistufigen Verstärker.

Abb. 4 zeigt einen zweistufigen Verstärker, bei dem weder am Eingang noch zwischen den Transistoren V 1 und V 2 noch am Ausgang Koppelkondensatoren vorhanden sind. Die Transistoren sind also galvanisch miteinander verbunden. Bei diesem Verstärker handelt es sich um einen **Gleichspannungsverstärker**.

Der Arbeitswiderstand R_{a1} bildet zusammen mit dem Transistor V 1 den Basisspannungsteiler für den Transistor V 2. Ändert sich der Kollektorstrom von V 1 durch Anlegen einer Gleich- oder Wechselspannung zwischen Basis und Emitter (Abb. 5a), dann ändert sich auch die Kollektor-Emitter-Spannung von V1 (Abb. 5b). Weil diese gleichzeitig die Eingangsspannung von V 2 darstellt, verschiebt sich auch der Arbeitspunkt von V 2 (Abb. 5c). Dadurch ändert sich die Kollektor-Emitter-Spannung von V 2 (Abb. 5d). Es ergibt sich somit eine Veränderung der Ausgangspannung des Verstärkers.

Bei Gleichspannungsverstärkern können auch Gleichspannungssignale aufgrund des Fehlens von Koppelkondensatoren eine Veränderung der Basisvorspannung U_{BE} und damit eine Verschiebung des eingangsseitigen Arbeitspunkts bewirken. Die Änderung des Eingangssignals ΔU_{BE} wird verstärkt (Abb. 5). Wie der Wechselspannungsverstärker kann der Gleichspannungsverstärker auch

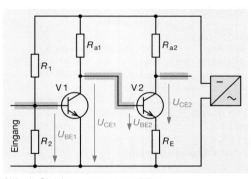

Abb. 4: Gleichspannungsverstärker

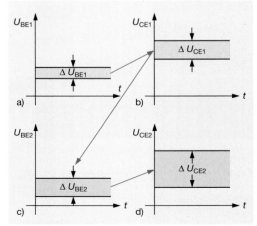

Abb. 5: Spannungsänderung in einem zweistufigen Gleichspannungsverstärker

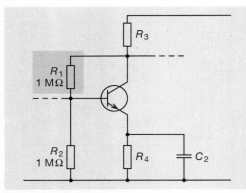

Abb. 1: Gegenkopplung

mit Wechselspannungssignalen angesteuert werden. Das Wechselspannungssignal wird ebenfalls verstärkt.

Gleichspannungsverstärker verstärken Gleich- und Wechselspannungen.

Gleichspannungsverstärker werden vor allem in der Meß- und Regelungstechnik eingesetzt. Dabei verwendet man jedoch in der Regel keine aus einzelnen (diskreten) Bauteilen erstellte Verstärker mehr, sondern man benutzt integrierte Bausteine, bei denen nahezu alle Bauteile einer Schaltung in sehr kleiner Form auf einem Träger gemeinsam hergestellt und vereinigt (integriert) sind.

7.1.1.4 Gegenkopplung

Bisher ist nicht besprochen worden, weshalb R_1 in Abb. 1, S. 261, nicht direkt an die Betriebsspannungsquelle angeschlossen wurde. Dies soll nunmehr mit Hilfe von Abb. 3 geklärt werden.

Bei jedem Verstärkungsvorgang ergeben sich

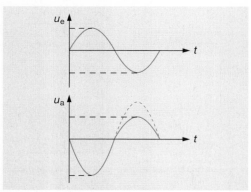

Abb. 2: Verzerrung des Ausgangssignals einer Verstärkerstufe ohne Gegenkopplung

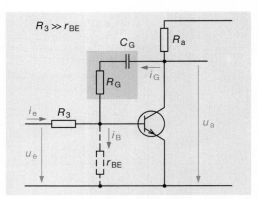

Abb. 3: Verstärker mit Spannungsgegenkopplung (Wechselspannungsbetrachtung)

Abweichungen des Ausgangssignals von der Kurvenform des Eingangssignals (Abb. 2), weil die Kennlinien der Transistoren nichtlinear sind. Die Veränderungen werden als Verzerrungen bezeichnet. In der Schaltung nach Abb. 3 werden Verzerrungen weitgehend vermieden. Über C_G und R_G fließt ein Strom i_G über r_{BE}, also über die Basis-Emitter-Strecke des Transistors. Gleichzeitig fließt über R_3 der Eingangsstrom i_e über die Basis-Emitter-Strecke des Transistors. Weil der Strom i_G durch die Kollektor-Emitter-Spannung u_{CE} des Transistors hervorgerufen wird, haben die Ströme i_e und i_G eine Phasenverschiebung von 180° zueinander. Als Basisstrom i_B fließt daher nur die Differenz der Ströme i_e und i_G über r_{BE} durch den Transistor. Dadurch ist der Basisstrom i_B gegenüber dem Eingangsstrom i_e verzerrt. Diese Verzerrung von i_B bewirkt gemeinsam mit den durch den Transistor hervorgerufenen Verzerrungen, daß die Ausgangsspannung u_a nahezu den gleichen Verlauf wie die Eingangsspannung erhält.

In der beschriebenen Schaltung wird also ein Teil des Kollektor-Wechselstroms auf die Basis zurückgeführt.

Die Rückführung einer Ausgangsgröße auf den Eingang eines Verstärkers bezeichnet man als Rückkopplung.

Da in der beschriebenen Schaltung die rückgekoppelte Größe, der Strom i_G, eine Phasenverschiebung von 180° zu der Eingangsgröße i_e aufweist, wird diese Art der Rückkopplung als **Gegenkopplung** bezeichnet.

Durch Gegenkopplungsmaßnahmen lassen sich die Verzerrungen eines Verstärkers vermindern oder größtenteils vermeiden.

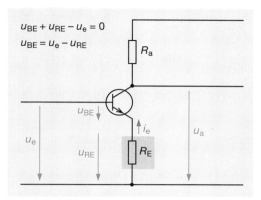

$$u_{BE} + u_{RE} - u_e = 0$$
$$u_{BE} = u_e - u_{RE}$$

Abb. 4: Verstärker mit Gegenkopplung

Bei der Gegenkopplung wird ein Teil des Ausgangssignals eines Verstärkers mit einer Phasenverschiebung von 180° auf den Eingang zurückgekoppelt.

In Abb. 3 ist der Gegenkopplungsstrom i_G im wesentlichen von der Ausgangsspannung u_a des Transistors sowie von R_G und r_{BE} abhängig, sofern X_{CG} sehr klein und $R_3 \gg r_{BE}$ sind. Weil in dieser Schaltung die Ausgangsspannung u_a den Gegenkopplungsstrom i_G hervorruft, bezeichnet man diese Art der Gegenkopplung als **Spannungsgegenkopplung**.

Die Verminderung der Verzerrungen ist von der Größe des Stromes i_G abhängig. In der Praxis wird R_G deshalb häufig als Stellwiderstand ausgeführt, um die optimale Kurvenform des Ausgangssignals einstellen zu können.

C_G hat die Aufgabe, Gleichströme aus dem Gegenkopplungszweig fernzuhalten.

In Abb. 1, S. 261, ist R_1 direkt mit dem Kollektor des Transistors verbunden. Dies führt neben einer Wechselspannungsgegenkopplung auch zu einer gleichspannungsmäßigen Gegenkopplung. Diese dient der Arbeitspunktstabilisierung.

Abb. 4 zeigt eine andere Art der Gegenkopplung. An R_E entsteht die Wechselspannung u_{RE}, da R_E nicht kapazitiv überbrückt wurde. Die Spannung u_{RE} wird auf den Eingang der Verstärkerschaltung rückgekoppelt, denn es gilt:

$$u_{BE} = u_e - u_{RE}$$

Da u_{RE} von i_e abhängt, wird diese Art der Gegenkopplung als Stromgegenkopplung bezeichnet.

Gegenkopplungen lassen sich auch über mehrere Verstärkerstufen hinweg aufbauen.

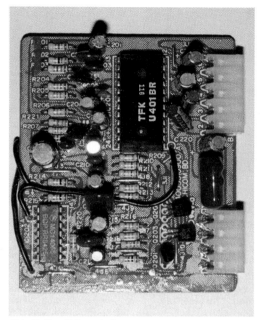

Abb. 5: Verstärkerschaltung

Aufgaben zu 7.1.1.3 bis 7.1.1.4

1. Welche Größen kann ein Transistor verstärken?

2. Erläutern Sie die Aufgaben von Koppelkondensatoren in Transistorverstärkern!

3. Welche Phasenlage haben in der Emitterschaltung Eingangs- und Ausgangssignal zueinander?

4. Welche Auswirkungen haben parasitäre Kapazitäten auf die Verstärkung eines Transistors?

5. Beschreiben Sie die Unterschiede zwischen Wechselspannungs- und Gleichspannungsverstärkern!

6. Was bedeutet die Aussage, daß die Transitfrequenz eines Transistors 2 MHz beträgt?

7. Wie bezeichnet man die Signalfrequenz, bei der die Verstärkung der Emitterschaltung auf 70,7 % absinkt?

8. Welche Widerstände werden mit r_{BE} und r_{CE} bezeichnet?

9. Wie versucht man Verzerrungen, die beim Verstärkungsvorgang entstehen, wieder rückgängig zu machen?

10. Beschreiben Sie die Wirkung eines kapazitiv nicht überbrückten Emitterwiderstands in einer Verstärkerschaltung (Emitterschaltung) auf das Wechselspannungssignal!

11. Erläutern Sie die Funktion der Spannungsgegenkopplung!

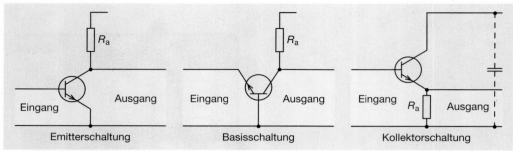

Abb. 1: Transistor-Grundschaltungen

7.1.1.5 Transistorgrundschaltungen

Bisher wurden die bipolaren Transistoren stets in der Emitter-Grundschaltung betrachtet. Bei dieser Schaltung ist der Emitter wechselspannungsmäßig gemeinsamer Anschlußpunkt für das Ein- und Ausgangssignal.

Da auch der Basis- sowie der Kollektoranschluß wechselspannungsmäßig gemeinsamer Anschlußpunkt für das Ein- und Ausgangssignal einer Transistorschaltung sein können, unterscheidet man insgesamt drei Transistor-Grundschaltungen (Abb.1): **Emitterschaltung, Basisschaltung** und **Kollektorschaltung**.

Die Eigenschaften und Kennwerte der einzelnen Grundschaltungen sollen nun gegenübergestellt werden.

Emitterschaltung

Der Eingangswiderstand r_{ee} der Emitterschaltung (zweiter Kennbuchstabe e) wird nach folgender Formel berechnet:

$$r_{ee} = \frac{u_{BE}}{i_B}$$

Je nach Transistor liegt der Wert von r_{ee} zwischen 10 Ω und 10 kΩ.

Zur Ermittlung der anderen **Schaltungskennwerte**

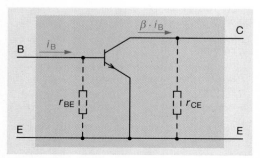

Abb. 2: Wechselstromersatzschaltbild des Transistors

ist es sinnvoll, ein Ersatzschaltbild des Transistors bei Wechselspannungsbetrieb (Abb. 2) anzuwenden.

In diesem Ersatzschaltbild wird der Wechselstromwiderstand der Basis-Emitter-Strecke durch r_{BE} und der Wechselstromwiderstand der Kollektor-Emitter-Strecke durch den ebenfalls bereits bekannten Wechselstrom-Ausgangswiderstand r_{CE} dargestellt. Bei dem dargestellten Ersatzschaltbild wird davon ausgegangen, daß der Eingangsstrom des Transistors i_B nur über r_{BE} fließt. Weiterhin wird davon ausgegangen, daß kollektorseitig im Transistor ein Strom fließt, der $\beta \cdot i_B$ beträgt (vgl. Kennwerte des Transistors). Die Richtung des Stromes $\beta \cdot i_B$ ist für die nachfolgenden Betrachtungen ohne besondere Bedeutung und wurde willkürlich festgelegt.

Nun soll noch das Ersatzschaltbild der Emitterschaltung für Betrieb mit Wechselspannungssignalen (Abb. 3a) erläutert werden.

Die Betriebsspannungsquelle der Schaltung bildet für Wechselströme einen kapazitiven Kurzschluß. Demzufolge liegt der Arbeitswiderstand R_a wechselspannungsmäßig parallel zur Kollektor-Emitter-Strecke des Transistors. Fügt man in diese Abbildung noch das Ersatzschaltbild des Transistors ein, erhält man das Ersatzschaltbild der Emitterschaltung (Abb. 3b).

Für die Stromverstärkung v_{ie} der Emitterschaltung ergibt sich:

$$v_{ie} = \frac{i_a}{i_e} \qquad i_a = \beta \cdot i_B \cdot \frac{r_{CE}}{r_{CE} + R_a} \qquad i_B \approx i_e$$

$$v_{ie} \approx \beta \cdot \frac{r_{CE}}{r_{CE} + R_a} \qquad v_{ie} < \beta$$

Aus der Formel für die Berechnung von v_{ie} folgt, daß die Stromverstärkung der Emitterschaltung kleiner als der Transistor-Kennwert β ist. Dies liegt daran, daß β immer für einen Arbeitswiderstand von 0 Ω (siehe Abb. 3, S. 271) ermittelt wird.

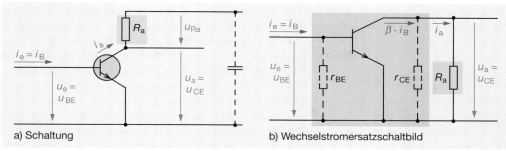

a) Schaltung   b) Wechselstromersatzschaltbild

Abb. 3: Wechselstromersatzschaltbild der Emitterschaltung

Die Spannungsverstärkung der Emitterschaltung ergibt sich zu:

$$v_{ue} = \frac{u_a}{u_e} \qquad u_a = u_{Ra} \qquad u_a = i_a \cdot R_a$$

$$u_e = i_B \cdot r_{BE} \qquad u_a = \beta \cdot i_B \cdot \frac{r_{CE}}{r_{CE} + R_a} \cdot R_a$$

$$v_{ue} = \frac{\beta \cdot i_B}{i_B \cdot r_{BE}} \cdot \frac{r_{CE} \cdot R_a}{r_{CE} + R_a}$$

$$\boxed{v_{ue} = \frac{\beta}{r_{BE}} \cdot \frac{r_{CE} \cdot R_a}{r_{CE} + R_a}} \qquad \boxed{v_{ue} = \frac{R_a}{r_{BE}} \cdot v_{ie}}$$

Für die Leistungsverstärkung gilt:

$$\boxed{v_{pe} = v_{ue} \cdot v_{ie}}$$

Die Stromverstärkung der Emitterschaltung liegt in der Praxis zwischen 10 bis 200. Die Spannungsverstärkung beträgt 100 bis 10000. Die Leistungsverstärkung ergibt Werte von 1000 bis 50000.

Nun soll beispielhaft die Ermittlung des Ausgangswiderstands der Emitterschaltung erläutert werden. Der **Ausgangswiderstand der Emitterschaltung** ergibt sich nach Abb. 3b aus der Parallelschaltung der Widerstände r_{CE} und R_a. Für den Ausgangswiderstand der Emitterschaltung erhält man somit:

$$\boxed{r_{ae} = \frac{r_{CE} \cdot R_a}{r_{CE} + R_a}}$$

Für den Fall $r_{CE} \gg R_a$ ergibt sich:

$$r_{ae} \approx R_a$$

Die Emitterschaltung verfügt über mittelgroße Eingangs- und Ausgangswiderstände. Bezieht man den Basis-Spannungsteiler in die Berechnungen ein (Abb. 4), so verringert sich der Eingangswiderstand r_{ee} gegenüber den Werten in Tab. 7.1. Gleiches gilt für die Vorspannungserzeugung mit Vorwiderstand.

Die Emitterschaltung wird vornehmlich zur Verstärkung von Signalen eingesetzt, während die Basisschaltung in Hochfrequenzverstärkern verwendet wird. Die Kollektorschaltung wird hauptsächlich zur Anpassung einer Signalquelle mit hohem Innenwiderstand an eine Schaltung mit niedrigem Eingangswiderstand (Leistungsanpassung) eingesetzt.

Tab. 7.1: Kennwerte der Transistorgrundschaltungen

Kennwert	Emitterschaltung	Basisschaltung	Kollektorschaltung
r_e	10 Ω … 10 kΩ	20 Ω … 100 Ω	20 kΩ … 500 kΩ
r_a	1 kΩ … 100 kΩ	100 kΩ …500 kΩ	10 Ω … 600 Ω
v_i	10 … 200	≈ 1	10 … 200
v_u	100 … 10000	100 … 10000	≈ 1
v_p	1000… 50000	100 … 10000	10 … 200
φ[1]	180°	0°	0°

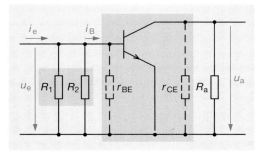

Abb. 4: Wechselstromersatzbild der Emitterschaltung mit Basisspannungsteiler

[1] Phasenverschiebung zwischen Eingangs- und Ausgangssignal

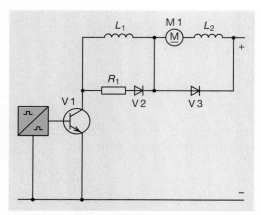

Abb. 1: Motorsteuerung mit Transistor als Schalter

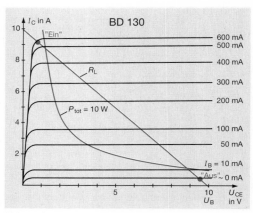

Abb. 3: Schalten von Wirklast

7.1.1.6 Bipolarer Transistor als Schalter

Neben dem Einsatz in Schaltungen zur Verstärkung von Steuersignalen oder anderen Signalen haben Transistoren in der Leistungselektronik einen weiteren Einsatzbereich als Schalter gefunden. Abb. 1 zeigt den Einsatz eines Transistors zur Motorsteuerung. Die Wirkungsweise des Transistors als Schalter und die Einsatzbedingungen sollen im folgenden untersucht werden.

Der Kollektorstrom des Transistors läßt sich mit Hilfe der Basis-Emitter-Spannung U_{BE} bzw. des Basisstroms I_B steuern. Sorgt man nun mit Hilfe der Ansteuerung dafür, daß einmal kein Kollektorstrom I_C ($I_B \approx 0$) fließt und daß zum anderen der maximal mögliche Kollektorstrom ($I_B \gg 0$) durch den Arbeitswiderstand (Verbraucher) fließt, dann kann man den Transistor als Schalter verwenden. Abb. 2 verdeutlicht die Verhältnisse anhand der Ausgangskennlinie für den Fall der Belastung des Transistors mit einem Wirkwider-

stand. Während des Umschaltens von »Aus« nach »Ein« und umgekehrt wandert der Arbeitspunkt auf der Arbeitsgeraden.

Aus der Abb. 2 läßt sich auch ein Urteil über die Qualität des Transistors als Schalter entnehmen. Da der Transistor auch in voll durchgeschaltetem Zustand (Arbeitspunkt »Ein«) noch einen Widerstand aufweist, fällt auch in diesem Betriebszustand noch die geringe Spannung U_{CEsat} an ihm ab. Das bedeutet, daß an dem Transistor auch in durchgeschaltetem Zustand eine Verlustleistung entsteht, die zur Erwärmung führt. Auch im ausgeschalteten Zustand sperrt ein Transistor ($U_{BE} \leq 0$; $I_B = 0$) nicht völlig wie ein mechanischer Schalter. Stets fließt ein geringer Reststrom. (keine galvanische Trennung)

> Transistoren sind keine idealen Schalter, da sie nicht vollständig sperren bzw. auch im Durchlaßzustand noch einen Widerstand aufweisen.

Dennoch werden Transistoren in vielfacher Weise als Schalter eingesetzt.

Es soll nun näher untersucht werden, welche Bedingungen beim Einsatz des Transistors als Schalter zu beachten sind. Zu diesem Zweck soll der Transistor als Schalter bei Belastung mit Wirkwiderständen, Spulen und Kondensatoren betrachtet werden.

Belastung mit einem Wirkwiderstand

Abb. 2 zeigt, daß die beiden Arbeitspunkte »Ein« und »Aus« unterhalb der Leistungshyperbel für die maximal mögliche Verlustleistung P_{tot} liegen, da andernfalls der Transistor im durchgeschalteten bzw. im gesperrten Zustand zerstört würde. Die Arbeitsgerade für den Wirkwiderstand als Last (Arbeitswiderstand) verläuft ebenfalls unterhalb der Leistungshyperbel. Damit wird sichergestellt, daß

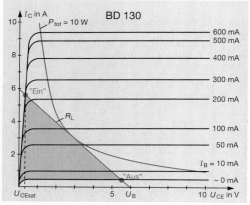

Abb. 2: Arbeitspunkte des Transistors beim Schalten

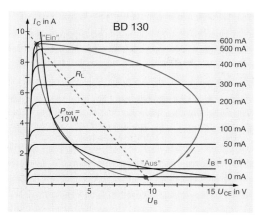

Abb. 4: Schalten induktiver Last (Wirk- und Blind-widerstand)

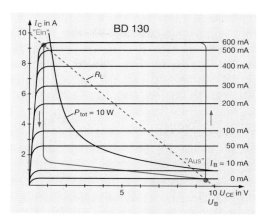

Abb. 5: Schalten kapazitiver Last (Wirk- und Blind-widerstand)

der Transistor während des Schaltvorgangs, der eine gewisse Zeit dauert, nicht zerstört wird. Die Arbeitsgerade darf jedoch auch oberhalb der Leistungshyperbel verlaufen, wenn gewährleistet ist, daß der Umschaltvorgang sehr rasch verläuft (Abb. 3) und sich die Arbeitspunkte »Ein« und »Aus« unterhalb bzw. links von der Leistungshyperbel befinden.

Belastung mit einer Spule

Dies ist die wohl am häufigsten anzutreffende Belastungsart in der Leistungselektronik, die z. B. bei der Steuerung von Motoren auftritt. Abb. 4 verdeutlicht die Wanderung des Arbeitspunktes des Schalttransistors beim Ein- und Ausschalten. Wegen der Wirkung der Induktivität folgt der Arbeitspunkt einem völlig anderen Weg als bei einem Wirkwiderstand.

Es zeigt sich, daß beim **Ausschalten** hohe Spannungen, die wesentlich größer als die Betriebsspannung U_B werden können, an der Kollektor-Emitter-Strecke auftreten. Sie können den Transistor zerstören. Diese Überspannungen entstehen als Selbstinduktionsspannungen aufgrund der Induktivität des Verbrauchers. In Abb. 1 liegt die Diode V2 parallel zu L_1 und die Diode V3 parall zum Motor M1 und L_2. Sie schließen die bei Ausschalten erzeugten Induktionsspannungen kurz und schützen so den Transistor. Diese Dioden werden aufgrund ihrer Funktion als **Freilaufdioden** bezeichnet.

In bezug auf die Betriebsspannung werden Freilaufdioden in Sperrichtung geschaltet.

Beim **Einschalten** eines Verbrauchers mit Wirk- und Blindanteil verhindert die Induktivität des Verbrauchers den raschen Anstieg des Kollektorstroms

durch den Transistor. Reicht die Induktivität des Verbrauchers nicht aus, um die Anstiegsgeschwindigkeit des Kollektorstroms zu begrenzen, wird zusätzlich eine Induktivität (z. B. L_1 in Abb. 1) in Reihe mit dem Verbraucher oder der Last geschaltet.

Belastung mit Kondensator

Rein kapazitive Verbraucher kommen in der Regel in der Leistungselektronik nicht vor. Stets ist mit einem Wirkwiderstand parallel zur Kapazität zu rechnen. Abb. 5 zeigt die Verhältnisse beim Schalten eines solchen Verbrauchers.

Auch hier folgt der Weg des Arbeitspunktes nicht der Arbeitsgeraden des Wirkanteils. Der Transistor wird vor allem durch den hohen Ladestrom des Kondensators nach dem Durchschalten des Transistors gefährdet. Durch eine Begrenzung des Basisstroms und damit auch des Kollektorstroms (Es gilt: $I_C = \beta \cdot I_B$) kann diese Gefahr beseitigt werden.

Während des Ausschaltvorgangs bewegt sich der Arbeitspunkt des Transistors auf einem den Transistor nicht gefährdenden Weg.

Der Arbeitspunkt eines Schalttransistors darf sich während des Ein- und Ausschaltvorgangs oberhalb der Leistungshyperbel bewegen, wenn der Umschaltvorgang rasch verläuft und sich der Transistor nicht zu stark erwärmt.

Durch besondere Schaltungsmaßnahmen, wie z. B. den Einbau von Freilaufdioden und durch Begrenzung des Kollektorstroms im Einschaltmoment, muß die Gefährdung durch **Überströme** bzw. durch **Überspannungen** beseitigt werden.

Aufgaben zu 7.1.1.5 und 7.1.1.6

1. Erläutern Sie den Aufbau der Transistorgrundschaltungen!

2. Welche Werte nehmen die Strom- und Spannungsverstärkung in der Emitterschaltung an?

3. Vergleichen Sie den Eingangs- und den Ausgangswiderstand in der Basisschaltung!

4. Geben Sie die Größen an, von denen der Ausgangswiderstand r_{ae} der Emitterschaltung abhängt!

5. Beschreiben Sie die Veränderung der Stromverstärkung v_{ie} der Emitterschaltung, wenn der Arbeitswiderstand des Transistors R_{a2} gegenüber dem Arbeitswiderstand R_{a1} verkleinert wird!

6. Erläutern Sie die Unterschiede zwischen dem Wechselstromersatzschaltbild eines bipolaren Transistors und dem Wechselstromersatzschaltbild einer Emitterschaltung!

7. Nennen Sie die hauptsächlichen Anwendungsgebiete der einzelnen Grundschaltungen!

8. Weshalb sind Transistoren keine idealen Schalter?

9. Beschreiben Sie den normalen Verlauf der Arbeitsgeraden eines Transistors im Vergleich zum Verlauf der Verlustleistungshyperbel!

10. Unter welchen Bedingungen darf die Arbeitsgerade von Transistorschaltern oberhalb der Verlustleistungshyperbel verlaufen?

11. Erklären Sie die Gefahren für den Schalttransistor beim Schalten induktiver sowie kapazitiver Lasten!

7.1.1.7 Gleichstromsteller mit Transistoren

Die Drehzahlsteuerung von Gleichstrommotoren erfolgt durch Steuern der Ankerspannung. Bei der Steuerung der Ankerspannung werden häufig Transistoren als Schalter eingesetzt. Abb. 2 zeigt eine **Pulsbreitensteuerung** mit deren Hilfe z. B. die Drehzahl eines Motors oder die Leistung eines Wirkwiderstands gesteuert werden kann. Die grundsätzliche Funktion derartiger Steuerschaltungen, auch **Gleichstromsteller** genannt, soll zunächst mit Hilfe einer einfachen Schaltung zur Leistungssteuerung (siehe Versuch 7-3) einer Glühlampe im Gleichstromkreis erläutert werden.

Durch die dem Gleichstromsteuersatz entnommene rechteckförmige (und damit pulsförmige) Steuerspannung wird der Transistor BD 135 periodisch gesperrt und durchgeschaltet. Dadurch entsteht an der Glühlampe ein pulsförmiger Verlauf der Spannung U_L. Da es sich bei der Glühlampe um einen Wirkwiderstand handelt, fließt auch ein pulsförmiger Strom.

Der arithmetische Mittelwert der Spannung U_L an der Glühlampe ist dem Tastgrad proportional (Abb. 1), denn es gilt: $U_L = g \cdot U$. Der Wert von U_L wurde im Versuch 7-3 durch das Drehspulinstrument angezeigt.

Wegen $P_L = \dfrac{U_L^2}{R}$ ist die Leistung der Glühlampe vom Tastgrad der Spannung U_L abhängig.

Versuch 7–3:   Gleichstromsteller mit Transistor

Aufbau

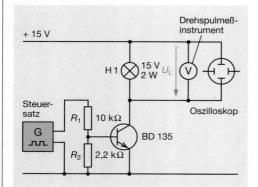

g	0,1	0,2	0,3	0,4	0,5	0,6	0,7	0,8	0,9
U_L in V	1,5	3	4,5	6	7,5	9	10,5	12	13,5

Durchführung

- Frequenz des Gleichstromsteuersatzes (Rechteckgenerators) auf 200 Hz einstellen und konstant halten.

- Spannungsmessung an der Glühlampe mit Drehspulmeßinstrument und einem Oszilloskop.

- Veränderung des Tastgrads g der Steuerspannung in Zehntelschritten von 0,1 bis auf 0,9.

- Ablesen von U_L und Beobachtung der Helligkeit der Glühlampe.

Ergebnis

Die Spannung U_L an der Glühlampe nimmt proportional zum Tastgrad g zu. Auch die Helligkeit und damit die Leistung nehmen somit bei steigendem Tastgrad zu.

Die Leistung eines Verbrauchers an einer pulsierenden Gleichspannung ist vom arithmetischen Mittelwert der anliegenden Spannung und somit vom Tastgrad abhängig.

Bei der vorliegenden Schaltung in Versuch 7-3 wurde der Tastgrad der Spannung U_L und damit auch der Steuerspannung des Transistors BD 135 durch Verändern der Impulsdauer t_i bei gleichbleibender Impulsfrequenz (T = konstant) bewirkt. Da die Veränderung der Impulsdauer sich in der grafischen Darstellung als Veränderung der Pulsbreite (Abb. 1) ausdrückt, bezeichnet man eine Steuerung nach Versuch 7-3 als **Pulsbreitensteuerung**.

Bei der Pulsbreitensteuerung werden die Spannung an einem Verbraucher und somit die Leistung bei konstanter Pulsfrequenz durch Veränderung der Pulsdauer (Pulsbreite) t_i gesteuert.

Bei der Verwendung eines Gleichstromstellers in einem Stromkreis mit induktiven oder induktivitätsbehafteten Verbrauchern, z. B. bei der Drehzahlsteuerung eines Motors, tritt ein unerwünschter Effekt auf, der nach Abänderung der Versuchsschaltung 7-3 deutlich wird.

Zu diesem Zweck soll die Glühlampe durch einen kleinen Gleichstrommotor mit der Nennspannung 15 V ersetzt werden (Abb. 2). Außerdem wird die Kollektor-Emitter-Spannung U_{CE} des Transistors mit Hilfe des Oszilloskops dargestellt.

Abb. 3a zeigt, daß die Spannung U_{CE} periodisch sehr hohe Werte annimmt. Die Spannungsspitzen entstehen beim Sperren des Transistors als Selbstinduktionsspannung in der Motorwicklung. Diese Selbstinduktionsspannung gefährdet den Transistor. Abhilfe schafft die Parallelschaltung einer Freilaufdiode (Abb. 2) zum Motor. Abb. 3b zeigt den Verlauf von U_{CE} nach Parallelschaltung der Freilaufdiode, welche die hohe Selbstinduktionsspannung nahezu kurzschließt.

Neben der Pulsbreitensteuerung besteht die Möglichkeit, über die Änderung der Pulszahl je Zeiteinheit (z. B. je Sekunde) einer pulsförmigen Gleichspannung den arithmetischen Mittelwert einer Verbraucherspannung zu steuern. Man spricht dann von einer **Pulsfolgesteuerung**.

Eine Pulsfolgesteuerung liegt vor, wenn z. B. in der Versuchsschaltung 7-3,

- die Pulsbreite des Gleichstromsteuersatzes, das heißt, die Pulsdauer konstant gehalten

- und die Frequenz des Steuersatzes (Pulsfrequenz) geändert

werden.

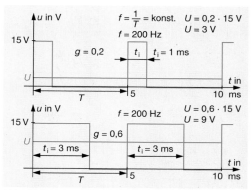

Abb. 1: Arithmetischer Mittelwert und Tastgrad

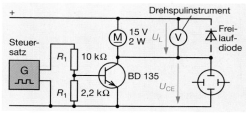

Abb. 2: Drehzahlsteuerung mit Gleichstrommotor

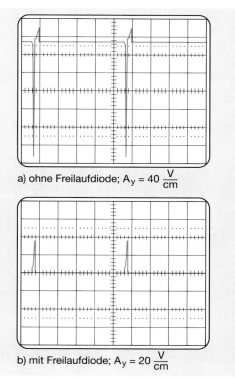

a) ohne Freilaufdiode; $A_y = 40 \frac{V}{cm}$

b) mit Freilaufdiode; $A_y = 20 \frac{V}{cm}$

Abb. 3: Verlauf von U_{CE}

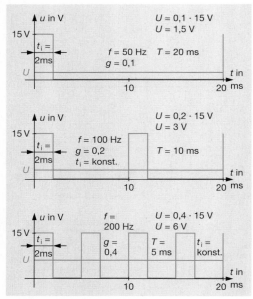

Abb. 1: Arithmetischer Mittelwert bei Pulsfolgesteuerung

Abb. 2: Straßenbahn als Verbraucher mit Gleichstromsteller

Die Ergebnisse sind dann die gleichen wie in Versuch 7-3. Es findet eine Veränderung des Tastgrades der Spannung U_L und somit eine Veränderung des arithmetischen Mittelwerts dieser Spannung statt.

Die Erhöhung der Pulsfrequenz bewirkt z. B. eine Erhöhung der Stromflußzeiten je Zeiteinheit. Damit steigt auch der arithmetische Mittelwert (Abb. 1). Umgekehrt führt die Verringerung der Pulsfrequenz zu einer Verringerung der Stromflußzeiten je Zeiteinheit und somit zu einem Absinken des arithmetischen Mittelwertes.

> Bei der Pulsfolgesteuerung werden die Spannung an einem Verbraucher und somit die Leistung bei konstanter Pulsbreite t_i durch Veränderung der Pulsfrequenz gesteuert.
>
> Die Pulsfolge ist abhängig von der Frequenz der Steuerspannung.

Gleichstromsteller mit Transistoren ermöglichen eine verlustarme Steuerung der Versorgungsspannung von Gleichstromverbrauchern, weil die Steuerung des arithmetischen Mittelwertes der Versorgungsspannung mit Hilfe zeitabhängiger Schaltvorgänge und nicht etwa durch Widerstände bewirkt wird.

Gleichstromsteller werden hauptsächlich bei der Steuerung der Antriebsmotoren von Batteriefahrzeugen (Elektrokarren, Hubstapler) sowie bei gleichstromgetriebenen Fahrzeugen, die über einen Fahrdraht versorgt werden, wie z. B. Straßenbahnen und Oberleitungsbusse, verwendet (Abb. 2).

Aufgaben zu 7.1.1.7

1. Beschreiben Sie Vorteile des Gleichstromstellers beim Steuern von Gleichspannungen!

2. Erklären Sie die verschiedenen Verfahren zur Leistungssteuerung mit Gleichstromstellern und ihre Unterschiede!

3. Erläutern Sie das Prinzip, das bei der Gleichstromstellung angewandt wird!

4. Welchen Wert kann die Gleichspannung am Ausgang eines Gleichstromstellers maximal annehmen?

5. Wovon ist der arithmetische Mittelwert der Ausgangsspannung eines Gleichstromstellers abhängig?

6. Erklären Sie den Zusammenhang zwischen Tastgrad und dem arithmetischen Mittelwert einer pulsförmigen Gleichspannung?

7. Wovon hängt die Leistung eines Verbrauchers an einer pulsierenden Gleichspannung ab?

8. Nennen Sie Anwendungsfälle des Gleichstromstellers mit Transistoren!

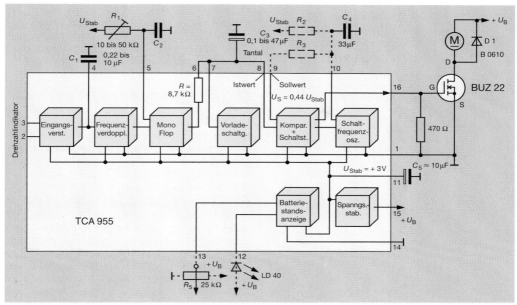

Abb. 3: Drehzahlregelung mit Feldeffekttransistor (Herstellerunterlage)

7.1.2 Feldeffekttransistoren (Unipolare Transistoren)

Abb. 3 zeigt eine Schaltung zur Drehzahlsteuerung mit dem Feldeffekttransistor BUZ 22 und der integrierten Schaltung TCA 955. Die gestrichelten Bauteile und Verbindungen sind nicht unbedingt erforderlich, verbessern aber die Funktion der gesamten Schaltung. Nach Anschluß eines mit dem Motor mechanisch verbundenen Tachogenerators an die Klemmen 3 und 2 wird die mit R_1 eingestellte Solldrehzahl des Motors nahezu kon-

stant gehalten. Sie wird damit lastunabhängig (vgl. 9.6.1).

Wesentliches Schaltelement in Abb. 3 ist der Feldeffektransistor BUZ 22.

7.1.2.1 Sperrschicht-Feldeffekttransistoren (J-FET[1], PN-FET)

Im Gegensatz zu den bisher behandelten bipolaren Transistoren erfolgt die Stromleitung in Feldeffekttransistoren entweder nur durch Elektronen oder nur durch Löcher. Daher werden Feldeffekttransistoren auch als unipolare[2] Transistoren bezeichnet. Man unterscheidet Sperrschicht- und Isolierschicht-Feldeffekttransistoren.

Abb. 4 zeigt den technischen Aufbau eines Sperrschicht-Feldeffekttransistors. Abb. 1, S. 282, erläutert den Aufbau anhand einer vereinfachten Darstellung, die Anschlüsse und das Schaltzeichen. Der stromführende Bereich des Transistors zwischen Source- und Drain-Anschluß des Transistors wird als Kanal bezeichnet. Der Kanal des dargestellten Transistors ist N-dotiert. Daher kann in ihm nur ein Elektronenstrom fließen (N-Kanal J-FET). Zwischen Gate und Kanal befindet sich der PN-Übergang (Sperrschicht).

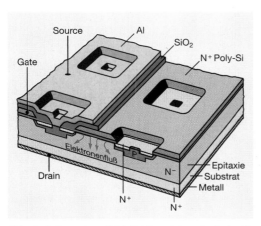

Abb. 4: Aufbau eines Feldeffekttransistors (technisch)

---

[1] J-FET: Junction-Feldeffekttransistor
junction (eng.): Verbindung, Sperrschicht

[2] unus (lat.): eins

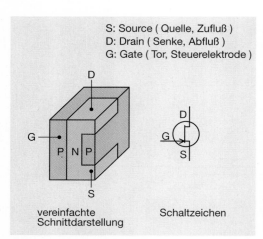

Abb. 1: Sperrschicht-Feldeffekttransistor mit N-Kanal

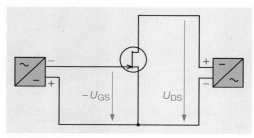

Abb. 2: Betriebsspannungen am J-FET mit N-Kanal

Versuch 7–4: Wirkungsweise des J-FET

Aufbau

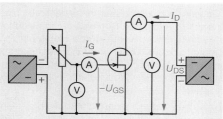

Durchführung

- U_{DS} wird auf 10 V eingestellt.
- $-U_{GS}$ wird schrittweise geändert.
- U_{DS}, I_D, I_G und U_{GS} werden gemessen.

Ergebnis

$-U_{GS}$ in V	6	2	1	0
I_D in mA	0	5	9	13,5
I_G in μA	≈ 0	≈ 0	≈ 0	≈ 0

Wirkungsweise und Kennlinien

Die Betriebsspannungen werden gemäß Abb. 2 an den N-Kanal J-FET angelegt. Der PN-Übergang zwischen Kanal und Gate ist somit in Sperrrichtung geschaltet und wirkt wie ein sehr großer Widerstand.

Versuch 7-4 erläutert die Wirkungsweise eines J-FET.

Der Versuch zeigt:

Bei einer Gate-Source-Spannung $-U_{GS}$ = 6 V fließt kein Drainstrom I_D. Wird U_{GS} positiver, so stellt sich ein Strom I_D ein. Der Strom I_D läßt sich mit Hilfe der Gate-Source-Spannung U_{GS} steuern. Der Gatestrom I_G bleibt nahezu 0 mA.

Die Versuchsergebnisse sollen nachfolgend erklärt werden. Gemäß der Polung von U_{DS} strömen am Source-Anschluß des Transistors Elektronen in den Kanal des FET. Da das Gate gegenüber dem Kanal negativ aufgeladen ist, bauen sich zwischen Gate und Kanal Sperrschichten auf, die den Kanal verengen (Abb. 3) und die Stromstärke verringern. Ist die Gate-Source-Spannung hoch genug, dann wird der Strom durch den Kanal völlig unterbunden. Der Kanal ist gesperrt. Wird die Spannung $-U_{GS}$ positiver, so werden die Elektronen lediglich in Abhängigkeit von der Stärke des elektrischen Feldes und somit in Abhängigkeit von $-U_{GS}$ abgebremst, d.h. die Sperrschichten bauen sich ab. Der Strom I_D kann somit durch die Gate-Source-Spannung gesteuert werden. Der Bereich des Kanals, welcher der Gate-Elektrode gegenüber liegt, wirkt demnach wie ein Ventil für den Drainstrom.

Da der PN-Übergang zwischen Gate und Kanal in Sperrrichtung geschaltet ist, fließt nur ein vernachlässigbarer Strom (Sperrstrom) über das Gate.

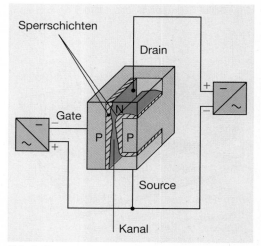

Abb. 3: Kanalbildung im J-FET

Der Drainstrom I_D eines J-FET kann durch die Gate-Source-Spannung gesteuert werden. Der Gatestrom I_G ist vernachlässigbar klein. Daher erfolgt die Steuerung des Drainstromes nahezu leistungslos.

Der im Versuch ermittelte Zusammenhang zwischen U_{GS} und I_D wird üblicherweise grafisch dargestellt und als Eingangskennlinie bezeichnet (Abb. 4). Aus der Eingangskennlinie ergibt sich, daß der Strom I_D bei einer Spannung zwischen Gate und Source von nahe Null Volt sein Maximum erreicht.

Wird beim N-Kanal J-FET U_{GS} positiv, so fließt der Strom im Kanal über das Gate ab. Dabei wird der Transistor in der Regel zerstört.

Der PN-Übergang zwischen Gate und Kanal eines J-FET muß daher stets in Sperrichtung betrieben werden.

Der Zusammenhang zwischen U_{DS}, I_D und U_{GS} wird ebenfalls in der Regel grafisch dargestellt und als Ausgangskennlinienfeld bezeichnet (Abb. 4).

Wie bei den bipolaren Transistoren kann man den Kennlinien der FETs bestimmte Kennwerte entnehmen. Einer der wichtigsten Kennwerte von Feldeffekttransistoren ist die **Steilheit S**. Diese wird im Eingangskennlinienfeld ermittelt (vgl. Abb. 4) und ist für jeden Arbeitspunkt verschieden. Als Steilheit bezeichnet man das Verhältnis der Änderungen von I_D und U_{GS}.

$$S = \frac{\Delta I_D}{\Delta U_{GS}}$$

Die Steilheit macht eine Aussage über die Steuerwirkung des Gates auf den Drainstrom. Indirekt ist die Steilheit damit auch ein Maß für die Verstärkerwirkung des Transistors.

Die Ausgangskennlinie von J-FETs wird in die in Abb. 4 eingezeichneten Bereiche eingeteilt. Im ohmschen Bereich ist I_D sehr stark von U_{DS} abhängig und nur in geringem Maße durch U_{GS} zu beeinflussen.

Im Abschnür- oder Sättigungsbereich ist I_D nahezu unabhängig von U_{DS}. Der Sättigungsbereich ist wie bei den bipolaren Transistoren der eigentliche ausgangsseitige Arbeitsbereich.

Arbeitspunkteinstellung und Verstärkerwirkung

Abb. 5 zeigt eine Verstärkerschaltung mit einem J-FET und die Gate-Vorspannungserzeugung. Der eingangsseitige Arbeitspunkt eines J-FET wird durch eine Gate-Vorspannung eingestellt.

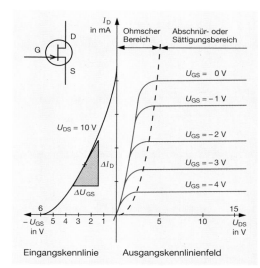

Abb. 4: Kennlinien eines Sperrschicht-Feldeffekttransistors mit N-Kanal

Die Vorspannungserzeugung läßt sich mit Hilfe der Spannungsaufteilung im Bereich von Source und Gate (Abb. 5) erklären. Es gilt:

$$U_{GS} + U_{RS} - U_{RG} = 0$$

Da über die Gate-Source-Strecke des J-FET nur ein vernachlässigbarer Gleichstrom (Sperrstrom) fließt ($I_G \approx 0$), gilt vereinfachend $I_{RG} = 0$ und $U_{RG} = 0$. Damit ergibt sich:

$$U_{GS} = -U_{RS} \text{ und weiter: } U_{GS} = -(-I_S \cdot R_S)$$

Es gilt ferner: $I_S = -I_D$. Schließlich gilt daher:

$$U_{GS} = -I_D \cdot R_S$$

R_G hat für die Vorspannungserzeugung keine Bedeutung. Bei Ansteuerung des Transistors mit

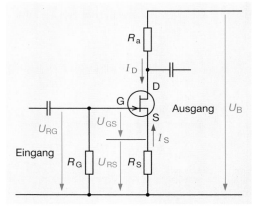

Abb. 5: Verstärkerschaltung mit Feldeffekttransistor

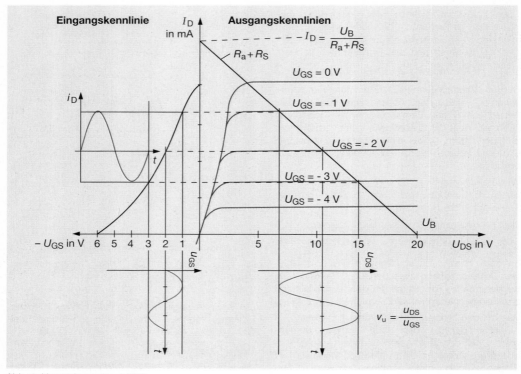

Abb. 1: Verstärkung des J-FET

Wechselspannung liegt an ihm die Signalspannung an. Der Widerstand R_G sorgt dann dafür, daß die auf das Gate gebrachten (Signal-)Wechselladungen auch wieder abfließen können. Ohne diesen Widerstand würde das Gate einmal aufgeladen und eine konstante Spannung beibehalten.

Abb. 1 erläutert die Verstärkung durch einen J-FET. Da R_S ebenso wie R_a in Reihe zum Transistor liegt

(Abb. 5, S. 283), ergibt sich der gesamte Arbeitswiderstand zu $R_a + R_S$.

Die Funktion und die Eigenschaften eines P-Kanal J-FET unterscheiden sich nicht von denen des N-Kanal J-FET. Es muß jedoch die unterschiedliche Polung der Betriebsspannungen beachtet werden.

7.1.2.2 Isolierschicht-Feldeffekttransistor (IG-FET)[1]

Transistoren dieses Typs haben in der Leistungselektronik eine sehr große Bedeutung als Stellglieder (z. B. zur Steuerung von Motordrehzahlen) und als elektronische Schalter erlangt. Stellvertretend für alle IG-FETs soll der **MOS-FET** (**M**etal-**O**xide-**S**emiconductor-FET[2]) behandelt werden. Abb. 2 zeigt den grundsätzlichen Aufbau eines MOS-FETs.

Aufbau und Wirkungsweise

Beim Isolierschicht-Feldeffekttransistor besteht das Gate aus einem Aluminiumplättchen. Dieses ist durch eine **Isolierschicht** aus Siliciumdioxid

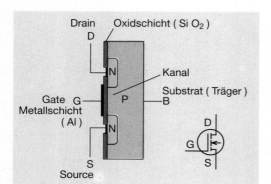

Abb. 2: Schnitt durch einen Isolierschicht-Feldeffekttransistor (MOS-FET) des N-Kanal-Anreicherungstyps (selbstsperrender Typ)

---

[1] **I**nsulated **G**ate **F**ield **E**ffect **T**ransistor (engl.): Feldeffekttransistor mit isoliertem Gate

[2] Metalloxid-Halbleiter-FET

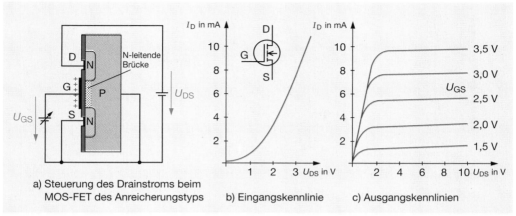

a) Steuerung des Drainstroms beim MOS-FET des Anreicherungstyps   b) Eingangskennlinie   c) Ausgangskennlinien

Abb. 3: N-Kanal MOS-FET (Anreicherungstyp)

(MOS-FET) vom Kanal getrennt (Abb. 2 und Abb. 3a). Daher ist der Gatestrom $I_G \approx 0$. Der Substratanschluß B wird, falls dies nicht bereits bei der Herstellung intern geschieht, meistens mit dem Source-Anschluß verbunden.

Versuch 7–5: Wirkungsweise des selbstsperrenden MOS-FET

Aufbau

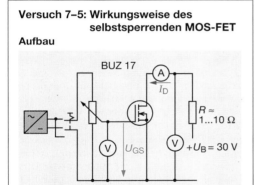

BUZ 17

Durchführung

- Der Transistor wird zunächst bei offenem Gate betrieben.
- Das Gate wird dann angeschlossen, eine negative Gate-Source-Spannung U_{GS} angelegt und stufenweise erhöht. I_D wird gemessen.
- U_{GS} wird umgepolt und von 0 auf 5 V erhöht.
- Die Anzeige des Drainstroms wird jeweils beobachtet.

Ergebnis

1. $I_D = 0$ bei offenem Gate
2. $I_D = 0$ bei $U_{GS} \leq 0$ V
3. $I_D > 0$ bei $U_{GS} > 0$

Der Transistor in Abb. 3a wird auch als **selbstsperrender Typ** oder als **Anreicherungstyp** bezeichnet. Seine Wirkungsweise soll mit Hilfe des Versuchs 7–5 erläutert werden.

Der Versuch zeigt, daß ein MOS-FET vom Anreicherungstyp bereits bei offenem Gate ($U_{GS} = 0$) den Kanal sperrt. Daher rührt auch die Bezeichnung selbstsperrender Transistor. Bei negativem Gate gegenüber der Source-Elektrode ist der Kanal ebenfalls gesperrt. Der Kanal leitet, wenn $U_{GS} > 0$ V ist.

Bei $U_{GS} \leq 0$ V besteht keine leitende Verbindung zwischen Drain und Source. Wird jedoch die Gatespannung U_{GS} positiv, so werden im Substrat Elektronen aus ihren Bindungen herausgerissen. Diese nunmehr freien Elektronen lagern sich zwischen Drain und Source und gegenüber der Gate-Elektrode an. Sie erhöhen die Zahl der Ladungsträger im Kanal (Abb. 3a) und ermöglichen einen Strom zwischen Source und Drain. Der Drainstrom kann dann durch die Gate-Spannung gesteuert werden.

Die Drain-Source-Strecke des MOS-FET vom Anreicherungstyp ist bei $U_{GS} \leq 0$ V gesperrt. Durch eine Gate-Spannung $U_{GS} > 0$V wird beim MOS-FET vom Anreicherungstyp ein leitender Kanal zwischen Source und Drain geschaffen.

Abb. 3b und c zeigen die Kennlinien des N-Kanal MOS-FET BUZ 20 (Anreicherungstyp, selbstsperrend). Es werden auch MOS-FETs vom Anreicherungstyp mit P-Kanal hergestellt und verwendet. Sie unterscheiden sich vom N-Kanal MOS-FET durch die andere Polung der Betriebsspannungen und die Löcherleitung im Kanal.

Neben MOS-FETs vom Anreicherungstyp (selbstsperrend) werden auch MOS-FETs vom Verarmungstyp (selbstleitend) hergestellt (Abb.1, S.286).

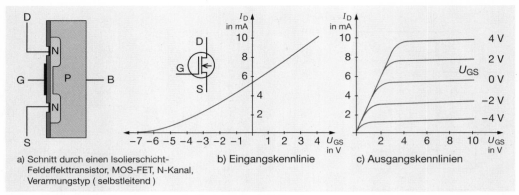

a) Schnitt durch einen Isolierschicht-
Feldeffekttransistor, MOS-FET, N-Kanal,
Verarmungstyp (selbstleitend)

b) Eingangskennlinie

c) Ausgangskennlinien

Abb. 1: MOS-FET des Verarmungstyps (selbstleitend) mit N-Kanal

> Bei MOS-FETs vom Verarmungstyp ist der Kanal bereits bei $U_{GS} \leq 0$ V leitend.

Abb. 1b und c zeigen die Kennlinien eines N-Kanal MOS-FET vom Verarmungstyp (selbstleitend). Die Eingangskennlinie zeigt, daß der Kanal erst bei stark negativen Werten von U_{GS} gesperrt wird.

> Die Gate-Spannung U_{GS} darf bei MOS-FETs vom Verarmungstyp sowohl negative als auch positive Werte annehmen.

Der MOS-FET vom Verarmungstyp benötigt daher in der Regel keine Gate-Vorspannung. Eine besondere Schaltung zur Erzeugung der Gate-Vorspannung kann somit meistens entfallen.

Vorspannungserzeugung beim selbstsperrenden MOS-FET

Aus den Eingangskennlinien der selbstsperrenden MOS-FETs ergibt sich, daß sie ähnlich wie die bipolaren Transistoren eine Gate-Vorspannung U_{GS} für die Einstellung des Arbeitspunktes auf der Eingangskennlinie benötigen. Die Vorspannungserzeugung läßt sich durch einen einfachen Spannungsteiler (Abb. 2) bewerkstelligen.

Umgang mit dem MOS-FET

Da die Isolierschicht zwischen Gate und Kanal bei MOS-FETs extrem dünn ist, muß auf die Einhaltung der zulässigen Werte für U_{GS} streng geachtet werden, damit die Isolierschicht nicht durchschlägt. Bereits die Berührung des offenen Gate-Anschlusses kann zu unzulässig hohen Werten von U_{GS} führen. Von den Herstellern des MOS-FET wird der Transistor daher mit einem Kurzschlußring versehen, der alle Anschlüsse miteinander verbindet. Erst nachdem der Transistor in eine Schaltung eingelötet ist, darf der Kurzschlußring entfernt werden. Eine weitere Schutzmaßnahme besteht in einer leitenden Verbindung zwischen der mit der Verarbeitung der FETs beschäftigten Person und der Unterlage, auf der die MOS-FETs lagern oder transportiert werden (Masseband). Lötkolben und Lötbäder werden zum Schutz gegen Aufladungen häufig geerdet (Abb. 3 u. 5.).

Der MOS-FET wird häufig auch durch in das Transistorsystem integrierte Schutzdioden gegen Überspannungen zwischen Gate und Source geschützt.

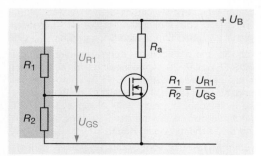

Abb. 2: Vorspannungserzeugung bei MOS-FETs (Anreicherungstyp) durch Spannungsteiler

$$\frac{R_1}{R_2} = \frac{U_{R1}}{U_{GS}}$$

Abb. 3: Arbeitsplatz für MOS-Schaltungen

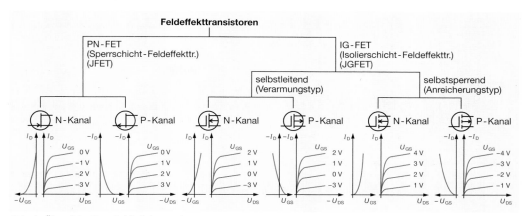

Feldeffekttransistoren

PN-FET
(Sperrschicht-Feldeffekttr.)
(JFET)

IG-FET
(Isolierschicht-Feldeffekttr.)
(JGFET)

selbstleitend
(Verarmungstyp)

selbstsperrend
(Anreicherungstyp)

N-Kanal   P-Kanal   N-Kanal   P-Kanal   N-Kanal   P-Kanal

Abb. 4: Übersicht über Feldeffekttransistoren

Aufgaben zu 7.1.2

1. Erklären Sie den wesentlichen Unterschied zwischen unipolaren und bipolaren Transistoren!

2. Worin besteht der Unterschied zwischen Sperrschicht-FETs und Isolierschicht-Feldeffekttransistoren!

3. Erläutern Sie den Unterschied zwischen einem selbstsperrenden und einem selbstleitenden MOS-FET!

4. Weshalb benötigen selbstleitende MOS-FETs in der Regel keine Gate-Vorspannung U_{GS}?

5. Erläutern Sie die Erzeugung der Gate-Vorspannung für einen selbstsperrenden MOS-FET!

6. Wie muß die Drain-Source-Spannung U_{GS} bei einem selbstleitenden IG-MOS-FET mit P-Kanal gepolt sein?

7. Wie muß die Gate-Source-Spannung bei einem selbstsperrenden IG-MOS-FET mit P-Kanal gepolt sein, damit ein Drainstrom fließen kann?

8. Erläutern Sie die Bezeichnung MOS-FET!

9. Begründen Sie, warum das Gate von MOS-FETs gegen Überspannungen geschützt werden muß!

10. Beschreiben Sie die Lösung des Problems aus Aufgabe 9 in der Praxis!

7.1.3 Leistungstransistoren

Im Bereich der Steuerungs- und Regelungstechnik ist es sehr oft erforderlich, größere Ströme, zum Beispiel beim Ein- und Ausschalten von Schützen oder bei der Drehzahlregelung von Motoren, zu steuern. Abb. 6 zeigt beispielhaft eine gebräuchliche Steuerschaltung für ein Schütz mit dem Leistungs-Feldeffekttransistor BUZ 44A, bei der zudem Steuer- und Schaltkreis galvanisch mit Hilfe eines Optokopplers (siehe 7.4.1.4) voneinander getrennt sind.

Für die Anwendung in Schaltungen der Leistungselektronik wurden besondere Transistoren entwickelt. Sie genügen den besonderen Anforderungen an:

• hoher Verlustleistung,
• mechanischer Stabilität,
• thermischer Belastbarkeit,
• hoher Schaltgeschwindigkeit,
• Verschleißfreiheit,
• kleinem Volumen.

Abb. 5: MOS-Kleinsignaltransistoren

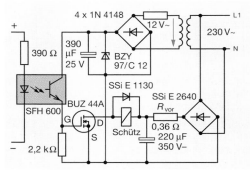

Abb. 6: Schützsteuerung mit Leistungs-MOS-FET

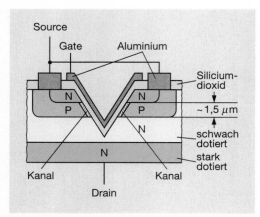

Abb.1: VMOS (Aufbau)

Diese **Leistungstransistoren** unterscheiden sich von Kleinleistungstransistoren weiterhin durch das Herstellungsverfahren, die Größe des Transistorsystems und die Gehäuseform. Das größere Transistorsystem und das Gehäuse sollen eine gute Kühlung des Transistors bewirken.

Je nach Bauart lassen derzeit einzelne bipolare Leistungstransistoren Kollektor-Emitter-Spannungen U_{CE} von mehr als 1000 V zu. Die maximalen Verlustleistungen erreichen Werte von mehreren Hundert Watt.

Um hohe Verlustleistungen zu erreichen, werden in der Regel mehrere Tausend einzelne Transistorsysteme auf einem gemeinsamen Träger hergestellt. Die einander entsprechenden Anschlüsse der Einzeltransistoren werden bereits bei der Herstellung miteinander verbunden und aus dem Transistorgehäuse herausgeführt.

Leistungs-Feldeffekttransistoren werden immer häufiger in Bereichen angewendet, die früher dem Einsatz von Thyristoren vorbehalten waren. Dies liegt daran, daß es gelungen ist, die Transistoren zu verbessern und damit die zulässigen Drain-Source-Spannungen U_{DS} und die zulässigen Drainströme I_D von Leistungs-MOS-FETs ständig zu erhöhen. Einzelne Leistungs-MOS-FETs schalten Leistungen von mehreren Hundert Kilowatt bei Werten für $U_{DS} > 1$ kV.

Da die Ansteuerung von MOS-FETs einfacher ist als bei Thyristoren, fördert auch diese Tatsache den Einsatz von Leistungs-MOS-FETs.

Abb. 1 zeigt den Aufbau des **VMOS**. Der VMOS ist ein N-Kanal-IG-FET (Anreicherungstyp). Der selbstsperrende MOS-FET wird in der Leistungselektronik gerne verwendet, weil er bei $U_{GS} = 0$ V bereits sicher sperrt.

Im VMOS bilden sich bei entsprechender Ansteuerung zwei Kanäle auf beiden Seiten der v-förmigen Vertiefung im Kristall aus. Dies ermöglicht hohe Ströme durch den Transistor.

Im VMOS-FET bilden sich bei entsprechender Ansteuerung zwei Kanäle aus.

Ähnlich wie bei bipolaren Transistoren schaltet man auch bei den Leistungs-MOS-FETs viele Einzeltransistoren auf einer Trägerschicht (Substrat) parallel, um die gewünschten Leistungen zu erzielen.

Leistungs-MOS-FETs weisen gegenüber bipolaren Leistungstransistoren unter anderen folgende Vorteile auf:

- Zur Ansteuerung sind keine Leistungen erforderlich. Bei der Inbetriebnahme fließen lediglich kurzzeitig Ströme zum Aufladen der parasitären Kapazitäten.
- Leistungs-MOS-FETs können sehr schnell vom leitenden in den nichtleitenden Zustand schalten.
- Mit Leistungs-MOS-FETs können hohe Leistungen geschaltet werden.

Kennlinien, Kenn- und Grenzwerte von MOS-FETs

Die Abb. 2, 3 und 4 zeigen wichtige Kennlinien des SIPMOS BUZ 45 aus dem Datenbuch des Herstellers.

Als wichtige **statische Kennwerte** werden in den Datenbüchern unter anderen die Drain-Source-Durchbruchspannung $U_{(BR)DSS}$ und die Gate-Schwellenspannung $U_{GS(th)}$, ab der ein merkbarer Drainstrom I_D fließt (siehe Tab. 7.2), angegeben.

Ein wichtiger **dynamischer Kennwert** ist die **Übertragungssteilheit** g_{fs}. Sie entspricht der Wechselstromverstärkung β bei bipolaren Transistoren. Weitere dynamische Kennwerte sind die Eingangs- und Ausgangskapazitäten des MOS-FET sowie die Einschaltzeit t_{on} und die Ausschaltzeit t_{off} (vgl. Tab. 7.2).

Grenzwerte werden festgelegt für:

- die Drain-Source-Spannung U_{DS}
- die Drain-Gate-Spannung U_{DGR}
- die Gate-Source-Spannung U_{GS}
- den Drain-Gleichstrom I_D
- den pulsförmigen Drain-Gleichstrom $I_{D\,puls}$
- die Sperrschichttemperatur ϑ_j (auch T_j genannt)
- die maximale Verlustleistung P_{tot}
- die Wärmewiderstände $R_{t\,hJC}$ sowie $R_{t\,hJA}$ (vgl. Tab. 7.2).

Tab. 7.2: Kennwerte für den Transistor BUZ 45

Grenzwerte		
Drain-Source- Spannung	U_{DS}	500 V
Drain-Gate-Spannung mit Widerstandvon Gate nach Source $R_{GS} = 20$ kΩ	U_{DGR}	500 V
Gate-Source-Spannung	U_{GS}	± 20 V
Drain-Gleichstrom	I_D	9,6 A
Drain-Gleichstrom, pulsförmig, $T_C = 25°$	$I_{D\,puls}$	38 A
Sperrschichttemperatur	T_j	– 55 ... + 150 °C
Max. Verlustleistung	P_{tot}	125 W
Wärmewiderstand Sperrschicht - Gehäuse Sperrschicht - Umgebung	R_{thJC} R_{thJA}	1,0 K/W 35 K/W
Statische Kennwerte		
Drain-Source- Durchbruchspannung $U_{GS} = 0$, $I_D = 0{,}25$ mA	$U_{(BR)DSS}$	500 V
Gate-Schwellenspannung $U_{GS} = U_{DS}$, $I_D = 1$ mA	$U_{GS(th)}$	2,1 V mindestens
Dynamische Kennwerte		
Übertragungssteilheit $I_D = 5A$, $U_{DS} = 6$ V	g_{fs}	2,7 S
Eingangskapazität $U_{GS} = 0$, $U_{DS} = 25$ V, $f = 1$ MHz	C_{iss}	4900 pF max.
Ausgangskapazität $U_{GS} = 0$, $U_{DS} = 25$ V, $f = 1$ MHz	C_{oss}	400 pF max.
Einschaltzeit $U_B = 30$ V, $U_{GS} = 10$ V $R_{GS} = 50\ \Omega$, $I_D = 2{,}8$ A	t_{on}	195 ns max.
Ausschaltzeit $U_B = 30$ V, $U_{GS} = 10$ V $R_{GS} = 50\ \Omega$, $I_D = 2{,}8$ A	t_{off}	570 ns max.

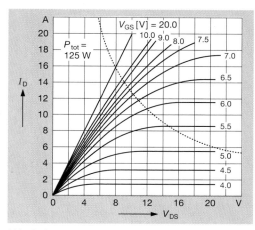

Abb. 2: Ausgangskennlinienfeld (BUZ 45, $V \triangleq U$)

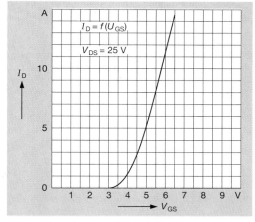

Abb. 3: Steuerkennlinie (BUZ 45, $V \triangleq U$)

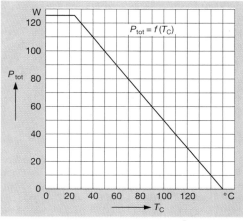

Abb. 4: Verlustleistung in Abhängigkeit von der Gehäusetemperatur T_C (BUZ 45, $T \triangleq \vartheta$)

Darlington-Transistor

Es gibt auch bipolare Leistungstransistoren. Abb. 1a, S. 290, zeigt eine Schaltung mit zwei Leistungstransistoren, die häufig in der Leistungselektronik verwendet wird. Diese **Darlingtonschaltung** wird in der Regel in einem einzigen, gemeinsamen Gehäuse angeboten und als Darlington-Transistor bezeichnet. Der Darlington-Transistor ist ein bipolarer Leistungstransistor.

Der Darlington-Transistor hat einen hohen Eingangswiderstand, eine große Leistungsverstärkung sowie eine kleine Spannungsverstärkung.

Er wird dort eingesetzt, wo hohe Ausgangsströme verlangt werden.

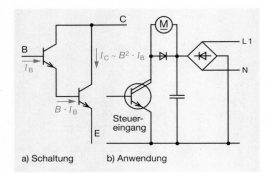

a) Schaltung   b) Anwendung

Abb. 1: Darlington-Transistor

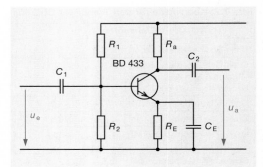

Abb. 2: Leistungsverstärker mit BD 433

Er kann sowohl als Gleichspannungsverstärker wie auch als Wechselspannungsverstärker verwendet werden. Darüber hinaus wird der Darlington-Transistor in Steuerschaltungen für Motoren (Abb. 1b) verwendet.

Leistungsverstärker

Die bisher betrachteten Verstärkerschaltungen eignen sich nur für die verzerrungsarme Verstärkung kleiner Signale. Eine direkte Ansteuerung größerer Verbraucher ist mit ihnen nicht möglich, da die abgegebene Leistung des Verstärkers zu gering ist. Diese Verstärker bezeichnet man als **Kleinsignalverstärker**.

Benötigt man größere Leistungen, dann verwendet man **Leistungsverstärker**. Von den vielen möglichen Schaltungen sollen hier der A- und der B-Verstärker betrachtet werden. Abb. 2 zeigt einen Verstärker mit einem Leistungstransistor. Die Verstärkung erfolgt nur durch einen Transistor, der alle Teile des Wechselspannungssignals verstärkt. Diese Art von Leistungsverstärker wird als **Eintaktverstärker** oder **A-Verstärker** (Verstärker in A-Betrieb) bezeichnet. Abb. 3 zeigt, daß der Arbeitspunkt bei A-Betrieb ungefähr auf der Mitte der Arbeitsgeraden liegt. Diese Lage des Arbeitspunkts ermöglicht die Verstärkung beider Halbschwingungen des Wechselspannungssignals. Dies gilt auch bei Kleinsignalverstärkern, die meistens im A-Betrieb arbeiten.

> Bei Verstärkern in A-Betrieb liegt der Arbeitspunkt in der Mitte der Arbeitsgeraden. Eintaktverstärker arbeiten in A-Betrieb.

A-Verstärker verursachen eine große Verlustleistung. Wie Abb. 4 zeigt, ist diese am größten, wenn der Transistor bei A-Betrieb nicht angesteuert wird (Betrieb bei Basisvorspannung U_{BE} und I_B, $u_{BE} = 0$, $i_B = 0$). Sie beträgt in Abb. 4 z.B. 25 W und führt zu einer verhältnismäßig großen Wärmebelastung des Transistors bei fehlender Ansteue-

rung. Die Verlustleistung muß von der Betriebsspannungsquelle des Verstärkers aufgebracht werden. Daher muß diese entsprechend groß ausgelegt werden, was zu einer Verteuerung der Schaltung führt. Deshalb wird der A-Verstärker nur bei Ausgangsleistungen bis zu ungefähr 10 W verwendet.

> A-Verstärker weisen einen hohen Ruhestrom I_C bei fehlender Ansteuerung ($u_{BE} = 0$) auf. Sie liefern nur bei geringen Wechselspannungssignalen ein verzerrungsarmes Ausgangssignal.

Günstiger liegen die Verhältnisse beim **B-Verstärker** (**Verstärker in B-Betrieb**, Abb. 6). Jeder der beiden Transistoren des B-Verstärkers verstärkt eine Halbschwingung des Wechselspannungssignals. Die verstärkten Halbschwingungen

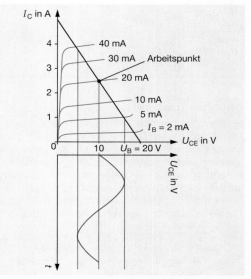

Abb. 3: Leistungsverstärker in A-Betrieb und sinusförmiger Eingangsspannung

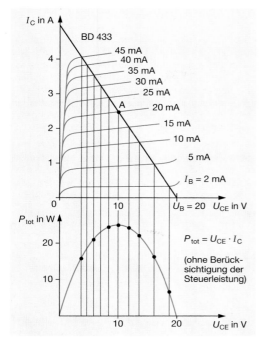

Abb. 4: Verlustleistung des Transistors BD 433 bei verschiedenen Arbeitspunkten

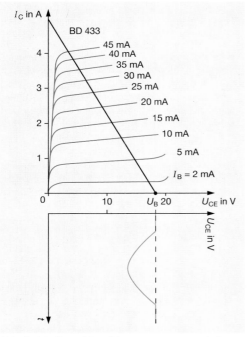

Abb. 5: Arbeitspunkt und Ausgangsspannung bei einem Transistor in B-Betrieb und sinusförmiger Eingangsspannung

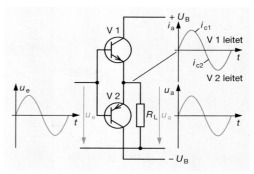

Abb. 6: Gegentakt-B-Verstärker mit zwei Betriebsspannungsquellen

werden am Arbeitswiderstand wieder zum vollständigen Signal zusammengefügt.

> Der B-Verstärker erfordert (mindestens) zwei Verstärkerbauelemente. Diese müssen annähernd gleiche Eigenschaften aufweisen, damit beide Signalhalbschwingungen in gleicher Weise verstärkt werden. In der Praxis verwendet man deshalb ausgesuchte Transistorpärchen.

Dem Kennlinienfeld (Abb. 5) läßt sich entnehmen, daß der ausgangsseitige Arbeitspunkt der Transistoren bei $U_{CE} = U_B$ und $I_C = 0$ liegt. Dadurch fließt bei fehlender Ansteuerung der Transistoren kein Kollektorstrom. Somit entsteht in diesem Fall keine Verlustleistung. Der Betriebsspannungsquelle des Verstärkers wird somit nur dann eine Leistung entnommen, wenn die Transistoren angesteuert werden. Dies ist ein großer Vorteil gegenüber dem A-Verstärker.

> Bei B-Betrieb entsteht nur dann eine Verlustleistung in den Transistoren, wenn diese mit einem Signal (u_{BE}) angesteuert werden.

Aufgaben zu 7.1.3

1. Beschreiben Sie den grundsätzlichen Aufbau von Leistungstransistoren!

2. Nennen Sie die Vorteile von Leistungs-MOS-FETs gegenüber bipolaren Leistungstransistoren!

3. Nennen Sie die besonderen Anforderungen, denen Leistungstransistoren genügen müssen!

4. Erläutern Sie den dynamischen Kennwert von MOS-FETs, welcher der Wechselstromverstärkung β entspricht!

5. Nennen Sie die Größen von MOS-FETs, für die Grenzwerte festgelegt werden.

6. Begründen Sie, warum in der Leistungselektronik MOS-FETs vom Anreicherungstyp vorzugsweise verwendet werden!

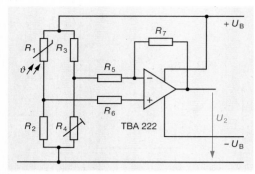

Abb. 1: Temperaturmessung mit Operationsverstärker

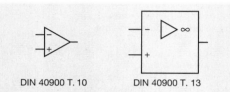

DIN 40900 T. 10   DIN 40900 T. 13

Abb. 2: Mögliche Schaltzeichen von Operationsverstärkern

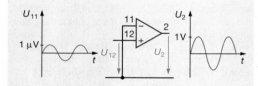

Abb. 3: Nichtinvertierende Verstärkerschaltung

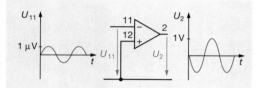

Abb. 4: Invertierende Verstärkerschaltung

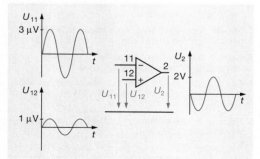

Abb. 5: Differenzverstärkerschaltung

7.2 Operationsverstärker

Abb. 1 zeigt eine Schaltung zur Temperaturmessung mit dem Operationsverstärker TBA 222, wie sie in der Steuerungs- und Regelungstechnik zu finden ist. Aus der Abbildung ist zu entnehmen, daß der Operationsverstärker zwei Betriebsspannungen benötigt, die in der Regel gleich groß sind. In Schaltplänen wird häufig auf die Darstellung der Betriebsspannungszuführung verzichtet.

Weiterhin verfügen Operationsverstärker meistens über zwei Eingänge, die mit + und – gekennzeichnet sind und als nichtinvertierender (+) bzw. als invertierender (–) Eingang bezeichnet werden. Der Ausgang wird nicht gesondert gekennzeichnet (Abb. 2).

Typische Kennwerte von Operationsverstärkern

- Betriebsspannungen: $\pm\,4\,\text{V} \ldots \pm\,30\,\text{V}$
- Spannungsverstärkung: $10^3 \ldots 10^8$
- Eingangswiderstand: $10^5\,\Omega \ldots 10^{15}\,\Omega$
- Ausgangswiderstand: $15\,\Omega \ldots 3\,\text{k}\Omega$
- Frequenzbereich: $0\,\text{Hz} \ldots 1\,\text{MHz}$

Aus der Angabe für den Frequenzbereich entnimmt man, daß Operationsverstärker Gleichspannungsverstärker sind, weil sie Gleich- und Wechselspannungen verstärken.

> Operationsverstärker sind integrierte Gleichspannungsverstärker mit einer sehr hohen Spannungsverstärkung.

Das grundsätzliche Verhalten von Operationsverstärkern soll nunmehr geklärt werden (Abb. 3 bis 5).

- An den nichtinvertierenden Eingang 12 (Abb. 3) und an den invertierenden Eingang 11 (Abb. 4) wird nacheinander eine Wechselspannung von wenigen Mikrovolt angelegt.
- Die Ausgangsspannung wird jeweils mit dem Oszilloskop dargestellt.
- Danach werden an die Eingänge des Operationsverstärkers unterschiedliche Spannungen angelegt und die Ausgangsspannung oszillografiert (Abb. 5).

Ergebnisse

- Legt man eine Wechselspannung an den nichtinvertierenden Eingang des Operationsverstärkers an, so wird das Eingangssignal verstärkt (Abb. 3).
- Legt man an den invertierenden Eingang des Verstärkers eine Wechselspannung an, so wird die Spannung verstärkt und invertiert[1].

  Das heißt: Das Ausgangssignal ist gegenüber der Eingangsspannung um 180° gedreht (Abb. 4).

---

[1] Inversion: Umwandlung, Drehung

- Liegen gleichzeitig an beiden Eingängen des Operationsverstärkers unterschiedliche Spannungen an, so wird lediglich die Spannungsdifferenz $u_{11} - u_{12}$ verstärkt. Der Operationsverstärker arbeitet dann als **Differenzverstärker** (Abb. 5). Würden gleichgroße Spannungen an den Eingängen des Operationsverstärkers anliegen, wäre die Ausgangsspannung Null.

> Operationsverstärker können als invertierende, nichtinvertierende und als Differenzverstärker arbeiten. Sie verstärken aber immer die Spannung zwischen den beiden Eingängen.

Für den Operationsverstärker TBA 222 gelten laut Datenbuch bei $U_B = \pm 15$ V und $\vartheta_U = 25\ °C$ u.a. folgende typische Kenndaten:

- Spannungsverstärkung: $2 \cdot 10^5$
- Eingangswiderstand: $2\ M\Omega$
- maximale Ausgangsspannung U_2: ± 14 V

Aus diesen Angaben folgt, daß beim TBA 222 bereits eine Eingangsspannung von $\pm 70\ \mu V$ (± 14 V: 200 000) genügt, um die maximale Ausgangsspannung zu erreichen.

> Kleinste Eingangsspannungen führen beim Operationsverstärker bereits zu hohen Ausgangsspannungen.

Daher können Operationsverstärker nicht ohne äußere Beschaltung betrieben werden, weil bereits geringste unvermeidbare Spannungseinstreuungen den Verstärker beeinflussen.

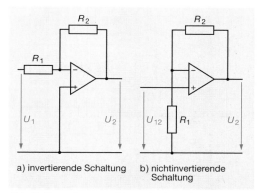

a) invertierende Schaltung   b) nichtinvertierende Schaltung

Abb. 6: Operationsverstärker mit Gegenkopplung

Durch Gegenkopplungsschaltungen (z.B. R_2 und R_1 in Abb. 6) wird daher die Gesamtverstärkung von Schaltungen mit Operationsverstärkern herabgesetzt.

> Operationsverstärker werden mit einer Gegenkopplungsschaltung betrieben.

Spannungsverstärkung bei Gegenkopplung

Mit Versuch 7 - 6 soll geklärt werden, wovon die Verstärkung eines gegengekoppelten Operationsverstärkers abhängt.

Versuch 7 - 6 zeigt:

> Die Spannungsverstärkung des gegengekoppelten Operationsverstärkers ist vom Verhältnis der Gegenkopplungswiderstände R_2 und R_1 abhängig.

Versuch 7 - 6: Verstärkung der gegengekoppelten invertierenden Verstärkerschaltung

Aufbau

Durchführung

- U_{11} wird auf konstant 1 V eingestellt.
- Gemäß Ergebnistabelle werden verschiedene Werte für R_1 und R_2 in die Schaltung eingefügt.
- Die Ausgangsspannung U_2 wird gemessen.
- Die Spannungsverstärkung v_u der Schaltung wird errechnet.

Ergebnis

R_1 in kΩ	R_2 in kΩ	U_{11} in V	U_2 in V	$v_u = U_2 / U_{11}$
100	100	1	−1	−1
100	200	1	−2	−2
100	300	1	−3	−3
200	300	1	−1,5	−1,5

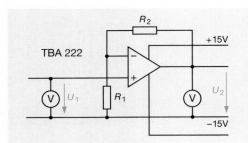

Abb.1: Versuchsschaltung

Die Auswertung der Ergebnistabelle von Versuch
7-6 ergibt:

$$\frac{U_2}{U_{11}} = -\frac{R_2}{R_1}$$

Die Spannungsverstärkung des gegengekoppelten
Operationsverstärkers in der invertierenden Schaltung beträgt also:

$$v_u = -\frac{R_2}{R_1}$$

Untersucht man die Spannungsverstärkung der
nichtinvertierenden Verstärkerschaltung mit einer
Schaltung nach Abb. 1 und verändert man darin
die Widerstände R_1 und R_2, so erhält man als
Formel für die Spannungsverstärkung der nichtinvertierenden Verstärkerschaltung:

$$v_u = 1 + \frac{R_2}{R_1}$$

Offsetkompensation

Bei realen Operationsverstärkern ist u.a. aufgrund
unvermeidbarer Herstellungstoleranzen die Ausgangsspannung auch dann ungleich Null, wenn an
beiden Eingängen keine Spannung anliegt oder
wenn beide Eingänge miteinander verbunden sind.
Man bezeichnet diese Tatsache als Offset. Moderne Operationsverstärker verfügen daher über
eine interne Schaltung zur Vermeidung des Offsets
oder über gesonderte Anschlüsse zur externen
Offsetkompensation (Abb. 2).

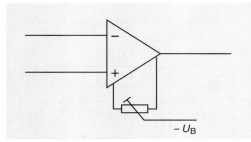

Abb. 2: Offsetkompensation

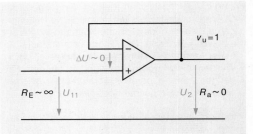

Abb. 3: Impedanzwandler

Anwendungsschaltungen

Abb. 3 und nachfolgende Abbildungen geben
einen Überblick über verschiedene Anwendungs-
schaltungen mit Operationsverstärkern. Die angegebenen Formeln gelten grundsätzlich auch für die
Ansteuerungen mit Wechselspannungssignalen.

Eine einfache Schaltung ist der **Impedanzwandler**
(Abb. 3). Diese Schaltung verfügt über einen hohen
Eingangs- und einen niedrigen Ausgangswiderstand. Sie eignet sich somit z.B. zur Anpassung
von Sensoren mit niedrigem Innenwiderstand an
Steuerschaltungen mit hohem Eingangswiderstand.

Die Verstärkung des Impedanzwandlers soll beispielhaft berechnet werden (Abb. 3). Dazu wird die
Spannung zwischen den beiden Eingängen des
Operationsverstärkers $\Delta U = 0$ angenommen. Denn
bei einer Ausgangsspannung des Impedanzwandlers von z.B. $U_2 = 3$ V und einer Spannungsverstärkung des Operationsverstärkers von $v_u = 2 \cdot 10^5$
ergibt sich $\Delta U = U_2 / v_u$ mit 15 µV. Gegenüber einer
Eingangsspannung von $U_{11} = 3$ V ist ΔU zu vernachlässigen. Es gilt daher:

$U_2 - U_{11} = 0$ und $U_2 = U_{11}$. Daraus folgt mit

$$v_u = \frac{U_2}{U_{11}} \qquad v_u = 1$$

Dieses Ergebnis stimmt mit der Berechnung der
Spannungsverstärkung mit Hilfe der Formel für
nichtinvertierende Verstärker überein.

Als Eingangswiderstand der Impedanzwandler-
schaltung tritt der Eingangswiderstand des TBA 222
von 2 MΩ auf. Als Ausgangswiderstand der Schaltung ergibt sich maximal der Ausgangswiderstand
des TBA 222 von 75 Ω (laut Datenblatt).

Abb. 4 zeigt eine **Addierschaltung**. Ihre Ausgangsspannung soll nachfolgend berechnet werden.
Vereinfachend wird wiederum die Spannungsdifferenz zwischen den beiden Eingängen des Operationsverstärkers $\Delta U = 0$ angenommen (Abb. 4).
Weiterhin wird vereinfachend angenommen, daß
der Eingangsstrom des Operationsverstärkers
$I_e = 0$ ist. Dies ist wegen des hohen Eingangswider-

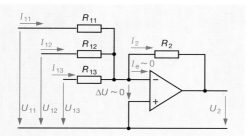

Abb. 4: Addierer

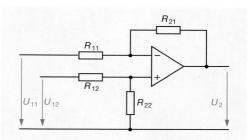

Abb. 5: Subtrahierer

stands der Operationsverstärker möglich. Deshalb gilt dann: $-U_2 = I_2 \cdot R_2$

Es gilt aber auch: $I_2 = I_{11} + I_{12} + I_{13}$

Ersetzt man die Ströme durch den Quotienten aus Eingangsspannung und zugehörigem Widerstand z. B. $I_{11} = U_{11} / R_{11}$, so folgt:

$$-U_2 = R_2 \cdot \left(\frac{U_{11}}{R_{11}} + \frac{U_{12}}{R_{12}} + \frac{U_{13}}{R_{13}} \right)$$

Wählt man nun alle Widerstände R_{1n} gleichgroß und gibt ihnen den Wert R_1, ergibt sich für U_2:

$$-U_2 = (U_{11} + U_{12} + U_{13}) \cdot \frac{R_2}{R_1}$$

Operationsverstärker werden häufig als **Differenzverstärker** oder **Subtrahierer** eingesetzt. Abb. 5 zeigt die Grundschaltung. Bei der Berechnung von U_2 kann hier nicht mehr vereinfachend davon ausgegangen werden, daß die Spannung zwischen den beiden Eingängen $\Delta U = 0$ ist. Denn die Differenz von U_{11} und U_{12} kann und darf entsprechend den Grenzwerten der Verstärker Werte von 10 V und mehr annehmen. Weil die Ermittlung von $\Delta U = U_{11} - U_{12}$ schwierig ist, geht man bei der Berechnung der Ausgangsspannung U_2 davon aus, daß sowohl ein invertierender als auch ein nichtinvertierender Verstärker vorliegt. Der von U_{11} hervorgerufene Teil der Ausgangsspannung ergibt sich zu:

$$U_{2i} = v_{2i} \cdot U_{11} \text{ mit } v_{2i} = -\frac{R_{21}}{R_{11}} \text{ (Invertierer)}$$

Am nichtinvertierenden Eingang des Verstärkers liegt die Spannung U_{R22} an. Sie hat den Wert:

$$U_{R22} = \frac{R_{22}}{R_{12} + R_{22}} \cdot U_{12}$$

Der von U_{R22} hervorgerufene Anteil an U_2 beträgt:

$$U_{2n} = v_{2n} \cdot U_{12} \text{ mit } v_{2n} = \frac{R_{11} + R_{21}}{R_{11}} \cdot \frac{R_{22}}{R_{12} + R_{22}}$$

(Nichtinvertierer)

In der Praxis wählt man die Widerstände $R_{11} = R_{12} = R_1$ und $R_{21} = R_{22} = R_2$.

U_2 ergibt sich zu $U_{2i} + U_{2n}$. Unter Berücksichtigung der praxisgerechten Widerstandswahl gilt dann für den Subtrahierer oder Differenzverstärker:

$$U_2 = \frac{R_2}{R_1} \cdot (U_{12} - U_{11})$$

Operationsverstärker ermöglichen mathematische Operationen mit elektrischen Eingangssignalen.

Integrierer und Differenzierer

Die Abb. 6 und 1 auf S. 296 zeigen zwei Schaltungen, die für die Impulsformung und in der Regelungstechnik von besonderer Bedeutung sind.

Der Integrierer erzeugt bei konstanter Eingangsspannung an seinem Ausgang eine sich zeitlinear ändernde Spannung.

Nachfolgend soll das Verhalten des Integrierers (Abb. 6) erläutert werden.

Über die konstante Eingangsspannung U_1 und den Widerstand R wird der Kondensator C aufgeladen. Unter Berücksichtigung der Vereinfachung $\Delta U = 0$ ergibt sich (Maschenumlauf): $\Delta U_2 + \Delta U_C = 0$ oder $\Delta U_2 = -\Delta U_C$. Deshalb muß für die Berechnung der Ausgangsspannung der Verlauf von U_C ermittelt werden. Weiter gilt: $I_2 = I_1$ wegen $I_e = 0$.

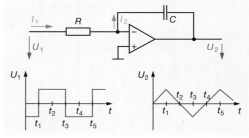

Abb. 6: Integrierer

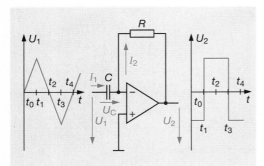

Abb. 1: Differenzierer

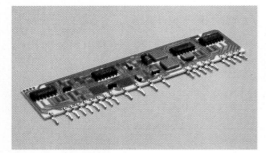

Abb. 2: Hybride Schaltung

Abb. 3: Leistungsoperationsverstärker TCA 365
(Monolitische Schaltung)

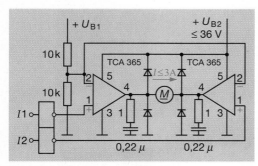

Abb. 4: Motorsteuerung mit TCA 365
(Herstellerunterlage)

In einem Zeitraum Δt von z. B. $\Delta t = t_2 - t_1$ wird dem Kondensator eine Ladungsmenge $\Delta Q = C \cdot \Delta U_C$ oder $I_C \cdot \Delta t = C \cdot \Delta U_C$ zugeführt.

Für ΔU_C gilt dann:

$$\Delta U_C = \frac{I_C \cdot \Delta t}{C}$$

Mit $I_C = \dfrac{U_1}{R}$ ergibt sich $\Delta U_C = \dfrac{U_C \cdot \Delta t}{R \cdot C}$

Für die Ausgangsspannungsänderung des Integrierers ergibt sich:

$$\Delta U_2 = -\frac{U_1 \cdot \Delta t}{R \cdot C}$$

Abb. 1 zeigt als weitere Schaltung den **Differenzierer**. Diese Schaltung zeigt das umgekehrte Verhalten wie ein Integrierer.

> Der Differenzierer erzeugt an seinem Ausgang eine Spannung, die der Änderungsgeschwindigkeit $\Delta U_1/\Delta t$ der Eingangsspannung proportional ist.

Bei der rechnerischen Beschreibung des Verhaltens der Schaltung setzen wir wiederum voraus, daß $\Delta U = 0$ sowie $I_e = 0$ sind. Dann ist die Eingangsspannung der Schaltung U_1 gleich der Spannung am Kondensator U_C. Die Ladungsmenge, die während einer Zeit Δt, z. B. $\Delta t = t_1 - t_0$, dem Kondensator zugeführt wird, errechnet sich zu: $I_C \cdot \Delta t = C \cdot \Delta U_C$. Daraus folgt:

$$I_C = \frac{C \cdot \Delta U_C}{\Delta t}$$

Weiterhin gelten wegen der Vereinfachungen die Beziehungen $I_C = I_2$ und $U_2 = -I_2 \cdot R$. Setzt man nun die gefundene Formel für I_C in die letzte Gleichung ein, so erhält man für die Ausgangsspannung des Differenzierers:

$$U_2 = -\frac{R \cdot C \cdot \Delta U_1}{\Delta t}$$

Operationsverstärker werden als integrierte Schaltungen angeboten und in vielen verschiedenen Arten hergestellt. Für die Leistungselektronik sind vor allem Leistungsoperationsverstärker von Bedeutung. Während Kleinsignaloperationsverstärker Ausgangströme in Höhe von ca. 10 mA bis 100 mA zulassen, ermöglichen Leistungsoperationsverstärker (Abb. 3) Ausgangsströme von einigen Ampere. Abb. 4 zeigt den Einsatz des Leistungs-Operationsverstärkers TCA 365 zur Steuerung kleinerer Motoren.

Integrierte Schaltungen (Abkürzung: **IC** oder **IS**) bestehen aus einer Vielzahl eng benachbarter Bauelemente (Transistoren, Dioden, Widerstände und kleine Kapazitäten). Nach dem Herstellungsverfahren unterscheidet man **hybride**[1] und **monolithische**[2] ICs.

Hybride integrierte Schaltungen bestehen aus einzeln gefertigten Bauelementen, die danach auf Halbleiterplättchen zusammengefaßt werden (Abb. 2).

Bei monolithischen integrierten Schaltungen werden auf einem einzigen Halbleiterplättchen (Substrat) von wenigen mm^2 alle Bauelemente mit Ausnahme von größeren Kondensatoren und Induktivitäten hergestellt (Abb. 3). Monolithische ICs sind sehr viel kleiner als hybride ICs, wenn man vom erforderlichen Gehäuse absieht.

Der Vorteil der monolithischen ICs liegt in der Tatsache, daß einige Tausend Bauelemente auf engstem Raum untergebracht und verschaltet werden können. Da diese integrierten Schaltungen gleichzeitig in großen Stückzahlen produziert werden, verbilligen sie die Herstellung elektrotechnischer Geräte.

Aufgaben zu 7.2

1. Welche Signalarten verstärken Operationsverstärker?
2. Erklären Sie die Bezeichnung der Eingänge des Operationsverstärkers!
3. Beschreiben Sie die Aufgabe der Gegenkopplungswiderstände an einem Operationsverstärker!
4. In welchem Bereich liegt die Verstärkung eines Operationsverstärkers im Leerlauf (ohne Gegenkopplung)?
5. Wovon ist die Verstärkung eines Operationsverstärkers mit Gegenkopplung abhängig?
6. Welche Phasenlage hat das Ausgangssignal eines invertierenden Verstärkers im Vergleich zum Eingangssignal?
7. Erläutern Sie, warum die Spannungsdifferenz ΔU zwischen den Eingängen eines Operationsverstärkers als Null angenommen werden kann!

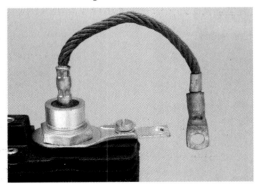

Abb. 5: Diode mit Kühlkörper

---

[1] hybrid (lat.): von zweierlei Herkunft
[2] monolithisch (lat.): aus einem einzigen Stein

7.3 Wärmeableitung bei Halbleiterbauelementen

Die bei Halbleiterbauelementen auftretende Verlustleistung P_{tot} führt zur Erwärmung der Bauelemente. Wenn die Kristalltemperatur bei Bauelementen aus Germanium 90 °C und bei Siliciumhalbleitern ca. 190 °C erreicht, ist mit der Zerstörung der Kristallstruktur zu rechnen, das Material schmilzt. Deshalb muß für die Ableitung der Wärmeenergie gesorgt werden. In vielen Fällen reicht die durch das Gehäuse gegebene Kühlung aus. Um die Halbleiter bei höheren Verlustleistungen zu betreiben, muß oftmals für zusätzliche Kühlung gesorgt werden. Dazu können im Bedarfsfall die Halbleiter auf **Kühlkörper** (Abb. 5 und 6) oder **Kühlbleche** montiert sowie durch Gebläse oder durch Flüssigkeiten, z. B. Wasser, gekühlt werden.

Die bei einem bipolaren Halbleiterbauelement entstehende Wärme wird hauptsächlich in den Sperrschichten erzeugt. Bei unipolaren Halbleitern entsteht die Wärme hauptsächlich durch den Bahnwiderstand des Halbleitermaterials.

Die Wärmeenergie wird nun nicht verzögerungsfrei an die Umwelt abgegeben. Dies führt daher zu einer Temperaturerhöhung des Bauelements. Die Ursache für die verzögerte Wärmeabgabe an die Umwelt ist der **Wärmewiderstand** R_{thJA}[3] zwischen Sperrschicht und Umgebung.

Der Wärmewiderstand eines Halbleiterbauelements zwischen Sperrschicht und seiner Umgebung wird nach folgender Formel berechnet:

$$R_{thJA} = \frac{\vartheta_J - \vartheta_A}{P_{tot}} \qquad \left[R_{thJA}\right] = \frac{K}{W}$$

ϑ_J: Sperrschichttemperatur
ϑ_A: Umgebungstemperatur
P_{tot}: Verlustleistung

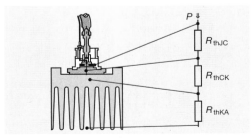

Abb. 6: Wärmewiderstände

---

[3] th von thermisch;
J von junction (engl.): Sperrschicht
A von ambience (engl.): Umgebung

Der Wärmewiderstand R_{thJA} (Abb. 6, S. 297) setzt sich aus dem Wärmewiderstand zwischen Sperrschicht und Gehäuse R_{thJC}[1], dem Wärmewiderstand zwischen Gehäuse und Kühlkörper R_{thCK}[2] sowie dem Wärmewiderstand zwischen Kühlkörper und Umgebung R_{thKA} zusammen.

$$R_{thJA} = R_{thJC} + R_{thCK} + R_{thKA}$$

Wird kein Kühlkörper verwendet, ergibt sich:

$$R_{thJA} = R_{thJC} + R_{thCA}[3]$$

Bei richtiger Auswahl des Kühlkörpers oder Kühlblechs ist

$$R_{thJC} + R_{thCK} + R_{thKA} < R_{thJC} + R_{thCA}$$

> Kühlkörper und Kühlbleche verringern den Gesamt-Wärmewiderstand zwischen Sperrschicht und Umgebung.

Aus Abb. 4, S. 289, kann man ablesen, mit welcher Verlustleistung der BUZ 45 betrieben werden darf, damit eine bestimmte Gehäusetemperatur T_C nicht überschritten wird. Andererseits kann durch Ermittlung der Steigung der Kennlinie der Wärmewiderstand R_{thJC} ermittelt werden.

$$R_{thJA} = \frac{\Delta T_C}{\Delta P_{tot}}$$

Den Wert des Wärmewiderstands R_{thJA} entnimmt man dem Datenbuch (vgl. Tab. 7.2, S. 289).

Aufgaben zu 7.3

1. Nennen Sie die maximalen Kristalltemperaturen für Germanium und Silizium!

2. Wo entsteht hauptsächlich die Wärme in bipolaren Transistoren?

3. Wo entsteht die Wärme im unipolaren Transistor?

4. Welchen physikalischen Zusammenhang beschreibt die Größe »Wärmewiderstand«?

5. Beschreiben Sie die Wärmewiderstände bei einem bipolaren Transistor mit Kühlkörper!

6. Welcher Wärmewiderstand ist bei einem realen Halbleiter nicht zu verringern?

7. Beschreiben Sie konstruktive Maßnahmen zur Minimierung des Wärmewiderstands R_{thJC} bei Leistungstransistoren!

8. Beschreiben Sie die Bedingungen, unter denen die für einen Halbleiter angegebene maximale Verlustleistung überschritten werden darf!

9. Erläutern Sie die Folgen des Überschreitens der zulässigen Kristalltemperatur eines Transistors!

---

[1] C von case (engl.): Gehäuse

[2] K von Kühlkörper

[3] R_{thCA}: Wärmewiderstand zwischen Gehäuse und Umgebung

7.4 Optoelektronische und magnetfeldabhängige Bauelemente

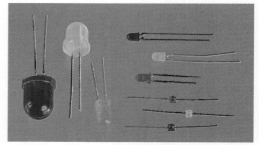

Abb. 1: Optoelektronische Bauelemente

7.4.1 Optoelektronische Bauelemente

> Optoelektronische Bauelemente wandeln je nach Bauart Lichtsignale in elektrische Signale bzw. elektrische Signale in Lichtsignale um.

Abb. 3 zeigt eine Schaltung, mit deren Hilfe Signale oder Daten auf optischem Wege über einen **Lichtwellenleiter** (siehe S. 302) zu einer galvanisch getrennten Auswerteschaltung übertragen werden können. Derartige oder ähnliche Schaltungen werden als optoelektronische Koppler bezeichnet.

Wesentliche optoelektronische Bestandteile der Schaltung sind die Sendediode (SFH 750), der Lichtwellenleiter (abgekürzt: LWL) und die Empfangsdiode (SFH 250).

7.4.1.1 Lichtempfänger

Zur Messung der Beleuchtungsstärke, z.B. in Lichtsteuer- und Lichtregelgeräten, verwendet man **Fotowiderstände** (Abb. 2). Fotowiderstände bestehen aus Halbleitermaterial, z.B. Cadmiumsulfid. Beleuchtetes Halbleitermaterial verringert seinen Widerstand, weil sich unter Einfluß der Lichtenergie Elektronen aus ihren Bindungen lösen und als freibewegliche Elektronen zur Verfügung stehen.

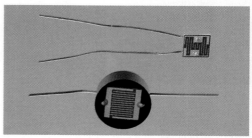

Abb. 2: Fotowiderstände

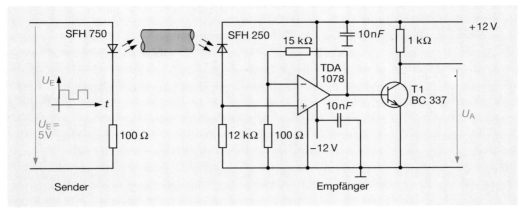

Abb. 3: Optokoppler mit Lichtwellenleiter (LWL)

Dadurch erhöht sich die Eigenleitung des Materials (**innerer Fotoeffekt**, Abb. 4), und sein Widerstand nimmt ab (Abb. 5).

> Mit zunehmender Beleuchtungsstärke sinkt der Widerstandswert von Fotowiderständen.

Fotoelemente

Fotoelemente bestehen im wesentlichen aus einem PN-Übergang, der durch eine äußere Lichtquelle zu beleuchten ist. Das lichtabhängige Verhalten eines PN-Übergangs kann recht einfach nachgewiesen werden.

Eine Diode (möglichst eine Germaniumdiode älteren Typs mit Glasgehäuse, bei welchem der schwarze Lichtschutzfilm entfernt ist) wird an einen hochohmigen Spannungsmesser (mV-Bereich) geschaltet. Die Spannung wird abgelesen. Danach wird die Diode dem intensiven Licht einer Glühlampe ausgesetzt und der Zeigerausschlag des Spannungsmessers beobachtet.

Als Versuchsergebnis stellt man fest, daß bei Beleuchtung der Diode an deren Anschlüssen eine Spannung zu messen ist.

> In einem PN-Übergang wird Lichtenergie in elektrische Energie umgewandelt.

Die in den PN-Übergang einfallende Lichtenergie bewirkt ein Aufreißen einzelner Bindungen. Dabei entstehen Löcher und frei bewegliche Elektronen. Löcher und Elektronen werden unter Einfluß der Diffusionsspannung in verschiedene Richtungen bewegt. Infolgedessen werden die N-Schicht negativ und die P-Schicht positiv aufgeladen. Es entsteht eine Spannung zwischen den Anschlüssen des Fotoelements. Diese Spannung ist von der Beleuchtungsstärke und damit von der Lichtleistung Φ des Senders abhängig.

> Die Leerlaufspannung des Fotoelements steigt mit der Beleuchtungsstärke. Der Fotostrom (Kurzschlußstrom) ist der Beleuchtungsstärke proportional (Abb. 1, S. 300).

Da optoelektronische Bauelemente häufig zusammen mit Lichtwellenleitern betrieben werden, wird in Datenblättern oft die Auskoppelleistung eines Lichtwellenleiters Φ_{out} (in µW) als Bezugsgröße angegeben.

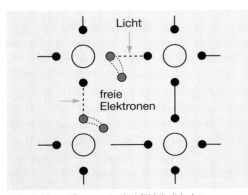

Abb. 4: Vergrößerung der Leitfähigkeit beim Fotowiderstand durch Lichteinfall

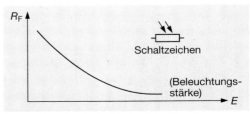

Abb. 5: Kennlinie (prinzipieller Verlauf) und Schaltzeichen eines Fotowiderstandes

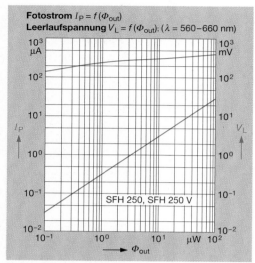

Abb. 1: Kennlinien eines Fotoelements ($V \triangleq U$)

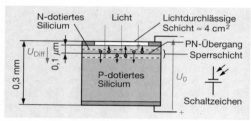

Abb. 2: Solarzelle

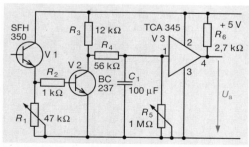

Abb. 3: Empfänger für Lichtsignale mit Fototransistor SFH 350

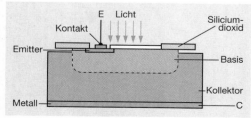

Abb. 4: Aufbau eines Fototransistors

Zur Nutzung der Solarenergie wurden spezielle Fotoelemente entwickelt, die man als **Solarzellen**[1] bezeichnet (Abb. 2).

Zur Erzeugung großer Leistungen werden Solarzellen in der Praxis wie galvanische Elemente zusammengeschaltet.

Typische **Kenndaten einer Solarzelle** sind:

Kurzschlußstrom I_k	150 mA
Leerlaufspannung U_0	600 mV
Maximale Leistung P_{max}	70 mW
Wirkungsgrad η	15 ... 22%

Ein Fotoelement kann als Fotowiderstand betrieben werden, wenn man den PN-Übergang durch Anlegen einer äußeren Spannung in Sperrichtung schaltet. Bei völliger Dunkelheit fließt dann über den PN-Übergang nur ein geringer Sperrstrom. Der Widerstand des Bauelements ist hoch. Bei Beleuchtung des PN-Übergangs werden durch den inneren Fotoeffekt Ladungsträger frei, der Sperrstrom steigt und der Widerstand des Bauelements sinkt damit.

> Ein Fotoelement, das als Fotowiderstand geschaltet ist, wird als **Fotodiode** bezeichnet.

In der Schaltung nach Abb. 3, S. 299, ist die Empfangsdiode SFH 250 durch die Betriebsspannung in Sperrichtung geschaltet. Sie wird also als Fotodiode betrieben.

Abb. 3 zeigt einen Empfänger für Lichtsignale bei dem als Lichtempfänger der **Fototransistor** SFH 350 verwendet wird.

> Bei Fototransistoren wird der Kollektorstrom I_C durch die in die Basiszone einfallende Lichtleistung Φ_{out} gesteuert.

Abb. 4 und 5 zeigen den Aufbau eines Fototransistors bzw. die Kennlinie $I_C = f(\Phi_{out})$ mit U_{CE} und der Lichtwellenlänge λ als Parameter.

Fototransistoren werden für verschiedene Anwendungszwecke mit und ohne externen Basisanschluß sowie für den Einsatz bei verschiedenen Wellenlängen λ (Lichtfarben) hergestellt. Fototransistoren sind 100 bis 500 mal so empfindlich wie Fotodioden.

Nunmehr kann auch die Funktion des Lichtempfängers (Abb. 2) geklärt werden. V1 und R_1 sind als Basisspannungsteiler für den Transistor BC 237 geschaltet. Fällt Licht auf den SFH 350, so steigen sein Kollektorstrom und U_{BE} von V2. Der Transistor schaltet durch, und die Spannung am Eingang des Schwellwertschalters TCA 345 sinkt. Der TCA 345 schaltet und U_a sinkt auf den Tiefstwert. Liegt kein Lichtsignal am SFH 350, dann steigt U_a auf den Höchstwert.

---

[1] sol (lat.): Sonne

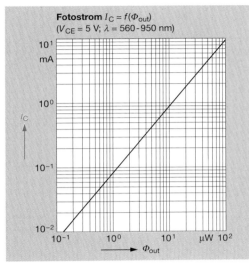

Abb. 5: Kennlinie des SFH 350 ($V \cong U$)

7.4.1.2 Lichtsender

Abb. 6 zeigt den Sendeteil der Koppelschaltung aus Abb. 3 auf S. 299. Lichtsender ist die **Lumineszenzdiode**[1] SFH 750.

Lumineszenzdioden, auch als LED[2] bezeichnet, sind lichtaussendende Halbleiterdioden. Sie werden in Durchlaßrichtung betrieben.

Bei der Rekombination von Löchern und Elektronen im Halbleitermaterial der LED wird Energie in Form von Licht frei (Abb. 7).

Die Wellenlänge des ausgesendeten Lichts und somit die Lichtfarbe werden durch das Halbleitermaterial der LEDs und durch die Dotierung bestimmt. Leuchtdioden aus Galliumarsenid-Phosphid senden rotes, LEDs aus Galliumphosphid senden grünes oder gelbes, LEDs aus Siliciumkarbid senden blaues und LEDs aus Galliumarsenid senden infrarotes Licht aus. Sichtbares Licht aussendende LEDs werden für Anzeigen, infrarotstrahlende LEDs (IRED[3]) werden für Lichtschranken und vor allem für die optische Signalübertragung mit Hilfe von Lichtwellenleitern verwendet.

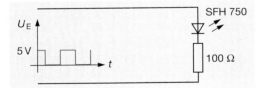

Abb. 6: Lichtsender

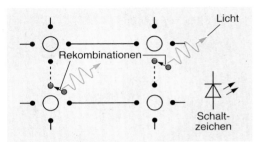

Abb. 7: Lumineszenzdiode (Wirkungsweise)

Die Strahlungsleistung einer LED ist nahezu proportional zum Durchlaßstrom, der bis ca. 100 mA betragen darf.

Abb. 8 zeigt Durchlaßkennlinien verschiedener Lumineszenzdioden.

Zur Strombegrenzung werden die Leuchtdioden mit einem Arbeitswiderstand (z. B. 100 Ω in Abb. 6) in Reihe geschaltet.

LEDs werden auch zu Anzeigeeinheiten zusammengefaßt.

Leuchtdioden und aus Leuchtdioden zusammengesetzte Anzeigen haben unter anderen folgende günstige Eigenschaften:

- große Lebensdauer,
- Stoß- und Vibrationsfestigkeit,
- leichte Modulierbarkeit der Lichtstrahlung,
- Montagefreundlichkeit.

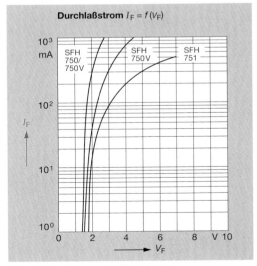

Abb. 8: Kennlinien von LEDs ($V \cong U$)

---

[1] luminare (lat.): leuchten
[2] light emitting diode (engl.): lichtaussendende Diode, Leuchtdiode

[3] IRED: infrarot emittierende Diode

Abb. 1: Lichtwellenleiter

Abb. 2: Vergleich eines menschlichen Haares (links) mit einem Einmoden-LWL

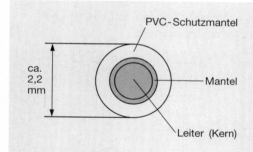

Abb. 3: Querschnitt durch einen Kunststoff-Lichtwellenleiter

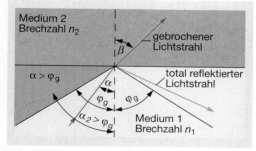

Abb. 4: Brechung und Totalreflexion

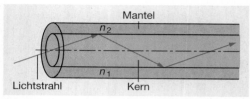

Abb. 5: Lichtausbreitung im LWL

7.4.1.3 Lichtwellenleiter

Müssen Steuer- und Regelungssignale in elektromagnetisch verseuchten Räumen, z. B. in der Nähe von Energieversorgungseinrichtungen oder in der Umgebung von elektrisch betriebenen Schmelzöfen übertragen werden, so verwendet man Lichtwellenleiter-Übertragungsstrecken (Abb. 1, S. 299). Darüber hinaus eignen sich Übertragungsstrecken mit Lichtwellenleitern auch zur galvanischen Trennung von Schaltungsteilen.

Lichtwellenleiter haben die Aufgabe, optische Signale (Informationen) von einem optischen Sender zu einem optischen Empfänger zu übertragen.

Sie bestehen aus dünnen fadenförmigen Kunststoff- oder Glasfasern (Abb. 1 und 2). Die Materialien von **Kern** und **Mantel** (Abb. 3) unterscheiden sich in den **Brechzahlen n**. Die Brechzahl des Kerns ist größer als die Brechzahl des Mantels.

Die Brechzahl n ist das Verhältnis der Lichtgeschwindigkeit c im Vakuum zur Lichtgeschwindigkeit in dem lichtleitenden Stoff (Medium).

Durchtritt Licht die Grenzfläche zwischen zwei Medien mit verschiedenen Brechzahlen, so wird der Lichtstrahl gebrochen (Abb. 4). Übersteigt der Einfallswinkel α aber einen bestimmten Grenzwert φ_g so kommt es zur Totalreflexion des Lichtstrahls (Abb. 4) unter der Voraussetzung, daß $n_1 > n_2$ ist. Die Totalreflexion findet an der Grenzfläche der beiden Medien statt.

Die Größe des Grenzwinkels φ_g ist von den Brechzahlen des Kern- und Mantelmaterials des Lichtwellenleiters abhängig.

Bei der Totalreflexion wird die gesamte Energie des Lichtstrahls reflektiert.

Durch aufeinanderfolgende Totalreflexionen wird das Licht in einem Lichtwellenleiter weitergeleitet (Abb. 5).

Glasfaser-LWL haben gegenüber Kunststoff-LWL den Vorteil der geringeren Abschwächung (Dämpfung) des Lichtsignals. Aber die 1 mm dicken

Glasfasern sind extrem bruchgefährdet. Daher faßt man in der Praxis viele der dünnen Glasfasern zu Glasfaserbündeln zusammen (Glasbündelfasern).

Unabhängig vom Material des Lichtwellenleiters unterscheidet man Lichtwellenleiter nach der Ausbreitungsart (mode[1]) des Lichts. Tab. 7.3 erläutert die Unterschiede.

Lichtwellenleiter haben folgende Vorzüge:

- Unempfindlichkeit gegenüber elektrischen und magnetischen Feldern,
- Korrosions- und Wetterunempfindlichkeit,
- kleine Abmessungen und geringes Gewicht,
- hohe Biegsamkeit,
- geringer Flächen- und Raumbedarf bei der Verlegung,
- keine Abstrahlung von Energie,
- galvanische Trennung zwischen den Faserenden.

7.4.1.4 Optokoppler

Werden Lichtsender, Lichtwellenleiter und Lichtempfänger in einem Gehäuse vereinigt, so erhält man ein als **Optokoppler** bezeichnetes Bauelement (Abb. 6).

Als Lichtsender dienen LEDs. Als Empfänger finden Fotodioden oder Fototransistoren Verwendung.

Der Eingangsstrom I_F (ca. 1 ... 30 mA) bringt die LED zum Leuchten, und der Lichtwellenleiter leitet das Licht zum Lichtempfänger, der einen Ausgangsstrom I_C abgibt (Abb. 6).

Den Aufbau von Optokopplern beschreibt Abb. 7b.

Wichtigster Kennwert des Optokopplers ist der Gleichstromwiderstand zwischen Eingang und Ausgang des Optokopplers. Er wird als **Isolationswiderstand** R_{ISOL} bezeichnet. Er beträgt bei handelsüblichen Optokopplern mindestens 10^{11} Ω.

Daher wird der Optokoppler zusätzlich zur Signalübertragung zwischen zwei Stromkreisen auch zur gleichzeitigen galvanischen Trennung verwendet.

> Optokoppler dienen der galvanischen Trennung zweier Stromkreise.

Ein weiterer wichtiger Kennwert von Optokopplern ist der **Koppelfaktor** (CTR)[2]. Der Koppelfaktor ist definiert als:

$$CTR = \frac{I_C}{I_F} \cdot 100\%$$

Je nach Optokopplertyp sind Übertragungsfrequenzen von 0 bis 20 MHz möglich.

Optokoppler werden auch mit integrierten zusätzlichen Ausgangsschaltungen (z.B. Digitalschaltungen, Wechselstromschaltern) hergestellt.

Tab. 7.3: Arten von Lichtwellenleitern

Bezeichnung	Querschnitt	Lichtausbreitung
Monomode - Stufen - profilfaser		1
Multimode - Stufen - profilfaser		3 2 1
Multimode - Gradien - tenfaser		3 2 1

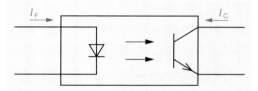

Abb. 6: Ströme am Optokoppler

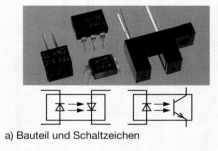

a) Bauteil und Schaltzeichen

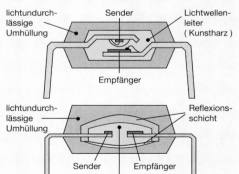

lichtundurch-lässige Umhüllung   Sender   Lichtwellen-leiter (Kunstharz)

Empfänger

lichtundurch-lässige Umhüllung   Reflexions-schicht

Sender   Empfänger

Lichtwellenleiter (Kunstharz)

b) Bauformen

Abb. 7: Optokoppler

---

1 mode (engl.): Art, Weise
2 CTR von Current Transfer Ratio: Stromübertragungsverhältnis

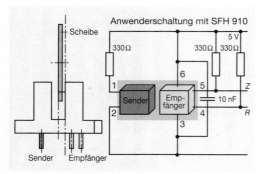

Abb. 1: Gabellichtschranke

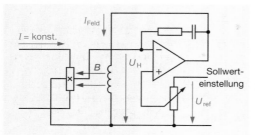

Abb. 2: Feldregelung für Kleinmotor

Abb. 3: Magnetfeldabhängige Bauelemente
(Hallgeneratoren, Feldplatten)

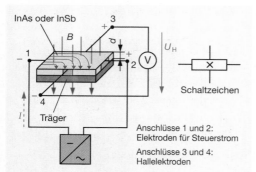

Abb. 4: Aufbau des Hallgenerators und Entstehung der
Hallspannung (Elektronenstromrichtung)

Ordnet man Sender und Empfänger eines Optokopplers so an, daß der Lichtstrahl vom Sender zum Empfänger durch einen undurchsichtigen Gegenstand, z. B. eine auf einer Achse montierte Scheibe, unterbrochen werden kann, so erhält man eine **Gabellichtschranke** (Abb. 1).

Gabellichtschranken werden in der Leistungselektronik u.a. zur Ermittlung von Drehzahl, Drehrichtung und Position verwendet (vgl. 9.6).

7.4.2 Magnetfeldabhängige Bauelemente

Abb. 2 zeigt eine Schaltung für die Feldregelung eines Kleinmotors. Die magnetische Flußdichte in der Feldwicklung wird mit Hilfe eines **Hallgenerators**[1] ermittelt. Die Spannung U_H steuert über den Operationsverstärker den Feldstrom I_{Feld}.

Hallgeneratoren sind Halbleiterbauelemente, die aus Indiumarsenid (InAs), Indiumarsenidphosphid (InAsP) oder Indiumantimonid (InSb) bestehen.

> In Hallgeneratoren werden unter Einfluß eines Magnetfeldes Spannungen erzeugt.

Über zwei gegenüberliegende Anschlüsse wird ein konstanter Steuerstrom I durch das Plättchen aus Halbleitermaterial (Abb. 4) geschickt. In einem Magnetfeld entsteht dann zwischen den beiden übrigen Anschlüssen die Hallspannung U_H. Deren Richtung ist von der Richtung des Steuerstromes und des Magnetfeldes abhängig. Der Wert der Hallspannung ist der Flußdichte B des Magnetfeldes proportional und errechnet sich nach folgender Formel:

$$U_H = R_H \cdot \frac{I \cdot B}{d}$$

R_H: Hallkonstante (Materialkonstante)

B : magnetische Flußdichte

d : Dicke des Halbleiterplättchens

Die Hallspannung U_H entsteht dadurch, daß im Hallgenerator die Elektronen des Steuerstroms durch das Magnetfeld zu einer Seite des Plättchens abgelenkt werden. Es entsteht ein Ladungsunterschied zwischen den Anschlüssen 3 und 4 (Abb. 4) und somit eine Spannung.

Hallgeneratoren werden u.a. zur Magnetfeldmessung, zur Messung von Gleichströmen und in Drehzahlmeßgeräten eingesetzt.

Abb. 5 zeigt einen berührungslosen Schalter mit einer Feldplatte. Nähert sich der Dauermagnet der Feldplatte, so steigt U_{BE}, der Transistor schaltet durch, und die Lampe leuchtet. Wird der Magnet entfernt, so sperrt der Transistor. Der

---

[1] Edwin Hall, amerk. Physiker, 1855–1938

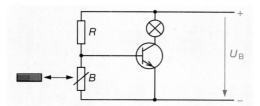

Abb. 5: Berührungsloser Schalter mit Feldplatte

Widerstand der Feldplatte muß sich also in Anwesenheit des Magneten erhöhen. Die Ursache dafür soll nachfolgend erläutert werden.
Die Feldplatte ist ein magnetisch steuerbarer Widerstand aus Halbleitermaterial (Nickelantimonid und Indiumantimonid). In einem Magnetfeld steigt der Widerstand des Materials bis auf den zwanzigfachen Wert des Widerstand ohne magnetische Beeinflussung. Abb. 7 zeigt eine Kennlinie und das Schaltzeichen.

Die Widerstandserhöhung entsteht dadurch, daß sich unter Einfluß eines Magnetfelds der Weg der Elektronen im Halbleitermaterial (Abb. 6) verlängert. Im übrigen verhält sich eine Feldplatte wie ein Wirkwiderstand.

Daher lassen sich Feldplatten als kontakt- und stufenlos veränderbare Wirkwiderstände einsetzen. Sie lassen sich mit Dauer- oder Elektromagneten ansteuern.

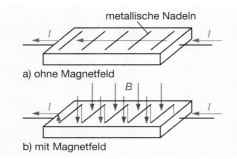

a) ohne Magnetfeld

b) mit Magnetfeld

Abb. 6: Wirkungsweise einer Feldplatte

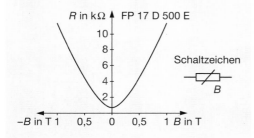

Abb. 7: Kennlinie und Schaltzeichen von Feldplatten

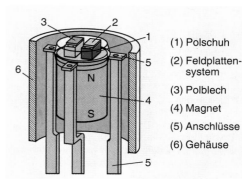

(1) Polschuh
(2) Feldplatten-
    system
(3) Polblech
(4) Magnet
(5) Anschlüsse
(6) Gehäuse

Abb. 8: Feldplattenfühler

Bei **Feldplattenfühlern** (Abb. 8) sind Feldplatte, ein Dauermagnet und magnetflußlenkende Teile zu einer Einheit zusammengeführt. Die Steuerung kann dann mit unmagnetischen Eisenteilen oder kleinen Magneten erfolgen.

Feldplattenfühler werden als Drehzahl- und Positionsgeber sowie als Funktionsgeber eingesetzt.

Aufgaben zu 7.4

1. Nennen sie Aufgaben, die optoelektronische Bauelemente übernehmen können!

2. Weshalb sinkt der Widerstand von Fotowiderständen mit zunehmender Beleuchtungsstärke?

3. Erläutern Sie den inneren Fotoeffekt!

4. Beschreiben Sie das Verhältnis von Leerlaufspannung und Kurzschlußstrom von Solarzellen in bezug auf die Beleuchtungsstärke!

5. Wie hoch ist der Wirkungsgrad von Solarzellen?

6. Beschreiben Sie die Schaltung eines Fotoelements, das als Fotowiderstand benutzt wird!

7. Erläutern Sie die prinzipielle Arbeitsweise eines Fototransistors!

8. Erläutern Sie die Entstehung des Lichts in einer Lumineszenzdiode!

9. Beschreiben Sie den Zusammenhang zwischen der Lichtleistung einer LED und ihrem Durchlaßstrom!

10. Welche Ausgangsmaterialien verwendet man für die Herstellung von Lichtleitern?

11. Nennen Sie Anwendungen von Übertragungssystemen mit Lichtwellenleitern! Was ist der Grund hierfür?

12. Erläutern Sie den Aufbau von Glasbündelfasern!

13. Welche Funktionen können Optokoppler übernehmen?

14. Beschreiben Sie die Entstehung der Hallspannung in einem Hallgenerator!

7.5 Thyristoren

Abb. 1 zeigt eine Schaltung, die als »**E**lektronisches **L**astrelais« (ELR) bezeichnet und in der Leistungselektronik verwendet wird. Mit dieser Schaltung wird eine Last wie mit einem elektromechanischen Schütz, jedoch kontaktlos, mit dem Netz verbunden oder von ihm getrennt. Als Bauelemente mit unmittelbarer Schaltfunktion befinden sich in dem ELR der Thyristor V5 und der Triac V7. Zum Verständnis der Funktion des ELR ist die Kenntnis der Funktion und der Eigenschaften von Thyristoren erforderlich. Abb. 2 zeigt eine Übersicht (Auswahl) über Bauelemente, die nach DIN 41786 als Thyristoren bezeichnet werden. Im alltäglichen Sprachgebrauch ist jedoch meistens die Thyristortriode gemeint, wenn vom Thyristor gesprochen wird.

7.5.1 Thyristordiode und Diac

Thyristordiode und Diac werden in Thyristorschaltungen zur Ansteuerung von Thyristortrioden und Triacs verwendet.

Abb. 4 zeigt den Aufbau, das Schaltzeichen und die Kennlinie einer **Vierschichtdiode (Thyristordiode)**. Legt man an diese eine Spannung in Sperrichtung an (Abb. 5 b), dann fließt ein geringer Sperrstrom (vgl. Abb. 4).

> Beim Anlegen einer Sperrspannung verhält sich die Vierschichtdiode wie eine Gleichrichterdiode.

Legt man dagegen eine geringe Spannung in **Vorwärtsrichtung** an die Vierschichtdiode (Abb. 5 a), dann fließt ebenfalls nur ein geringer Sperrstrom. Die Vierschichtdiode sperrt noch, denn sie besitzt auch in Durchlaßrichtung (Vorwärtsrichtung) einen Sperrbereich.

Wird die in Vorwärtsrichtung angelegte Spannung erhöht, dann steigt der Durchlaßstrom bei Überschreiten eines bestimmten Spannungswertes (Kippspannung $U_{(BO)}$) plötzlich stark an. Die Diode schaltet durch.

Nach dem Durchschalten verhält sich die Vierschichtdiode wie eine Gleichrichterdiode.

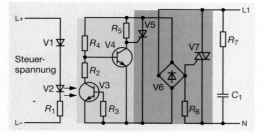

Abb. 1: Elektronisches Lastrelais

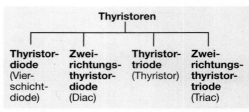

Abb. 2: Übersicht über Thyristoren

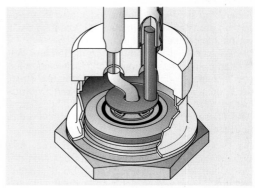

Abb. 3: Thyristor (aufgeschnitten)

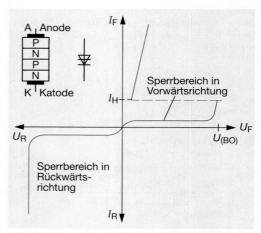

Abb. 4: Aufbau, Schaltzeichen und Kennlinie einer Vierschichtdiode (rückwärts sperrende Tyristordiode)

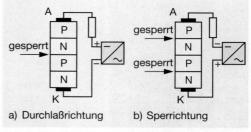

a) Durchlaßrichtung   b) Sperrichtung

Abb. 5: Vierschichtdiode an äußerer Spannung

Wird nach dem Durchschalten ein bestimmter Durchlaßstrom, der **Haltestrom** I_H, unterschritten, dann sperrt die Vierschichtdiode wieder.

> Die Vierschichtdiode verhält sich wie ein spannungsabhängiger Schalter.

Die Funktion der Vierschichtdiode soll im folgenden kurz erläutert werden.

Wird an die Thyristordiode eine Spannung in Sperrrichtung angelegt, dann sind die beiden äußeren PN-Übergänge gesperrt. Durch die Diode fließt nur ein Sperrstrom (vgl. Abb. 5 b). Legt man hingegen eine Spannung in Vorwärtsrichtung an (Abb. 5 a), dann ist nur der mittlere PN-Übergang gesperrt. Solange die angelegte Spannung kleiner als die Kippspannung ist, fließt ebenfalls nur ein Sperrstrom. Bei Überschreiten von $U_{(BO)}$ entstehen sehr viele freie Ladungsträger (Lawineneffekt, vgl. 7.11.1) im gesperrten PN-Übergang, und die Vierschichtdiode leitet.

Sinkt die in Vorwärtsrichtung angelegte Spannung unter den Wert von $U_{(BO)}$, dann entstehen nur noch wenige freie Ladungsträger, und die Vierschichtdiode sperrt wieder. Der Wert der Kippspannung hängt von der Dotierung des Halbleitermaterials ab.

Die Kippspannung handelsüblicher Vierschichtdioden bewegt sich im Bereich von $U_{(BO)} =$ 20V...200V. Der Haltestrom liegt zwischen $I_H =$ 15mA...45mA. Der zulässige Durchlaßstrom I_F beträgt bis zu 30A.

Weil sich Vierschichtdioden im durchgeschalteten Zustand wie Gleichrichterdioden verhalten, müssen sie durch Reihenschaltung mit einem Widerstand vor zu hohen Durchlaßströmen geschützt werden.

Schaltet man eine Vierschichtdiode in einen Wechselstromkreis, dann ergeben sich die in Abb. 6 dargestellten Strom- und Spannungsverläufe. Es fließt nur dann ein Strom durch das Bauteil, wenn die angelegte Wechselspannung den Wert der Kippspannung überschreitet. Außerdem findet eine Gleichrichtung statt.

Schaltet man zwei Vierschichtdioden antiparallel (Abb. 7), so erhält man eine **Zweirichtungsthyristordiode**, auch **Diac**[1] genannt.

> Der Diac schaltet nach Überschreiten der Kippspannung unabhängig von der Richtung der angelegten Spannung durch.

Dies liegt daran, daß eine der beiden Vierschichtdioden des Diacs bei beliebiger Polung der angelegten Spannung immer durchgeschaltet werden kann (Abb. 8).

---

[1] **D**iode **A**lternating **C**urrent switch (engl.): Dioden-Wechselstromschalter

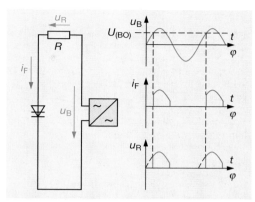

Abb. 6: Vierschichtdiode im Wechselstromkreis

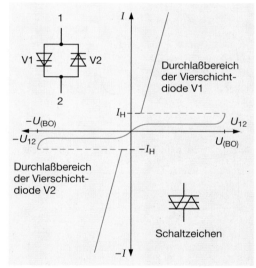

Abb. 7: Schaltzeichen und idealisierte Kennlinie des Diac

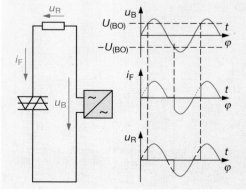

Abb. 8: Diac im Wechselstromkreis

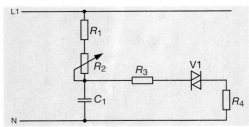

Abb. 1: Zündschaltung mit Diac

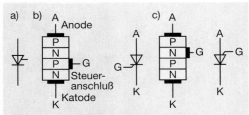

a) allgemeines Schutzzeichen
b) katodenseitig steuerbarer Thyristor
c) anodenseitig steuerbarer Thyristor

Abb. 2: Thyristoraufbau und Schaltzeichen

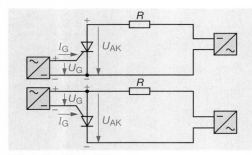

Abb. 3: Thyristor an Steuerspannung

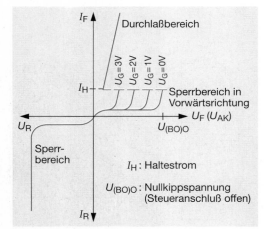

Abb. 4: Kennlinien eines Thyristors

Abb. 1 zeigt eine sehr einfache Zündschaltung mit einem Diac. R_4 ist darin der Ersatzwiderstand für den nachfolgenden Schaltungsteil. Die Schaltung arbeitet wie folgt: Über R_1 und R_2 wird der Kondensator C_1 aufgeladen. Sobald die Spannung am Kondensator die Kippspannung des Diacs überschreitet, zündet dieser und C_1 entlädt sich über R_3, den Diac und R_4. Danach wird C_1 wieder aufgeladen. Mit R_2 wird die Dauer des Aufladevorgangs und somit der Zündzeitpunkt des Diacs gesteuert.

7.5.2 Thyristortriode

Thyristortrioden können als Weiterentwicklung der Vierschichtdiode angesehen werden. Sie werden auch als steuerbare Vierschichtdiode oder Thyristor bezeichnet. Der **Thyristor** unterscheidet sich von der Vierschichtdiode durch einen Steueranschluß, den Gate-Anschluß. Abb. 2 zeigt den Aufbau und das Schaltzeichen des Thyristors.

> Bei offenem Steueranschluß verhält sich ein Thyristor wie eine Vierschichtdiode.

Bei offenem Steueranschluß schaltet der Thyristor beim Überschreiten der **Nullkippspannung** $U_{(BO)O}$ (Abb. 4) durch. Diese **Überkopfzündung** des Thyristors ist in der Regel unerwünscht, weil sie relativ langsam verläuft und zur Zerstörung des Thyristors führen kann.

Durch Anlegen einer **Steuerspannung** mit geeigneter Polung (Abb. 3) schaltet der Thyristor vor Erreichen der Nullkippspannung durch, er zündet.

Die erforderliche Steuerspannung bzw. der Steuerstrom hängen von der an den Thyristor in Vorwärtsrichtung angelegten Spannung U_{AK} (= U_F) ab. Die Werte von Steuerspannung und zugehöriger Kippspannung können den Kennlinien (Abb. 2) entnommen werden.

Der Zündvorgang soll nun kurz erläutert werden. Liegt an dem Thyristor eine Spannung U_{AK} in Vorwärtsrichtung an, so ist der mittlere PN-Übergang gesperrt. Nach Anlegen einer geeigneten Steuerspannung U_G wird diese Sperrschicht durch den **Steuerstrom** I_G mit freien Ladungsträgern überschwemmt. Die Sperrschicht verliert ihre Wirkung und der Thyristor zündet.

> Thyristoren können durch Steuerspannungen und -ströme vor Erreichen der Nullkippspannung gezündet werden. Die Steuerspannung muß dabei so gepolt sein, daß ein Steuerstrom fließen kann.

Es werden auch Thyristoren angeboten, die durch Beleuchtung der mittleren Sperrschicht (z. B. mittels einer Glasfaser) gezündet werden können. Die

Lichtzufuhr bewirkt ein Aufbrechen von Bindungen im Kristallgefüge. Dadurch entstehen freie Ladungsträger, welche die Sperrschicht des Thyristors überschwemmen und ihn so zünden.

Ein Thyristor kann durch Gleich- und Wechselstrom sowie durch Impulse gezündet werden. Er läßt sich jedoch nur bei **Impulszündung** exakt steuern (vgl. 7.5.3).

Der Thyristor sperrt wie die Vierschichtdiode erst wieder, wenn der Haltestrom I_H (Abb. 4) unterschritten wird. Dies kann dadurch geschehen, daß die in Vorwärtsrichtung angelegte Spannung U_{AK} sehr klein wird oder sich ihre Polung ändert. Daher wird ein Thyristor im Wechselstromkreis nach jeder positiven Halbschwingung gesperrt, er wird gelöscht.

Nach dem Löschen eines Thyristors ist zu beachten, daß dieser innerhalb einer Freiwerdezeit t_q (Abb. 5) erst langsam seine Sperrfähigkeit wiedererlangt. Die Freiwerdezeit wird für die Rekombination der in der mittleren Sperrschicht befindlichen Ladungsträger und damit zur Beseitigung der freien Ladungsträger benötigt.

> Während der Freiwerdezeit darf daher an einem Thyristor keine Spannung U_F anliegen, weil er sonst sofort durchzündet, ohne daß eine Zündspannung angelegt wurde.

Schaltet man zwei Thyristoren antiparallel, so erhält man einen **Triac**[1] oder eine **Zweirichtungsthyristortriode** (Abb. 6). Der Triac hat wie der Diac zwei Durchlaßbereiche, in denen er auch gezündet werden kann. In der Praxis wird ein Triac nicht aus Einzelthyristoren hergestellt.

Gate-turn-off-Thyristor[2]

Immer häufiger werden auch abschaltbare Thyristoren (**GTO-Thyristoren**, Abb. 7) in Schaltungen der Leistungselektronik verwendet.

Durch eine besondere Gestaltung der Schichten des GTOs wird dafür gesorgt, daß der Thyristor über einen Steuerstrom geeigneter Größe und Richtung über das Gate wieder in den nichtleitenden Zustand geschaltet werden kann.

> Abschaltbare Thyristoren lassen sich über den Steuerstrom i_G zünden und löschen.

Abschaltbare Thyristoren werden vornehmlich zur Steuerung von Gleichströmen bis zu etwa 1000A verwendet. Derzeit erhältliche GTOs sind für Sperrspannungen bis zu 2,5 kV ausgelegt.

Eine einfache Schaltung ist in Abb. 1, S. 310 erkennbar. Die vier Schalter, die paarweise (S1 und

---

[1] **Tri**ode **A**lternating **C**urrent switch (engl.): Trioden-Wechselstromschalter

[2] **G**ate-**T**urn-**O**ff (GTO): über das Gate abschaltbar

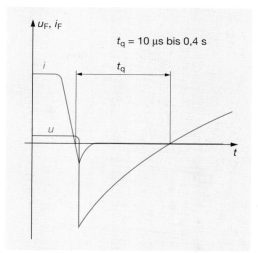

Abb. 5: Ausschalten des Thyristors

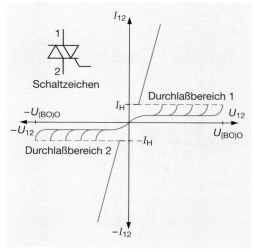

Abb. 6: Triac: Kennlinie und Schaltzeichen

Abb. 7: GTO-Thyristoren

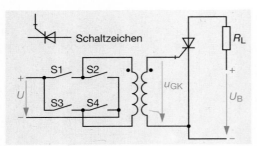

Abb. 1: Steuerschaltung für GTO-Thyristor (Prinzipdarstellung) und Schaltzeichen

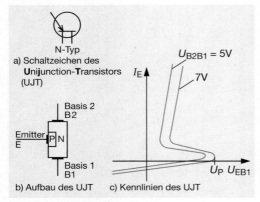

a) Schaltzeichen des **U**nijunction-**T**ransistors (UJT)

b) Aufbau des UJT   c) Kennlinien des UJT

Abb. 2: Unijunction-Transistor

S4; S2 und S3) betätigt werden, sorgen für eine jeweils unterschiedliche Stromflußrichtung in der Primärwicklung des Übertragers. Dementsprechend ändert sich auch die Polarität der auf der Sekundärseite entstehenden Spannung U_{GK}.

Schließen z. B. S2 und S3, so wird der Thyristor gezündet. Werden hingegen S1 und S4 geschlossen, so wird der Thyristor gelöscht. In der Praxis werden die Schalter S1 und S4 durch (Feldeffekt-) Transistoren ersetzt, die in geeigneter Weise angesteuert werden.

Unijunction-Transistor

Der **Unijunction-Transistor** (UJT)[1] (Abb. 2), auch **Doppelbasisdiode** genannt, wird in Schaltungen der Leistungselektronik als Schalter verwendet.

Legt man zwischen die Basisanschlüsse B2 und B1 eine Spannung U_{B2B1} >> 0, so fließt bei offenem Emitter wegen des hohen Widerstands der Strecke B2B1 ein vernachlässigbarer Strom durch den Transistor. Wird zusätzlich zwischen Emitter und Basis B1 eine Spannung U_{EB1} ausreichender Größe in Durchlaßrichtung angelegt, so fließt ein Strom in der Emitter-Basis1-Strecke. Die Strecke

[1] **U**nijunction-**T**ransistor (engl.): Transistor mit einer Sperrschicht

zwischen Emitter und Basis1 wird mit Ladungsträgern (Elektronen) überschwemmt. Ein Teil der Elektronen fließt zur positiv geladenen Basis 2. Die restlichen Ladungsträger fließen zum ebenfalls positiv geladenen Emitter und bilden den Emitterstrom. Der UJT hat gezündet.

Sinkt U_{EB1} unter einen Mindestwert oder liegt U_{EB1} in Sperrichtung an, so fließt kein Strom durch den Transistor.

> Der UJT arbeitet wie ein Schalter. Er kann durch die Emitter-Basis1-Spannung ein- und ausgeschaltet werden.

Die zum Zünden des UJT erforderliche Spannung U_{EB1} hängt vom Betrag der zwischen den beiden Basen B2 und B1 angelegten Spannung U_{B2B1} ab. Je kleiner U_{B2B1} ist desto geringer ist die zum Zünden des UJT erforderliche Spannung U_{EB1}. Die Zünd-spannung des UJT ist innerhalb der durch die Kennlinien gegebenen Grenzen frei wählbar.

Aufgrund der beschriebenen Eigenschaften ist der UJT besonders für den Einsatz in Zündgeneratoren von Thyristoren geeignet.

7.5.3 Zündgeneratoren

Zündgeneratoren oder Zündschaltungen werden auch als **Steuersätze** bezeichnet. Die Industrie bietet eine Reihe integrierter Zündschaltungen für Thyristoren und Triacs an. Beispielhaft ist in Abb. 3 eine Zündschaltung für eine gesteuerte Gleichrichterschaltung mit dem integrierten Baustein TCA 785 dargestellt. Der Zündzeitpunkt wird durch das Potentiometer ① eingestellt. Im Steuerbaustein TCA 785 wird im wesentlichen die mit dem Potentiometer eingestellte Steuerspannung U_{11} an Anschlußpunkt 11 (0...10 V) mit einer intern erzeugten Spannung verglichen und die Zündspannung für den Triac erzeugt.

Für die externen Bauelemente der Zündschaltung gibt der Hersteller unter anderen folgende Auswahlhinweise bzw. Berechnungsformeln an:

$$C_{10min} = 500 \text{ pF} \qquad C_{10max} = 1 \text{ µF}$$

Für die Bestimmung des Zündzeitpunktes t_z gilt:

$$t_z = \frac{U_{11} \cdot R_9 \cdot C_{10}}{U_{REF} \cdot K} \text{ mit } K = 1{,}10 \pm 20\%$$

Mit $R_9 \approx 72\,\text{k}\Omega$, $U_{REF} = 3{,}1\,\text{V}$, $C_{10} = 47\,\text{nF}$ und der Steuerspannung $U_{11} = 10\,\text{V}$ ergibt sich t_z zu 9,9 ms ($t_z \approx T/2$ bei 50 Hz). Bei einer Netzfrequenz von 50 Hz wird somit der Zündverzögerungswinkel $\alpha \approx$ 180°. Bei $U_{11} = 0$ wird α zu 0°.

Bei offenem Anschluß 12 der TCA 785 liefert die Schaltung einen ca. 30 µs breiten Zündimpuls. Ein Kondensator an Anschluß 12 bewirkt eine Impulsverbreiterung von 620 µs / nF. Bei einem Kondensator von 150pF an Punkt 12 ergibt sich somit eine Breite des Zündimpulses

$$t_{imp} = \frac{620µs \cdot 150pF}{1000pF} \qquad t_{imp} = 93µs$$

In dem Elektronischen Lastrelais aus Abb. 1, S. 306, dessen Schaltung nochmals dargestellt ist (Abb. 4), wird der Thyristor V 5 mit Hilfe einer Gleichspannung gezündet, wenn V 3 durch das optische Steuersignal durchgeschaltet und V 4 somit gesperrt ist.

Durch den gezündeten Thyristor V 5 werden die Anschlüsse A und B der Diodenschaltung V 6 miteinander verbunden. Gleichzeitig werden dadurch auch die Anschlüsse C und D über nunmehr antiparallel geschaltete Dioden direkt miteinander verbunden (Abb. 5), so daß nunmehr eine ausreichend große Wechselspannung an R_6 entsteht, die den Triac V 7 zündet (**Wechselspannungszündung**).

Solange die Steuerspannung am ELR anliegt, bleibt V 5 gezündet und ermöglicht die ständige Neuzündung des Triacs in jeder Halbschwingung der Netzwechselspannung.

7.5.4 Schutz von Thyristoren

In ungünstigen Fällen kann ein Thyristor auch dann gezündet werden, wenn eine in Vorwärtsrichtung angelegte Spannung U_F eine zu große **Spannungssteilheit** (Abb. 6) aufweist. Die schnelle Spannungsänderung bewirkt einen kapazitiven Ladestrom in die mittlere Sperrschicht. Dieser Strom wirkt wie ein Steuerstrom, und der Thyristor zündet. Diese Zündung verläuft sehr langsam, weil zunächst nur wenige Halbleiterbezirke an der Stromleitung beteiligt sind. Dadurch besteht die Gefahr der Überhitzung und Zerstörung des Halbleiterkristalls. Deswegen wird die Überschreitung der zulässigen Spannungssteilheit in der Praxis vermieden. Dies geschieht durch Parallelschalten eines Kondensators zu dem Thyristor. Die bei einer schnellen Spannungsänderung (große Spannungssteilheit) sich ergebenden Ladeströme laden nun zunächst den Schutzkondensator und fließen nur zu einem unwesentlichen Teil in die mittlere Sperrschicht des Thyristors.

> Zum Schutz vor einer zu großen Spannungssteilheit wird ein Kondensator zum Thyristor parallelgeschaltet.

Nach Einleitung des Zünd- bzw. des Löschvorganges wird ein Thyristor nicht schlagartig gezündet bzw. gelöscht. Abb. 1, S. 312 zeigt, daß erst kurze Zeit nach Einleitung der Zündung der volle Strom durch den Thyristor fließt.

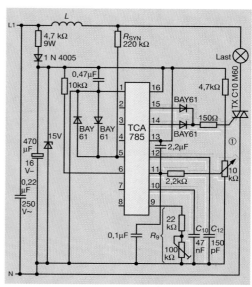

Abb. 3: Triacsteuerung mit TCA 785 (Firmenunterlage)

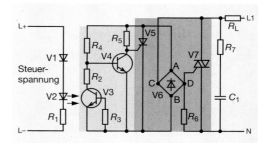

Abb. 4: Elektronisches Lastrelais

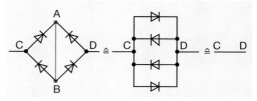

Abb. 5: Verbindung von A und B

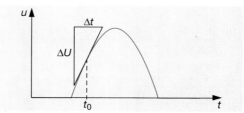

Abb. 6: Grafische Ermittlung der Spannungssteilheit (Anstiegsgeschwindigkeit)

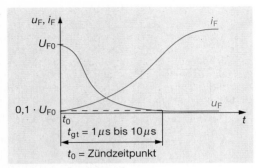

Abb. 1: Einschalten des Thyristors

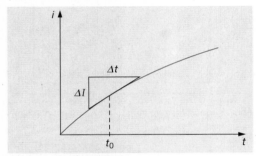

Abb. 2: Grafische Ermittlung der Stromsteilheit (Anstiegsgeschwindigkeit)

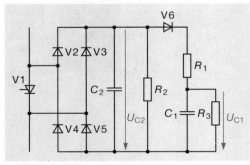

Abb. 3: Thyristor mit Schutzbeschaltung

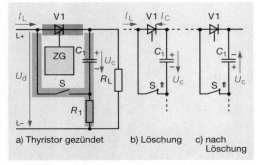

a) Thyristor gezündet   b) Löschung   c) nach Löschung

Abb. 4: Prinzipschaltbild des Gleichstromschalters

Bis dahin sind nur einzelne Kristallbezirke im Halbleiter an der Stromleitung im Thyristor beteiligt. Steigt der Strom durch den Thyristor sehr schnell an, d.h. überschreitet die **Stromsteilheit** (Abb. 2) während des Zündvorgangs einen bestimmten Wert, dann wird der Halbleiterkristall in den stromleitenden Gebieten durch Überhitzung zerstört.

Die Stromsteilheit üblicher Thyristoren liegt bei 50 bis 200 A/μs.

> Um die Stromsteilheit im Thyristor zu verringern, kann dieser mit einer Induktivität in Reihe geschaltet werden.

Die Selbstinduktionswirkung der Spule verhindert einen übermäßig raschen Stromanstieg durch den Thyristor.

Thyristoren werden ähnlich wie Gleichrichterdioden und alle anderen Halbleiterbauelemente gegen Überspannungen und Überströme geschützt. Gleichzeitig müssen auch Maßnahmen zum Schutz vor den Auswirkungen des **Trägerspeichereffekts** (vgl. 7.6.7) getroffen werden.

Thyristoren werden durch Schmelzsicherungen vor Überströmen und bei Kurzschluß geschützt. Sind durch die Sperrverzögerung von Thyristoren keine Gefahren für das Bauelement zu erwarten, kann der Schutz vor Überströmen auch durch Sperren der Zündimpulse erreicht werden. Diese Art des Überstromschutzes wird häufig in Schaltungen, in denen hohe Ströme durch die Thyristoren fließen, angewendet.

Gegen Überspannungen, die infolge des Trägerspeichereffekts entstehen, werden Thyristoren genauso wie Gleichrichterdioden durch Parallelschalten einer RC-Reihenschaltung geschützt. Dabei muß jedoch vermieden werden, daß der Schutzkondensator sich während eines Zündvorgangs schlagartig über den Thyristor entlädt und diesen zerstört. Dies wird durch eine Schaltung nach Abb. 3 verhindert. R_1 und C_1 bilden die bekannte TSE-Beschaltung. C_2 schützt den Thyristor vor einer zu großen Spannungssteilheit. R_2 und R_3 wirken als Entladewiderstände für die parallelgeschalteten Kondensatoren. Die Brückenschaltung mit V2 bis V5 verhindert, daß Ladungsträger aus den Kondensatoren C_1 und C_2 über den Thyristor fließen. V6 verhindert zusätzlich einen Ladungsausgleich zwischen C_1 und C_2, weil bei geladenem Kondensator C_2 der Schutz des Thyristors vor einer zu großen Spannungssteilheit nicht mehr gegeben ist. Thyristoren, dies gilt selbstverständlich auch für Triacs und Gleichrichterdioden, müssen auch gegen Überspannungen geschützt werden, die im speisenden Netz oder im angeschlossenen Verbraucher z.B. beim Schalten von Strömen

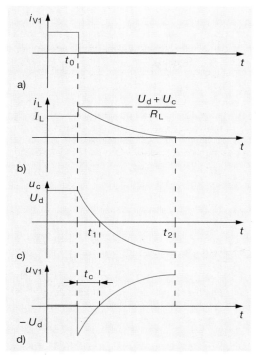

Abb. 5: Löschen eines Gleichstromschalters bei Belastung mit Wirkwiderstand

durch große Induktivitäten entstehen. Zu diesem Zweck werden spannungsabhängige Widerstände oder auch Vierschichtdioden zu den Halbleiterbauelementen parallelgeschaltet.

Genaue Angaben über die erforderlichen Größen von Kondensatoren, Widerständen und Schmelzsicherungen in den Schutzbeschaltungen sind den Datenblättern der Thyristorhersteller zu entnehmen.

Aufgaben zu 7.5.1 bis 7.5.4

1. Worin besteht der Unterschied zwischen der Vierschichtdiode und der Thyristortriode?

2. Beschreiben Sie den Zündvorgang bei einer Vierschichtdiode!

3. Erläutern Sie den Zündvorgang bei einer Thyristortriode!

4. Beschreiben Sie, unter welchen Bedingungen eine Thyristortriode sperrt!

5. Beschreiben Sie Möglichkeiten der unbeabsichtigten Zündung von Thyristoren!

6. Erläutern Sie die Schutzmaßnahmen gegen unbeabsichtigtes Zünden von Thyristoren!

7. Beschreiben Sie die Möglichkeit der Löschung von Thyristoren!

8. Wie wird ein katodenseitig steuerbarer Thyristor gezündet?

7.5.5 Thyristor im Gleichstromkreis

Hubstapler, Elektrokarren, Straßenbahnen, Oberleitungsbusse und andere Elektroautos werden mit Gleichstrommotoren angetrieben. Die Steuerung der entsprechenden Antriebsmotoren erfolgt über **Gleichstromsteller**, die den arithmetischen Mittelwert der Betriebsspannung der Verbraucher in gewünschter Weise verändern.

> Gleichstromsteller wandeln eine konstante Gleichspannung verlustarm in eine veränderbare Ausgangsgleichspannung um.

Die Umwandlung erfolgt mit Hilfe von periodisch betätigten **Gleichstromschaltern**. Dieses Verfahren ist verlustarm.

> Als Schaltelemente in Gleichstromschaltern werden Transistoren oder Thyristoren verwendet.

7.5.5.1 Gleichstromschalter mit Thyristoren

Der Gleichstromschalter mit Transistoren wurde bereits früher behandelt. Im folgenden soll daher zunächst der **Gleichstromschalter mit Thyristor** (Abb. 4) bei Belastung mit Wirkwiderstand behandelt werden.

Die Schaltung in Abb. 4 besteht aus dem **Hauptzweig** mit dem Thyristor V1 und dem **Löschzweig** mit C_1, R_1 sowie dem Schalter S.

Da ein Thyristor im Gleichstromkreis nicht durch den Polaritätswechsel der Netzspannung automatisch gelöscht wird, muß der Thyristor mit Hilfe einer Löscheinrichtung gelöscht werden. Im einfachsten Fall besteht diese **Löscheinrichtung** aus einem **Löschkondensator**. Dieser hat die Aufgabe, einen **Löschstrom**

● zum jeweiligen Löschzeitpunkt,

● mit der geeigneten Richtung und

● in ausreichender Höhe

zur Verfügung zu stellen.

Wird V1 mit Hilfe eines Zündgenerators gezündet, fließt ein Strom über den Widerstand R_L. Gleichzeitig wird der Löschkondensator C_1 über R_1 wie dargestellt aufgeladen.

Abb. 4b und 5 erläutern die Vorgänge in der Schaltung im Zusammenhang mit der Löschung des Thyristors. Der Laststrom I_L fließt, bis der Schalter S zum Zeitpunkt t_0 geschlossen wird und den Löschkondensator parallel zum Thyristor schaltet. Im Verlauf des Löschvorgangs können mehrere Phasen unterschieden werden.

● Phase 1:

Nach Schließen des Schalters entlädt sich der Löschkondensator C_1 teilweise über den noch gezündeten und durchlässigen Thyristor V1. Der Entladestrom I_C ist dem Laststrom durch V1 entgegengesetzt (Abb. 4b, S. 312). Bei richtiger Bemessung des Löschkondensators werden der Haltestrom des Thyristors nahezu ohne Verzögerung unterschritten und V1 gelöscht (Abb. 5a, S. 313).

● Phase 2:

Nunmehr entlädt sich bei noch geschlossenem Schalter S der Löschkondensator weiter über die Last. Das bedeutet, daß jetzt der Löschkondensator den Laststrom i_L liefert (Abb. 5b, S. 313).

Dieser Vorgang wird als **Kommutierung** des Laststroms auf den Löschkondensator bezeichnet.

> Als Kommutierung bezeichnet man den Stromübergang von einem Schaltungszweig auf einen anderen. Kommutierungsvorgänge kommen in sehr vielen Schaltungen der Leistungselektronik vor.

Der Laststrom i_L ist kurzzeitig sogar größer als I_L, weil U_d und U_c durch den geschlossenen Schalter S in Reihe geschaltet sind und sich addieren.

● Phase 3:

Bei weiterhin geschlossenem Schalter S wird der Löschkondensator nach seiner Entladung ab dem Zeitpunkt t_1 umgeladen, so daß weiterhin ein Laststrom i_L fließt bis C_1 aufgeladen ist. Erst dann wird der Laststrom in der Schaltung zu Null (Abb. 5b und 5c, S. 313 sowie 4c, S. 312).

Die Vorgänge beim Löschen des Thyristors spielen sich im Bereich weniger Sekundenbruchteile ab.

Der Thyristor kann frühestens nach der Schonzeit t_c ab dem Zeitpunkt t_1 wieder gezündet werden (Abb. 5d, S. 313). Nach erneuter Zündung von V1 wird C_1 wieder umgeladen. Es stellt sich der Zustand nach Abb. 4a, S. 312 wieder ein.

> Die Schalthäufigkeit eines Gleichstromschalters wird durch die erforderliche Zeit für den Auflade- bzw. Umladevorgang des Löschkondensators begrenzt.

Die Kapazität des Löschkondensators C_1 kann zur schnelleren Aufladung verkleinert werden. Sie darf jedoch nicht beliebig klein gewählt werden, weil der Kondensator einen ausreichend hohen Löschstrom bereitstellen muß. Andererseits kann R_1 ebenfalls nicht beliebig verkleinert werden, weil der Ladestrom des Kondensators sonst zu groß würde (Gefahr für den Thyristor). Für Gleichstromschalter nach Abb. 4, S. 312, ergeben sich somit relativ niedrige Schaltfrequenzen.

In realen Schaltungen wird der Schalter S durch einen Löschthyristor (V2 in Abb. 1) ersetzt. Nach dem

Zünden des Löschthyristors V2 wird der Löschkondensator C_1 über die Thyristoren V1, V2 und die Spule L_1 entladen. Dabei wird V1 gelöscht. Die Spule L_1 dient der Begrenzung des Löschstroms. R_1 wird so groß gewählt, daß nach dem Löschvorgang der Haltestrom über V2 unterschritten und der Thyristor V2 gesperrt wird.

In der Praxis kann der Hauptthyristor V1 in Abb. 1 nach einem Löschvorgang frühestens nach der Zeit $t_{min} = 6 \cdot R_1 \cdot C_1$ erneut gezündet werden. Bei Zündung zu einem früheren Zeitpunkt wäre eine sichere Löschung des Hauptthyristors in Frage gestellt.

Die maximale Schaltfrequenz des Gleichstromschalters ergibt sich somit zu

$$f_{max} = \frac{1}{6 \cdot R_1 \cdot C_1}$$

Wählt man z. B. $C_1 = 39\,\mu F$ und $R_1 = 1\,k\Omega$, dann ergibt sich die Aufladezeit für den Kondensator zu

$$\tau = R_1 \cdot C_1 \qquad \tau = 36\,\mu F \cdot 1\,k\Omega \qquad \tau = 36\,ms$$

Die maximale Schaltfrequenz beträgt dann 4,27 Hz.

Um mit einem Gleichstromschalter auch Ströme durch Spulen schalten zu können, sind die Halbleiterbauelemente vor Überspannungen zu schützen. V3 in Abb. 1 arbeitet als **Freilaufdiode**. Daher ist die Schaltung zum Schalten von Spulenströmen geeignet.

Höhere Schaltfrequenzen als die zuvor behandelten Gleichstromschalter ermöglicht die Schaltung nach Abb. 2. Sie eignet sich wegen der Freilaufdiode zum Schalten von Spulenströmen. Die Schaltung besteht aus dem Hauptzweig mit V1 als Hauptthyristor, dem **Löschzweig** mit dem Löschthyristor V2 und dem **Umschwingzweig** mit V3 und L_1. Der Zündgenerator für V1 und V2 wurde nicht eingezeichnet.

Das Hinzufügen des Umschwingzweiges ermöglicht die höheren Schaltfrequenzen des Gleichstromschalters, denn er bewirkt ein schnelles Umladen des Löschkondensators C_1.

Nach Ablauf eines Löschvorgangs ist der Kondensator wie in Abb. 3a geladen. Nach der Zündung von V1 liegt die Spule L_1 parallel zu C_1 und bildet einen Parallelschwingkreis. Gemäß den Gesetzmäßigkeiten des Parallelschwingkreises wird C_1 zunächst entladen und dann umgeladen (Abb. 3b). Die Diode V3 verhindert danach weitere Umladevorgänge, und die Ladung des Kondensators C_1 steht für einen weiteren Löschvorgang zur Verfügung. Der Umladevorgang verläuft im Parallelschwingkreis sehr viel schneller als in einer RC-Schaltung. Er ist nach einer halben Schwingung des Parallelschwingkreises beendet.

---

[1] Kommutierung: Stromwendung

Für die Umladezeit des Kondensators gilt somit:

$$t_{um} = \frac{T}{2} \qquad T = \frac{1}{f} \qquad f = \frac{1}{2\,\pi \cdot \sqrt{L \cdot C_1}}$$

$$t_{um} = \pi \cdot \sqrt{L \cdot C_1}$$

Mit den Werten aus Abb. 2 ergibt sich eine Umladezeit $t = 0{,}14$ ms. Grundsätzlich sind Schaltfrequenzen von über 1 kHz möglich.

Die Löschung des Hauptthyristors erfolgt durch Zünden des Löschthyristors V2. V1 erlischt sofort nach Unterschreiten des Haltestroms. Der Laststrom kommutiert anschließend auf den Löschkondensator. Nach dessen Entladung und Umladung auf den Zustand nach Abb. 3a bricht das Magnetfeld in der Spule L teilweise zusammen. Es entsteht ein Induktionsstrom, der über die Freilaufdiode V4 fließt. Das heißt, es erfolgt eine Kommutierung des Laststroms auf V4.

7.5.5.2 Gleichstromsteller

Gleichstromsteller (Abb. 4) bezeichnet man auch als **Pulswandler** oder **Chopper**. Sie wandeln die einer Gleichstromquelle entnommene elektrische Energie in eine Gleichstromenergie mit anderer Spannung um.

> Gleichstromsteller unterscheiden sich von Gleichstromschaltern durch die periodischen Schaltvorgänge (Zündvorgänge), durch welche die gewünschte Ausgangsgleichspannung eingestellt wird.

Sowohl bei Gleichstromstellern mit Transistoren (vgl. 7.1.1.7) als auch bei Gleichstromstellern mit Thyristoren wird die Ausgangsspannung verlustarm durch Steuerung des arithmetischen Mittelwerts der Ausgangsspannung gesteuert.

Für die Steuerung der Ausgangsspannung von Gleichstromstellern stehen drei Steuerungsarten zur Verfügung:

- Pulsbreitensteuerung,
- Pulsfolgesteuerung,
- Zweipunktstromregelung.

Pulsbreiten- und Pulsfolgesteuerung wurden bereits beim Gleichstromsteller mit Transistor behandelt. Daher soll an dieser Stelle nur noch die **Zweipunktstromregelung** erläutert werden.

> Die Zweipunktstromregelung verbindet die Pulsbreiten- und die Pulsfolgesteuerung.

Bei dieser Art der Steuerung des Gleichstromstellers hängen die Stromflußzeiten durch den Hauptthyristor von einem vorgegebenen Mittelwert

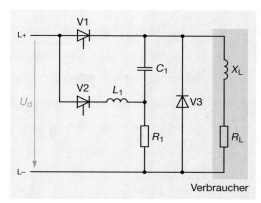

Abb. 1: Gleichstromschalter

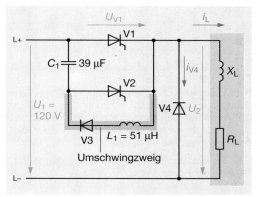

Abb. 2: Gleichstromschalter mit Umschwingzweig

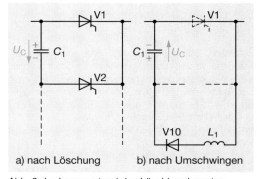

a) nach Löschung   b) nach Umschwingen

Abb. 3: Ladungszustand des Löschkondensators

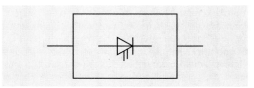

Abb. 4: Gleichstromsteller (Schaltzeichen)

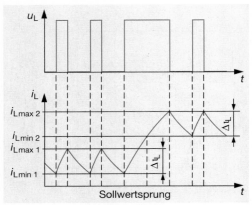

Abb. 1: Lastspannung und -strom bei der Zweipunktstromregelung

des Laststromes i_L, den sich einstellenden Last-
stromschwankungen Δi_L und der Zeitkonstanten
$\tau = L / R_L$ des Laststromkreises ab (Abb. 1).

Sinkt der Laststrom auf einen vorgegebenen Wert
I_{Lmin}, dann läßt der Gleichstromsteller Strom
durch. Erreicht der Laststrom einen Wert I_{Lmax},
dann sperrt der Gleichstromsteller. Sinkt nun der
Laststrom wieder um den Betrag Δi_L, dann wird
der Gleichstromsteller wieder leitend. Er liefert wieder Energie an den Verbraucher.

> Bei der Zweipunktstromregelung sind sowohl die
> Pulsfolgefrequenz (Pulsperiodendauer T) als auch
> die Pulsbreite variabel.

Die Antriebsmaschine von Batteriefahrzeugen wird
häufig über einen Gleichstromsteller mit Zweipunktstromregelung betrieben. Denn die Zweipunktstromregelung gewährleistet im Gegensatz
zu den beiden anderen Steuerungsarten in jedem
üblichen Betriebsfall einen ununterbrochenen
Stromfluß durch den Antriebsmotor. Dadurch ist
stets ein Drehmoment vorhanden. Deshalb rüttelt
der Antriebsmotor nur wenig und seine mechanische Beanspruchung (Lager, Wicklungen) ist geringer als bei unterbrochenem Stromfluß.

Steuerschaltungen für Gleichstromsteller mit
Transistor oder Thyristor werden von der Industrie
auch in integrierter Form hergestellt. Abb. 2 zeigt
das Blockschaltbild einer integrierten Pulsbreitensteuerung. Mit Hilfe der Integrierten Schaltung TCA
955 läßt sich die Drehzahl eines Gleichstrommotors konstant halten. An die Anschlüsse 2 und 3
wird ein mit dem Motor verbundener Drehzahl-
geber (Tachogenerator) angeschlossen. R_1 und C_2
dienen der Einstellung der Nenndrehzahl des
Motors. Am Ausgang des ICs (Anschluß 16) entsteht das drehzahlabhängige Steuersignal für die
Pulsbreitensteuerung des Motors.

7.5.6 Thyristor im Wechselstromkreis

Abb. 3 zeigt nochmals die Schaltung des in einem
anderen Zusammenhang besprochenen Elektronischen Lastrelais. Wie der Name sagt, wird diese
Schaltung als Relais oder Schalter in Wechselstromkreisen eingesetzt. Schaltelement ist der Triac V7.

Der Einsatz von Thyristoren und Triacs im Wechselstromkreis ist grundsätzlich einfacher als im
Gleichstromkreis, weil besondere Schaltungen zur
Löschung entfallen können. Denn die an den Halb-
leiterschaltelementen anliegende Wechselspannung
kehrt nach jeder Halbschwingung ihre Richtung um.
Dadurch werden jeweils die Halteströme unterschritten, und der Triac oder der Thyristor erlöschen.

> Triacs und Thyristoren werden in Wechselstrom-
> schaltern als Schaltelemente eingesetzt.

Da Thyristoren und Triacs auch im Sperrzustand
niemals vollständig sperren, müssen sie mit einem
mechanischen Schalter in Reihe geschaltet werden, um z. B. bei einer Reparatur die Spannungsfreiheit eines Verbrauchers sicherzustellen.

7.5.6.1 Wechselstromschalter

Wechselstromschalter werden dort eingesetzt, wo
häufiges Schalten erforderlich ist, so z. B. in geregelten Heizungsanlagen, bei Drehstrommotoren
mit häufiger Drehrichtungsumkehr und in Wechsel-
strom-Triebfahrzeugen als Transformator-Stufen-
schalter.

> Wechselstromschalter ermöglichen häufiges ver-
> schleißfreies Schalten. Die Schaltleistungen je
> Schaltelement betragen bis ca. 2 MVA.

In Wechselstromschaltern (Abb. 4) werden zwei
antiparallel geschaltete Thyristoren oder ein Triac
als Schaltbaustein verwendet, da ein Schalter sowohl positive als auch negative Halbwellen der zu
schaltenden Spannung durchlassen muß. Die in
Abb. 4a dargestellte Schaltung wird auch als
Wechselwegschaltung W1 bezeichnet, weil der
Strom auf wechselnden Wegen durch den Schalter
fließt.

> Durch Anlegen einer Steuerspannung kann der
> Wechselstromschalter prinzipiell zu jedem Zeit-
> punkt mit Ausnahme der Nulldurchgänge der an-
> gelegten Spannung geschlossen werden.

Soll ein Wechselstromschalter für längere Zeit geschlossen sein und Strom durchlassen, dann müssen die Thyristoren oder der verwendete Triac
während jeder Halbschwingung der anliegenden
Netzspannung neu gezündet werden. Nach Abschalten der Steuerspannung werden die Thyristoren oder Triacs der Wechselstromschalter

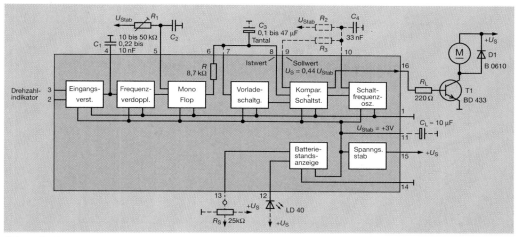

Abb. 2: Pulsbreitensteuerung mit TCA 955 (Firmenunterlage)

wieder gelöscht, wenn der Laststrom durch Null geht.

Wird der Wechselstromschalter in der Nähe des Maximum der angelegten Netzspannung gezündet (eingeschaltet), so werden die Schalterbausteine durch die hohe Stromsteilheit gefährdet. Überdies ergeben sich bei Einschaltzeitpunkten außerhalb der Nulldurchgänge der zu schaltenden Wechselspannung Hochfrequenzstörungen, die den Rundfunk- und Fernsehempfang beeinträchtigen können. Daher werden Wechselstromschalter in der Regel als **Nullspannungsschalter** ausgeführt.

> Beim Nullspannungsschalter werden die Ventile (Thyristor oder Triac) im Bereich des Nulldurchgangs der Netzspannung gezündet.

Auch das Elektronische Lastrelais aus Abb. 3 verfügt über einen Nullspannungsschalter (V4). Dieser erlaubt ein Einschalten des ELR nur dann, wenn die Netzspannung ≤ 30 V beträgt. Damit ist die Steuerstrecke von V5 kurzgeschlossen und eine Zündung über das Gate nicht möglich.
Wechselstromschalter mit Nullspannungsschaltung werden heute auch in integrierter Form angeboten. Vielfach werden diese zudem über ebenfalls integrierte Optokoppler angesteuert und erlauben dann eine sichere Trennung des Steuerstromkreises vom Laststromkreis (vgl. z. B. auch Abb. 5). Das Schalten von Motoren und Spulen erfordert als Schutzmaßnahme für die Ventile die Verwendung von Freilaufdioden oder Varistoren (Abb. 2).

> Wechselstromschalter werden auch in Dreiphasen-Wechselstromsystemen verwendet.

Mit dem Fortschreiten der Technik werden zunehmend Transistoren als Schaltelemente in Wechselstromschaltern verwendet.

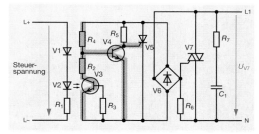

Abb. 3: Prinzipschaltbild eines ELR

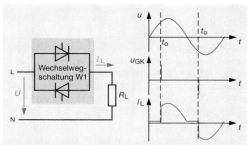

a) Leistungsteil der Schaltung   b) Laststrom nach Zündung bei t_0

Abb. 4: Wechselstromschalter

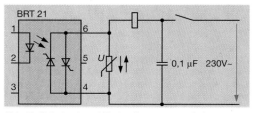

Abb. 5: Schutz eines Wechselspannungsschalters mit Varistor (Firmenunterlage)

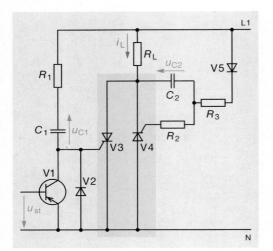

Abb. 1: Schwingungspaket- oder Vollwellensteuerung

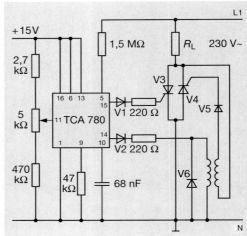

Abb. 2: Wechselstromsteller mit integrierter Schaltung

7.5.6.2 Wechselstromsteller

Abb. 1 und 2 zeigen zwei Wechselstromsteller. Wechselstromsteller wandeln eine gegebene Wechselspannung mit Hilfe von Schaltvorgängen in eine Wechselspannung mit anderem Effektivwert um. Dadurch werden die Leistungssteuerung von Wechselstromverbrauchern und die Drehzahlsteuerung kleinerer Motoren auf einfache Art möglich.

Hauptanwendungsgebiete von Wechselstromstellern sind die Steuerung oder Regelung von Heizungs- und Beleuchtungsanlagen sowie Widerstands-Schweißgeräten.

In der Praxis wird der Nullspannungsschalter häufig mit der Pulsbreitensteuerung kombiniert. Man erhält dann die **Schwingungspaket-** oder **Vollwellensteuerung** (Abb. 1). Die Schwingungspaketsteuerung ist bereits ein **Wechselstromsteller**.

Bei der Erläuterung der Arbeitsweise der Schaltung in Abb. 1 geht man davon aus, daß der Transistor V1 zunächst gesperrt ist und V3 somit gezündet werden kann. Während der ersten negativen Halbschwingung der Netzspannung u wird C_1 über R_1 und V2 wie dargestellt (Spannungspfeil) aufgeladen. Während der folgenden positiven Halbschwingung wird C_1 über die Steuerstrecke von V3 entladen und in umgekehrter Richtung wieder aufgeladen. Der Entlade- und der Ladestrom zünden V3, da die Netzspannung in Vorwärtsrichtung an V3 anliegt. Durch R_L fließt während der positiven Halbschwingung der Netzspannung der Laststrom i_L. Währenddessen wird C_2, der über V5 und R_3 parallel zu R_L liegt, in der dargestellten Weise aufgeladen, da an R_L nahezu die volle Netzspan-

nung anliegt. Bei deren Nulldurchgang erlischt V3 und C_2 entlädt sich über R_2 und die Steuerstrecke des Thyristors V4. Dieser zündet und führt nun den Laststrom i_L. Währenddessen wird C_1 wieder aufgeladen. Beim Nulldurchgang des negativen Pulses der Netzspannung erlischt V4 und V3 wird erneut gezündet, sofern die Steuerspannung u_{St} den Transistor V1 weiterhin sperrt. Wird V1 durch die Steuerspannung jedoch durchgeschaltet, kann V3 wegen des Kurzschlusses seiner Steuerstrecke nicht mehr gezündet werden.

Die Anzahl der vollen Perioden des Wechselstroms durch R_L kann somit durch die Steuerspannung u_{St} bestimmt werden (Abb. 3).

> Bei der Schwingungspaketsteuerung wird die Anzahl der vollen Perioden des Lastwechselstroms gesteuert.

Die an R_L anfallende Leistung ist zur Anzahl der vollen Perioden des Laststroms direkt proportional. Somit kann über die Steuerspannung einer Schwingungspaketsteuerung die Leistung eines Verbrauchers gesteuert werden. Für das Verhältnis der gesteuerten Leistung P_{RL} an R_L zur maximal möglichen Leistung P_{max} bei direktem Anschluß von R_L an das Wechselstromnetz gilt:

$$\frac{P_{RL}}{P_{max}} = \frac{t_e}{T}$$

Die Grenzen, innerhalb derer die Leistung am Verbraucher gesteuert werden kann, sind von der Frequenz f_{St} der Steuerspannung abhängig. Abb. 4 zeigt die Grenzen für Steuerspannungen von 5 Hz und 12,5 Hz bei der Netzfrequenz von 50 Hz.

Die Schwingungspaketsteuerung ermöglicht die Steuerung der Leistung in einem Wechselstromverbraucher. Bei der Schwingungspaketsteuerung werden die Ventile der Wechselwegschaltung W1 für ganzzahlige Vielfache der Netzperiodendauer gezündet.

Durch die Verlegung des Zündzeitpunkts der Halbleiterventile in den Nulldurchgang der Wechselspannung werden die Ventile geschont und Hochfrequenzstörungen im Netz vermieden.

Ein anderes Prinzip des Wechselstromstellers zeigt Abb. 5. Diese Schaltungsart wird als **Phasenanschnittsteuerung** bezeichnet. Durch Zündung der Thyristoren in der Wechselwegschaltung zum geeigneten Zeitpunkt (**Zündverzögerungs- bzw. Steuerwinkel** α) können beliebige Stromflußzeiten bzw. **Stromflußwinkel** Θ durch den Verbraucher eingestellt werden (Abb. 5c).

Der Steuerwinkel α kann bei der dargestellten Schaltung zwischen 0° und 180° liegen. Entsprechend dem Wert von α verändern sich die Effektivwerte von u_L und i_α und somit die Leistung am Wirkwiderstand R_L (Abb. 5c und d).

Mit Hilfe der Phasenanschnittsteuerung kann die Leistung eines Wechselstromverbrauchers gesteuert werden.

Für die Ausgangsspannung u_L eines Wechselstromstellers mit Wirklast ergibt sich der Effektivwert für Steuerwinkel α von 0° bis 180° zu:

$$U_L = U \cdot \sqrt{1 - \frac{\alpha}{180°} + \frac{1}{2\pi} \cdot \sin 2\alpha}$$

Die grafische Darstellung des Verhältnisses von U_L/U wird als Steuerkennlinie (Abb. 2, S. 320) bezeichnet. Sie ermöglicht das Ablesen der Effektivwerte von Strom und Spannung sowie der Leistung am Lastwiderstand einer Phasenanschnittsteuerung.

Wird eine Phasenanschnittsteuerung mit einer idealen Spule belastet, so ergeben sich die in Abb. 1, S. 320, dargestellten Verhältnisse. Der Strom i_α folgt der Lastspannung u_L mit einer Phasenverschiebung. Erhält also z. B. der Thyristor V1 im Nulldurchgang ($\alpha = 0$) der Netzspannung u einen Zündimpuls (Abb. 1b, S. 320), dann kann er frühestens bei einem Winkel $\alpha = 90°$ zünden, denn vorher kann kein Laststrom i_α fließen. Entsprechend wird das Ventil erst beim nächsten Nulldurchgang des Stroms, also bei $\alpha = 270°$ gelöscht (Abb. 1b, S. 320). Erst ab diesem Zeitpunkt ist ein Zünden von V2 möglich, weil er vorher durch V1 überbrückt war.

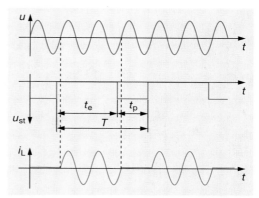

Abb. 3: Spannungen und Ströme bei Schwingungspaketsteuerung

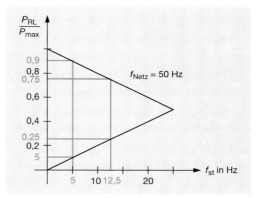

Abb. 4: Leistung bei Schwingungspaketsteuerung

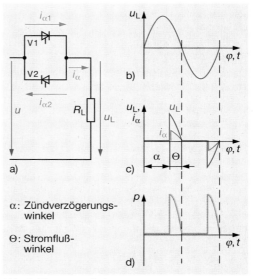

α: Zündverzögerungswinkel

Θ: Stromflußwinkel

Abb. 5: Phasenanschnittsteuerung

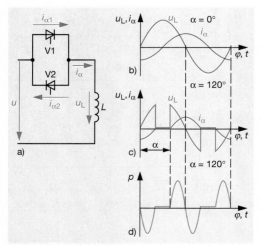

Abb. 1: Wechselstromsteller mit induktiver Last und verschiedenen Zündverzögerungswinkeln

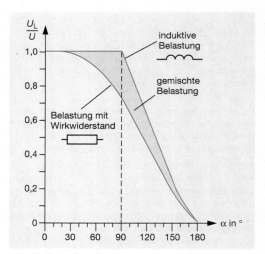

Abb. 2: Steuerkennlinien

Die mit einer idealen Spule belastete Phasenanschnittsteuerung besitzt einen minimalen Zündverzögerungswinkel von $\alpha = 90°$.

Bei einem Zündverzögerungswinkel von z. B. $\alpha = 120°$ ergeben sich die in Abb. 1c und d dargestellten Verhältnisse. Strom- und Spannungsverläufe sind nicht mehr sinusförmig. Der Laststrom i_α erreicht bei $\varphi = 180°$ seinen Maximalwert und fällt dann bis $\varphi = 240°$ auf Null. Damit ergibt sich der Fall, daß u_L ab $\varphi = 180°$ ihre Richtung wechselt, der Strom i_α seine Richtung aber beibehält. Die Leistung wird dann entsprechend negativ.

Der maximale Zündverzögerungswinkel einer Phasenanschnittsteuerung mit idealer Spule als Last beträgt 180°.

Die Ausgangsspannung u_L einer Phasenanschnittsteuerung ergibt sich für $90° \leq \alpha \leq 180°$ bei Belastung mit einer idealen Spule zu:

$$U_L = U \cdot \sqrt{2\left(1 - \frac{\alpha}{180°} + \frac{1}{2\pi} \cdot \sin 2\alpha\right)}$$

Die entsprechende Steuerkennlinie ist ebenfalls in Abb. 2 dargestellt.

Bei der in der Praxis wohl am häufigsten vorhandenen gemischten Belastung von Phasenanschnittsteuerungen mit Wirkwiderstand und Spule, z. B. durch Motoren, liegt die Steuerkennlinie zwischen den beiden bisher behandelten Kennlinien (Abb. 2).

Eine weitverbreitete Anwendung der Phasenanschnittsteuerung zeigt Abb. 3. In Abb. 2 auf S. 318 ist ebenfalls eine Phasenanschnittsteuerung mit einer integrierten Schaltung dargestellt.

Wechselstromsteller mit Kondensatorlast (z. B. bei Blindleistungskompensation) werden nicht in Phasenanschnittsteuerung betrieben. Dabei würden sehr hohe, ventilgefährdende Einschaltströme entstehen. Deshalb werden hier Wechselstromsteller mit Nullspannungsschalter angewendet.

Untersucht man einen Wechselstromsteller mit Phasenanschnittsteuerung und Wirklast mit Hilfe der Versuchsschaltung in Abb. 4, so ergibt sich für $\alpha > 0°$:

- $P_L = U_L \cdot I_\alpha$
- $P_1 < U \cdot I$!

Für $\alpha = 0°$ ergibt sich:

- $P_L = U_L \cdot I_\alpha$
- $P_1 = U \cdot I$ und $P_L \approx P_1$

Der Wechselstromsteller nimmt bei $\alpha > 0°$ offensichtlich eine Blindleistung auf, obwohl er mit einem Wirkwiderstand belastet ist und am Wirkwiderstand nur Wirkleistung anfällt. Bei Vollaussteuerung ($\alpha = 0°$) nimmt die Schaltung nur Wirkleistung auf.

Wechselstromsteller mit Phasenanschnittsteuerung nehmen immer eine Steuerblindleistung auf.

Die Entstehung der Blindleistung ist auf die Ansteuerung ($\alpha > 0°$) der Halbleiterventile V1 und V2 zurückzuführen. Sie wird daher als **Steuerblindleistung** bezeichnet.
Die Steuerblindleistung entsteht dadurch, daß durch die Phasenanschnittsteuerung der Ventile der Strom $i_V = i_\alpha$ der Netzspannung u_V nacheilt.

7.5.6.3 Dreiphasenwechselstromschalter und -steller

Dreiphasenwechselstromschalter und **-steller** bestehen aus Kombinationen von Wechselstromschaltern oder -stellern (Abb. 5). Die Lastwiderstände können sowohl im Stern als auch im Dreieck geschaltet sein.

Bei **Schaltungsart A** arbeitet jeder Wechselstromsteller oder -schalter unabhängig. Bei der **Schaltungsart B** sind die einzelnen Wechselstromsteller oder -schalter nur dann zu zünden, wenn mindestens ein weiterer Steller oder Schalter gezündet wird oder gezündet ist.

In Abhängigkeit von der Reihenfolge, in der die einzelnen Thyristoren gezündet werden, kann die Drehrichtung eines angeschlossenen Drehstrommotors geändert werden.

Die Steuerkennlinien von Dreiphasenwechselstromstellern in Schaltungsart A entsprechen denen in Abb. 2. Für die Schaltungsart B gelten die Kennlinien nach Abb. 6. Der maximale Steuerwinkel beträgt bei Schaltungsart B $\alpha \leq 150°$, weil bei einem Steuerwinkel $> 150°$ jeweils zwei Steller sperren und der dritte Steller somit nicht mehr zünden kann.

Anwendungsgebiete von Dreiphasenwechselstromstellern sind z. B. die Temperatursteuerung in Heizungsanlagen und Trockenöfen, die Steuerung großer Beleuchtungsanlagen sowie Leistungssteuerung von Drehstrommotoren. Mit Dreiphasenwechselstromstellern werden auch Primärspannungen an entsprechenden Transformatoren gesteuert, z. B. in Anlagen der Galvanik.

Beim Betrieb von Phasenanschnittsteuerungen entstehen **Netzrückwirkungen** u.a. in Form von hochfrequenten Schwingungen, die den Radio- und Fernsehempfang stören können. Zur Vermeidung dieser Störungen werden Drosselspulen in die Netzzuleitungen der Schaltungen mit Phasenanschnittsteuerung eingebaut.

Auch bei Belastung mit Wirkwiderständen verhalten sich Phasenanschnittsteuerungen wegen der Steuerblindleistung wie Spulen.

Bei Wechselstrom- und Drehstromstellern treten weiterhin Schwingungen mit relativ niedriger Frequenz auf. Diese führen in ungünstigen Fällen zu zusätzlichen Verlusten im Netz und zu Überspannungen. Aus diesem Grunde sollen die Frequenzen der Steuerspannungen möglichst hoch liegen. DIN 57160, Teil 1-3, sowie DIN VDE 0838 und die Technischen Anschlußbedingungen der EVU enthalten entsprechende Vorschriften für den Betrieb und den Anschluß von Geräten mit Phasenanschnittsteuerungen oder Schwingungspaketsteuerungen.

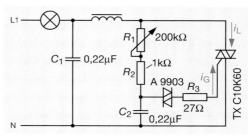

Abb. 3: Dimmerschaltung

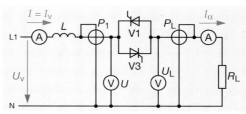

Abb. 4: Versuchsschaltung

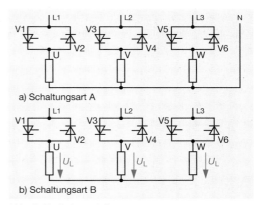

a) Schaltungsart A

b) Schaltungsart B

Abb. 5: Drehstromsteller

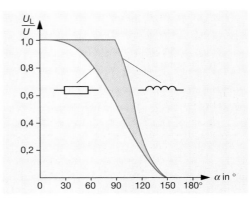

Abb. 6: Steuerkennlinien des Drehstomstellers in Sternschaltung ohne Anschluß des Mittelleiters (U_L = Strangspannung)

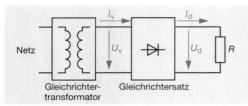

Abb. 1: Aufbau einer Gleichrichterschaltung

Gleichrichterschaltungen	
Einwegschaltungen	**Zweiwegschaltungen**
Einpuls-Mittelpunkt-schaltung **M1** (Einwegschaltung)	Zweipuls-Brücken-schaltung **B2** (Einphasige Brücken-schaltung)
Zweipuls-Mittelpunkt-schaltung **M2** (Einphasige Mittel-punktschaltung)	Sechspuls-Brücken-schaltung **B6** (Drehstrom-Brücken-schaltung)
Dreipuls-Mittelpunkt-schaltung **M3** (Sternschaltung)	

Abb. 2: Übersicht über Gleichrichterschaltungen

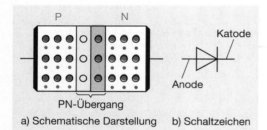

PN-Übergang
a) Schematische Darstellung   b) Schaltzeichen

Abb. 3: Halbleiterdiode

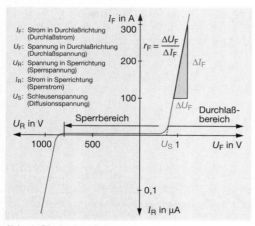

I_F: Strom in Durchlaßrichtung (Durchlaßstrom)
U_F: Spannung in Durchlaßrichtung (Durchlaßspannung)
U_R: Spannung in Sperrrichtung (Sperrspannung)
I_R: Strom in Sperrrichtung (Sperrstrom)
U_S: Schleusenspannung (Diffusionsspannung)

$$r_F = \frac{\Delta U_F}{\Delta I_F}$$

Abb. 4: Diodenkennlinie

Aufgaben zu 7.5.5 bis 7.5.6.3

1. Nennen Sie Nachteile des Einsatzes von Thyristoren in Gleichstromschaltern gegenüber der Verwendung von Transistoren!

2. Beschreiben Sie den Aufbau eines Gleichstrom-schalters mit Thyristoren!

3. Beschreiben Sie die Aufgaben des Löschkondensa-tors!

4. Wodurch wird die Schalthäufigkeit eines Gleich-stromschalters mit Thyristoren begrenzt?

5. Beschreiben Sie die Unterschiede zwischen Gleich-stromstellern und Gleichstromschaltern!

6. Welche Steuerverfahren für die Gleichstromsteller gibt es?

7. Erläutern Sie die charakteristischen Eigenschaften der drei Ansteuerverfahren für Gleichstromsteller!

8. Erläutern Sie die Funktion eines Elektronischen Last-relais!

9. Wann schaltet ein Wechselstromschalter mit Null-spannungsschaltung?

10. Nennen Sie die Vorteile der Verwendung von Null-spannungsschaltern in Wechselstromschaltern und Wechselstromstellern!

11. Welche Aufgaben haben Wechselstromsteller?

12. Welcher Wechselstromsteller nimmt auch trotz Be-lastung mit einem Wirkwiderstand Blindleistung aus dem Netz auf?

7.6 Gleichrichterschaltungen

Gleichrichterschaltungen benötigt man in fast je-dem Gerät der Unterhaltungselektronik wie auch z. B. bei der Speisung von Gleichstromnetzen und Gleichstrommaschinen.

Gleichrichterschaltungen haben die Aufgabe, Wechsel- oder Dreiphasenwechselspannungen in Gleichspannungen umzurichten.

Den grundsätzlichen Aufbau einer Gleichrichter-schaltung zeigt Abb. 1. Gleichrichterschaltungen, deren Gleichrichtersatz aus (Halbleiter-)Dioden be-steht, werden als ungesteuert bezeichnet (Kenn-zeichen: U). Besteht der Gleichrichtersatz aus Thyristoren oder enthält er Thyristoren, so bezeich-net man die Schaltungen je nach Aufbau als voll-gesteuert (Kennzeichen: C) oder halbgesteuert (Kennzeichen: H).

Abb. 2 gibt einen Überblick über wichtige Gleich-richterschaltungen der Leistungselektronik und ihre Benennungen nach DIN 41761. Die Angaben in Klammern beziehen sich auf die älteren Benen-nungen nach VDE 0556.

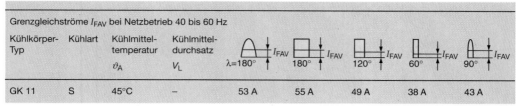

Grenzgleichströme I_{FAV} bei Netzbetrieb 40 bis 60 Hz								
Kühlkörper-Typ	Kühlart	Kühlmittel-temperatur ϑ_A	Kühlmittel-durchsatz V_L	$\lambda=180°$	$180°$	$120°$	$60°$	$90°$
GK 11	S	45°C	–	53 A	55 A	49 A	38 A	43 A

Abb. 5: Stromform und I_{FAV} (Beispiel aus Datenbuch)

7.6.1 Aufbau und Funktion von Halbleiterdioden

Halbleiterdioden bestehen aus zwei unterschiedlich dotierten Halbleiterbereichen. Die Übergangszone wird als PN-Übergang bezeichnet (Abb. 3).

Der PN-Übergang verfügt über eine Ventilwirkung.

Eine in Flußrichtung anliegende Spannung U_F öffnet den PN-Übergang nach Überschreiten der Diffusionsspannung (Abb. 4). Die Diffusionsspannung (Schleusenspannung) beträgt bei Siliciumdioden etwa 0,5 V bis 0,8 V.

Eine in Sperrichtung anliegende Spannung verursacht einen (meistens vernachlässigbaren) Sperrstrom I_R von wenigen µA. Bei Leistungsdioden kann der Sperrstrom einige Milliampere betragen.

Überschreitet die Sperrspannung den Wert der Durchbruchspannung U_{BR} (bei Leistungsdioden: periodische Spitzensperrspannung U_{RRM}), dann steigt der Sperrstrom plötzlich sehr stark an und zerstört durch Überhitzung den Kristallaufbau der Diode.

Liegt der positive Anschluß einer Spannungsquelle am P-dotierten Teil der Diode (Anode) und der negative Anschluß am N-dotierten Teil (Kathode), dann ist die Diode in Flußrichtung geschaltet.

Leistungsdioden werden aus Silicium hergestellt. Sie zeigen einen anderen Aufbau als Kleinleistungsdioden (Abb. 6). Die mit S bezeichnete Kristallschicht ist schwach dotiert. Sie ermöglicht hohe Sperrspannungen und eine gute Leitfähigkeit im Durchlaßbereich.

An Leistungsdioden werden besondere Anforderungen gestellt:

- hoher Durchlaßstrom I_{FAV},
- hohe Sperrspannung U_{RRM},
- kleiner Wärmewiderstand R_{thJC},
- geringe Durchlaßverluste.

I_{FAV} wird als **Dauergrenzstrom** bezeichnet. Er ist der höchste zulässige arithmetische Mittelwert des Durchlaßstroms bei sinusförmigem Verlauf und einer festgelegten Gehäusetemperatur. Er gilt für einen Stromflußwinkel von 180° und für eine Frequenz des Wechselstroms von 40 bis 60 Hz.

Bei Abweichungen des Stromverlaufs von der Sinusform und bei abweichenden Netzfrequenzen sind die Angaben der Datenbücher zu beachten (Abb. 5).

Die maximale Sperrschichttemperatur ϑ_j beträgt bei Leistungsdioden ca. 180°C. Der Wärmewiderstand wird durch konstruktive Maßnahmen (z.B. Aufbau in Scheibenform) verringert. Er liegt in der Größenordnung von 0,09 K/W bis 1 K/W je nach Bauform.

Für die Verlustleitung gilt allgemein: $P_{tot} = U_F \cdot I_F$. Weiter gilt: $U_F = I_F \cdot r_F + U_S$. Mit steigendem I_F wächst daher auch die Verlustleistung der Diode.

7.6.2 Einwegschaltungen

Die einfachste Gleichrichterschaltung der Leistungselektronik ist die **Einpuls-Mittelpunktschaltung M1U** (Abb.7). Es gelten folgende Bezeichnungen:

U_v: Ventilseitige Wechselspannung
I_v: Ventilseitiger Leiterstrom
U_d: Gleichspannung
I_d: Gleichstrom

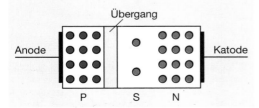

Abb. 6: Aufbau einer Leistungsdiode

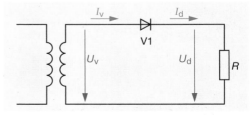

Abb. 7: Einpuls-Mittelpunktschaltung

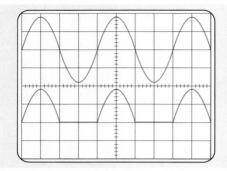

Abb. 1: Verlauf von U_v und U_d

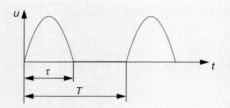

Abb. 2: Pulsförmige Spannung

Ihre Funktion soll mit Hilfe der nachfolgenden Abbildungen erläutert werden. Abb. 1 zeigt den Verlauf von U_v und U_d. Daraus ergibt sich, daß die am Ausgang der Gleichrichterschaltung auftretende Spannung U_d aus den positiven, sinusförmigen Halbwellen der Wechselspannung U_v besteht. Es hat zwar eine Gleichrichtung stattgefunden, doch ist U_d keine reine Gleichspannung. Dennoch wird sie in den folgenden Ausführungen einfachheitshalber als Gleichspannung bezeichnet.

Man bezeichnet U_d als **pulsförmige Spannung**. Die auftretenden sinusförmigen Halbwellen nennt man **Spannungspulse** (Abb. 2).

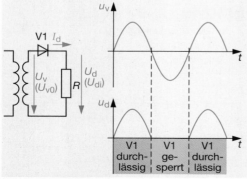

Abb. 3: Entstehung der Gleichspannung in der Schaltung M1U

Pulsförmig ist eine Spannung oder ein Strom immer dann, wenn periodisch wiederkehrend Spannungs- oder Strompulse auftreten und die Pulsdauer τ kleiner als die Periodendauer T ist.

Die Abb. 3 erläutert die Entstehung der Gleichspannung U_d in der Einpuls-Mittelpunktschaltung.

Die Richtung der Gleichspannung U_d in einer Einpuls-Mittelpunktschaltung ist von der Polung der Diode abhängig.

Der positive Pol der Gleichspannung ergibt sich immer am Katodenanschluß der Gleichrichterdiode.

Diese Erkenntnis gilt nicht nur für die Einpuls-Mittelpunktschaltungen.

Kenndaten der Einpuls-Mittelpunktschaltungen

Die Berechnung der in einer Gleichrichterschaltung auftretenden Spannungen und Ströme ist in der Praxis sehr schwierig, weil diese von der Last und von den in der Schaltung auftretenden Verlusten abhängen. Diese Verluste werden beispielsweise von den Wicklungswiderständen der Transformatoren und den Durchlaßwiderstand der Gleichrichterdioden hervorgerufen. Um die Werte von Spannungen und Strömen in Gleichrichterschaltungen annähernd vorausberechnen zu können, legt man den Berechnungen sogenannte **ideelle Werte** und weitere Werte zugrunde, die sich bei Leerlauf ergeben.

Ideelle Werte ergeben sich rechnerisch, wenn man die Verluste in Gleichrichterschaltungen vernachlässigt.

Bei pulsierenden Gleichspannungen und -strömen rechnet man mit **arithmetischen Mittelwerten**, z. B. U_{di} und I_d, die man grafisch oder mathematisch ermitteln kann. Abb. 4 zeigt ein Beispiel.

Der arithmetische Mittelwert einer Gleichspannung oder eines Gleichstroms ist der Durchschnittswert, den Spannung und Strom während einer Periode annehmen.

Für die Berechnungspraxis sind die Verhältnisse der ideellen Gleichspannung U_{di} zur ventilseitigen Leerlaufwechselspannung U_{v0} und des ventilseitigen Leiterstroms I_v zum Gleichstrom I_d als Kenndaten von Bedeutung.

Da die Berechnung schwierig ist, entnimmt man den genauen Wert Tabellen (DIN VDE 0558, Teil 1, vgl. auch Tab. 7.4, S. 328). Für die Einpuls-Mittelpunktschaltung ergibt sich beispielsweise:

$$\frac{U_{di}}{U_{v0}} = 0{,}45 \qquad \frac{I_v}{I_d} = 1{,}57$$

Abb. 5 verdeutlicht die Zusammenhänge zwischen u_{v0}, U_{v0} und U_{di} in einer Einpuls-Mittelpunktschaltung sowie zwischen u_d und i_d bei Belastung mit einem Wirkwiderstand. Eine Phasenverschiebung zwischen u_d und i_d tritt dabei nicht auf.

Für die Auswahl einer geeigneten Gleichrichterdiode muß die in der Schaltung auftretende maximale Sperrspannung an der Diode bekannt sein. Dazu berechnet man die **ideelle Scheitelsperrspannung** U_{im}. Sie soll nun für die Einpuls-Mittelpunktschaltung anhand Abb. 6 ermittelt werden.

Im Sperrzustand liegt U_{v0} als Sperrspannung an der Diode. U_{im} ist jedoch der Scheitelwert der Sperrspannung. U_{v0} muß daher mit dem Faktor $\sqrt{2}$ multipliziert werden.

$$U_{im} = U_{v0} \cdot \sqrt{2}$$

Als Kennwert für die Gleichrichterschaltung gibt man das Verhältnis von U_{im} zu U_{di} an, daß nachfolgend berechnet werden soll.

Für die **Einpuls-Mittelpunktschaltung** gilt:

$$\frac{U_{di}}{U_{v0}} = 0{,}45 \Rightarrow U_{v0} = \frac{U_{di}}{0{,}45} \Rightarrow U_{v0} = 2{,}22 \cdot U_{di}$$

Nach Einsetzen in die Berechnungsformel für U_{im} erhält man:

$$U_{im} = 2{,}22 \cdot U_{di} \cdot \sqrt{2} \Rightarrow U_{im} = 3{,}14 \cdot U_{di} \Rightarrow \frac{U_{im}}{U_{di}} = 3{,}14$$

> Die ideelle Scheitelsperrspannung ist in der Einpuls-Mittelpunktschaltung 3,14 mal so groß wie die ideelle Gleichspannung.

Für die Auswahl eines geeigneten Gleichrichtertransformators muß man die netz- oder primärseitige Scheinleistungsaufnahme des Transformators kennen. Auch hier geht man von ideellen Werten aus und berechnet die **ideelle primärseitige Scheinleistung** S_{Li}. Verluste im Transformator werden also nicht berücksichtigt.

In der Praxis berechnet man jedoch immer das Verhältnis von S_{Li} zur Gleichstromleistung $U_{di} \cdot I_d$. Dieses weist für jede Gleichrichterschaltung einen bestimmten Wert auf und ist somit ein weiterer Kennwert.

Zweipuls-Mittelpunktschaltung

Einen etwas weniger stark pulsierenden Verlauf der Gleichspannung als die Einpuls-Mittelpunktschaltung liefert die Zweipuls-Mittelpunktschaltung M2U (Abb. 7).

Diese Schaltung erfordert einen Gleichrichtertransformator mit Mittelanzapfung, der zwei gleich große Teilspannungen liefert. Außerdem erfordert sie zwei Gleichrichterdioden. Diese bilden die zwei **Zweige der Gleichrichterschaltung**. Abb. 7 zeigt u.a. den Verlauf der Gleichspannung u_d.

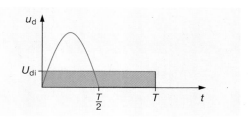

Abb. 4: Arithmetischer Mittelwert eines sinusförmigen Spannungspulses

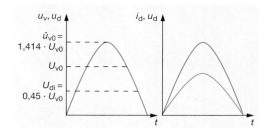

Abb. 5: Ströme und Spannungen in der Einpuls-Mittelpunktschaltung

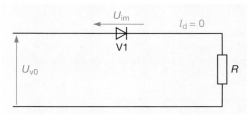

Abb. 6: Scheitelsperrschaltung

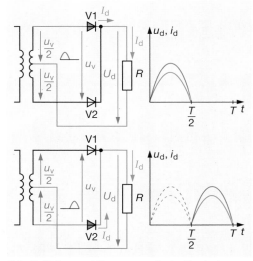

Abb. 7: Ströme und Spannungen in der Zweipuls-Mittelpunktschaltung

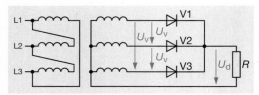

Abb. 1: Dreipuls-Mittelpunktschaltung

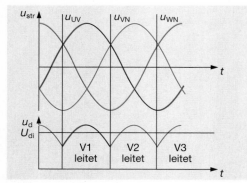

Abb. 2: Spannungen in der Dreipuls-Mittelpunktschaltung (idealisiert)

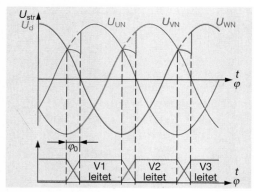

Abb. 3: Kommutierung

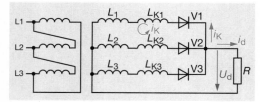

Abb. 4: Kommutierungsstrom und -drosselspulen

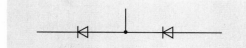

Abb. 5: Zweigpaar

Mit Hilfe von Abb. 7, S. 325 soll auch die Funktion der Zweipuls-Mittelpunktschaltung geklärt werden. Man erkennt, daß die beiden Teilspannungen $U_v/2$, bezogen auf die Mittelanzapfung des Transformator, entgegengesetzt gerichtet sind. Bei der eingezeichneten Polung der Teilspannungen ist einmal nur die Gleichrichterdiode V1 in Durchlaßrichtung geschaltet. Wechselt nun die Richtung der Wechselspannung, dann wird die Diode V1 gesperrt und die Diode V2 in Durchlaßrichtung geschaltet. Beim Vergleich der Richtung von I_d stellt man fest, daß diese die gleiche geblieben ist. Durch den Verbraucher fließt also ein Gleichstrom.

In der Zweipuls-Mittelpunktschaltung setzt sich der Gleichstrom I_d aus den beiden Teilströmen durch die beiden Dioden zusammen. Diese Teilströme nennt man **Zweigströme** $I_{pmittel}$.

Dreipuls-Mittelpunktschaltung

Die **Dreipuls-Mittelpunktschaltung M3U** ist für die Anwendung in Dreiphasen-Wechselstromnetzen vorgesehen. Abb. 1 zeigt eine solche Schaltung. Der Gleichrichtersatz besteht aus drei Zweigen. Abb. 2 zeigt den Zusammenhang zwischen den Ausgangsspannungen und der Gleichspannung. U_{di} idealisiert dargestellt.

> In der Dreipuls-Mittelpunktschaltung trägt jeder Gleichrichterzweig zu einem Drittel zum Strom I_d bei.

Beispielhaft soll an der Dreipuls-Mittelpunktschaltung das Problem der Kommutierung besprochen werden. Wegen der immer vorhandenen Induktivität in einer Gleichrichterschaltung geht die Kommutierung von einer Gleichrichterdiode auf die andere nicht verzögerungsfrei vonstatten. Die leitenden Perioden der einzelnen Dioden überlappen sich kurzzeitig (Abb. 3). Der Überlappungswinkel wird mit φ_0 bezeichnet.

Während der Überlappungszeit bilden die zwei betroffenen Stränge der Gleichrichterschaltung einen geschlossenen Stromkreis (Abb. 4), in dem ein Kommutierungsstrom i_K fließt. Dieser Kommutierungsstrom wird hauptsächlich durch die Induktivitäten der Transformatorwicklungen begrenzt. Reicht deren Induktivität nicht aus, werden besondere **Kommutierungsdrosseln** L_K in den Stromkreis eingefügt (Abb. 4). Der Kommutierungsvorgang beeinflußt den Verlauf von U_d (Abb. 3).

7.6.3 Zweiwegschaltungen

Im Gegensatz zu den Einwegschaltungen werden bei den Zweiwegschaltungen die gleichrichterseitigen Wicklungsstränge des Gleichrichtertransformators in beiden Richtungen vom Strom durchflossen. Grundelement einer Zweiwegschaltung ist das in Abb. 5 dargestellte **Zweigpaar**.

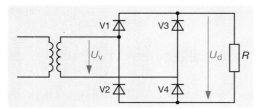

Abb. 6: Zweipuls-Brückenschaltung

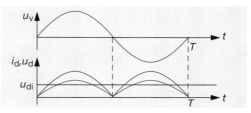

Abb. 7: Ströme und Spannungen (Zweipuls-Brückensch.)

Dieses besteht aus zwei Gleichrichterdioden, die gleichsinnig in Reihe geschaltet sind. Der Mittelanschluß bildet einen Wechselstromanschluß des Gleichrichtersatzes.

Zweipuls-Brückenschaltung

In Abb. 6 ist die einfachste Zweiwegschaltung, die **Zweipuls-Brückenschaltung B2U**, dargestellt. Sie besteht aus zwei parallel geschalteten Zweigpaaren. Der Gleichrichtertransformator verfügt sekundärseitig nur über eine Wicklung. Abb. 7 gibt den Verlauf von u_v und u_d wieder. Die Gleichspannung zeigt prinzipiell den gleichen Verlauf wie bei der Zweipuls-Mittelpunktschaltung. Abb. 8 erläutert die Funktion der Schaltung.

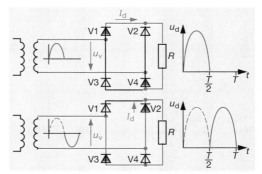

Abb. 8: Funktion der Zweipuls-Brückenschaltung

Es fließt daher sowohl während der positiven als auch während er negativen Halbwelle der angelegten Wechselspannung ein Strom durch den Verbraucher.

> Bei der Brückenschaltung B2U sind abwechselnd zwei Dioden in Durchlaß- und in Sperrichtung geschaltet.

Die Zweipuls-Brückenschaltung wird in der Regel bis zu Verbraucherleistungen von ca. 10 kW eingesetzt. In Sonderfällen (Triebfahrzeuge für den Einphasen-Wechselstrom-Betrieb von Bahnen) erfolgt der Einsatz bis hinein in den Megawattbereich.

Sechspuls-Brückenschaltung

Als letzte Gleichrichterschaltung soll die **Sechspuls-Brückenschaltung B6U** (Abb. 9) betrachtet werden. Abb. 10 zeigt den Verlauf der Leiterspannungen und von u_d.

Außerdem läßt sich dieser Abbildung entnehmen, welche Gleichrichterdioden jeweils in Durchlaßrichtung geschaltet sind. Die Sechspuls-Brückenschaltung liefert eine Gleichspannung mit sechs Pulsen pro Periode. Da sich die einzelnen Spannungspulse sehr stark überschneiden, ergibt sich eine Gleichspannung, die ihren Wert nur noch sehr wenig ändert.

Der Einsatz der Sechspuls-Brückenschaltung erstreckt sich auf Verbraucherleistungen bis weit über 1 MW hinaus.

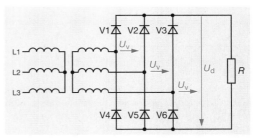

Abb. 9: Sechspuls-Brückenschaltung

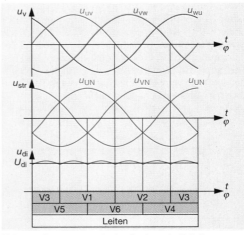

Abb. 10: Spannungen in der Sechspuls-Brückenschaltung (Prinzipskizze)

Tab. 7.4: Kennwerte von Gleichrichterschaltungen mit Wirklast

Schaltungsbezeichnung / Kennwert	Einpuls-Mittelpunktschaltung M1U	Zweipuls-Mittelpunktschaltung M2U	Dreipuls-Mittelpunktschaltung M3U	Zweipuls-Brückenschaltung B2U	Sechspuls-Brückenschaltung B6U
Pulszahl p	1	2	3	2	6
$\dfrac{U_{di}}{U_{v0}}$	0,45	0,45	0,675	0,9	1,35
$\dfrac{I_v}{I_d}$	1,57	0,785	0,588	1,11	0,82
$\dfrac{U_{im}}{U_{di}}$	3,14 6,28[1]	3,14 3,14[1]	2,09	1,57 1,57[1]	1,05
$\dfrac{S_{Li}}{U_{di} \cdot I_d}$	3,49	1,23	1,23	1,23	1,06
$\dfrac{I_{pmittel}}{I_d}$	1	0,5	0,333	0,5	0,333
w_U	1,21	0,48	0,18	0,48	0,04

[1] mit Ladekondensator

Tab. 7.4 zeigt die Kennwerte der behandelten Gleichrichterschaltungen im Zusammenhang. Man erkennt, daß die Zweipuls-Brückenschaltung günstige Kennwerte im Vergleich zu den anderen Wechselstrom-Gleichrichterschaltungen hat. Sie wird zur Erzeugung kleiner und mittlerer Gleichstromleistungen sehr häufig verwendet, denn sie liefert eine große ideelle Gleichspannung. Darüber hinaus ist die Sperrspannungsbelastung der Dioden bei dieser Schaltung ziemlich gering. Zur Erzeugung großer Gleichstromleistungen wird die Sechspuls-Brückenschaltung sehr häufig verwendet, weil sie ähnlich günstige Kennwerte wie die Zweipuls-Brückenschaltung aufweist.

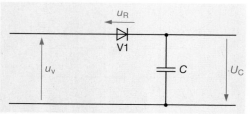

Abb. 1: Einpuls-Mittelpunktschaltung mit Kondensatorlast

7.6.4 Belastung der Gleichrichterschaltungen mit Kondensatoren und Spulen

Abb. 1 zeigt die Schaltung M1U mit Kondensatorlast. Der Kondensator C lädt sich auf den Wert $\hat{u}_{v0}$ auf. Ist die Diode gesperrt (Abb.1), so ergibt sich für die Sperrspannung u_R:

$$u_R = u_v + U_C$$

Für den ungünstigsten Fall $u_v = \hat{u}_{v0}$ ergibt sich u_R zu:

$$\hat{u}_R = \hat{u}_{v0} + U_C \text{ und } \hat{u}_R = 2\,\hat{u}_{v0}.$$

Mit $\hat{u}_R = u_{im}$ ergibt sich:

$$\boxed{\dfrac{U_{im}}{U_{di}} = 6{,}28}$$

Die Werte für U_{im} zu U_{di} bei Kondensatorlast sind in Tab. 7.4 für verschiedene Schaltungen ausgewiesen. Der Wert verringert sich, wenn eine gemischte Last aus Kondensator und Wirkwiderstand vorliegt.

> Bei Belastung von Gleichrichterschaltungen mit Kondensator erhöht sich die Sperrspannungsbeanspruchung der Gleichrichterdioden.

Bei der Verwendung von Gleichrichterschaltungen mit Kondensatorlast ist außerdem zu beachten, daß der Ladestrom der Kondensatoren nicht zu groß wird und die Dioden zerstört. Notfalls ist eine Begrenzung des Ladestroms vorzusehen.

Die Belastung der bisher behandelten Gleichrichterschaltungen mit Spulen verursacht normalerweise keine Probleme. Die Induktivität der Spulen verursacht jedoch eine Glättung des Laststroms.

7.6.5 Glättung und Siebung

Alle Gleichrichterschaltungen liefern pulsierende Gleichspannungen und -ströme. Diese setzen sich aus einem Gleich- und einem Wechselanteil zusammen. Der Gleichstrom- bzw. Gleichspannungsanteil entspricht den arithmetischen Mittelwerten U_{di} bzw. I_d. Ein Kennwert der Gleichrichterschaltungen ist der Wechselanteil an den gleichgerichteten Spannungen.

> Der Wechselspannungsanteil in gleichgerichteten Spannungen und Strömen muß für viele Anwendungen durch zusätzliche Maßnahmen (Glättung, Siebung) verringert oder beseitigt werden.

Mit Hilfe des Versuchs 7-7 soll der Wechselspannungsanteil am Ausgang der Gleichrichterschaltung B2U ermittelt werden.

Versuch 7-7: **Wechselspannungsanteil einer pulsierenden Gleichspannung**

Aufbau

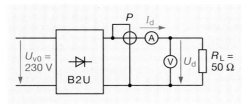

Durchführung

P, U_d, und I_d werden gemessen.

Ergebnis

P in W	U_d in V	I_d in A
1060	207	4,1

Die Gleichstromleistung am Lastwiderstand $P_d = U_{di} \cdot I_d$ ergibt einen Wert von $P_d = 848{,}7$ W. Am Widerstand R_L wird aber durch das Leistungsmeßgerät eine Leistung von $P = 1060$ W angezeigt. Die Differenz von $P_w = 211{,}3$ W muß also durch Wechselspannung übertragen worden sein.

Es soll nun die Höhe der Wechselspannung berechnet werden:

Gemäß $P = \dfrac{U^2}{R}$ und $U = \sqrt{P \cdot R}$ errechnet sich U_w zu

$$U_w = \sqrt{211{,}3 \text{ W} \cdot 50\Omega} \qquad U_w = 103 \text{ V}$$

Der Wechselspannungsanteil der gleichgerichteten Spannung (auch Brummspannung genannt) am Ausgang der Gleichrichterschaltung beträgt im vorliegenden Fall also 103 V. Es läßt sich nun ein weiterer Kennwert der Zweipuls-Brückenschaltung B2U errechnen.

$$\frac{U_w}{U_{di}} = 0{,}5 \qquad \text{Allgemein gilt: } \boxed{w_U = \frac{U_w}{U_{di}}}$$

Dieser Kennwert wird als **Spannungswelligkeit** w_U bezeichnet.

> Als Spannungswelligkeit bezeichnet man das Verhältnis des Effektivwertes der überlagerten Wechselspannung U_w zum arithmetischen Mittelwert der Gleichspannung U_{di}.

Die Spannungswelligkeit hat für jede ungesteuerte Gleichrichterschaltung einen bestimmten feststehenden Wert. Der genaue Wert für die Schaltung B2U beträgt 0,48 (vgl. Tab. 7.4).

Die Welligkeit hat bei der Sechspuls-Brückenschaltung, wie man bereits optisch am Verlauf von u_{di} erkennen kann, mit 0,04 oder 4% den geringsten Wert der behandelten Gleichrichterschaltungen.

> Je höher die Pulszahl p einer gleichgerichteten Spannung ist, desto geringer ist ihre Welligkeit.

In Schaltungen der Leistungselektronik und in Steuerschaltungen verlangt man Spannungswelligkeiten von ca. 0,01 bis ca. 0,05.

Ähnlich wie die Spannungswelligkeit kann auch eine **Stromwelligkeit** w_I für Gleichrichterschaltungen als Verhältnis von I_w zu I_d definiert werden.

$$\boxed{w_I = \frac{I_w}{I_d}}$$

Bei reiner Wirklast ist die Stromwelligkeit w_I gleich w_U. Um die geforderten Strom- und Spannungswelligkeiten zu erreichen, müssen die pulsierenden Spannungen und Ströme geglättet werden. Abb.2 zeigt die beiden wichtigsten Glättungsschaltungen.

Schaltungen mit **Ladekondensatoren** (Abb. 2) werden in der Leistungselektronik bis zu Gleichstromleistungen von ca. 2 kW angewendet. Die Glättung mit Hilfe von Drosselspulen wird bis zu Gleichstromleistungen von einigen 1000 kW vorgenommen.

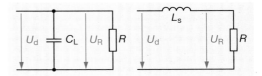

Abb. 2: Glättungsschaltungen

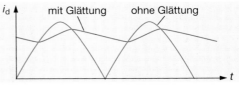

Abb. 3: Wirkung des Ladekondensators

Abb. 3, S. 329, erläutert die Funktion der Glättungsschaltung mit Ladekondensator. C_L lädt sich während der Durchlaßzeit der Gleichrichterdioden auf und entlädt sich über den Verbraucher, sobald die vom Gleichrichter gelieferte Gleichspannung U_d unter den Wert der Kondensatorspannung gesunken ist.

Die Schaltung mit **Glättungsdrossel** arbeitet ähnlich. Durch den Strom I_d wird in der Drossel ein Magnetfeld aufgebaut. Sobald nun der Strom durch die Drosselspule abnimmt, bricht das Magnetfeld in ihr teilweise zusammen, und es entsteht ein Induktionsstrom. Dieser hat, gemäß der Lenzschen Regel, die gleiche Richtung wie I_d und fließt zusätzlich über den Verbraucher. Die Spannung am Verbraucher zeigt einen ähnlichen Verlauf wie U_{di} in Abb. 3, S. 329.

> Mit Hilfe von Kondensatoren und Drosselspulen können pulsierende Gleichspannungen und -ströme geglättet werden.

Die genaue Berechnung der erforderlichen Werte für Glättungsdrossel und -kondensator ist recht schwierig. Es gelten aber folgende (Faust-) Formeln:

$$L_s \geq \frac{R}{p \cdot \omega} \sqrt{\left(\frac{w_U}{w_I}\right)^2 - 1}$$

$$C_L \approx \frac{k \cdot I_d}{p \cdot f \cdot U_w}$$

Mit den Größen:

p: Pulszahl der Gleichrichterschaltung

ω: Kreisfrequenz der Netzspannung ($2\pi \cdot f$)

w_U: Spannungswelligkeit der verwendeten Gleichrichterschaltung (vgl. Tab. 7.4)

w_I: geforderte Stromwelligkeit

I_d: Laststrom

U_w: zulässige Brummspannung

k: 0,25 bei Einpulsschaltungen und 0,2 bei Zweipulsschaltungen

Abb. 1 zeigt Lösungen der nach $\tau_L = L_s / R$ umgestellten Formel für die Berechnung der Induktivität der Gleichrichterschaltung. Und bei Kenntnis der geforderten Stromwelligkeit w_I läßt sich der Wert von L_s / R ablesen. Daraus kann L_s errechnet werden, sofern der Widerstand R ($R \approx R_L$) des Gleichstromkreises bekannt ist.

Beispielsweise entnimmt man Abb. 1 bei $p = 2$ und $w_I = 0,3$ den Wert von τ_L. Er beträgt 2 ms. Hat der Lastwiderstand z. B. den Wert $4\,\Omega$, so berechnet man die Induktivität L_s der verlangten Drosselspule zu:

$$\tau_L = \frac{R}{L_s}\,;\, L_s = \tau_L \cdot R\,;\quad L_s = 2\,\text{ms} \cdot 4\,\Omega\,;\quad L_s = 8\,\text{mH}$$

Entspricht die geglättete Gleichspannung noch nicht den Anforderungen, wird diese mit Hilfe von **Siebschaltungen** (Abb. 3) weiter geglättet. Die beste Siebwirkung besitzt die **LC-Siebschaltung**, weil bei ihr die Siebwirkung von Drossel und Kondensator kombiniert wird. Bei Bedarf lassen sich auch mehrere Siebschaltungen in Reihe anordnen.

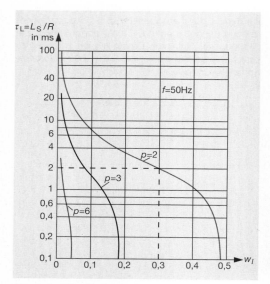

Abb. 1: $L_s / R = f(w_I)$

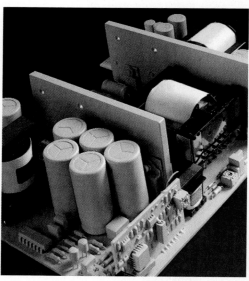

Abb. 2: Netzteil mit Sieb- und Ladekondensatoren

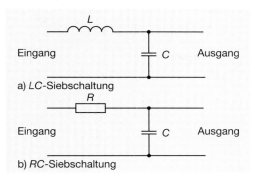

a) *LC*-Siebschaltung

b) *RC*-Siebschaltung

Abb. 3: Siebschaltungen

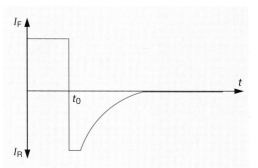

Abb. 4: Sperr- und Druchlaßstrom bei einer Gleichrichterdiode

7.6.6. Auswahlgesichtspunkte für Gleichrichterdioden

Damit die Betriebssicherheit von Gleichrichterschaltungen gewährleistet ist, müssen die Gleichrichterdioden u.a. zwei besonders wichtige Bedingungen erfüllen. Sie müssen bei den auftretenden Sperrspannungen noch zuverlässig sperren. Darüber hinaus sollte der zulässige Dauerstrom größer sein als der Zweigstrom $I_{pmittel}$, von dem die Gleichrichterdiode durchflossen wird.

Die für jede Gleichrichterdiode in den Datenblättern ausgewiesene **periodische Spitzensperrspannung** U_{RRM}[1] muß größer als die zu erwartende ideale Scheitelsperrspannung sein, damit die periodisch wiederkehrenden Sperrspannungen die Diode nicht zerstören.

In der Praxis wählt man Gleichrichterdioden so aus, daß sie auch bei Netzüberspannungen von mindestens 10% noch zuverlässig arbeiten.

7.6.7 Schutzbeschaltung der Gleichrichterdioden

Praktische Erfahrungen mit Gleichrichterschaltungen zeigen, daß Überspannungen auftreten, die kurzzeitig den zehnfachen Wert der Leerlaufwechselspannung erreichen oder sogar überschreiten. Ohne Schutzbeschaltung würden dabei die Gleichrichterdioden zerstört werden.

Gleichrichterdioden müssen gegen Überspannungen geschützt werden.

Wird ein Gleichrichtertransformator durch einen auf der Primärseite angeordneten Schalter zu- und abgeschaltet, dann können je nach Augenblickswert der Netzspannung sehr hohe Spannungen auf der Sekundärseite des Transformators entstehen. Un-

terbricht man den belasteten Gleichstromkreis, so entstehen an den Gleichrichterdioden hohe Überspannungen. Aus diesen Gründen ist es zweckmäßig, den Schalter in die Zuleitung von der Sekundärseite des Gleichrichtertransformators zum Gleichrichtersatz zu legen. Muß darüber hinaus die Primärseite des Transformators vom Netz getrennt werden, dann empfiehlt es sich, den Schalter auf der Primärseite des Gleichrichtertransformators erst nach dem Betätigen des Schalters auf der Sekundärseite zu öffnen.

Eine weitere Möglichkeit, Gleichrichterdioden vor Überspannungen zu schützen, besteht in der Verwendung von **Schutzkondensatoren**.

Zur Verringerung von Überspannungen schaltet man einen Kondensator entweder parallel zur Primärseite oder parallel zur Sekundärseite des Gleichrichtertransformators. Tritt kurzzeitig eine Überspannung auf, dann wirkt der Kondensator wie eine nahezu ungeladene Kapazität und schließt daher die Überspannung für Sekundenbruchteile kurz. Da Überspannungen in der Regel ebenfalls nur Bruchteile von Sekunden anhalten, genügt die Schutzbeschaltung des Gleichrichtertransformators in vielen Fällen, um die Dioden vor Überspannungen zu schützen.

Die Schutzbeschaltung des Gleichrichtertransformators kann statt mit Kondensatoren auch mit spannungsabhängigen Widerständen erfolgen.

Überspannungen können auch beim Umschalten der Gleichrichterdioden vom Durchlaß- in den Sperrzustand auftreten. Abb. 4 zeigt den Stromverlauf durch eine Diode während des Umschaltvorgangs. Ursache für den kurzzeitigen hohen Sperrstrom ist der **Trägerspeichereffekt** (**TSE**). Beim raschen Durchschalten vom Durchlaß- in den Sperrzustand kann der PN-Übergang nicht sofort sperren, weil noch Ladungsträger in ihm »gespeichert« sind, die erst abfließen müssen. Erst danach sinkt der Sperrstrom rasch auf seinen normalen Wert. Durch

---

[1] **M**aximum **R**ecurrent **R**everse **V**oltage (engl.): periodische Spitzensperrspannung

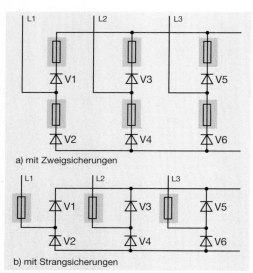

a) mit Zweigsicherungen

b) mit Strangsicherungen

Abb. 1: Überstromschutz von Gleichrichterdioden

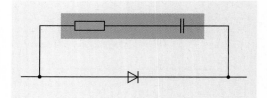

Abb. 2: TSE-Beschaltung einer Gleichrichterdiode

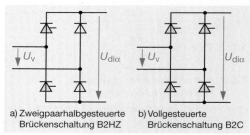

a) Zweigpaarhalbgesteuerte　　　b) Vollgesteuerte
Brückenschaltung B2HZ　　　　Brückenschaltung B2C

Abb. 3: Gesteuerte Brückenschaltungen

den rasch sinkenden Sperrstrom können in der Schaltung hohe Induktionsspannungen entstehen. Diese vermeidet man durch eine Schutzbeschaltung der Gleichrichterdioden nach Abb. 2. Beim Umschalten in den Sperrzustand fließt der Strom nicht mehr durch die Gleichrichterschaltung, sondern er lädt den Kondensator auf. Hohe Induktionsspannungen können somit nicht mehr entstehen. Nähere Angaben über die erforderliche Größe von Kondensator und Widerstand entnimmt man den Datenblättern der Diodenhersteller.

Überströme können durch Kurzschlüsse oder Überlastungen auf der Verbraucherseite des Gleichrichtergerätes, durch Kurzschluß einzelner Gleichrichterdioden und durch hohe Ladeströme von Glättungskondensatoren hervorgerufen werden. Zur Vermeidung hoher Ladeströme im Einschaltmoment schaltet man oft einen Schutzwiderstand mit dem Gleichrichtersatz in Reihe. Darüber hinaus werden Gleichrichterdioden durch sehr schnell abschaltende Schmelzsicherungen vor Überströmen geschützt (Abb. 1).

Gleichrichterdioden müssen vor Überströmen geschützt werden.

Aufgaben zu 7.6

1. Erläutern Sie den Unterschied zwischen einer Einweg- und einer Zweiweggleichrichterschaltung!

2. Nennen Sie die grundsätzlichen Bestandteile einer Gleichrichterschaltung!

3. Welche besondere Eigenschaft haben alle durch Gleichrichtung gewonnenen Gleichspannungen gegenüber chemisch erzeugten Spannungen?

4. Für ein galvanisches Bad werden eine Gleichspannung U_{di} = 30V und ein Gleichstrom I_d = 200A benötigt. Es steht ein Drehstromnetz 3 ~ 400/230V zur Verfügung. Berechnen Sie die folgenden Werte für die Gleichrichterschaltungen M3U und B6U: U_{v0}; I_v; U_{im}; S_{Li} und die Übersetzungsverhältnisse $ü$ der Gleichrichtertransformatoren! (Dy5)

5. Welche ideelle Scheitelsperrspannung ergibt sich in einer Einpuls-Mittelpunktschaltung M1U, wenn U_v = 230V beträgt?

7.7 Gesteuerte Gleichrichterschaltungen

Bei gesteuerten Gleichrichterschaltungen ersetzt man die Gleichrichterdioden zur Hälfte (halbgesteuerte Schaltungen) oder ganz (vollgesteuerte Schaltungen) durch Thyristoren. Am Ausgang dieser Schaltungen ergeben sich Gleichspannungen, die von der Netzspannung, der Lastart und vom Steuerwinkel α abhängig sind. Abb. 3 zeigt zwei Schaltungsbeispiele. Die Steuerungseinrichtungen wurden weggelassen.

Gesteuerte Gleichrichterschaltungen erlauben die Erzeugung steuerbarer Gleichspannungen aus dem Wechselstromnetz.

7.7.1 Gesteuerte Einpuls-Mittelpunktschaltung

Wegen der Einfachheit der Schaltung sollen die besonderen Eigenschaften gesteuerter Gleichrichterschaltungen einführend mit Hilfe der Einpuls-Mittelpunktschaltung (Abb. 4a) erarbeitet werden.

Abb. 5 zeigt die Strom- und Spannungsverhältnisse bei Widerstandslast. Für die Berechnung der vom Steuerwinkel abhängigen Gleichspannung $U_{di\alpha}$ gilt:

$$U_{di\alpha} = U_{di} \frac{1 + \cos \alpha}{2}$$

Der Wert von U_{di} kann Tab. 7.4, S. 328, entnommen werden.

Bei einem Steuerwinkel von $\alpha = 0\,°$ verhält sich die Schaltung M1C wie die ungesteuerte Schaltung M1U.

Vollgesteuerte Gleichrichterschaltungen verhalten sich bei einem Steuerwinkel von $\alpha = 0\,°$ wie die entsprechenden ungesteuerten Schaltungen.

Abb. 5 zeigt, daß der Gleichstrom i_d Lücken aufweist. Man spricht daher vom **Lückbetrieb** der Gleichrichterschaltung.

Lückbetrieb tritt auf, wenn während der Dauer eines Pulses der Gleichstrom i_d Null wird.

Lückbetrieb ist für den Betrieb von elektronischen Schaltungen und auch von Motoren meistens unerwünscht. Daher werden die Stromlücken oft durch Glättungs- und Siebmaßnahmen beseitigt.

Bei der Einpuls-Mittelpunktschaltung tritt bereits bei einem Steuerwinkel $\alpha = 0\,°$ Lückbetrieb auf.

Abb. 4b zeigt die Steuerkennlinie $U_{di\alpha}\,/\,U_{di}$ der Schaltung bei Widerstandslast.

Strom- und Spannungsverhältnisse der gesteuerten Einpuls-Mittelpunktschaltung bei Belastung mit einer idealen Spule zeigt Abb. 6.

Bei Betrieb mit einem Steuerwinkel von $\alpha = 0\,°$ ist der Thyristor ständig gezündet (Abb. 6).

Deshalb ist die Spannung u_{AK} am Thyristor ständig Null ①. Denn die in der Spule nach dem Nulldurchgang der Netzspannung entstehende Induktionsspannung treibt weiterhin den Strom i_d durch die Schaltung. Der Haltestrom wird nicht unterschritten und der Thyristor bleibt gezündet. Dadurch zeigt $U_{di\alpha}$ den gleichen Verlauf wie U_{v0} (② in Abb. 6).

Bei Belastung mit einer idealen Spule nimmt $u_{di\alpha}$ auch negative Werte an. Insgesamt ist der Mittelwert von $u_{di\alpha}$ jedoch Null.

Der durch Induktionsspannung erzeugte Strom i_d ③ fließt ebenso lang durch die Schaltung wie der durch die Netzspannung vor Nulldurchgang hervorgerufene Strom i_d ④.

Durch den Richtungswechsel von $u_{di\alpha}$ während der negativen Halbwelle von u_v wird Energie an das Netz zurückgeliefert.

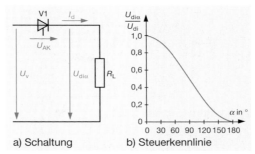

a) Schaltung   b) Steuerkennlinie

Abb. 4: Einpuls-Mittelpunktschaltung mit Widerstandslast

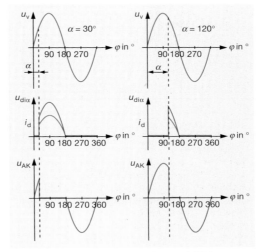

Abb. 5: Einpuls-Mittelpunktschaltung mit Widerstandslast

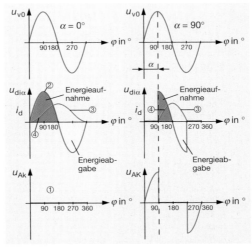

Abb. 6: Ströme und Spannungen bei Belastung mit idealer Spule

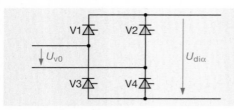

Abb. 1: Brückenschaltung B2C

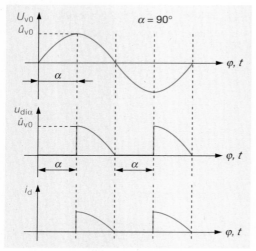

Abb. 2: Belastung der Schaltung B2C mit Wirkwiderstand

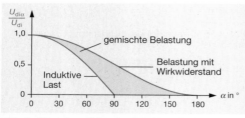

Abb. 3: Steuerkennlinien der Schaltung B2C

Die während der positiven Halbschwingung der Netzspannung aufgenommene elektrische Energie wird während der negativen Halbschwingung wieder an das Netz zurückgeliefert.

Die Schaltung nimmt somit keine Wirkleistung aus dem Wechselstromnetz auf.

7.7.2 Vollgesteuerte Brückenschaltung B2C

Abb. 1 zeigt die vollgesteuerte Brückenschaltung B2C. Ströme und Spannungen in der vollgesteuerten Brückenschaltung werden in Abb. 2 für $\alpha = 90°$ und Wirklast dargestellt. Es ergibt sich, daß bei Widerstandslast und Steuerwinkeln $\alpha > 0°$ bereits Lückbetrieb auftritt.

Abb. 4 erläutert die Entstehung der Gleichspannung $U_{di\alpha}$ in Abhängigkeit vom Steuerwinkel bei der vollgesteuerten Brückenschaltung B2C und bei Belastung mit einer idealen Spule. Bei $\alpha = 90°$ wird der arithmetische Mittelwert U_{di} der Gleichspannung Null, weil die positiven und negativen Spannungsanteile sich genau aufheben. Abb. 3 zeigt die Steuerkennlinien der Schaltung.

Bei der Schaltung B2C sind jeweils 2 Thyristoren (V3 und V2 oder V1 und V4 in Abb. 1) leitend. Der Steuersatz der Schaltung muß daher zum geeigneten Zeitpunkt jeweils zwei der Thyristoren zünden.

Bei der Kommutierung sind kurzzeitig alle Thyristoren leitend. Das Netz wird dadurch kurzzeitig stark belastet. Durch geeignete Gleichrichtertransformatoren bzw. durch die Verwendung einer Kommutierungsdrossel muß der Kommutierungsstrom begrenzt werden (vgl. 7.6.2).

7.7.3 Vollgesteuerte Brückenschaltung B6C

Die vollgesteuerte Brückenschaltung B6C (Abb. 5a) wird wegen ihrer insgesamt günstigen Eigenschaften (vgl. Tab. 7.4, S. 328) sehr häufig verwendet. Sie ist die meistverwendete Gleichrichterschaltungen bei Nennspannungen oberhalb 300V.

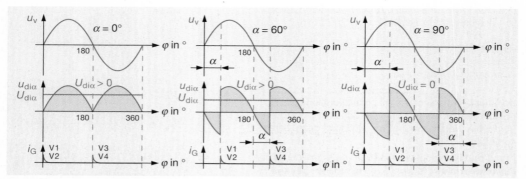

Abb. 4: Abhängigkeit von $U_{di\alpha}$ vom Steuerwinkel bei Belastung der Schaltung B2C mit idealer Spule

Abb. 5b beschreibt die Entstehung von $u_{di\alpha}$ bei Belastung mit Wirkwiderstand. Aus ihr läßt sich ableiten, daß Lückbetrieb ab $\alpha = 60°$ entsteht. $U_{di\alpha}$ erreicht bei Belastung mit Wirkwiderstand erst bei $\alpha = 120°$ den Wert Null (Abb. 7).

In der Sechspuls-Brückenschaltung wird jeder Thyristor durch Doppelimpulse gezündet.

Abb. 6 zeigt das Leitschema der Thyristoren bei $\alpha = 75°$. Infolge des Lückbetriebs bei $\alpha \geq 60°$ kann während der Strom- und Spannungslücken der Haltestrom der Thyristoren unterschritten werden. Daher ist bei der Kommutierung die nochmalige Zündung desjenigen Thyristors durch einen Folgeimpuls erforderlich, der an der Kommutierung selbst nicht beteiligt ist. So erhält z. B. der Thyristor V1 bei der Kommutierung von V6 auf V2 einen Folgeimpuls.

Halbgesteuerte Gleichrichterschaltungen arbeiten ähnlich wie vollgesteuerte. Sie verursachen jedoch weniger Blindleistung im speisenden Netz.

7.8 Wechselrichter

In der Leistungselektronik kommt es häufig vor, daß Gleichstrommotoren über gesteuerte Gleichrichter gespeist werden. Die Gleichstrommaschinen wirken wie eine Spannungsquelle im Gleichstromkreis, deren Spannung der gleichgerichteten Spannung $U_{di\alpha}$ entgegengerichtet (**Gegenspannung**, z.B. bei Antrieb der Maschine) oder gleich gerichtet (**Zusatzspannung**, z.B. beim Bremsen der Maschine) sein kann (Abb. 8).

Der Betrieb der Gleichrichterschaltung B2C mit Gegenspannung und Wirklast bewirkt lediglich eine Verkleinerung des Steuerbereichs (Abb. 1, S. 336) der Schaltung, da U_{v0} größer als die Gegenspannung U_o sein muß, damit die Thyristoren der Gleichrichterschaltung gezündet werden können.

Der Betrieb einer gesteuerten Gleichrichterschaltung mit Wirklast und Gegenspannung verkleinert den Steuerbereich.

Betreibt man die Schaltung B2C mit Zusatzspannung und belastet sie mit einer sehr großen Induktivität L, so daß $X_L \gg R$ ist (Abb. 8, Feldwicklung der Gleichstrommaschine), so treten in Abhängigkeit vom Steuerwinkel α verschiedene Betriebsfälle auf.

Bei einem Steuerwinkel $\alpha < 90°$ arbeitet die Schaltung als Gleichrichterschaltung (vgl. Abb. 3 und Abb. 3, S. 337). Ist $\alpha = 90°$ wird $U_{di\alpha} = 0$. Die Zusatzspannung U_0 treibt nun den Strom I_d durch die Last (① in Abb. 2, S. 336).

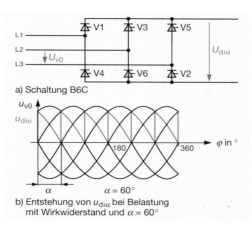

a) Schaltung B6C

b) Entstehung von $u_{di\alpha}$ bei Belastung mit Wirkwiderstand und $\alpha = 60°$

Abb. 5: Sechspuls-Brückenschaltung B6C

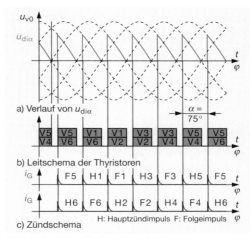

a) Verlauf von $u_{di\alpha}$

b) Leitschema der Thyristoren

c) Zündschema   H: Hauptzündimpuls F: Folgeimpuls

Abb. 6: Funktion der Schaltung B6C

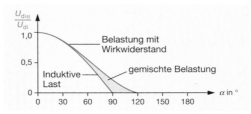

Abb. 7: Steuerkennlinien der Schaltung B6C

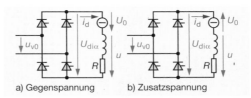

a) Gegenspannung   b) Zusatzspannung

Abb. 8: Schaltung B2C mit aktiver Last

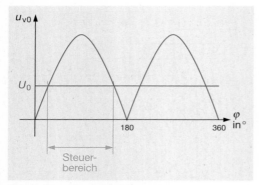

Abb. 1: Steuerbereich bei Gegenspannung

Abb. 2 erläutert auch die Verhältnisse bei Steuerwinkeln $\alpha > 90°$. Bei $\alpha > 90°$ wird $U_{di\alpha}$ negativ (② und ③ in Abb. 2). Die Energieflußrichtung in der Gleichrichterschaltung kehrt sich um. Die Zusatzspannungsquelle U_0 (Gleichstrommaschine = **aktive Last**) treibt den Strom I_d durch die Gleichrichterschaltung und liefert Energie in das speisende Wechselstromnetz solange U_0 negativer als $U_{di\alpha}$ ist. Die Schaltung B2C arbeitet als **Wechselrichter**.

Bei Steuerwinkeln $\alpha > 90°$ arbeiten vollgesteuerte Gleichrichterschaltungen mit Zusatzspannung als Wechselrichter und liefern Energie an das speisende Wechselstromnetz.

Der in das Wechselstromnetz fließende Strom I_d ergibt sich für $\alpha > 90°$ aus $u = U_{di\alpha} + U_0$ zu:

$$I_d = \frac{U_{di\alpha} + U_0}{R}$$

Mit negativer werdendem Wert für $U_{di\alpha}$ wird I_d daher immer geringer (①, ②, ③ in Abb. 2) bis $U_{di\alpha} = U_0$ ist.

Für die Praxis der **Steuerung von Gleichstrommaschinen** ergeben sich folgende mögliche Betriebszustände:

Bei Steuerwinkeln $\alpha < 90°$ wird eine Gleichstrommaschine, die aus einer vollgesteuerten Gleichrichterschaltung gespeist wird, angetrieben.

Wird der Steuerwinkel auf $\alpha > 90°$ vergrößert, so arbeitet die Maschine als Generator und liefert Energie an das speisende Wechselstromnetz. Dadurch wird die Gleichstrommaschine nahezu verlustlos abgebremst.

Abb. 3 zeigt die Steuerkennlinien der Schaltungen B2C und B6C vollständig und im Zusammenhang.

Zum Schutz der Thyristoren vor Zerstörung wird der Steuerwinkel im Wechselrichterbetrieb auf ungefähr 150° (**Wechselrichtertrittgrenze**) begrenzt. Damit sollen eine sichere Löschung der Thyristoren und eine einwandfreie Kommutierung gewährleistet werden.

Neben der Schaltung B2C können auch die anderen vollgesteuerten Gleichrichterschaltungen wie M3C, B6C oder B12C im Wechselrichterbetrieb arbeiten.

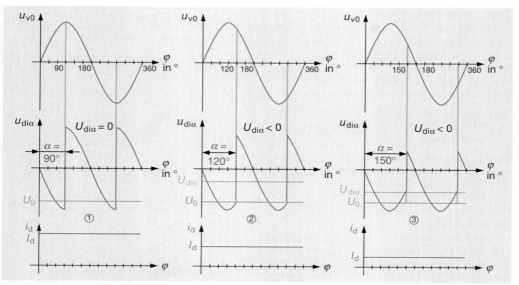

Abb. 2: Betrieb der Brückenschaltung B2C mit Zusatzspannung und $\alpha \geq 90°$

Bei halbgesteuerten Gleichrichterschaltungen kann wegen ihres Aufbaus $U_{di\alpha}$ nicht negativ werden. Sie können daher nicht als Wechselrichter arbeiten.

> Nur vollgesteuerte Gleichrichterschaltungen können als Wechselrichter arbeiten.

Die bisher besprochenen Wechselrichter beziehen die für die Kommutierung erforderlichen Spannungen und Ströme aus dem speisenden Wechselstromnetz. Sie werden daher als **netzgeführte Wechselrichter** bezeichnet. Daneben unterscheidet man **selbst- und lastgeführte Wechselrichter**.

Der selbstgeführte Wechselrichter ist der Wechselrichter im klassischen Sinn. Er dient der Stromversorgung von Wechselstromverbrauchern aus Gleichspannungsquellen.

> Wechselrichter wandeln Gleichstrom in Wechselstrom um.

Selbstgeführte Wechselrichter (Abb. 4) beziehen die für die Kommutierung erforderlichen Spannungen und Ströme aus einem eigenen Steuersatz. Dieser ist in Abb. 4 nicht gesondert dargestellt. Die Energie fließt vom speisenden Gleichstromnetz zu dem an Wechselspannung angeschlossenen Lastwiderstand, also umgekehrt wie in einer Gleichrichterschaltung.

Die Gleichstromschalter werden durch einen Zündgenerator so gesteuert, daß sie abwechselnd und mit unterschiedlicher Richtung einen Strom durch die Primärwicklung des Transformators schicken. Auf der Sekundärseite ergibt sich ein rechteckförmiger Verlauf der Ausgangswechselspannung u_L.

Eine in der Praxis verwendete Schaltung zeigt Abb. 5. Der Kondensator C ist der Löschkondensator. Die Dioden V3 und V4 verhindern die Entladung des Löschkondensators C über die Transformatorwicklung. Die Dioden V5 und V6 verhindern die Zerstörung der Thyristoren durch Überspannungen.

> Die Frequenz der durch den selbstgeführten Wechselrichter erzeugten Ausgangswechselspannung ist von der Frequenz der Steuerpulse abhängig. Sie ist in weiten Bereichen frei wählbar.

Wechselrichter werden in ein- und mehrphasigen (Abb. 6) Ausführungen verwendet. Spannungen und Schaltvorgänge im dreiphasigen Wechselrichter erläutert Abb. 1, S. 338. Sie gilt für einen Stromflußwinkel von $\varphi = 180°$ je Gleichstromschalter (V1 bis V6).

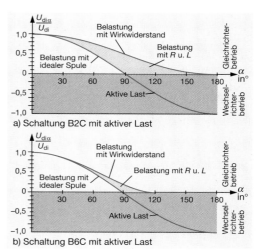

a) Schaltung B2C mit aktiver Last

b) Schaltung B6C mit aktiver Last

Abb. 3: Steuerkennlinien

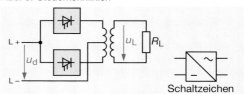

Abb. 4: Wechselrichter in Zweipuls-Mittelpunktschaltung (Prinzipschaltung)

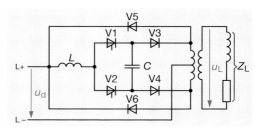

Abb. 5: Wechselrichter in Zweipuls-Mittelpunktschaltung

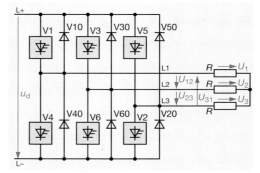

Abb. 6: Dreiphasiger Wechselrichter in Brückenschaltung

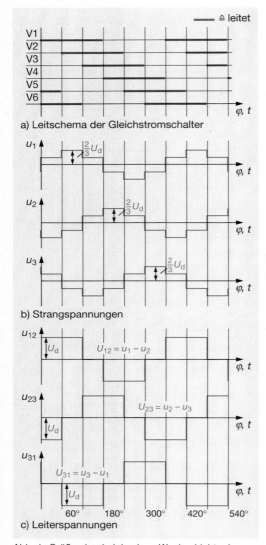

a) Leitschema der Gleichstromschalter

b) Strangspannungen

c) Leiterspannungen

Abb. 1: Größen im dreiphasigen Wechselrichter in Brückenschaltung

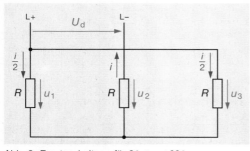

Abb. 2: Ersatzschaltung für $0° \leq \varphi \leq 60°$

Die Ermittlung des Wertes der Strangspannungen soll für $0° \leq \varphi \leq 60°$ beispielhaft mit dem Ersatzschaltbild (Abb. 2) dargestellt werden. Für i ergibt sich:

$$i = \frac{U_d}{\frac{R}{2}+R} \qquad\qquad i = \frac{2 \cdot U_d}{3 \cdot R}$$

Weiterhin gilt:

$$u_1 = \frac{i}{2} \cdot R \qquad\qquad u_1 = \frac{U_d}{3}$$

$$u_3 = \frac{i}{2} \cdot R \qquad\qquad u_3 = \frac{U_d}{3}$$

$$u_2 = -i \cdot R \qquad\qquad u_2 = -\frac{2 \cdot U_d}{3}$$

Nach vollständiger Berechnung der Spannungen u_1 bis u_3 ergeben sich die in Abb. 1 dargestellten Verläufe der Strangspannungen. Die Größe der Strangspannungen hängt dabei von U_d ab.

Der in Abb. 6, S. 337 dargestellte Wechselrichter kann auch mit Motoren (Last aus Spule und Wirkwiderstand) belastet werden. In diesem Falle übernehmen die Dioden V10 bis V60 (Freilaufdioden) jeweils kurzzeitig entstehende Induktionsströme.

Die bisher behandelten Wechselrichter liefern mehr oder weniger rechteckförmige Ausgangsspannungen, deren Effektivwert von U_d abhängt. Mit dem **Pulswechselrichter** (Abb. 3a) ist es möglich, sowohl den Effektivwert der Ausgangswechselspannung zu steuern als auch die vielfach gewünschte Sinusform zu erreichen.

Erforderlich sind eine (oder mehrere) konstante Speisegleichspannungen und ein Steuersatz, der die Pulsbreitensteuerung (vgl. 7.1.1.7) der Hauptthyristoren (V1 und V2 in Abb. 3a) ermöglicht. Da die Hauptthyristoren kurzzeitig hintereinander gezündet und gelöscht werden, ist außerdem eine besondere Löschschaltung (V11, V12, L_k und C in Abb. 3a) erforderlich.

Abb. 3b zeigt den Verlauf der Ausgangsspannung U_L, die sich aufgrund der pulsbreitengesteuerten Spannungspulse am Ausgang des Wechselrichters ergibt.

> Pulswechselrichter ermöglichen die Steuerung des Effektivwertes sowie des Verlaufs der Ausgangsspannung.

Wechselrichter werden in Notstromanlagen zur Erzeugung der Wechselspannung bei Netzausfall eingesetzt. Weitere Anwendungsgebiete sind u.a. die Speisung von Bordnetzen in Flugzeugen und Fahrzeugen sowie die Drehzahlsteuerung von Motoren.

7.9 Netzrückwirkungen

Der Betrieb von ungesteuerten und gesteuerten Gleichrichterschaltungen und Wechselrichtern verursacht durch die Schalt- und Kommutierungsvorgänge Rückwirkungen auf das speisende Netz. Dies sind

- **Oberschwingungen** des Stromes mit Vielfachen der Netzfrequenz,
- **induktive Steuer- und Kommutierungsblindleistungen** und
- **Hochfrequenzstörungen**.

Folgen der Strom-Oberschwingungen sind zusätzliche Verluste im Netz und unter ungünstigen Umständen Überspannungen als Folge von Resonanzerscheinungen. Die ungünstigen Folgen der Strom-Oberschwingungen vermindert man durch Wahl von Gleichrichterschaltungen mit hoher Pulszahl. Dadurch verringert sich die Gefahr der Entstehung von relativ niederfrequenten und besonders verlustbringenden Strom-Oberschwingungen. Durch Filter versucht man weiterhin, das Vordringen von Resonanzströmen in das speisende Netz zu verhindern.

Folgen der Blindleistung in leistungsstarken Gleichrichterschaltungen sind Abweichungen des Netzstromes von der Sinusform und die Entstehung eines erhöhten Spannungsfalls im Netz. Durch **Phasenschieber** (Synchronmaschinen, Kondensatorbatterien) kompensiert man die Blindleistung.

Die Hochfrequenzstörungen entstehen vor allem durch Schaltvorgänge. Durch konstruktive Maßnahmen und durch die hochfrequenzmäßige Abriegelung der Netzzuleitungen mit Hilfe von Entstörkondensatoren verhindert man die Ausbreitung der Störungen im Netz.

7.10 Wechselstromumrichter

Unter Umrichten versteht man die Umwandlung elektrischer Energie, bei der die Stromart (Wechsel- oder Gleichstrom) erhalten bleibt. Bei dem Umrichten von Wechselströmen können Spannung, Frequenz, Phasenzahl und Phasenfolge geändert werden.

> Wechselstromumrichter wandeln einen gegebenen Wechselstrom in einen anderen um.

Wechselstromumrichter finden häufig bei der Drehzahlsteuerung von Wechsel- und Drehstrommotoren Verwendung. Gleichzeitig werden sie auch zur Drehrichtungsänderung von Drehstrommotoren benutzt.

Man unterscheidet **Umrichter mit Zwischenkreis** (Abb. 4) und **Direktumrichter**. Die bereits behan-

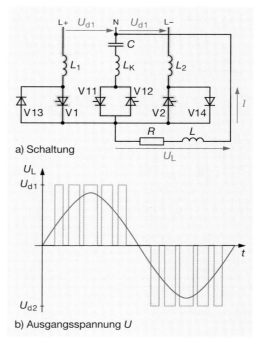

a) Schaltung

b) Ausgangsspannung U

Abb. 3: Pulswechselrichter in Mittelpunktschaltung

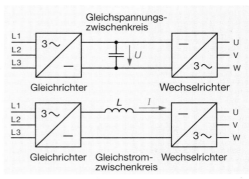

Abb. 4: Zwischenkreisumrichter

delten Wechsel- und Drehstromsteller sind Direktumrichter. Bei ihnen bleiben Frequenz und Phasenzahl erhalten, während die Spannung und auch die Phasenfolge umgerichtet (umgewandelt) werden.

Der Wechselstromumrichter mit Zwischenkreis ist die am meisten eingesetzte Umrichterart. Sie dient dazu, aus dem 50-Hz-Wechselstromnetz ein- oder mehrphasige Speisenetze mit verschiedenen Spannungen und Frequenzen zu erzeugen.

Beim Umrichter mit Zwischenkreis wird die Netzspannung des einspeisenden Netzes zunächst gleichgerichtet und die Energie einem Zwischenkreis zugeführt (Abb. 4).

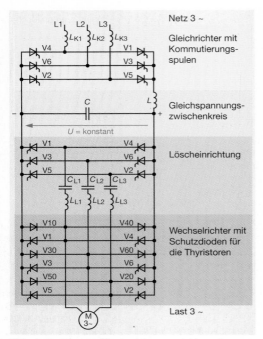

Abb. 1: Dreiphasen-Wechselstromumrichter mit Gleichspannungszwischenkreis

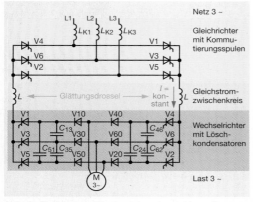

Abb. 2: Dreiphasen-Wechselstromumrichter mit Gleichstromzwischenkreis

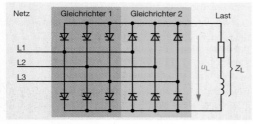

Abb. 3: Direktumrichter (Leistungsteil)

Wird die Zwischenkreisspannung, z.B. durch Kondensatoren, konstant gehalten, ergibt sich ein Wechselstromumrichter mit Gleichspannungszwischenkreis (Abb. 1). Wird jedoch der Strom I im Zwischenkreis konstant gehalten, z.B. durch Spulen mit hoher Induktivität, so erhält man den Wechselstromumrichter mit Gleichstromzwischenkreis (Abb. 2). Danach findet die Wechselrichtung statt, bei der Frequenz, Phasenlage und Phasenfolge der Ausgangsspannungen geändert werden können.

Wird durch besondere Maßnahmen (z.B. durch einen Gleichstromsteller) die Spannung im Zwischenkreis gesteuert, kann die Höhe der Ausgangsspannungen des Wechselstromumrichters eingestellt werden.

Oftmals wird der Pulswechselrichter als Wechselrichter im Wechselstromumrichter verwendet. Sofern eine konstante Zwischenkreisspannung zur Verfügung steht (z.B. mit Hilfe eines Gleichstromstellers), kann eine sinusförmige und frequenzvariable Ausgangsspannung erreicht werden. Außerdem ist der Effektivwert der Wechselspannung gleichzeitig steuerbar.

In der Regel wird bei Umrichtern mit Zwischenkreis die Gleichrichtung der Netzwechselspannung mit Hilfe ungesteuerter Gleichrichterschaltungen vorgenommen. Die Umrichter verursachen dann keine Blindleistung im Netz.

Beim **Direktumrichter** (Abb. 3) sind Eingang und Ausgang der Schaltung direkt über Halbleiterventile, z.B. Thyristoren, verbunden. Die Frequenz der Ausgangsspannung von Direktumrichtern ist variabel. Sie ist jedoch stets kleiner als die Frequenz des speisenden Netzes.

Gebräuchliche Direktumrichter sind der **Trapezumrichter** und der **Steuerumrichter**. Der Leistungsteil der beiden Umrichter unterscheidet sich nicht. Er entspricht Abb. 3. Unterschiede ergeben sich in der Art der Ansteuerung und damit im Verlauf der Ausgangsspannungen und -ströme. Abb. 4a zeigt u.a. den Verlauf der Ausgangsspannung eines Einphasen-Trapezumrichters. Abb. 4a zeigt auch die Betriebsart der einzelnen Gleichrichterschaltungen. Für den Wechsel der Polung der Ausgangsspannung ist jeweils der kurzzeitige Wechselrichterbetrieb der Gleichrichterschaltungen 1 und 2 erforderlich.

Der Trapezwechselrichter liefert eine trapezförmige Ausgangswechselspannung.

In Abb. 4b ist der Verlauf von Ausgangsspannung und -strom des einphasigen Steuerumrichters dargestellt. Durch eine geeignete Ansteuerung der Thyristoren (Teilaussteuerung) wird für eine Annäherung der Ausgangsspannung an die Sinusform

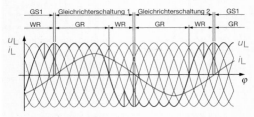

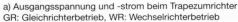

a) Ausgangsspannung und -strom beim Trapezumrichter
GR: Gleichrichterbetrieb, WR: Wechselrichterbetrieb

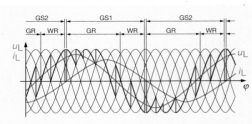

b) Ausgangsspannung und -strom beim Steuerumrichter

Abb. 4: Funktion und Ausgangsgrößen bei Trapez- und Steuerumrichter

gesorgt. Ein Wechsel der Betriebsart der Gleichrichterschaltungen 1 und 2 ist wie beim Trapezumrichter erforderlich.

Mehrphasige Direktumrichter werden durch Kombination von einphasigen Umrichtern hergestellt. Dreiphasige Direktumrichter werden beispielsweise zur Speisung von Synchronmaschinen mit niedrigen Drehzahlen verwendet.

Aufgaben zu 7.7 bis 7.10

1. Erläutern Sie die verschiedenen Arten von gesteuerten Gleichrichterschaltungen!

2. Erläutern Sie die Vorteile von gesteuerten Gleichrichterschaltungen gegenüber ungesteuerten Schaltungen!

3. Erklären sie, weshalb bei der Schaltung B6C jeder Thyristor mit Haupt- und Folgeimpulsen gezündet werden muß!

4. Beschreiben Sie den Einfluß einer Gegenspannung auf den Steuerbereich einer gesteuerten Gleichrichterschaltung!

5. Ab welchem Steuerwinkel arbeitet eine gesteuerte Gleichrichterschaltung wie ein Generator?

6. Beschreiben Sie den Vorteil des Pulswechselrichters im Vergleich zu anderen Wechselrichterschaltungen!

7. Erläutern Sie die Rückwirkungen von gesteuerten Gleichrichterschaltungen und von Wechselrichtern auf das speisende Netz. Welche Gegenmaßnahmen trifft man?

8. Erklären Sie die Vorzüge von Wechselstromumrichtern mit Zwischenkreis!

9. Beschreiben Sie die Vorzüge der Verwendung von Pulswechselrichtern in Wechselstromumrichtern!

10. Beschreiben Sie die Unterschiede in der Wirkungsweise von Wechselstromumrichtern mit Gleichspannungszwischenkreis und mit Gleichstromzwischenkreis!

11. Nennen Sie Anwendungsmöglichkeiten für mehrphasige Direktumrichter!

12. Welche Größen eines Wechselspannungsnetzes können mit Wechselstromumrichtern verändert werden?

7.11 Netzgeräte

Der Aufbau von **Netzgeräten** oder **Netzteilen** in Geräten wird durch die Anforderungen der angeschlossenen Verbraucher bestimmt. Daher gibt es die verschiedensten Arten von Netzgeräten (Abb. 5).

Wechselspannungsnetzgeräte dienen der Stromversorgung von Wechselstromverbrauchern mit Spannungen variabler oder konstanter Höhe sowie fester oder variabler Frequenz. Als wichtigste Baugruppe findet man hier häufig Wechselstromumrichter.

Gleichspannungsnetzgeräte versorgen in der Leistungselektronik u.a. Steuerschaltungen und Leistungsbaugruppen mit den erforderlichen Spannungen und Strömen.

Lineare Netzgeräte erzeugen die erforderlichen Ausgangsspannungen durch Gleichrichtung von Wechselspannungen mit nachfolgender Glättung und Siebung.

Werden konstante Ausgangsspannungen verlangt, entfällt oft das Siebglied zugunsten einer **Stabilisierungsschaltung**).

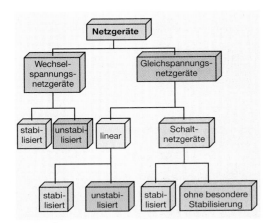

Abb. 5: Übersicht über Netzgeräte

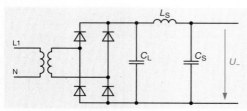

Abb. 1: Lineares Netzgerät

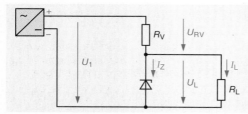

Abb. 2: Stabilisierungsschaltung mit Z-Diode

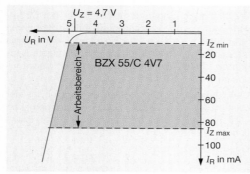

Abb. 3: Kennlinie einer Z-Diode

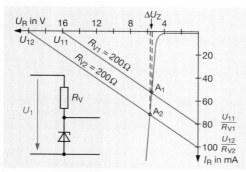

Abb. 4: Stabilisierung mit Z-Diode

Abb. 5: Bezeichnungsschema für Z-Dioden

Schaltnetzgeräte liefern konstante Ausgangs-spannungen oder -ströme. Die Konstanz der Aus-gangsgröße wird durch Steuerung des Energie-flusses in das Netzgerät und den angeschlossenen Verbraucher erreicht.

Nachfolgend werden wegen ihrer großen Bedeu-tung Gleichspannungsnetzgeräte behandelt. Den grundsätzlichen Aufbau eines linearen Netzgerätes zeigt Abb. 1.

Gleichrichtung, Siebung und Glättung wurden bereits erklärt. Deshalb sollen nachfolgend zunächst Stabilisierungsschaltungen behandelt werden, denn Meß- und Regelschaltungen in der Leistungs-elektronik müssen oft mit konstanten Betriebs-spannungen versorgt werden.

7.11.1 Spannungsstabilisierung mit Z-Diode

Abb. 2 zeigt eine Schaltung zur Stabilisierung von Gleichspannungen. In dieser Schaltung bewirkt eine **Z-Diode**[1], daß die Ausgangspannung kon-stant gehalten wird.

> Z-Dioden sind besonders hoch dotierte Silicium-dioden. Sie werden in Sperrichtung betrieben.

Abb. 3 zeigt den hier wichtigen Teil der Kennlinie von der Z-Diode BZX 55/C4V7. Nach Überschrei-ten von U_Z steigt der Sperrstrom sehr stark an. Der Sperrwiderstand der Diode sinkt somit sehr stark. Wird die Sperrspannung wesentlich größer als U_Z, dann wird die Diode durch den Sperrstrom zer-stört.

Der hohe Sperrstromanstieg hat zwei Ursachen:

- Durch die Sperrspannung entsteht im PN-Über-gang ein starkes elektrisches Feld. Die Feld-kräfte verursachen bei Sperrspannungen bis etwa 6V ein Loslösen von Valenzelektronen der Halbleiteratome. Die dabei entstehenden freien Elektronen und Löcher bewirken das Ansteigen des Sperrstromes. Dieser Vorgang heißt **Zenereffekt**.

- Steigt die Sperrspannung über 6V, dann werden die losgelösten Elektronen so stark beschleunigt, daß sie bei Zusammenstößen mit Halbleiter-atomen weitere Elektronen aus den Atomen her-ausschlagen. Die Zahl der freien Elektronen und Löcher vergrößert sich dadurch lawinenartig. Diese Erscheinung heißt **Lawinen- oder Ava-lanche-Effekt**[2].

Damit die Z-Dioden nicht durch zu hohe Sperr-ströme zerstört werden, schaltet man sie mit einem Widerstand in Reihe.

---

[1] Benannt nach Dr. Carl Zener, deutsch-amerikanischer Physiker, geb. 1905

[2] avalanche (frz.): Lawine

Der maximale zulässige Sperrstrom I_{Zmax} ist von der zulässigen **Verlustleistung**

$$P_{tot} = U_Z \cdot I_Z$$

der Z-Diode abhängig. Er wird wie folgt berechnet:

$$I_{Zmax} = \frac{P_{tot}}{U_Z}$$

P_{tot} entnimmt man dem Datenblatt. U_Z ergibt sich aus dem Datenblatt oder der Typenbezeichnung der Z-Diode.

Abb. 4 erläutert die Arbeitsweise der Stabilisierungsschaltung. Die Arbeitsgerade wird nach dem bereits bekannten Verfahren (siehe Grundbildung) konstruiert.

Für verschiedene Eingangsspannungen (U_{11} und U_{12}) wurde der Spannungsfall an der Z-Diode ermittelt. Es wird deutlich, daß sich U_Z bei einer Veränderung von U_1 nur sehr gering ändert. Die Spannung an der Z-Diode und damit am Verbraucher bleibt somit nahezu konstant.

> Je steiler die Kennlinie der Z-Diode im Arbeitsbereich verläuft, desto besser ist die Stabilisierungswirkung.

Der Sperrstrom I_Z darf den Wert $I_{Z\,max}$ nicht überschreiten. Andererseits darf I_Z einen Minimalwert I_{Zmin} nicht unterschreiten, weil der Arbeitspunkt der Z-Diode sonst in den Knickbereich der Kennlinie (Abb. 4) verlagert wird. In diesem Bereich ist die Stabilisierungswirkung der Z-Diode sehr schlecht, weil die Kennlinie dort verhältnismäßig flach verläuft. Als Faustregel gilt, falls vom Hersteller nichts anderes vorgeschrieben wird:

$$I_{Zmin} = 0,1 \cdot I_{Zmax}$$

Abb. 3 kennzeichnet beispielhaft den Arbeitsbereich der Z-Diode BZX 55/C4V7.

Berechnung des Vorwiderstandes R_v

Aus Abb. 2 läßt sich entnehmen:

$$U_{Rv} = (I_L + I_Z) \cdot R_v$$

Daraus folgt:

$$R_v = \frac{U_{Rv}}{I_L + I_Z} \quad \text{und wegen } U_{Rv} = U_1 - U_Z \text{ gilt:}$$

$$R_v = \frac{U_1 - U_Z}{I_L + I_Z}$$

Da U_1, I_L und I_Z sich während des Betriebs der Schaltung ändern können, müssen diese möglichen Änderungen bei der Berechnung von R_v berücksichtigt werden.

Beim Betrieb der Schaltung können zwei Extremfälle auftreten, welche die einwandfreie Arbeitsweise der Schaltung gefährden:

Fall 1: U_1 minimal und I_L maximal

Fall 2: U_1 maximal und I_L minimal

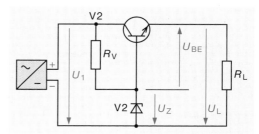

Abb. 6: Spannungsstabilisierung mit Längstransistor

Im ersten Fall kann $I_{Z\,min}$ unterschritten werden (Keine Stabilisierung), im zweiten Fall kann $I_{Z\,max}$ überschritten werden (Zerstörung der Z-Diode).

Unter Berücksichtigung beider Extremfälle berechnet man daher einen Minimal- und einen Maximalwert für R_v:

$$R_{vmin} = \frac{U_{1\,max} - U_Z}{I_{Z\,max} + I_{L\,min}}$$

$$R_{vmax} = \frac{U_{1\,min} - U_Z}{I_{Z\,min} + I_{L\,max}}$$

Zwischen diesen beiden Werten kann der in der Schaltung zu verwendende Vorwiderstand frei gewählt werden.

Stabilisierungsschaltungen mit Z-Dioden lassen sich Lastströme bis ungefähr 2 A entnehmen.

Z-Dioden unterliegen einem besonderen **Bezeichnungsschema**. Die Bezeichnung des Grundtyps besteht aus 3 Buchstaben und zwei Ziffern, z.B. BZX 84. An die Bezeichnung des Grundtyps wird eine Zusatzkennzeichnung angehängt. Es ergibt sich z.B. die Bezeichnung BZX 84/C9 V1. Abb. 5 erläutert das Bezeichnungsschema.

7.11.2 Spannungsstabilisierung mit Längstransistor

Sollen einer Stabilisierungsschaltung große Lastströme entnommen werden, so verwendet man Schaltungen mit **Längstransistor** (Abb. 6). Die Kollektor-Emitter-Strecke eines Transistors liegt in dieser Schaltung in Reihe (längs) mit dem Verbraucher. Der Transistor wirkt in dieser Schaltung wie ein steuerbarer Vorwiderstand. U_{BE} errechnet sich wie folgt: $U_{BE} = U_Z - U_L$

Steigt U_L infolge einer Veränderung von U_1 oder I_L, dann ergibt sich folgender Ablauf in der Schaltung bei konstanter Spannung U_Z:

$$U_L\uparrow \Rightarrow U_{BE}\downarrow \Rightarrow I_C\downarrow \Rightarrow U_L\downarrow$$

Die Spannungen U_L bleibt dabei nahezu konstant.

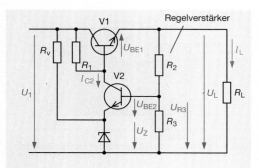

Abb. 1: Spannungsstabilisierung mit Längstransistor und Regelverstärker

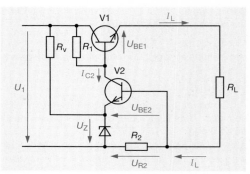

Abb. 2: Stromstabilisierung mit Längstransistor und Regelverstärker

Sinkt U_L, so verläuft der oben beschriebene Vorgang sinngemäß umgekehrt.

Der Laststrom, der einer Stabilisierungsschaltung mit Längstransistor entnommen werden kann, entspricht dem höchstzulässigen Kollektorstrom des Transistors. Da dieser z. B. bei dem Transistor BD 130 ca. 15 A beträgt, lassen sich hochbelastbare Netzgeräte mit konstanter Ausgangsspannung mit geringem Aufwand herstellen. Zur Erzeugung besonders hoher Ausgangsströme schaltet man in der Praxis häufig zwei oder mehr Transistoren als Längstransistoren parallel.

Ist die Konstanz der Ausgangsspannung in Abb. 6, S. 343, nicht ausreichend, kann eine Schaltung mit **Regelverstärker** (Abb. 1) verwendet werden.

Steigt U_L an, dann erhöht sich auch U_{BE2}, weil die Spannung an R_3 ebenfalls steigt. Es gilt:

$$U_{BE2} = U_{R3} - U_Z \qquad \text{und}$$

$$U_{R3} = \frac{R_3}{R_2 + R_3} \cdot U_L$$

Somit ergibt sich für U_{BE2}:

$$U_{BE2} = \frac{U_L \cdot R_3}{R_2 + R_3} - U_Z$$

U_{BE2} ist somit nur von U_L abhängig, da U_Z als konstant angenommen werden kann.
Steigt der Wert von U_L aus irgendeinem Grund, so ergibt sich in der Schaltung folgender Ablauf:

$$U_L\uparrow \Rightarrow U_{BE2}\uparrow \Rightarrow I_{C2}\uparrow \Rightarrow U_{R1}\uparrow \Rightarrow U_{BE1}\downarrow \Rightarrow I_L\downarrow \Rightarrow U_L\downarrow$$

U_L bleibt nahezu konstant!
Bei sinkender Spannung U_L wird der Transistor V1 mehr Strom durchlassen, so daß U_L schließlich wieder auf den ursprünglichen Wert ansteigt.

Der Transistor V2 verstärkt die kleinen Änderungen von U_L. Diese kleinen Änderungen haben sehr kleine Änderungen des Basisstroms I_{B2} zur Folge.

Deshalb muß die Gleichstromverstärkung B des Transistors V2 einen möglichst hohen Wert haben.

Stabilisierte Netzteile lassen sich auch unter regelungstechnischen Gesichtspunkten beschreiben. Daher bezeichnet man den mit V2 gebildeten Verstärker auch als Regelverstärker.

In der Leistungselektronik findet man häufig auch Meßschaltungen, die mit konstanten Strömen versorgt werden müssen, z. B. Meßbrücken. Die Schaltung nach Abb. 2 ermöglicht die **Stabilisierung des Laststromes** durch R_L. Sie unterscheidet sich von der Schaltung zur Spannungsstabilisierung mit Längstransistor und Regelverstärker (Abb. 1) dadurch, daß U_{BE2} nicht mehr von U_L sondern vom Laststrom I_L abhängt. Zur »Messung« des Laststromes I_L dient der Widerstand R_2. Die an ihm abfallende Spannung wird mit U_Z verglichen:

$$U_{BE2} = U_{R2} - U_Z$$

Bei steigenden Laststrom I_L ergeben sich folgende Vorgänge in der Schaltung:

$$I_L\uparrow \Rightarrow U_{R2}\uparrow \Rightarrow U_{BE2}\uparrow \Rightarrow I_{C2}\uparrow \Rightarrow U_{BE1}\downarrow \Rightarrow I_L\downarrow$$

Der Laststrom bleibt nahezu konstant!
Bei sinkendem Laststrom verringert sich U_{BE2} und U_{BE1} steigt. Damit kann der Laststrom wieder auf seinen Ausgangswert ansteigen.

V2 arbeitet sich in dieser Schaltung als Verstärker für die Änderungen von U_{BE2} und die damit hervorgerufenen Änderungen des Basisstroms.

Vielfach benutzt man heute keine Stabilisierungsschaltungen mehr, die aus einzelnen Bauelementen (diskreten Bauelementen) aufgebaut sind, sondern man verwendet integrierte Spannungs- oder Stromstabilisierungsschaltungen (Abb. 3). Diese Bausteine enthalten fast aller erforderlichen Bauteile. Ersetzt man in Abb. 3 den zur Spannungseinstellung dienenden Widerstand R_2 durch mehrere getrennt zuschaltbare Widerstände R_1 bis R_6,

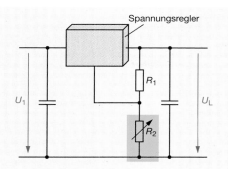

Abb. 3: Spannungsstabilisierung mit integriertem Spannungsregler

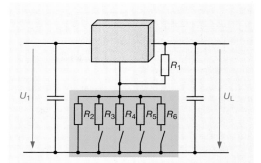

Abb. 4: Stabilisierungsschaltung für verschiedene fest vorgegebene Ausgansspannungen

dann können verschiedene Ausgangsspannungen eingestellt werden. In der Praxis werden die Schalter in der Abb. 4 durch Transistoren ersetzt. Dann kann die Einstellung der Ausgangsspannung oder des konstanten Ausgangsstroms eines Netzteils mit Steuerspannungen aus anderen Schaltungsteilen durchgeführt werden.

Neben integrierten Spannungs- oder Stromreglern, deren Ausgangsgröße steuerbar ist, gibt es integrierte Bausteine, die nur eine bestimmte, stabile Ausgangsspannung liefern (**Festspannungsregler**).

7.11.3 Schaltnetzgeräte

Schaltnetzgeräte (Abb. 5) arbeiten nach einem anderen Funktionsprinzip. In ihnen finden folgende Vorgänge statt:

- Gleichrichtung der Netzwechselspannung,
- Glättung der entstehenden Gleichspannung,
- »Zerhacken« der Gleichspannung,
- Transformierung der entstandenen Wechselspannung bei Bedarf,
- Gleichrichtung der Wechselspannung,
- Siebung der Gleichspannung.

Mit Hilfe einer Regelungsschaltung wird dafür gesorgt, daß nur dann Energie in das Schaltnetzgerät hineinfließt und an den Verbraucher weitergegeben wird, wenn am Verbraucher Energie benötigt wird. Die dafür erforderliche Regelung erfolgt entweder durch Pulsbreiten- oder durch Pulsfolgesteuerung.

Weiterhin verfügen Schaltnetzteile mit Transformator oft über eine galvanische Trennung (Potentialtrennung) der Ausgangsseite von der Eingangsseite. In Abb. 5 wird die galvanische Trennung durch Verwendung eines geeigneten Transformators und durch den Optokoppler im Regel- und Steuerteil bewirkt.

In der Schaltung nach Abb. 5 befindet sich der Schalttransistor im Primärstromkreis des Transformators. Man bezeichnet dieses Netzteil daher als **primärgetaktetes Schaltnetzteil**. Befindet sich der Schalter im Sekundärstromkreis, so handelt es sich um ein **sekundärgetaktetes Schaltnetzteil**.

Als Schalter in Schaltnetzteilen können je nach Schaltfrequenz Thyristoren oder Transistoren verwendet werden. Bei hohen Schaltfrequenzen verwendet man Transistoren als Schalter.

Schaltnetzteile haben gegenüber den herkömmlichen Netzgeräten oder -teilen folgende Vorteile:

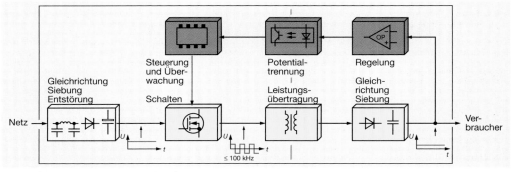

Abb. 5: Schaltnetzteil (Prinzipschaltung)

- hoher Wirkungsgrad von ca. 90%,
- geringeres Gewicht und geringeres Volumen,
- geringerer Aufwand für die Siebung,
- kleine Transformatoren wegen der hohen Frequenz der Wechselspannung.

Zentrales Schaltungsteil des Schaltnetzgeräts ist der Gleichstromumrichter, der hier auch als Wandler bezeichnet wird. Man unterscheidet zwei Wandlerarten, den **Sperrwandler**[1] und den **Durchflußwandler**[1]. Für den realen Aufbau von Schaltnetzgeräten gibt es viele Möglichkeiten.

Abb. 1 zeigt einen einfachen Durchflußwandler, der auch als **Drosselwandler** bezeichnet wird. Leitet V2 (**Leitphase**), dann fließt durch R_L der Strom I_L. V3 ist gesperrt. Der Kondensator C wird aufgeladen, und in der Drosselspule wird ein Magnetfeld aufgebaut.

Durch die Regeleinrichtung bleibt V2 solange leitend, bis U_{d2} ihren Sollwert erreicht.

Nach Sperrung von V2 (**Sperrphase**) bricht das Magnetfeld in der Drosselspule zusammen, und es entsteht eine Induktionsspannung. Diese schaltet die Diode V3 in Flußrichtung und treibt nunmehr einen Laststrom I_L durch den Verbraucher, bis ein Minimalwert von U_{d2} erreicht wird.

Danach wird der Thyristor erneut gezündet und der geschilderte Vorgang beginnt von neuem.

Der Kondensator C dient der Glättung von U_{d2}.

Da die Vorgänge in dem Schaltnetzgerät von einem Regler gesteuert werden, ist die Ausgangsspannung annähernd konstant.

Die Ausgangsspannung des Drosselwandlers in Abb. 1 ist stets kleiner als die Speisespannung U_{d1}. Daher wird dieser Durchflußwandler auch als **Tiefsetzsteller** bezeichnet.

---

[1] Die Bezeichnungen sind nicht genormt und werden häufig uneinheitlich verwendet.

Bei dem Tiefsetzsteller ist eine galvanische Trennung zwischen U_{d1} und U_{d2} nicht möglich.

Abb. 2 zeigt einen **Eintaktdurchflußwandler** mit Transistor als Schalter, der die galvanische Trennung ermöglicht. Der Schaltungsteil auf der Sekundärseite des Transformators entspricht in seiner Funktionsweise dem Tiefsetzsteller.

Leitphase:

Wird V2 durchgeschaltet, so fließt ein Gleichstrom durch die Primärwicklung L_1 des Transformators. Dieser Strom induziert in der Sekundärspule L_3 eine Rechteckspannung in Flußrichtung für V3 und in Sperrichtung für V4. Es fließt ein Strom durch L_4 und den Lastwiderstand. Gleichzeitig wird C_L geladen.

Sperrphase:

Ist der Sollwert von U_{d2} erreicht, wird der Transistor V2 gesperrt. Das zusammenbrechende Magnetfeld in L_4 erzeugt eine Induktionsspannung, die V4 durchschaltet und V3 sperrt. Die Induktionsspannung treibt nun den Laststrom durch R_L bis V3 erneut durchgeschaltet wird. Währenddessen geschieht im Transformator folgendes:

Das zusammenbrechende Magnetfeld erzeugt in L_2 eine Induktionsspannung, die V1 durchschaltet und einen Ladestrom in den Kondensator C_e schickt. Durch den Ladestrom entsteht ein Magnetfeld in L_2, das dem ursprünglichen Magnetfeld in L_1 entgegengesetzt ist. Die Felder heben sich auf. Durch diesen Vorgang wird die Gleichstrommagnetisierung des Transformators beseitigt.

Abb. 3 zeigt einen Gegentaktdurchflußwandler. Er besteht im Prinzip aus zwei parallel geschalteten Eintaktdurchflußwandlern. Die Transistoren V1 und V2 schicken jeweils nacheinander entgegengerichtete Ströme durch die Wicklungshälften L_1 und L_2. Die Entmagnetisierung des Transformators erfolgt

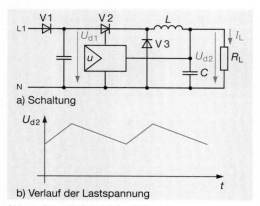

a) Schaltung

b) Verlauf der Lastspannung

Abb. 1: Durchflußwandler mit Thyristor

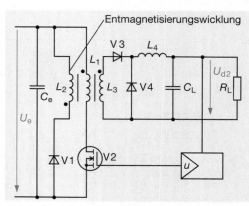

Abb. 2: Durchflußwandler

somit automatisch. Die in der Sekundärwicklung induzierte Wechselspannung wird gleichgerichtet und dem Verbraucher zugeführt.

> Durchflußwandler schicken im durchgeschalteten Zustand der Halbleiterschalter Energie zum Verbraucher.

Abb. 4 zeigt einen Sperrwandler. Während der Leitphase wird im Transformator ein Magnetfeld aufgebaut. Sekundärseitig entsteht in L_2 eine Spannung, die V2 sperrt. Während der Sperrphase bricht das Magnetfeld im Transformator zusammen und erzeugt in L_2 eine Induktionsspannung, die V2 öffnet und einen Stromfluß über den Lastwiderstand ermöglicht.

> Sperrwandler schicken im gesperrten Zustand des Halbleiterschalters Energie zum Verbraucher.

Der Wirkungsgrad von Schaltnetzgeräten ist größer als der von linearen Netzteilen, da nur dann ein Strom in das Netzteil hineinfließt und an den Verbraucher weitergegeben wird, wenn am Verbraucher Leistung benötigt wird. Außerdem entfallen die Verluste, die z. B. am Längstransistor einer Stabilisierungsschaltung auftreten.

Die Steuerung und Regelung von Schaltnetzteilen wird heute oftmals von integrierten Schaltungen übernommen.

Aufgaben zu 7.11

1. Beschreiben Sie den Aufbau einer Stabilisierungsschaltung mit Z-Diode!

2. Erläutern Sie den Zener- und den Lawineneffekt!

3. Zwischen welchen Werten liegt der Arbeitsbereich der Z-Diode BZX 55/C3V0 (U_Z = 3V und P_{tot} = 500mW)?

4. Beschreiben Sie die Wirkung des Längstransistors in einer Stabilisierungsschaltung!

5. Nennen Sie den Vorteil der Stabilisierung mit Längstransistor gegenüber der einfachen Schaltung mit Z-Diode!

6. Wie kann eine Schaltung mit Längstransistor verändert werden, wenn die Konstanz der Ausgangsspannung oder des Ausgangsstromes nicht ausreichend ist?

7. Beschreiben Sie die Wirkungsweise einer Spannungsstabilisierungsschaltung mit Regelverstärker und Längstransistor!

8. Nennen Sie die verschiedenen Arten von Schaltnetzgeräten!

9. Erläutern Sie, weshalb Schaltnetzgeräte oft als Gleichstromumrichter mit Wechselspannungszwischenkreis bezeichnet werden!

10. Erläutern Sie die Aufgaben des Transformators in Schaltnetzgeräten!

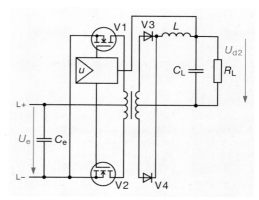

Abb. 3: Gegentaktdurchflußwandler

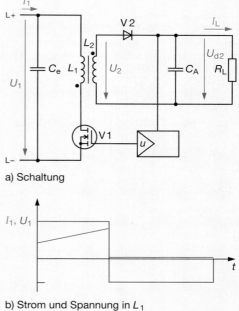

a) Schaltung

b) Strom und Spannung in L_1

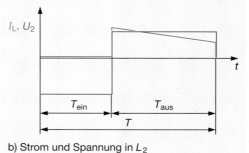

b) Strom und Spannung in L_2

Abb. 4: Sperrwandler

8 Digitaltechnik

Bausteine der Digitaltechnik werden heute immer häufiger auch in der Energietechnik angewendet (vgl. 9). Halbleiterbauteile ersetzen zunehmend mechanische Schalter und -kombinationen, z.B. Reihen- oder Parallelschaltungen von Kontakten.

8.1 Digitale Grundschaltungen

Die Tabelle 8.1 zeigt Schaltzeichen nach DIN 40900 T 12, die Gleichungen und die Wertetabellen für einige digitale Grundschaltungen.

Tab. 8.1: Digitale Grundschaltungen

Symbol	Bezeichnung	Gleichung	Wertetabelle
&	UND	$x = a \wedge b$	a b x 0 0 0 0 1 0 1 0 0 1 1 1
≥ 1	ODER	$x = a \vee b$	a b x 0 0 0 0 1 1 1 0 1 1 1 1
1	NICHT (Inverter)	$x = \bar{a}$	a x 0 1 1 0
&	NAND	$x = \overline{a \wedge b}$	a b x 0 0 1 0 1 1 1 0 1 1 1 0
≥ 1	NOR	$x = \overline{a \vee b}$	a b x 0 0 1 0 1 0 1 0 0 1 1 0
=	Äquivalenz N-EXOR	$x = (a \wedge b) \vee (\bar{a} \wedge \bar{b})$	a b x 0 0 1 0 1 0 1 0 0 1 1 1
= 1	Antivalenz Exclusiv-ODER XOR	$x = (\bar{a} \wedge b) \vee (a \wedge \bar{b})$	a b x 0 0 0 0 1 1 1 0 1 1 1 0

Integrierte Digitalschaltungen können zusammengeschaltet werden. Die Anzahl hängt jedoch vom jeweiligen Typ ab. Zur Kennzeichnung wird für den Eingang der **Eingangslastfaktor** F_I (fan-in) eingeführt. Bei ICs mit bipolaren Transistoren (74...-Serie) betragen die Ströme pro Gattereingang für

das L-Niveau (0,4 V) maximal 1,6 mA und für das H-Niveau (2,4 V) maximal 40μA. Diese Werte sind gleichbedeutend mit dem Eingangslastfaktor 1. Bei $F_I = 4$ bedeutet das z.B. einen 4fachen Wert.

Der **Ausgangslastfaktor** F_O (fan-out) gibt an, wie oft ein Ausgang den Eingangsstrom eines Eingangs mit $F_I = 1$ abgeben kann. Dabei wird in der Regel zwischen dem L- und H-Ausgangslastfaktor unterschieden. Übliche Werte sind $F_O = 10$ für Standardschaltungen und $F_O = 30$ für Leistungsschaltungen.

Eine weitere wichtige Angabe bei integrierten Schaltungen ist der Wert für den **Störspannungsabstand.** Dieser Wert gibt an, wie groß die Amplitude einer dem Nutzsignal überlagerten Störspannung sein darf, ohne daß dadurch das Verhalten der Schaltung beeinflußt wird. Diese Aufgabe wird für den High-Pegel und für den Low-Pegel jeweils für den ungünstigsten Fall (worst-case) angegeben. Er wird aus den absoluten Grenzwerten für diese beiden Pegel gebildet.

Für H-Pegel gilt: $V_{OHmin} - V_{IHmin}$
Für L-Pegel gilt: $V_{ILmax} - V_{IOLmax}$

Wenn Digitalschaltungen zusammengeschaltet werden, müssen sie hinsichtlich der Betriebsspannung und der Logikpegel übereinstimmen. Diese Forderungen werden innerhalb einer »Logikfamilie« erfüllt. Im Laufe der technischen Entwicklung sind mehrere Logikfamilien entstanden.

TTL-Familie (Transistor-Transistor-Logik)

Digitale Schaltungen dieser Gruppe sind mit bipolaren Halbleiterbausteinen aufgebaut (Abb. 1). Die logische Verknüpfung erfolgt durch einen Multi-Emitter-Transistor (Transistor mit mehreren Emittern). Beim NAND-Gatter von Abb. 1 wird die

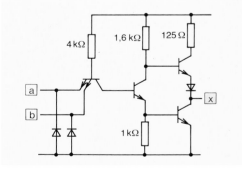

Abb. 1: NAND-Verknüpfung in TTL-Technik

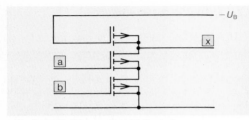

Abb. 1: NAND-Gatter in P-MOS-Technik

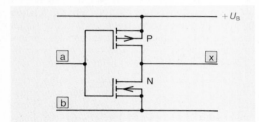

Abb. 2: NICHT-Glied in C-MOS-Technik

Abb. 3: Platine in C-MOS-Technik

offener Ausgang   Tri-State Ausgang

Abb. 4: Kennzeichnung von Ausgängen

Tab. 8.2: Gegenüberstellung verschiedener Logik-Familien (Beispiele)

Familie	TTL-Standard	TTL-Schottky	N-MOS	C-MOS
Betriebs-spannung in V	5	5	3…15	3…15
Störspannung in V (max)	1	1	2,5	4,5
Laufzeit/Gatter in ns	10	2,5	100	50
Verlustleistung/Gatter in mW	20	15	<1	0,01
Ausgangs-belastbarkeit in mW	12	12	5	5

Inverterfunktion durch den Zwischenverstärker mit einer nachfolgenden Gegentakt-Endstufe realisiert. Die Dioden am Eingang schützen den Transistor vor negativen Eingangsspannungen.

Die in Abb. 1, S. 349 dargestellte Schaltung benötigt im Betrieb etwa 10 mW. Die Leistung ist, für sich betrachtet, sehr klein. Trotzdem werden insgesamt, bedingt durch die Vielzahl von Gattern, in komplexen Schaltungen große Leistungen umgesetzt. Dabei treten Probleme mit der Wärmeabgabe auf.

Eine Verringerung der Leistung kann man erreichen, wenn man die Widerstände z.B. beim NAND-Gatter von Abb. 1, S. 349 vergrößert. Man nennt diese Schaltungen dann Low-Power-TTL-Glieder. Sie nehmen etwa nur 1/10 der Leistung gegenüber den Standard-TTL-Gliedern auf.

Die Bausteine der TTL-Familie werden z.T. unterschiedlich bezeichnet. Beispiele: SN 74…; MC 74…; FL….

Schottky[1]-TTL-Familie

Eine geringere Leistung und kürzere Schaltzeiten erzielt man mit Schottky-TTL-Bausteinen. Durch hinzugeschaltete Dioden von der Basis zum Kollektor verhindert man, daß die Transistoren weit in den Übersteuerungsbereich geschaltet werden. Die Dioden verfügen außerdem über kurze Schaltzeiten. Die Schleusenspannungen liegen bei 0,35 V. Beispiele für Bausteinbezeichnungen sind: SN 74 LS…; 74 LS….

N-MOS- und P-MOS-Familie

Bei dieser Familie werden Feldeffekttransistoren mit isoliertem Gate (vgl. 7.1.2) verwendet. Der Aufbau ist einfach, die Leistungsaufnahme ist gering und die Packungsdichte auf einem Chip groß.

In Abb. 1 ist ein NAND-Gatter in P-MOS-Technologie zu sehen. Es fließt nur dann in den in Reihe geschalteten Kanälen ein Strom, wenn beide Gates auf H-Potential liegen.

C-MOS-Familie
(Complementary-MOS-Logik)

Bei dieser Familie werden selbstsperrende P- und N-MOS-Transistoren mit isoliertem Gate in einer Komplementärschaltung verwendet. Diese Familie ist die günstigste. Da sie mit einer positiven Logik arbeitet, ist der Übergang zu TTL-Schaltungen problemlos möglich.

Die Eingänge von MOS-Schaltungen sind in der Regel gegen statische Aufladungen durch Dioden-

---

[1] Schottky: Physiker 1886–1976

strecken geschützt. Trotzdem sind beim Arbeiten mit diesen Schaltungen die üblichen Vorsichtsmaßnahmen zu treffen. Es muß z. B. bei der Fehlersuche bzw. bei Reparaturarbeiten verhindert werden, daß diese Schaltungen durch statische Aufladungen zerstört werden. Man erreicht das durch gut leitende Reparaturtische mit entsprechenden Erdungen sowie durch eine »Leitende Verbindung« des Technikers mit dem Reparaturtisch über eine gut leitende Manschette am Handgelenk.

Die Ausgänge integrierter Schaltungen können verschiedenartig ausgeführt sein. Der Ausgang der Schaltung in Abb. 2 führt je nach Ansteuerung der Schaltung ein definiertes L- bzw. H-Signal.

Bei Schaltungen mit **offenem Ausgang** wird der unbeschaltete Kollektor oder Emitter des Ausgangstransistors als Ausgang herausgeführt. Der Belastungswiderstand stellt bei dieser Schaltung die Verbindung nach 0 V bzw. $+U_\text{B}$ her.

Außer den definierten L- und H-Zuständen kann der Ausgang einer Schaltung einen dritten – einen hochohmigen – Zustand annehmen. Solche Ausgänge werden als **Tri-State**[1]-Ausgänge bezeichnet. Die Art eines Ausgangs kann im Schaltzeichen einer Schaltung gekennzeichnet werden (Abb. 4).

8.2   Schaltungsalgebra

Mit Hilfe von Gleichungen kann man den Zusammenhang zwischen Eingangs- und Ausgangsgrößen zusammengesetzter Schaltungen beschreiben. Diese Gleichungen kann man auf die einfachste Form (minimierte Form) bringen und damit auch eine Vereinfachung der Schaltungen erreichen.

8.2.1   Grundregeln der Schaltungsalgebra

Aus der Fülle der Regeln, die für die Schaltungsalgebra gelten, sollen hier nur die wichtigsten angeführt werden (Abb. 5).

Durch die **Verbindungsregel** (Assoziativ-Gesetz) hat man die Möglichkeit, Grundschaltungen mit mehr als zwei Eingängen zu erhalten (Abb. 5a).

Mit Hilfe der **Verteilungsregel** (Distributiv-Gesetz) können Bausteine eingespart werden. Zu beachten ist hierbei die Änderung der Verknüpfungsoperatoren $\land$ und $\lor$ (Abb. 5b).

Will man eine Grundverknüpfung durch andere Grundverknüpfungen ersetzen, so kann das mit Hilfe der **de Morganschen**[2] **Gesetze** geschehen (Abb. 5c).

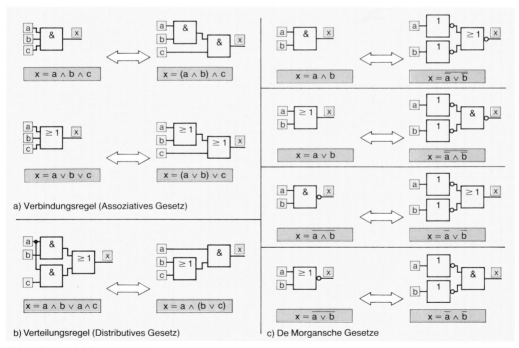

a) Verbindungsregel (Assoziatives Gesetz)

b) Verteilungsregel (Distributives Gesetz)

c) De Morgansche Gesetze

Abb. 5: Regeln der Schaltalgebra

---

[1] Tri-State: three-state: drei Zustände
[2] de Morgan: indischer Mathematiker und Logiker 1806–1871

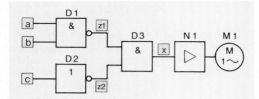

Abb. 1: Schaltung einer Motorsteuerung

	a	b	c	x
1.	0	0	0	1
2.	0	0	1	0
3.	0	1	0	1
4.	0	1	1	0
5.	1	0	0	1
6.	1	0	1	0
7.	1	1	0	0
8.	1	1	1	0

Abb. 2: Wertetabelle zum Beispiel in Abb. 1

	a	b	c	x	Gleichung
1.	0	0	0	1	$x = \bar{a} \wedge \bar{b} \wedge \bar{c}$
2.	0	0	1	1	$x = \bar{a} \wedge \bar{b} \wedge c$
3.	0	1	0	1	$x = \bar{a} \wedge b \wedge \bar{c}$
4.	0	1	1	0	$\bar{x} = \bar{a} \wedge b \wedge c$
5.	1	0	0	1	$x = a \wedge \bar{b} \wedge \bar{c}$
6.	1	0	1	0	$\bar{x} = a \wedge \bar{b} \wedge c$
7.	1	1	0	0	$\bar{x} = a \wedge b \wedge \bar{c}$
8.	1	1	1	0	$\bar{x} = a \wedge b \wedge c$

Abb. 3: Wertetabelle zum Beispiel (Klimaanlage)

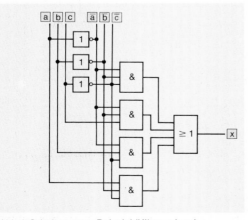

Abb. 4: Schaltung zum Beispiel (Klimaanlage)

Beispiel: Es soll die UND-Verknüpfung $x = a \wedge b$ durch eine andere Grundverknüpfung ersetzt werden.

1. Schritt: Umkehren der Verknüpfungsoperatoren
$$a \vee b$$

2. Schritt: Invertieren der einzelnen Variablen
$$\bar{a} \vee \bar{b}$$

3. Schritt: Invertieren des gesamten Ausdrucks
$$x = \overline{\bar{a} \vee \bar{b}}$$

Dadurch besteht die Möglichkeit, Schaltungen aus einer einzelnen Art von Verknüpfungsgliedern aufzubauen.

> Mit Hilfe der Morganschen Gesetze können Schaltungen so umgeformt werden, daß man sie nur mit NAND- oder NOR-Verknüpfungen darstellen kann.

8.2.2 Analyse von Schaltnetzen

Von einer defekten Motorsteuerung liegt die in Abb. 1 dargestellte Schaltung vor. Um den Fehler in der Steuerung zu finden, verfolgt man zweckmäßigerweise die Signale vom Ausgang der Schaltung zu den Eingängen.

In dem dargestellten Beispiel ist das Ausgangssignal x von den drei Eingangssignalen a, b und c abhängig.

Am Ausgang x kann nur dann ein Signal vorhanden sein, wenn an den beiden Eingängen von D3 1-Signal anliegt. $x = z1 \wedge z2$

z1 führt 1-Signal, wenn der a- oder b-Eingang mit 0-Signal belegt ist.

$z1 = \bar{a} \vee \bar{b}$ oder $z1 = \overline{a \wedge b}$ (de Morgan)

z2 führt 1-Signal, wenn am c-Eingang 0-Signal anliegt. $z2 = \bar{c}$

Daraus ergibt sich für x:

$x = \overline{a \wedge b} \wedge \bar{c}$ oder $x = (\bar{a} \vee \bar{b}) \wedge \bar{c}$

Stellt man die Wertetabelle (Abb. 2) für diese Schaltung auf, dann gibt es bei drei Eingängen $2^3 = 8$ Kombinationsmöglichkeiten. Um alle Möglichkeiten übersichtlich zu erfassen, wechselt bei dem einem Eingang immer eine 0 und eine 1 ab. Beim nächsten Eingang wechseln zweimal 0 und zweimal 1 ab usw.

Aus der Gleichung $x = (\bar{a} \vee \bar{b}) \wedge \bar{c}$ ergeben sich folgende Zusammenhänge. Damit am x-Ausgang 1-Signal vorhanden ist, muß auf jeden Fall der c-Eingang 0-Signal führen (1., 3., 5. und 7. Kombination in Abb. 2). Außerdem muß an a oder b oder an beiden Eingängen 0-Signal anliegen. Das ist nur bei der 1., 3. und 5. Kombination der Fall.

8.2.3 Synthese von Schaltnetzen

Um eine Schaltung aus einzelnen Digitalbausteinen zusammensetzen zu können, sollte man in folgenden Schritten vorgehen:

1. Man definiert (bestimmt) die einzelnen Variablen (Größen, die sich ändern können).
2. Man stellt die Wertetabelle auf.
3. Aus der Wertetabelle liest man die Schaltfunktionen ab und stellt die schaltalgebraischen Gleichungen auf.
4. Mit Hilfe der Gleichungen zeichnet man die Schaltung.
5. Wenn möglich, vereinfacht man die Schaltung.

Beispiel:

Bei einer Klimaanlage soll durch eine Lampe angezeigt werden, wenn von drei Lüftermotoren mehr als ein Motor ausgefallen ist.

1. Schritt: Definition der Variablen

Motor 1	Variable a
Motor 2	Variable b
Motor 3	Variable c
Signallampe	Variable x

2. Schritt: Aufstellen der Wertetabelle (Abb. 3)

Bei drei Eingangsvariablen ergeben sich wieder $2^3 = 8$ Kombinationsmöglichkeiten.

3. Schritt: Ablesen der Schaltfunktion und Aufstellen der Gleichung

Ergibt sich die 1. oder die 2. oder die 3. oder die 5. Kombination, so leuchtet die Signallampe. Man kann die UND-Bedingungen dieser vier Kombinationen durch ODER-Verknüpfungen miteinander verknüpfen.

Die Gleichung für die Schaltung lautet dann:

$$x = (\bar{a} \wedge \bar{b} \wedge \bar{c}) \vee (\bar{a} \wedge \bar{b} \wedge c) \vee (\bar{a} \wedge b \wedge \bar{c}) \vee (a \wedge \bar{b} \wedge \bar{c})$$

Diese Form der Gleichung bezeichnet man als **disjunktive Normalform,** weil die UND-verknüpften Variablen durch eine ODER-Verknüpfung (Disjunktion) miteinander verknüpft sind.

4. Schritt: Man zeichnet die Schaltung (Abb. 4).

Die **konjunktive Normalform** erhält man, wenn man bei den Kombinationen, bei denen die Ausgangsvariable $x = 0$ ist, mit ODER-Gliedern verknüpft und diese ODER-Verknüpfungen durch eine UND-Funktion (Konjuktion) miteinander verbindet.

In unserem Beispiel sind das die Kombinationen der Zeilen 4, 6, 7 und 8.

Die Gleichung für diese vier Kombinationen lautet:

$$\bar{x} = (\bar{a} \wedge b \wedge c) \vee (a \wedge \bar{b} \wedge c) \vee (a \wedge b \wedge \bar{c}) \vee (a \wedge b \wedge c)$$

Durch Negation beider Seiten der Gleichung ergibt sich:

$$x = \overline{(\bar{a} \wedge b \wedge c) \vee (a \wedge \bar{b} \wedge c) \vee (a \wedge b \wedge \bar{c}) \vee (a \wedge b \wedge c)}$$

Formt man diese Gleichung mit Hilfe des de Morganschen Gesetzes um, wobei jede Klammer als eine Variable betrachtet wird, dann lautet die Gleichung:

$$x = \overline{(\bar{a} \wedge b \wedge c)} \wedge \overline{(a \wedge \bar{b} \wedge c)} \wedge \overline{(a \wedge b \wedge \bar{c})} \wedge \overline{(a \wedge b \wedge c)}$$

Formt man jetzt jeden Klammerausdruck nach dem de Morganschen Gesetz um, so erhält man die konjunktive Normalform:

$$x = (a \vee \bar{b} \vee \bar{c}) \wedge (\bar{a} \vee b \vee \bar{c}) \wedge (\bar{a} \vee \bar{b} \vee c) \wedge (\bar{a} \vee \bar{b} \vee \bar{c})$$

8.2.4 Vereinfachung von Schaltnetzen

Die Vereinfachung von Schaltnetzen (Minimierung) soll am Beispiel von 8.2.3 gezeigt werden.

Die Vereinfachung kann auf zwei Arten durchgeführt werden.

1. Mit Hilfe der KV-Tafeln (Karnaugh-Veith)[1].
2. Algebraisch mit den Regeln der Schaltalgebra.

Vereinfachung mit Hilfe der KV-Tafeln

In den KV-Tafeln werden alle Kombinationsmöglichkeiten der Eingangsvariablen in Felder eingetragen (Abb. 5). Dabei ist darauf zu achten, daß sich von einem Feld zum Nachbarfeld jeweils nur eine Eingangsvariable ändert.

Da sich bei unserem Beispiel 8 Eingangskombinationen ergeben, muß die KV-Tafel 8 Felder besitzen. Die Gleichung in unserem Beispiel lautete:

$$x = (\bar{a} \wedge \bar{b} \wedge \bar{c}) \vee (\bar{a} \wedge \bar{b} \wedge c) \vee (\bar{a} \wedge b \wedge \bar{c}) \vee (a \wedge \bar{b} \wedge \bar{c})$$

In die Felder der KV-Tafel, die für die vier Ausdrücke der Gleichung gelten, wird eine 1 eingetragen (Abb. 5). Die nebeneinander und untereinander mit 1 gekennzeichneten liegenden Felder werden jetzt zu Blöcken zusammengefaßt, die je-

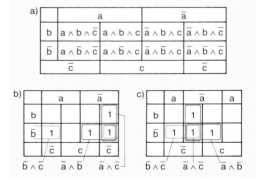

Abb. 5: KV-Tafel zum Beispiel

---

[1] Karnaugh und Veith: Entwickler des Verfahrens

Abb. 1: Andere Darstellung der KV-Tafel

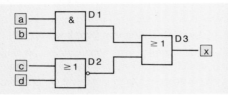

Abb. 2: Schaltung zur Aufgabe 5

weils nur aus 2, 4, 8, 16 usw. Feldern bestehen dürfen. Kommt in einem Block eine Variable negiert und nicht negiert vor, so kann diese Variable entfallen, da z. B. $a \wedge \bar{a} = 0$ und $a \vee \bar{a} = 1$ ergibt.

Die in einem Block übrig bleibenden Variablen werden UND-verknüpft. Diese UND-Verknüpfungen ergeben – durch eine ODER-Verknüpfung miteinander verbunden – die vereinfachte (minimierte) Gleichung der Schaltung.

$$x = (\bar{a} \wedge \bar{b}) \vee (\bar{a} \wedge \bar{c}) \vee (\bar{b} \wedge \bar{c})$$

Aus der Abb. 5b, S. 343 erkennt man, daß auch Felder, die am Rande der Tafel liegen, zusammengefaßt werden können (andere Anordnung der Tafel).

Eine andere Art der Anordnung der KV-Tafel zeigt die Abb. 1.

Algebraische Vereinfachung

Man geht wieder von der ursprünglichen Gleichung aus:

$$x = \underbrace{(\bar{a} \wedge \bar{b} \wedge \bar{c})}_{1.} \vee \underbrace{(\bar{a} \wedge \bar{b} \wedge c)}_{2.} \vee \underbrace{(\bar{a} \wedge \bar{b} \wedge \bar{c})}_{3.} \vee \underbrace{(a \wedge \bar{b} \wedge \bar{c})}_{4.}$$

Die Zusammenfassung des 1. und 2. Ausdrucks ergibt:

$$(\bar{a} \wedge \bar{b} \wedge \bar{c}) \vee (\bar{a} \wedge \bar{b} \wedge c) = (\bar{a} \wedge \bar{b}) \wedge \underbrace{(c \vee \bar{c})}_{1}$$

Die Zusammenfassung des 1. und 3. Ausdrucks ergibt:

$$(\bar{a} \wedge \bar{b} \wedge \bar{c}) \vee (\bar{a} \wedge b \wedge \bar{c}) = (\bar{a} \wedge \bar{c}) \wedge \underbrace{(b \vee \bar{b})}_{1}$$

Die Zusammenfassung des 1. und 4. Ausdrucks ergibt:

$$(\bar{a} \wedge \bar{b} \wedge \bar{c}) \vee (a \wedge \bar{b} \wedge \bar{c}) = (\bar{b} \wedge \bar{c}) \wedge \underbrace{(a \vee \bar{a})}_{1}$$

Man erhält als Ergebnis dieselbe Gleichung wie bei der Vereinfachung mit Hilfe der KV-Tafeln. Gegenüber der ursprünglichen Schaltung spart man durch die Vereinfachung einen Grundbaustein.

1. Was versteht man unter den Begriffen: Eingangslastfaktor (fan-in), Ausgangslastfaktor (fan-out) und dem Störspannungsabstand?

2. Welche Vor- und Nachteile haben Schaltungen der C-MOS-Logikfamilie gegenüber denen der TTL-Standard-Serie? (vgl. Tab. 8.2)

3. Durch welche Symbole werden a) offene und b) Tri-State-Ausgänge in Schaltzeichen gekennzeichnet?

4. Formen Sie die Gleichung $x = \bar{a} \vee \bar{b}$ mit Hilfe der de Morganschen Gesetze um.

5. a) Stellen Sie für die dargestellte Schaltung (Abb. 2) die Funktionsgleichung auf.
   b) Formen Sie die Gleichung mit Hilfe der de Morganschen Gesetze um. Die Verknüpfungsoperatoren $\wedge$ sollen durch $\vee$ ersetzt werden.
   c) Zeichnen Sie die Schaltung, die sich aus der umgeformten Gleichung ergibt.
   d) Formen Sie die Gleichung und die Schaltung so um, daß nur noch NAND-Glieder verwendet werden.

6. Stellen Sie die Wertetabelle mit vier Eingängen auf, bei der am Ausgang immer dann 1-Signal vorhanden sein soll, wenn mindestens zwei Eingänge mit 0-Signal angesteuert werden.

7. Gegeben ist folgende Funktionsgleichung:
   $$x = (\bar{a} \wedge b \wedge \bar{c}) \vee (a \wedge b)$$
   a) Handelt es sich bei der Gleichung um die konjunktive oder disjunktive Normalform?
   b Stellen Sie für diese Gleichung die Wertetabelle auf.
   c) Vereinfachen Sie die Gleichung mit Hilfe der KV-Tafel.

8. Gegeben ist die Funktionsgleichung:
   $$x = (a \wedge b) \wedge (c \vee d)$$
   a) Zeichnen Sie die zur Gleichung gehörende Schaltung.
   b) Stellen Sie für diese Gleichung die Wertetabelle auf.
   c) Formen Sie die Gleichung mit Hilfe der de Morganschen Gesetze so um, daß für den Aufbau der Schaltung nur NOR-Glieder verwendet werden.
   d) Formen Sie die Gleichung mit Hilfe der de Morganschen Gesetze so um, daß für den Aufbau der Schaltung nur NAND-Glieder verwendet werden.
   e) Wieviel integrierte Schaltkreise (IC) werden für jede der drei Schaltungen benötigt, wenn ein IC jeweils vier Gatter mit je zwei Eingängen besitzt?

9. Wieviel Kombinationen hat man bei 8 Eingängen?

10. Der Ausgang einer Schaltung soll nur dann 1-Signal führen, wenn beide Eingänge a und b entweder gleichzeitig 1-Signal oder 0-Signal führen.
    a) Wie lautet die Gleichung für diese Bedingungen?
    b) Entwerfen Sie eine Schaltung, die nur aus NOR-Gliedern besteht.
    c) Entwerfen Sie eine Schaltung, die nur aus NAND-Gliedern besteht.

8.3 Kippstufen

Außer den Grundschaltungen UND, ODER und NICHT werden in der Digitaltechnik noch Bausteine verwendet, die

- binäre Signale speichern (bistabile Kippstufe oder Flipflop, FF)
- durch ein Eingangssignal angesteuert ein Ausgangssignal mit definierter Dauer abgeben (monostabile Kippstufe, Monoflop, MF)
- am Ausgang einen eindeutigen L- oder H-Pegel erzeugen, wenn das Eingangssignal einen bestimmten Spannungswert über- bzw. unterschreitet (Schmitt-Trigger).

8.3.1 Bistabile Kippstufe (Flipflop)

Die Abb. 3 zeigt die Schaltung einer aus diskreten Bauteilen aufgebauten bistabilen Kippstufe und das allgemeine Schaltzeichen.

Der Ausgangszustand (Ruhelage) der Schaltung soll so sein, daß V2 durchgesteuert (A1 führt 0-Signal) und V1 gesperrt ist (A2 führt 1-Signal). Durch ein 1-Signal am Setzeingang (S) wird V1 durchgesteuert. Dadurch liegt die Basis von V2 über $R2$ auf 0-Signal, und der Transistor V2 wird gesperrt. Die Ausgänge A1 und A2 haben ihre Ausgangssignale geändert. Durch ein 1-Signal am Rücksetzeingang (R) kann die Schaltung wieder in die Ruhelage zurückgekippt werden.

Diese Art von Flipflop wird als RS-Flipflop (R: Rücksetzeingang, S: Setzeingang) bezeichnet. Der Nachteil besteht darin, daß bei gleichzeitigem Ansteuern beider Eingänge mit 1-Signal beide Ausgänge 0-Signal führen. Werden beide Eingänge danach gleichzeitig mit 0-Signal belegt, ist der Ausgangszustand der Schaltung unbestimmt.

Abb. 4 zeigt ein aus NOR-Gattern aufgebautes RS-Kippglied. Auch bei dieser Schaltung ergibt sich der unerwünschte Zustand, daß bei gleichzeitiger Ansteuerung der Eingänge beide Ausgänge 0-Signal führen. Durch Verriegelung der Eingänge gegeneinander kann man dies verhindern.

Bei einer bistabilen Kippstufe bleibt ein Signal solange gespeichert, bis die Schaltung durch ein Signal am Rücksetzeingang in die Ruhelage zurückgekippt wird.

Manchmal ist es erforderlich, daß der Ausgang eines Flipflops beim Einschalten der Spannung einen bestimmten Wert annimmt. Der in Abb. 5 mit $I = 0$ gekennzeichnete Ausgang nimmt beim Einschalten den »0«-Zustand an.

Die Anwendung von Flipflops bei der Verriegelungsschaltung zweier Motoren zeigt die Abb. 6.

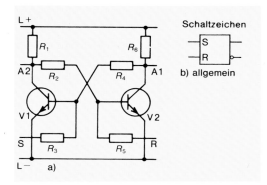

Abb. 3: Bistabile Kippstufe

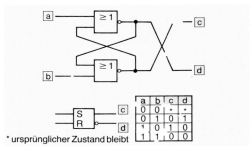

* ursprünglicher Zustand bleibt

Abb. 4: RS-Flipflop aus NOR

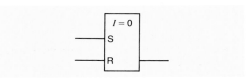

Abb. 5: RS-Flipflop mit Kennzeichnung des Anfangszustandes (DIN 40900 T 12)

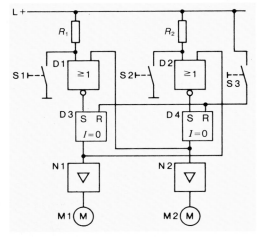

Abb. 6: Verriegelungsschaltung

Über $R1$ und $R2$ erhalten die NOR-Glieder D1 und D2 1-Signal. Da sich die Ausgänge der Flipflops D3 und D4 nach dem Einschalten der Versorgungsspannung im 0-Zustand befinden, erhalten D1 und D2 an ihrem zweiten Eingang 0-Signal. Dadurch führen die Ausgänge von D1 und D2 0-Signal.

Wird jetzt z. B. S1 betätigt, so liegt am Ausgang von D1 das 1-Signal und D3 wird gesetzt. Der Motor M1 ist eingeschaltet.

Da sich jetzt D3 in der Arbeitslage befindet, erhält der zweite Eingang von D2 auch 1-Signal. Dadurch ist es nicht möglich, D4 zu setzen und den Motor M2 einzuschalten.

Entsprechend funktioniert die Schaltung, wenn zuerst S2 betätigt wird. Mit S3 können die Flipflops D3 und D4 zurückgesetzt und die Motoren ausgeschaltet werden.

Weitere Arten von Flipflops unterscheiden sich durch die Art der Ansteuerung und durch die Art der Signalweitergabe vom Eingang zum Ausgang.

Häufig kommt es wie in Abb. 1 vor, daß Eingänge von Kippstufen untereinander logisch verknüpft sind. Zur Vereinfachung kennzeichnet man die Eingänge im Innern der Schaltzeichen durch Buchstaben und Ziffern (Abb. 1c).

Abhängigkeitsnotation (Buchstaben):

- **G:** UND-Abhängigkeit,
- **V:** ODER-Abhängigkeit,
- **C:** Steuerabhängigkeit.

Da in Abb. 1b der Eingang b über eine UND-Verknüpfung auf die S- und R-Eingänge steuernd einwirkt, erhält er die Kennzeichnung G mit einer nachgestellten Ziffer (1). Den Einfluß dieses Eingangs auf die S- und R-Eingänge kennzeichnet man nun durch die Ziffer des G-Eingangs (vorangestellte 1).

Flipflops dieser Art nennt man **taktzustandsgesteuerte** RS-Kippstufen. Die Speicherung des Signals kann erst dann erfolgen, wenn an G1 der Takt (ein 1-Signal) anliegt. In Wertetabellen werden häufig die Taktzustände nicht angegeben. Statt dessen kennzeichnet man die Signale vor dem Taktimpuls mit dem Index n (t_n) und die Signale nach dem Taktimpuls mit dem Index $n + 1$ (t_{n+1}).

Erweitert man die Schaltung aus Abb. 1 in der Form, daß man die Eingänge a und b durch ein NICHT-Glied miteinander verbindet, so erhält man ein D-Flipflop[1] (Abb. 3). Dadurch verhindert man die beim RS-Flipflop unerwünschte Eingangskombination $R = 1$ und $S = 1$. Das am D-Eingang anliegende Signal wird erst dann in das Flipflop übernommen, wenn sich das Taktsignal an G1 von 0 nach 1 ändert.

Die bisher behandelten Kippstufen waren taktzustandsgesteuerte Flipflops. Sie übernehmen fortlaufend jede Eingangsinformation, solange der Taktimpuls die Eingänge freischaltet. Demgegenüber sind **taktflankengesteuerte** Kippstufen nur zu einem definierten Zeitpunkt zur Übernahme der Information in der Lage. Der Zeitpunkt wird durch die positive oder negative Taktflanke festgelegt. Man bezeichnet diese Takteingänge dann als dynamische Eingänge. Da diese Eingänge meist mit RC-Gliedern beschaltet sind, müssen die Flanken des Taktsignals steil sein, um wirksam zu werden.

Bei taktflankengesteuerten Kippgliedern wird die Kennzeichnung der positiven bzw. negativen Taktflankensteuerung in das Symbol des Flipflops eingezeichnet (Abb. 2a und b).

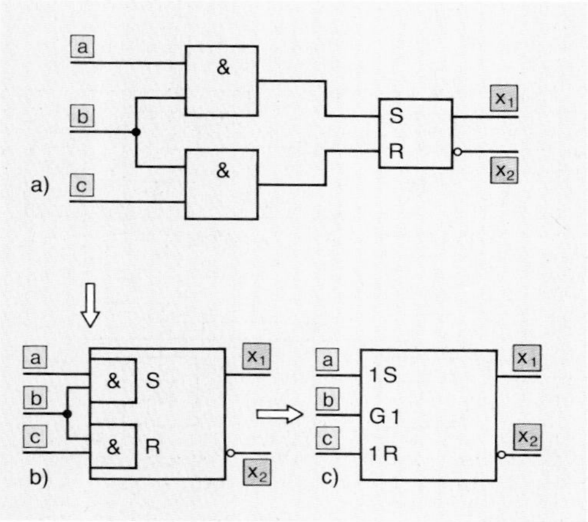

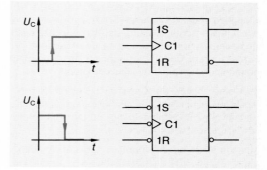

Abb. 1: Abhängigkeitsdarstellung beim RS-Kippglied

Abb. 2: Taktflankengesteuerte RS-Kippglieder
a) Ansteuerung mit positiver Flanke
b) Ansteuerung mit negativer Flanke

---

[1] delay = verzögern

JK-Kippglied

Das JK-Flipflop ist ein universell einsetzbares Flipflop. Die Bezeichnungen **J** und **K** sind willkürlich gewählt worden und lassen sich nicht aus der Funktion ableiten. Das Flipflop besitzt in seiner einfachsten Form drei Eingänge. Der C-Eingang ist der Takteingang. Man unterscheidet einflanken- und zweiflankengesteuerte (JK-Master-Slave) Kippstufen. Wir wollen zunächst **einflankengesteuerte Kippstufen** behandeln.

Wie beim RS-Flipflop bedeutet ein 1-Signal am J-Eingang, daß das Flipflop gesetzt wird (Abb. 4). Zurückgesetzt wird es durch ein 1-Signal am K-Eingang. Der Takt bestimmt dabei die Schaltzeitstufe. Wenn die Kombination $J = 1$ und eine positiv ansteigende Flanke vorliegt (t_1), wird das Flipflop gesetzt. Zurückgesetzt wird es bei $K = 1$ und ebenfalls positiv ansteigender Flanke (t_2).

Der Unterschied gegenüber dem RS-Flipflop besteht darin, daß das gleichzeitige Auftreten von $J = 1$ und $K = 1$ zulässig ist. Wenn diese Eingangssignale vorhanden sind, kommt es bei jeder positiven Flanke des Taktimpulses zu einem Wechsel der Logikzustände am Ausgang. In der Wertetabelle wird dieses durch $\overline{X}_n$ gekennzeichnet (Negationszeichen über X). Dagegen tritt keine Änderung am Ausgang (X_n) auf, wenn die Signalkombination $J = K = 0$ vorliegt.

In der Digitaltechnik müssen häufig Informationen von einem Speicher zum nächsten weitergegeben werden. Das erste Flipflop in solch einer Kette muß dann z.B. die neue Information aufnehmen, aber gleichzeitig auch die alte, bisher gespeicherte Information weitergeben. Diese Gleichzeitigkeit läßt sich nicht realisieren. Das Problem kann nur gelöst werden, wenn die gesamte Stufe in einen Vor- und in einen Hauptspeicher unterteilt wird. Der Vorspeicher wird auch als Master (Herr) und der Hauptspeicher mit Slave (Sklave) bezeichnet. Das Flipflop nennt man deshalb auch **Master-Slave-Flipflop.**

Aus Abb. 5 ist die Arbeitsweise zu entnehmen. Durch die positive Flanke am Steuereingang (t_1) wird die Eingangsinformation aufgenommen und in dem Zwischenspeicher abgelegt. Erst wenn die folgende negative Flanke des Taktsignals anliegt (t_2), wird das zwischengespeicherte Signal weitergegeben und erscheint am Ausgang. Der Vorspeicher dominiert in dieser Schaltung; er wirkt also wie ein »Herr« über den Hauptspeicher. Der wiederum übernimmt die Information wie ein »Sklave«. Zur Übernahme und zur Ausgabe des Signales sind bei diesem Flipflop also in jedem Fall die positive **und** die negative Taktflanke notwendig.

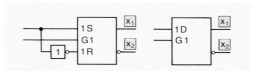

Abb. 3: D-Flipflop

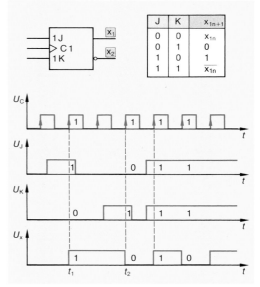

J	K	x_{1n+1}
0	0	x_{1n}
0	1	0
1	0	1
1	1	$\overline{x}_{1n}$

Abb. 4: JK-Kippglied mit Einflankensteuerung

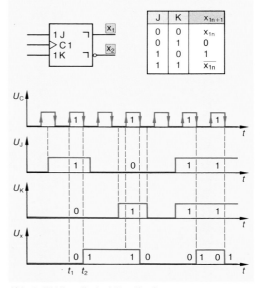

J	K	x_{1n+1}
0	0	x_{1n}
0	1	0
1	0	1
1	1	$\overline{x}_{1n}$

Abb. 5: JK-Kippglied mit Zweiflankensteuerung, JK-Master-Slave-Flipflop

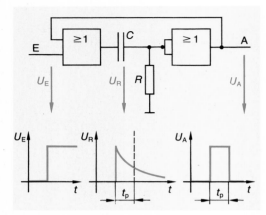

Abb. 1: Monostabile Kippstufe aus ODER-Gattern

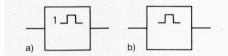

Abb. 2: Schaltzeichen von Monoflops

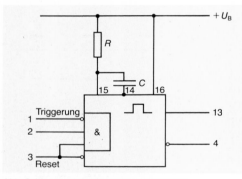

Abb. 3: Monostabile Kippstufe mit 74LS123

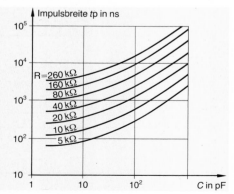

Abb. 4: Diagramm zur Wahl von R und C bei monostabilen Kippstufen

Beim JK-Master-Slave-Flipflop erscheinen die Signale mit einer Verzögerung, die von der Dauer der Taktsignale abhängt. Dieses wird durch ein Zusatzzeichen im Flipflop (vgl. Abb. 5, S. 357) gekennzeichnet. Es weist auf den »retardierten« (verzögerten) Ausgang hin. Die Wertetabelle dieses zweiflankengesteuerten Flipflops unterscheidet sich nicht von dem JK-Flipflop mit Einflankensteuerung.

Das JK-Master-Slave-Flipflop arbeitet mit einem Vor- und einem Hauptspeicher. Das Signal wird verzögert.

8.3.2 Monostabile Kippstufen (Monoflop)

Schaltet man zwei ODER-Gatter in der in Abb. 1 dargestellten Weise zusammen, so erhält man eine Schaltung, die bei Ansteuerung einen Ausgangsimpuls von definierter Dauer erzeugt. Die Dauer des Ausgangsimpulses t_p hängt von den Werten für R und C ab. Solche Schaltungen bezeichnet man als monostabile Kippstufen. Nach der Impulszeit kippt die Schaltung von selbst wieder in die Ruhelage zurück.

Wodurch wird dieses Verhalten der Schaltung erreicht? Zunächst führen die Ausgänge beider ODER-Gatter 0-Signal, weil das Eingangssignal 0 ist und die Eingänge des zweiten ODER-Gatters über den Widerstand R an 0 liegen. Der Spannungsunterschied am Kondensator ist 0 V. Ändert sich das Eingangssignal von 0 auf 1, so ändert sich auch das Ausgangssignal des ersten ODER-Gatters von 0 nach 1. Da der Spannungsunterschied am Kondensator vor dem Signalwechsel 0 V war, wird zunächst auch die rechte Platte des Kondensators – und damit auch die Eingänge des zweiten ODER-Gatters – auf 1 angehoben. Der Ausgang des zweiten ODER-Gatters ändert sich auf 1 und wird auf den Eingang des ersten ODER-Gatters zurückgekoppelt, wodurch der Ausgang des ersten ODER-Gatters weiterhin auf 1 bleibt.

Nun entlädt sich der Kondensator über den Widerstand R. Sobald die Spannung an R den 0-Pegel erreicht, kippt das zweite ODER-Gatter wieder in seine Ruhelage zurück. Solange das Eingangssignal noch ansteht, führt auch der Ausgang des ersten ODER-Gatters noch 1-Signal. Um die Schaltung erneut starten zu können, muß die Eingangsspannung erst wieder auf 0 gehen.

Die Abb. 2a und b zeigen die Schaltzeichen monostabiler Kippstufen. Die 1 vor dem Impuls innerhalb des Schaltzeichens drückt aus, daß dieses Monoflop immer nur einen Impuls von bestimmter Dauer erzeugt (nicht nachtriggerbar). Fehlt die 1 vor dem Impulszeichen, dann bedeutet

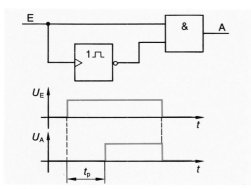

Abb. 5: Prinzip der Einschaltverzögerung

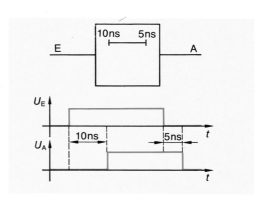

Abb. 6: Kennzeichnung der Verzögerung

das, daß Eingangsimpulse, die während der Impulszeit der Schaltung anliegen, die Schaltung erneut starten (nachtriggerbar). Dadurch kann die Impulszeit verlängert werden.

Abb. 3 zeigt das Schaltzeichen des Monoflops 74LS123. Über die Eingänge 1, 2 und 3 kann die Stufe gestartet bzw. zurückgesetzt werden. Die Werte von R und C bestimmen die Dauer des Ausgangsimpulses. R und C können aus Diagrammen (Abb. 4) ermittelt werden.

Mit Monoflops können z. B. Ein- oder Ausschaltverzögerungen von Signalen · erreicht werden. Mit dem 1-Signal am Eingang in Abb. 5 wird das Monoflop gesetzt. Dadurch führt ein Eingang des UND-Gatters 0-Signal, wodurch der Ausgang A auch 0-Signal führt. Nach der Impulszeit (t_p) kippt das Monoflop zurück, die UND-Bedingung ist erfüllt, und der Ausgang A führt 1-Signal.

Eine Ausschaltverzögerung kann mit einem ODER-Gatter erreicht werden (Abb. 7). Ändert sich das Eingangssignal von 1 nach 0, dann wird das Monoflop gesetzt, und das Signal am Ausgang A bleibt wegen des ODER-Gatters 1. Erst nach Ablauf der Verweilzeit (t_V) des Monoflops ist die ODER-Bedingung nicht mehr erfüllt, und der Ausgang A schaltet von 1- auf 0-Signal um.

Die Kennzeichnung von Ein- oder Ausschaltverzögerungen zeigt die Abb. 6.

8.3.3 Astabile Kippstufe

Astabile Kippstufen werden z. B. als Blinkgeber oder Frequenzgeneratoren (Taktgeneratoren) verwendet.

Die Abb. 8 zeigt eine aus diskreten Bauteilen aufgebaute astabile Kippstufe. Die Impuls- und die Pausenzeiten für das Ausgangssignal werden von Widerständen und Kondensatoren

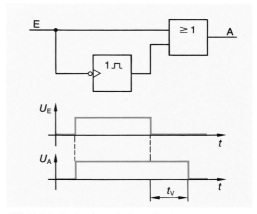

Abb. 7: Prinzip der Ausschaltverzögerung

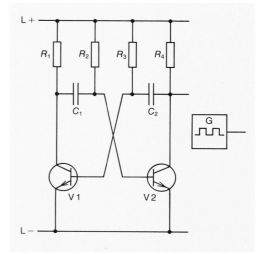

Abb. 8: Aufbau und Schaltzeichen einer astabilen Kippstufe

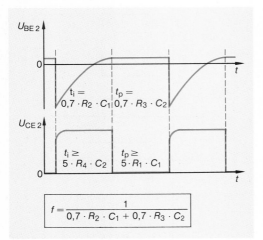

$$f = \frac{1}{0,7 \cdot R_2 \cdot C_1 + 0,7 \cdot R_3 \cdot C_2}$$

Abb. 1: Spannungsverlauf an der Basis und am Kollektor eines Transistors

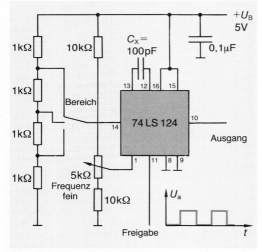

Abb. 2: Multivibrator mit integrierter Schaltung

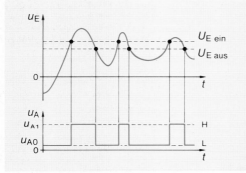

Abb. 3: Spannungsverläufe beim Schmitt-Trigger

bestimmt. Den Zusammenhang kann man aus der Abb. 1 ersehen.

Es gibt auch integrierte Schaltungen, die durch Beschaltung mit wenigen Bauteilen als Rechteckgeneratoren arbeiten. Die Abb. 2 zeigt eine mögliche Schaltung. Dabei handelt es sich um einen spannungsgesteuerten Oszillator mit einstellbarer Ausgangsfrequenz. Durch den Spannungsteiler kann über Eingang 14 die Frequenz grob gewählt und mit dem Potentiometer fein eingestellt werden. Die Kapazität C_x zwischen den Anschlüssen 12 und 13 ist für die Frequenz bestimmend. Mit dieser Schaltung lassen sich Frequenzen in dem Bereich von 0,12 Hz bis 30 MHz erzeugen.

Astabile Kippstufen erzeugen von selbst eine Rechteckspannung. Die Frequenz wird durch Widerstände und Kondensatoren bestimmt.

8.3.4 Schmitt-Trigger

Die Eingangssignale einer digitalen Schaltung entsprechen hinsichtlich Größe und Form nicht immer den Anforderungen digitaler Schaltkreise. Nachdem ein Signal mehrere Stufen durchlaufen hat, kann es so weit verformt sein, daß es wieder erneuert werden muß. Dazu benutzt man einen Schmitt-Trigger, auch **Schwellwertschalter** genannt.

Er kann Signale beliebiger Kurvenform in Rechteckimpulse umwandeln (Abb. 3).

Der Schmitt-Trigger ist ähnlich wie ein Flipflop eine Schaltung mit **zwei stabilen Zuständen.** Der jeweilige Schaltzustand hängt von der Größe seiner Eingangsspannung ab. Hat die Eingangsspannung u_E den in Abb. 3 gezeichneten Verlauf, dann hat die Ausgangsspannung u_A so lange den Wert u_{A0}, bis die Eingangsspannung einen bestimmten Wert überschritten hat. Im Zeitpunkt der Überschaltung des Schwellwertes $U_{E\,ein}$ nimmt die Ausgangsspannung sofort den anderen stationären Zustand u_{A1} ein. Erst wenn die Eingangsspannung einen bestimmten Wert $U_{E\,aus}$ wieder unterschreitet, fällt die Ausgangsspannung in den niedrigeren Zustand zurück.

Aus Abb. 3 geht hervor, daß der Schwellwert $U_{E\,ein}$ oberhalb der Ausschaltschwelle $U_{E\,aus}$ liegt. Die Differenz zwischen den beiden Schwellen nennt man **Hysteresespannung** U_H. Abb. 4 zeigt den Zusammenhang u_A in Abhängigkeit von u_E. Es macht das Entstehen der Hysterese deutlich.

Ein Schmitt-Trigger ist ein elektronischer Schalter, mit dem sich analoge Signale in Rechteckimpulse umformen lassen.

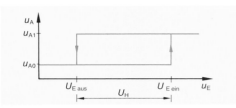

Abb. 4: Spannungshysterese

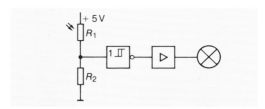

Abb. 5: Dämmerungsschalter mit Schmitt-Trigger

Ein Anwendungsbeispiel für einen Schmitt-Trigger zeigt die Abb. 5.

Die Widerstände R_1 und R_2 bilden einen Spannungsteiler. Die Spannung an R_2 – und damit auch die Eingangsspannung am Schmitt-Trigger – ist abhängig von der Beleuchtungsstärke.

Sinkt die Beleuchtungsstärke, dann steigt der Widerstandswert von R_1 und die Spannung am Eingang des Schmitt-Triggers sinkt ebenfalls. Unterschreitet die Eingangsspannung einen unteren Grenzwert, schaltet der Ausgang des Schmitt-Triggers von »0«-Signal nach »1«-Signal um, und die Lampe wird eingeschaltet. Nimmt die Beleuchtungsstärke zu, dann wird die Lampe wieder ausgeschaltet, wenn ein oberer Grenzwert der Eingangsspannung erreicht wird. Die Differenz zwischen dem unteren und dem oberen Wert der Eingangsspannung bezeichnet man als Schalthysterese.

Aufgaben zu 8.3

1. Zeichnen Sie ein RS-Flipflop, das aus zwei NAND-Gattern aufgebaut ist (vgl. Abb. 4, S. 355). Überprüfen Sie die Funktion für alle Eingangskombinationen. Ergibt sich auch bei diesem Flipflop ein unerwünschter Zustand?

2. Bei der Verriegelungsschaltung aus Abb. 6 (S. 355) sollen die beiden ODER-Gatter durch NAND-Gatter ersetzt werden. Müssen zusätzlich noch Änderungen vorgenommen werden, damit die Schaltung funktioniert?

3. Wodurch unterscheiden sich taktzustandsgesteuerte und taktflankengesteuerte Flipflops?

4. Durch welche Bauteile wird die Impulszeit bei Monoflops bestimmt?

5. Mit einer astabilen Kippstufe soll eine Blinkschaltung aufgebaut werden. Welche Werte müssen die Basiswiderstände haben, wenn die beiden Kondensatoren die Kapazitäten von je 10 µF haben und die Schaltung mit einer Frequenz von 20 Hz blinken soll?

6. Welcher grundsätzliche Unterschied hinsichtlich der Ansteuerung und dem Verhalten der Schaltung besteht zwischen dem Flipflop, dem Monoflop, der astabilen Kippstufe und dem Schmitt-Trigger?

7. Nennen Sie einige Anwendungsmöglichkeiten für Schmitt-Trigger.

8.4 Codewandler

8.4.1 Codes

Codes dienen dazu, alphabetische oder numerische Zeichen durch Zeichen anderer Systeme darzustellen, z.B. Darstellung in Binärcodes. Binärcodes sind Codes, deren Codeworte (Folge von Zeichen) aus Binärzeichen (1 und 0) zusammengesetzt sind. Oft besteht ein Codewort aus 8 Zeichen = 8 Bit.

8 Bit = 1 Byte: 1024 Bit = 1 kilobyte.

Will man z.B. die Dezimalzahlen 0...9 in einem Binärcode darstellen, so gibt es viele Codes, die man dafür verwenden kann. Sie unterscheiden sich durch die Anzahl der Bit (Zeichen pro Wort) und durch die Anordnung der Bit.

Als Beispiel sollen hier nur einige Codes angeführt werden. Die Abb. 6 zeigt die unterschiedliche Darstellung der Zahlen in diesen Codes.

Dezimal-zahl	Dual-Code	8 – 4 – 2 – 1 Code	AIKEN-Code
0	0 0 0 0 0	0 0 0 0	0 0 0 0
1	0 0 0 0 1	0 0 0 1	0 0 0 1
2	0 0 0 1 0	0 0 1 0	0 0 1 0
3	0 0 0 1 1	0 0 1 1	0 0 1 1
4	0 0 1 0 0	0 1 0 0	0 1 0 0
5	0 0 1 0 1	0 1 0 1	1 0 1 1
6	0 0 1 1 0	0 1 1 0	1 1 0 0
7	0 0 1 1 1	0 1 1 1	1 1 0 1
8	0 1 0 0 0	1 0 0 0	1 1 1 0
9	0 1 0 0 1	1 0 0 1	1 1 1 1
10	0 1 0 1 0	BCD – Codes (**B**inär – **c**odierte – **D**ezimal-zahl)	
11	0 1 0 1 1		
12	0 1 1 0 0		
13	0 1 1 0 1		
14	0 1 1 1 0		
15	0 1 1 1 1		
16	1 0 0 0 0		
⋮	⋮		

Abb. 6: BCD-Codes

Beim Dual-Code und beim 8-4-2-1-Code haben die einzelnen Bit die Wertigkeiten $2^0 = 1$; $2^1 = 2$; $2^2 = 4$; $2^3 = 8$. Das Bit mit der kleinsten Wertigkeit steht rechts. Die Summe der Bit – unter Berücksichtigung der Wertigkeiten – ergibt die Dezimalzahl.

Ein Beispiel soll diesen Zusammenhang verdeutlichen:

Der Dualzahl 0 1 0 1 0 entspricht die Dezimalzahl $0 \cdot 2^4 + 1 \cdot 2^3 + 0 \cdot 2^2 + 1 \cdot 2^1 + 0 \cdot 2^0 = 10$.

Will man außer Zahlen auch Buchstaben und andere Zeichen darstellen, so kann man z. B. den ASCII-Code oder den Hexadezimal-Code verwenden (Tab. 8.3).

Tab. 8.3: Alphanumerische Codes

Information	ASCII-Code	Hexadezimal-Code
0	0 0110000	0 0110000 ≙ 30
1	1 0110001	0 0110001 ≙ 31
2	1 0110010	0 0110010 ≙ 32
3	0 0110011	0 0110011 ≙ 33
A	0 100 0001	0 100 0001 ≙ 41
B	0 100 0010	0 100 0010 ≙ 42
C	1 100 0011	0 100 0011 ≙ 43
D	0 100 0100	0 100 0100 ≙ 44
E	1 100 0101	0 100 0101 ≙ 45
F	1 100 0110	0 100 0110 ≙ 46
Wagenrücklauf	1 000 1101	0 000 1101 – 0D
Zeilensprung	0 000 1010	0 000 1010 – 0A
Zwischenraum	1 010 0000	0 010 0000 – 20
Rückw. – Schritt	0 101 1111	0 101 111 – 5F
Horiz. – Tabul.	0 000 1001	0 000 1001 – 09
Löschen	1 111 1111	0 111 1111 – 7F
Nichts (Füller)	0 000 0000	0 000 0000 – 00
Wecker	1 000 0111	0 000 0111 – 07
?	0 0111111	0 0011 1111 – 3F

8. Bit ⌐   ⌐ 1. Bit

Ein Beispiel für die Codierung einiger Worte im ASCII-Code auf dem Lochstreifen eines Fernschreibers zeigt Abb. 1. Bei diesem Code besteht die Information aus sieben Bit. Das achte Bit ergänzt die Anzahl der Bit, die 1-Signal führen, immer auf eine gerade Zahl. Man bezeichnet das achte Bit auch als Prüfbit (parity bit).

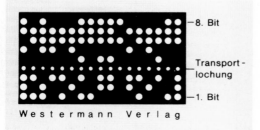

Abb. 1: Codierung im ASCII-Code

Der Hexadezimal-Code besteht aus $2 \cdot 4$ Bit. Die Hexadezimalzahl ergibt sich aus der Summe der vier linken Bit und der Summe der vier rechten Bit.

Zum Beispiel ergibt die Bit-Kombination:

0 1 0 1   0 1 1 1   im Hexadezimal-Code

   5   7   als Hexadezimalzahl

(sprich: fünf – sieben).

Will man eine Hexadezimalzahl in eine Dezimalzahl umwandeln, dann muß man den linken Teil der Hexadezimalzahl mit 16 multiplizieren und den rechten Teil der Hexadezimalzahl dazu addieren.

Der Hexadezimalzahl   5   7

entspricht die Dezimalzahl $5 \cdot 16 + 7 = 87$

Da man mit 4 Bit Dezimalzahlen bis 15 darstellen kann, wählt man für die Bit-Kombinationen 1010 ... 1111 die Buchstaben A ... F.

$$1010 \triangleq 10 = A$$
$$1011 \triangleq 11 = B$$
$$1100 \triangleq 12 = C$$
$$1101 \triangleq 13 = D$$
$$1110 \triangleq 14 = E$$
$$1111 \triangleq 15 = F$$

Somit ergibt sich für die Bit-Kombination:

1011   1101   im Hexadezimal-Code

 B   D   als Hexadezimalzahl

und $11 \cdot 16 + 13 = 189$ als Dezimalzahl.

8.4.2 Codierer

Will man eine Information (Zahlen, Buchstaben usw.), die in einem bestimmten Code dargestellt sind, in einem anderen Code darstellen, so benötigt man dafür eine entsprechende Schaltung (Codewandler).

Die Abb. 3 zeigt eine mögliche Schaltung zur Umwandlung der Dezimalzahlen 0 ... 9 in den 8-4-2-1-Code.

Alle Eingangsleitungen sind über einen Schalter – so wie es bei der 9 dargestellt ist – mit 0 V (0-Signal) verbunden. Die Ausgänge der vier NOR-Gatter führen deshalb 1-Signal. Wird ein Schalter geöffnet, so wechselt das Eingangssignal an dem oder den entsprechenden NOR-Gattern auf 1-Signal. Der oder die Ausgänge der NOR-Gatter führen dann 0-Signal.

In DIN 40900 T 12 sind die Blockschaltbilder für diese Wandler festgelegt. Abb. 2a zeigt das allgemeine Schaltzeichen. Will man einen bestimmten Codewandler darstellen, dann ersetzt man die Buchstaben x und y durch entsprechende Abkürzungen für die Codes. In der Abb. 2b ist der in Abb. 3 dargestellte Dezimal-BCD-Codierer zu sehen.

Einen weiteren Codierer zeigt die Abb. 4. Es handelt sich hierbei um eine Schaltung, die Eingangsinformationen im Binärcode in einen Code umwandelt, der zur Ansteuerung von 7-Segment-Anzeigen verwendet wird. BIN/7-SEG: Umwandlung eines Binärcodes in einen 7-Segment-Anzeige-Code. Das Zeichen ▷ hinter der Angabe BIN/7-SEG bedeutet: Verstärker.

Die Zahlen in Klammern außerhalb des Symbols kennzeichnen die Anschlüsse der integrierten Schaltung (SN74L47). Die Eingangsinformation liegt an den Anschlüssen A, B, C, und D an (1, 2, 4 und 8 innerhalb des Symbols geben die Wertigkeit dieser Eingänge an).

An die Ausgänge der Schaltung (Anschlüsse 9…15) werden die einzelnen Elemente a…g einer 7-Segment-Anzeige (Abb. 5) angeschlossen. Diese Ausgänge bestehen aus NPN-Transistoren mit offenen Kollektoren (◇: offener Ausgang z.B. Kollektor eines NPN oder Emitter eines PNP-Transistors).

Die Ausgänge führen 0-Signal, wenn die Bedingungen G21 bzw. V20 erfüllt sind. Diese Bedingungen sind z.B. erfüllt, wenn der Eingang $\overline{LT}$ (Lampentest) mit 0-Signal belegt wird. Mit diesem Eingang kann die Funktion der sieben Segmente überprüft werden.

Liegt an den Eingängen A…D 0-Signal an, dann hängt es von der Beschaltung der Eingänge $\overline{BI/RBQ}$ und $\overline{RBI}$ ab, ob die Null angezeigt wird oder nicht. Die Null wird angezeigt, wenn $\overline{BI/RBQ}$ und $\overline{RBI}$ mit 1-Signal beschaltet sind. Sind dagegen diese beiden Eingänge mit 0-Signal belegt, wird die Null nicht angezeigt (sie wird unterdrückt). Von dieser Möglichkeit macht man Gebrauch, wenn bei einer mehrstelligen Anzeige die führenden Nullen unterdrückt werden sollen. Bei einer solchen mehrstelligen Anzeige wird dann der Anschluß $\overline{BI/RBQ}$

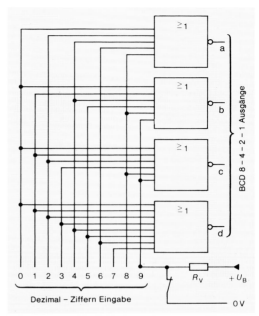

Abb. 3: Dezimal-BCD-Codierer

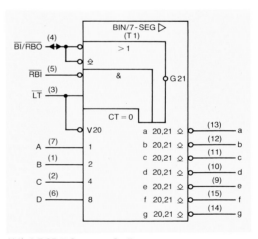

Abb. 4: BCD-7-Segment-Codierer

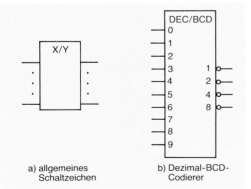

a) allgemeines   b) Dezimal-BCD-
   Schaltzeichen   Codierer

Abb. 2: Codierer

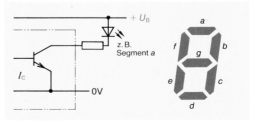

Abb. 5: Beschaltung eines Ausgangs (links) und Kennzeichnung der 7 Segmente (rechts)

Abb. 1: Anzeige bei entsprechender Eingangs-information

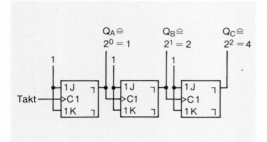

Abb. 2: Teilerschaltung mit JK-MS-Flipflop

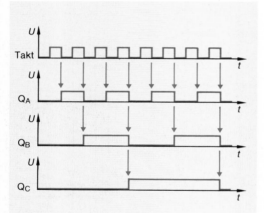

Abb. 3: Impulsplan einer Teilerschaltung

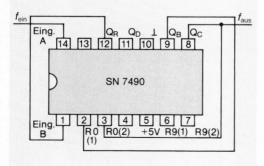

Abb. 4: Teilerschaltung mit SN 7490

als Ausgang verwendet, der mit dem Eingang $\overline{\text{RBI}}$ des nächsten Dekoders verbunden wird. Dieser Ausgang führt im Normalfall 1-Signal ($\Leftrightarrow$: passiver pull-up-Ausgang = der Ausgang ist über Wider-stände mit der positiven Versorgungsspannung verbunden).

Die Kennzeichnung (T1) gilt als Hinweis auf eine Tabelle. Die Tabelle gibt in diesem Fall Auskunft über die Art der Anzeige, wenn an den Eingängen A...D die entsprechende Information anliegt (Abb. 1).

8.5 Schaltungen mit Flipflops

Mit Hilfe von Flipflops können Schaltungen zur Weiterverarbeitung digitaler Signale aufgebaut werden.

8.5.1 Teilerschaltungen

Schaltet man mehrere Flipflops in Reihe, so erhält man eine Teilerschaltung (Abb. 2).

Bei einem JK-Master-Slave-Flipflop wird die In-formation, die an den J- und K-Eingängen anliegt, mit der ansteigenden Flanke des Taktsignals in das Flipflop übernommen und mit der abfallenden Flanke des Taktsignals an den Ausgang weiter-gegeben. Eine Änderung des Ausgangssignals erfolgt also immer nur bei der abfallenden Flanke des Taktsignals. Daher ist die Frequenz des Aus-gangssignals nur halb so groß wie die Frequenz des Taktsignals (Abb. 3).

Da das Ausgangssignal des ersten Flipflop das Taktsignal für das zweite Flipflop ist, teilt das zweite Flipflop wieder die Frequenz des Ausgangs-signals des ersten Flipflop usw. Auf diese Art kann eine Frequenz geteilt werden.

Will man Frequenzen in einem anderen Verhältnis als 2:1 teilen, muß man außer den J- und K-Ein-gängen auch noch andere Eingänge beschalten. Mit dem integrierten Baustein SN 7490 kann man z.B. verschiedene Teilerverhältnisse erhalten. Alle Flipflops innerhalb des SN 7490 können durch »1«-Signal an den Eingängen R0(1) und R0(2) zurück-gesetzt werden.

Bei der dargestellten Beschaltung (Abb. 4) werden alle Flipflops in diesem IC nach jedem sechsten Taktimpuls wieder in ihre Ruhelage zurückgesetzt (Abb. 5). Dadurch ist die Periodendauer T_2 sechs-mal länger als die Periodendauer T_1. Die Frequenz am Ausgang Q_C ist somit sechsmal niedriger als die Frequenz am Eingang A.

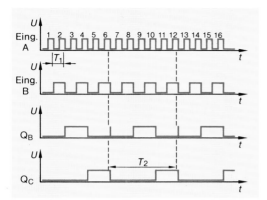

Abb. 5: Impulsplan zur Teilerschaltung

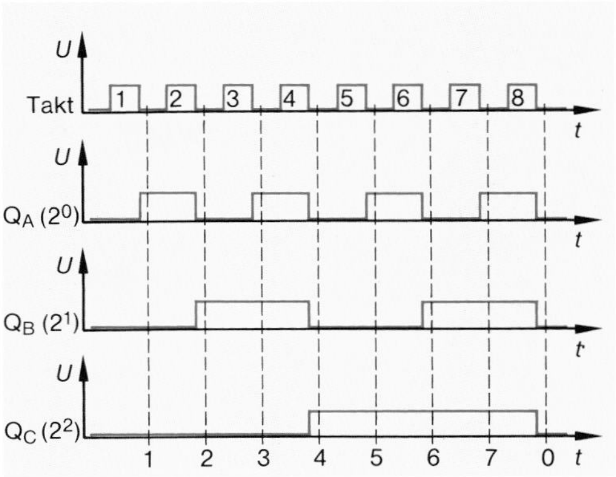

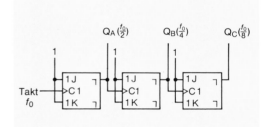

Abb. 6: Impulsplan eines asynchronen Vorwärtszählers

8.5.2 Zählerschaltungen

Die Frequenzteilerschaltung nach Abb. 2 kann man auch als Zählschaltung verwenden. Den Ausgängen der einzelnen Flipflops werden Wertigkeiten zugeordnet. In Datenbüchern werden die Ausgänge oft mit $Q_A \ldots Q_C$ bezeichnet. $Q_A \triangleq 2^0$; $Q_B = 2^1$; $Q_C = 2^2$ usw. Nach einer Anzahl von Taktimpulsen sind einige Flipflops in die Arbeitslage gekippt und führen an ihren Ausgängen »1«-Signal. Die Summe dieser Signale ergibt unter Berücksichtigung der Wertigkeiten- die Anzahl der Taktimpulse. An einem Beispiel soll das verdeutlicht werden.

Da bei dieser Zählschaltung (Abb. 7) die nachfolgenden Flipflops erst kippen können, wenn das vorhergehende Flipflop gekippt ist, bezeichnet man diese Zählschaltung als Asynchronzähler. Bei der dargestellten Zählerschaltung wird das Ergebnis nach jedem Taktimpuls größer. Der Zähler zählt von 0 an vorwärts.

Deshalb ist seine vollständige Bezeichnung **asynchroner [1] Vorwärtszähler.**

Verwendet man die Signale der $\bar{Q}$-Ausgänge als Taktsignale der nachfolgenden Flipflop, so erhält man einen **asynchronen Rückwärtszähler.** -

Das Merkmal von **Synchronzählern** ist die gleichzeitige (synchrone) Ansteuerung aller Flipflops. Dadurch kann mit Synchronzählern schneller gezählt werden als mit Asynchronzählern. Allerdings ist der Schaltungsaufwand auch größer als bei Asynchronzählern, weil die J- und K-Eingänge entsprechend beschaltet werden müssen (Abb. 9). Die J- und K-Eingänge müssen bei diesen Schaltungen durch mehrere Signale vorbereitet werden.

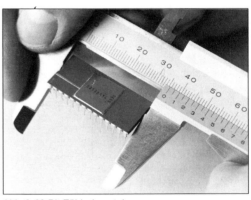

Abb. 7: Asynchroner Vorwärtszähler

Abb. 8: 32-Bit-Zählerbaustein

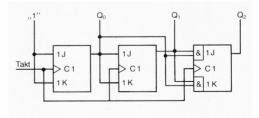

Abb. 9: Synchronzähler

---

[1] asynchron: nicht zur gleichen Zeit

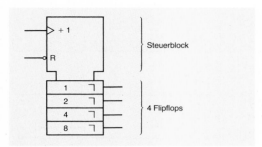

Abb. 1: Blockschaltbild eines Zählers

Zählerschaltungen können nach DIN 40900 T 12 durch Blockschaltbilder vereinfacht dargestellt werden. Dabei wird grundsätzlich zwischen dem Steuerblock und den Flipflops des Zählers unterschieden (Abb. 1).

In dem **Steuerblock** wird die Art der Ansteuerung gekennzeichnet.

In Abb. 1 ist das Blockschaltbild eines Zählers zu sehen. Die Kennzeichnung $+1$ im Steuerblock bedeutet, daß der Zählerstand bei jedem Taktimpuls (in diesem Fall bei der positiven Flanke des Taktsignals) um 1 erhöht wird. Es handelt sich also um einen Vorwärtszähler. Die Kennzeichnung des zweiten Eingangs im Steuerblock mit R besagt, daß der Zähler mit einem Signal an diesem Eingang (in diesem Fall 0-Signal) zurückgesetzt werden kann.

Unter dem Steuerblock befinden sich die gesteuerten Flipflops mit den Wertigkeiten $2^0 = 1$, $2^1 = 2$, $2^2 = 4$ und $2^3 = 8$. Da es sich um Master-Slave-Flipflops handelt, befindet sich noch an ihrem Ausgang das Retardierungszeichen.

Hersteller von ICs sind stets bemüht, Bausteine zu entwickeln, die möglichst vielseitig eingesetzt werden können, damit die Stückzahlen groß und dadurch die Kosten gering bleiben. Als Beispiel für eine solche Schaltung soll der Vorwärts-Rückwärts-Zähler SN 74192 (Abb. 2) dienen. (Darstellung aus einem Datenbuch)

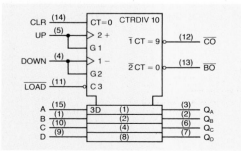

Abb. 2: 4-Bit-Vorwärts-Rückwärtszähler (SN 74192)

Die Bezeichnungen im oberen Teil (Steuerblock) dieser Darstellung haben folgende Bedeutung:

- CTR: CounTeR; Zähler
- DIV10: DIVider; Teiler durch 10
- G1 und G2: UND-Verbindung, die Ziffer dahinter gibt an, mit welchem Eingang diese UND-Verknüpfung besteht.
- $1-$: UND-verknüpft mit G1, Minus-Zeichen bedeutet rückwärtszählend.
- $2+$: UND-verknüpft mit G2, Plus-Zeichen bedeutet vorwärtszählend.
- C3: steuernder Eingang, die Ziffer hinter dem Buchstaben gibt an, welche Eingänge gesteuert werden. In diesem Fall werden die Eingänge 3D gesteuert.
- CT = 0: Content Input = Inhalts-Eingang
  1-Signal an diesem Eingang setzt den Zählerstand auf 0.
- $\overline{1}$CT = 9: bei Zählerstand 9 und 0-Signal an G1 ändert sich das Signal an diesem Ausgang von 1 auf 0.
- $\overline{CO}$: Carry-Out; Übertrag bei Vorwärtszählung. Dieser Übertragsimpuls wird benötigt, wenn man mehrere Zähler in Reihe geschaltet hat.
- $\overline{2}$CT = 0: bei Zählerstand 0 und 0-Signal an G2 ändert sich das Signal an diesem Ausgang von 1 auf 0.
- $\overline{BO}$: Borrow-Out; Übertrag bei Rückwärtszählung.

Die Bezeichnungen außerhalb des Steuerblocks bedeuten:

- CLR: CLeaR; Rücksetzen des Zählers auf 0 in diesem Fall mit 1-Signal.
- UP: Eingang für Vorwärtszählung. Die aufsteigende Flanke des Taktsignals wird an diesem Eingang wirksam, wenn der DOWN-Eingang auf 1-Signal liegt.
- DOWN: Eingang für Rückwärtszählung. Die aufsteigende Flanke des Taktsignals wird wirksam, wenn UP-Eingang auf 1-Signal liegt.
- LOAD: Laden von Daten beim Signalwechsel von 1 nach 0. Die Daten liegen an den Eingängen A...D der D-Flipflops an.

Die Kennzeichnung innerhalb der Flipflops (1, 2, 4, 8) gibt die Wertigkeit der Flipflops an.

Wie mit Hilfe einiger integrierter Schaltungen ein Zähler mit Anzeige aufgebaut werden kann, zeigt die Abb. 3. Der Aufbau für eine Anzeigeeinheit (eine Dekade) besteht jeweils aus einem Zähler (74192), einem Zwischenspeicher (74175), einem Codierer (7447) und einer 7-Segment-Anzeige.

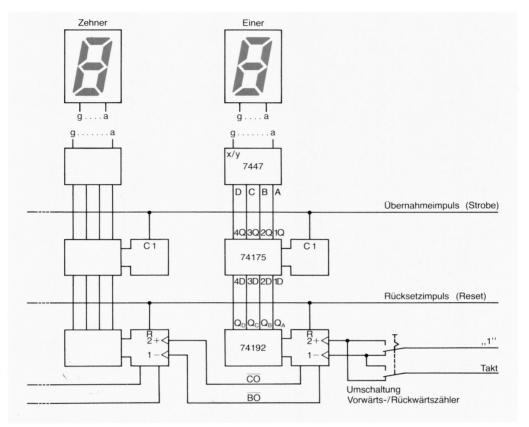

Abb. 3: Vorwärts-Rückwärtszähler mit Zwischenspeicher, 7-Segment-Codierer und Anzeige

Diese Anordnung kann um beliebig viele Dekaden erweitert werden. Die Takteingänge des Zählers der zweiten Dekade sind bei dieser Schaltung mit den Übertragausgängen des Zählers der ersten Dekade verbunden. In dieser Weise können weitere Zähler miteinander verbunden werden.

Alle Zähler können mit einem Rücksetzimpuls (1-Signal) gleichzeitig zurückgesetzt werden. Soll der Zählerstand zu einem bestimmten Zeitpunkt angezeigt werden, so kann das mit einem Übernahmeimpuls an den Zwischenspeichern geschehen.

Durch diesen Impuls werden die Signale, die an 1D...4D anliegen, an die Ausgänge 1Q...4Q weitergeleitet und stehen an den Eingängen A...D des Codierers zur Verfügung. Der so angezeigte Zählerstand bleibt solange erhalten, bis ein neuer Übernahmeimpuls an die Zwischenspeicher gelegt wird.

Anwendung findet diese Art der Schaltung z.B. bei Frequenzzählern.

8.5.3 Schieberegister

Mit Hilfe von Schieberegistern kann man Informationen (digitale Signale) speichern und weitergeben. Die Abb. 4 zeigt den grundsätzlichen Aufbau eines Schieberegisters.

Die **Merkmale** eines Schieberegisters sind:

1. synchrone Ansteuerung der Takteingänge

2. Vorbereitung der J- und K-Eingänge der nachfolgenden Flipflops durch die Ausgänge der vorhergehenden Flipflops.

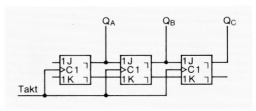

Abb. 4: Schieberegister

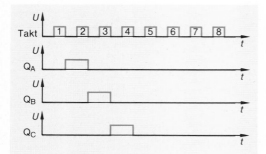

Abb. 1: Impulsplan zum Schieberegister

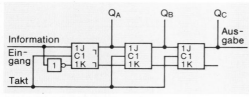

Abb. 2: Serielle Ein- und Ausgabe

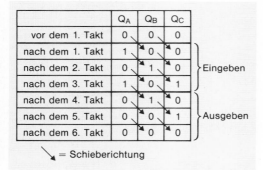

	Q_A	Q_B	Q_C	
vor dem 1. Takt	0	0	0	
nach dem 1. Takt	1	0	0	
nach dem 2. Takt	0	1	0	Eingeben
nach dem 3. Takt	1	0	1	
nach dem 4. Takt	0	1	0	
nach dem 5. Takt	0	0	1	Ausgeben
nach dem 6. Takt	0	0	0	

↘ = Schieberichtung

Abb. 3: Ausgangssignale eines Schieberegisters

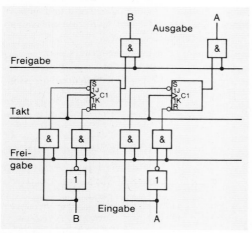

Abb. 4: Parallele Ein- und Ausgabe

Während des 1. Taktimpulses soll z.B. ein »1«-Signal am J-Eingang und »0«-Signal am K-Eingang des ersten Flipflops anliegen. Nach dem ersten Taktimpuls sollen die Signale an J und K wieder »0« sein.

Aus dem Impulsplan (Abb. 1) ist ersichtlich, wie dieses Signal bei jedem Taktimpuls weitergeschoben wird. Hierbei werden die ersten drei Taktimpulse benötigt, um die Information bis zum Ausgang Q_C zu schieben. Der vierte Impuls schiebt die Information aus dem Register haraus.

Es gibt grundsätzlich zwei Möglichkeiten der Informationsein- und -ausgabe.

1. Die Informationen werden über die J- und K-Eingänge des ersten Flipflop nacheinander eingegeben (serielle Eingabe).

2. Über die Setz- und Rücksetzeingänge aller Flipflops werden die Informationen gleichzeitig eingegeben (parallele Eingabe).

Die serielle Ein- und Ausgabe kann so durchgeführt werden, wie es bei den Schieberegistern beschrieben wurde. Eine Vereinfachung der Eingabe kann erreicht werden, wenn man vor den K-Eingang einen Inverter schaltet (Abb. 2). Dadurch wird nur ein Informationseingang benötigt. Die Information muß immer vor dem nächsten Taktimpuls am Eingang anliegen.

Eine Information soll z.B. die Form 1 0 1 haben. Am D-Eingang (Dateneingang, Informationseingang) muß also

vor dem 1. Taktimpuls   1 anliegen
vor dem 2. Taktimpuls   0 anliegen
vor dem 3. Taktimpuls   1 anliegen

Die Ausgänge haben dann nach den einzelnen Taktimpulsen die in der Abb. 3 dargestellten Signale. Die ersten drei Taktimpulse werden benötigt, um die Information in das Register einzulesen. Weitere drei Taktimpulse werden gebraucht, um die Information wieder seriell aus dem Register herauszuschieben.

Der Vorteil der seriellen Ein- und Ausgabe besteht darin, daß jeweils nur eine Datenleitung benötigt wird. Nachteilig ist allerdings, daß zur Ein- und Ausgabe mehrere Taktimpulse und damit eine längere Zeit gebraucht werden.

Bei der parallelen Ein- und Ausgabe werden mehr Datenleitungen benötigt, die Ein- und Ausgabe kann aber schneller erfolgen. Schaltungen für eine parallele Ein- und Ausgabe sind aufwendiger als Schaltungen für serielle Ein- und Ausgaben. Die an den Eingängen anliegenden Informationen werden durch ein Freigabesignal in das Register eingelesen oder ausgegeben.

Die Abb. 4 zeigt eine mögliche Schaltung einer parallelen Ein- und Ausgabe. Die Freigabeleitungen für die Ein- und Ausgabe müssen mit »1« belegt sein, wenn eine Information in das Register eingegeben oder ausgegeben werden soll.

Die Möglichkeiten der seriellen und parallelen Ein- und Ausgabe können auch kombiniert werden, z.B. serielle Eingabe und parallele Ausgabe oder umgekehrt.

Wird der Ausgang des letzten Flipflop mit dem Dateneingang des ersten Flipflop verbunden, so wird eine einmal über die parallelen Eingänge eingegebene Information immer wieder seriell in das Register eingelesen und durch das Register geschoben. Man erhält ein **Ring-Schieberegister.**

Die Abb. 5 zeigt das Symbol des integrierten Schaltkreises SN 74194. Es handelt sich dabei um ein 4-Bit-Schieberegister.

Die Bezeichnungen im Steuerblock bedeuten:

- SRG4: SchiebeReGister mit 4 Bit

- R: Rücksetzeingang (unabhängig vom Taktsignal)

- M 0/3: Mode 0...3 = Beschaltung der Eingänge S0 und S1 in den Kombinationen 00, 01, 10 und 11.

Mode 0: S0 = 0; S1 = 0 Schieberegister ist gesperrt
Mode 1: S0 = 1; S1 = 0 Serielles Laden der Daten Schieberichtung rechts
Mode 2: S0 = 0; S1 = 1 Serielles Laden der Daten Schieberichtung links
Mode 3: S0 = 1; S1 = 1 Paralleles Laden der Daten Schieberichtung rechts bei jedem Taktimpuls

- C4: Takteingang
1 →/2 ←: Schieberichtung in Abhängigkeit vom Mode 1 oder 2
1: rechtsschiebend
2: linksschiebend

Das Impulsdiagramm in Abb. 6 soll die Wirkungsweise für eine Anwendungsmöglichkeit dieses Schieberegisters verdeutlichen.

Zuerst werden alle Flipflops durch einen Reset-Impuls (0-Signal an CLR) zurückgesetzt. Danach werden die Signale an den Eingängen A...D parallel im Mode 3 (S0 = 1 und S1 = 1) in das Register geladen. Der nächste Taktimpuls verschiebt diese Daten im Mode 1 (S0 = 1 und S1 = 0) um eine Stelle im Register. Der 4. Taktimpuls übernimmt das an SR SER liegende 1-Signal in das erste Flipflop. Die Taktimpulse 5...8 verschieben die jetzt im Register befindlichen Daten im Mode 1 nach rechts. Würden die Eingänge S0 und S1 jeweils mit 0-Signal beschaltet, dann wäre ein Taktsignal unwirksam.

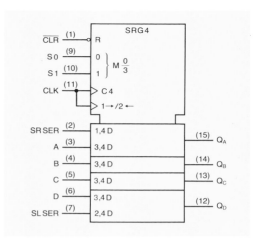

Abb. 5: 4-Bit-Schieberegister

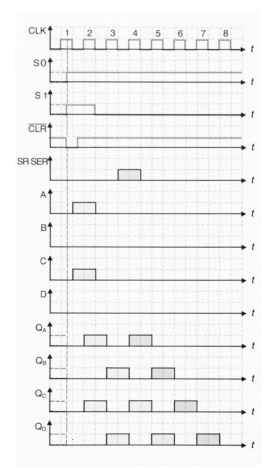

Abb. 6: Impulsdiagramm zum Schieberegister

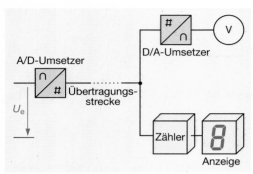

Abb. 1: Übertragung und Anzeige einer Information

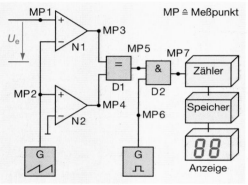

Abb. 2: Schaltung eines A/D-Umsetzers nach dem Zählverfahren

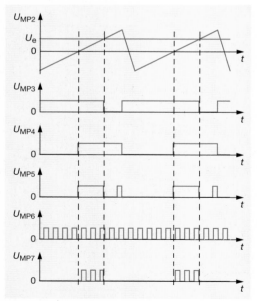

Abb. 3: Signalverlauf bei einem A/D-Umsetzer nach dem Ein-Rampen-Verfahren

8.6 Signalumsetzung

Eine Signalumsetzung ist immer dann erforderlich oder sinnvoll, wenn z. B. analoge Signale über eine größere Entfernung übertragen werden sollen. Dabei wird das analoge Signal zunächst in ein digitales Signal umgewandelt (**A/D-Umsetzer**). Dieses digitale Signal wird übertragen und kann am Ende der Übertragungsstrecke digital angezeigt werden oder wieder in ein analoges Signal umgewandelt werden (**D/A-Umsetzer**; Abb. 1).

Die Vorteile einer Übertragung digitaler Signale bestehen darin, daß Übertragungsleitungen mehrfach genutzt werden können (Multiplexverfahren), und daß die Verfälschung der Meßwerte bei der Übertragung geringer sein kann als bei der Übertragung analoger Signale.

Ein weiterer Anwendungsbereich für A/D-Umsetzer ist bei digital anzeigenden Meßgeräten gegeben. Der Vorteil dieser Meßgeräte gegenüber analog anzeigenden Meßgeräten besteht darin, daß Ablesefehler vermieden werden und daß sie billiger und meist robuster als Zeigermeßgeräte gleicher Güte sind.

Grundsätzlich unterscheidet man drei verschiedene Verfahren der A/D-Umsetzung:

- Zählverfahren,
- Parallelverfahren und
- Wägeverfahren.

8.6.1 Analog-Digital-Umsetzer nach dem Zählverfahren

Das Prinzip eines A/D-Umsetzers nach dem Zählverfahren ist in der Abb. 2 dargestellt. Die Eingangsspannung U_e wird durch den Komparator N1 mit der Sägezahnspannung verglichen. Gleichzeitig wird die Sägezahnspannung durch den Komparator N2 mit Nullpotential verglichen. Der Ausgang des Äquivalenz-Gliedes D1 führt nur dann ein 1-Signal, wenn die Ausgänge der beiden Komparatoren gleiche Signale führen (Abb. 3). Gleiche Ausgangssignale führen die beiden Komparatoren aber nur während der Zeit, welche die Sägezahnspannung vom Nulldurchgang bis zum Erreichen der Eingangsspannung benötigt.

Diese Zeit ist also abhängig von der Höhe der Eingangsspannung. Während dieser Zeit können die Zählimpulse des Rechteckgenerators über das UND-Glied D2 zum Zähler und über einen Zwischenspeicher zur Anzeige gelangen (Abb. 2; MP7).

Zu Beginn eines Meßvorgangs wird der Zähler über eine Steuerlogik auf Null zurückgesetzt. Am Ende eines Meßvorgangs wird der Zählerinhalt in den Speicher übernommen und angezeigt.

Den Signalverlauf an den einzelnen Stufen der Schaltung zeigt die Abb. 3.

Da bei diesem Verfahren nur eine Flanke (Rampe) der Sägezahnspannung für den Meßvorgang verwendet wird, bezeichnet man dieses Verfahren auch als **Ein-Rampen-Verfahren (Single Slope)**.

Ein Nachteil des Ein-Rampen-Verfahrens besteht darin, daß eine Änderung der Frequenz des Sägezahngenerators oder des Rechteckgenerators (z. B. durch Temperaturänderung) ein fehlerhaftes Meßergebnis liefert.

Durch das **Doppel-Flanken-Verfahren (Dual Slope)** wird diese Fehlerquelle ausgeschaltet. In der Abb. 4 ist dieses Prinzip dargestellt.

Bei Anschluß einer negativen Eingangsspannung an die Schaltung, werden durch die Steuerung S1 geschlossen, S2 geöffnet und der Zähler auf Null gesetzt. Der Kondensator lädt sich mit der Eingangsspannung auf, und die Ausgangsspannung des Integrators wird positiv (Abb. 4b). Nach einer festgelegten Zeit (t_0 bis t_1 bzw. t_2 bis t_3 in Abb. 4b) schaltet die Steuerung den Schalter S1 auf die Referenzspannung um, die eine umgekehrte Polarität zur Eingangsspannung haben muß. Jetzt wird der Kondensator mit umgekehrter Polarität aufgeladen. Sobald die Kondensatorspannung den Nulldurchgang (t_2) erreicht, sperrt das Komparatorsignal die UND-Verknüpfung zum Zähler, und die Zählimpulse gelangen nicht mehr an den Zähler. Gleichzeitig wird der momentane Zählerstand in den Speicher übernommen und angezeigt. Der Schalter S2 wird durch die Steuerung kurzzeitig geschlossen, damit der Kondensator vollständig entladen wird. Jetzt kann ein neuer Meßvorgang beginnen. Der gespeicherte Meßwert wird bis zum nächsten Speicherimpuls (t_4) angezeigt. Der Vorteil des Dual-Slope-Verfahrens besteht darin, daß sich Kapazitäts- oder Frequenzänderungen z. B. durch Temperaturschwankungen nicht auf das Meßergebnis auswirken.

> Das Zählverfahren ist ein einfaches aber langsames Verfahren. Bei diesem Verfahren werden innerhalb einer bestimmten Zeit, die der Höhe der Eingangsspannung proportional ist, Impulse gezählt und angezeigt.

8.6.2 Analog-Digital-Umsetzer nach dem Parallelverfahren

Die Abb. 5 zeigt eine mögliche Schaltung eines A/D-Umsetzers nach dem Parallelverfahren. Aus einer stabilisierten Spannungsquelle (z. B. 8 V) erhalten die invertierenden Eingänge der Komparatoren N1 bis N4 durch die Spannungsteilerwiderstände vorgegebene Referenzspannungen (im Beispiel 1 V, 3 V, 5 V und 7 V).

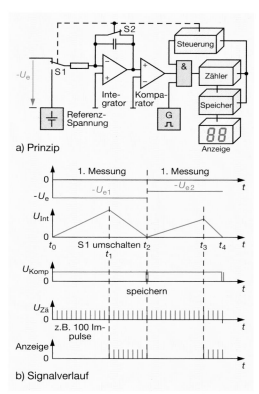

a) Prinzip

b) Signalverlauf

Abb. 4: A/D-Umsetzer nach dem Dual-Slope-Verfahren

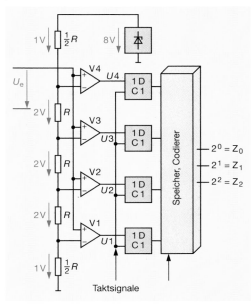

Abb. 5: Analog-Digital-Umsetzer nach dem Parallelverfahren

Wird jetzt eine Eingangsspannung U_e von z. B. 5 V an die nicht invertierenden Eingänge der Komparatoren gelegt, nehmen die Ausgänge der Komparatoren entweder 0- oder 1-Signale an. In dem Beispiel würden die Ausgänge der Komparatoren V4 … V1 die Signale 0111 führen. Damit sich eine Änderung der Eingangsspannung während der Umsetzung dieses Bit-Musters in eine Zahl nicht störend bemerkbar macht, wird das Bit-Muster durch ein Taktsignal in den D-Flipflops gespeichert. Durch eine Codierschaltung (vgl. 8.4.2) kann dieses 4-Bit-Muster in eine entsprechende Dezimalzahl umgesetzt und angezeigt werden.

U_e	Komparatorzustände				Dualzahl		
in V	V4	V3	V2	V1	Z_2	Z_1	Z_0
0 - 0,99	0	0	0	0	0	0	0
1 - 2,99	0	0	0	1	0	0	1
3 - 4,99	0	0	1	1	0	1	1
5 - 6,99	0	1	1	1	1	0	1
7	1	1	1	1	1	1	1

Abb. 1: Eingangsspannungen und Signalzustände beim A/D-Umsetzer nach dem Parallelverfahren

Aus der Abb. 1 erkennt man, daß z. B. der Bereich 1V - 2,99 V durch das Bit-Muster 0001 dargestellt wird. Das bedeutet, daß ein Bereich von ca. 2 V durch einen einzigen angezeigten Wert dargestellt würde. Die Abstufung (Quantisierung) der Spannungen ist sehr grob. Um die Abstufung der Spannungen halb so groß zu machen, müßte man acht Komparatoren mit den entsprechenden Widerständen und D-Flipflops verwenden. Je feiner also die Abstufung der Spannungen desto größer wird der Schaltungsaufwand.

> Das Parallelverfahren ist schnell aber aufwendig. Bei diesem Verfahren vergleicht man in einem Schritt mit Hilfe von Komparatoren die Eingangsspannung mit mehreren Referenzspannungen und bringt das Ergebnis zur Anzeige.

8.6.3 Analog-Digital-Umsetzer nach dem Wägeverfahren

Das Prinzip der Schaltung eines A/D-Umsetzers nach dem Wägeverfahren ist in der Abb. 2 dargestellt. Der Digital-Analog-Umsetzer in dieser Schaltung liefert eine Analogspannung, die im Komparator mit der Eingangsspannung verglichen wird. Wir gehen davon aus, daß der D/A-Umsetzer aus vier Stufen besteht.

Das bedeutet, daß den einzelnen Stufen die Wertigkeiten $2^3 = 8$, $2^2 = 4$, $2^1 = 2$ und $2^0 = 1$ zugeordnet sind. Entsprechend den Signalen am Eingang des D/A-Umsetzers sollen die analogen Ausgangsspannungen 8 V, 4 V, 2 V und 1 V betragen. Würden alle vier Eingänge des D/A-Umsetzers 1-Signal führen, entspräche das dem Bit-Muster 1111. Das ergäbe ein analoges Ausgangssignal von $8 V + 4 V + 2 V + 1 V = 15 V$.

Zur Erläuterung des Verfahrens soll eine Eingangsspannung von $U_e = 13 V$ an die Schaltung angelegt werden. Zu Beginn eines Meßvorgangs wird das Bit mit der höchsten Wertigkeit (MSB: **M**ost **S**ignificant **B**it) – in unserem Beispiel das Bit Z^3 mit der Wertigkeit $2^3 = 8$ – auf den Zustand 1 gesetzt. Die restlichen drei Bits bleiben 0. Das entspricht dem Bitmuster 1000. Am Ausgang des D/A-Umsetzers ergibt sich eine Spannung von $8 V + 0 V + 0 V + 0 V = 8 V$. Diese 8 V werden jetzt mit der Eingangsspannung $U_e = 13 V$ im Komparator verglichen. Der Vergleich ergibt, daß $U_e > 8 V$ ist. Das Bit mit der höchsten Wertigkeit wird somit für das Endergebnis auf 1 gesetzt. Damit ist der Wägevorgang für das Bit mit der höchsten Wertigkeit abgeschlossen.

Durch die Steuerung wird dieses Bit gespeichert und das nächste Bit Z^2 mit der Wertigkeit $2^2 = 4$ zusätzlich an den Eingang des D/A-Umsetzers gebracht. Am Eingang des D/A-Umsetzers liegt jetzt das Bit-Muster 1100 an, das am Ausgang des D/A-Umsetzers die Spannung $8 V + 4 V + 0 V + 0 V = 12 V$ erzeugt.

Der Vergleich dieser Spannung mit der Eingangsspannung $U_e = 13 V$ ergibt, daß $U_e > 12 V$ ist. Für das Endergebnis wird also auch das Bit mit der zweithöchsten Wertigkeit auf 1 gesetzt.

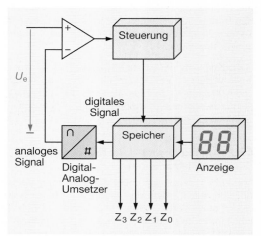

Abb. 2: Analog-Digital-Umsetzung nach dem Wägeverfahren

Jetzt wird der nächste Bit Z^1 mit der Wertigkeit 2^1 = 2 zusätzlich an den Eingang des A/D-Umsetzers gebracht. Das Bit-Muster 1110 bewirkt am Ausgang des A/D-Umsetzers die Spannung 8V + 4V + 2V + 0V = 14V. Der Vergleich mit der Eingangsspannung U_e = 13V ergibt, daß U_e < 14V ist. Dieses Bit wird also für das Endergebnis auf 0 gesetzt.

Bringt man jetzt das letzte Bit Z0 mit der Wertigkeit 2^0 = 1 zusätzlich an den Eingang des D/A-Umsetzers, so ergibt das Bit-Muster 1101 die analoge Spannung von 8V + 4V + 0V + 1V = 13V. Der Vergleich mit der Eingangsspannung zeigt, daß die beiden Spannungen gleich groß sind. Das Bitmuster für das Endergebnis wäre also 1101 = 13V, oder wenn die Eingangsspannung Ue etwas kleiner als 13V wäre 1100 = 12V. Der Ablauf des Wägevorgangs für dieses Beispiel ist in der Abb. 3 dargestellt.

Meistens wird bei diesem Verfahren der Wert der Eingangsspannung für die Zeit des Wägevorgangs zwischengespeichert, da sonst bei der kleinsten Änderung der Eingangsspannung der Wägevorgang neu beginnen würde.

> Im Gegensatz zum Parallelverfahren wird das Ergebnis beim Wägeverfahren nicht in einem Schritt sondern in einzelnen Schritten für jede Stelle der Dualzahl ermittelt.

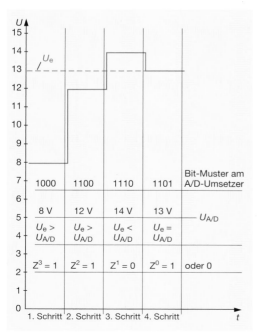

	1000	1100	1110	1101	Bit-Muster am A/D-Umsetzer
	8 V	12 V	14 V	13 V	$U_{A/D}$
	$U_e >$ $U_{A/D}$	$U_e >$ $U_{A/D}$	$U_e <$ $U_{A/D}$	$U_e =$ $U_{A/D}$	
	$Z^3 = 1$	$Z^2 = 1$	$Z^1 = 0$	$Z^0 = 1$	oder 0
	1. Schritt	2. Schritt	3. Schritt	4. Schritt	

Abb. 3: Zeitlicher Verlauf des Wägevorgangs

8.6.4 Digital-Analog-Umsetzer

Eine mögliche Schaltung zur Umsetzung digitaler Signale in eine analoge Spannung ist in der Abb. 4 dargestellt. An die Ausgänge eines Binärzählers sind dual gestufte Widerstände angeschlossen. Der nachgeschaltete Operationsverstärker arbeitet als Addierer. Das bedeutet, daß sich die Ausgangsspannung aus der Summe der verstärkten Eingangsspannungen ergibt. Für die Berechnung der Ausgangsspannung gilt:

$$-U_a = U_A \cdot \frac{R_k}{R} + U_B \cdot \frac{2 \cdot R_k}{R} + U_C \cdot \frac{4 \cdot R_k}{R} + U_D \cdot \frac{8 \cdot R_k}{R}$$

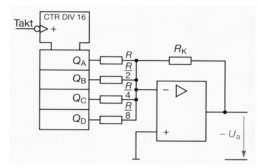

Abb. 4: Digital-Analog-Umsetzer mit Addierverstärker

Die Abb. 4 zeigt die Versuchsschaltung mit Addierverstärker. Die gemessenen Signale sind in Abb. 1, S. 374 dargestellt. Der Widerstand R hat den Wert $R = 10$ kΩ. Mit Festwiderständen und Potentiometern können die Werte für $R/2$ bis $R/8$ eingestellt werden. der Rückkopplungswiderstand wird so eingestellt, daß sich eine maximale Ausgangsspannung von −10V ergibt. Der Wert für den Rückkopplungswiderstand R_k kann auch über die Beziehung

$$-U_a = U_e \cdot \frac{R_k}{R} \quad ; \quad |R_k| = -\frac{U_a}{U_e} \cdot R$$

berechnet werden. Die Eingangsspannungen sind die Spannungen der Zählerausgänge Q_A ... Q_D, sie betragen im 1-Zustand 5V. Bei insgesamt 15 Stufen für die Ausgangsspannung des Operationsverstärkers ergibt sich als kleinster Wert für eine Stufe (es führt nur der Zählerausgang Q_A ein 1-Signal) eine Spannung von

$$\frac{10 \text{ V}}{15 \text{ Stufen}} = 0{,}667 \text{ V/Stufe}$$

Für den Rückkopplungswiderstand ergibt sich mit diesen Angaben:

$$|R_k| = -\frac{0{,}667 \text{ V}}{5 \text{ V}} \cdot 10 \text{ kΩ}; \ |R_k| = 1{,}333 \text{ kΩ}$$

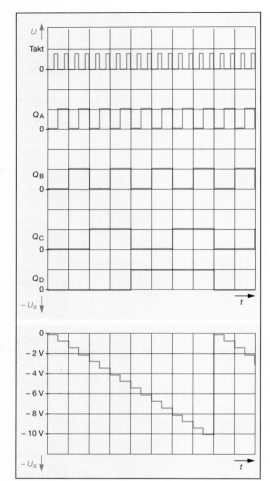

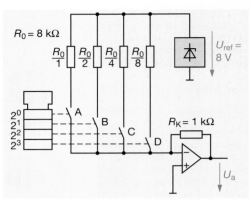

Abb. 3: D/A–Umsetzer mit Referenzspannung

Abb. 1: Oszilogramme zum D/A–Umsetzer

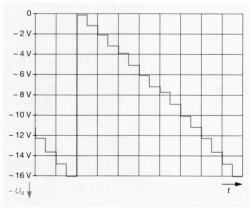

Abb. 2: Ausgangsspannung eines D/A–Umsetzers bei nicht genau dual gestuften Widerständen

Führt nur der Zählerausgang Q_B ein 1-Signal, dann hat der Operationsverstärker eine Ausgangsspannung von

$$-U_a = U_e \cdot \frac{R_K \cdot 2}{R} \;;\; -U_a = 5\,V \cdot \frac{1{,}333\,k\Omega \cdot 2}{10\,k\Omega} \;;\; -U_a = 1{,}333\,V$$

Wenn nur der Zählerausgang Q_C ein 1-Signal führt, beträgt die Ausgangsspannung des Operationsverstärkers $-U_a = 2{,}66\,V$. Ein 1-Signal am Ausgang Q_D des Zählers bewirkt eine Ausgangsspannung am Operationsverstärker von $-U_a = 5{,}33\,V$. Alle anderen Zwischenwerte für die Ausgangsspannung U_a (zwischen 0 V und –10 V) ergeben sich aus der Summe dieser vier möglichen Teilspannungen. So erhält man z. B. bei einem Zählerstand von 6 = 0110 eine Ausgangsspannung von

$$-U_a = 0 \cdot 5{,}33V + 1 \cdot 2{,}66V + 1 \cdot 1{,}33V + 0 \cdot 0{,}66V = 3{,}99V.$$

Wichtig ist bei dieser Schaltung, daß die Widerstände genau dual gestuft sind. Das Oszillogramm in Abb. 2 zeigt die Ausgangsspannung einer solchen Schaltung, bei der die Widerstände nicht genau dual gestuft sind. Bei dieser Darstellung beträgt die maximale Ausgangsspannung $U_a = 16\,V$. Daraus ergibt sich eine „Stufenhöhe" von etwa 1,07 V/Stufe. Bei dem Zählerstand 8 = 1000 ergäbe sich damit eine Ausgangsspannung von $U_a = -8{,}5\,V$. Aus der Abb. 2 ergibt sich aber ein Wert, der kleiner als –8 V ist.

Da die Höhe der Zählerausgangsspannungen von der Versorgungsspannung und der Belastung abhängig ist, können sich auch die analogen Ausgangsspannungen bei der beschriebenen Schaltung ändern. Um diesen Nachteil zu vermeiden, verwendet man zur Versorgung der dual gestuften Widerstände eine stabilisierte Referenzspannung. Die Zählerausgangsspannungen steuern jetzt Schalter (z. B. Transistoren) an, mit denen die Widerstände an den Operationsverstärker geschal-

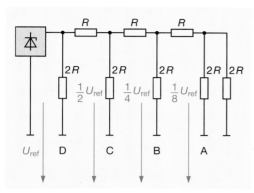

Abb. 4: *R-2R*-Netzwerk

tet werden können. In der Abb. 3 ist das Prinzip dieser Schaltung dargestellt. Ein Nachteil dieser Schaltungen besteht darin, daß die Referenzspannung, je nach Anzahl der geschalteten Widerstände, unterschiedlich belastet wird. Diesen Nachteil kann man beseitigen, indem man die Widerstände entweder gegen Masse oder an den Eingang des Operationsverstärkers (virtueller Nullpunkt) schaltet. Ein weiterer Nachteil dieser Schaltung besteht darin, daß die Abstufung der Widerstände mit verschiedenen Widerstandswerten aufwendig ist. Diesen Nachteil kann man durch ein *R-2R*-Netzwerk beheben. In der Abb. 4 ist ein *R-2R*-Netzwerk dargestellt.

Obwohl in diesem Netzwerk nur zwei Widerstandswerte verwendet werden, ergeben sich Teilspannungen, die dual gestuft sind. Die Referenzspannung wird in dieser Schaltung immer mit dem Gesamtwiderstand $R_{ges} = R$ belastet. In der Abb. 5 ist das Prinzip eines D/A-Umsetzers mit einem *R-2R*-Netzwerk dargestellt.

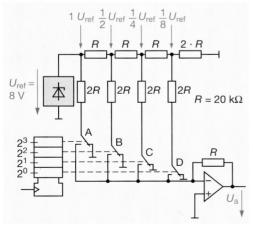

Abb.5: Digital–Analog–Umsetzer mit *R-2R*-Netzwerk

Aufgaben zu 8.4 bis 8.6

1. Wie wird die Dezimalzahl 21 im Dualcode und im Hexadezimalcode dargestellt?

2. Welcher Dezimalzahl entspricht die Hexadezimalzahl 43F? Stellen Sie diese Zahl im Dualcode dar.

3. Durch welches Symbol werden offene Ausgänge bei Schaltzeichen gekennzeichnet?

4. Bei einer Sieben-Segment-Anzeige ist die Verbindung vom Codierer zum Segment »d« unterbrochen. Welche Ziffern können nicht mehr richtig dargestellt werden?

5. Wie muß der Zählerbaustein SN7490 (Abb. 4, S. 364) beschaltet werden, damit er als Teiler 5:1 arbeitet? Zeichnen Sie den entsprechenden Impulsplan.

6. Aus wieviel Flipflops muß eine Frequenzteilerschaltung bestehen, wenn die Ausgangsfrequenz nur noch 1/32 der Eingangsfrequenz betragen soll?

7. Es soll ein asynchroner Rückwärtszähler aus der JK-Flipflops dargestellt werden. Wie müssen die Flipflops geschaltet werden? Zeichnen Sie die Schaltung und den dazu passenden Impulsplan.

8. Wodurch unterscheiden sich Asynchron- und Synchronzähler?

9. Durch welche Symbole wird im Steuerblock eines Zählers angedeutet, daß dieser Zähler vorwärts und rückwärts zählen kann?

10. Wie muß der integrierte Baustein SN74192 beschaltet werden, damit er rückwärts zählt (vgl. Abb. 2 S. 366)?

11. Welche Gemeinsamkeit haben Synchronzähler und Schieberegister?

12. Nach einem Reset-Impuls soll die Information 1010 parallel in das Schieberegister SN 74194 (Abb. 5, S. 369) geladen werden. Danach soll die Information mit 5 Taktimpulsen nach links verschoben werden. Zeichnen Sie das Impulsdiagramm zu dieser Aufgabe.

13. Mit den integrierten Bausteinen SN7490 (Abb. 4, S. 364) soll ein Vorwärtszähler für zwei Dekaden aufgebaut werden. Vor jedem Zählvorgang soll der Zähler auf Null zurückgesetzt werden können. Zeichnen sie die Zusammenschaltung der beiden Zählerbausteine, und kennzeichnen Sie die Anschlüsse der Zählerbausteine.

14. Zeichnen Sie den Signalverlauf, der sich an den einzelnen Stufen eines A/D-Umsetzers nach Abb. 2 und Abb. 3 auf Seite 370 ergibt, wenn die Eingangsspannung U_e negativ ist.

15. Welcher Widerstand wurde bei dem A/D-Umsetzer nach Abb. 4, S. 373 zu groß bzw. zu klein gewählt, wenn sich das Oszillogramm nach Abb. 2, S. 374 ergibt? Begründen Sie Ihre Antwort.

16. Skizzieren Sie ein *R-2R*-Netzwerk und erläutern Sie das Prinzip der Spannungsteilung an einem Beispiel.

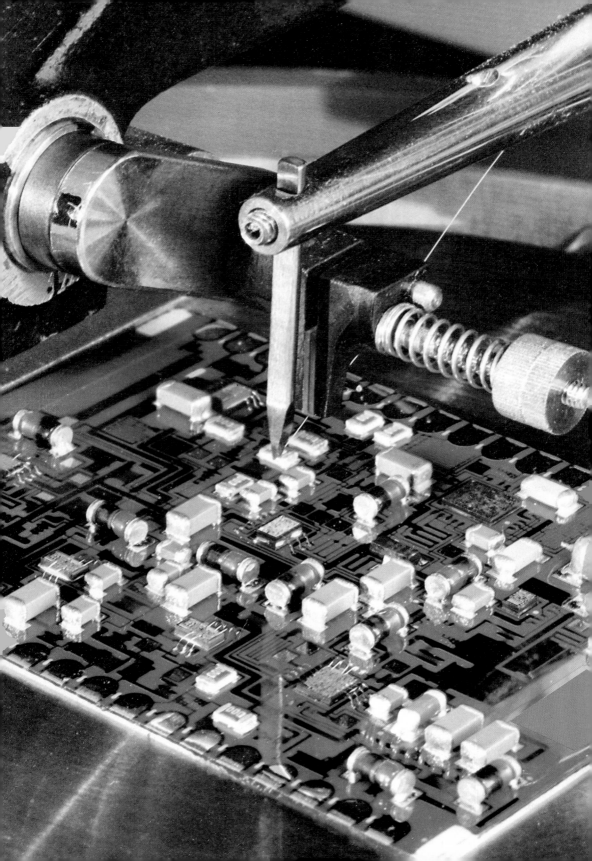

9 Automatisierungstechnik

9.1 Automatisierte Prozesse

Automatisierte Prozesse gibt es in vielen Bereichen der Produktion und der Dienstleistungen. Sie lassen sich nach unterschiedlichen Gesichtspunkten einteilen. In Tab. 9.1 sind einige Unterscheidungsmöglichkeiten technischer Prozesse aufgeführt.

Zur Veranschaulichung wesentlicher Merkmale automatisierter technischer Prozesse soll als Beispiel der in Abb. 1 dargestellte Recycling-Prozeß dienen. In einer Firma werden beschichtete Papierverpackungen für Flüssigkeiten (Milchtüten usw.) wiederaufbereitet. Als Endprodukt dieses Recycling-Prozesses entsteht ein Werkstoff, der in etwa die Eigenschaften von Hartfaserplatten besitzt. Der gesamte Prozeß läßt sich in folgende Schritte aufteilen:

- Anlieferung des Rohmaterials,
- Mahlen des Rohmaterials zu einem Granulat,
- Speichern des Granulats in einem Behälter,
- Auftragen des Granulats auf eine Metallplatte,
- Pressen des Granulats in einer Heizpresse,
- Lagerung bzw. Weiterverarbeitung der Platten.

Das hier beschriebene Beispiel verdeutlicht, daß bei diesem Prozeß Rohstoffe **transportiert**, **gespeichert** und **umgeformt** worden sind.

Tab. 9.1: Unterscheidung technischer Prozesse

Art des Verarbeitungsmaterials	
Materie :	Metall, Papier, Holz, Flüssigkeit, …
Energie :	Umwandlung, Transport, Verteilung, …
Information :	Sammeln, Aufnehmen, Bearbeiten, …
Zustand des Verarbeitungsmaterials	
Fließgut :	Flüssigkeiten, Gase, Massen, …
Stückgut :	Einzelfertigung, Montage, Verpackung, …
Verarbeitungsart	
Bearbeitung :	Mischen, Gießen, Drehen, Schweißen, …
Verteilung :	Transport, Vermittlung, Sortierung, …
Ordnung :	Lager, Sortierung, …
Zeitlicher Ablauf	
Kontinuierlich :	Kraftwerk, Klimaanlage, …
Diskontinuierlich :	Aufzug, Rangiervorgang, …

Verallgemeinert man diesen Vorgang ergibt sich die folgende Definition eines Prozesses:

> Unter einem Prozeß versteht man alle aufeinander einwirkenden Vorgänge in einem System, durch die Materie, Energie oder Informationen umgeformt, transportiert oder gespeichert werden.

Der beschriebene Recycling-Prozeß kann als **Verbundprozeß** bezeichnet werden, da er aus einer

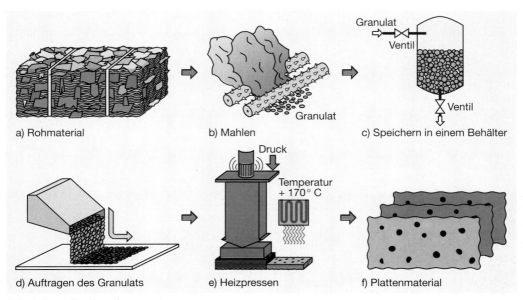

a) Rohmaterial b) Mahlen c) Speichern in einem Behälter

d) Auftragen des Granulats e) Heizpressen f) Plattenmaterial

Abb. 1: Recycling-Prozeß

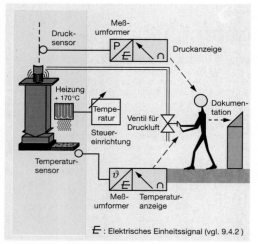

E : Elektrisches Einheitssignal (vgl. 9.4.2)

Abb. 1: Steuerung des Einzelprozesses »Heizpressen«

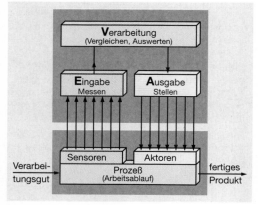

Abb. 2: Wirkungsablauf in einem Prozeß

Reihe voneinander abgegrenzter **Einzelprozesse** besteht. Ein Einzelprozeß ist z.B. das »Heiz-pressen« des Granulats (Abb. 1, S. 377).

Aber auch dieser Einzelprozeß kann weiter in **Elementarprozesse** unterteilt werden. Das Kon-stanthalten der Heiztemperatur und die Aufrecht-erhaltung des Drucks für die Presse sind Beispiele für Elementarprozesse.

Der beschriebene Recycling-Prozeß spielt sich in-nerhalb eines Betriebes ab, in dem nicht nur die angesprochenen technischen Prozesse ablaufen. Für einen Betrieb sind funktionsfähige Prozesse auch in der Verwaltung, im Versand, in der Ent-wicklung usw. erforderlich. Alle zusammen ergeben dann den **Betriebsprozeß,** in dem die verschie-denartigen Verarbeitungs- und Verwaltungspro-zesse zusammengefaßt sind.

Zur Klärung weiterer wichtiger Begriffe innerhalb der Automatisierungstechnik soll mit Hilfe der ver-einfachten Darstellung in Abb. 1 der Einzelprozeß »Heizpressen« etwas genauer untersucht werden. Der Druck für die Presse wird mit Hilfe von Druck-luft auf einen Zylinder erzeugt. Das Ventil kann dazu von dem Bedienungspersonal geöffnet und geschlossen werden. Zur Drucküberwachung wird ein Druckaufnehmer (Drucksensor) verwendet. Das vorliegende nichtelektrische Meßsignal wird mit einem Meßumformer in ein elektrisches Signal um-geformt und angezeigt.

Als weitere wichtige Prozeßgröße wird die Tem-peratur gemessen, umgeformt und angezeigt. Über eine Steuereinrichtung kann die gewünschte Temperatur eingestellt werden.

Die Prozeßführung **(Prozeßleitung)** geschieht in diesem Fall mit Hilfe des Menschen durch direktes Beobachten und Bedienen (Überwachen). Mit Hilfe der Sensoren erfolgt die Beobachtung und mit Hilfe von Stellgeräten (Stellgliedern) die Bedienung.

Diese elementaren Abläufe bei einer Prozeßführung sind in Abb. 2 allgemein dargestellt. Vom Prozeß werden über Sensoren Informationen geliefert. Diese werden als Eingabegrößen für die Ver-arbeitung genutzt. In dem besprochenen Beispiel erfolgt die Verarbeitung durch den Menschen. Entsprechend der Verarbeitung wird die Aus-gabeinformation gebildet, mit der dann über die Stellglieder (Aktoren) eine Beeinflussung des Prozesses erfolgt.

Die Prozeßführung (Prozeßleitung) beinhaltet die Erfassung, Verarbeitung und Ausgabe von Pro-zeßdaten.

Die Beeinflussung von Prozeßgrößen über Aktoren läßt sich in allgemeiner Form darstellen (Abb. 3). Diese Steuerkette hat eine Eingangsgröße, die als **Führungsgröße w** bezeichnet wird. Im Beispiel für den »Heizpreßvorgang« können die gewünschte Temperatur und der notwendige Druck als Füh-rungsgrößen für die jeweilige Steuerkette ange-sehen werden. Über spezielle Steuergeräte und Stellglieder kann mit ihnen auf die Steuerstrecken eingewirkt werden (Heizung, Presse).

Die Eingangsgröße für die Steuerstrecke wird als **Stellgröße y** und die Ausgangsgröße der Strecke mit *x* gekennzeichnet. Steuergerät und Stellglied bilden mitunter eine Einheit und werden dann als **Steuereinrichtung** bezeichnet. Sie können je nach Prozeß sehr unterschiedlich sein (vgl. Abb. 3).

Eine Steuerkette besteht aus der Steuereinrich-tung (Steuergerät mit Stellglied) und der Steuer-strecke.
Die Größen einer Steuerkette werden als Füh-rungs- und Stellgrößen bezeichnet.

Neben diesen erwünschten Größen treten in jedem Prozeß **Störgrößen** auf. Sie werden mit dem Buchstaben z gekennzeichnet.

In dem Prozeß von Abb. 1 hat der Mensch die folgenden wichtigen Aufgaben übernommen:

• Überwachung der Prozeßdaten, evtl. Veränderung,

• Verarbeitung der Prozeßdaten für evtl. Handlungen,

• Steuerung des Prozesses über Stelleinrichtungen.

Alle diese Aufgaben können auch von Geräten, sog. Automatisierungsgeräten (Abb. 5), selbsttätig erledigt werden. Der Mensch wird entlastet und kann für übergreifende Kontrollfunktionen eingesetzt werden. Den Prozeß bezeichnet man dann als **automatisierten Prozeß**.

Bei automatisierten Prozessen werden selbsttätig Entscheidungen getroffen. Grundlage dieser Entscheidungen ist der Vergleich der vorgegebenen Bedingungen (Programm) mit den tatsächlichen Zuständen innerhalb des Prozesses.

Neben Steueraufgaben müssen in automatisierten Prozessen Größen innerhalb des Prozesses trotz vielfältiger Einflüsse konstant und damit stabil gehalten werden. So ist es z.B. beim Einzelprozeß »Heizpressen« erforderlich, daß die Heiztemperatur von 170 °C unabhängig von Störgrößen konstant bleibt. Dazu ist es notwendig, daß die vorgegebene Führungsgröße w mit der tatsächlichen Temperatur **(Regelgröße x)** verglichen wird. Besteht zwischen beiden ein Unterschied **(Regeldifferenz e)**, ist eine Beeinflussung der Regelgröße über das Stellglied erforderlich. Der Wirkungsablauf ist in diesem Fall geschlossen **(Regelkreis)**. Die Ausgangsgröße wirkt auf den Eingang zurück.

In Abb. 4 ist mit allgemeinen Symbolen ein Regelkreis dargestellt, wie er sich z.B. für die Temperaturregelung ergeben würde. Stellglied und Strecke werden in der Regelungstechnik im Gegensatz zur Steuerungstechnik oft als Einheit angesehen und als **Regelstrecke** bezeichnet.

Die Regelgröße x wird im Meßumformer an den **Regler** angepaßt. Dieser besitzt in seinem Innern einen Vergleicher und ein Regelglied, das entsprechend seiner Regelcharakteristik eine Stellgröße y bildet. Diese Größe beeinflußt über das Stellglied die Strecke. Eine Rückwirkung hat somit stattgefunden.

Eine Steuerung ist durch einen offenen Wirkungsablauf, eine Regelung durch einen geschlossenen Wirkungsablauf gekennzeichnet.

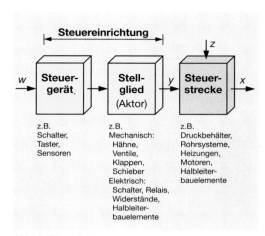

Abb. 3: Steuerkette

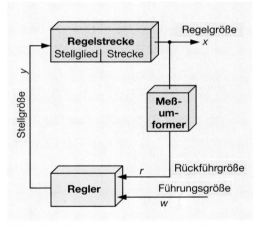

Abb. 4: Regelkreis

Abb. 5: Beispiel für ein Automatisierungsgerät

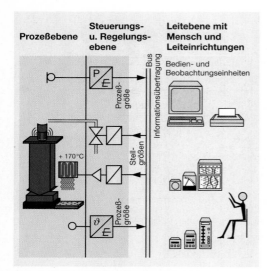

Abb. 1: Automatisierter Einzelprozeß »Heizpressen«

Abb. 2: Aufgaben in der Prozeßleittechnik

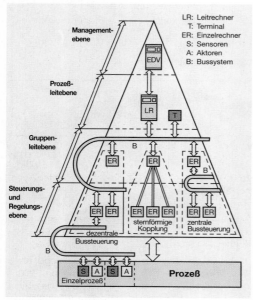

Abb. 3: Ebenen in der Prozeßleittechnik

Regelungen gibt es nicht nur in Bereichen der Technik. Sie sind vielmehr ein auch in der Umwelt weit verbreitetes Naturphänomen, wie z. B. das Konstanthalten der Körpertemperatur von Lebewesen (ungefähr konstanter Wert, Festwertregelung) oder die Regelung des Blutdrucks, der sich abhängig von der jeweiligen Körperbelastung einstellt.

Neben biologischen Regelungsvorgängen gibt es auch ökologische, soziologische und ökonomische Prozesse, bei denen trotz äußerer Einwirkungen diese Vorgänge stabil bleiben. Die dort auftretenden Regelungsvorgänge sind oft sehr komplex und schwer zu durchschauen.

Der Einzelprozeß »Heizpresse« soll nun weiter untersucht werden. Er besteht u. a. aus den folgenden Elementarprozessen:

● Granulattemperatur konstant halten,

● Druck für die Presse konstant halten.

Durch Regelkreise können diese Elementarprozesse automatisiert werden. Dazu muß gewährleistet sein, daß der Preßvorgang nur dann erfolgt, wenn die Prozeßgrößen Temperatur und Druck ihren jeweiligen Soll-Wert erreicht haben. Voraussetzung dabei ist allerdings, daß eine geordnete Materialzufuhr und ein geordneter Materialabtransport stattfindet. Auch diese Vorgänge können automatisiert werden, wodurch sich der Grad der Automatisierung innerhalb des Betriebes erhöht.

Ebenso ist es heute sinnvoll, die Verarbeitung der Prozeßdaten durch Rechner vornehmen zu lassen und die erforderlichen Daten durch entsprechende Anzeigegeräte festzuhalten. Dieses kann in Räumen erfolgen, die sich nicht in der Nähe des Produktionsprozesses befinden. Aus der in Abb. 1 auf S. 378 dargestellten Steuerung des Einzelprozesses »Heizpressen« ergibt sich dann der automatisierte Prozeß von Abb. 1. Die Beobachtung und Bedienung erfolgt in der sog. **Leitebene** mit den dortigen **Leiteinrichtungen**.

Unter Leittechnik (Prozeßleittechnik) versteht man alle Maßnahmen, die einen Prozeß im Sinne festgelegter Ziele (z. B. Soll-Werte, Verläufe, Gütemaßstäbe) ablaufen lassen.

Die verschiedenartigen Aufgaben innerhalb der Prozeßleittechnik sind bereits an verschiedenen Stellen punktuell angesprochen worden. Zusammenfassend ergeben sich die in Abb. 2 dargestellten Hauptbereiche. Eine klare Abgrenzung ist oftmals nicht möglich und auch nicht sinnvoll. z.B. kann das Stellen als Eingabe für die Verarbeitung und auch als Ausgabe einer Verarbeitung angesehen werden.

Es ist mitunter sinnvoll, innerhalb eines Unternehmens die Betriebsprozesse in verschiedenen Ebenen bzw. Schichten zu betrachten. In Abb. 3 wird z. B. zwischen der **Prozeßebene**, in welcher der eigentliche Prozeß abläuft und der darüber befindlichen **Steuerungs-** und **Regelungsebene** unterschieden. In dieser werden die Elementarprozesse bearbeitet, Meßwerte aufgenommen und Stellgrößen ausgegeben.

In der darüber befindlichen **Gruppenleitebene** werden übergreifende Aufgaben gelöst. In ihr werden z. B. mit Gruppenleitrechnern die zusammengefaßten Prozesse überwacht.

Über Bussysteme erfolgt eine weitere Zusammenfassung der Einzelinformationen, so daß alle Betriebsdaten in dieser als **Prozeßleitebene** bezeichneten Ebene zusammenfließen.

Die an der Spitze befindliche Ebene wird als **Managementebene** bezeichnet. In diesem Bereich fallen z. B. administrative, betriebswirtschaftliche und vertriebsorientierte Aufgaben. Die Kommunikation zwischen den Ebenen erfolgt über Bussysteme.

> In der Prozeßleittechnik ist es sinnvoll, Prozesse in Stufen mit verschiedenen Aufgabenbereichen bzw. Funktionen zu unterscheiden (hierarchische Gliederung).

In Abb. 4 sind zusammenfassend die wesentlichsten Merkmale eines Prozesses dargestellt. Rohstoffe, Energien oder Informationen werden einem automatisierten Prozeß zugeführt. Dieser Prozeß bleibt sich nicht selbst überlassen, sondern wird durch entsprechende Meßwertaufnehmer (Sensoren) überwacht. Die anschließende Informationsverarbeitung führt zu Ausgangssignalen, die mit Hilfe entsprechender Stellglieder (Aktoren) den automatisierten Prozeß beeinflussen. Der Mensch wird in diesem modellhaften Ablauf nicht mehr direkt tätig. Seine Aufgabe ist lediglich die Überwachung mit Hilfe entsprechender Signaleinrichtungen (z. B. Anzeigeelemente, Display, Meßgerät).

Die innerhalb eines automatisierten Prozesses anfallenden Aufgaben sind vielfältig. Die zur Lösung dieser Aufgaben erforderlichen Geräte müßten deshalb auch sehr verschiedenartig sein. Aus Kostengründen ist die technische Entwicklung so verlaufen, Geräte für verschiedenartige Funktionen zu entwickeln, bei denen die Anpassung an den jeweiligen Prozeß durch einfaches Einstellen möglich ist. Durch anfügbare Module können die Funktionsvielfalt erweitert und der Verdrahtungsaufwand verringert werden (vgl. 9.3.3).

Mit dem in Abb. 5 auf S. 379 dargestellten, modular ausbaufähigen **Automatisierungsgerät**, können z. B. folgende Automatisierungsaufgaben übernommen werden:

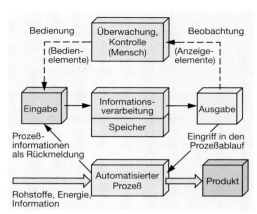
Abb. 4: Automatisierter Prozeß

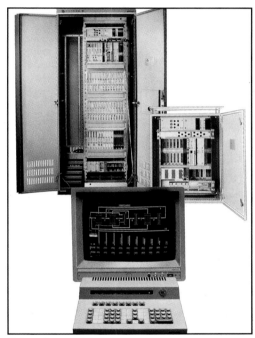
Abb. 5: Automatisierungssystem

Steuern, Regeln, Bedienen, Rechnen, Positionieren und Kommunizieren.

Für komplexe Prozeßleitaufgaben sind entsprechende **Automatisierungssysteme** entwickelt worden (Abb. 5). Sie bedienen, steuern, überwachen je nach Komplexität des Prozesses etwa:

30 bis 80 Regelkreise, 50 bis 120 Analogüberwachungen, 5 bis 15 Ablaufsteuerungen, 100 bis 250 Verknüpfungssteuerungen, eine beliebige Anzahl von Prozeßschirmbildern (Fließbilder) und Protokollen.

9.2 Prozeßüberwachung und Prozeßdokumentation

Für automatisierte technische Prozesse sind vielfältige, ineinandergreifende Steuerungs- und Regelungsaufgaben zu bewältigen. Diese Aufgaben sind nur lösbar, wenn zwischen den Einzelprozessen und den verschiedenen Prozeßebenen ein reibungsloser und ständiger Datenaustausch stattfindet (vgl. 9.5.2, Schnittstellen usw.). Außerdem ist eine ständige Überwachung des Prozesses erforderlich.

In einem automatisierten Prozeß wird gesteuert und geregelt, es findet ein ständiger Datenaustausch statt, und es erfolgt eine ständige Überwachung des Prozeßablaufs.

Die wesentlichen Einrichtungen zur **Überwachung** von Gesamtprozessen sind in der Regel in einzelnen Räumen zentral untergebracht (Wartenraum mit Leitstand). Durch diese Maßnahme wird ein komplexer Prozeß übersichtlicher, und die Bedienung kann zügig erfolgen. In Abb. 1 ist ein Ausschnitt aus einer Leitstelle (Leittafel) zu sehen.

In einem Leitstand sind technische Einrichtungen zur Prozeßüberwachung zusammengefaßt. Der Raum, in dem sich der Leitstand und das Personal befinden, wird als Wartenraum bezeichnet (Warte, Leitwarte).

Die Anforderungen an die Bedien- und Beobachtungssysteme für automatisierte Prozesse hängen von dem jeweiligen Einsatzort ab. In der Automatisierungstechnik hat sich eine grobe Unterteilung in maschinennahes, lokales und zentrales Bedienen und Beobachten durchgesetzt.

Bei maschinennahem **Bedienen und Beobachten** geht es z. B. um folgende Aufgaben:

- Prozeßgrößen eingeben,
- Steuerungsabläufe eingeben,
- Sollwerte vorgeben,
- Maschinenzustand kontinuierlich überwachen.

Je nach Komplexität der Anlage erfolgt die Bedienung durch eine einfache Tastatur (Schalter) oder durch das Starten eines Programms. Ein Beispiel für eine Tastatur im maschinennahen Bereich zeigt Abb. 3.

Abb. 1: Leittafel mit Anzeigeinstrumenten in einer Leitstelle

Eine Prozeßbeeinflussung kann auch berührungs-los, z. B. über eine Lichtschranke erfolgen. Licht wird dazu von einem Sender ausgestrahlt und mit einem Empfänger wieder aufgenommen (vgl. Gabellichtschranke in 7.4.1.4).

Sender und Empfänger können sich auch wie in Abb. 2 in einem gemeinsamen Gehäuse befinden. In diesem Fall muß allerdings für eine einwandfreie Reflexion des Lichtes gesorgt werden.

In automatischen Fertigungsanlagen und in der Lagerverwaltung ist es erforderlich, den Warenfluß ständig zu überwachen. Zur Kennzeichnung der Wareninformation haben sich **Strichcodes** be-währt. Die Wareninformationen werden dabei durch unterschiedlich breite und dunkle Streifen auf hellem Untergrund verschlüsselt.

> Mit einem Strichcode lassen sich alphanumeri-sche Zeichen in Form von unterschiedlich breiten und dunklen Streifen verschlüsseln.

In der Automatisierungstechnik werden verschie-dene Strichcodes eingesetzt. Der 2 aus 5 Industrie-Code (CODE 2/5 INDUSTRIE) wird z.B. für Lagersysteme, Briefidentifikationen und Flugtickets eingesetzt. Er ist nur für Ziffern geeignet. Jede Ziffer besteht aus 2 breiten und 3 schmalen Strei-fen (2 aus 5). Ein breiter Strich ist 3mal so dick wie ein schmaler. Sie sind mit einfachen Druckverfah-ren herstellbar In Abb. 4 ist das aufwendige, aber sichere Verfahren zur Fehlererkennung dargestellt. Stimmt die errechnete Prüfsumme nicht mit der übertragenen Summe überein, muß erneut gelesen werden.

Abb. 2: Einweg- oder Reflexionslichtschranke

Abb. 3: Tastatur zum Bedienen im maschinennahen Bereich

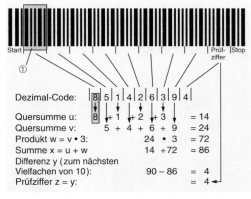

Abb. 4: Prüfziffernbildung im 2 aus 5 Industrie-Code

Dezimal-Code:	8 5 1 4 2 6 3 9 4		
Quersumme u:	8 + 1 + 2 + 3		= 14
Quersumme v:	5 + 4 + 6 + 9		= 24
Produkt w = v • 3:	24 • 3		= 72
Summe x = u + w:	14 + 72		= 86
Differenz y (zum nächsten Vielfachen von 10):	90 – 86		= 4
Prüfziffer z = y:			= 4

Strich	1	2	3	4	5	Zeichen
	0	0	1	1	0	0
	1	0	0	0	1	1
	0	1	0	0	1	2
	1	1	0	0	0	3
	0	0	1	0	1	4
	1	0	1	0	0	5
	0	1	1	0	0	6
	0	0	0	1	1	7
①	1	0	0	1	0	8
	0	1	0	1	0	9
	1	1	0			Start
	1	0	1			Stop

0 $\hat{=}$ schmaler Strich 1 $\hat{=}$ breiter Strich

Abb. 5: Codetabelle für 2 aus 5 Industrie-Code

Abb. 1: Identifikation von Leiterplatten mit
Strichcode-Lesestift

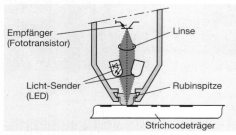

Abb. 2: Funktionsprinzip eines Lesestiftes

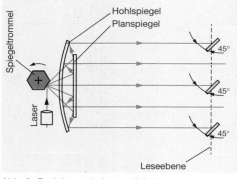

Abb. 3: Funktionsprinzip paralleler Linienscanner

Abb. 4: Automatische Sortierung in einer Paketverteilanlage mit Linienscanner

Weitere Codes sind z.B. der EAN-Code (European Article Numbering), der zur Warenidentifikation eingesetzt wird. Jedes Zeichen besteht aus 7 binären Elementen (4 Balken und 3 Lücken).

Erkennbar ist dieser Code an den verlängerten Rand- und Trennstrichen. Er besteht aus zwei Hälften mit jeweils 6 oder 4 Zeichen. Vorteilhaft ist bei diesem Code die hohe Informationsdichte.

Wenn alphanumerische Zeichen codiert werden sollen, kann der **CODE 39** eingesetzt werden. Mit ihm können 10 Ziffern, 26 Buchstaben und 7 Sonderzeichen verschlüsselt werden.

Für die Erkennung von Strichcodes werden **Strichcode-Lesegeräte** eingesetzt. Sie können stationär oder mobil (Abb. 1) verwendet werden. Die Funktion eines Lesestiftes (kombinierter Sender und Empfänger) für rotes oder infrarotes Licht wird mit Abb. 2 verdeutlicht. Führt man diesen Stift über das Codefeld, gelangt das reflektierte Licht in einen Fototransistor. Dieser wandelt wahrgenommene Striche und Lücken in eine elektrische Impulsfolge um, die danach durch nachgeschaltete Decoder entschlüsselt wird.

Bewegliche Objekte, wie z.B. in einer Paketverteilanlage von Abb. 4, erfordern dynamische Strichcode-Lesegeräte. Hierbei wird ein dünner Laserstrahl über einen rotierenden Mehrfachspiegel (Abb. 3) auf die Strichcodeträger gelenkt.

Im **lokalen Bedien- und Beobachtungsbereich** fallen im Vergleich zum maschinennahen Bereich größere Datenmengen an. Teilbereiche innerhalb des gesamten Betriebsprozesses werden hier überwacht. Zusätzliche Funktionen und Aufgaben gegenüber dem maschinennahen Bedienen und Beobachten sind z.B.:

● Mehrplatzbetrieb überwachen,

● Störmeldungen erfassen und analysieren,

● Berichte erstellen,

● mittelfristige Daten sammeln.

Im **zentralen Bedien- und Beobachtungsbereich** laufen alle Informationen des Betriebsprozesses zusammen. Von hier aus erfolgt eine übergeordnete Koordinierung des Prozeßablaufs. Wenn umfangreiche Datenmengen anfallen, müssen entsprechende Datenverarbeitungsanlagen eingesetzt werden.

In diesem zentralen Bereich fallen z.B. folgende zusätzliche Aufgaben an:

● Beobachtung und Speicherung großer Datenmengen,

● Koordinierung verschiedener Bereiche,

● Zusammenstellung verschiedener Abläufe,

● Kommunikation mit verschiedenen Bereichen.

In den beschriebenen Bereichen ist es für die Bedienung wichtig, daß die Prozeßabläufe gut und eindeutig beobachtet werden können. Es sind dafür z.B. die folgenden **Beobachtungselemente** im Einsatz:

Meßinstrumente, Leuchtmelder, Meßwertanzeiger und Anlagenbilder (vgl. S.382, Abb.1). Sie können auf Schalttafeln montiert oder auf Bildschirmen angezeigt werden.

Für die Bedienung der Prozesse sind einzelne Schaltelemente oder Schaltpulte mit umfangreichen Bedienelementen im Einsatz. **Bedienelemente** können z. B. sein:

Schalter, Potentiometer, Tastatur, Lichtgriffel und Steuerknüppel.

Für eine richtige und schnelle Bedienung von Prozessen ist eine anschauliche Darstellung der Vorgänge wichtig. Für diese **Prozeßvisualisierung** werden Leittafeln mit akustischen und optisch arbeitenden Signalmeldern, Meßgeräten und Symbolen für die Prozeßdarstellung usw. eingesetzt.

Prozesse lassen sich aber auch mit Hilfe von Bildschirmdarstellungen gut veranschaulichen. Im Gegensatz zu Leittafeln können diese Abbildungen verändert und somit geänderten Prozeßbedingungen besser angepaßt werden.

In Abb. 5 ist beispielhaft ein graphisches Anlagenbild zu sehen. Text und graphische Darstellung ergänzen sich. Man bezeichnet diese Darstellungsart als **Fließbild.**

Ein Fließbild ist eine zusammenhängende Darstellung von Prozeßaufbauten und Prozeßfunktionen mit Bild- und Schriftzeichen.

Mit einem flexibel aufgebauten Beobachtungssystem können auch Fließbilder von Teilprozessen abgerufen werden (Abb. 6). Die in der Leitwarte gewünschte Information wird auf diese Weise schnell und übersichtlich verfügbar.

Meßwerte lassen sich mit Hilfe von Bildschirmen darstellen (Abb. 7). Beim **Bargrafenbild** bewegen sich Farbbalken in horizontaler oder vertikaler Richtung. Mehrere Meßstellen können gleichzeitig beobachtet werden. Trends können rasch erkannt werden. Grenzwerte sind durch farbige Hervorhebungen gut überschaubar.

Die in den Abb. 5 und 6 erkennbaren Fließbilder verdeutlichen mit Hilfe verschiedener Symbole den jeweiligen Prozeß bzw. Teilprozeß. Diese Darstellungsart ist eng verknüpft mit der Ausführung der Anlage und deren Funktion. Symbole der Verfahrenstechnik sind in DIN 19227 festgelegt. Es sind dort enthalten:

Abb. 5: Prozeßvisualisierung durch ein Fließbild

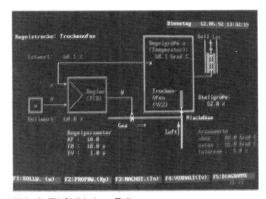

Abb. 6: Fließbild eines Teilprozesses

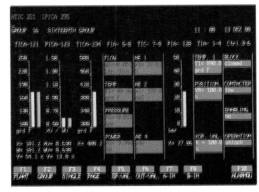

Abb. 7: Bargrafenbild

- Bildzeichen und Kennbuchstaben für Messen, Steuern und Regeln (Zeichen für die funktionelle Darstellung),
- Sinnbilder (Zeichen für die gerätetechnische Darstellung).

Fließbilder mit diesen Symbolen enthalten also Elemente, Baugruppen, Geräte oder Anlagen mit ihren Wirkverbindungen (Signalflußwege) sowie die **e**lektrischen **m**eß-, **s**teuerungs- und **r**egelungstechnischen Einrichtungen **(EMSR-Einrichtungen).** Die technische Ausführung spielt hierbei keine Rolle.

Wichtig für die Beeinflussung eines Prozesses durch den Menschen ist besonders folgendes:

- Bezeichnung und Aufgabe der MSR-Einrichtung,
- Ort der Ausgabe von Meßwerten und Bedienung.

Aus diesem Grunde kennzeichnet man in Fließbildern eine MSR-Einrichtung durch einen **MSR-Stellenkreis** (Kreis oder Langrund), in dem sich Kennbuchstaben, Ziffern und andere Zeichen befinden können. Beispiele für eine Kennzeichnung und ihre Bedeutung sind in Abb. 1 zu sehen. Die Tab. 9.2 gibt Auskunft über weitere Kennbuchstaben.

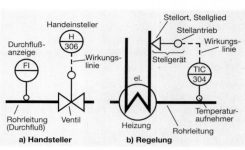

Abb. 1: Teile von Fließbildern

Im MSR-Stellenkreis werden folgende Bedeutungsbereiche unterschieden:

Oberer Teil: Aufgabe der MSR-Stelle (vgl. Tab. 9.2)

- Erst- und Ergänzungsbuchstabe (Eingangsgröße),
- Folgebuchstaben, Folgezeichen (Verarbeitung der Größe).

Unterer Teil: Stellen-Bezeichnung

(Nummernsystem frei wählbar)

Querstrich: Ausgabe- und Bedienungsort

- ohne Querstrich (vor Ort),
- ein Strich (Prozeßleitwarte, -stelle, zentrale Warte),
- Doppelstrich (örtliche Leitstelle, Nebenwarte).

Das Kennzeichnungsbeispiel von Abb. 1a hat somit die folgende Bedeutung:

Der Durchfluß im Rohrsystem kann durch einen Handeinsteller (H) mit einem Stellventil am Stellort 306 gesteuert werden. Der Durchfluß wird angezeigt (FI). Die beiden Einrichtungen sind in der Prozeßleitwarte (Querstrich) untergebracht.

In Abb. 1b ist eine elektrische Heizung für ein Fließgut mit einer Temperaturregelung dargestellt. Die Temperatur wird in der Prozeßleitwarte (**TIC**, Querstrich) angezeigt. Die Regelgröße wird an der Strecke (Rohrleitung) gemessen und die Heizung über ein Stellglied beeinflußt.

Ein vereinfachtes Fließbild für einen Einzelprozeß ist in Abb. 2 zu sehen. Es handelt sich hierbei um die Lagerung und Vorbereitung des Granulats für den Recycling-Prozeß von S. 377.

Das Granulat wird über eine Rohrleitung in den Behälter gefüllt. Der Füllstand wird durch einen Sollwert (KC) vorgegeben, mit dem Füllstandssensor gemessen und die Zufuhr mit dem Stellventil geregelt (LI**C**).

Luft zur Lockerung des Granulats und Temperierung gelangt von unten in den Behälter. Die Zufuhr erfolgt mit Hilfe einer Zeitplansteuerung (KI**C**). Die Füllstandsüberwachung und die Luftzufuhr werden in der Prozeßleitwarte angezeigt (LIC und KIC).

Tab.9.2: Kennbuchstaben für die MSR-Technik

Beispiel: P D I R C A +

Erstbuchstabe — Folgezeichen

Ergänzungsbuchstabe — Folgebuchstaben

Erstbuchstabe (Eingangsgröße)		Ergänzungsbuchstabe (Eingangsgröße)	
D	Dichte	D	Differenz
E	elektrische Größen	F	Verhältnis
F	Durchfluß	J	Meßstellen-Abfrage
G	Abstand, Länge, Stellung	Q	Summe
H	Handeingabe, Handeingriff	**Folgebuchstaben** (Verarbeitung)	
K	Zeit	A	Störungsmeldung, Alarm
L	Stand	C	Regelung
M	Feuchte	I	Anzeige
N	frei verfügbar	O	Sichtzeichen, Ja/Nein Anzeige (Kein Alarm)
O	frei verfügbar		
P	Druck		
Q	Qualitätsgrößen (Stoffeigenschaften)	R	Registrierung
R	Strahlungsgrößen	S	Schaltung Ablaufsteuerung, Verknüpfungssteuerung
S	Geschwindigkeit, Drehzahl, Frequenz		
T	Temperatur	Z	Noteingriff, Schutz durch Auflösung
U	zusammengesetzte Größen	**Folgezeichen** (Verarbeitung)	
V	Viskosität	+	oberer Grenzwert
W	Gewichtskraft, Masse	–	unterer Grenzwert
X	sonstige Größen	/	Zwischenwert
Z	frei verfügbar		

Die Folgebuchstaben I, R, C sind in dieser Reihenfolge die ersten. Im Anschluß daran ist die Reihenfolge weiterer Folgebuchstaben und -zeichen frei wählbar.

Für den nachfolgenden Preßvorgang wird das Granulat im Behälter auf eine bestimmte Temperatur mit Hilfe einer Luftströmung erwärmt. Die Luft zirkuliert im Behälter. Die Temperatur wird gemessen (**T**IC), in der Prozeßleitwarte angezeigt (TIC und Querstrich) und über ein Stellglied die Temperatur (elektrische Heizung) geregelt (TI**C**). Der Sollwert wird zeitlich gesteuert (K**C**).

Das Granulat kann über ein bei Ausfall der Hilfsenergie selbstschließendes Ventil (Pfeil) entsprechend einer Zeitplansteuerung (KIC) abgefüllt werden.

Eine weitere Möglichkeit zur Darstellung automatisierter Prozesse bieten **Funktionspläne**. Sie sind in 9.3.2 beschrieben.

Für die Montage, Wartung und Fehlersuche ist in der Verfahrenstechnik eine weitere Darstellungsweise üblich. Sie wird als **EMSR-Stellenplan** bezeichnet.

> Im EMSR-Stellenplan sind Geräte der Prozeßleittechnik mit ihren zusammenhängenden Funktionen unter Berücksichtigung von Einbauortsangaben dargestellt.

Für eine grobe Übersicht genügt eine einpolige Darstellung. Einen genaueren Überblick über Verdrahtung und Orte bietet dagegen die allpolige Darstellungsweise.

In Abb. 3 ist z. B. die Temperaturregelung (TIC 304) aus Abb. 1b zu sehen. Die Bauteile, Baugruppen und Klemmen befinden sich auf verschiedenen Ebenen. Sie sind am Rand der Darstellung gekennzeichnet.

Aufgaben zu 9.1 und 9.2

1. Was versteht man unter einem technischen Prozeß?

2. Erklären Sie den Unterschied zwischen Steuern und Regeln!

3. Zählen Sie wichtige Größen eines Regelkreises auf und geben Sie ihre Bedeutung an!

4. Aus welchen Elementen besteht ein Regelkreis?

5. Erklären Sie den Begriff Prozeßleittechnik!

6. Beschreiben Sie Aufgaben des Bedienens und Beobachtens in den verschiedenen Ebenen der Prozeßleittechnik!

7. Was versteht man unter einem Fließbild?

8. Erklären Sie den Unterschied zwischen einem Fließbild und einer Bargrafenanzeige!

9. Beschreiben Sie die Funktion eines MSR-Stellenkreises!

10. Erklären Sie den Unterschied zwischen einem Funktionsplan und einem EMSR-Stellenplan!

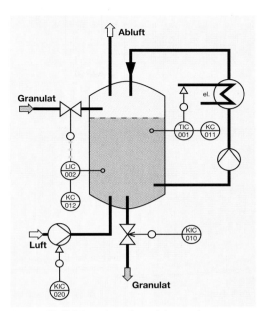

Abb. 2: Fließbild zur Granulatspeicherung im Recycling-Prozeß

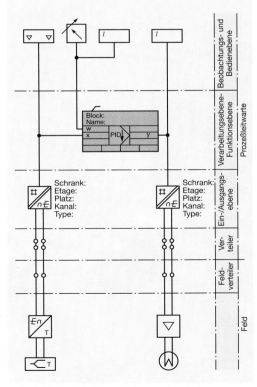

Abb. 3: EMSR-Stellplan für TIC 304, Abb. 1b

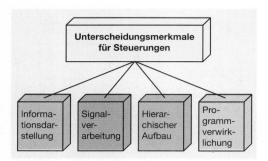

Abb. 1: Unterscheidungsmerkmale für Steuerungen

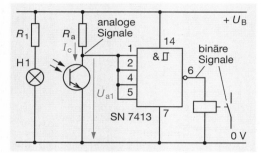

Abb. 2: Lichtschranke mit Schmitt-Trigger

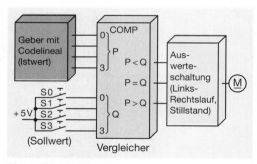

Abb. 3: Digitale Steuerung

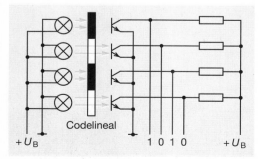

Abb. 4: Prinzipielle Arbeitsweise mit einem Codelineal

9.3 Steuerungstechnik

9.3.1 Unterscheidungsmerkmale für Steuerungen

Nach welchen unterschiedlichen Gesichtspunkten Steuerungen unterschieden werden können, zeigt die Abb. 1. Nach der **Art der Informationsdarstellung** unterscheidet man **analoge Steuerungen, binäre Steuerungen und digitale Steuerungen**.

> Eine Steuerung, die innerhalb der Signalverarbeitung vorwiegend mit analogen Signalen arbeitet, bezeichnet man als analoge Steuerung.

Eine Steuerung, in der sowohl analoge als auch digitale Signale verarbeitet werden, ist in der Abb. 2 dargestellt. Das Steuersignal (Licht) ist ein **analoges Signal**. Ebenso sind der Strom I_C durch den Fototransistor und damit die Ausgangsspannung U_{a1} des Transistors analoge Signale. Sie können alle Werte zwischen etwa Null und einem maximalen Wert annehmen. Würde man die Schaltung ohne den nachgeschalteten Schmitt-Trigger betreiben, dann würde das Relais nicht genau beim Über- oder Unterschreiten einer gewünschten Lichtstärke schalten.

Damit das Relais präzis schaltet, wird ein Schmitt-Trigger (SN7413) zur Ansteuerung des Relais verwendet. Das Ausgangssignal des Schmitt-Triggers ändert sich nur, wenn das Eingangssignal bestimmte Werte über- bzw. unterschreitet. Für den Strom durch die Relaisspule gibt es damit nur noch **zwei** Werte (Strom fließt oder Strom fließt nicht). Das Ausgangssignal des Schmitt-Triggers ist ein **binäres Signal**. Ebenso werden durch den Relaiskontakt binäre Signale erzeugt.

> Arbeiten Steuerungen mit binären Signalen (Ein/Aus), dann bezeichnet man diese Steuerungen als binäre Steuerungen.

Binäre Signale können aber auch als zahlenmäßig dargestellte Information in Steuerungen verwendet werden. An der Steuerung für das »Auftragen des Granulats« im Recycling-Prozeß (Abb. 1, S. 379) soll diese Möglichkeit erläutert werden.

Die gewünschte Spaltbreite (Sollwert) wird hierbei durch die Schalter S0 ... S3 (Abb. 3) eingestellt. Dadurch erhält man eine Information, die zwischen den Werten 0000 und 1111 liegen kann. Den tatsächlichen Wert (Istwert) des Granulats erhält man mit Hilfe eines Gebers mit einem Codelineal. Dieser Geber liefert ebenfalls Informationen, die zwischen den Werten 0000 und 1111 liegen können.

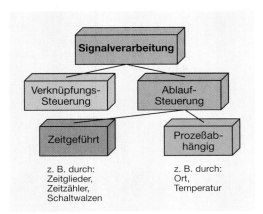

Abb. 5: Einteilung von Steuerungen nach der Signalverarbeitung

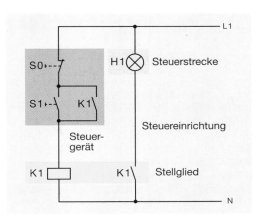

Abb. 6: Steuerschaltung mit Tastern

Diese beiden Informationen (Sollwert und Istwert) werden in einem Komparator COMP (Vergleicher) miteinander verglichen. Jeweils ein Ausgang des Vergleichers führt 1-Signal, wenn:

$$P < Q : \text{Istwert} < \text{Sollwert}$$

$$P = Q : \text{Istwert} = \text{Sollwert}$$

$$P > Q : \text{Istwert} > \text{Sollwert}.$$

Bei einer digitalen Steuerung erfolgt die Signalverarbeitung mit digitalen Signalen. Sie verarbeitet vorwiegend zahlenmäßig dargestellte Informationen. Diese Informationen werden in der Regel in einem Binärcode dargestellt.

Mit Hilfe dieser Ausgangssignale kann der Motor über eine Auswerteschaltung gesteuert werden (Linkslauf, Rechtslauf oder Stillstand).

Das Prinzip eines Codelineal ist in der Abb. 4 dargestellt. Auf der einen Seite befinden sich Lampen oder Leuchtdioden und auf der anderen Seite sind z. B. Fototransistoren angebracht. Das Lineal ist in einem bestimmten Code lichtdurchlässig bzw. lichtundurchlässig. Dadurch ergeben sich je nach Stellung des Lineals zu den Lampen an den Ausgängen der Fototransistoren unterschiedliche Kombinationen von 1- und 0- Signalen.

Das Codelineal kann z. B. im Gray-Code codiert sein. Der Gray-Code hat den Vorteil, daß sich von einer Kombination zur anderen immer nur ein Bit ändert. Bei Werkzeugmaschinen werden häufig Wegemessungen oder Positionsbestimmungen mit Hilfe von Codelinealen durchgeführt.

Eine weitere Möglichkeit, Steuerungen zu unterscheiden, ergibt sich nach der **Art der**

Signalverarbeitung (Abb. 5). Die Signalverarbeitung kann grundsätzlich synchron oder asynchron erfolgen.

Erfolgt die Signalverarbeitung synchron zu einem Taktsignal, dann bezeichnet man die Steuerung als **synchrone Steuerung**. Die Signalverarbeitung innerhalb eines Computers ist z. B. eine synchrone Steuerung. Durch ein Taktsignal werden:

• Steuersignale erzeugt,

• Baugruppen gesperrt oder freigegeben,

• Daten und Adressen auf den unterschiedlichen Bussen weitergeleitet usw.

Bei Steuerungen, die sich nach der Art der Signalverarbeitung unterscheiden, kann es sich sowohl um Verknüpfungs- oder Ablaufsteuerung handeln.

Die Steuerschaltung mit Tastern (Abb. 6), die nach der Informationsdarstellung zu den binären Steuerungen gehört, kann man auch als **Verknüpfungssteuerung** bezeichnen. Die Wirkungsweise der Schaltung kann z. B. folgendermaßen beschrieben werden:

Schütz K1 zieht an oder bleibt erregt, wenn:

• S0 **nicht** betätigt wird **und**

• S1 betätigt wird **oder** K1 angezogen hat.

Die Gleichung, die sich aus diesen Vorgaben ergibt lautet:

$$K1 = \overline{S0} \wedge (S1 \vee K1).$$

Bei der Verknüpfungssteuerung werden den Signalzuständen der Eingangssignale bestimmte Signalzustände der Ausganssignale im Sinne einer boolschen Verknüpfung zugeordnet.

Umfangreiche Prozesse werden vorwiegend durch **Ablaufsteuerungen** gesteuert.

> Bei Ablaufsteuerungen erfolgt der Ablauf zwangsläufig und schrittweise. Eine Weiterschaltung von einem Schritt zum nächsten hängt von Weiterschaltbedingungen ab.

Bei der **zeitgeführten Ablaufsteuerung** werden die Weiterschaltbedingungen von Zeitgliedern, Zeitzählern oder Schaltwalzen mit gleichbleibender Drehzahl (Progammschaltwerke) erzeugt.

Bei **prozeßabhängigen Ablaufsteuerungen** sind die Weiterschaltbedingungen davon abhängig, ob z. B. eine bestimmteTemperatur erreicht ist, ein geforderter Druck vorhanden ist oder ein vorgegebener Weg zurückgelegt wurde.

Die Steuerung eines Geschirrspülers stellt z. B. die Kombination einer zeitgeführten und prozeßabhängigen Ablaufsteuerung dar. Über ein Programmschaltwerk, das durch einen Synchronmotor angetrieben wird, werden bestimmte Kontakte jeweils nach Ablauf einer vorgegebenen Zeit (zeitgeführt) geschlossen oder geöffnet. Der prozeßabhängige Ablauf der Steuerung wird durch Temperaturregler und Druckregler (für den Wasserstand) erreicht.

Neben der Unterscheidung von Steuerungen nach der Informationsdarstellung und der Signalverarbeitung kann auch eine **Einteilung nach dem hierarchischen Aufbau** erfolgen (vgl. S. 382).

Eine weiter Möglichkeit der Unterscheidung von Steuerungen ergibt sich nach der **Art der Programmverwirklichung** (Abb. 1).

Alle bis jetzt besprochenen Steuerungen können entweder als **verbindungsprogrammierte Steuerung** oder als **speicherprogrammierte Steuerung** aufgebaut werden (Abb. 1).

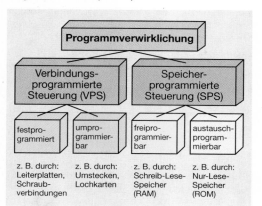

Abb. 1: Einteilung von Steuerungen nach der Programmverwirklichung

Bei einer **verbindungsprogrammierten Steuerung (VPS)** wird die Funktion der Steuerschaltung durch die Verdrahtung festgelegt. So kann ein über das Schütz K1 in Abb. 2 gesteuerter Motor nur dann eingeschaltet werden, wenn alle Endtaster S1, S2 und S3 gleichzeitig betätigt sind. Die Verdrahtung entspricht demnach der Funktion eines UND-Gliedes. Der Befehl, den die Schaltung ausführt lautet:

- Schalte das Schütz K1 ein,

- wenn die Endtaster S1 **und** S2 **und** S3 betätigt sind.

Weil dieser Befehl durch die Art der Verbindung zwischen den Tastern und dem Schütz festgelegt (programmiert) wird, bezeichnet man derartige Schaltungen als verbindungsprogrammierte Steuerungen.

> Verbindungsprogrammierte Steuerungen sind Steuerungen, deren Programm durch die Art der Funktionsglieder und durch deren Verbindungen vorgegeben ist.

Soll die in Abb. 2 gezeigt Schaltung einen anderen Befehl ausführen, z. B:

- schalte K1 ein, wenn

- S1 **oder** S2

- **und** S3 betätigt werden,

dann müssen die Verbindungen (Verdrahtung) der Steuerung geändert werden (Abb. 3). Es handelt sich also um eine **festprogrammierte Steuerung**. Dagegen wird eine Steuerung, die durch entsprechende Eingriffe (z. B. Umstecken) oder Steuerelemente (z. B. Lochstreifen, Diskette) veränderbar ist, als **umprogrammierbare Steuerung** bezeichnet.

Im Gegensatz zur verbindungsprogrammierten Steuerung wird bei einer **speicherprogrammierten Steuerung (SPS)** nicht die Verdrahtung geändert, sondern man ändert das Programm, das sich in einem Programmspeicher befindet. Die Verknüpfung der drei Endtaster S1, S2 und S3 wird in diesem Falle also innerhalb der SPS mit Hilfe eines Programm vorgenommen (Abb. 4). Bei einer Änderung der Steuerung mit einer SPS bleiben also die Verbindungen der Taster zum Steuergerät erhalten.

> Die Funktion einer speicherprogrammierten Steuerung kann durch Abändern des Programms geändert werden.

Aufgaben zu 9.3.1

1. Wodurch unterscheiden sich analoge und binäre Steuerungen?

2. Was versteht man unter einer digitalen Steuerung?

3. Wodurch ist eine Ablaufsteuerung gekennzeichnet?

4. Wodurch unterscheidet sich eine festprogrammierte Steuerung von einer umprogrammierbaren Steuerung?

5. Wie wird bei einer speicherprogrammierten Steuerung die Funktion einer Steuerung geändert?

9.3.2 Funktionspläne in der Automatisierungstechnik

Jeder Prozeß in der Automatisierungstechnik kann auf verschiedene Arten dokumentiert werden. Neben der Beschreibung eines Prozeßablaufes mit Worten geben z. B. Stromlaufpläne genauen Aufschluß darüber, welche Bauelemente verwendet und wie sie zusammengeschaltet werden. Will man die funktionalen Zusammenhänge in Meß-, Steuer- und Regelungsprozessen **allgemein** darstellen, dann verwendet man **Funktionspläne.**

Funktionspläne bieten folgende Vorteile:

• Sie stellen Zusammenhänge in Meß-, Steuer- und Regelungsschaltungen unabhängig von der Realisierung übersichtlich und eindeutig dar (es können aber auch realisierungsbezogene Angaben in den Funktionsplan aufgenommen werden).

• Durch die allgemeine Darstellung ist eine gute Verständigung zwischen verschiedenen Fachdisziplinen z. B. Verfahrenstechnik, Elektrotechnik, Hydraulik und Pneumatik möglich.

• Funktionspläne dienen als Grundlage für die Erstellung weiterer Unterlagen.

• In Verbindung mit anderen Schaltungsunterlagen dienen Funktionspläne auch zur Inbetriebnahme, Betriebsführung und bei der Fehlersuche.

> Funktionspläne stellen die funktionalen Zusammenhänge von Meß-, Steuer- und Regelungsschaltungen in allgemeiner Form dar.

Am Beispiel einer Bandförderanlage (Abb. 5) sollen verschiedene Möglichkeiten der Dokumentation dargestellt und miteinander verglichen werden.

Aus dem Technologieschema (Abb. 5) ist nur zu erkennen, daß drei Förderbänder durch Drehstrommotoren angetrieben werden. Dieses Technologieschema muß durch eine Beschreibung oder weitere Pläne ergänzt werden.

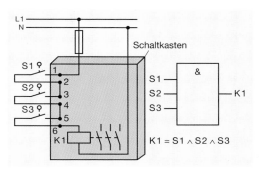

Abb. 2: Verbindungsprogrammierte Steuerung (Prinzipdarstellung)

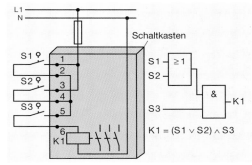

Abb. 3: Geänderte verbindungsprogrammierte Steuerung

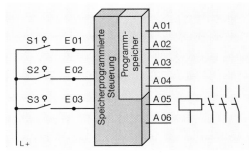

Abb. 4: Speicherprogrammierte Steuerung (Prinzipdarstellung)

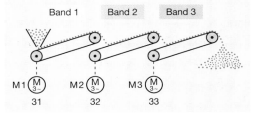

Abb. 5: Bandförderanlage (Technologieschema)

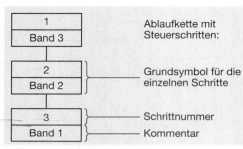

Abb. 1: Funktionsplan (Grobstruktur)

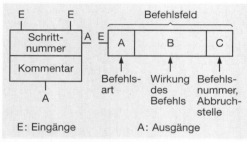

E: Eingänge   A: Ausgänge

Abb. 2: Schrittdarstellung (allgemein)

Tab. 9.3: Befehlsarten, Funktionsplan

Befehl	Bedeutung
NS	nicht gespeicherter Befehl
NSD	nicht gespeicherter und verzögerter Befehl
S	gespeicherter Befehl
SD	gespeicherter und verzögerter Befehl
SH	gespeicherter Befehl mit Haftverhalten
ST	gespeicherter und zeitlich begrenzter Befehl
T	zeitlich begrenzter Befehl

Betriebsmittel		Kenn-zeichnung
Motorschutz für M3	(Öffner)	F2
Motorschutz für M2	(Öffner)	F3
Motorschutz für M1	(Öffner)	F4
Austaster	(Öffner)	S1
Eintaster für M3	(Schließer)	S2
Eintaster für M2	(Schließer)	S3
Eintaster für M1	(Schließer)	S4
Schütz für M3		K1
Schütz für M2		K3
Schütz für M1		K5
Zeitrelais für M2		K2
Zeitrelais für M1		K4

Abb. 3: Zuordnungsliste

Die Beschreibung könnte z. B. lauten:

- Die Antriebsmotoren der drei Förderbänder sollen in der Reihenfolge M3, M2, M1 eingeschaltet werden.
- Die Motoren M2 und M1 sollen außerdem zeitverzögert eingeschaltet werden.

Anstelle der Beschreibung könnte auch ein Plan (**Funktionsplan**) zur näheren Erläuterung dienen (Abb. 1). Die Wirkungsweise der Steuerung wird in einer **Ablaufkette** dargestellt. Die Ablaufkette einer Steuerung, in diesem Fall handelt es sich um eine **Ablaufsteuerung,** wird in einzelne **Steuerschritte** unterteilt. Dieser Funktionsplan gibt aber nur Auskunft darüber, in welcher Reihenfolge die Förderbänder eingeschaltet werden sollen. Man bezeichnet eine solche Darstellung als **Grobstruktur**.

Zum besseren Verständnis der Steuerung werden weitere Angaben in den Funktionsplan eingetragen. Der Funktionsplan wird feiner strukturiert.

> Der Funktionsplan stellt eine Steuerungsaufgabe mit ihren wesentlichen Eigenschaften dar.

Durch Angabe von Details, die für die jeweilige Anwendung erforderlich sind, erhält man einen ausführlicheren Funktionsplan (Feinstruktur). Genauere Angaben können z. B. Start- bzw. Einschaltbedingungen oder Weiterschaltbedingungen sein. Weiterhin kann die Grobstruktur durch Befehle ergänzt werden (Abb. 2 und Abb. 5).

> Die Start- und Weiterschaltbedingungen sowie die Befehle werden über Wirkungslinien mit den Schrittsymbolen verbunden. Befehle werden in einem Befehlsfeld eingetragen.

Im Teilfeld A des Befehlsfeldes (Abb. 2) kann die **Abkürzung für die Befehlsart** stehen. Mögliche Befehlsarten sind in der Tab. 9.3 zusammengestellt.

Im Teilfeld B wird die **Wirkung des Befehls** eingetragen. Man kann entweder die Stellgeräte angeben, die mit diesem Schritt aktiviert werden, oder man gibt Operanden wie Ausgänge, Merker, Zähler, Zeiten usw. an, die mit diesem Schritt aktiv werden.

Im Teilfeld C können bei mehreren Befehlen für einen Schritt die einzelnen Befehle numeriert oder es können Abbruchstellen für einen Ausgang eingetragen werden.

Einen Funktionsplan mit Logiksymbolen der gesamten Steuerung zeigt die Abb. 4. Was gesteuert werden soll und mit welchen Betriebsmitteln die

Steuerung realisiert werden soll, ist aus dem dargestellten Funktionsplan ohne eine weitere Beschreibung nicht eindeutig zu erkennen. Man kann aber erkennen, wie die Steuerung funktionieren soll. Aus der Kennzeichnung der Ein- und Ausgänge ergibt sich weiterhin, daß es sich um eine elektrische Steuerung handelt. Ohne diese Kennzeichnung könnte dieser Plan für eine elektrische, pneumatische oder hydraulische Steuerung gelten.

Mit Hilfe der allgemeingültigen Aussagen soll die Feinstruktur des Funktionsplanes für diese Steuerung erstellt werden. Da es sich um eine Steuerung mit elektrischen Betriebsmitteln handelt, können diese Betriebsmittel bereits im Funktionsplan genannt werden.

Die Motoren M1, M2 und M3 der Förderanlage sollen mit den Schützen K1 und K2 ein- bzw. ausgeschaltet werden. Zum Überlastungsschutz der Motoren werden die Motorschutzschalter F2, F3 und F4 verwendet. Die Verzögerungszeiten, mit der das verzögerte Einschalten der Motoren M1 und M2 erfolgt, werden mit Zeitrelais realisiert. Die für die Schaltung benötigten Betriebsmittel stellt man in einer Zuordnungsliste zusammen (Abb. 3). Außerdem kennzeichnet man diese benötigten Betriebsmittel.

1. Schritt: Einschalten von Band 3

Einschaltbedingungen:

● F2, F3 und F4 sind nicht betätigt,

● S1 ist nicht betätigt,

● S2 wird betätigt.

Befehle:

1. Motor M3 EIN

2. Einschaltverzögerung einschalten ($t = 2$ min).

Ausgabe des 1. Schrittes:

1. Motorschütz K1 wird erregt.

2. Selbsthaltekontakt K1 schließt.

3. Zeitrelais K2 wird erregt.

Der Befehl »Motor M3 einschalten« wird ausgeführt, wenn alle Einschaltbedingungen erfüllt sind, d.h. **alle** Eingänge müssen den Wert 1 führen. Diese Forderung entspricht einer UND-Verknüpfung.

> Wird ein Befehl ausgeführt, wenn alle Eingangsvariablen den Wert 1 haben (UND-Verknüpfung), dann gehört er zu der Befehlsart nicht gespeichert (NS).

Eine weitere Möglichkeit der Feinstruktur zeigt die Abb. 6. Hierbei wird der 1. Schritt in die drei Teilschritte 11, 12 und 13 unterteilt.

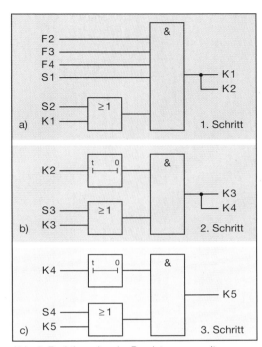

Abb. 4: Funktionsplan der Bandsteuerung mit Logiksymbolen

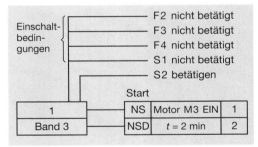

Abb. 5: Funktionsplan des 1. Schrittes (Feinstruktur)

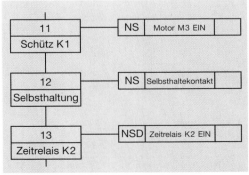

Abb. 6: Funktionsplan des 1. Schrittes (Feinstruktur, zweite Möglichkeit)

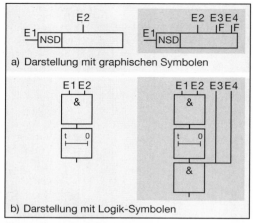

a) Darstellung mit graphischen Symbolen

b) Darstellung mit Logik-Symbolen

Abb. 1: Darstellung des NSD-Befehls

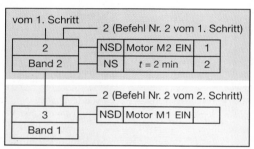

Abb. 2: Funktionsplan des 2. und 3. Schrittes

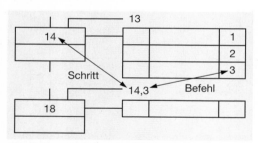

Abb. 3: Kennzeichnung von Weiterschaltbedingungen

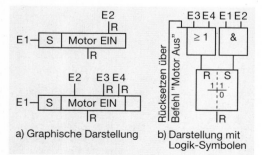

a) Graphische Darstellung

b) Darstellung mit Logik-Symbolen

Abb. 4: Mögliche Darstellungen des S-Befehls

2. Schritt: Einschalten von Band 2

Einschaltbedingungen:

- Kontakt K2 muß geschlossen sein (zeitverzögert),
- S3 wird betätigt.

Befehle:

1. Motor M2 EIN.
2. Einschaltverzögerung einschalten ($t = 2$ min).

Ausgabe des 2. Schrittes:

1. Motorschütz K3 wird erregt.
2. Selbsthaltekontakt K3 schließt.
3. Zeitrelais K4 wird erregt.

Die Ausführung des Befehls »Motor M2 EIN« gehört auch zur Befehlsart »nicht gespeichert«. Die Ausführung erfolgt aber zeitverzögert. Es handelt sich also um einen **nicht gespeicherten und verzögerten (NSD) Befehl**.

Bei einem nicht gespeicherten und verzögerten Befehl (NSD) wird der Befehl um die angegebenen Zeit verzögert ausgegeben, wenn alle Eingangsvariablen während diese Zeit den Wert 1 besitzen.

Mögliche Darstellungsarten des NSD-Befehls mit der Beschreibung durch Logiksymbole zeigt die Abb. 1. In der Abb. 1a sind die Eingänge nicht durch zusätzliche Buchstaben gekennzeichnet. Der Ausgang führt nach der vorgegebenen Zeit ein 1-Signal, wenn die Eingangssignale während dieser Zeit dauernd den Wert 1 führen.

Werden zusätzliche Freigabeeingänge benutzt (Abb. 1b), dann werden diese mit dem Buchstaben F gekennzeichnet. Der Befehl wird nur ausgegeben, wenn alle Freigabeeingänge den Wert 1 führen (DIN 40719 Teil 6).

Der zweite Schritt kann im Funktionsplan in der nach Abb. 2 gezeigten Art dargestellt werden.

3. Schritt: Einschalten von Band 1

Einschaltbedingungen:

- Kontakt K4 muß geschlossen sein (zeitverzögert).
- Band 2 muß in Betrieb sein (K1 erregt).
- S4 wird betätigt.

Befehle:

1. Motor M1 EIN.

Ausgabe des 3. Schrittes

1. Motorschütz K5 wird erregt.
2. Selbsthaltekontakt K5 schließt.

Wird ein Befehl eines Schrittes als Weiterschaltbedingung nicht im nachfolgenden Schritt, sondern erst später wirksam, dann wird das durch Angabe der Schritt- und Befehlsnummer gekennzeichnet (Abb. 3).

Wie ein Befehl gespeichert werden kann zeigt die Abb.4. Das Kernstück zur Ausführung des **gespeicherten Befehls S** ist ein RS-Flipflop (vgl. 8.3). Der Ausgang wird mit 1-Signal am Setzeingang (S) gesetzt, und mit 1-Signal am Rücksetzeingang (R) zurückgesetzt.Werden Setz- und Rücksetzeingang gleichzeitig mit einem 1-Signal belegt, liegt am Ausgang ein 0-Signal. Werden mehrere Setz- und Rücksetzeingänge verwendet, dann wird der Befehl in der nach Abb. 4b gezeigten Art dargestellt.

Soll die Befehlsausgabe **gespeichert und zeitlich begrenzt (ST)** ausgegeben werden, kann das auch durch eine Kombination von RS-Flipflops und Zeitgliedern realisiert werden. Die Rücksetzung des Flipflops erfolgt hierbei aber durch das 1-Signal, das sich nach Ablauf der Zeit am Ausgang des Zeitgliedes ergibt.

Aufgaben zu 9.3.2

1. Welche Unterschiede bestehen zwischen analogen und binären Signalen? Ist die Steuerschaltung Abb. 6, S. 389 eine analoge oder eine binäre Schaltung?

2. Wodurch unterscheiden sich Verknüpfungs- und Ablaufsteuerungen?

3. Beschreiben Sie die verschiedenen Möglichkeiten, mit denen eine Schaltung dokumentiert und beschrieben werden kann.

4. Welche Vorteile haben Funktionspläne gegenüber anderen Dokumentationsformen bei Schaltungen?

4. Aus welchen Elementen setzt sich eine Ablaufkette zusammen?

5. Was versteht man unter der Grobstruktur eines Funktionsplanes?

6. Welche Eintragungen kann das Befehlsfeld bei einer Ablaufsteuerung enthalten?

7. Wie wird ein nichtgespeicherter und verzögerter Befehl (NSD) mit graphischen Symbolen dargestellt?

8. Erläutern Sie die Funktionsweise eines NSD-Befehls mit Hilfe von graphischen- und Logik-Symbolen.

9. Wie lang und mit welchem Signal müssen die Eingänge E3 und E4 in der Abb. 1, S. 394 beschaltet werden, damit sich am Ausgang ein 1-Signal ergibt?

10. Im 16. Schritt einer Steuerkette soll der zweite Befehl Befehl des 10. Schrittes wirksam werden. Skizzieren Sie den 16. Steuerschritt.

11. Skizzieren Sie eine Schaltung mit Logiksymbolen, mit der ein Befehl gespeichert und zeitlich begrenzt (ST) ausgegeben wird.

9.3.3 Speicherprogrammierte Steuerungen

Die Abb. 5a zeigt den Stromlaufplan einer einfachen Schützschaltung mit Selbsthaltekontakten und gegenseitiger Kontaktverriegelung. Die Funktion dieser Verriegelungsschaltung kann folgendermaßen beschrieben werden:

● Das Schütz K1 zieht an oder bleibt erregt, wenn S1 **und** K2 nicht betätigt sind **und** S2 **oder** K1 betätigt werden.

● Das Schütz K2 zieht an oder bleibt erregt, wenn S3 **und** K1 nicht betätigt sind **und** S4 **oder** K2 betätigt werden.

Stellt man die Funktion dieser Steuerschaltung in einem Funktionsplan mit Logiksymbolen dar, dann ergibt sich die Darstellung der Abb. 5b. Bei der verbindungsprogrammierten Steuerung werden die logischen Verknüpfungen (UND und ODER) durch eine feste Verdrahtung realisiert (Abb. 1, S. 396). Bei einer speicherprogrammierten Steuerung (**SPS**) werden diese logischen Verknüpfungen mit Hilfe eines Programms innerhalb der SPS hergestellt (Abb. 2, S. 396). Die Verdrahtung der Selbsthaltekontakte entfällt.

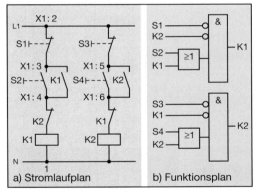

Abb. 5: Verriegelungsschaltung

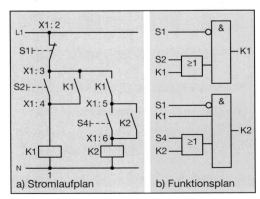

Abb. 6: Geänderte Verriegelungsschaltung

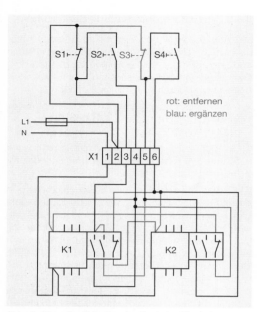

Abb. 1: Ursprünglicher und geänderter Verdrahtungsplan der Steuerung

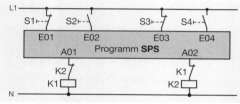

Abb. 2: Schützsteuerung mit SPS

Bei Steuerungen mit SPS entfallen Selbsthaltekontakte. Die Selbsthaltebedingungen werden mit Hilfe eines Programmes realisiert.

Die Steuerschaltung (Abb. 5, S. 395) soll so geändert werden, daß sie die Funktion der in Abb. 6 (S. 395) dargestellten Schaltung erfüllt. Das würde bei einer verbindungsprogrammierten Steuerung (VPS) eine umfangreiche Änderung der Verdrahtung erfordern (Abb. 1, die roten und blauen Linien entsprechen der Änderung der Verdrahtung). Bei der SPS muß nur das Programm nach dem neuen Funktionsplan (Abb. 6, S. 395) geändert werden.

Die Änderung einer Steuerschaltung erfordert bei einer SPS nur eine Änderung des Programms (Software) und nicht der Verdrahtung (Hardware).

Ein weiterer Vorteil einer SPS gegenüber einer VPS wird durch Vergleich der Abb. 3 und Abb. 4 deutlich. Bei der Abb. 3 ist der Schaltschrank für diese Steuerung ausgelegt. Für eine Erweiterung der Anlage müßte auch der Schaltschrank für die Steuerung erweitert werden. In dem Schaltschrank der Steuerung mit SPS (Abb. 4) sind noch Steckplätze für weitere Module frei. Außerdem ist eine Fehlersuche und -behebung in der Steuerung mit SPS in der Regel einfacher.

Bei speicherprogrammierten Steuerungen ist der Platzbedarf geringer als bei verbindungsprogrammierten Steuerungen. In speicherprogrammierten Steuerungen können Fehler meist schneller behoben werden als in verbindungsprogrammierten Steuerungen.

Abb. 3: Steuerungen für eine Dosieranlage in Relais-Technik (VPS)

Abb. 4: Steuerung für eine Dosieranlage als SPS

9.3.3.1 Aufbau und Wirkungsweise von speicherprogrammierten Steuerungen

Um ein Programm zu erstellen und zu speichern, benötigt man spezielle Bauelemente und Geräte. Weiterhin sind Zusatzschaltungen notwendig, damit das erstellte Programm bei einer Steuerschaltung wirksam werden kann. Die Zahl der benötigen Geräte richtet sich nach dem Umfang der Steuerschaltung.

Grundsätzlich besteht eine speicherprogrammierte Steuerung aus einem **Zentralgerät** (Automatisierungsgerät) und verschiedenen **Peripheriegeräten** (Abb. 6). Für kleinere Anlagen verwendet man auch Automatisierungsgeräte in Kompaktbauweise (Abb. 7).

Den grundsätzlichen Innenaufbau und die Arbeitsweise eines Zentralgerätes zeigt die Abb. 5. In den Speicherzellen des **Programmspeichers** wird das Programm gespeichert, mit dem eine Anlage gesteuert werden soll.

Merker sind Speicherelemente, in denen Signalzustände gespeichert werden können.

Die **Zeitglieder** dienen bei der SPS zur Verwirklichung zeitabhängiger Steuerungen (z. B. automatischer Stern-Dreieck-Anlasser). Mit Hilfe der Zeitglieder können Impulse oder Ein- und Ausschaltverzögerungen realisiert werden. Mit Hilfe der **Zähler** können Zählfunktionen Vor- und Rückwärtszählung ausgeführt werden.

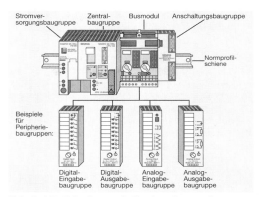

Abb. 6: Mögliche Bestandteile eines Automatisierungsgerätes

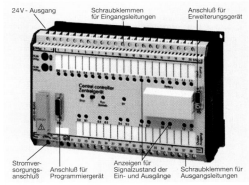

Abb. 7: Automatisierungsgerät (Kompaktbauweise)

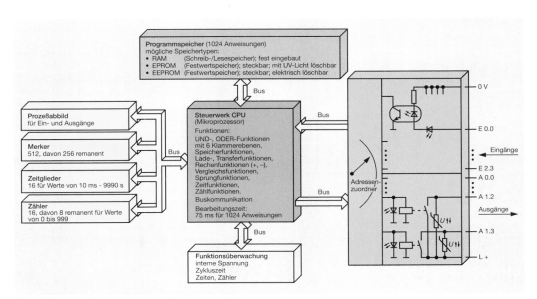

Abb. 5: Innenaufbau eines Automatisierungsgerätes

Abbildungsregister sind Speicher, in denen Signalzustände der Ein- und Ausgänge gespeichert werden.

Die Abarbeitung eines Programms erfolgt bei einer SPS in einem **Zyklus**. Vom **Steuerwerk** (Mikroprozessor; CPU) werden zu Beginn eines jeden Zyklus die Signalzustände aller Eingänge abgefragt. Von diesen Signalzuständen wird ein **Prozeßabbild** für die Eingänge gebildet und im **Abbildungsregister für die Eingänge** gespeichert. Auf dieses Prozeßabbild greift das Steuerwerk während der Programmabarbeitung immer wieder zurück. Ebenso wird für die Ausgangssignale ein Prozeßabbild gebildet und in dem **Abbildungsregister für die Ausgänge** gespeichert. Am Ende eines Zyklus werden die Signale des Abbildungsregisters für die Ausgänge vom Steuerwerk an die Ausgänge übertragen.

Über die Eingänge (**Eingabeschnittstellen**) ist das Zentralgerät mit den verschiedenen Signalgebern (Schalter, Taster usw.) in der Steuerschaltung verbunden. Handelsübliche Schnittstellenbausteine verfügen über 8 bis 32 Eingänge (E0.0...). Um eine sichere galvanische Trennung zwischen der Steuerschaltung und den angeschlossenen Geräten zu gewährleisten, werden Eingabeschnittstellen mit Optokopplern versehen (Abb. 5, S. 397).

Über die Ausgänge (**Ausgabeschnittstellen**) werden die Steuersignale an die Stellglieder (Schütze, Ventile, Melder usw.) geschaltet. Ausgabeschnittstellen können bis zu 30 Ausgänge (A0.0...) besitzen.

Ein- und Ausgabeschnittstellen werden als Baugruppen für verschiedene Betriebsspannungen und Ein- bzw. Ausgangsstromstärken hergestellt, z. B.:

Eingabebaugruppen:

DC 24V; DC 24V...60V; AC 115V; AC 230V

Ausgabebaugruppen:

DC 24V/0,5A; DC 24V...60V/0,5A; 230V/1A

Ein- und Ausgabeschnittstellen können ebenso wie alle anderen benötigten Geräte als Steckmodule hergestellt werden. Dadurch kann man – je nach Aufgabenstellung – jede beliebige Kombination von Baugruppen zusammenstellen (Abb. 6; S. 397). So können z. B. zu einer Anlage neben der Zentralbaugruppe, Stromversorgungsbaugruppen, digitalen oder analogen Ein- und Ausgabebaugruppen auch noch Zeit- und Zählerbaugruppen gehören. In der Regel werden diese Anlagen auch mit Programmierschnittstellen und Schnittstellen zur Erweiterung der Ein-/Ausgabeebene ergänzt.

9.3.3.2 Programmieren einer SPS

Ein Programm besteht aus einer Folge von **Steueranweisungen**. Eine Steueranweisung besteht immer aus:

● **Adresse** (Speicherplatznummer),

● **Operationsteil** (Was soll getan werden?),

● **Operandenteil** (Womit soll es getan werden?).

Daraus ergibt sich der in Abb. 1 dargestellte Aufbau einer Steueranweisung.

Speicherplatz	Operationsteil	Operandenteil
0 0 0 0	L	E01

Abb. 1: Aufbau einer Steueranweisung

Handelsübliche SPS verfügen mindestens über die in der Tab. 9.4 angeführten Operationen (Befehle). Die Kennzeichnung von Operanden erfolgt nach DIN 19239 (Tab. 9.5).

Tab. 9.4: Operationen für eine SPS

Operation	Kurzzeichen	Symbol für Kontaktplan
UND, Laden	U, L	┤ ├
ODER, Laden	O, L	┤ ├
UND NICHT	UN	┤/├
ODER NICHT	ON	┤/├
Zuweisung	=	─( )─
Setzen	S	─(S)─
Rücksetzen	R	─(R)─
Programmende	PE	

Tab. 9.5: Operandenkennzeichen

Baustein (-anschluß)	Operandenkennzeichen	
Eingang	E oder	I
Ausgang	A oder	Q
Merker	M	
Zeitglied	T	

Die Steueranweisungen, die für die einzelnen Schritte einer Steuerung benötigt werden, ergeben zusammen das Programm. Schreibt man diese Steueranweisungen untereinander, dann bezeichnet man diese Form der Programmdarstellung als **Anweisungsliste (AWL)**.

Anweisungslisten (AWL) enthalten die Adressen der verwendeten Speicherstellen des Programmspeichers und den Operations- und Operandenteil.

Bei der Erstellung eines Programmes müssen den Betriebsmitteln (Schalter, Taster, Schützspule usw.) zunächst die entsprechenden Operanden zugeordnet werden. So soll z.B. für die Schützschaltung in der Abb. 2a ein Programm erstellt werden.

Bedingung:

Das Schütz K1 soll nur dann anziehen, wenn S1 **und** S2 **und** S3 betätigt werden.

Es werden folgende Zuordnungen vorgenommen:

Betriebsmittel	Kennzeichnung	Operand
Schalter (Schließer)	S1	E01
Schalter (Schließer)	S2	E02
Schalter (Schließer)	S3	E03
Schütz	K1	A01

Für die Darstellung der Schaltung und ihrer Wirkungsweise ergeben sich verschiedene Möglichkeiten.

Die Schaltung entspricht einer UND-Verknüpfung und kann als **Funktionsplan (FUP)** dargestellt werden (Abb. 3a). Eine weitere Möglichkeit, die Wirkungsweise der Schaltung darzustellen, ist der **Kontaktplan (KOP)**, (Abb. 3b). Außerdem kann man die Wirkungsweise der Schaltung aus der **Anweisungsliste (AWL)** erkennen (Abb. 3c).

Funktionspläne entsprechen den bereits bekannten Darstellungen binärer Verknüpfungsschaltungen. Kontaktpläne haben eine gewisse Ähnlichkeit mit Stromlaufplänen. Sie unterscheiden sich von diesen durch die waagerechte Darstellung der Strompfade und die Verwendung besonderer Symbole (Tab. 9.5), die sich auf Bildschirmen und mit Hilfe von Druckern leicht darstellen lassen.

Die Programmierung sowohl nach Anweisungsliste (AWL) oder als Kontaktplan (KOP) oder als Funktionsplan (FUP) ist bei den meisten speicherprogrammierten Steuerungen möglich. Ebenso können Programme, die in der einen Art erstellt wurden, in die beiden anderen Arten umgesetzt und angezeigt oder ausgedruckt werden.

Programmierung einer ODER-Verknüpfung

Ein Schütz K1 soll anziehen, wenn S1 **oder** S2 betätigt werden. Den Stromlaufplan dieser Schaltung zeigt die Abb. 4a. Die Darstellung der Schaltung als Funktionsplan und Kontaktplan zeigen die Abb. 4b und Abb. 4c. Die entsprechende Anweisungsliste ist in der Abb. 4d dargestellt.

Programmierung einer NICHT-Verknüpfung

Die Abb. 1a, S. 400 zeigt, daß die Lampe nur dann leuchtet, wenn der Schließer S1 nicht betätigt wird. Der gleiche Zustand könnte durch einen betätigten Öffner als S1 mit einem Schließer von K1

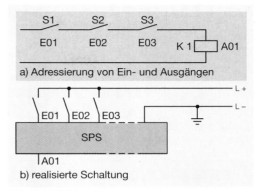

a) Adressierung von Ein- und Ausgängen

b) realisierte Schaltung

Abb. 2: UND-Verknüpfung

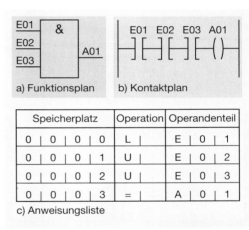

a) Funktionsplan   b) Kontaktplan

Speicherplatz	Operation	Operandenteil
0 | 0 | 0 | 0	L |	E | 0 | 1
0 | 0 | 0 | 1	U |	E | 0 | 2
0 | 0 | 0 | 2	U |	E | 0 | 3
0 | 0 | 0 | 3	= |	A | 0 | 1

c) Anweisungsliste

Abb. 3: Darstellung einer UND-Verknüpfung

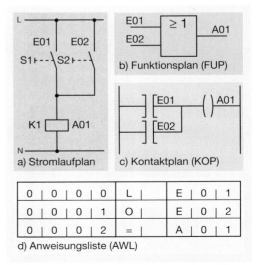

a) Stromlaufplan   c) Kontaktplan (KOP)

b) Funktionsplan (FUP)

0 | 0 | 0 | 0	L |	E | 0 | 1
0 | 0 | 0 | 1	O |	E | 0 | 2
0 | 0 | 0 | 2	= |	A | 0 | 1

d) Anweisungsliste (AWL)

Abb. 4: Programmierung einer ODER-Verknüpfung

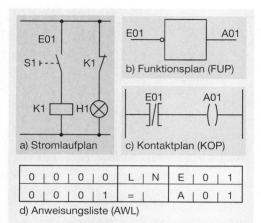

a) Stromlaufplan

b) Funktionsplan (FUP)

c) Kontaktplan (KOP)

| 0 | 0 | 0 | 0 | L | N | E | 0 | 1 |
| 0 | 0 | 0 | 1 | = | | A | 0 | 1 |

d) Anweisungsliste (AWL)

Abb. 1: Programmierung einer NICHT-Verknüpfung

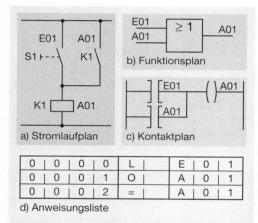

a) Stromlaufplan

b) Funktionsplan

c) Kontaktplan

0	0	0	0	L		E	0	1
0	0	0	1	O		A	0	1
0	0	0	2	=		A	0	1

d) Anweisungsliste

Abb. 2: Programmierung einer Selbsthaltung

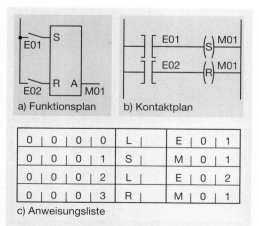

a) Funktionsplan

b) Kontaktplan

0	0	0	0	L		E	0	1
0	0	0	1	S		M	0	1
0	0	0	2	L		E	0	2
0	0	0	3	R		M	0	1

c) Anweisungsliste

Abb. 3: Setzen und Rücksetzen von Merkern

erreicht werden. Da ein nicht betätigter Schließer oder ein betätigter Öffner den Signalzustand 0 ergeben, muß ein solcher Eingang im Funktionsplan mit dem Negationszeichen gekennzeichnet sein (Abb. 1b). Bei der Programmierung können die Operationen LADE-NICHT (LN) , UND-NICHT (UN) oder ODER-NICHT (ON) – je nach Hersteller der SPS – verwendet werden.

Programmierung von Selbsthaltungen

Bei einer verbindungsprogrammierten Steuerung wird eine Selbsthaltung dadurch realisiert, daß ein Schließer des Schützes parallel zum Eintaster geschaltet wird (Abb. 2a).

Bei der SPS überprüft das Programm bei jedem Zyklus, ob der Ausgang A01 der SPS »1«-Signal führt. Der Ausgang wird also wie ein Eingang behandelt. Die ODER-Verknüpfung des Tasters S1 und des Kontaktes K1 wird innerhalb der SPS mit Hilfe des Programms durchgeführt. Man spart also bei der SPS die Verdrahtung des Selbsthaltekontaktes.

Verwendung von Merkern

Um bestimmte Zustände in einer SPS zu speichern, verwendet man **Merker**. Merker sind Flipflops, die mit dem Setz-Befehl (S) gesetzt und dem Rücksetz-Befehl (R) zurückgesetzt werden können (Abb. 3 und Abb. 4).

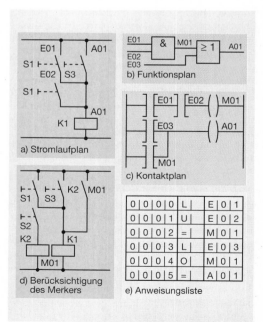

a) Stromlaufplan

b) Funktionsplan

c) Kontaktplan

d) Berücksichtigung des Merkers

0	0	0	0	L		E	0	1
0	0	0	1	U		E	0	2
0	0	0	2	=		M	0	1
0	0	0	3	L		E	0	3
0	0	0	4	O		M	0	1
0	0	0	5	=		A	0	1

e) Anweisungsliste

Abb. 4: Verwendung eines Merkers als Speicher für ein Zwischenergebnis

An einem Beispiel soll die Vorgehensweise bei der Programmierung für eine Steuerung insgesamt noch einmal dargestellt werden.

Mit Hilfe eines fahrbaren Tisches (Abb. 5) sollen in einer Fertigungsanlage Produkte von einer Stelle (links) zu einer anderen Stelle (rechts) transportiert werden.

Aufgabenbeschreibung:

- Befindet sich der Tisch in der linken Position, wird er beladen.
- Wird die Steuerung eingeschaltet, bewegt er sich nach rechts.
- Erreicht er die rechte Position, dann wird der Antriebsmotor durch einen Endtaster abgeschaltet.
- Nach einer einstellbaren Zeit, die zum Abladen der Produkte ausreicht, soll der Antriebsmotor den Tisch wieder in die linke Position bringen.
- Hat der Tisch wieder seine linke Position erreicht, wird die Steuerung durch einen Endtaster abgeschaltet.
- Die Steuerung soll jederzeit durch einen Austaster S0 abgeschaltet werden können.
- Der Motor wird durch einen Motorschutzschalter F2 gegen Überlastung geschützt.

Die Steuerung soll als Ablaufsteuerung realisiert werden. Die Grobstruktur ist in der Abb. 6 dargestellt.

1. Schritt: Motor Rechtslauf

Startbedingungen:

- Motorschutzschalter F2 und Aus-Taster S0 sind nicht betätigt.
- Der Tisch befindet sich links (Grenztaster S3 betätigt).

Setzen des 1. Schrittes:

- Eintaster S1 betätigt.

2. Schritt: Motor Linkslauf

Weiterschaltbedingung:

- Der Tisch befindet sich in rechter Position (Grenztaster S2 betätigt), Rücksetzen des ersten Schrittes.

Setzen des 2. Schrittes:

- Der zweite Schritt wird gesetzt, wenn die eingestellte Zeit abgelaufen ist.

3. Schritt: Ende

- Rücksetzen des zweiten Schrittes.
- Startbedingungen sind wieder gegeben.

Um die Anweisungsliste zu erstellen, werden den einzelnen Betriebsmitteln zunächst wieder die Operanden zugeordnet (Abb. 7). Von der Beschreibung der Schaltung und vom Technologieschema ausgehend können der Funktionsplan (Abb. 8) und die Anweisungsliste (Abb. 1, S. 402) entwickelt werden.

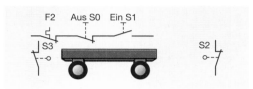

Abb. 5: Technologieschema (Transporttisch)

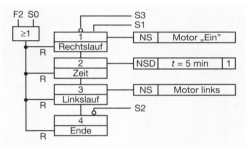

Abb. 6: Grobstruktur der Tischsteuerung

Betriebsmittel		Kenn-zeichnung	Operand
Ein-Taster (Start)	Schließer	S1	E01
Grenztaster (rechts)	Öffner	S2	E02
Grenztaster (links)	Öffner	S3	E03
Motorschutz	Öffner	F2	E04
Aus-Taster (Aus)	Öffner	S0	E05
Schütz (links)		K1	A01
Schütz (rechts)		K2	A02

Abb. 7: Zuordnungsübersicht zur Tischsteuerung

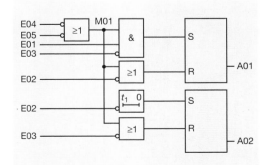

Abb. 8: Funktionsplan (Tischsteuerung)

Speicherplatz	Operation	Operand	Kommentar
0000	ON	E04	Ausschalten mit F2 bzw. S0
0001	ON	E05	
0002	=	M01	
0003	U	M01	Rechtslauf
0004	U	E01	
0005	U	E03	
0006	S	A01	
0007	O	M01	Rechtslauf aus
0008	ON	E02	
0009	R	A01	
0010	UN	E02	Zeitverzögerung ein
0011	L	KT30.3	
0012	SE	T1	
0013	U	T1	Linkslauf ein
0014	S	A02	
0015	O	M01	Linkslauf aus
0016	ON	E03	
0017	R	A02	
0018	R	T1	Timer aus
0019	PE		

Abb. 1: Anweisungsliste (Tischsteuerung)

Stromlaufplan	AWL	Zeitdiagramm
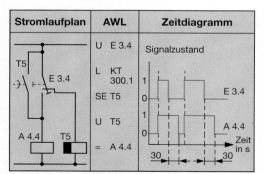	U E 3.5	Signalzustand

Abb. 2: Einschaltverzögerung (**SE**) (aus Gerätehandbuch)

Stromlaufplan	AWL	Zeitdiagramm

Abb. 3: Ausschaltverzögerung (**SA**)
(aus Gerätehandbuch)

In dieser Anweisungsliste wird eine Einschaltverzögerung programmiert (Speicherplatz 10 bis 14). Die Programmierung einer Zeit beginnt mit einer Ladeanweisung eines konstanten Wertes z. B.:

Der Schlüssel für die Zeitbasis ist in unserem Beispiel:

Basis	0	1	2	3
Faktor	0,01s	0,1s	1s	10s

Für unser Beispiel ergibt sich die Zeit zu:
30 x 10 Sekunden = 300 Sekunden = 5 Minuten

Durch die weiteren Anweisungen wird festgelegt, wie diese Zeit als Information weiter verarbeitet werden soll. In unserem Beispiel soll eine Einschaltverzögerung erfolgen. Eine Einschaltverzögerung wird mit der Anweisung **SE T...** (Setze Einschaltzögerung mit dem Timerbaustein T...) programmiert.

Stromlaufplan, AWL und das Zeitdiagramm für eine **Einschaltverzögerung** sind in der Abb. 2 dargestellt. Der Ausgang A 4.2 soll 7 Sekunden später als der Eingang E3.5 einschalten. Der Ausgang bleibt solange eingeschaltet, wie der Eingang 1-Signal führt. Diese und die folgenden Darstellungen wurden einem Gerätehandbuch entnommen.

Die Programmierung einer **Ausschaltverzögerung** mit einem Timerbaustein zeigt die Abb. 3. Wird der Eingang E3.4 abgeschaltet, dann schaltet der Ausgang A4.4 30 Sekunden später ab.

Soll ein Ausgang nach einer bestimmten Zeit abschalten, obwohl der Eingang noch 1-Signal hat, kann die Programmierung als **Starten einer Zeit als Impuls (SI)** erfolgen. In der Abb. 4 wird der Ausgang A 1.2 immer dann eingeschaltet, wenn der Eingang E 0.1 ein 1-Signal führt. Der Ausgang bleibt eingeschaltet, solange der Eingang 1-Signal führt. Hat der Eingang jedoch länger als 40 Sekunden ein 1-Signal, dann schaltet der Ausgang automatisch ab.

Die Programmierung, den Stromlaufplan und das Zeitdiagramm für das **Starten einer Zeit als verlängerter Impuls (SV)** ist in der Abb. 5 dargestellt. Hierbei bleibt der Ausgang A 4.1 jeweils für 12 Sekunden eingeschaltet, sobald der Eingang E 3.1 ein 1-Signal führt.

Der Ausgang A1.2 (Abb. 4) wird durch den Eingang E0.1 geschaltet. Führt der Eingang länger als 40 Sekunden 1-Signal, wird der Ausgang automatisch abgeschaltet.

9.3.3.3 Sicherheitstechnische Betrachtungen

Alle Steuerungen müssen so konzipiert sein, daß bei auftretenden Fehlern keine Gefährdung für Menschen entsteht. Dieser Grundsatz muß auch bei der Programmerstellung für SPS beachtet werden. In speicherprogrammierten Steuerungen werden Fehler in **gefährliche** und **ungefährliche** Fehler aufgeteilt.

Entsteht an einem Ausgang im Fehlerfall ein »1«-Signal, dann bezeichnet man diesen Fall als **aktiven** Fehler. Ob dieser aktive Fehler gefährlich oder ungefährlich ist, hängt von seiner Wirkung ab. Wird z. B. durch einen aktiven Fehler ein Antrieb eingeschaltet, so handelt es sich um einen gefährlichen Fehler. Wird dagegen durch einen aktiven Fehler eine Fehlermeldung signalisiert, so handelt es sich um einen ungefährlichen Fehler.

Als **passiven** Fehler bezeichnet man ein »0«-Signal an einem Ausgang. Ein gefährlicher Fehler liegt dann vor, wenn z. B. durch einen passiven Fehler eine vorhandene Gefahr nicht angezeigt wird. Ungefährlich ist dagegen ein passiver Fehler, wenn durch diesen Fehler ein Antrieb abgeschaltet wird.

In herkömmlichen Schaltungen werden gefährliche Fehler durch Maßnahmen wie gegenseitige Verriegelung von Schützen, Endschaltern und Einbau von Not-Aus-Einrichtungen vermieden. Bei der SPS vermeidet man gefährliche Fehler durch den Programmaufbau. Außerdem muß sichergestellt sein, daß bei **Drahtbruch** oder bei **Erdschluß** in der Steuerung die Anlage abgeschaltet werden kann. Entsteht z. B. bei der in Abb. 6 dargestellten Steuerschaltung ein Drahtbruch oder ein Erdschluß am Austaster S2, dann wird die Spannung am Eingang E02 zu Null. Entsprechend dem Programm wird dann der Ausgang A01 abgeschaltet. Zur Erreichung der Drahtbruch- und Erdschlußsicherheit muß das Ausschalten durch einen Öffner bewirkt werden.

Ein Signalgeber, der den Ausgang einer speicherprogrammierten Steuerung ausschalten soll, muß als Öffner ausgeführt werden. Im Programm werden diese Öffner durch die Operation UND mit anderen Eingangssignalen verknüpft.

Aufgaben zu 9.3.3

1. Warum ist eine Änderung bei einer speicherprogrammierten Steuerung in der Regel einfacher durchzuführen als bei einer verbindungsprogrammierten Steuerung?

2. Mit welchem Bauteil wird in einem Automatisierungsgerät das Steuerwerk realisiert?

3. Was versteht man bei einer SPS unter »zyklischem Arbeiten«?

4. Aus welchen Teilen besteht eine Steueranweisung?

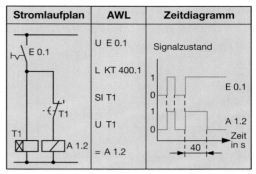

Abb. 4: Starten einer Zeit als Impuls (**SI**) (aus Gerätehandbuch)

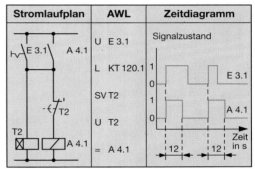

Abb. 5: Starten einer Zeit als verlängerter Impuls

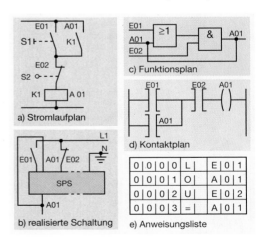

Abb. 6: Drahtbruch- und Erdschlußsicherheit gewährleistet

5. Was enthält eine Anweisungsliste (AWL)?

6. Ein Schütz K1 soll anziehen, wenn die Taster S1 und S2 betätigt werden. Was müssen Sie tun, bevor Sie eine AWL für diese Steueraufgabe erstellen können? Schreiben Sie die AWL und skizzieren Sie den FUP und den KOP.

9.3.4 Steuern mit dem Mikrocomputer

9.3.4.1 Aufbau eines Mikrocomputers

Die Abb.1 zeigt den grundsätzlichen Aufbau eines Mikrocomputers.

Das Kernstück eines Computers ist der **Mikroprozessor** (**CPU**: **C**entral **P**rocessing **U**nit: Zentraleinheit).

Der **Programmspeicher** (**ROM**: **R**ead **O**nly **M**emory: Nur-Lese-Speicher) enthält das Betriebssystem. Durch dieses wird das Zusammenwirken der einzelnen Baugruppen untereinander gesteuert. Es enthält eine Folge von Befehlen und Konstanten.

Der **Schreib-Lese-Speicher** (**RAM**: **R**andom **A**ccess **M**emory) kann Daten speichern. Diese Daten können mit Hilfe der CPU gelesen werden oder von der CPU in den Speicher eingeschrieben werden. Die Daten sind z. B. die Befehle eines BASIC-Programms oder Anweisungen für eine SPS. Wird die Versorgungsspannung abgeschaltet, so geht der Inhalt des RAMs verloren (**flüchtiger Speicher**). **E/A-Schaltungen** (**E/A**: **E**ingabe/**A**usgabe oder **I/O**: **I**nput/**O**utput) stellen die Verbindung zwischen dem Mikrocomputer und den Peripheriegeräten (Eingabetastatur, Bildschirm, Drucker, Diskettenlaufwerk usw.) her.

Die Verbindungen der einzelnen Baugruppen innerhalb der CPU und die Verbindungen der CPU mit den anderen Baugruppen des Mikrocomputers bezeichnet man als **Bus-Leitungen** oder kurz als **Bus**. Von der CPU werden über den **Adreßbus** die einzelnen Speicheradressen im ROM oder RAM angesprochen. Da die Signale auf dem Adreßbus nur von der CPU zu den Speichern gelangen, bezeichnet man die Arbeitsweise dieses Busses als **unidirektional** (nur in **einer** Richtung). Die Anzahl der Leitungen, die in einem Bus zusammengefaßt sind, geben Aufschluß über die Speicherkapazität eines Computers.

Besitzt der Adreßbus 16 Leitungen, kann man in der Regel $2^{16} = 65536$ Speicherstellen ansprechen (adressieren). Eine Speicherstelle besteht aus 8 Bit. 8 Bit bezeichnet man als 1 Byte. 1024 Byte $= 2^{10}$ Byte = 1 kByte. Somit ergeben 65536 Byte 65536/1024 = 64 kByte.

Auf dem **Datenbus** werden die Daten sowohl von der CPU zu den Speichern als auch von den Speichern zur CPU transportiert. Da also die Daten auf diesem Bus in beide Richtungen transportiert werden können, bezeichnet man seine Arbeitsweise als **bidirektional**.

Je nach Art des auszuführenden Befehls werden Steuerbefehle von der CPU auf die Leitungen des **Steuerbusses** gesendet. Dadurch wird dann entweder die Speicherplatzansteuerung oder die Ein-/Ausgabekanalsteuerung wirksam. Außerdem wird durch diese Steuersignale festgelegt, ob Daten in

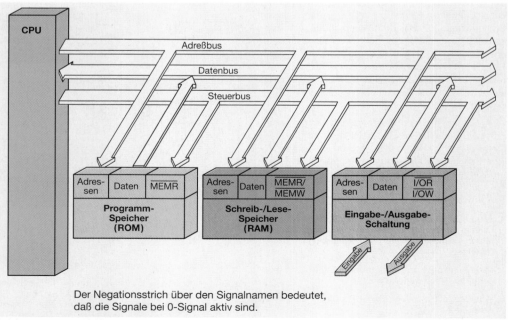

Der Negationsstrich über den Signalnamen bedeutet, daß die Signale bei 0-Signal aktiv sind.

Abb. 1: Blockschaltbild eines Mikrocomputers

den Speicher oder an die Ausgabenbaugruppe weitergeleitet werden, oder ob Daten aus der Eingabebaugruppe oder aus dem Speicher gelesen werden. Der Steuerbus arbeitet wie der Adreßbus auch **unidirektional.**

Anhand der Abb. 2 soll das Zusammenwirken der einzelnen Einheiten innerhalb des Mikroprozessors erläutert werden.

Die Zahlen (5), (8) oder (16) in einigen Blöcken der Abb. 2 geben die Anzahl der Bits dieser Register an.

In der **ALU** (**A**rithmetic and **L**ogic **U**nit) werden die in den Computer eingebrachten Daten bearbeitet; z. B. addiert, multipliziert, verglichen oder verschoben.

Mit der ALU steht der **Akkumulator** in direkter Verbindung. Der Akku ist ein 8-Bit-Register (Register = Speicher), in dem Zwischenergebnisse gespeichert werden. Außerdem wird der Akku bei allen Speicher- und E/A-Operationen benötigt.

Das **Bedingungsregister** (Flag-Register) besteht aus fünf Flipflops. In Abhängigkeit vom Zustand (1 oder 0) der einzelnen Flipflops können innerhalb eines Programms bestimmte Operationen durchgeführt werden. Eines dieser Flipflops ist das »0«-Flipflop (Zero-Flag). Dieses Flipflop wird gesetzt (1-Signal), wenn das Ergebnis einer Rechen-

operation Null ist. Es kann also in Abhängigkeit vom Zustand dieses Flipflops im Programm entschieden werden, ob das Programm beendet oder an einer bestimmten Stelle fortgesetzt werden soll.

Im **Befehlsregister** steht der jeweils gerade zu bearbeitende Befehl. Dieser Befehl wird vom Befehlsdecodierer entschlüsselt, und es werden die entsprechenden Steuerbefehle ausgelöst.

Der **Registerblock** enthält eine Anzahl von Registern (Flipflops), in denen Daten (z.B. Konstanten, Zwischenergebnisse oder Adressen) gespeichert werden können. Die Register B, C, D, E, H und L sind 8-Bit-Register, die aber durch entsprechende Befehle zu 16-Bit-Registern (BC, DE und HL) zusammengefaßt werden können.

Im **Stackpointer** (Stapelzeiger) wird bei einer Unterbrechung oder Verzweigung des Programms die Adresse gespeichert, bei der das Programm nach dieser Unterbrechung oder Verzweigung fortgesetzt werden soll.

Der **Befehlszähler** enthält die Adresse des nächsten Befehls, der ausgeführt werden soll.

Der **Auf-/Abwärtszähler** enthält die Adresse der momentan bearbeiteten Speicherzelle.

Adreß- und Datenpuffer dienen zur Entkopplung und Verstärkung von Signalen.

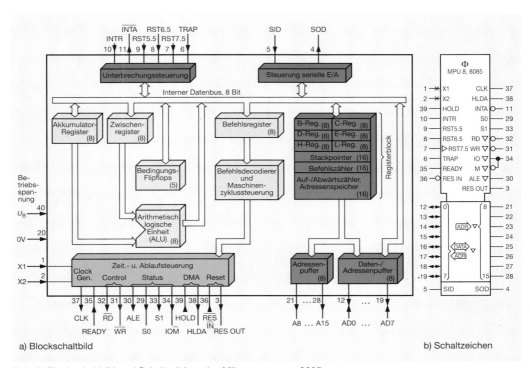

a) Blockschaltbild

b) Schaltzeichen

Abb. 2: Blockschaltbild und Schaltzeichen des Mikroprozessors 8085

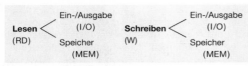

Abb. 1: Kombinationsmöglichkeiten der Steuersignale

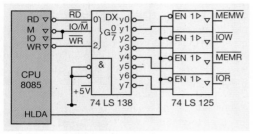

Abb. 2: Erzeugung der Steuerbefehle

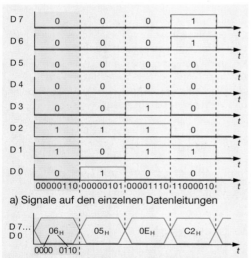

a) Signale auf den einzelnen Datenleitungen

b) Zusammengefaßte Signale auf dem Datenbus

Abb. 3: Darstellung von Daten auf dem Datenbus

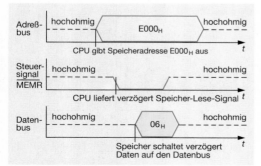

Abb. 4: Signal-Zeit-Diagramm beim Lesen einer Speicherstelle

An Steuerbefehlen unterscheidet man z. B.:

- MEMR: **MEM**ory **R**ead (Daten aus dem Speicher lesen).
- MEMW: **MEM**ory **W**rite (Daten in den Speicher schreiben).
- IOR: **I**n/**O**ut **R**ead (Daten an der E/A-Baugruppe lesen).
- IOW: **I**n/**O**ut **W**rite (Daten an der E/A-Baugruppe ausgeben).

Von der CPU werden die Steuersignale RD, IO/M und WR geliefert (Abb. 2, vgl. auch Abb. 2, S. 405). Mit diesen Signalen müssen die in Abb. 1 dargestellten Kombinationen hergestellt werden können.

In der Praxis realisiert man diese Decodierung mit Hilfe integrierter Schaltungen (z. B. 74LS138, Abb. 2). Die Ausgänge dieses Decodierers werden über Leitungstreiber (Bus-Treiber/74LS125) an den Systembus angeschlossen. Da an den Bus auch Aus- und Eingänge anderer Schaltungen angeschlossen sind, könnte es zum Kurzschluß kommen, wenn z. B. zwei Schaltungen eine Busleitung mit unterschiedlichen Signalen belegen würden. Es dürfen also immer nur die Signale einer Schaltung auf den Bus geschaltet werden. Während dieser Zeit müssen die Ausgänge anderer Schaltungen vom Bus getrennt werden. Diese Trennung erreicht man mit Tristate-Ausgängen (▽). Sie können neben "1" und "0" einen dritten Zustand – einen hochohmigen Zustand – annehmen. Dieser Zustand wird über ein Signal am **EN**-Eingang (**En**able: Freigabe) gesteuert.

Die integrierte Schaltung 74LS125 besitzt diese Tristate-Ausgänge. Durch ein 0-Signal am EN-Eingang wird der Baustein freigegeben. Ein 1-Signal am **HLDA**-Ausgang (**H**old **A**cknowledge: Haltesignal anerkannt) der CPU werden die Ausgänge des Leitungstreibers in den hochohmigen Zustand geschaltet.

Der Mikroprozessor 8085 besitzt ebenfalls für die Daten- und Adreßleitungen Tristate-Ausgänge (Abb. 2b, S. 405).

Die Darstellung von Daten auf dem Datenbus kann entweder nach Abb. 3a oder Abb. 3b vorgenommen werden. In der Abb. 3a sind die Daten auf den einzelnen Datenleitungen dargestellt. Diese Darstellung ist zwar übersichtlich, benötigt aber viel Platz. Eine platzsparende Darstellung aller Daten auf dem Datenbus zeigt die Abb. 3b. Bei dieser Darstellungsart werden die Daten in hexadezimaler Form dargestellt.

Sollen z. B. Daten aus einer Speicherzelle gelesen werden, dann ergibt sich für den zeitlichen Ablauf der in Abb. 4 dargestellte Verlauf. Nachdem die CPU die Speicheradresse auf dem Adreßbus ausgegeben hat, wird das Steuersignal auf dem Steuerbus ausgegeben, und die Daten werden ausgelesen.

9.3.4.2 Halbleiterspeicher

Halbleiterspeicher, die in Mikrocomputersystemen verwendet werden, unterteilt man in zwei Gruppen (Abb. 5):

- Schreib-Lesespeicher (RAM) und
- Festwertspeicher (ROM).

Schreib-Lesespeicher werden auch als **flüchtige Speicher** bezeichnet, da sie beim Abschalten der Versorgungsspannung ihren Inhalt verlieren. Man unterscheidet bei diesen Speichern zwischen **statischen RAMs** (SRAM) und **dynamischen RAMs** (DRAM). Statische RAMs speichern in bistabilen Kippstufen, während im dynamischen RAM die Informationen in Kondensatoren gespeichert werden. Der Nachteil dieser Speicherart besteht darin, daß die gespeicherten Informationen periodisch aufgefrischt werden müssen (Refresh-Betrieb), weil sich die Kondensatoren mit der Zeit entladen. Bei gleicher Baugröße haben DRAMs gegenüber SRAMs eine größere Speicherkapazität. DRAMs sind aber langsamer als SRAMs.

> Bei einem RAM kann der Speicherinhalt gelesen werden oder es kann ein neuer Inhalt eingeschrieben werden.

In Abb. 6 ist das Schaltsymbol eines 2048 x 8-Bit-RAMs dargestellt. Über die elf Adreßleitungen A0…A10 kann die jeweilige Adresse angewählt werden (2^{11} = 2048 Adressen). Daten können über dieselben Anschlüsse (D0…D7) sowohl vom Datenbus in das RAM gelangen (sie werden in das RAM geschrieben), als auch aus dem RAM zum Datenbus geleitet werden (Daten werden aus dem RAM gelesen).

Den grundsätzlichen Aufbau einer Speicherzelle und die Steuerung für den Schreib- und Lesevorgang zeigt die Abb. 7. Das Prinzip für die Codierung der Signale für die Adressen ist in der Abb. 8 für zwei Adreßleitungen (A0 und A1) mit vier möglichen Adressen dargestellt.

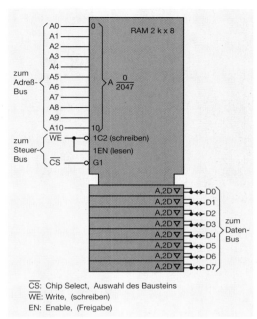

$\overline{CS}$: Chip Select, Auswahl des Bausteins
$\overline{WE}$: Write, (schreiben)
EN: Enable, (Freigabe)

Abb. 6: 2048 X 8-Bit-RAM

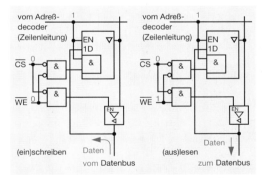

Abb. 7: Schreiben und Lesen einer Speicherzelle

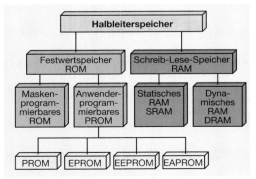

Abb. 5: Übersicht über Halbleiterspeicher

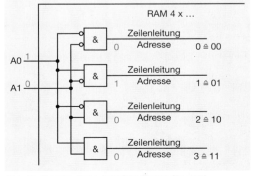

Abb. 8: Prinzip eines Adreßcodierers für zwei Adreßleitungen

Abb. 1: EPROM in einer Schaltung

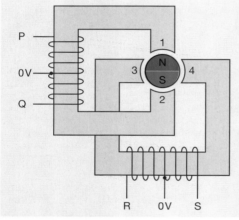

Abb. 2: Prinzip eines Schrittmotors

Tab. 9.6: Kombination für die größte Flußdichte

Anschlüsse				Kombinationen		
P	Q	R	S	binär	dezimal	hexadez.
0V	5V	0V	5V	0101	5	05
5V	0V	0V	5V	1001	9	09
5V	0V	5V	0V	1010	10	0A
0V	5V	5V	0V	0110	6	06

Kombi-nation	dezimal			
	5	9	10	6
resul-tierendes Feld				

Abb. 3: Resultierendes Feld bei verschiedenen Ansteuerungskombinationen

Festwertspeicher (ROM) behalten ihren Inhalt auch nach Abschalten der Versorgungsspannung.

Man unterscheidet ROM und PROM. Bei einem ROM wird der Speicherinhalt schon bei der Produktion eingebracht. Löschen oder eine Änderung des Speicherinhaltes ist nicht möglich.

Bei einem **PROM** (**P**rogrammable **ROM**: programmierbarer Festspeicher) können die Speicherinhalte vom Anwender selbst einprogrammiert werden. Bei der Programmierung werden bestehende Verbindungen (z. B. Gateanschlüsse) durch überhöhte Ströme weggeschmolzen. Diese Verbindungen können nicht wieder hergestellt werden.

Daher kann man bei diesen Speichern den Inhalt nicht mehr verändern. Bei Spannungsabschaltung bleibt der einmal programmierte Speicherinhalt erhalten.

Im Gegensatz dazu läßt sich der Inhalt eines **EPROM** (**E**rasable **PROM**: löschbarer programmierbarer Speicher) oder eines **REPROM** (**Rep**rogrammable **ROM**: wiederprogrammierbarer Festwertspeicher) mit Hilfe geeigneter Programmiergeräte ändern. Dieser einmal programmierte Inhalt bleibt solange erhalten, bis er durch UV-Licht wieder gelöscht wird.

Bei den Speichern, die als **EEROM** bezeichnet werden, (**E**lectricaly **E**rasable **ROM**: elektrisch löschbarer Speicher) und **EAROM** (**E**lectrically **A**lterable **ROM**: elektrisch umprogrammierbarer Festwertspeicher) kann der Speicherinhalt vom Anwender selbst elektrisch eingebracht und auch gelöscht werden. Auch bei diesen Speichern bleibt der Inhalt nach Spannungsabschaltung erhalten.

Damit der Speicherinhalt eines EPROMs nicht unbeabsichtigt gelöscht wird, sind die Fenster (Abb. 1), die sich an der Oberseite der ICs befinden, in der Regel mit einem lichtundurchlässigen Material überklebt.

9.3.4.3 Programmierung eines Mikrocomputers

Ein Schrittmotor, dessen grundsätzlicher Aufbau in der Abb. 2 dargestellt ist, soll mit einem Computer gesteuert werden.

An die Wicklungsanschlüsse des Motors (P, Q, R und S) können die Spannungen 0V oder 5V angelegt werden. Dadurch ergeben sich bei vier Wicklungsenden 16 verschiedene Kombinationsmöglichkeiten der Eingangsspannungen. Je nach Kombination bilden sich unterschiedlich starke Magnetpole in den Polschuhen 1 bis 4 aus, und der Rotor bewegt sich.

Die größten Flußdichten hat das resultierende Feld jeweils bei den in Tab. 9.6 angegebenen Kombinationen der Wicklungsbeschaltung.

Die Richtungen des resultierenden Feldes, die sich für diese vier Kombinationen ergeben, sind in der Abb. 3 dargestellt. Wenn man also die Wicklungen in der Reihenfolge der Kombinationen 5, 9, 10 und 6 ansteuert, dreht sich der Rotor entgegen dem Uhrzeigersinn. Ändert man die Reihenfolge der Ansteuerung in 5, 6, 10 und 9, wird der Rotor im Uhrzeigersinn bewegt.

Mit Hilfe eines Computersystems, das zu Lehr- und Lernzwecken aus Steckplatinen in einem Rahmen mit einem Bussystem aufgebaut werden kann (Abb. 4), soll der Motor angesteuert werden. Dieses System besitzt unter anderem:

- Eine Eingabebaugruppe, mit den Schaltern B0...B7. Es können Eingangssignale hexadezimal ($0_H...FF_H = 0...255_D$) eingegeben werden. Leuchtdioden zeigen die Signale der Schalter an.

- Eine Ausgabebaugruppe, mit Ausgangsbuchsen und Leuchtdioden.

- Zur Programmierung wird die Assembler-Sprache verwendet.

Bei allen Programmiersprachen müssen die einzelnen Befehle in Maschinenbefehle (Maschinencode) umgewandelt (übersetzt) werden. Der Maschinencode besteht aus Bitmustern wie z.B. 10000111.

Diese Umwandlung kann z.B. durch einen **Interpreter** vorgenommen werden. Dieser interpretiert während der Programmausführung einen Befehl, setzt ihn in Maschinencode um, und dann erfolgt die Ausführung dieses Befehls (z.B. bei BASIC). Oder das gesamte Programm wird mit Hilfe eines **Compilers**[1] vor der Programmausführung zunächst in Maschinencode übersetzt, und es folgt dann die Ausführung des gesamten Programms.

> Bei allen Programmiersprachen werden die Befehle eines Programms in entsprechende Maschinencodes umgewandelt.

Vorteil der Programmausführung mit Hilfe eines Interpreters:

- Jede Befehlszeile wird auf formale und logische Richtigkeit überprüft, und es erfolgt sofort eine Fehlermeldung, wenn der Interpreter einen Fehler entdeckt.

Nachteil:

- Die Interpretation der einzelnen Befehle benötigt verhältnismäßig viel Zeit.

Für schnelle Abläufe ist die Programmausführung mit einem Interpreter nicht geeignet.

Da die Programmierung direkt im Maschinencode sehr zeitaufwendig und umständlich ist, wurden Sprachen (z.B. Assembler) entwickelt, bei denen die Maschinenbefehle durch Abkürzungen (**Mnemonics**) ausgedrückt werden.

> Mnemonics oder mnemotechnische Kürzel sind Abkürzungen (Merkworte) für Maschinenbefehle.

Sie sind für den Programmierer leichter zu behalten und erleichtern das Programmieren. Diese Abkürzungen sind in der Regel aus dem englischen abgeleitet. So bedeutet z.B.:

IN 01:   **IN**put (Eingabe) über die Baugruppe 01

ANI 01:   **AN**d **I**mmediate (unmittelbare UND-Verknüpfung des Akkuinhalts mit der Zahl 1)

MVI A,05: **M**o**V**e **I**mmediate (bewege, lade den Akku direkt mit der Zahl 05)

OUT 02: **OUT**put (Ausgabe) über die Baugruppe 02

RET: **RET**urn (kehre zurück)

> Programme, die zur Übersetzung der Assemblersprache in die Maschinensprache und umgekehrt dienen, bezeichnet man als **Assembler** oder **Assemblierer**.

Für die Anwendung der Assemblersprache muß man, wie bei allen anderen Programmiersprachen auch, die Regeln und Befehle dieser Sprache kennen. Außerdem setzt diese Programmierungsart die Kenntnis über den Aufbau des verwendeten Mikroprozessors voraus. Jeder Prozessortyp hat seine eigenen Befehle. Wichtige Befehlsarten sind: Transportbefehle, Verarbeitungsbefehle und Programmsteuerbefehle.

Transport- oder **Ladebefehle** dienen dem Datentransport (innerhalb des Prozessors, zu und von den Speichern und Ein- und Ausgabebaugruppen). Mit Hilfe der **Verarbeitungsbefehle** werden Daten addiert, subtrahiert, verglichen usw. Zu den **Programmsteuerbefehlen** gehören z.B. Sprungbefehle und Befehle, mit denen der Programmablauf unterbrochen werden kann (Interrupt).

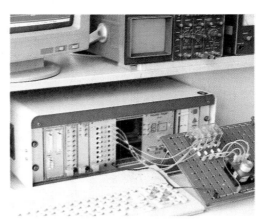

Abb. 4: Computersystem für Lehrzwecke

---
[1] to compile (engl.): zusammenstellen

Befehle können als Mnemonics, binär oder hexadezimal dargestellt werden (Abb. 4). Bei der Umwandlung der binären Darstellung in die hexadezimale Darstellung gilt:

- Zusammenfassung der Datenbits D7...D4 und D3...D0 zu jeweils einer Gruppe.
- Den einzelnen Bits jeder Gruppe sind die Wertigkeiten $2^3...2^0$ zugeordnet.
- Für jede Gruppe ermittelt man den Dezimalwert. Der Dezimalwert ergibt sich aus der Summe der Bits, die den Zustand 1 besitzen.
- Den Dezimalzahlen 10...15 weist man die Buchstaben A...F zu.

2^3	2^2	2^1	2^0	2^3	2^2	2^1	2^0	Wertigkeit
D7	D6	D5	D4	D3	D2	D1	D0	Datenbit
0	0	1	1	1	0	1	0	Zustand

$3_D = 3_H \qquad 10_D = A_H$

$00111010 = 3A_H$

Abb. 1: Umwandlung von Daten in binärer Darstellung in hexadezimale Darstellung

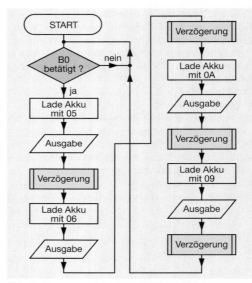

Abb. 2: Programmablaufplan (PAP) zur Schrittmotorsteuerung

Wie entsteht ein Programm?

1. Aufgabenstellung

Zunächst muß die Aufgabenstellung eindeutig formuliert werden.

Ein Schrittmotor soll sich mit einer vorgegebenen Drehzahl im Uhrzeigersinn drehen, wenn der Schalter B0 an der Eingabebaugruppe eingeschaltet ist.

2. Erstellen des Programmablaufplanes

Wenn die Aufgabenstellung klar ist, erstellt man in der Regel einen **Programmablaufplan (PAP)**, in dem der Funktionsablauf eines Programms dargestellt wird (Abb. 2). Die Operationen oder Aktionen innerhalb eines Funktionsablaufes werden durch eine Folge von Funktionsblöcken (unterschiedliche Form beachten!) dargestellt. Durch Pfeile zwischen den einzelnen Funktionsblöcken wird der zeitliche Ablauf des Programms gekennzeichnet. In das Blocksymbol (oder auch daneben) wird die jeweilige Operation oder Aktion eingetragen, die zu diesem Zeitpunkt durchgeführt wird.

Der Programmablaufplan muß bei unserem Beispiel folgende Punkte enthalten:

- Überprüfung, ob B0 betätigt ist.
- Wenn B0 betätigt ist, müssen die Kombinationen 5, 6, 10 und 9 (vgl. Tab. 9.6) für den Motor an der Ausgabebaugruppe ausgegeben werden.
- Die Ausgabe muß für eine bestimmte Zeit an der Ausgabebaugruppe vorhanden sein.

3. Erstellung des Programms

Die Überprüfung des Schalters B0 erfolgt in unserem Beispiel durch die folgenden Befehle (vgl. Abb. 4a):

IN 01:   Lade den Inhalt der Baugruppe mit der Baugruppennummer 01 in den Akku.

ANI 01:   Bilde eine UND-Verknüpfung zwischen dem Akkuinhalt und der Zahl 01.

Das Ergebnis dieser UND-Verknüpfung entscheidet über die Fortsetzung des Programms. Durch den Befehl JZ START (**J**ump if **Z**ero: springe, wenn das Ergebnis 0 ist, zurück zu START) wird die Schalterstellung von B0 von neuem überprüft. Da dieser Sprungbefehl an eine Bedingung geknüpft ist, bezeichnet man ihn als **bedingten Sprung**.

Ist B0 eingeschaltet (das Ergebnis der UND-Verknüpfung ist 1), dann springt das Programm nicht an den Anfang zurück, sondern führt den nächsten Befehl aus. In dem Beispiel wird jetzt mit dem Befehl MVI A,05 der Wert $05_D = 00000101$ in den Akku übernommen und durch den Ausgabebefehl OUT 02 an die Ausgabebaugruppe mit der Baugruppennummer 02 weitergeleitet.

Um die Drehzahl des Motors zu bestimmen, wird jetzt ein Verzögerungsprogramm als Unterprogramm mit dem Befehl CALL VERZ aufgerufen (Call: rufen). Nach der Abarbeitung dieses Verzögerungsprogramms wird der nächste Befehl (MVI A,06) des Hauptprogramms bearbeitet. Es wird die Zahl $06_D = 00000110$ in den Akku geladen, an der Ausgabebaugruppe ausgegeben und das Verzögerungsprogramm aufgerufen.

Danach werden nach dem gleichen Schema die Zahlen $10_D = 00001010$ und $09_D = 00001001$ an der Ausgabebaugruppe ausgegeben. Nach Ablauf dieses Programmteiles hat sich der Motor um vier Schritte gedreht. Durch den Befehl JMP START beginnt wieder eine Überprüfung der Schalterstellung von B0. Der Befehl JMP START ist nicht an eine Bedingung geknüpft, es ist ein **unbedingter Sprung.**

Bei größeren Programmen ist es zweckmäßig, bestimmten Adressen, zu denen oft innerhalb des Programms durch einen Sprungbefehl zurückgekehrt wird, einen Namen (**Label**) zu geben. Da in unserem Programm ein Sprungbefehl zur Adresse E000 ausgeführt wird, kann man dieser Adresse z. B. das Label »START« zuordnen. Ebenso wurde dem **Unterprogramm**, das eine zeitliche Verzögerung bewirkt, das Label »VERZ« zugeordnet, (Abb. 4a).

Das Unterprogramm (Verzögerung) funktioniert folgendermaßen. Durch den Befehl LXI D,4E20 wird das Doppelregister (die Register D und E bilden ein Doppelregister) mit der Zahl $4E20_H = 20000_D$ geladen. Der Befehl DCX D bewirkt, daß der Inhalt dieses Doppelregisters um 1 vermindert (dekrementiert) wird. Der Inhalt des D-Registers wird durch den Befehl MOV A,D in den Akku übertragen. Durch ORA E wird der Akkuinhalt mit dem Inhalt des E-Registers ODER-verknüpft. Ist das Ergebnis dieser ODER-Verknüpfung nicht 0, springt das Programm wieder zur Adresse 0908 zurück und vermindert den Inhalt des D-Registers wieder um 1.

Dieser Vorgang wiederholt sich so oft, bis das Ergebnis der ODER-Verknüpfung 0 ist. Jetzt wird das Unterprogramm mit dem Befehl RET beendet, das Hauptprogramm kann fortgesetzt werden.

Da für die Ausführung eines Befehls eine bestimmte Zeit benötigt wird, kann man durch die Zahl, mit der das Doppelregister geladen wird, die Verzögerungszeit bestimmen. In der Abb. 2, S. 412 sind die Befehle mit den Taktzykluszeiten dargestellt.

Adresse	Befehl (hexad.)	Label	Mnemonic
E000	DB 01	START:	IN 01
E002	E6 01		ANI 01
E004	CA 00E0		JZ START
E007	3E 05		MVI A,05
E009	D3 02		OUT 02
E00B	CD 9508		CALL VERZ
E00E	3E 06		MVI A,06
E010	D3 02		OUT 02
E012	CD 9508		CALL VERZ
E015	3E 0A		MVI A,0A
E017	D3 02		OUT 02
E019	CD 9508		CALL VERZ
E01C	3E 09		MVI A,09
E01E	D3 02		OUT 02
E020	CD 9508		CALL VERZ
E023	C3 00E0		JMP START

a) Programm mit Label und Mnemonics

0895	11 204E	VERZ:	LXI D,4E20
0898	1B		DCX D
0899	7A		MOV A,D
089A	B3		ORA E
089B	C2 9808		JNZ 0898
089E	C9		RET

b) Unterprogramm (Verzögerungsschleife)

```
E000  DB  01  E6  01  CA  00  E0  3E
E008  05  D3  02  CD  95  08  3E  06
E010  D3  02  CD  95  08  3E  0A  D3
E018  02  CD  95  08  3E  09  D3  02
E020  CD  95  08  C3
```

c) Hauptprogramm (hexadezimal)

E000	11011011
E001	00000001
E002	11100110
E003	00000001

d) Teil des Hauptprogramms (Maschinencode)

Abb. 4: Programm zur Schrittmotorsteuerung

Schalter B0	Aus	Ein
IN 01	00000000	00000001
ANI 01	00000001	00000001
Akkuinhalt/Ergebnis	00000000	00000001
Z-Flag	1	0

Abb. 3: Überprüfung der Schalterstellung B0

D-Register	z.B.	4E 01001110	(MOV A, D)
E-Register		13 00010011	
ODER-Verknüpfung		01011111	(ORA E)
Ergebnis nicht 0			

D-Register		00 00000000	(MOV A, D)
E-Register		00 00000000	
ODER-Verknüpfung		00000000	(ORA E)
Ergebnis = 0			

Abb. 5: Überprüfung des Doppelregisters DE

| | | Operation | Operand | Akku | Flag-Register | | Register | | | | | | Stapelspeicher |
		OP	ADR. FELD	A	N Z H P C	B	C	D	E	H	L	I	SP
PC	LABEL:												
E000	START:	IN	01	00	0 1 1 1 0	00	00	00	00	00	00	00	FC32
E002		ANI	01	00	0 1 1 1 0	00	00	00	00	00	00	00	FC32
E004		JZ	START	00	0 1 1 1 0	00	00	00	00	00	00	00	FC32
E000	START:	IN	01	00	0 1 1 1 0	00	00	00	00	00	00	00	FC32
E002		ANI	01	00	0 1 1 1 0	00	00	00	00	00	00	00	FC32
E004		JZ	START	00	0 1 1 1 0	00	00	00	00	00	00	00	FC32
E000	START:	IN	01	01	0 1 1 1 0	00	00	00	00	00	00	00	FC32
E002		ANI	01	01	0 0 1 0 0	00	00	00	00	00	00	00	FC32
E004		JZ	START	01	0 0 1 0 0	00	00	00	00	00	00	00	FC32
E007		MVI	A,05	05	0 0 1 0 0	00	00	00	00	00	00	00	FC32
E009		OUT	02	05	0 0 1 0 0	00	00	00	00	00	00	00	FC32
E00B		CALL	VERZ	05	0 0 1 0 0	00	00	00	00	00	00	00	FC30
0895	VERZ:	LXI	D,4E20										

Abb. 1: Programmverfolgung im Trace-Modus

Die Zeit für die Ausführung eines Befehls ergibt sich aus der Anzahl der Taktzyklen und der Taktzykluszeit. Die Taktzykluszeit beträgt in dem verwendeten Computersystem 0,5 µs.

Befehl	Taktzyklen	benötigte Zeit
LXI D	10	5 µs
DCX D	6	3 µs
MOV A,D	4	2 µs
ORA E	4	2 µs
JNZ	10/7	5 µs
RET	10	5 µs

Abb. 2: Taktzykluszeiten einiger Befehle

Der Befehl JNZ (**J**ump if **N**ot **Z**ero: springe, wenn das Ergebnis nicht Null ist) benötigt, je nachdem ob die Bedingung erfüllt ist oder nicht, unterschiedliche Zeiten. Die Befehle DCX D; MOVA, D; ORA E und JNZ werden in unserem Beispiel ca. 20000 mal ausgeführt. Dadurch ergibt sich eine Verzögerungszeit von $20000 \times (3\,µs + 2\,µs + 2\,µs + 5\,µs) = 240$ ms. Für einen Schritt des Schrittmotors befinden sich also für 240 ms die entsprechenden Spannungen an den Motorwicklungen.

Abb. 3: Schrittmotor mit Ausgabebaugruppe

Aus der Abb. 3, S. 411 erkennt man, daß die einzelnen Befehle unterschiedlich viele Speicherplätze belegen. Der Befehl IN 01 ($DB_H = 110110111$ und $01_H = 00000001$) belegt z. B. die Speicherplätze E000 und E001. Das sind zwei Byte. Deshalb bezeichnet man diesen Befehl auch als **Zwei-Byte-Befehl**. Der Befehl RET ist ein **Ein-Byte-Befehl** und der Befehl JMP E000 (JMP START) ist ein **Drei-Byte-Befehl**. Bei der Speicherung einer Adresse (E000) wird immer erst das niederwertige Byte (00) und dann erst das höherwertige Byte (E0) im Speicher abgelegt, (vgl. Adresse E004 ff.).

In der Regel kann man mit dem Programm zur Erstellung von Assemblerprogrammen auch den Programmablauf verfolgen. Dazu schaltet man den **Trace-Modus** ein. Auf dem Bildschirm und/oder Drucker wird dann jeder Programmschritt angezeigt. Die Abb. 1 verdeutlicht den Ablauf unseres Beispielprogramms. Bei jedem Programmschritt werden die Speicheradresse, das entsprechende Label, der Befehl und der Zustand der einzelnen Register angezeigt. Außerdem kann man erkennen, wann sich ein Flag-Register ändert. Aus der Abb.1 ist zu erkennen, daß sich der Zustand des Z-Flags (Zero-Flag) geändert hat. Das deutet darauf hin, daß während des Programmablaufs der Schalter B0 betätigt wurde.

Aufgaben zu 9.3.4

1. Wodurch unterscheiden sich ROM und RAM?

2. Was sind Tristate-Ausgänge? Wo und warum werden sie verwendet?

3. In das 2048 x 8-Bit-RAM (Abb. 6, S.407) soll das Datum AB_H in die Speicherstelle 1052_D eingeschrieben werden. Wie müssen alle Anschlüsse des RAMs beschaltet werden?

4. Ermitteln Sie für den Schrittmotor (Abb. 2, S. 408) Richtung und Stärke des resultierenden Feldes für alle (0…15) möglichen Ansteuerkombinationen.

9.4 Regelungstechnik

9.4.1 Grundbegriffe der Regelungstechnik

Wie in der Steuerungstechnik geht die Entwicklung auch in der Regelungstechnik dahin, nicht spezielle Einzelschaltungen, sondern kompakte und flexibel handhabbare Einheiten für verschiedene Anwendungsfälle zu entwickeln. Es handelt sich dabei oft um digital arbeitende Einheiten, deren Arbeitsweise leicht verändert und somit den Erfordernissen besser angepaßt werden kann.

In Abb. 5 sind z. B. einige Kompaktregler in der Leitwarte eines Betriebes zur Überwachung und Einstellung von Prozeßdaten zu sehen. Sie sind über einen Computer miteinander vernetzt.

Bevor auf komplexe Regelungsabläufe eingegangen werden kann, soll zunächst am Beispiel der Drehzahlregelung eines fremderregten Gleichstrommotors das Prinzip der Regelung verdeutlicht werden.

Ziel des in Abb. 6 dargestellten Versuchsaufbaus mit einem digital arbeitenden Kompaktregler ist es, die Drehzahl des Motors gegenüber Netzspannungsschwankungen und einer sich ändernden Belastung konstant zu halten. Den prinzipiellen Schaltungsaufbau zeigt Abb. 4.

Der Motor ist hierbei die zu regelnde Strecke (Regelstrecke). Für den Betrieb des Motors sind zwei Stromkreise vorhanden. Der Strom für die Feldwicklung wird über eine Gleichrichterschaltung direkt aus dem Netz gewonnen. Er wird also nicht geregelt. Der Ankerstrom dagegen ist mit Hilfe einer halbgesteuerten Brückenschaltung aus Thyristoren und einer elektronischen Ansteuerschaltung veränderbar (vgl. 7.7). Die Brückenschal-

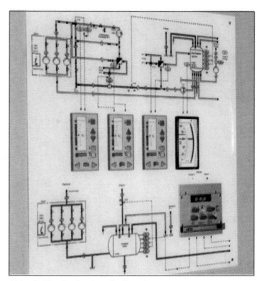

Abb. 5: Regler in einer Leitwarte

Abb. 6: Drehzahlregelung mit Kompaktregler

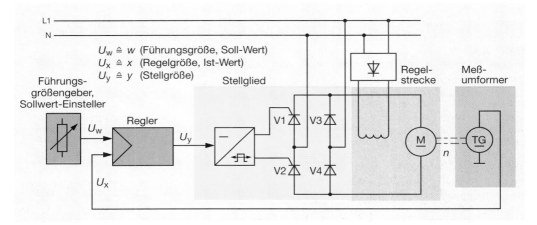

Abb. 4: Prinzip einer Drehzahlregelung

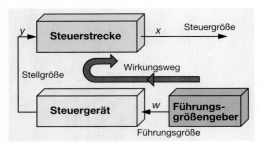

Abb. 1: Elemente und Signale einer Steuerkette

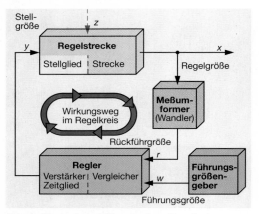

Abb. 2: Elemente und Signale eines Regelkreises

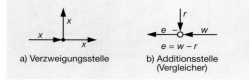

a) Verzweigungsstelle

b) Additionsstelle
(Vergleicher)

Abb. 3: Verknüpfungsmöglichkeiten von Regelgrößen

tung mit dem Impulsgenerator arbeitet in diesem Fall als Stellglied für die Regelstrecke. Je nach Phasenlage der Steuerimpulse (Steuerwinkel α) fließt ein kleinerer oder größerer Ankerstrom.

Der Steuerwinkel α wird vom Regler festgelegt. Der Regler besitzt zwei Eingänge. An den einen Eingang wird mit Hilfe eines Einstellers eine feste Spannung gelegt. Sie entspricht einer bestimmten und gewünschten Drehzahl des Motors. Diese Größe wird deshalb als **Führungsgröße w** bezeichnet. Sie ist der Soll-Wert, auf den sich der Motor immer einstellen soll.

Auf den zweiten Eingang des Reglers wird ein Vergleichssignal gegeben, das gewissermaßen einer Rückmeldung durch den Motor über die tatsächlich vorhandene Drehzahl entspricht. Gewonnen wird dieses Signal mit Hilfe eines Generators

(Tachogenerator), der mechanisch mit der Achse des Motors verbunden ist (Abb. 4, S. 413).

Die zur Drehzahl proportionale Generatorspannung entspricht damit der tatsächlichen Drehzahl. Diese ist die **Regelgröße x** oder der Ist-Wert. Der Regler vergleicht nun den Ist-Wert mit dem vorgegebenen Soll-Wert und bildet daraus die **Regeldifferenz e** ($e = w - x$).

Je nach Abweichung erzeugt der Regler ein Ausgangssignal U_y, das als **Stellgröße y** bezeichnet wird. Mit ihm wird dann über das Stellglied (Thyristor-Schaltung) die Motordrehzahl beeinflußt. Der Wirk- und Informationskreis ist geschlossen **(Regelkreis)**.

> Bei einer Regelung wird die zu regelnde Größe (Regelgröße x) auf einem geschlossenen Wirkungsweg ständig erfaßt und mit einer Führungsgröße w im Regler ständig verglichen. Über die sich daraus ergebende Regeldifferenz e erfolgt eine Angleichung an die vorgegebene Führungsgröße.

Die Angleichung erfolgt je nach Reglertyp und Regelcharakteristik unterschiedlich, z. B. sprungartig oder kontinuierlich (vgl. 9.4.4).

Der Unterschied zwischen Steuern und Regeln läßt sich mit der beschriebenen Drehzahlregelung erklären, wenn die Verbindung vom Tachogenerator zum Regler unterbrochen wird. In diesem Fall ist nur noch eine Steuerung möglich, da bei einer sich ändernden Drehzahl keine Rückmeldung mehr erfolgt. Die Steuersignale gehen lediglich in eine Richtung. Der Wirkungsweg ist offen (Abb. 1).

Die bisher beschriebenen Regelungsvorgänge wurden mit gerätetechnischen Symbolen oder Schaltzeichen dargestellt. Zur Vereinfachung und Verdeutlichung der Vorgänge werden in der Regelungstechnik bestimmte Schaltzeichen verwendet und die Signalverläufe besonders hervorgehoben. In Abb. 2 ist dazu die Drehzahlregelung mit Hilfe von Einzelblöcken in allgemeiner Form dargestellt.

Auf die Regelstrecke wirken die Stellgröße y und eventuelle Störgrößen z ein. Die Regelgröße x gelangt über einen Meßumformer (Wandler) als Rückführgröße r in den Regler. Dort wird mit der Führungsgröße w im Regler die Regeldifferenz e gebildet, eventuell umgeformt und dann als Stellgröße y wieder auf die Regelstrecke gegeben. Wenn, wie in Abb. 1 der Regelkreis unterbrochen wird, handelt es sich um eine Steuerung.

> Regeln bedeutet immer Messen, Vergleichen und Stellen.

In der Regelungstechnik unterscheidet man zwei verschiedene Arten der Zusammenführung von

Signalen (Abb. 3). Wenn am Ausgang der Regelstrecke das Signal lediglich verzweigt wird, stellt man diesen Vorgang durch einen ausgefüllten Punkt dar (Abb. 3 a, **Verzweigungsstelle**). Kommt es dagegen im Regler zu einer Addition der Signale, wird diese Stelle durch einen kleinen Kreis dargestellt (Abb. 3 b) und als **Additionsstelle** bezeichnet. Das Vorzeichen muß dabei berücksichtigt werden.

Regler enthalten in ihrem Innern eine Additionsstelle, wobei zwischen Führungs- und Rückführgröße die Differenz gebildet wird. Man bezeichnet diese Stelle als **Vergleicher** (Vergleichsglied).

> In einem Vergleicher wird aus der Differenz von zwei Eingangsgrößen ($w-r$) eine Ausgangsgröße gebildet (e).

Verwendet man diese Symbolik, dann ergibt sich das Blockschaltbild von Abb. 4. Da Regler und Meßumformer mitunter eine Einheit bilden, bezeichnet man diese dann als **Regeleinrichtung**.

Mit einem Regelungsvorgang will man erreichen, daß sich die Regelgröße x möglichst rasch und in einer bestimmten Weise auf eine veränderte Führungsgröße einstellt (**Führungsverhalten**).

Wenn sich wie z.B. in Abb. 5 a die Führungsgröße w_1 sprungartig ändert (w_2), kann es zu einem Überschwingen der Regelgröße kommen. Erst nach einer bestimmten Zeit ist ein konstanter Endwert x_2 erreicht.

In bestimmten Fällen ist jedoch ein Überschwingen der Regelgröße nicht erlaubt, z.B. bei der Positionsregelung von spanabhebenden Werkzeugmaschinen. Die Regelgröße darf sich nur aperiodisch und gedämpft in die neue Lage bewegen.

Ziel einer Regelung ist es auch, trotz möglicher Störgrößen z, die Regelgröße x möglichst konstant zu halten. Die Störgrößen können dabei an verschiedenen Stellen des Regelkreises auftreten. Eine sprungartige Störung wie in Abb. 5 b muß dann möglichst rasch ausgeregelt werden. In diesem Fall stellt sich nach einigem Überschwingen die Regelgröße x_1 wieder ein (**Störverhalten**).

> Eine Beurteilung des Regelkreises kann durch Aussagen über das Führungsverhalten und Störverhalten erfolgen.

Die beschriebenen Fälle machen deutlich, daß Regelungsprobleme vielschichtig sind. Kenntnisse über die zu regelnde Stecke und über das Verhalten von Reglern sind für eine Abstimmung aufeinander unerläßlich, wenn Regelkreise geplant oder einzelne Größen im Regelkreis verändert werden sollen.

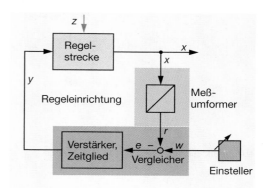

x: Regelgröße e: Regeldifferenz ($e=w-r$)
r: Rückführgröße y: Stellgröße
w: Führungsgröße z: Störgröße

Abb. 4: Regelkreis und Regelkreissignale

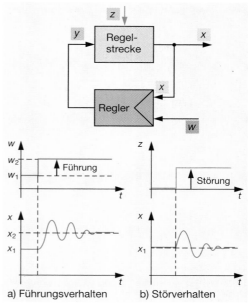

a) Führungsverhalten   b) Störverhalten

Abb. 5: Regelkreisverhalten

Aufgaben zu 9.4.1

1. Beschreiben Sie die Aufgabe eines Vergleichers in einem Regelkreis!

2. Was versteht man unter der Regeldifferenz?

3. Erklären Sie den Unterschied zwischen der Regelgröße und der Stellgröße!

4. Welche Elemente kann man zu einer Regeleinrichtung zusammenfassen?

5. Erklären Sie den Unterschied zwischen dem Führungs- und dem Störverhalten!

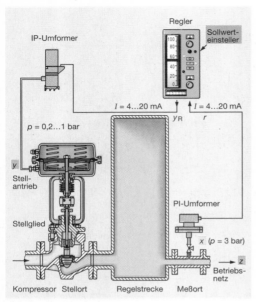

Abb. 1: Prinzip einer Druckluftregelungsanlage

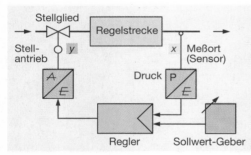

Abb. 2: Regelkreis der Druckluftregelanlage von Abb.1

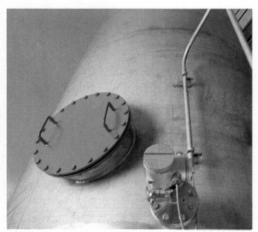

Abb. 3: Kapazitiver Meßumformer am Kessel

9.4.2 Meßumformer, Signalumformer

In komplexen Anlagen der Prozeßtechnik ist es erforderlich, daß verschiedenartige Größen, z.B. der Druck in der Druckluftregelanlage von Abb. 1, und Signale für die Verarbeitung in Regelkreisen entsprechend aufbereitet werden. Neben den elektrischen Größen Spannung, Stromstärke, Frequenz usw. gibt es z.B. noch folgende Größen, die gemessen und geregelt werden:

- **Antriebstechnik:**
  Drehzahl, Drehmoment, Winkel, Lage,…
- **Verfahrenstechnik:**
  Temperatur, Durchfluß, Niveau, Druck, Volumen,…
- **Fahrzeugtechnik:**
  Geschwindigkeit, Beschleunigung, Lage, Kurs,…
- **Lichttechnik:**
  Beleuchtungsstärke, Lichtstrom,…

Als Beispiel für das Zusammenwirken verschiedener Größen in einem Regelkreis, dient die Prinzipdarstellung einer Druckluftregelungsanlage von Abb. 1.

Das Ausgangssignal des Druckluftbehälters wird am Meßort ermittelt und zur weiteren Verarbeitung im Regler in ein elektrisches Signal umgeformt (PI-Umformer). Das Ausgangssignal ist in diesem Fall je nach Druck ein Konstantstrom von $4…20$ mA (**elektrisches Einheitssignal** E).

Das Ausgangssignal des Reglers (Regeldifferenz) ist ebenfalls ein von der Belastung unabhängiger Strom von $4…20$ mA, der in dem nachfolgenden IP-Umformer in ein **pneumatisches Einheitssignal** A von $0,2…1$ bar umgeformt wird, damit über den Stellantrieb und das Stellglied der Gasstrom zum Druckbehälter geregelt werden kann.

Der Maximalwert von 20 mA für das Einheitssignal ist ein Kompromiß zwischen der Explosionssicherheit und der Störsicherheit. Der Minimalwert von 4 mA liefert eine zusätzliche Information über den Leitungszustand. Bei 0 mA wäre eine Unterbrechung vorhanden. Neben dem $4…20$ mA-Bereich gibt es Bereiche von $0…20$ mA und $0…10$ V.

> Elektrische Bausteine der Regelungstechnik (z.B. Meßumformer, Regler) benötigen bzw. liefern häufig Einheitssignale der Bereiche $0…20$ mA, $4…20$ mA oder $0…10$ V.

In Abb. 2 ist die Druckluftregelanlage durch Symbole der Regelungstechnik dargestellt.

In Abb. 3 ist ein an einem Kessel angebrachter Meßumformer zu sehen. Er kann Druck, Differenzdruck, Absolutdruck von Flüssigkeiten, Gasen und Dämpfen oder den Füllstand von 16 mbar bis 4 bar in einen konstanten Ausgangsstrom von $4…20$ mA umwandeln. Der Nullpunkt der Messung ist einstellbar.

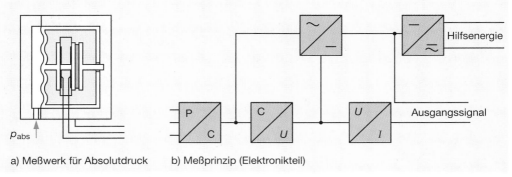

a) Meßwerk für Absolutdruck   b) Meßprinzip (Elektronikteil)

Abb. 4: Kapazitiver Meßumformer für Druck, Absolutdruck und Füllstand

Das Meßprinzip verdeutlicht Abb. 4b. Die Membran (Abb. 4a) ist gleichzeitig die Elektrode eines Kondensators, der von der Eingangsgröße (Druck, Absolutdruck, Differenzdruck entspricht Füllstand) ausgelenkt wird. Mit Hilfe einer Wechselspannung (Abb. 4b) wird durch den Elektronikteil die Kapazitätsänderung in einen dem Druck proportionalen Konstantstrom umgewandelt.

Den Vorteil von Meßumformern mit einem Konstantstrom verdeutlicht Abb. 5. Die Empfänger für das vom Ausgang des Umformers gelieferte Ausgangssignal können in Reihe geschaltet werden. Der in Abb. 3 dargestellte Meßumformer darf z. B. mit einem Widerstand von 0...750 Ω belastet werden. Er ist also kurzschlußfest. Bei einem Eingangswiderstand von 50 Ω/Gerät könnten 15 Geräte in Reihe geschaltet werden.

Es gibt aber auch Umformer, die eine belastungsunabhängige Ausgangsspannung abgeben. Bei einem Spannungssignal von 0...10 V darf der Umformer in der Regel mit 1,5 kΩ bis 2 kΩ belastet werden. Bei einem Eingangswiderstand von z. B. 100 kΩ pro Gerät könnten bis zu 50 Elemente parallel geschaltet werden (Abb. 6).

Neben dem Druck bzw. Füllstand ist in der Prozeßtechnik die Temperatur eine weitere wichtige Regelgröße. Sie kann durch verschiedenartige Sensoren (vgl. 9.4.6) erfaßt und durch entsprechende Meßumformer in elektrische Größen umgewandelt werden.

In Abb. 7 ist das von einem Hersteller gelieferte Blockschaltbild eines Meßumformers für die Temperaturwerterfassung in einer Automatisierungsanlage zu sehen. Er ist für einen Platin-100 und drei Nickel-1000 Sensoren ausgelegt. Es können damit z. B. die Außentemperatur, die Vorlauftemperatur, die Raumtemperatur und die Rauchgastemperatur bei einem technischen Prozeß ermittelt werden. Die Umsetzung der Temperatur erfolgt in einen Analogspannungsbereich von 0...10 V.

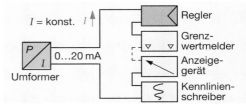

Abb. 5: Reihenschaltung von Empfängern bei einem Konstantstromsignal

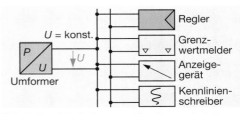

Abb. 6: Parallelschaltung von Empfängern bei einem Konstantspannungssignal

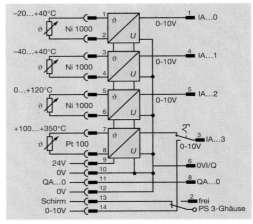

Abb. 7: Temperaturmeßumformer (Firmenunterlage)

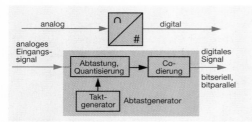

Abb. 1: Prinzip der Analog-Digital-Umsetzung

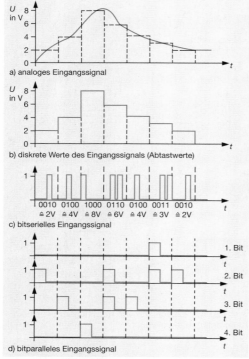

a) analoges Eingangssignal

b) diskrete Werte des Eingangssignals (Abtastwerte)

c) bitserielles Eingangssignal

d) bitparalleles Eingangssignal

Abb. 2: Umwandlung eines analogen Signals in digitale Signale

Neben der noch verwendeten analogen Signalverarbeitung setzt sich immer mehr auch bei Meßumformern die digitale Signalverarbeitung durch. Die Vorteile, wie z.B. direkte Weiterverarbeitung der Signale durch Mikrocomputer, universelle Einsatzmöglichkeiten durch Programmierung, automatisches Abgleichen und Korrigieren bei Alterung überwiegen.

Das Prinzip einer Analog-Digital-Umsetzung verdeutlicht Abb. 1. Mit Hilfe eines Taktgenerators wird das Analogsignal (Abb. 2a) in diskrete Werte zerlegt (Abb. 2b). Über eine Codierungsschaltung gibt es jetzt die Möglichkeit, gemäß der Abb. 2c jedem diskreten Wert eine digitale Ziffer zuzuordnen. Es entsteht dabei ein kontinuierlicher nacheinander ablaufender (bitserieller) Datenfluß.

Anders verhält es sich bei der bitparallelen Codierung (Abb. 2d). Jede der vier Stellen (4 Bits) wird gleichzeitig übertragen, so daß in diesem Fall auch vier Übertragungskanäle benötigt werden. Solche binärcodierten parallelen Signale werden z.B. von Codierscheiben abgegeben. In einem nachfolgenden Mikrocomputer kann dann diese Signalfolge verarbeitet werden.

In Abb. 3 wird das Einstellen der Betriebsdaten eines Universal-Meßumformers mit einem PC verdeutlicht. Über ein vom Hersteller geliefertes Programm können mit Hilfe der Bedienoberfläche (Abb. 4) u.a. folgende Betriebsdaten eingestellt werden:

- Art des Sensors (z.B. Widerstandsthermometer, Thermoelement),
- Meßbereich,
- Kennlinie (spannungslinear, temperaturkompensiert, anwenderspezifisch),
- Ausgangssignal (0...20 mA, 4...20 mA).

Diese und andere Betriebsdaten werden in einem nichtflüchtigen Speicher (EEPROM) abgelegt. Über einen Drucker können die eingestellten Werte dokumentiert werden.

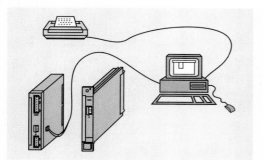

Abb. 3: Einstellen der Betriebsdaten bei einem Universal-Meßumformer mit einem PC

Abb. 4: Bedienoberläche für das Einstellen der Betriebsdaten eines Meßumformers

9.4.3 Regelstrecken

In komplexen Industrieanlagen (Abb. 6) ist es erforderlich, verschiedenartige Größen in unterschiedlichen Regelstrecken zu regeln. Damit entsprechende Regler sinnvoll eingesetzt werden können, ermittelt man das zeitliche (dynamische) Verhalten der Strecken. Dazu ändert man die Eingangsgröße der Strecke sprungartig (**Sprungfunktion**, Abb. 7a) und registriert das dazugehörige Ausgangsverhalten. Bei einem Ventil entspricht dieses Vorgehen einer plötzlichen Änderung der Ventilstellung und bei einem Transistor einer sprungartigen Veränderung der Basisstromstärke.

Die Antworten auf diese sprungartigen Änderungen (**Sprungantworten**) können dabei einem konstanten Endwert x_1 (**mit Ausgleich**) oder keinem konstanten Endwert (**ohne Ausgleich**) zustreben (Abb. 7a).

> Bei einer Regelstrecke mit Ausgleich entsteht nach einer Änderung der Stellgröße y oder bei einer Störung z nach einer gewissen Zeit eine neue konstante Regelgröße x (Gleichgewichtszustand, Beharrungszustand).
>
> Bei einer Regelstrecke ohne Ausgleich entsteht nach einer sprungartigen Änderung der Stellgröße y oder bei einer Störung z keine konstante Regelgröße x.

Strecken mit Ausgleich werden auch als **Proportional-Strecken** (P-Strecken) und Strecken ohne Ausgleich als **Integral-Strecken** (I-Strecken) bezeichnet.

In Regelstrecken kann die Regelgröße x niemals sofort auf Stellgrößenänderungen reagieren. Es treten immer aufgrund von Trägheitselementen (z.B. Massen, Energiespeicher) Verzögerungen auf, die durch die **Totzeit** T_t gekennzeichnet werden (Abb. 7b). In vielen Fällen ist sie jedoch sehr gering, so daß sie vernachlässigt werden kann (z.B. elektrische Stromstärke, Gasströme). Man spricht dann von einer verzögerungsarmen Regelstrecke.

9.4.3.1 Regelstrecken mit Ausgleich

In Abb. 5 sind als Regelstrecken mit Ausgleich ein Rohrleitungssystem und Transistoren aufgeführt. Die Regelung erfolgt in beiden Systemen verzögerungsarm und proportional.

Durchfluß:
Ventilhub ($\hat{=}\ y$) ~ Durchfluß ($\hat{=}\ x$)

Bipolarer Transistor:
Basisstrom ($\hat{=}\ y$) ~ Kollektorstrom ($\hat{=}\ x$)

Abb. 6: Regelung in einer Industrieanlage

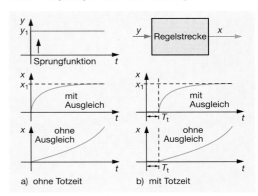

a) ohne Totzeit   b) mit Totzeit

Abb. 7: Zeitverhalten von Regelstrecken

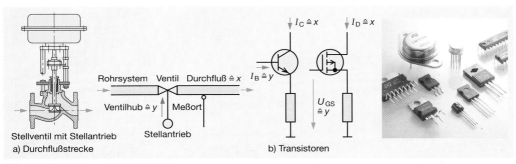

a) Durchflußstrecke   b) Transistoren

Abb. 5: P-Strecken, verzögerungsarm

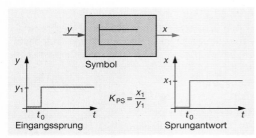

Abb. 1: P$_0$-Regelstrecke

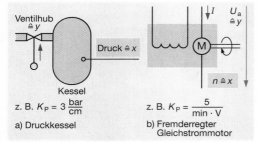

Abb. 2: Beispiel für PT$_1$-Strecken

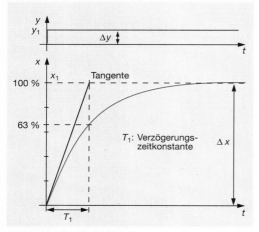

Abb. 3: Ermittlung der Verzögerungszeitkonstanten T$_1$ bei der PT$_1$-Strecke

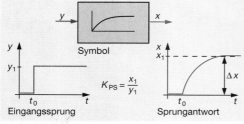

Abb. 4: PT$_1$-Strecke

Regelstrecken lassen sich durch das Verhältnis von Ausgangsgröße/Eingangsgröße kennzeichnen (**Übertragungsbeiwert** K_S). Im vorliegenden Fall wird der Übertragungsbeiwert zur genaueren Kennzeichnung als **Proportionalbeiwert** K_{PS} bezeichnet. Wenn keine Verzögerungen berücksichtigt werden müssen, bezeichnet man diese Strecke auch als **P$_0$ – Strecke** oder als Strecke 0. Ordnung.

Bei der P$_0$ – Strecke besteht zwischen der Regelgröße x und der Stellgröße y ein unverzögerter proportionaler Zusammenhang.

Die regelungstechnische Darstellung einer P$_0$ – Strecke mit dem Übertragungsverhalten ist in Abb. 1 zu sehen. Bei einem Eingangssprung y_1 folgt die Sprungantwort x_1 unverzögert. Die Größe der Sprungantwort hängt von dem Proportionalbeiwert K_{PS} ab.

Mit Abb. 2 wird eine weitere Gruppe von Regelstrecken verdeutlicht. Wenn das Ventil des Druckbehälters in Abb. 2 a sprungartig geöffnet wird, steigt der Druck allmählich bis zu einem Grenzwert in einer bestimmten Zeit an. Auch beim Gleichstrommotor in Abb. 2 b gibt es einen entsprechenden Zusammenhang. Bei einer sprungartigen Änderung der Ankerspannung U_a strebt die Drehzahl n verzögert einem neuen Grenzwert zu.

Bei Regelstrecken dieser Art werden die Verzögerungen durch thermische Speicher, Wärmekapazitäten von Stoffen, Federn, Induktivitäten oder Kapazitäten hervorgerufen. Sie werden als **PT$_1$ – Strecken** (oder PT1) bezeichnet. Durch das T verdeutlicht man allgemein die Verzögerung. Die Ziffer drückt aus, daß die Verzögerung nach einer e-Funktion abläuft. Es ist nur eine **Verzögerungszeitkonstante** T_1 vorhanden. Diese kann graphisch ermittelt werden, wenn wie in Abb. 3 eine Tangente angelegt wird. Nach einer Zeit von etwa $5 \cdot T_1$ ist der Endwert erreicht. Die allgemeingültige Darstellung einer PT$_1$-Strecke mit dem Übertragungsverhalten ist in Abb. 4 zu sehen.

Wenn bei einer PT$_1$-Strecke die Stellgröße y sprungartig geändert wird, erreicht die Regelgröße x ihren Endwert mit der Zeitkonstante T_1 verzögert.

Wenn in einer Regelstrecke mehr als eine Zeitkonstante für den Verlauf der Regelgröße verantwortlich ist, bezeichnet man sie als PT$_2$-, ... bis PT$_n$-Strecken (Verzögerungen höherer Ordnung). Mehrere Zeitkonstanten treten z.B. in Heizungssystemen auf. Jedes Element bzw. System besitzt seine eigene Zeitkonstante (z.B. Kessel, Rohrleitung, Heizung usw.), die gemeinsam wirksam werden.

Das Übertragungsverhalten einer PT$_n$-Strecke zeigt Abb. 5. Zur Kennzeichnung des Gesamtverhaltens werden die

- **Verzugszeit** T_u als „Ersatztotzeit" und die
- **Ausgleichszeit** T_g als „Ersatzzeitkonstante" verwendet. Man ermittelt sie, indem man wie in Abb. 5 an den Wendepunkt der Kurve eine Tangente zeichnet.

Die allgemeine Darstellung einer PT$_n$-Strecke ist in Abb. 6 zu sehen.

> Eine PT$_n$-Strecke wird durch die Verzugs- und Ausgleichszeit sowie den Proportionalbeiwert gekennzeichnet.

Zwischen den Energiespeichern einer Regelstrecke kann es u.U. zu einem wechselseitigen Energieaustausch kommen. Dieses ist z.B. bei einem Feder-Masse-System und bei einem elektrischen Schwingkreis der Fall. Nach einer sprungartigen Änderung der Stellgröße y wird die Regelgröße x_1 erst nach mehrmaligem Über- und Unterschreiten erreicht. Die symbolhafte Darstellung und das Übertragungsverhalten sind in Abb. 7 zu sehen.

Bei den bisherigen Betrachtungen von Regelstrecken blieben **Totzeiten** T_t unberücksichtigt. Wenn aber Materialien über längere Wegstrecken (Förderbänder, Rohrsysteme) transportiert oder die Wege für die Signalausbreitung lang sind (Schall, elektromagnetische Wellen in der Raumfahrt), müssen Totzeiten einbezogen werden.

Als Beispiel dient das Förderband von Abb. 8. Die Schieberstellung (Stellgröße y) bewirkt eine zeitlich verzögerte Fördermenge/Zeit (Regelgröße x) am Ende des Bandes. Die symbolische Darstellung einer Regelstrecke mit einer Totzeit und ohne Verzögerungszeitkonstante sowie das Übertragungsverhalten sind in Abb. 9 zu sehen.

> Wenn eine Regelstrecke über eine Totzeit verfügt, wird dieses im Symbol durch eine um die Totzeit verschobene Kurve dargestellt.

Aufgaben zu 9.4.2 und 9.4.3.1

1. Was versteht man unter Einheitssignalen in der Regelungstechnik?
2. Erklären Sie Vorteile bzw. Nachteile für Empfänger mit Konstantstrom- bzw. Konstantspannungssignalen!
3. Erklären Sie Unterschiede zwischen analog oder digital arbeitenden Meßumformern!
4. Erklären Sie den zeitlichen Verlauf von Regelstrecken mit oder ohne Ausgleich!
5. Was versteht man unter einer Sprungfunktion?
6. Beschreiben Sie das Verhalten einer P$_0$-Strecke!
7. Was ist der Unterschied zwischen einer PT$_1$- und einer PT$_n$-Strecke?

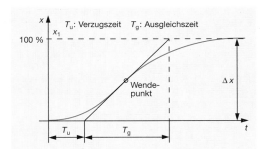

Abb. 5: Ermittlung der Kenngrößen bei der PT$_n$-Strecke

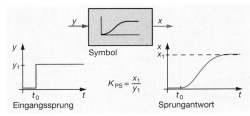

Abb. 6: PT$_n$-Regelstrecke

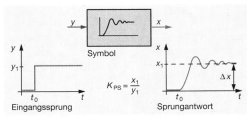

Abb. 7: Regelstrecke mit schwingendem Verhalten

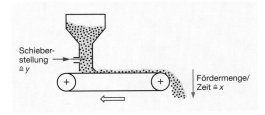

Abb. 8: Beispiel für eine Regelstrecke mit Totzeit

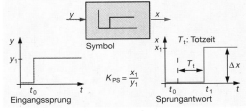

Abb. 9: Regelstrecke mit Totzeit

9.4.3.2 Regelstrecken ohne Ausgleich

Als Beispiel für eine Regelstrecke ohne Ausgleich soll die Füllstandsregelstrecke von Abb. 1 dienen. Der momentane Füllstand h ist die Regelgröße x. Die Zulaufmenge kann durch die Schieberstellung (Stellgröße y) verändert werden. Die Ablaufmenge ist hierbei die Störgröße z. Ein gleichbleibender Flüssigkeitsspiegel ist in dieser Strecke nur dann möglich, wenn Zulaufmenge gleich Ablaufmenge ist. Abweichungen führen zu einem Leer- bzw. Überlaufen des Behälters.

Wir gehen jetzt bei der Betrachtung der Zusammenhänge von dieser Gleichgewichtssituation aus und vergrößern sprungartig die Schieberstellung (Stellgröße y). Als Folge davon wird der Flüssigkeitsspiegel mit einer bestimmten Geschwindigkeit ansteigen. Die Geschwindigkeit ist um so größer, je größer die Stellgröße ist. Der Behälter füllt sich allmählich, bis der Maximalwert h_{max} erreicht ist. Ein Verhalten dieser Art wird als integrierend und die Strecke somit als **Integral-Regelstrecke (I-Strecke)** bezeichnet.

> Bei einer Integral-Regelstrecke ändert sich die Regelgröße x mit konstanter Geschwindigkeit (Änderungsgeschwindigkeit $\Delta x / \Delta t$), wenn sich die Stellgröße y sprungartig ändert.

Als Kenngrößen für die Integral-Regelstrecke wird der **Integrierbeiwert** K_{IS} verwendet. Er läßt sich mit Hilfe der in Abb. 2 dargestellten allgemeinen Beziehungen wie folgt ausdrücken:

v_x : Änderungsgeschwindigkeit $\qquad v_x = \dfrac{\Delta x}{\Delta t}$

T_{IS}: Integrierzeit; $\quad Y_h$: Stellbereich

X_h : Regelbereich $\qquad\qquad v_{xmax} = \dfrac{X_h}{T_{IS}}$

$$K_{IS} = \frac{\frac{\Delta x}{\Delta t}}{y_1} \; ; \qquad K_{IS} = \frac{v_x}{y_1} \; ; \qquad K_{IS} = \frac{v_{xmax}}{Y_h}$$

Da bei einer Integral-Regelstrecke nach einer bestimmten Zeit der Maximalwert der Regelgröße x erreicht wird, dieses entspricht dem **Regelbereich** X_h, verwendet man diese Zeit als weitere Kenngröße und bezeichnet sie als **Integrierzeit** T_{IS}.

> Die Integrierzeit ist die Zeit, welche die Regelstrecke zum Durchlaufen des gesamten Regelbereichs benötigt, wenn die maximale Stellgröße y anliegt.

Stellgeräte (pneumatisch, elektrisch) besitzen oft ein integrierendes Verhalten. Eine schematische Darstellung eines Drehantriebs ist dazu in Abb. 3 zu sehen. Wenn der Motor eingeschaltet wird, bewegt sich aufgrund der Drehbewegung (Untersetzung mit Getriebe) der Schlitten auf der Spindel mit einer von der Drehzahl n (Stellgröße y) abhängigen Geschwindigkeit. Ein Ventil oder eine Klappe läßt sich auf diese Weise öffnen oder schließen.

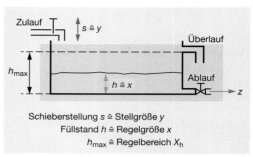

Schieberstellung $s \triangleq$ Stellgröße y
Füllstand $h \triangleq$ Regelgröße x
$h_{max} \triangleq$ Regelbereich X_h

Abb. 1: Füllstandsregelstrecke

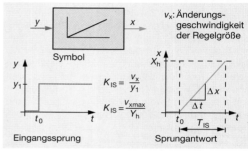

Abb. 2: Integral-Regelstrecke

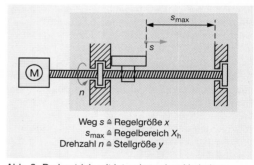

Weg $s \triangleq$ Regelgröße x
$s_{max} \triangleq$ Regelbereich X_h
Drehzahl $n \triangleq$ Stellgröße y

Abb. 3: Drehantrieb mit integrierendem Verhalten

Der Aufbau eines Stellventils für große Leistungen mit einem pneumatischen Schubantrieb ist in Abb. 4 zu sehen. Die Schnittdarstellung in Abb. 5 a auf S. 419 entspricht dieser Darstellung. Mit Luft als Hilfsenergie wird eine geradlinige Antriebsbewegung erzeugt.

Für die bisher besprochenen Integral-Regelstrecken wurden keine Verzögerungen angenommen. Diese werden jedoch durch Motoren in Stellantrieben hervorgerufen und müssen u.U. berücksichtigt werden (**IT$_n$-Strecke**). Die **Verzugszeit** T_u erhält man über den Schnittpunkt der Tangente mit der Zeitachse (Abb. 5). Auch Totzeiten T_t treten als Folge des Getriebespiels auf und verschlechtern die Regelbarkeit der Strecke.

9.4.3.3 Regelbarkeit von Strecken

In Abb. 5 sind wesentliche Merkmale von Regelstrecken dargestellt sowie ihre Merkmale hervorgehoben. Eine Auswahl möglicher Verzugs- und Ausgleichszeiten zeigt Tab. 9.6.

Zur Beschreibung für die Regelbarkeit von Strecken wird als Beispiel eine verzögert arbeitende Strecke mit Ausgleich und einer Totzeit verwendet (PT_1T_t-Strecke). Die in der Strecke vorhandene Totzeit verschlechtert die Regelbarkeit, da die Regeldifferenz immer nur verspätet wirksam werden kann.

Wenn sich nach Ablauf dieser Totzeit außerdem die Regelgröße sehr rasch ändert, verschlechtert sich die Regelbarkeit zusätzlich. Ist die Zeitkonstante der Strecke dagegen groß, kann die Regelung innerhalb einer größeren Zeitspanne wirksam werden. Gleiches gilt, wenn die Ausgleichszeit T_g bei der PT_n-Strecke und die Integrierzeit T_{IS} bei der Integral-Regelstrecke groß sind.

> Große Totzeiten verschlechtern die Regelbarkeit. Große Zeitkonstanten T_1, Ausgleichszeiten T_g und Integrierzeiten T_{IS} verbessern die Regelbarkeit.

In der Tab. 9.7 sind einige Erfahrungswerte über die Regelbarkeit von Strecken aufgeführt. Eine PT_1-Strecke ist danach gut regelbar, da keine Tot- und Verzugszeiten auftreten. Dagegen ist eine PT_t-Strecke kaum regelbar, da keine Verzögerungs- bzw. Ausgleichszeiten vorliegen.

Abb. 4: Stellventil mit pneumatischem Schubantrieb

Aufgaben zu 9.4.3.2 und 9.4.3.3

1. Beschreiben Sie an einem selbstgewählten Beispiel das Verhalten einer Integral-Regelstrecke!
2. Welcher Zusammenhang besteht zwischen der Stellgröße y und der Regelgröße x bei der Integral-Regelstrecke?
3. Was versteht man unter der Regelbarkeit und der Integrierzeit bei der Integral-Regelstrecke?
4. Welche Größen verschlechtern und welche verbessern die Regelbarkeit von Strecken?
5. Zeichnen Sie die Regelgröße x in Abhängigkeit von der Zeit bei einer PT_tT_n-Strecke, wenn sich die Stellgröße sprungartig ändert! Zeichnen Sie in die Darstellung die wesentlichen Kenngrößen ein!

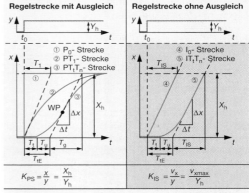

$$K_{PS} = \frac{x}{y} = \frac{X_h}{Y_h} \qquad\qquad K_{IS} = \frac{v_x}{y} = \frac{v_{xmax}}{Y_h}$$

T_1: Zeitkonstante T_t: Totzeit Y_h: Stellbereich
T_g: Ausgleichszeit T_u: Verzugszeit X_h: Regelbereich
T_{IS}: Integrierzeit T_{tE}: Ersatztotzeit K_{PS}: Übertragungs-
                $(T_{tE} = T_1 + T_u)$ beiwert

Abb. 5: Kenngrößen von Regelstrecken

Tab. 9.6: Verzugs- und Ausgleichszeiten

Regelstrecke	Verzugszeit T_u	Ausgleichszeit T_g
Raumheizung	50 s … 200 s	500 s … 4000 s
Thermoelement	≈ 0	5 s … 100 s
Lötkolben	10 s … 20 s	200 s … 300 s
Generatorspg.	≈ 0	1 s … 5 s
Stab. Netzteil	≈ 0	1 μs … 10 ms
Gasstrom	≈ 0	0,1 s

Tab. 9.7: Regelbarkeit von Strecken

$\dfrac{T_1}{T_t}$ bzw. $\dfrac{T_g}{T_{tE}}$ oder $\dfrac{T_{IS}}{T_t}$ bzw. $\dfrac{T_{IS}}{T_{tE}}$	Regelbarkeit
0 1,2	kaum
1,2 2,5	schlecht
2,5 5	mäßig
5 10	gut
> 10	sehr gut

9.4.4 Regler

9.4.4.1 Übersicht

Die Benennung von Reglern kann nach unterschiedlichen Gesichtspunkten erfolgen. Die folgende vereinfachte Aufstellung gibt einen Überblick über Benennungen nach der **Aufgabe der Regler**.

- Benennung nach der Art der **Regelgröße:**

  z.B. Temperaturregler, Drehzahlregler, Spannungsregler;

- Benennung nach einer speziellen **Regelungsaufgabe:** z.B. Gleichlaufregler, Grenzwertregler;

- Benennung nach dem geregelten **Objekt:**

  z.B. Heizungsregler, Motorregler, Wasserstandsregler;

- Benennung nach der **Führungsgröße:** z.B. Zeitplanregler, Festwertregler.

Eine weitere Benennung kann nach den **Eigenschaften der Regler** erfolgen. Als Benennungsgesichtspunkt kann z.B. die Signalform der Eingangs- und Ausgangsspannungen benutzt werden, z.B. analoge oder digitale Regler. Auch ist es mitunter sinnvoll, die Regler nach dem **Übertragungsverhalten** einzuteilen (z.B. PI-Regler, Zweipunktregler). Der konstruktive Aufbau und das Aussehen bzw. der Aufstellungsort kann als weiterer Benennungsgesichtspunkt dienen.

Die Aufgaben von Reglern bestehen im allgemeinen darin, die Regelgröße mit einem vorgegebenen Wert (fest oder veränderlich) zu vergleichen und beim Eintreten von Abweichungen ein Stellsignal zu liefern, das die Abweichung verringert oder vollständig beseitigt. Der Regler muß deshalb optimal an die vorwiegend analog arbeitende Regelstrecke angepaßt sein, er muß also analoge Regel- und Führungsgrößen verarbeiten und analoge Ausgangsgrößen als Stellgrößen abgeben können.

Analog arbeitende Regler können auch als **stetige Regler** (kontinuierliche Regler) bezeichnet werden, da sie, entsprechend den stetigen Führungs- und Regelgrößen (wert- und zeitkontinuierlich), auch stetige Stellgrößen abgeben (Abb. 1a).

> Bei einem stetigen Regler ist die Stellgröße y zu jedem Zeitpunkt eine direkte Funktion der Regeldifferenz e.

In vielen einfachen Regelungsfällen ist eine kontinuierliche Anpassung der Stellgröße an die Regelgröße nicht erforderlich. Es genügt lediglich, wenn z.B. in einer Heizung die Energiezufuhr nur in bestimmten Zeiten eingeschaltet wird (Abb. 1b). Man bezeichnet diese Regler deshalb als **unstetige Regler** (schaltende Regler, vgl. 9.4.4.3).

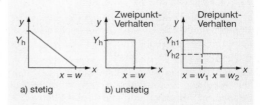

Abb. 1: Verhalten von stetigen und unstetigen Reglern

> Bei einem unstetigen Regler kann die Stellgröße nur bestimmte (diskrete) Zustände einnehmen (z.B. Ein/Aus; Links/Stopp/Rechts).

Der Aufbau eines Reglers kann mit analog arbeitenden Bausteinen erfolgen. Die Verarbeitung der Regelkreissignale geschieht dann ebenfalls analog, nach einer unveränderbaren, durch die Schaltung festgelegten Funktion.

Digital arbeitende Regler dagegen verarbeiten die Regelkreissignale mit Hilfe eines Programms, das gespeichert und u.U. von außen geändert werden kann.

Einen Regelkreis mit einem digital arbeitenden Regler zeigt Abb. 2. Da der Regler nur digitale Signale verarbeiten kann, sind Analog-Digital-Umsetzer für die Regel- und Führungsgröße erforderlich. Die analoge Regelgröße x wird also nicht kontinuierlich, sondern zu bestimmten (diskreten) Zeitpunkten erfaßt (abgetastet) und quantisiert. Die Zeit zwischen den Abtastzeitpunkten wird **Abtastzeit** T_A oder Abtastperiode genannt.

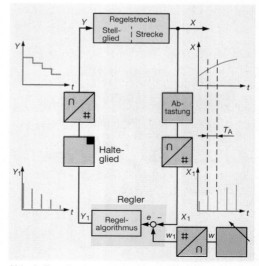

Abb. 2: Regelkreis mit digital arbeitendem Regler

Die Regeldifferenz wird im Innern nach einem vorgegebenen bzw. eingestellten **Regelalgorithmus** gebildet, so daß die Stellgröße y_1 in quantisierter Form vorliegt.

Ein Regelalgorithmus ist eine vollständig festgelegte Folge von Anweisungen, nach der die Eingangsdaten verarbeitet und Ausgangsdaten erzeugt werden.

Danach wird das digitalisierte Signal auf ein Halteglied gegeben und anschließend durch einen Digital-Analog-Umsetzer wieder an das analoge Stellglied angepaßt. Durch ein integrierendes Stellglied kann die in der Darstellung noch treppenförmige Signalfolge in eine kontinuierliche Signalfolge umgeformt werden.

Bei digital arbeitenden Reglern werden zu diskreten Zeitpunkten eine Regeldifferenz und eine Stellgröße gebildet. Zur Anpassung an eine analoge Regelstrecke sind Signalumsetzer erforderlich.

Aufgrund der Vorteile gegenüber analog arbeitenden Reglern, werden digital arbeitende Regler zunehmend eingesetzt. Sie werden oft mit vielfältigen Funktionen als Kompaktregler konzipiert (Abb. 5, S. 413).

Vorteile gegenüber analogen Reglern sind u.a.:

- Regelalgorithmus liegt in Form eines Programms vor, kann also geändert, erweitert werden.
- Vielfältige Bedien- und Überwachungsmöglichkeiten (Abb. 4).
- Hohe Genauigkeit und driftfreie Einstellgrößen.
- Weiterverarbeitung der Signale mit Rechnern ist über Schnittstellen problemlos möglich.

Zur Verdeutlichung der vielfältigen Einsatzmöglichkeiten eines Kompaktreglers dient das vereinfachte Beschreibungsschema von Abb. 3.

Der Kompaktregler besitzt die Eingänge AE1 und AE2 für analoge Stromsignale 0 bis 20 mA und 4 bis 20 mA. Zwei weitere Eingangssignale (über AE3 und AE4) können über externe Signalumformer eingespeist werden. Diese ermöglichen eine Potentialtrennung. Angeschlossen werden können z.B. Widerstandsgeber, Widerstandsthermometer, Thermoelemente oder andere Elemente mit Signalen im mV-Bereich.

Mit dem binären Eingang BE und dem binären Ausgang BA können verschiedene Funktionen realisiert bzw. überwacht werden, z.B. Blockierung des Reglerausgangs, Meldung bei Meßbereichsüberschreitung.

Die Verarbeitung der Signale kann auf verschiedene Weise erfolgen. Über einfache Einstellungen am

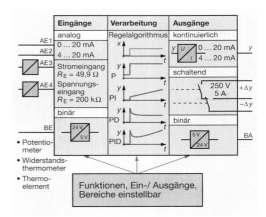

Abb. 3: Vereinfachtes Anschluß- und Funktionsschema eines Kompaktreglers

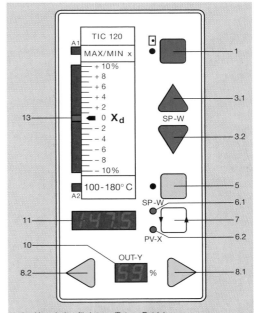

1   Umschalter für Intern-/Extern-Betrieb
3.1 Taster zum Vergrößern des Soll-Werts
3.2 Taster zum Reduzieren des Soll-Werts
5   Umschalter für Hand-/Automatikbetrieb
6.1 Leuchtdiode (grün), leuchtet wenn Anzeiger (11) w anzeigt
6.2 Leuchtdiode (rot), leuchtet wenn Anzeiger (11) x anzeigt
7   Umschalter für vierstelligen Digitalanzeiger (11)
    und zum Aktivieren der Parametrier- und Strukturierebenen
8.1 Taster für Stellgrößenverstellung gegen Anzeige 100 %
8.2 Taster für Stellgrößenverstellung gegen Anzeige 0 %
10   Zweistelliger Digitalanzeiger für Stellgröße y sowie für angewählten Parameter und Strukturierschalter
11   Vierstelliger Digitalanzeiger für Ist-Wert x, Soll-Wert w, Grenzwerte A1 und A2, gegebenenfalls Sicherheitssollwert SH sowie für Parameter- und Strukturierschalterwerte
13   Anzeiger für Regeldifferenz und Regelabweichung

Abb. 4: Bedien- und Anzeigefunktion eines Kompaktreglers (Auswahl)

Regler mit Hilfe der entsprechenden Firmenunterlagen kann dieses System z.B. als Festwertregler, Folgeregler, Gleichlaufregler, Verhältnisregler oder Leit-/Handsteuergerät eingestellt (strukturiert) werden.

In Abb. 3 auf S. 425 sind in der Spalte „Verarbeitung" einige einstellbare Verläufe für die Stellgröße y aufgeführt, wenn sich die Regelgröße x sprungartig ändert. Sie werden als P-, PI-, PD- und PID-Regelalgorithmus bezeichnet (vgl. 9.4.4.2). Sie haben aufgrund des Kurvenverlaufs die folgenden Auswirkungen:

P: Regelgröße und Stellgröße sind proportional.

PI: Zum Zeitpunkt der Regelgrößenänderung ändert sich die Stellgröße proportional, danach integrierender Verlauf.

PD: Zum Zeitpunkt der Regelgrößenänderung entsteht eine große Stellgrößenänderung, die danach auf den proportionalen Wert absinkt.

PID: Funktionsablauf setzt sich zusammen aus P-, I- und D-Anteilen.

Kompaktregler dieser Art können für unterschiedliche Ausgangssignale eingerichtet sein. Ein kontinuierliches Stellsignal von 0 bis 20 mA bzw. 4 bis 20 mA läßt sich z.B. zur Ansteuerung eines Stellantriebes verwenden. Der Regler arbeitet dann als kontinuierlicher (stetiger) Regler.

Der schaltende Ausgang kann für einen elektrischen Stellantrieb (Elektromotor mit Getriebe) verwendet werden. Der Regler arbeitet dann als unstetiger Regler (Schrittregler, vgl. 9.4.4.3).

Bedien- und Anzeigefunktionen sind in Abb. 4 auf S. 425 verdeutlicht. Mit Hilfe der Firmenunterlagen können die verschiedensten Funktionen realisiert werden.

Aufgaben zu 9.4.4.1

1. Kennzeichnen Sie den Zusammenhang zwischen der Stellgröße y und der Regelgröße x bei einem stetig arbeitenden Regler!

2. Beschreiben Sie den Unterschied zwischen einem analog und einem digital arbeitenden Regler!

3. Was versteht man unter einem Regelalgorithmus?

4. Welche Vorteile besitzen digital arbeitende Regler gegenüber analog arbeitenden Reglern?

5. Beschreiben Sie die Umwandlungsschritte in einem digital arbeitenden Regelkreis von der analogen Regelgröße x bis hin zur analogen Stellgröße y!

6. Mit welchen Eingangssignalen kann der Kompaktregler von S. 425 betrieben werden?

7. In welcher Form können die Ausgangssignale des Kompaktreglers von S. 425 abgegeben werden?

9.4.4.2 Stetige Regler

Für den Aufbau stetig arbeitender Regler ist der Operationsverstärker besonders geeignet, da mit ihm durch wenige, extern zuschaltbare Bauteile verschiedenartige Regelcharakteristiken realisiert werden können.

Zur Erklärung grundlegender Regelungsfunktionen wird dabei von der invertierenden und nicht invertierenden Verstärkerschaltung in Abb. 1 ausgegangen. Der Zusammenhang zwischen Eingangs- und Ausgangsgröße ist im Aussteuerbereich proportional (vgl. Kennlinie). Der Operationsverstärker kann in diesen Schaltungen also als P-Glied eingesetzt werden. Der Proportionalbeiwert K_P ist nur von den Widerständen abhängig. Eine sprungartige Eingangsspannungsänderung führt zu unverzögerten proportionalen Ausgangsspannungsänderungen (vgl. Übertragungsverhalten).

P-Regler

Will man diesen Operationsverstärker als proportional arbeitenden Regler einsetzen, muß innerhalb der Schaltung die Regeldifferenz ($e = w - x$) gebildet werden. Da der Operationsverstärker im Eingangsbereich als Differenzverstärker arbeitet, können wie in Abb. 2a, der invertierende und der nicht invertierende Eingang gleichzeitig benutzt werden. Die Regeldifferenz wird dann im Operationsverstärker gebildet.

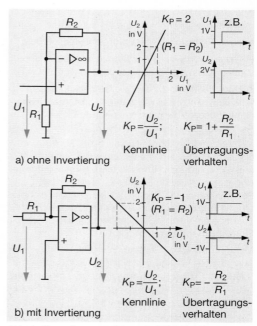

a) ohne Invertierung

b) mit Invertierung

Abb. 1: Operationsverstärker als P-Glied

Soll nur der invertierende Eingang genutzt werden, ist wie in Abb. 2b eine Addierschaltung mit einem negierten Eingangssignal erforderlich. Die Eingangssignale sind durch Widerstände entkoppelt.

> Bei einem P-Regler sind Regeldifferenz e und Stellgröße y proportional.

Zur Darstellung von P-Reglern werden die in Abb. 3 dargestellten Symbole verwendet. Eine Kennzeichnung durch die Additionsstelle mit nachfolgendem P-Glied (stilisierte Sprungantwort im Kasten) und das um den Buchstaben P ergänzte Reglersymbol sind möglich.

Beim Einsatz des P-Reglers in Regelkreisen muß bedacht werden, daß bei einem Verschwinden der Regeldifferenz e (Ziel der Regelung) keine Stellgröße gebildet wird. Der Regler würde in diesem Fall instabil werden. In der Praxis kann eine Störung nie vollständig ausgeglichen werden. Es entsteht deshalb immer eine bleibende Regeldifferenz.

> P-Regler sind schnell reagierende Regler ohne Verzögerungen. Störungen können nicht vollständig ausgeglichen werden. Es entsteht eine bleibende Regeldifferenz.

Als Beispiel für den Einsatz eines mechanisch arbeitenden P-Reglers dient der Füllstandsregelkreis von Abb. 4. Er arbeitet in einer Integral-Regelstrecke und ohne Hilfsenergie. Mit Hilfe der Lageänderung und des Schwimmergestänges können der Soll-Wert und durch Verändern des Hebellagers der Proportionalbeiwert K_{PR} verändert werden (Hebelübersetzung).

Die Entstehung einer bleibenden Regeldifferenz ist an diesem Beispiel gut erkennbar, denn eine Erhöhung der Abflußmenge (Erhöhung der Störgröße z) führt zu einer Erhöhung der Zuflußmenge (Erhöhung der Stellgröße y). Dieses ist aber nur auf einem niedrigeren Niveau möglich. Der Schwimmer sinkt tiefer, und die Regelgröße x (Soll-Wert) wird geringer (Soll-Wert-Abweichung).

> Solange bei einem P-Regler eine Störung auf die Regelstrecke einwirkt, verursacht der Regler eine bleibende Regeldifferenz, die zu einer bleibenden Soll-Wert-Abweichung führt.

I-Regler (Integral-Regler)

Der I-Regler zeigt wie die Integral-Regelstrecke ein integrierendes Verhalten, d.h., bei einer sprungartigen Änderung der Regeldifferenz (Abb. 1, S.428) steigt die vom Regler gebildete Stellgröße y geradlinig an. Die Anstiegsgeschwindigkeit v_y ist konstant. Die Zeit vom Beginn des Anstiegs bis zum

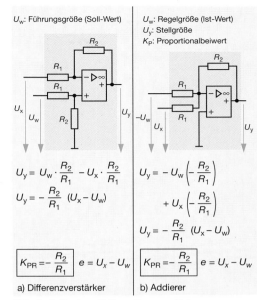

U_w: Führungsgröße (Soll-Wert)　　U_w: Regelgröße (Ist-Wert)
　　　　　　　　　　　　　　　　　　　　U_y: Stellgröße
　　　　　　　　　　　　　　　　　　　　K_P: Proportionalbeiwert

$$U_y = U_w \cdot \frac{R_2}{R_1} - U_x \cdot \frac{R_2}{R_1}$$

$$U_y = -\frac{R_2}{R_1}(U_x - U_w)$$

$$U_y = -U_w\left(-\frac{R_2}{R_1}\right) + U_x\left(-\frac{R_2}{R_1}\right)$$

$$U_y = -\frac{R_2}{R_1}(U_x - U_w)$$

$$\boxed{K_{PR} = -\frac{R_2}{R_1}}\quad e = U_x - U_w \qquad \boxed{K_{PR} = -\frac{R_2}{R_1}}\quad e = U_x - U_w$$

a) Differenzverstärker　　　　　b) Addierer

Abb. 2: P-Regler mit Operationsverstärkern

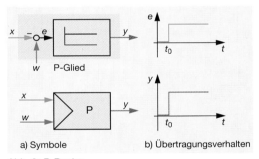

a) Symbole　　　　　　　b) Übertragungsverhalten

Abb. 3: P-Regler

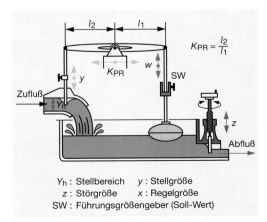

$$K_{PR} = \frac{l_2}{l_1}$$

Y_h : Stellbereich　　y : Stellgröße
z : Störgröße　　　　x : Regelgröße
SW : Führungsgrößengeber (Soll-Wert)

Abb. 4: Füllstandsregelkreis mit P-Regler ohne Hilfsenergie

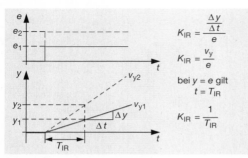

Abb. 1: Grundsätzliches Verhalten eines I-Reglers

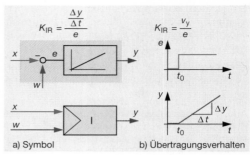

a) Symbol   b) Übertragungsverhalten

Abb. 3: I-Regler

Zeitpunkt, bei dem die Stellgröße gleich der Regelgröße ist, wird **Integrierzeit** T_{IR} genannt. Sie ist neben dem **Integrierbeiwert** K_{IR} eine weitere wichtige Größe zur Kennzeichnung dieses Reglers (Abb. 1).

> Die Integrierzeit ist die Zeit, die die Stellgröße benötigt, um den Wert der Regeldifferenz zu erreichen.

Wenn in Regelkreisen die Regeldifferenz Null wird, ändert sich beim I-Regler die Stellgröße y nicht mehr. Sie bleibt bei dem erreichten Wert stehen. Wenn die Regeldifferenz negativ wird, verringert sich die Stellgröße entsprechend.

Vergleicht man das Regelverhalten des I-Reglers mit dem Verhalten des P-Reglers, dann ist der I-Regler ein langsamer Regler. Bei einer Regelgrößenänderung steigt die Stellgröße allmählich an. Allerdings kann der I-Regler Störungen in Regelkreisen vollständig ausgleichen, da beim Verschwinden der Regeldifferenz die erreichte Stell-

größe erhalten bleibt. In Abb. 3 sind die allgemeingültigen Symbole und das Übertragungsverhalten dargestellt.

> Beim I-Regler besteht zwischen Regeldifferenz und Geschwindigkeit, mit der sich die Stellgröße ändert, ein proportionaler Zusammenhang. Der I-Regler ist ein langsam reagierender Regler.

Der Aufbau eines elektronischen I-Reglers mit einem Operationsverstärker ist in Abb. 2 zu sehen. Als Gegenkopplungsbauteil wird der Kondensator C_2 verwendet. Da der Eingang des Operationsverstärkers als virtueller Massepunkt aufgefaßt werden kann, fließt bei konstanter Eingangsspannung (Spannungssprung) die Summe der Eingangsströme $(I_x - I_w)$ als konstanter Ladestrom I_C in den Kondensator. Die Spannung U_C ist dabei gleich der negierten Ausgangsspannung U_y.

Integrierendes Verhalten wird oft in Regeleinrichtungen auch durch entsprechende Stellglieder erreicht, wie z.B. in Abb. 4. Die Flüssigkeitstemperatur soll durch eine geregelte Dampfzufuhr konstant gehalten werden. Die Temperatur wird dazu über einen Meßumformer gemessen, mit der Führungsgröße im Regler verglichen und die Stellgröße dann an den Motor gelegt. Bei einer sprungartigen Stellgrößenänderung wird mit konstanter Geschwindigkeit die Ventilstellung geändert, bis Soll- und Ist-Wert übereinstimmen.

K_{IR} : Integrierbeiwert
T_{IR} : Integrierzeit

U_x : Regelgröße (Ist-Wert)
U_y : Stellgröße
U_w : Führungsgröße (Soll-Wert)

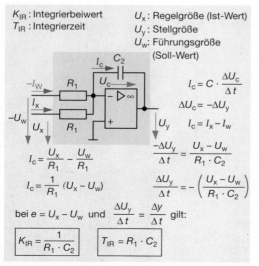

Abb. 2: I-Regler mit Operationsverstärker

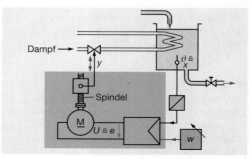

Abb. 4: Temperaturregelung mit I-Regeleinrichtung

D-Verhalten von Reglern

Regler mit dieser zusätzlichen Kennzeichnung besitzen ein differenzierendes Verhalten, das sich im Regler wie folgt auswirkt:

Wenn sich die Regeldifferenz mit konstanter Geschwindigkeit ändert (Änderungsgeschwindigkeit, $v_e = \Delta e\, /\Delta t$), ist die Stellgröße dazu proportional.

Im Gegensatz zum integrierenden Verhalten wird hier zur Erklärung des Verhaltens keine Sprungfunktion angelegt, sondern eine kontinuierlich ansteigende Spannung (Abb. 5a). Die Stellgröße reagiert sofort (Zeitpunkt t_0) mit einer Sprungantwort, deren Wert dann konstant bleibt.

In Regelkreisen treten jedoch häufig sprungartige Regeldifferenzen auf, so daß auch dieses Verhalten untersucht werden soll (Abb. 5b). Ein idealer Sprung der Regeldifferenz müßte dann zu einer unendlich hohen Stellgröße y führen. Dieses ist in technischen Systemen nicht möglich, da vielfältige Speicherelemente (z.B. Kondensatoren) zu einem Ausgleichsverhalten führen. Es ergibt sich deshalb bei einem Spannungssprung das in Abb. 5c dargestellte Verhalten. Die Zeitkonstante T hängt von den Bauelementen des Systems ab.

Aufgrund dieser ungünstigen Arbeitsweise ist ein Regler mit reinem D-Verhalten nicht zweckmäßig. Allerdings werden Regler aufgebaut, die dieses Verhalten als zusätzliche Eigenschaft besitzen. Der Vorteil durch das D-Verhalten liegt darin, daß bei einer sprungartigen Regeldifferenz im Regler sofort eine große Stellgröße erzeugt wird.

Das D-Verhalten läßt sich auch mit Hilfe der Operationsverstärker-Schaltung von Abb. 6 verdeutlichen. Wenn die Eingangsspannung kontinuierlich ansteigt, fließt ein konstanter Strom durch den Kondensator. Dieser Strom fließt auch durch R_2, so daß sich die in Abb. 6 festgehaltenen Beziehungen ergeben.

Die allgemeinen Symbole sowie das Übertragungsverhalten sind in Abb. 7 zu sehen.

> Der D-Anteil eines Reglers führt bei einer sprungartigen Änderung der Regeldifferenz zu einer schnellen, kurzzeitigen und großen Stellgrößenänderung.

PI-Regler

Um günstige Regeleigenschaften zu erzielen, können die verschiedenen Eigenschaften von Reglern kombiniert werden. Es besteht z.B. die Möglichkeit, einen P- und einen I-Regler parallel wirken zu lassen (Parallelstruktur, Abb. 1, S. 430).

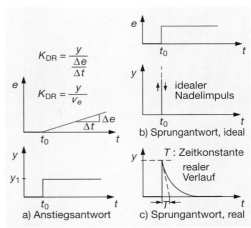

Abb. 5: Auswirkung des D-Anteils beim Regler

a) Anstiegsantwort
b) Sprungantwort, ideal
c) Sprungantwort, real

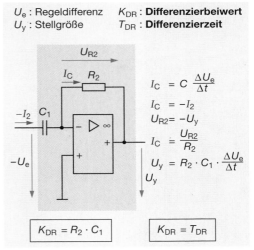

Abb. 6: D-Anteil eines Reglers mit Operationsverstärker

U_e : Regeldifferenz　　K_{DR} : **Differenzierbeiwert**
U_y : Stellgröße　　　　T_{DR} : **Differenzierzeit**

$$I_C = C\,\frac{\Delta U_e}{\Delta t}$$
$$I_C = -I_2$$
$$U_{R2} = -U_y$$
$$I_C = \frac{U_{R2}}{R_2}$$
$$U_y = R_2 \cdot C_1 \cdot \frac{\Delta U_e}{\Delta t}$$

$$K_{DR} = R_2 \cdot C_1 \qquad K_{DR} = T_{DR}$$

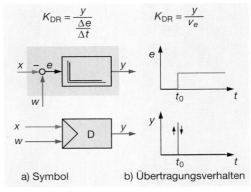

$$K_{DR} = \frac{y}{\frac{\Delta e}{\Delta t}} \qquad K_{DR} = \frac{y}{v_e}$$

a) Symbol
b) Übertragungsverhalten

Abb. 7: D-Regler

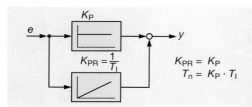

Abb. 1: PI-Regler als Kreisstruktur realisiert

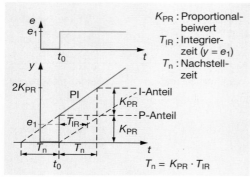

K_{PR} : Proportional-
beiwert
T_{IR} : Integrier-
zeit ($y = e_1$)
T_n : Nachstell-
zeit

$T_n = K_{PR} \cdot T_{IR}$

Abb. 2: Sprungantwort beim PI-Regler

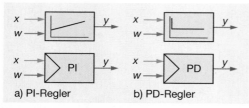

a) PI-Regler   b) PD-Regler

Abb. 3: Symbole zusammengesetzer Regler

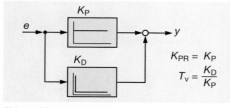

$K_{PR} = K_P$
$T_v = \dfrac{K_D}{K_P}$

Abb. 4: PD-Regler, in Kreisstruktur realisiert

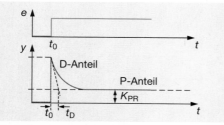

Abb. 5: Sprungantwort beim PD-Regler

In Abb. 2 ist die Sprungantwort dieses Reglers zu sehen. Zum Zeitpunkt t_0 entsteht ein Stellgrößensprung entsprechend dem P-Anteil des Reglers. Der danach folgende Anstieg entspricht dem I-Anteil. Wichtige Kenngrößen sind der Proportionalbeiwert K_{PR} und die **Nachstellzeit** T_n. Die Beziehungen können aus Abb. 2 entnommen werden.

Die Nachstellzeit T_n ist die Zeit, die bei einer Sprungantwort benötigt wird, um aufgrund der I-Wirkung eine gleichgroße Stellgrößenänderung zu erzielen, wie sie infolge des P-Anteils entsteht.

Der PI-Regler ist in seiner Wirkung um die Nachstellzeit T_n schneller als der reine I-Regler. Um eine bestimmte Stellgröße zu erzielen, müßte der I-Regler um die Nachstellzeit T_n früher mit der Bildung der Stellgröße beginnen.

Außerdem vermeidet der PI-Regler durch seinen I-Anteil die beim P-Regler vorhandene und bleibende Regeldifferenz bei Störungen. Er ist deshalb für viele Regelaufgaben geeignet. Die allgemeinen Symbole sind aus Abb. 3a zu entnehmen.

Der PI-Regler ist ein schneller Regler, der eine Regeldifferenz vollständig ausregelt.

PD-Regler

Wie beim PI-Regler läßt sich der PD-Regler als Kreisstruktur realisieren (Abb. 4). Die Gesamtwirkung setzt sich dann aus dem P- und D-Anteil zusammen. Bei einer sprungartigen Regeldifferenz entsteht sofort ein Stellgrößensprung (Abb. 5), der entsprechend den vorhandenen Zeitkonstanten auf den P-Anteil absinkt. Dieses Verhalten wird im Symbol (Abb. 3b) verdeutlicht.

Der PD-Regler ist ein sehr schnell reagierender Regler. Aufgrund der bleibenden Regeldifferenz kann er Störungen nicht vollständig ausregeln.

Die Kennwerte des PD-Reglers können verdeutlicht werden, wenn anstelle einer sprungartigen, eine linear ansteigende Spannung als Regeldifferenz angelegt wird (Abb. 6). Zum Zeitpunkt t_0 erfolgt die sprungartige Stellgrößenänderung, die danach entsprechend dem P-Anteil ansteigt. K_{PR} und die **Vorhaltezeit** T_v sind hierbei die Kennwerte. Die Vorhaltezeit hat dabei die folgende Bedeutung:

Die Vorhaltezeit ist die Zeit, um welche die Anstiegsantwort eines PD-Reglers einen bestimmten Wert der Stellgröße früher erreicht, als ein entsprechender P-Regler.

PID-Regler

Regler mit dieser Charakteristik wirken proportional, integrierend und differenzierend auf die Regeldifferenz ein. Sie lassen sich als Kreisstruktur realisieren (Abb. 7).

Bei einer sprungartigen Regeldifferenz sind zunächst der P- und D-Anteil wirksam (Abb. 8). Es kommt sofort zu einer großen Stellgrößenänderung. Der I-Anteil ist zu diesem Zeitpunkt noch nicht wirksam. Aufgrund innerer Zeitkonstanten sinkt der D-Anteil allmählich, so daß sich mit fortschreitender Zeit eine Stellgrößenveränderung entsprechend dem PI-Anteil ergibt. Die **Nachstellzeit** T_n kann entsprechend Abb. 8 ermittelt werden. Die **Vorhaltezeit** T_v ist aus einem Diagramm mit der Anstiegsantwort ermittelbar.

Beim PID-Regler werden die Eigenschaften der anderen Regler miteinander verknüpft. Durch den I-Anteil wird eine bleibende Regeldifferenz verhindert und durch den D-Anteil reagiert dieser Regler schnell auf Störungen.

> Der PID-Regler ist ein sehr schneller Regler, der keine bleibende Regeldifferenz zuläßt.

Aufgaben zu 9.4.4.2

1. Erklären Sie die Arbeitsweise eines P-Gliedes mit einem Operationsverstärker!

2. In welchem Zusammenhang stehen beim P-Regler die Regeldifferenz und die Stellgröße?

3. Erläutern Sie das Entstehen einer bleibenden Regeldifferenz bei einem P-Regler!

4. Beschreiben Sie das Verhalten eines I-Reglers, wenn als Regeldifferenz eine Sprungfunktion angelegt wird!

5. Erklären Sie die Bedeutung der Integrierzeit beim I-Regler!

6. Weshalb wird der I-Regler als langsamer Regler bezeichnet?

7. Welchen Einfluß hat das D-Verhalten eines Reglers auf die Stellgröße?

8. Zeichnen Sie die Anstiegsantwort des D-Anteils eines Reglers, wenn die Änderungsgeschwindigkeit der Regeldifferenz konstant ist!

9. Welche Vorteile besitzt der PI-Regler gegenüber einem P- und einem I-Regler?

10. Beschreiben Sie die Vorteile und Nachteile eines PD-Reglers!

11. Beschreiben Sie das Übertragungsverhalten eines PID-Reglers, wenn als Regeldifferenz eine Sprungfunktion anliegt!
    Kennzeichnen Sie in einem Diagramm den P- und I-Anteil sowie die Nachstellzeit T_n!

12. Aus welchen Grundbausteinen kann man sich einen PID-Regler vorstellen?

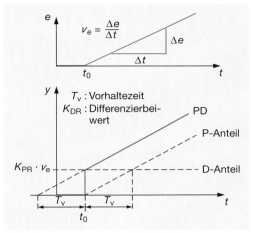

Abb. 6: Anstiegsantwort beim PD-Regler

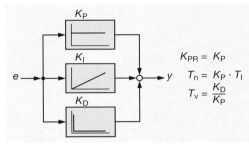

Abb. 7: PID-Regler, in Kreisstruktur realisiert

$$K_{PR} = K_P$$
$$T_n = K_P \cdot T_I$$
$$T_v = \frac{K_D}{K_P}$$

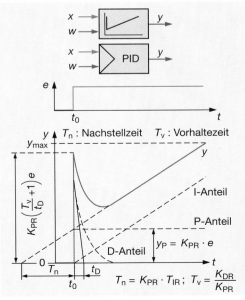

Abb. 8: Sprungantwort beim PID-Regler

9.4.4.3 Unstetige Regler

Unstetige Regler erzeugen bei stetigen Eingangsgrößen diskrete (stufige) Stellgrößen. Wenn die Stellgröße nur zwei Schaltzustände wie z.B. EIN und AUS annehmen kann, nennt man diesen Regler **Zweipunktregler**. Er ist in der Heizungs- und Klimatechnik weit verbreitet und regelt dort die Wärmezufuhr in Form eines Schalters.

> Bei einem unstetigen Regler ändert sich die Stellgröße nur in Stufen.
>
> Der Zweipunktregler besitzt zwei Schaltzustände.

Als Beispiel für das Zweipunktverhalten dient der Bimetallstreifen (Bimetallschalter, Thermostat) in der Heizungsregelung für das Bügeleisen in Abb. 1a.

Ein Bimetallstreifen besteht aus zwei aufeinandergelöteten, unterschiedlichen Metallen. Aufgrund unterschiedlicher Temperaturkoeffizienten kommt es bei Erwärmung zu einer Krümmung des Streifens, mit dem dann ein elektrischer Kontakt geschlossen bzw. geöffnet werden kann. Es handelt sich um einen Sprungkontakt mit Vorspannung durch eine Gegenfeder. Dadurch kann das Prellen vermieden werden. Die Größe der Krümmung bezogen auf die Ruhelage ist hierbei ein Maß für die

Temperaturveränderung. Mit Hilfe eines Verstellstiftes kann der Soll-Wert w eingestellt werden (Abb. 1c).

Das Bügeleisen wird für die Erklärung des Zweipunktverhaltens vereinfacht als Regelstrecke mit Ausgleich, mit Verzögerung und ohne Totzeit angenommen (PT$_1$-Strecke, Abb. 1a). Es ergibt sich somit ein Anstieg der Regelgröße x (Temperatur) entsprechend der Abb. 1 b.

Aus dem Kurvenverlauf entnimmt man, daß der Stromkreis nicht zum Zeitpunkt bei $x = w$, sondern erst etwas später unterbrochen wird. Es tritt eine Verzögerung (**Schalthysterese, Schaltdifferenz** Δx) auf, die auch im abfallenden Teil der Kennlinie wirksam wird.

Wenn diese Schalthysterese sehr klein wäre, würde bei jedem geringfügigen Über- bzw. Unterschreiten der Führungsgröße ein Schaltvorgang erfolgen. Die Schalthäufigkeit wäre groß und damit die Lebensdauer der Kontakte gering. Eine bestimmte Schalthysterese mit der Schaltdifferenz Δx ist deshalb bei mechanisch arbeitenden Zweipunktreglern durchaus erwünscht.

> Die Regelgröße eines Zweipunktreglers schwankt um den Soll-Wert. Mit zunehmender Schaltdifferenz (Hysterese) sinkt die Schalthäufigkeit.

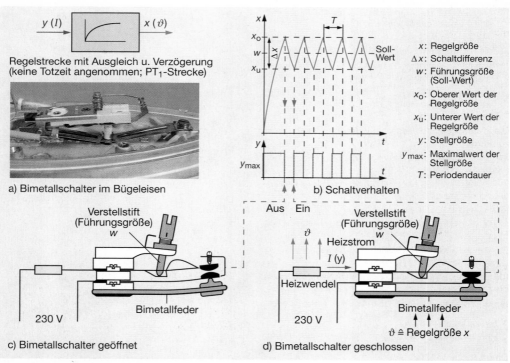

Regelstrecke mit Ausgleich u. Verzögerung (keine Totzeit angenommen; PT$_1$-Strecke)

a) Bimetallschalter im Bügeleisen

b) Schaltverhalten

x: Regelgröße
Δx: Schaltdifferenz
w: Führungsgröße (Soll-Wert)
x_o: Oberer Wert der Regelgröße
x_u: Unterer Wert der Regelgröße
y: Stellgröße
y_{max}: Maximalwert der Stellgröße
T: Periodendauer

Verstellstift (Führungsgröße) w

230 V

Bimetallfeder

c) Bimetallschalter geöffnet

Verstellstift (Führungsgröße) w

Heizwendel

230 V

Bimetallfeder

$\vartheta \triangleq$ Regelgröße x

d) Bimetallschalter geschlossen

Abb. 1: Zweipunktverhalten eines Bimetallschalters

Die Kennlinie eines Zweipunktreglers ist in Abb. 2a zu sehen. Sie gibt den Zusammenhang zwischen der Stellgröße y und der Regelgröße x wieder. Wenn der untere Wert der Regelgröße (x_u, z.B. Minimaltemperatur) erreicht wird, springt die Stellgröße y auf den Maximalwert y_{max}. Dieser bleibt solange erhalten, bis der obere Wert der Regelgröße (x_o, z.B. Maximaltemperatur) erreicht ist. Die Stellgröße y springt jetzt auf Null. Sie bleibt solange Null, bis die Regelgröße sich von x_o über den Soll-Wert w bis x_u geändert hat. Das auf diese Weise umfahrene Rechteck wird im Schaltzeichen zur Kennzeichnung des Reglerverhaltens verwendet (Abb. 2 b).

Temperaturstrecken, in denen Zweipunktregler eingesetzt sind, besitzen oft Verzugszeiten und Totzeiten. Sie beeinflussen dadurch den Verlauf der Regelgröße x. Ein Beispiel für eine Regelstrecke mit Verzögerung und Totzeit und einem Zweipunktregler ist in Abb. 3 zu sehen. Die Regelgröße x steigt über den Wert x_o und sinkt unter den Wert x_u.

Ein Zweipunktverhalten kann auch mit elektronischen Reglern erzeugt werden. Es kann z.B. mit einem Operationsverstärker oder im Kompaktregler über einen entsprechenden Regelalgorithmus realisiert werden. Die Periodendauer T ist einstellbar.

Besonders in der Verfahrenstechnik werden Regler benötigt, die stufig arbeiten und über drei Schaltzustände verfügen. Mit diesen **Dreipunktreglern** lassen sich z.B. folgende Regelaufgaben lösen:

Temperaturstrecke
- Heizung EIN
- Kühlung EIN
- Heizung AUS

Durchflußregelstrecke
- Ventil weiter öffnen
- Ventil in Ruhestellung
- Ventil weiter schließen

Die Kennlinie eines Dreipunktreglers ist in Abb. 4 zu sehen. Aus der Mittelstellung heraus ($y = 0$) kann die Stellgröße positive (+y_{max}) und negative (–y_{max}) Werte annehmen. Die Schaltdifferenz Δx ist auch hier sinnvoll, um die Schalthäufigkeit zu verringern. Das Reglersymbol in Abb. 4b zeigt vereinfacht diese Kennlinie.

In der Verfahrenstechnik werden häufig Ventile als Stellglieder (Abb. 5) eingesetzt, mit deren Hilfe der Durchfluß von Flüssigkeiten, Gasen usw. geregelt wird. Als Antrieb setzt man Motoren (vgl. 9.6.3.4) mit Getriebe ein, die durch einen Dreipunktregler in die folgenden Stellungen gebracht werden können:

- Motor im Rechtslauf,
- Motor im Stillstand,
- Motor im Linkslauf.

Da ein Motor mit Getriebe integrierend auf sprungartige Stellgrößenveränderungen reagiert (vgl. 9.4.3.2),

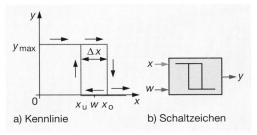

Abb. 2: Zweipunktregler
a) Kennlinie b) Schaltzeichen

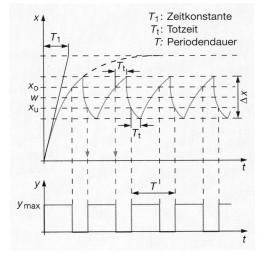

T_1: Zeitkonstante
T_t: Totzeit
T: Periodendauer

Abb. 3: Zweipunktregelung einer Regelstrecke mit Ausgleich, Verzögerung und Totzeit (PT_1T_t-Strecke)

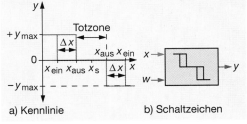

Abb. 4: Dreipunktregler
a) Kennlinie b) Schaltzeichen

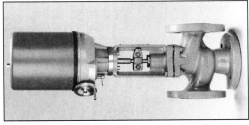

Abb. 5: Ventil als Stellglied mit elektrischem Antrieb

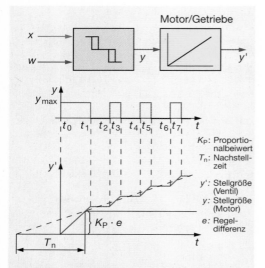

a) Integrierendes Verhalten, z. B. Rechtslauf

K_P: Proportionalbeiwert
T_n: Nachstellzeit
y': Stellgröße (Ventil)
y: Stellgröße (Motor)
e: Regeldifferenz

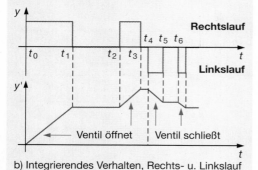

b) Integrierendes Verhalten, Rechts- u. Linkslauf

Abb. 1: Dreipunktregler mit integrierendem Stellglied (Schrittregler)

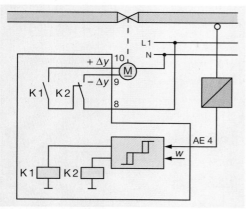

Abb. 2: Durchflußregelstrecke mit Kompaktregler als Schrittregler strukturiert

ergibt sich z. B. der Verlauf von Abb. 1 a. Da die Veränderung in Schritten erfolgt, bezeichnet man Regler dieser Art auch als **Schrittregler**. Zum Zeitpunkt t_0 wird der Motor eingeschaltet (z.B. Rechtslauf, $y = y_{max}$). Das Getriebe reagiert mit einem integrierenden Anstieg, das Ventil öffnet sich mit einer konstanten Geschwindigkeit. Bei t_1 wird der Motor abgeschaltet und das Ventil bleibt in der zuletzt eingenommenen Stellung, bis zum Zeitpunkt t_2. Danach wird der Motor wieder eingeschaltet (erneuter Rechtslauf, $y = y_{max}$). Das Ventil öffnet weiter, mit der gleichen Geschwindigkeit wie am Anfang.

Dieser Vorgang kann solange ablaufen, bis die maximale Öffnung des Ventils erreicht ist. Der Dreipunktregler und das nachgeschaltete Stellglied, bestehend aus Motor und Getriebe, zeigt ein dem PI-Regler (vgl. 9.4.4.2) ähnliches Verhalten. Deshalb können zur Kennzeichnung dieses Reglertyps der Proportionalwert K_{PR} und die Nachstellzeit T_n angegeben werden. Die Ermittlung dieser Kennwerte ist in Abb. 1 a dargestellt.

Ein Dreipunktregler mit einem integrierenden Stellglied wird als Schrittregler bezeichnet (S-Regler).

Der beschriebene Vorgang läßt sich natürlich durch den Linkslauf des Motors umkehren. Einen möglichen zeitlichen Verlauf der Motor- und der Ventilstellgröße zeigt Abb. 1 b.

Zum Zeitpunkt t_4 wird der Motor in den Linkslauf geschaltet. Das Ventil schließt mit konstanter Geschwindigkeit. Ab t_5 befindet sich das Ventil in Ruhestellung und ab t_6 schließt es weiter.

Der auf S. 425 mit Abb. 4 beschriebene Kompaktregler kann als Schrittregler strukturiert werden. Seinen Einsatz in einer Durchflußregelstrecke zeigt Abb. 2. Mit Hilfe der im Regler befindlichen Relais und Kontakte K1 und K2 kann über die Anschlüsse 9 und 10 ($+\Delta y$ und $-\Delta y$) der Motor in den Rechts- und Linkslauf geschaltet werden.

Aufgaben zu 9.4.4.3

1. Nennen und beschreiben Sie Einsatzgebiete für Regler mit Zweipunktverhalten!

2. Was versteht man bei einem Zweipunktregler unter der Schalthysterese bzw. Schaltdifferenz?

3. Erklären Sie den Unterschied zwischen einem Zweipunkt- und einem Dreipunktregler!

4. Beschreiben Sie Aufbau, Verhalten und Einsatzmöglichkeiten eines Schrittreglers!

5. Welche Rolle übernimmt das Getriebe am Ausgang eines Reglers mit Dreipunktverhalten?

6. Beschreiben Sie die Arbeitsweise des als Schrittregler konzipierten Kompaktreglers von Abb. 2!

9.4.5 Regelkreise

In den vorangegangenen Ausführungen wurden die Elemente von Regelkreisen getrennt untersucht und beschrieben. Für die Inbetriebnahme von Regelkreisen und Änderungen von Kenngrößen der Regler sind Kenntnisse über das **Zusammenwirken** von Regelstrecke und Regler erforderlich, damit nicht durch fehlerhaftes Handeln Störungen in den Anlagen auftreten. Auf keinen Fall darf in einem Regelkreis instabiles Verhalten in Form von ansteigenden Schwingungen vorkommen.

Besonders wichtig sind Kenntnisse über das zeitliche Verhalten (**dynamisches Verhalten**) der Regelgröße x, wenn sprungartige Änderungen der Führungsgröße vorgenommen werden bzw. Störungen auftreten.

Neben diesem dynamischen Verhalten ist u. U. auch das **statische Verhalten** von Interesse, wenn keine Änderungen mehr im Regelkreis auftreten. Der Regelkreis befindet sich dann im eingeschwungenen Zustand (Beharrungszustand).

9.4.5.1 Dynamisches Verhalten

In Abb. 3 ist das Verhalten eines Regelkreises dargestellt. Zum Zeitpunkt t_1 ändert sich die Führungsgröße sprungartig von w_1 nach w_2. Die Regelgröße reagiert verzögert mit einer gedämpften Schwingung, die in den Toleranzbereich einmündet. Der neue Soll-Wert w_2 wird erst nach einer Verzögerungszeit erreicht.

Als wichtige Kenngrößen können für diesen Vorgang die **Überschwingweite** x_m, die als Maß für die Dämpfung des Regelkreises angesehen werden kann, der **Toleranzbereich** Δx, die **Anregelzeit** t_{an} und die **Ausregelzeit** t_{aus} angegeben werden.

Als Anregelzeit wird die Zeit bezeichnet, die bis zum erstmaligen Erreichen des Toleranzbereiches vergeht.

Die Ausregelzeit gibt die Zeit an, nach der die Regelgröße x endgültig in den Toleranzbereich einmündet, ohne ihn wieder zu verlassen.

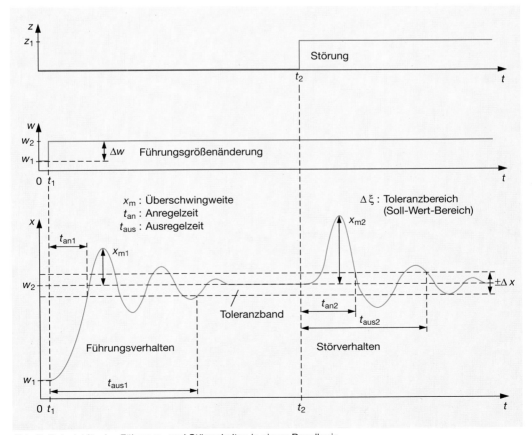

Abb. 3: Beispiel für das Führungs- und Störverhalten in einem Regelkreis

Auch im Bereich der Störungen können diese Größen zur Kennzeichnung des dynamischen Regelkreisverhaltens verwendet werden (vgl. Abb. 3, S. 435). Nachdem die Störung zum Zeitpunkt t_2 aufgetreten ist, reagiert die Regelgröße x mit einer gedämpften Schwingung, die nach der Ausregelzeit t_{aus2} in das Toleranzband einmündet. Die Störung gilt dann als ausgeregelt.

> Für die Beurteilung der Güte eines Regelkreises (**Regelgüte**) spielen folgende Größen eine Rolle: Überschwingweite, Anregelzeit, Ausregelzeit und Fläche zwischen der Regelgröße und dem jeweiligen Soll-Wert.

Es lassen sich jedoch keine allgemeingültigen Aussagen treffen, da eine Beurteilung stets von der jeweiligen Regelaufgabe abhängig ist. Zum Beispiel läßt sich die Forderung nach einer geringen Überschwingweite nicht mit einer kurzen Anregelzeit in Einklang bringen. Weiterhin muß z. B. bei der Lageregelung in der Metallbearbeitung die Überschwingweite Null sein. Die Regelgröße muß ohne Überschwingen den Endzustand erreichen (aperiodisch). In der Antriebstechnik ist dagegen eine kurze Anregelzeit wichtig, die Überschwingweite spielt hierbei eine untergeordnete Rolle.

Im nachfolgenden Teil sollen einige ausgewählte Regelstrecken mit entsprechenden Reglern vorgestellt werden.

Regelkreis mit P_0-Regelstrecke

Durchflußregelstrecken oder die Kollektor-Emitter-Strecke von Transistoren können als P_0-Regelstrecke aufgefaßt werden. Die in der Praxis auftretenden kleinen Verzögerungen und Totzeiten können fast immer vernachlässigt werden.

In Abb. 1 ist an die Durchflußregelstrecke ein Regler angeschlossen. Das Verhalten des Regelkreises bei Verwendung eines P-, I- oder PI-Reglers soll nun untersucht werden. Ausgegangen wird dabei von der sprungartigen Änderung der Führungsgröße (Abb. 2 a).

Der P-Regler (Abb. 2 b) reagiert sofort und bildet über die Stellgröße eine neue Regelgröße, allerdings mit einer bleibenden Regeldifferenz e_b. Sie kann durch einen hohen Proportionalbeiwert K_{PR} klein gehalten werden. Es besteht hierbei aber die Gefahr, daß periodische Schwingungen auftreten. Auch Störungen können nicht vollständig ausgeregelt werden, da eine Regeldifferenz bestehen bleibt. Der P-Regler wird deshalb selten für die Regelung einer P_0-Regelstrecke eingesetzt.

Mit dem I-Regler von Abb. 2 c wird erst nach einer gewissen Verzögerung der vorgegebene Wert der Führungsgröße w_1 erreicht. Bei einer sprungartigen

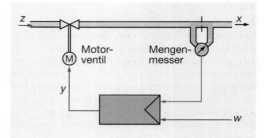

Abb. 1: Regelkreis für eine Durchflußregelung

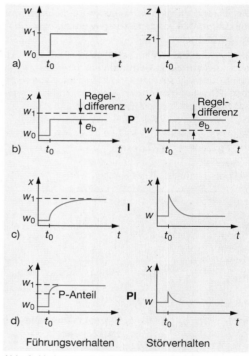

Abb. 2: Verhalten einer P_0-Regelstrecke bei verschiedenen Reglern

Störung ist zunächst ein Anstieg feststellbar, der danach wieder gegen Null geht. In beiden Fällen entstehen keine bleibenden Regeldifferenzen.

Ein noch günstigeres Verhalten wird in dieser P_0-Regelstrecke mit einem PI-Regler erzielt (Abb. 2 d). Zum Zeitpunkt t_0 steigt die Regelgröße x zunächst um den P-Anteil. Erst danach wird der I-Anteil wirksam. Die neue Regelgröße wird also schneller als beim I-Regler erreicht und auch die Störung wird rascher ausgeregelt.

> In P_0-Regelstrecken können I- und PI-Regler eingesetzt werden, da sie keine bleibenden Regeldifferenzen verursachen.

Regelkreis mit PT$_n$-Regelstrecke

Temperaturregelstrecken besitzen in den meisten Fällen mehrere Zeitkonstanten. Sie werden deshalb als PT$_n$-Regelstrecken bezeichnet. In Abb. 3 ist z.B. ein Glühofen mit einem Temperaturregler zu sehen. Die Anzahl der im Ofen vorhandenen Wärmespeicher mit ihren jeweiligen Zeitkonstanten ist nur schwer ermittelbar. Hervorgerufen werden sie z.B. durch das Glühgut, die Wandungen und die Flamme selbst. Die Kenngrößen Verzugszeit T_u und Ausgleichszeit T_g werden deshalb, wie in 9.4.3.1 beschrieben, durch eine Tangente im Wendepunkt ermittelt.

Das Führungsverhalten verschiedener Regler bei einer sprungartigen Änderung der Führungsgröße ist in Abb. 4 dargestellt.

Der Einsatz eines P- oder eines PD-Reglers führt zu einer bleibenden Regeldifferenz (e_{b1} bzw. e_{b2}). Der I-Regler verursacht eine große Überschwingweite x_m mit schwacher Dämpfung und einer langen Ausregelzeit t_{aus}.

Ein besseres Ergebnis erreicht man durch den Einsatz von PI- oder PID-Reglern. Der D-Anteil sorgt für eine Verringerung der An- und Ausregelzeit.

Ein entsprechend günstiges Verhalten zeigen PI- und PID-Regler, wenn wie in Abb. 5 Störungen ausgeregelt werden müssen.

> Für die PT$_n$-Regelstrecken sind PI- und PID-Regler geeignet, da keine Regeldifferenzen bestehen bleiben und die neue Regelgröße rasch erreicht wird.

Regelkreis mit IT$_n$-Regelstrecke

Als Beispiel für die Regelung einer Strecke ohne Ausgleich dient die in Abb. 6 dargestellte Füllstandsregelstrecke. Verzögerungen können durch den Elektroantrieb der Pumpe entstehen. Außerdem ergibt sich eine Totzeit durch den räumlichen Abstand der Pumpe zum Füllstandsbehälter.

Der Einsatz eines I-Reglers ist für diese Strecke ungeeignet. Er würde zu einem schwingenden Verlauf der Regelgröße führen. Geeignet dagegen sind P-, PI- und PID-Regler, deren Führungsverhalten in Abb. 1 auf S. 438 dargestellt ist. Besonders gut geeignet ist der P-Regler, da er eine geringere Überschwingweite hervorruft.

Beim Störverhalten sind dagegen die PI- und PID-Regler besser geeignet (Abb. 2, S. 438), da beide im Gegensatz zum P-Regler keine bleibenden Regeldifferenzen verursachen.

Regelkreise mit Integral-Regelstrecken (Regelstrecken ohne Ausgleich) zeigen deshalb bei

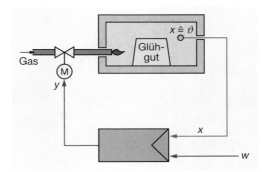

Abb. 3: Temperaturregelung in einem Glühofen

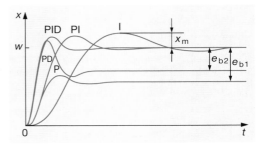

Abb. 4: Führungsverhalten verschiedener Regler an der PT$_n$-Regelstrecke

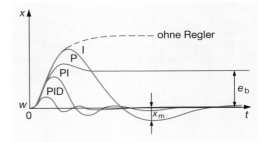

Abb. 5: Störverhalten verschiedener Regler an der PT$_n$-Regelstrecke

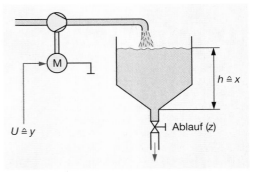

Abb. 6: Füllstandsregelung

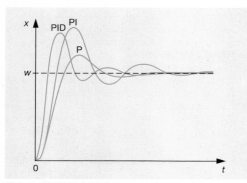

Abb. 1: Führungsverhalten verschiedener Regler an der IT_n-Regelstrecke

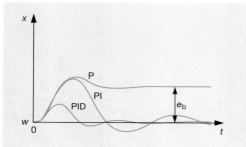

Abb. 2: Störverhalten verschiedener Regler an der IT_n-Reglestrecke

Einsatz eines P-Reglers im Vergleich zu den PI- und PID-Reglern ein besseres Führungsverhalten. Dagegen wird ein besseres Verhalten gegenüber Störungen durch PI- und PID-Regler erreicht.

9.4.5.2 Reglerauswahl und Einstellung von Reglerkennwerten

Bei der Auswahl geeigneter Regler für vorgegebene Regelstrecken stehen die angestrebte Regelgüte und damit die mit der Regelungsaufgabe verbundenen Anforderungen im Vordergrund. Die Einstellung der Reglerkennwerte kann z. B. nach folgenden Gesichtspunkten vorgenommen werden:

- optimales Führungs- bzw. Störverhalten,
- kleine An- und Ausregelzeit,
- geringe Überschwingweite.

Je nach Aufwand wird nach einer ersten Einstellung eine spätere Optimierung erforderlich sein.

In Tab. 9.8 sind einige Regelstrecken und mögliche Regler aufgeführt. Je nach Aufgabe können unterschiedliche Regler eingesetzt werden. Die in der Tabelle vorgenommenen Bewertungen sind erste Orientierungen. Die Grenzen für Einsatzmöglichkeiten zwischen den einzelnen Reglertypen sind fließend. Unter Umständen können bestimmte Regelungsaufgaben zu abweichenden Bewertungen für den Reglereinsatz führen.

Mögliche erste Einstellwerte für ein gutes Störverhalten bei Regelstrecken mit und ohne Ausgleich sind in Tab. 9.9 aufgeführt. Damit diese Werte benutzt werden können, müssen die Kenngrößen der Strecken (P-Strecke: K_{PS}, T_u, T_g; I-Strecke: K_{IS}, T_u) bekannt sein. Das Verhältnis T_u/T_g (bzw. T_{IS}) soll kleiner als 0,3 sein. Nach dieser Ersteinstellung kann die Feinabstimmung der Kennwerte erfolgen.

Tab. 9.8: Auswahl geeigneter Regler

Regelstrecke		Regler				
Typ	Regelgröße	**P**	**I**	**PI**	**PD**	**PID**
P_0	Durchfluß	ungeeignet	gut geeignet	gut geeignet	ungeeignet	aufwendig
PT_1	Drehzahl, Spannung, Druck	gut geeignet für Führung	geeignet	gut geeignet für Störung	geeignet	aufwendig
PT_n	Temperatur	ungeeignet	ungeeignet	gut geeignet	geeignet	gut geeignet
PT_t	Förderband, Zuteiler	ungeeignet	gut geeignet	gut geeignet	ungeeignet	ungeeignet
IT_n	Höhenstand, Niveau	geeignet	ungeeignet	gut geeignet für Führung	geeignet	gut geeignet für Störung

Tab. 9.9: Reglerwerte für gutes Störverhalten

Regel-strecke	mit Ausgleich $\frac{T_u}{T_g}<0{,}3$			ohne Ausgleich $\frac{T_u}{T_{IS}}<0{,}3$		
Regler-kennwerte	K_{PR}	T_n	T_v	K_{PR}	T_n	T_v
Reglertyp P	1	–	–	0,5	–	–
PI	0,8	3	–	0,42	5,8	–
PD	1,2	–	0,25 ... 0,5	0,5	–	0,5
PID	1,2	2	0,42	0,4	3,2	0,8
Faktor	$\dfrac{T_g}{K_{PS}\cdot T_u}$	T_u	T_u	$\dfrac{1}{K_{IS}\cdot T_u}$	T_u	T_u

Tab. 9.10: Reglerwerte nach Chien, Hrones und Reswick

	Regler	Führung	Störung
Aperiodischer Regelvorgang	P	$K_{PR}=0{,}3\cdot\dfrac{T_g}{K_{PS}\cdot T_{tE}}$	$K_{PR}=0{,}3\cdot\dfrac{T_g}{K_{PS}\cdot T_{tE}}$
	PI	$K_{PR}=0{,}35\cdot\dfrac{T_g}{K_{PS}\cdot T_{tE}}$ $T_n=1{,}2\cdot T_g$	$K_{PR}=0{,}6\cdot\dfrac{T_g}{K_{PS}\cdot T_{tE}}$ $T_n=4\cdot T_{tE}$
	PID	$K_{PR}=0{,}6\cdot\dfrac{T_g}{K_{PS}\cdot T_{tE}}$ $T_n=T_g$ $T_v=0{,}5\cdot T_{tE}$	$K_{PR}=0{,}95\cdot\dfrac{T_g}{K_{PS}\cdot T_{tE}}$ $T_n=2{,}4\cdot T_{tE}$ $T_v=0{,}42\cdot T_{tE}$
Regelvorgang mit 20 % Überschwingungen	P	$K_{PR}=0{,}7\cdot\dfrac{T_g}{K_{PS}\cdot T_{tE}}$	$K_{PR}=0{,}7\cdot\dfrac{T_g}{K_{PS}\cdot T_{tE}}$
	PI	$K_{PR}=0{,}6\cdot\dfrac{T_g}{K_{PS}\cdot T_{tE}}$ $T_n=T_g$	$K_{PR}=0{,}7\cdot\dfrac{T_g}{K_{PS}\cdot T_{tE}}$ $T_n=2{,}3\cdot T_{tE}$
	PID	$K_{PR}=0{,}95$ $T_n=1{,}35\cdot T_g$ $T_v=0{,}47\cdot T_{tE}$	$K_{PR}=1{,}2$ $T_n=2\cdot T_{tE}$ $T_v=0{,}42\cdot T_{tE}$

Von **Chien**, **Hrones** und **Reswick** sind Einstellwerte für Regler in Versuchen ermittelt worden, die für Regelstrecken höherer Ordnung (PT_n, PT_nT_t, IT_n) verwendet werden können (Tab. 9.10). Die Regelstreckenkennwerte K_{PS}, T_g, T_u bzw. T_t müssen bekannt sein. Vorhandene Totzeiten können mit der Verzugszeit zu einer Ersatztotzeit ($T_{tE}=T_u+T_t$) zusammengefaßt werden.

In der Tab. 9.10 wird zwischen dem optimalen Führungs- und Störverhalten unterschieden. Außerdem kann für die Regelgröße x ein aperiodischer Verlauf oder ein 20%iges Überschwingen gewählt werden.

9.4.5.3 Mehrschleifige Regelkreise

Bei einfachen, einschleifigen Regelkreisen wird die Auswirkung einer Störung erst dann beseitigt bzw. abgeschwächt, wenn die Störung eine Änderung der Regelgröße hervorgerufen hat. Die Störung "durchläuft" gewissermaßen den gesamten Regelkreis. Sinnvoller ist es, wenn die Störung erfaßt und ein entsprechendes Korrektursignal sofort auf das Stellglied gegeben wird. Diese Vorsteuerung des Stellgliedes bezeichnet man als **Störgrößenaufschaltung** (Störtendenzaufschaltung).

Das Prinzip einer Störgrößenaufschaltung ist in Abb. 3 zu sehen. Die Störgröße wird gemessen und als Hilfsgröße x_n dem Regler zugeführt. Die Verzugszeit der Regelstrecke wird auf diese Weise umgangen. Nachteilig ist hierbei, daß sich eine bleibende Regeldifferenz ergibt. Dieses kann jedoch vermieden werden, wenn als Rückführungsglied ein Differenzierglied verwendet wird.

Als Beispiel für eine Störgrößenaufschaltung dient die Spannungsstabilisierung mit einem Längstransistor in Abb. 4. Die Stromstärkenänderung ΔI_L ist hierbei die Störgröße. Sie wird als Spannungsfall an R_h gemessen und dem Regler zugeführt. Eine Vergrößerung von I_L vermittelt damit dem Regler eine sinkende Lastspannung U_L.

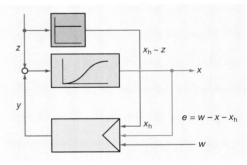

Abb. 3: Prinzip der Störgrößenaufschaltung

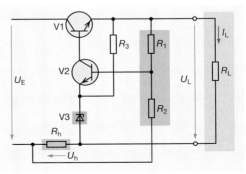

Abb. 4: Störgrößenaufschaltung in einer Spannungsstabilisierung

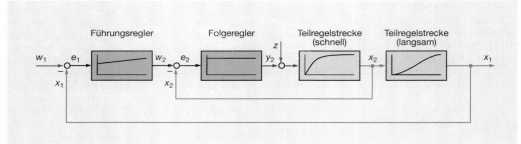

Abb. 1: Signalflußplan einer Kaskadenregelung

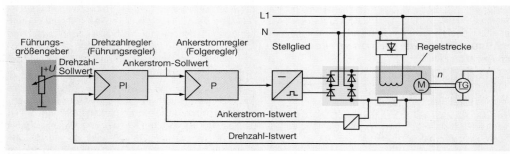

Abb. 2: Drehzahlregelung mit unterlagerter Ankerstromregelung (Kaskadenregelung)

Durch eine Störgrößenaufschaltung umgeht man Verzugszeiten der Strecke und erreicht somit, daß Störungen rascher ausgeregelt werden.

In vielen Bereichen der Prozeßtechnik und bei Drehzahlregelungen besteht durch große Verzugszeiten der Strecke die Gefahr, daß die Regelung zu spät reagiert und die Regelung instabil wird. Zur Verbesserung kann man den gesamten Regelkreis in Teilregelkreise zerlegen (**Kaskadenregelung**). Es läßt sich, z.B. wie in Abb. 1 dargestellt, die Regelstrecke in eine schnelle und in eine langsame Teilstrecke aufteilen. Beide Teile werden durch eigene Regler geregelt.

In vielen Fällen wird die Hauptstörgröße durch den schnell reagierenden P-Regler geregelt. In dem mehr langsamen Regelkreis setzt man dagegen vorwiegend PI-Regler ein. Da beide Regler aufeinander einwirken, bezeichnet man sie auch als Führungs- bzw. Folgeregler.

In Abb. 2 ist die Drehzahlregelung als Beispiel für eine Kaskadenregelung aufgeführt. Im Führungsregler werden der Drehzahl-Sollwert sowie der Ist-Wert des Tachogenerators verglichen. Das Ausgangssignal gelangt auf den Folgeregler. Dieser erhält über einen Meßumformer eine Rückmeldung über den tatsächlichen Ankerstrom, so daß bei Störungen in diesem Bereich sofort auf das Stellglied eingewirkt wird.

Bei der Kaskadenregelung wird eine Regelstrecke in Teilregelstrecken mit jeweils eigenen Regelkreisen aufgeteilt und damit die Regelgüte verbessert.

Aufgaben zu 9.4.5.1 bis 9.4.5.3

1. Erklären Sie den Unterschied zwischen dem dynamischen und dem statischen Verhalten eines Regelkreises!

2. Erklären Sie die Begriffe Anregelzeit und Ausregelzeit. Geben Sie ihre Bedeutung für Regelungen an!

3. Was versteht man unter der Regelgüte? Nennen Sie einige Größen, die die Regelgüte beeinflussen!

4. Beschreiben Sie die Arbeitsweise eines PI-Reglers in einer P_0-Regelstrecke!

5. Begründen Sie, weshalb für eine PT_n-Regelstrecke PI- und PID-Regler ein günstiges Verhalten zeigen!

6. Beschreiben Sie eine Regelungsmaßnahme innerhalb einer IT_n-Regelstrecke!

7. Erklären Sie die Maßnahme der Störgrößenaufschaltung in einem Regelkreis!

8. Beschreiben Sie an einem Beispiel das Prinzip der Kaskadenregelung und geben Sie Vorteile gegenüber einschleifigen Regelkreisen an!

9. Erklären Sie die Bedeutung der in den Tabellen 9.9 und 9.10 aufgeführten Reglerkennwerten für die Inbetriebnahme von Regelkreisen!

9.4.5.4 Regelungssysteme

Innerhalb automatisierter Prozesse spielen Regelungsvorgänge eine wichtige Rolle. Sie werden häufig durch einzelne Bausteine oder Einschübe (Module) in komplexen Automatisierungsgeräten realisiert. Diese Bausteine sind in vielen Fällen nicht nur für eine spezielle Regelungsaufgabe konzipiert worden, sondern können durch verschiedene Bedien- und Einstellmöglichkeiten der jeweiligen Regelungsaufgabe angepaßt werden. Es handelt sich hierbei nicht mehr nur um einzelne Regelkreise, sondern um Regelungssysteme.

Neben der sich immer mehr verbreitenden digitalen Signalverarbeitung in Regelungssystemen gibt es aber auch weiterhin analog arbeitende Regelungssysteme (Abb. 4). Ein zugehöriger Übersichtsplan ist in Abb. 3 zu sehen. Stichwortartig lassen sich hierüber folgende Aussagen machen:

- Der Regler arbeitet stetig. Zu jeder analogen Eingangsgröße ① wird eine analoge Ausgangsgröße gebildet ②.
- Die Führungsgröße (w_{int}) kann intern (Festwertregler ④) gebildet oder extern (w_{ext}) zugeführt werden (Folgeregler ③).
- Die Meßwerte können direkt ⑥ oder über Meßumformer ⑦ auf das Regelungssystem gegeben werden.

Abb. 4: Analog-Regelungssystem

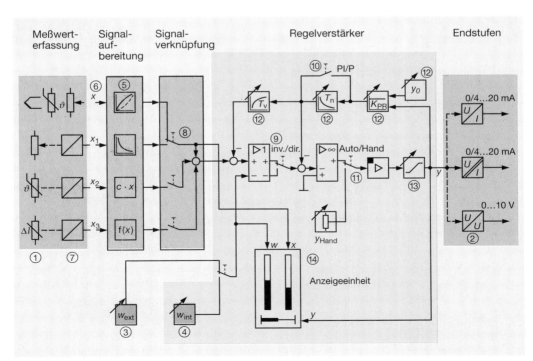

Abb. 3: Übersichtsplan eines analog arbeitenden stetigen Reglers

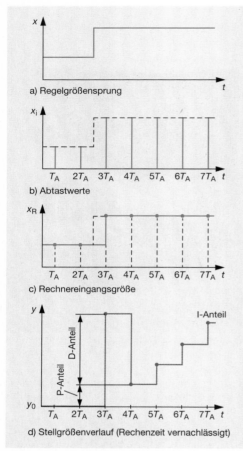

a) Regelgrößensprung

b) Abtastwerte

c) Rechnereingangsgröße

d) Stellgrößenverlauf (Rechenzeit vernachlässigt)

Abb. 1: Sprungantwort eines PID-Abtastregler

- Die Eingangssignale werden durch verschiedenartige Signalaufbereitungen ⑤ der Regelungsaufgabe angepaßt (z.B. linearisiert).
- Die Eingangssignale können verknüpft werden ⑧.
- Der Wirksinn (invertierend/direkt) kann am Regler umgeschaltet werden ⑨.
- Der Regler kann durch Umschalten auf Handbetrieb ⑪ als reines Stellglied benutzt werden.
- Die Kenngrößen K_{PR}, T_n, T_v und der Arbeitspunkt y_0 sind unabhängig einstellbar ⑫ .
- Die Stellgröße y kann begrenzt werden ⑬ .
- Die Größen w, x und y werden analog angezeigt ⑭ .

Bei digital arbeitenden Reglern bzw. Regelungssystemen müssen die Regel- und Führungsgrößen in digitaler Form vorliegen. Dazu ist eine entsprechende Signalumsetzung erforderlich (vgl. 9.4.2). In einfach arbeitenden Regelkreisen wird nach einem in der Hardware festgelegten Programm die Stellgröße gebildet. Als Beispiel dient hierfür die Durchflußregelung von Abb. 2.

Die Durchflußmenge wird mit Hilfe eines Sensors als Frequenz gemessen und mit einer eingestellten Soll-Frequenz in einer Impulsdifferenzschaltung (ID) verglichen. Die Größe der Regeldifferenz bestimmt das Zählergebnis des nachfolgenden Zählers (CTR). Die jetzt in digitaler Form vorliegende Stellgröße wird anschließend in einem Digital-Analog-Umsetzer umgeformt und kann dann auch einer Spannungs-Druck-Umwandlung der Regelstrecke zugeführt werden.

In 9.4.4.1 wurde die digitale Signalverarbeitung im Regelkreis mit einem Kompaktregler bereits kurz vorgestellt. Es handelte sich dort um einen

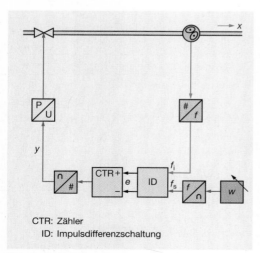

CTR: Zähler
ID: Impulsdifferenzschaltung

Abb. 2: Durchflußregelung

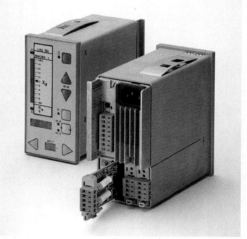

Abb. 3: Digital arbeitende Kompaktregler

Abtastregler (Abb. 3), der mit einem Mikrocomputer und den gespeicherten Regelalgorithmen (P,
I, PI, PD, PID) verschiedenartige Regelungsaufgaben lösen kann.

Beim Abtastregler kann die Abfrage der Meßstellen
zu festen Zeitabständen durch ein entsprechendes
Programm (**zyklische Abtastung**, polling) oder nur
bei Bedarf erfolgen (**azyklische Abtastung**). Der
gewählte Zeitabstand zwischen zwei Abtastungen
(T_A) muß hierbei klein gegenüber den Zeitkonstanten des Regelkreises gewählt werden, damit keine
Verfälschungen auftreten.

Mit Abb. 1 wird die Entstehung einer Stellgröße bei
einem PID-Regler mit zyklischer Abtastung verdeutlicht. Die Regelgröße x (Abb. 1a) wird zunächst
in diskrete Abtastwerte zerlegt (Abb. 1b). Jeder
Einzelwert wird bis zum nachfolgenden Wert gehalten und an den Eingang des Reglers gegeben
(Abb. 1c). Das digitalisierte Stellsignal y für die
PID-Verarbeitung ist in Abb. 1d zu sehen. Der noch
treppenförmige Verlauf des I-Anteils kann durch
nachfolgende Stellglieder linearisiert werden (vgl.
Schrittregler in 9.4.4.3).

In komplexen Automatisierungsabläufen übernehmen Rechner oft zentrale und vielfältige Aufgaben.
Sie haben z.B. wichtige Steuerungsaufgaben,
geben Alarmmeldungen, erstellen Protokolle und
geben Trendmeldungen ab. Die Kontrolle und
Beeinflussung von Regelungen ist dabei eine Aufgabe unter anderen.

Oft bedienen Rechner auch mehrere Regelkreise.
In Abb. 4 ist hierfür ein Beispiel für zwei Regelkreise zu sehen. Der Multiplexer (MUX) im Eingangsbereich sorgt dafür, daß zu einer bestimmten
Zeit nur ein Meßwert bearbeitet wird. Der synchron

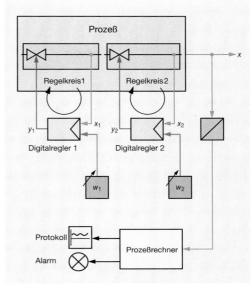

Abb. 5: DDC-Betreib (direct digital control) eines
Digitalreglers

arbeitende Demultiplexer (DX) am Ausgang schaltet dann das dazugehörige Stellsignal an das jeweilige Stellglied (**Zeitmultiplexverfahren**).

Zunehmend werden digital arbeitende Regler de-
zentral und damit wie in Abb. 5 dargestellt, direkt
an der Regelstrecke innerhalb eines Prozesses eingesetzt. Ein übergeordneter Prozeßrechner überwacht dabei den Gesamtprozeß. Man bezeichnet
diese Betriebsart als **DDC-Betrieb** (**d**irect **d**igital
control).

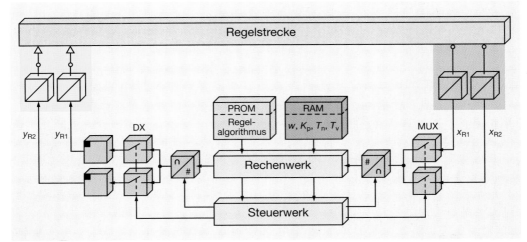

Abb. 4: Rechnerregelung für zwei Regelkreise

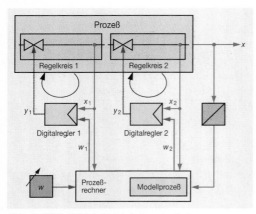

Abb. 1: SPC-Betrieb (set point control) eines
Digitalreglers

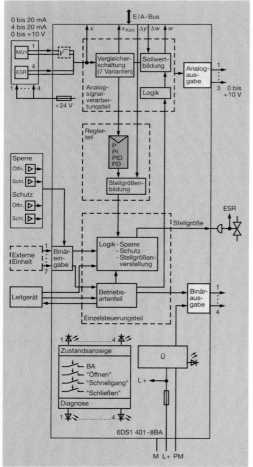

Abb. 2: Übersichtsplan (Firmenunterlage) einer
Reglerbaugruppe in einem Automatisierungssystem

Beim DDC-Betrieb eines Regelkreises wirkt der
Digitalregler unmittelbar auf das Stellglied ein.

Im Gegensatz hierzu wird beim **SPC-Betrieb** (**s**et
point **c**ontrol) von einem zentralen Prozeßrechner
(Abb. 1) die Führungsgröße für die einzelnen Regler
gebildet. Sie entsteht aus dem Vergleich der einzelnen Regelgrößen mit den Werten eines gespeicherten Modellprozesses. Die Regelgüte verbessert sich dadurch.

Beim SPC-Betrieb eines Regelkreises werden
die jeweiligen Führungsgrößen für die Digitalregler von einem übergeordneten Prozeßrechner ermittelt.

Zum Abschluß sollen einige ausgewählte Daten für
eine digital arbeitende Reglerbaugruppe innerhalb
eines Automatisierungssystems aufgeführt werden.
Der Übersichtsplan (Firmenunterlage) ist in Abb. 2
zu sehen.

- Einsetzbar als Festwert- und Verhältnisregler im
  SPC- und DDC-Betrieb, Handbetrieb und Auto-
  matikbetrieb.

- Reglerstruktur: P, I, PD oder PID.

- Analogeingänge 0 bis 10 V, 0 (4) bis 20 mA.

- Eingangswiderstände für Spannung: 100 kΩ, für
  Strom: 50 Ω.

- Abtastzykluszeit 140 ms.

- Analog-Digital-Umsetzung, Auflösung der Eingangssignale: 10 Bit.

- Einstellbare Reglerkenngrößen: K_p = 0,01 ... 30;
  T_n = 1 ... 3000 s; T_v = 1 ... 300 s.

- Stellgröße: Kontinuierliches Ausgangssignal von
  0 bis 20 mA oder 4 bis 20 mA und 0 bis 10 V.

- E/A-Bus-Steuerung für Befehle: Schließen,
  Öffnen, Reglersperre.

- Leistung 7,5 W.

- Meßumformerversorgung +24 V über gemeinsame Sicherung von 630 mA.

- Überwachung (u.a.): CPU auf Laufzeitfehler,
  RAM- oder EPROM-Speicher, Betriebsarten-
  zustände, Meßbereichsgrenzen, Zykluszeit, Datenübertragung vom Zentralteil, Verriegelungen,
  Stellgröße.

Aufgaben zu 9.4.5.4

1. Beschreiben Sie wesentliche Unterschiede zwischen
   einem analog und einem digital arbeitenden Regler!

2. Erklären Sie das Prinzip der Abtastung bei einer digitalen Signalaufbereitung!

3. Welche Unterschiede bestehen zwischen dem DDC-
   und SPC-Betrieb?

4. Beschreiben Sie eine Maßnahme, mit der man mit
   einem Rechner mehrere Regelkreise überwachen
   kann!

9.4.6 Sensoren

Der ungestörte Ablauf automatisierter Prozesse hängt wesentlich von der Meßbarkeit der Prozeßgrößen durch Sensoren ab. Sie ermitteln den jeweiligen Ist-Wert einer Prozeßgröße und beeinflussen auf diese Weise Steuerungen bzw. Regelungen.

> Sensoren sind Meßwertaufnehmer. Sie ermitteln den Ist-Wert in Steuerungen bzw. Regelungen.

Sensoren gibt es für eine Vielzahl verschiedener physikalischer Größen und Bereiche, z.B. für:

Temperatur, Kraft, Druck, Drehmoment, Geschwindigkeit (Durchflußgeschwindigkeit), Ort, Position (Füllstand), magnetisches Feld, Beleuchtungsstärke, Gase, Feuchtigkeit.

Die aufgeführten physikalischen Größen sind nichtelektrischer Art. Für eine Verarbeitung in elektrischen Anlagen ist es deshalb erforderlich, diese Größen in eine elektrische Größe umzuwandeln. Eine mögliche Umwandlungskette für eine Temperaturmessung ist in Abb. 3 zu sehen.

Die Temperatur wird indirekt über eine Widerstandsänderung gemessen. Je nach Art des Temperatursensors und der Regelungsaufgabe muß noch eine Signalaufbereitung erfolgen (z.B. Kennlinienlinearisierung, s. S. 446). Die Widerstandsänderung wird dann in eine Spannungsänderung umgewandelt, z.B. mit einer Konstantstromquelle (Abb. 4a) oder einer Brückenschaltung (Abb. 4b).

Bei dem angesprochenen Temperatursensor handelt es sich um einen **passiven Sensor**. Die Meßgröße wurde mit Hilfe einer Spannungsquelle umgeformt. **Aktive Sensoren** sind dagegen in der Lage, Spannungen in Abhängigkeit von der jeweiligen Größe direkt abzugeben.

Die Übertragung der Signale zwischen einem passiven Sensor und seiner Auswerteeinheit (z.B. Regler, Anzeige) kann mit einer verdrillten Zweidrahtleitung erfolgen. Bei großen Leitungslängen läßt sich der Leitungswiderstand nicht mehr vernachlässigen. Bereits kleine Ströme durch Sensor und Leitung sorgen für Spannungsfälle, welche die Meßwertübertragung verfälschen. Abhilfe schafft hier die in Abb. 5 dargestellte **Vierleiterschaltung**.

Bei der Vierleiterschaltung wird der Sensor über ein weiteres Leiterpaar mit einem Konstantstrom gespeist. Das eigentliche Sensorsignal wird parallel zum Sensor als reine Meßspannung abgegriffen und zu einem hochohmigen Verstärker geleitet. Durch die Meßspannungsleitung fließt in diesem Fall kein Strom, so daß Beeinflussungen durch die Zuleitungen entfallen.

Auf einen Leiter kann auch verzichtet werden (Dreileiterschaltung), wenn die Anschlußleiter der

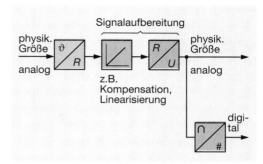

Abb. 3: Prinzip der Signalumwandlung bei einem Temperatursensor

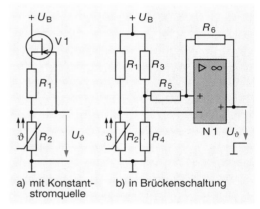

a) mit Konstant-   b) in Brückenschaltung
stromquelle

Abb. 4: Betrieb passiver Sensoren

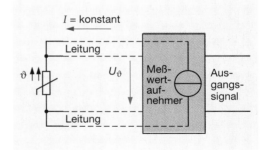

Abb. 5: Vierleiterschaltung

Sensoren als Rückleitung für den eingespeisten Konstantstrom verwendet werden. Die störenden Widerstandsänderungen der Leitung verteilen sich gleichmäßig auf die Stromkreise.

Durch den verstärkten Einsatz von integrierten Schaltungen ist man bestrebt, die Signalaufbereitung bereits in den Sensor zu integrieren. Die getrennten Bereiche in Abb. 3 sind dann in einem Baustein zusammengefaßt (Abb. 1a, S. 446).

Tab. 9.11: Temperatursensoren

Sensor	Meßprinzip	Meßbereich
Metallfilm-Widerstand (PTC)	Widerstandsänderung von Metallen, z.B. Platin oder Nickel ($\approx$ 0,4 %/°C)	$-$ 200 °C ... $+$ 850 °C
Halbleiter-widerstand (PTC)	Widerstandsänderung von Halbleitern, z.B. Silizium ($\approx$ 0,75 %/°C)	$-$ 50 °C ... $+$ 150 °C
Halbleiter-widerstand (NTC)	Widerstandsänderung von Halbleitern, z.B. Metalloxid-Keramik (3 ... 6 %/°C)	$-$ 50 °C ... $+$ 150 °C
Thermo-element	Thermospannung an Kontaktstelle von Metallen	$-$ 200 °C ... $+$ 2800 °C

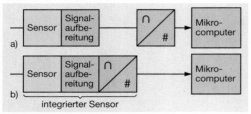

a)
b) integrierter Sensor

Abb. 1: Entwicklungstendenzen bei Sensoren

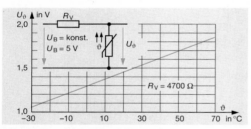

Abb. 2: Linearisierte Kennlinie des Si-Temperatursensors KTY 10

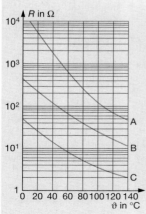
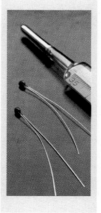

Abb. 3: Widerstand in Abhängigkeit von der Temperatur beim NTC-Widerstand

Abb. 4: NTC-Widerstand

Bei einer Reparatur können umständliche Einstellungen und Anpassungen durch Komplettaustausch entfallen.

Da in absehbarer Zeit Mikrocomputer noch stärker zum Einsatz gelangen werden, ist auch bei Sensoren ein digitalisiertes Ausgangssignal wünschenswert. Eine direkte Ankopplung wie in Abb. 1b wird somit möglich.

Temperatursensoren

In der Tabelle 9.11 sind wichtige Temperatursensoren aufgeführt. Metallfilm-Widerstände besitzen einen positiven Temperaturkoeffizienten (PTC) und können deshalb als Temperatursensoren eingesetzt werden. Der Widerstand ändert sich mit der Temperatur nach folgender Formel:

$$R_T = R_{20} (1 + \Delta T \cdot \alpha)$$

R_T : Widerstand bei der Meßtemperatur T_1

R_{20} : Widerstand bei 20 °C

α : Temperaturkoeffizient; Platin 3,9 · 10^{-3}/K; Nickel 6,7 · 10^{-3}/K

ΔT : Temperaturänderung ($T_1 - T_2$)

Die Widerstände betragen bei 0 °C meistens 100 Ω. Als Meßschaltung eignet sich wieder eine Brückenschaltung mit einem Verstärker (vgl. Abb. 4, S. 445)

In einem begrenzten Temperaturbereich kann bei Metallfilm-Widerständen auf eine Linearisierung der Kennlinie verzichtet werden.

Temperatursensoren mit einem positiven Temperaturkoeffizienten aus Halbleitermaterialien bestehen aus Si-Plättchen mit einer genau definierten Leitfähigkeit. Sie befinden sich z.B. in TO-92 Gehäusen oder in Kunststoffumhüllungen SOD-70. In Abb. 2 ist der durch einen Vorwiderstand linearisierte Kennlinienverlauf des **Si-Temperatursensors** KTY 10 zu sehen. Der optimale Vorwiderstand ist für eine Temperatur von 20 °C angegeben.

Bei Halbleiterwiderständen mit einem negativen Temperaturkoeffizienten (NTC) ist die prozentuale Widerstandsänderung in Abhängigkeit von der Temperatur am größten (Abb. 3). Sie können deshalb z.B. als Leistungshalbleiter direkt für Schaltaufgaben verwendet werden. Bei Verwendung eines Meßsensors darf dagegen die Eigenerwärmung das Ergebnis nicht verfälschen.

Thermoelemente (Abb. 5) sind für große Temperaturbereiche geeignet (–200 °C bis 2800 °C). Sie bestehen aus einer Verbindung von zwei unterschiedlichen Metalldrähten wie z.B. Kupfer und Kupfer-Nickel, Eisen und Kupfer-Nickel oder Platin und Rhodium-Platin. Ein kompletter Sensor besteht aus zwei Verbindungsstellen (Abb. 7a). Taucht man z.B. eine Verbindungsstelle in Wasser von 0°C und benutzt die andere als Meßstelle, dann entsteht zwischen den Anschlüssen eine elektrische Spannung (**Thermospannung**). Sie liegt je nach Thermoelement zwischen 7µV/°C und 75µV/°C. In Abb. 6 sind die Kennlinien von drei Thermoelementen zu sehen.

Das Problem bei der Anwendung dieser Temperatursensoren besteht darin, daß die Spannung stets abhängig von der Temperaturdifferenz der Kontaktstellen der Metalldrähte ist. Es muß deshalb eine Stelle auf einer konstanten Temperatur (z.B. 0 °C) gehalten werden, wenn die Thermospannung eine direkte Funktion der Temperatur sein soll. In Abb. 7b ist dieses durch einen Block mit konstanter Temperatur ϑ_V gekennzeichnet worden. Um jetzt noch eine Spannung zu erhalten, die der tatsächlichen Temperatur und nicht der Temperaturdifferenz entspricht, muß eine Spannung wie in Abb. 7b hinzu addiert werden. Die Größe ist abhängig von der gewählten Konstanttemperatur.

Es gibt integrierte Schaltungen, die intern über einen Temperaturkompensator verfügen. Am Ausgang erhält man dann eine Spannung von etwa 10 mV/K.

Druck- und Kraftsensoren

Druck- und Kraftsensoren kommen in den verschiedensten Bereichen der Technik vor. Drucksensoren werden z.B. zum Messen des Füllstandes in der Waschmaschine (40 mbar), in Barometern (1 bar), im Kraftfahrzeug (10 bar) oder in der Hydraulik (500 bar) verwendet.

> Bei der Druckmessung wird die Kraft, bezogen auf eine bestimmte Fläche, gemessen. Als Einheit dient das bar, wobei 1 bar einem Druck von 10^5 N/m² entspricht.

In Abb. 8 sind die Bezugsebenen für Druckangaben aufgeführt.

Als Druck- bzw. Kraftsensoren werden oft Dehnungsmeßstreifen eingesetzt. Sie bestehen aus einem dünnen Draht, der in einer Kunststofffolie eingebettet ist (Abb. 9). Eine Dehnung des Drahtes verursacht eine Längenänderung und eine Querschnittsverringerung. Der Widerstand ändert sich also. Die Widerstandsänderung ist hierbei proportional zur Dehnung. Insgesamt ergibt sich folgender Zusammenhang:

$$\frac{\Delta R}{R} = \frac{k \cdot \Delta l}{l}$$

ΔR : Widerstandsänderung

R : Gesamtwiderstand

Δl : Längenänderung

l : Gesamtlänge

Die Konstante k drückt die Empfindlichkeit des Dehnungsmeßstreifens aus. Sie hat bei Metallen

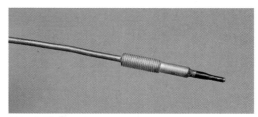

Abb. 5: Thermoelement

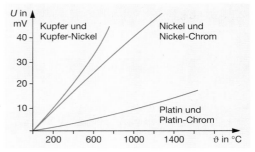

Abb. 6: Kennlinien von Thermoelementen

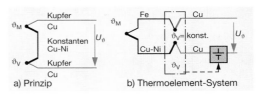

a) Prinzip b) Thermoelement-System

Abb. 7: Temperaturmessung mit Thermoelement

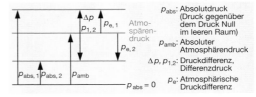

p_{abs}: Absolutdruck (Druck gegenüber dem Druck Null im leeren Raum)

p_{amb}: Absoluter Atmosphärendruck

$\Delta p, p_{1,2}$: Druckdifferenz, Differenzdruck

p_e: Atmosphärische Druckdifferenz

Abb. 8: Bezugsebenen für Druckangaben

DMS als Meßwertaufnehmer für:

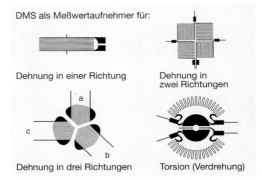

Dehnung in einer Richtung

Dehnung in zwei Richtungen

Dehnung in drei Richtungen

Torsion (Verdrehung)

Abb. 9: Bauformen von Dehnungsmeßstreifen

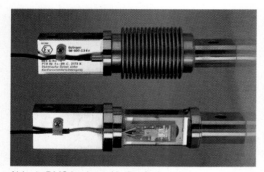

Abb. 1: DMS in einem Kraftaufnehmer

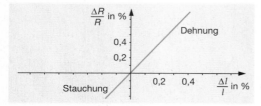

Abb. 2: Kennlinie eines Dehnungsmeßstreifens

Abb. 3: Si-Drucksensoren von 0,04 bis 400 bar

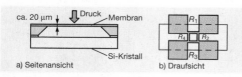

Abb. 4: Aufbau eines Si-Drucksensors

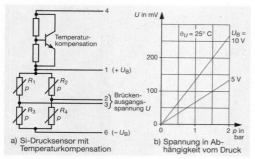

Abb. 5: Si-Drucksensor KP 100 A

einen Wert von etwa 2 und reicht bei Halbleiter-Dehnungsmeßstreifen von 30 bis 50. In Abb. 2 ist der in der Formel dargestellte Zusammenhang in Form eines Diagramms zu sehen.

Im praktischen Einsatz werden Dehnungsmeßstreifen auf Werkstücke geklebt. Durch eine entsprechende Belastung (Druck, Kraft, Drehmoment) kommt es im Dehnungsmeßstreifen zu einer Widerstandsänderung, die man dann über eine Auswerteschaltung messen oder einer Steuerschaltung zur Beeinflussung eines Prozesses zuführen kann. Oft werden mehrere Dehnungsmeßstreifen zur Erhöhung der Widerstandsänderung zusammengeschaltet.

Beim Dehnungsmeßstreifen wird die Widerstandsänderung von Metallen oder Halbleitermaterialien zur Messung von Druck, Kraft oder Drehmoment verwendet.

Eine weite Verbreitung haben **Silizium-Drucksensoren** (Abb. 3) gefunden, bei denen auf der Vorderseite eines Si-Plättchens auf einer dünnen Membran (ihre Dicke bestimmt den Druckbereich) genau definierte Widerstandsbahnen hergestellt worden sind (Abb. 4). Die vier Widerstände (R_1, R_2, R_3, R_4) sind in einer Brückenschaltung angeordnet. Wenn sich jetzt die Membran aufgrund des Drucks durchbiegt, werden zwei Widerstände gedehnt und zwei gestaucht. Weil Bindungen zwischen den Atomen gelöst und somit die Elektronenbeweglichkeit verändert wird, kommt es zu einer Widerstandsänderung in den Halbleitermaterialien. Man spricht hierbei von dem piezoresistiven Effekt.

Drucksensoren dieser Art erfordern mindestens vier Anschlüsse. Zwei dienen der Spannungszuführung, und an den anderen wird die Meßspannung in Abhängigkeit vom Druck abgenommen. Je nach Druck und Betriebsspannung erhält man eine Ausgangsspannung im mV-Bereich (Abb. 5a) Durch entsprechend nachgeschaltete Verstärker kann sie vergrößert werden.

Bei Si-Drucksensoren ändern sich aufgrund des Drucks die Widerstände einer Brückenschaltung. Da Halbleitermaterialien temperaturabhängig sind, muß auch bei Si-Drucksensoren eine Kompensation vorgenommen werden (Abb. 5a).

Drucksensoren lassen sich auch als Kraftsensoren einsetzen. Da sie die Kraft, bezogen auf eine Fläche messen, kann durch Multiplikation mit der Flächengröße die Kraft bestimmt werden.

Besonders bei der spanabhebenden Bearbeitung von Metallen werden präzise Kraftmeßgeräte mit einem großen Meßbereich benötigt. **Quarzkristallkraftmeßgeräte** (Piezosensor) sind hierfür geeignet. Ein einzelnes Instrument kann z.B. den Bereich von 20000 N bis zu Bruchteilen von 1 N erfassen. Ausgenutzt wird dabei der bei Quarzen auftretende piezo-elektrische Effekt. Bei Krafteinwirkungen verschieben sich die im Kristallverband eingelagerten Ladungen derart, daß zwischen den Elektroden an der Oberfläche Ladungsunterschiede auftreten (Abb. 7). Die so entstandene Spannung kann dann verstärkt werden.

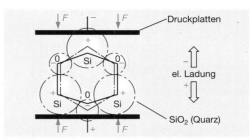

Abb. 7: Funktionsprinzip eines Piezo-Sensors

Durchfluß-, Strömungs- oder Geschwindigkeitssensoren

In vielen Anlagen der Prozeßtechnik ist es erforderlich, Durchflüsse der verschiedenartigsten Materialien zu messen. Aus den gewonnenen Daten kann dann die Geschwindigkeit und der Materialtransport innerhalb einer bestimmten Zeit gemessen werden.

Noch weit verbreitet sind mechanische Meßgeräte, mit denen eine Genauigkeit bis zu einem Promille erreicht werden kann. Diese sollen hier nicht angesprochen werden, sondern eine Auswahl elektrischer Verfahren. Die Messung erfolgt dabei in der Regel indirekt. Außerdem gibt es keine beweglichen Teile, die einem Verschleiß unterliegen oder gewartet werden müssen.

Eine indirekte Messung erfolgt z. B. nach der thermischen Durchflußmessung über einen aufheizbaren elektrischen Widerstand, der in den Strömungskanal eingefügt worden ist (Abb. 8). Aufgrund der Energieumwandlung kann man die vom elektrischen Widerstand aus dem Netzteil entnommene elektrische Energie gleich der abgeführten Wärmeenergie setzen (Verluste vernachlässigt). Die abgeführte Wärme ist wiederum abhängig von der Strömungsgeschwindigkeit der Flüssigkeit, so daß über die zugeführte Energie auf die Geschwindigkeit geschlossen werden kann.

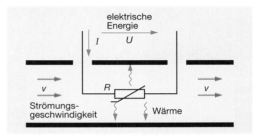

Abb. 8: Prinzip eines thermischen Durchflußsensors

Hervorgerufen wird die unterschiedliche Energieaufnahme durch die Änderung des Widerstandes im Strömungskanal aufgrund der Temperaturänderung. Es kann deshalb mit Hilfe einer Auswerteschaltung (Abb. 6b) eine Spannung in Abhängigkeit von der Strömungsgeschwindigkeit gemessen werden.

Bei der thermischen Durchflußmessung ist die einem Widerstand zugeführte elektrische Energie ein Maß für die abgegebene Wärme, die wiederum abhängig von der Strömungsgeschwindigkeit der Flüssigkeit ist.

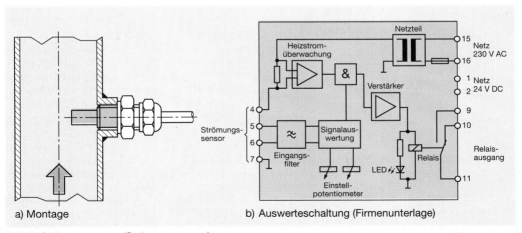

a) Montage

b) Auswerteschaltung (Firmenunterlage)

Abb. 6: Strömungssensor (Strömungsmesser)

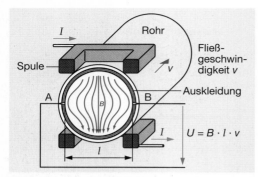

Abb.1: Induktiver Durchflußsensor

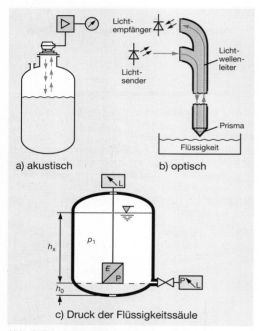

a) akustisch   b) optisch

c) Druck der Flüssigkeitssäule

Abb. 2: Prinzipielle Arbeitsweise von Füllstandsensoren

Bei der thermischen Durchflußmessung ist es erforderlich, den Sensor in den Strömungskanal einzubauen. Völlig ohne Kontakt zwischen Sensor und Flüssigkeit arbeiten **induktive Durchflußsensoren** (Abb. 1). Die Flüssigkeit durchströmt dabei ein elektrisch isoliertes Rohr, an dessen Ober- und Unterseite sich Spulen befinden. Bei einem Stromfluß durch die Spulen wird die Flüssigkeit von dem Magnetfeld durchsetzt. Dieses Feld sorgt nun für eine Ablenkung der bewegten Ladungen in der Flüssigkeit, so daß an zwei außen liegenden metallischen Elektroden (A u. B) des Metallrohres eine elektrische Spannung abgenommen werden kann. Die Spannung ist proportional zur Fließgeschwindigkeit v.

Ebenfalls berührungslos arbeiten **optoelektronische Durchflußsensoren**. Mit einem Laser wird Licht durch das Medium geschickt. Je nach Strömungsgeschwindigkeit kommt es an den Teilen der Flüssigkeit zu unterschiedlichen Lichtstreuungen, deren Signale dann durch optische Sensoren ausgewertet werden.

Füllstandssensoren

In vielen Bereichen der Automatisierungstechnik ist es erforderlich, Behälter bis zu einer gewissen Höhe mit Flüssigkeiten (z.B. Öl, Wasser) zu füllen. Im Prinzip können dafür Schalter verwendet werden, die die Flüssigkeitszufuhr von einem bestimmten Minimum an einschalten und bei einem gewählten Endzustand abschalten.

Ohne mechanisch bewegte Teile arbeitet der **kapazitive Füllstandssensor**. Zwei parallele Leiter bilden die Kapazität eines Kondensators. Durch die Flüssigkeit (isolierte Flüssigkeit) ändert sich die Kapazität, und bei Erreichen einer bestimmten Endkapazität wird der Zufluß unterbrochen. Die Genauigkeit dieses Verfahrens wird u.a. durch Zusammensetzung der Flüssigkeit, Umgebungstemperatur und Luftfeuchtigkeit mitbestimmt.

Der kapazitive Füllstandssensor kann in einer Wechselspannungsbrücke betrieben werden. Mit einem Einstellkondensator läßt sich die Brücke auf Null bzw. auf den Wert des Schaltvorgangs einstellen.

Anders arbeitet der **Reflexions-Füllstandssensor** von Abb. 2a. Der Sender strahlt akustische Wellen ab, diese werden von der Flüssigkeitsoberfläche reflektiert und dann im Empfänger registriert. Die Laufzeit zwischen Sender und Empfänger ist ein Maß für die Füllstandshöhe.

Der Füllstand kann aber auch mit den in 9.4.2 beschriebenen Drucksensoren ermittelt werden.

Am Boden des Behälters befindet sich der Drucksensor (Abb. 2c), der nach dem piezoresistiven Verfahren arbeitet. Da der Druck in der Flüssigkeit von der Höhe der Flüssigkeit abhängig ist, kann beim Erreichen eines vorgegebenen Endwertes ein Abschalten der Flüssigkeitszufuhr erfolgen.

Auch mit Hilfe von Lichtleitern, Lichtsendern und Lichtempfängern lassen sich Füllstandssensoren aufbauen. Das Licht in Abb. 2b tritt in den Lichtleiter ein, gelangt an die Sensorspitze, wird von dort an einem Prisma reflektiert und gelangt zum Empfänger. Wenn die Flüssigkeit die Spitze erreicht hat, wird das Licht am Prisma nicht mehr reflektiert und gelangt somit auch nicht mehr zum Empfänger. Ein Schaltimpuls stoppt dann die Flüssigkeitszufuhr.

Positionssensoren

Positionssensoren werden zur berührungslosen Erfassung von Wegen und Winkeln eingesetzt. Aufgrund der verschiedenartigen Einsatzbereiche gelangen auch unterschiedliche Sensoren zum Einsatz. Es kann deshalb an dieser Stelle nur eine kleine Auswahl vorgestellt werden.

Zur Winkelbestimmung bzw. der Messung eines zurückgelegten Weges, z.B. bei einem Motor, verwendet man Lichtsender (Leuchtdioden), die sich auf dem Meßobjekt befinden, und Empfänger (Fotoelement, Fotodiode, Fotowiderstand, Fototransistor). Über die Anzahl der Signale (Impulse werden gezählt) kann die Position bestimmt werden.

Anstelle einer Lichtschranke kann auch ein **optischer Winkelcodierer** (Drehgeber) eingesetzt werden. Es handelt sich dabei um eine Scheibe mit Hell-Dunkel-Markierungen, deren Aufteilung einem Code entspricht (z.B. Gray-Code). Mit jeder Bahn (Abb. 3) wird eine Bitfolge erzeugt, die von einem entsprechenden Lichtempfänger verarbeitet wird.

In Abb. 4 ist ein Beispiel für die Längenmessung mit einem Drehgeber dargestellt. Die Wegübertragung auf dem Drehgeber erfolgt durch eine Zahnstange und ein Ritzel. Die unter Umständen in codierter Form vorliegende Impulszahl ist ein Maß für den zurückgelegten Weg.

Bei den bisher beschriebenen Verfahren wurden optische Sensoren eingesetzt. Winkel- und Wegmessungen sind aber auch mit Sensoren durchführbar, die auf Magnetfelder ansprechen. Geeignet sind z.B.

● **elektrodynamische Sensoren,**

bei denen das Meßobjekt einen Leiter oder eine Spule im Magnetfeld bewegt, oder

● **elektromagnetische Sensoren,**

bei denen der stillstehende Leiter oder die Spule durch das Magnetfeld des Meßobjekts zeitlich oder räumlich beeinflußt wird.

Anstelle von Leitern bzw. Spulen, in denen bei Änderung eines Magnetfeldes eine Spannung induziert wird, lassen sich aber auch Halbleiterbauelemente einsetzen. Geeignet sind z.B. Hallgeneratoren oder Feldplatten (vgl. 7.3).

Weg- oder Winkelsensoren können auch mit Potentiometern aufgebaut werden, wenn die Lage des Meßobjektes mit dem Schleifer einer Widerstandsbahn gekoppelt ist. Der abgegriffene Teilwiderstand entspricht dann dem Weg bzw. dem Winkel. Nachteilig sind hierbei Kontaktprobleme bzw. bei gewickelten Drahtpotentiometern das Springen von einer Windung zur anderen.

Sensoren von **Näherungschaltern** können entweder kapazitiv oder induktiv arbeiten (Abb. 5). Dringt

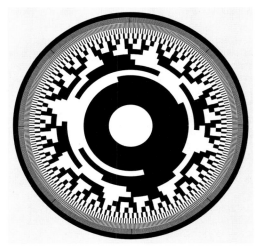

Abb. 3: Optische Auswertscheibe bei einem Drehgeber

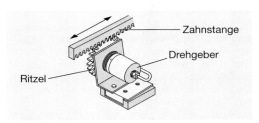

Abb. 4: Beispiel für eine Wegmessung mit einem Drehgeber

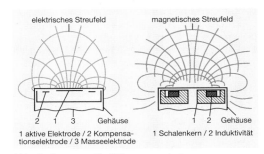

Abb. 5: Sensoren für Näherungsschalter

in das elektrische Streufeld Metall, Glas, Kunststoff, Wasser usw. ein, verändert sich die Kapazität und damit die nachgeschaltete Frequenz eines Schwingkreises.

Der induktive Näherungsschalter reagiert auf Metalle wie z.B. Eisen, Aluminium, Kupfer. Auch hier ändert sich bei Annäherung die Resonanzfrequenz eines Oszillators, mit der dann eine Auswerteschaltung angesteuert wird (Abb. 2 auf S. 452).

In Abb. 1 auf S. 452 sind verschiedene Bauformen induktiver Näherungsschalter dargestellt.

Gassensoren

Mit steigendem Umweltbewußtsein wächst auch die Nachfrage nach Sensoren, die in der Lage sind, den Anteil von bestimmten Gasen z.B. in der Luft festzustellen. Bei der Entwicklung dieser Sensoren werden unterschiedliche chemische und physikalische Effekte ausgenutzt.

Zur Bestimmung von Wasserstoff (H_2), Kohlendioxid (CO_2) oder Schwefeldioxid (SO_2) eignet sich z.B. die Wärmeleitfähigkeit dieser Gase. Verwendet werden dazu sog. **Wärmeleitfähigkeitszellen** (Abb. 3). Die Gasprobe diffundiert in eine Meßkammer, in der sich ein Platin- oder Nickeldraht (R_1) befindet. Er ist auf eine Temperatur von etwa 40°C über die Umgebungstemperatur aufgeheizt. Aufgrund des Gases ändert sich jetzt die Wärmeableitung des Widerstandes, und er verändert seinen Wert. Dieser Wert wird mit einem in einer Vergleichskammer befindlichen Widerstand (R_2) über eine Brückenschaltung verglichen.

Neben dieser Sensorart gibt es **Halbleiter-Gassensoren**, bei denen eine Widerstandsänderung bestimmter Halbleitermaterialien auftritt, wenn Gase absorbiert werden. Der Sensor befindet sich über einem keramischen Grundkörper, der mit einer Heizung auf eine bestimmte Temperatur gebracht wird. Zwischen zwei Elektroden befindet sich das Halbleiterelement. Wenn jetzt ein bestimmtes Gas über die Oberfläche geleitet wird, ändert sich der Widerstand des Materials. Durch eine Brückenschaltung kann die Widerstandsänderung in eine Spannungsänderung umgewandelt werden. Ein wichtiges Sensormaterial ist Zinndioxid (SnO_2), das durch verschiedene Dotierungen für bestimmte Gase sensibilisiert werden kann. Die Entwicklung auf diesem Gebiet ist noch nicht abgeschlossen. Eine entsprechende Grundlagenforschung wird zur Entwicklung weiterer Sensoren führen.

Abb. 1: Bauformen induktiver Näherungschalter

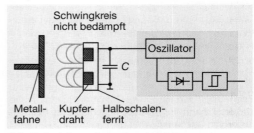
Abb. 2: Funktionsprinzip eines induktiven Näherungschalters

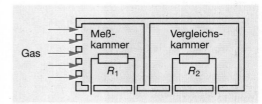
Abb. 3: Wärmeleitfähigkeitszelle eines Gassensors

Aufgaben zu 9.4.6

1. Welche Unterschiede bestehen zwischen Silizium-und Platin-Temperatursensoren?

2. Erklären Sie die Arbeitsweise eines Thermoelements!

3. Beschreiben Sie das physikalische Prinzip, das beim Dehnungsmeßstreifen verwendet wird!

4. Erklären Sie die grundsätzliche Arbeitsweise eines Si-Drucksensors!

5. Was versteht man unter dem piezoresistiven Effekt?

6. Beschreiben Sie ein Verfahren, mit dem man mit Hilfe eines Drucksensors eine Kraft messen kann!

7. Beschreiben Sie das Prinzip der Geschwindigkeitsmessung mit einem thermischen Durchflußsensor!

8. Erklären Sie die grundsätzliche Arbeitsweise eines induktiven und eines optoelektronischen Durchflußsensors!

9. Beschreiben Sie den Aufbau und die Arbeitsweise eines optischen Winkelcodierers!

10. Welches physikalische Prinzip wird bei den kapazitiven Füllstandssensoren verwendet?

11. Beschreiben Sie Gemeinsamkeiten und Unterschiede zwischen einem Reflektions-Füllstandssensor und einem optoelektronischen Füllstandssensor, der mit einem Lichtwellenleiter arbeitet!

12. Erklären Sie die Arbeitsweise der Wärmeleitfähigkeitszelle eines Gassensors. Welche grundsätzlichen Unterschiede bestehen zu einem Halbleiter-Gassensor?

9.5 Datenübertragung

Die Übertragung von Daten (digitale Signale) in der Automatisierungstechnik kann entweder parallel oder seriell erfolgen. Das Prinzip der seriellen und der parallelen Datenübertragung zeigt die Abb. 4.

Vorteil der **seriellen Datenübertragung**:

● Weniger Übertragungsleitungen als bei der parallelen Datenübertragung.

Vorteil der **parallelen Datenübertragung**:

● Höhere Übertragungsgeschwindigkeit als bei der seriellen Datenübertragung.

Die Übertragungsgeschwindigkeit von Daten gibt man durch die **Baudrate** an.

1 Baud = 1 Bit/Sekunde

Übliche Baudraten sind: 300, 600, 2400, 4800, 9600, 19200

In der Abb. 5 ist der Anschluß von Peripheriegeräten an einen Computer dargestellt. Der Datenaustausch zwischen dem Computer und den Peripheriegeräten erfolgt sowohl seriell als auch parallel über entsprechende Schnittstellen (vgl. 9.5.2).

9.5.1 Datennetze

Da der Einsatz von Rechnern mit seinen Peripheriegeräten (**Datenendeinrichtungen DEE**) ständig zunimmt, ist es notwendig geworden, den Datenaustausch zwischen den Systemen möglichst schnell und wirtschaftlich vorzunehmen. Man vernetzt (verbindet) deshalb die einzelnen Systeme miteinander. Abb. 2, S. 454 zeigt ein Beispiel für eine Vernetzung. Man bezeichnet ein solches Netzwerk als **LAN** (**L**okal **A**rea **N**etwork: lokales Netzwerk).

> In einem lokalen Netzwerk (LAN) sind datenverarbeitende Einheiten zu einem System zusammengeschaltet.

Die Art der Verkabelung bei einem LAN kann grundsätzlich in verschiedenen Varianten vorgenommen werden.

Sternverkabelung

Bei der Sternverkabelung (Abb. 1a, S. 454) sind alle DEEs mit einem eigenen Kabel an einer zentralen DEE angeschlossen. Diese zentrale DEE steuert jede der angeschlossenen DEEs. Daten von einer zur anderen DEE laufen auch über diese zentrale DEE.

Vorteile der Sternverkabelung:

● Hohe Übertragungsgeschwindigkeiten von Daten.

● Einfache Erweiterung des Netzes.

Nachteile der Sternverkabelung:

● Kabel- und Verlegeaufwand sind hoch.

● Bei Ausfall der zentralen DEE fällt die gesamte Anlage aus.

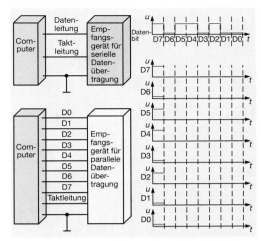

Abb. 4: Prinzip der seriellen und parallelen Datenübertragung

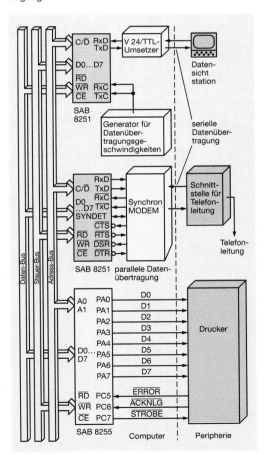

Abb. 5: Beispiele für serielle und parallele Datenübertragung

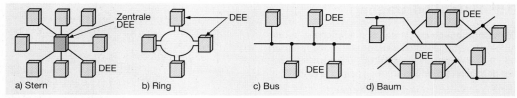

Abb. 1: Netzstrukturen

Ringverkabelung

Bei der Ringverkabelung (Abb. 1b) sind alle DEEs durch das Übertragungskabel zu einem Ring zusammengeschlossen. Die Daten werden hierbei von einer DEE zur anderen DEE weitergegeben. Sendet eine DEE Daten an eine andere DEE, dann durchläuft diese Information den gesamten Ring. Die empfangende DEE ergänzt die Information durch ein Quittungssignal.

Erreicht die Information mit diesem Quittungssignal wieder die sendende DEE, kann eine andere Station senden.

Der Vorteil der Ringverkabelung besteht darin, daß das Netz räumlich größer sein kann als ein Netz in Sternverkabelung, weil immer nur die Entfernung zwischen zwei DEEs als Übertragungsstrecke zählt.

Nachteilig wirkt sich bei der Ringverkabelung die langsamere Datenübertragung gegenüber der Datenübertragung bei der Sternverkabelung aus, weil die Daten immer von einer DEE zur anderen DEE weitergeleitet werden.

Bus-Verkabelung

Bei der Bus-Verkabelung sind alle DEEs parallel an ein Bus-System angeschlossen. Enthält die Bus-Verkabelung noch Abzweige (Äste), dann bezeichnet man diese Struktur der Verkabelung als **Baumstruktur** (Abb. 1d)

Vorteile der Bus-Verkabelung:

- Hohe Übertragungsgeschwindigkeiten der Daten.
- Verhältnismäßig geringer Leitungsaufwand.

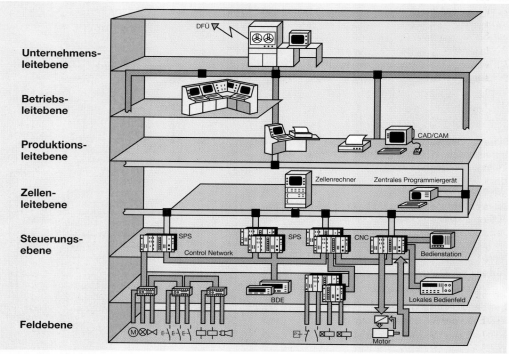

Abb. 2: Beispiel eines lokalen Netzes (LAN)

9.5.2 Bus-Systeme und Schnittstellen

Die Vernetzung von DEEs (z. B. bei Computern oder Automatisierungsgeräten) nach der Baumstruktur (Bus-Verkabelung) wird in der Praxis häufig verwendet. Als Übertragungsmedium (Verbindung) zwischen den einzelnen Geräten (Stationen) werden verdrillte Zweidrahtleitungen, Koaxialkabel oder Lichtwellenleiter verwendet. Diese drei Übertragungsmedien unterscheiden sich vorwiegend durch die Kosten, die maximale Datenübertragungsgeschwindigkeit und die Art der Verlegung (Tab. 9.12, S. 456).

Um den Datenaustausch zwischen den DEE (Stationen) zu regeln, hat man verschiedene **Bus-Zugriffsverfahren** entwickelt.

Das **CSMA/CD**-Bus-Zugriffsverfahren findet in der Bürokommunikationstechnik und in Teilbereichen der Automatisierungstechnik Anwendung. (**CSMA/CD**: **C**arrier **S**ense **M**ultiple **A**ccess with **C**ollision **D**etection = Trägerüberwachung mit mehrfachem Zugriff und Kollisionserkennung). Bei diesem Verfahren überwachen (Carrier Sense) alle beteiligten Stationen den Bus, ob dieser »leer« (also keine Datensendung vorhanden) ist. Senden bei leerem Bus mehrere Stationen gleichzeitig ihre Daten, kommt es zu einer Kollision, die sofort erkannt wird (Collision Detection). Daraufhin brechen alle sendenden Stationen ihre Sendung ab. Durch einen Zufallsgenerator in jeder Station wird jetzt bestimmt, nach welcher Wartezeit die Station wieder auf Sendung gehen darf. Dadurch wird das Risiko einer erneuten Kollision verringert.

Ein weiteres Bus-Zugriffsverfahren ist das **Token-Passing** (Token = Zeichen; passing = weiterreichend). Das Token besteht aus einem Bitmuster, das innerhalb eines Ringes (**Token Ring**) von einer Station zur anderen weitergegeben wird (z. B. Abb. 1). Beim **Token Bus** wird nach einer festgelegten Reihenfolge das Token unter den aktiven Teilnehmern verteilt (Abb. 3). Ein **aktiver Teilnehmer** darf, wenn er im Besitz der Zugriffsberechtigung (Token) ist, über den Bus verfügen und Daten ohne externe Aufforderung senden. Ein **passiver Teilnehmer** darf nur empfangene Nachrichten quittieren oder mit Daten antworten.

> Die Datenübertragung erfolgt beim Token-Passing direkt über den Bus zur Zielstation. Sie wird nicht wie beim Ringnetz von einer Station zur anderen weitergegeben.

Beim **Master/Slave-Bus-Zugriffsverfahren** sendet der aktive Teilnehmer (Master = Meister) über den Bus zuerst seine Nachricht an den ersten passiven Teilnehmer (Slave = Sklave), und dieser gibt seine eigene Sendung sofort an den Master zurück (Abb. 4). Danach sendet der Master seine Nach

richt zum zweiten Slave usw. Man bezeichnet dieses Verfahren auch als **Polling** (poll = [Stimm-] Zählung). Sowohl bei dem Token-Passing als auch beim Polling besteht die Möglichkeit, die maximalen Antwortzeiten der Slaves zu berechnen. Diese Möglichkeit besteht bei dem CSMA/CD-Verfahren wegen der nicht vorhersehbaren Kollisionen nicht. Somit ist CSMA/CD für die Feldebene (Abb. 2) der Automatisierungstechnik nicht geeignet.

Das **Multi-Master-Zugriffsverfahren** ist eine Kombination aus Token Passing und Master-/Slave-Verfahren. Hierbei können aktive Teilnehmer sowohl Master- als auch Slave-Funktion übernehmen, während passive Teilnehmer nur die Slavefunktion übernehmen können. Zugriffsverfahren, bei denen zwei Verfahren kombiniert sind, bezeichnet man als **hybride Zugriffsverfahren** (Abb. 5).

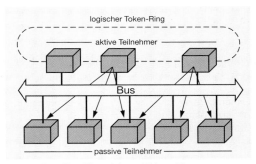

Abb. 3: Bus-Zugriffsverfahren: Token-Ring

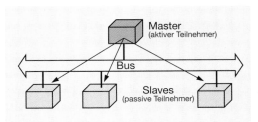

Abb. 4: Bus-Zugriffsverfahren: Master/Slave (Polling)

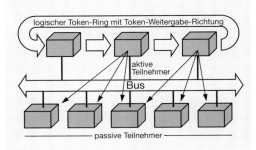

Abb. 5: Bus-Zugriffsverfahren: Hybrid

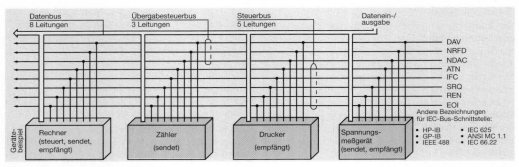

Abb. 1: Struktur des IEC-Busses

Tab. 9.12:   Übertragungsmedien für Bus-Systeme

Übertragungs-medium	Übertragungs-geschwindigkeit	Stör-anfälligkeit
Zweidrahtleitung	max. ca. 1 MBaud	groß
Koaxialkabel	max. ca. 10 MBaud	ausreichend
Lichtwellenleiter	bis einige 100 MBaud	sehr klein

Damit übertragene Nachrichten richtig verstanden werden, sind sie nach einem Schema aufgebaut. Dieses Schema bezeichnet man als **Telegramm**. Grundsätzlich besteht ein Telegramm aus

• dem Kopf (Header) mit Zieladresse und einer Steuerinformation (z. B. Telegrammlänge),

• dem Datenkörper (Data Unit) oder Body mit den zu übertragenden Nutzdaten und

• dem Datensicherungsteil (Trailer), durch den die empfangene Nachricht überprüft wird.

Als Protokoll bezeichnet man die Gesamtheit von Steuerungsverfahren und Betriebsvorschriften. Es legt den Code, die Übertragungsart, die Übertragungsrichtung, das Übertragungsformat, den Verbindungsaufbau und Verbindungsabbau fest.

Damit Busbetrieb möglich ist, werden alle notwendigen Vereinbarungen in einem **Busprotokoll** festgelegt. Ein Anwendungsbeispiel eines genormten Bus-Systems (IEC-BUS)[1] für einen **MSR**-Prozeß (**M**essen-**S**teuern-**R**egeln) zeigt die Abb. 1. Der Ablauf für den Datentransport erfolgt folgendermaßen:

• Durch das **IFC**-Steuersignal (**I**nterface **c**lear) schaltet der Rechner alle angeschlossenen Geräte in den passiven Zustand.

• Der Rechner sendet auf dem Datenbus eine Adresse an alle angeschlossenen Geräte.

• Durch die Steuersignale **EOI** (**E**nd **o**f **i**dentify) und **ATN** = 1 (**At**tention) übernehmen alle DEE die vom Rechner gesendete Adresse, und das Gerät, zu dem die Adresse paßt, wird aktiviert.

Die Verbindung vom Bus-System zu den einzelnen DEE erfolgt in der Regel über Steckverbindungen.

Die Form der Steckverbindungen und die Technik der Datenübertragung faßt man unter dem Begriff Schnittstellen (Interface) zusammen.

Bei dem IEC-Bus werden die Daten parallel übertragen. Die Form des Steckers, die Kontaktbelegung und die Bedeutung der Signale für die IEC-Bus-Schnittstelle sind in der Abb. 2 dargestellt.

Steckverbindung	Kontaktbelegung			
IEEE 488	IEEE 488	IEC 625	Signal	Bedeutung
	1	1	DIO 1	Datenleitung, Transfer von Befehlen oder Daten, ATN = 1 (Befehle) ATN = 0 (Daten)
	2	2	DIO 2	
	3	3	DIO 3	
	4	4	DIO 4	
	17	5	REN	Fernsteuerbetrieb (alle Geräte)
	5	6	EOI	Ende, Identifikation
	6	7	DAV	Daten auf Datenleitung sind gültig
	7	8	NRFD	Gerät nicht empfangsbereit (Meldung)
	8	9	NDAC	Daten nicht übernommen (Gerätemeldung)
	9	10	IFC	Einstellung des Grundzustandes der Geräte
IEC 625	10	11	SRQ	Bedienungsanforderung, ein Gerät
	11	12	ATN	Anzeige, ob Befehle (ATN = 1) oder Daten (ATN = 0) übertragen werden
	12	13	SHIELD	Abschirmung
	13	14	DIO 5	Datenleitungen, Transfer von Befehlen oder Daten ATN = 1 (Befehle) ATN = 0 (Daten)
	14	15	DIO 6	
	15	16	DIO 7	
	16	17	DIO 8	
	24	18		Masse, GND
		19		Masse, EOI
	18	20		Masse, DAV
	19	21		Masse, NRFD
	20	22		Masse, NDAC
	24	23		Masse, GND
	22	24		Masse, SRQ
	23	25		Masse, ATN
	21	–		Masse, IFC

Abb. 2: Steckverbindung und Kontaktbelegung bei einer IEC-Bus-Schnittstelle

[1] **IEC**: **I**nternational-**E**lectrotechnical-**C**omission

Datenübertragungen können aber auch über **serielle Schnittstellen** erfolgen. Für die serielle Datenübertragung wird oft die genormte **V.24-Schnittstelle** (DIN 66020) oder die in den USA von der **E**lectronic **I**ndustrie **A**ssoziation veröffentlichte Standard **EIA RS 232 C-Schnittstelle** verwendet (vgl. Abb. 5, S. 453). Die Definition der Leitungen und die Stiftbelegung des 25-poligen Verbindungssteckers (Abb. 3) für diese Schnittstellen sind durch die Norm festgelegt (Tab. 9.13). Die nicht angeführten Steckerstifte sind nicht belegt. Die Zusammenschaltung zweier Geräte, die mit diesen Schnittstellen ausgerüstet sind, zeigt die Abb. 3.

Bei diesen Schnittstellen werden die Daten bitseriell mit Hilfe des ASCII-Codes übertragen. Bei der **asynchronen Betriebsart** werden die Daten, die durch 7 Bits dargestellt werden, durch ein Prüfbit (Paritätsbit), ein Startbit und einem oder zwei Stopbits erweitert. Die Anzahl der Stopbits richtet sich u.a. nach der Übertragungsgeschwindigkeit (Baudrate), mit der die Daten übertragen werden.

Bei der **synchronen Betriebsart** (Sender und Empfänger werden durch ein gemeinsames Taktsignal synchronisiert) entfallen Start- und Stopbit. Dadurch ist die Übertragungsgeschwindigkeit bei dieser Betriebsart größer als bei der asynchronen Betriebsart.

In der Automatisierungstechnik wird für die serielle Datenübertragung häufig die **RS-485-Schnittstelle** verwendet. Die Steckerform und seine Anschlußbelegung für diese serielle Schnittstelle ist in der Abb. 1, S. 458 dargestellt. Über sie werden in der Automatisierungstechnik Verbindungen zwischen einem Bus und den verschiedenen Stationen hergestellt, wie z. B. beim **PROFIBUS** (**PRO**cess-**Field-BUS**).

Dieses System wurde von 13 deutschen Industrieunternehmen und 5 Instituten mit Unterstützung des Bundesministeriums für Forschung und Technologie entwickelt. Die Entwicklung führte zu einer Normung des Systems (DIN 19245). Durch diese Normung wurden eine standardisierte Schnittstelle und ein einheitliches Übertragungsverfahren geschaffen. Dadurch ist es ohne aufwendige Schnittstellenanpassung möglich, Geräte verschiedener Hersteller in einer Gesamtanlage einzusetzen. Einige Daten des PROFIBUS sind in der Tab. 9.14 aufgeführt.

PROFIBUS und andere Kommunikationssysteme werden ständig weiterentwickelt. Der Trend in der Automatisierungstechnik geht dahin, daß eine Kommunikation zwischen Geräten verschiedener Hersteller ohne aufwendige Schnittstellenanpassung möglich ist. Die Voraussetzungen dafür sind einheitliche Schnittstellen und Übertragungsverfahren.

Tab. 9.13: Anschlüsse bei einer RS-232 bzw. V.24-Schnittstelle

Stift	EIA	RS-232-Schnittstelle	Bezeichnung nach Din 66 020
2	TxD	Transmitted Data	D1 Sendedaten
3	RxD	Received Data	D2 Empfangsdaten
4	RTS	Request to Send	S2 Sendeteil einschalten
5	CTS	Clear to Send	M2 Freigabe des Sendeteiles
6	DSR	Data Set Ready	M1 Betriebsbereitschaft
7		Ground	Betriebserde
8	DCD	Data Carrier Detected	M5 Information, ob auf dem Datenbus ein Datenwort oder Steuerwort ist
15	TxC	Transmitter Clock	T2 Sendetakt
17	RxC	Receiver Clock	T4 Empfangstakt
20	DTR	Data Terminal Ready	S1 DEE betriebsbereit

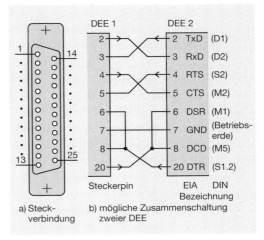

a) Steckverbindung   b) mögliche Zusammenschaltung zweier DEE

Abb. 3: RS-232-Schnittstelle

Abb. 4: SPS mit RS 485-Schnittstellen

Tab. 9.14: Technische Daten des PROFIBUS

Busstruktur	Bus bzw. Baum
Schnittstelle	RS 485
Länge	1,2 km (ohne Verstärker)
Teilnehmer	max. 32 aktive Teilnehmer
Zugriffsverfahren	Multi-Master/Slave
Datenübertragungsrate	9,6 kBaud bis 500 kBaud
Nachrichtenlänge	1,3 bis 255 Byte pro Telegramm

Tab. 9.15: Anschlüsse bei einer Centronics-Schnittstelle

Stift	Bezeichnung		Bedeutung
1	STB	Strobe	Freigabesignal für das Senden der Daten zum Drucker
2	D0	Data 0	D0…D7 = 0. bis 7.Bit
3	D1	Data 1	der parallel zu
4	D2	Data 2	übertragenden Daten
5	D3	Data 3	
6	D4	Data 4	
7	D5	Data 5	
8	D6	Data 6	
9	D7	Data 7	
10	ACK	Acknow-ledge	Der Computer erhält vom Drucker das Quittungssignal für empfangene Daten
11	BSY	Busy	Signal vom Drucker an den Computer, daß er die nächsten Daten erwartet
31	Reset		Reset-Signal vom Computer an den Drucker

Die übrigen Stifte sind entweder nicht belegt oder liegen an Masse

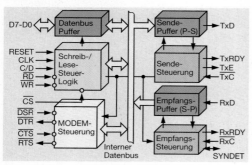

	Stift-Nr.	Signal	Bedeutung
1	1	Shield	Schirm
2	2	RP	Hilfsenergie
3	3	RxD/TxD-P	Empfang/Sende-Daten-P
4	4	CNTR-P	Steuersignal-P
5	5	DGND	Bezugspotential für Daten
	6	VP	Versorgungsspannung +
	7	RP	Hilfsenergie
	8	RxD/TxD-N	Empfang/Sende-Daten-N
	9	CNTR-N	Steuersignal-N

9-poliger Stecker am Buskabel

Abb. 1: Steckverbindung und Kontaktbelegung bei einer RS-485-Schnittstelle

Abb. 2: Blockschaltbild eines USART (SAB 8251)

Zur Umwandlung paralleler Daten in serielle Daten und umgekehrt verwendet man Ein-/Ausgabe-bausteine, die durch das Anwenderprogramm gesteuert werden (**USART**: **U**niversal **S**ynchronous/**A**synchronous **R**eceiver/**T**ransmitter = universaler synchron/asynchron Empfänger/Sender). Die Abb. 2 zeigt den grundsätzlichen Aufbau des USART SAB 8251. Die in dieser Abbildung mit Puffer bezeichneten Baugruppen sind Zwischenspeicher.

> Ein USART wandelt parallele Daten vom Mikroprozessor in serielle Ausgangsdaten um. Ebenso kann er serielle Daten empfangen und in parallele Daten umwandeln.

Bei der Verwendung von USART für eine Schnittstelle zur Telefonleitung wird zusätzlich ein **MODEM** (**Mo**dulator/**Dem**odulator) verwendet. Mit Hilfe dieser Schaltung können Daten über die Telefonleitung übertragen werden. Von dieser Möglichkeit der Datenübertragung machen z.B. Großhandelsketten Gebrauch, indem die Filialen die Bestelldaten mit Hilfe eines tragbaren Speichergerätes aufnehmen und dann die Daten als digitale Signale über das Telefonnetz an die Zentrale übertragen. Diese übertragenen Daten können in der Zentrale sofort wieder in den Computer übernommen und verarbeitet werden. Außerdem ist die Übertragung kürzer als bei einer sprachlichen Übermittlung. Übertragungsfehler können auf ein Minimum beschränkt bzw. ganz vermieden werden.

Für die parallele Ein- und Ausgabe von Daten wird meist die **Centronics-Schnittstelle** verwendet (z. B. Druckeranschluß). Die Anschlußbelegung des 36-poligen Verbindungssteckers ist in der Tab. 9.15 dargestellt.

Aufgaben zu 9.5

1. Welchen Nachteil hat die parallele Datenübertragung gegenüber der seriellen Datenübertragung?

2. Bei einer seriellen Datenübertragung soll die Baudrate 9600 betragen. Wieviel Zeichen werden in einer Minute übertragen, wenn ein Zeichen aus 1 Byte besteht?

3. Nennen Sie Ihnen bekannte Netzstrukturen. Erläutern Sie jeweils das Prinzip und nennen Sie Vor- und Nachteile der einzelnen Netzstrukturen.

4. Wodurch unterscheiden sich die verschiedenen Bus-Zugriffsverfahren?

5. Was bedeutet der Begriff CSMA/CD? Erläutern Sie den Datenaustausch beim CSMA/CD-Bus-Zugriffverfahren

6. Welche Vereinbarungen sind in einem Busprotokoll festgelegt?

7. Was versteht man unter einer Schnittstelle? Nennen Sie genormte Schnittstellen.

9.6 Antriebstechnik

In der Automatisierungstechnik ist der geregelte Antrieb von besonderer Bedeutung. Er muß von verschiedenen Ebenen der Automatisierungshierarchie (vgl. 9.1) bedient und gestellt werden können. Durch den Einsatz der Mikroprozessor- und Sensortechnik lassen sich diese Forderungen mit halbleitergesteuerten Antrieben erfüllen. Mit Hilfe von analogen und digitalen Reglern lassen sich Drehzahl und Rotorlage von elektrischen Motoren präzise regeln (Abb. 3).

9.6.1 Gleichstromantriebe

Die Drehzahl eines Gleichstrommotors kann durch die Ankerspannung U_a oder durch den magnetischen Fluß Φ gesteuert werden (vgl. 4.5.2.1). Eine Steuerung im Drehzahlbereich von 0 bis n ist aber nur über die Ankerspannung U_a möglich. Diese Steuerart wird in der Regel angewendet. Erzeugt wird die Gleichspannung in halb- oder vollge-

steuerten Wechsel- oder Drehstrombrückenschaltungen (vgl. 7.7).

In einem zusätzlichen Gleichrichter wird die Gleichspannung U_f für die Erregung des Motors erzeugt (Fremderregung, vgl. 4.5.2.2).

Die Drehzahl von Gleichstrommotoren wird in der Regel über die Ankerspannung U_a gesteuert.

Die Drehrichtung von Gleichstrommotoren hängt von der Stromrichtung im Anker und von der Richtung des Hauptfeldes bzw. des Erregerstromes ab (vgl. 4.5.2.1). Da die Drehzahl über die Ankerspannung gesteuert wird, und bei der Umschaltung des Erregerstromes hohe Selbstinduktionsspannungen auftreten, steuert man die Drehrichtung durch Umschaltung der Ankerstromrichtung. Häufig werden auch für beide Drehrichtungen getrennte, gesteuerte Gleichrichter eingesetzt.

Die Drehrichtung von Gleichstrommotoren wird über die Richtung des Ankerstromes gesteuert.

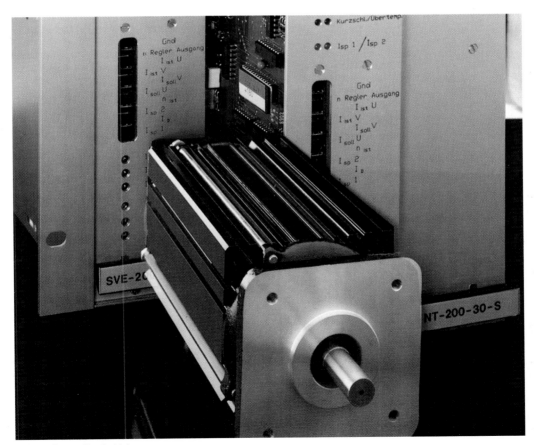

Abb. 3: Geregelter Antrieb

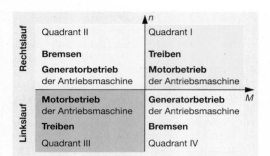

Abb. 1: Betriebsarten der Maschine beim Vierqua-drantenantrieb

9.6.1.1 Mehrquadrantenantrieb

Antriebe müssen nicht nur in beiden Drehrich-tungen antreiben, sondern auch oft abgebremst werden. Die Abb. 1 gibt einen Überblick über die möglichen Betriebsarten der Maschine eines An-triebes. Die einzelnen Betriebsarten sind dort be-stimmten Quadranten des Koordinatensystems zugeordnet.

Die Betriebsarten von geregelten Antrieben wer-den den Quadranten des Drehzahl-Drehmomen-ten-Koordinatensystems zugeordnet.

Je nach Anzahl der Quadranten, in denen ein Antrieb arbeiten kann, spricht man von **Ein-, Zwei-** oder **Vierquadrantenantrieb**.

Im Bremsbetrieb setzt man häufig die **Nutzbrems-sung** ein (vgl. 4.6). Die Gleichstrommotoren arbei-ten dann als Generatoren. Die Bremsenergie wird über Wechselrichter ins Netz eingespeist. Man ver-

wendet bei Motorbetrieb gesteuerte Gleichrichter, die auch als Wechselrichter arbeiten können (vgl. 7.8). Statt in das Netz einzuspeisen, kann die Maschine mit einem Widerstand belastet werden. Die Bremsenergie wird dabei in Wärme umgewan-delt (**Widerstandsbremsung**).

Damit man in beiden Drehrichtungen sowohl im Antriebs- als auch im Bremsbetrieb mit Nutzbrem-sung fahren kann, benötigt man **Umkehrstrom-richter** (Abb. 2). Sie bestehen aus zwei antiparallelgeschalteten Stromrichtern. Durch An-steuerung der Halbleiter des Umkehrstromrichters bestimmt man die Betriebsart des Antriebes. In der Abb. 2 sind die Betriebsarten des Umkehrstrom-richters den Betriebsarten des Motors zugeordnet.

Umkehrstromrichter für Vierquadrantenantriebe arbeiten beim Antrieb als vollgesteuerte Gleich-richter und beim Bremsen als Wechselrichter.

Das Blockschaltbild und die Schaltanlage eines Vierquadrantenantriebes aus der Industrie für einen Leistungsbereich 100 kW…2,5 MW zeigen die Abb. 3 und 4. Gespeist wird der Leistungsteil aus dem Netz 400 V; 3/PE ~ 50 Hz über Sicherungen, den Schalter Q1, das Schütz K1 und die Netz-drosselspulen ① zur Transformatorbedämpfung auf eine antiparallel geschaltete vollgesteuerte Dreh-strom-Brückenschaltung ②. Von hier wird der Anker des Gleichstrommotors eingespeist.

Die Erregerwicklung des Gleichstrommotors wird aus einer halbgesteuerten Zweipuls-Brücken-schaltung ③ mit konstantem Erregerstrom ver-sorgt. Die Brückenschaltung ist wechselstromseitig an zwei Außenleiter angeschlossen. Der Ist-Wert

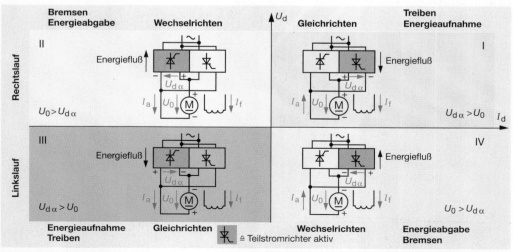

Abb. 2: Betriebsarten des Umkehrstromrichters eines Gleichstrom-Vierquadrantenantriebes

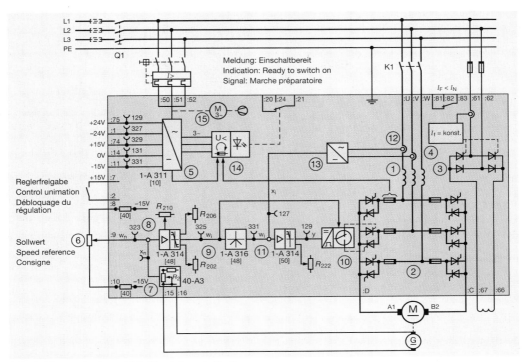

Abb. 3: Vierquadrantenantrieb (Herstellerunterlage)

des Erregerstromes wird über einen Stromwandler im Außenleiter L1 gemessen. Eine Kombination aus Stromregler und Impulsgeber ④ steuert die Thyristoren entsprechend dem fest eingestellten Soll-Wert und dem Ist-Wert.

Die Stromversorgung ⑤ der Regeleinrichtung kommt dreiphasig aus dem Netz über einen Motorschutzschalter.

In einer Kaskadenregelung (vgl. 9.4.5.3) werden hier die Drehzahl n und der Ankerstrom I geregelt. Ändert sich das Lastdrehmoment eines Gleichstrommotors, so verändert sich neben der Drehzahl der Strom im Ankerwicklung. Der Gleichrichter muß also eine Spannung liefern, die bei der drehzahlabhängigen Gegenspannung U_0 den vom Lastmoment geforderten Ankerstrom fließen läßt. Es liegt also nahe, den Ankerstrom mit in die Regelung einzubeziehen.

Der Soll-Wert der Drehzahl wird, je nach Drehrichtung, durch eine Spannung von $\pm$ 10 V, z.B. durch ein Potentiometer ⑥ eingestellt. Ein Tachogenerator erfaßt den Ist-Wert. Das Signal wird über einen Signalwandler ⑦ auf den n-Regler ⑧ geführt. Dieser steuert die Umschaltlogik ⑨ an. Von hier wird ein Signal auf den Impulssteuersatz ⑩ gegeben, damit entsprechend der geforderten Drehrichtung die richtigen Thyristoren angesteuert werden. Das

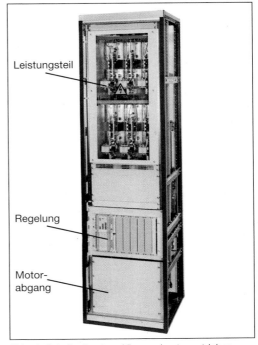

Leistungsteil

Regelung

Motor-
abgang

Abb. 4: Schaltzelle eines Vierquadrantenantriebes

zweite Ausgangssignal ist gleichzeitig der Soll-Wert des Stromreglers ⑪ . Der Ist-Wert des Anker-stromes wird über die Stromwandler ⑫ auf der Drehstromseite gemessen und über einen Gleichrichter ⑬ dem Stromregler zugeführt. Dieser gibt ein Signal auf den Impulssteuersatz ⑩. Der steuert seinerseits die Thyristoren der jeweils von der Umschaltlogik ⑨ vorgegebenen Sechspuls-Brückenschaltung an. Die Regler können durch Potentiometer (R202, R206, R210 bzw. R222) ein-gestellt werden. Sicherungen schützen die Thyristoren vor Überlast und bei Kurzschluß. Eine Einrichtung ⑭ überwacht diese. Sie spricht aber auch bei Netzunterspannung an und kontrolliert die Drehrichtung. Zur Kühlung der Halbleiter ist ein Ventilator ⑮ eingebaut .

Die gesamte Regelung und Drehzahlstellung kann auch von einem Mikroprozessor übernommen wer-den. Der Antrieb ist dann von allen Automati-sierebenen ansteuerbar.

Für niedrige Leistungen (< 12 kW) verwendet man vollgesteuerte Wechselstrom-Brückenschaltungen, die bei den höheren Leistungen an zwei Außenleiter angeschlossen werden.

Will man mit einer Drehrichtung arbeiten, dann setzt man nur eine vollgesteuerte Brückenschal-tung ein. Man spricht dann von einem **Zwei-quadrantenantrieb**, da nur die Betriebszustände »Treiben« (I. Quadrant) und »Bremsen« (II. Qua-drant) vorkommen.

Ein **Einquadrantenantrieb** liegt vor, wenn bei einer Drehrichtung ohne Bremsbetrieb gearbeitet wird. Man verwendet dann halbgesteuerte Brücken-schaltungen, denn Wechselrichterbetrieb ist nicht erforderlich. Schaltet man die Stromrichtung im Anker mit einem Schalter bzw. Schütz um, dann kann dieser Antrieb im I. und III. Quadranten arbei-ten (Zweiquadrantenantrieb). Mehrquadranten-triebe werden wegen der großen Leistungsbreite

Abb. 1: Bürstenloser Gleichstrommotor

(1 kW...1 MW) vielfältig eingesetzt, z. B. bei Werk-zeugmaschinen und sogar als Antriebe in Walzen-straßen.

9.6.1.2 Ständerkommutierte Gleich-strommotoren

Die herkömmlichen Gleichstrommotoren haben einen Kommutator (Stromwender), der gewährlei-stet, daß Ständerfeld und Läuferfeld stets senk-recht zueinander stehen. Dieser mechanische Stromwender macht den Motor teuer, wartungsin-tensiv und störungsanfällig.

Der **bürstenlose Gleichstrommotor** (Abb. 1) hat eine **elektronische Kommutierung**. Er wird in der Regel durch Scheibenmagnetläufer läufererregt. Eine elektronische Schaltung übernimmt hier die Kommutierung der Wicklung im Ständer. Sie sorgt dafür, daß beide Feldrichtungen in einem Winkel von 90° zueinander stehen. Gesteuert wird die Kommutierungsschaltung durch Hall-Effekt-Sen-

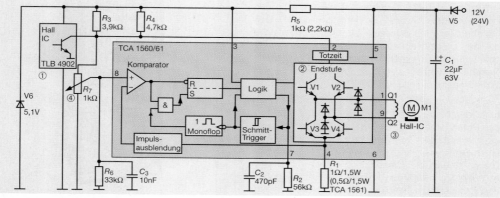

Abb.2: Kommutierungsschaltung mit IC

soren (vgl. 9.4.6). Mit ihnen kann die Stellung des Läufers zum Ständer erfaßt werden, da der Läufer aus Permanentmagneten besteht.

> Elektronisch kommutierte Gleichstrommotoren haben in der Regel einen Permanentmagnetläufer.
>
> Ein Hall-Effekt-Sensor steuert die Stromrichtung in der Ständerwicklung in Abhängigkeit von der Läuferstellung.

Die Abb. 2 zeigt eine Kommutierungsschaltung mit einem IC für einen kollektorlosen Gleichstrommotor. Das Hall-IC ① schaltet, je nach Stellung des Läufers, in der Endstufe ② die Transistoren V1 und V4 oder die Transistoren V2 und V3 durch. Dadurch wird die Stromrichtung in der Ständerwicklung ③ umgeschaltet (kommutiert). Die Höhe des Stromes in der Ankerwicklung und damit die Drehzahl werden durch Chopperbetrieb (vgl. 7.5.5.2) der Transistoren V3 bzw. V4 geregelt. Der Soll-Wert der Drehzahl kann durch ein Potentiometer ④ eingestellt werden.

Der Nachteil dieses Antriebes ist, daß hier nur eine Stromrichtungsänderung in der Ständerwicklung vorgenommen wird. Das entspricht einem herkömmlichen Gleichstrommotor, dessen Kollektor nur zwei Stromwendeerstege besitzt. Die Kommutierung wird verbessert, wenn mit mehreren Wicklungen im Ständer gearbeitet wird.

Die Abb. 3 zeigt das Schaltbild eines Antriebes mit einem bürstenlosen Permanentmagnetmotor und drei Wicklungen in Sternschaltung. Der Läufer besteht aus Samarium-Kobalt-Permanentmagneten. Zur Ansteuerung werden eine Versorgungseinheit und eine Steuer- und Regeleinheit benutzt.

Die Versorgungseinheit besitzt eine Sechspuls-Brückenschaltung ⑤ zur Erzeugung der Gleichspannung für das Leistungsmodul ⑥, einen Wechselstrom-Gleichrichter ⑦ zur Stromversorgung der Steuer- und Regelungseinheit und eine Wider-standsbremseinheit ⑧ (vgl. 4.6).

Das Steuer- und Regelungsgerät besteht aus der Endstufe ⑥ mit 6 Transistoren, der Ansteuerlogik ⑨,

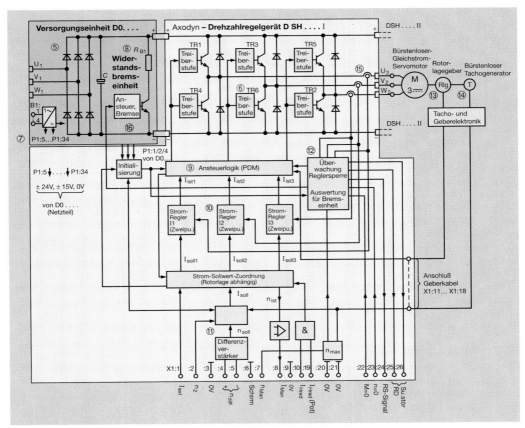

Abb. 3: Vierquadrantenantrieb mit kommutatorlosem Gleichstrommotor (Herstellerunterlage)

den Stromreglern ⑩, dem Drehzahlregler ⑪ , dem Bremsmodul ⑫ , Verstärkern und Überwachungseinheiten. Über die Transistoren der Endstufe ⑥ werden jeweils zwei der drei Wicklungen in Reihe geschaltet. Damit Ständer- und Läuferfeld immer senkrecht zueinander stehen, wird das Signal des Rotorlagegebers ⑬ (bestehend aus drei Hallsensoren) von der Ansteuerlogik ⑨ ausgewertet. Sie schaltet dann die jeweiligen Transistoren, damit die richtigen Wicklungen vom Strom durchflossen werden. Dabei findet eine elektronische Kommutierung statt.

> Die Schaltfolge der Transistoren für ständerkommutierte Gleichstrommotoren hängt von der Drehrichtung ab.

Die Drehzahl wird über die Ankerspannung bzw. den Ankerstrom durch Pulsbreitensteuerung (vgl. 7.1.1.7) gesteuert.

Die Drehzahlregelung erfolgt über eine Kaskadenregelung (vgl. 9.4.5). Der Ist-Wert der Drehzahl wird mit Hilfe des Tachogenerators ⑭ gemessen. Über die Eingänge X1:2 bzw. X1:4/X1:5 können der Drehzahl-Soll-Wert und die Drehrichtung vorgegeben werden. Der Drehzahlregler ⑪ gibt den Strom-Soll-Wert vor. Mit den Stromwandlern ⑮ wird der Strom-Ist-Wert gemessen. Die drei Stromregler ⑩ steuern dann über die Ansteuerlogik ⑨ die Größe und Richtung des Wicklungsstromes bzw. der Ankerspannung.

Beim Bremsvorgang wird in der Motorwicklung Drehstrom erzeugt. Dieser wird über die aus den Freilaufdioden gebildete Drehpuls-Brückenschaltung gleichgerichtet. Die Transistoren der Endstufe ⑥ sind nicht angesteuert. Schaltet das Bremsmodul ⑫ den Transistor ⑯ in der Versorgungseinheit durch, dann kann die Bremsenergie im Widerstand ⑧ in Wärme umgewandelt werden (Widerstandsbremsung, vgl. 4.6). Da der Antrieb in beiden Drehrichtungen treiben und bremsen kann, ist Vierquadranten-Betrieb möglich.

Drehzahlgeregelte Antriebe (Abb.1) mit elektronisch kommutierten Gleichstrommotoren werden in der Automatisierung, z. B. bei Robotern, häufig eingesetzt, da sie einen großen Wirkungsgrad und Drehzahlbereich (z. B. 1 : 30000), lange Lebensdauer, geringe Störanfälligkeit sowie niedrige Eigenerwärmung besitzen.

9.6.2 Wechselstromantriebe

Bei Haushaltsgeräten und Werkzeugen (z. B. Handbohrmaschinen) verwendet man den **Wechselstrom-Reihenschlußmotor** als Antrieb. Die Drehzahl dieser Motoren ist abhängig von der angelegten Spannung bzw. von dem Motorstrom. Das Drehmoment hängt von dem Quadrat des

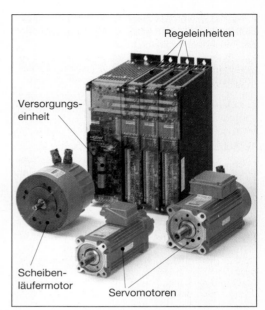

Abb. 1: Bürstenlose Servoantriebe

Motorstromes ab und die Drehzahl ist proportional dem Drehmoment (vgl. 4.5.3). Der Motorstrom läßt sich durch eine Phasenanschnittsteuerung (vgl. 7.5.6.2) mit zwei antiparallelgeschalteten Thyristoren oder einem Triac steuern.

Heute setzt man in Haushaltsgeräten vermehrt Drehzahlregelungen ein. Dadurch kann z. B. das Leerlaufgeräusch verringert, die Saugkraft eines Staubsaugers an den Bodenbelag angepaßt oder die Drehzahl von Küchenmaschinen konstant gehalten werden.

Die Abb. 2 zeigt die Drehzahlregelung eines Wechselstrom-Reihenschlußmotors mit einem Triac (V6), der über ein IC (N1) gesteuert wird. Mit dem Potentiometer R_1 kann die Drehzahl des Motors eingestellt werden (Soll-Wert). Das IC erzeugt dazu die Steuerimpulse für den Triac V6 am Ausgang 2. Der Ist-Wert der Drehzahl wird mit Hilfe des Tachogenerators (M2) gemessen. Bei einer Regelabweichung verschiebt das IC die Zündimpulse und somit die Zündzeitpunkte des Triac V6 entsprechend.

Die Leuchtdiode V2 zeigt an, daß der Motor seinen Drehzahl-Soll-Wert nicht erreicht hat. Der PTC-Widerstand R_5 wurde als Übertemperaturschutz eingebaut. Als Überlastschutz dient eine Strombegrenzung (R_9, V4, V5).

Die Drehzahl kann aber auch durch eine stromgeführte Regelung konstant gehalten werden. Bei Belastung steigt die Stromaufnahme und die Drehzahl sinkt. Benutzt man diese Motorstromänderung dazu, den Zündverzögerungswinkel zu verkleinern, dann vergrößert man den Stromflußwinkel, und die Drehzahl steigt wieder.

Statt des Tachogenerators M2 kann eine Gabel- oder Reflexlichtschranke (vgl. 7.4.1.4) zur Ist-Wert-Erfassung benutzt werden.

> Die Drehzahl eines Wechselstrom-Reihenschluß-motors kann über eine Phasenanschnittsteuerung geregelt werden. Sie wird dann drehzahl- oder stromgeführt.

Wechselstrom-Reihenschlußmotoren findet man häufig als drehzahlgesteuerte Antriebe in elektrisch angetriebenen Lokomotiven älterer Bauart. In modernen Lokomotiven sind sie durch drehzahlgeregelte Drehstromantriebe ersetzt.

9.6.3 Drehfeldantriebe

Die Drehzahl der Drehfeldmotoren hängt von der Drehzahl des Drehfeldes ab. Je nach Läuferart sind Läuferdrehzahl und Drehfelddrehzahl gleich (synchron), oder die Drehzahl des Läufers ist etwas niedriger als die des Drehfeldes (asynchron). Über das Drehfeld läßt sich also die Drehzahl einer Drehfeldmaschine stellen (vgl. 4.3.4 und 4.4.3). Bei Motoren mit synchroner Drehzahl ist diese unabhängig von der Belastung und synchron mit der konstanten Drehfelddrehzahl. Sie muß also nicht geregelt werden. Probleme treten aber beim Anlauf auf. Der Läufer muß erst in die Nähe der synchronen Drehzahl gebracht werden, damit er in den synchronen Lauf übergehen kann (vgl. 4.4.3).

Bei Asynchronmotoren kann die Drehzahl nur durch eine Regelung von der Belastung unabhängig gehalten werden.

Die Drehzahl von Schleifringläufermotoren läßt sich zusätzlich über die Ständer- oder die Läuferspannung steuern und regeln.

Das Drehfeld wird je nach Motorart unterschiedlich erzeugt. Mit Drehstrom oder Wechselstrom kann im Ständer ein Drehfeld erzeugt werden, dessen Drehzahl von der Frequenz abhängt (vgl. 4.3.1.1 bzw. 4.3.5.1). In Schrittmotoren wird ein Drehfeld erzeugt, dessen Drehzahl über eine elektronische Schaltung gesteuert wird (vgl. 4.4.1).

9.6.3.1 Schrittmotoren

Schrittmotoren (Abb. 1, S. 466) zeichnen sich gegenüber anderen Antriebssystemen aus durch

- großen Drehzahlstellbereich,
- konstante belastungsunabhängige Drehzahl,
- Zerlegung einer Umdrehung in Einzelschritte,
- direktes Verarbeiten von digitalen Signalen,
- einfache Positionierung,
- hohes Haltemoment bei Stillstand des Läufers,
- kurze Start- und Stoppzeiten,
- hohe technische Zuverlässigkeit und lange Lebensdauer,
- Wartungsfreiheit und Wirtschaftlichkeit.

Sie werden deshalb vielfältig eingesetzt, z. B. in Werkzeugmaschinen, Robotern, Büromaschinen, Geräten der Datenverarbeitung, Meßgeräten usw.

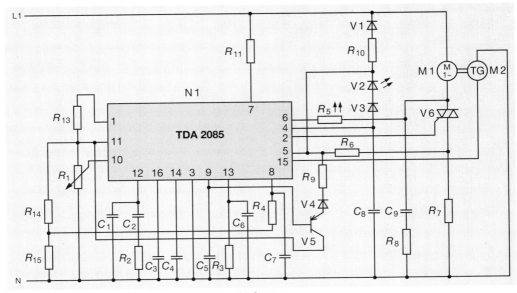

Abb. 2: Drehzahlgeregelter Wechselstrom-Reihenschlußmotor

Abb. 1: Schrittmotor

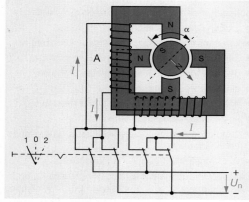

Abb. 2: Schrittmotor mit bipolarer Wicklung

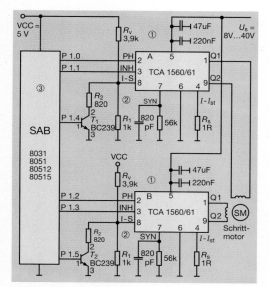

Abb. 3: Schrittmotorsteuerung mit Mikrocontroller
(Herstellerunterlage)

Der Läufer besteht meist aus einem Polrad mit Permanentmagneten. Der Ständer hat ebenfalls Pole, deren Polarität über **unipolare** oder **bipolare Wicklungen** von außen umgeschaltet wird. Eine unipolare Wicklung hat eine Mittelanzapfung. Durch Umschalten der Wicklungsenden wird die Polarität des Poles geändert (vgl. 4.4.1). Um die ganze Wicklung zu nutzen, arbeitet man vermehrt mit bipolaren Wicklungen (Abb. 2). Hier müssen zur Polaritätsänderung beide Wicklungsanschlüsse umgeschaltet werden.

> Schrittmotoren haben unipolare oder bipolare Wicklungen.

Durch das Umschalten wird der Läufer pro Steuerimpuls um den Schrittwinkel α weitergedreht oder dreht sich mit der Drehzahl n, wenn der Motor mit der Steuerfrequenz $f_S = f_Z$ angesteuert wird.

$$\alpha = \frac{360°}{2 \cdot m \cdot p}$$

m : Phasenzahl
p : Polpaarzahl

$$n = \frac{f_Z}{Z}$$

f_Z : Schrittfrequenz
z : Schrittzahl

Läuferdrehzahl und Impulsfrequenz sind synchron, d.h. eine Drehzahlregelung ist nicht erforderlich.

> Der Läufer eines Schrittmotors wird je Ansteuerimpuls (Schritt) um den Steuerwinkel α gedreht. Bei Ansteuerung mit periodischen Impulsen dreht er sich mit konstanter Drehzahl.

Der Antrieb ist nicht problemlos. Er setzt bei niedriger Drehzahl des Läufers die Taktsignale der Ansteuerung in eine ruckartige Drehung des Läufers um. Werden die Ständerwicklungen statt von rechteckförmigen von sinusförmigen Wechselströmen durchflossen, kann dieses Verhalten stark verringert werden.

Wird die Stromrichtung in den Wicklungen umgekehrt, kehrt sich die Drehrichtung des Läufers um. Die Abb. 3 zeigt die Schaltung einer Ansteuerung des **zweiphasigen Schrittmotors im Bipolarbetrieb**. Ein Mikrocontroller ③ (Mikroprozessor mit eingebauten A/D-Wandlern) steuert zwei Leistungs-IC ① an, die den Wicklungsstrom liefern. Der Sollwert des Wicklungsstromes wird durch den Spannungsteiler R_V/R_1 am Eingang 8 des IC (I-S) eingestellt ②.

Diese Schaltung kann im **Vollschrittbetrieb**, im **Halbschrittbetrieb** und im **Viertelschrittbetrieb** arbeiten. Dadurch kann der Steuerwinkel zusätzlich halbiert und geviertelt werden. Da im Viertelschrittverfahren der Wicklungsstrom bei einigen

Schritten auf die Hälfte reduziert werden muß, wurden die Transistoren T1 und T2 in die Schaltung eingebaut. Schalten sie, dann wird der Soll-Wert des Wicklungsstromes auf die Hälfte eingestellt.

Die Abb. 4 zeigt den zeitabhängigen Verlauf

- der Logikzustände am Ausgang des Mikrocontrollers ⑤,
- der Signale am Eingang der Leistungsstufe ⑥,
- des Stromes in den Wicklungen ⑦ und
- der Programmierbefehle des Mikrokontrollers ⑧,

bei den genannten Betriebsarten.

Die Abb. 4a zeigt die **Zeitablaufdiagramme** bei **Vollschrittbetrieb**. Daraus ist zu entnehmen, daß die Eingänge INH des Leistungs-ICs immer an 1-Signal liegen. Bei 1-Signal an PH fließt dann ein Strom durch die entsprechende Motorwicklung. Bei 0-Signal kehrt sich die Stromrichtung um. Mit den Steuerimpulsen werden in vier sich periodisch wiederholenden Schritten in den Wicklungen zwei periodische, rechteckförmige Wechselströme erzeugt. Diese sind um 90° phasenverschoben. Der Schrittwinkel α ist dann 90°, da eine Umdrehung in vier Schritten erfolgt. Die Transistoren T1 und T2 sind nicht angesteuert, d.h. der Soll-Wert des Wicklungsstromes wird nicht verändert.

Beim **Halbschrittbetrieb** (Abb. 4b) werden periodisch die PH-Eingänge (A und B) jeweils 3 Schritte lang angesteuert und 5 Schritte nicht angesteuert. Die Eingänge (A und INH) liegen außer bei jedem 4. Schritt immer an 1-Signal. Beide Wicklungen werden aber um zwei Schritte phasenverschoben angesteuert. Dadurch erreicht man, daß für eine Umdrehung acht Schritte, d.h. doppelt so viele Schritte notwendig sind, wie beim Vollschrittbetrieb. Der Schrittwinkel ist jetzt $\alpha = 45°$. Auch hier sind die Transistoren T1 und T2 nicht angesteuert.

Den Zeitablaufdiagrammen (Abb. 4c) beim **Viertelschrittbetrieb** ist zu entnehmen, daß 16 Schritte für eine Umdrehung benötigt werden, also $\alpha = 22,5°$ ist. Bei einigen Schritten (6;8;14;16) ist der Transistor T1 aufgesteuert und bei anderen (2;4;10;12) der Transistor T2. Dadurch wird notwendigerweise der Soll-Wert des Wicklungsstromes auf die Hälfte reduziert.

> Schrittmotoren können im Voll-, Halb- oder Viertelschrittbetrieb arbeiten.

Durch Halbschritt- oder Viertelschrittbetrieb wird das Verhalten des Schrittmotors beim Anlaufen, Bremsen oder niedrigen Drehzahlen verbessert. Vibrationen und Resonanzen durch ruckartiges Drehen des Läufers werden reduziert. Nachteilig sind aber die geringe Positionierbarkeit und große Schrittwinkeltoleranzen.

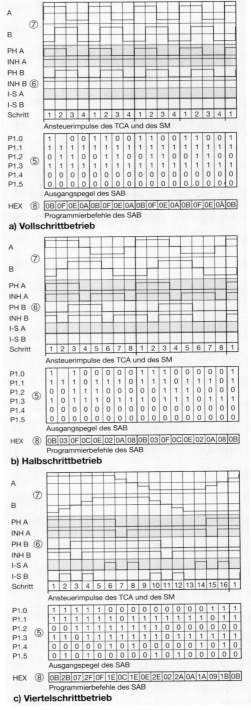

Abb. 4: Zeitablaufdiagramme bei Schrittmotoren

Abb. 1: Drehzahlgeregelter Drehstrommotor mit einge-
bautem Tachogenerator

Schrittmotoren können als drehzahlgeregelte Antriebe für beide Drehrichtungen verwendet werden.
Daneben kann man sie einsetzen, wenn der Läufer
nur um einen bestimmten Winkel gedreht werden

soll, z. B. bei Schreibmaschinen mit Typenrad. Alle
Buchstaben und notwendigen Zeichen und Ziffern
sind dort am Rand des Typenrades angeordnet.
Soll z. B. ein Buchstabe geschrieben werden, muß
das Rad aus seiner Ausgangsposition durch eine
entsprechende Anzahl von Winkelschritten gedreht
werden. Dazu sind eine Drehung in beide Drehrichtungen und eine hohe Positionierbarkeit erforderlich. Man arbeitet dort in der Regel mit dem
Vollschrittverfahren.

9.6.3.2 Frequenzsteuerung durch Umrichter mit Zwischenkreis

Heute setzt man in der Antriebstechnik häufig
Drehstrom-Asynchronmotoren ein. Vor allem wird
der robuste, wartungsfreie und preiswerte Käfigläufermotor (Abb. 1) ausgewählt. Seine Drehzahl
kann über die Frequenz der Anschlußspannung gesteuert werden, da

$$n = \frac{f}{p\,(1-s)}$$

ist. Dabei gilt für das Drehmoment $(n_K < n < n_f)$:

$$M = c \cdot I \, \frac{U}{f}$$

Um den Motor mit nahezu konstantem Drehmoment betreiben zu können, muß das Verhältnis U/f
konstant gehalten werden. Spannung und Frequenz müssen also in gleichem Verhältnis verändert werden (vgl. 4.3.4).

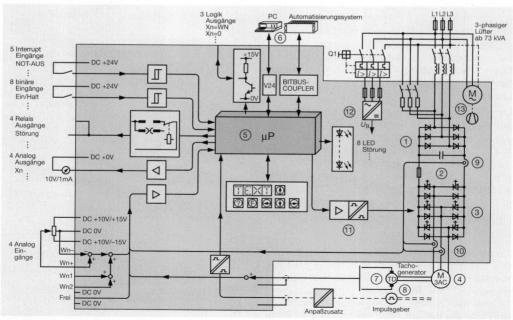

Abb. 2: Mikroprozessorgesteuerte Drehzahlregelung mit Drehstrom-Kurzschlußläufermotor (Herstellerunterlagen)

Die Drehzahl von Kurzschlußläufermotoren wird über die Frequenz der Speisespannung gesteuert. Die Höhe der Spannung muß in gleichem Verhältnis wie die Frequenz geändert werden.

Die in Höhe und Frequenz veränderbare Versorgungsspannung wird in Drehstrom-Umrichtern (vgl. 7.10) erzeugt. In der Regel verwendet man solche mit Zwischenkreis. Dabei werden die mit Gleichspannungszwischenkreis bevorzugt eingesetzt.

Das Schaltbild eines drehzahlgeregelten Antriebs mit Drehstrom-Asynchronmotor zeigt die Abb. 2. Die Dreipuls-Brückenschaltung ① erzeugt eine konstante Gleichspannung, die mit dem Kondensator ② geglättet wird. Der Pulswechselrichter ③ (vgl. 7.8) erzeugt die in Höhe und Frequenz stellbare Dreiphasen-Wechselspannung für den Drehstrom-Kurzschlußläufermotor ④. Die Ansteuerung der Endstufe erfolgt durch den Mikroprozessor ⑤, der mit dem Automatisierungssystem und dem PC ⑥ verbunden ist. Der Drehzahl-Ist-Wert wird über einen Tachogenerator ⑦ gemessen. Die Läuferlage kann durch einen Lagesensor ⑧ erfaßt werden. Der Strom im Zwischenkreis ⑨ und die Motorströme ⑩ werden über Stromwandler gemessen. Der 16-Bit-Mikroprozessor ⑤ übernimmt alle Funktionen von der Ansteuerung des Pulsumrichters ⑪ über die Regelung der Drehzahl bis hin zur Steuerung und ständigen Überwachung der Geräte. Ein Drehstromgleichricher ⑫ versorgt die Geräte der elektronischen Ansteuerung mit elektrischer Energie. Die Kühlung des Umrichters erfolgt durch einen Lüfter ⑬.

Der beschriebene Antrieb hat einen Leistungsteil mit Thyristoren. Bei kleineren Leistungen benutzt man auch Pulswechselrichter mit bipolaren Transistoren oder Feldeffekt-Transistoren (Abb. 3).

Bei Bremsbetrieb läßt man den Kurzschlußläufermotor als Drehstrom-Asynchrongenerator arbeiten (Abb. 3). Der Drehstrom wird durch die Brückenschaltung, gebildet aus den Freilaufdioden parallel zu den Transistoren, gleichgerichtet. Steigt die Spannung im Zwischenkreis an, so ist der Eingangsgleichrichter gesperrt und der Transistor ⑮ wird aufgesteuert. Die Bremsenergie wird dann im Widerstand ⑭ in Wärme umgewandelt (vgl. 9.6.1.2).

Die Bremsenergie kann aber auch in das Netz eingespeist werden, wenn die Gleichspannung über eine vollgesteuerte Brückenschaltung erzeugt wird. Diese kann beim Bremsvorgang im Wechselrichterbetrieb arbeiten (Nutzbremsung, vgl. 4.6). In beiden Fällen ist, da auch Drehrichtungsumkehr möglich ist, ein Betrieb in allen vier Quadranten zulässig.

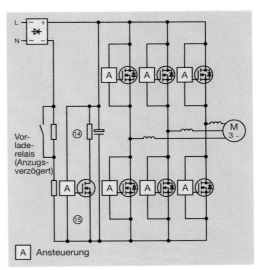

A Ansteuerung

Abb. 3: Leistungsteil mit Feldeffekt-Transistoren (Herstellerunterlage)

Häufig müssen mehrere Motoren drehzahlgeregelt werden. Aus einer Versorgungseinheit werden mehrere Wechselrichtereinheiten gespeist. Über diese wird dann die Drehzahl der Motoren einzeln geregelt.

Der Eingangsgleichrichter kann auch ein Wechselstromgleichrichter sein. Die Drehstrommotoren treiben z. B. Lokomotiven an.

Es werden auch Umrichter mit variabler Zwischenkreis-Gleichspannung (Abb. 1, S. 340) verwendet, die dann einen vollgesteuerten Eingangs-Gleichrichter haben. Dadurch kann die Ausgangsspannung, wie gefordert, schnell der geänderten Frequenz angepaßt werden. Da Wechselrichterbetrieb möglich ist, kann Nutzbremsung eingesetzt werden. Umrichter können auch einen Gleichstrom-Zwischenkreis haben (Abb. 2, S. 340). Sie sind an dem vollsteuerbaren Eingangsgleichrichter und den Glättungsdrosseln im Zwischenkreis zu erkennen. Eine Energierückspeisung in das Netz ist hier problemlos, da beide Stromrichter vollgesteuert arbeiten. Weil eine Drehrichtungsumkehr durch entsprechende Ansteuerung des Ausgangs-Stromrichters auch möglich ist, kann ein solcher Antrieb im Vierquadrantenbetrieb arbeiten.

Drehstrom-Umrichterantriebe arbeiten in allen vier Quadranten mit Nutz- oder Widerstandsbremsung.

Umrichter mit Zwischenkreis werden für Leistungen bis zu 800 kVA bzw. 600 kW-Motorleistung und Frequenzbereiche von 0…300 Hz gebaut.

9.6.3.3 Frequenzsteuerung mit Direktumwandlern

Direktumrichter wandeln den eingespeisten Drehstrom ohne Zwischenkreis in Wechselstrom anderer Frequenz und Höhe um (vgl. 7.10). Man verwendet dazu **Trapez- oder Steuerumrichter** (Abb. 3, S. 340). Die Ausgangsspannung wird aus Abschnitten der Eingangsspannung gebildet (Abb. 4, S. 340). Die Amplitude kann deshalb nur die Höhe der Amplitude der Eingangsspannung erreichen. Aus demselben Grund kann die Frequenz der Ausgangsspannung nur im Bereich 0... *f* gesteuert werden.

Zum Antrieb von Drehstrommotoren werden drei der in Abb. 3, S. 340 dargestellten Direktumrichter benötigt.

> Direktumrichter wandeln die Eingangsspannung (Dreiphasen-Wechselspannung) in Wechselspannung um, deren Höhe von 0...*U* und deren Frequenz von 0... *f* gesteuert werden.

Die Drehzahl der Motoren kann nur unterhalb der mit der Frequenz der Eingangsspannung erreichbaren Drehfelddrehzahl liegen, d.h. bei 50 Hz gilt stets $n < 3000 \ min^{-1}$. Die Drehzahl kann, wenn notwendig, lastunabhängig geregelt werden. Eine Drehrichtungsumkehr ist ebenfalls möglich. Bremsbetrieb ist aber mit erheblichem Schaltungsaufwand verbunden.

Direktumrichter werden bei drehzahlgeregelten Antrieben für große Leistungen ($\geq$ 1 MVA) und bei niedrigem Drehzahlstellbereich benutzt, wenn Bremsbetrieb nicht erforderlich ist.

9.6.3.4 Ständerspannungssteuerung

In einem gewissen Bereich kann die Drehzahl von Asynchronmotoren auch über die Ständerspannung gesteuert werden. Ihr Drehmoment hängt quadratisch von der Versorgungsspannung ab (vgl. 4.3.2.4).

Die Hochlaufkennlinie kann also über die Spannung verschoben werden (Abb. 1). Zu jeder angelegten Spannung gehört zu einem bestimmten Drehmoment eine andere Drehzahl. Es muß aber darauf geachtet werden, daß das Kippmoment nicht überschritten wird, da dann die Drehzahl auf Null abfällt. Der Drehzahlstellbereich ist deshalb bei üblichen Kurzschlußläufermotoren gering, da deren Kippschlupf klein ist.

Verwendet man statt dessen Schleifringläufermotoren mit Zusatzwiderständen im Läuferkreis (Abb. 2), dann erhält man einen großen Kippschlupf (Abb. 4, S. 125) und somit einen großen Stellbereich. Das Gleiche erreicht man mit Kurzschlußläufermotoren durch Läuferstäbe aus Widerstandsmaterial (Abb. 3, S. 117). Dabei entstehen große Wärmeverluste, die abgeführt werden müssen und den Wirkungsgrad verschlechtern.

> Die Drehzahlsteuerung von Asynchronmotoren über die Ständerspannung ist nur bei Schleifringläufermotoren mit Zusatzwiderständen im Läuferkreis oder bei Kurzschlußläufermotoren mit Widerstandsläufer möglich.

Da andere Antriebe wirtschaftlicher arbeiten, wendet man diese Art der Drehzahlsteuerung heute nur noch bei großen Lüfterantrieben an. Die Spannung wird dann über Drehstromsteller (vgl. 7.5.6.3) gesteuert (Abb. 2).

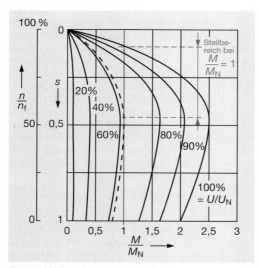

Abb. 1: Hochlaufkurven bei unterschiedlicher Versorgungsspannung

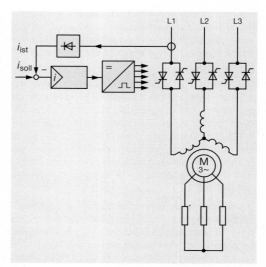

Abb. 2: Schleifringläufermotor mit Ständerspannungssteuerung

Eine andere Art der Drehzahlsteuerung über die Ständerspannung durch **Spannungsdosierung** – eine Art Chopperbetrieb – wurde in 4.3.4.4 beschrieben. Man verwendet sie nur bei kleinen **Leistungen**, um Netzrückwirkungen zu vermeiden.

In der Industrie werden häufig technische Größen, z. B. Durchflußmengen, mit leistungsstarken Stellern geregelt. Deren Antriebsmotoren müssen sehr schnell auf die Nenndrehzahl hochlaufen (< 50 ms), die Drehzahl lastunabhängig konstant halten und schnell abgebremst werden (Aussetzbetrieb S4 und S5, vgl. 4.8.5). Es müssen kleine Stellschritte (< 0,5% des Stellweges) möglich sein und sie sollen in beiden Drehrichtungen arbeiten. Dazu soll der Motor robust, wartungsfrei und kostengünstig sein, d.h. man will Norm-Kurzschlußläufermotoren benutzen.

Diese Motoren müssen über Umkehrsteller (vgl. 4.3.1) gespeist werden, die störungsfreien Betrieb in beiden Drehrichtungen gewährleisten, kurze Schaltzeiten bei großen Schaltzahlen (z. B. 1200 Schaltspiele pro h) und große Lebensdauer haben,

sowie Bremsbetrieb erlauben. Man kann solche Antriebe natürlich über Schütze (große Leistung) oder Relais bzw. Hilfsschütze (kleine Leistung) stellen. Elektronische Wechselstromsteller (vgl. 7.5.6) haben kleinere Schaltzeiten. Durch sie kann man die Zeit für einen Schaltschritt (Stellimpuls) gegenüber mechanischen Stellern um 1/3 auf $t \leq 50$ ms senken.

Die Abb. 3 zeigt das Schaltbild eines industriellen Thyristor-Umkehrstellers für Norm-Kurzschlußläufermotoren. Eingeschaltet wird der Steller über den Hauptschalter ①. Der Außenleiter L2 ist dann direkt zum Motor ② durchgeschaltet. Schalten die Wechselstromsteller ③ durch, dann läuft der Motor mit Rechtslauf. Werden die Steller ④ durchgeschaltet, dann kehrt die Drehrichtung um (vertauschen von L1 und L3). Durch die Logikschaltung ⑤ werden die Wechselstromsteller ③ und ④ gegeneinander verriegelt und bei Signalwechsel verzögert. Der Motor wird durch Gleichstrombremsung abgebremst (vgl. 4.6). Dazu wird je ein Thyristor des Stellers ③ zur Gleichrichtung benutzt. Die Bremslogik ⑥ steuert diese Thyristoren an und sorgt

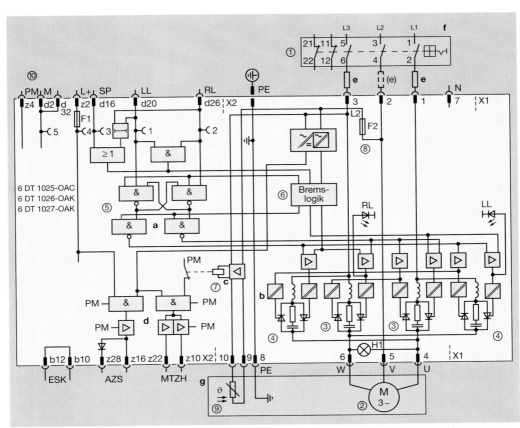

Abb. 3: Thyristor–Umkehrsteller für Norm–Drehstrom–Kurzschlußläufermotoren (Herstellerunterlage).

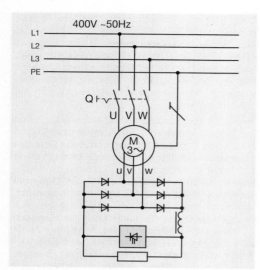

Abb. 1: Schleifringläufermotor mit gepulstem Läuferzusatzwiderstand

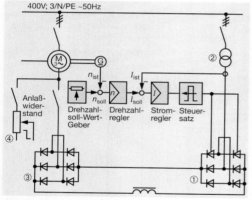

Abb. 2: Schleifringläufermotor mit untersynchroner Stromrichterkaskade

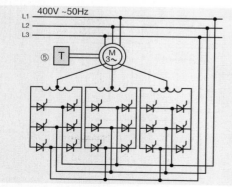

Abb. 3: Schleifringläufermotor mit über– und untersynchroner Stromrichterkaskade

dafür, daß keine Phasenkurzschlüsse entstehen können. Eine Sicherheitseinrichtung ⑦ ist eingebaut, die beim Ansprechen der Sicherungen ⑧ oder bei unzulässiger Erwärmung des Motors (Thermistor ⑨) abschaltet. Die Geräte im Umrichter haben eine eigene Einspeisung ⑩.

Es werden Thyristor-Umkehrsteller-Antriebe serienmäßig für Norm-Kurzschlußläufermotoren im Leistungsbereich 0,09 kW...7,5 kW gebaut. Sie werden in der Prozeßtechnik häufig eingesetzt.

9.6.3.5 Läuferspannungssteuerung

Die Drehzahl von Schleifringläufermotoren kann über Zusatzwiderstände im Läuferkreis gesteuert werden (vgl. 4.3.4.3). Durch Verändern des Widerstandswertes verändert man den Schlupf und damit die Drehzahl (Schlupfsteuerung). Dazu benutzt man Stellwiderstände und in der heutigen Zeit vermehrt elektronische Schaltungen, wie in Abb. 1 dargestellt ist. Der im Läufer induzierte Drehstrom wird in einer Brückenschaltung gleichgerichtet und über eine Drosselspule geglättet dem Läuferzusatzwiderstand zugeführt. Parallel zum Widerstand ist ein Gleichstromsteller (vgl. 7.5.5.2) geschaltet. Dieser wird mit Impulsen angesteuert. Über das Impuls-Pausen-Verhältnis kann die wirksame Größe des Widerstandes gesteuert werden (gepulster Widerstand).

> Bei Schleifringläufermotoren kann durch Zusatzwiderstände im Läuferkreis die Drehzahl gesteuert werden. Als Widerstände werden Stellwiderstände oder gepulste Widerstände benutzt.

Da diese Antriebsart verlustbehaftet ist, setzt man sie nur in Hebezeugen bei Motorleistungen < 50 kW ein.

Statt die elektrische Energie in einem Zusatzwiderstand in Wärme umzuwandeln, kann diese in das Versorgungsnetz zurückgespeist werden. Der Läuferkreis-Gleichrichter wird dazu über einen Wechselrichter ① und einen Drehstromtransformator ② mit dem Netz verbunden (Abb. 2). Die Eingangsspannung des Wechselrichters ist als Gegenspannung (Belastung) der im Läufer induzierten und in der Dreipuls-Brückenschaltung ③ gleichgerichteten Spannung anzusehen. Sie muß um diese Spannung größer werden, indem der Schlupf ansteigt und die Drehzahl sinkt. Der Wechselrichter ① wirkt wie ein Zusatzwiderstand im Läuferkreis. Mit steigendem Energierückfluß ins Netz sinkt die Drehzahl des Läufers. Die Größe der rückfließenden Energie und damit die Drehzahl, werden über den Stellwinkel α des Wechselrichters gesteuert. Da dieser aber 150° nicht überschreitet (vgl. 7.8), kann die Drehzahl nur in dem Bereich $\frac{n}{2} \dots n$ über den Wechselrichter gesteuert werden.

Man fährt deshalb den Motor über den Anlasser-widerstand ④ auf $\frac{n}{2}$ hoch. Da der Motor mit dieser Schaltung nur unterhalb der synchronen Drehzahl gesteuert werden kann, nennt man diese Schaltung untersynchrone Stromrichterkaskade.

Mit Hilfe der untersynchronen Stromrichter-kaskade kann die Drehzahl des Schleifringläufer-motors von $\frac{n}{2}$ ... n gesteuert werden.

Eine Drehzahlregelung kann mit der bekannten Drehzahl-Strom-Kaskadenregelung erfolgen, bei einem Stellbereich von $0,7 \cdot n$ ... n.

Man verwendet die untersynchrone Stromrichter-kaskade zum Steuern von Motoren mit Nennleistungen über 200kW für Pumpen, Lüfter oder Verdichter. Wird dem Läuferkreis elektrische Energie zugeführt, dann steigt die Drehzahl mit steigender Energiezufuhr an, d.h. die Drehzahl kann übersynchron gestellt werden. Die Läufer-wicklung wird über einen Direktumrichter (vgl. 7.10) an das einspeisende Netz angeschlossen (Abb. 3). Ein mit der Motorwelle verbundener Taktgeber ⑤ sorgt dafür, daß der Umrichter eine Gegenspannung erzeugt, die in Höhe und Frequenz mit der im Läufer induzierten Spannung übereinstimmt. Nun kann dem Läufer elektrische Energie sowohl zugeführt wie abgenommen werden. Der Motor kann

also mit untersynchroner oder mit übersynchroner Drehzahl arbeiten.

Diese Antriebsarten, die übersynchrone und untersynchrone Stromrichterkaskade, werden bei einem Stellbereich von $0,9 \cdot n$ ... $1,1 \cdot n$ für Motorleistungen > 1 MW eingesetzt.

Aufgaben zu 9.5

1. Was versteht man unter Vierquadrantenbetrieb?

2. Die Abb. 4 zeigt das Schaltbild eines Gleichstrom-antriebes. Beschreiben Sie den Aufbau und die Funktionsweise!

3. Erklären Sie die Funktionsweise der elektronischen Kommutierung beim bürstenlosen Gleichstrom-motor!

4. Wie kann die Drehzahl von Wechselstrom-Reihenschlußmotoren geregelt werden?

5. Erklären Sie, warum man die Drehzahl von Norm-Drehstrom-Kurzschlußläufermotoren nur über die Frequenz stufenlos steuern kann!

6. Nennen Sie die Unterschiede zwischen Schrittmotoren mit unipolaren und bipolaren Wicklungen!

7. Wie wird bei Kurzschlußläufermotoren der Vierquadrantenantrieb ermöglicht?

9. Beschreiben Sie den Aufbau eines gepulsten Widerstandes!

10. Nennen Sie die Nachteile eines Direktumformers für Kurzschlußmotor-Antriebe!

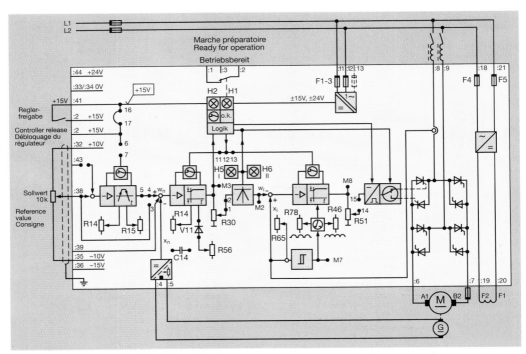

Abb. 4: Gleichstromantrieb (Herstellerunterlage)

Sachwortverzeichnis

Bildquellenverzeichnis

Hinweis: Ziffern vor dem Komma = Seitenzahl,
Ziffern nach dem Komma = Bild-Nr.

Topics:
Kap. 1–3 u. 7: ASEA Brown Boveri, Mannheim
Kap. 4: Baumüller Reparaturwerk, Nürnberg
Kap. 6: EWE AG, Oldenburg
Kap. 8: H. Ludwig, Lehre
Kap. 9: Osram, München

ABB Antriebstechnik GmbH, Lampertheim: 464,1; 468,1
ABB GmbH, Heidelberg: 212,3
ABB Installationen, Ladenburg: 203,2
ABB Metrawatt GmbH, Nürnberg: 218,3; 232,1
ABB Vertriebsgesellschaft für Installationsgeräte mbH, Walldorf: 209,3
AEG, Berlin: 461,4
AEG, Hameln: 218,1/2
AEG, Oldenburg: 111,3; 113,2; 120,1; 129,3; 131,2; 142,1/2; 145,5/6; 160,1a)
AEG, Seligenstadt (Werkfoto): 382,1
AEG-Telefunken, Neumünster: 172,1
ASEA Brown Boveri, Mannheim: 131,4; 133,4; 137,3; 138,1; 157,3/4; 161,5; 168,1/2; 171,2/3; 172,2; 212,1
Eberhard Bauer GmbH & Co., Esslingen: 161,4; 173,8
»Aufnahme BBC, Mannheim«: 85,7
OBO Bettermann OHG, Menden: 251,5
BIZERBA-Werke Wilhelm Kraut GmbH & Co. KG, Balingen: 448,1
BLOCK Transformatoren-Elektronik GmbH & Co. KG, Verden: 330,2
Alfred Bosecker GmbH, Gütersloh: 220,1
Busch-Jaeger Elektro GmbH, Lüdenscheid: 225,3
Datalogic GmbH, Erkenbrechtsweiler: 383,2
DEHN & Söhne, Nürnberg-Neumarkt: 210,1
Deutsche Aerospace AG, Wedel (Holst.): 200,3
Fritz Driescher KG, Wegberg: 204,1
Studio Druwe & Polastri, Weddel: 17,2; 47,3; 60,3; 61,5; 75 (Versuch); 76 (Versuch); 77 (Versuch); 99 (Versuch); 100,2; 102,2; 104,1; 105,5; 106,2; 108 (Versuch); 111 (Versuch); 179,1; 228,1; 232,2; 247,4; 252,1/2; 254,2; 262 (Versuch); 280,2; 287,5; 296,3; 297,5; 298,1/2; 303,7; 408,1; 432,1; 447,5
G. Eiben, Berlin: 385,6; 412,3; 413,6
ELMIC GmbH, Duisburg: 226,2
ERCO Leuchten GmbH, Lüdenscheid: 227,3
EWE AG, Oldenburg: 201,5
Felten + Guilleaume Energietechnik, Köln: 191,4; 211,4/5
GOSSEN-METRAWATT GmbH, Nürnberg: 195,4
Groschopp & Co. GmbH, Viersen: 459,3
Hartmann u. Braun AG, Frankfurt: 91,4
HEA e.V., Frankfurt/Main: 239,3; 241,2; 242,2
Richard Hirschmann GmbH & Co, Esslingen: 257,4
Honeywell Regelsysteme GmbH, Offenbach: 452,1
Janitza electronic GmbH, Lahnau: 223,2
Jean Müller GmbH, Eltville/Rh.: 185,2a)
Kabelwerk Oberspree GmbH, Berlin: 207, Tab. 6.2
A. van Kaick, Ingolstadt (Werkbild): 134,1; 139,5 u. 7
Kinkeldey-Leuchten GmbH & Co KG, Bad Pyrmont: 230,2

Klöckner-Moeller, Bonn: 457,4
Korzilius Söhne GmbH, Mogendorf: 396,3/4
Kraftwerk-Union, Erlangen: 139,6
A. Kreuzburg, Braunschweig: 175,3
J. Larisch, Homburg: 273,5
Laurence, Scott & Electromotors Ltd., Norwich: 154,2
Lechmotoren, Schabmüller GmbH & Co., Altenstadt: 164,1
LEPPER-DOMINIT Transformatoren GmbH, Bad Honnef: 95,6a)
LEROY-SOMER, S.A. Moteurs, Angoulême: 144,1
Mannesmann DEMAG Fördertechnik, Hamburg: 163,4
Mennekes Elektrotechnik GmbH & Co. KG, Lennestadt: 181,3
Metrawatt GmbH, Nürnberg: 192,1/2; 196,1
W. Müller, Niedererbach: 259,4
Osram GmbH, München: 234,1/2; 235,4; 383,3
Philips GmbH, Kassel: 441,4
Portescap Deutschland GmbH, Pforzheim: 462,1; 466,1
D. Rixe, Braunschweig: 87,1/2; 88,1 u. 4; 164,2; 216,2a)
RUTRONIK/RSC, Ispringen/Pforzheim: 47,6; 268,1; 419,5
RWE Energie AG, Saffig: 205,5
Schaltanlagen-Elektronik-Geräte GmbH & Co. KG, Kempen: 136,1
K.-H. Schiffl, Berlin: 409,4
Schorsch GmbH, Mönchengladbach: 92,5
SCHUPA-Elektro-GmbH, Schalksmühle: 188,2; 189,3; 191,5
Erwin Sick GmbH, Freiburg: 384,1 u. 4
Siemens AG, Erlangen: 106,1; 107,4a); 174,1; 442,2
Siemens AG, Karlsruhe: 286,3; 381,5
Siemens AG, München: 84,1; 350,3; 365,8; 304,3; 309,7; 433,5; 446,3; 448,3
Siemens Components, München: 296,2
Siemens Matsushita Components, München: 41,5/6; 48,1 u. 3; 60,2
Werner-von-Siemens-Institut, München: 148,3
Siemens »telecom-report«, München: 302,1/2
Siemens AG, Nürnberg: 379,5; 385,5; 385,7; 397,7; 413,5; 416,3; 418,4; 419,6; 423,4; 425,4
Staff GmbH & Co KG, Lemgo: 227,4; 228,2; 230,1; 233,6
Stiebel Eltron, Holzminden: 244,3
Transformatoren-Union AG, Stuttgart: 91,3; 96,1
TRILUX-LENZE GmbH + Co KG, Arnsberg: 229,6; 230,1a); 231,5; 232,3/4
Vacuumschmelze GmbH, Hanau (Werkfoto): 85,6 u. 8
Joh. Vaillant GmbH u. Co., Remscheid: 243,3
Westermann-Archiv, Braunschweig: 47,2; 48,4/5
Westermann-Foto, Buresch, Braunschweig: 78; 82; 84,3
ZVEI, Frankfurt/Main: 224,1

Zeichnungen, Satz und Layout:
ART Line, Studio für konzeptionelle Gestaltung & technische Dokumentation, Salzgitter-Thiede

Wir danken der Fa. Elwe, Cremlingen, für die freundliche Unterstützung.

Bildbeschaffung: Helga Wintersdorff

Formeln

Transformatoren:

Übersetzungsverhältnisse $\quad \dfrac{U_1}{U_2}=\dfrac{N_1}{N_2}; \quad \dfrac{I_2}{I_1}=\dfrac{N_1}{N_2}; \quad ü=\dfrac{U_1}{U_2}$

Kurzschlußspannung $\quad u_k=\dfrac{U_k \cdot 100\%}{U_1}$

Dauerkurzschlußstrom $\quad I_{kd}=\dfrac{I \cdot 100\%}{u_k}$

Jahreswirkungsgrad $\quad \eta_a=\dfrac{W_{ab}}{W_{ab}+W_{Fe}+W_{Cu}}$

Elektrische Maschinen:

Motorleistung $\quad P=2\,\pi \cdot n \cdot M$

– bei P in kW,

n in $\dfrac{1}{min}$ und M in Nm $\quad P=\dfrac{n \cdot M}{9549}$

Abgegebene Leistung eines Drehstrommotors $\quad P=U \cdot I \cdot \sqrt{3} \cdot \cos\varphi \cdot \eta$

Drehfelddrehzahl $\quad n_f=\dfrac{f}{p}$

Schlupf in % $\quad s=\dfrac{n_f-n}{n_f} \cdot 100\%$

Klemmenspannung eines Gleichstromgenerators $\quad U=U_0-I \cdot R_a$

Anlaufstromstärke eines Gleichstrommotors $\quad I_A=\dfrac{U}{R_a}$

Übersetzung bei Riementrieb $\quad i=\dfrac{d_1}{d_2}=\dfrac{n_2}{n_1}$

Übersetzung bei Zahnradtrieb $\quad i=\dfrac{n_1}{n_2}=\dfrac{z_2}{z_1}$

Verstärkung beim Transistor:

Spannungsverstärkung $\quad v_u=\dfrac{\triangle U_{CE}}{\triangle U_{BE}}$

Stromverstärkung $\quad v_i=\dfrac{\triangle I_c}{\triangle I_B}$

Leistungsverstärkung $\quad v_p=v_u \cdot v_i$

Fehlerstrom $\quad I_F=\dfrac{U_0}{R_F+R_K+R_ü+R_L+R_A}$

Kurzschlußstrom $\quad I_K=\dfrac{U_0}{Z_S}$

Erdungswiderstand bei FI-Schutzeinrichtungen $\quad R_A \leq \dfrac{50V}{I_{\triangle N}}; \quad R_A \leq \dfrac{25V}{I_{\triangle N}}$

Schleifenimpedanz $\quad Z_S=\dfrac{U_0-U_1}{I_E}$

Lichtausbeute $\quad \eta=\dfrac{\Phi}{P}$

Beleuchtungsstärke $\quad E=\dfrac{\Phi}{A}$

Leuchtdichte $\quad L=\dfrac{I}{A}$

Lampenzahl einer Beleuchtungsanlage $\quad n=\dfrac{1{,}25 \cdot E \cdot A}{\Phi_L \cdot \eta_B}$

Spannungsfall und Verlustleistung auf Leitungen	Gleichstrom	Wechselstrom	Drehstrom
	$\Delta U=\dfrac{2 \cdot l \cdot I}{\varkappa \cdot q}$	$\Delta U=\dfrac{2 \cdot l \cdot I \cdot \cos\varphi}{\varkappa \cdot q}$	$\Delta U=\dfrac{\sqrt{3} \cdot l \cdot I \cdot \cos\varphi}{\varkappa \cdot q}$
	$P_v=\dfrac{2 \cdot l \cdot I^2}{\varkappa \cdot q}$	$P_v=\dfrac{2 \cdot l \cdot P^2}{\varkappa \cdot q \cdot U_N^2 \cdot (\cos\varphi)^2}$	$P_v=\dfrac{3 \cdot l \cdot I^2}{\varkappa \cdot q}$ $P_v=\dfrac{3 \cdot l}{\varkappa \cdot q} \cdot \left(\dfrac{P}{U_N \cdot \cos\varphi}\right)^2$

Schaltzeichen Schaltkurzzeichen	Benennung	Schaltzeichen Schaltkurzzeichen	Benennung
1~50Hz	Einphasenwechselstrom	(G 1~) (M 1~)	Einphasenwechselstrom-Generator (allgemein) Einphasenwechselstrom-Motor
3~50Hz	Dreiphasenwechselstrom (Drehstrom)	(G 3~) (M 3~)	Drehstromgenerator, Drehstrommotor (allgemein)
3/N~50Hz	Dreiphasenwechselstrom mit Sternpunktleiter	(M)━(G)	Motorgenerator (allgemein)
(G) (M)	Generator (G), Motor (M) (allgemein)		Motor mit dreisträngigem Schleifringläufer, Ständerwicklung in Dreieckschaltung
(G) (M)	Gleichstromgenerator, Gleichstrommotor (allgemein)	(M)	